科普·创新·实作·分享

荣获第五届中国出版政府奖期刊奖提名奖
入选中国科技期刊卓越行动计划、中国优秀科普期刊目录

无线电

合订本
67周年版
— 下 —
2022年
第7期~第12期

WXD HANDS-ON ELECTRONICS

《无线电》编辑部 编

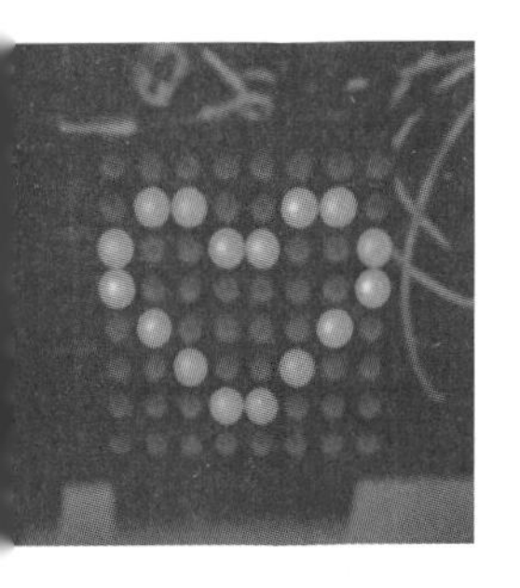

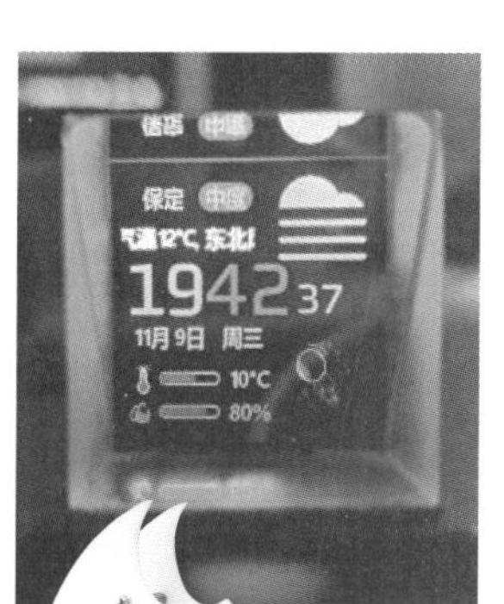

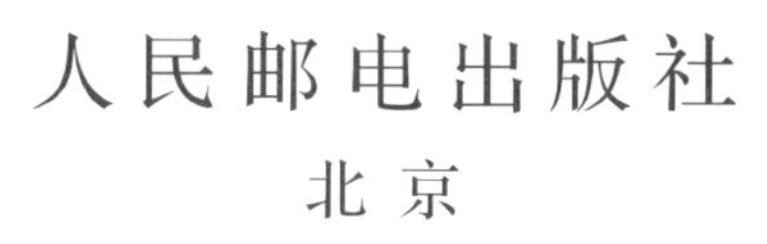

人民邮电出版社
北京

图书在版编目（CIP）数据

《无线电》合订本 ： 67周年版. 下 / 《无线电》编辑部编. -- 北京 ： 人民邮电出版社，2023.4
ISBN 978-7-115-61291-5

Ⅰ. ①无… Ⅱ. ①无… Ⅲ. ①无线电技术－丛刊 Ⅳ. ①TN014-55

中国国家版本馆CIP数据核字(2023)第040023号

内 容 提 要

《〈无线电〉合订本（67 周年版•下）》囊括了《无线电》杂志 2022 年第 7～12 期创客、制作、火腿、装备、入门、教育、史话等栏目的所有文章，其中有热门的开源硬件、智能控制、物联网应用、机器人制作等内容，也有经典的电路设计、电学基础知识等内容，还有丰富的创客活动与创客空间的相关资讯。这些文章经过整理，按期号、栏目等重新分类编排，以方便读者阅读。

本书内容丰富，文章精练，实用性强，适合广大电子爱好者、电子技术人员、创客及相关专业师生阅读。

◆ 编　　　《无线电》编辑部
责任编辑　哈　爽
责任印制　马振武
◆ 人民邮电出版社出版发行　　北京市丰台区成寿寺路 11 号
邮编　100164　　电子邮件　315@ptpress.com.cn
网址　https://www.ptpress.com.cn
涿州市京南印刷厂印刷

◆ 开本：787×1092　1/16
印张：32.75　　　　2023 年 4 月第 1 版
字数：1062 千字　　　　2023 年 4 月河北第 1 次印刷

定价：99.80 元

读者服务热线：(010)81055493　印装质量热线：(010)81055316
反盗版热线：(010)81055315
广告经营许可证：京东市监广登字 20170147 号

目 录

创客 MAKER

制作 PROJECT

火腿 AMATEUR RADIO

装备 EQUIPMENT

入门 START WITH

教育 EDUCATION

史话 HISTORY

侧面攀登效果

攀登测试视频

斜向攀登效果

机械攀登车

陈子平

说起攀登车，大家可能想到的更多是越野车或攀登极限运动，那能不能将这两者有机结合在一起变成一个全新的车型呢？这个小车能够像人类一样进行极限攀岩，又能够跨越障碍。这个攀登的过程一定非常有趣！

我先说一下这个项目的灵感来源，最近这段时间太空探索非常火爆，尤其是对月球和火星的探测，而采样探测车是太空探索中非常重要的一环。在地外行星上，探测车要面对复杂多变和崎岖的地形，在到达样本采集的指定地点前，可能会经历各种需要垂直爬升的地形，有时甚至是达到 90° 的坡度，而目前大部分的探测车都不具备大角度爬坡或垂直攀登的能力，那有没有什么好的办法解决这个问题？对于这种情况，我首先想到的是运动员进行极限运动攀岩时，克服各种复杂情况的场景，便设想能不能制作一款具备越障功能，同时又能像人一样进行攀登的车子。图 1 所示是这个项目的思维导图。

下面我将从 3 个方面来讲述整个项目的制作过程，首先是整体结构和攀爬方案的选择，确定好方案后再进行机械结构的细化设计，最后将设计好的零部件制作出来，组装完成整个机械攀登车，附表所示是制作机械攀登车的材料清单。

涉及的零部件大部分是用 3D 打印机和激光切割机加工而成的，整体动力采用一个 N20 减速电机提供，电源部分则是两个 CR2032 纽扣电池。

机械攀登车
1.整体结构选型
2.机械结构设计
3.具体制作过程

图 1 项目思维导图

附表 制作机械攀登车的材料清单

序号	名称	型号	数量	备注
1	N20 减速电路	50r/min	1	
2	电机座	N20 专用	1	
3	纽扣电池	CR2032	2	
4	纽扣电池盒	带开关	1	
5	模板	300mm × 300mm	1	激光切割加工
6	3D 打印部件	耗材若干	1	3D 打印
7	自攻螺丝	直径 1.7mm	56	
8	轴套	内径 3mm	8	
9	内径 3mm 光轴	待切割长度 500mm	1	
10	0.5mm 铜片	150mm × 150mm	1	
11	迷你轴承	内径 3mm，厚度 3mm、外径 8mm	2	
12	胶水	502	2	

整体结构选型

开始项目制作之前，我们先来了解一下目前大部分探测车和越障车常用的结构，从中选择一款合适的结构作为基础框架。

第一种结构是机械连杆结构。如图 2 所示，小车 6 轮同时驱动，通过机械连杆可以适应大部分的地形，甚至可以爬楼梯，这是大部分探测车采用的结构，优点是运行比较平稳，缺点是需要 6 个电机，成本较高。当障碍高度超过 V 形连杆垂直高度时会出现爬不上去的问题，适合小高度缓坡攀爬。

第二种结构是履带式结构。如图 3 所示，4 条履带同步运动，前面两条履带作为导向履带，通过履带上纹路凸起卡住障碍物实现攀爬。这种结构常用于抢险机器人和工程车辆，优点是能够适应大部分的地形，抗地形干扰能力强，如果履带凸起设计得好甚至可以达到类似垂直爬升的效果，缺点是成本较高，需要定制履带，而且我觉得如果使用履带制作机器人，就失去了机械攀爬的乐趣。

图 2 机械连杆结构

图 3 履带式结构

第三种结构是升降式结构。如图4所示，运用多个升降杆进行控制，实现对障碍物的适应性攀爬，这种结构需要用到多种传感器进行障碍物感应，目前这种爬升方案还在实验阶段，对于复杂地形适应性较差，攀爬反应速度取决于升降电机的快慢，效率问题是硬伤，所以暂时不考虑这个方案。

第四种结构是旋转轮结构。如图5所示，十字支架上各装有滚轮，使其在搬运重物时，能够通过支架的翻转实现障碍的翻越，通常运用于辅助搬运推车或楼梯爬升装置，其优点是结构简单，通过支架的旋转可以实现较高的攀爬高度，而且其运动过程非常类似人类攀登的运动过程，缺点是运动过程会有振动，不够平稳。

对比几种不同的结构类型，攀登高度潜力最大的当属履带式结构，但使用履带会失去机械攀爬的效果，除去履带式结构，接着就是旋转轮结构，该结构简单，成本最低，攀登高度比较高，高度调节也非常方便，只要调节支架长度即可，而且支架轮旋转能产生类似人进行攀爬的效果，牺牲一点稳定性，但问题不大，所以我选择了旋转轮结构作为初始设计基础。

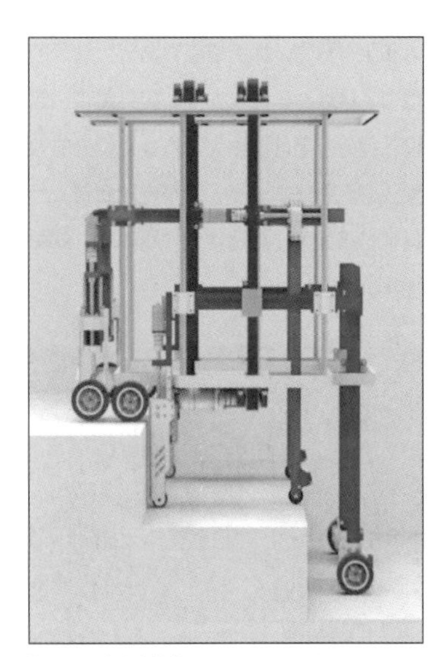
图4 升降式结构

有了大体结构思路，下一步开始设计这台机械攀登车的机械结构。

机械结构设计

设计机械结构之前，首先要确定车体的整体尺寸与攀登高度，初步目标是整体宽度不超过18cm，攀登高度不低于12cm。后面可以优化旋转轮结构，使攀登高度提升，将四支架减少为三支架，使各相邻支架的斜向距离延长，这样能有效提高攀登的高度，也为后续的结构优化设计提供了空间。

用CAD软件设计出三角轮结构（见图6），接下来思考几个问题。

第一个问题：三角轮的动力如何解决？如果使用单纯的三角轮搬运机构，会出现轮子没有动力的情况，这就导致可能出现无法攀登的情况，如果加上电机则需要使用电刷结构，使整体结构复杂化。为了简化结构、优化攀登，我将轮式结构取消，改用摩擦式结构代替。

第二个问题：如何实现类似人类攀登的运动过程？目前实现运动的话，只能通过三角轮的旋转，使车子前进，即用三角支架卡住障碍边缘进行攀登，所以还需要改进结构，增加爪子部分，让每一个三角轮都能像人的手部一样牢牢抓住障碍边缘，同时又能用爪子延长的距离，再一次提高攀登的高度。

图5 旋转轮结构

图6 设计三角轮

第三个问题：如何用机械结构实现？实现的过程需要将一个运动转化为两个不同的运动，一个是三角轮的转动，另一个则是三角轮末端爪子反方向的转动，用于抵抗旋转的变化，使爪子一直牢牢抓住障碍物。第一个运动可以用电机轻松实现，第二个运动则需要用到行星齿轮的结构，将本身的旋转角速度通过反向齿轮改变方向，使3个爪子同时朝着固定的方向，实现攀登效果。总而言之，用一个电机就能够实现。

以之前绘制的三角轮为基础，设计出相对应的行星齿轮（见图7），可以发现，三角轮的末端都用齿轮进行代替了，之前提到的第一个问题中的摩擦式结构，则是用齿轮的齿卡住障碍物的边缘，再经过三角轮的旋转，使整体车身向上翻越障碍物。

在设计中要注意中间的反向齿轮不能太大，最好不要超过末端齿轮的地面接触线，否则会阻碍前进。

在设计攀登爪（见图8）的时候需要注意，爪子第一时间接触到的是障碍物，爪子钩住障碍物后以钩子尾部轴孔开始向前转动，车子翻转后要使齿轮的齿卡住边缘才不会滑落。另外，在爪子的运动过程中，3个爪子要互相平行，爪子的钩子底部与

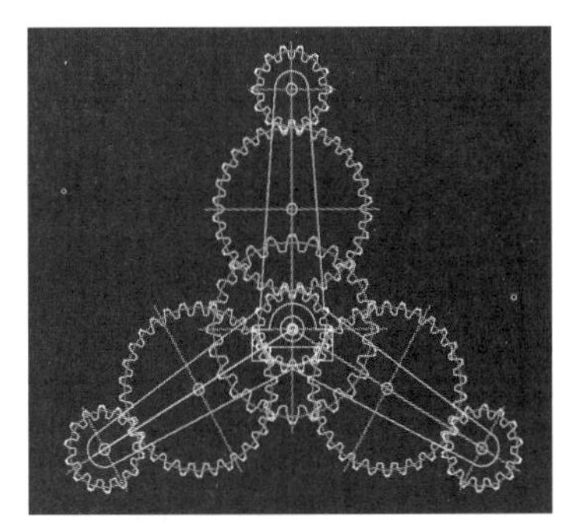

图 7 设计行星齿轮机构

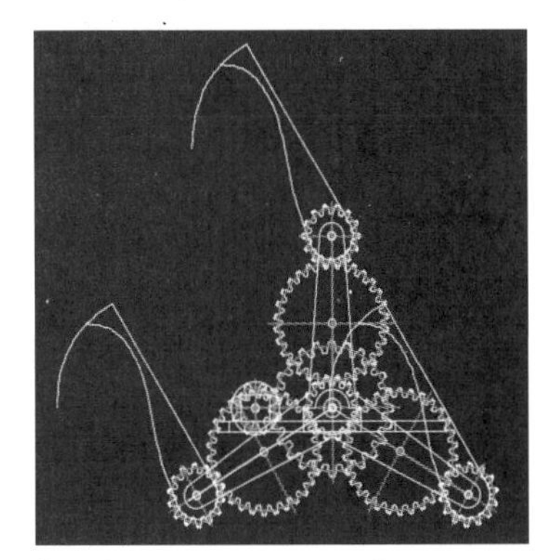

图 8 设计攀登爪

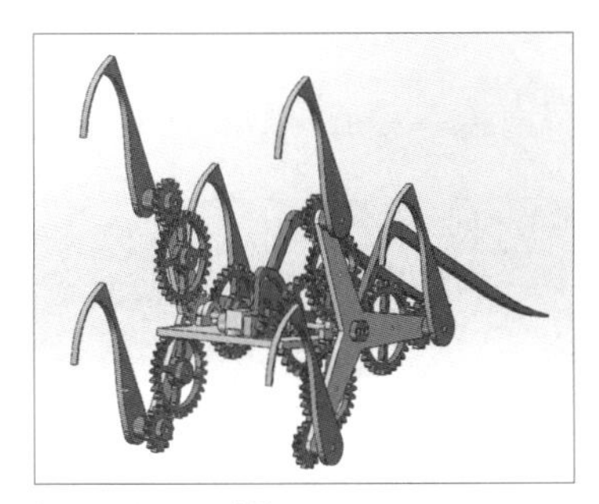

图 9 进行 3D 建模

轴孔的斜线长度不能超过三角轮斜线长度，要预留出空间，以防爪子间的运动干涉。

对攀登车整体结构进行设计，在底板上方安装 N20 减速电机，通过一级减速齿轮再次减速提高三角轮的扭矩，车子尾部设计有两条尾巴，用于平衡三角轮的旋转转矩，尾巴设计为可旋转的，调节其角度便可以改变爪子的倾斜角度。

下一步进行 3D 建模，用 SolidWorks 对每个零部件进行建模，验证整体结构是否合理。检查旋转部件运动过程中的干涉情况，主要是爪子和齿轮的运动情况，提前预留出旋转运动的空间。这样攀登车的整体效果图就设计出来了（见图 9），看起来还不错，下一步就可以进行具体的制作了。

制作过程

接下来是零部件的加工制作，这一步可以分为 4 个部分：3D 打印零部件、激光切割加工、金属零部件加工和整体组装过程。

1. 3D打印零部件

将设计好的模型导入 Cura 生成 Gcode 文件，本项目一共包含了 14 个齿轮、6 个爪子、2 个三角轮固定座、2 个尾巴支架和 2 条尾巴。打印好的齿轮如图 10 所示。

2. 激光切割加工

通过 CAD 软件导出激光切割文件，输出到激光切割机进行加工，在这一步制作出底板、三角轮、固定齿轮、轴承支架等（见图 11）。

3. 金属零部件加工

根据 3D 模型的尺寸要求，切割加工内径 3mm 的光轴（见图 12）。注意，这里要预先切割中间齿轮的轴，中间的齿轮轴需要预留得长一点，方便安装轴套，一般多出 3mm 比较好，但不要超过 4mm，否则运动时会挡住爪子（见图 13）。

图 10 3D 打印齿轮

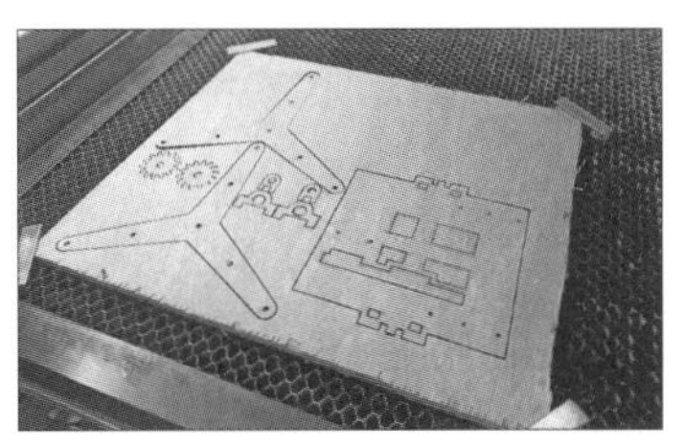

图 11 激光切割底板和支架

图 12 内径 3mm 的光轴

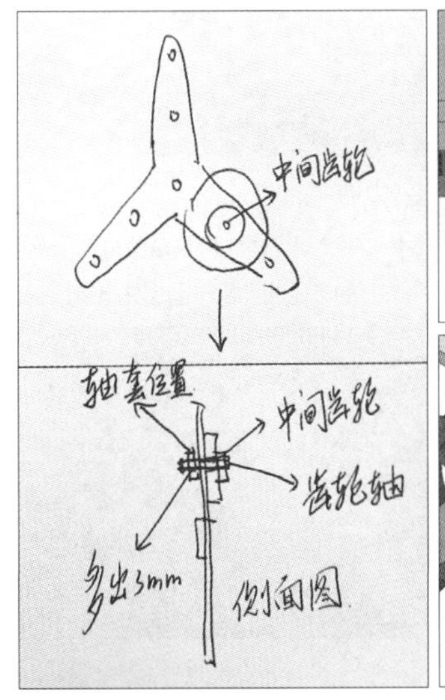

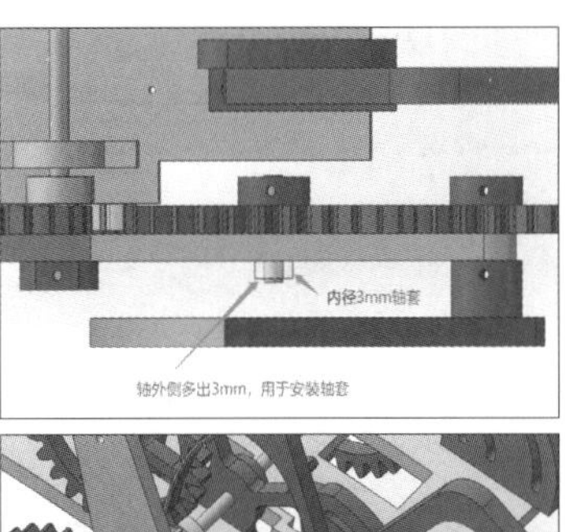

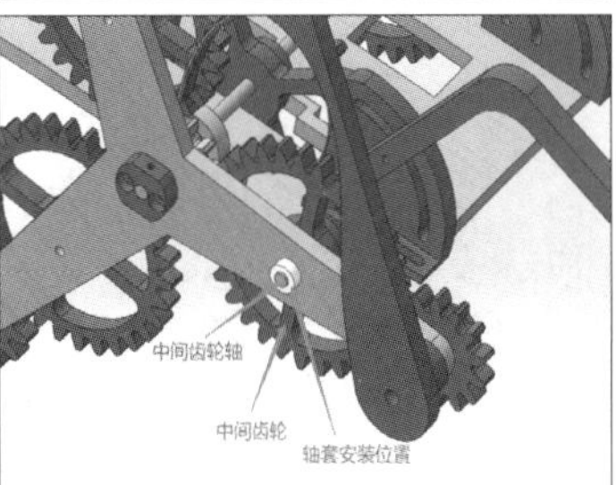

图 13 齿轮轴切割示意图

整体组装过程

1 准备好材料、工具和制作好的零部件，开始整体组装。

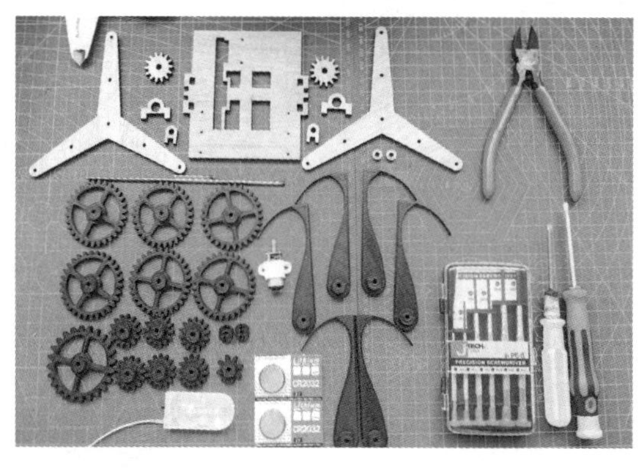

2 将内径 3mm 的轴承装入轴承支架板，安装时注意要将轴承安装平整。

3 把轴承支架板装入底板凹槽，用 502 胶水固定。安装时最好将光轴同时穿入两块轴承固定板，使其处于平行状态，再用胶水粘牢。

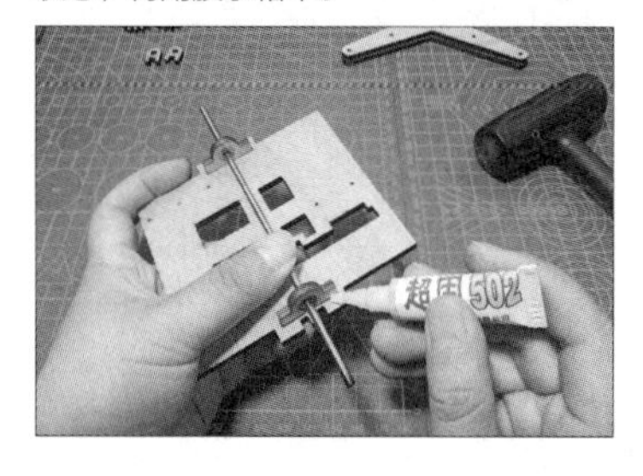

4 安装底板两侧固定齿轮的支架，注意要保证两侧固定齿轮的支架处于垂直的状态。

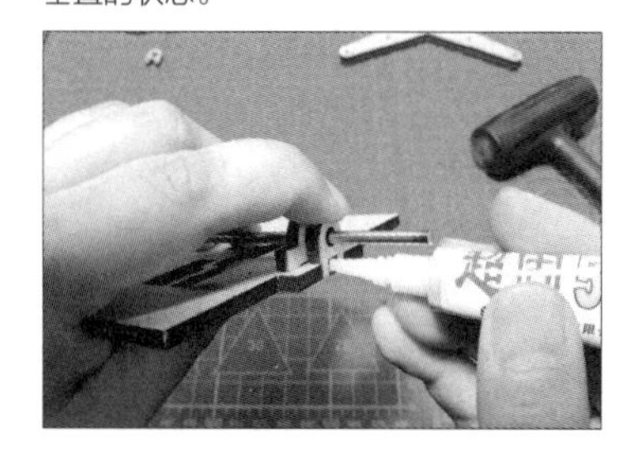

5 根据激光切割的定位孔使固定齿轮孔保持同心，两边的齿形要一一对应，防止有错齿的情况发生。

6 将电机齿轮装入 N20 减速电机轴。

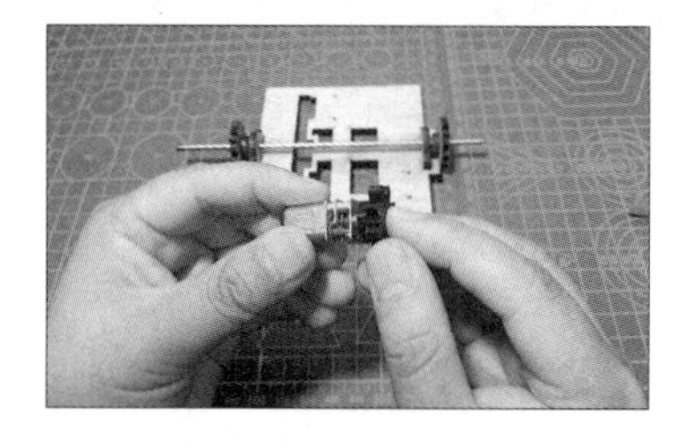

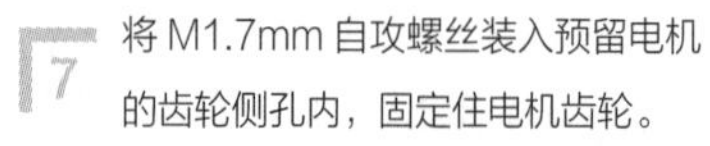

7 将 M1.7mm 自攻螺丝装入预留电机的齿轮侧孔内，固定住电机齿轮。

8 将 N20 减速电机装入电机固定座，再用螺丝固定到底板上。

9 安装轴套，先装入右侧轴套，用于右侧的轴向定位。

10 接着将驱动齿轮放入预留的槽孔内。

11 装入左侧轴套，用于左侧轴向定位。

12 调整好光轴两边的距离，使两边距离相等，用轴套固定，预留旋转间隙 0.5mm。

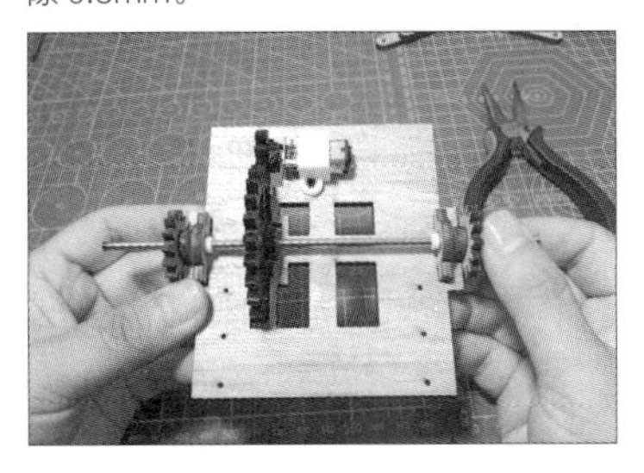

13 用 M1.7mm 自攻螺丝将减速齿轮固定到主轴上，传递运动扭矩。

14 将中间齿轮安装至三角轮中间孔内，一端用螺钉顶紧固定，另一端用轴套固定。

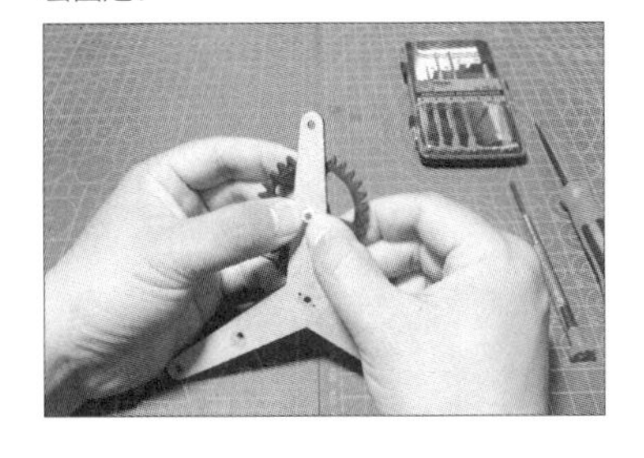

15 每个三角轮安装 3 个中间齿轮，两个三角轮一共安装 6 个中间齿轮。

16 安装三角轮固定座，用于将三角轮固定在旋转主轴上。

17 把三角轮安装到旋转主轴的一端，注意固定齿轮与中间齿轮的配合间隙，中间齿轮靠近固定齿轮端要预留 0.5mm 的活动间隙。

18 中间齿轮与底板固定齿轮形成一个行星齿轮机构，当三角轮旋转时，中间齿轮绕着固定齿轮同时做公转和自转两个不同的运动。检验中间齿轮与固定齿轮运转是否灵活，没有问题的话，再用 M1.7mm 自攻螺丝固定。

19 剪裁 0.5mm 厚的铜片，根据爪子外圆弧长进行剪裁，一共需要剪裁 6 块铜片。

20 将铜片弯曲并与爪子弧线贴合，在这一过程中要不断调节铜片弯曲程度，查看与爪子是否贴合。

21 将铜片与爪子用胶水粘牢，形成一个整体，强化爪子的强度。

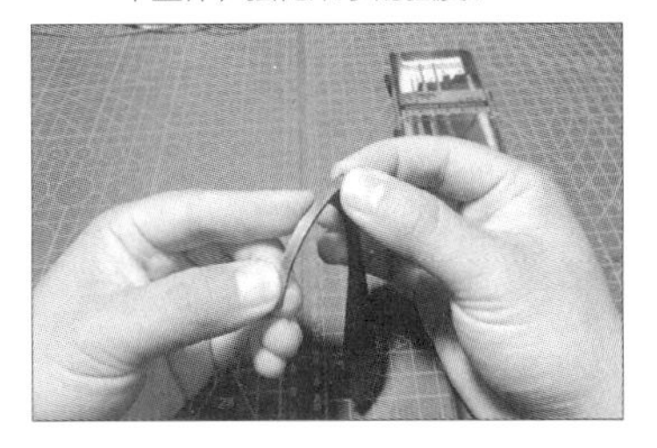

22 将爪子齿轮与爪子连接在一起，爪子齿轮位于三角轮内侧，爪子位于外侧。

23 将爪子与爪子齿轮的轴孔先装入螺丝预紧，方便调节角度。将爪子调节到与底板成 45° 角为宜。

24 调节好角度后，用螺丝刀将螺丝锁紧，将角度固定。

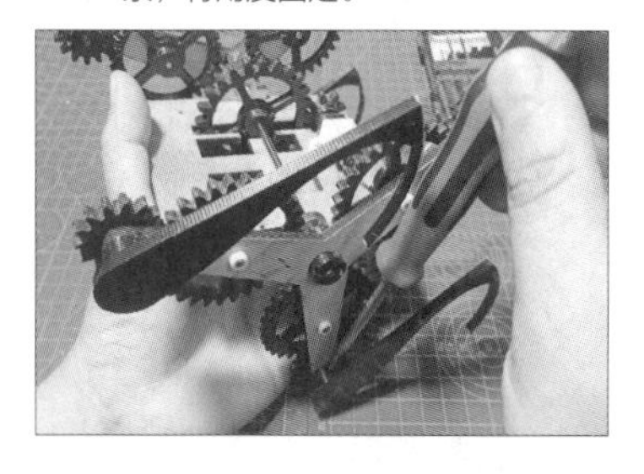

25 固定好后检查所有爪子的朝向有没有误差，如果有则要再进行调节，角度不同会导致攀登不同步的问题。

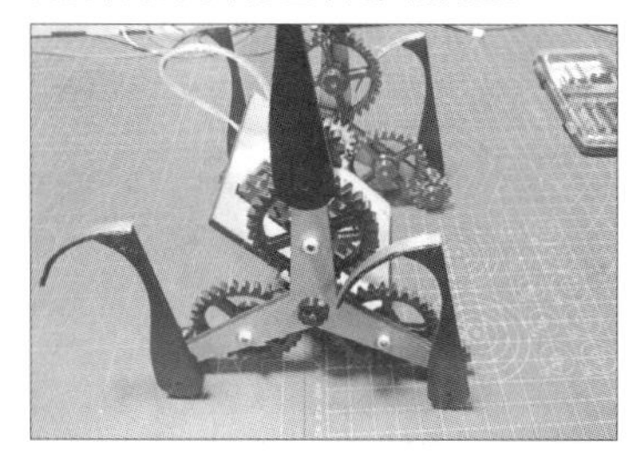

26 检查完毕，焊接电源线。将纽扣电池盒的正负极线焊接到 N20 减速电机的供电端口，注意焊接前先检查正负极，使电机旋转方向正确。

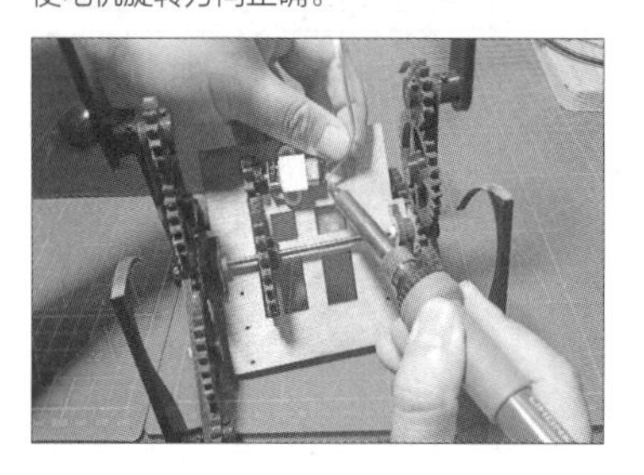

27 把打印好的尾巴与支架连接在一起。圆心点螺丝采用松配合，可用于 90° 范围的角度调节，另外两个螺丝用来固定角度。

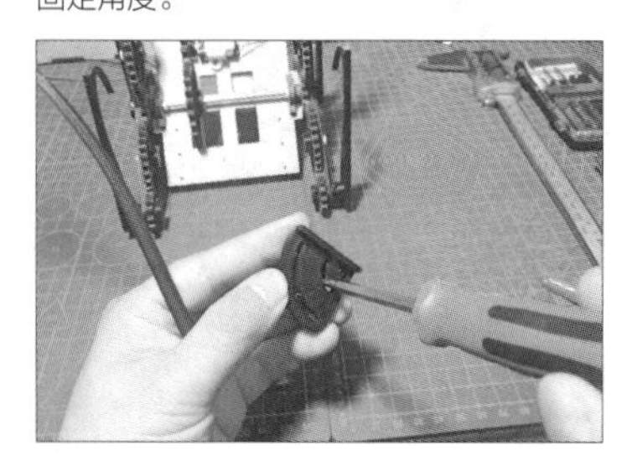

28 把两个尾巴支架连接好，可以在尾巴末端用木棒适当延长一些距离，这样可以提高攀登时的稳定性。

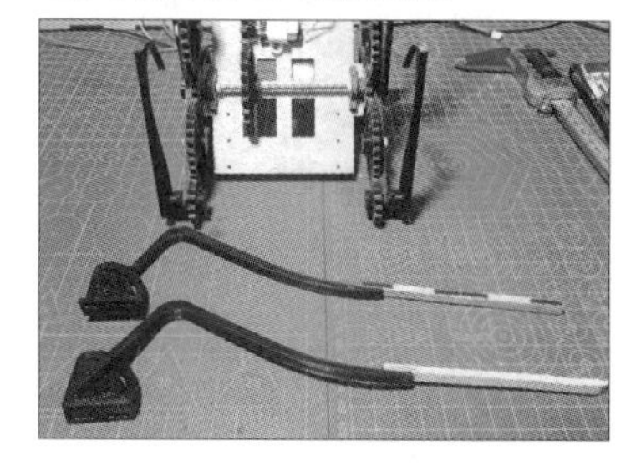

29 安装尾巴支架，为了增加长度，我直接把滑槽拉到底。

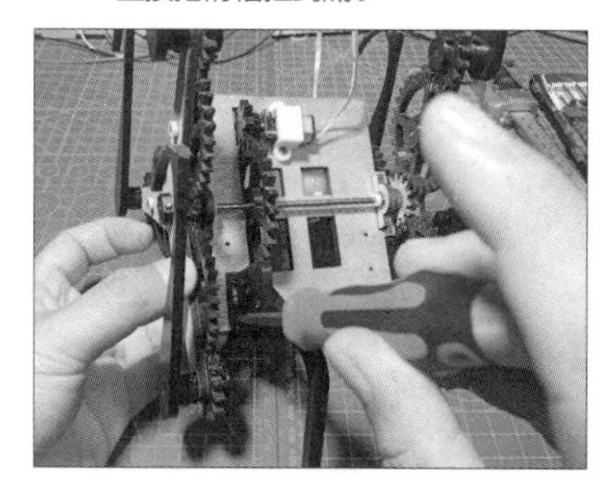

30 这样机械攀登车就组装完成了，整体外观还不错，有种机械生物的感觉。完成后整个车身重量比较轻，只有 150g 左右，用一个 N20 减速电机就能够驱动，电源部分只需要两个纽扣电池，非常节能。接着就可以开始测试攀登能力了。

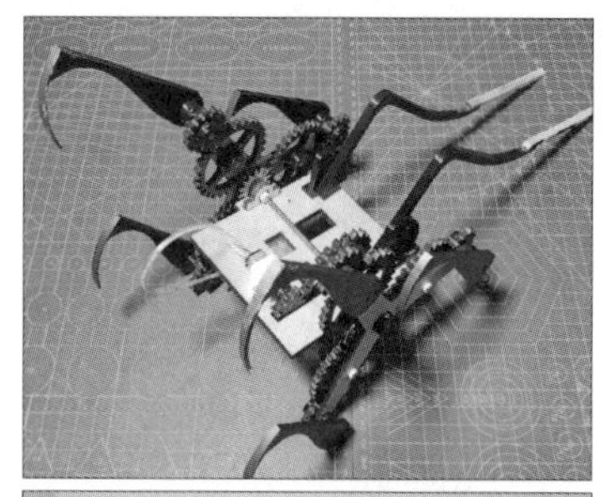

31 进行攀登能力测试。先从 10cm 高度进行测试，顺利通过后，逐步增加高度进行测试，最后这辆攀登车的攀登高度可以达到 15cm，完全满足初定的设计要求。车子在运动过程中不断挥舞着 6 只大爪子，并发出“咯噔、咯噔”的响声，像一个有活力的机械生物一般。如果把这辆机械攀登车放大的话，估计会产生十足的压迫感吧！

总结

现在，机械攀登车这个项目就完成了，总的来说，这是一个比较有趣的项目，经过一系列测试与研究后，这个项目还有很多可以完善的地方，比如在攀登高度上还有很大的提升空间，可以增加爪子长度、三角轮的尺寸。在控制方面可以采用分体式电机驱动，在平地的时候可以通过分体电机实现快速移动和转弯功能，当需要攀登时再开启攀登模式。总之，这台机械攀登车还只是处于原型测试阶段，还有很大的改造和提升空间，希望通过这次的分享能有大家带来一些启发，如有不足之处也请各位朋友指正。

倾转旋翼航空器模型

江沛

带有螺旋桨的飞行器在生活中还是比较常见的，典型类型可分为螺旋桨飞机和直升机。螺旋桨飞机（见图 1）的螺旋桨所在的平面与地面垂直；直升机的螺旋桨所在的平面与地面平行。直升机又细分为单旋翼直升机和双旋翼共轴式直升机等（见图 2、图 3）。直升机的特点是原地起飞，但是飞行速度较慢；而螺旋桨飞机则可以获得较快的飞行速度，但是起飞需要跑道加速。

本文，我们介绍并制作一款兼具两者之长的倾旋转翼航空器的模型。这种航空器的螺旋桨平面的方向是可以改变的，既可以像直升机那样，使螺旋桨平面保持与地面平行，也可以像螺旋桨飞机那样，使螺旋桨平面与地面垂直。美国的 V-22 鱼鹰是大家较为熟悉的一种倾转旋翼航空器，丹麦 LEGO 公司也曾设计了一款编号为 42113 的救援倾转旋翼航空器模型。在 LEGO 模型的基础上，我采用嵌入式控制器和伺服电机，结合无线电控制技术，模拟倾旋转翼航空器的典型飞行动作。

在这款倾转旋翼航空器模型中，我使用一个伺服电机来调整螺旋桨平面与地面的夹角，这样螺旋桨旋转产生的力就可以分解为使航空器向上飞的升力和使航空器前进的推进力。当螺旋桨平面与地面平行时，可以像直升机的螺旋桨一样，产生升力，垂直起飞（见图 4）；当航空器成功起飞后，螺旋桨平面向前方倾斜，可以像固定翼飞机的螺旋桨一样，产生向前的推进力（见图 5）。

图 1 螺旋桨飞机模型

图 2 单旋翼直升机模型

图 3 双旋翼共轴式直升机模型

图 4 倾转旋翼航空器的螺旋桨平面与地面平行

图 5 倾转旋翼航空器的螺旋桨平面向前方倾斜

图 6 倾转旋翼航空器旋翼的对称反向设计

图 7 倾转旋翼航空器螺旋桨的不同转速

由于作用力和反作用力，螺旋桨旋转会对飞行器机体产生反作用力矩，使飞行器发生反向旋转。为了避免这种现象，实际中飞行器的左、右两个螺旋桨采用对称反向设计。我们先拓宽一下视角，看看上文提到的几种螺旋桨飞行器的螺旋桨对称设计。

在单旋翼直升机中，机身尾部通常设计有一个与地面垂直的小型尾桨，以平衡直升机顶部主螺旋桨旋转时对机身造成的反作用力矩；在双旋翼共轴式直升机中，顶部前后两个螺旋桨也采用了对称反向设计；在螺旋桨飞机中，左右两个螺旋桨，一个是正桨，另一个是反桨。

同样，倾转旋翼航空器左右两个螺旋桨，其中一侧的是正桨，另一侧是反桨，实际运行时，左、右两个螺旋桨转向相反，即一个顺时针旋转，另一个逆时针旋转。顺时针旋转的正桨和逆时针旋转的反桨对机身产生的反作用力矩相互抵消（见图6）。由于正桨和反桨的桨叶设计正好相反，顺时针旋转的正桨和逆时针旋转的反桨同时产生提升力或前进推进力。

在这个倾转旋翼航空器模型中，我使用了一个直流电机驱动动力轴，动力轴通过正交设计的 3 个斜齿轮，驱动两个螺旋桨转动，并且实现左、右两个螺旋桨的旋转方向相反。图 7 所示为倾旋翼航空器模型螺旋桨不同转速的展示。

现在我们可以知道，航空器模型里的电机有两个控制目标，一是控制螺旋桨平面的倾斜度，二是控制螺旋桨的转速和转向。在模型里，我安装的 Camellia 控制器可以同时输出 2 路脉冲宽度调制（PWM）信号，并同时控制2路 H 桥电路，进行电机控制。在第 1 路的伺服电机控制中，通过位置（角度）反馈信号，闭环精确控制螺旋桨平面的角度，在第 2 路的直流电机控制中，通过编码器反馈，实现速度检测和转向检测。

PWM 技术的本质是将模拟控制信号变换为一种脉冲控制信号（见图 8）。在这种脉冲信号中，采用占空比描述一个脉冲周期中高电平的持续时间与一个周期的比值。占空比值越大，对应的能量也越大，因此输入给电机的能量（电压或电流的平均值）和脉冲的占空比相关。如果对电机输入模拟控制信号，连续调整输入电机的电压或电流值，由于电机通常具有惯性，则其反应具有一定程度的滞后性，控制效果较差；但采用PWM进行控制，输入不同占空比的脉冲信号，就可以克服这个缺陷。占空比仅是不同的高电平值与周期的比值，当改变周期时，我们可以获

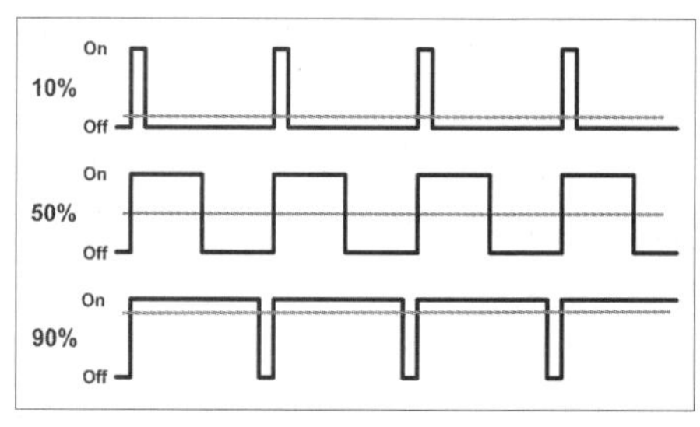

图 8 PWM 控制信号

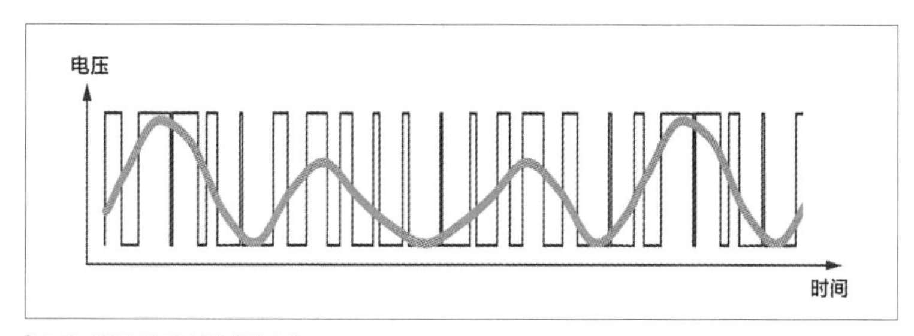

图 9 脉冲控制信号的频率变化

得不同频率的脉冲控制信号。由于每种类型的电机的固有特性不同，脉冲宽度调制技术产生的脉冲控制信号的频率应当与负载相匹配，这样才能更加平滑地进行控制。图 9 所示为脉冲控制信号的频率变化。

在倾转旋翼航空器模型中，Camellia 控制器对电机输入大约 6kHz 的 PWM 信号作为控制信号，每一种占空比值对应电机的一个转速，同时通过 H 桥电路技术实现电机正转、反转控制（见图 10）。

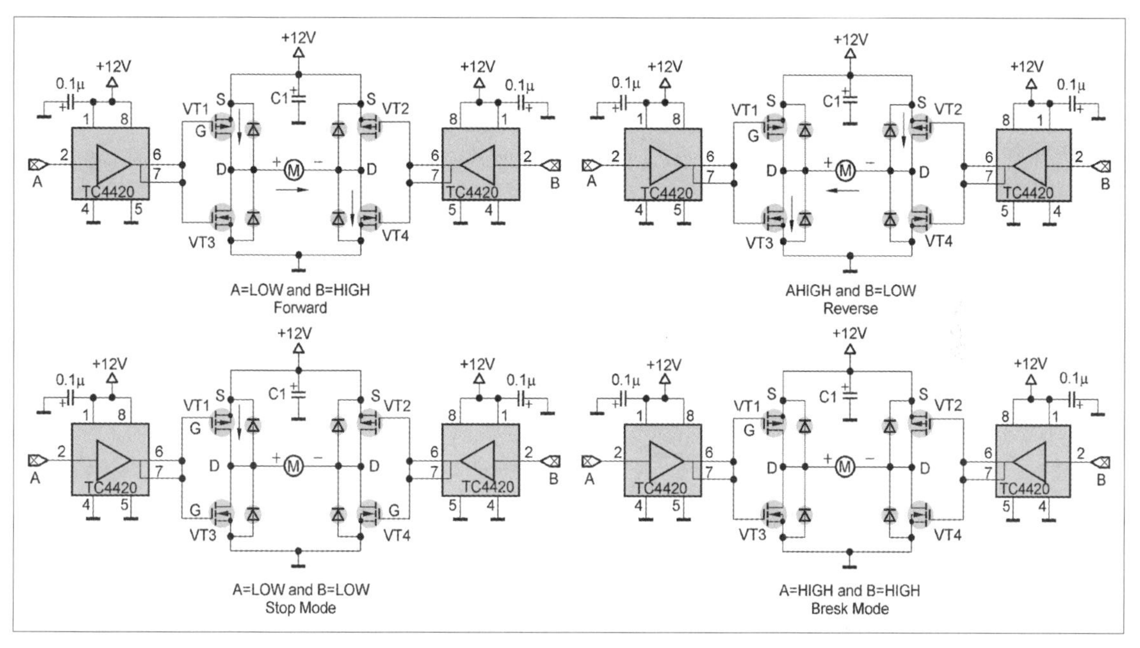

图 10 H 桥电路

Camellia 控制器的核心是芯片，其负责运行控制程序，并驱动电机驱动芯片，进而控制电机。控制器中还含有无线通信模块，通过蓝牙或 Wi-Fi 无线信号，把用户手中的操作杆 / 手机与倾旋翼飞行器模型相连接。在 Wi-Fi 无线控制模式中，无线通信模块有两种工作模式，其可以作为无线局域网的 Access Point，这时无线通信模块好比好家里的路由器，手机、平板电脑、计算机等作为 Station，直接连接微型控制器的无线通信模块；无线通信模块还可以作为 Station，直接访问办公室或家里的路由器，连接到 Internet，这样可以方便地远程控制模型（见图 11）。

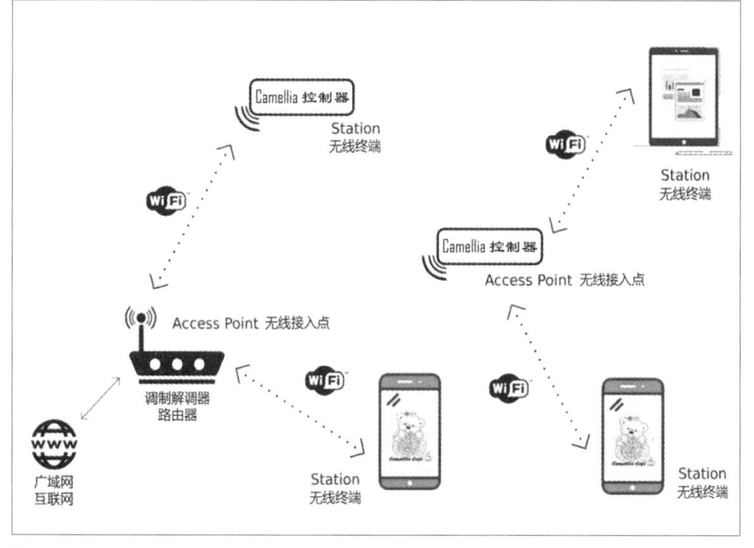

图 11 Wi-Fi 的工作模式

Camellia 控制器的具体操作方法文中不再赘述，感兴趣的朋友可以在网上查找相关资料，Camellia 控制器实物如图 12 所示。

这样，我们就构建了一个小型物联网。我们可以采用手机直接通过蓝牙、Wi-Fi 技术在无线局域网里，实现近距离控制倾转旋翼航空器模型；还可以采用 MQTT 协议通过 Internet 或 4G 蜂窝信号，在广域网里远程控制，你可以坐在办公室里、坐在郊外的河畔，遥控家里的倾转旋翼航空器模型。

物联网时代，航空器可以随时加入信息网络，并立刻开始通信，人工智能等机器学习技术的普及，进一步提高了航空器的自治能力，加深了我们人类和机器的交互。

在此基础上，深入利用嵌入式芯片，运行加密算法，使飞行器进入区块链，具有唯一标识，成为分布式网络节点，变成全球虚拟机部件，融入分布式账本页面；在最新的数字世界里建立航空器的数字孪生兄弟/姐妹，一边是现实，另一边是数字（虚拟），两个双胞胎完全对等；再通过预言机将现实世界（链外）的数据输入区块链中，综合去中心化理念、PoS（权益证明机制）等博弈论激励策略保证数据正确可靠，触发智能合约，这就是 Web 3。Web 3 将互通现实世界与数字（虚拟）世界，将催化物联网技术进一步发展。笔者将在后续的电子模型制作和文章中详细介绍 Web 3 下的无线电和电子技术的应用思路，感兴趣的朋友请持续关注《无线电》杂志，我们一起来探讨 Web 3 下的无线电和电子技术的应用思路。

图 12 控制器

新型跳高机器人

美国加利福尼亚大学圣巴巴拉分校和迪士尼研究所的研究人员研发了一款可以跳 32.9m 高的机器人，它是迄今为止跳得最高的机器人。

这款跳高机器人的高度约为 30cm，质量约为 30g。研究人员认为，与其通过大功率电机跳得更高，不如在使用尽可能多的技巧的同时尽量使用小功率电机。这款机器人由充当弹簧的碳纤维弓和蓄力的橡皮筋制成，机器人的中心包括一个电机、电池和一个连接机器人顶部与底部的门锁装置。

准备起跳时，机器人会旋转它的电机，并在 2min 内将绳索卷起来，将整体压扁并逐渐蓄力。一旦绳索完全上紧，电机的另一次拉力会使门锁装置跳闸，从而松开绳索并在大约 9ms 内释放所有力。在此期间，机器人从 0m/s 加速到 28m/s，比能量超过 1000J/kg，这足以让它的跳跃高度比最好的跳跃生物高出许多。

像蒲公英一样的微型传感器

基于蒲公英播种的原理，美国华盛顿大学研究团队设计了一款微型传感器，该传感器在地面翻动时，可以像蒲公英一样被风吹走。它并不需要电池维持能量，而是依靠太阳能。它们可应用在数字农业监测环境中，例如监测土壤的温度、湿度等。

为保证传感器各方面的性能最佳，该团队尝试为传感器设计最合适的形状。此外，为了让传感器的质量更轻，该团队采用太阳能电池板为电子设备输送电能，这些传感器的形状和结构与蒲公英种子一致。该团队还设计了一个电容，用来在夜间或太阳能储能条件不佳的情况下为传感器供电。

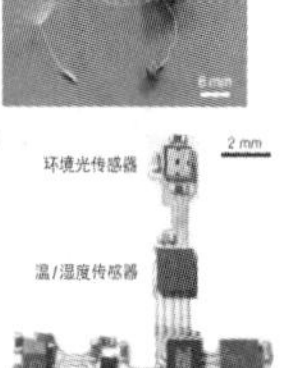

下一步，该团队打算开发传感器的其他功能，例如在传感器坠落时改变自身的形状，或者增加移动性。

ARM 造就 Arms

江沛

演示视频

ARM（Advanced RISC Machine）是一款RISC微处理器；Arms则是机械臂。本文谈谈如何利用ARM开发控制器，控制机械臂。

机械臂（Robotic Arms）

在 Tripod、Delta 或 *XYZ* 三轴机械臂中（见图 1~图 3），我们通过 A、B、C 三部伺服电机的不同转向和转速的组合，就可以获得机械臂末端的不同位置或不同运行轨迹。图 4 和图 5 所示是两种机械臂的三轴滑台。

图 6 所示是 Camellia Café 机械臂的操作界面，界面中每个图标分别表示了 A、B、C 三部伺服电机的单独运行、两两组合或三组合；+、- 表示转向同向或反向组合；底部红色设置值条表示运行的角度和时间设定值；底部紫色速度条表示速度的大小， 速度条中点速度为零，左侧速度为逆时针方向，右侧为顺时针方向。

要实现机械臂末端的精确位置或运行轨迹，必须保证两点：采用反馈控制，准确控制伺服电机的运行角度、运行时间和运行速度；多电机同步控制。

伺服电机编码器

编码器（Encoder）反馈伺服电机实际运行情况到控制器，控制器根据反馈信号，计算运行的角度、速度及转向，调整输出信号，形成反馈闭环回路。

例如在角度控制中，控制器内部设定伺服电机需要转动角度的设定值，然后发出 PWM 信号控制伺服电机开始转动，伺服电机每转动一定的角度，内部的编码器

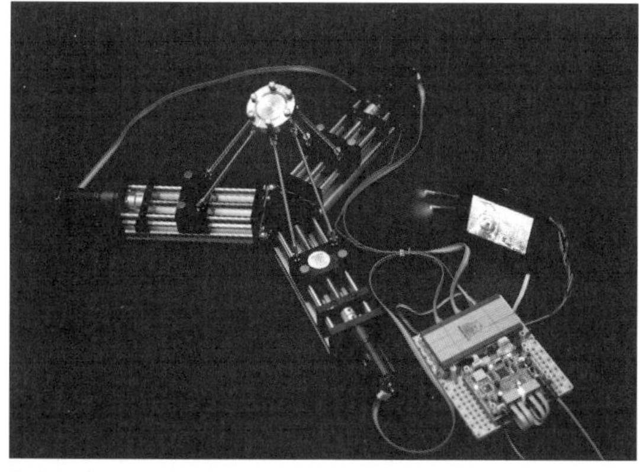
图 1 Tripod 三轴机械臂

图 2 Delta 三轴机械臂

图 3 *XYZ* 三轴机械臂

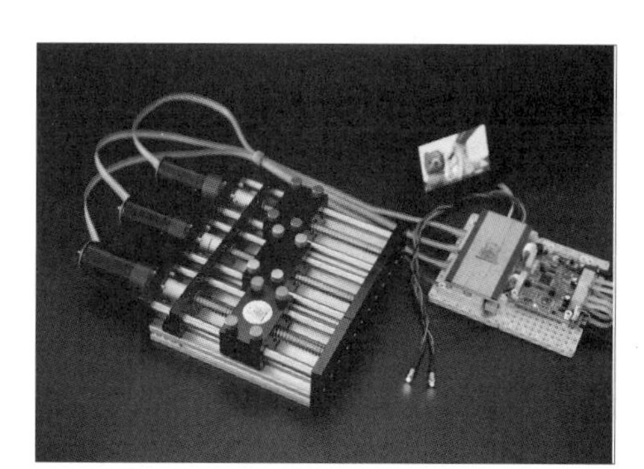
图 4 *XYZ* 三轴机械臂的三轴滑台

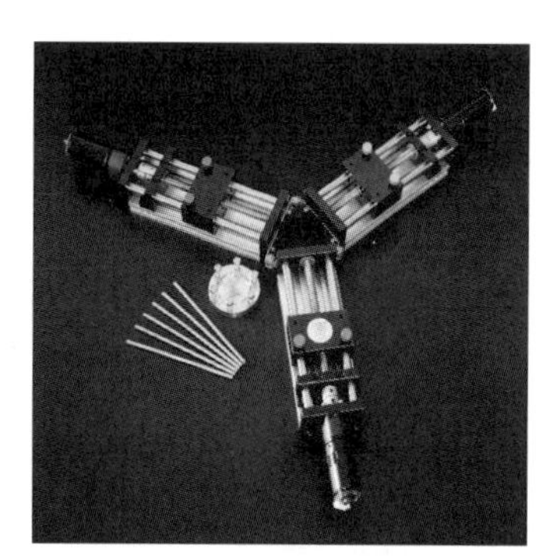
图 5 Tripod 三轴机械臂滑台

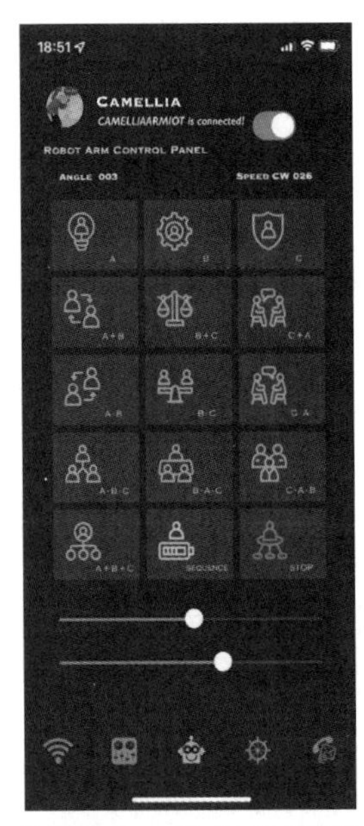

图 6 Camellia Café 机械臂的操作界面

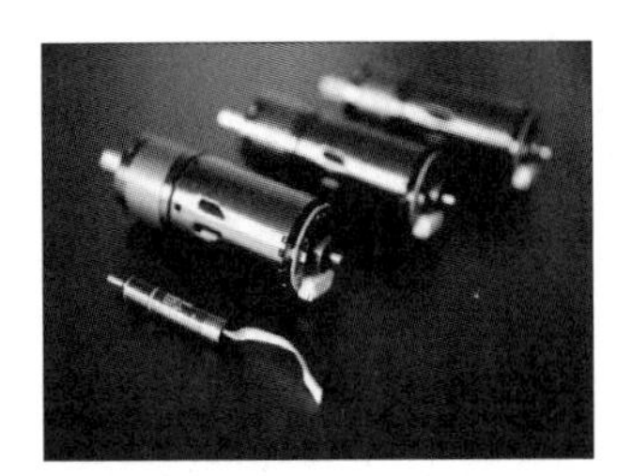

图 7 直流伺服电机

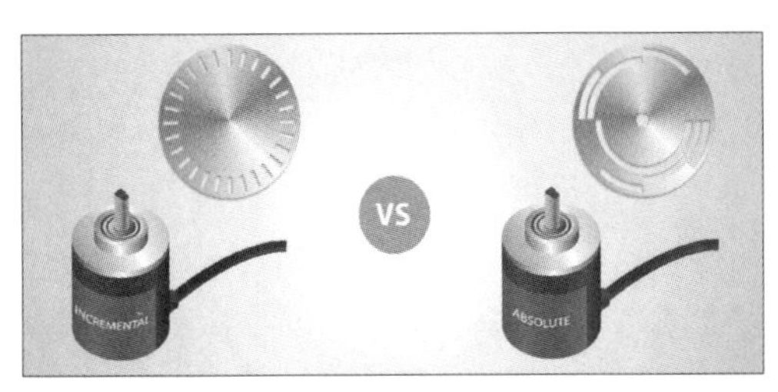

图 8 编码器

就反馈一个脉冲信号给控制器，控制器记录接收脉冲信号的个数，计算累计值，这个累计值就是伺服电机已经转动的角度，当已经转动的角度与角度的设定值相等时，控制器停止发出 PWM 信号或发出刹车信号，伺服电机停止转动。图 7 所示是直流伺服电机。

编码器是一种集光、机、电为一体的传感器，它具有分辨率高、结构简单、体积小、使用可靠、易于维护、性价比高等优点（见图 8）。

编码器常见的类型有增量式编码器和绝对值式编码器。编码器采用的主要原理有光电式和电磁式。

增量式编码器：电机转动一圈输出多个脉冲，脉冲信号表示的是从一个位置到另一个位置的变化。输出信号有 A、B、Z 三相，其中 A、B 相是脉冲输出信号，Z 相是圈数，A、B 两相相差 90°，控制器可以根据 A 相超前或滞后于 B 相判断旋转方向。

绝对值式编码器：这种编码器的输出是一个圆周上的角度值。绝对值式编码器的结构如图 9 所示，在光栅盘上沿径向有若干同心码盘，每条道上由透光和不透光的扇形区相间组成，相邻码道的扇区数是双倍关系，码盘上的码道数是它的二进制数码的位数（bit）。光栅盘的一侧是光源，另一侧对应每一码道有一光敏器件，当码盘处于不同位置时，各光敏元件根据是否受光照转换出相应的电平信号，形成二进制数，输出 2^n 信号，这相当于把一个圆周等分为了 2^n 份，每一个位置（份）都有一个唯一的输出值，这样就可以获得电机当前的位置（角度）。

图 10 所示是绝对值式编码器和增量式编码器的比较。

光电编码器：由光栅盘、光电转换电路（包括光源、光敏器件、信号转换电路）、机械部件等组成（见图 11）。光栅盘与电机同轴，伺服电机的旋转带动光栅盘的旋转，再经光电检测装置输出若干个脉冲信号。控制器可以通过累加脉冲数，计算已经转动过的角度，并通过计算每秒脉冲数获得当前转速，还可以采用两个相位差相差 90° 的光码，根据双通道输出光码状态的改变判断出转动方向。光电编码器工作原理和编码器转向检测如图 12 和图 13 所示。

编码器的线数（slot）是指光栅盘的一周刻线总数，编码器可以分辨的角度 = 360° / 总线数。线数表示编码器光栅盘一圈分成多少份，同样也能理解为电机旋转一圈可以产生的脉冲数，不过在计脉冲数的时候常常采用倍频的方法计数，例如 1 倍频计数就是完整检测到一个周期的 A 方波和 B 方波输出一个脉冲，4 倍频则是在一个周期内检测到 A 方波的 1 个上升沿、

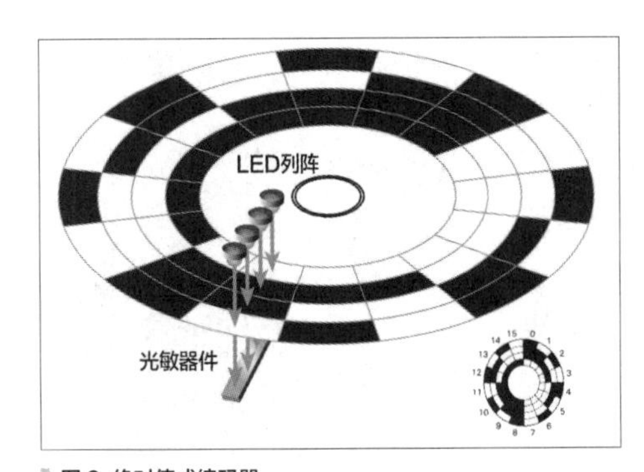

图 9 绝对值式编码器

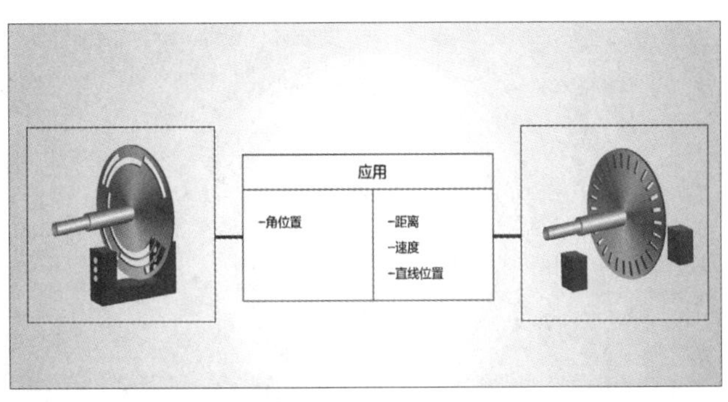

图 10 绝对值式编码器和增量式编码器的比较

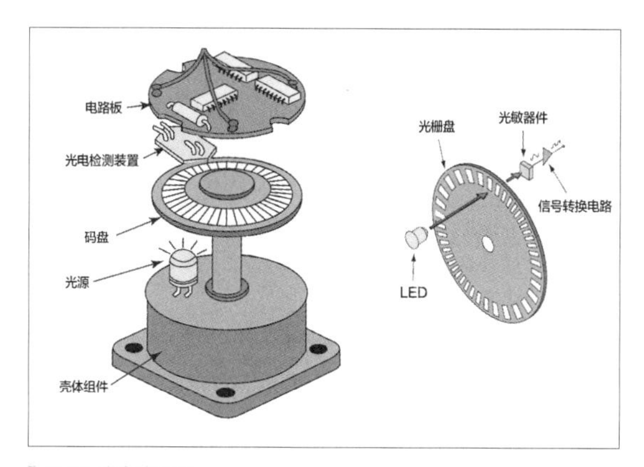

图 11 光电编码器

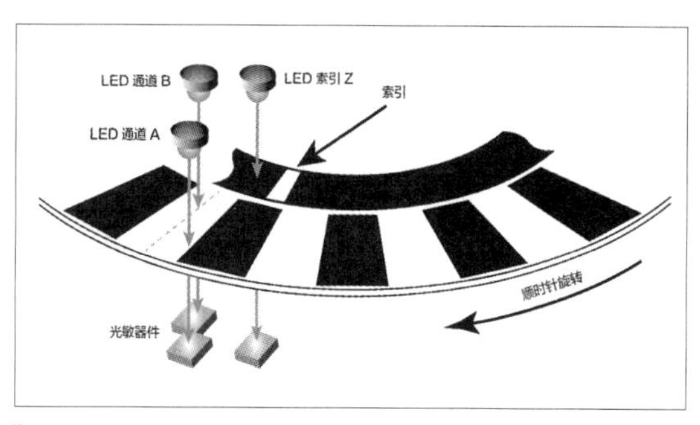

图 12 光电编码器工作原理

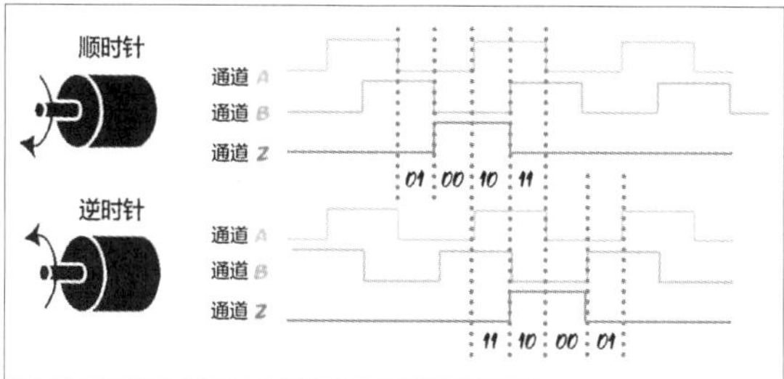

图 13 编码器转向检测

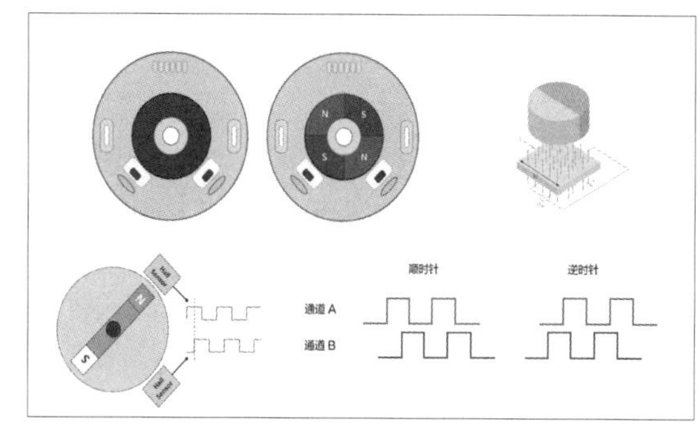

图 14 霍尔编码器

1 个下降沿和 B 方波的 1 个上升沿、1 个下降沿，每个上升沿或下降沿都输出一个脉冲，这样在一个周期内就输出 4 个脉冲，这样不仅提高了分辨率，定位也精准了。

电磁编码器：霍尔编码器是一种典型的电磁编码器（见图 14）。霍尔编码器基于霍尔效应，当电流垂直于外磁场通过半导体时，载流子发生偏转，垂直于电流和磁场的方向会产生一个附加电场，从而在半导体的两端产生电势差，即霍尔电势差，输出一个电压信号。霍尔编码器由霍尔码盘和霍尔元件组成。霍尔码盘是在一定直径的圆板上等分的布置有不同的磁极，霍尔码盘与电机同轴，电机旋转时，霍尔检测元件输出脉冲信号，同样是设置两组存在一定相位差的检测元件可以实现方向检测。

ARM控制器

控制器的核心是 ARM 芯片。

关于芯片，第一个概念是架构。

芯片架构来源于中央处理器（CPU）的设计。中央处理器是一块超大规模的集成电路芯片或芯片组，主要包括运算器、高速缓冲存储器及实现它们之间联系的数据、控制及状态总线等。

学习大多数编程语言时，我们写的第一个程序往往是“Hello World！”，但是这条在我们看来最简单的语言，中央处理器芯片却是不能识别的，我们需要把“Hello World！”翻译成中央处理器芯片能够识别的规范语言，它才能识别。

这种中央处理器芯片能识别的规范语言的集合就叫作指令集架构。指令集架构是一个抽象概念。识别指令的过程，称作指令集架构的实现，注意不是翻译（编译）过程。同一种指令集架构通常有不同的实现方法，而不同的实现方法，其性能、物理体积、成本等也不相同。通俗地说，指令集架构就是软件和硬件的接口。不同的软件代码可以运行在采用不同实现方法的硬件上。

与指令集架构相对应的是微架构，就是物理层面的电路实现。微架构的设计，决定了芯片的最高工作频率、运算量、能耗水平等。

我们熟悉的计算机的两种中央处理器芯片 Intel Pentium 和 AMD Athlon 就是不同的微架构，但是它们都可以实现同样的 x86 指令集架构。

我们在编写程序的代码时，通常将其划分为两个部分，一部分是程序编写后就不再需要对其进行修改（逻辑代码），另一部分是程序编写完毕后其内容会随着程序的运行而不断变化（变量）。

基于这两部分存储方式的区别，中央处理器芯片可分为两种结构。

◆ **冯 · 诺依曼结构或普林斯顿结构：**

将逻辑代码段和变量统一存储在内存中，它们之间一般是按照代码的执行顺序依次存储。这种结构的好处是可以充分利用有限的内存空间，并且会使中央处理器对程序的执行十分方便。但是由于程序没有对逻辑代码段的读写限定，因此，很容易错误地修改逻辑代码，引起死机等现象。

◆ **哈佛结构**：将程序的逻辑代码和变量分开存放，其优点就是逻辑代码和变量不会相互干扰。

同样基于不同的设计出发点，指令集架构通常有两大类。

◆ **复杂指令集架构（CISC）**：通常采用冯·诺依曼结构或普林斯顿结构，指令与数据存储在同一存储器中，指令线与数据线分时复用，程序指令存储地址与数据存储地址指向同一个存储器的不同物理位置，取指令与取数据不能同时进行，速度受限。

◆ **精简指令集架构（RISC）**：通常采用哈佛结构，指令与数据存储于两个不同的存储空间，程序存储器与数据存储器相互独立，独立编址，独立访问，分离的程序总线与数据总线在一个机器周期中，可同时获得指令字和操作数，提高执行效率，取指令和取数据同时进行。

复杂指令集架构包括的指令系统比较丰富，有多个专用指令来完成多种特定的功能。复杂指令集架构是以增加处理器本身复杂度作为代价，去换取更高的性能。而精简指令集架构仅包括经常使用的指令，尽量使它们具有简单高效的特色，对不常用的功能，常通过组合这些经常使用的指令来完成，其将复杂度交给了编译器。精简指令集架构是以增加程序大小和指令带宽来保证硬件的简单和低功耗的实现。

我们举一个例子，比如让机械臂抬升、下降、旋转、抓放等动作，复杂指令集架构中每种动作都有一条对应的指令，编程时只需要调用这些指令就好了，因此编程工作量大大减少，但对应的中央处理器芯片设计很复杂。一个简单的抓放动作，芯片可能仅接到了一个短短的指令，却要做许多动作。而精简指令集架构可能只有电机正转、反转、刹车停止这 3 条指令，对于抓放动作时，就需要编写多条代码，让多个电机同时按顺序运行，这样中央处理器芯片的设计相对简单，仅是在重复地处理一些简单的指令。

架构	x86 intel	ARM Acorn ARM	RISC-V RISC-V	MIPS Mips
设计公司	intel	Acorn/ARM	RISC-V Foundation	MIPS
发布时间	1978年	1983年	2014年	1971年
应用公司	Intel AMD	Apple Google IBM 华为	Samsung NVIDIA	龙芯

图 15 主流芯片的指令集架构

复杂指令集架构更加专注于高性能、高功耗领域，而精简指令集架构则专注于小尺寸、低功耗领域。为了提升性能，复杂指令集架构的处理器将越来越大，而精简指令集架构则需要大大增加内存带宽以接收相对大量的信息。近些年来，复杂指令集架构和精简指令集架构的区分已经慢慢地在模糊。目前市场上主流芯片的指令集架构有 x86、ARM、RISC-V 和 MIPS 等，如图 15 所示。

x86 可以说是我们最熟悉的指令集架构了。1978 年 6 月 8 日，intel 发布了新款 16 位微处理器 8086，x86 架构就此诞生。IBM 在 1981 年推出的世界第一台个人计算机中的中央处理器 i8088（i8086 的简化版）使用的就是 x86 指令集架构。随着中央处理器技术的不断发展，intel 陆续研制出更新型的 i80386、i80486，直到今天的 Core i9 系列。为了保证计算机能继续运行以往开发的各类应用程序以保护和继承丰富的软件资源，intel 公司所生产的所有中央处理器（CPU）仍然继续使用 x86 指令集架构。

ARM 架构是一个精简指令集架构，其广泛地使用在嵌入式系统中。由于节能，ARM 处理器非常适用于移动通信领域，符合其低耗电的设计目标。ARM 家族占了嵌入式处理器 75% 的比例。

x86 架构和 ARM 架构是市场份额最大的两大指令集架构，分属复杂指令集架构和精简指令集架构，它们有着各自的特点和市场。x86 处理器主要面向家用、商用领域，在性能和兼容性方面做得更好。ARM 主要是面向移动、低功耗领域，因此在设计上更偏重节能、能效方面。x86 架构由于封闭，比 ARM 架构成本更高，但有着更高的性能、更快的速度和更好的兼容性。

简而言之，指令集架构是中央处理器（CPU）芯片选择的语言，而微架构是具体的实现。

这里我们 Camellia ARM 控制器为例，看一下怎样通过控制器控制机械臂。Camellia ARM 控制器采用 ARM 芯片，结合电机驱动芯片，综合 H 桥电路和 PWM 控制技术，对 4 路伺服电机进行运行速度、运行角度和运行时间控制，并通过接收伺服电机编码器的反馈信号，

图 16 Camellia ARM 控制器

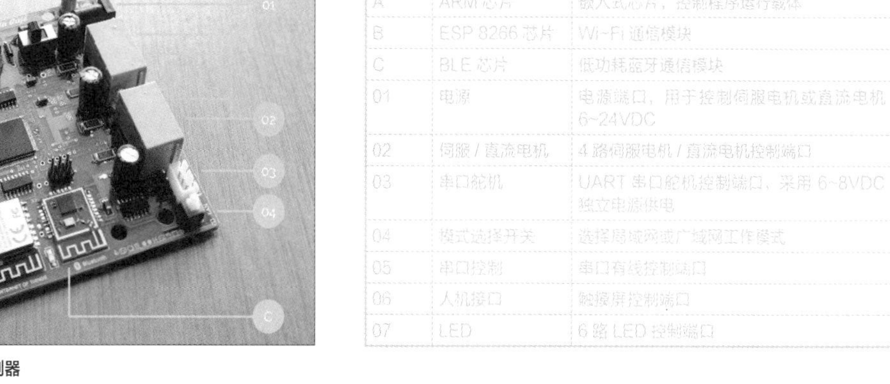

附表 Camellia ARM 控制器各部分示意

A	ARM 芯片	嵌入式芯片，控制程序运行载体
B	ESP 8266 芯片	Wi-Fi 通信模块
C	BLE 芯片	低功耗蓝牙通信模块
01	电源	电源端口，用于控制伺服电机或直流电机 6~24VDC
02	伺服 / 直流电机	4 路伺服电机 / 直流电机控制端口
03	串口舵机	UART 串口舵机控制端口，采用 6~8VDC 独立电源供电
04	模式选择开关	选择局域网或广域网工作模式
05	串口控制	串口有线控制端口
06	人机接口	触摸屏控制端口
07	LED	6 路 LED 控制端口

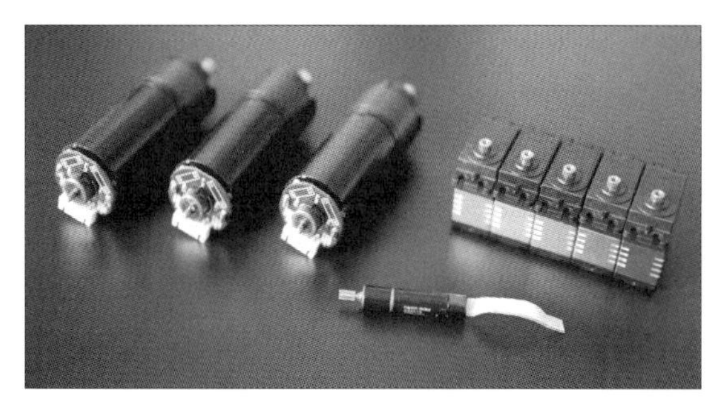

图 17 伺服直流电机和伺服舵机

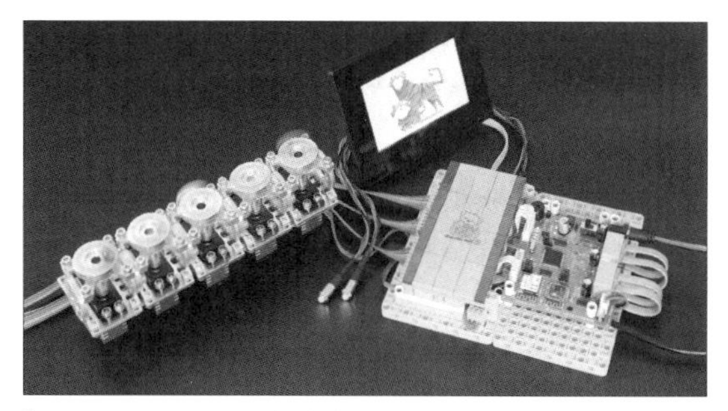

图 18 Camellia ARM 控制器控制串口总线伺服舵机

形成闭环控制，这样既可以实时同步控制 4 部电机，也可以顺序控制 4 部电机。Camellia ARM 控制器如图 16 所示，控制器各部分示意如附表所示。

为了体现 ARM 芯片的强大功能，这里简单介绍一下 Camellia ARM 控制器的性能。

在控制脉宽调制伺服电机或直流电机方面：能够控制 4 部脉宽调制伺服电机或直流电机；能够运行角度反馈控制、速度反馈控制、实时控制、时序控制；脉宽调制信号 5%~95%，频率 40~7000Hz，电源电压 6~24V。

在控制串口舵机方面：能够控制 255 部串口舵机；能够进行实时控制、时序控制；能够支持总线、环形、混合网络结构；电源电压 6~12V；还有人机接口、触摸屏和 6 个 LED。图 17 所示为伺服直流电机和伺服舵机。

Camellia ARM 控制器通过电机驱动机械臂，其中 3 部电机驱动机械臂的 3 个轴，第 4 部电机可以用于驱动机械臂末端的执行机构。在同步控制和顺序控制的作用下，实现机械臂的各种期望动作。此外，串口舵机可以控制多部总线舵机，可以拓展开发更多轴的串联或并联机械臂。Camellia ARM 控制器同时集成了 ESP8266 无线通信模块和 BLE 低功耗蓝牙通信模块，把带有 Camellia ARM 控制器的机械臂融入物联网中，还可以采用手机直接通过 Bluetooth、Wi-Fi 技术在无线局域网里，实现在近距离控制机械臂。或是采用 MQTT 协议通过 Internet 或 4G 蜂窝信号，这样你可以坐在办公室里、坐在郊外的河畔，在广域网里远程遥控的工厂里的机械臂。图 18~ 图 20 所示为 Camellia ARM 控制器的实际应用场景。

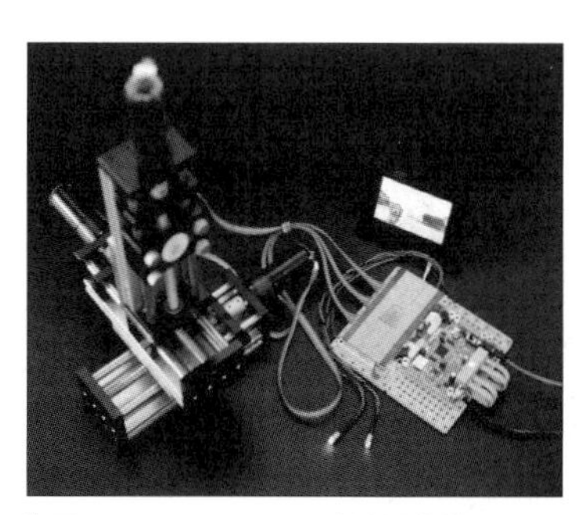

图 19 Camellia ARM 控制器控制 *XYZ* 三轴机械臂

图 20 Camellia ARM 控制器的 App 操作界面

用上计算机视觉，建筑物表面裂纹 / 裂缝检测不再难

基于 reTerminal 的表面裂纹 / 裂缝检测系统

演示视频

[印度] 纳纹 · 库马尔（Naveen Kumar）　翻译：李丽英（柴火创客空间）

混凝土结构的建筑体通常在投入使用40~50年后，会开始恶化。众所周知，混凝土桥等坚固结构突然倒塌的原因只之一——磨损，因此，忽视其磨损迹象可能会导致严重事故。

对混凝土结构的定期检查和维修，是保护建筑安全的重要手段。其中，表面裂纹 / 裂缝是用于诊断混凝土结构劣化的重要指标之一。通常，专家会通过目视检查裂纹 / 裂缝、勾画检查结果，然后根据他们的发现准备检查数据来检查此类结构。像这样的检查方法不仅非常耗时和昂贵，而且有时不能准确地检测到裂纹 / 裂缝。在这个项目中，我使用机器学习构建了一个表面裂纹 / 裂缝检测方案。使用 Edge Impulse Studio 的迁移学习对预训练的图像分类模型进行微调，并部署到 reTerminal（一个基于树莓派 CM4 的带屏幕的设备），实时检测表面裂纹 / 裂缝并对其进行定位。

有人可能会问，为什么我们要使用图像分类模型来定位检测这些裂纹 / 裂缝呢？我们不能使用目标检测（object detection）模型来实现裂纹 / 裂缝检测吗？确实可以，但如果使用目标检测模型，我们就需要手动将边界框添加到数千个样本中，费时费力。再加上如果使用目标检测，一般会使用确定形状的对象来训练检测模型，要在检测中实现自动标注也有难度。这样一来，利用分类模型对裂纹 / 裂缝进行定位检测可以节省大量精力，并且能够识别需要重点关注的目标检测区域。

再详细一些说，我用具有已针对分类任务训练的 GAP（全局平均池化）层的 CNN（卷积神经网络）检测目标定位。GAP-CNN 不仅可以告诉我们图像中包含什么检测目标，还可以检测到目标在图像中所在的位置，并且我们无须进行额外的处理！这种定位会以热力图的形式呈现（由类激活映射技术生成，采用 GAP，以热力图的形式告诉我们，模型通过哪些像素得知图片属于某个类别，使模型可视化且具有可解释性）。

简单介绍完背后的原理，接下来就与大家分享下这个项目的完整搭建过程。

硬件搭建

考虑到要随身携带设备去采集数据模型和检测，搭建一个紧凑且便携的硬件是很有必要的。在这个项目中，我使用了由矽递科技研发的 reTerminal，它是一个自带 LCD 和按钮的设备。整个设备基于一块 4GB RAM 的树莓派 CM4，性能对于一个概念验证项目来说已经足够了。此外，我还使用了一个树莓派摄像头（V2 版本）和一个用于支撑摄像头的亚克力支架。项目所用的硬件材料如图 1 所示。

reTerminal 是一个完整的整机，其 15-Pin FPC 摄像头连接器设置在后盖上方（见图 2），为了将摄像头连上，我们

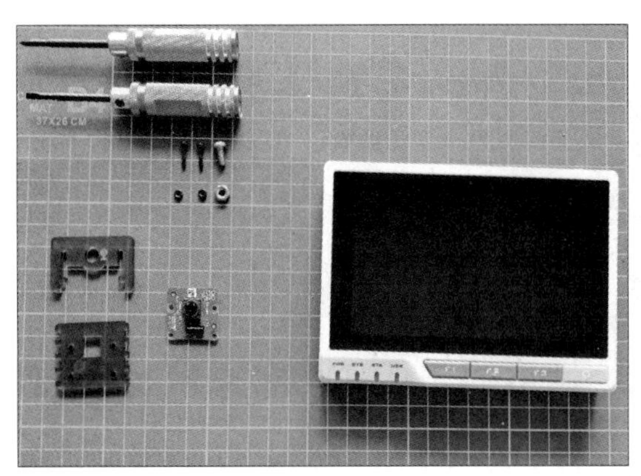

图 1 项目所用的硬件材料

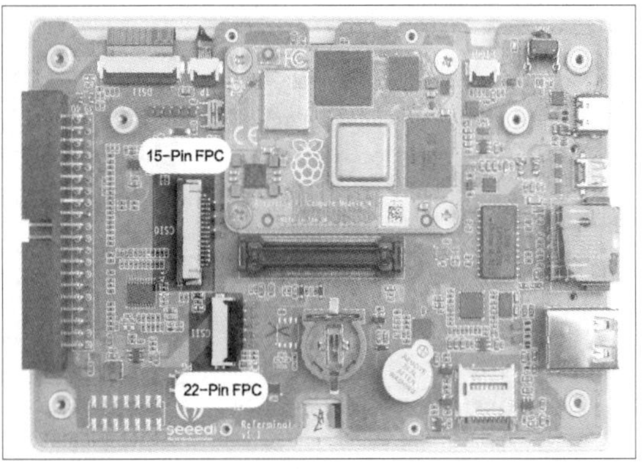

图 2 reTerminal

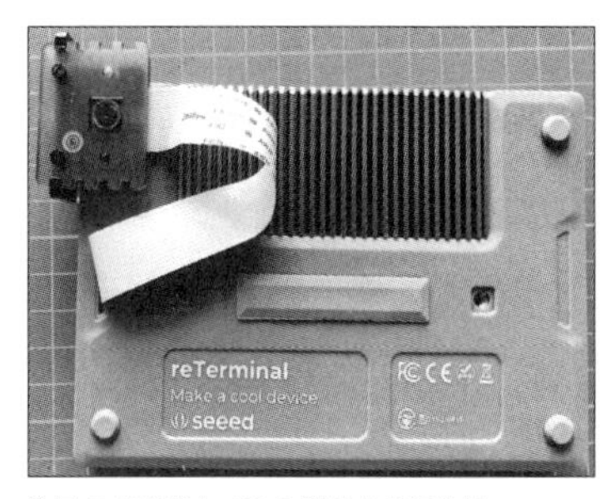

图 3 摄像头与 FPC 带状电缆相连接

需要打开 reTerminal 的后盖。这个步骤不难，但因为后盖封得比较紧，请按照官方详细指南进行操作。

然后将摄像头与 FPC 带状电缆相连接，如图 3 所示，电缆另一端接上 reTerminal，随后使用亚克力支架进行支撑固定。

配置开发环境

reTerminal 自带 32 位树莓派操作系统，但我为了保证整个系统拥有更好的性能，将其刷新到 64 位树莓派操作系统。请参考官方教程进行系统刷新。

提前安装好要使用的 Python 包，我们执行以下命令。

```
$ sudo pip3 install seeed-python-reterminal
$ sudo apt install -y libhdf5-dev python3-pyqt5 libatlas-base-dev
$ pip3 install opencv-contrib-python==4.5.3.56
$ pip3 install matplotlib
```

数据采集

我在这个项目中所用的数据集是直接从 Mendeley Data 官网下载的，数据集名称为“用于分类的混凝土裂纹 / 裂缝图像”（Concrete Crack Images for Classification）。这个数据集包含有裂纹 / 裂缝和没有裂纹 / 裂缝的各种混凝土表面。这些图像数据是从土耳其一所大学（METU）的多个建筑中收集的。数据集将所有图像分成了 positive（即有裂纹 / 裂缝）和 negative（即没有裂纹 / 裂缝）两个类别，如图 4 所示。每个类别包含 20000 张图像，整个数据集一共有 40000 张图像，每张图像均为 227 像素 ×227 像素，RGB 三个颜色通道显色。

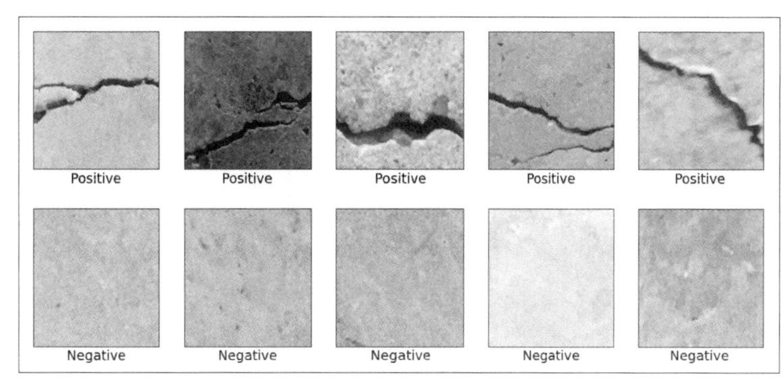

图 4 数据集部分图像（上为有裂纹 / 裂缝，下为反向没有裂纹 / 裂缝）

为了将有裂纹 / 裂缝和没有裂纹 / 裂缝的图像与其他场景的图像区分开来，我同时下载了来自 COCO-Minitrain 数据集（这是 COCO train 2017 数据集的子集）中的 80 个不同目标类别的 25000 张随机采样图像。

将数据上传到 Edge Impulse 在线模型训练平台

我们需要在 Edge Impulse 中创建一个新项目，如图 5 所示，方便将数据上传。

使用 Edge Impulse CLI 上传数据。在上传之前，需要按照官方说明提前安装 CLI。

我下载的所有图像被标记为以下 3 类中的一类，并保存到带有标签名称的目录中。

◆ positive——有裂纹 / 裂缝的表面

◆ negative——表面没有裂纹 / 裂缝

◆ unknown ——来自 COCO-Minitrain 数据集的 80 个不同目标的图像

执行以下代码命令将图像上传到 Edge Impulse。数据集会自动拆分为训练数据集和测试数据集。

```
$ edge-impulse-uploader --category split --label positive positive/*.jpg
$ edge-impulse-uploader --category split --label negative negative/*.jpg
$ edge-impulse-uploader --category split --label unknown unknown/*.jpg
```

我们可以在 Edge Impulse 的数据采集页面上看到所有上传的数据集，如图 6 所示。

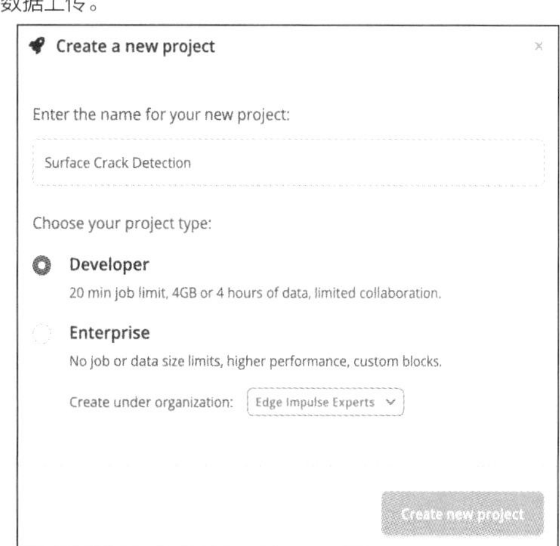

图 5 在 Edge Impulse 中创建新项目

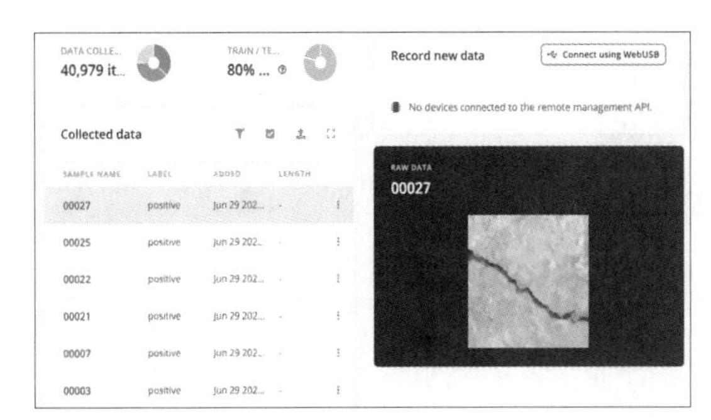

图 6 上传到 Edge Impulse 的数据集

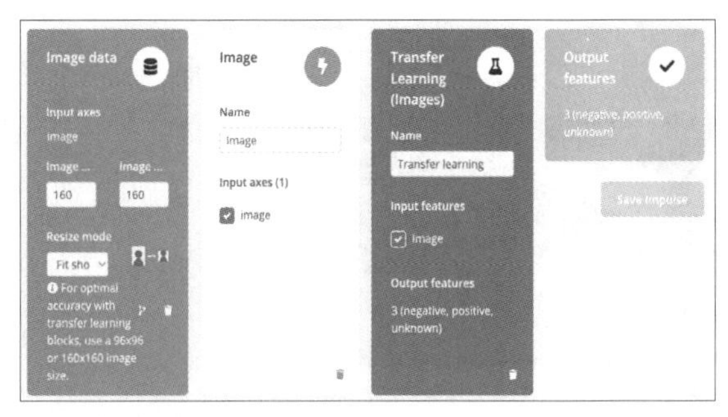

图 7 脉冲设计设置

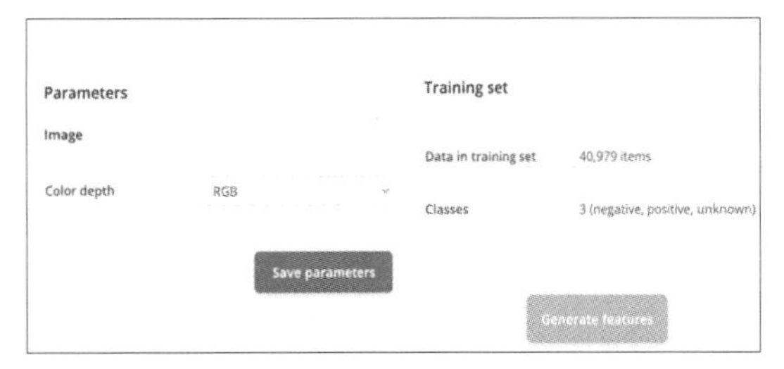

图 8 参数设置和生成特征

图 10 选择神经网络架构

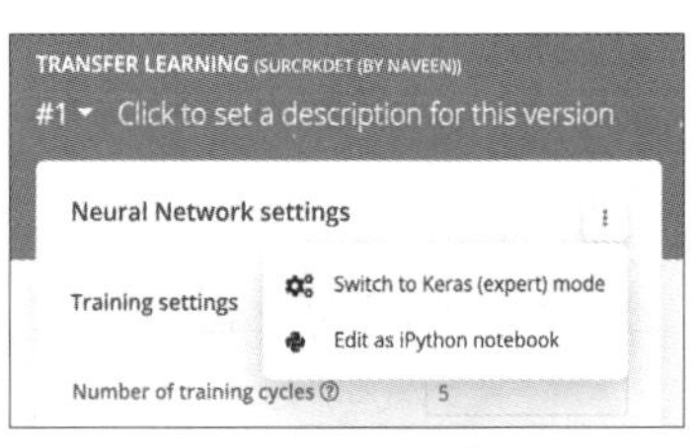

图 11 切换到 Keras(expert) 模式

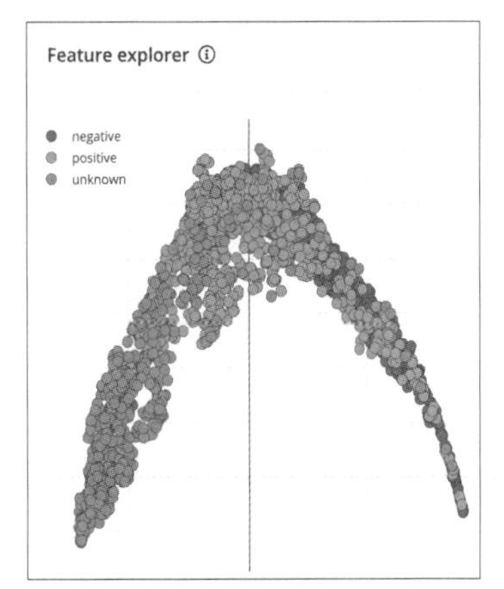

图 9 2D 可视化特征预览

模型训练

前往 Impulse Design 页面，单击“Create Impulse”（创建脉冲），然后单击“Add a processing block”（添加一个处理模块），随后选择“Image”（图像）。这样操作之后，平台会对图像数据进行预处理和标准化，并可选择降低颜色深度功能，如图 7 所示。此外，在同一页面上，单击“Add a learning block”（添加学习模块），然后选择“Transfer Learning (Images)”（迁移学习（图像）），这个操作会将预先训练的图像分类模型进行微调和优化。如我们可将图片尺寸调整为 160 像素 × 160 像素。最后单击“Save Impulse”（保存脉冲）按钮。

接下来，再次前往 Impulse Design 页面，如图 8 所示，单击“Image”（图像）页面，然后将颜色深度参数设置为 RGB，然后单击“Save parameters”(保存参数）按钮，会跳转到另一个页面，在这个页面，我们直接单击“Generate Feature”（生成特征）按钮。完成特征生成通常需要几分钟。

我们可以在平台的“Feature Explorer”（特征预览）功能下看到生成特征的 2D 可视化视图，如图 9 所示。

现在我们重新回到 Impulse Design 页面，单击“Transfer Learning”（迁移学习），并选择神经网络架构。我们使用的是平台提供的 MobileNetV2 160 × 160 1.0 迁移学习模型，如图 10 所示，这个模型自带预训练权重。

预训练模型可以输出图像类别的预测概率。而要获得类激活映射 CAM（一种生成热力图的技术，用于突出图像的类的特定区域），我们需要修改模型为“Multi-output”。要实现模型自定义和修改，我们需要切换到 Keras(expert) 模式，如图 11 所示。在文本编辑器中修改生成的代码，如图 12 所示。

我们用 3 个神经元（即 3 个图像类别），将倒数第二层（GAP 层）连接到 Dense 层。稍后我们将使用这个 Dense 层的权重来生成类激活映射，执行下面的代码。

```
base_model = tf.keras.applications.
MobileNetV2(
  input_shape = INPUT_SHAPE, alpha=1,
  weights = WEIGHTS_PATH
)
last_layer  = base_model.layers[-2].
output
dense_layer = Dense(classes)
output_pred  =  Softmax(name=
"prediction")(dense_layer(last_
layer))
```

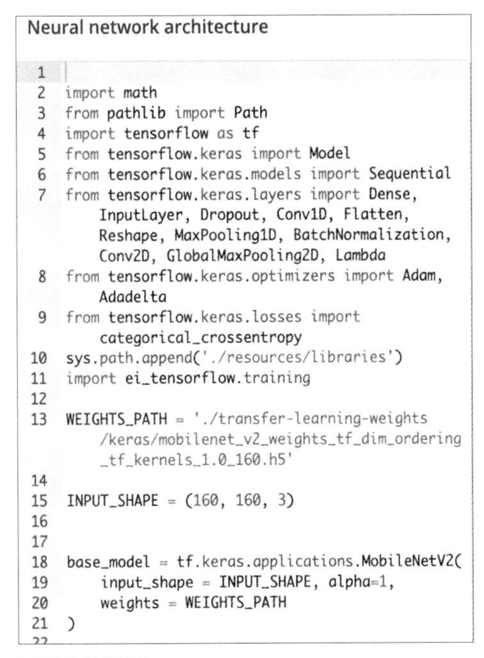

Neural network architecture

```
1
2  import math
3  from pathlib import Path
4  import tensorflow as tf
5  from tensorflow.keras import Model
6  from tensorflow.keras.models import Sequential
7  from tensorflow.keras.layers import Dense,
       InputLayer, Dropout, Conv1D, Flatten,
       Reshape, MaxPooling1D, BatchNormalization,
       Conv2D, GlobalMaxPooling2D, Lambda
8  from tensorflow.keras.optimizers import Adam,
       Adadelta
9  from tensorflow.keras.losses import
       categorical_crossentropy
10 sys.path.append('./resources/libraries')
11 import ei_tensorflow.training
12
13 WEIGHTS_PATH = './transfer-learning-weights
       /keras/mobilenet_v2_weights_tf_dim_ordering
       _tf_kernels_1.0_160.h5'
14
15 INPUT_SHAPE = (160, 160, 3)
16
17
18 base_model = tf.keras.applications.MobileNetV2(
19     input_shape = INPUT_SHAPE, alpha=1,
20     weights = WEIGHTS_PATH
21 )
```

图 12 修改代码

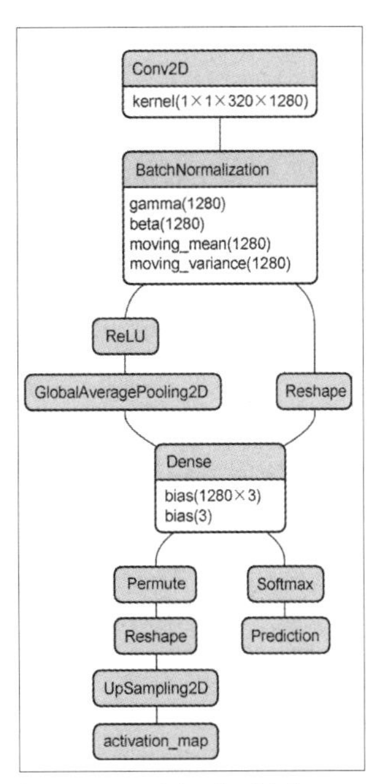

图 13 最后一个卷积的网络架构

我们需要计算最后一个卷积块的输出和最终 Dense 层的权重，这样才能生成类激活映射。因为 Keras Dot 层不会对具有动态批量大小的向量进行广播，因此我们不能使用它。但是我们可以利用 Dense 层，它在内部将内核权重与输入进行点积。但这种方法也有一个副作用，Dense 层会将偏置权重添加到每个点积。因为这个偏差权重非常小，不会改变类激活映射的最终归一化值，所以我们完全可以使用这个方法代，代码如下所示。

```
conv_layer = base_model.layers[-4].output
reshape_layer = Reshape((conv_layer.shape[1] * conv_layer.shape[2] , -1))(conv_layer)
dot_output = dense_layer(reshape_layer)
```

我们需要将点积的输出重新采样，让其尺寸可以与输入图像（160 像素 × 160 像素）的尺寸保持一致。这样就可以完全覆盖热力图。因此，我们需要用到 UpSampling2D 层，代码如下所示。

```
transpose = Permute((2, 1))(dot_output)
reshape_2_layer = Reshape((-1, conv_layer.shape[1] , conv_layer.shape[2]))(transpose)
SIZE = (int(INPUT_SHAPE[1] / conv_layer.shape[2]),
 int(INPUT_SHAPE[0] / conv_layer.shape[1]))
output_act_map = UpSampling2D(size=SIZE, interpolation="bilinear", data_format="channels_first", name="activation_map")(reshape_2_layer)
model = Model(inputs=base_model.inputs, outputs=[output_pred, output_act_map])
```

此外，我们将在最后两个卷积块上训练模型，并在此之前冻结所有层，代码如下所示。

```
TRAINABLE_START_IDX = -12
for layer in model.layers[:TRAINABLE_START_IDX]:
    layer.trainable = False
```

图 13 所示为最后一个卷积块之后的网络架构，这是一个多输出模型，其中第一个输出提供预测类概率，第二个输出提供类激活映射（即热力图）。

修改后的训练代码如下。

```
import math
from pathlib import Path
import tensorflow as tf
from tensorflow.keras import Model
from tensorflow.keras.layers import Dense, UpSampling2D, Permute, Reshape, Softmax
from tensorflow.keras.optimizers import Adam
from tensorflow.keras.losses import categorical_crossentropy
sys.path.append('./resources/libraries')
import ei_tensorflow.training
WEIGHTS_PATH = './transfer-learning-weights/keras/mobilenet_v2_weights_tf_dim_ordering_tf_kernels_1.0_160.h5'
INPUT_SHAPE = (160, 160, 3)
base_model = tf.keras.applications.MobileNetV2(
    input_shape = INPUT_SHAPE, alpha=1,
    weights = WEIGHTS_PATH
)
last_layer = base_model.layers[-2].output
dense_layer = Dense(classes)
output_pred = Softmax(name="prediction")(dense_layer(last_layer))
conv_layer = base_model.layers[-4].output
reshape_layer = Reshape((conv_layer.shape[1] * conv_layer.shape[2] , -1))(conv_layer)
dot_output = dense_layer(reshape_layer)
```

```
transpose = Permute((2, 1))(dot_output)
reshape_2_layer = Reshape((-1, conv_layer.shape[1] , conv_layer.shape[2]))(transpose)
SIZE = (int(INPUT_SHAPE[1] / conv_layer.shape[2]),
 int(INPUT_SHAPE[0] / conv_layer.shape[1]))
output_act_map = UpSampling2D(size=SIZE, interpolation="bilinear", data_format="channels_first", name="activation_map")(reshape_2_layer)
model = Model(inputs=base_model.inputs, outputs=[output_pred, output_act_map])
TRAINABLE_START_IDX = -12
for layer in model.layers[:TRAINABLE_START_IDX]:
 layer.trainable = False
model.compile(optimizer=tf.keras.optimizers.Adam(learning_rate=0.0005),
 loss={'prediction': 'categorical_crossentropy', 'activation_map':None},
 metrics={'prediction': ['accuracy'], 'activation_map': [None]})
BATCH_SIZE = 32
EPOCHS=5
train_dataset = train_dataset.batch(BATCH_SIZE, drop_remainder=False)
validation_dataset = validation_dataset.batch(BATCH_SIZE, drop_remainder=False)
callbacks.append (BatchLoggerCallback(BATCH_SIZE, train_sample_count, epochs=EPOCHS))
model.fit(train_dataset, validation_data=validation_dataset,epochs=EPOCHS, verbose=2, callbacks=callbacks)
```

修改代码之后，单击“Start Training”（开始训练）按钮并等待大约 30min，直到训练完成。我们可以看到如图 14 所示训练结果，结果显示这个模型有 99.6% 的准确率，相当不错。

模型部署

因为目前 Edge Impulse 平台的 Linux SDK 不支持多输出模型，所以我决定使用编译后的 TensorFlow Lite 进行模型推理。这个 TensorFlow 解释器的代码包是完整 TensorFlow 代码包的一部分，它包含了使用 TensorFlow Lite 运行推理所需的最少代码。为了加速推理，TensorFlow 解释器可以与 XNNPACK 一起使用，XNNPACK 是一个针对 ARM 和其他平台的高度优化神经网络推理算法库。要为 64 位树莓派 OS 启用 XNNPACK，我们需要从源代码构建 TFLite Runtime Python 包。要做到这点，我们需要在速度更快的 Debian/Ubuntu Linux 设备上使用 Docker 执行以下命令来交叉编译和构建解释器包。

```
$ git clone -b v2.9.0 https://github官网/tensorflow/tensorflow.git
$ cd tensorflow
$ curl -L -o tensorflow/tools/ci_build/Dockerfile.pi-python37 \
  https://github"官网网址"/tensorflow/tensorflow/raw/v2.8.0/tensorflow/tools/ci_build/Dockerfile.pi-python37
$ sed -i -e 's/FROM ubuntu:16.04/FROM ubuntu:18.04/g' tensorflow/tools/ci_build/Dockerfile.pi-python37
$ sed -i '30a apt-get update && apt-get install -y dirmngr' tensorflow/tools/ci_build/install/install_deb_packages.sh
$ sed -i -e 's/xenial/bionic/g' tensorflow/tools/ci_build/install/install_pi_python3x_toolchain.sh
```

要实现为浮点 (F32) 和量化 (INT8) 模型启用 XNNPACK，请将以下程序添加到 tensorflow/lite/tools/pip_package/build_pip_package_with_bazel.sh 文件中。

```
aarch64)
BAZEL_FLAGS="--config=elinux_aarch64
--define tensorflow_mkldnn_contraction_kernel=0
--define=tflite_with_xnnpack=true
--define=tflite_with_xnnpack_qs8=true
--copt=-O3"
;;
```

执行以下命令构建 pip 包。

```
$ sudo CI_DOCKER_EXTRA_PARAMS="-e CI_BUILD_PYTHON=python3.7 -e CROSSTOOL_PYTHON_INCLUDE_PATH=/usr/include/python3.7" tensorflow/tools/ci_build/ci_build.sh PI-PYTHON37 tensorflow/lite/tools/pip_package/build_pip_package_with_bazel.sh aarch64
```

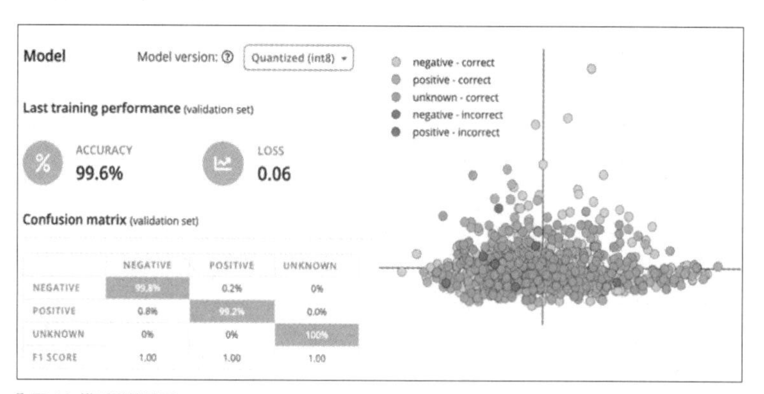

图 14 模型训练结果

将 pip 包复制到 reTerminal 中。

```
$ scp tensorflow/lite/tools/pip_package/gen/tflite_pip/python3.7/dist/tflite_runtime-2.9.0-cp37-cp37m-linux_aarch64.whl \
  pi@raspberrypi.local:/home/pi
```

接着，执行以下命令，安装软件包。

```
$ pip3 install -U tflite_runtime-2.9.0-cp37-cp37m-linux_aarch64.whl
```

随后，我们从 Edge Impulse 的 Dashboard（控制面板）下载这个量化模型，如图 15 所示。

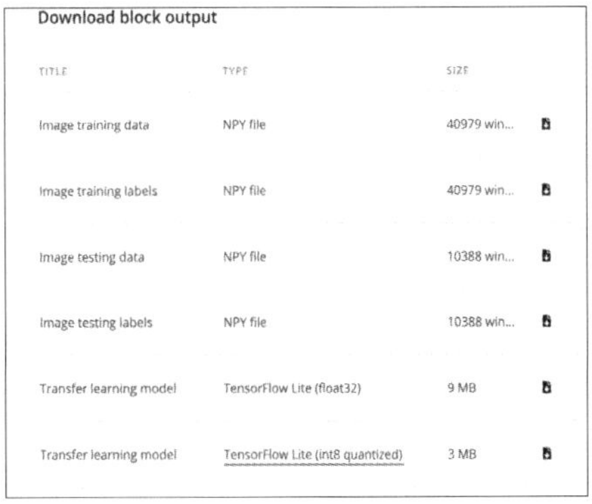

TITLE	TYPE	SIZE
Image training data	NPY file	40979 win...
Image training labels	NPY file	40979 win...
Image testing data	NPY file	10388 win...
Image testing labels	NPY file	10388 win...
Transfer learning model	TensorFlow Lite (float32)	9 MB
Transfer learning model	TensorFlow Lite (int8 quantized)	3 MB

Download block output

图 15 下载量化模型

下面是用于推理的完整 Python 代码。

```
#!/usr/bin/python3
import sys
import signal
import time
import cv2
import numpy as np
import traceback
import threading
import logging
import queue
import collections
import matplotlib.pyplot as plt
from matplotlib import cm
from tflite_runtime.interpreter import Interpreter
def avg_fps_counter(window_size):
  window = collections.deque(maxlen=window_size)
  prev = time.monotonic()
  yield 0.0
  while True:
    curr = time.monotonic()
    window.append(curr - prev)
    prev = curr
    yield len(window) / sum(window)
  def sigint_handler(sig, frame):
  logging.info('Interrupted')
  sys.exit(0)
signal.signal(signal.SIGINT, sigint_handler)
def capture(queueIn):
  global terminate
  global zoom
  videoCapture = cv2.VideoCapture(0)
  if not videoCapture.isOpened():
    logging.error("Cannot open camera")
    sys.exit(-1)
  while True:
    if terminate:
    logging.info("Capture terminate")
    break
  prev = time.time()
  try:
  success, frame = videoCapture.read()
  if success:
    frame = cv2.rotate(frame, cv2.ROTATE_90_CLOCKWISE)
    img = cv2.cvtColor(frame, cv2.COLOR_BGR2RGB)
      if zoom:
        w, h = 320, 320
        x = (img.shape[1] - w) / 2
        y = (img.shape[0] - h)/ 2
        img = img[int(y):int(y+h), int(x):int(x+w)]
      img = cv2.resize(img, (width, height))
      img = img / 255.0
      img = img.astype(np.float32)
         img_scaled = (img / input_scale) + input_zero_point
         input_data = np.expand_dims(img_scaled, axis=0).astype(input_details[0]["dtype"])
         if not queueIn.full():
           queueIn.put((img, input_data))
           logging.info('Image Captured')
       else:
         raise RuntimeError('Failed to get frame!')
       except Exception as inst:
         logging.error("Exception", inst)
         logging.error(traceback.format_exc())
         videoCapture.release()
         break
def inferencing(interpreter, queueIn, queueOut):
  global terminate
  global show_heatmap
  while True:
    if terminate:
      logging.info("Inferencing terminate")
      break
    start_time = time.time()
    try:
      if queueIn.empty():
        time.sleep(0.01)
        continue
      img, input_data = queueIn.get()
      interpreter.set_tensor(input_details[0]['index'], input_data)
      interpreter.invoke()
      output_0_tensor = interpreter.tensor(output_details[0]['index'])
      output_1_tensor = interpreter.tensor(output_details[1]['index'])
      output_1 = output_1_scale * ((output_1_tensor()).astype(np.float32) - output_1_zero_point)
      pred_class = np.argmax(np.squeeze (output_1))
```

```
        pred_score=np.squeeze(output_1)[pred_class]
        dp_out = None
        if pred_class == 1 and show_heatmap is True :
          dp_out = output_0_scale * (np.squeeze(output_0_tensor())[pred_class].astype(np.float32) - output_0_zero_point)
        if not queueOut.full():
          queueOut.put((img, pred_class, pred_score, dp_out))
      except Exception as inst:
        logging.error("Exception", inst)
        logging.error(traceback.format_exc())
        break
      logging.info('Inferencing time: {:.3f}ms'.format((time.time() - start_time) * 1000))
def display(queueOut):
  global show_heatmap
  global zoom
  global terminate
  dimension = (960, 720)
  ei_logo = cv2.imread('/home/pi/surface_crack_detection/ei_logo.jpg')
  ei_logo = cv2.cvtColor(ei_logo, cv2.COLOR_BGR2RGB)
  ei_logo = ei_logo / 255.0
  ei_logo = ei_logo.astype(np.float32)
  ei_logo = cv2.copyMakeBorder(ei_logo, 0, dimension[1] - ei_logo.shape[0], 70, 70, cv2.BORDER_CONSTANT, None, (255, 255, 255))
  ei_logo = cv2.copyMakeBorder(ei_logo, 0, dimension[1] - ei_logo.shape[0], 70, 70, cv2.BORDER_CONSTANT, None, (255, 255, 255))
  fps_counter = avg_fps_counter(30)
  while True:
    if queueOut.empty():
      time.sleep(0.2)
      continue
    start_time = time.time()
    img, pred_class, pred_score, dp_out = queueOut.get()
    if pred_class == 1:
      label = 'Crack'
      color = (0, 0, 255)
      if show_heatmap and dp_out is not None:
        heatmap = None
        heatmap = cv2.normalize(dp_out, heatmap, alpha=0, beta=255, norm_type=cv2.NORM_MINMAX, dtype=cv2.CV_8U)
        colormap = plt.get_cmap('jet')
        img = cv2.addWeighted(img, 1.0, colormap(heatmap).astype(np.float32)[:,:,:3], 0.4, 0)
    else:
      if pred_class == 0:
        label = 'No Crack'
        color = (0, 0, 0)
      else:
        label = 'Unknown'
        color = (255, 0, 0)
    final_img = cv2.resize(img, dimension, interpolation=cv2.INTER_CUBIC)
    font = cv2.FONT_HERSHEY_SIMPLEX
    final_img = np.hstack((final_img, ei_logo))
    final_img = cv2.cvtColor(final_img, cv2.COLOR_RGB2BGR)
    final_img = cv2.putText(final_img, label, (980, 200), font, 2, color, 3, cv2.LINE_AA)
    final_img = cv2.putText(final_img, f'({pred_score*100:0.1f}%)', (980, 280), font, 2, (0, 0, 0), 3, cv2.LINE_AA)
    fps = round(next(fps_counter))
    final_img = cv2.putText(final_img, f'Fps:{fps}', (980, 360), font, 2, (0, 0, 0), 3, cv2.LINE_AA)
    final_img = cv2.putText(final_img, f'Heat:{"On" if show_heatmap else "Off"}', (980, 440), font, 2, (0, 0, 0), 3, cv2.LINE_AA)
    final_img = cv2.putText(final_img, f'Crop:{"On" if zoom else "Off"}', (980, 520), font, 2, (0, 0, 0), 3, cv2.LINE_AA)
    window_name = "Edge Impulse Inferencing"
    cv2.imshow(window_name, final_img)
    key = cv2.waitKey(1)
    if key == ord('a'):
      show_heatmap = not show_heatmap
      logging.info(f"Heatmap: {show_heatmap}")
    if key == ord('s'):
      zoom = not zoom
      logging.info(f"Zoom: {zoom}")
    if key == ord('f'):
      terminate = True
      logging.info("Display Terminate")
      break
    logging.info('Display time: {:.3f}ms'.format((time.time() - start_time) * 1000))
if __name__ == '__main__':
  log_fmt = "%(asctime)s: %(message)s"
  logging.basicConfig(format=log_fmt, level=logging.ERROR, datefmt="%H:%M:%S")
  model_file = '/home/pi/surface_crack_detection/model/quantized-model.lite'
  interpreter = Interpreter(model_path=model_file, num_threads=2)
  interpreter.allocate_tensors()
  input_details = interpreter.get_input_details()
  output_details = interpreter.get_output_details()
  height = input_details[0]['shape'][1]
  width = input_details[0]['shape']
```

```
[2]
 input_scale, input_zero_point =
input_details[0]['quantization']
 output_0_scale, output_0_zero_point
= output_details[0]['quantization']
 output_1_scale, output_1_zero_point
= output_details[1]['quantization']
 queueIn  = queue.Queue(maxsize=1)
 queueOut  = queue.Queue(maxsize=1)
 show_heatmap = False
 zoom = False
 terminate = False
 t1 = threading.Thread(target=capture,
args=(queueIn,), daemon=True)
 t2 = threading.Thread(target=
inferencing, args=(interpreter,
queueIn, queueOut), daemon=True)
 t3 = threading.Thread(target=display,
args=(queueOut,), daemon=True)
 t1.start()
 logging.info("Thread start: 1")
 t2.start()
 logging.info("Thread start: 2")
 t3.start()
 logging.info("Thread start: 3")
 t1.join()
 t2.join()
 t3.join()
```

App工作流程

该 App 通过使用树莓派 CM4 计算模块的 4 核处理器实现低时延和更好的目标检测的帧率，工作流程如图 16 所示。

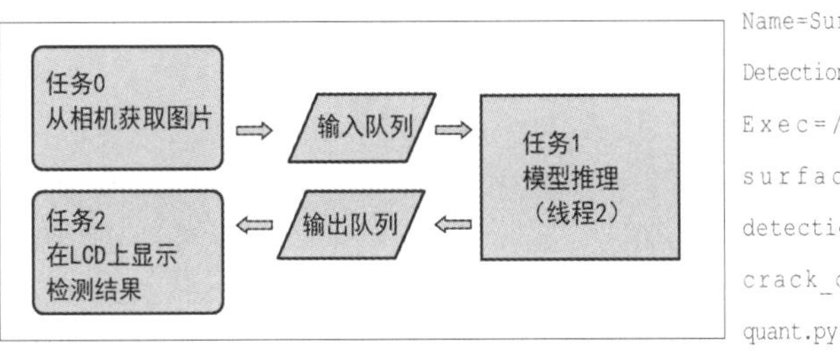

图 16 App 工作流程

桌面App

单击桌面应用程序图标（见图 17）来执行如下推理脚本，该图标是通过在 /home/pi/Desktop 目录中添加 ei.desktop 文件创建的。

```
[Desktop Entry]
Version=1.0
Comment=Run Inferencing Quantized
Model
Terminal=false
Name=Surface Crack
Detection
Exec=/home/pi/
surface_crack_
detection/surface_
crack_detection_
quant.py
Type=Application
Icon=/home/pi/surface_crack_
detection/images/ei_logo.jpg
```

此外，reTerminal 屏幕下方的 F1 按钮功能为切换热力图，F2 按钮功能为放大预览图像，O 按钮功能为关闭 App。

结语

该项目展示了一个表面裂纹 / 裂缝检测的工业应用案例，可进一步应用在预测性维护领域。设备工作画面如图 18 所示，大家可以扫描文章开头的二维码来观看演示视频。该项目主要特点总结如下。

◆ 在 Edge Impulse 平台专家模式中自定义预训练的迁移学习模型。

◆ 演示如何使用 Edge Impulse 训练一个多输出模型。

◆ 运行时热力图可视化，帮助快速定位检测到裂纹 / 裂缝。

◆ 有多线程 App，可以提高目标检测的帧率。

◆ 项目是可规模部署的便携式解决方案。

尽管这个项目是基于树莓派 CM4 计算模块创建的，但它可以轻松移植到更高规格的边缘设备上，以进一步提高目标检测的帧率，并保证实时检测。

图 17 App 安装在 reTerminal 系统桌面

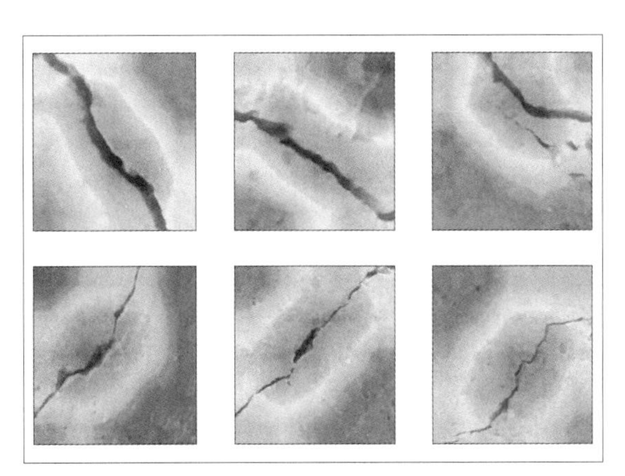

图 18 设备工作画面

我的计时器编年史（上）

臧海波

计时器是利用特定原理测量时间的装置，生活中用钟表看时间、微波炉加热食物、电饭锅煮饭、洗衣机洗衣服等活动都离不开计时器。计时器可以是独立的硬件，比如一块机械手表；也可以通过软件实现，比如手机闹铃。计时器的时间跨度可以是年月级，比如万年历；也可以是毫秒级，比如点焊机上的时间控制电路。计时器包括但不限于钟表，比如单片机时钟就是一种特殊的计时器。时钟信号为芯片内部的微操作提供时间基准，使我们可以编程调用片内资源实现时延、计数、PWM输出、正计时和倒计时，以及事件检测等功能，进而实现对机器人或者其他电气设备的控制。

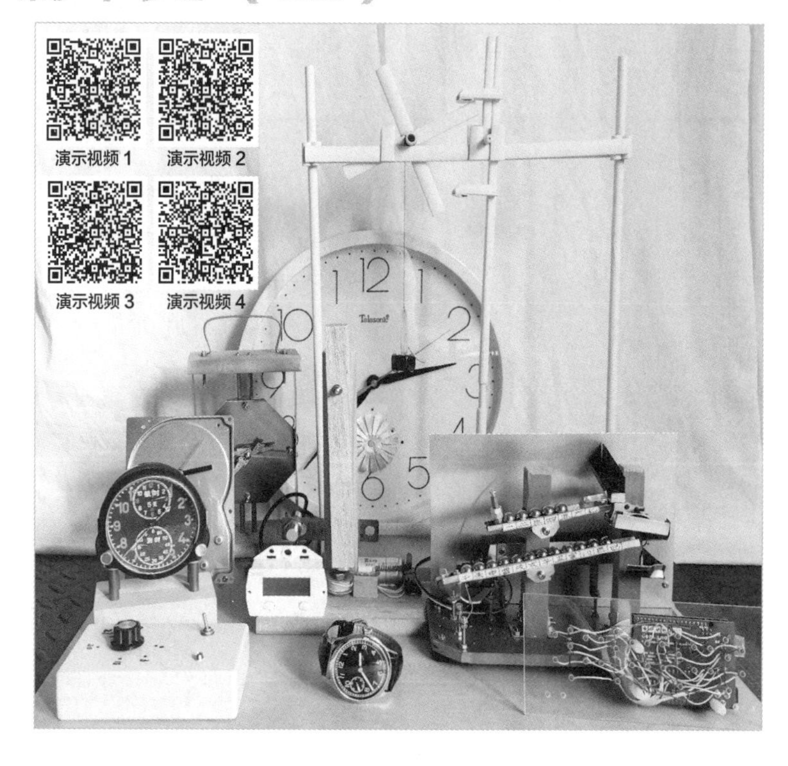

自制计时器是一个特别考验创意、充满趣味和挑战的题材，非常适合作为机器人衍生项目来开展。本文收录了一组笔者制作的计时器，涵盖手工、物理、数学、机械、电子、软件，甚至一点收藏知识。希望读者可以通过本文拓宽制作思路，创造出更多有趣的作品。

图1 用打印纸制作的钟摆模型

钟摆

机械摆钟发明于17世纪，用钟摆控制走时，发条提供能量，曾经是世界上最精确的计时工具。钟摆的工作原理是单摆的等时性，为了深入体会其中的奥秘，我从一个钟摆模型开始了第一个计时器的制作。

作为一个可动的纸模型，这个钟摆的整体框架，包括摆锤和擒纵部分全部由普通打印纸卷成的硬纸管构成，如图1所示。算上实验消耗，前后大概用了20张A4纸。

模型的可动部分如图2和图3所示，包括安装在两条架空导轨之间的擒纵轮和擒纵叉。擒纵轮作为一个储能装置为摆锤

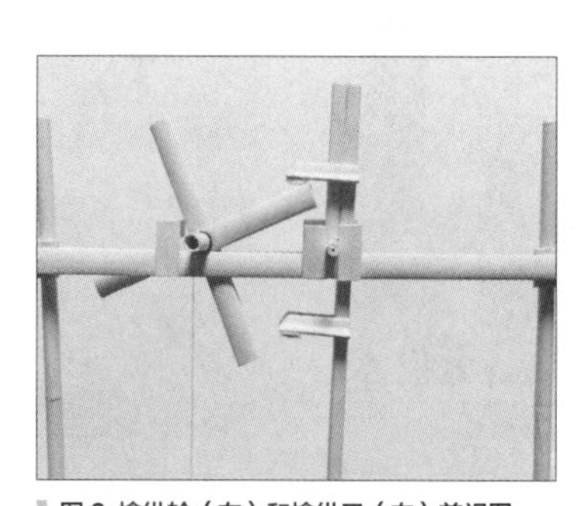

图2 擒纵轮（左）和擒纵叉（右）前视图

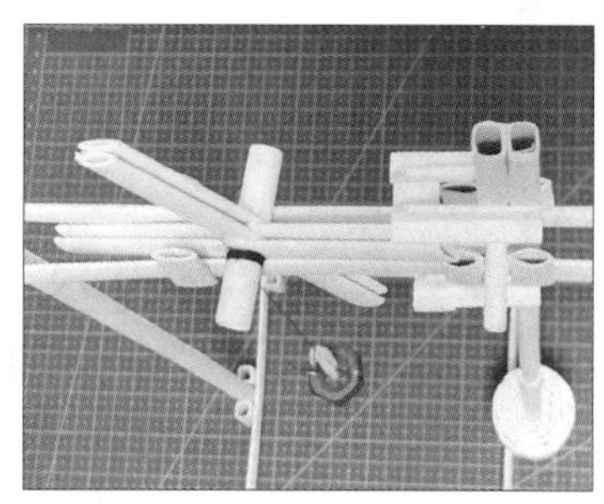

图3 擒纵轮（左）和擒纵叉（右）顶视图

图 4 自制时、分针和上弦钥匙

图 5 我的红酒盒版机械摆钟

图 6 摆钟机芯打点机构特写

提供动力。当摆锤摆到右侧时带动擒纵叉向左转，抓住转动状态的擒纵轮；当摆锤摆到左侧时带动擒纵叉向右转，松开停止状态的擒纵轮，如此往复运行。在实际的钟表上，擒纵轮每向前转动一下，秒针就会移动一小步。此外，擒纵轮还通过齿轮带动分针和时针转动，完成计时。

我使用一个大号螺母作为配重，将棉线缠绕在擒纵轮轴上，为钟摆系统提供动力。擒纵叉下方连接着摆锤，两者之间的长度可调，用来控制钟摆“走时”的快慢。根据物理学单摆公式 $T=2\pi\sqrt{(L/g)}$，其中，L 为摆长，g 为当地的重力加速度，可知摆长越长，周期越长，走时越慢。反之，摆长越短，周期越短，走时越快。钟摆运行视频请扫描演示视频二维码 1 观看。

出于对摆钟的喜爱，我特意收藏了一台国产老式机械摆钟。准确说，只有表盘和机芯是原装的，其他零件均为自制的。手工打造的两个表针和上弦钥匙如图 4 所示。外壳使用一个装红酒的盒子改造而成，如图 5 所示。细心的读者还可以发现摆锤也经过改装。这是因为原机芯的摆簧片损坏失效，后来我用环氧树脂片自制了一个，因为弹性系数发生变化，在单摆下面又增加了螺母作配重，调整摆动周期。这个 1985 年生产的北极星机芯经过打理，上满发条可以走满 15 天，实测日均误差小于 15s，音簧发出的打点音色韵味十足，这是一个很有年代感的计时器。

老式摆钟的一大特色是具备报时功能，每隔半小时打点一次，整点敲击的次数与时针指示的时刻相同。打点机构由走时机构控制，通过一组凸轮、扇形齿轮、抬闸和开关杠杆实现打点报时，如图 6 所示。我录制了一段 12 点整的报时视频，请扫描演示视频二维码 2 观看。请开大音量认真听摆钟的独特音色，欣赏打点轮系巧妙配合的机械之美。

电磁摆

法拉第电磁感应定律于 1831 年被提出，在当时乃至现在，都是一个革命性的发现。我制作的这个电磁摆（见图 7），也标志着自制计时器从“机械时代”进入了“电气时代”。与前面的纸钟摆相比，它更有律动感，更具观赏性，蕴含的科技知识也更丰富。

因为非线性的存在，一个看似简单的物理系统特性可能变得极其复杂。电磁摆就其数学模型和所涉及的科学领域而言，就属于这样一种看似简单但多样的系统，混沌的研究也始于对这种简单系统的研究，并掀起了继相对论和量子力学以来的第三次科技革命。这里我不想用太多篇幅探讨高深的物理理论和哲学问题，就说说怎么做一个简单炫酷的电磁摆。

这个电磁摆的结构材料使用了两根从板条箱上拆下来的木条，较粗的一根木条作为立柱，另一根细的木条作为摆杆。底座取自房屋装修时剩下的一块边角料，立柱固定在上方，下面四个角粘上用胶皮裁剪出来的减振垫。摆锤是一块圆形钕磁铁，用免钉胶粘在摆杆末端。

电磁摆细节如图 8 所示，与大多数自制电磁摆不同的是，我使用了带铁芯的电磁铁以获得最佳效果。一根 M6 螺栓作为铁芯，两端是以矿泉水瓶盖剪成的垫片，中间用 0.2mm 漆包线绕满大约 300 匝，

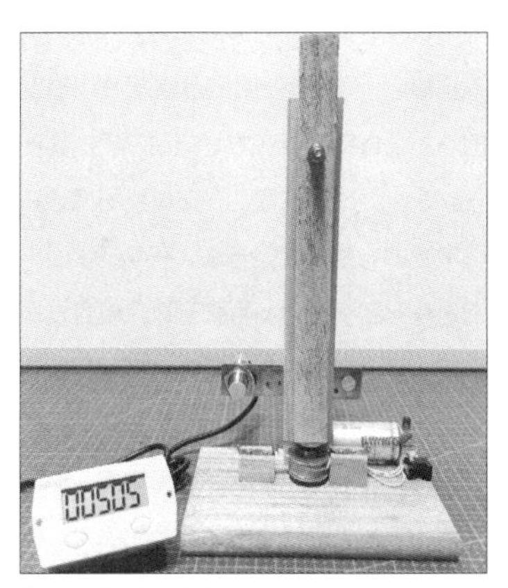

图 7 带计数功能的电磁摆

图 8 静止状态下电磁铁、簧片开关和摆杆、摆锤的位置关系

图 9 霍尔传感器（左）、储能电容及指示灯（右）

图 10 用奶粉盖子剪出轮廓

图 11 画上秒标记，装上铜轴

12V 电压下吸力强劲。另一个不同是我使用黄铜片自制的接触式簧片开关替代了业余制作常用的磁簧开关。因为玻璃管封装的小型磁簧开关允许的电流比较低，容易发生触点烧蚀问题，而我制作的电磁摆消耗电流比较大。使用接触开关带来的另一个好处是可以直观地观察开关和摆锤的动作。最初的设计思路是：摆锤落下，簧片受压闭合，电磁铁通电，推开摆锤，如此往复。但是问题并没有那么简单。因为电磁铁推开摆锤的一瞬间，簧片弹开，电磁铁掉电，摆锤上的钕磁铁会吸住电磁铁的铁芯，摆锤只能在原地振动，根本摆动不起来。为此我采取了在电磁线圈两端并联电容的方法。如此一来，在电磁铁通电的时候电容储能，簧片弹开以后电容发挥作用，确保电磁铁持续发力，推起摆锤。这个系统经过多次优化，我选用了耐压 35V、容量为 4700μF 的电解电容。

剩下就是一些锦上添花的工作了。电磁摆调试完成以后，我又在电容两端并联了由 LED 和限流电阻构成的指示灯，目的是观察线圈发出的时序脉冲。之后，又给它增加了一套工业上用的霍尔开关和计数器组件，如图 9 所示。这样就可以精确计量脉冲个数和摆动周期了。修改电容容量、摆杆长度或重心，还有电源电压，都可以对系统周期产生影响。

如果你是个喜欢动手的硬核物理爱好者，电磁摆绝对是一个值得研究和体验电磁感应精髓的好题材。电磁摆运行视频请扫描演示视频二维码 3 观看。

改造

对于生活中的计时器，在不破坏大结构的前提下稍加修饰，即使是用简单的材料和工艺，也可以提升品质，使其成为一件有趣的物件。

第一个改造的是客厅墙上的挂钟。这是一个普通的石英钟，使用多年，机芯老化，计时已经不准了。最初的思路只是想给它换个新机芯，上网一查发现居然可以买到北极星电波钟机芯，这可是个好东西。这种机芯可以自动接收国家授时中心发布的低频时码信号，自动校对时间，还具有夜间停秒的省电静音功能。我国的 BPC（中国码）电波发射塔位于河南商丘，天波覆盖半径为 1500km，校时精度为 1ms。老钟换上新机芯的确方便很多，但是还不够个性化，于是我开始了进一步改造。

新的思路是把旧机芯也装上去，只使用它的秒针，给钟面添加一个航空发动机风格的涡轮秒针。为了让普通石英机芯能轻松驱动这个特制“秒针”，我在材料的选择上使用了质轻、有一定强度，且光泽度较好的奶粉罐内盖。先是进行一轮测量、划线、裁剪，塑造出扇叶的雏形，又用黑色丙烯颜料给它点上“秒”标记。最后装上从原来的秒针上拆下来的铜轴，效果还不错，如图 10 和图 11 所示。

新秒针位置按照老式军表惯用的盘面布局，选定在 6 点钟偏上的区域，改造完成后的挂钟如图 12 所示。背面机芯的布局和安装情况如图 13 所示。

需要注意的是从侧面看，涡轮秒针位于电波 3 针的下方，最贴近表盘。因此要

图 12 改造完成的石英钟

图 13 背面布局，中部是新换上的电波钟机芯，下面是驱动涡轮秒针的老机芯

图 14 老机芯用铁丝架高，以热熔胶固定

图 15 给卡西欧 5610 手表换金属外壳

图 16 准备 301 航空时钟底座材料

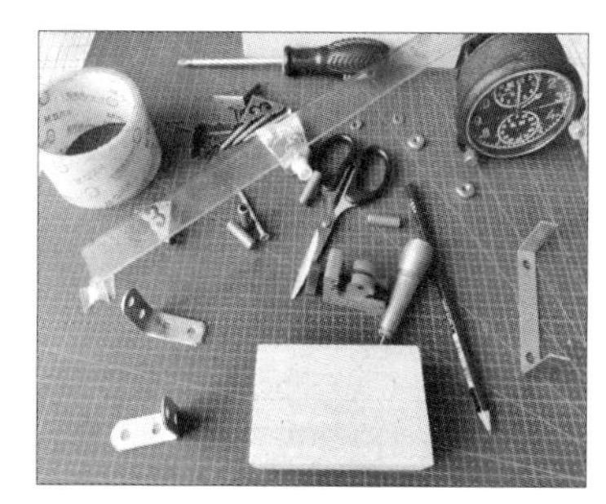

图 17 材料齐备，开始总装

控制好涡轮秒针的安装高度，以防剐蹭到电波机芯的时针。因为石英机芯的秒针在结构设计上高于时针、分针，我不得不把老机芯向后架高一些，使秒针不会突出盘面太高，如图 14 所示。

只看图片可能还体会不到这次改造的出彩之处，我录制了一段视频，请扫描演示视频二维码 4 观看。

第二个改造的计时器是一块手表，型号为卡西欧 5610。像很多朋友一样，我也是因为运动喜欢上卡西欧，喜欢上 G-shock 系列运动手表。我改造的这块 5610 手表具备 6 局电波和太阳能功能，俗称“小红圈”。像卡西欧的其他经典 56XX 系列手表一样，只要肯花时间寻找，就可以在市场上获得大量改造素材。电波功能在前面的石英钟改造中已经提过，6 局电波的意思是手表可以接收来自全球 6 个发射站（日本 2 个，美国、德国、英国、中国各 1 个）的电波信号。不管走到哪里，只要在信号覆盖区域，手表显示时间都可以与当地标准时间精确同步，实现高精度计时。太阳能是指手表可以吸收可见光并转化为能量维持运转，一般“吸光”一次，可以在黑暗环境运行数月。

因为我买到了 5610 配套的金属表带和表壳，配件里甚至还包括了专用螺丝和螺丝刀，改造过程变得非常简单。G-shock 采用典型的三明治夹心的结构，改造的目的就是把它最外层的塑料表壳和表带去掉，换成金属外壳。操作简单，效果不俗，一开始担心的金属外壳会屏蔽电波校时信号的问题也不存在。图 15 展示了大功告成的金属版卡西欧 5610 手表（右）和拆卸下来的原装塑料表壳（左）。

第三个改造的计时器是一只在收藏界大名鼎鼎的 301 航空时钟。说起 301 航空时钟，可能很多朋友都不知道，这是我国自己生产的航空时钟，它见证了新中国的崛起。

301 航空时钟最初设计是安装在飞机仪表板上，用于指示当前时间、航行时间，以及作为测量时段的精密计时仪器。我国的第一代、第二代战机上都可以见到它的身影。301 航空时钟可以抵抗飞行中的翻滚爬升等各种过载机动，能承受几倍重力加速度，保持走时准确。因为素质过硬，301 航空时钟在其他高端科研领域，也得到广泛使用。

现在我的问题来了，钟虽然是好钟，但是这种便于在仪表板上安装的结构使它无法稳定摆放在桌面上。为此我计划给它打造一个结实厚重的底座，把钟体架起来，便于在生活环境中摆放、观赏和使用。考虑到保持风格上的一致性，我采用了简约设计，目的是在不破坏原钟结构的前提下，用最简单的工艺和材料实现与老物件的无缝结合。底座材料使用的是模型制作常用的松木方，支撑钟体的立柱使用了旧空调拆机留下的一段铜管，准备 301 航空时钟底座材料如图 16 所示。

钟体和立柱的连接使用了两支 L 形角铁，图 17 展示了乱中有序的工作现场。

改造完成后的 301“座钟”如图 18 和图 19 所示。

在后续内容中，我将继续介绍用废旧硬盘磁头和盖板组装的硬盘钟、自己组装的机械手表、用 RC 电路搭建的方便好用的模拟定时器，以及基于单片机的软件时钟和机电一体化钟表等内容。

图 18 L 形 - 角铁和铜立柱的配合细节

图 19 无损改造，301 航空时钟变“座钟”

我的计时器编年史（下）

▌臧海波

演示视频 1

演示视频 2

演示视频 3

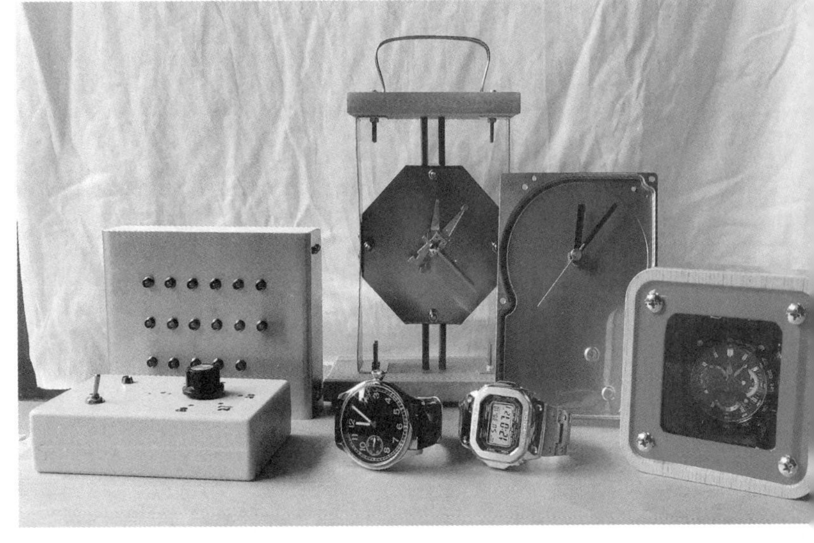

组装

自己动手组装计时器，是一件特别有成就感的事，试想一下：搜罗不同厂商不同标准的一堆零件，甚至一些废旧材料，自己定制标准把它们巧妙地拼装在一起，机器顺畅运转时的成就感和满足感用“身在其中方知其味”来形容最贴切不过。本文记录的是我从成品机芯入手，组装的一系列时钟和机械手表。

看过《我的计时器编年史（上）》（发表在《无线电》2022 年第 11 期）的读者想必已经对我的制作风格有了一个大概了解。之所以采用这种简约和功能至上的包豪斯风格，主要原因是在业余条件下开展制作，资源相对有限。考虑到预算限制，我会直奔主题，把原材料和工艺简化到最低程度，为了兼顾美观，我会在材料的颜色和质感上下功夫。比如下面制作的这台透镜钟。

制作这个作品的起因是一块摔掉一角的放大镜片，它被放在工具箱里好几年，我一直想不到好办法把它利用起来。前不久我整理抽屉的时候翻出来一块老手表——卡西欧 EF550D，记得当时把它收起来的原因一是太大、太重，二是表盘读数困难。把这两个物件摆放在一起（见图 1），灵感就来了。手表厚重不便佩戴，不如把它改造成透镜钟固定使用；看不清表盘，就给它前面加上一块放大镜。

其他材料包括 1 个铁皮茶叶盒、4 套服务器机架固定螺丝 / 螺母，还有几个曲别针和尼龙扎带。整个组装过程可以用简单粗暴来形容。第一步是在盒盖上挖孔固定镜片，制作“钟面”（见图 2）。为了牢靠，我用曲别针弯了 4 个卡扣，配合螺丝和盒盖向内侧翻折的铁皮对镜片进行固定。

第二步是在盒子底部固定手表。为此先要给手表换上电池，因为它躺在抽屉里已经快 10 年了。对组装手表有兴趣的朋友，建议从给石英表换电池入手。相信我，即使是这样一个简单的工作，也绝没有想象

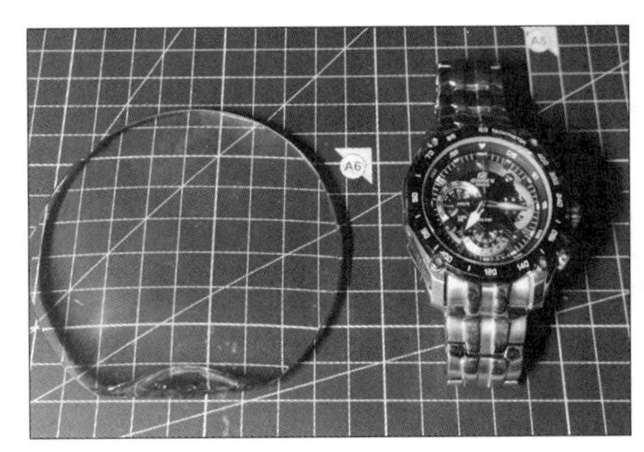
▌图 1 破放大镜和老手表

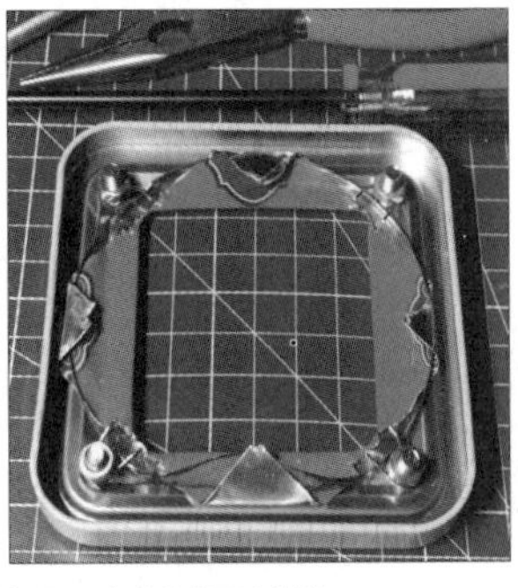
▌图 2 在盒盖上固定镜片

▌图 3 给 EF550D 换上 SR927SW 纽扣电池

图 4 在盒底固定手表

图 5 从侧面看，表盘不会严重变形

图 6 透镜钟的夜光效果

的那么简单。为了实现无损操作，你需要根据手表底盖规格准备配套的开表器、夹表器、特制镊子等工具。需要根据手表机芯型号查找对应规格的电池，像 EF550D 这样多电机驱动的机芯，对电池有特殊要求（见图 3）。最后为了不破坏防水，还要准备防水膏和新的防水圈。

手表的固定仍然是走简约路线，先扎孔，再用 4 根扎带上下捆绑固定（见图 4）。这样的好处是不破坏物件的完整性——连表带都保留原样。

整个组装过程看起来粗糙，其实每个细节都很精密。比如钟面的设计，既要掩盖放大镜的破损边角，充分利用可视区域，又要好加工，还要兼顾四角螺丝布局的美观。我的方案是选择一个方形茶叶盒，在面板上开一个使用普通工具就可以完成的方孔。再比如为了观看清晰，我特意调高了手表在盒底的固定高度，这样虽然放大倍数降低了，但是从侧面看，表盘不会严重变形（见图 5）。此外，表盘与盒底也不在一个平面，我把表盘微调成稍微向斜上方有一个倾角。这样即使把钟摆放在视线以下，不管是放在床头柜还是写字台上，都可以很舒服地观看时间。

实际上，这台透镜钟的完成度和最终效果都非常好。表盘上的设计亮点经过透镜放大，全部凸显出来。再加上手表指针自带夜光，即使在夜里隔很远都可以看清指针（见图 6）。

虽然这是我制作过的一个相对比较简单的计时器，但是在家人、朋友中的评价很高。功能简单实用，结构清晰易懂。套用同样的思路，可以把平时不戴或者外观过时的手表利用起来，组装成一个风格独特的摆件。

接下来制作的这两台硬盘钟（见图 7），仍然贯彻简约风格。因为我偏爱手工，工作室常备的材料包括铜板、铝板、木条、铜丝、铜管和铜棒等，再加上电子制作常用的 M3 螺母、螺丝、铜柱等五金件。用上述材料设计结构，用从硬盘上拆下来的零件做点缀，用成品石英机芯作核心的硬盘钟制作思路就成型了。

经典硬盘钟的风格可以用“极尽复杂之能事”来形容，力求用尽硬盘的每个零件，展示机械的复杂之美。我则反其道而行之，在满足功能性的基础上，将简约进行到底！在材料的使用上，我优先考虑做“减法”。比如图 7 中左边的一号钟，只使用了一块从 40MB 老硬盘上拆下的读写磁头作为时针、分针、秒针保留原样（见图 8）。图 7 中右边的二号钟更简单，选取一个硬盘盖作钟面，打孔安装石英机芯，装上适当修剪的时针、分针、秒针即完成。

虽然看起来简单，但是制作过程涉及的金属加工工艺却不少。钟面和边框的金属板材需要进行测量、划线、切割、钻孔、打磨、折弯等工艺。这些操作离不开台钳、钢锯、电钻、台磨等大量工具的辅助。此外，

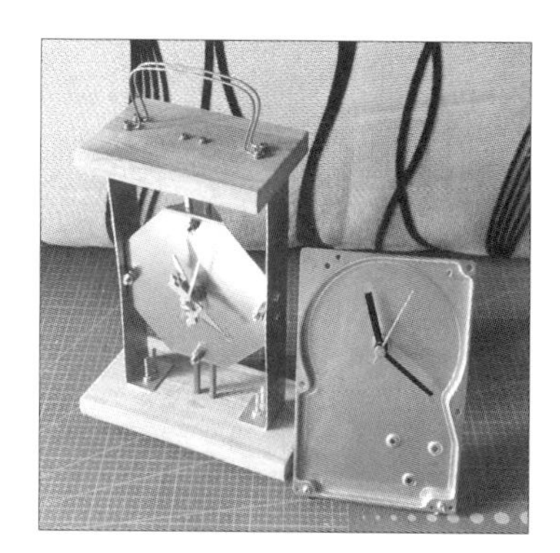

图 7 两台硬盘钟

图 8 一号钟使用硬盘磁头作为时针、分针

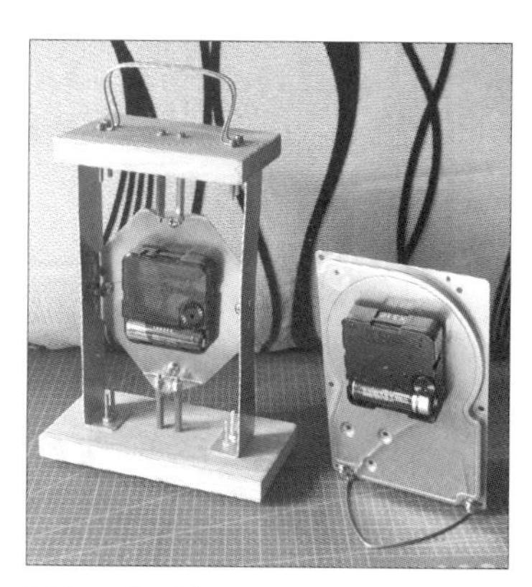

图 9 两台硬盘钟的背面布局

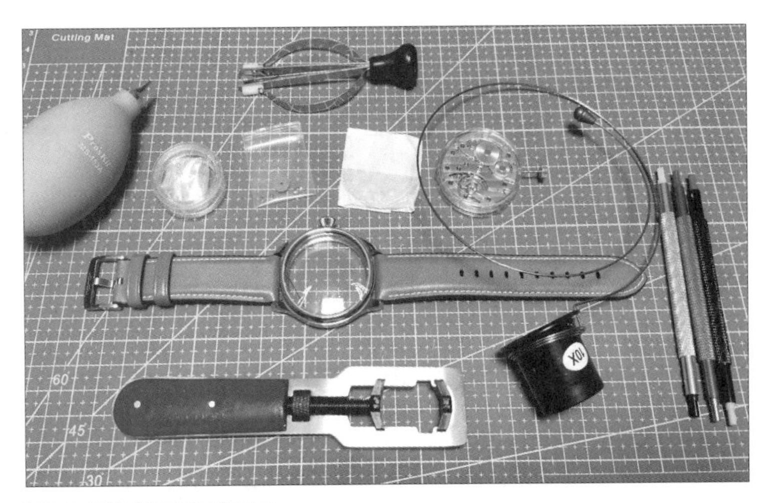

图 10 制作机械手表的材料和工具

图 11 组装好的机械表

图 12 机械表背透效果

图 13 机械表夜光效果

为了把硬盘磁头改造成表针，以及加工表盘上安装石英机芯的孔，我又购买了铣刀、宝塔钻头和十字滑台，配合台钻一起使用。这两台钟的完成效果还不错，即使从背面看，风格也同样简单明快（见图 9）。

比起买现成的手表，我更喜欢自己组装，特别是组装机械手表，绝对充满挑战，百分之百过瘾。手表的组装看似简单，其实需要海量知识做支撑，好在这方面的教程越来越多，特别是网上教程，遇到不会的地方可以去学。

以我组装的这块飞行员风格的手表为例。首先是选定机芯，机芯确定以后就可以选择合适的表盘、表针、表壳、把头和固机圈了。过程看似简单，但是为了把不同厂商的零件顺畅组装在一起，需要事先做好大量功课。比如表针和机芯之间有兼容性的问题，不配套根本无法安装。有时候看中的表针，恰好和选定机芯的时分轮轴不匹配，就只能重新来过。图 10 所示展示了我为制作机械手表准备的材料和工具。

我选定的机芯是海鸥生产的 ST3600，它的特点是尺寸较大、结构简单、运行稳定，网上介绍也很多，适合新手入门练习。这个机芯虽然只有 17 钻，但是走时很准，在大结构优秀的基础上，每个零件的工作都井井有条。我特别喜欢 9 点钟位置的小三针设计，非常有味道。表盘选用了飞行员风格的字面，表针选用了夜光效果较好的“宝剑针”。这种表针内部的镂空槽较长，可以填充更多的夜光漆。表壳配上了蓝宝石泡泡镜和大尺寸钻石形状的把头，便于查看时间和上弦。整体组装效果如图 11 所示，有一种简洁中透着复古的美感。

备齐材料以后，组装过程并不复杂，但是每个步骤都需要专用工具，并且特别强调手感。比如安装 9 点钟位置的小秒针，一开始我尝试用圆珠笔芯替代装针器，因为孔径差别较大，始终不敢发力，针压不实。后来不得不买了一套专用的压针笔，即图 10 所示最右侧的 3 个工具，问题才圆满解决。截把杆是组装的另一个难点，需要配合卡尺多次测量、裁切、打磨，才能使把头和表壳完美嵌合，否则会因凸起太多影响美观和防水。

因为海鸥的这款机芯非常经典，我特意选择了背透表盖，从图 12 中可以看到机芯细节。

图 13 展示了这块机械表的夜光效果。如果喜欢折腾，还可以考虑剔除原厂的夜光漆，自己填涂更高级别的漆料或者粘上自发光氚气管。

RC延时报警器

如果单纯为了好玩而开展制作，我信奉的原则是“宁机械不电子”。因为机械装置的运转非常直观，每个零件各司其职，整体效果颇具观赏性。但是从方便开展业余制作的角度，电子线路构成的计时器无疑从制作成本和制作难度上都要好于前者。

用纯电路的方式制作计时器，在核心元器件的选择上非大名鼎鼎的 NE555 时基集成电路莫属。这个芯片于 1971 年投入市场，至今已经长达半个世纪，仍然得到广泛使用。在可编程芯片和微处理器还没有大行其道的时候，NE555 的出现完美解决了电路的定时功能，只需给它配上简单的电阻、电容，即可实现超宽范围的延时功能。

电阻、电容构成的RC延时电路，本质上是把一个陡峭的上升沿电压转换成一个缓慢上升的电压。以电阻两端电压做参考（使用RC的“下降沿”），后面接一级NE555构成的施密特触发器，输出接一个有源蜂鸣器，可以搭建一个超简单的延时报警器。虽然整个电路只需4个元器件（见图14），但是性能良好。延时可以用公式 T=1.1RC 计算。T 的单位为s，R 的单位为Ω，C 的单位为F。

为了便于操作和查看电路工作状态，我把电阻R从固定电阻换成了阻值可调的电位器，又增加了放电二极管、抗干扰电容、电源开关，以及LED指示电路等元器件。因为元器件很少，制作工艺采用了搭棚焊接，先在一个塑料壳体内部固定好电位器、开关、电容等，然后用跳线连接（见图15）。蜂鸣器的发音孔对准面板上预先钻好的一个小孔粘合固定。电容C使用的是两个2200μF电容并联，电阻R使用的是一个1MΩ电位器。可以计算出延时上限为1.1×0.000001×2200×2×1000000=4840(s)，约合80min。

为了方便计时，我给电位器配上了旋钮，沿着刻度线标定了几个关键点，之后对照时钟逐个进行校准。可以看出制作完成的NE555延时报警器关键点上的时间分布并不均匀（见图16）。这是RC电路的时间常数受电容特性和电源电压变化影响造成的。

以这种方法做出来的计时器仅适用于对时间精度要求不高的场合，比如午间小睡。也可以用同样思路制作毫秒级计时器，比如我正在制作的一台电容储能式点焊机，需要用到一个延时0~300ms可调的时间继电器。虽然购买成品继电器也不麻烦，但是DIY会让事情变得更有趣。

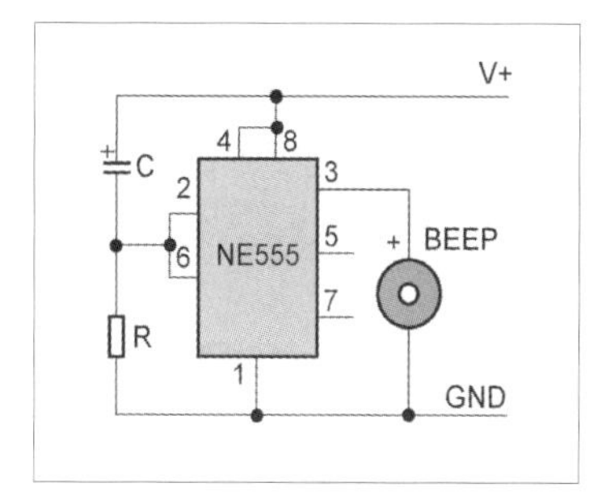

图14 NE555和RC电路构成的延时报警器

RC延时的显著优点是成本低、电路简单、工作可靠，非常适合新手入门或者搭建临时装置。

软件时钟

以单片机为核心，用软件控制LED或液晶屏显示时间，差不多成为了现在自制钟表的主流。《无线电》杂志曾陆续刊登过一系列极富创意、运转和显示方式都更加艺术化的作品。比如老式真空数码管时钟、LED旋转时钟、LED点阵时钟、二进制时钟和用RGB颜色表示时间的时钟。出于对这个题材的喜爱，我也制作过一系列基于单片机的数字电子钟。下面介绍其中比较有特色的两台。

首先是一台极客风格浓郁的二进制电子钟。与其他大多数二进制时钟不同的是，我的这台时钟设计成用时、分、秒3组指示灯以全二进制的方式显示全天24小时，读数简单、纯粹。我认为秒显示是二进制时钟的精华，必须加以保留。一旦加入秒显，钟面数字的跃动感和科技感扑面而来。这样我用2组6位二进制数（12个LED）分别显示秒和分，用一组5位二进制数（5个LED）显示时，表盘上一共17个LED。

为了提升观赏效果，结构材料选用了光泽度和质感较好的拉丝铝合金板，边框使用实木，全部LED均配上底座。时钟的面板为一整块铝板钻孔折弯加工而成，先贴纸、划线、标定，然后钻孔。我使用的LED规格为Ø3mm，配套底座需要打Ø6mm安装孔，这个工作是宝塔钻头的强项（见图17）。

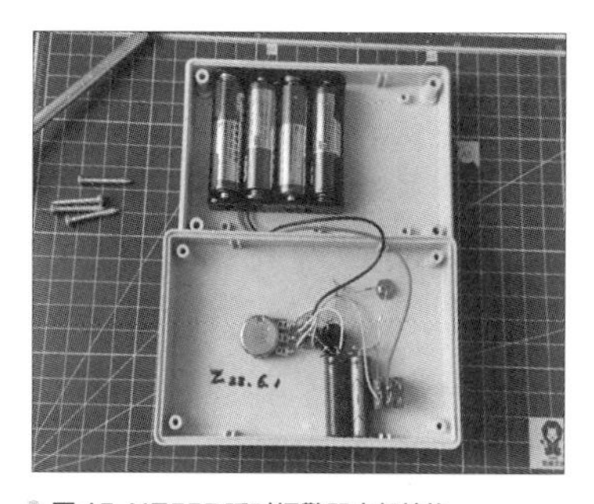

图15 NE555延时报警器内部结构

图16 制作完成的NE555延时报警器

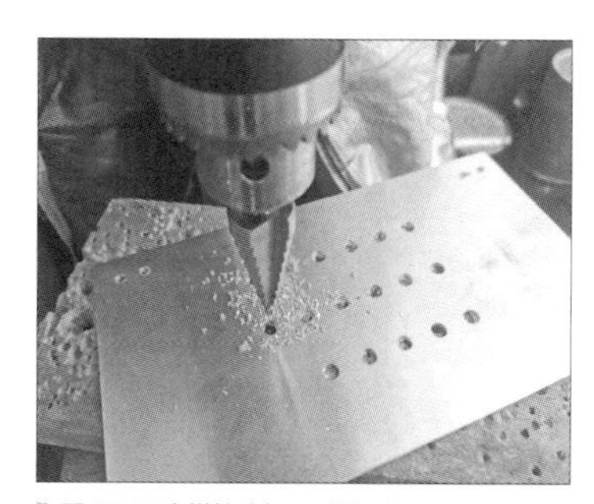

图17 用宝塔钻头加工时钟面板

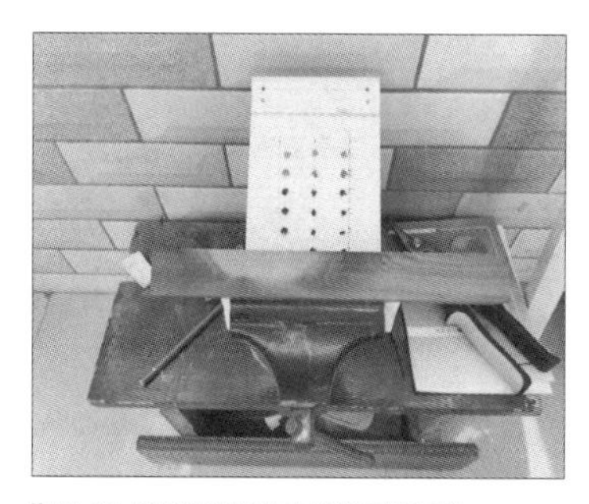

图18 用台钳和硬木方棒给面板定型

接下来的折弯工序就是徒手作业了。先在台钳上固定好面板，然后借助一根硬木方棒，沿折线前推、下压，完成折弯（见图18）。

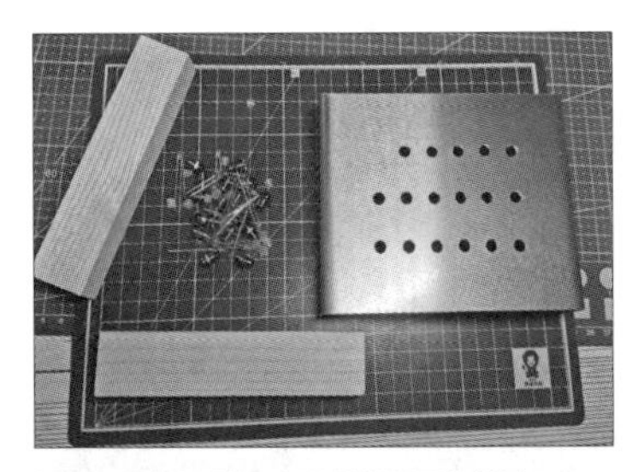

图19 备齐时钟面板和边框所需的材料

图20 调试中的二进制时钟

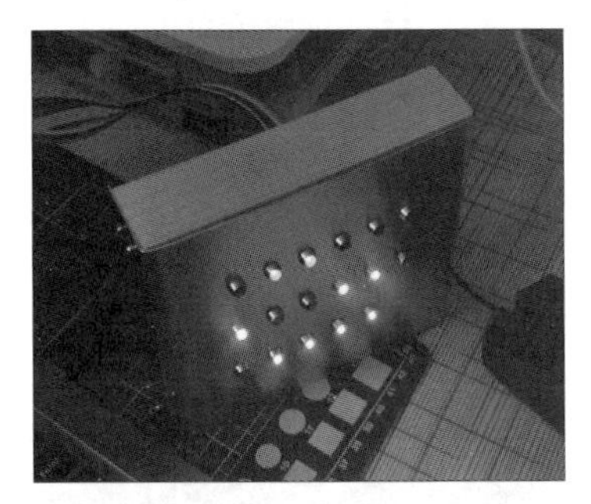

图21 全二进制显示时钟

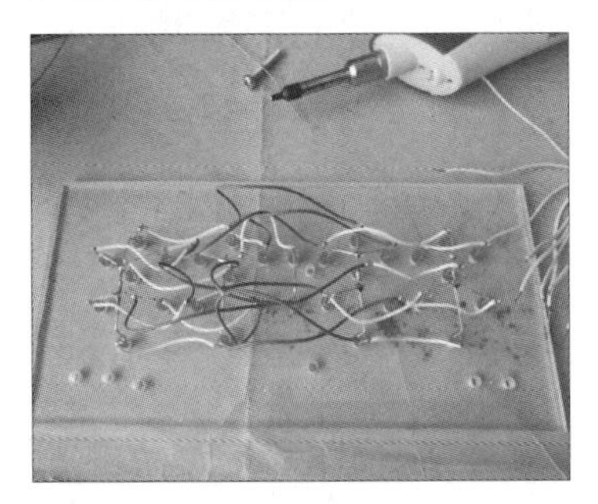

图22 自制4位LED显示屏

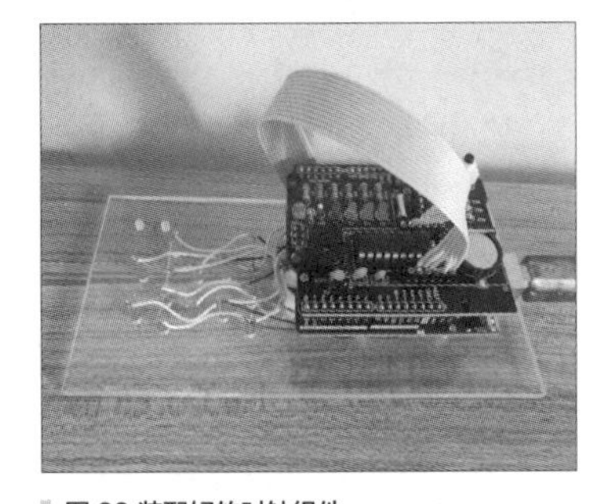

图23 装配好的时钟组件

时钟边框用松木条切割而成，材料加工完备以后，大部分工作基本就完成了（见图19）。

因为核心有单片机加持，整个时钟的硬件电路非常简单，除了一块Arduino NANO，就是电阻和LED，再加上几个校时按钮（见图20）。

关于单片机和软件平台的选择，我最关注的是功能库是否足够强大。Arduino在这方面有着毋庸置疑的优势，它有海量的第三方库加上开源硬件支持，而且很多项目都是“大神”级别的，可以说在8位机中鲜有对手。比如与时间显示相关的库，调用TimerOne库和U8g2lib库，可以让你的工作轻松很多。我使用的程序是在开源二进制时钟的基础上修改的，加入了秒显功能。最终时钟的“点亮”效果如图21所示。时钟第一行绿色灯显示秒，第二行棕黄色灯显示分，第三行红色灯显示时，当前时间为15：38：24。

我拍摄了一个视频，展示了全二进制时钟秒显示和数字进位的效果，大家可以扫描文章开头的演示二维码1观看。

第二个是一台全透风格的电子时钟，LED显示屏手工制作，控制核心为Arduino UNO和Tick Tock扩展板。看惯了7段数码管的单调显示，不妨试试其他风格。我用亚克力板和30个LED打造了一个4位显示屏（见图22）。

30个LED通过扁平电缆连接至Tick Tock扩展板，替换原配的4位显示屏。Tick Tock扩展板插在Arduino UNO上方，固定在显示屏背面（见图23）。

为了增加观赏效果，我对LED的布局做了一些改变，显示每位数字只使用7个LED。另外亚克力面板的钻孔直径为3mm，使得LED可以直接塞在里面，目的是让灯光和透明面板有一个舒服的融合过渡。最终显示效果非常出色（见图24）。

这台时钟使用了Tick Tock自带的演示程序，未作任何修改，功能包括时间、闹铃和温度显示，它是一件不错的案头小摆件。

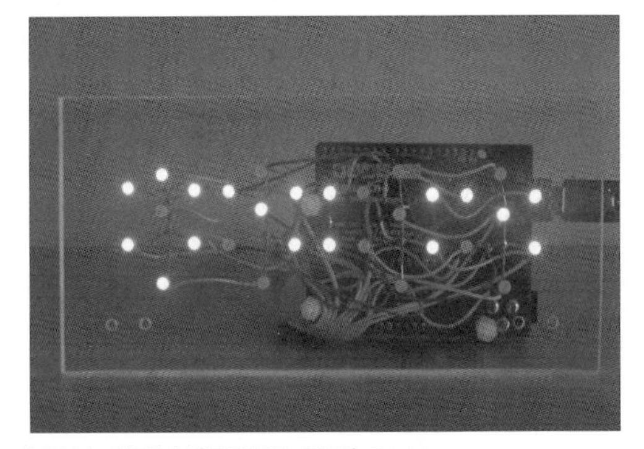

图24 全透钟夜晚显示效果，时间为04:14

虽然单片机电子时钟计时精准，显示方式灵活多样，但是无论怎么变化，总感觉缺乏一种灵动的美，这或许就是机械钟表经久不衰的魅力所在吧！

机电一体

我在构思这个计时器时的想法是把现代科学技术与中国古代的十二时辰表示法结合起来，打造一台体现机械美感的复古时钟。

中国早在西周时就已经使用十二时辰制。把一昼夜平分为十二段，每段叫一个时辰，用十二地支子、丑、寅、卯、辰、巳、午、未、申、酉、戌、亥表示。一个时辰相当于现代的两个小时。出于实用考虑，以时辰为精度的表示方法显然是不够的，需要进一步细划。据说早在商代，古人就开始使用一种比十二时辰制更精准的时间制——百刻制。把一昼夜等分成均衡的100刻，相当于把现代一天的1440min除以100，每刻14.4min。后来又先后出现了一百二十、九十六和一百零八刻制。直至明末，随着西方欧洲天文学的引入，才有了现在正式使用的九十六刻制。如此一来，1440min除以96，每刻正好15min，一个时辰正好8刻。

有了上面的知识，这台时钟的大体结构也就定型了。我的思路是搭建一个弹珠机，利用20颗弹珠在两组轨道上有序运动显示时间。这个时钟为十二时辰制，时间显示精确到刻。“刻”所在的轨道是一个八进制机械跷跷板式计时器，“时辰”所在的轨道是一个十三进制机械跷跷板式计数器，因为它需要自己向自己进位，高位上永远保留一颗弹珠。

整个计时系统为一刻一小动，一时辰一大动的设计，通过Arduino控制两个舵机实现。为了让“溢出”的弹珠循环起来，我还设计了一个简易磁悬浮机构，目的是把计数器进位后溢出的“弃子”以15min为单位从底层回收轨道陆续送入“刻”所在的上层轨道，控制弹珠机循环运转（见图25）。先用一个9g舵机控制“落子”，再用背面的一个标准舵机控制“上子”。

图25 珠子有序运动

最终制作完成的机电一体化时钟，在技术上相当于一个带有非线性限制器的闭环自动调节系统，用两个跷跷板上静止的钢珠个数表示时间（见图26和图27）。

扫描文章开头的演示视频二维码2可以观看时钟从午时七刻到未时的动作过程。

演示视频二维码3展示的是时钟系统在一天中最大的一次动作——巳时七刻到午时的视频片段。

结语

很多知识无法在理论学习中获得。比如机械钟表怎么实现整点报时功能？什么是芝麻链？混沌摆与蝴蝶效应的关系是什么？标准石英机芯可以驱动多重的指针？SR927W与SR927SW纽扣电池的区别是什么？LED使用多大电流在夜间才显得不那么刺眼？这些是任何一本教科书都难以全面涉及的领域，其中奥妙只有亲眼看、亲手实践才能体会。设定一个题材，把它从玩的角度展开，你会发现思路变得很宽，宽到足以记录一段历史。作为回报，你会发现初衷是好玩，最终收获的却是跨领域的知识、经验和财富。

图26 机电一体化时钟俯视图，背后为“上子”舵机

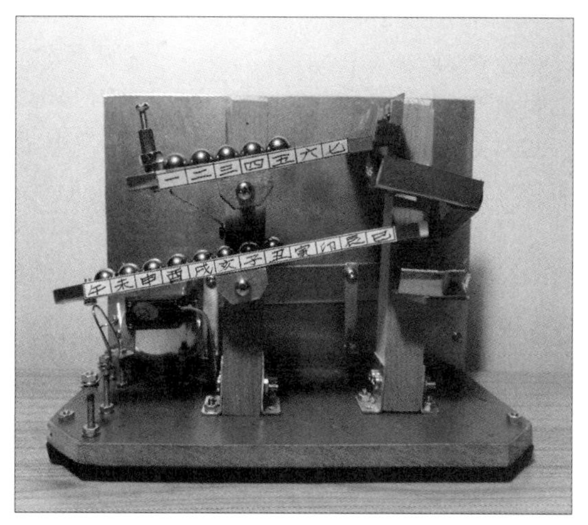

图27 制作完成的时钟，当前时间为丑时五刻，即02：15

OSHWHub 立创开源硬件平台 立创课堂

履足式复合机器人整体设计及控制开发（上）

刘潇翔

演示视频

项目介绍

移动机器人的基本移动类型主要可分为轮式移动、飞行式移动、履带式移动、推进式移动（如汽艇）、腿式移动等，基本移动场景则主要可分为陆地、天空、海洋。复合机器人的移动模式通常将以上基本移动方式中的两种或者多种融合起来，以达到优缺互补的目的，因此复合机器人针对多变的地形环境具有更强的适应性，其应用范围更广泛，属于当今机器人技术领域的热点研究方向。

本项目中，履足式复合机器人拥有两种行进模式：四足行进模式、履带行进模式，应对不同场景及地形时能够切换形态。四足形态下整体总共拥有 8 个 DOF（自由度），单腿各具备 2 个 DOF，足端结构融入了履带机构，各履带机构配备 1 个直流电机驱动。

该机器人主控为ESP32-WROVER-E 模组，能够实现针对总线舵机、PWM 舵机、直流电机的控制，同时包括其他硬件资源，如六轴加速度传感器、OLED 屏幕接口、RGB 灯珠、蜂鸣器等。

履带车形态在平坦或稍崎岖的地貌上能够保持较高的行进速度，弥补了四足爬行功率消耗大的不足。四足形态用于跨越障碍，灵活应对各类复杂地形环境，解决了履带结构应对高度落差较大地形难以翻越的痛点。因此，本项目实现了仿生四足与履带式结构双优势结合的腿履协同，可应用于抢险救援、灾后搜救、监测侦查等场景。

总体设计方案

1. 机器人设计思路

由于腿足仿生机构能够实现更加流畅的运动，具备突出的灵活运动性能与环境适应能力，因此设计师经常在复合机器人的结构中融入腿足机构，再搭配另一种能够相对填补劣势的移动模式，从而得到运动能力更优异的多形态机器人。这里先设定机器人的主要应用场景是在陆地上，因此仅分别展开对各类型腿式机构、轮式与履式机构的比对、分析与选择。

（1）双足、四足与六足移动模式对比

腿足式机器人属于机器人领域的研究重点之一，其步行运动结构设计能够完成传统的轮式与履带式机械难以胜任的工作，具有高灵活性、卓越的运动能力与对非对称地形的适应能力。腿足式机器人有多种类型，其中双足、四足与六足机器人是主要方向。

双足机器人能够以较少的自由度适用复杂的场景，拥有优秀的灵活性，所需求的空间体积小；但其控制算法更复杂，在工作时平衡性与稳定性偏低，行进速度较慢。

六足机器人的控制算法简单，运动更为平稳，相较于双足与四足机器人，其移动速度最快，对复杂地形同样能良好适应；但是其体积偏大，较为笨重，因而所需空间较大，繁多的自由度也意味着需要更多的关节电机，因而制造与维护成本相对较高。

四足机器人能够在保障灵活性能的同时，兼顾运动过程中的稳定性，移动速度仅稍逊于六足，具有高机动性与对复杂环境的高适应性，适用于协助或完成多种复杂工作。四足机器人属于腿足式机器人研究领域中最热门的方向，新颖的结构及控制算法层出不穷。

本设计的主要目标为设计出一款在非结构化对称的复杂环境中具有更强适应能力的复合型移动机器人。因此，设计的机器人选择履带结构作为主要移动模式，四足腿式作为辅助移动结构。

（2）轮式与履带式移动模式对比

轮式与履带式是移动机器人领域中选择频率最高的两种基本移动模式。相比于腿足式机器人，虽然灵活性上有一定的限制，但移动速度得到了大幅提高。

轮式机器人在平坦地形上拥有较快的移动速度，同时功耗需求量小，控制简单；但其对行驶地形的平整度要求较高，缺乏对复杂环境的适应能力。

履带机构相比车轮触地面积更广，即与地面之间的压强更小，拥有牵引力大、振动低、越野性能优良、防打滑等特点，运行时拥有更强的稳定性，能够适应更加复杂的地貌；但是其机动性能逊色于轮式机构，运行时耗能更高，难以跨越高度落差较大的地形。

2. 机器人总体方案概述

我设计并制造了一款履足式复合型多形态机器人，机器人本身可看作一个具备卓越环境适应能力的多功能移动平台，通过云台搭载不同功能的设备，可在不同场景下完成作业任务，机器人3D设计模型如图1所示。

机器人的履带车形态在平坦或稍崎岖的地貌上能够保持较高的行进速度，降低了四足爬行的功率消耗；而四足形态则能跨越障碍，灵活应对各类复杂地形环境，解决了履带结构难以应对高度落差较大地形的痛点，即实现了仿生四足与履带式结构双优势结合的腿履协同。

本复合机器人的总体设计方案主要分为3个部分：机械结构设计、控制系统硬件设计与控制系统软件设计。

（1）机械结构设计

该机器人有两种行进模式：履带行进、四足行进。其中四足形态下全身共有8个自由度，单腿平均具有2个自由度，其足端结构与履带机构合为一体。该复合机器人机械结构的设计主要应用了轻量化、模块化思想。

（2）控制系统硬件设计

主控采用ESP32-WROVER-E模组，它为通用型Wi-Fi+BT+BLE的模组，内部拥有双核CPU，最高频率可达240MHz，内部操作系统为带有LwIP的FreeRTOS。

直流电机驱动部分采用TB6612FNG IC驱动芯片，其内部有MOSFET-H桥结构，支持双通道大功率输出控制。

伺服舵机驱动部分采用全双工UART转半双工UART以控制总线舵机。

传感器部分选用MPU6050六轴加速度传感器，其能够获取机器人在运行过程中的六轴加速度，通过I^2C协议向主控传输数据，再解算得出机器人的姿态角。

屏幕部分使用通过I^2C协议驱动的0.96英寸OLED液晶显示屏。

供电部分使用容量5200mAh、放电倍率35C的3S航模聚合物锂电池供电，其额定电压范围为11.1~12.6V。电机均允许由该电源直接供电，控制电路分别由两个LDO芯片稳压后供电。

（3）控制系统软件设计

开发环境：以VS Code作为编辑器，以C++作为开发语言，以MinGW作为编译器，以PlatformIO作为嵌入式开发平台。

底层驱动：应用面向对象编程思想，所需驱动的外设或内部资源均封装为类库，其中主要包括直流电机驱动、总线伺服舵机驱动、MPU6050传感器通信、RGB灯珠驱动、OLED显示屏驱动、Wi-Fi配置等。

图1 履足式复合型多形态机器人

运动控制：首先依据该机器人的运动原理，通过DH建模法得到单腿的运动学模型，解算得到其单腿的正解公式与逆解公式，在此基础上实现姿态逆解、Tort步态、Walk步态等。

上位机设计：选择移动端作为远程控制系统的运行环境，开发用于与机器人交互控制的上位机Android App，要实现内容包括Wi-Fi无线通信、TCP协议信息传输与GUI设计。

履足式复合机器人机械结构设计

1. 足部结构设计方案

（1）履带足部结构原理

关于履带单元的结构设计需要满足以下功能：履带模式下，机器人能够实现自由行进、快速位移等功能；四足模式下，机器人能够实现稳定站立、行走、转向、越障等功能。

本设计中履带单元的结构原理如图2所示，其中1指主驱轮，2指导向轮，3指负重轮，4指履带，5指履带支架。所述履带结构的整体外形呈不等边五边形，具有保障复合机器人在不同形态下静止站立、运动行进的能力。

由图2可知，本设计中履带支架5上安装有1个主驱动轮、2对导向轮与3对负重轮。履带环绕在各功能轮外部，采用一体化闭环结构，外部整体形状呈五边形，结构稳定，受力均匀分散，能够保证单元的机械强度与运动性能。

履带材质采用丁苯橡胶，这种材质具有机械强度性能好、耐寒、耐曲绕、低成本、耐冲击、抗磨、耐老化等特点。履带支架与各功能轮的材质均采用ABS工业塑料，该材料具有力学性质优良、抗冲击、结构强度高、性能良好等特点。

为了实现履足式复合机器人能在履带行进模式与四足行进模式之间进行快速切换，本设计采用在机器人的足部同时整合融入履带单元与驱动单元的方法。履带足的结构原理如图3所示。

本设计中，履带足主要由足部壳体、履带单元与驱动单元组成。其中足部壳体可分为两个部分：足部主壳（图3中7）、足部副壳（图3中8）。其中足部主壳对

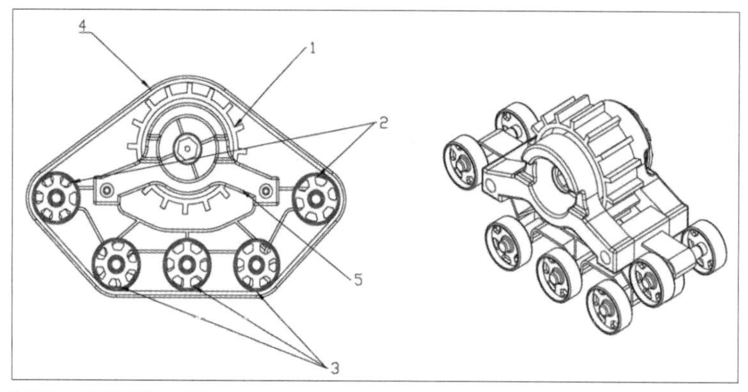

图 2 履带单元结构原理图

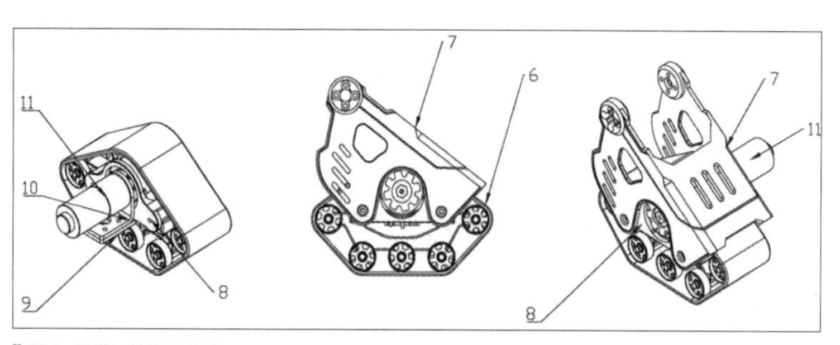

图 3 履带足结构原理图

应连接履带足与腿部第二关节（膝关节），足部副壳对应连接履带单元与足部外壳。这里足部壳体起到将履带足的各部分连接成一个整体的作用，同时留出对应腿部第二运动关节（膝关节）的接口。

履带足的驱动单元主要由电机支架支撑板（图 3 中 9）、电机支架（图 3 中 10）与直流电机（图 3 中 11）组成，通过足部副壳接入履带足结构。此处驱动单元部分的设计应用模块化结构，仅需要拆下两颗 M2×8mm 的螺栓即可卸下，达到了快速更换不同型号直流电机的目的，提高了该履带足的可维护性、可拓展性。

本项目 3D 设计文件、电路设计、程序包等资源均已上传立创开源硬件平台，需要的朋友可以前往该平台，搜索“履带四足复合机器人”，下载相关内容。

（2）直流电机参数计算与选型

这里我们先假定已知机器人自身质量为 3.5kg，最大承重可达 5kg，希望在平坦路面全速行进时机器人速度不低于 100mm/s，在崎岖路面全速行进时机器人速度不低于 70mm/s，最大爬坡度为 20°。该复合机器人在履带行进模式下，其静止时由 4 个履带足单元支撑，由已设计的三维模型获取尺寸，则单个履带足与地面的接触面积 $s_l=w_lb_l$=67.18mm×45mm=3023.1mm^2。

故，可得该机器人与地面的总接触面积 $S=4s_l$=12092.4mm^2。

同时由公式 $G=mg$ 可得，该机器人承重达到最大时：

$$M_0=3.5+5=8.5(\text{kg})$$

$$G_0=M_0g=8.5\times9.80665=83.36(\text{N})$$

设计履带行进机构时，其要求的最小牵引力应满足机器人在最大坡度的平坦路面上作业、爬坡、转弯等时的运动稳定可靠，其最大牵引力则不超过在水平平坦路面上的附着力，表 1 所示为不同路况上履带的附着系数 Φ。

表 1 不同路况上履带的附着系数 Φ

路面类型	附着系数 Φ	路面类型	附着系数 Φ
干黏土	0.90	煤场路	0.60
湿黏土	0.70	雪地	0.25
实黏土	0.70	冰地	0.12
干沙土	0.30	草地	0.50
湿沙土	0.50	实土路	0.90
散砾土	0.50	松土路	0.60
混凝土	0.45	岩石坑	0.55

表 2 不同路况上履带的滚动阻力系数 f

路面类型	滚动阻力系数 f
混凝土	0.05
冻结雪地	0.03~0.04
实土路	0.07
松土路	0.10
泥泞地	0.10~0.15

因此，假设平坦路面的材质为混凝土，由此可计算得附着力：

$$F_\phi=G\phi_{\text{混凝土}}=83.36\times0.45=37.512(\text{N})$$

已知所标定的最大爬坡度参数为 20°，故当该机器人在材质为混凝土的坡道为 20° 的平坦路面上运动时，可计算得出所要求的最小牵引力：

$$T_0=T_f+T_i=fG+G\sin\alpha=G(f+\sin\alpha)$$
$$=0.05\times83.36+\sin20°\times83.36$$
$$=32.678N<F_\phi$$

式中 T_0 为履带带行进机构的牵引力，单位为 N；T_f 为履带行进机构的滚动阻力，单位为 N；T_i 为履带行进机构的坡道阻力，单位为 N；f 为路面的滑动阻力系数，如表 2 所示；α 为所标定的最大爬坡度设计参数。

由此，根据上述计算结果，可计算得出该履足式复合机器人行进所需的功率：

$$P_{\text{SumR}}=\frac{T_0V_0}{\eta_1\eta_0}=\frac{32.678\times0.10}{0.85\times0.95}=4.04(\text{W})$$

式中 P_{SumR} 为履足式复合机器人正常行进要求的总功率；η_1 为履带行进机构的传动效率，取 0.85；η_0 为电机上多级减速箱的传动效率，取 0.95，表 3 是针对市面上常见直流电机的参数调查表。由上述

表 3 市面上常见直流电机的参数调查表

型号	减速比	转速	额定电压 /V	额定电流 /mA	额定扭矩 /（N·cm）	价格 / 元
JGA25-310-0640	35	80	6	100	0.025	16
JGA25-310-1280	35	170	12	200	0.05	16
JGA25-370-0660	35	130	6	450	0.08	14
JGA25-370-1260	35	130	12	450	0.08	14
JGA37-520-0680	56	113	6	450	0.053	22
JGA37-520-1260	56	85	12	150	0.084	22

计算得出的功率，直流电机的型号确定为JGA25-370-1260，图 4 所示为该直流电机的实物图，表 4 所示为其技术参数。

选好电机型号后，进行如下校核，所选直流电机的总功率为：

$P_{SumM}=4P_{JGA25-370}=4\times1.2$

$=4.8(W)>P_{SumR}$

故所选电机符合该机器人的驱动要求。

2. 腿部结构设计方案

（1）腿部结构原理

履足式复合机器人的四足形态主要用于应对一些特殊复杂的非结构化地形，并实现一定程度的越障功能。

我希望本项目设计的机器人完成基本仿真运动所需整体自由度不低于 8 个自由度，即单腿的自由度平均不低于 2 个。由于关节驱动电机的最低要求即能够实现位控，故打算采用舵机分别驱动髋关节与膝关节。同时，已知腿部连杆需承受主躯体的质量，所以打算选用铝合金作为制作材料。

图 5 所示为单腿结构原理图，其中膝关节舵机（图 5 中 12）与髋关节舵机（图 5 中 13）各安装在一个多功能支架（图 5 中 16）上，膝关节舵机通过舵盘（图 5 中 15）与腿部连杆（图 5 中 14）连接膝关节舵机及其多功能支架。

本机器人中，腿部机构的主要作用之一是连接足部与主躯体，图 6 所示为单侧双腿的结构原理。可见，髋关节舵机（图 6 中 13）安装在多功能支架（图 6 中 16）上，支架则安装在腿 - 躯连接支架（图 6 中 19）上，进而固定在主要躯体的单侧支架（图 6 中 18）上。膝关节舵机（图 6 中 12）同样安装在多功能支架（图 6 中 16）上，通过舵盘（图 6 中 15）与足部主壳（图 6 中 7）连接，这样就完成了腿部机构与履带足机构的连接。

表 4 JGA25-370-1260 直流电机技术参数

参数名称	参数值
减速比	35 ：1
额定电压	12V
额定电流	450mA
堵转电流	1300mA
额定扭矩	0.08N · m
额定功率	1.2W
转数	130r/min
质量	100g

图 4 JGA25-370-1260 直流单机实物图

（2）舵机参数计算与选型

根据标定的设计参数及上述直流电机的选型计算过程可知，机器人的自身质量不能超过 3.5kg，载重能力不低于 5kg。该机器人在两种行进模式下，仅有 4 个履带足与地面接触并支撑整个身体，故单个履带足所承受的压力：

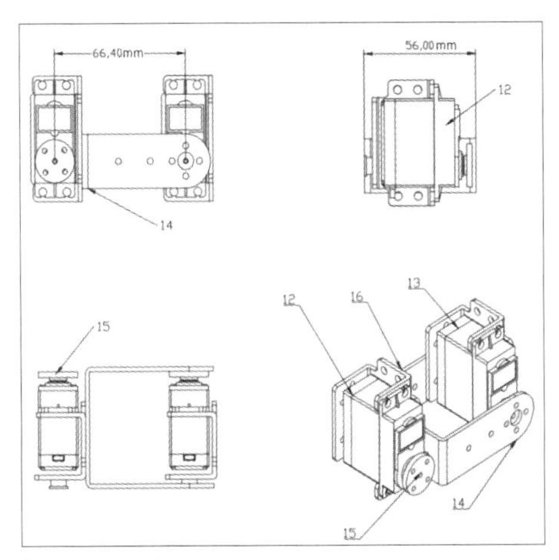

图 5 单腿的结构原理图

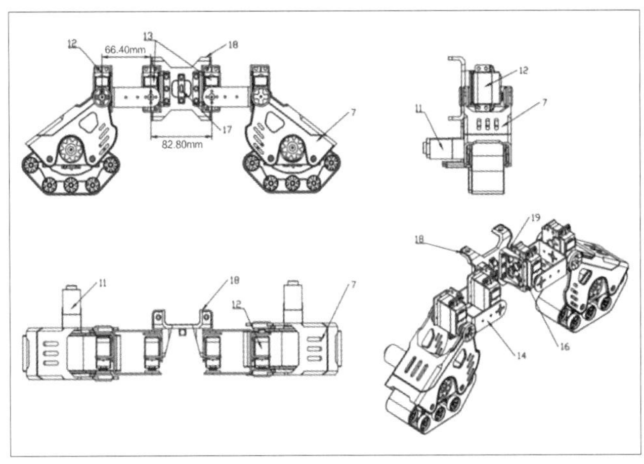

图 6 单侧双腿的结构原理图

表 5　市面上常见型号舵机的参数调查表

型号	类型	额定电压 /V	额定电流 /mA	堵转电流 /mA	扭矩 /（N·m）	价格 / 元
MG996R	模拟，非总线	3.0~7.2	800	1450	13	10
TD8125	数字，非总线	4.8~7.2	1000	3400	30	80
DS3225	数字，非总线	4.8~7.2	1300	2000	25	80
SPT5430	数字，非总线	6.0~8.4	1000	1800	30	82
LX-224HV	数字，总线	9.0~12.6	800	2000	20	89
HTS-35H	数字，总线	9.0~12.6	1000	3000	35	108
LX-225	数字，总线	6.0~8.4	1000	4000	25	89

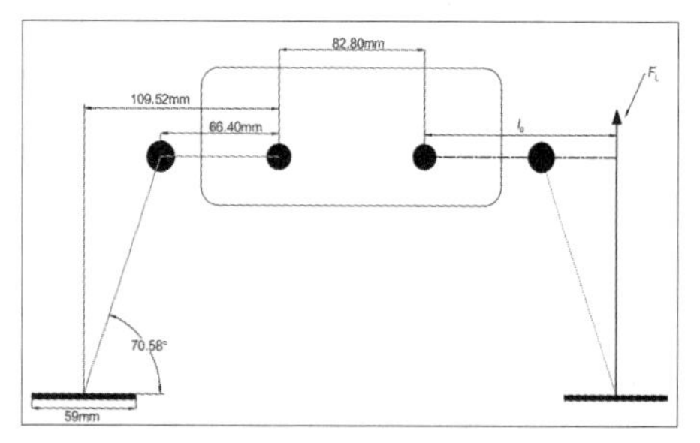

图 7　履足式复合机器人整体机构示意简图

图 8　HTS-35H 串行总线数字舵机实物图

$F_L=G_0/4=8.5\times9.80665/4=20.84(N)$

图 7 所示为复合机器人的整体机构示意简图，可以看出髋关节处舵机的扭矩要求能够支撑起整个单腿的运动并承载主躯体的质量。因此，髋关节舵机所要求的扭矩参数就是所选型的舵机要满足的最小扭矩，计算可得：

$T_{min}=F_L/l_0=20.84\times109.52=2.282N\cdot m$

表 5 是针对市面上常见舵机的参数调查表，结合上述计算可得，关节舵机的型号可以选用 HTS-35H，这是由幻尔科技有限公司开发的一款串行数字总线舵机，其实物如图 8 所示。

HTS-35H 串行总线数字舵机采用半双工 UART 异步串行接口，其信号端兼顾发送与接收的功能，即该舵机由串口实现指令控制及信息读取，串口波特率为 115 200 波特。根据数据手册可知，该总线舵机的扭矩可达到 3.5N · m，其控制前要求配置 ID，能够实现位置、温度、电压的信息反馈，支持舵机、减速电机两种工作模式。在舵机模式下，HTS-35H 能够在 240° 范围内控制转动定位，在减速电机模式下，HTS-35H 能够 360° 持续转

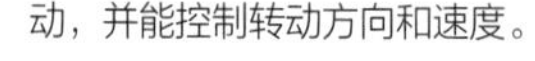

动，并能控制转动方向和速度。

HTS-35H 舵机相对于工作电压为 7.2V 的传统舵机，其最高工作电压为 12.6V，即相对能够减少 40% 的电流，且舵机机身采用绿色氧化金属外壳，散热效果良好，电机寿命及机器人的续航时间都能得到有效提升。

图 9 所示为 HTS-35H 串行总线数字舵机的尺寸图，表 6 为该串行总线数字舵机的技术参数表。

3. 主躯体结构设计方案

履足式复合机器人主躯体的主要功能有载运货物、搭载电源及控制板、安装功能云台、连接腿部四肢等。该复合机器人的主躯体应用模块化设计思路，如图 10 所示，其主躯体各部分零件通过螺栓组装在一起，主要组成为左 / 右侧挡板（图 10 中 18）、前侧挡板（图 10 中 20）、顶层连接板（图 10 中 21）、底层连接板（图 10 中 22）、尾侧挡板（图 10 中 23）、尾部侧翼挡板（图 10 中 24）、2.4GHz 天线模组（图 10 中 25）、主控板安装支架（图 10 中 26）及二轴功能云

表 6　HTS-35H 串行总线数字舵机技术参数表

参数类型	参数值
工作电压	DC 9~12.6V
转动速度	333° /s (DC 11.1V)
转动扭矩	3.5N · m(DC 11.1V)
转动范围	0° ~240°
空载电流	100mA
堵转电流	3A
舵机精度	0.2°
控制方式	UART 串口指令
存储	掉电保存用户设置
保护	堵转保护 / 过温保护
舵机 ID	0~253，用户可自行设置，默认为 1
回读功能	支持角度回读
参数反馈	温度、电压、位置
工作模式	舵机模式和减速电机模式
齿轮类型	金属齿
质量	64g
尺寸	54.38mm × 20.14mm × 45.5mm

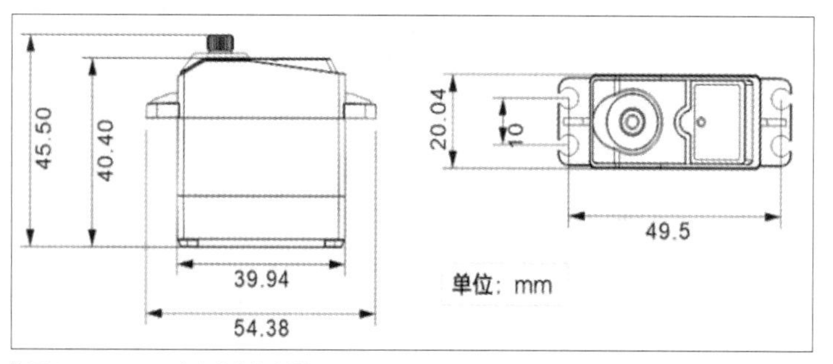

图 9　HTS-35H 串行总线数字舵机尺寸图

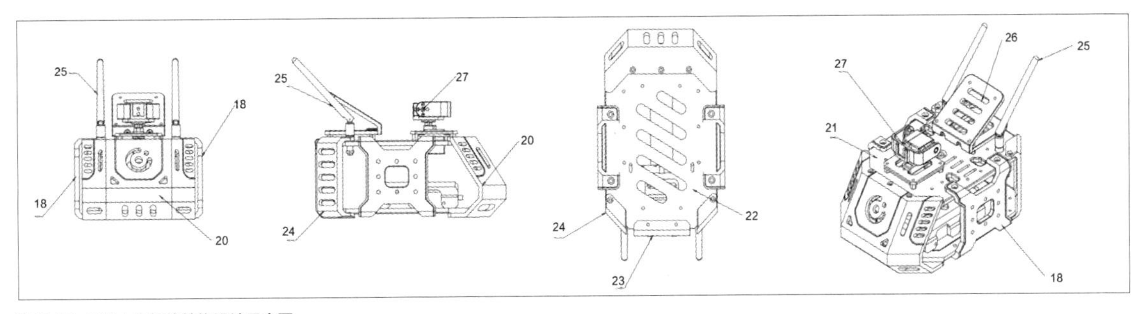

图 10 机器人主躯体结构设计示意图

图 11 ESP32-WROVER-E 模组

台（图 10 中 27）。

左 / 右侧挡板安装在机器人主躯体两侧，支撑起主躯体的内部空间并用于连接单腿机构。顶层连接板上安装有 2.4GHz 天线模组、主控板安装支架与二轴功能云台，主控板安装支架上可安装主控板及其扩展板，二轴功能云台预留有模块化可紧固接口，能够选择搭载摄像头模块、激光测距模块、小型作业机械臂等以实现相应功能，两根 2.4GHz 的天线搭配 IPEX 接口线，可分别用于主控模组及卫星定位模块的无线通信。底层连接板上搭载有固定电源模块，尾部挡板与尾部侧翼挡板均为可活动、可锁住的部件，主要用于实现货物的装卸。

履足式复合机器人电控硬件设计

1. ESP32-WROVER-E模组

履足式复合机器人主控板上的主控使用了乐鑫 ESP32-WROVER-E 模组，如图 11 所示。

这是一款物联网领域的通用型模组，支持 Wi-Fi、传统蓝牙及低功耗蓝牙等无线通信模式，拥有强大的资源与功能，支持多种低功耗工作模式，用途广泛，可以用于要求极高的任务。

ESP32-WROVER-E 模组内部微处理器型号为 ESP32-D0WD-V3，即 Xtensa 框架的双核 32 位 LX6 处理器。CPU 允许的主频调控范围为 80~240MHz，支持自行控制各 CPU 电源的关启，允许通过低功耗的协处理器来监测外设资源状态的变化或一些模拟量的情况，并判断是否超过阈值。

ESP32-WROVER-E 模组的片内拥有 520KB SRAM、440KB ROM，内部扩展了 4 MB 的 SPI Flash，同时可外扩高达 16MB PSRAM，支持 RMII 有线以太网、摄像头、SDIO、I^2S、IR、UART、I^2C、SPI、CAN、ADC、DAC、TOUCH、PWM 等多种外设接入。

针对无线通信功能，ESP32-WROVER-E 模组内部集成了 Wi-Fi、Classical BT 与 BlueTooth LE，支持 802.11b/g/n 协议、802.11n 协议，数据传输速率可高达 150Mbit/s，支持的蓝牙标准有 V4.2 BR/EDR、BlueTooth LE 等。同时模组集成了 PCB 板载天线，允许采用 IPEX 连接器与外部天线连接，天线的可输出功率最大为 20.5 dBm，可使无线通信范围达到最大。

表 7 所示为 ESP32-WROVER-E 模组与 STM32F407VET6、树莓派 Pico RP2040 的基本关键参数对比。

经过对比，我们可以发现 ESP32-WROVER-E 具备以下优势：高集成度、体积小；高性价比、低成本；高性能、低功耗；无线通信性能稳定。

图 12 所示为 ESP32 模组的外围电路，这里引出了 3 对串口，分别用于与 PC 端、串行总线舵机、OpenMV4 摄像头图像处理模块的通信。引出 1 对 I^2C 接口，用于 MPU6050 六轴加速度传感器和 0.96 英寸 4 针 OLED 显示屏的通信。其余的 GPIO 引脚，则分别用于控制直流电机的 IC 驱动芯片、RGB 灯珠、蜂鸣器及 LED 等功能。该 ESP32 模组外围电路的部分 PCB 设计如图 13 所示。

表 7 ESP32-WROVER-E 与 STM32F407、树莓派 Pico 的参数对比

	ESP32-WROVER-E	STM32F407VET6	树莓派 Pico RP2040
CPU 数量	2	1	2
CPU 架构	Xtensa 32bit LX6	ARM Cortex-M4	ARM Cortex-M0+
主频	240MHz	168MHz	133MHz
ROM	448KB	512KB	2MB
RAM	520KB	192KB	264KB
外置 Flash	8MB	无	无
PSRAM	8MB	无	无
I/O 数量	38	82	40
无线通信	Wi-Fi、BLE、BT	无	无
价格	19.44 元	73 元	21.8 元

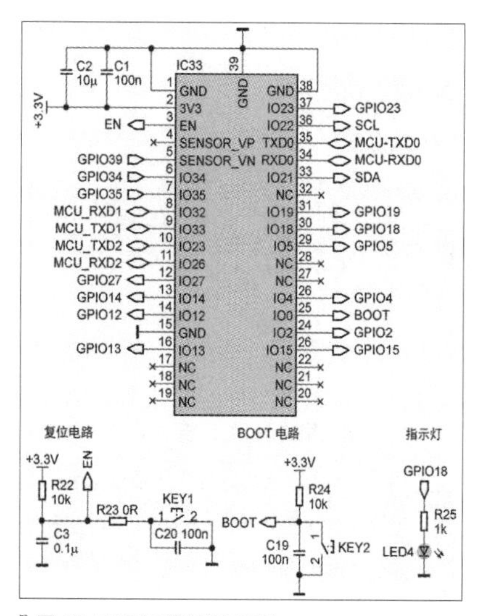

图 12 ESP32 模组外围电路

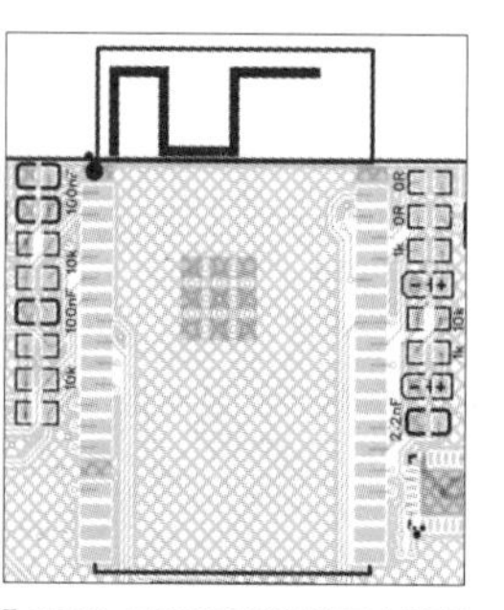

图 13 ESP32 模组外围电路部分 PCB 设计

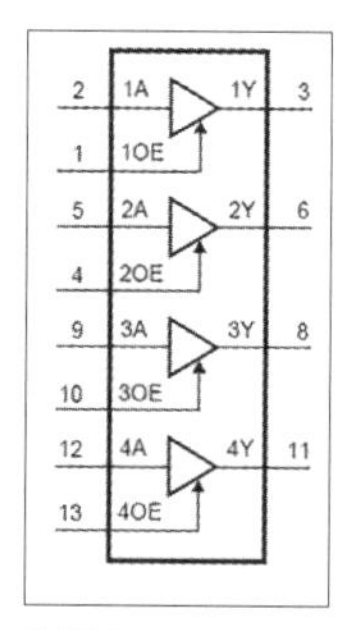

图 15 74HC126D 内部逻辑符号

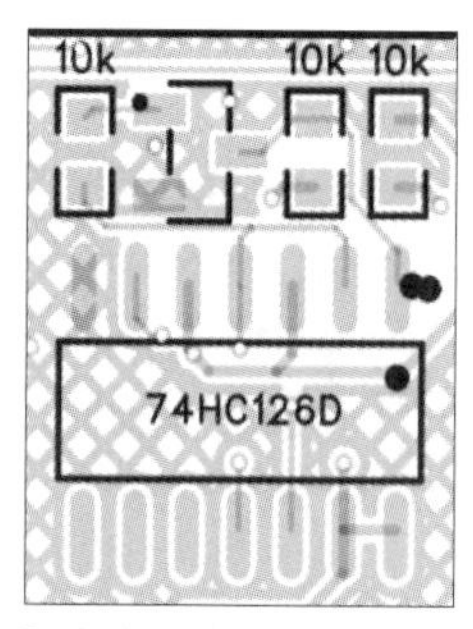

图 16 74HC126D 的 PCB 设计

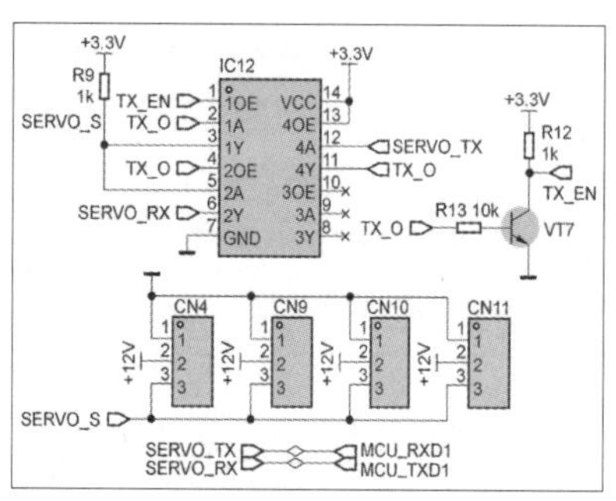

图 14 串行总线舵机通信控制电路

2. 电机驱动控制硬件设计方案

（1）串行总线舵机驱动控制

HTS-35H 串行总线舵机外壳上的接口为 PH2.0-3P 母头插座，其引脚分别对应电源地 GND、电源输入 VIN 与信号接口 SIG，采用半双工 UART 异步串行通信。该总线舵机通信控制电路如图 14 所示。

74HC126D 是一款四缓冲 / 线路驱动器，具有由输出启用输入（nOE）控制的三态输出功能，其内部逻辑如图 15 所示，其 PCB 设计如图 16 所示。

表 8 所示为 74HC126D 芯片的功能表，当 OE 引脚的电平拉高时，输出引脚 Y 的电平跟随输入引脚 A 的电平变化；当 OE 引脚的电平拉低时，输入 A 为任意电平，输出 Y 则均是高阻抗关断的悬空状态。

表 8 74HC126D 功能表

输入		输出
nOE	nA	nY
1	0	0
1	1	1
0	X	Z

注：X 为任意高低电平；Z 为高阻态断开状态

图 17 TB6612FNG-SSOP24 封装图

因此，74HC126D 能够用于将全双工 UART 串口通信转变为半双工 UART 串行通信，进而实现主控对各个串行总线舵机的控制。

（2）直流电机驱动控制

我选用的 JGA25-370-1260 直流电机额定电压为 12V，额定电流为 450mA，堵转电流为 1300mA。该履足式复合机器人总共需要驱动 4 路直流电机，且每路直流电机可以实现单独控制。因此，直流电机驱动芯片选型为 TB6612FNG。

如图 17 所示，TB6612FNG 采用 SSOP24 封装，是一款直流电机驱动器件。其支持双通道电机控制，内部设计有 MOSFET-H 桥结构，能够同时驱动 2 个大功率直流电机。

TB6612FNG 芯片具有以下特点：单通道最高输出电流为 1.2 A，峰值电流可达 2A（连续脉冲情况下）或 3.2A（单脉冲情况下）；支持正转、反转、刹车、断电 4 种控制模式；PWM 支持频率高达 100 kHz；片内支持低压检测、自动热停机等安全保护电路；工作温度为 -20~85℃。

TB6612FNG 作为电机驱动类 IC 芯片，外围电路简单，能够有效减小系统尺寸。同时，其内部集成了 MOSFET-H 桥，对于大电流的驱动效率不低于以晶体管为基础的 H 桥。TB6612FNG 的输出负载能力是 L293D 芯片的 2 倍，驱动电流单通道最高可达 1.2A。TB6612FNG 电路如图 18 所示，其 PCB 设计如图 19 所示。TB6612FNG 的主要引脚功能如下：AINI/AIN2、BIN1/BIN2 分别对应两路直流电机的输入控制接口；PWMA/PWMB 分别对应两路电机转速控制的 PWM 输入端；AO1/A02、B01/B02 分别对应两路直流电机的输出控制接口；VM 端（3.0~13.5V）对应驱动直流电机的输入电压，VCC 端（2.7~5.5V）对应逻辑控制电平的输入端。

3. 通信电路硬件设计方案

（1）自动下载串口电路

ESP32-WROVER-E 模组的程序烧录需要与 PC 端进行串口通信，这里使用的是 USB Type-C 接口，串口管理芯片

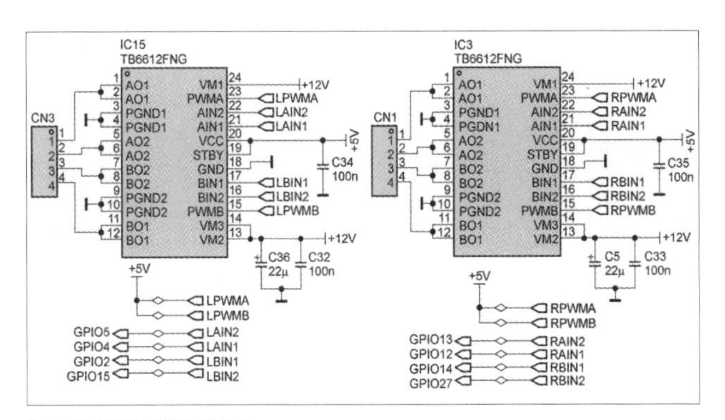

图 18 TB6612FNG 电路

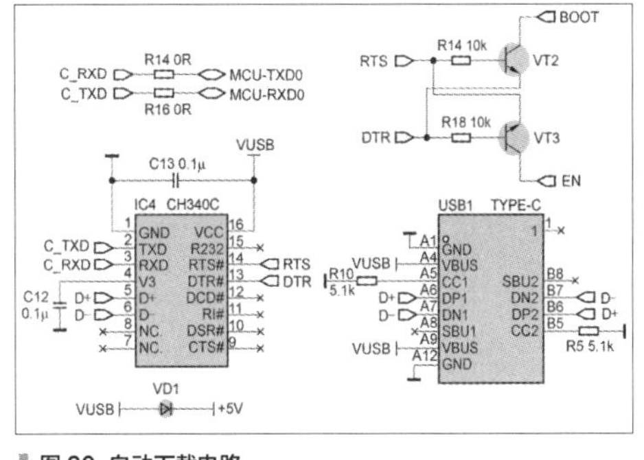

图 20 自动下载电路

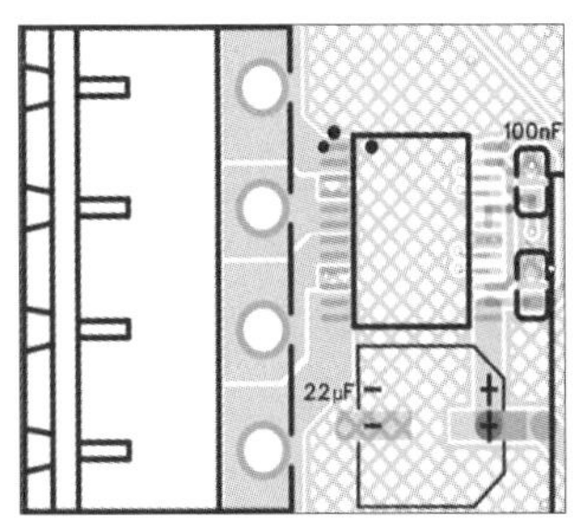

图 19 TB6612FNG 的 PCB 设计

表 9 自动下载电路的逻辑表

DTR	RTS	EN	GPIO0
1	1	1	1
0	0	1	1
1	0	0	1
0	1	1	0

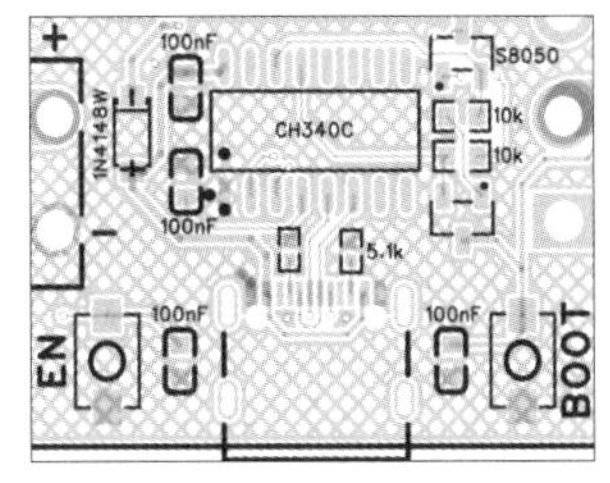

图 21 自动下载电路 PCB 设计

选型为 CH340C，同时采用了两个三极管以实现自动下载功能，其原理如图 20 所示，其 PCB 设计如图 21 所示。

USB Type-C 接口作为 USB 接口中最新的接口类形状标准，无特定的正反方向，可任意拔插，其可过最大电流为 800mA，能够给主控电路提供稳定的 5V 电压供电。

CH340C 可转接至 USB 总线，在串口模式下，该芯片能够通过提供 Modem 通信信息以扩展 PC 端的异步串口，或将一般串口设备升级到 USB 类总线。而且 CH340C 内部置备了时钟，即不需要外部晶体振荡器。

根据数据手册可知，ESP32-WROVER-E 模组在烧录程序时需要进入下载模式，此模式下要求 BOOT 引脚接地，EN 使能引脚拉高。如图 20 所示，电路中用两个 SOT-23 封装的 S8050 贴片三极管，分别连接了 DTR、RTS、EN 及 BOOT 引脚，这样我们可以得到如表 9 所示的逻辑表，进而实现针对 ESP32 模组程序烧录的自动下载功能。

（2）热点通信Wi-Fi

ESP32-WROVER-E 模组作为主控，其内部集成了 Wi-Fi 功能，支持的通信协议有 802.11b/g/n 协议、802.11n 协议，工作中心频率范围为 2412~2484 MHz，即 2.4GHz 网络。

模组支持的数据传输速率可达 150Mbit/s，同时此模组的 PCB 为 4 层板设计，其板上集成有 PCB 板载天线与 IPEX 接口，允许连接外部天线，使其可输出功率可达到 20.5dBm，此时通信范围最大。

（3）蓝牙通信BlueTooth

ESP32-WROVER-E 模组内部集成了传统蓝牙 BlueTooth 及低功耗蓝牙 BlueTooth LE，所支持的通信标准为蓝牙 V4.2 BR/EDR 与蓝牙 LE，并能够广播 BLE Beacon 以便于信号检测。

该模组的天线功能同样可作用于蓝牙通信，且蓝牙功能与 Wi-Fi 功能无法同时启用。

（4）传感器通信

为了能够监测与调整履足式复合机器人的姿态，优化其在行进、避障等运动过程中的平稳性与可靠性，我在躯体上安装了能够实现姿态检测的传感器。此处姿态传感器选型为 MPU6050 六轴加速度传感器。

MPU6050 整合了 6 轴测算的运动分析组件，其内置有数字运动处理引擎（DMP）、3 轴向 MEMS 陀螺仪、3 轴向 MEMS 加速度计等。MPU6050 通过 I^2C 接口连入主控建立数据通信通道，将实时采集到的 6 轴加速度数据传入其中，以便进一步分析处理，其封装如图 22 所示。

MPU6050 的电路如图 23 所示，PCB 设计如图 24 所示。这里采用 3.3V

图 22 MPU-6050 - 24QFN 封装图

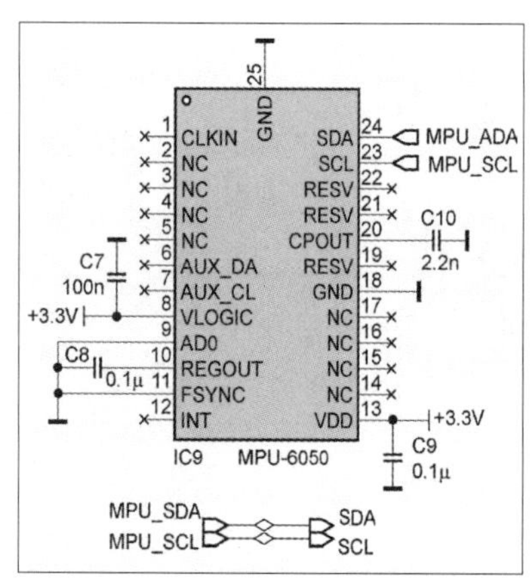

图 23 MPU6050 电路

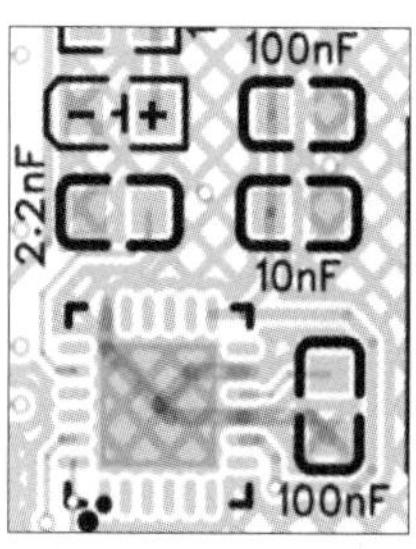

图 24 MPU6050 的 PCB 设计

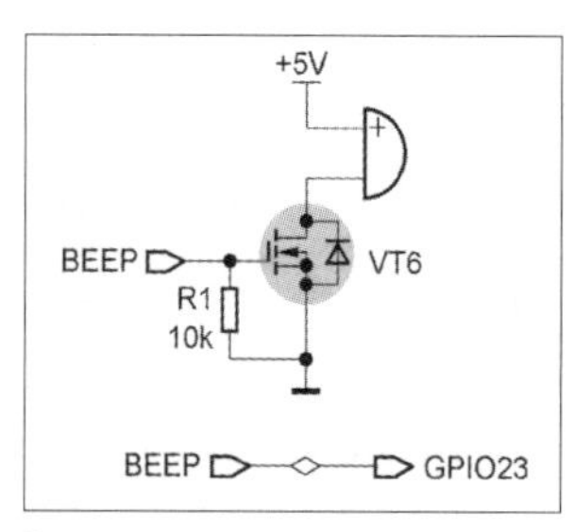

图 25 DET402-G 蜂鸣器电路

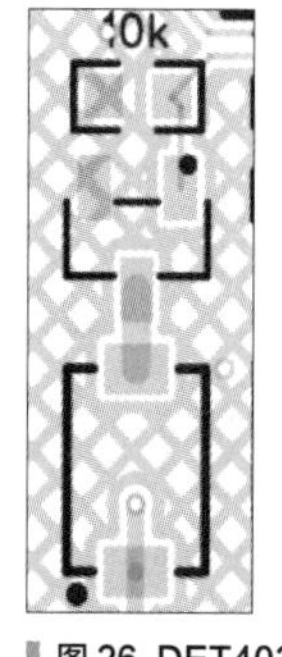

图 26 DET402-G 蜂鸣器 PCB

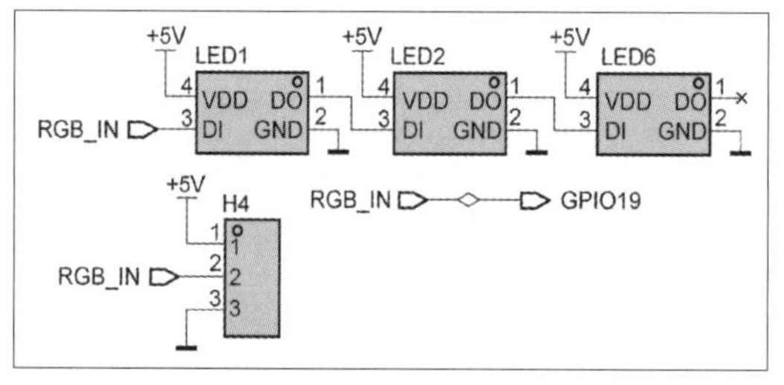

图 27 WS2812B 灯珠电路

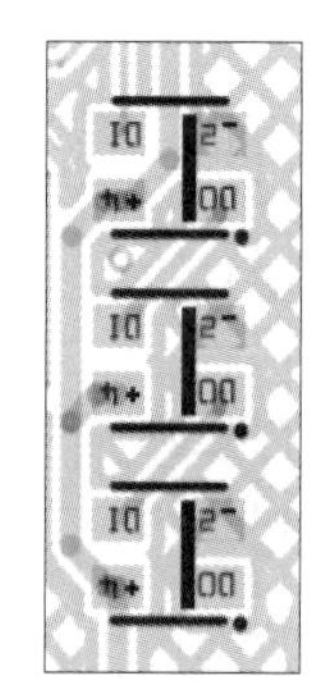

图 28 WS2812B 灯珠 PCB 设计

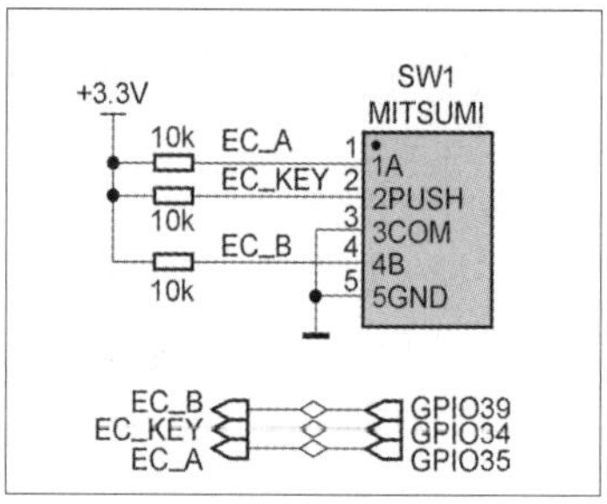

作为工作电压，同时并联 100nF 电容进行滤波。其通过一根数据线 SDA 与一根时钟线 SCL 与主控相连，应用 I²C 通信协议实现数据传输。AD0 引脚接 GND，即将 MPU6050 的通信地址设置为 0xD0。

4. 其他GPIO口外接设备

（1）蜂鸣器DET402-G

在本设计中，主控的 GPIO23 引脚用于控制 DET402-G 电磁式微型无源蜂鸣器。蜂鸣器尺寸为 3.0mm×4.2mm×1.9mm，额定电压为 2.0~5.2V，最大电流支持 120mA。其电路如图 25 所示，采用 PMOS 控制其开关，PCB 设计如图 26 所示。

（2）RGB灯珠WS2812B

在本设计中，主控的 GPIO19 引脚用于控制 RGB 灯珠，灯珠型号为 WS2812B - 2020，用于灯光提示、状态警告等。其额定电压为 3.7~5.3V，每个通道工作电流 12mA，即最大电流支持 36mA。其电路如图 27 所示，预留有灯珠的拓展接口，PCB 设计如图 28 所示。

（3）拨轮编码器MITSUMI

在本设计中，主控的 GPIO39、GPIO34 与 GPIO35 引脚分别用于读取拨轮编码器的状态，默认为上拉状态，用于与 OLED 显示屏的交互控制。其电路如图 29 所示，PCB 设计如图 30 所示。

图 29 MITSUMI 拨轮编码器电路

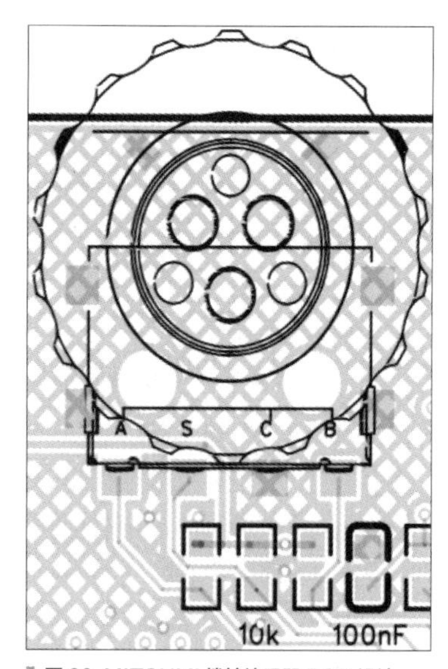

图 30 MITSUMI 拨轮编码器 PCB 设计

（4）OLED显示屏

由于引脚资源不足，本设计中显示屏选择 I²C 通信的 0.96 英寸 4 针 OLED 液晶显示屏，分辨率为 128 像素 ×64 像素，主要用于状态显示，以及与用户的交互。其正常工作时功耗为 0.06W，额定工作电压为 3.3~5.0V，其电路如图 31 所示。

本文阐述了履足式复合机器人的设计方案、机械结构设计与硬件设计，后续内容，我们一起看看机器人的软件设计，控制机器人动起来。

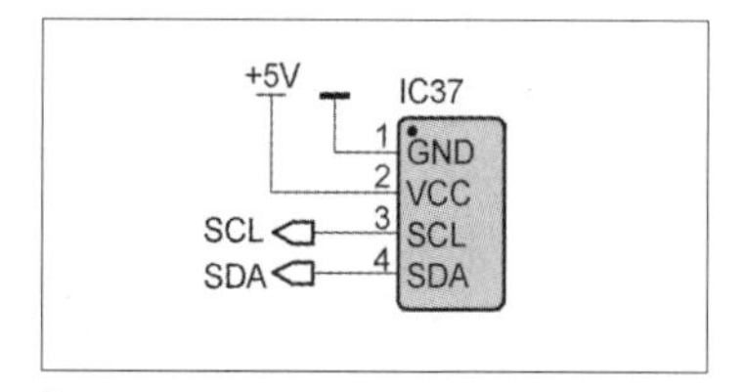

图 31 0.96 英寸 4 针 OLED 显示屏电路

OSHWHub 立创开源硬件平台 立创课堂

汽车模拟控制系统

sosomali

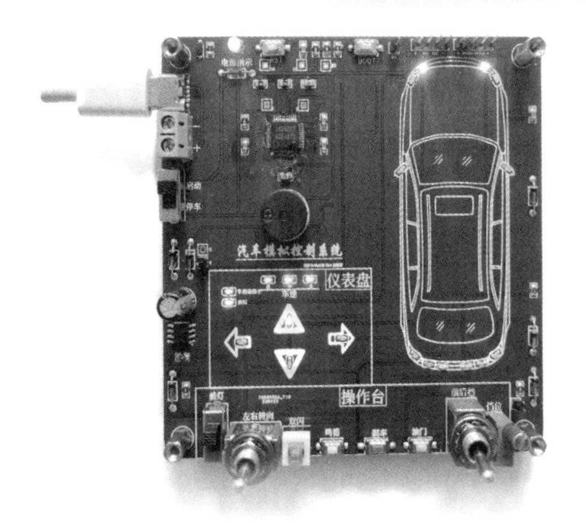

简介

本项目使用瑞萨R7FA2E1A72DFL系列作为主控制作汽车模拟控制系统，通过电路的逻辑设计，模拟汽车启动、挡位变换、油门、刹车、速度显示、超速警告、左右转向、前灯、倒车灯、刹车灯、鸣笛、紧急双闪等功能。作品实物如题图所示，尺寸为10cm×10cm，模拟控制系统包括汽车操作台、仪表盘、车辆显示等。

具体功能模块示意如图1所示。

制作步骤

1. 重要元器件说明

主控芯片为瑞萨R7FA2E1A72DFL，基于48 MHz ARM Cortex-M23内核，是瑞萨公司出品的一款超低功耗微控制器，该芯片详情如下。

◆ 48引脚封装。

◆ 具有64KB的代码闪存及16KB SRAM。

◆ 具有13个12位A/D转换器。

◆ 1.6~5.5V的宽工作电压范围。

◆ 具有增强型电容式触摸感应单元（CTSU）。

◆ 具有2个LPACMP低功耗模拟比较器。

◆ 具有1个32位GPT32通用PWM定时器，6个16位GTP16通用PWM定时器。

◆ 具有2个AGT低功耗异步通用定时器。

◆ RTC（实时时钟）。

◆ 具有4个SCI串行通信接口。

◆ 具有1个SPI接口。

◆ 具有1个I^2C接口。

◆ 具有5个KINT接口。

本项目用该芯片的I^2C接口外接OLED显示屏，同时使用了ADC模拟信号采集功能和GPIO口，该芯片引脚定义如图2所示。

2. 原理图和PCB设计说明

汽车模拟控制系统电路如图3所示，笔者根据功能模块进行设计，包括电源模

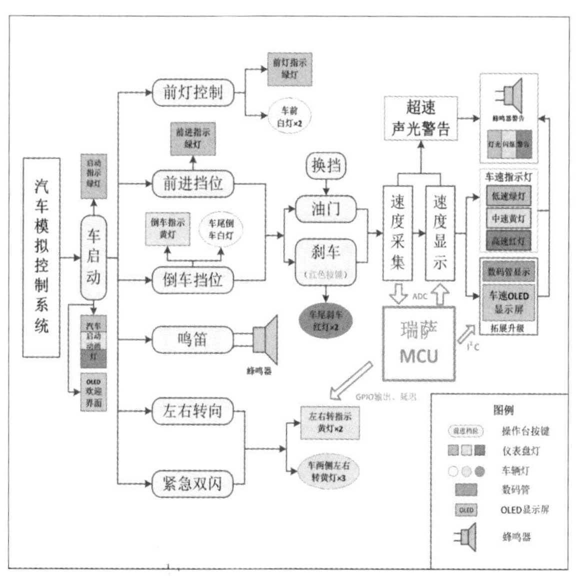

图1 汽车模拟控制系统功能模块示意图

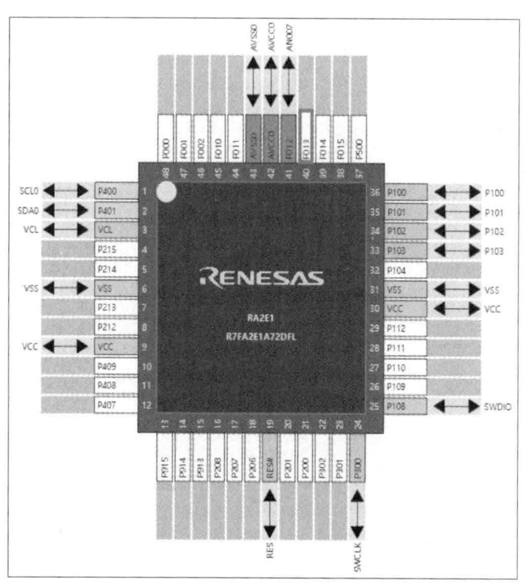

图2 瑞萨R7FA2E1A72DFL引脚图

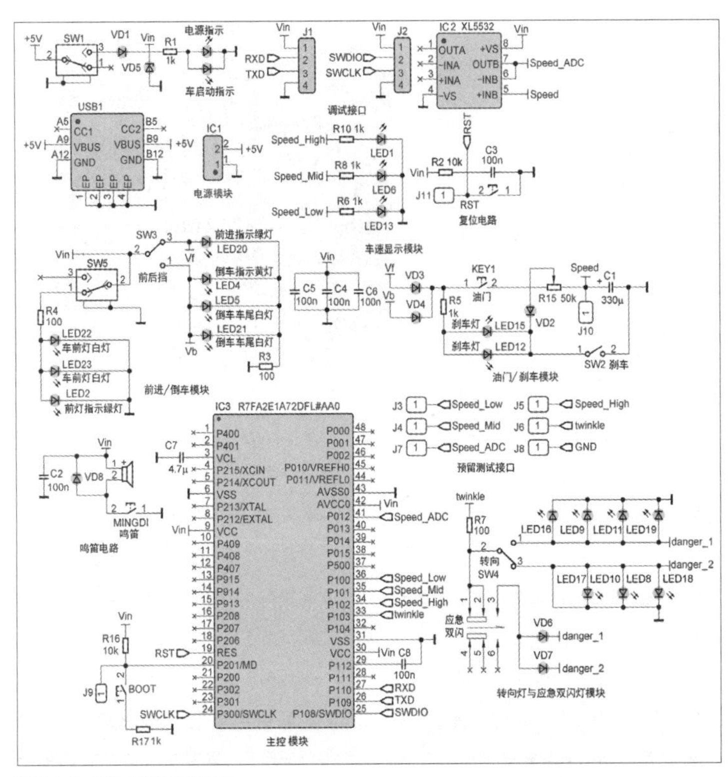

图 3 汽车模拟控制系统电路

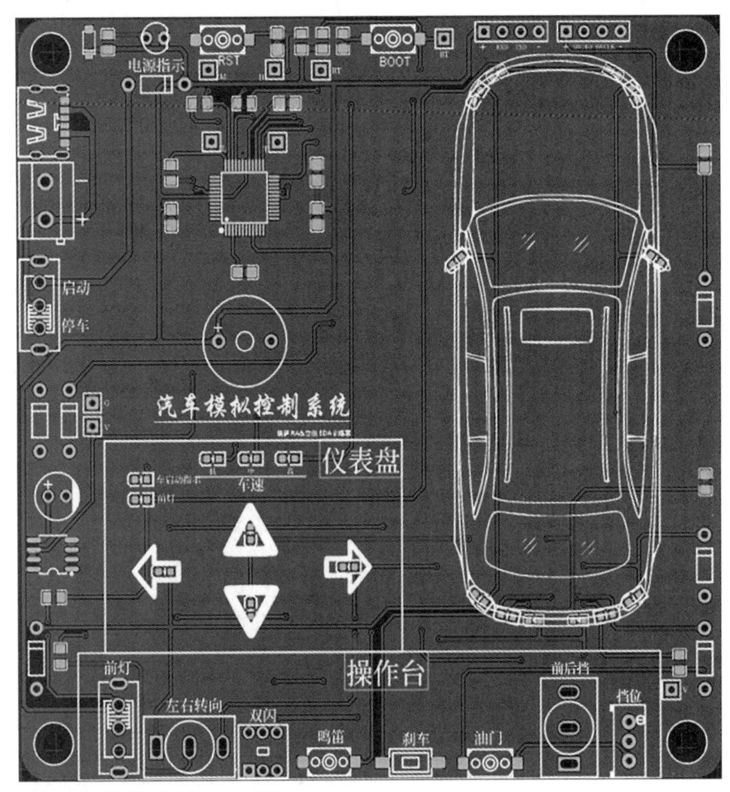

图 4 汽车模拟控制系统 PCB 设计

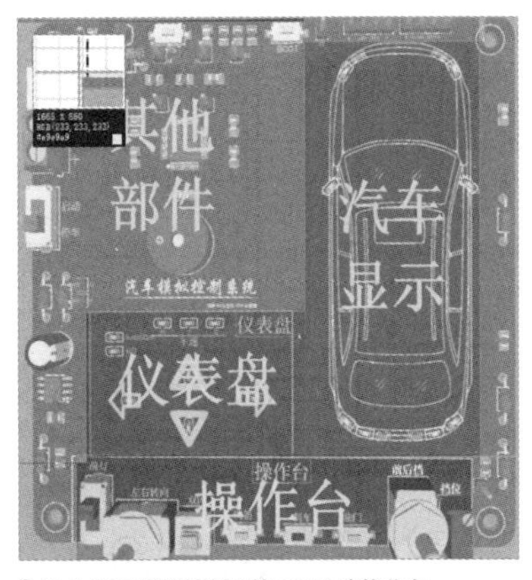

图 5 汽车模拟控制系统 PCB 功能分布

块、主控模块、调试接口、油门 / 刹车模块、前进 / 倒车模块、车速显示模块、鸣笛电路、转向灯与应急双闪灯模块、复位电路、预留测试接口等。

3. PCB设计

汽车模拟控制系统的 PCB 设计如图 4 所示。

该 PCB 功能分布主要可分为 4 个部分，分别为操作台、仪表盘、汽车显示和其他部件，如图 5 所示。

软件

主控程序使用 e2 studio 编写，主要用到了 I²C 接口外接 OLED 显示屏，同时使用了 ADC 模拟信号采集功能和 GPIO 口，通过程序实现车启动指示动画灯、左右转向闪光灯、速度采集、速度指示及超速警告等功能。

1. 车启动指示动画灯

车启动指示动画灯复用了仪表盘中的速度灯，通过软件设计，只在车开启后运行该功能，持续 5s，表示车辆开启，核心代码如下，这里只列出一部分。

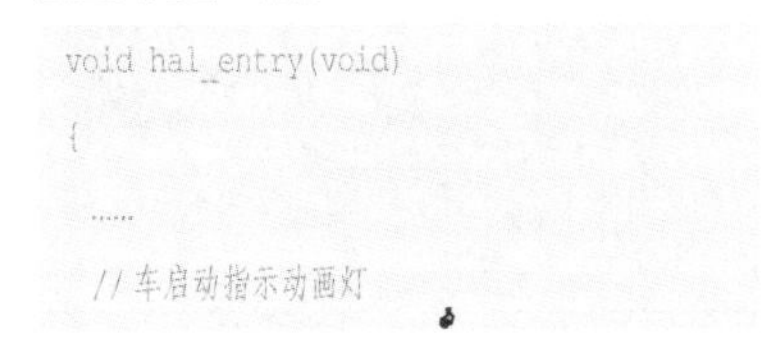

```
void hal_entry(void)
{
  ......
  //车启动指示动画灯
```

```
R_IOPORT_PinWrite(&g_ioport_ctrl,
BSP_IO_PORT_01_PIN_00, BSP_IO_LEVEL_
HIGH);// 低速
R_BSP_SoftwareDelay ( 300 , BSP_
DELAY_UNITS_MILLISECONDS);
R_IOPORT_PinWrite(&g_ioport_ctrl,
BSP_IO_PORT_01_PIN_00, BSP_IO_LEVEL_
LOW);// 低速
R_IOPORT_PinWrite(&g_ioport_ctrl,
BSP_IO_PORT_01_PIN_01, BSP_IO_LEVEL_
HIGH);// 中速
R_BSP_SoftwareDelay ( 300 , BSP_
DELAY_UNITS_MILLISECONDS);
R_IOPORT_PinWrite(&g_ioport_ctrl,
BSP_IO_PORT_01_PIN_01, BSP_IO_LEVEL_
LOW);// 中速
R_IOPORT_PinWrite(&g_ioport_ctrl,
BSP_IO_PORT_01_PIN_02, BSP_IO_LEVEL_
HIGH);// 高速
R_BSP_SoftwareDelay ( 300 , BSP_
DELAY_UNITS_MILLISECONDS);
R_IOPORT_PinWrite(&g_ioport_ctrl,
BSP_IO_PORT_01_PIN_02, BSP_IO_LEVEL_
LOW);// 高速
R_IOPORT_PinWrite(&g_ioport_ctrl,
BSP_IO_PORT_01_PIN_00, BSP_IO_LEVEL_
HIGH);// 低速
R_BSP_SoftwareDelay ( 300 , BSP_
DELAY_UNITS_MILLISECONDS);
R_IOPORT_PinWrite(&g_ioport_ctrl,
BSP_IO_PORT_01_PIN_00, BSP_IO_LEVEL_
LOW);// 低速
R_IOPORT_PinWrite(&g_ioport_ctrl,
BSP_IO_PORT_01_PIN_01, BSP_IO_LEVEL_
HIGH);// 中速
R_BSP_SoftwareDelay ( 300 , BSP_
DELAY_UNITS_MILLISECONDS);
R_IOPORT_PinWrite(&g_ioport_ctrl,
BSP_IO_PORT_01_PIN_01, BSP_IO_LEVEL_
LOW);// 中速
R_IOPORT_PinWrite(&g_ioport_ctrl,
BSP_IO_PORT_01_PIN_02, BSP_IO_LEVEL_
HIGH);// 高速
R_BSP_SoftwareDelay ( 300 , BSP_
DELAY_UNITS_MILLISECONDS);
......
R_IOPORT_PinWrite(&g_ioport_ctrl,
BSP_IO_PORT_01_PIN_00, BSP_IO_LEVEL_
HIGH);// 低速
R_IOPORT_PinWrite(&g_ioport_ctrl,
BSP_IO_PORT_01_PIN_01, BSP_IO_LEVEL_
HIGH);// 中速
R_IOPORT_PinWrite(&g_ioport_ctrl,
BSP_IO_PORT_01_PIN_02, BSP_IO_LEVEL_
HIGH);// 高速
R_BSP_SoftwareDelay ( 300 , BSP_
DELAY_UNITS_MILLISECONDS);
......
}
```

2. 左右转向闪光灯

左右转向灯、双闪指示灯的信号由MCU的GPIO口生成，通过添加输出延迟，实现闪光频率为1Hz，核心代码如下。

```
while(1)
{
 // 转向灯亮起
 R_IOPORT_PinWrite(&g_ioport_ctrl,
BSP_IO_PORT_01_PIN_03, BSP_IO_LEVEL_
HIGH);
 R_BSP_SoftwareDelay (500 , BSP_
DELAY_UNITS_MILLISECONDS);
 R_IOPORT_PinWrite(&g_ioport_ctrl,
BSP_IO_PORT_01_PIN_03, BSP_IO_LEVEL_
LOW);
 R_BSP_SoftwareDelay ( 500 , BSP_
DELAY_UNITS_MILLISECONDS);
}
```

3. 速度指示灯与超速警告

仪表盘中的速度灯，分为绿色、黄色、红色3挡，分别表示低速、中速、高速。通过软件设计，采样车速信号输入MCU的ADC模块，并根据车速大小，依次点亮3种颜色的灯。当车速超过限定最高车速时，超速声光警告模块开启，作为超速警示，核心代码如下。

```
void hal_entry(void)
{
 //ADC采样车速，并显示
 ......
 while(1)
 {
  ......
  // 初始化ADC模块
  (void) R_ADC_ScanStart(&g_adc0_
ctrl);
  ......
  err =R_ADC_Read(&g_adc0_ctrl,
ADC_CHANNEL_7, &adc_data1);
  assert(FSP_SUCCESS == err);
  a0=(adc_data1/4095.0)*5;
  R_BSP_SoftwareDelay (20, BSP_
DELAY_UNITS_MILLISECONDS);
  // 判断车速
  if(a0<=0.1)// 速度为0
  {
   R_IOPORT_PinWrite(&g_ioport_
ctrl, BSP_IO_PORT_01_PIN_00, BSP_IO_
LEVEL_LOW);// 低速
   R_IOPORT_PinWrite(&g_ioport_
ctrl, BSP_IO_PORT_01_PIN_01, BSP_IO_
LEVEL_LOW);// 中速
   R_IOPORT_PinWrite(&g_ioport_
ctrl, BSP_IO_PORT_01_PIN_02, BSP_IO_
LEVEL_LOW);// 高速
  }
  if((a0>0.1) & (a0<1))// 低速
  {
   R_IOPORT_PinWrite(&g_ioport_
ctrl, BSP_IO_PORT_01_PIN_00, BSP_IO_
LEVEL_HIGH);// 低速
   R_IOPORT_PinWrite(&g_ioport_
ctrl, BSP_IO_PORT_01_PIN_01, BSP_IO_
LEVEL_LOW);// 中速
   R_IOPORT_PinWrite(&g_ioport_
```

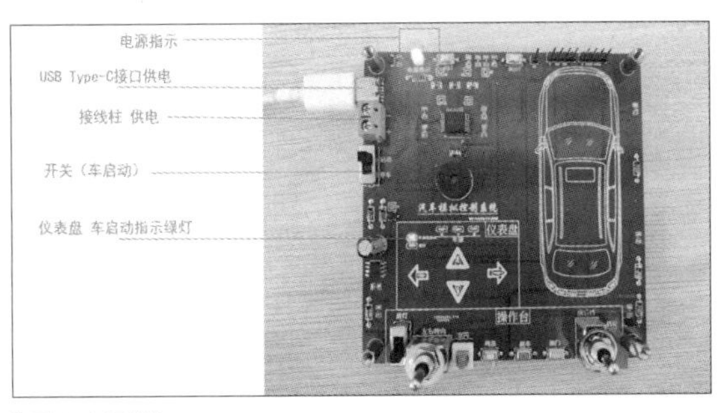

图6 电源模块

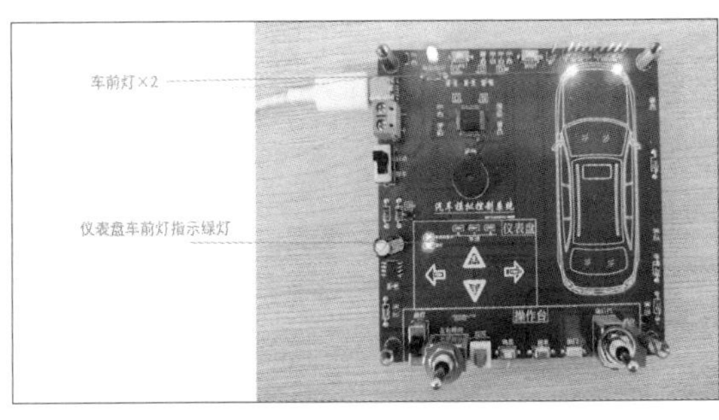

图7 车前灯控制

```
ctrl, BSP_IO_PORT_01_PIN_02, BSP_IO_
LEVEL_LOW);// 高速
    }
    if((a0>=1) & (a0<2))// 中速
    {
      ......
    }
    if((a0>=2) & (a0<3))// 高速
    {
      ......
    }
    if(a0>=3)// 超速声光警告，闪光频率 5Hz
    {
      R_IOPORT_PinWrite(&g_ioport_
ctrl, BSP_IO_PORT_01_PIN_00, BSP_IO_
LEVEL_HIGH);// 低速
      R_IOPORT_PinWrite(&g_ioport_
ctrl, BSP_IO_PORT_01_PIN_01, BSP_IO_
LEVEL_HIGH);// 中速
      R_IOPORT_PinWrite(&g_ioport_
ctrl, BSP_IO_PORT_01_PIN_02, BSP_IO_
LEVEL_HIGH);// 高速
      R_IOPORT_PinWrite(&g_ioport_
ctrl, BSP_IO_PORT_01_PIN_04, BSP_IO_
LEVEL_LOW);// 蜂鸣器响
      R_BSP_SoftwareDelay (100 , BSP_
DELAY_UNITS_MILLISECONDS);
      R_IOPORT_PinWrite(&g_ioport_
ctrl, BSP_IO_PORT_01_PIN_00, BSP_IO_
LEVEL_LOW);// 低速
      R_IOPORT_PinWrite(&g_ioport_
ctrl, BSP_IO_PORT_01_PIN_01, BSP_IO_
LEVEL_LOW);// 中速
      R_IOPORT_PinWrite(&g_ioport_
ctrl, BSP_IO_PORT_01_PIN_02, BSP_IO_
LEVEL_LOW);// 高速
      R_IOPORT_PinWrite(&g_ioport_
ctrl, BSP_IO_PORT_01_PIN_04, BSP_IO_
LEVEL_HIGH);// 蜂鸣器不响
      R_BSP_SoftwareDelay (100 , BSP_
DELAY_UNITS_MILLISECONDS);
      continue;
    }
  }
  ......
}
```

功能介绍与成品效果

1. 电源模块

为适应多种工作情况，该作品供电接口设计有USB Type-C和接线柱2种，供电电压为5V，并接有5.1V稳压二极管确保系统电压处于安全范围，开关开启后，电源指示红灯亮，仪表盘车辆启动绿灯亮。同时设置了5s车启动动画灯功能，开机后仪表盘车启动指示灯有规律闪烁，实物展示如图6所示。

2. 车前灯控制模块

车前灯开启时，仪表盘车前灯指示绿灯亮，两个车前灯亮，实物展示如图7所示。

3. 前进和倒车模块

将挡位拨动至前进挡时，仪表盘前进指示绿灯亮，实物展示如图8所示。

将挡位拨动至倒车挡时，仪表盘倒车指示黄灯亮，两个车尾倒车灯亮，实物展示如图9所示。

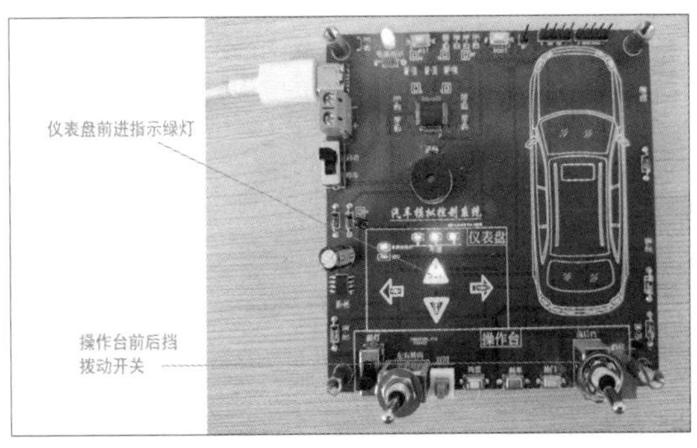

图8 前进挡位

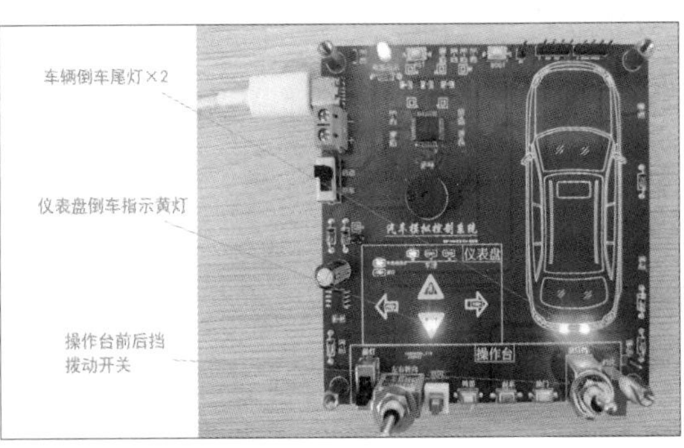

图9 倒车挡位

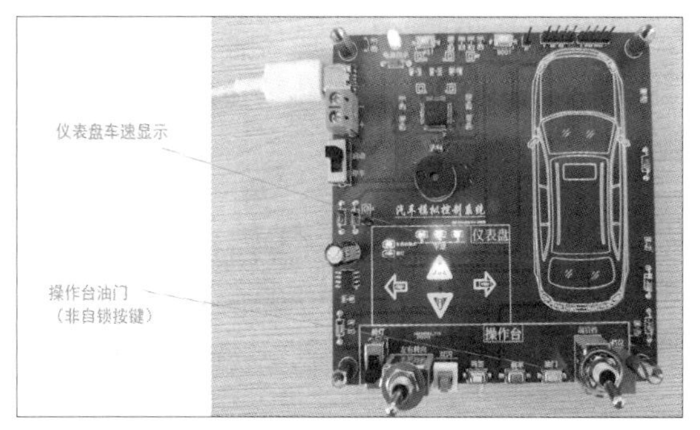

图 10 油门控制与车速显示

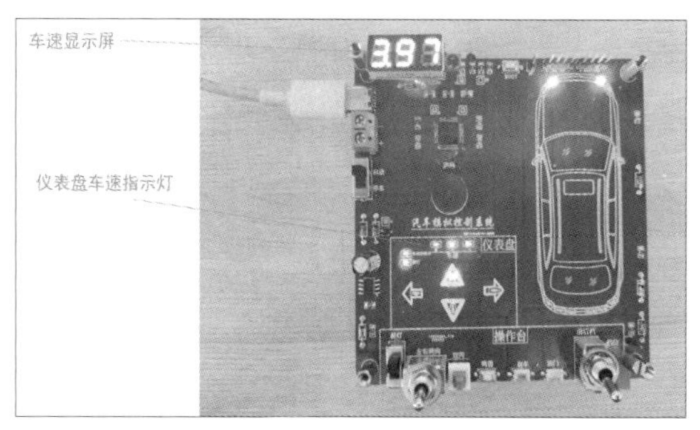

图 11 数码管展示实时车速

4. 油门、挡位、车速显示、超速声光警告模块

为了符合实际汽车的使用习惯，油门有以下特点。

◆ 油门的优先级低于前进和倒车挡位，只有在前进或倒车挡位时，油门才有作用。

◆ 油门采用非自锁按键，按下时加速，松开时暂停，符合实际汽车的油门使用情况。

◆ 按下油门时，车速增加，速度指示灯依此亮起，仪表盘中的车速显示灯分为 3 种颜色，绿色灯表示低速，黄色灯表示中速，红色灯表示高速。按下油门键后车辆加速。当车速超出警告被速度（可在软件中设置具体值）时，超速声光警告被触发，绿灯、黄灯、红灯同时闪亮，蜂鸣器发出“滴滴”声。

◆ 油门的实现原理是对 RC 电路充电，随着充电时间增加，电容两端电压逐渐增大，以此来模拟车速增加，采集此电压并输入 MCU 的 ADC 模块，通过判断电压的大小，控制车速显示灯的亮灭。

◆ 挡位功能的实现原理是通过改变 RC 电路中的 R 值（滑动变阻器），使充电的时间常数 $t=RC$ 被改变，此时电容充电的速度会发生变化，也就实现了模拟车辆的挡位功能。油门控制的实物展示如图 10 所示。

◆ 可拓展升级功能 1：为更清晰地展示车速信息，可添加其他器件进行功能拓展升级。根据该模拟系统油门刹车模块的特点，可以添加数字电压表测量电容电压，直观地表示车辆速度，如图 11 所示。

◆ 可拓展升级功能 2：该项目预留了相关接口，可以外接 OLED 显示屏显示车速信息和超速警告信息等。OLED 显示屏与主控 MCU 通过 I^2C 协议进行通信，展示实时车速，效果如图 12 所示。

屏幕显示规则如下。

开机显示“WELCOME”欢迎界面。车速 0~40km/h 为低速，车速等级显示“Low”，仪表盘车速指示绿灯同步点亮；车速 40~80km/h 为中速，车速等级显示“Middle”，仪表盘车速指示黄灯同步点亮；车速 80~100km/h 为高速，车速等级显示“High”，仪表盘车速指示红灯同步点亮。当车速为 100~120km/h 时，车速等级显示“High”，仪表盘车速指示红灯同步点亮，此时屏幕中的车速数值闪动，警告车辆速度较高。

当速度大于 120km/h 时，发出超速警告，车速等级显示“Overspeed”，仪表盘车速指示绿灯、黄灯、红灯同步闪烁，蜂鸣器发出“滴滴”声，此时屏幕整体闪动，且底部显示“DANGER”，警告车辆超速危险，刹车减速至安全速度后，屏幕系统恢复正常。

5. 刹车模块

为了符合实际汽车的使用习惯，刹车部分有以下特点。

◆ 刹车的优先级不受前进和倒车挡位影响，在前进、倒车挡或空挡时，刹车均有作用，符合汽车的实际使用情况。

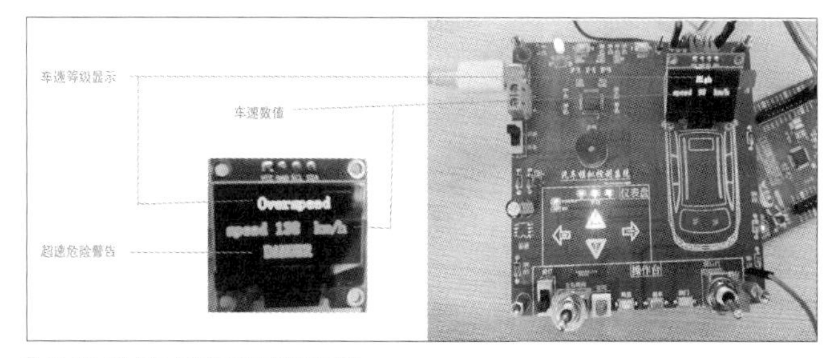

图 12 OLED 显示屏显示实时车速

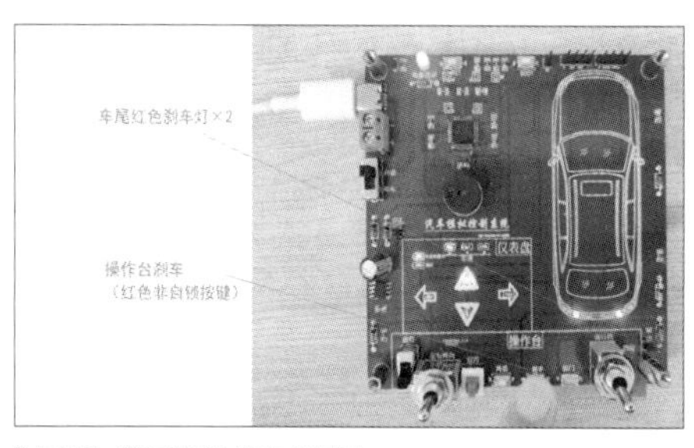

图 13 刹车控制与刹车灯显示

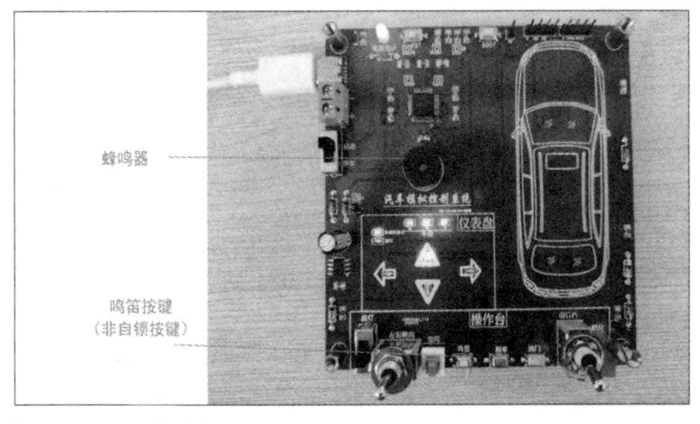

图 14 车辆鸣笛模块

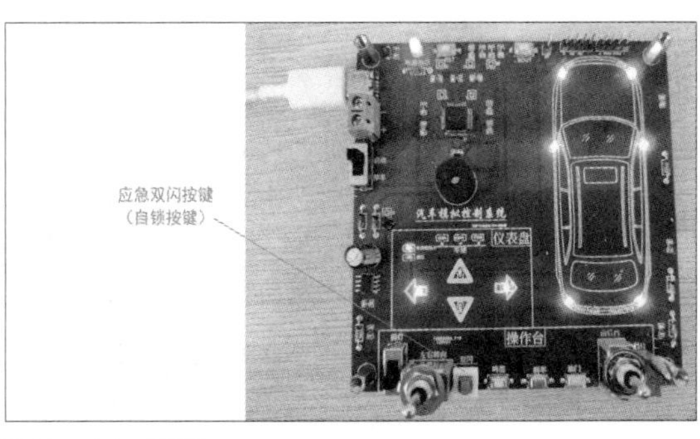

图 16 应急双闪模块

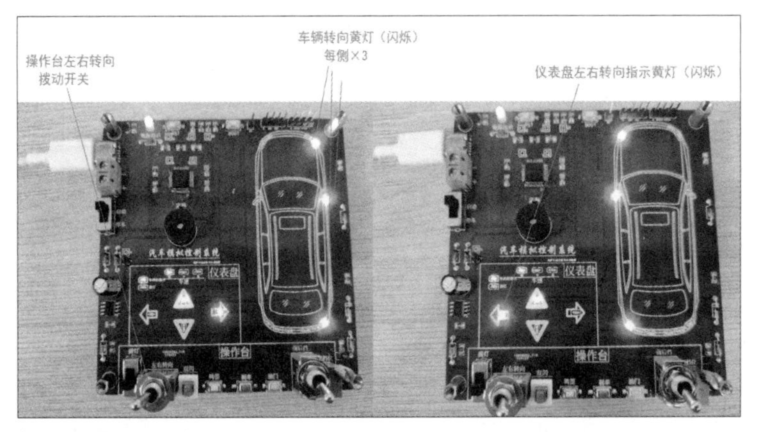

图 15 左右转向灯模块

◆ 刹车采用非自锁按键，按下时减速，车尾红色刹车灯亮，松开时暂停减速，符合实际的汽车刹车使用情况。

◆ 刹车被按下后，车速降低，仪表盘中车速指示绿灯、黄灯、红灯随车速下降而熄灭。当车速小于警告速度时，超速声光警告关闭。

◆ 刹车的实现原理是对 RC 电路放电，随着放电时间增加，电容两端电压逐渐减小，以此表示车速降低，采集此电压并输入 MCU 的 ADC 模块，判断电压的大小，进而控制车速指示灯的亮灭。

刹车控制部分效果展示如图 13 所示。

6. 鸣笛模块

按下鸣笛键时，蜂鸣器发出“滴滴”声，以此模拟车辆鸣笛，如图 14 所示。

7. 转向灯与紧急双闪模块

拨动左右转向开关时，车辆左右两侧转向黄灯闪亮，仪表盘中左右转向黄灯指示灯闪亮，频率为 1Hz，如图 15 所示。

按下应急双闪开关（自锁开关）时，车辆左右两侧转向黄灯同时闪烁，仪表盘中左右转向黄灯同时闪烁，频率为 1Hz，如图 16 所示。

制作难点与注意事项

1. 制作难点

（1）逻辑设计

项目中同一个元器件可能会在不同的模式下使用，因此需要设计好逻辑。比如转向灯会在左右转向模式与双闪模式时使用，油门和刹车模块需要对同一组 RC 电路充放电，且需要考虑相应指示灯的连接逻辑。

（2）元器件摆放

由于需要将控制台、仪表盘与车辆展示的位置进行划分，走线较为复杂，无法像传统电路那样将其摆放在走线最合理的位置。

（3）引脚焊接

MCU 引脚很密集，新手较难焊接。

2. 注意事项

该项目在设计制作过程中，有以下注意事项。

◆ MCU 引脚很密集，焊接时应注意适量用锡，避免因加锡太多而造成引脚间短路。

◆ 目前该版本的工程中，MCU 只接出了用到的引脚，建议大家将可能会用到的引脚都接出来，方便后续进行功能拓展。

◆ 建议对电路中的关键信号预留测试接口，方便工程的调试。

◆ 大家可以设计好 LED 的限流电阻，确保指示灯不会太亮或者太暗，以达到最佳的展示效果。

本项目演示视频及其他资源文件均已上传至立创开源硬件平台，需要的朋友可以在该平台搜索“汽车模拟控制系统”进行下载。了解汽车模拟控制系统后，大家可以尝试将其应用到实际制作中，比如制作一个汽车模型，加上汽车模拟控制系统，它一定会成为最酷的汽车模型。

ESP32 M5超级问卷星！轻松实现数据表格数字化录入！

朱盼

最近门卫王大爷很苦恼，因为单位要求所有进入单位的人员与车辆要按照防疫要求进行登记，登记的内容有来访人员的车牌号、姓名、性别、体温、联系电话、被访人及其进入单位的时间等。王大爷年纪大了，有些时候记性不太好，登记时经常会卡壳，每次都要向来访人员询问老半天，后面来访的人员看着不知所措的王大爷有些无奈，但也只能老老实实排队等待。王大爷自己也发现了这个问题，于是就找到我，想让我给他出出主意，想一个好办法来帮他解决问题，提高他的工作效率。

在一些小区和医院等场合，我也发现了一些和王大爷相似的情况，比如小区保安需要登记来访人员与车辆；从事医疗工作的志愿者需要登记来院所有人员的家庭住址、身份证号、近期外出情况等信息；临近假期，大学辅导员也要登记学生假期安排情况（留校或回家）。

这些问题都有一个共同的特点，都属于表格统计，仅有简单的文本类信息，这类信息的传统录入方式是靠打印纸质表格由相关人员逐一填写，费时费力，遇到问题需要查找某个人的相关信息时，要从大量的纸质表格中检索信息，这种古老而传统的方式在数字化的今天确实有些落后。作为实用型 Maker 的我，针对这些问题，开发了“M5 超级问卷星”这个项目，通过在线的方式将数据进行录入，并且支持在线搜索与查看，还可以将数据导出为 Excel 文件。

大家可以先扫描文章开头的二维码，观看一下这个项目的演示视频，视频中，我们以王大爷的需求为例。

“M5超级问卷星”名称的由来

M5 源于基于 ESP32 的 M5 CORE2 开发板，问卷星代表本项目是一个问卷调查表格统计类设备，故名 M5 超级问卷星，本项目与我之前在《无线电》2022 年 2 月刊上分享的《超便利！用 ESP32 开发板 DIY 掌上网页服务器——M5 Server X》（后文简称 M5 Server X）一样，同属于网络服务器的范畴。运用 M5 超级问卷星，我们能够将任何文本类数据进行在线收集，并支持在线查看或导出 Excel 文件，例如防疫登记表、离校意向表、商品出售清单、对照试验的表格等，当然，M5 超级问卷星能做的还有很多，只要有表格的地方都会有它的用武之地。

预期目标及功能

- ◆ 在线提交表单数据。
- ◆ 数据提交反馈。
- ◆ 在线数据查看。

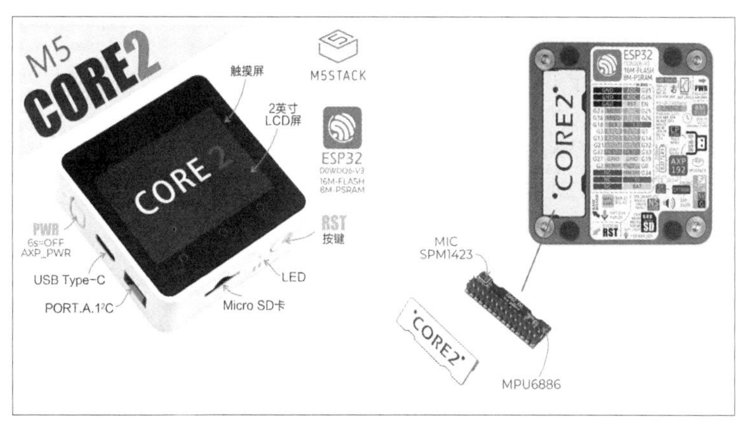

图 1 M5 CORE2 硬件说明

◆ 在线数据检索。

◆ 将在线数据导出为 Excel 文件。

◆ Micro SD 卡配置文件加载。

所用硬件

◆ M5 CORE2（见图 1）

M5 CORE2的特点

◆ 基于 ESP32 开发，支持 Wi-Fi、蓝牙。

◆ 板载 16MB 闪存、8MB PSRAM。

◆ 内置扬声器、电源指示灯、振动电机、RTC、I²S 功放、电容式触摸屏、电源键、复位键。

◆ 有 Micro SD 卡插槽，最大支持 16GB 的 Micro SD 卡。

◆ 内置锂电池，配备电源管理芯片。

◆ 独立小板内置 6 轴 IMU 和 PDM 话筒。

◆ 配有 M-Bus 总线插座

程序设计

下面开始详细讲解程序设计过程。

1. 开发环境

我们使用 Aduino IDE 软件来编写本项目的程序，开发板选择 M5 CORE2。这里不再介绍如何在 Arduino IDE 中配置 ESP32 的开发环境，有需要的朋友，请自行查阅相关资料。

2. 程序思路

为了达到预期目标，我们先绘制功能的思维导图，再根据思维导图逐步实现 M5 超级问卷星的程序设计（见图 2）。下面我们具体讨论 M5 超级问卷星各个子功能是如何实现的。

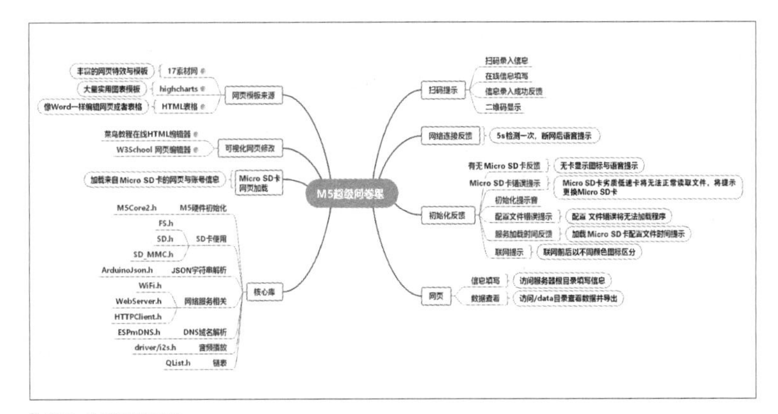

图 2 功能思维导图

3. 获取提交参数

在之前的 M5 Server X 项目中，我们采用构造路径参数的方式来区分每个服务，本项目我们将采用请求参数的方式获取来自网页表单的数据，示例如下。

```
#include <WiFi.h>
#include <FS.h>
#include <AsyncTCP.h>
#include <ESPAsyncWebServer.h>
const char* ssid = "xxxxxx";
const char* password = "xxxxxx";
AsyncWebServer server(80);
void setup() {
  Serial.begin(115200);
  WiFi.begin(ssid, password);
  while (WiFi.status() != WL_
CONNECTED) {
    delay(1000);
    Serial.println("Connecting to
Wi-Fi..");
  }
  Serial.println(WiFi.localIP());
  server.on("/", HTTP_GET, []
(AsyncWebServerRequest * request) {
    int paramsNr = request->params();
//获取提交参数的个数
    Serial.println(paramsNr);
    for (int i = 0; i < paramsNr;i++)
{//循环打印所有已提交的参数
      AsyncWebParameter* p = request-
>getParam(i);
      Serial.print("Param name:");
      Serial.println(p->name());
      Serial.print("Param value:");
      Serial.println(p->value());
      Serial.println("------");
    }
    request->send(200, "text/plain",
"message received");//反馈网页
  });
  server.begin();
}
void loop() {
}
```

上传程序，打开串口监视器，我们可以观察到路由器给 M5 CORE2 分配的 IP 地址是 192.168.1.24（见图 3），记住该地址。

我们通过浏览器访问 http://192.168.1.24/?name= 小明 &gender= 男，发现浏览器返回数据如图 4 所示。此时串口监视器返回的数据如图 5 所示。

这里我们有两个参数，分别是 name（姓名）与 gender（性别），它们的值分别是“小明”与“男”。在这里你可以添加其他参数，例如年龄等，然后使用浏览器访问链接再次观察串口输出，寻找规律，理解访问参数的意义。

4. 表单输入

在上面的示例中，我们通过参数请求

图 3 路由器给 M5 CORE2 分配 IP 地址

的方式获取了提交的数据，那么我们如何更加简单方便地去提交不同的参数呢？在网页中，有一种叫表单提交的方法可以帮助我们方便地提交这个数据。下面我们以王大爷的需求为例，通过编写 HTML 代码进行数据输入，示例如下。

```
#include <WiFi.h>
#include <FS.h>
#include <AsyncTCP.h>
#include <ESPAsyncWebServer.h>
const char* ssid = "xxxxxx";
const char* password = "xxxxxx";
const char index_home[] PROGMEM = R
```

图 4 浏览器访问

图 5 串口监视器返回的数据

```
"rawliteral(
<html>
<head>
<meta charset="utf-8">
<title>来访登记</title>
<meta name="Generator" content="vsCode">
<meta name="Author" content="x">
<meta name="Keywords" content="">
<meta name="viewport" content="width=device-width, initial-scale=1.0, maximum-scale=1.0, user-scalable=0">
<meta http-equiv="X-UA-Compatible" content="IE=edge chrome=1">
<meta name="referrer" content="never">
<meta name="format-detection" content="telephone=no,email=no,address=no">
<meta name="renderer" content="webkit">
<meta name="Description" content="">
<style type="text/css">
*{
margin: 0;
padding: 0;
}
ul,li{
list-style:none;
}
a{
text-decoration:none;
}
input{
outline-style:none;
border: 0px;
}
#form1{
margin-top:20px;
width:80%;
margin:2px auto;
}
#form1 form span{
color:#999;
}
.row {
margin-top: 25px;
height: 50px;
line-height: 26px;
border-bottom: 1px solid #c7c6c6;
width:100%;
}
.input {
position: relative;
width: 100%;
height: 26px;
}
.input input {
display: block;
width: 100%;
height: 26px;
border:none;
background: none;
outline:none;
}
.input label {
position: absolute;
top:0;
left:0;
height: 26px;
line-height: 26px;
font-size: 14px;
```

```
    color: #999;
  }
  .select select{
    display:block;
    width:100%;
    border:none;
    outline:none;
  }
  input[type=date]::-webkit-inner-spin-button { visibility: hidden; }
  .button{
    width:100%;
    height:40px;
    background: #ff961e;
    outline: none;
    margin:20px 0 30px 0;
  }
  .button button{
    border:0px;
    background-color:transparent;
    color:white;
    width: 100%;
    height:40px;
    margin:0 auto;
    font-size:17px;
}
</style>
</head>
<body>
  <div id="form1">
    <form action="">
      <br>
      <div class="row">
        <div class="input">
          <span>车牌号码</span>
          <input type="text" placeholder="例如: 苏N·OQN××" name="number_plate" value="">
        </div>
      </div>
      <div class="row">
        <div class="input">
          <span>访客姓名</span>
          <input type="text" placeholder="例如: 蓟芊" name="name" value="">
        </div>
      </div>
      <div class="row">
        <div class="select">
          <span>性别</span><br>
          <select name="gender">
            <option value="男">男</option>
            <option value="女">女</option>
          </select><br>
        </div>
      </div>
      <div class="row ">
        <div class="input">
          <span>体温</span>
          <input type="text" placeholder="例如: 37.5" name="body_temperature" value="">
        </div>
      </div>
      <div class="row">
        <div class="input">
          <span>联系电话</span><br>
          <input type="text" placeholder="例如: 188310159××" name="phone_number" value="">
        </div>
      </div>
      <div class="row">
        <div class="input">
          <span>被访人</span><br>
          <input type="text" placeholder="例如: 白允" name="interviewee" value="">
        </div>
      </div>
      <div class="row">
        <div class="input">
          <span>进入时间</span><br>
          <input type="text" placeholder="例如: 2022/4/28 14:56" name="Entry_time" value="">
        </div>
      </div>
      <div class="button">
        <button type="submit">提交信息</button>
      </div>
    </form>
  </div>
</body>
</html>)rawliteral";
AsyncWebServer server(80);
void setup() {
  Serial.begin(115200);
  WiFi.begin(ssid, password);
  while (WiFi.status() != WL_CONNECTED) {
    delay(1000);
    Serial.println("Connecting to Wi-Fi..");
  }
  Serial.println(WiFi.localIP());
  server.on("/", HTTP_GET, [](AsyncWebServerRequest * request) {
    int paramsNr = request->params();
    Serial.println(paramsNr);
    for (int i = 0; i < paramsNr;i++){
      AsyncWebParameter* p = request->getParam(i);
      Serial.print("Param name: ");
      Serial.println(p->name());
      Serial.print("Param value: ");
      Serial.println(p->value());
      Serial.println("------");
    }
    request->send(200, "text/html", index_home);
  });
  server.begin();
}
```

图 6 访问 M5 CORE2 对应的 IP

```
void loop() {
}
```

上传上面的程序，访问 M5 CORE2 对应的 IP 可以得到如图 6 所示网页。

打开串口监视器，随机输入一些信息观察串口的数据输出，这里我们仅需要关注几个地方。网页标题通过标签指定，某一参数输入由标签决定，例如我们要实现年龄输入，只需替换成下面的程序即可。

```
<div class="row">
  <div class="input">
    <span>年龄</span>
    <input type="text" placeholder="例如：18" name="age" value="">
  </div>
</div>
```

这里我们可以通过 W3school 在线网页编辑器实时修改并预览，修改后效果如图 7 所示。

对于固定格式的数据，如性别、年级等可参考上面的性别例子在网页编辑器中编辑并预览，相信你一定能轻松搞定。

5. 数据可视化

现在我们实现了任意数据表单的输入，那么要如何显示数据呢？下面我直接给出了网页设计的代码。

```
<!DOCTYPE html>
<html>
```

```
<div class="row ">
    <div class="input">
        <span>年龄</span>
        <input type="text" placeholder="例如：18" name="age" value="">
    </div>
</div>
<div class="row ">
    <div class="input">
        <span>访客姓名</span>
        <input type="text" placeholder="例如：蓟芊" name="name" value="">
    </div>
</div>
```

年龄
例如：18
访客姓名
例如：蓟芊
性别
男

图 7 通过 W3school 在线网页编辑器实时修改

```
<head>
  <meta http-equiv="Content-Type" content="text/html; charset=utf-8"/>
  <title>来访者记录</title>
  <style type="text/css">
  #myInput {
    background-image: url('https://static.runoob.com/images/mix/searchicon.png'); /* 搜索按钮 */
    background-position: 10px 12px; /* 定位搜索按钮 */
    background-repeat: no-repeat; /* 不重复显示图片 */
    width: 100%;
    font-size: 16px;
    padding: 12px 20px 12px 40px;
    border: 1px solid #ddd;
    margin-bottom: 12px;
  }
  #output {
    width: 100%;
    height: 100vh;
    margin-top: 20px;
  }
  #table {
    border: solid 1px #565656;
    border-collapse: collapse;
    font-family: helvetica,serif;
    font-size: 10pt;
    width: 180mm;
  }
  #table th {
    border: solid 1px #565656;
    background-color: #9a7f5b;
    color: #eee;
    text-align: center;
    padding: 5px;
  }
  #table td {
    border: solid 1px #565656;
    text-align: center;
    padding: 2px 5px;
  }
  </style>
</head>
<body>
<input type="text" id="myInput" onkeyup="myFunction()" placeholder="搜索...">
  <!-- 设置border="1"以显示表格框线 -->
<table align="center" id="table" border="1">
  <caption><span style="font-size:20px;">来 访 者 记 录</span></caption>
  <thead>
    <tr>
      <th>序号</th>
      <th>车牌号码</th>
      <th>访客姓名</th>
      <th>性别</th>
      <th>体温</th>
      <th>联系电话</th>
      <th>被访人</th>
      <th>进入时间</th>
    </tr>
  </thead>
  <tbody>
    <tr>
```

```
    <td>1</td>
    <td>湘P·RBB××</td>
    <td>邱勤</td>
    <td>男</td>
    <td>36</td>
    <td>18456465××</td>
    <td>小宝</td>
    <td>2022/4/28 14:56</td>
    </td>
    <tr>
    <td>2</td>
    <td>晋B·MIV××</td>
    <td>简馨</td>
    <td>女</td>
    <td>36</td>
    <td>18456465××</td>
    <td>马克</td>
    <td>12022/4/28 15:56</td>
    </td>
  </tbody>
</table>
<div style="text-align:center">
  <a>导出表格</a>
</div>
  <script>
    // 使用outerHTML属性获取整个table元素的HTML代码(包括<table>标签),然后包装成一个完整的HTML文档,设置charset为urf-8以防止中文乱码
    var html = "<html><head><meta charset='utf-8' /></head><body>"
    + document.getElementsByTagName("table")[0].outerHTML + "</body></html>";
    // 实例化一个Blob对象,其构造方法的第一个参数是包含文件内容的数组,第二个参数是包含文件类型属性的对象
var blob = new Blob([html], { type: "application/vnd.ms-excel" });
var a = document.getElementsByTagName("a")[0];
// 利用URL.createObjectURL()方法为a元素生成blob URL
a.href = URL.createObjectURL(blob);
// 设置文件名
a.download = "来访者记录表格.xls";
</script>
<script>
function myFunction() {
  // 声明变量
  var input, filter, table, tr, td, i;
  input = document.getElementById("myInput");
  filter = input.value.toUpperCase();
  table = document.getElementById("table");
  tr = table.getElementsByTagName("tr");
  // 循环表格每一行,查找匹配项
  for (i = 0; i < tr.length; i++) {
    td = tr[i].getElementsByTagName("td")[1];//("td")[1]这里的1指表头的第2列数据,可根据自己需求改为其他列,例如学号或者车牌号等列,该列一般选择为唯一的数据列
    if (td) {
      if (td.innerHTML.toUpperCase().indexOf(filter) > -1) {
        tr[i].style.display = "";
      } else {
        tr[i].style.display = "none";
      }
    }
  }
}
    </script>
</body>
</html>
```

将上面的网页设计代码复制到W3school在线网页编辑器中，我们可以得到如图8所示的表格。

在这个网页中，我们单击搜索框，填写关键字可以在一定范围内搜索数据，例如我们输入“P”，搜索效果如图9所示。

单击“导出表格”将会下载文件“来访者记录表格.xls”，我们打开该Excel文件，效果如图10所示。

对比Excel表格与在线表格，可知两者信息以及格式一致。值得注意的是，即 

搜索... ❶ 搜索指定车牌号

来访者记录

序号	车牌号码	访客姓名	性别	体温	联系电话	被访人	进入时间
1	湘P·RBB××	邱勤	男	36	18456465××	小宝	2022/4/28 14:56
2	晋B·MIV××	简馨	女	36	18456465××	马克	12022/4/28 15:56

导出表格 ❷ 导出EXcel表格

图8 数据可视化 

P ❶ 所有包含P的车牌号码将会显示

来访者记录

序号	车牌号码	访客姓名	性别	体温	联系电话	被访人	进入时间
1	湘P·RBB××	邱勤	男	36	18456465××	小宝	2022/4/28 14:56

导出表格

图9 搜索数据 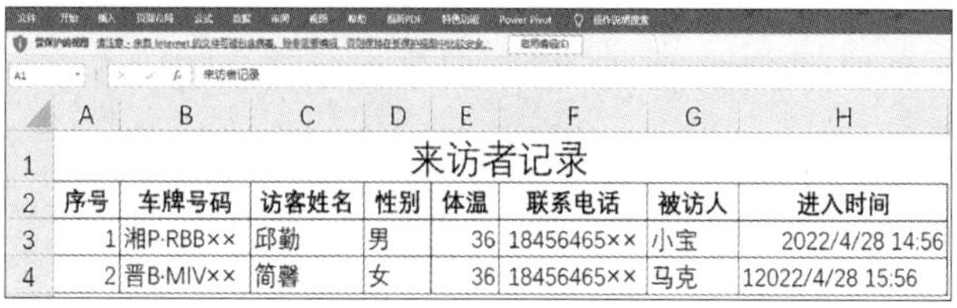

	A	B	C	D	E	F	G	H
1	来访者记录							
2	序号	车牌号码	访客姓名	性别	体温	联系电话	被访人	进入时间
3	1	湘P·RBB××	邱勤	男	36	18456465××	小宝	2022/4/28 14:56
4	2	晋B·MIV××	简馨	女	36	18456465××	马克	12022/4/28 15:56

图10 导出表格文件

搜索...

15电气学生假期行程统计表

序号	姓名	学号	联系电话	假期安排	去向	离校时间
1	周维富	151472499	18456465××	回家	贵阳	2022/4/28 14:56
2	周江	151472498	18456465××	留校	在校	2022/4/28 15:56

导出表格

图 11 自定义表格样式

使我们输入错误的信息，也同样会被录入，如图 10 中访客简馨的数据记录中输入的进入时间有误。因为篇幅有限，这里我没有对输入的数据进行验证。对于有格式要求的信息，如邮箱、电话号码等，有需要的读者可以自行学习前端知识改进上面的网页代码以达到自己的要求。对上面的 HTML 代码进行分析，我们可以知道关键的几项数据如程序中红色字体部分所示。

将上面表格中的数据进行替换或者增加数据项，并在网页编辑器中编辑及预览，你发现了什么规律，想要实现图 11 所示的表格样式又该如何改呢？这个问题留给大家进行思考。

在这个例子中，我们发现，一旦表格的名称与表头信息固定，那么整个表也就随之确定了。其中序号作为必要的数据项放到表格的第一位，起表格排序与统计数据个数的作用，观察 HTML 代码可知其最小重复单位如下所示。

```
<tr>
    <td>2</td>// 固定序号
    <td> 晋 B·MIV××</td>
    <td> 简馨 </td>
    <td> 女 </td>
    <td>36</td>
    <td>18456465××</td>
    <td> 马克 </td>
    <td>12022/4/28 15:56</td>
</tr>
```

按照最小重复单元，我们增加数据项与重复单元，在网页编辑器中进行增删改，实时修改并预览，帮助我们深刻理解 HTML 表格。

6. 将表单输入自动添加到表格里

前面我们通过串口监视器观察到了表单数据的提交，那么我们要如何将表单提交的数据添加到表格里呢？由于一条数据对应的就是上面的最小重复单元，那么我们可以这样做，将每一条提交的表单数据构造为下面的形式。

```
<tr>
    <td>data1</td>// 固定序号
    <td>data2</td>// 第 1 个提交参数
    <td>data3</td>// 第 2 个提交参数
    ......
    <td>dataN</td>// 第 N 个提交参数
</tr>
```

这里我们不需要考虑每一个数据的数据类型到底是整数、小数还是字符串，我们在构造后将其视为一个字符串即可。对于多条数据，如何保存它呢？我们知道在 C 语言中，保存一个数据可以用变量，保存多个数据用数组，那么问题来了，我们并不知道提交的数据有多少条，使用数组的话，要求先定义数组长度，但这里长度显然是无法预知的。那么有没有可变长度的数组呢？答案是肯定的，我们的解决办法是用链表，不清楚链表是什么的朋友可以自行搜索了解，下面我给出一个的链表使用例子。

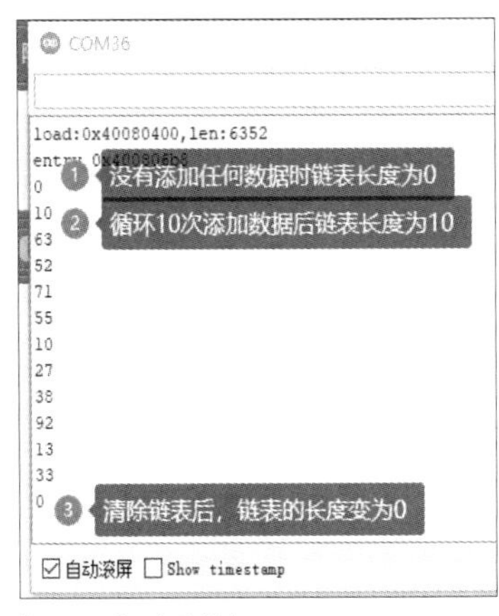

图 12 串口打印链表

```
#include <QList.h>
QList<String> myList;// 声明一个字符串类型的链表
void setup(){
  Serial.begin(115200);
  Serial.println(myList.size());// 第一次打印链表长度
  for (int i = 1; i <= 10; i = i++) {// 逐次添加随机数到链表
    myList.push_back(String((random(1, 100))));
  }
  Serial.println(myList.size());// 添加数据后再次打印链表长度
  for (int i = 1; i <= 10; i++) {// 循环打印链表的每一项
    Serial.println(myList.at((i - 1)));
  }
  myList.clear();// 清除链表
  Serial.println(myList.size());// 再次打印链表长度
}
void loop(){
}
```

上传程序，打开串口监视器，我们可以看到如图 12 所示的结果。

使用链表还有一个注意事项，如果你访问了不存在的数据项，例如我们这里只添加了 10 项数据，但你访问了第 11 项数据，那就会导致程序崩溃，开发板会不断重启，你可以试试看是否如此。为了避免这种情况的发生，我们要适当利用链表长度获取函数来规避这个问题。下面我给出了将表单提交的数据放入链表的例子。

```
String table = "    <tr>\n";
for (int i = 1; i <= paramsNr + 1;
i++) {
  table = String(table) + String
(String("    <td>") + String("data")
+ String(i) + String("</td>\n"));
}
table = String(table) + String
("    </tr>\n");
Serial.println(table);
table.replace("data1",
String(myList.size() + 1));
for (int i = 0; i < paramsNr; i++) {
  AsyncWebParameter* p = request-
>getParam(i);
  table.replace(String("data") +
String(i + 2), String(p->value()));
}
myList.push_back(table);
Serial.println(myList.at((myList.
size() - 1)));
```

7. 表格数据替换

现在我们已经能够获取表单数据并写入链表了，那我们如何将链表的每一项数据都放入查看数据的HTML网页呢？我们可以这样做：将原表格网页的数据项用一个占位符表示，链表的所有数据项用一个for循环全部连接到一起组成一个长字符串，再用这个字符串替换原来的占位符，那么就可以得到完整的HTML表格文件了，实现的方法如下所示。

```
String Tabular_data_variable = "";
//声明一个变量用来存放所有链表数据
for (int i = 0; i <  myList.size();
i++) {//获取链表长度，巧妙利用for循环获
取所有数据进行拼接
  Tabular_data_variable = String
(Tabular_data_variable) + String
(myList.at(i));
  delay(0);//延时函数必须要，否则当链表
长度较大时可能会导致看门狗超时重启
}
html = index_data;//
将数据表格HTML代码赋
值为原始的数据表格字符
串(含占位符)
html.replace("
Tabular_data",
Tabular_data_variable);//将占位符
Tabular_data替换为有效数据
```

图13 表单交互效果

8. 提交表单交互

到这里，如果你提交了表单数据，就会发现还缺少一个交互效果，我们并不知道表单数据是否提交成功，以及数据提交是否有缺失。当数据不完整时，表单数据不应该加入链表里，只有提交的所有数据参数都不为空字符串时，即证明数据有效时，才能添加到链表里。表单交互的代码如下所示，这是一个提交成功和失败都通用的网页，当然你也可以自己写一个交互网页。

```
<!doctype html>
<html>
<head>
<meta charset="utf-8">
<title>登记成功</title>
<script type="text/javascript">
  var num=6;
  function redirect(){
    num--;
    document.getElementById("num")
.innerHTML=num;
    if(num<0){
      document.getElementById("num")
.innerHTML=0;
      location.href="/";//回到根目录
    }
  }
  setInterval("redirect()", 1000);
</script>
</head>
<body onLoad="redirect();">
<div class="b">
  <p>
    <h1>信息登记成功！</h1>
    <h1><span id="num"></span>秒后
回到主页</h1>
  </p>
 </div>
</body>
</html>
```

表单交互代码效果如图13所示。

9. 域名解析

我们可以通过串口监视器获取设备的IP地址进行访问，但是路由器分配的IP地址是变化的，这点很不方便，当然你也可以登录路由器后台给M5 CORE2分配一个静态IP。这里我采取域名解析的方式给M5 CORE2分配一个本地域名，这样我们不需要知道IP地址也能方便地访问设备，实现代码如下。

```
#include <ESPmDNS.h>
void setup() {
  Serial.begin(115200);
  if (!MDNS.begin("M5Core2")) {//自
定义域名
    Serial.println("Error setting up
MDNS responder!");
  }
  MDNS.addService("http", "tcp",
80); //启用DNS服务
}
void loop() {
}
```

通过域名解析，我们只要和设备在同一局域网内，访问m5core2就能访问相

应的网页了。

10. 读取Micro SD卡文件

本项目是一个通用型的项目，如果我们将网页文件进行固定就丧失了灵活性，因此我们将网络信息及网页代码等配置文件放入 Micro SD 卡内，从 Micro SD 中加载所有服务。使用 Micro SD 卡的简单示例如下所示。

```
#include "FS.h"
#include <SD.h>
#include <SD_MMC.h>
SPIClass sdSPI(VSPI); //定义Micro SD卡软SPI引脚
#define SD_MISO    38
#define SD_MOSI    23
#define SD_SCLK    18
#define SD_CS      4
String readFile(fs::FS &fs, const char * path) { //读取Micro SD卡指定路径文件
  File file = fs.open(path);
  if (!file) {
```

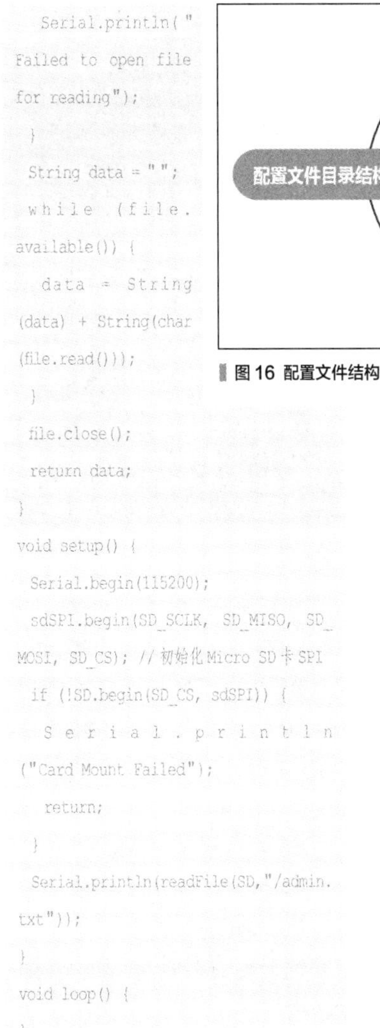

```
    Serial.println("Failed to open file for reading");
  }
  String data = "";
  while (file.available()) {
    data = String(data) + String(char(file.read()));
  }
  file.close();
  return data;
}
void setup() {
  Serial.begin(115200);
  sdSPI.begin(SD_SCLK, SD_MISO, SD_MOSI, SD_CS); //初始化Micro SD卡SPI
  if (!SD.begin(SD_CS, sdSPI)) {
    Serial.println("Card Mount Failed");
    return;
  }
  Serial.println(readFile(SD,"/admin.txt"));
}
void loop() {
}
```

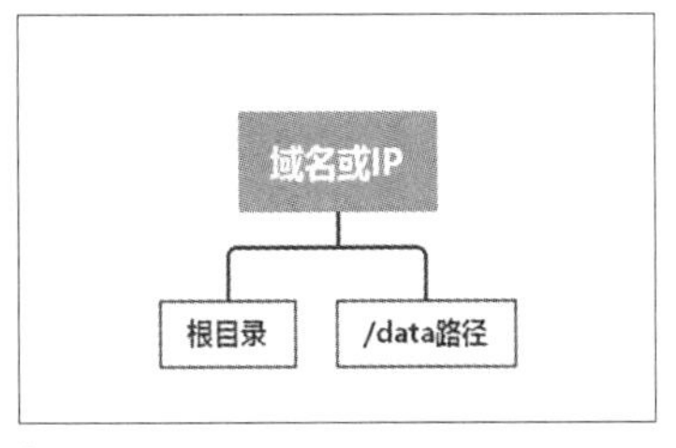

图 14 服务框架

在这里我们可以直接输入 TXT 或者 HTML 文件的路径，以便读取该文件，这里我们读取了 Micro SD 卡根目录下的 admin.txt 文件，该文件作为配置文件用来保存网络信息与一个二维码的数据，该文件内容如下。

```
{
  "ssid": "ChinaNet-5678",
  "password": "1234567890",
  "qr": "http://m5core2/"
}
```

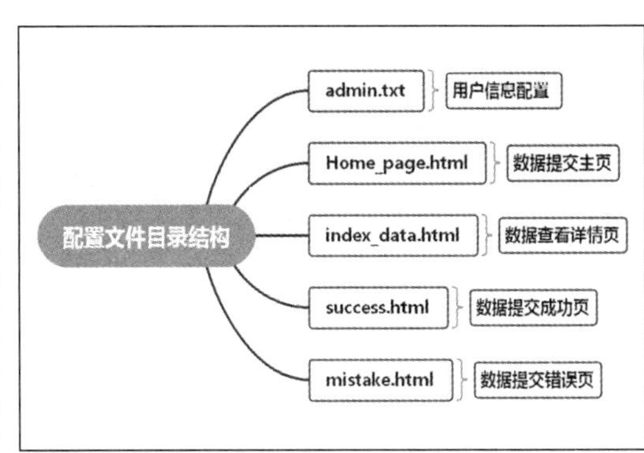

图 16 配置文件结构

11. M5超级问卷星网页逻辑

M5 超级问卷星服务框架如图 14 所示。M5 超级问卷星通过区分根目录与 /data 路径来呈现不同的网页内容，其中访问域名或 IP 进入表单数据提交页，域名或 IP 加 /data 路径进入数据查看与导出页面。

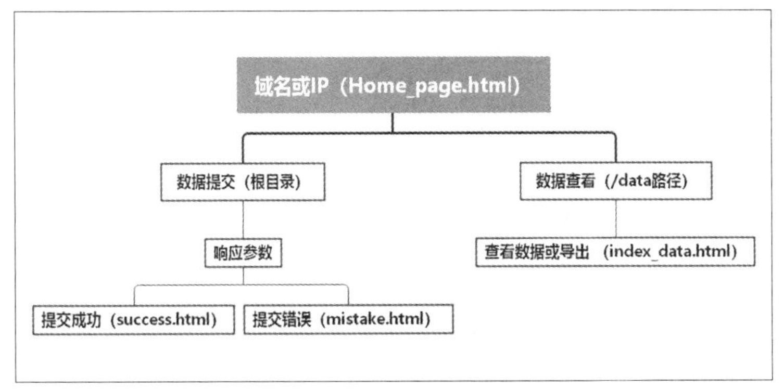

图 15 服务响应逻辑

12. 服务响应逻辑

M5 超级问卷星服务响应的逻辑如图 15 所示，访问根目录返回 Home_page.html 页面用于表单提交，表单提交数据时有两种情况：当提交的所有数据都不为空时返回 success.html 页面；当提交的某些数据为空时返回 mistake.html。当访问 /data 路径时返回 index_data.html 页面用于查看或导出数据。

13. 配置文件结构

Micro SD 卡配置文件主要由 admin.txt、Home_page.html、success.html、mistake.html、index_data.html 这 4 个文件构成，配置文件详情如图 16 所示。

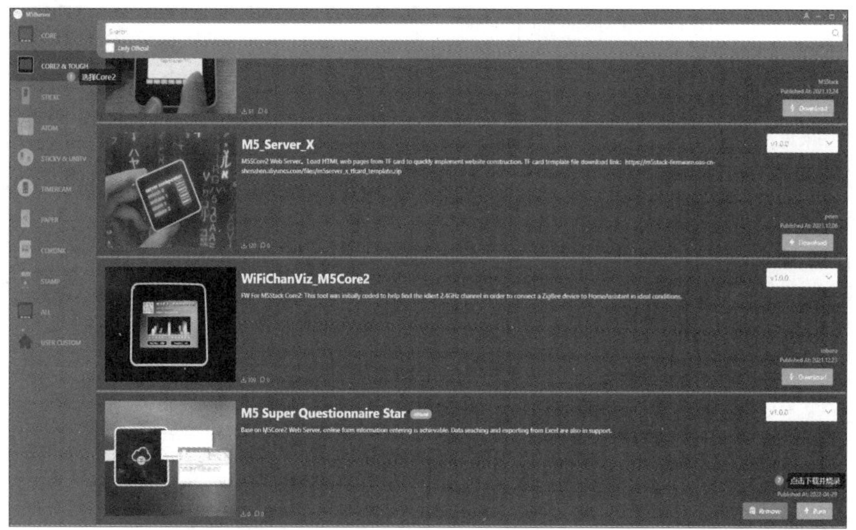

图 17 烧录体验

14. 细节优化

M5 超级问卷星是一个用于表格数据收集的项目，它集数据库与服务器于一身，不依赖于第三方服务。为了提供更好的交互体验，后续还可以增加动态提示功能，例如是否有 Micro SD 卡、是否有网络等。我们还可以显示一些图像文字和播放音效进行提示，屏幕上可以显示一个二维码地址，用户直接扫码浏览器打开就可以提交数据，关于这些功能的实现可以参考往期《DIY 掌上 POS 机，或许是最小的收银 POS 机了！》（刊载于《无线电》2021 年 6 月刊）与《超便利！教你用 ESP32 开发板 DIY 掌上服务器》（刊载于《无线电》2022 年 2 月刊）这两篇教程，其中有功能实现的详细描述，这里就不再赘述。大家也可以通过公众号“铁熊玩创客”进行查看。

程序下载

以上就是 M5 超级问卷星的项目内容了，如果你不想下载 IDE 只想体验该项目，那可以通过官方网站，根据你自己的系统下载 M5Burner 烧录工具进行安装，打开软件按照下面的步骤进行烧录体验（见图 17），其中 Micro SD 卡网页模板与配置文件请通过本教程附件进行下载，直接解压到的 Micro SD 卡，修改网络信息即可体验。本项目相关文件已经上传到杂志资源平台，读者朋友可以扫描杂志目次页上的云存储平台二维码进行下载。

使用过程可以总结为以下几步。

（1）烧录固件。

（2）将附件提供的模板解压到 Micro SD 卡。

（3）打开 admin.txt 文件修改网络信息（不需要外网访问二维码地址的话可以不改，如果使用了内网穿透，请填写外网地址）。

（4）将 Micro SD 卡放入 M5 CORE2 并重启设备。

（5）等待 M5 CORE2 初始化并进入显示页面（若初始化错误，请按照屏幕显

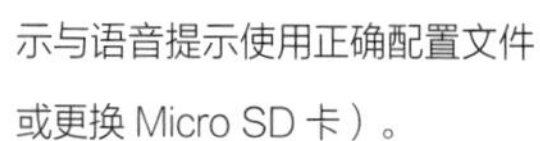

示与语音提示使用正确配置文件或更换 Micro SD 卡）。

（6）访问 m5core2/，按本文开头演示视频所示提交表单数据（体验提交成功与失败两种情况）。

（7）访问 m5core2/data，查看数据并导出 Excel 文件查看数据。

（8）尝试修改模板文件，自定义表单文件与数据表格，重复上述步骤，深刻理解本项目。

总结

根据上面的理论基础，我们就能完成 M5 超级问卷星的项目制作了，其中具体实现细节由于篇幅限制，这里就不再讨论，大家可以通过杂志云存储平台下载程序源代码进行查看，其中必要的程序已经添加注释。使用 M5 超级问卷星能够轻松利用表单收集任意文本信息并且导出为 Excel 文件，如果你掌握网页前端知识，还可以定制属于自己的网页样式满足个性化需求。与问卷星不同，这是你的个人私有服务器且可以灵活定制各种功能（数据分类汇总、表格可视化等），最终效果如图 18 所示。

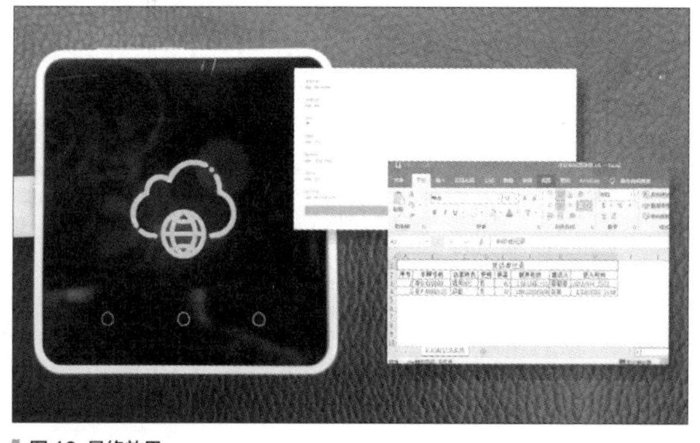

图 18 最终效果

使用 FireBeetle ESP32 制作心率显示器

演示文件

▌王岩柏

当前流行一种名为 HIIT 的运动方式。HIIT 是 High-Intensity Intervals Training 首字母的缩写，中文翻译为“高强度间歇训练”。简单来说，就是“高强度运动”与“间歇性休息”交替循环的运动方式，这种运动方式可以达到短时间内高效燃脂的效果。快跑 200m，步行 100m，重复几次；快踏动感单车 30s，慢踏动感单车 30s，重复几次；跑步机上斜面加速跑 45s，平面慢跑 45s，重复几次，这些都是典型的 HIIT。

足够的运动强度是实现 HIIT 的重要手段。通常情况下，可以通过心率作为评估运动强度的标准。HIIT 常见的评估指标为：运动后 1min 心率达到最高值，运动后 2~3min 心率恢复稳定，运动时心率要控制在最大心率的 84% 以上，间歇休息时心率不要低于最大心率的 70%。为了更好地进行 HIIT，我想要制作一个心率显示器，使其可以显示当前心率及心率变化趋势，方便使用者对运动强度进行评估。

制作心率显示器，首先要确定心率的采集方式。经过比较，我选择了国产的迈金 H303 心率带（见图 1）。这款心率带除具有 IP67 级别防水、续航 1000h 的优点外，还有特色地支持 ANT+ 和蓝牙双协议，这两个协议涵盖了市面上的大部分接收端。此外，迈金 H303 心率带可以同时连接 ANT+ 和蓝牙接收器，更重要的是其价格远低于同等功能的国外品牌的心率带。

▌图 1 迈金 H303 心率带

这次设计使用 DFRobot 出品的 FireBeetle ESP32 作为接收端，使用一款 7 英寸液晶屏幕显示当前心率以及心率变化趋势。同时，为了在实际使用时可以随处移动心率显示器，我特地给心率显示器设计了供电部分，供电部分包含一节 18650 电池和一块移动电源板。制作心率显示器的硬件如附表所示。

附表 硬件清单

序号	名称	用途以及优点
1	中显 SDWe070T06 液晶屏幕	显示当前心率和心率变化趋势。采用串口通信，方便控制
2	2A/5V 充放电一体模块	负责整体的供电，提供充放电管理
3	一节 18560 电池	提供心率显示器工作时所需的电力。通常 18650 电池的容量为 2800mAh，可供设备工作超过 3h
4	FireBeetle ESP32	主控板，负责接收心率带发送的心率数值，同时负责在液晶屏幕上显示信息
5	亚克力板	为整体设计提供外壳支撑

图 2 所示是心率显示器电路。其左上角设计的是一个假负载，因为这次使用的充放电模块当负载小于 100mA 时会自动关机，所以预留部分电路用于拉出足够的负载，避免充放电模块自动关机。但是在

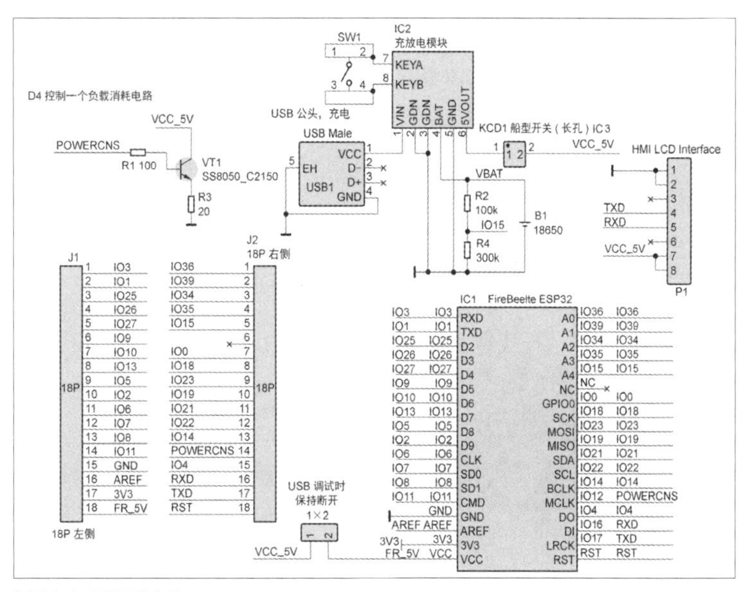

▌图 2 心率显示器电路

实践中，我发现设备工作时整体消耗会大于 100mA（实际测试约为 600mA），因此这部分电路并未使用，大家可以在实践中自行测试，如需要，可直接使用这部分负载。

电源管理部分的电路可以在图 2 上半部分的中间位置看到，这部分电路使用的是图 3 所示的电源管理模块，即 2A/5V 充放电一体模块。模块的核心是 IP5306 芯片，这块芯片是为充电宝产品设计的，集成了升压转换器、锂电池充电管理、电池电量指示功能，这些功能也是这次设计所需的电源管理功能。从电路上可以看出，模块从左至右有 VIN（5V 用于电池充电）、GND（地）、BAT（从电池正极取电）、5Vout（升压输出）几个引脚。此外，模块上有 4 个 LED 用于反映当前剩余电量。电路中的 R2 和 R4 构成了一个分压电路，连接到 FireBeetle ESP32 的 IO15 引脚，通过 ADC 监视当前电池的电压，如果有需要可以在界面上显示电池情况。IC3 是一个船形开关，用于切断屏幕和 FireBeetle ESP32 的供电，切断后我们仍然可以通过 USB Type-A 公头为电池充电。

此外，就是 FireBeetle ESP32 和液晶屏幕的接口部分（见图 2 右上角及右下角的电路）。液晶屏幕是串口屏，通过串口和外部进行连接，在电路设计图中，我们可以看到液晶屏幕直接连接到了 FireBeetle ESP32 的 IO16、17 引脚，IO16、17 引脚对应 ESP32 内部的 Serial2。

图 3 2A/5V 充放电一体模块

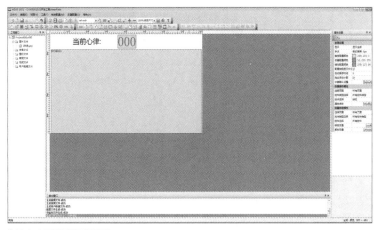

图 4 串口屏配置工具界面

常见的液晶屏幕配有 SPI 或 I^2C 接口，需要显示的内容会以点阵的格式从主机传输到屏幕上。因为数据量较大，所以对于接口速度有一定要求。这次选用的液晶屏幕使用串口（TTL 电平）通信，传输速度有限，因此无法像其他屏幕一样将屏幕上的所有点阵信息直接传递给屏幕。相反，串口屏传输的是“显示内容”而不是屏幕内容。例如，当前时间是 15 : 23 : 24，如果要在普通屏幕上显示，需要主控在内存缓冲区生成一帧内容，然后通过 SPI 接口将这一帧的内容传递到屏幕上；而对于串口屏来说，只需传输 15、23、24 这 3 字节即可。从这里也可以看出串口屏操作起来比 SPI 接口的液晶屏幕操作起来简单很多，对于 SOC 资源的依赖也少了很多。串口屏在使用之前需要配置，以屏幕显示时间为例，需要指定文本在屏幕的位置、文本字体、颜色等属性，并生成一个配置文件，烧写到串口屏后才可以通过串口显示时间。心率显示器对应的串口屏配置如图 4 所示：一张带有“当前心率”字样的背景图，一个数据变量控件用于显示当前心率，还有一个实时曲线控件用于显示心率变化趋势。界面中部的“000” 字样的控件就是数据变量控件，选中该控件后可以在属性设置界面设置控件的字体大小和颜色（见图 5）。

属性设置

区域范围设置	
X坐标	353
Y坐标	4
宽度	96
高度	64
移动锁定	
变量属性	
名称定义	数据变量0
变量存储地址(0x)	0000
初始值	0
变量类型	int（2Byte）
显示格式	
整数位数	3
小数位数	0
文本颜色	70; 0; 255
FONT0 ID	0
X方向点阵数	32
Y方向点阵数	64
对齐方式	左对齐
无效位补零	
小数点宽度调整	
显示单位	
描述指针(0x)	FFFF

图 5 属性设置界面

属性设置界面中的变量存储地址用于区分不同变量，比如屏幕上有多个数据变量控件，每个控件对应的地址就会有所不同。图 5 中数据变量地址是 0x0000，如果发送命令 A5 5A 05 82 00 00 00 64，则表示将 0x0000 地址赋值为 0x64，屏幕收到数据后根据配置文件自行解析处理，最终屏幕上数据变量对应的位置显示 100。命令中 A5 5A 是帧头，所有的命令都要以此数值作为起始；05 是指令长度，指示后面的“82 00 00 00 64”的长度是5字节；82是写变量存储器指令；00 00是上面提到的变量地址；00 64是写入的数值，对应的十进制数为100。

在心率显示器这个作品中，我们需要使用实时曲线控件来显示心率的变化趋势，需要参考图6所示的数据进行配置。其中的纵轴放大倍数是经过计算得到的，计算公式为：*MUL_Y*=(*Ye*-*Ys*)*256/(*Vmax*-*Vmin*)。公式中的Ye是实时曲线控件在屏幕中*Y*轴的最大值，这里*Ye*=479（SDWe070T06液晶屏幕的分辨率为800像素×480像素，所以479是*Y*轴方向的最大值）；*Ys*是该控件的*Y*轴的起始值，这里*Ys*=74；*Vmax*是我们要显示的最大值，这里使用180；*Vmin*是我们要显示的最小值，这里使用40，就是说我们认为心率的波动范围是40~180。将上述数值代入公式，计算得出*MUL_Y*=740。绘制实时曲线的示例命令为A5 5A 04 84 01 00 85。同样地，A5 5A是帧头，04表示后续数据有4字节，84是曲线缓冲区写指令。本作品用的液晶屏幕，共有8个通道，可以同时在控件上绘制8条独立的曲线，命令中使用位来表示通道，例如：02表示1号通道，04表示2号通道，因此示例命令中的01表示0号通道。命令中的00 85是期望绘制的曲线值，0x85对应的十进制数为133。用户单片机通过0x84指令，按照通道号将曲线数据发送给串口屏，当串口屏收到0x84指令时，接收到的曲线数据总是靠曲线窗口右侧显示，之前的曲线数据会向左移动，超出窗口长度部分的曲线数据会被移出。

心率显示器的最终PCB设计如图7所示。焊接完PCB后，安装18650电池、充放电模块、船形开关以及FireBeetle ESP32的实物如图8所示。

确定了硬件后，着手进行程序的编写。程序比较长，我们此处只对关键部分的程序进行介绍。首先介绍串口屏部分的程序。

属性设置

区域范围设置	
X坐标	5
Y坐标	74
宽度	790
高度	406
移动锁定	☐
变量属性	
名称定义	实时曲线0
显示格式	
Y_Central	280
VD_Central	110
曲线颜色	0; 192; 36
纵轴放大倍数	640
数据源通道	0
横轴间隔	20
描述指针(0x)	FFFF

图6 实时曲线控件的属性设置

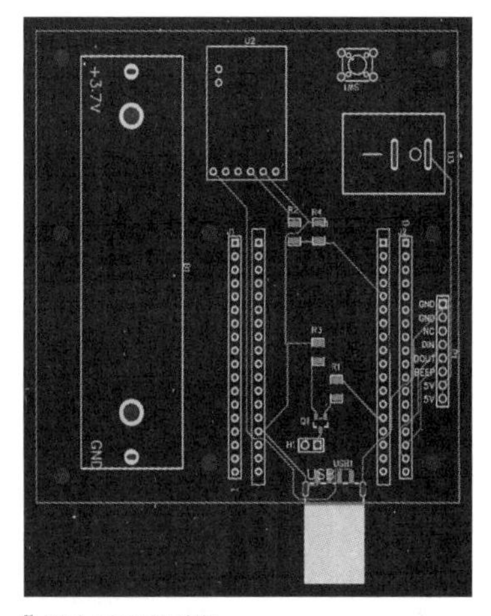

图7 PCB设计图

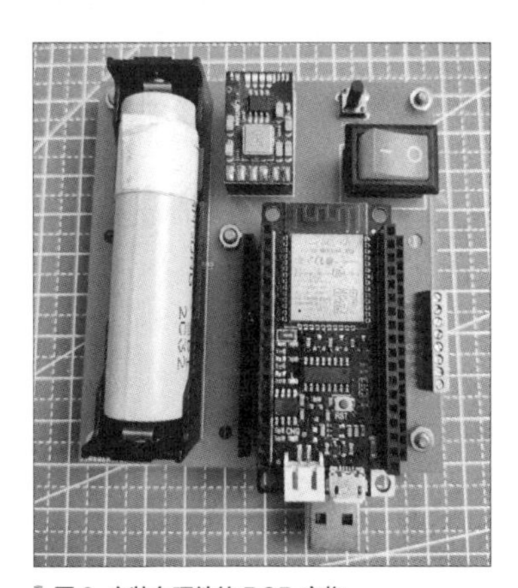

图8 安装有硬件的PCB实物

前面我们介绍了界面上的两个控件分别是数据变量控件和实时曲线控件。对应地，在程序开头处，我们需要使用如下所示的程序对它们进行定义。

```
byte RateText[] = {0xA5, 0x5A, 0x05,
0x82, 0x00, 0x00, 0x00, 0x11};
byte RateChart[] = {0xA5, 0x5A, 0x04,
0x84, 0x01, 0x00, 0xE0};
```

其次，通过蓝牙获得的心率带数据是存放在Data[ ]中的，我们需要使用如下所示的程序，将数据赋值给对应的控件，再使用Serial2传输，串口屏即可接收到数据。

```
RateText[7] = pData[1];
RateChart[6] = pData[1];
for (int i = 0; i < sizeof(RateText);
i++) {
  Serial2.write(RateText[i]);
}
delay(50);
for (int i = 0; i < sizeof(RateChart);
i++) {
  Serial2.write(RateChart[i]);
}
```

蓝牙采用了Client/Server（缩写为C/S）架构来进行数据交互。C/S架构是一种常见的架构，例如用于访问互联网的浏览器和提供网站内容的服务器就是C/S架构，其中浏览器是客户端（Client），服务器是服务端（Server）。一般而言，设备提供服务，设备是服务端；手机使用设备提供的服务，手机是客户端。蓝牙心率带提供当前心率的数据服务，因此是服务端；手机请求当前心率的数据以便显示在手机上，因此手机是客户端。而在心率显示器中，FireBeetle ESP32是作为客户端出现的，因此程序中能看到Client字样。

蓝牙部分的程序，首先是初始化蓝牙，然后通过NimBLEDevice::getScan()

基于 ESP8266 Wi-Fi 芯片的可燃气体监测报警器

吴汉清

演示视频

物联网技术的发展，为实现远程信息采集和设备控制提供了极大的方便，推进了智能家居的发展和应用。本文介绍一种用ESP8266 Wi-Fi芯片制作的可燃气体监测报警器，可通过物联网平台远程监测家里可燃气体浓度的大小，当可燃气体发生泄漏，空气中的可燃气体浓度达到预设值时能发出报警提示。

系统构成

可燃气体数据远程采集报警系统由 3 部分组成：设备端、物联网服务器和客户端。设备端指可燃气体监测报警器，具有数据采集功能。物联网服务器使用点灯（blinker）物联网云平台。客户端为手机，在手机上安装 blinker App 即可查看监测数据。物联网服务器是设备端和客户端的网关和数据交换中心。

电路工作原理

可燃气体监测报警器的主体是 NodeMCU 开发板，NodeMCU 是在 ESP8266-12E 的基础上封装好的物联网开发板，这个开发板兼容 Arduino，只要在 Arduino IDE 中安装 ESP8266 扩展包，即可用 Arduino 对 NodeMCU 开发板编程。监测报警器的电路原理如图 1 所示。

图 1 中的 MQ-2 是一种可燃气体传感

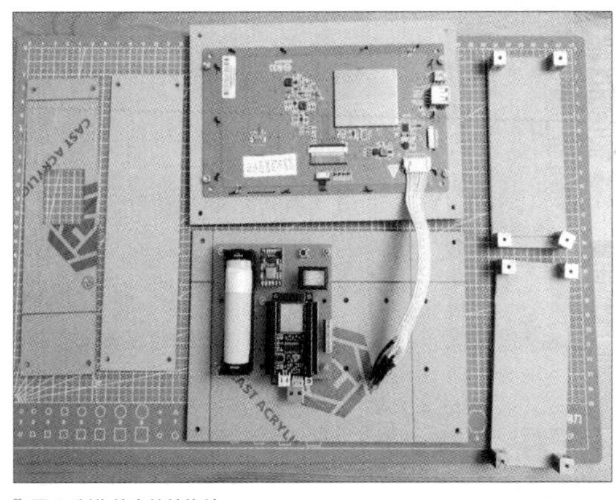

图 9 制作外壳的结构件

图 10 心率显示器成品

函数监听，等待 Server 出现。如果出现 Server，则通过回调函数进入 AdvertisedDeviceCallbacks() 函数，检查 Server 提供的服务是否有 UUID_SERVICE。UUID_SERVICE（0x180D）是预先定义好的“心率数据服务”。当 Client 看到 Server 时，使用 connectToServer() 函数进行连接，连接后即可从蓝牙心率带取得需要的心率数据，最终将心率数值显示出来。

为了便于使用，我用 SketchUp 软件给心率显示器设计了外壳图纸，用激光切割机切割亚克力板得到制作外壳的结构件（见图 9）。组装好的成品如图 10 所示。

在这个作品中，我直接使用了充放电模块，而没有将相关芯片焊接在 PCB 上，这是出于成本的考虑。首先，充放电管理芯片种类较少，单独购买，成本会增加。其次，因为充放电管理芯片外部所需的电感比较冷门，电感除了搭配充放电管理芯片，基本不会在其他的设计中用到，长期积累下来会成为“鸡肋”，其他设计用不了，扔了又可惜，属于增加了隐性成本。因此使用成品模块会比较划算。

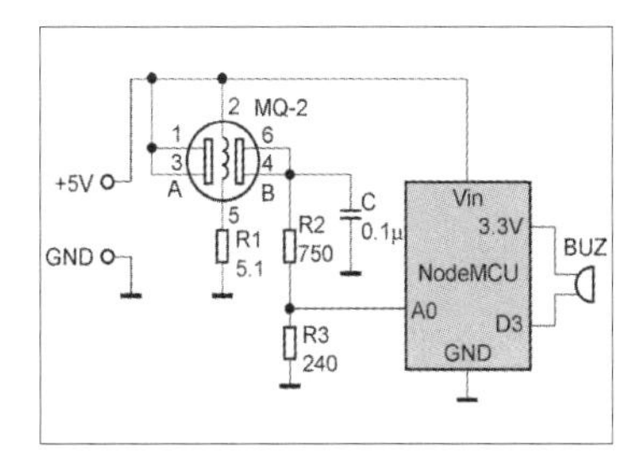

图1 监测报警器电路

器，这种型号的气体传感器对煤气、天然气、液化石油气等常见的可燃气体的检测灵敏度较高。传感器内部A、B两端间的电阻随着空气中可燃气体浓度的增加而减小。A端接+5V电源，B端接负载电阻，通过检测负载电阻上输出电压的大小即可检测出可燃气体浓度的大小。电路中B端的输出电压随着可燃气体浓度的增加而增加，最大可达4V。

A0是NodeMCU开发板唯一的模拟信号输入端，可将输入的模拟信号转换为数字信号。由于其最高输入电压设计为1V，因此在其输入端设置了由R2、R3组成的分压电路。当输入电压为0~1V时，对应的数字转换值为0~1023。

BUZ是有源蜂鸣器，当可燃气体浓度达到报警预设值时，NodeMCU开发板的数字端D3输出低电平0.5s、高电平1s的脉冲信号，推动BUZ发出报警声。常态下D3输出高电平。

ESP8266模块的工作电压为3.3V，NodeMCU开发板中有一个3.3V的AMS1117三端稳压集成电路，NodeMCU开发板的供电方式有多种，这里采用Vin端接5V电源，经AMS1117稳压后给ESP8266模块提供3.3V电源的方法。5V电源使用USB插头接手机充电器的方式获取。

软件设置

1. 安装blinker App，添加设备

通过手机或计算机打开点灯科技官方网站，下载blinker App和blinker Arduino支持库（blinker-library-0.3.9.zip）。在手机上安装App，注册后可成为免费用户，免费用户最多可添加5个独立设备。

添加设备的方法如下。打开App，单击主页面右上角的“⊕”，接着单击“独立设备”→“网络接入”→“点灯科技”，即可注册一个设备，并获取该设备的密钥，如图2所示。请记录密钥，待编写程序时使用。单击“返回我的设备”即可发现页面上多了刚才添加的设备，将设备改名为“可燃气体监测报警器”。

2. 配置Arduino IDE

Arduino IDE要安装1.18.1以上的版本，安装完成后再安装ESP8266扩展包，安装方法这里不详述，可参考网上教程。

接下来安装blinker Arduino支持库，方法是打开“项目”→“加载库”→“添加.ZIP库”，找到从网站下载的blinker-library-0.3.9.zip文件，单击打开即可完成库的安装，如图3所示。

3. 程序设计

设备端程序的主要功能是连接W-iFi，使用密钥绑定对应的设备，接入物联网平台，然后采集数据，并将数据上传到物联网平台，实现报警功能。具体的程序如下。

```
#define BLINKER_WIFI
#include <Blinker.h>
char auth[] = "34bf5ca61ch3"; //设备密钥
char ssid[] = "Xiaomi008"; //Wi-Fi名称
char pswd[] = "12345678"; //Wi-Fi密码
```

图2 添加设备，获取密钥

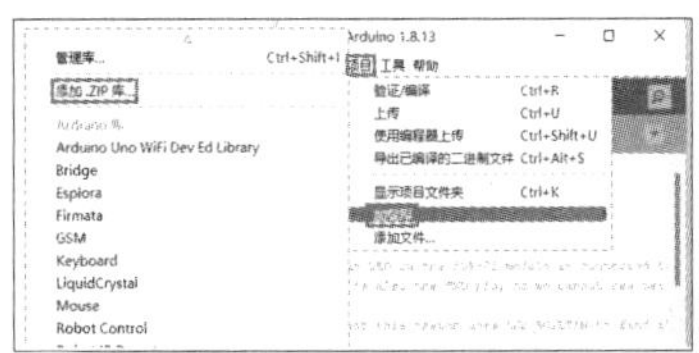

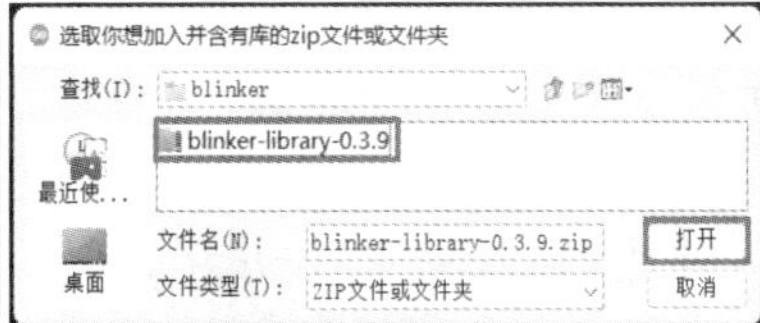

图3 安装blinker库

```
BlinkerNumber MQ("mq"); // 新建组件对象
int mq_read = 0;
void heartbeat() //心跳包函数
{
  MQ.print(mq_read); //上传燃气浓度数据
}
void dataStorage() //历史数据存储函数
{
  Blinker.dataStorage("mq",mq_read);
}
void setup()
{
  Serial.begin(115200);
  BLINKER_DEBUG.stream(Serial);
  BLINKER_DEBUG.debugAll();
  pinMode(D3,OUTPUT); //蜂鸣器报警驱动端
  pinMode(LED_BUILTIN,OUTPUT);
  digitalWrite(D3,HIGH);
  digitalWrite(LED_BUILTIN,LOW);
//点亮电源指示灯
  Blinker.begin(auth, ssid, pswd);
//通过Wi-Fi连接物联网平台
  Blinker.attachHeartbeat(heartbeat);
  Blinker.attachDataStorage
(dataStorage);
}
void loop()
{
  Blinker.run();
  mq_read = analogRead(A0); //读取A0
端输入的模拟值
  BLINKER_LOG("MQ: ", mq_read);
  if(mq_read>50) //设置报警阈值
  {
    digitalWrite(D3,LOW);
    Blinker.delay(500);
    digitalWrite(D3,HIGH);
  }
  Blinker.delay(1000);
}
```

从A0端读取的气体传感器MQ-2的电压输出值可以反映空气中可燃气体的浓度高低，正常情况下读数为20左右。程序中将读数50作为报警的阈值，大家可根据需要在语句if(mq_read>50)中修改数值。

程序中新建组件对象的键名为mq，在App中设置设备的数据组件和图表组件时要用到。

接下来将编写好的程序写入NodeMCU开发板。在Arduino IDE中单击“工具”→“开发板”→“ESP8266 Boards” →“NodeMCU 0.9(EPS-12 Module)”，选择开发板，如图4所示，开发板也可以选择“NodeMCU 1.0(EPS-12E Module)”。再将NodeMCU开发板连接至计算机，选择对应的COM端口，将程序写入开发板。

4. 设置组件

打开手机上的blinker App，在设备列表页面，单击已经添加的设备——可燃气体监测报警器，在弹出的页面中单击“开始使用”，再单击右上角的“编辑”按钮，进入组件设置页面，如图5所示。

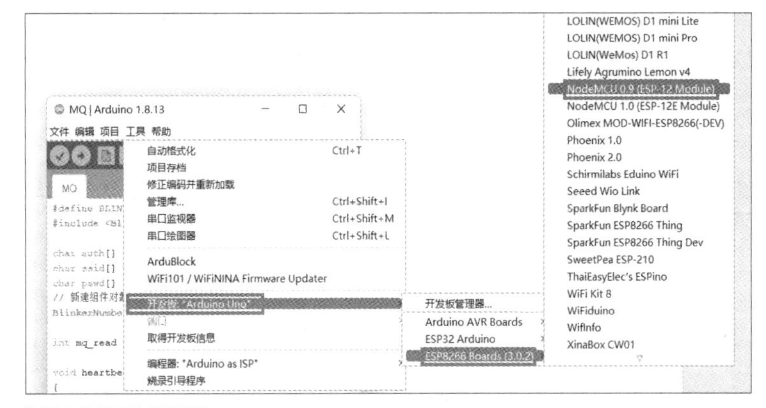

图4 选择开发板的型号

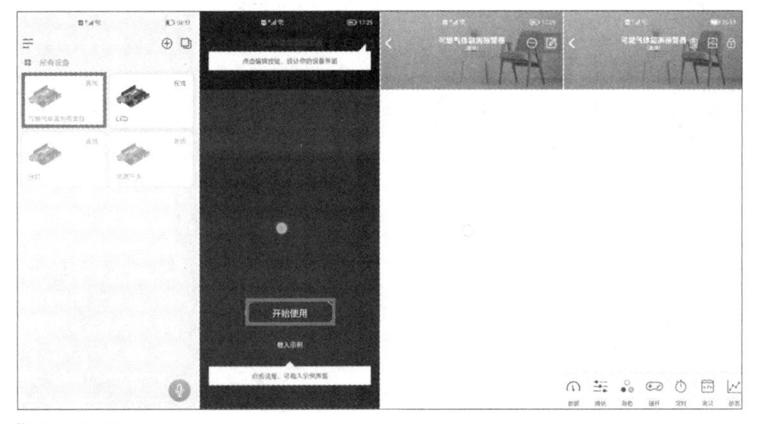

图5 进入组件设置页面

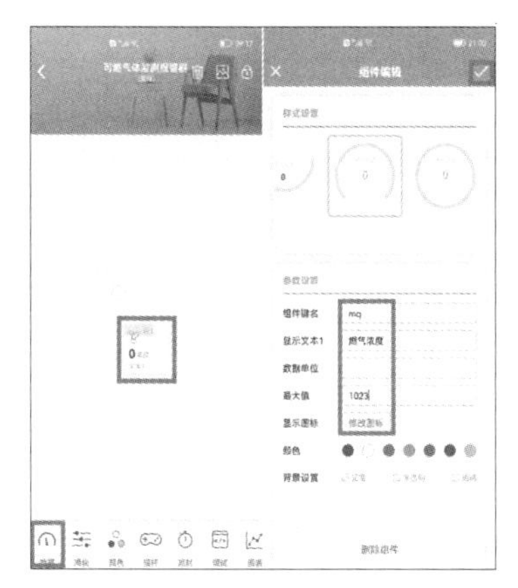
图 6 数据组件设置

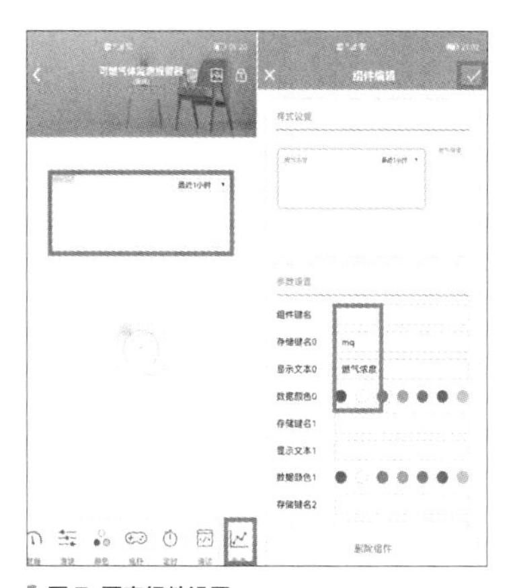
图 7 图表组件设置

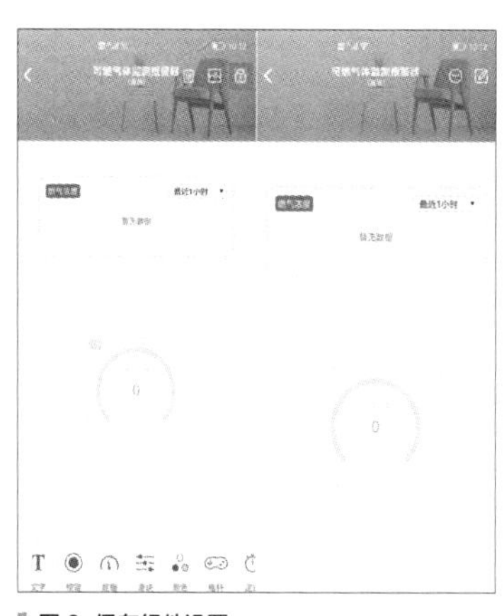
图 8 保存组件设置

接下来进行组件设置。

先添加数据组件，这个组件用来显示实时数据。单击组件设置页面下的数据组件按钮，进入组件编辑页面，设置样式和参数，组件键名使用程序中设置的键名，完成单击右上角的对钩确认，设置过程如图 6 所示。

接着添加图表组件，这个组件用来显示历史数据。单击组件设置页面下的图表组件按钮，对组件进行设置，设置过程如图 7 所示。

组件设置完成后单击页面右上角的保存按钮，保存组件设置，如图 8 所示。

安装与使用

可燃气体监测报警器使用的主要元器件如附表所示。

电路使用万用电路板安装，先将除 NodeMCU 开发板外的元器件安装在万用电路板上，如图 9 所示。再将 NodeMCU 开发板插在电路板上，完成安装，如图 10 所示。使用时将其接入手机充电器，如图 11 所示。

打开手机 App，我们会发现设备列表中可燃气体监测报警器已显示在线状态，单击图标打开设备，就能看到监测数据和图表了，如图 12 所示。

最后测试一下报警功能，可以使用打火机进行测试，方法是点燃打火机，再吹灭火苗，这时有泄漏的气体，将其靠近气体传感器可触发报警，也可以用酒精等挥发性气体测试。报警声为响 0.5s 停 1s，反复响起，当气体浓度达到正常值时停止报警。当发生报警现象时，我们可以看到手机 App 上显示的气体浓度数据值会大于 50。

附表 主要元器件清单

序号	名称	标号	规格型号	数量
1	ESP8266 模块		NodeMCU	1
2	气体传感器		MQ-2	1
3	电阻	R1	5.1Ω，1/4W	1
4	电阻	R2	750Ω，1/4W	1
5	电阻	R3	240Ω，1/4W	1
6	电容	C	0.1μF	1
7	有源蜂鸣器	BUZ	工作电压为 3V	1
8	USB 插头	-	A 型	1
9	单排座	-	15 孔	2
10	万用电路板	-	30mm×70mm	1
11	电源	-	手机充电器 5V	1

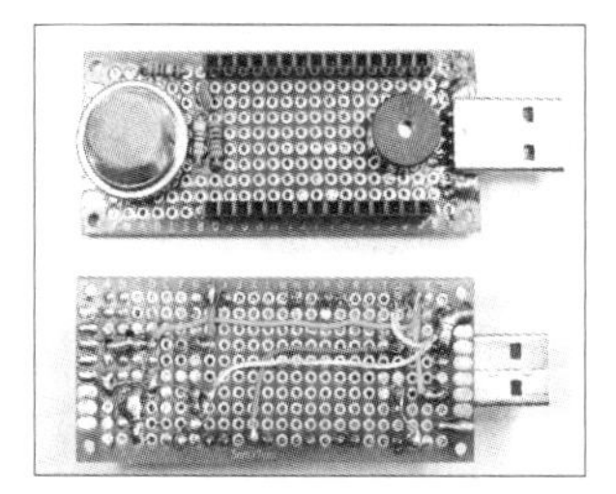
图 9 安装元器件

图 10 安装 NodeMCU 开发板

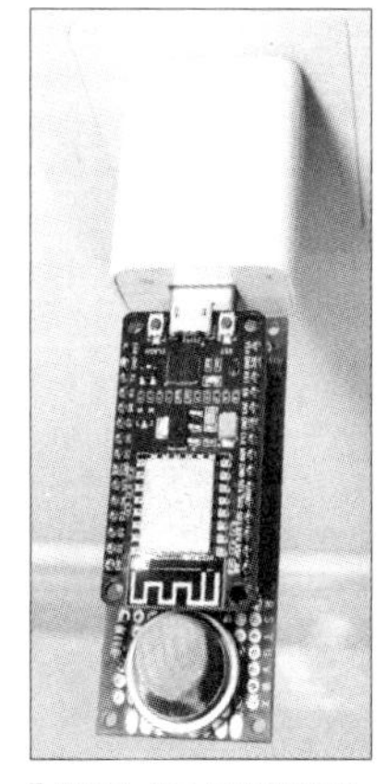
图 11 接入手机充电器

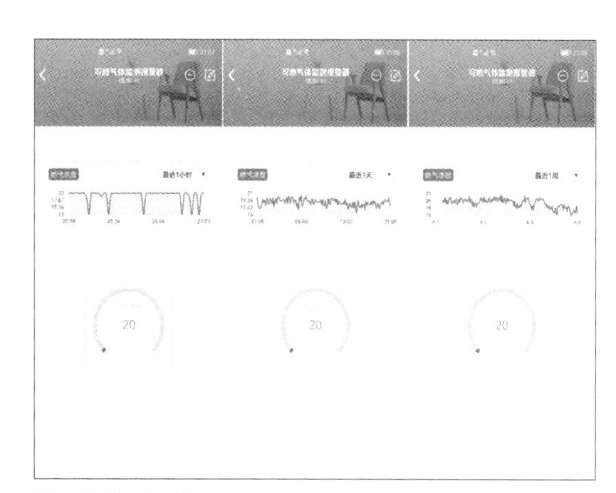
图 12 数据和图表

跳多了真能长高吗？看创客奶爸如何自制摸高装置

郭力

演示视频

项目起源

小朋友在身体发育期时，特别喜欢爬低上高。多运动对小朋友身体发育自然是有好处的。我作为一名创客奶爸，希望自己的孩子在跳一跳、摸高时，能体会到趣味，于是我就自制了一款摸高装置。本期为大家分享如何制作摸高装置，大家也可以通过扫描演示视频二维码了解摸高装置的设计过程。

方案介绍

首先，需要确定设计方案。此次设计的摸高装置的最大特点是可以吸引不同年龄、不同身高的孩子体会摸高的快乐。我将摸高装置的外观设计成圆柱形；装置背面安装磁吸螺母，可使装置直接吸附在金属防盗门或冰箱上；设计一个按下有回弹效果且可以计数的面板，当按下面板时，面板显示摸高次数且会伴随灯光及声音效果。

初步确定方案后，选择可以满足设计需求的器材。此次作品，我使用的是一款由国内团队自主研发的研坤板（见图1）作为主控板。研坤板具有小巧的外观，集成了彩色屏幕、数字按键、RGB LED、蜂鸣器、手势识别传感器等，非常符合设计需求。但要想实现触碰回弹且计数的功能，还需要外接一个轻触开关。

摸高装置的外观设计如图2所示。在设计外观时，我预留了轻触开关的孔位，并将透明亚克力板设计在轻触开关上方，亚克力板通过金属合页与摸高装置的盒体连接，如图3所示，这样就可以实现回弹效果了。

准备工作

为了验证装配细节，我先使用Fusion360计算机辅助设计软件设计摸高装置的三维模型（见图4），然后将三维模型转换为适合激光切割机加工的二维图纸（见图5）。图纸中红色线为描线、黑色线为切割线，为了便于连接电源数据线，我还在其中一块竖板中设计了一个矩形穿线孔位。使用激光切割机切割3mm厚的椴木板和亚克力板就能得到组装摸高装置所需的结构件。制作摸高装置所需的材料

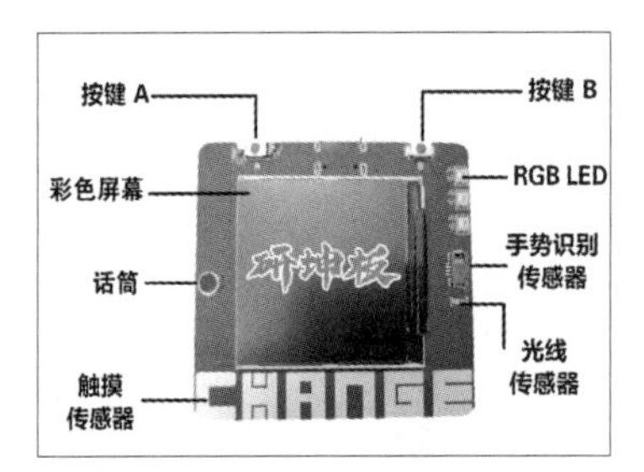

图1 研坤板

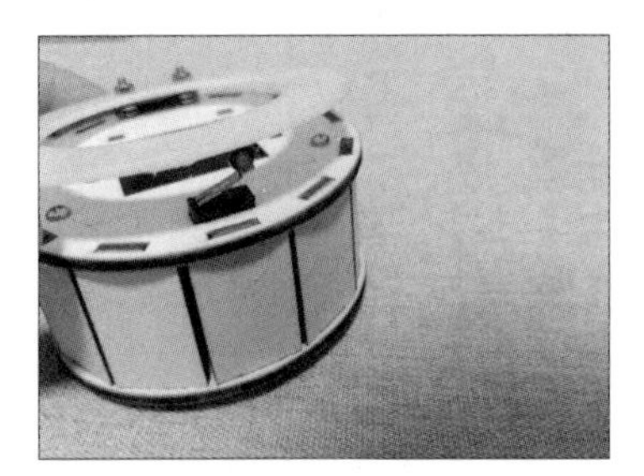
图3 回弹结构

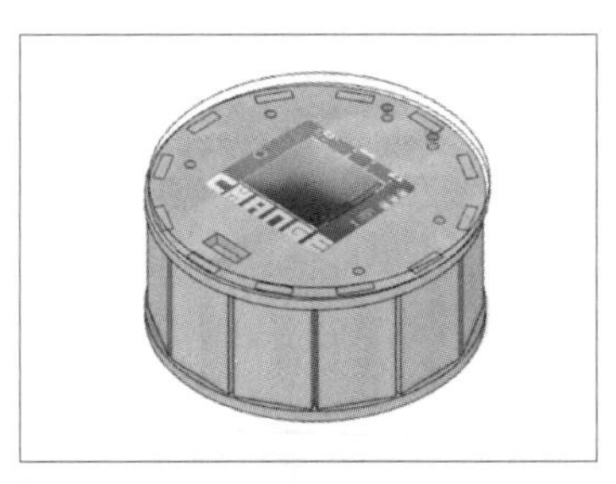
图2 摸高装置的外观设计

图4 摸高装置的三维模型

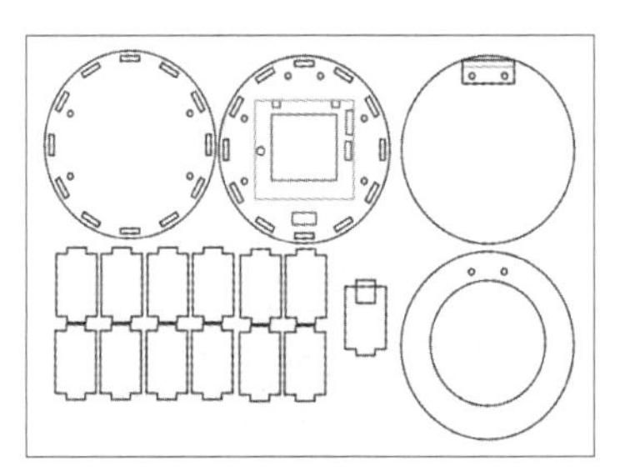
图5 摸高装置的二维图纸

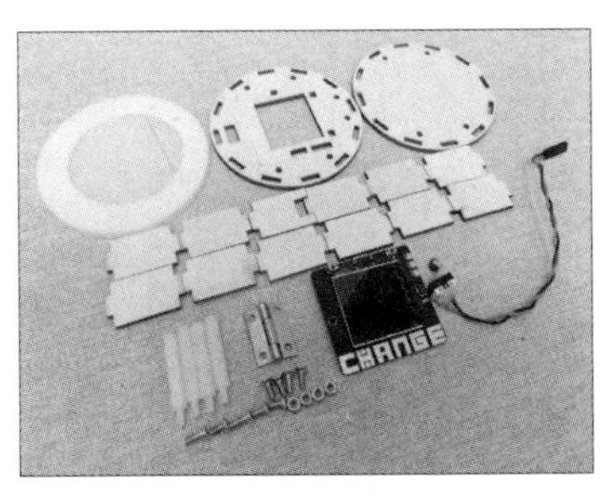

图 6 制作摸高装置所需的材料

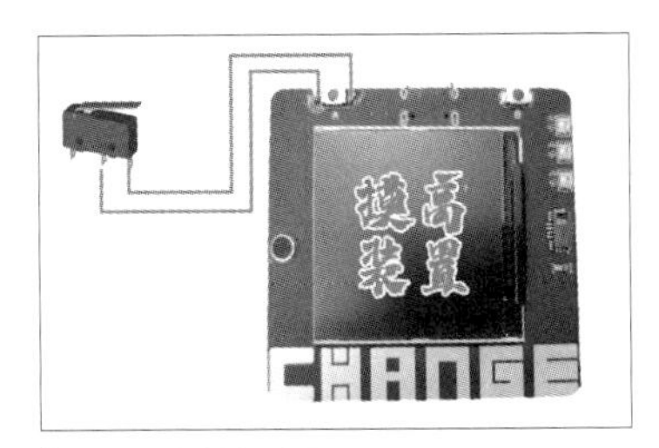

图 7 电路连接示意图

如图 6 所示，材料清单如附表所示。

材料准备好后，我们来看一下电控部分是如何接线的。电控部分的接线如图 7 所示，轻触开关的工作原理与按键的类似，我们将轻触开关与研坤板的按键 A 并联，使得按下轻触开关相当于按下了按键 A，这样就可以在不需要制作传感器外围电路的情况下，通过判断按键 A 的按键状态得知轻触开关的按键状态了。

一切准备工作就绪，现在就可以开始进入激动人心的组装环节了。

组装

1 将研坤板和轻触开关安装在顶板上。

附表 材料清单

序号	名称	数量
1	研坤板	1 块
2	轻触开关	1 个
3	USB Type-C 接口数据线	1 根
4	激光切割结构件	1 组
5	杜邦线	若干
6	五金件	若干

2 使用金属合页、螺栓、螺母组装亚克力板与顶板。

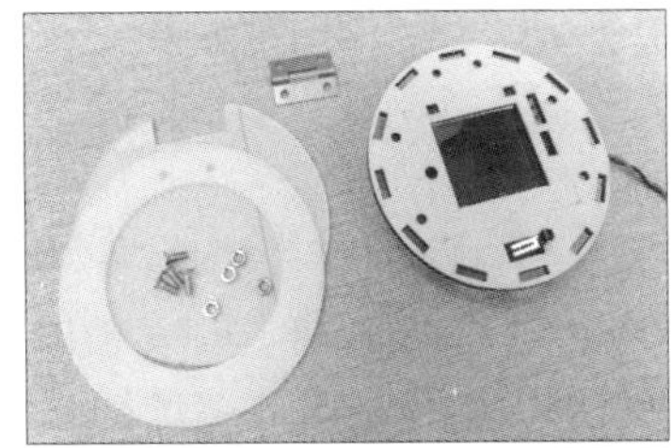

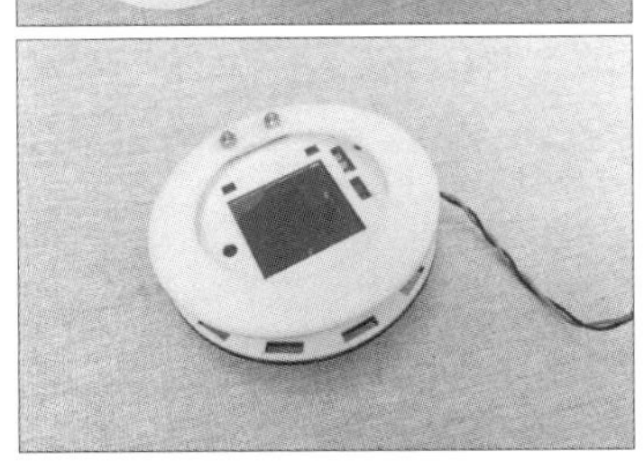

3 组装侧面板与底板。

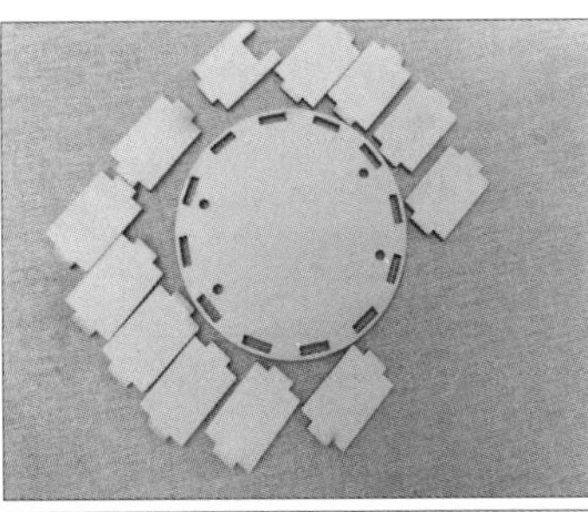

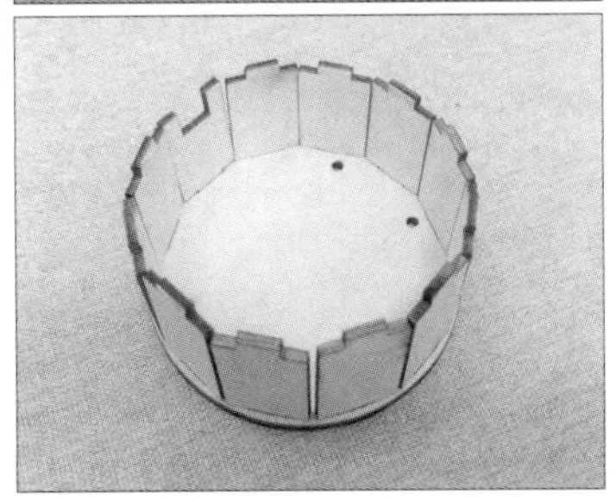

4 在底板上安装 4 根尼龙柱，用于连接顶板。

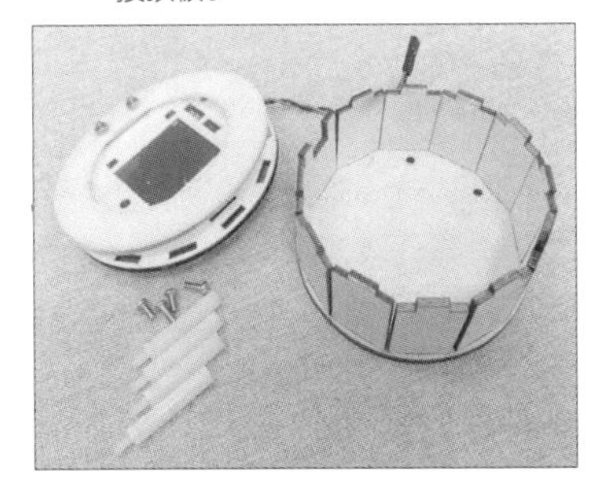

5 连接顶板。

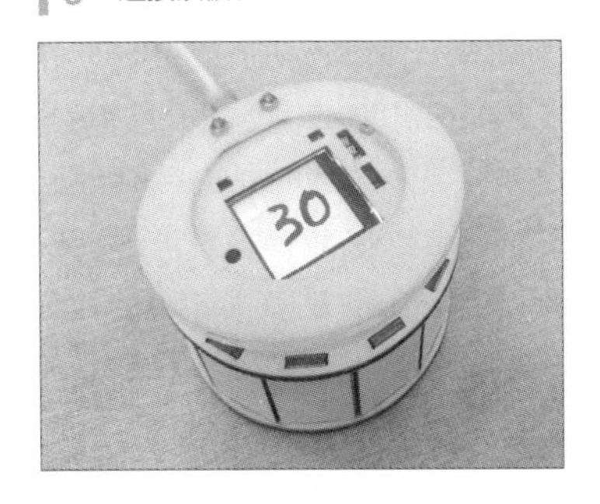

6 在装置背面安装 4 颗磁吸螺母，完成组装。

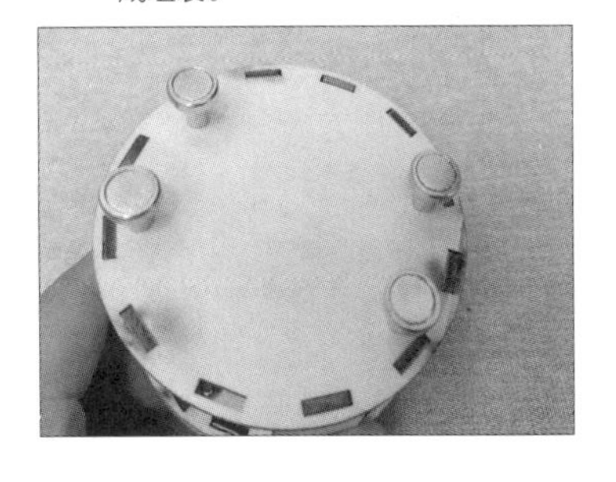

组装完成后，我们编写程序为作品注入灵魂。

程序设计

编程思路如图 8 所示。摸高装置的程序设计重点在于如何计数并将数字显示在屏幕中，以及设计声音与灯光的提示效果。为了降低制作门槛，我们使用研坤板定制版 Mind+ 图形化编程环境进行程序设计。

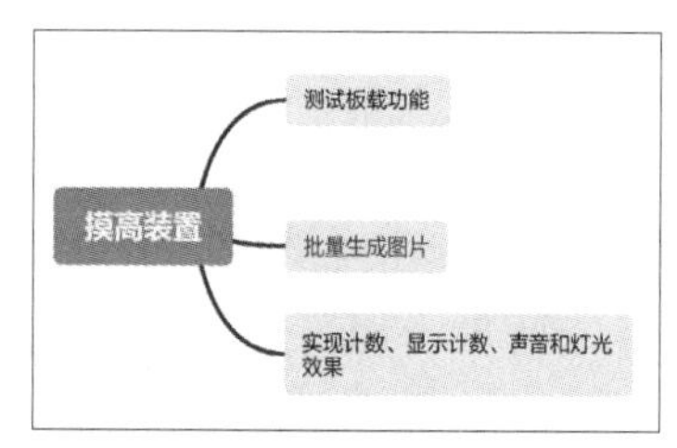

图 8 编程思路

1. 配置编程环境

打开研坤板定制版 Mind+ 编程软件，将模式选为“上传模式”，选择“掌控板”为主控板（见图 9），并按照图 10 所示的步骤，单击“用户库”，导入研坤板用户库文件。当研坤板用户库加载完成后，我们可以在编程环境中看到图 11 所示的用户库。然后我们通过数据线将研坤板连接至计算机，在编程环境中，选择“COMxx-CP210x”，即可开始随心所欲地编程。

2. 测试板载功能

使用图 12 所示的参考程序测试板载 RGB LED 是否可以正常工作。研坤板板载了 3 个 RGB LED，我们可以通过修改“灯号 ×× 显示颜色 ××”积木中的参数，点亮不同的灯及设置灯光的显示颜色。除了使用积木中内置的颜色库，我们还可以使用“LED 调色 红 ×× 绿 ×× 蓝 ××”积木（见图 13），生成其他的灯光颜色。

使用图 14 所示的参考程序测试板载蜂鸣器。蜂鸣器是一种简单的发声装置，使用高低电平信号就能够驱动。我们可以通过修改“播放音符 ×× ×× 拍”积木中的参数，使蜂鸣器发出不同的声音。

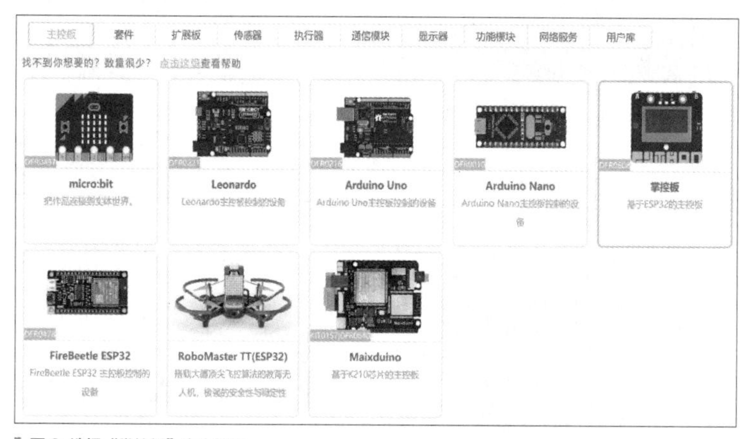

图 9 选择“掌控板”为主控板

图 10 加载用户库

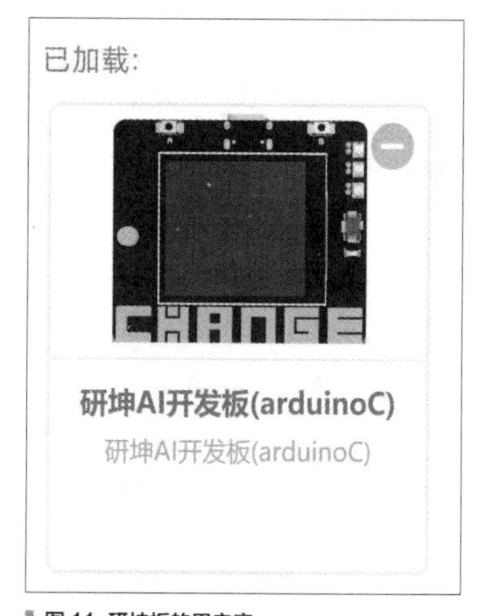

图 11 研坤板的用户库

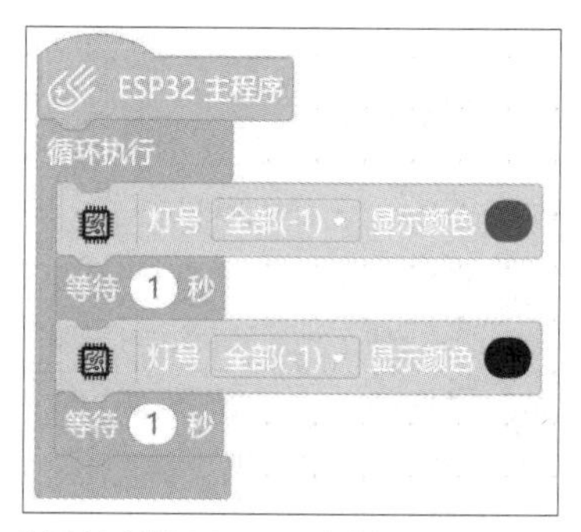

图 12 测试 RGB LED 的参考程序

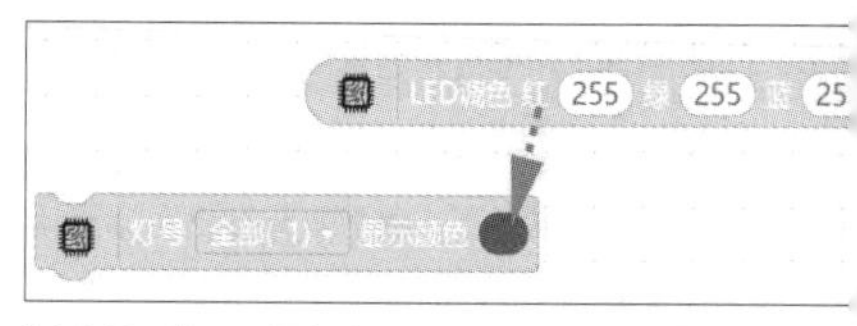

图 13 “LED 调色 红 ×× 绿 ×× 蓝 ××”积木

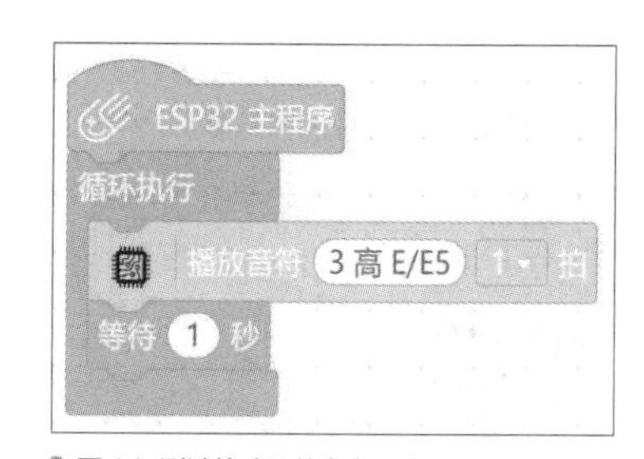

图 14 测试蜂鸣器的参考程序

使用图 15 所示的参考程序测试板载按键 A 被按下的效果以及彩色屏幕显示图片的功能，即当按键 A 被按下时，蜂鸣器播放声音、RGB LED 被全部点亮、彩色屏

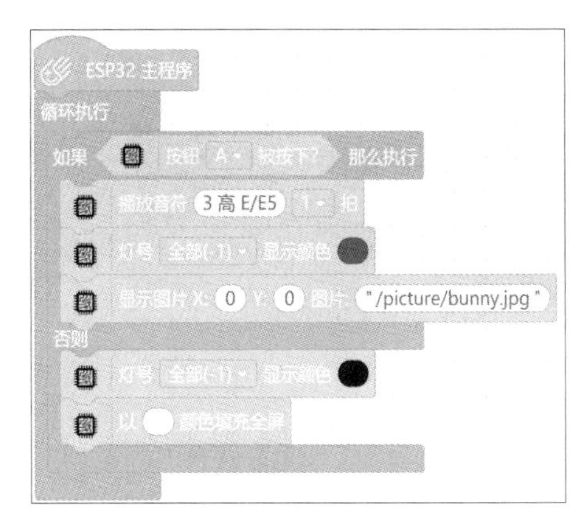

图 15 测试按键 A 及彩色屏幕的参考程序

图 16 把图片加载到研坤板内存中的方法

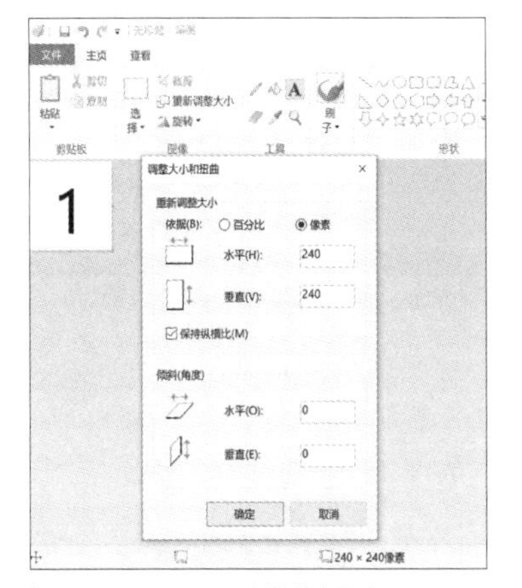

图 17 使用画图工具制作数字图片

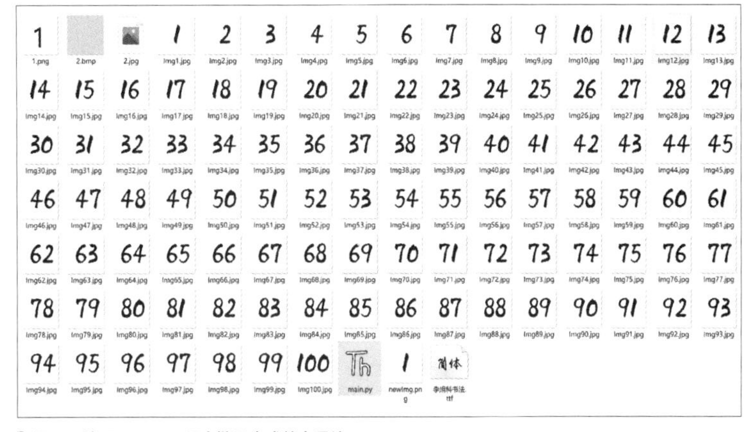

图 18 使用 Python 程序批量生成数字图片

幕显示图片，否则研坤板彩色屏幕只显示空白，且不发声，也不亮灯。注意，测试按键 A 被按下的效果，就是测试轻触开关被按下的效果。

这里需要注意的是，彩色屏幕显示的图片需要提前加载到研坤板的内存中，加载方法如图 16 所示。打开研坤板官方提供的 .exe 程序，选择上传地址（最内层的 data 文件夹），选择波特率为 1152000 波特，选择模式为 arduinoC，并选择正确的 COM 端口，最后单击“打包并上传”，当出现“上传成功”字样时，代表完成了上传。

3. 编写完整程序

为了实现摸高计数功能，我们使用一个变量来存储计数值，同时通过彩色屏幕显示这个值。研坤板的彩色屏幕除了可以显示图片还可以显示文字，文字的显示大小可以通过勾选图 16 中的“小”“中”“大”“特大”来调节。由于“特大”的文字都不能满足我们的显示需求，所以我们需要制作数字图片来显示计数值。数字图片可以通过计算机自带的画图工具制作（见图 17），但是这种方法比较烦琐。此处我们通过运行程序 1 所示的 Python 程序批量生成 240 像素 ×240 像素的数字图片（见图 18）。我们将生成好的数字图片加载到研坤板的内存中，再在 Mind+ 编程环境中编写摸高装置的程序，完整的参考程序如图 19 所示。

程序1

```
# 安装 pillow 库
from PIL import Image,ImageDraw,
ImageFont
# 设置字体
setFont = ImageFont.truetype('李旭科书法.ttf', 220)
# 设置字体颜色
fillColor = "#000000"  #black
for i in range(1,101):
    # 新建 240 像素 ×240 像素的白色背景图片
    newImg = Image.new('RGB', (240, 240), (255, 255, 255))
    # 新建绘图对象
    draw = ImageDraw.Draw(newImg)
    text = str(i)
    if i < 10:
```

用行空板做一个温 / 湿度采集装置

▌陈杰

创意起源

我最近在玩行空板，碰巧又收到了 DHT20 温 / 湿度传感器，便想对之前做过的温 / 湿度采集装置进行升级。之前的装置是使用掌控板制作的，掌控板虽然有屏幕，但屏幕太小又不是彩色的；虽然有 Wi-Fi 功能，但采集到的数据还是要传输到 SIoT 服务器上。而使用行空板升级装置，既可以采集数据，又可以架设 SIoT 服务器，还可以解决屏幕问题。

功能简介

升级后的温 / 湿度采集装置应该具有以下功能。

采集温 / 湿度数据并存储，由于行空板集成了 SIoT 服务器，数据可以直接存储到行空板本地。

可以实时通过行空板的屏幕读取温 / 湿度数据。

当超过设定的高温阈值，装置进行语音报警。

相关器材

升级温 / 湿度采集装置所需要的硬件如表 1 所示。

表 1　硬件清单

序号	名称	数量
1	行空板	1 块
2	DHT20 温 / 湿度传感器	1 个
3	USB 口扬声器	1 个
4	I^2C 连接线	1 条

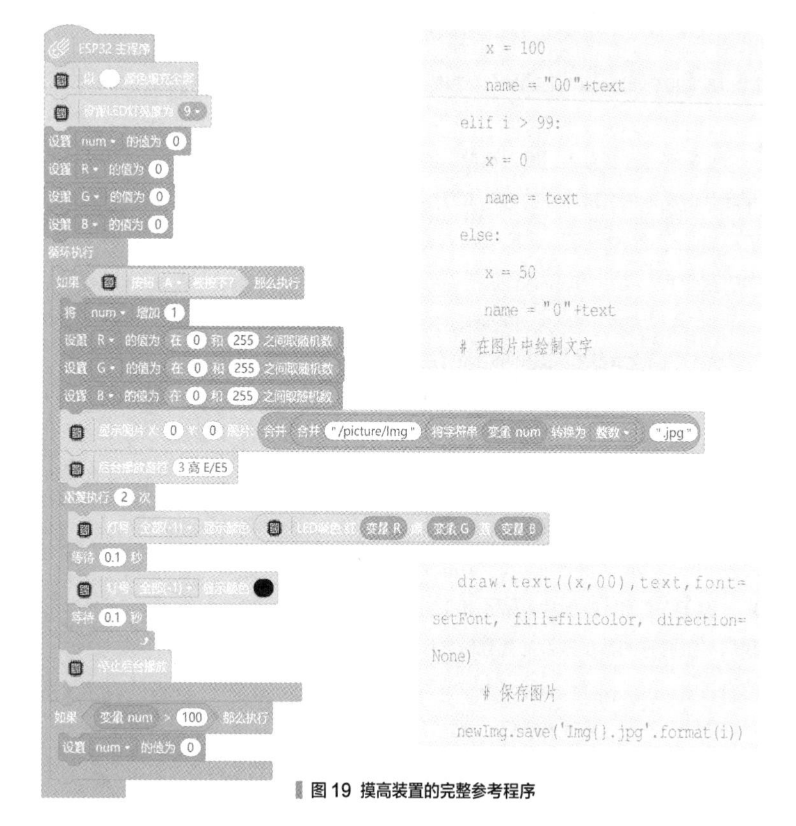

x = 100
name = "00"+text
elif i > 99:
x = 0
name = text
else:
x = 50
name = "0"+text
# 在图片中绘制文字
draw.text((x,00),text,font=setFont, fill=fillColor, direction=None)
# 保存图片
newImg.save('Img{}.jpg'.format(i))

▌图 19　摸高装置的完整参考程序

至此，摸高装置就制作完成了。把装置吸附到冰箱上（见图 20），再喊上孩子来摸高。跳多了真能长高吗？我想多运动总归是好事情。本期分享的内容就到这里了，造物让生活更美好，我们下次再见。

▌图 20　吸附到冰箱上的摸高装置

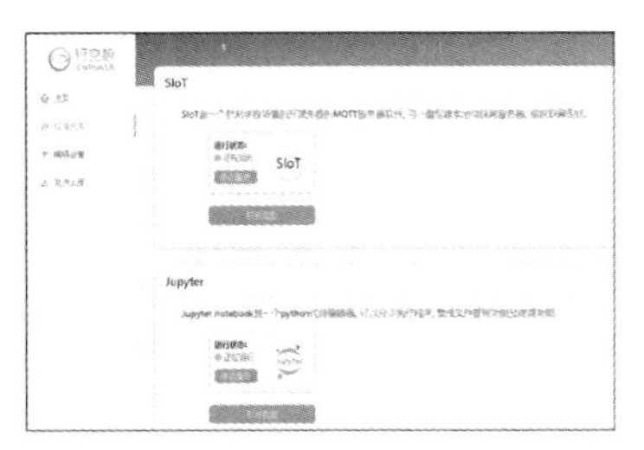

图 1 启动服务

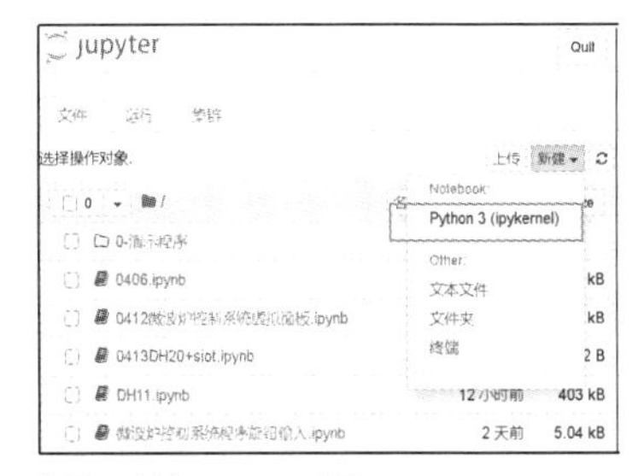

图 2 创建 Jupyter 项目

电路连接

USB 口扬声器需要连接到行空板的 USB 口；由于本作品只用了 1 个 DHT20 温 / 湿度传感器，其可以接到行空板的任意一个 I^2C 口。

配置编程环境

使用 USB 线将行空板连接至计算机。行空板可以通过多种方式，如 USB 线、路由器、Wi-Fi 等连接至计算机。连接后，行空板会虚拟为一个 RNDIS 网卡设备。我比较推荐使用 USB 线将其连接至计算机，因为这种方式连接稳定且 IP 地址固定为 10.1.2.3。

行空板的编程方式有很多，此处我们使用 Jupyter Notebook 对行空板进行编程。使用方法是在计算机的浏览器中输入 IP 地址 10.1.2.3 打开主页菜单，选择应用开关，在 Jupyter 应用中查看行空板的运行状态，如果运行状态为“正在运行”，则直接单击“打开页面”进入 Jupyter Notebook 的后台；如果运行状态是“未运行”，则需要先单击“启动服务”，等待运行状态变为“正在运行”后，再单击“打开页面”。使用同样的方法，启动 SIoT 服务，如图 1 所示。

在 Jupyter Notebook 的后台，依次单击“New”→“Python 3(ipykernel)”，创建一个 Jupyter 项目，如图 2 所示。在项目中输入程序，再单击“运行”即可查看程序的运行结果。

编写程序

本作品是将行空板的屏幕作为数据显示的窗口，因此我们通过编写程序定义各类控件。程序中所用的库如表 2 所示。参考程序如程序 1 所示。

程序1

```
# 导入相关库
import time
import pyttsx3
import siot
from pinpong.board import Board,Pin
from unihiker import GUI # 导入包
from pinpong.extension.unihiker
import *
from pinpong.libs.dfrobot_dht20
import DHT20
# 设计 UI 界面
gui=GUI() # 实例化 GUI 类
# 边框
rect1=gui.draw_rect(x=10, y=80,
w=220, h=100, width=3, color=(255,
200, 100))
rect2=gui.draw_rect(x=10, y=200,
w=220, h=100, width=3, color=(255,
200, 100))
# 填充
rect3=gui.fill_rect(x=13, y=83, w=214,
h=94, color=(150, 180, 200))
rect4=gui.fill_rect(x=13, y=203,
w=214, h=94, color=(150, 180,200))
# 标题
info_text = gui.draw_text(x=120,
y=60, text=' 温湿度检测系统 ',origin
='bottom',font_size=20,)
# 温度控制
info_text_temp = gui.draw_text(x=70,
y=160,color=(255,255,255),text=
'温度: ',origin='bottom',font_size=24)
digit1=gui.draw_digit(x=160,
y=160, text='', origin = "bottom",
color="red",font_size=28)
# 湿度控制
info_text_tim = gui.draw_text(x=70,
y=280,color=(255,255,255),text=
```

表 2 所用库清单

序号	名称	作用
1	time 库	时间模块
2	pyttsx3 库	语音合成模块
3	unihiker 库	行空板内置库。为了方便屏幕显示和控制，开发者在 unihiker 库中基于 tkinter 库封装了一个 GUI 类；为了方便使用话筒和 USB 扬声器，开发者在 unihiker 库中封装了一个 Audio 类
4	pinpong 库	pinpong 库于支持众多主控板及开源硬件，因此被分成了 3 个包：board、extension 和 libs。board 中放置主板支持的功能及常用库，extension 为定制类主控的库，libs 中放置其他传感器的扩展库

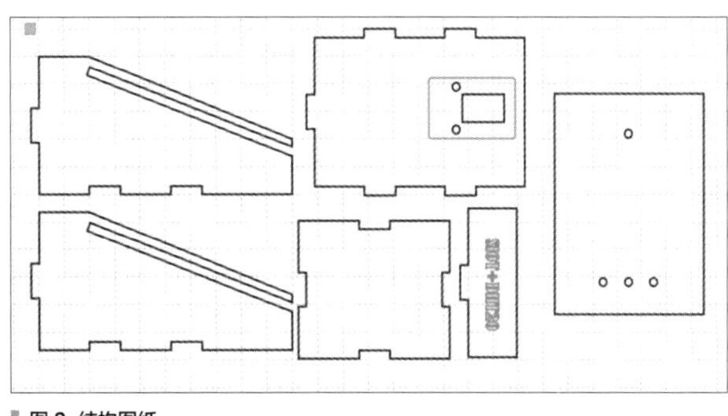

图 3 结构图纸

```
'湿度:',origin='bottom',font_size=24)
digit2=gui.draw_digit(x=160,
y=280, text='', origin = "bottom",
color="red",font_size=28)
# SIoT 服务器
SERVER = "10.1.2.3" #MQTT 服务器 IP
地址
CLIENT_ID = "" # 创建空消息队列
IOT_UserName ='siot' # 用户名
IOT_PassWord ='dfrobot' # 密码
IOT_pubTopic1 = 'xk/001' # topic 为
"项目名称 / 设备名称",设备 006
IOT_pubTopic2 = 'xk/002' # 设备 007
siot.init(CLIENT_ID, SERVER,
user=IOT_UserName, password=IOT_
PassWord) # 初始化,确认输入的用户名和密码
是否正确
siot.connect() # 连接
siot.subscribe(IOT_pubTopic1,sub_cb)
# 订阅消息 + 回调
siot.loop() # 循环
# 初始化及主程序
Board().begin()
dht20 = DHT20()
while True:
  # 增加等待,防止程序退出和卡住
  t=dht20.temp_c()
  h=dht20.humidity()
  digit1.config(text =t) # 更新屏幕上温
度的显示
  digit2.config(text =h) # 更新屏幕上湿
度的显示
  if (t>34): # 温度高于 34℃时语音播报
    engine = pyttsx3.init()
    engine.say('温度过高')
    engine.runAndWait()
    siot.publish(IOT_pubTopic1,str
(t)) # 发送消息
    siot.publish(IOT_pubTopic2,
str(h))
  time.sleep(1)
```

设计结构

为了固定行空板，我设计了一个支撑架。该支撑架包括两部分，一部分为切去一块的盒体，另一部分为插片，将行空板固定在插片上，然后插入盒体的插槽，即可完成固定。结构图纸如图 3 所示。

组装装置

1 用激光切割机切割椴木板得到装置的结构件。

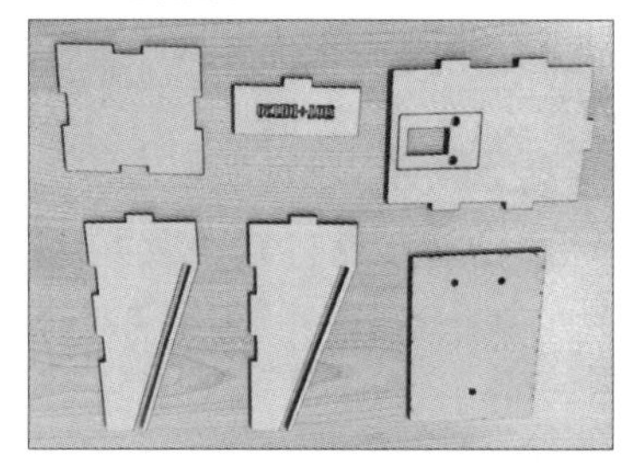

2 将行空板安装在插片上。

3 组装盒体并用 502 胶水固定。

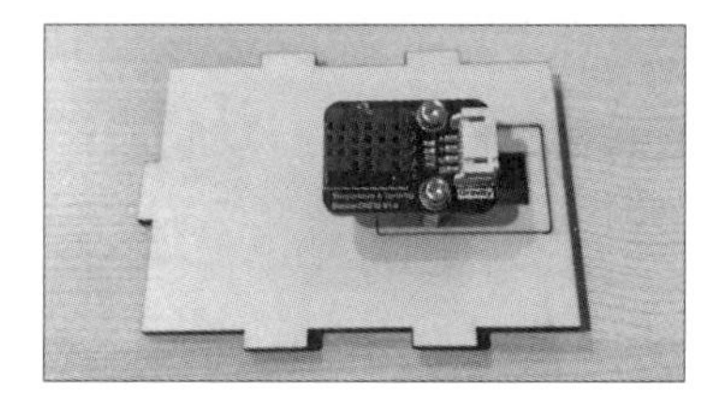

4 将 DHT20 温 / 湿度传感器安装在盒体的背板上。

5 将步骤 2 完成的部分插入盒体，并连接 DHT20 温 / 湿度传感器和行空板。

6 将 USB 口扬声器连接至行空板。

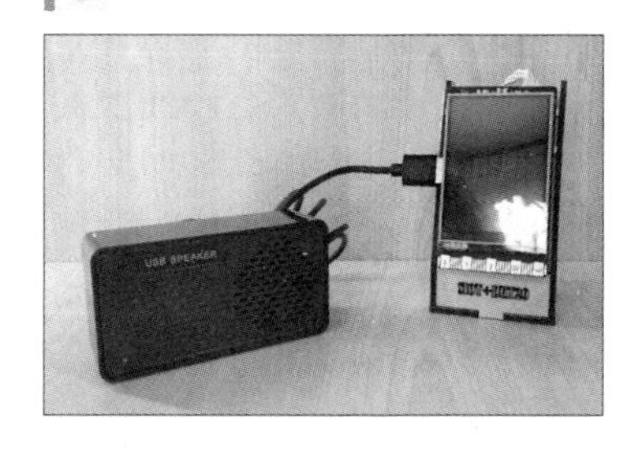

运行测试

组装后，就可以上电进行测试了（见图 4）。我们可以通过行空板的屏幕看到实时的温 / 湿度数据，当温度超过 34℃时，扬声器会报警。在 SIoT 服务中，我们还可以查看到监控的历史数据（见图 5）。使用行空板制作温 / 湿度采集装置非常简单且实用。

图 4 上电测试

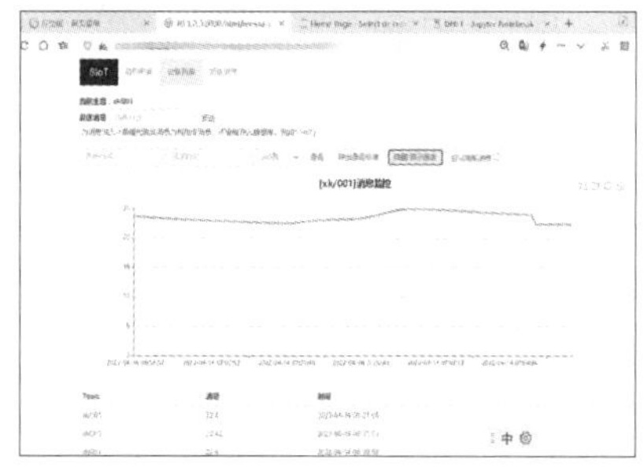

图 5 在 SIoT 服务中查看监控数据

智能抽屉锁

杨润靖

随着智能家居、物联网技术的成熟和发展，以及人们对安全防范的重视，智能锁逐渐成为消费者门锁升级换代的最佳选择。以前出门需要带一大串的钥匙，如果钥匙不慎丢失了，还需要开锁公司前来开锁，非常不方便。使用智能锁后只要用指纹、密码或者刷脸就可以开锁，甚至还能使用手机App或者微信实现远程开锁。经过多年的技术发展，我们已经实现从电子锁到指纹锁，再到智能锁的飞跃。

目前市面上的智能锁大部分是门锁，笔者想能不能为抽屉、柜子也设计一款智能锁，用来保护一些重要物品。当需要开锁时，用手机连接智能锁的蓝牙，发送开锁密码，即可实现开锁。如果不在智能锁附近，通过手机给智能锁“打个电话”，就能远程开锁。笔者还增加了防盗功能，如果抽屉或柜子被强制打开，手机就会收到短信报警。是不是非常有趣？一起来看看怎么实现这些功能吧。

电路原理

整个系统的电路原理如图1所示，由超大容量的锂电池给主板的MCU及GSM模块等电路供电，外部12V供电给主板的电磁锁控制电路供电，当主板接收到蓝牙的开锁命令或者收到开锁号码打来的电话时，解除防盗状态并控制电磁锁打开，这时抽屉就可以打开了。打开后，智能锁会一直处于开锁状态，微动开关处于闭合状态。关闭抽屉后，微动开关关断，MCU检测到抽屉关闭，会关闭电磁锁并进入防盗状态。

在防盗状态下，当抽屉被强制打开，微动开关闭合并触发MCU的中断，这时MCU会控制GSM模块给设置的手机号发送报警短信。另外，MCU会每隔10min检测一次电池电量，当电池电量低于20%时，也会发短信告知。这个时候，就需要更换锂电池了。

电磁锁如图2所示，它是一种插销式电磁锁，它的工作电压为12V，电流为0.8A。通电时，插销缩回；断电时，插销弹出。配合电磁锁锁扣，就可以实现对抽屉及柜子的锁定控制。

微动开关如图3所示，它有3个引脚：C、NO、NC，其中C为公共端，NO为常闭触点，NC为常开触点。当微动开关处于断开状态时，C脚与NO脚连接并导通；当微动开关处于闭合状态时，C脚与NC脚连接并导通，连通关系如附表所示。

附表 微动开关引脚与开关闭合、断开的关系

开关状态	NO	NC
闭合		与C脚连接并导通
断开	与C脚连接并导通	

使用的锂电池如图4所示，它由日月牌的ER34615锂电池和复合电容电池HPC1520并联组成。它们的并联使用，实现了大容量电池瞬间大电流放电的功能，是目前常用的一种物联网设备供电方案。ER34615是一次性锂亚硫酰氯电池，它的额定电压为3.6V，标称容量为19 000mAh，但最大放电电流仅为200mA。HPC1520是一种复合脉冲电容，它具有10年的使用寿命，自放电率每年小于2%。虽然它的标称电压为4.0V，额定容量为90mAh，但是它的电流脉冲最大可达5A。

主板电路原理如图5所示，主要包含4个部分：MCU电路部分、GSM电路部

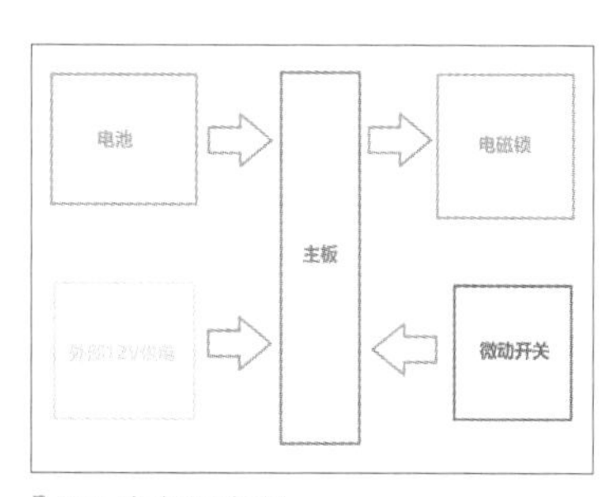

图1 电路原理框图

图2 电磁锁

图3 微动开关

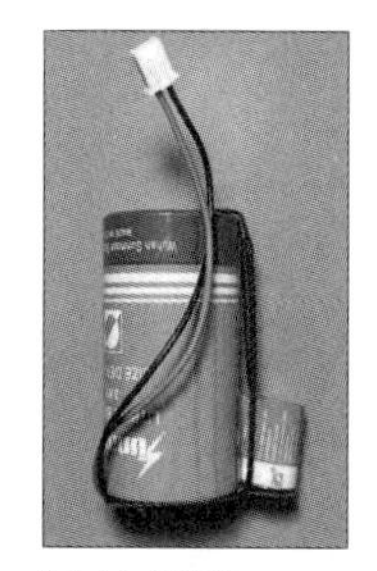
图4 锂电池

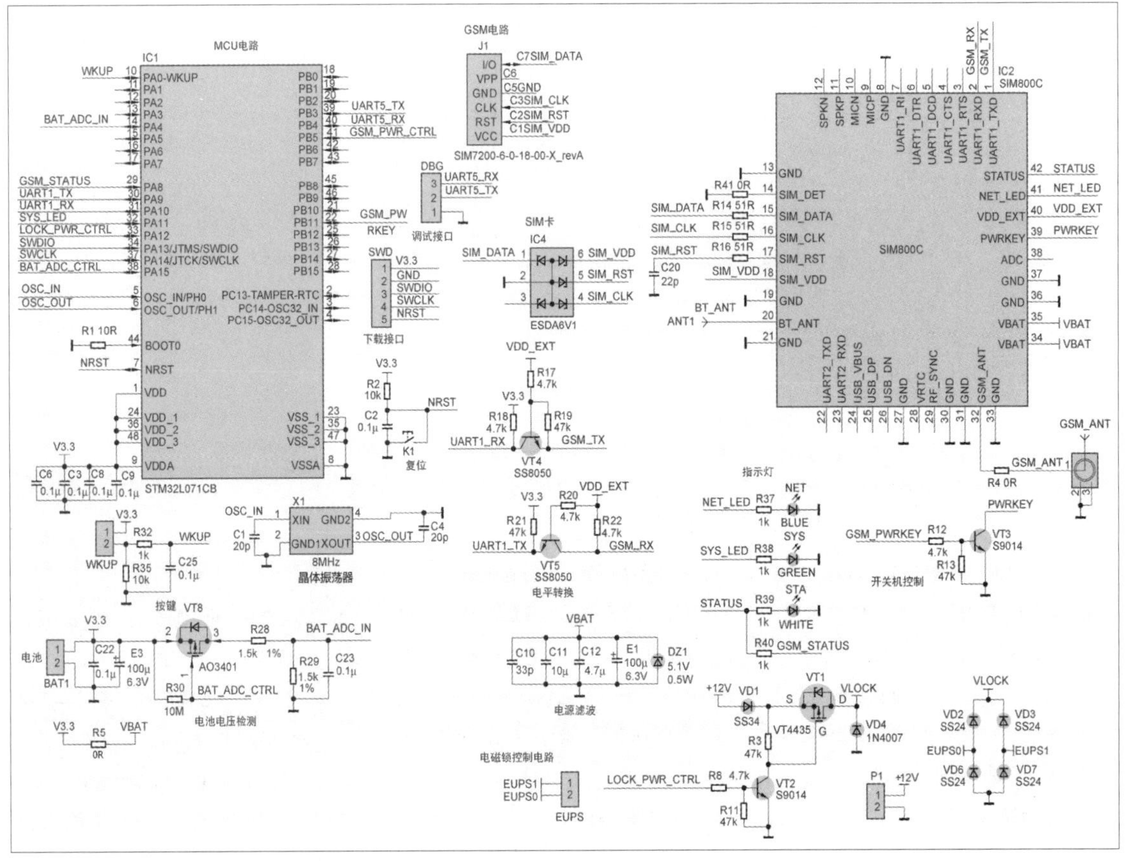

图 5 主板电路原理

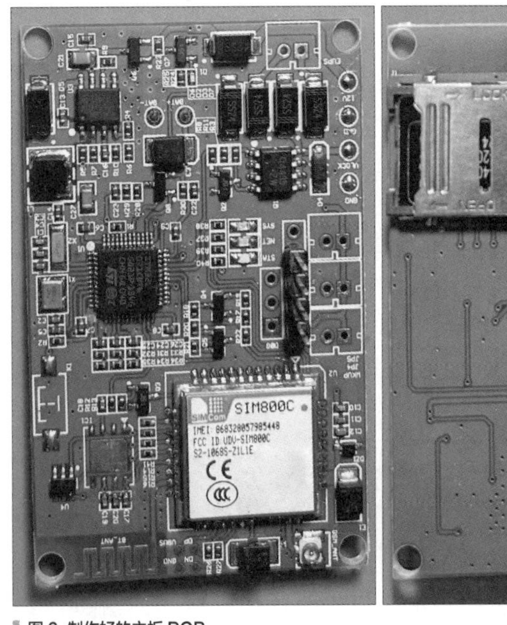

图 6 制作好的主板 PCB

分、电池电路部分、电磁锁控制电路部分。制作好的主板 PCB 如图 6 所示。

MCU 电路主要是单片机电路系统，外部晶体振荡器采用 8MHz 的贴片无源石英晶体振荡器。外部预留了串口调试接口 DBG 和程序载接口 SWD，另外还有独立的复位电路及复位按键。按键 WKUP 检测电路外接微动开关进行工作，由单片机检测其状态。

其中 IC1 为 STM32L071CBT6，它是 ST 公司推出的 Cortex-M0+ 内核的 32 位低功耗单片机，其功能比较丰富，具有 12 位的 ADC、2 个超低功耗比较器、11 个定时器、4 个 USART 及 1 个低功耗 UART、6 路 SPI、3 路 I^2C，还有多种内部或外部时钟源可以选择，运行模式

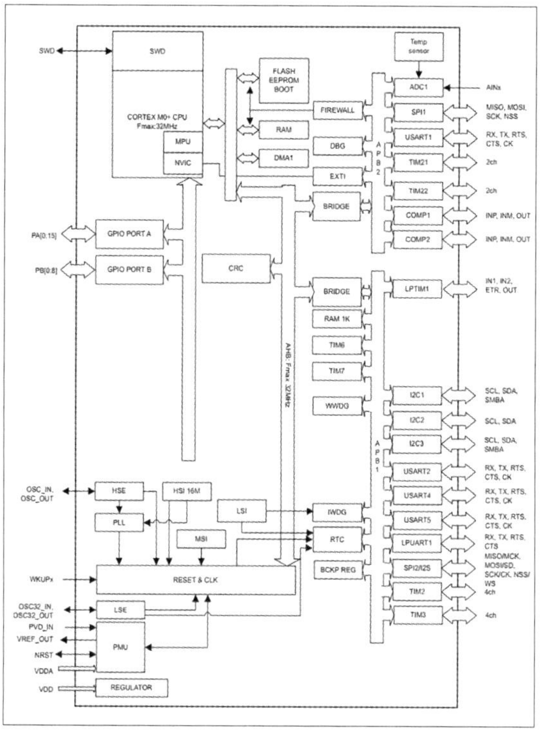

图7 STM32L071CBT6的内部框图

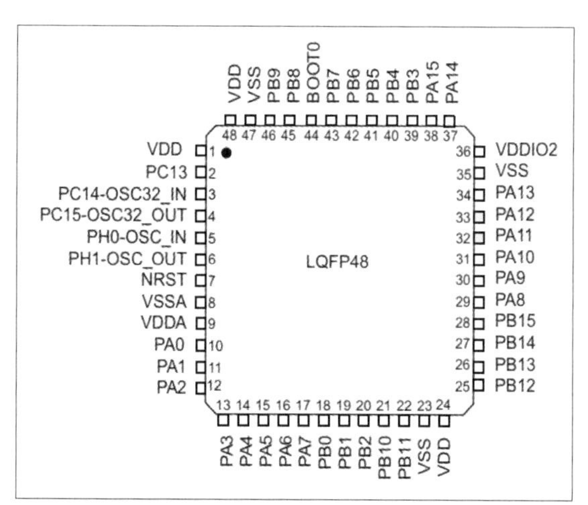

图8 STM32L071CBT6的引脚定义

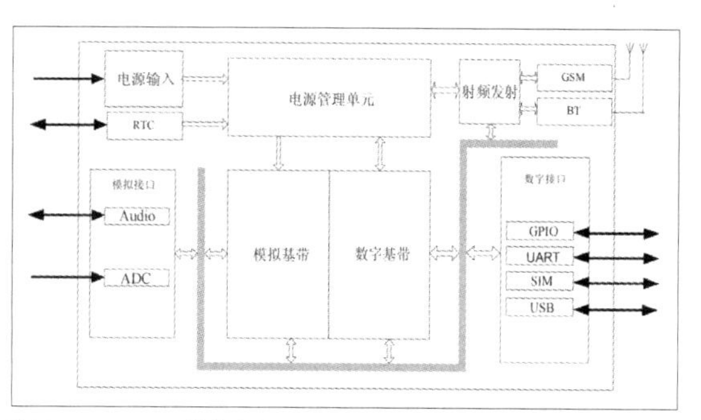

图9 SIM800C模块功能框图

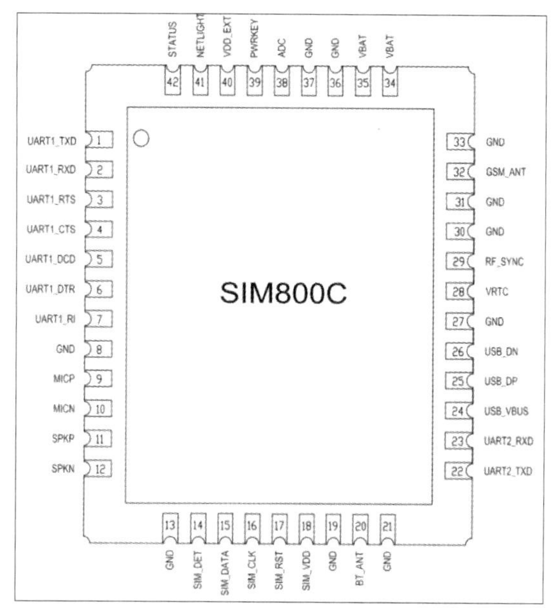

图10 SIM800C的引脚

功耗低至93μA/MHz。还具备192Byte的Flash、20KB的RAM，以及6KB的EEPROM。它的内部框图如图7所示，引脚定义如图8所示。

供电电路分为两部分，一部分是锂电池供电，负责给MCU及GSM部分供电，另一部分是外部12V供电，负责给电磁锁控制电路供电。为了保证在外部断电的情况下，电路能够进行防盗检测和报警，MCU及GSM电路部分采用锂电池供电。而由于电磁锁的供电电压及电流比较大，所以这里采用外部供电。电路中通过VT8控制电池电压给ADC供电，用来检测电池电压。

GSM电路部分主要包含了SIM800C模块、SIM卡电路、开关机控制电路、电源滤波电路、电平转换电路、指示灯电路等。

SIM800C模块是一款高性能、高性价比的四频GSM/GPRS模块，它性能稳定，外观小巧，能够满足多种需求。SIM800C工作频率为GSM/GPRS 850/900/1800/1900MHz，能以低功耗实现语音、短信和数据信息的传输。SIM800C尺寸为17.6mm×15.7mm×2.3mm，适用于设计各种紧凑型产品，它除了支持常用的语音通话、网络数据传输功能外，还支持蓝牙功能。SIM800C的功耗极低，在SLEEP模式下的功耗仅为0.88mA，它的模块功能框图如图9所示，引脚如图10所示。

电磁锁控制电路比较简单，MCU通过VT2控制MOS管VT1对电磁锁线圈

最大额定值（Ta=25℃ 除非另有说明）			
参数	符号	限额	单位
漏-源电压	V_{DS}	-30	V
栅-源电压	V_{GS}	±20	V
持续漏电流	I_{D}	-9.1	A
脉冲漏极电流	I_{DM}	-36	A
单脉冲雪崩能量	E_{SA}	20	mJ
功耗	P_{D}	1.4	W
硅片到环境热阻	$R_{\theta JA}$	89	℃/W
结温	T_{J}	150	℃
储存温度	T_{stg}	-55~+150	℃
引脚承受焊锡极限温度	T_{L}	260	℃

（1）E_{SA}条件：V_{DD}=50V，L=0.5mH，R_{G}=25Ω，T_{J}=25℃

图11 MOS管参数

通断电，实现对电磁锁的控制。MOS管采用一个SOP8封装的P沟道MOS管，最大可以控制30V的电压和9.1A的电流，它的具体参数如图11所示。

验证制作

将主控板、电磁锁、微动开关、锂电池、电源插座固定到一块ABS板上（见图12）。然后，将各部分按照电路图进行电路连接，并用热熔胶在接线连接处进行固定（见图13）。

图12 固定硬件

图13 电路连接

程序编写

1. 系统初始化程序

```
Void SYSTEM_Init(void)
{
  HAL_Init(); //HAL库初始化
  SystemClock_Config();// 系统时钟初始化
  MX_GPIO_Init(); //GPIO口初始化
  SIM800C_GPIO_Init();//SIM800C舒适化
  MX_USART1_UART_Init();// 串口1初始化
  MX_RTC_Init(); //RTC初始化
  MX_ADC_Init(); //ADC初始化
  if (HAL_ADCEx_Calibration_Start(&hadc, ADC_SINGLE_ENDED) != HAL_OK)
  {
    Error_Handler();
  }
  MX_TIM2_Init(); // 定时器初始化
  HAL_NVIC_DisableIRQ(TIM2_IRQn); //关闭定时器中断
  HAL_UART_Receive_IT(&huart1,U1.Receive_Buf1,1); // 打开串口接口
  HAL_Delay(1000);
  LOCK_STAUS=0; // 进入锁定状态
  LowPower_Config(); // 进入低功耗模式
}
```

2. SIM800C GPIO初始化程序

```
void  SIM800C_GPIO_Init(void)
{
  GPIO_InitTypeDef GPIO_InitStruct;
  /* 使能GPIO时钟 */
  __HAL_RCC_GPIOA_CLK_ENABLE();
  __HAL_RCC_GPIOB_CLK_ENABLE();
  /*GPIO输出状态初始化 */
  GSM_PWR_CTRL_OFF();
  GSM_PWRKEY_OFF();
  LOCK_PWR_CRTL_OFF();
  GPIO_InitStruct.Pin = GSM_PWR_CTRL_Pin;
  GPIO_InitStruct.Mode = GPIO_MODE_OUTPUT_PP;
  GPIO_InitStruct.Pull = GPIO_NOPULL;
  HAL_GPIO_Init(GSM_PWR_CTRL_Port, &GPIO_InitStruct);
  GPIO_InitStruct.Pin  = GSM_PWRKEY_Pin;
  GPIO_InitStruct.Mode = GPIO_MODE_OUTPUT_PP;
  GPIO_InitStruct.Pull = GPIO_NOPULL;
  HAL_GPIO_Init(GSM_PWRKEY_Port, &GPIO_InitStruct);
  GPIO_InitStruct.Pin  = BAT_ADC_CRTL_Pin;
  GPIO_InitStruct.Mode = GPIO_MODE_OUTPUT_PP;
  GPIO_InitStruct.Pull = GPIO_NOPULL;
  HAL_GPIO_Init(BAT_ADC_CRTL_Port, &GPIO_InitStruct);
  GPIO_InitStruct.Pin  = LOCK_PWR_CRTL_Pin;
  GPIO_InitStruct.Mode = GPIO_MODE_OUTPUT_PP;
  GPIO_InitStruct.Pull = GPIO_NOPULL;
  HAL_GPIO_Init(LOCK_PWR_CRTL_Port,
```

```
&GPIO_InitStruct);
  GPIO_InitStruct.Pin  = LED_Pin;
  GPIO_InitStruct.Mode = GPIO_MODE_
OUTPUT_PP;
  GPIO_InitStruct.Pull = GPIO_PULLUP;
  HAL_GPIO_Init(LED_GPIO_Port, &GPIO_
InitStruct);
}
```

3. 蓝牙初始化程序

```
void BT_Init(void)
{
  unsigned char BT_num;
  char BT_Name[24]="AT+BTHOST=EN_
MCLC_0000\r\n";
  //设置蓝牙名称
  BT_num=0;
  BT_Flag=1;
  while(BT_Flag==1)
  {
    BT_Name[18]=SIM800C.IMEI[11];
    BT_Name[19]=SIM800C.IMEI[12];
    BT_Name[20]=SIM800C.IMEI[13];
    BT_Name[21]=SIM800C.IMEI[14];
    HAL_UART_Transmit(&huart1,BT_
Name,24, 0xfff); //设置蓝牙名称
    HAL_Delay(1000);
    BT_num++;
    if(BT_num>=20)
    break;
  }
  //打开蓝牙电源
  BT_num=0;
  while(BT_Flag==2)
  {
    HAL_UART_Transmit(&huart1,
"AT+BTPOWER=1\r\n",14, 0xfff);
    HAL_Delay(3000);
    BT_Flag=3;
    BT_num++;
    if(BT_num>=20)
    break;
  }
  while(BT_Flag!=6)
  {
    HAL_Delay(1000);
    BT_num++;
    LED_TOG;
    if(KEY1==1&&SIM800C.LockStatus==0)
    {
     SIM800C.ManholeCoverStatus=1;
    }
    if(BT_num>=60)
     break;
  }
  BT_Flag=0;
  //等待配对
}
```

4. 防盗检测及短信报警程序

```
if(LOCK_STAUS==0)//锁定状态
{
  if(wakeup==1)  //微动开关闭合
  {
   HAL_Delay(200); //软件防抖
   if(wakeup==1)  //微动开关闭合
   {
     //进行报警
     HAL_UART_Transmit(&huart1,
"AT+CMGF=1\r\n",11, 0xfff); //设置短消
息模式为文本模式
     HAL_Delay(2000);
     HAL_UART_Transmit(&huart1,
"AT+CSCS=\"GSM\"\r\n",15, 0xfff);
//设置TE字符集
     HAL_Delay(2000);
     HAL_UART_Transmit(&huart1,
"AT+CMGS=\"13666668888\"\r\n",
23, 0xfff); //设置短信接收手机号
     HAL_Delay(2000);
     HAL_UART_Transmit(&huart1,
"Warning!!! The lock is opened!\
r\n",32, 0xfff); //短信内容
     HAL_Delay(2000);
     HAL_UART_Transmit(&huart1,
0x1A,1,0xfff); //发送短信
     HAL_Delay(10000);
   }
  }
}
```

5. 蓝牙开锁程序

```
if(SIM800C.LockStatus==0&&BT_Lock==1)
//判断开锁状态和蓝牙状态
{
  LOCK_PWR_CRTL_ON(); //开锁
  SIM800C.LockStatus=1; //设置开锁状态
  BT_Lock=0;
  HAL_UART_Transmit(&huart1,
"AT+BTSPPSEND=9\r\n",16, 0xffff);
//蓝牙信息发送
  HAL_Delay(2000);
  HAL_UART_Transmit(&huart1,"Lock
Open!\r\n",12, 0xfff); //发送内容
  HAL_Delay(2000);
  HAL_UART_Transmit(&huart1,
"AT+BTPOWER=0\r\n",14, 0xffff);
//关闭蓝牙电源
  HAL_Delay(10000);
}
```

6. 电话开锁程序

```
if(SIM800C.LockStatus==0&&Phone_
Lock==1) //判断开锁状态和来电状态
{
  LOCK_PWR_CRTL_ON(); //开锁
  SIM800C.LockStatus=1;
  Phone_Lock=0;
}
```

经过制作和调试，智能抽屉锁的功能已经能够实现了。在待机状态下，主板的工作电流仅为2mA。按待机电流计算，锂电池可以为智能锁供电396天左右。后期还可以通过网络连接服务器，实现远程开锁和报警功能，感兴趣的朋友快自己试试吧！

项目演示视频

数据采集演示

本项目在Micro SD卡上记录紫外线指数和天气数据以训练Edge Impulse模型。然后运行该模型，通过Android应用程序了解阳光中的紫外线对人体的潜在伤害。

检测潜在日晒伤害的微型机器学习智能装置（上）

[土耳其] 库特鲁汉 · 阿克塔尔（Kutluhan Aktar）
翻译：李丽英（柴火创客空间）

项目简介

虽然许多人在闲暇时间喜欢享受明媚的阳光，但刺眼的阳光会对我们的健康产生不利影响，尤其是对老人、儿童或皮肤白皙的人。过度日晒会导致晒伤、脱水、低钠血症、中暑等。在更严重的情况下，过度日晒还会导致光老化、DNA 损伤、皮肤癌、免疫抑制和眼睛损伤，例如白内障。因此，检测阳光对人体的伤害风险水平还是很重要的，这样可以提前了解潜在的健康风险，减轻因过度日晒给健康带来的伤害。

太阳在很宽的波长范围内发射能量，包括可见光和隐藏在我们感官之外的能够产生热量的红外线辐射及日晒伤害主要来源——紫外线辐射。尽管适度的紫外线辐射对我们的健康有积极作用，例如可以促进维生素 D 的合成，但日晒伤害主要也是过度暴露在紫外线辐射中造成的，因为紫外线比可见光具有更高的频率和更短的波长。紫外线辐射的波长范围为 10~400nm，可分为 4 个波段：UVA（320~400nm）、UVB （280~320nm）、UVC（100~280nm）、EUV（10~100nm）。

在读了一些关于紫外线辐射研究的论文后，我决定利用紫外线指数（UV Index）、温度、气压和海拔数据测量来自太阳的紫外线辐射量，从而打造一款低预算的 BLE 智能装置来预测日晒伤害风险，希望通过这个项目提前告知用户（特别是一些高风险人群）潜在的日晒伤害风险，以避免因过度暴露在阳光中带来的伤害，例如免疫系统损伤和黑色素瘤等。

紫外线指数是指当太阳在天空中的最高位置时（一般是在中午前后），到达地球表面的太阳光线中的紫外线辐射对人体皮肤的可能损伤程度。换句话说，紫外线指数预测了阳光中的有害射线的强度。紫外线指数的数字越大，对皮肤造成的损害越大。

尽管紫外线指数、温度、气压和海拔为我们提供了检测日晒伤害风险水平的数据，但由于日晒伤害风险水平会根据实际情况波动，仅通过有限的数据精确推断和预测日晒伤害风险水平是不可能的。因此，我决定建立和训练一个人工神经网络模型，利用根据个人经验判断的日晒伤害风险等级，同时根据紫外线指数、温度、气压和海拔数据预测日晒伤害风险水平。图 1 所示为项目最终成品和 App 显示的自动检测结果。

项目物料清单

电子硬件

- 矽递科技 XIAO BLE（nRF52840）主控 ×1
- 矽递科技 Seeeduino XIAO 扩展板 ×1
- 矽递科技 Grove UV 传感器 ×1
- BMP180 精密传感器 ×1
- Keyes 10mm RGB LED 模组（140C05）×1
- Creality CR-6 SE 3D 打印机 ×1
- Micro SD 卡 ×1
- 3.7V 锂电池 ×1
- 宽 15mm 的黄色魔术贴 ×1
- M3×10mm 的公母黄铜六角垫片支架 ×4
- M3 螺丝和六角螺母 ×4
- 通用跳线 若干

软件工具

- Edge Impulse Studio
- Arduino IDE
- Thonny
- Fusion 360
- Autodesk Fusion 360
- Ultimaker Cura
- MIT App Inventor 2

其他工具

- 热能胶枪
- 电烙铁

矽递科技研发的 XIAO BLE（nRF52840）是一款超小尺寸的蓝牙开发板，可以轻松收集数据并运行我的神经网络模型，因此我决定在这个可穿戴智能装置项目中使用这款主控。为了获得训练模型所需的测量值，我使用了矽递科技

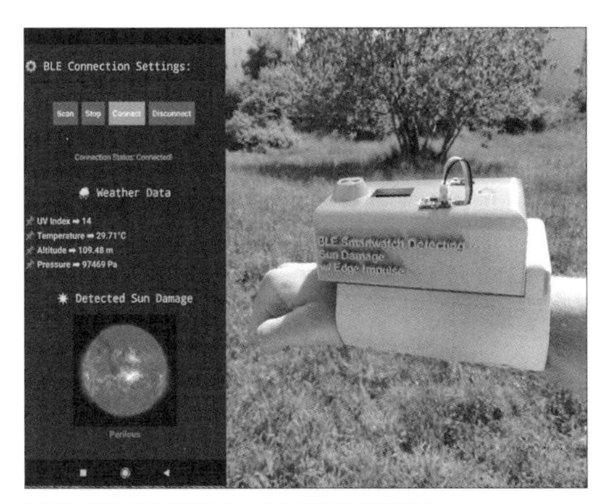

图 1 项目最终成品和 App 显示的自动检测结果

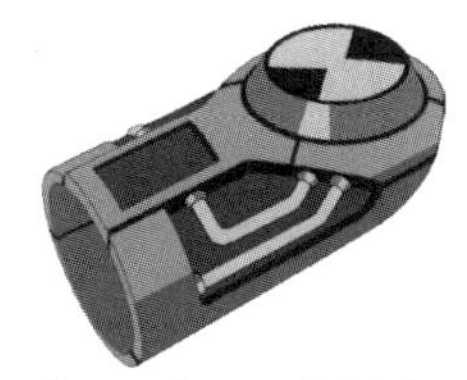

图 2 《Ben10》中的超能仪 Omnitrix

的 Grove UV 传感器和 BMP180 精密传感器。矽递科技另有一款专门针对 XIAO BLE 的 XIAO 扩展板，上面搭载了各种原型设计接口和内置的功能模组，例如 SSD1306 OLED 显示屏和 Micro SD 卡模块，所以我用了扩展板来连接主控和传感器。

由于扩展板支持从 Micro SD 卡上读取和写入文件，我将收集的数据以 CSV 格式存储在 Micro SD 卡中。这样一来，我可以直接通过 XIAO BLE（nRF52840）保存数据包，不需要额外的设备和步骤。

接下来，我们开始收集数据，完成数据集后，我使用 Edge Impulse 构建了人工神经网络（ANN）模型，从而实现根据紫外线指数、温度、气压和海拔来预测日晒伤害风险水平。Edge Impulse 与大部分微控制器和开发板兼容，我在 XIAO BLE 上上传和运行我的模型时没有遇到任何问题。在训练模型时，我使用了 3 个标签，为收集的每个数据做了分类：可以忍受、有风险、危险。

在训练和测试我的神经网络模型后，我在 XIAO BLE 上部署并上传了此模型，这样智能装置就能够通过独立运行模型来检测精确的日晒伤害风险等级了。此外，在成功运行模型后，我使用 XIAO BLE 的蓝牙功能将预测的结果和最近采集的数据传输到我自己开发的安卓 App 里，提醒用户潜在的日晒伤害风险。最后，为了使智能装置在户外恶劣条件下尽可能坚固耐用，我给智能装置设计了一个外壳，这个外壳有可滑动、可拆卸的顶盖。

整个项目的介绍就先到这里，接下来，我会描述制作的详细步骤，分享我所用的代码，如何在 Micro SD 卡中记录数据，如何通过蓝牙传输数据包，如何使用 Edge Impulse 构建神经网络模型，以及如何在 XIAO BLE 上运行人工神经网络模型等更多详细信息。

项目制作

1. 设计和打印智能装置外壳

我是动画片《Ben10》的忠实粉丝，所以在设计装置外壳的时候，受到了动画片中超能仪 Omnitrix 的启发（见图 2）。外壳可以让整个装置更坚固耐用，使装置在户外一些恶劣条件下也能完美运行。为了满足在 Micro SD 卡记录收集数据时，我们能对 XIAO 扩展板进行其他操作，我在设计中添加了一个可滑动、可拆卸的顶盖，我还在顶盖上刻上了 Omnitrix 的符号。我使用 Autodesk Fusion 360 软件来设计智能装置的外壳及其滑动顶盖（见图 3），然后在 Ultimaker Cura 中对外壳的 3D 模型（STL 文件）进行切片（见图 4）。

为了让这个外壳更酷炫（这样才配得上酷酷的 Omnitrix），我在制作外壳的时候，选用了一个彩虹色 PLA 打印材料，这样使用 3D 打印机打印出来后，外壳的颜色会呈现酷炫的渐变色（见图 5）！

2. 组装智能装置并进行连接和调整

首先将母排针焊接到 XIAO BLE，这样可以把主板连接到 XIAO 扩展板。另外，我用 JST 2.0 标准连接器替换了 3.7V 锂电池原本自带的连接器，这样可以更方便地给扩展板供电（见图 6）。

为了收集紫外线辐射和天气数据，我通过扩展板将 Grove UV 传感器和

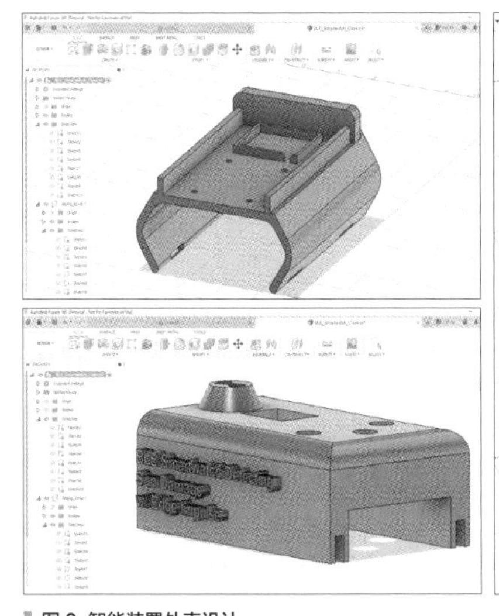

图 3 智能装置外壳设计

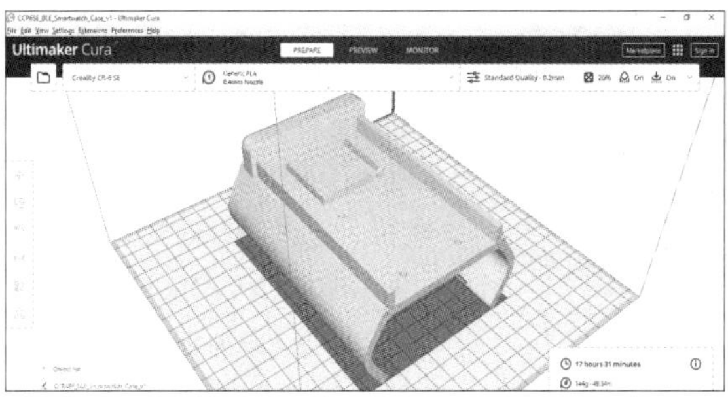

图 4 对外壳的 3D 模型进行切片

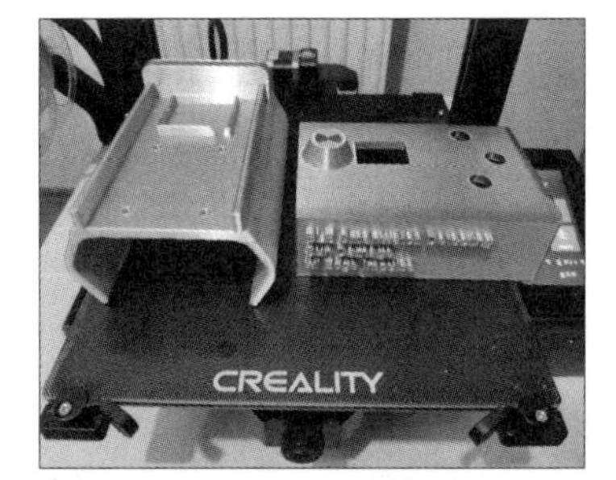

图 5 3D 打印的外壳

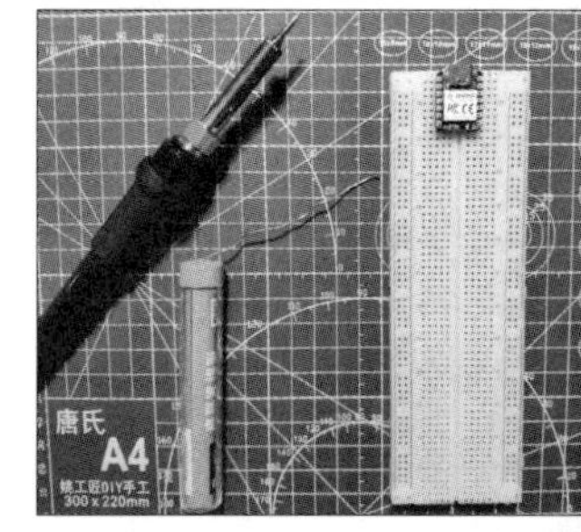

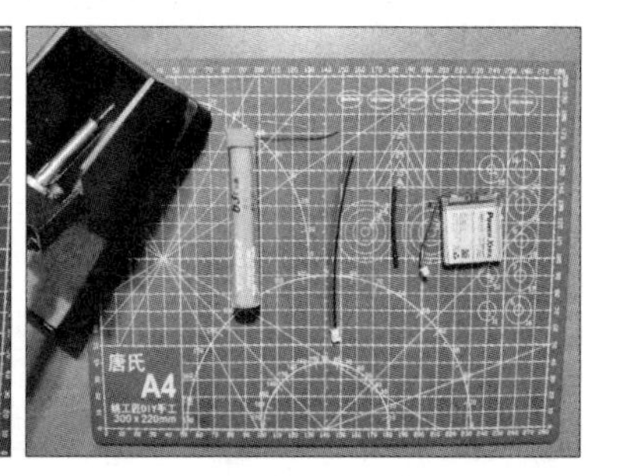

图 6 焊接 XIAO BLE 和替换锂电池连接器

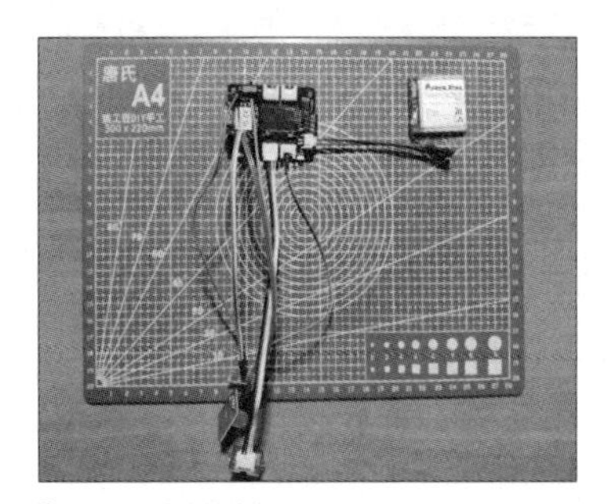

图 7 硬件连接实物图

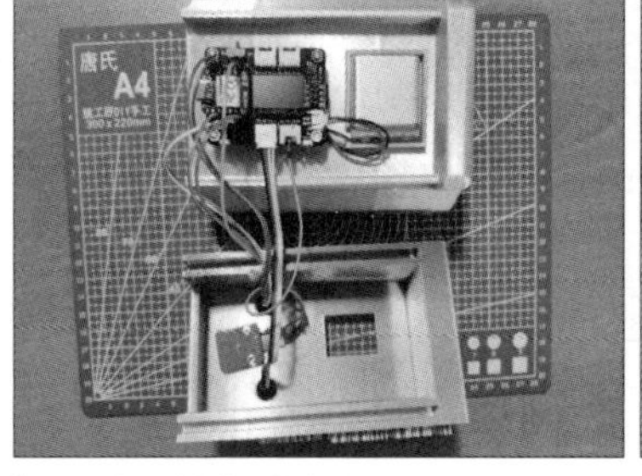

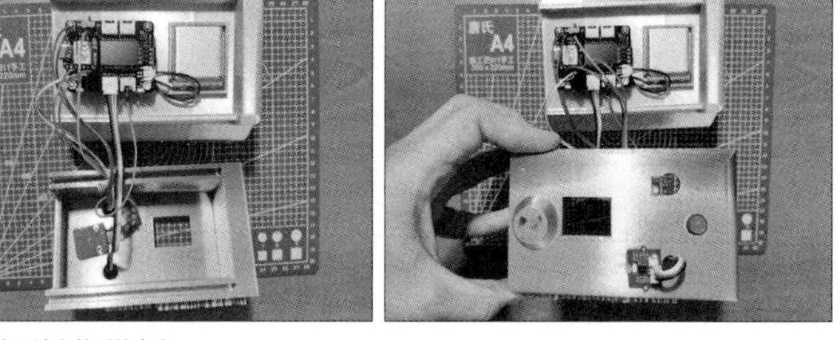

图 8 将硬件安装到外壳内

BMP180 精密传感器连接到 XIAO BLE 主板上。由于扩展板有 Grove 接口，我直接使用了即插即用的 Grove 线将 UV 传感器接到了扩展板上（见图 7）。

为了显示和记录收集的数据，我使用了扩展板内置的SSD1306 OLED显示屏、Micro SD 卡模块和扩展板上的按钮。另外，我添加了一个 Φ10mm 共阳极 RGB LED 模块来指示操作功能的结果。

3D 打印完所有零件后，将除扩展板外的所有组件通过热熔胶枪固定到智能装置外壳上的相应位置（见图 8）。为了将扩展板连接到智能装置外壳，我使用了 M3×10mm 的公母黄铜六角垫片、M3 螺丝和六角螺母。

最后，我把一条宽 15mm 的黄色魔术贴固定在智能装置外壳下方的孔中，以便在户外轻松佩戴智能装置（见图 9）。

3. 使用 MIT App Inventor 开发一个支持蓝牙功能的安卓App

为了能够通过蓝牙从智能装置中获取装置采集的数据和其预判信息，我决定使用 MIT App Inventor 开发一个安卓 App。MIT App Inventor 是一个直观的可视化编程环境，它基于拖曳式图形编程，可以更快速地搭建一个比较复杂，且功能齐全的安卓 App。在开发了名为 BLE UV Smartwatch 的 App 后，我在 Google Play 上发布这款 App。大家可以通过 Google Play 直接下载安装这款 App。

那如何通过 MIT App Inventor 来构建一个 App 呢？接下来，我会以这个 App 的构建步骤为例，跟大家进行分享，也欢

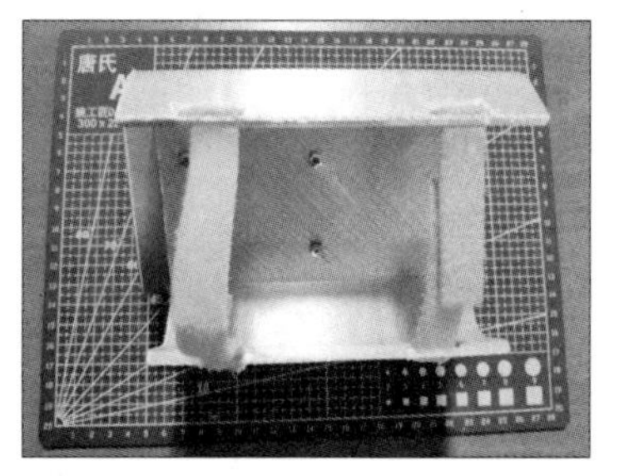

图 9 黄色魔术贴的妙用

图10 导入 App 源文件

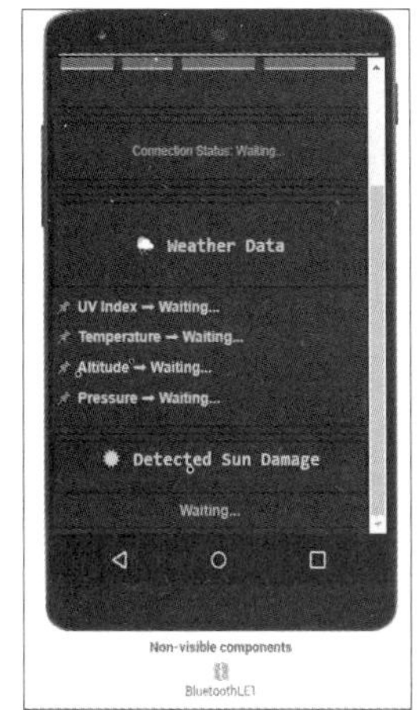

图11 在 MIT App Inventor 创建的 App 界面

迎大家通过这个工具开发更多 App。

首先，在 MIT App Inventor 上创建一个账户。

你可以以 .aia 格式直接下载我做好的 App 文件，然后将其导入 MIT App Inventor 中（见图 10）。

因为 MIT App Inventor 默认不支持蓝牙连接，所以我们要先下载好最新版本的 BluetoothLE 插件。大家可以在 MIT App Inventor 官方网站上搜索“bluetoothleintro”下载 BluetoothLE 插件，并将这个插件导入我们的 App 项目中，然后在 MIT App Inventor 上启用蓝牙连接。我在本项目附带的资源包中放入名为“MIT_App_Inventor_Basic_Connection”的 PDF 文件，不清楚怎么启用蓝牙连接的朋友，可以参考这个 PDF 文件。资源包中还包括本项目的 3D 打印源文件和相关代码，需要的朋友请扫描杂志目次页的云存储平台二维码进行下载。图 11 所示是在 MIT App Inventor 创建的 App 界面。

我们可以在 MIT App Inventor 的图形化代码编辑器中检查 BLE UV Smartwatch 项目的功能和源代码（见图 12）。

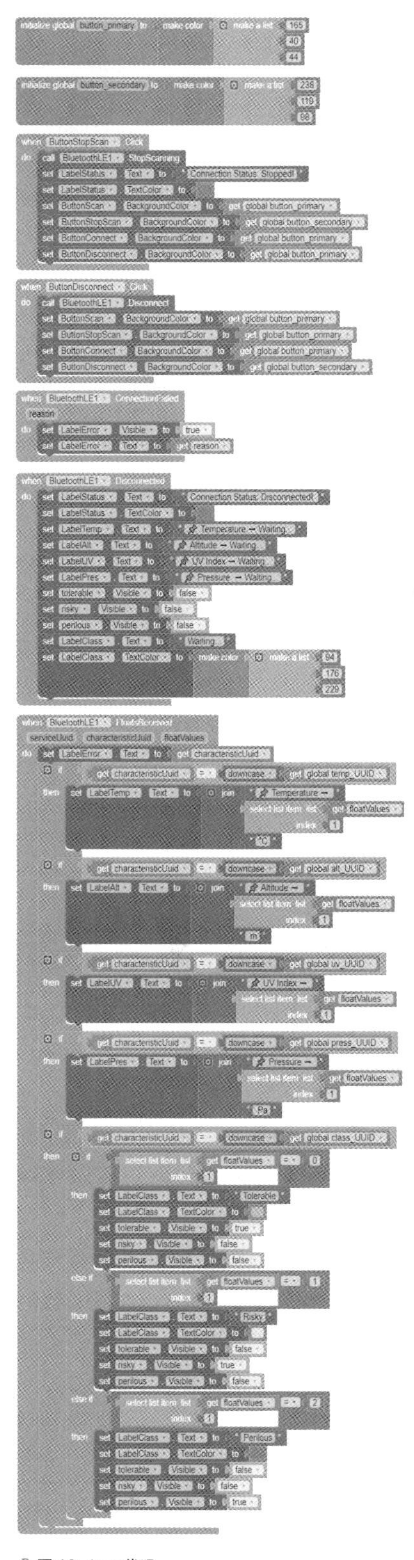

图12 App 代码

在 Android 设备上安装这个 App 后，App 就会立刻开始显示从智能装置传输过来的信息，并告知用户潜在的日晒伤害风险。更多关于这个 App 的信息，后面的步骤中会详细提及。图 13 所示为 App 的图标。

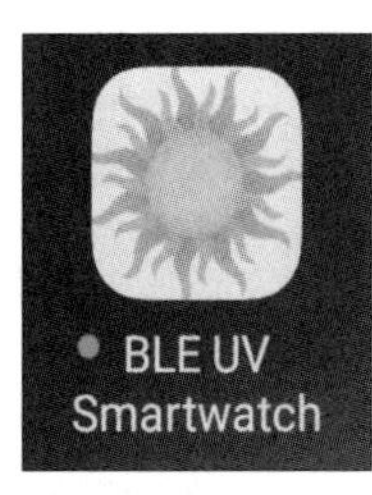

图 13 App 图标

4. 在Arduino IDE上设置XIAO BLE（nRF52840）主控板

XIAO 扩展板支持 Micro SD 卡直接读取和写入信息，所以我将收集到的紫外线辐射和天气数据记录在 Micro SD 卡上的 CSV 文件中。此外，在运行神经网络模型后，我使用 XIAO BLE 通过蓝牙传输检测模型结果和最近收集的数据。但是，在继续其他步骤前，我需要在 Arduino IDE 上设置 XIAO BLE 并安装此项目所需的库。

将 XIAO BLE（nRF52840）主控板添加到 Arduino IDE，单击“文件”下面的“首选项”，并在“Additional Boards Manager URLs”下添加 URL（见图 14）。

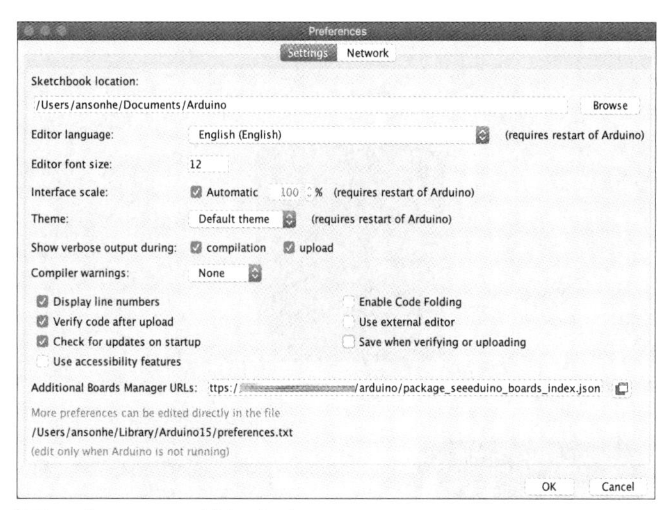

图 14 将 XIAO BLE 主控板添加到 Arduino IDE

要安装所需的主控板，在 Arduino IDE 中单击“工具”→“主控板”→“主控板管理器”，然后搜索 Seeed nRF52 主控板（见图 15）。

图 15 将 XIAO BLE（nRF52840）主控板添加到 Arduino IDE

安装好主控板文件后，单击“工具”→“主控板”→“主控板管理器”，选择“Seeed XIAO BLE - nRF52840”（见图 16）。

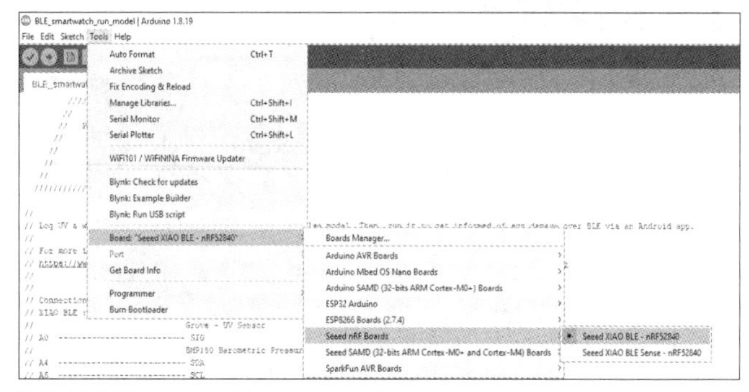

图 16 选择 Seeed XIAO BLE - nRF52840

要通过蓝牙传输数据，还需要下载 ArduinoBLE 库。在库管理中搜索“ArduinoBLE”，然后进行下载（见图 17）。

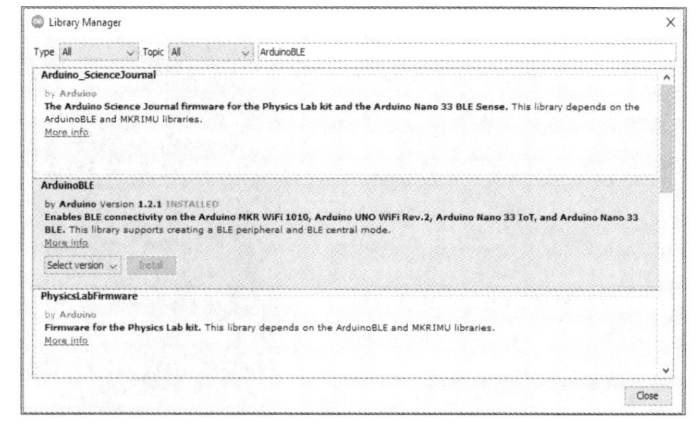

图 17 下载 ArduinoBLE 库

下载 BMP180 精密传感器和 SSD1306 OLED 显示屏所需的库。这里我们需要 3 个库：Adafruit-BMP085 库、Adafruit_SSD1306 库和 Adafruit-GFX 库，大家可以在 GitHub 上搜索“Adafruit-BMP085-Library”“Adafruit_SSD1306”“Adafruit-GFX-Library”下载对应的库。

5. 在SSD1306 OLED 显示屏上显示图像

为了在 SSD1306 OLED 显示屏上成功显示黑白图

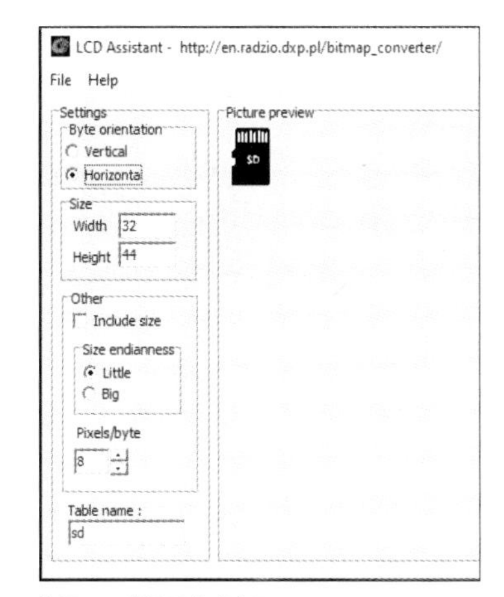

图 18 选择垂直或水平

```
sd

const unsigned char sd [] = {
0x0F, 0xFF, 0xFF, 0xFE, 0x1F, 0xFF, 0xFF, 0xFF, 0x1F, 0xFE, 0x7C, 0xFF, 0x1B, 0x36, 0x6C, 0x9B,
0x19, 0x26, 0x4C, 0x93, 0x19, 0x26, 0x4C, 0x93, 0x19, 0x26, 0x4C, 0x93, 0x19, 0x26, 0x4C, 0x93,
0x19, 0x26, 0x4C, 0x93, 0x19, 0x26, 0x4C, 0x93, 0x19, 0x26, 0x4C, 0x93, 0x1F, 0xFF, 0xFF, 0xFF,
0xFF, 0xFF, 0xFF, 0xFF, 0xFF, 0xFF, 0xFF, 0xFF, 0xFF, 0xFF, 0xFF, 0xFF, 0xFF, 0xFF, 0xFF, 0xFF,
0xFF, 0xFF, 0xFF, 0xFF, 0xFF, 0xFF, 0xFF, 0xFF, 0xFF, 0xFF, 0xFF, 0xFF, 0xFF, 0xFF, 0xFF, 0xFE
};
```

图 19 保存输出为数据数组

```
BLE_smartwatch_data_collect
// Define monochrome graphics:
static const unsigned char PROGMEM _error [] = {
0x00, 0x00, 0x00, 0x00, 0x00, 0x3F, 0xFC, 0x00, 0x00, 0xE0, 0x07, 0x00, 0x01, 0x80, 0x01, 0x80,
0x06, 0x00, 0x00, 0x60, 0x0C, 0x00, 0x00, 0x30, 0x08, 0x01, 0x80, 0x10, 0x10, 0x03, 0xC0, 0x08,
0x30, 0x02, 0x40, 0x0C, 0x20, 0x02, 0x40, 0x04, 0x60, 0x02, 0x40, 0x06, 0x40, 0x02, 0x40, 0x02,
0x40, 0x02, 0x40, 0x02, 0x40, 0x02, 0x40, 0x02, 0x40, 0x02, 0x40, 0x02, 0x40, 0x02, 0x40, 0x02,
0x40, 0x02, 0x40, 0x02, 0x40, 0x02, 0x40, 0x02, 0x40, 0x03, 0xC0, 0x02, 0x40, 0x01, 0x80, 0x02,
0x40, 0x00, 0x00, 0x02, 0x60, 0x00, 0x00, 0x06, 0x20, 0x01, 0x80, 0x04, 0x30, 0x03, 0xC0, 0x0C,
0x10, 0x03, 0xC0, 0x08, 0x08, 0x01, 0x80, 0x10, 0x0C, 0x00, 0x00, 0x30, 0x06, 0x00, 0x00, 0x60,
0x01, 0x80, 0x01, 0x80, 0x00, 0xE0, 0x07, 0x00, 0x00, 0x3F, 0xFC, 0x00, 0x00, 0x00, 0x00, 0x00
};
static const unsigned char PROGMEM sd [] = {
0x0F, 0xFF, 0xFF, 0xFE, 0x1F, 0xFF, 0xFF, 0xFF, 0x1F, 0xFE, 0x7C, 0xFF, 0x1B, 0x36, 0x6C, 0x9B,
0x19, 0x26, 0x4C, 0x93, 0x19, 0x26, 0x4C, 0x93, 0x19, 0x26, 0x4C, 0x93, 0x19, 0x26, 0x4C, 0x93,
0x19, 0x26, 0x4C, 0x93, 0x19, 0x26, 0x4C, 0x93, 0x19, 0x26, 0x4C, 0x93, 0x1F, 0xFF, 0xFF, 0xFF,
0xFF, 0xFF, 0xFF, 0xFF, 0xFF, 0xFF, 0xFF, 0xFF, 0xFF, 0xFF, 0xFF, 0xFF, 0xFF, 0xFF, 0xFF, 0xFF,
0xFF, 0xFF, 0xFF, 0xFF, 0xFF, 0xFF, 0xFF, 0xFF, 0xFF, 0xFF, 0xFF, 0xFF, 0xFF, 0xFF, 0xFF, 0xFE
};
```

图 20 将数据数组添加到代码中

像信息，我需要对 PNG 或 JPG 文件创建单色位图，并将这些位图转换为数据数组。

首先，下载 OLED 显示屏助手软件 LCD Assistant。

上传单色位图，并根据屏幕类型选择垂直或水平（见图 18）。

将图片转换成位图图像，并输出为数据数组（见图 19）。

最后，将数据数组添加到代码中并打印在屏幕上（见图 20）。

6. 使用XIAO BLE（nRF52840）主控板收集和存储紫外线辐射和天气数据

在对 XIAO BLE（nRF52840）主控板设置后，我对 XIAO BLE（nRF52840）主控板进行了编程以收集 UV 指数、温度、气压和海拔数据，以便将它们保存到 Micro SD 卡中特定的 CSV 文件中。

为了方便在户外收集数据时直接记录有效数据，我需要根据经验为每个数据分配日晒伤害风险等级作为标签（日晒伤害风险等级分为可容忍、有风险、危险），因此我在两种不同的模式下使用了 XIAO 扩展板上的内置按钮（长按和短按），以便进行数据标签分类和保存数据记录。这里我通过短按按钮选择日晒伤害风险等级后，再长按按钮，XIAO BLE（nRF52840）主控板会将所选等级和最近收集的数据作为新行添加到 Micro SD 卡上指定的 CSV 文件中。你可以下载项目资源包中的 ble_smartwatch_data_collect.ino代码文件，它可以实现在收集天气数据后，将数据信息保存到 Micro SD 卡上。下面我简单解释一下代码内容。

代码所需的库如下。

```
#include <SPI.h>
#include <SD.h>
#include <Adafruit_BMP085.h>
#include <Adafruit_GFX.h>
#include <Adafruit_SSD1306.h>
```

下面的代码定义了 BMP180 精密传感器和 Grove UV 传感器的信号引脚。

```
Adafruit_BMP085 bmp;
// 定义 Grove UV 传感器的信号引脚
#define UV_pin A0
```

初始化 File 类别，定义 XIAO 扩展板上 Micro SD 卡模块的引脚。

```
File myFile;
const int chip_select = 2;
// 定义 CSV 文件的名字
const char* data_file = "UV_DATA.csv";
```

在 XIAO 扩展板上定义 0.96 英寸的 SSD1306 OLED 显示屏。

```
#define SCREEN_WIDTH 128 // OLED 显示屏宽度（单位为像素）
#define SCREEN_HEIGHT 64 // OLED 显示屏高度（单位为像素）
#define OLED_RESET -1 // 重置引脚（如果共享 Arduino 重置引脚，则为 -1）Adafruit_SSD1306 display(SCREEN_WIDTH, SCREEN_HEIGHT, &Wire, OLED_RESET);
```

接着需要定义单色图形，定义扩展板上的内置按键引脚，定义按钮状态和持续按下时间变量，从而实现按钮的两种模式：长按和短按。

```
#define button 1
// 定义在两种不同模式下按钮的状态和持续按下时间
int button_state = 0;
#define DURATION 2000
```

初始化 SSD1306 OLED 显示屏。

```
display.begin(SSD1306_SWITCHCAPVCC, 0x3C);
  display.display();
  delay(1000);
```

在 err_msg( ) 函数中进行设置，当 SSD1306 OLED 显示屏上显示错误信息时，RGB LED 闪烁红光。

```
void err_msg(){
  // 在 SSD1306 屏幕上显示错误消息
  adjustColor(255, 0, 0);
  display.clearDisplay();
  display.drawBitmap(48, 0, _error, 32, 32, SSD1306_WHITE);
  display.setTextSize(1);
  display.setTextColor(SSD1306_WHITE);
  display.setCursor(0,40);
  display.println("Check the serial monitor to see the error!");
  display.display();
}
```

检查 BMP180 精密传感器的连接状态。

```
while(!bmp.begin()){
  Serial.println("BMP180 Barometric Pressure/Temperature/Altitude Sensor is not found!");
  err_msg();
  delay(1000);
}
Serial.println("\nBMP180 Barometric Pressure/Temperature/Altitude Sensor is connected successfully!\n");
```

检查 XIAO BLE（nRF52840）主控板与 Micro SD 卡的连接状态。如果连接成功，让 RGB LED 以蓝色点亮。

```
if (!SD.begin(chip_select)){
  Serial.println("SD card initialization failed!\n");
  err_msg();
  while (1);
}
Serial.println("SD card is detected successfully!\n");
adjustColor(0,0,255);
delay(5000);
```

我们需要在get_UV_radiation( )函数中实现如下功能：获取最新的紫外线传感器测量值的总和；获取传感器测量值的平均值以消除误差；用下面的公式粗略估计一下紫外线指数值。尽管紫外线传感器的测量值无法转换为准确的紫外线指数，但可以使用给定的公式进行粗略估计。

```
void get_UV_radiation(){
  int sensorValue;
  long sum = 0;
  // 获取最新紫外线传感器测量值的总和
  for(int i=0;i<1024;i++){
    sensorValue = analogRead(UV_pin);
    sum+=sensorValue;
    delay(2);
  }
  // 获取平均值以消除误差
  long avr_val = sum/1024;
  // 粗略估计紫外线指数值
  UV_index = (avr_val*1000/4.3-83)/21;
  UV_index = UV_index / 1000;
  Serial.print("Estimated UV index value: ");
  Serial.println(UV_index);
  Serial.println();
  delay(20);
}
```

collect_BMP180_data( )函数可以实现下面的功能：获取由 BMP180 精密传感器生成的温度、气压、海拔等数据；假设标准气压为 1013.25Pa 并计算海拔高度；如果需要获得更精确的高度，请使用当前气压，该气压数值会随天气条件变化。

```
void collect_BMP180_data(){
  _temperature = bmp.readTemperature();
  _pressure = bmp.readPressure();
  // 假设标准气压为 1013.25Pa，计算海拔高度
  _altitude = bmp.readAltitude();
  _sea_level_pressure = bmp.readSealevelPressure();
  // 为了获得更精确的高度测量，请使用当前的海平面气压，该气压将随天气条件变化
  _real_altitude = bmp.readAltitude(101500);
  // 打印 BMP180 精密传感器生成的数据
  Serial.print("Temperature => ");
  Serial.print(_temperature);
  Serial.println(" *C");
  Serial.print("Pressure => ");
  Serial.print(_pressure);
  Serial.println(" Pa");
  Serial.print("Altitude => ");
  Serial.print(_altitude);
  Serial.println("meters");
  Serial.print("Pressure at sea level (calculated) => ");
  Serial.print(_sea_level_pressure);
  Serial.println("Pa");
  Serial.print("Real Altitude => ");
  Serial.print(_real_altitude);
  Serial.println("meters\n");
}
```

在 home_screen( ) 函数中，我们需要在 SSD1306 OLED 显示屏上显示采集到的数据和数据标签类别。

```
void home_screen(){
  adjustColor(255,0,255);
  display.clearDisplay();
  display.setTextSize(1);
  display.setTextColor(SSD1306_WHITE);
  display.setCursor(0,8);
  display.println("Estimations:");
  display.println("UV Index => " + String(UV_index));
  display.println("Temp. => " + String(_temperature) + "*C");
  display.println("Pressure => " +
```

```
String(_pressure) + "Pa");
  display.println( " Altitude => " +
String(_altitude) + "m");
  display.println();
  display.println("Selected Class => "
+ String(class_number));
  display.display();
}
```

在 save_data_to_SD_Card( ) 函数中，我们需要以写入文件模式打开 Micro SD 卡中给定的 CSV 文件。如果给定的 CSV 文件已成功打开，则导入数据记录，包括选定的日晒伤害风险等级（即数据类别），数据记录会以新行导入。导入最新的采集数据之后关闭 CSV 文件。

在成功添加给定的数据记录后，将 RGB LED 以绿色点亮，并在 SSD1306 OLED 显示屏上显示信息来通知用户。如果 XIAO BLE（nRF52840）主控板无法成功打开给定的 CSV 文件，则在 SSD1306 OLED 显示屏上显示报错消息。

```
void save_data_to_SD_Card(int risk_
level){
  // 以写入文件模式打开Micro SD卡上的给
定CSV文件
  // 文件模式: WRITE、READ
  myFile = SD.open(data_file, FILE_
WRITE);
  adjustColor(255,255,0);
  delay(1000);
  // 如果成功打开给定文件
  if(myFile){
    Serial.print("Writing to ");
    Serial.print(data_file);
    Serial.println("...");
    // 创建要作为新行插入的数据记录
    String data_record = String(UV_
index) + "," + String(_temperature)
+ "," + String(_pressure) +
"," + String(_altitude) + "," +
String(risk_level);
    // 追加数据记录
    myFile.println(data_record);
    // 关闭CSV文件
    myFile.close();
    Serial.println( " Data saved
successfully!\n");
    // 成功添加给定的数据后通知用户
    adjustColor(0,255,0);
    display.clearDisplay();
    display.drawBitmap(48, 0, sd, 32,
44, SSD1306_WHITE);
    display.setTextSize(1);
    display.setTextColor(SSD1306_
WHITE);
    display.setCursor(0,48);
    display.println( " Data saved to
the SD card!");
    display.display();
  }else{
    // 如果XIAO BLE (nRF52840) 主控板无
法成功打开给定的CSV文件
    Serial.println( " XIAO BLE cannot
open the given CSV file successfully!
\n");
    err_msg();
  }
  // 退出并清除
  delay(4000);
}
```

检测内置按钮是被短按或被长按。

```
button_state = 0;
if(!digitalRead(button)){
  adjustColor(255,255,255);
  timer = millis();
  button_state = 1;
  while((millis()-timer) <= DURATION)
{
    if(digitalRead(button)){
      button_state = 2;
      break;
    }
  }
}
```

如果按钮被短按，提供可更改的等级编号 0~2 表示日晒风险等级。如果按钮被长按，则将最近创建的数据记录添加到 Micro SD 卡中给定的 CSV 文件中。

```
if(button_state == 1){
  // 长按时，将给定的数据记录保存到Micro
SD卡上的给定CSV文件中
  save_data_to_SD_Card(class_number);
}else if(button_state == 2){
  // 短按时更改类别号
  class_number++;
  if(class_number > 2) class_number =
0;
  Serial.println("Selected Class: " +
String(class_number) + "\n");
}
```

7. 将收集的数据记录在Micro SD卡上的 CSV 文件中

上传并运行用于收集天气数据，以及将信息保存到 XIAO BLE（nRF52840）主控板上 Micro SD 卡中给定的 CSV 文件的代码后，如果传感器和 Micro SD 卡模块与 XIAO BLE（nRF52840）主控板连接成功，则智能装置的 RGB LED 会以蓝色点亮（见图 21）。

然后，智能装置将 RGB LED 以洋红色点亮（见图 22），并将此颜色作为默认颜色，在 SSD1306 OLED 显示屏上显示采集到的数据和选择的类别，分别为紫外线指数、温度（℃）、气压（Pa）、海拔（m）。

如果短按内置按钮，则智能装置的 RGB LED 会以白色闪烁，并提供范围为 0~2 的类别编号供用户选择。0 表示可以忍受，1 表示有风险，2 表示危险（见图 23）。

如果长按内置按钮，则智能装置的 RGB LED 会以黄色闪烁（见图 24），并将最近创建的数据记录上传到 Micro SD 卡中的 UV_DATA.CSV 文件中，包括选择的表示日晒伤害风险等级的 risk_level

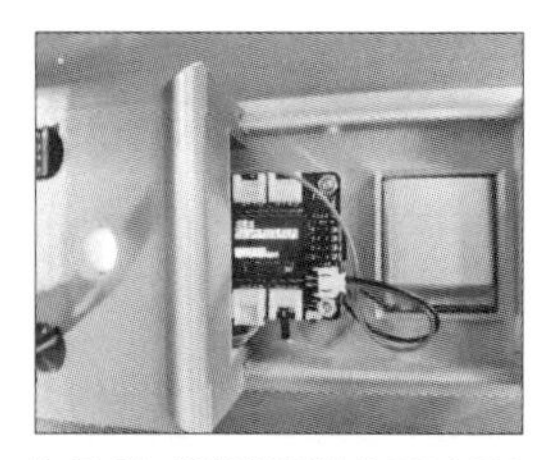

图21 智能装置的 RGB LED 以蓝色点亮

图22 智能装置将 RGB LED 以洋红色点亮

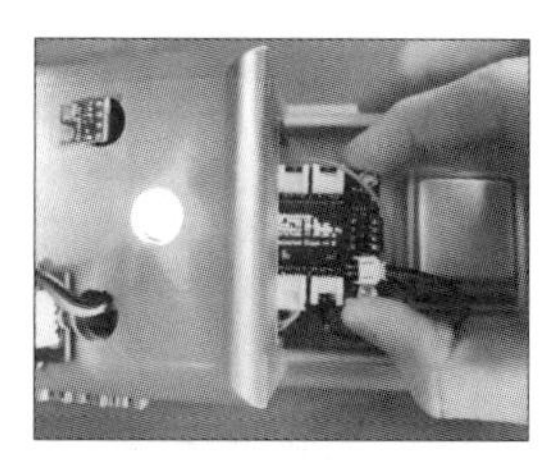

图23 智能装置的 RGB LED 以白色闪烁

图24 智能装置的 RGB LED 会以黄色闪烁

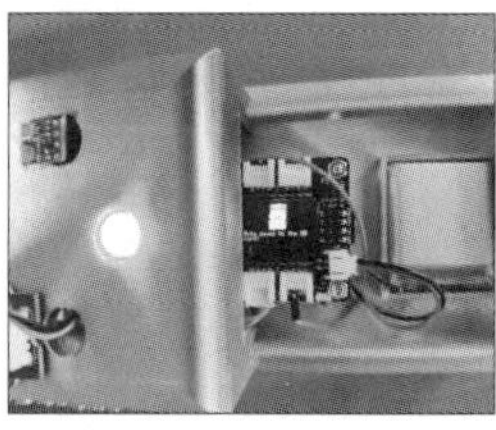

图25 数据已保存到 Micro SD 卡中

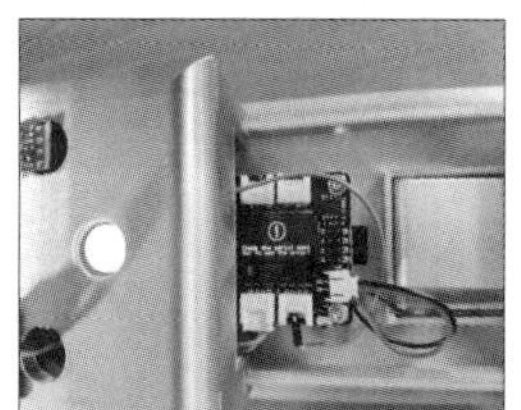

```
COM25

BMP180 Barometric Pressure/Temperature/Altitude Sensor is connected successfully!

SD card initialization failed!
```

图26 系统报错

数据字段。

如果智能装置成功将数据记录保存到 Micro SD 卡中给定的 CSV 文件中，RGB LED 会以绿色闪烁（见图25），并在 SSD1306 OLED 显示屏上显示信息。

如果 XIAO BLE（nRF52840）主控板在操作时出现错误，智能装置会在 SSD1306 OLED 显示屏上报错，使 RGB LED 以红色闪烁，并在串行监视器上打印错误详细信息（见图26）。另外，智能装置在串行监视器上也会打印报错通知和传感器测量值，方便我们进行调试（见图27）。

经过 20 天的时间，我在户外不同时间段收集到了许多天气数据，并将数据记录在 Micro SD 卡中给定的 CSV 文件中后，我得出了有效数据集（见图28）。

由于还需要一个测试数据集来评估模型的准确性，所以我收集了很多额外的数据，并在 test_UV_DATA.CSV 文件下创建了一个适度的数据集。

我已经向大家讲解了本项目的设计思路、外观设计和基本的硬件连接，并告诉了大家如何设计一个安卓 App，怎样在 Arduino IDE 上设置 XIAO BLE 主控板，以及如何通过 XIAO BLE 主控板收集和存储天气数据。现在，我们已经收集到了足够的数据，接下来，我们需要构建一个人工神经网络模型，让我们的智能装置“智能”起来。如何构建一个人工神经网络模型，并利用人工神经网络模型在装置上进行日晒伤害风险等级判断呢？请期待后续内容，让我们一起告别夏日晒伤！

```
COM25

BMP180 Barometric Pressure/Temperature/Altitude
Sensor is connected successfully!

SD card is detected successfully!

Estimated UV index value: 0

Temperature => 24.60 *C
Pressure => 100122 Pa
Altitude => 100.05 meters
Pressure at sea level (calculated) => 100126 Pa
Real Altitude => 113.82 meters

Estimated UV index value: 0

Temperature => 24.60 *C
Pressure => 100131 Pa
Altitude => 100.64 meters
Pressure at sea level (calculated) => 100120 Pa
Real Altitude => 115.25 meters
```

图27 串行监视器上显示的报错通知和测量值

```
UV_DATA.CSV
1  uv_index,temperature,pressure,altitude,risk_level
2  3,23.14,105135,75.8,0
3  5,20.77,102640,72.81,0
4  5,23.11,109908,81.88,0
5  3,21.69,101380,66.13,0
6  1,18.48,108493,80.15,0
7  5,19.42,103612,77.38,0
8  3,23.01,101629,78.75,0
9  3,23.3,108259,66.21,0
10 2,22.18,108298,77.48,0
11 1,23.42,109559,72.23,0
12 3,21.35,102871,75.87,0
13 4,21.85,108683,71.2,0
14 0,19.91,101516,68.02,0
15 4,20.06,107175,69.65,0
16 3,18.37,102913,68.53,0
17 0,21.61,106121,78.91,0
18 4,19.9,101942,80.95,0
19 2,21.32,101946,73.58,0
```

图28 不同时段的数据采集

立创课堂

瓦力机器人

▌纸鸢

相信很多朋友都看过《瓦力机器人》这个电影，那如果把瓦力机器人搬到现实中，通过手机控制机器人移动和机械臂摆动，并且带有Wi-Fi实时画面传输、电压检测等功能，还能在手机上看到超声波传感器和温度传感器收集到的数据，是不是很棒呢？

结构设计

本部分主要介绍机器人的机械结构和主要硬件构成，我使用Fusion 360软件进行3D模型的绘制，对电影中瓦力机器人的部分机械结构进行了改进或重新设计，并针对设计的模型进行零部件的选型，方便后续原理图及PCB的设计。

1. 移动结构设计

机器人采用履带式移动方案。履带式移动与地面接触面积大，有摩擦力大、承重大、转向简单等优点，非常适合作为机器人的移动方案。

（1）履带支撑板设计

支撑板采用三角形设计，如图1所示，厚度为1.6mm，材质为铝合金，3个顶点分别做圆角处理，同时在3个圆角的圆心挖孔作为齿轮的定位孔，其余孔位有的用于固定支撑板，有的用于后续设计。

（2）主动轮及从动轮设计

主动轮采用14齿设计，厚度为2mm，材质为光敏树脂，可以很好地嵌入履带中，且运动过程中不会发生打滑现象。履带边缘进行倒角设计，这样可以保证齿轮在旋转过程从不会偏离履带的定位孔。主动轮上设计了均匀分布的4个定位孔，用于固定主动轮。主动轮分为两种，一种中心是挖孔的，用于穿过电机传动轴，另一种中心是封闭的。两种轮子组成一组主动轮，如图2和图3所示。

（3）电机和连接件选型

电机采用直流有刷电机，电机自带减速箱，尺寸如图4所示。齿轮与电机间的

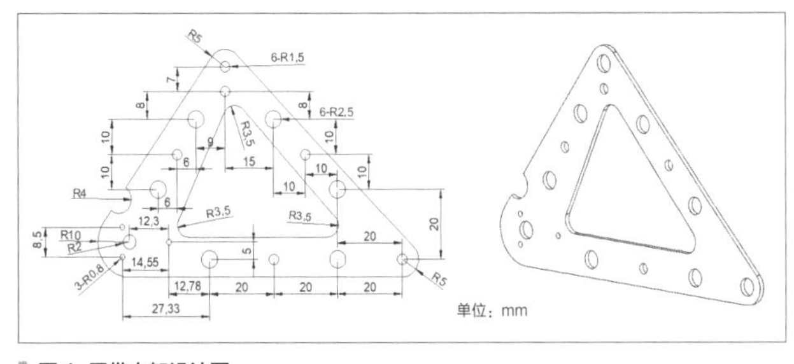

▌图1 履带支架设计图

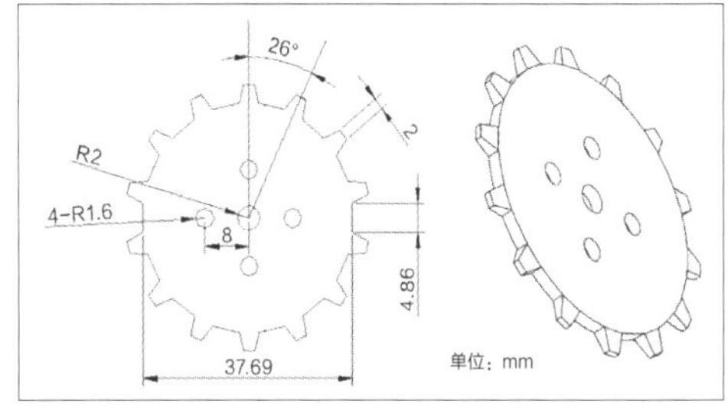

▌图2 主动轮设计图（a）

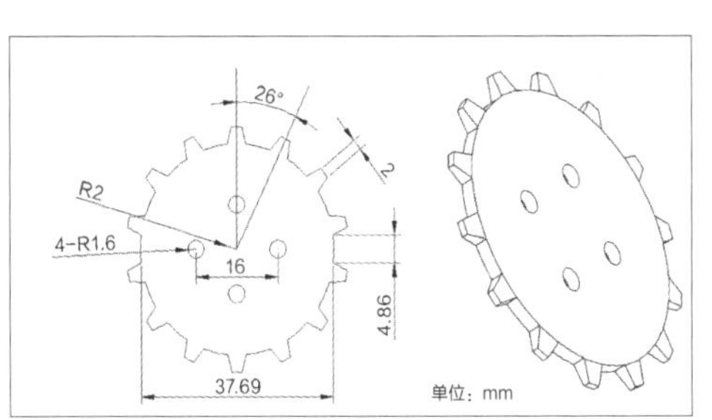

▌图3 主动轮设计图（b）

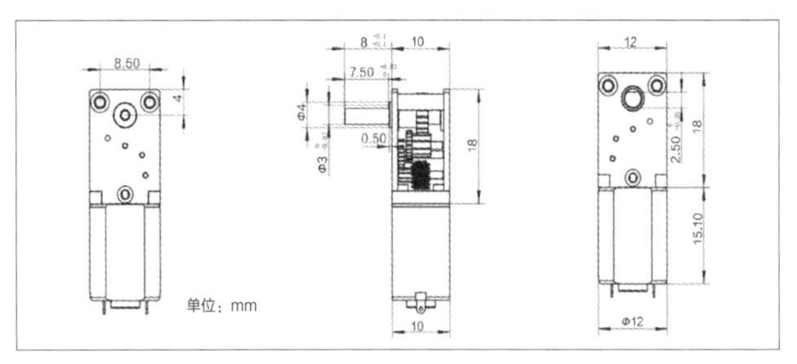

▌图4 电机尺寸图

连接采用法兰联轴器加 M3 六角铜柱的连接方案，固定的螺丝用规格为 M3 的内六角螺丝。电机与支撑板的连接采用 304 不锈钢圆头螺丝，规格为 M1.6。

（4）电机挡尘板设计

前面说到选择的电机自带减速箱，但是减速箱的位置是在履带稍上方，是直接暴露在空气中的。为防止机器人运动中周围灰尘、泥巴、小石子等飞入减速箱，我设计了电机挡尘板。结构如图 5 所示。

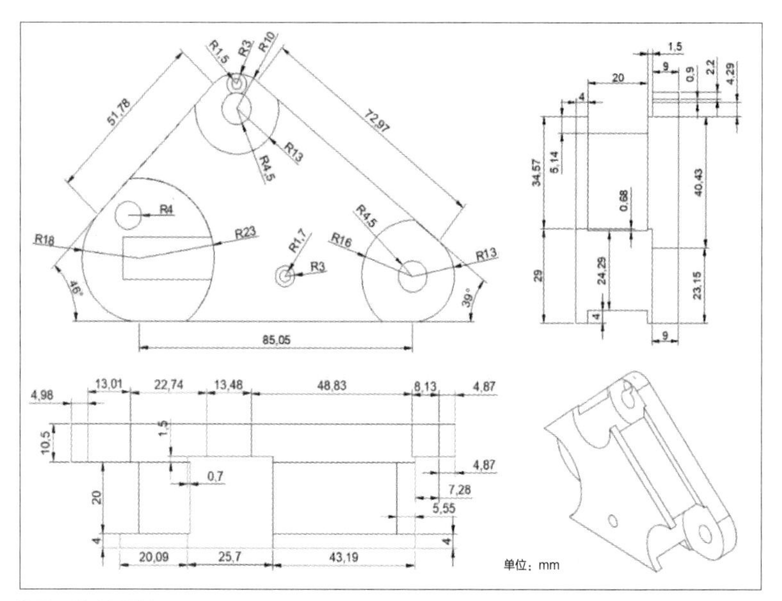

图 5 挡尘板设计

2. 身体结构设计

机器人身体大致外形为长、宽、高均为 10cm 的正方体，面与面之间通过一颗长、宽、高为 1cm 的六面螺母和内六角螺丝进行连接，背后设计了存放电池的电池仓。正面设计了一扇手动开关的小门，可以往机器人肚子里放东西，拓展其功能。在侧面对应位置开孔用于固定履带式移动机构和机械臂。前后均设计了散热孔，避免机器人内部温度过高。

（1）外形板设计

外形板包括机器人前、后、左、右、上、下 6 个面，材料均为铝板，厚度为 1.6mm。其中左、右两侧板尺寸完全相同，为镜像设计，板上有用于固定履带的支撑板、内部 PCB 支撑板，以及机械臂和电机轴引出孔等一系列孔洞，如图 6 所示。正面板设置有散热的进风口和安装 TFT 显示屏的开槽，后板设计有挂载电池仓的开孔、散热的出风孔和一些用于控制机器人装置专门开的孔，如图 7 所示。上、下板相对简单，下板只开了 4 个用于固定的螺丝孔，上板开了 4 个用于固定的螺丝孔和 4 个用于固定头部的螺丝孔。

（2）电池仓及挂件设计

电池仓是用来装载锂电池的，位于机器人尾部，可以装下 4 颗长 60mm、宽 40mm、高 6mm 的锂电池，单颗电池容量为 2000mAh，总容量为 8000mAh。

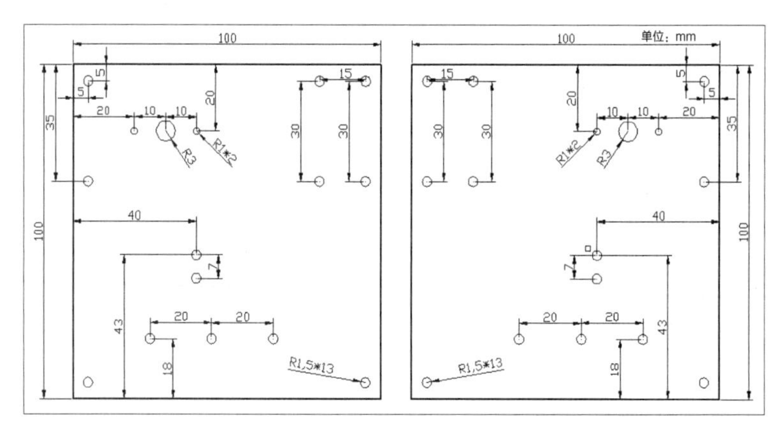

图 6 侧面板尺寸图

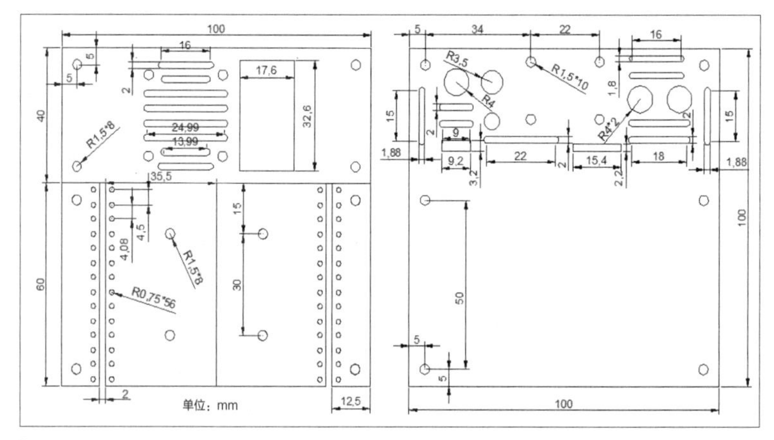

图 7 前、后板尺寸图

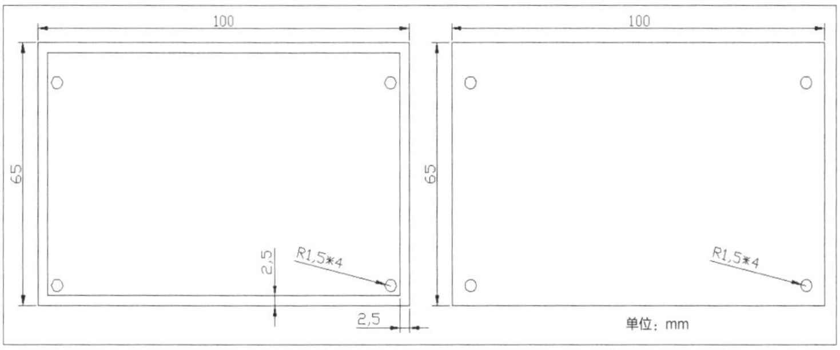

图 8 仓体（左）和盖板（右）尺寸图

电池仓分为两部分，一部分为容纳锂电池的仓体，另一部分为仓体的盖板，尺寸如图 8 所示。

3. 机械臂设计

本次作品中，机械臂设计了 3 个自由度，用3个电机驱动，其中2个为步进电机，1 个为直流有刷电机。1 个步进电机在机器人体内，另外 2 个电机在机械臂内部。由于结构复杂，这里只展示机械臂的三维模型，具体尺寸大家可以前往立创开源硬件平台，搜索“一只瓦力机器人”下载相关资源，本制作相关资源均已上传。机械臂各部件示意图如图 9 所示。

4. 头部设计

同样，由于结构复杂，这里只给出头部的三维模型（见图 10），详细尺寸请朋友们自行下载模型文件获取。头部的作用是固定 2 个超声波传感器和 1 个 OV2640 摄像头，同时将超声波传感器作为机器人的眼睛外观，将摄像头安装在 2 个超声波传感器的中间偏下位置。它们的连接线通过下方的脖子连接到机器人内部的电路板上。

系统硬件电路设计

本部分主要介绍机器人的电路设计，包括锂电池充放电电路、Wi-Fi 图传电路及机器人运动控制电路。电路系统组成如图 11 所示，其中 ESP32-S 用于处理 OV2640 摄像头拍摄的图像，并通过 Wi-Fi 网络发送到手机。HC-05 蓝牙模块用于接收手机发送的数据，并对手机发送信号。ATmega2560 单片机用于处理蓝牙模块接收到的数据，对电机驱动电路发送信号控制电机，超声波模块用于测量距离，TFT 显示屏用于显示机器人当前电量。设计原理图及绘制 PCB 所用的软件为立创 EDA 专业版。

1. 锂电池充放电电路设计

锂电池具有能量比高、使用寿命长、自放电率低、重量轻等优点，比较适用于机器人项目。锂电池充放电电路包括以 IP5306 组成的外围电路、输入 / 输出电路、锂电池保护电路和升压输出电路。整个系统电源变换如图 12 所示。

（1）主控IP5306

IP5306 是一款多功能电源管理芯片，内部集成了升压转换、锂电池充放电管理及电池电量显示功能。该芯片能够提供高达 2.4A 的输出电流，充电电流最高可达 2.1A，其电能转换效率可达 92%，芯片空载时能够进入休眠状态。该芯片采用 ESOP8 封装，引脚电路如图 13 所示。

（2）主控及外围电路

主控部分电路使用了 3 个相

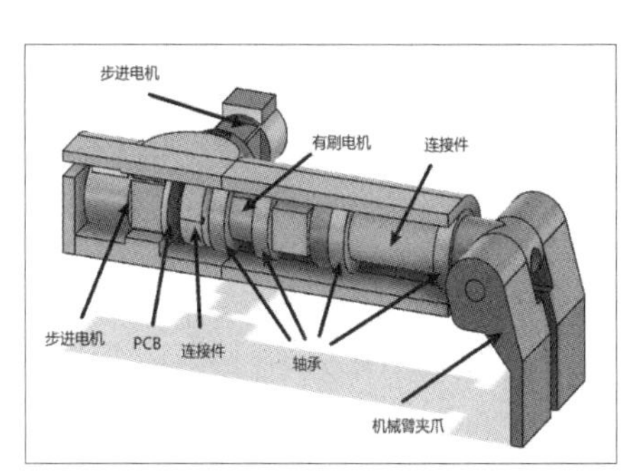

图 9 机械臂各部件示意图

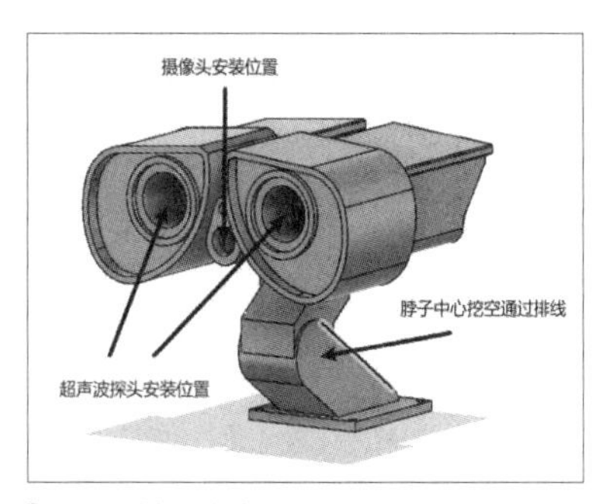

图 10 头部三维模型

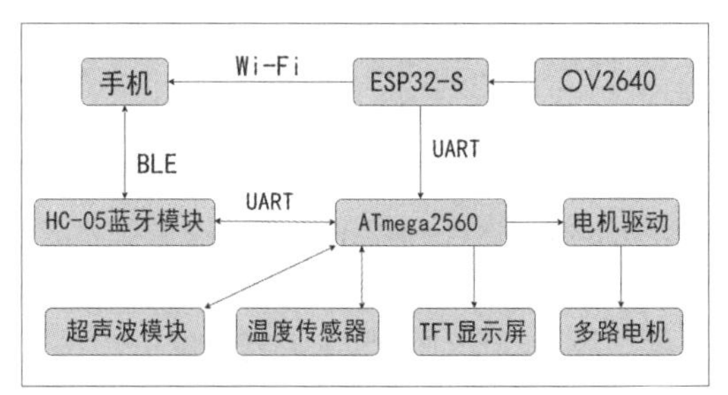

图 11 电路设计总框图

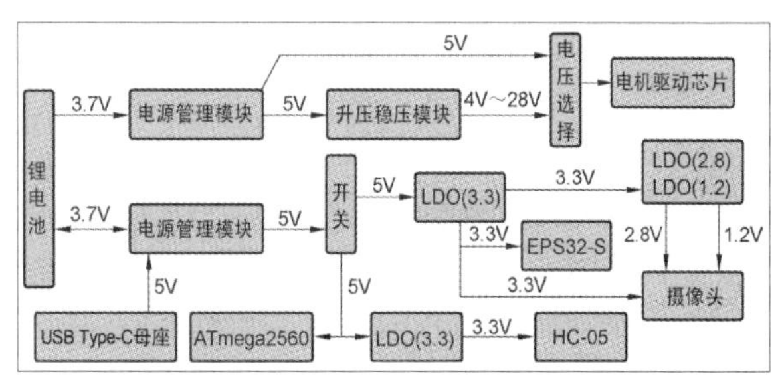

图 12 系统电源变换

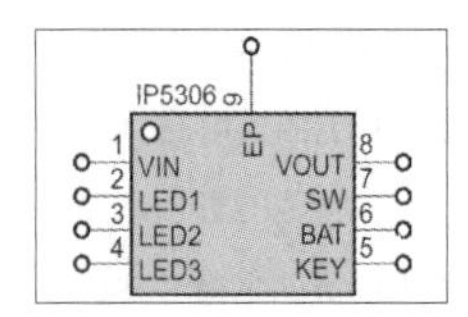

图13 IP5306引脚电路

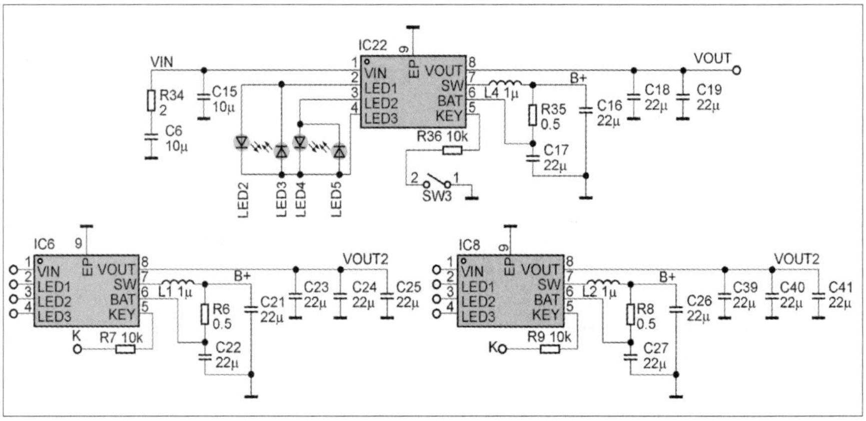

图14 主控部分电路

同的电源管理芯片，其中IC22给除电机驱动芯片外的全部电路供电，网络标签为VOUT。IC6、IC8给电机驱动芯片供电，网络标签为VOUT2。这样分开供电的好处是即使电机启动时电流过大也不会使单片机端电压下降，保证了整个控制电路正常运行。电路输入端VIN及输出端VOUT、VOUT2均加电容进行滤波，并使用4个LED用于电量显示，用按键进行触发。1μH功率电感用于升压输出，同时IP5306对输出端电压进行测量，做到闭环控制，主控部分电路如图14所示。

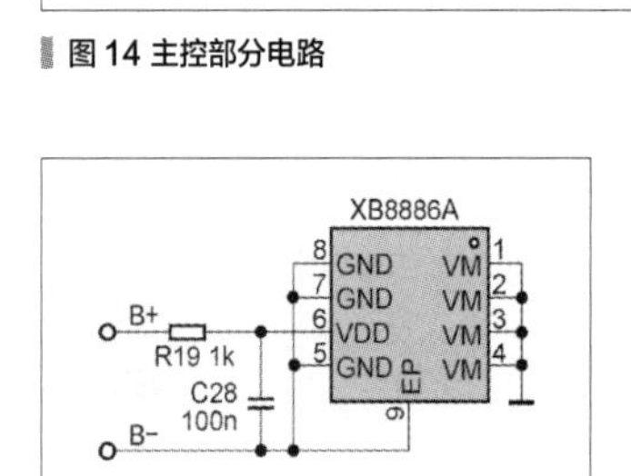

图15 锂电池充放电保护电路

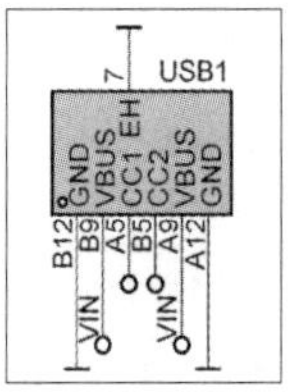

图16 USB Type-C电路

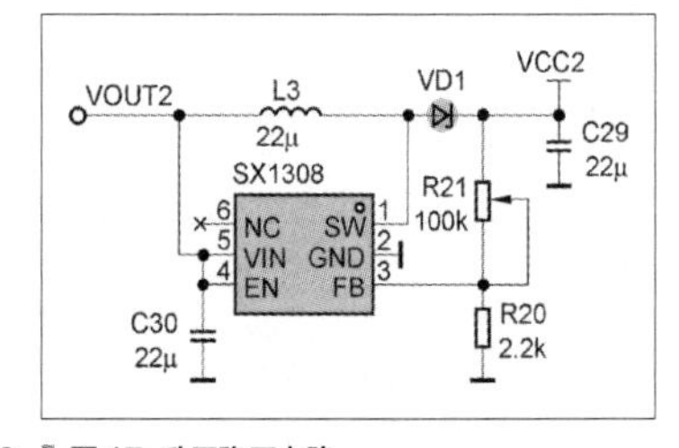

图17 升压稳压电路

（3）锂电池充放电保护电路

XB8886A为单节锂电池保护IC，采用SOP8-PP封装，内部集成功率MOS及高精度电压检测电路和延时电路，有电芯反接、过热、过充电、过放电、过电流和负载短路等保护，广泛应用于单芯锂离子电池组、锂聚合物电池、移动电源等领域。锂电池充放电保护电路如图15所示，其中B+接锂电池正极，B-接负极。

（4）电源输入电路

由于本设计没有快充要求，所以选择了6Pin的USB Type-C母座作为电能输入接口。6Pin母座相较于16Pin或24Pin母座引脚面积更大，能够提供更大的输入电流，同时也相对容易焊接，价格也更便宜，在满足设计要求的同时降低了制作成本。USB Type-C电路如图16所示。

（5）升压稳压电路

该电路用于给电机驱动芯片供电。电机驱动芯片供电有两种，一种是直接用IP5306芯片输出5V电压，另一种是将前面的5V电压进行升降压处理。显然第二种供电方式适用的电机更广，电机的输出力矩可以通过调压进行改变，容错率更高。该电路控制芯片选用SX1308，SX1308是一款固定频率、SOT23-6封装的电流模式升压转换器，高达1.2MHz的工作频率使得外围电感、电容可以选择更小的规格，内部集成80mΩ功率MOS，输入电压2~24V，输出电压最高28V，其输出电压可以通过分压电阻来调节，输出电压可根据公式$V_{OUT}=V_{REF}\times(1+R1/R2)$计算得出，其电路如图17所示。公式中的$V_{OUT}$为输出电压，对应电路中的VCC2；$V_{REF}$为SX1308中的基准电压0.6V；R1对应电路中的R21，为可调电阻；R2对应电路中的R20，为固定电阻。

2. Wi-Fi图传电路设计

该电路使用ESP32-S作为主模块，主功能是把OV2640摄像头数据通过Wi-Fi发送到手机。电路主要包括以ESP32-S为主的外围电路及复位电路、电源电路、OV2640摄像头连接电路及复位电路、PSRAM电路、存储电路。

（1）主控模块ESP32-S

ESP32-S是一款通用型WiFi-BT-BLE MCU模组，功能强大用途广泛，可以用于低功耗传感器网络和要求极高的任务，例如语音编码、音频流和MP3解码等。此模组的核心是乐鑫科技开发的ESP32芯片，内置520KB的SRAM，主频支持80MHz、160MHz和240MHz，具有可扩展、自适应的特点。需要注意的是，由于全金属机身对信号有屏蔽作用，本设计中没有使用ESP32-S的板载天线，用的是外接天线，需要把ESP32-S电路板上的0Ω电阻转接到板载的一代IPEX天线

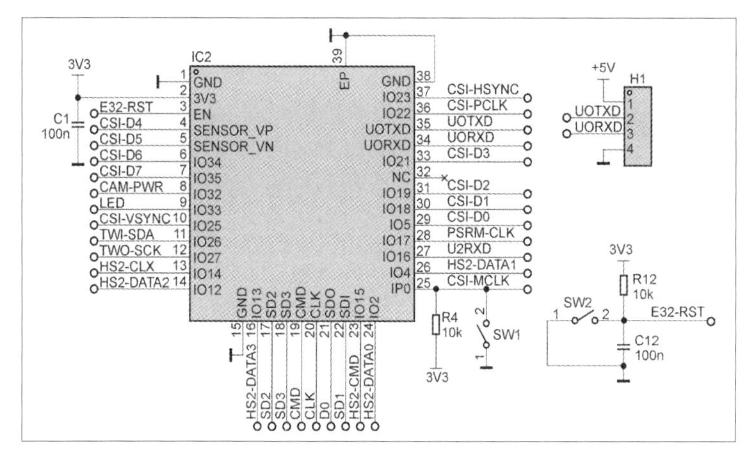

图18 ESP32-S 外围电路

座上，便于外接天线。

（2）ESP32-S外围电路

ESP32-S 的外围电路相对简单，包括退耦电容、下载电路和复位电路，电路如图 18 所示。下载程序时需将 ESP32-S 的 IO0 引脚接地，方法就是通过按键接地，按键对应电路图中的 SW1。复位电路由 10kΩ 电阻、100nF 电容和一个按键组成。

（3）电源电路

该电路用于给整个 Wi-Fi 图传电路供电，电路包括 3 个线性稳压器，分别是 AMS1117-3.3V、ME6211-2.8V 和 ME6211-1.2V，前者负责摄像头外的元器件供电，后两者用于摄像头供电，电路还有一个用于判断线性稳压器是否正常工作的 LED。电源电路如图 19 所示。

（4）摄像头连接电路

摄像头选用的是 OV2640，使用 24Pin 的 FPC 连接座连接到 PCB 上。摄像头需要 3 种供电电压，分别是 1.2V、2.8V 和 3.3V，摄像头连接电路如图 20 所示。

（5）存储电路

存储电路由 PSRAM 电路和 Micro SD 卡连接电路组成。PSRAM 全称为伪静态随机存储器，用于扩展 ESP32-S 的存储空间。使用到的是 APS6404 芯片，该芯片具有高速、低引脚数接口，拥有 4 个 SDR I/O 引脚，并能以高达 144MHz 的频率在 SPI 或 QPI 模式下运行。Micro SD 卡使用自弹式 Micro SD 卡座进行连接，电路如图 21 所示。

3. 电机及传感器控制电路

该电路控制机器人的所有动作机构，包括左、右两个主动轮和拥有 3 个自由度的机械臂，以及处理各种传感器的数据，做出相应的动作。考虑到整个机器人需要多个电机及传感器，主控选择 ATmega2560 单片机。

（1）主控及外围电路

主控使用 ATmega2560 单片机，外围电路包括晶体振荡器电路、复位电路、烧录电路、超声波传感器连接电路、温度传感器电路、TFT 显示屏连接电路、散热风扇控制电路等，如图 22 所示。晶体振荡器选择了 4 引脚的 16MHz 无源晶体振荡器，对应原理图中的 X1，连接时需在 XTAL1 和 XTAL2 间接 1MΩ 电阻。复位电路使用按键加电阻、电容来实现，分

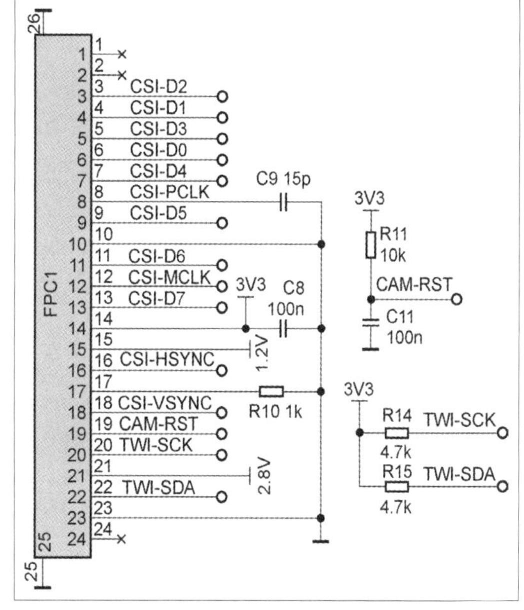

图19 电源电路

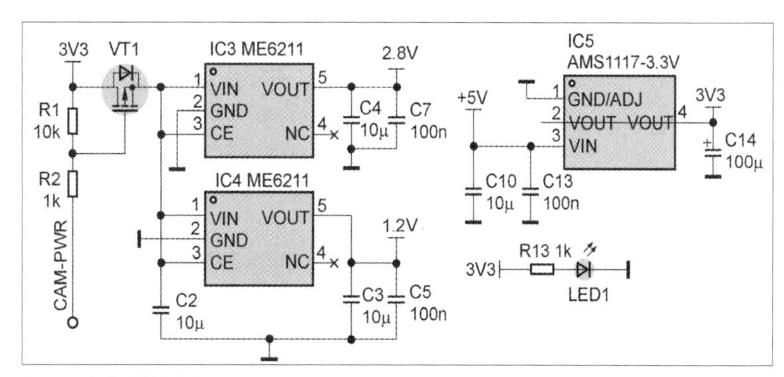

图20 摄像头连接电路

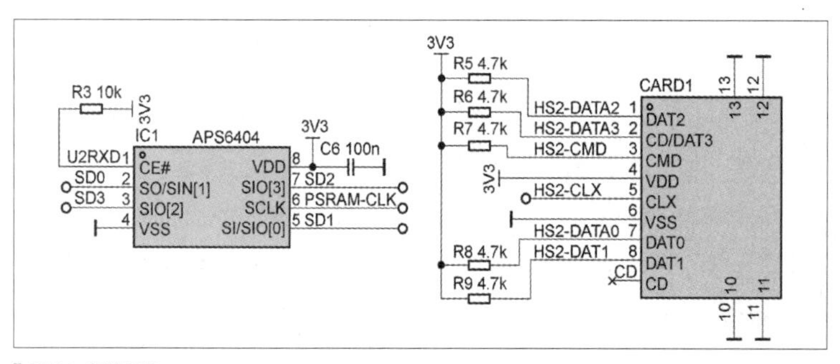

图 21 存储电路

别对应原理图中的 SW4、R26 和 C37，可以实现上电自动复位和按键复位。烧录电路包括烧录引导程序（BootLoader）的电路和使用串口进行烧录的电路，对应原理图中的 J1 和 P1，都是使用单排针进行连接。烧录引导程序是使用一个全新的单片机第一件要做的事，否则后续程序将无法烧录进单片机中。超声波传感器使用的是 HC-SR04，对应原理图中的 H2，这里需要对传感器进行一点改装，就是把两个超声波头和排针拆下，方便在电路板上焊接，而拆下的超声波头则使用 XH2.54-2Pin 连接座连接到超声波模块上，连接座对应原理图中的 CN11 和 CN12。温度传感器使用的是 DS18B20，对应原理图中的 IC13，DS18B20 是常用的数字温度传感器，输出的是数字信号，具有体积小、硬件开销低、抗干扰能力强、精度高的特点，使用时需在信号端和电源端接 10kΩ 的上拉电阻。TFT 显示屏使用 8Pin 的 FPC 连接座连接到单片机，对应原理图中的 FPC2，需要注意的是显示屏使用的是 3.3V 的电压供电，电压过高会烧毁显示屏。散热风扇使用的是额定电压 5V、长宽都是 30mm 的风扇，对应原理图中的 CN4，风扇由 S8050 三极管控制。

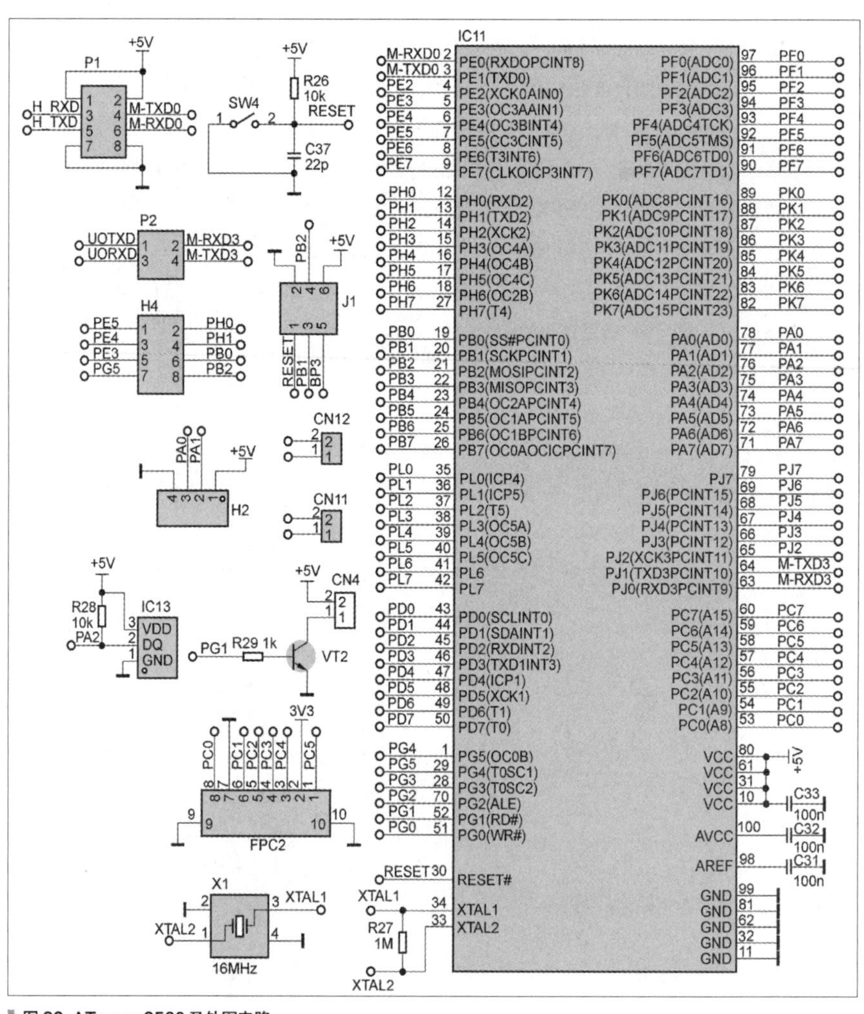

图 22 ATmega2560 及外围电路

（2）HC-05蓝牙模块

与手机之间进行通信使用的是 HC-05 蓝牙串口模块，通过蓝牙接收手机发出的控制信号，然后通过串口发送给单片机控制机器人运动，电路如图 23 所示。HC-05 是主从一体的蓝牙模块，默认为从机，既支持跟模块通信，也支持跟手机通信，具有两种工作模式：串口透传通信模式和 AT 指令模式。

模块又可分为主（Master）、从（Slave）和回环（Loopback）3 种工作角色。当模块处于自动连接工作模式时，将自动根据事先设定的方式连接设备并进行数据传

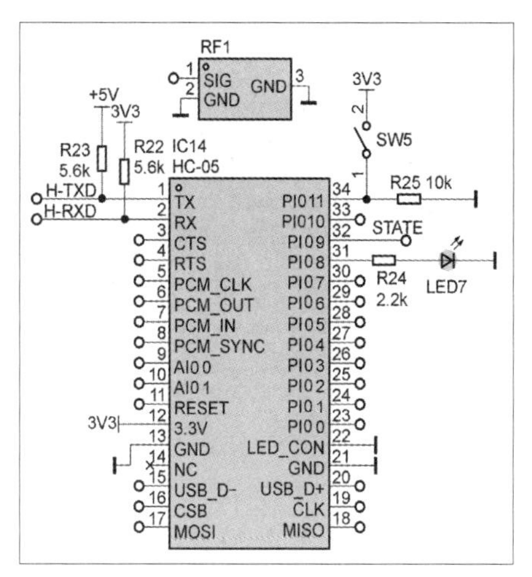

图 23 蓝牙模块电路

输。比如跟手机蓝牙连接，可通过手机App给蓝牙模块发送数据。

（3）电机驱动电路

该电路用来驱动直流有刷电机和二相四线步进电机，驱动电路一共设计了7组，其中4组用来驱动步进电机，其余用来驱动有刷直流电机。由于单片机I/O口的驱动能力有限，而且单片机直接驱动电机对单片机有风险，可能会直接烧毁单片机，所以专业的事情还是给专业的芯片来做。单片机负责输出控制信号给电机驱动芯片，然后电机驱动芯片再驱动电机，驱动电路如图24所示。DRV8848为家用电器和其他机电应用提供了双H桥电机驱动器，通过一个简单的PWM接口就可以方便地与控制器电路连接。DRV8848单个芯片能够驱动1~2个直流电机或1个两相四线步进电机或其他负载。每个H桥使用固定的断路时间斩波方案来调节绕组电流，每个能够输出高达2A驱动电流，在并联模式下能够输出4A驱动电流。该芯片拥有睡眠模式，它能关闭内部电路，实现非常低的静态电流，睡眠模式可以通过nFAULTra引脚来设置。芯片内部集成了短路保护、过温保护功能。该芯片为功率元器件，本身具备一定内阻，电路的发热与负载电流、功率管导通内阻，以及环境温度密切相关。芯片内部设计有温度检测电路，实时监控芯片内部发热，当芯片内部温度超过设定值时，产生功率管关断信号，关闭负载电流，避免因异常使用导致温度持续升高，进而造成塑料封装冒烟、起火等安全事故。芯片内置的温度迟滞电路可以确保电路恢复到安全温度后，才允许重新对功率管进行控制。

4. PCB绘制

PCB使用嘉立创EDA专业版绘制，PCB使用了4层板进行绘制，顶层和底层走信号线，内层1和内层2走电源或地。绘制PCB时应使走线回路尽可能的短，对于电源类回路应加大其线宽或做开窗处理，后期补锡增加其载流能力。图25所示为PCB布线，图26所示为焊接完成的实物。

系统软件设计

1. 手机端App设计

手机端使用E4A进行App设计，E4A又名易安卓，这是一款基于谷歌Simple语言的可视化安卓编程工具，旨在实现通过类似易语言的语法轻松编写Android应用程序，同时不仅支持纯中文

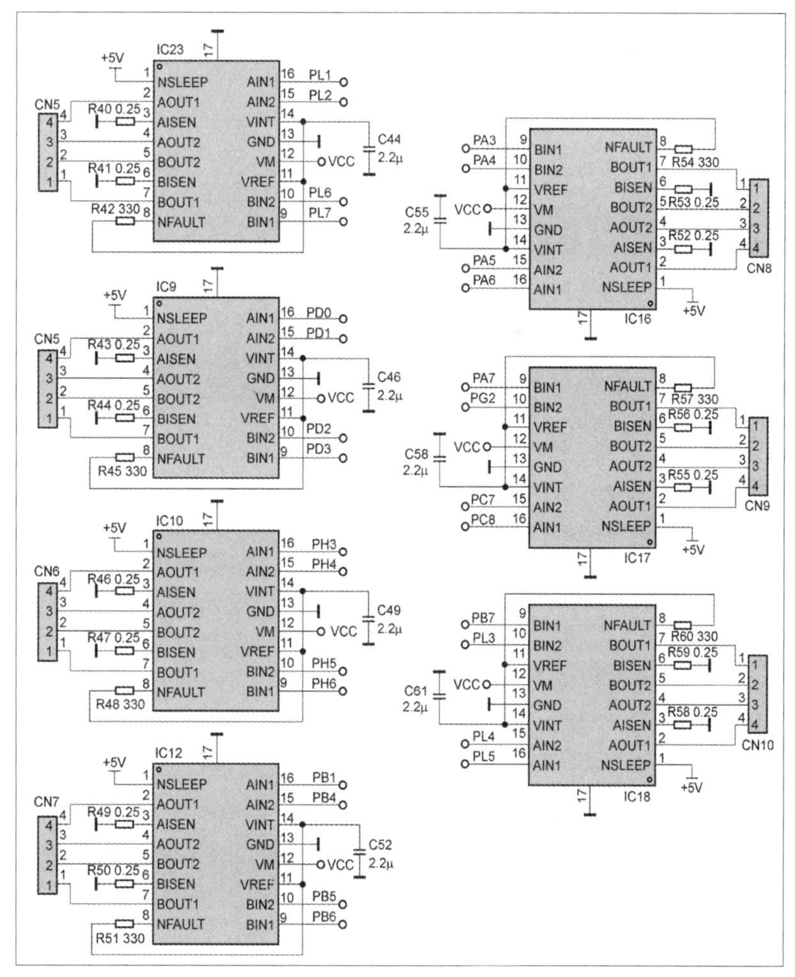

图 24 电机驱动电路

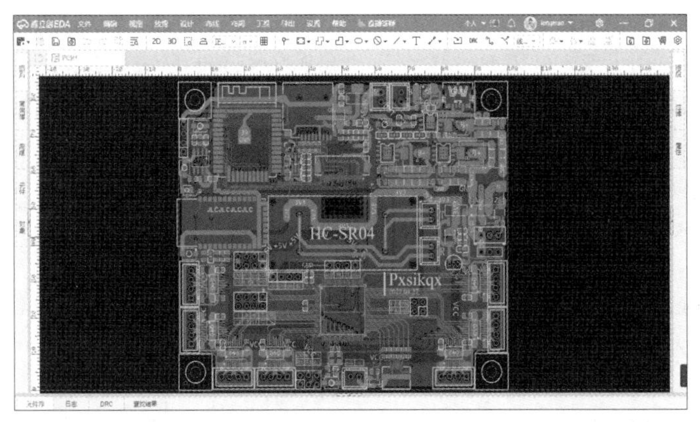

图 25 PCB 布线

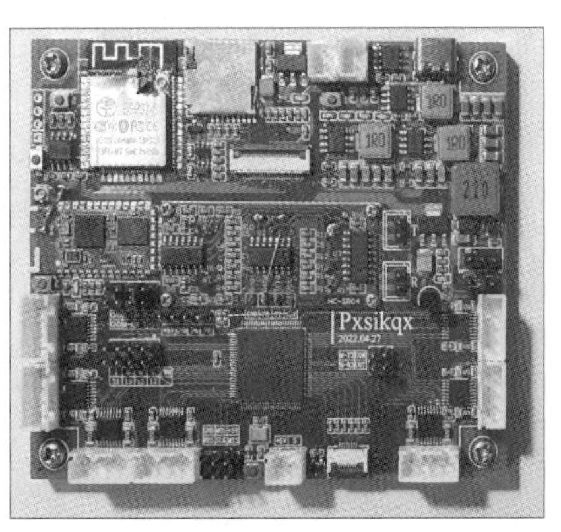

图 26 PCB 焊接完成

编写代码，还拥有和易语言一样的可视化开发环境，以及强大的智能语法提示功能。图 27 所示为 App 设计总框图，程序主要分为两部分，一部分用于接收图像，另一部分用于发送控制指令。接收图像比较简单，主要是在 ESP32-S 模块上建立一个 Web 服务器，当 ESP32-S 模块连接上手机热点后，手机会分配一个 IP 地址给 ESP32-S，App 只要访问这个 IP 地址就可以获取实时图像，而访问 IP 地址就要在 App 里面建立一个浏览器内核，这里使用的是腾讯 X5 浏览器内核。发送控制指令相对来说要复杂点，首先要申请相关权限，让手机能够连接蓝牙串口模块，然后在 App 里建立轮盘，实时监测轮盘按下的坐标，接着在坐标前面添加特征码，标明这个坐标数据用于控制哪个电机，最后通过蓝牙发送到机器人内部的单片机，从而达到控制电机的目的。

2. ESP32-S 软件设计

（1）主程序

接下来是烧录主程序，主程序使用 Arduino IDE 烧写。程序使用的是 IDE 里面的开源示例程序，依次单击“文件”→“示例”→“ESP32”→“Camera”→“CameraWebServer”。程序资源已上传立创开源硬件平台，主程序框图如图 28 所示。

（2）电机控制线程

该线程负责控制机器人的全部电机，包括步进电机和直流有刷电机。其中有刷电机的速度通过 PWM（脉冲宽度调制）控制，ATmega2560 的 PWM 引脚可以输出频率大概为 490Hz 的 PWM 信号，函数参数 0~255 对应占空比 0~100%。步进电机使用的是两相四线步进电机，引脚顺序为 A+、A-、B+、B-。步进电机使用 8 拍运行方式，即转子旋转一周需要 8 拍。电机控制线程流程如图 29 所示。

（3）显示屏刷新及传感器控制线程

本设计使用的是 1.14 英寸的 TFT 显示屏，连接方式为 8Pin 的 FPC 座连接，显示屏的作用主要是显示机器人当前剩余电量。传感器使用的是 HC-SR04 超声波传感器和 DS18B20 温度传感器，超声波传感器负责采集机器人和前方障碍物的距离，温度传感器负责采集机器人内部温度，程序将采集到的数据通过串口发送给蓝牙模块，蓝牙模块再将数据发送到手机，流程如图 30 所示。

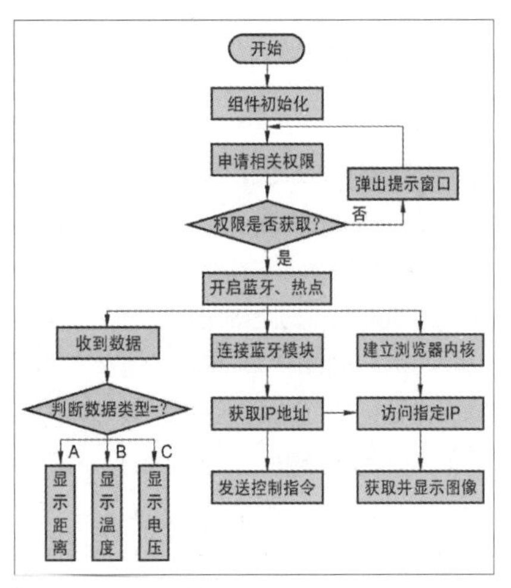

图 27 App 设计总框图

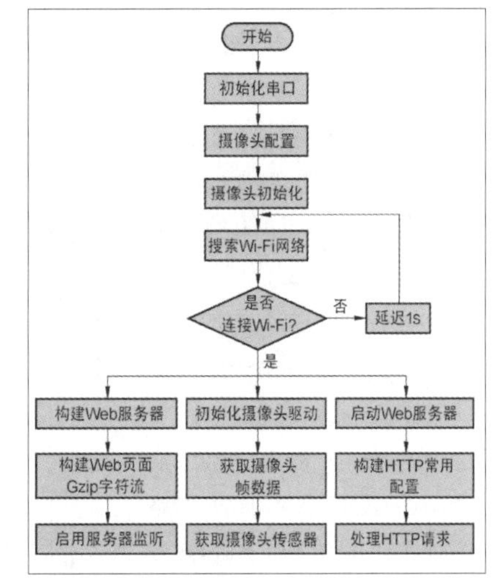

图 28 ESP32-S 模块主程序框图

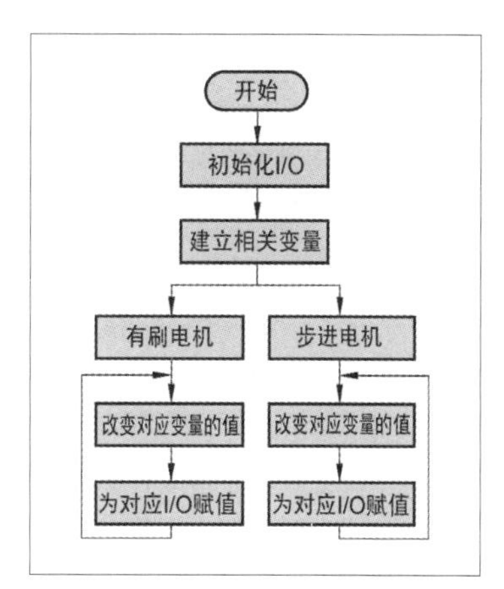

图 29 电机控制线程流程图

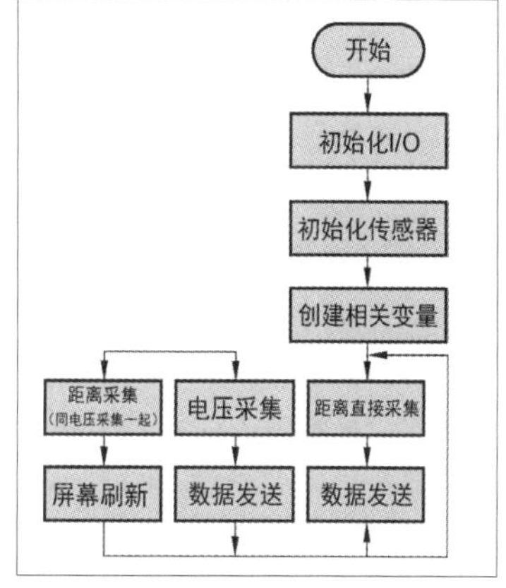

图 30 屏幕刷新及传感器控制线程流程图

表 1 USB-TTL 模块连接线序表

USB-TTL	HC-05
+5V	VCC
RXD	RXD
TXD	TXD
GND	GND

系统功能调试及实现

1. 蓝牙模块调试

蓝牙模块需要设置其串口波特率和校验位、停止位，所设置的波特率必须和单片机的波特率保持一致，这样它们之间才能正常进行通信。打开串口调试助手，选择对应串口号，此时串口波特率应设置为38 400波特，因为蓝牙模块进入AT指令默认串口波特率为38 400波特，然后打开串口，如图31所示。

接下来需要使用杜邦线将USB-TTL模块和HC-05蓝牙模块连接起来，连接线序如表1所示。

需要注意的是，要先按下蓝牙模块上的按键，再给蓝牙模块上电，这样才能使蓝牙模块进入AT指令状态，按键位置如图32所示。之后在输入框中输入AT+UART=9600,0,0，设置蓝牙模块串口通信波特率为9600波特，没有停止位和校验位，如图33所示。

2. ESP32-S 调试

（1）烧录固件

从网上购买的ESP32-S对于本制作无法直接使用，需要烧录micropython固件，使用到的软件为乐鑫官方Flash下载工具，相关的固件和下载工具可以到乐鑫官网上下载，固件已事先编译好，直接烧录即可。烧录使用USB-TTL模块进行，连接线序如表2所示。

打开Flash下载工具，选择“ESP32 DownloadTool”，如图34所示。

加载3个固件，分别为bootloader.bin、micropython.bin、partition-table.bin，烧写地址分别为0X1000、0X10000、0X8000，其余参数配置如

图 31 串口调试助手页面设置

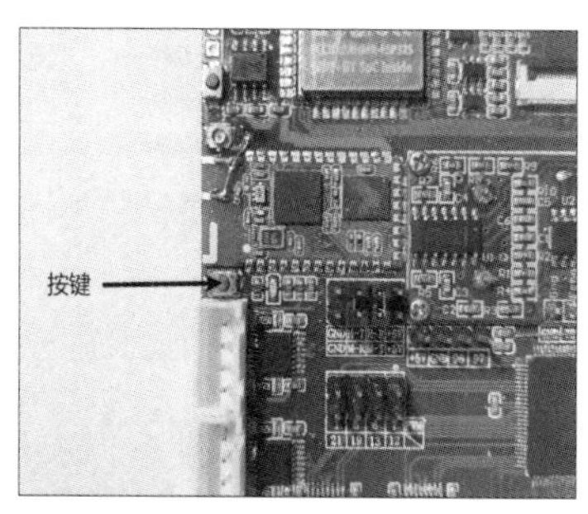

图 32 按键位置指示图

表 2 连接线序表

USB-TTL	ESP32-S
3V3	3V3
RXD	RXD
TXD	TXD
GND	GND

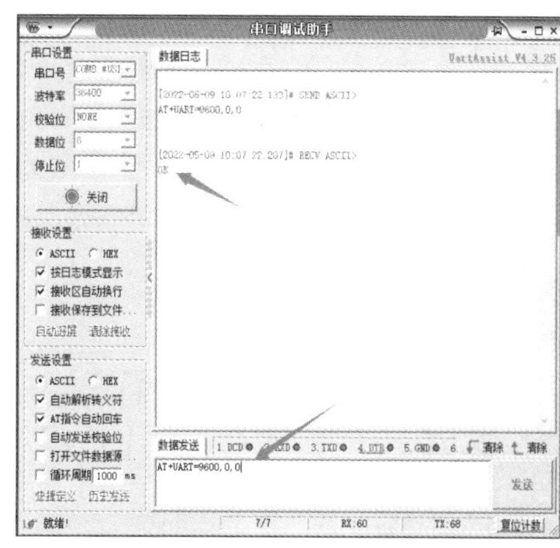

图 33 蓝牙模块调试

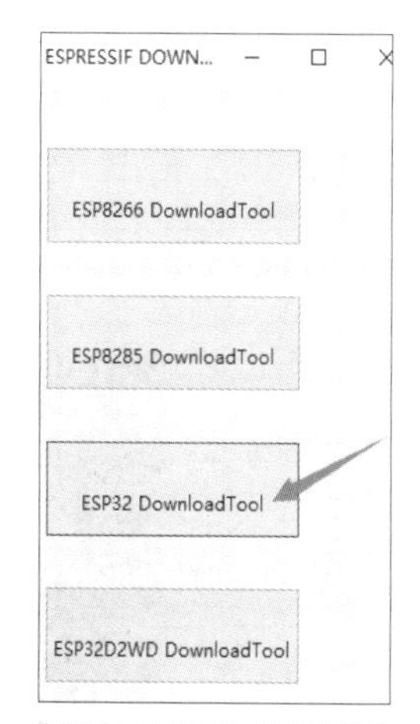

图 34 ESP32-S 固件烧录选择

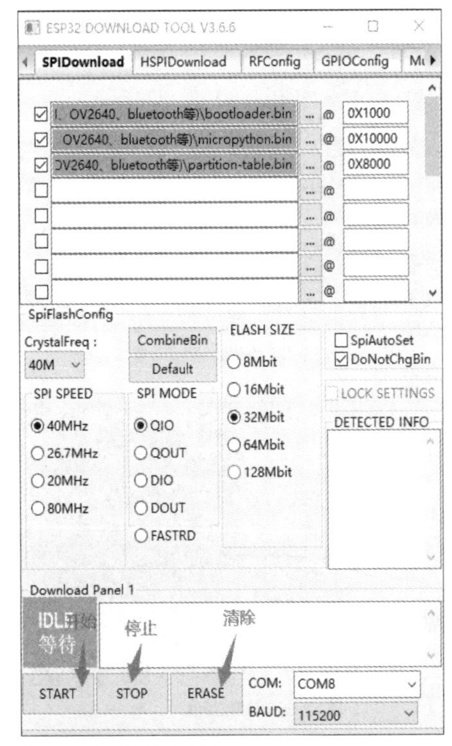

图 35 烧录软件参数界面

自动格式化 Ctrl+T
项目存档
修正编码并重新加载
管理库... Ctrl+Shift+I
串口监视器 Ctrl+Shift+M
串口绘图器 Ctrl+Shift+L
WiFi101 / WiFiNINA Firmware Updater
开发板: "ESP32 Wrover Module"
Upload Speed: "921600"
Flash Frequency: "80MHz"
Flash Mode: "QIO"
Partition Scheme: "Huge APP (3MB No OTA/1MB SPIFFS)"
Core Debug Level: "无"
端口
取得开发板信息
编程器
烧录引导程序

图 36 ESP32-S 烧录参数

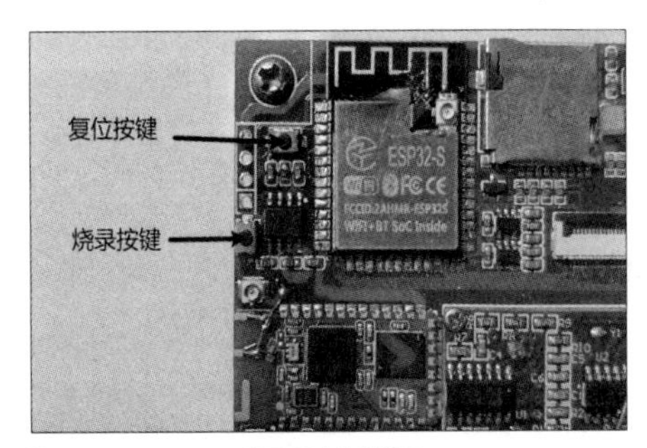

图 37 ESP32-S 烧录程序按键位置

图 35 所示，确保正确后，单击“ERASE”清除原有固件，再单击“START”烧写新固件，接下来只要等下方进度条走完就完成了固件的烧写。

（2）烧录程序

打开程序文件，单击“工具”→“开发板”→“ESP32 Arduino”→“ESP32 Wrover Module”选择开发板型号。单击“工具”→“Partirion Scheme”→“Huge APP”选择分区方案。端口选择插入 USB-TTL 模块的端口，USB-TTL 和 ESP32-S 的连接线序如表 2 所示，烧录参数如图 36 所示。

烧录前需将 ESP32-S 的 IO0 电位拉低，做法是按下 PCB 上的烧录按键，按键位置如图 37 所示。

所有准备完成后，单击“上传”即可将程序逐渐上传至 ESP32-S，上传开始后按键可以松开，待上传到 100% 后按下复位按键，就能将程序完全上传到 ESP32-S。

3. ATmega2560调试

（1）烧录引导程序

一个全新的芯片还不能直接烧录我们自己写的程序，需要事先烧录引导程序，即 BootLoader 引导程序，这是在操作系统内核运行之前运行的一段小程序。通过这段小程序，我们可以初始化硬件设备、建立内存空间的映射图，以及升级程序，从而将系统的软硬件环境带到一个合适的状态，以便为最终调用系统准备好正确的环境。

所需工具有 Windows 系统计算机一台（以 Windows 10 系统为例）、Progisp 软件（1.72 版本）、Arduino IDE、USBasp 下载器一个（以及驱动程序）、待烧录的单片机（ATmega2560）一块。

步骤 1：安装驱动，将 USBasp 与单片机连接。由于计算机无法直接识别 USBasp，需要额外安装驱动程序，驱动程序放在立创开源平台的工程附件中，下载后右键单击扩展名为 .inf 文件进行安装，不过计算机往往会报错，提醒“无法验证数字签名”，此时（以 Windows 10 系统为例），单击“开始”→“设置”→“更新与安全”→“恢复”→“高级启动”→“立即重新启动”→“疑难解答”→“高级选项”→“启动设置”→“重启”→“禁用驱动程序强制签名（F7）”，重启再安装就没问题了。把 USBasp 插入计算机 USB 口，可以在设备管理器中看到多出了一个 USBasp，连接线序如表 3 所示。

表 3 连接线序表

USBasp	ATmega2560
VCC	VCC
GND	GND
RESET	RESET
MOSI	MOSI
MISO	MISO
SCK	SCK

步骤 2：识别芯片、烧写熔丝。按照步骤 1 线序连接好后，打开 Progisp，选择单片机型号（ATmega2560），单击“RD”按钮，可以看到芯片 ID 已经被读取出来了，如下图所示。

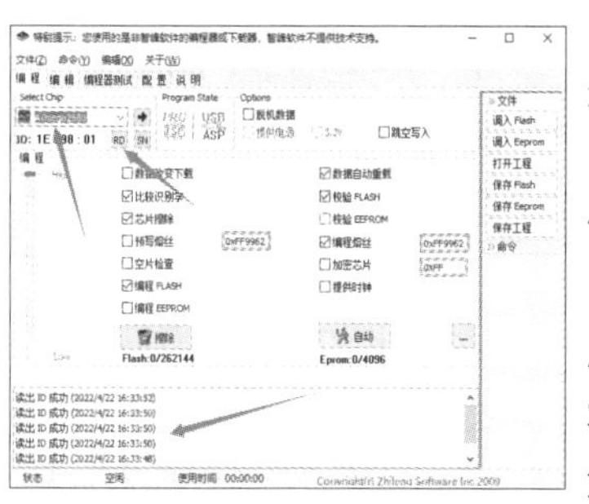

单击编程熔丝旁边的输入框，在弹出的窗口里填入熔丝位值，分别为低位值 FF、高位值 D8、扩展位值 FD，最后单击写入熔丝就写好了，如下图所示。

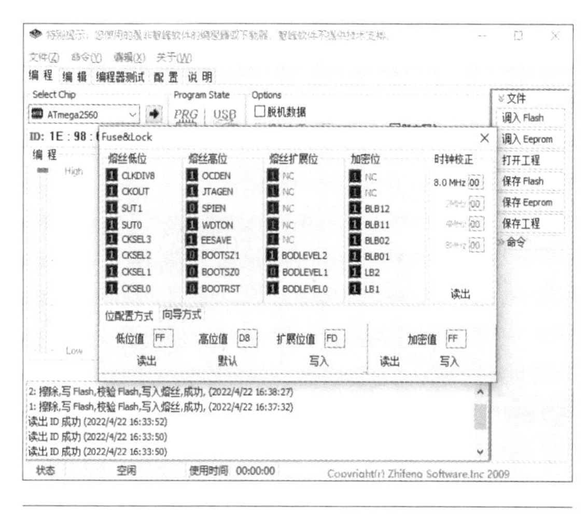

步骤 3：BootLoader 烧录。由于我买到的 USBasp 是国内版的，刷的是“智峰”的 USBasp 编程器的固件，Arduino IDE 无法识别，Arduino IDE 只能识别国际版的 USBasp，所以需要用 Arduino IDE 导出引导程序的 .hex 文件，然后用 Progisp 进行烧录。

首先需要 Arduino IDE 导出 .hex 文件，单击“文件”→“首选项”，选择首选项最后下面一栏的文件夹路径名，然后以记事本打开 preferences.txt，在文件最后一行添加 build.path=d:\arduino，这样 IDE 每次编译程序时都会生成两个 .hex 文件，一个包含 Arduino 引导程序，另一个不包含。接着打开 Progisp 软件，在最右侧单击调入 Flash，选择刚刚导出的引导程序（后缀为 bootloader.hex 的文件），最后单击“自动”，这样引导程序就烧录好了。

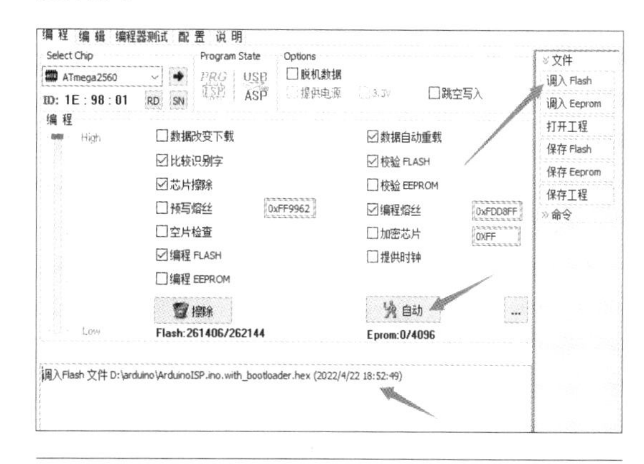

（2）烧录程序

使用 Arduino IED 打开程序文件，单击“工具”→“开发板”→“Arduino AVR Boards” →“Arduino Mega or Mega 2560”选择单片机型号。单击“工具”→“处理器”→“ATmega2560（Mega 2560）”选择处理器。端口选择插入 USB-TTL 模块的端口。准备就绪后使用 USB-TTL 模块连接单片机，确保参数和图 38 所示参数一致，然后单击“上传”按钮，待界面出现上传完成，说明代码已完全上传至单片机，这时单片机可断开 USB-TTL 模块。

图 38 烧录参数

4. 功能实现

本设计可以通过手机 App 进行控制机器人移动，实现了 Wi-Fi 实时图像传输、超声波测距及显示、温度采集及显示、电压采集及显示等功能，机器人拥有 3 自由度的机械臂，可实现 10m 内的无线控制。

图 39 最终实物

图 39 所示为最终实物。本制作视频已经上传至哔哩哔哩，大家可以在哔哩哔哩关注“Pxsikqx”搜索“一只瓦力机器人的诞生”观看视频。

立创课堂

RDA5807 调频收音机设计

赖鹏威

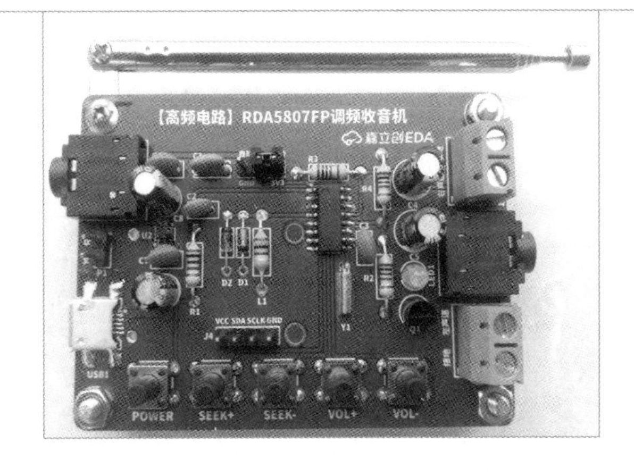

项目介绍

基于 RDA5807FP 无线收发芯片制作的调频收音机，工作电压为 2.7~3.3V，可以接收到 50~108MHz 频段的广播。支持 USB 和电池电源输入供电，POWER 为电源开关按键，SEEK+、SEEK- 为电调谐按键，VOL+、VOL- 为音量大小控制按键，可以外接拉杆天线或插入耳机作为天线，支持双通道功放和耳机音频输出。

表 1 RDA5807FP 引脚定义与描述

引脚	名称	功能描述
1、15、16	GPIO1、GPIO3、GPIO2	通用程控输入 / 输出端
2、5、6、11、14	GND	接地端
3	RF GND	接 RF 地端
4	FMIN	FM 调频信号输入
7	SCLK	串行时钟
8	SDA	串行数据
9	RCLK	32.768kHz 参考时钟输入端
10	VDD	供电端
12、13	ROUT、LOUT	右 / 左声道音频输出端

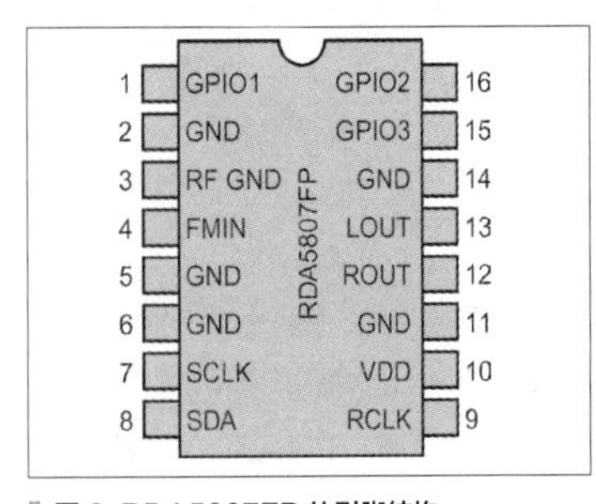

图 2 RDA5807FP 的引脚结构

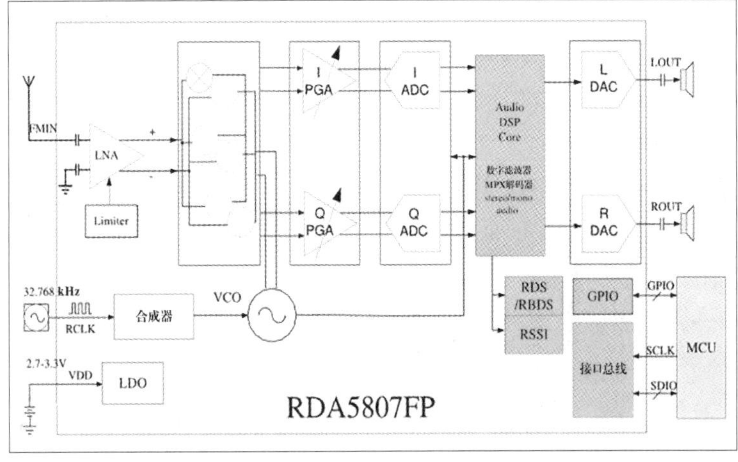

图 1 RDA5807FP 内部结构框图

芯片原理

1. 内部结构

RDA5807FP 的内部可分为模拟和数字两部分，模拟部分包括支持 FM 频段的低噪声放大器 LNA、可调增益放大器 PGA、压控振荡器 VCO、高精度模数转换器 ADC、高精度数模转换器 DAC 及电源用的 LDO。数字部分包括音频处理 DSP 及数字接口。图 1 所示为 RDA5807FP 的内部结构框图。

2. 引脚说明

RDA5807FP 的引脚结构如图 2 所示，封装为 SOP-16，引脚的定义及功能描述如表 1 所示。

电路原理

调频收音机可分为电源输入电路、调频收音电路和外接音频输出电路 3 个模块，下面笔者将对各模块电路原理进行分析。

1. 电源输入电路

电源输入电路如图 3 所示，电源部分主要是把 Micro USB 母座作为电源输入口，C6、C7 作为电源滤波电容，5V 电压经线性稳压器降压输出 3.3V，给收音机电路供电，C8、C9 为降压后的滤波电容。也可以使用排针外接 3.3V 电源为电路供电。

2. 调频收音电路

调频收音电路如图 4 所示。IC1 使用 RDA5807FP 无线收发芯片，将高频信号转换成音频信号，H1 是拉杆天线，J2 可

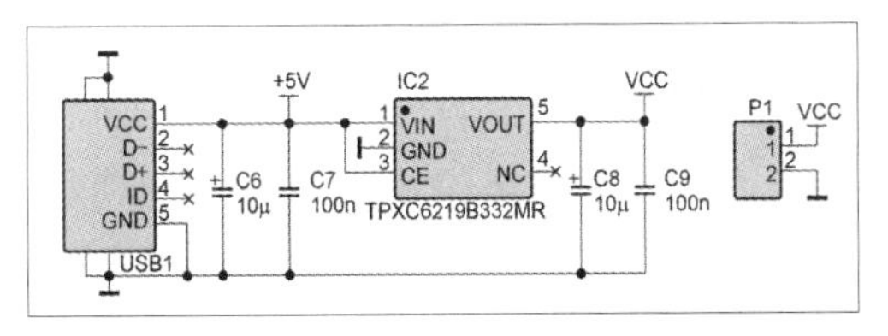

图 3 电源输入电路

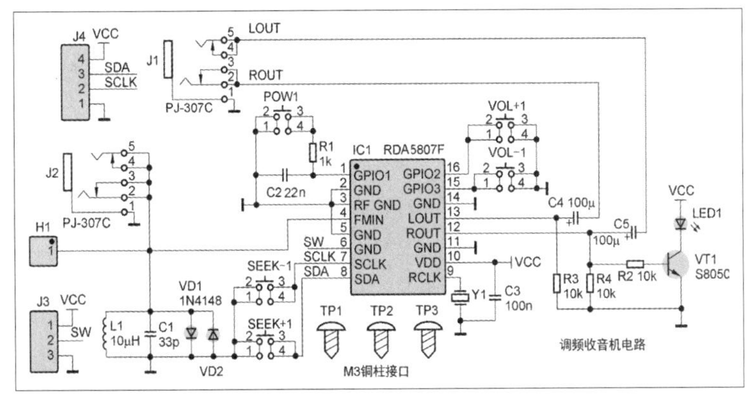

图 4 调频收音机电路

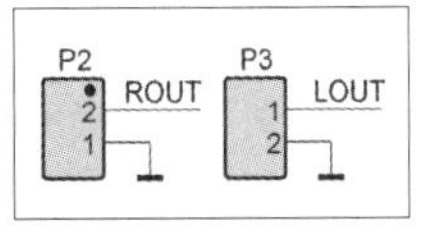

图 5 外接输出电路

2. 元器件选型

在本项目的元器件选型中，USB 连接器和 LDO 线性稳压器及 RDA5807FP 芯片使用贴片封装，其他的元器件均选择直插件即可，所有元器件可直接在嘉立创 EDA 的元件库中进行搜索（见图 6），如果对元器件不熟悉，也可以通过复制物料中的商品编号进行搜索（见图 7，每一个元器件在立创商城中都有唯一的商品编号），如果出现物料缺货情况，亦可选择其他可替换物料。通过上面的电路分析，相信聪明的你对各个元器件在电路中的作用也有所了解了，根据元器件的作用选择更换个别物料，这样也不会影响到电路的工作性能。了解电路工作特性后，电路选型也就变得简单了。

以使用耳机线或者 3.5mm 音频拉杆天线作为天线接收信号。可用跳线帽短接排针 J3 切换收音机模式，与电源短接（1/2 短接）。收音机为手动模式时，可以通过 SEEK+、SEEK- 电调谐按钮切台，与地短接（2/3 短接）。收音机为自动模式时，编写程序通过 I²C 总线进行控制实现收音调台。

3. 外接输出电路

外接输出电路如图 5 所示，使用螺钉式接线端子 P2、P3，可外接扬声器，输出左、右双通道音频信号，也可以在 J1 采用 3.5mm 耳机进行收听。

原理图设计

1. 新建工程

打开嘉立创 EDA，创建工程并将其命名为“模拟电路 RDA5807FP 调频收音机”，将原理图文件命名为“SCH_RDA5807FP 调频收音机”。根据电源输入电路、调频收音电路、外接输出电路进行电路原理图绘制。

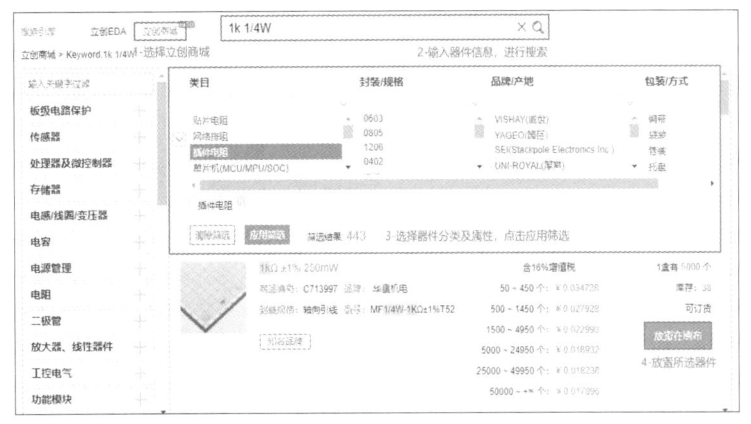

图 6 元器件搜索

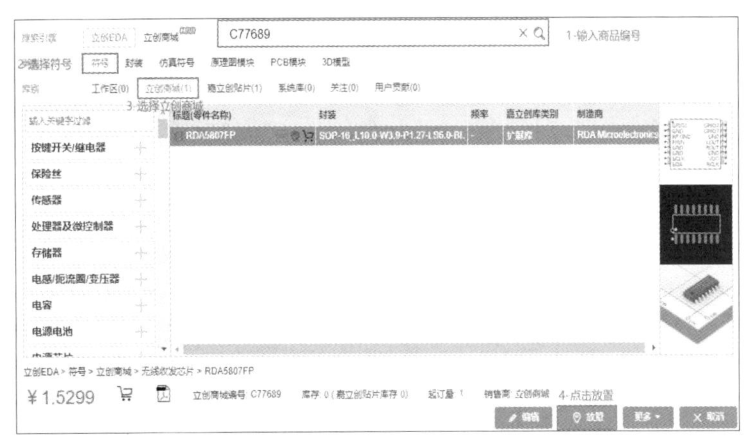

图 7 通过商品编号搜索

表 2 RDA5807FP 调频收音机项目物料清单

序号	名称	参数	器件位号	数量	商品编号
1	电阻	1kΩ	R1	1	C57435
		10kΩ	R2、R3、R4	3	C57436
2	电容	33pF	C1	1	C366784
		22nF	C2	1	C254098
		100nF	C3、C7、C9	3	C2761728
		100μF	C4、C5	2	C2749
		10μF	C6、C8	2	C43347
3	电感	10μH	L1	1	C84773
4	晶体振荡器	32.768kHz	Y1	1	C145163
5	二极管	1N4148	VD1、VD2	2	C99761
		ϕ=3mm	LED1	1	C14538
6	三极管	S8050	VT1	1	C717453
7	按键开关	6mm×6mm×8mm	POWER、SEEK+、SEEK-、VOL+、VOL-	5	C2834903
8	排针	2Pin×2.54mm	P1	1	C464599
		3Pin×2.54mm	J3	1	C180248
		4Pin×2.54mm	J4	1	C124378
9	接线端子	2Pin×5.00mm	P2、P3	2	C474881
10	拉杆天线	1Pin×2.54mm	H1	1	
11	耳机座	PJ-307C	J1、J2	2	C16684
12	IC	RDA5807FP	U1	1	C77689
13	LDO	TPXC6219B332MR	U2	1	C2841430
14	USB	Micro-USB	USB1	1	C40957
15	铜柱	M3	TP1~TP3	3	C357409

3. 物料清单

RDA5807FP 调频收音机项目物料清单如表 2 所示。

PCB设计

完成原理图设计后，经过检查，确认电路与网络连接正确后，单击顶部菜单栏的“设计”→“原理图转 PCB”（快捷键为 Alt+P），随即会生成一个 PCB 设计界面，可先暂时忽略弹出的边框设置，然后将 PCB 文件保存到工程文件中，并命名为“PCB_RDA5807FP 调频收音机”。

1. 边框设计

在绘制 PCB 前需根据个人习惯及元器件数量所占空间确定 PCB 的形状及边框大小，若无特殊外壳要求，一般设计成矩形、圆形或正方形。在设计该项目时，秉承着大小合适、美观大方的原则，我在顶部工具菜单栏下的边框设置选型中设定了一个长 70mm、宽 50mm、圆角半径为 2mm 的圆角矩形（见图 8）。实际板框大小会随着布局布线进行调整，如果太小可适当放大，太大也可缩小边框，风格样式可自由发挥，但尽量控制在 10cm×10cm 内，这样就可以到嘉立创免费打样啦！

2. PCB布局

在绘制完板框外形后，接下来进行 PCB 设计的第二步，对元器件进行分类和布局，分类指的是按照电路原理图的功能模块把各个元器件进行分类，电路图中有很多按键和对外接口，这里需要我们用到嘉立创 EDA 所提供的布局传递功能，首先确保 PCB 工程已经和原理图文件保存在同一个工程文件夹中，然后框选原理图中的某一电路模块，比如选中按键电路，然后单击顶部菜单栏中的“工具”→“布局传递”（快捷组合键为 Ctrl+Shift+X），PCB 页面所对应的元器件就会被选中，并按照原理图布局进行摆放，使用这个方法将各个模块电路进行分类后依次摆放在前面所放置的边框中。

在布局的时候要注意摆放整齐，可根据飞线的指引进行摆放，按照原理图信号的流向和元器件连接关系进行摆放是可以

图 8 边框设置及示意图

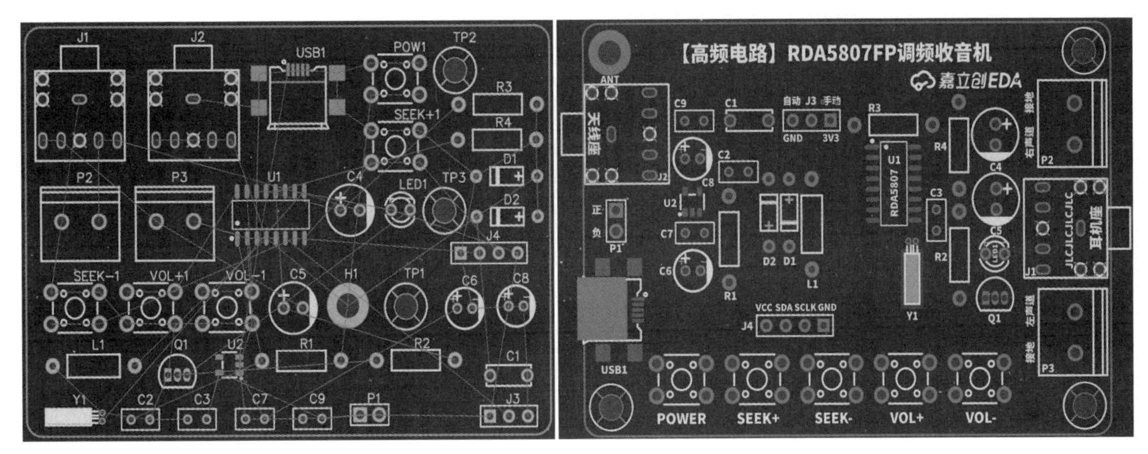

图 9 PCB 布局参考

把原理图中的元器件摆放得非常整齐的，在布局的过程中注意接口位置，布局参考如图 9 所示。针对该项目的布局，我提供以下几点参考建议：摆放元器件时应先按原理图摆放，再细调位置；在板边四个角分别放置 M3 铜柱孔，用于固定支撑，左上角孔与天线复用；天线座及电源输入放置在左侧板边，耳机座及扬声器音频接口放置在右侧板边；无源晶体振荡器靠近放置在 RDA5807 芯片附近；收音机 5 个功能按键等间距放置在下侧板边。

3. PCB走线

接下来进行 PCB 设计的第三步——PCB 走线，全称为印制电路板布线（PCB LAYOUT）。由于电路板有顶面与底面两个面，在 PCB 走线就可以分为顶层走线和底层走线，软件中顶层走线默认是红色线，底层是蓝色线，也可按照个人喜好设置其他颜色。走线就是在电路板中按照飞线连接导线，将相同的网络连接起来。

首先选择层与元素中要走线的层，然后单击导线工具进行连线（快捷键为 W）。看似简单地连线，其中需要我们耐心地进行调整，元器件的摆放布局也会影响走线的难度，所以还需要在走线过程中进一步调整布局，进一步优化。前面所介绍的 PCB 布局其实是在给走线做铺垫，布局好了走线自然就顺畅了。在该项目的走线中，我提供以下几点参考建议：将电源线宽度设置为 0.635mm，信号线宽度设置为 0.381mm；走线以顶层走线为主，走不通的可以切换到底层进行连接；在走线过程中优先走直线，需要拐弯的地方以圆弧拐弯或钝角为主；最后加上泪滴，添加丝印标记该按键功能及接口功能；可将客户编号指定位置藏于耳机座下。PCB 走线参考如图 10 所示。

4. 覆铜与丝印

PCB 走线画完后进行覆铜，之后就可以连接好 GND 网络了。丝印字符遵循从上往下、从左到右的原则。对按键、音频接口和接线端子等加上丝印标注说明，在板子加上工程名称与 Logo。覆铜与丝印参考如图 11 所示。

焊接与调试

1. 硬件焊接

焊接时应先焊接贴片元器件，再焊接

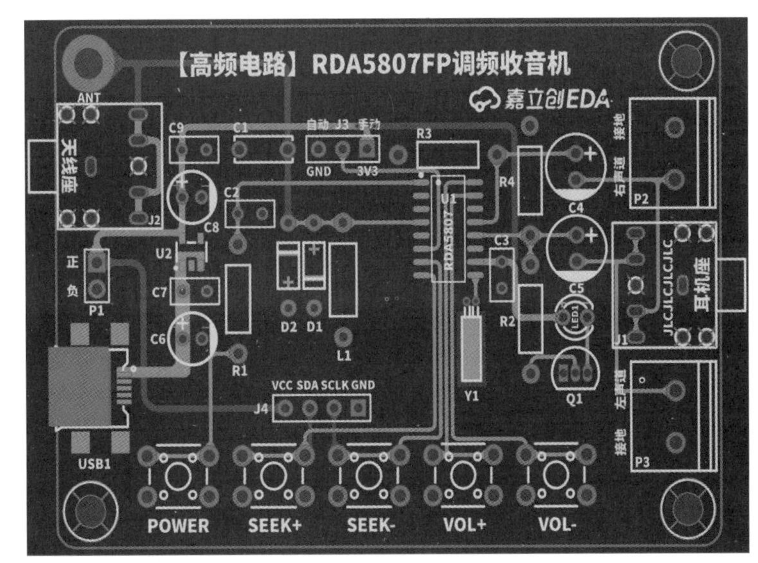

图 10 PCB 走线参考图

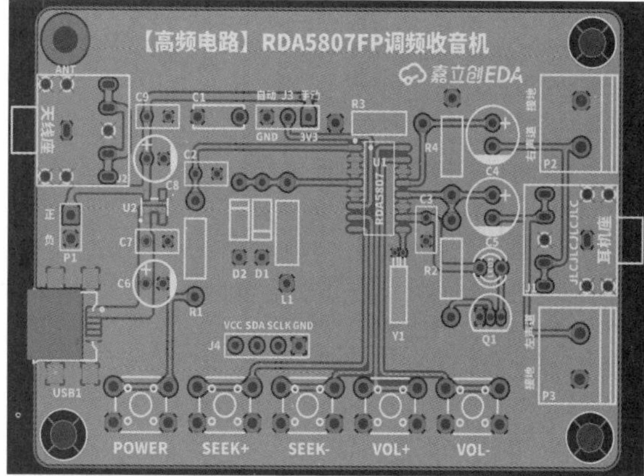

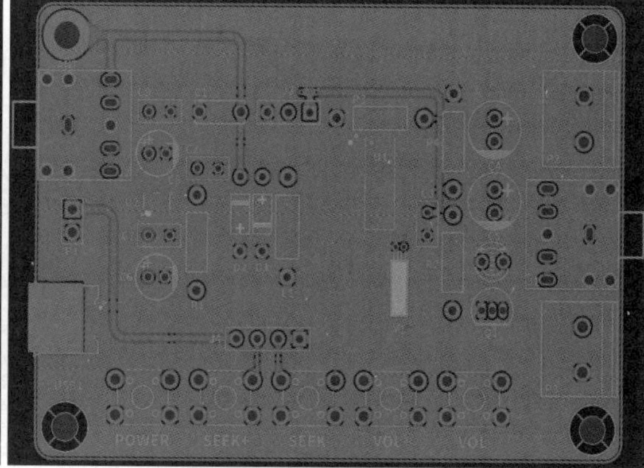

图11 PCB覆铜与丝印参考（正面和反面）

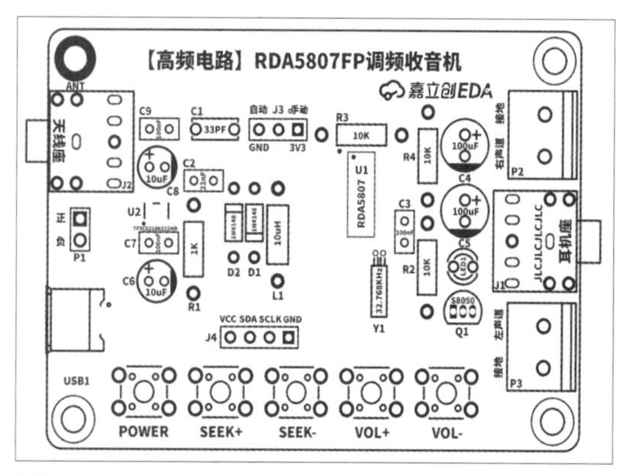

图12 PCB装配

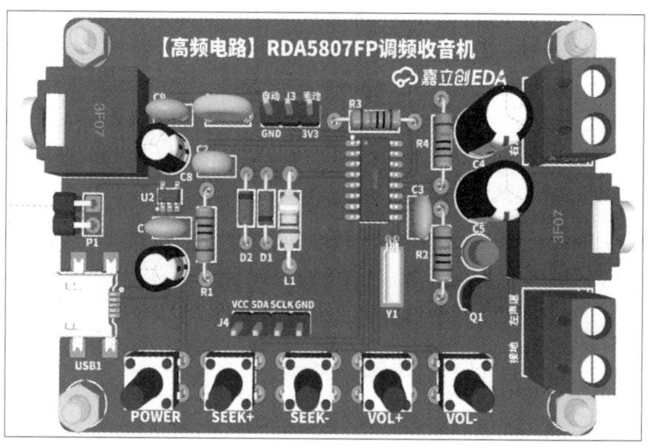

图13 PCB的3D预览图

直插元器件，遵循从低到高的原则进行焊接，新手可参考下面的焊接顺序：USB、LDO、RDA5807→晶体振荡器、二极管→电阻、电感→电容、LED、三极管→排针、按键→音频接口、接线端子。

焊接时注意不要虚焊、漏焊和焊错，电容、二极管这类有极性的元器件需要注意焊接方向，所有元器件都要对准、放平，不要出现高低不平的情况。

焊接时要控制好温度，温度不要过高，过高容易造成元器件被烧坏。锡点不要过大，过大容易造成元器件虚焊，接触不良。用力不要过猛，过猛容易造成板子断路短路、阻焊层油漆脱落等，PCB装配如图12所示。

2. 硬件调试

焊接完成后检查电路是否有短路、断路和虚焊等，检查无误后方可上电，使用排针外接电源时应注意电源正负极性，切不可接反。

使用跳线帽在J3处进行手动模式短接，不对J3短接是收不到声音的，插入耳机收听到“沙沙”声，拉出天线，按SEEK+和SEEK-按键调频收台，可以收听到5~6个台。图13所示是PCB的3D预览图，图14所示为接上天线的RDA5807调频收音机实物。读者朋友在制作的时候，也可以尝试给这台RDA5807调频收音机设计一个好看的外壳，使其看起来更美观。

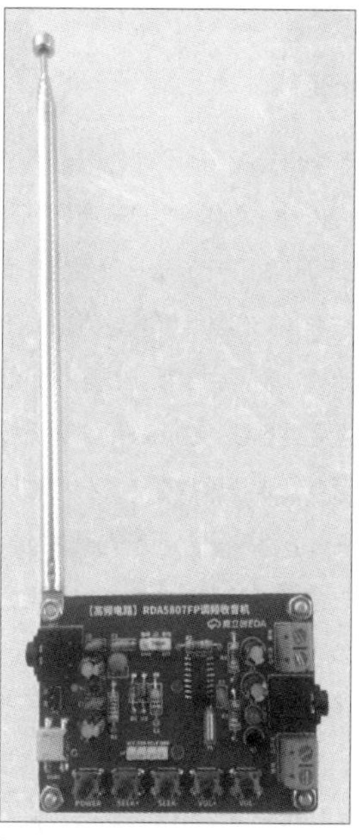

图14 未装外壳的RDA5807调频收音机

OSHWHub 立创开源硬件平台 立创课堂

履足式复合机器人整体设计及控制开发（下）

刘潇翔

演示视频

前文，我们了解了履足式复合机器人的设计方案、机械结构与硬件设计。本文我们来看看机器人的软件设计。

履足式复合机器人控制系统软件设计

1. 开发环境搭建

（1）机器人主控系统开发环境搭建

针对ESP32-WROVER-E模组的编程开发，当下主流的开发环境有ESP-IDF、Arduino IDE与PlatformIO。

ESP-IDF是由官方推荐的基于C/C++语言开发的IoT可开发框架SDK，可用于ESP32-S、ESP32-C、ESP32等系列模组的开发。但使用此开发方式的人数量较少，可寻找的学习资源、论坛社区匮乏，生态不够活跃，预估消耗的时间成本偏高。

Arduino是一款便捷、灵活的开源电子原型平台。乐鑫官方在GitHub上同样提供了对应ESP32-WROVER-E的开发管理SDK包。由于Arduino开发简单快捷、上手迅速，其拥有大量的开发人员与活跃的社区生态，可快速寻找与应用由各国爱好者提供的便捷开源库。但其IDE的编辑窗口功能简洁，不利于中型、大型项目的管理、开发。

PlatformIO作为近期逐渐热门的开源嵌入式平台，主要应用在物联网场景的测试、开发，拥有跨平台且调试器一致的特点，可在Visual Studio Code（以下简称为VS Code）上快速搭建开发平台，并且能够便捷接入Arduino开源库与单片机项目。即此开发环境能够在兼容Arduino活跃的开源生态的基础上，通过VS Code编辑器弥补Arduino不便于开发中型、大型项目的缺陷，同时搭配VS Code上丰富的插件库，能够有效提升嵌入式项目的开发效率。

我选择PlatformIO平台作为开发环境，即选择VS Code作为编辑器，选择MinGW作为C/C++编译器，通过VS Code的插件库搭建PlatformIO平台作为ESP32-WROVER-E主控模组的开发环境，src文件夹下存放自己编写的源代码，lib文件夹下安置要移植的开源库，如图1所示。

（2）上位机开发环境搭建

上位机依据运行平台主要可分为PC端、移动端。针对本文中所述机器人，我们对控制器有以下需求。

◆ 需要在室外环境下完成一系列实验测试。

◆ 要求控制器性能良好、便捷稳定。

◆ 已知主控ESP32-WROVER-E模组支持Wi-Fi、BT、BLE无线通信模式。

综合上述需求，最终确定选择移动端作为上位机的开发平台。

Android是基于Linux内核的开源移动端操作系统，很多智能手机可以运行该

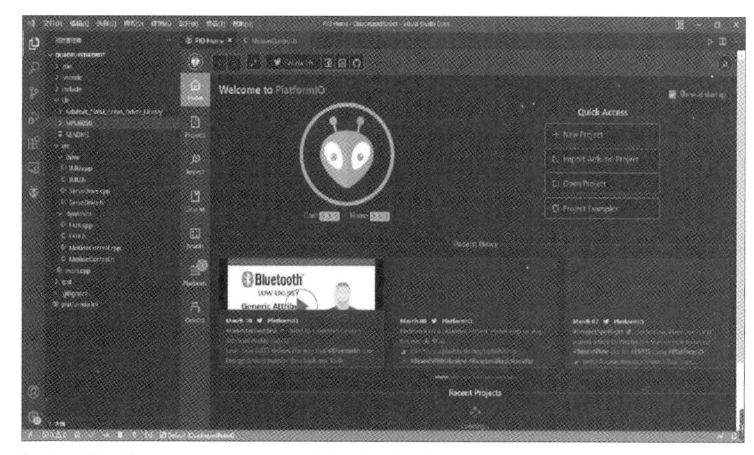

图1 搭建VS Code中PlatformIO平台下的开发环境

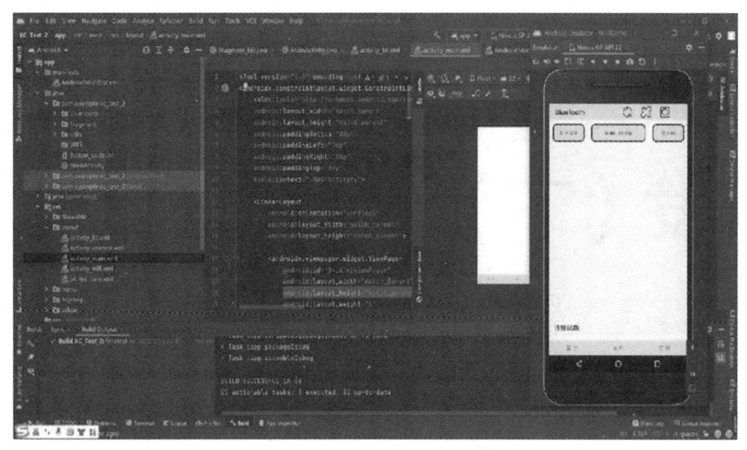

图2 Android开发环境

系统。Android主要由操作系统、用户界面、应用程序组成，没有任何专有类商业权限限制。

Android的开发环境选择由官方推出的专用开发工具——Android Studio，它可快捷配置安卓开发所需的JDK、SDK、NDK、Gradle等环境及工具，支持创建在PC端下运行的AVD（Android虚拟机）。

Android开发主要应用的编程语言是Java、XML。XML用于编辑与用户交互的UI控件及界面，Java主要实现App应用层后台的逻辑运行与通信管理。图2所示为Android开发环境。

2. 底层驱动程序设计

（1）Wi-Fi通信程序设计

根据所选用的ESP32模组数据手册可知，该模组支持802.11b/g/n和802.11n无线网络协议，能够实现最高达150 Mbit/s的数据传输速度，且拥有以下3种常用的支持配置。

◆ STA模式：即站点模式或客户端模式，模组允许连接其他接入点。

◆ AP模式：即接入点模式或服务端模式，站点允许连接到模组。

◆ AP+STA混合模式：既作为接入点，又作为站点。

由于在机器人的控制调试阶段，通信方面要求能够以低延迟无线接收控制指令及回馈执行信息，我们配置ESP32模组为AP模式。如下面的代码所示，使用乐鑫提供的Wi-Fi通信控制库WiFi.h、WiFiClient.h，可实现对ESP32模组Wi-Fi无线通信模式的配置及监控。

```
//Wi-Fi 库
#include <WiFi.h>
#include <WiFiClient.h>
#define ssid       "ESP_Rabbit"
#define password  "12345678"
// 在端口 80 开启服务端（热点）
WiFiServer    server(80);
//Wi-Fi 初始化
Serial.println(F("** Configure Wi-Fi..."));
WiFi.mode(WIFI_AP); //AP 模式
WiFi.softAP(ssid, password); //Wi-Fi 名称 + 密码
server.begin();
Serial.print(F(" ----- AP--IPv4: "));
Serial.println(WiFi.softAPIP());
Serial.println(F("[Wi-Fi]\tInit Success!"));
```

在AP模式下，要求自行预定义热点名称SSID及密码PASSWORD，其可访问的默认主机IPv4地址为192.168.4.1，启动网络服务且默认端口号配置为80，至此即完成了ESP32模组在AP模式下的基本配置，为后续TCP通道的搭建作铺垫。

已知该ESP32模组与上位机之间选择Wi-Fi无线通信，且要求保证通信过程中的稳定性，故在传输层采用TCP，其关键代码如下所示。通信过程可简述为：监测到有新的客户端接入模组的服务端时，即启动WiFiClient并接收客户端传入的数据，即控制指令。

```
/* 网络调试 */
void TCPDebug(){
 WiFiClient client = server.available();  // 监听客户端
 if (client) {
  Serial.println("New Client...");
  BlinkLed(LEDpin,4);
  String currentLine = "";
  // 空字符串保存传入数据
  while (client.connected()) {
   // 如果客户端连接
   if (client.available()) {
    char cmd = client.read();
    if (cmd != '\n') {
     BlinkLed(LEDpin,2);
     // LED 闪烁 2 次
     CmdSwitch(cmd);
     // 接收控制指令
    }
   }
  }
  // TCP 连接关闭
  client.stop();
  digitalWrite(LEDpin,LOW);
  Serial.println("Client Disconnected.");
 }
}
```

ESP32-WROVER-E模组预留有IPEX接口，外部允许搭配2.4GHz的天线模块，以扩大无线通信的范围。

表 1　TB6612FNG 真值表

AIN1	AIN2	BIN1	BIN2	PWMA	PWMB	A0x/B0x
1	0	1	0	1	1	正转
0	1	0	1	1	1	反转
1	1	1	1	1	1	自由刹车
0	0	0	0	1	1	自由停车
X	X	X	X	0	0	刹车

表 3　串行总线舵机的写控制指令集

指令名	指令值	数据长度
SERVO_MOVE_TIME_WRITE	1	7
SERVO_MOVE_TIME_WAIT_WRITE	7	7
SERVO_MOVE_START	11	3
SERVO_MOVE_STOP	12	3
SERVO_ID_WRITE	13	4
SERVO_ANGLE_OFFSET_ADJUST	17	4
SERVO_ANGLE_OFFSET_WRITE	18	3
SERVO_ANGLE_LIMIT_WRITE	20	7
SERVO_VIN_LIMIT_WRITE	22	7
SERVO_TEMP_MAX_LIMIT_WRITE	24	4
SERVO_OR_MOTOR_MODE_WRITE	29	7
SERVO_LOAD_OR_UNLOAD_WRITE	31	4
SERVO_LED_CTRL_WRITE	33	4
SERVO_LED_ERROR_WRITE	35	4

（2）直流电机驱动程序设计

已知所选直流电机的型号为 JGA25-370-1260，所选双通道电机驱动器的型号为 TB6612FNG。表 1 所示为 TB6612FNG 的真值表。

由于引脚不足，在电控原理图中，我将电机驱动 IC 芯片的 PWMA 与 PWMB 引脚均默认拉高。因此，针对单个直流电机，控制其对应输入端两个输入引脚的高低电平即可其正反转控制。控制对应输入端拉高引脚的 PWM 的输入频率即可控制其转速。下面是直流电机驱动程序 .h 头文件中的部分代码。

```
#ifndef _DCMotorDrive_H
#define _DCMotorDrive_H
#include  <Arduino.h>
#include "IOs.h"
#include "../Dynamics/MotionControl.h"
#define RAIN1 4
#define RAIN2 5
#define RBIN1 2
#define RBIN2 15
#define LAIN1 12
#define LAIN2 13
#define LBIN1 14
#define LBIN2 27
class DCMotorDrive{
  public:
  DCMotorDrive(); // 构造函数
  void begin(); // 初始化
  void stop(); // 刹车
  void forword(float rate); // 前进
  void backword(float rate); // 后退
  void F_turnLeft  (float rate,float pro); // 左前转
  void F_turnRight(float rate,float pro); // 右前转
  void B_turnLeft  (float rate,float pro); // 左后转
  void B_turnRight(float rate,float pro); // 右后转
  void Test();
};
```

表 2　串行总线舵机指令数据包格式

帧头	ID 号	数据长度	指令	参数	校验和
0x55 0x55	ID	Length	Cmd	Prm 1……Prm N	Checksum

表 4　串行总线舵机的读控制指令集

指令名	指令值	数据长度
SERVO_MOVE_TIME_READ	2	7
SERVO_MOVE_TIME_WAIT_READ	8	7
SERVO_ID_READ	14	4
SERVO_ANGLE_OFFSET_READ	19	4
SERVO_ANGLE_LIMIT_READ	21	7
SERVO_VIN_LIMIT_READ	23	7
SERVO_TEMP_MAX_LIMIT_READ	25	4
SERVO_TEMP_READ	26	4
SERVO_VIN_READ	27	5
SERVO_POS_READ	28	5
SERVO_OR_MOTOR_MODE_READ	30	7
SERVO_LOAD_OR_UNLOAD_READ	32	4
SERVO_LED_CTRL_READ	34	4
SERVO_LED_ERROR_READ	36	4

（3）串行总线舵机驱动程序设计

已知所选关节驱动舵机的型号为 HTS-35H，其采用半双工 UART 异步串行接口，信号端兼顾发送信息与接收指令的功能，串口波特率默认为 115 200 波特。在控制该串行总线舵机前，需要配置好 ID，随后通过串口根据 ID 来发送指令，从而达到单独控制舵机的效果。

表 2 所示为向串行总线舵机发送指令的数据包标准格式，其主要由以下部分组成。

◆ 帧头：连续收到 2 个 0x55，即辨识为数据包。

◆ ID：各舵机可分配 ID 范围为 0~253；254 默认为广播 ID，即所有舵机均接收此指令，同时均不回馈应答信息，以防止总线冲突。

◆ 数据长度：即表中数据长度 Length 加 3，表示待发数据的长度。

◆ 指令：即对舵机的位置、速度、模式等参数的各种控制指令。

◆ 参数：用户需要另行补充的其他控制信息。

◆ 校验和：即 Checkum，其公式如

表 5 MPU6050 数据读取 I^2C 地址表

模块	地址	功能
MPU6050	0x07	陀螺仪采样率，典型值（125Hz）
	0x06	低通滤波频率，典型值（5Hz）
	0x18	陀螺仪自检及测量范围，典型值（不自检，2000° /s）
	0x3B	X 轴加速度高位
	0x3C	X 轴加速度低位
	0x3D	Y 轴加速度高位
	0x40	Z 轴加速度低位
	0x43	X 轴角速度高位（陀螺仪的测量值）
	0x3E	Y 轴加速度低位
	0x3F	Z 轴加速度高位
	0x44	X 轴角速度低位
	0x45	Y 轴角速度高位
	0x46	Y 轴角速度低位
	0x47	Z 轴角速度高位
	0x48	Z 轴角速度低位
	0x68	I^2C 地址寄存器（默认数值，只读）
	0xD0	I^2C 写入时的地址字节数据，+1 为读取

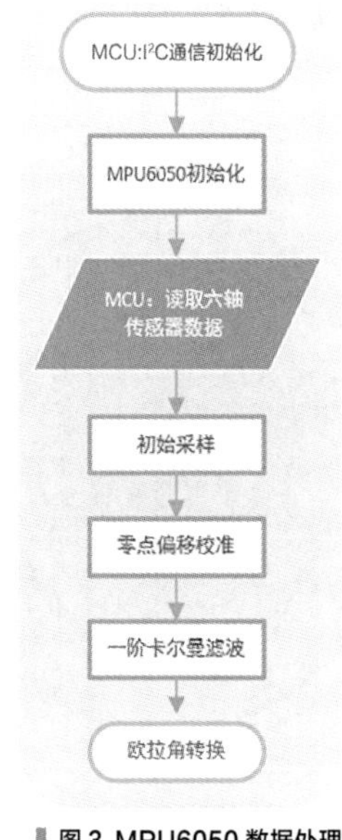

图 3 MPU6050 数据处理流程

下所示。

Checksum=~(ID+Length+Cmd+Prm1+…+PrmN)

若校验和大于 255，则取最低的字节（“~”代表取反）。

根据其通信协议说明书可知，针对该总线舵机的指令主要有两种：写指令和读指令，其特征分别如下所述。

◆ 写指令：指令后面通常跟有参数，将对应功能的参数发送至舵机，随后舵机执行相应动作。表 3 所示为控制串行总线舵机的写指令集。

◆ 读指令：此类指令后通常不跟其他参数，总线舵机收到读指令后会返回对应数据，且返回指令值等于发送的读指令值，其后跟随参数，因此要求上位机发送读指令后，应迅速设置为读取状态。表 4 所示为控制所述串行总线舵机的读指令集。

（4）传感器读取程序设计

根据所设计的履足式复合机器人的主控板可知，MPU6050 六轴加速度传感器与主控之间采用 I^2C 通信协议，即仅需要连接 SDA、SCL 与 GND 引脚。MPU6050 的片选地址为 0xD0，为了节省主控的引脚资源，即与 PCA9685PW 芯片接入同一对 SDA、SCL 引脚。

MPU6050 传感器可实时采集 7 类数据：X 轴加速度、X 轴向角加速度、Y 轴加速度、Y 轴向角加速度、Z 轴加速度、Z 轴向角加速度及温度 t，其数据读取地址如表 5 所示。

机器人的工作环境中必然存在不可预估的噪声及干扰，从而加大了传感器数据误差。因此有必要对 MPU6050 所采集到的数据进行偏差校准、滤波等数据优化操作，其数据处理流程如图 3 所示。

在机器人主控系统的初始化阶段，配置 MPU6050 的采样频率为 125Hz，对其所采集到的六轴加速度数据进行 200 次初始采样，然后分别求均值以获得各项数据的零点偏移误差，以校正机器人的初始欧拉角。

卡尔曼滤波是一种利用上一时刻的估算值及当前所测数据值来获取动态系统当前数据值最优状态的优化算法，其实现基于对应系统的线性状态方程。由于传感器测量的数据中包括一系列噪声等干扰因素，卡尔曼滤波能够从一堆未清洗的数据中，在已获得所测数据方差的状况下，估计该系统的动态状态。在完成偏差校准的基础上，对后续所采集得到的数据应用一阶卡尔曼滤波算法以实现降噪处理，所涉及的基本公式如下所示。

$$
\begin{aligned}
\hat{x}_k &= \frac{1}{k}(z_1+z_2+\cdots+z_k) \\
&= \frac{1}{k}\cdot\frac{k-1}{k-1}(z_1+z_2+\cdots+z_{k-1})+\frac{1}{k}z_k \\
&= \frac{k-1}{k}\hat{x}_{k-1}+\frac{1}{k}z_k
\end{aligned}
$$

$$
\begin{aligned}
\hat{x}_k &= \hat{x}_{k-1}+\frac{1}{k}(z_k-\hat{x}_{k-1}) \\
&= \hat{x}_{k-1}+K_k(z_k-\hat{x}_{k-1})
\end{aligned}
$$

其中 x_k 为 k 次数据的平均值；Z_k 为第 k 次所采集到的数据；K_k 为卡尔曼增益系数。卡尔曼滤波部分的代码实现如下所示。

```
Px = Px + 0.0025;
Kx = Px / (Px + Rx);
//计算卡尔曼增益
agx = agx + Kx * (aax - agx);
//陀螺仪角度与加速度计速度叠加
Px = (1 - Kx) * Px;
//更新p值
Py = Py + 0.0025;
Ky = Py / (Py + Ry);
agy = agy + Ky * (aay - agy);
Py = (1 - Ky) * Py;
Pz = Pz + 0.0025;
Kz = Pz / (Pz + Rz);
agz = agz + Kz * (aaz - agz);
Pz = (1 - Kz) * Pz;
```

已知在自然坐标系下，重力加速度方向与所处位置的水平地面（XY 平面）垂直。假设 IMU 坐标系初始状态下与自然坐标系重合，定义加速度 z 轴与自然坐标系 Z 轴的夹角为偏航角（Yaw），转动角度为 y；加速度 y 轴与自然坐标系 Y 轴的夹角为俯仰角（Pitch），转动角度为 p；加速度 x 轴与自然坐标系 X 轴的夹角为翻滚角（Roll），转动角度为 r。

故，可得到分别绕 x、y、z 轴旋转时的坐标变换矩阵。

$$M_x=\begin{bmatrix}1&0&0\\0&\cos r&\sin r\\0&-\sin r&\cos r\end{bmatrix}$$

$$M_y=\begin{bmatrix}\cos p&0&-\sin p\\0&1&0\\\sin p&0&\cos p\end{bmatrix}$$

$$M_z=\begin{bmatrix}\cos y&\sin y&0\\-\sin y&\cos y&0\\0&0&1\end{bmatrix}$$

则以 Z、Y、X 顺序分别绕对应轴进行 3 次旋转运动时，可描述为以下过程。

$$\begin{bmatrix}a_x\\a_y\\a_z\end{bmatrix}=M_x\cdot M_y\cdot M_z\cdot\begin{bmatrix}0\\0\\g\end{bmatrix}$$

$$=\begin{bmatrix}1&0&0\\0&\cos r&\sin r\\0&-\sin r&\cos r\end{bmatrix}\begin{bmatrix}\cos p&0&-\sin p\\0&1&0\\\sin p&0&\cos p\end{bmatrix}\begin{bmatrix}\cos y&\sin y&0\\-\sin y&\cos y&0\\0&0&1\end{bmatrix}\begin{bmatrix}0\\0\\g\end{bmatrix}$$

$$=\begin{bmatrix}\cos p\cdot\cos y&\cos p\cdot\cos y&-\sin p\\\cos y\cdot\sin p\cdot\sin y-\cos r\cdot\sin y&\cos r\cdot\cos y+\sin p\cdot\sin r\cdot\sin y&\cos p\cdot\sin r\\\sin r\cdot\sin y+\cos r\cdot\sin p&\cos r\cdot\sin p\cdot\sin y-\cos y\cdot\sin r&\cos p\cdot\cos r\end{bmatrix}\begin{bmatrix}0\\0\\g\end{bmatrix}$$

$$=\begin{bmatrix}-\sin p\\\cos p\cdot\sin r\\\cos p\cdot\cos r\end{bmatrix}g$$

解算上述方程，即可得 Pitch、Roll 及 Yaw 的数值。

下面是通过 MPU6050 所采集到的加速度数据解算姿态角的关键代码。

```
float dt = (now - _lastTime) / 1000.0;
//微分时间(s)
_lastTime = now; //上一次采样时间(ms)
//读取六轴原始数值
IMU_MPU6050.getMotion6(&ax, &ay, &az,
&gx, &gy, &gz);
float accx = ax / AcceRatio;
//x轴加速度
float accy = ay / AcceRatio;
//y轴加速度
float accz = az / AcceRatio;
//z轴加速度
//x轴对于z轴的夹角
aax = atan(accx / sqrt(accz*accz +
accy*accy)) * 180 / PI;
//y轴对于z轴的夹角
aay = atan(accy / sqrt(accz*accz +
accx*accx)) * 180 / PI;
//z轴对于y轴的夹角
aaz = atan(accz / sqrt(accx*accx +
accy*accy)) * 180 / PI;
aax_sum = 0; //对于加速度计原始数据的滑动加权滤波算法
aay_sum = 0;
aaz_sum = 0;
for(uint8_t i=1;i<n_sample;i++){
  aaxs[i-1] = aaxs[i];aax_sum +=
aaxs[i] * i;
  aays[i-1] = aays[i];aay_sum +=
aays[i] * i;
          aazs[i-1] = aazs[i];
        aaz_sum += aazs[i] * i;
}
```

3. 运动控制程序设计

（1）机器人单腿运动学分析

根据履带足部的结构设计方案可知，其履带结构的外观呈不等边的五边形。如图 4 所示，机器人在地面上运动时，$S1$、$S2$、$S3$ 这 3 个面能够与地面接触，其中 $S2$、$S3$ 与 $S1$ 所成的夹角均为 135°。但是考虑到机器人行驶或行走过程中的稳定性，通常以 $S1$、$S2$ 面或 $P1$ 点接触地面，即机器人足端与地面接触时的腿部状态有 3 种，分别如图 4~图 6 所示。

将 $S1$ 面触地时的状态定义为状态 1，$S2$ 面触地时的状态为状态 2，$P1$ 点触地时的状态为状态 3。如图 4 所示，腿部机构处于状态 1 时，$P1$ 点与 $J0$ 关节的水平距离 $x1$=144cm；如图 5 所示，腿部机构处于状态 2 时，$P1$ 点与 $J0$ 关节的水平距离 $x2$=32cm。

对比图 4~图 6 可知，状态 1 与状态 2 下分别对应状态 3 下 $P1$ 点与 $J0$ 关节水平距离的最远点及最近点，即在状态 3 下，$P1$ 点与地面接触时的可运动水平范围长度 Δx=（144−32）=112cm。故在此范围内，可等效为如图 7 所示的二连杆机构。

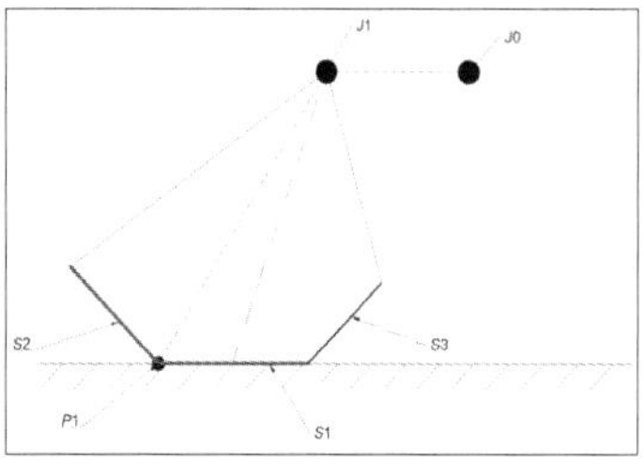

图 4　机器人足端 $S1$ 面与地面接触时的腿部状态

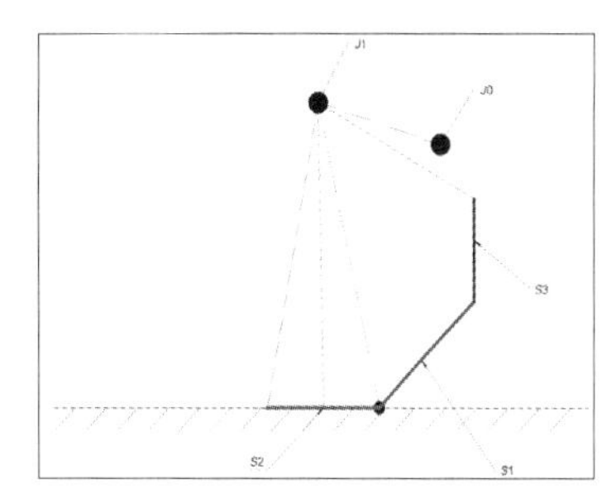

图 5　机器人足端 $S2$ 面与地面接触时的腿部状态

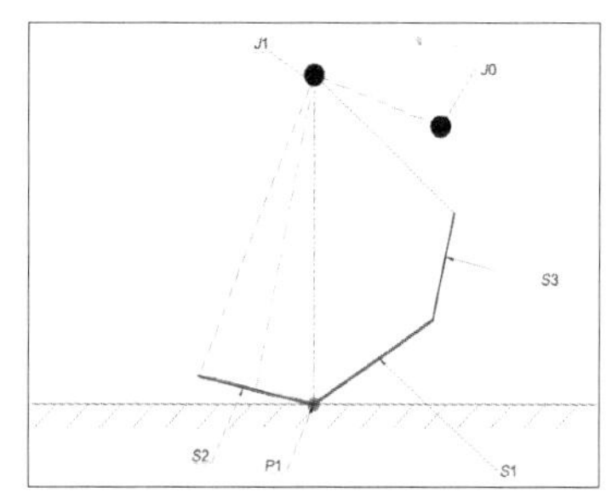

图 6　机器人足端 $P1$ 点与地面接触时的腿部状态

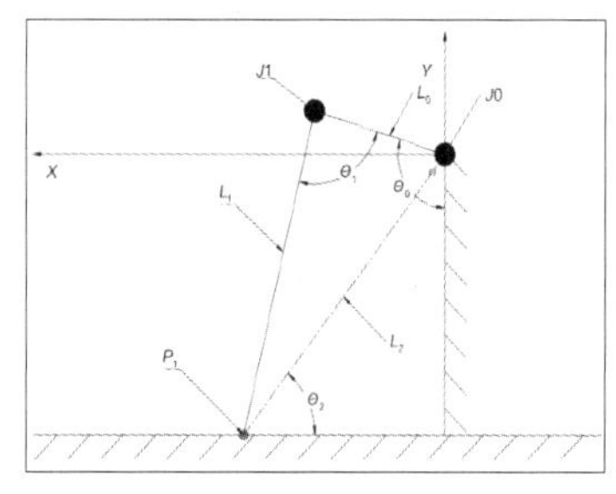

图 7　机器人单腿机构示意简图

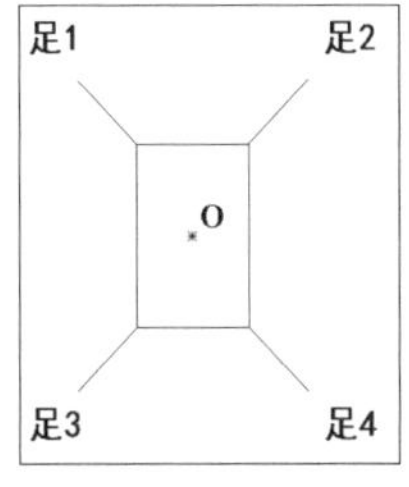

图8 四足机器人的俯视示意图

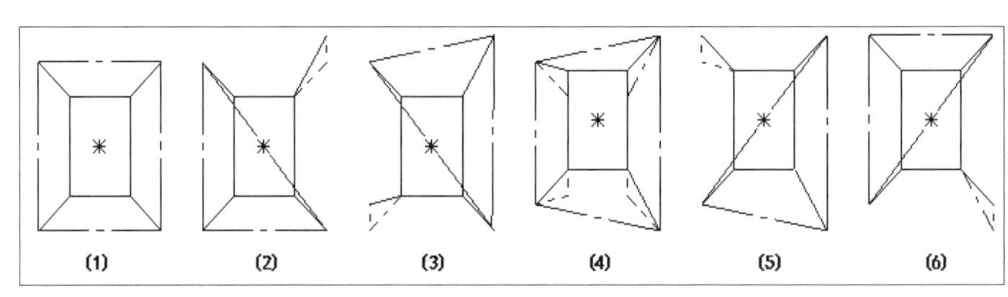

图9 四足机器人的Walk步态规划

如图7所示，已知从$J1$关节到$P1$点的距离$L1$=145cm，从$J0$关节到$J1$关节的距离$L0$=66.4cm。原点O设置在$J0$关节，并创建坐标系，假设（x_{P1}，x_{P2}）为$P1$点的坐标，θ_0为$J0$关节上舵机的位置角度，θ_1为$J1$关节上舵机的位置角度，即在状态1下，$\theta_0=\theta_1=90°$。

根据单腿机构简图，进行正解计算可得足端坐标点，公式如下。

$$\begin{cases} x_{P1} = L_0 \sin(\pi - \theta_0) + L_1 \sin[\theta_1 - (\pi - \theta_0)] \\ \quad = L_0 \sin\theta_0 - L_1 \sin(\theta_0 + \theta_1) \\ y_{P1} = -L_1 \cos[\theta_1 - (\pi - \theta_0)] + L_0 \cos(\pi - \theta_0) \\ \quad = -L_0 \cos\theta_0 + L_1 \cos(\theta_1 + \theta_0) \end{cases}$$

由正解公式可推导出逆解公式，连接$J0$关节点与$P1$点作辅助线，利用余弦定理可得下式。

$$L_0^2 + L_1^2 - 2L_0L_1\cos\theta_1 = x_{P1}^2 + y_{P1}^2$$

当$0 \leqslant \theta_1 \leqslant \pi$时，可解得$\theta_1$。

$$\theta_1 = \arccos\left[\frac{(L_0^2 + L_1^2) - (x_{P1}^2 + y_{P1}^2)}{2L_0L_1}\right]$$

由正解公式可得下式。

$$\begin{cases} x_{P1} - L_0\sin\theta_0 = -L_1\sin(\theta_0 + \theta_1) \\ y_{P1} + L_0\cos\theta_0 = L_1\cos(\theta_0 + \theta_1) \end{cases}$$

平方相加，可得下式。

$$(x_{P1} - L_0\sin\theta_0)^2 + (y_{P1} + L_0\cos\theta_0)^2 = L_1^2$$

化简可得：

$$\frac{x_{P1}^2 + y_{P1}^2 + L_0^2 - L_1^2}{2L_0} = \sin\theta_0 x_{P1} - \cos\theta_0 y_{P1}$$

如图7所示，假设关节$J0$与足端$P1$点所连辅助线为$L_2 = \sqrt{x_{P1}^2 + y_{P1}^2}$，且可知$\theta_2 = \arctan\left|\frac{y_{P1}}{x_{P1}}\right|$。故，可得$x_{P1}=L_2\cos\theta_2$，$y_{P1}=-L_2\sin\theta_2$，替换$x$与$y$，可得：

$$\frac{x_{P1}^2 + y_{P1}^2 + L_0^2 - L_1^2}{2L_0} = L_2(\sin\theta_0\cos\theta_2 + \cos\theta_0\sin\theta_2)$$

可解得θ_1：

① 当$\theta_0+\theta_2>\pi/2$时：

$$\theta_0 = \pi - \arcsin\left(\frac{x_{P1}^2 + y_{P1}^2 + L_0^2 - L_1^2}{2L_0L_2}\right) - \theta_2$$

② 当$0 \leqslant \theta_0+\theta_2 \leqslant \pi/2$时：

$$\theta_0 = \arcsin\left(\frac{x_{P1}^2 + y_{P1}^2 + L_0^2 - L_1^2}{2L_0L_2}\right) - \theta_2$$

（2）机器人步态规划程序设计

腿足式机器人的步态主要指摆动相运动与支撑相运动之间的相对时间关系，主要的研究重点是步态规划方法，以实现机器人能够进行稳定的周期性运动。不同的步态规则及足部结构决定了足部不同的运动方式，四足机器人主要可分为3种步态：静态步态、准静态步态与动态步态。

步态规划的内容主要有足端轨迹规划、步态时序等，其中足部运动轨迹主要是摆动及支撑相位的足端轨迹，这样我们可以得到单腿的运动特征，步态时序能够调整机器人在运动过程中的整体步态形式。

Walk步态是静态步态中理论上行进速度最快的步态，即在运动过程中，要求必须有三条腿触地，仅能有一条腿在摆动。同时，应保证支撑腿与地面触点连线所形成的三角形包括机器人的重心。图8所示为该机器人四足形态下的俯视示意图，其中左前脚为足1，右前脚为足2，左后脚为足3，右后脚为足4，O点为机器人的重心位置。

图9所示为该机器人的Walk步态下前进/后退的四足步态规划示意图，即爬行一个单位的步长可分为以下6个步骤。

◆ 四足机器人站立在初始位置，等待指令。

◆ 足2抬起，向前移动一个单位步长后落下，其余足立在原位等待。

◆ 足3抬起，向前移动一个单位步长后落下，其余足立在原位等待。

◆ 主躯体相对地面向前移动一个单位步长，即四足均与地面接触的状态下，四足相对于重心向后退一个单位步长。

◆ 足1抬起，向前移动一个单位步长后落下，其余足立在原位等待。

◆ 足4抬起，向前移动一个单位步长后落下，其余足立在原位等待。

至此，机器人整体完成一个步长单位的向前步态运动。重复上述步骤，则可实现机器人向前移动所指定的距离。同理，依据上述步骤，四足均改为向后移动一个步长，即可实现机器人向后移动一个单位的步长。

该机器人在四足形态下进行Walk步态运动时，其足端的运动轨迹为摆线（Cycloid），即圆在平面上进行直线滚动时，边界上一点所形成的一种旋转线轨迹，其公式如下页所示。

$$\begin{cases} x_{\exp} = (x_f - x_s)\dfrac{\sigma - \sin\sigma}{2\pi} + x_s \\ y_{\exp} = (y_f - y_s)\dfrac{\sigma - \sin\sigma}{2\pi} + y_s \\ z_{\exp} = h\dfrac{1 - \cos\sigma}{2} + z_s \end{cases}$$

$$\sigma = \frac{2\pi t}{\lambda T_s}, 0 < t < \lambda T_s$$

式中 x_f、y_f 为终点的 x、y 坐标值；x_s、y_s、z_s 为 x、y、z 的起点坐标值，h 为摆线的最高点相对起点的抬起高度，T_s 为机器人完成一个 Walk 步态的周期；λ 为占空比（支撑相）。

已知机器人的单腿机构仅具备 2 个自由度，故在摆线方程中，仅使用 $X_{\exp}$ 与 $Z_{\exp}$ 的计算公式即可获取腿部运动所需的摆线轨迹，其关键代码如下所示。

```
/* 摆线轨迹获取
* xs:X 轴起点位置
* xf:X 轴终点位置
* ys:y 轴起点位置
* yh: 抬腿高度 */
void Robot::GetCycloidPoints(
float CPoints[][2],float xs,
float xf,float ys,float yh){
  uint8_t count = 0;
  float offset  = 0.06; // 生成 10 个点
  float sigma,xep,yep;
  float t;
  float Ts = 1,   fai = 0.5; // 周期T,
占空比 fai( 支撑相)
  /* 计算部分 */
  for(t = 0; t <= Ts*fai; t += offset)
  {
    sigma = 2*PI*t/(fai*Ts);
    xep = (xf - xs)*(sigma-sin(sigma))
/(2*PI)+xs; // x 轴坐标
    yep  =  yh*(1-cos(sigma))/2+ys;
// y 轴坐标
    CPoints[count][0] = xep;
    CPoints[count][1] = yep;
    count += 1;
  }
  CPoints[count][0] = xf;
  CPoints[count][1] = ys;
  count += 1;
}
```

4. 远程控制系统设计

基于 Android Studio 开发 Android 操作系统的应用端程序，主要实现 Wi-Fi 通信、控制指令发送等功能。

（1）Wi-Fi通信程序设计

Android 端在调用 Wi-Fi 热点功能时，需要申请权限，代码如下所示。

```
<!-- Wi-Fi 权限 -->
<uses-permission android:name
="android.permission.CHANGE_NETWORK_
STATE" />
<uses-permission android:name=
"android.permission.CHANGE_WIFI_
STATE" />
<uses-permission android:name=
"android.permission.ACCESS_NETWORK_
STATE" />
<uses-permission android:name=
"android.permission.ACCESS_WIFI_
STATE" />
<uses-permission android:name=
"android.permission.ACCESS_COARSE_
LOCATION" />
<uses-permission android:name=
"android.permission.ACCESS_FINE_
LOCATION" />
<uses-permission android:name=
"android.permission.INTERNET" />
```

Android 5.0 版本以上需要另外申请动态权限，代码如下所示。

```
/* Android 动态权限申请 */
 private void VersionConfirmWifi(){
   if (Build.VERSION.SDK_INT <=
Build.VERSION_CODES.P) {
     if (ActivityCompat.
checkSelfPermission(this,Manifest.
permission.ACCESS_FINE_LOCATION) !=
PackageManager.PERMISSION_GRANTED
      || ActivityCompat.
checkSelfPermission(this,Manifest.
permission.ACCESS_COARSE_LOCATION) !=
PackageManager.PERMISSION_GRANTED) {
       String[] strings =
       {Manifest.permission.ACCESS_
FINE_LOCATION, Manifest.permission.
ACCESS_COARSE_LOCATION};
       ActivityCompat.
requestPermissions(MainActivity.this,
strings, 1);
     }
   } else {
     if (ActivityCompat.
checkSelfPermission (this,Manifest.
permission.ACCESS_FINE_LOCATION) !=
PackageManager.PERMISSION_GRANTED
      || ActivityCompat.
checkSelfPermission (this,Manifest.
permission.ACCESS_COARSE_LOCATION)
!= PackageManager.PERMISSION_GRANTED
      || ActivityCompat.
checkSelfPermission(this,"android.
permission.ACCESS_BACKGROUND_
LOCATION") != PackageManager.
PERMISSION_GRANTED) {
       String[] strings = {android.
Manifest.permission.ACCESS_
FINE_LOCATION,android.Manifest.
permission.ACCESS_COARSE_LOCATION,
"android.permission.ACCESS_
BACKGROUND_LOCATION"};
       ActivityCompat.
requestPermissions(MainActivity.this,
strings, 2);
     }
   }
 }
}
```

在机器人的控制调试阶段，上位机开发相关 Wi-Fi 无线通信功能需要导入 3 个关键类：WiFiManager、WiFiInfo、WiFiConfiguration，分别用于管理 Wi-Fi，以及操作、获取已连 Wi-Fi 的热点信息和配置 Wi-Fi 相关的网络信息，主要用于实现跳转至 Wi-Fi 设置界面，获取当前已连接 Wi-Fi 信息等。

传输层采用 TCP 通信协议，且要求能够实现 3 个基本功能：建立连接（Connect）、发送信息（Send）与断开连接（Disconnect）。同时，Android 5.0 之后的版本，在开发中为了防止 ANR 问题，要求 Socket 必须在工作子线程 Thread 中创建。其建立 TCP 通信连接的相关代码如下所示。

```
/* 连接 */
private void Connect() {
  // 开启线程来发起网络请求
  new Thread(new Runnable() {
    @Override
    public void run() {
      try {
        socket = new Socket();
        socket.connect(new InetSocketAddress(IPv4,Integer.parseInt(Port)), 4000);
        if(socket != null){
          Message message = new Message();
          message.what = CONNECTED_RESPONSE;
        }
      }catch (IOException ex) {
      ex.printStackTrace();
      Message message = new Message();
      message.what = RESPONSE_TIMEOUT;
      MyHandler.sendMessage(message);
      }
    }
  }).start();
}
```

（2）交互界面及控制程序设计

Material 组件是由 Android 官方提供的 UI 开发组件，支持丰富、炫酷的视觉、动作和互动设计。

Toolbar 可代替 ActionBar，这是在 Android 5.0 版本后加入的新控件，其支持 5 种基本元素：Logo、导航、标题、个性化控件与菜单。其中 Action Menu 菜单部分，结合上述 Wi-Fi 通信、TCP 通道搭建相关功能，共设计了以下 4 个子功能：跳转 Wi-Fi、已连接 Wi-Fi 信息、TCP 通信连接、TCP 通信断开。

Material 中的悬浮按钮 FloatingActionButton 创建在主界面的右下角，其功能设定为当检测到 Wi-Fi 未连接时，单击则直接跳转至 Wi-Fi 配置界面；当检测到 Wi-Fi 已连接时，单击则弹出已连接 Wi-Fi 的信息窗。

Android App 的主界面设计应用约束布局 ConstrantLayout，与控制指令交互相关的控件分别布局在一个线性布局（LinearLayout）与一个表格布局（TableLayout）。其中线性布局下仅包括两个输入框（EditText）控件，分别用于输入上位机客户端要访问的 IPv4 地址及网络服务端口号。表格布局下采用 TableRow 控件分割为 4 行，每行有 3 个按键（Button）控件，每个按键设置一个单字符（Char）的控制指令，即总共支持 12 个控制指令的配置（见图 10）。

总结

本文结合腿足机构与履带结构，设计并制作了一款履带四足复合机器人。机器人具备两种行进模式：履带行进、四足行进，其能够灵活地适应多种非对称化结构的复杂地况，协助或代替人类在各类危险、灾害环境下工作。

本文所需资料已上传至立创开源硬件平台，需要的朋友可以在该平台搜索“履带四足复合机器人”下载相关资料。本项目在对履足式复合机器人计算分析的基础上，研制出了实体样机，并开展了一系列功能测试及实验调试。在样机的实际调试过程中，我遇到了许多在理论设计阶段中未注意到的问题。经过不断地调试、改进程序，最终该复合机器人能够实现所规划的基本运动及功能。具体演示视频可以扫描文章开头的二维码观看。

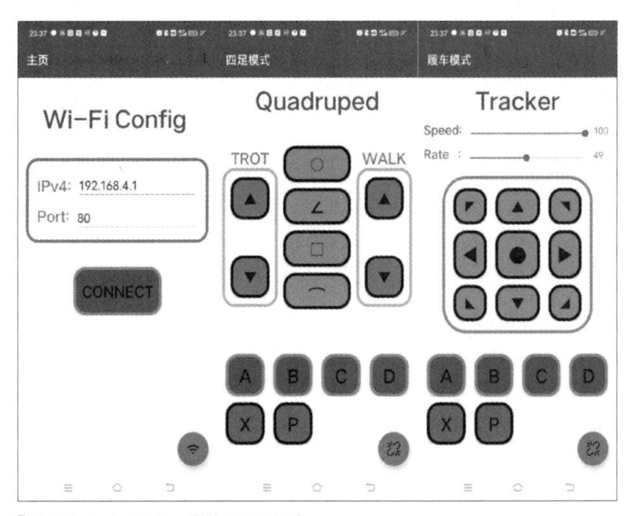

图 10 Android App 的交互界面设计

用步进电机制作手掌大的电子琴

演示视频

郭力

项目起源

步进电机大家或多或少都接触过，常见于一些中小型的加工设备中，比如激光切割机（见图1）或者3D打印机。我在使用激光切割机的时候发现，在切割圆形的图案时，激光切割机中的步进电机就会发出类似于弹奏乐器的声音，为什么会出现这种现象呢?

我们知道，声音的产生与频率有关，频率越高，音调就会越高。扬声器就是因为响应了不同的频率发出不同的声音，那么理论上一首完整的音乐也可以使用步进电机弹奏出来，本文我们就一起来探究一下这个问题，使用步进电机来制作一款电子琴。因为它是由步进电机制作的，所以我给它取名叫Stepper Music，如图2所示。

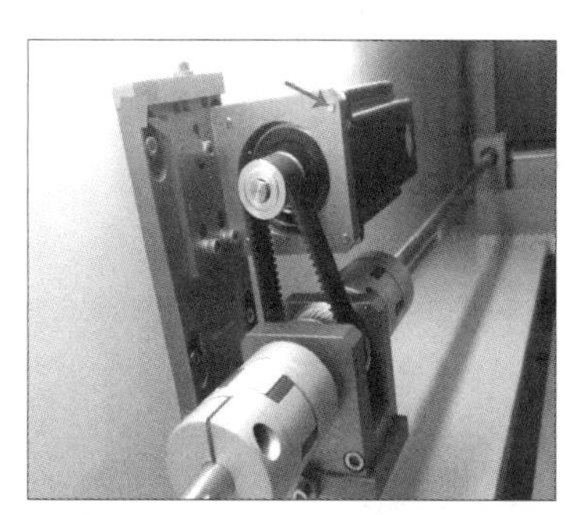
图1 激光切割机上的步进电机

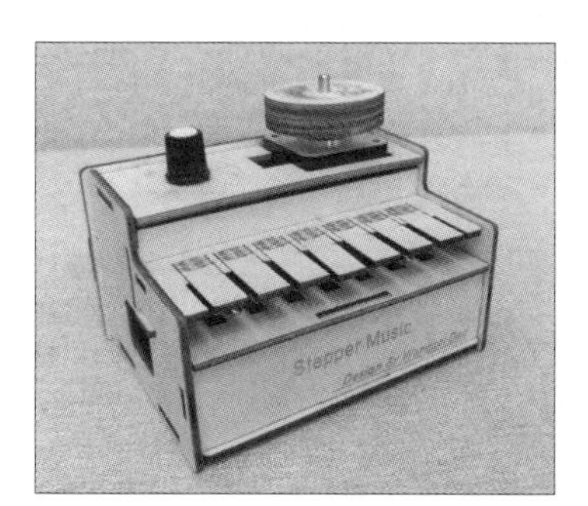
图2 步进电机电子琴

实验准备

1. 器材清单

本次步进电机电子琴需要使用到的器材如图3所示，清单如表1所示。

2. 电控部分

与真实钢琴不同，本次作品使用步进电机来发出声音，控制步进电机需要一个

表1 器材清单

序号	名称	数量
1	Arduino Nano 控制器	1个
2	A4988 电机驱动芯片	1个
3	42 步进电机	1个
4	电位器	1个
5	3mm厚椴木板（40cm~60cm）	1块
6	杜邦线	若干
7	五金件	若干
8	Arduino Nano I/O 扩展板	1块

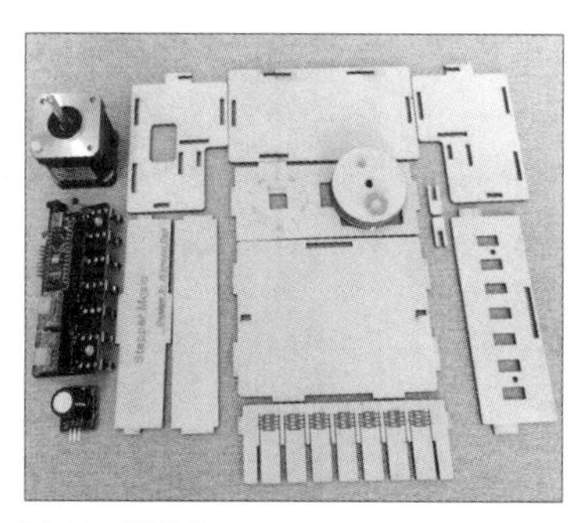
图3 器材实物

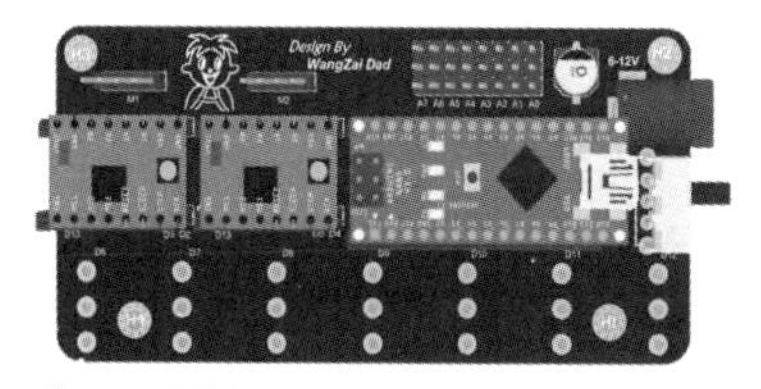
图4 步进电机电子琴电路板

步进电机驱动芯片，常见的步进电机驱动芯片为A4988，常用在早期的3D打印机中，由于A4988噪声比较大，逐渐被更优的方案代替。不过我们这次项目的主要目的就是让步进电机发声，所以噪声对于我们来说反而是好事情。控制器我们选择常用的Arduino，为了缩小体积，我们选择Nano版本。为了使用起来更加方便，我们将控制器、步进电机驱动以及琴键设计在一块电路板上，电路板仿真效果如图4所示。

此电路板主要包含电源电路、控制器、驱动器电路等，如图5所示。其中，轻触开关配有一个上拉电阻，让其信号变得稳定。

将电路图生成PCB文件，进行布线，为了保证步进电机工作时的电流足够大，布线线宽参数要设置得大一些，如图6所示。

PCB设计完成后，切换至三维模式查看3D效果，如图7所示。

最后检查没有问题后送去打样。

在PCB打样的同时，我们可以着手准备需要用到的焊接元器件，元器件清单如表2所示。

打样完成后的PCB实物如图8所示。

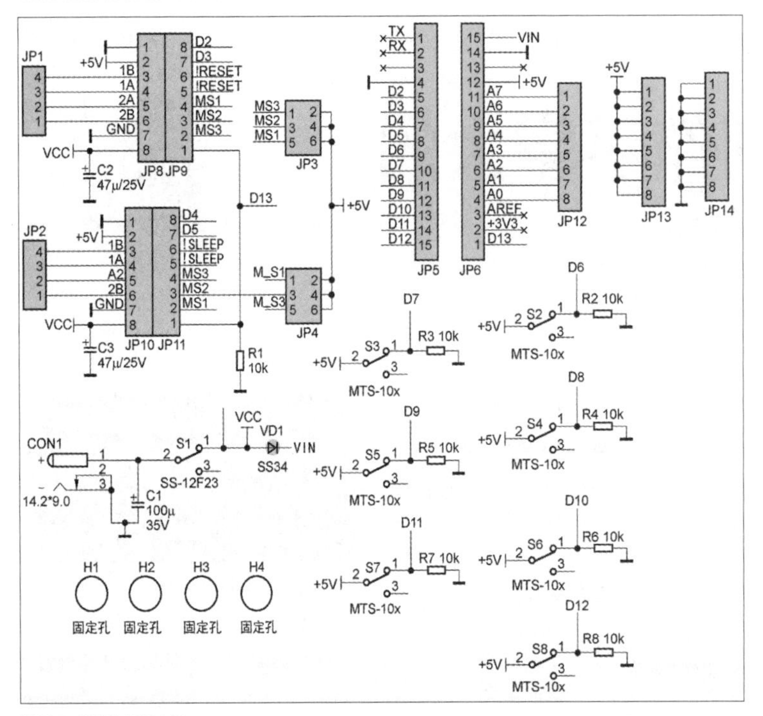

▌图 5 步进电机琴电路

元器件材料准备齐全后，我们将元器件依次焊接在电路板中，未安装电机驱动芯片的成品如图 9 所示。

本次作品我们采用最常见的 42 两相四线步进电机（42 为长度，单位为 mm，两相即为两组线圈）。我们选用 A4988 电机驱动芯片，它是一款十分普及且性价比很高的驱动芯片，尤其是在 3D 打印机和小型 CNC 数控机床领域十分常见，如图 10 所示。

A4988 电机驱动芯片的引脚如图 11 所示，引脚功能见表 3。

我们通过表 3 可以知道 A4988 电机驱动芯片每个引脚的功能，步进电机需要连接 1A、1B、2A、2B 引脚，而步距角我们可以使用默认的全步进方式，在程序

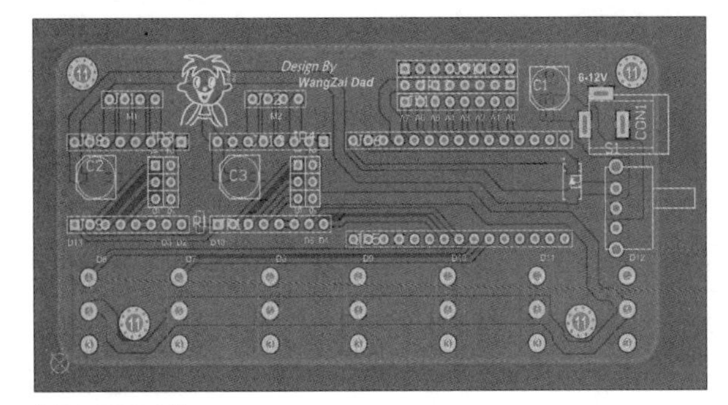

▌图 6 PCB 布线

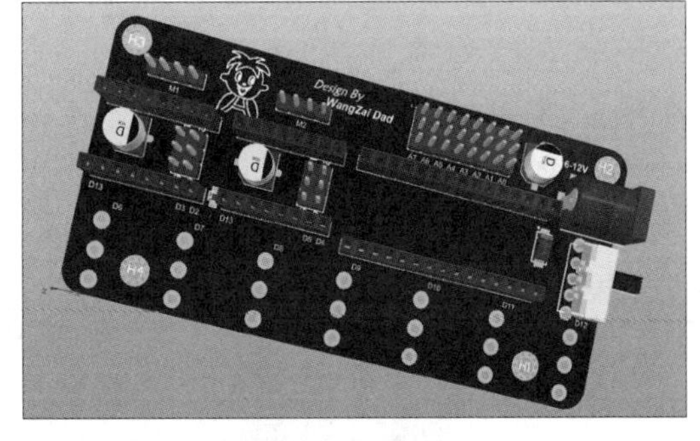

▌图 7 PCB 3D 渲染效果

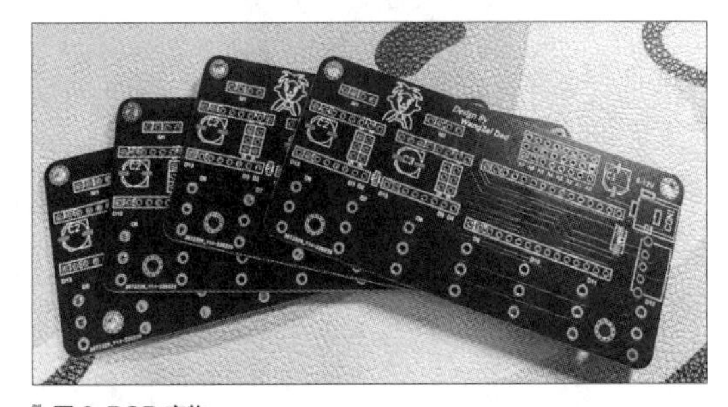

▌图 8 PCB 实物

▌图 9 未安装电机驱动芯片的电路板

表 2 元器件清单

序号	注释	描述	位号	数量
1	100μF/35V	贴片电解电容	C1	1
2	47μF/25V	贴片电解电容	C2、C3	2
3	142~9.0	低压电源接口	CON1	1
4	SS34	肖特基二极管	D1	1
5	固定孔	固定孔	H1、H2、H3、H4	4
6	HDR-1×4	4Pin 接插件	JP1、JP2	2
7	Header3×2	3~2Pin 接插件	JP3、JP4	2
8	HDR-1×15	15Pin 接插件	JP5、JP6	2
9	HDR-1×8	8Pin 接插件	JP8、JP9、JP10、JP11	4
10	HDR-1×8	8Pin 接插件	JP12、JP13、JP14	3
11	10kΩ	贴片电阻	R1~R8	8
12	S5-12F23	1 路波动开关	S1	1
13	MTS-10x	MTS10x 系列 3 脚扭子开关	S2~S8	7

图 10 A4988 电机驱动芯片

ENABLE MS1 MS2 MS3 RESET SLEEP STEP DIR
VMOT GND 2B 2A 1A 1B VDD GND

图 11 A4988 电机驱动芯片引脚

中只需要设置 STEP 和 DIR 两个引脚即可控制步进电机。

知道了 A4988 电机驱动芯片的引脚功能后，我们将 A4988 电机驱动芯片安装在设计好的电路板上，安装时注意方向。

步进电机的红、绿、蓝、黑 4 根引线连接电路板的 M1 或 M2 接线柱即可，M1 接线柱的 STEP、DIR 分别对应 Arduino Nano 控制器的数字引脚 3、数字引脚 2，M2 接线柱的 STEP、DIR 分别对应 Arduino Nano 控制器的数字引脚 5、数字引脚 4，安装完成后如图 12 所示。

表 3 A4988 电机驱动芯片引脚功能

序号	引脚	功能
1	VMOT	电机电源正极（输入电压范围为 8V~35V）用于给步进电机供电
2	GND	电机电源负极
3	1A、1B	电机绕组 1 控制引脚
4	2B、2A	电机绕组 2 控制引脚
5	VDD	A4988 驱动芯片电源正极
6	GND	A4988 驱动芯片电源负极
7	ENABLE	使能引脚（低电平有效，默认悬空为低电平）
8	MS1、MS2、MS3	调整 A4988 驱动电机模式为全、半、1/4、1/8 及 1/16 步进模式，简单理解就是步距角更细分了
9	RESET	复位引脚低电平有效，默认悬空为高电平
10	SLEEP	睡眠引脚，低电平进入低功耗睡眠状态，如不需要使用睡眠功能，则将 SLEEP 引脚与 RESET 引脚连接
11	STEP	步进引脚，A4988 驱动芯片根据 MS1、MS2 和 MS3 引脚控制电机旋转相应的步数
12	DIR	方向引脚，低电平控制电机顺时针旋转，高电平则逆时针旋转

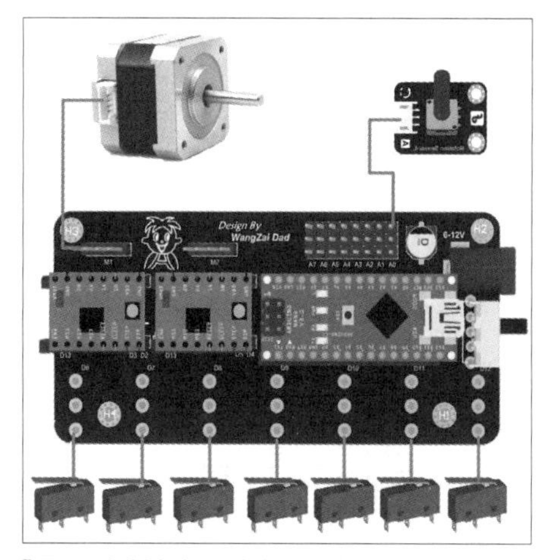

图 13 步进电机电子琴电路连接示意图

步进电机电子琴的 PCB 我们已经设计完成，电位器、步进电机与控制板的接线如图 13 所示。我们可以看出，控制板预留了两个步进电机的连接端口，我们可以连接一个或两个步进电机，电位器可以连接模拟引脚 0，而板载的 7 个轻触开关分别对应数字引脚 6~12。

电控部分设计完成， 接下来为步进电机电子琴设计外观结构。

3. 外观结构

我们参考现实生活中的钢琴模样来设计步进电机电子琴的外观结构，采用激光切割技术来加工制作，图 14 所示为效果图。

我们要制作的步进电机电子琴的体积只有手掌大小，而现实生活中的钢琴琴键有 80 多个，为了保证有丰富的音调，我们借助电位器来调节音调，当电位器调节至不同的位置，按下琴键就会发出不同的音调，这样就实现了使用 7 个琴键模拟多种音调的效果。

步进电机电子琴外观结构的关键部位是琴键，需要同时满足能够发声，按下后又能有回弹的感觉，在琴键的结构设计中，我们采用微动开关（轻触开关），加入柔性结构使得琴键能够回弹，如图 15 所示。

方案确定后，首先设计外观结构的图纸，为了验证装配细节，我们先使用 Fusion360 计算机辅助设计软件设计三维

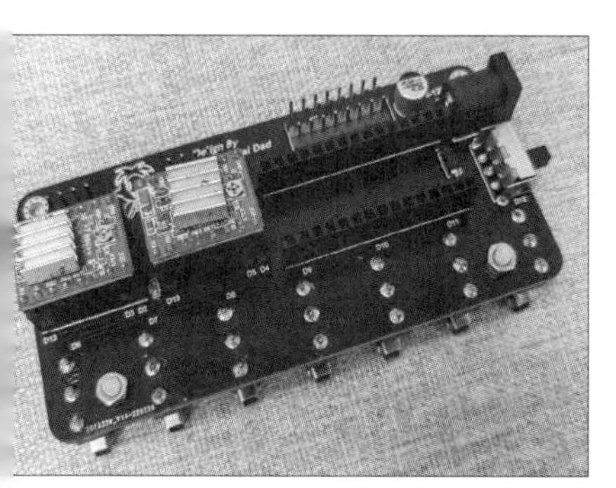

图 12 将 A4988 电机驱动芯片安装在电路板中

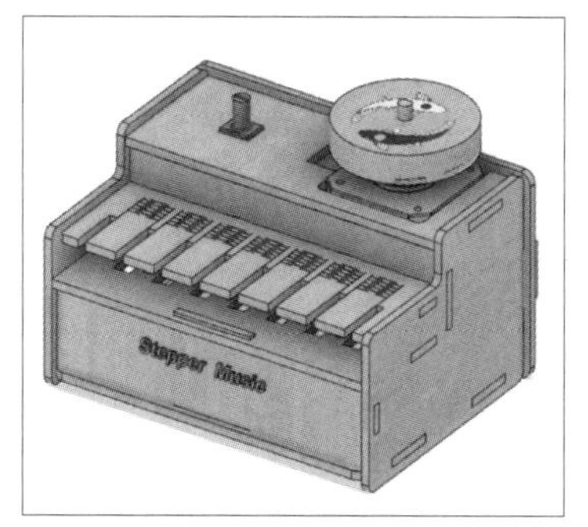

图 14 步进电机电子琴的效果图

图 15 琴键设计

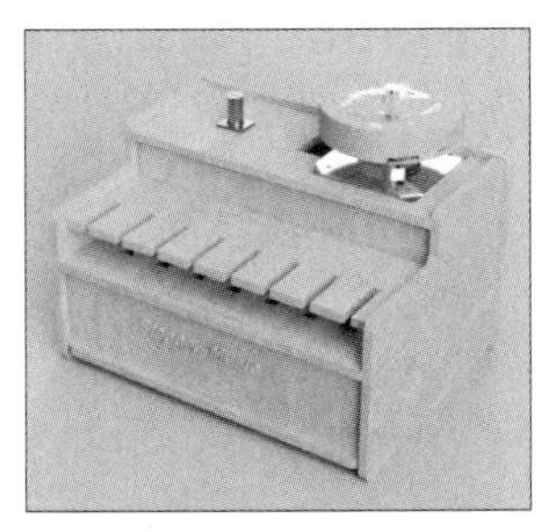

图 16 三维模型

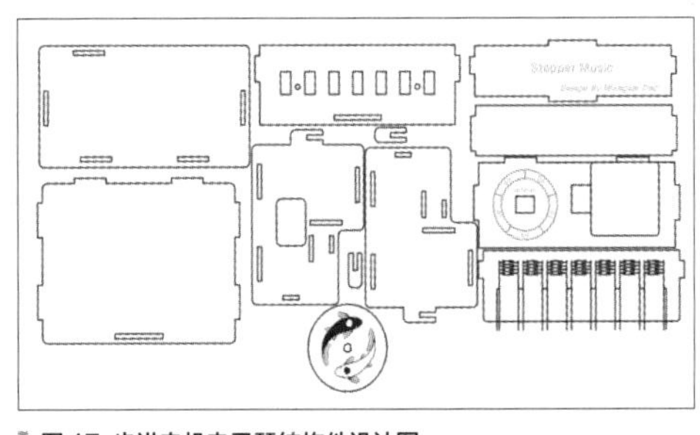

图 17 步进电机电子琴结构件设计图

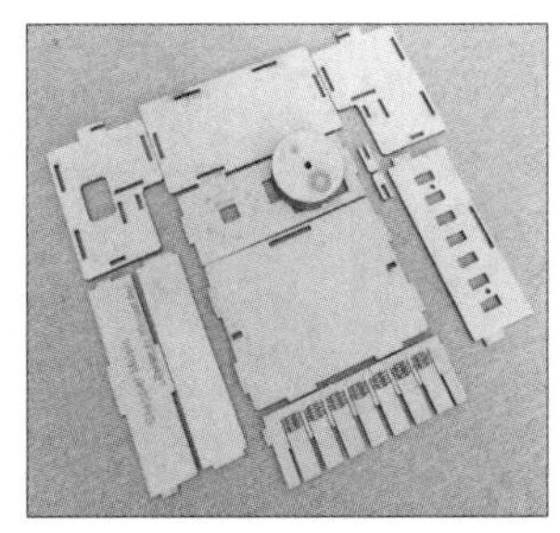

图 18 激光切割加工完成后的零件实物

模型，如图 16 所示，再将模型转换为适合激光切割加工的二维图纸。

三维模型设计完成后，将图纸加载至 LaserMaker 激光建模软件中做处理。在软件中设置文本和图案为浅雕加工工艺，步进电机在工作时是会旋转的，我们为它设计一个刻有两条鱼的转盘，增加旋转效果。处理完成的设计图如图 17 所示。

图纸设计完成后，我们使用激光切割机把它加工出来，切割完成后的零件如图 18 所示 。

组装步进电机电子琴

1 安装电路板部分，电路板中轻触开关的部分朝上与木板组合在一起。使用直径 3mm 的螺丝、螺母和尼龙柱固定。

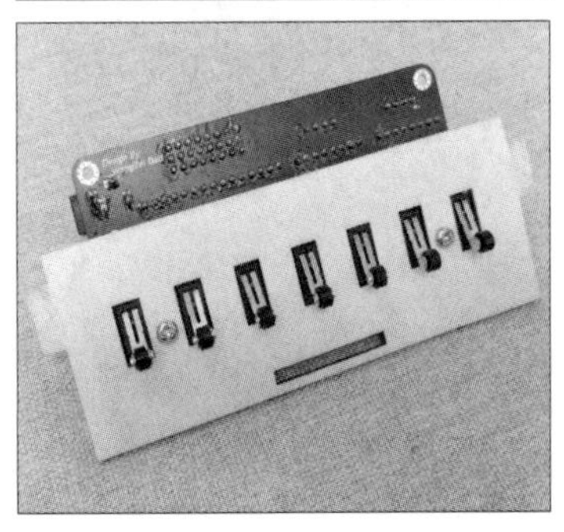

2 安装电位器，先将电位器安装在对应的方孔中，然后套上旋钮帽。

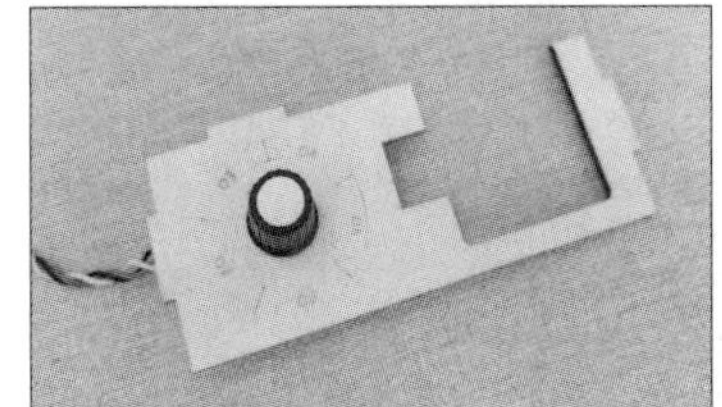

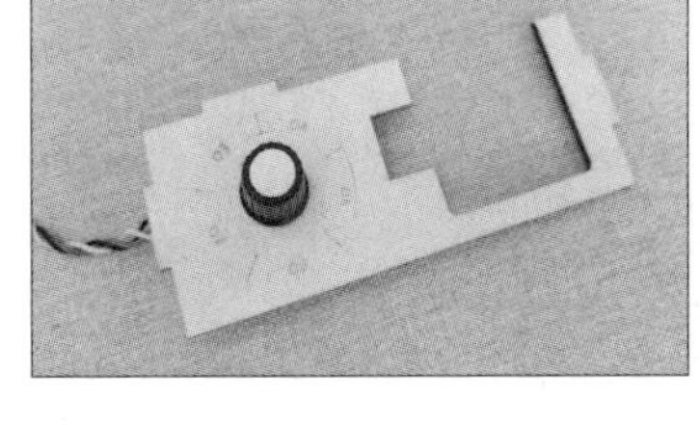

3 将刻有小鱼的圆形转盘与步进电机安装在一起。

4 电子部件安装完成，将框架组装起来，首先安装部分框架。

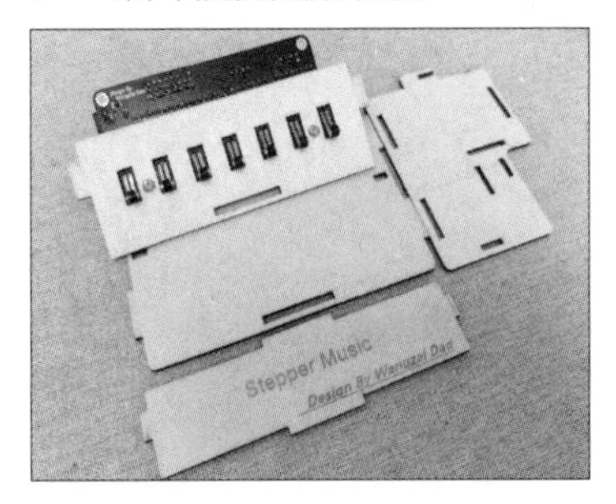

5 在上一步的成品上安装琴键木板和中间的一块竖板。

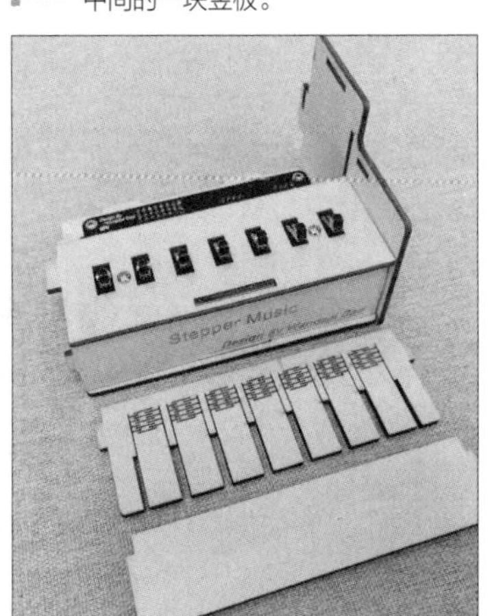

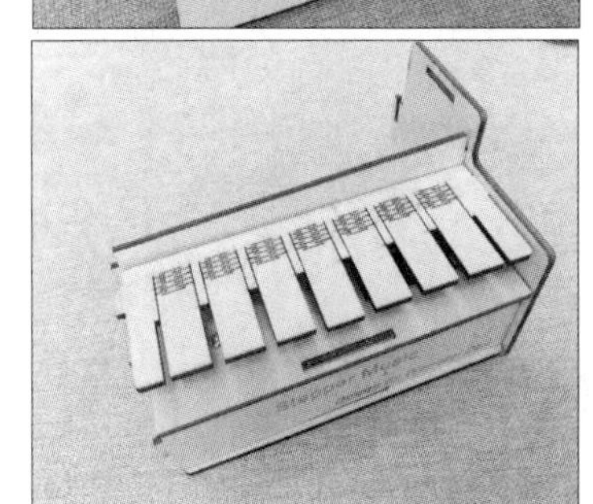

6 安装用来固定电位器和步进电机的顶板，安装时注意电位器的旋钮指示标志的方向。

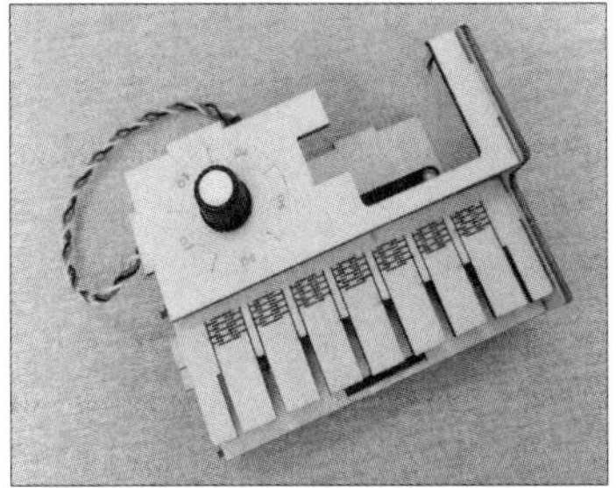

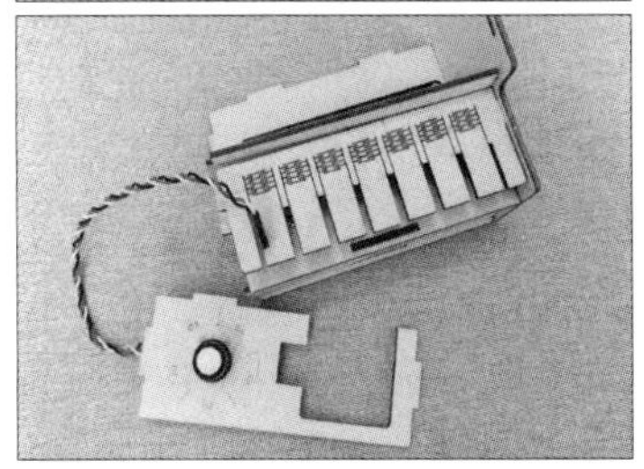

7 将左侧的木板安装在框架上。

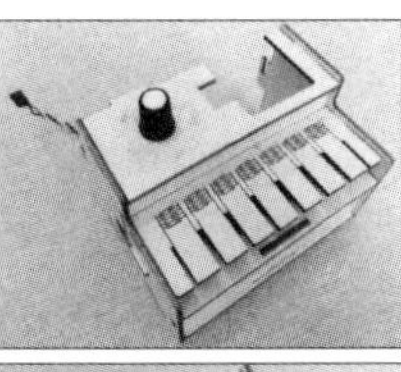

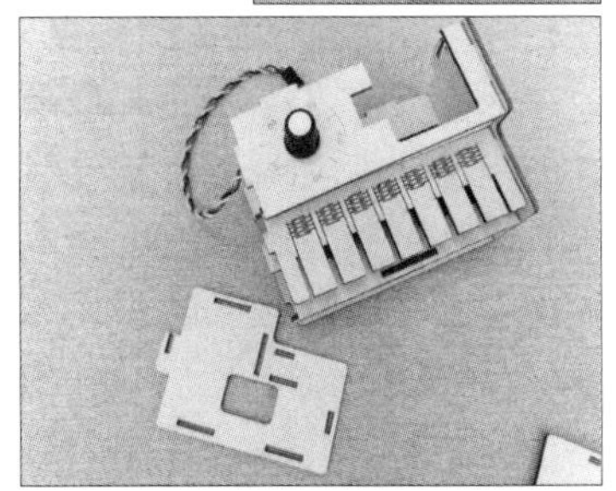

8 将背板安装在框架上，再使用两个插销固定。

9 外观结构框架组装完成。

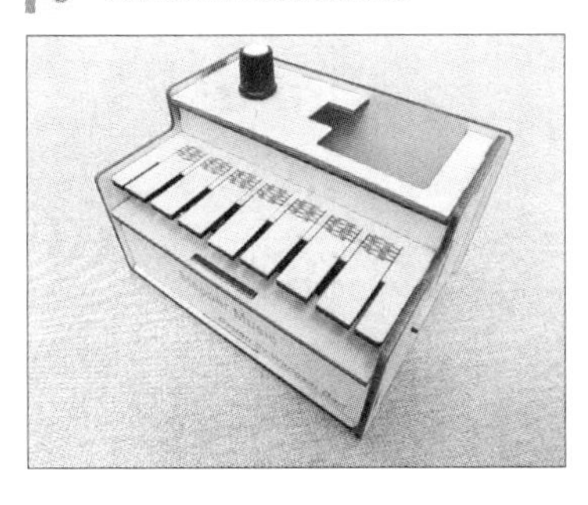

10 将步进电机按照下图的方式放入琴中，注意先将电路连接完成。

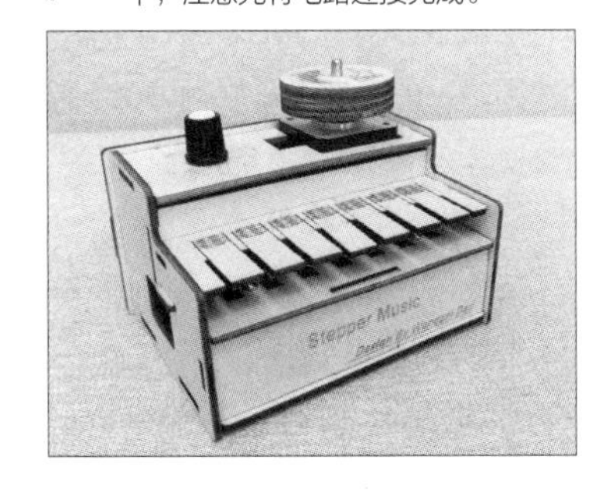

程序设计

为了保证步进电机的响应速度，本次直接对单片机的寄存器编程，而不使用Arduino库中提供的digitalWrite( )等函数。本作品使用Arduino IDE作为编程环境。

1. 利用轻触开关弹奏音乐

本次步进电机电子琴所使用的轻触开关是典型的数字信号开关，我们只需要知道轻触开关按下和弹起的状态值即可弹奏音乐。

我们在编程环境中输入程序1。

程序1

```
void setup() {
  Serial.begin(9600);
}
void loop() {
  Serial.println(digitalRead(6));
//串口打印数字引脚6的数值
  delay(1000);
}
```

程序下载后，打开串口监视器即可看到测试效果如图19所示。

当按下轻触开关时，输出的状态值为1，松开后的输出值为0。这样我们就可以通过检测7个轻触开关的状态来弹奏音乐了。

2. 利用电位器调节音调

掌握了琴键的弹奏方法，下面我们学习如何通过电位器来调节音调，本次步进电机电子琴所使用的电位器输出的是典型的模拟信号，我们需要将模拟信号划分为几个区间，用来调节不同的音调。

我们在编程环境中输入程序2来测试一下电位器的数值范围。

程序2

```
void setup() {
  Serial.begin(9600);
```

图19 串口打印测试结果

图 20 串口打印电位器的数值

COM23
发送
0
0
0
1
1
2
3
4
4
4
自动滚屏 Show timestamp
换行符
9600 波特率
清空输出

图 21 电位器数值映射后的结果

```
}
void loop() {
   Serial.println(analogRead(A0));
// 串口打印模拟引脚 0 的数值
  delay(1000);
}
```

程序下载后，打开串口监视器即可看到测试效果，如图 20 所示。

从图 20 中可以看出，电位器旋钮的数值范围是 0~1023，假如我们需要 5 种不同的音调，我们就需要将 0~1023 的数值范围均分成 5 份，在不同的区间内按下按键就可以发出不同的声音。关于钢琴的各种音调（学名叫音高）对应的频率，我们可以参考表 4，这次我们取 O3~O7 五种音高。

将电位器的数值与5种音高对应起来，实现的方法有两种，第一种方法是将数值缩小为 1/250，如程序 3 所示。

程序3

```
void setup() {
  Serial.begin(9600);
}
void loop() {
  Serial.println(analogRead
(A0)/250);// 串口打印模拟引脚 0 缩小范围后的数值
delay(1000);
}
```

第二种方法是使用 map( ) 映射函数，将电位器的数值范围映射到 0~4 的范围，如程序 4 所示，运行结果如图 21 所示。

程序4

```
int num;
void setup() {
  Serial.begin(9600);
}
void loop() {
  num = map(analogRead(A0),0,
1023,0,4);
  Serial.println(num);// 串口打印模拟引脚 0 映射范围后的数值
  delay(1000);
}
```

我们还可以将 O3~O7 音高对应的频率存放在一个数组中方便调用，这样就可以通过电位器的挡位调节来切换不同的音调了，除此之外配合数组使用的还有一个结构体，如程序 5 所示。

表 4 钢琴的音高与频率对照表

音高 音符	O1	O2	O3	O4	O5	O6	O7	O8
A	27.500	55.000	110.000	220.000	440.000	880.000	1760.000	3520.000
Bb	29.135	58.270	116.541	233.082	466.164	932.328	1864.655	3729.310
B	30.868	61.735	123.471	246.942	493.883	987.767	1975.533	3951.066
C	32.703	65.406	130.813	261.626	523.251	1046.502	2093.004	4186.009
C#	34.648	69.296	138.591	277.183	554.365	1108.731	2217.461	–
D	36.708	73.416	146.832	293.665	587.330	1174.659	2349.318	–
Eb	38.891	77.782	155.563	311.127	622.254	1244.598	2489.016	–
E	41.203	82.407	164.814	329.629	659.255	1318.520	2637.020	–
F	43.654	87.307	174.614	349.228	698.456	1396.913	2793.826	–
F#	46.249	92.499	184.977	369.994	739.989	1479.978	2595.955	–
G	48.999	97.999	195.988	391.995	783.991	1567.982	3135.437	–
G#	51.913	103.826	207.652	415.305	830.609	1661.219	3322.437	–

程序5

```
typedef struct {
  float xfr;
}MUSIC;
//音高与频率
#define PITCHES_LENGTH 35
const MUSIC pitches[PITCHES_LENGTH]
PROGMEM = {
  130.813,//O3
  146.832,
  164.814,
  174.614,
  195.998,
  220.000,
  246.942,
  261.626,//O4
  293.665,
  329.629,
  349.228,
  391.995,
  440.000,
  493.883,
  523.251,//O5
  587.330,
  659.255,
  698.456,
  783.991,
  880.000,
  987.767,
  1046.502,//O6
  1174.659,
  1318.520,
  1396.913,
  1567.982,
  1760.000,
  1975.533,
  2093.004,//O7
  2349.318,
  2637.020,
  2793.826,
  3135.437,
  3520.000,
  3951.066,};
```

3. 定时器基本操作方法

Arduino Nano 使用的是 ATmega328P 芯片。它一共有 3 个定时器：定时器 0（8 位）、定时器 1（16 位）、定时器 2（8 位）。delay( )、millis( )、Serial( ) 这些官方提供的库函数或者功能依赖于定时器 0，所以本次作品我们不能使用定时器 0。这里我们选择定时器 2，当然也可以用定时器 1。

Arduino 定时器设置步骤为：

◆ 设置定时器初值、定时时间；

◆ 设置定时器匹配模式；

◆ 设置预分频模式，与定时时间有关。

Arduino 定时器的匹配模式有普通模式、CTC 模式、快速 PWM 模式、相位可调 PWM 模式。本次作品采用 CTC 模式，即输出 50% 占空比的方波信号。

每个定时器都有一个计数器，在计数器的每个时钟周期内递增。当计数器达到存储在寄存器中的指定值时触发 CTC 定时器中断。一旦定时器的计数器达到该值，它将在定时器时钟的下一个周期清零（复位为零），然后它将继续再次计数，如此循环。我们通过选择比较匹配值并设置定时器递增计数器的速度，就可以控制定时器中断的频率。

Arduino 时钟以 16MHz 运行。计数器的一个刻度值表示 1/16 000 000 秒（约 63ns），跑完 1s 需要计数 16 000 000 次。Timer0 和 timer2 是 8 位定时器，存储的最大计数器值 255。Timer1 是一个 16 位定时器，存储的最大计数器值 65 535。

一旦计数器达到其最大值，它将回到零（这称为溢出）。因此，需要对时钟频率进行分频处理。我们通过预分频器控制定时器的频率。预分频器与定时器的计数频率为：定时器频率 (Hz) = Arduino 时钟频率 (16MHz) / 预分频器系数。

因此，1 预分频器将以 16MHz 递增计数，8 预分频器将以 2MHz 递增计数，64 预分频器以 250kHz 递增计数，依此类推。本次我们设置 64 预分频器，中断频率为 60 000Hz。定时器的基本指令如程序 6 所示。

程序6

```
#define FRQ_TIMER2 (60000)
//定时器 2 溢出速度
TIMSK2 = _BV(OCIE2A);
//开启定时器 2 中断
TIMSK2 = 0;// 关闭定时器 2 中断
TCCR2A = _BV(WGM21);//CTC 模式，用于输出 50% 占空比的方波信号
TCCR2B = _BV(CS22);//64 预分频
TCNT2 = 0;// 定时器 2 计数器寄存器清空
OCR2A = 1;// 比较寄存器的值设置为 1
```

我们通过修改计数值就可以发送不同的频率，如程序 7 所示。

程序7

```
int xFrequency = 0;// 方波频率变量
int xCounter = 0;// 计数变量
ISR(TIMER2_COMPA_vect) {
  if (xFrequency != 0)
  { if (++xCounter>= (xFrequency))
    { xCounter = 0;
      if (bitRead(PORTD, xMOTOR))
// 从数值中读取 bit（位）
      {
        bitClear(PORTD, xMOTOR);// 将数值的某一位清空为 0
      }
      else
      {
        bitSet(PORTD, xMOTOR); // 将数值的某一位设置为 0
      }
    }
  }
}
```

学会了用定时器产生脉冲方波的方法，下面我们还需要对步进电机进行控制，控制步进电机需要对单片机的引脚有一定了解，图 22 所示是 Arduino Nano 所用芯片的引脚定义，我们需要快速地给外部设备提供中断信号，需要使用 PCINT 的引脚号进行编程，而不是使用常用的 Arduino PIN。

比如，我们将步进电机接在电路板的 M1 接线柱上，那么电路板中对应的使能引脚 ENABLE 为 D13（PCINT5），步进引脚 STEP 是 D3（PCINT19），方向引脚 DIR 是 D2（PCINT18）；采用 PCINT 编号设置如程序 8 所示。

程序8

```
#define ENABLE PCINT5  //使能引脚
#define xMOTOR PCINT19  //步进引脚
#define xDIR PCINT18  //方向引脚
DDRB = _BV(ENABLE);//设置使能引脚
DDRD = _BV(xMOTOR) | _BV(xDIR) ;
```

4. 电子琴发声测试

我们在程序中设置当检测到 7 个琴键被按下后对应发出不同的频率的功能，频率 xFrequency 的计算公式为：xFrequency = FRQ_TIMER2/pgm_read_float(&pitches[0+num×7])，其中FRQ_TIMER2为定时器的中断频率，pgm_read_float (&pitches[0+num×7]) 为不同音高对应的频率，两者相除就是发送该方波脉冲需要持续的时间，电子琴发声测试程序如程序 9 所示。

程序9

```
#define FRQ_TIMER2 (60000)
//定时器2溢出速度
void loop() {
  num = map(analogRead(A0),0,1023,0,4);
  if ((digitalRead(12) || digitalRead(11)) || (digitalRead(10) || (digitalRead(9) || (digitalRead(8) || (digitalRead(7) || digitalRead(6)))))) {
    TIMSK2 = _BV(OCIE2A);
    //开启定时器2中断
    if (digitalRead(12)) {
      xFrequency = FRQ_TIMER2/pgm_read_float(&pitches[0+num*7]);
    }
    if (digitalRead(11)) {
      xFrequency = FRQ_TIMER2/pgm_read_float(&pitches[1+num*7]);
    }
    if (digitalRead(10)) {
      xFrequency = FRQ_TIMER2/pgm_read_float(&pitches[2+num*7]);
    }
    if (digitalRead(9)) {
      xFrequency = FRQ_TIMER2/pgm_read_float(&pitches[3+num*7]);
    }
    if (digitalRead(8)) {
      xFrequency = FRQ_TIMER2/pgm_read_float(&pitches[4+num*7]);
    }
    if (digitalRead(7)) {
      xFrequency = FRQ_TIMER2/pgm_read_float(&pitches[5+num*7]);
    }
    if (digitalRead(6)) {
      xFrequency = FRQ_TIMER2/pgm_read_float(&pitches[6+num*7]);
    }
  } else {
    TIMSK2 = 0;// 关闭定时器2中断
  }
}
```

总结

在制作步进电机电子琴的过程中，我们学会了 Arduino 寄存器的部分编程方法，知道了使用定时器提高程序运行速度的技巧，掌握了在轻触开关中加入上拉电阻保持信号稳定的方法，学会了使用电位器调节音调的方法。了解这些基础的知识，我们就可以轻松地增加更多的步进电机。理论上，步进电机越多，可以演奏的音乐就更丰富，感兴趣的朋友可以去尝试一下，期待你的精彩创意。

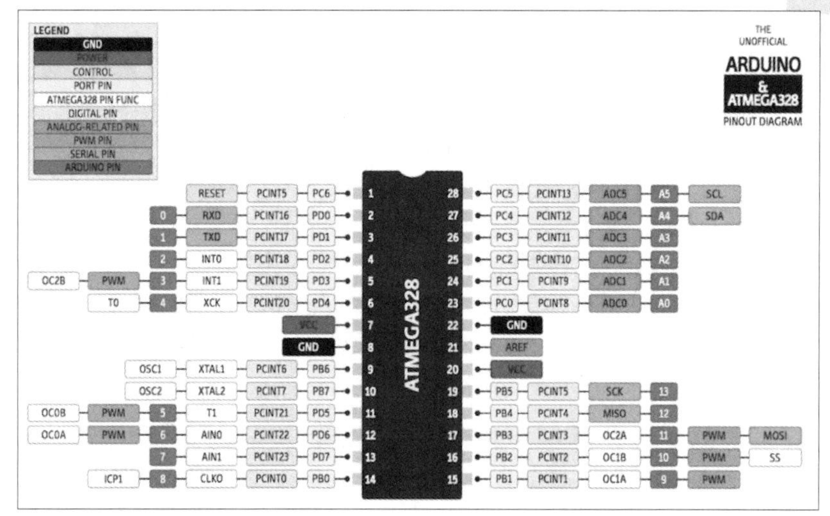

图 22 ATMEGA328 芯片引脚定义

儿童认表训练器

王岩柏

演示视频

日晷（见图1），本意是指太阳的影子，后来专指利用日影判断时间的一种仪器，又称“日规”。其通常由晷针和晷面组成，工作原理是利用太阳的投影方向来测定并划分时刻。利用日晷计时是人类在天文计时领域的重大发明，这项发明被人类沿用达几千年之久。时至今日，人们在北京故宫、承德避暑山庄等地，还可以看到日晷的身影。随着机械技术的发展，指针式钟表出现了，相比日晷，其体积更小，计时更准确，且不受天气影响。最近我在训练孩子认表，为此使用ESP-WROOM-32开发板制作了一个儿童认表训练器（见图2），其使用方法是：装置启动后通过语音随机播报出一个时间，用户使用两个旋转编码器分别控制显示屏上的时针和分针显示语音播报出的时间；用户按下左侧的旋钮编码器，装置重新播报时间；按下右侧的旋钮编码器，装置会检查结果是否正确并通过语音告知用户结果。制作儿童认表训练器的材料清单如表1所示。

表1 材料清单

序号	名称	数量
1	ESP-WROOM-32开发板	1块
2	EC11旋转编码器	2个
3	GC9A01圆形液晶显示屏	1块
4	SYN6288语音合成模块	1个
5	扬声器	1个

首先介绍硬件的设计。为了显示表面，我选用了一款拥有圆形屏幕的液晶显示屏（见图3），其分辨率为240像素×240像素，使用GC9A01驱动IC，通过SPI接口接收信息。此处要注意的是，模块信号丝印标注为SCL和SDA，但并非是I^2C总线的，而是SPI总线的CLK和MOSI，其因为不需要显示屏反馈数据，所以没有MISO信号线。

商家提供了C51单片机的示例程序，但没有提供对应的Arduino库，而ESP-WROOM-32开发板也是一种单片机。经过努力，我成功将Adafruit GFX库移植到了GC9A01圆形液晶显示屏中。这里简单介绍一下移植过程。我们通过搜索可以找到显示屏主控GC9A01的数据手册，然后通过阅读可以发现GC9A01的基本命令和ST7789的类似，因此基于Adafruit GFX库中主控ST7789的代码来完成对其的支持。移植中主要的困难点在于显示屏初始化部分。商家提供的C51单片机示例程序中初始化部分的代码如程序1所示。其中，LCD_WR_REG( )函数是MCU对显示屏发送命令的函数，LCD_WR_DATA8( )函数是MCU对显示屏发送数据的函数。由于命令和数据都是通过SPI总线发送，我们还要使用一个DC引脚表明总线当前传输的是命令还是数据。有一些初始化命令能够在数据手册中查到，例如LCD_WR_REG(0x11)是Sleep Out Mode命令，功能是让显示屏退出睡眠模式（见图4）。但有一些初始化命令无法在数据手册上找到，例如LCD_WR_REG(0xEF)命令。这种情况比较常见，因为这些命令只在初始化过程中使用，因此厂商选择了秘而不宣。也正是这个原因，我们在移植过程中必须严格保证命令、参数、执行循序、延时和示例程序完全相同，否则很可能遇到无法点亮或者点亮后花屏等问题。初始化部分的代码完成后，再根据数据手册和示例程序修改绘制点的函数，便可使用Adafruit GFX库在显示屏上绘制任意图形了，程序2可以实现在显示屏上绘制一个点。

图1 日晷

图2 儿童认表训练器

图3 GC9A01圆形液晶显示屏

程序1

```
void Lcd_Init(void)
{
  LCD_RES_Clr();
  delay_ms(100);
  LCD_RES_Set();
  delay_ms(100);
  LCD_BLK_Set();
  delay_ms(100);
  LCD_WR_REG(0xEF);
  LCD_WR_REG(0xEB);
  LCD_WR_DATA8(0x14);
  LCD_WR_REG(0xFE);
  LCD_WR_REG(0xEF);
  ……
  LCD_WR_REG(0x11);
  delay_ms(120);
  LCD_WR_REG(0x29);
  delay_ms(20);
}
```

程序2

```
void Arduino_ST7789::drawPixel(int16_t x, int16_t y, uint16_t color) {
  if((x < 0) ||(x >= _width) || (y < 0) || (y >= _height)) return;
  setAddrWindow(x,y,x+1,y+1);
  SPI_BEGIN_TRANSACTION();
  DC_HIGH();
  CS_LOW();
  spiwrite(color >> 8);
  spiwrite(color);
  CS_HIGH();
  SPI_END_TRANSACTION();
}
```

GC9A01 圆形液晶显示屏和 ESP-WROOM-32 开发板连接时的引脚对应关系及说明如表 2 所示。

为了让用户输入时间，我选择了一款

11h	Sleep Out Mode											
	D/CX	RDX	WRX	D17-8	D7	D6	D5	D4	D3	D2	D1	D0	HEX
命令	0	1	↑	XX	0	0	0	1	0	0	0	1	11h

图 4 数据手册中的 Sleep Out Mode 命令

表 2 引脚对应关系及说明

GC9A01 圆形液晶显示屏	ESP-WROOM-32 开发板	说明
GND	GND	二者必须共地
5V	5V	GC9A01 圆形液晶显示屏的工作电压是 3.3V，内置了降压芯片
SCL	IO18	SPI 总线的 CLOCK 引脚：SCK
SDA	IO23	SPI 总线的 MOSI 引脚
RES	IO33	用于重启控制引脚
D/C	IO32	数据命令标记引脚，这个引脚为 HIGH 或者 LOW 用于表明当前 SPI 总线数据为命令还是数据
CS	IO19	片选信号引脚，这个引脚可以让多个 IPS 显示屏协同工作

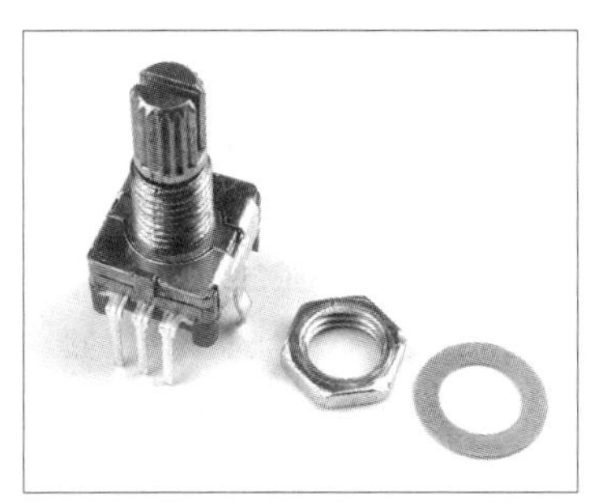

图 5 EC11 旋转编码器

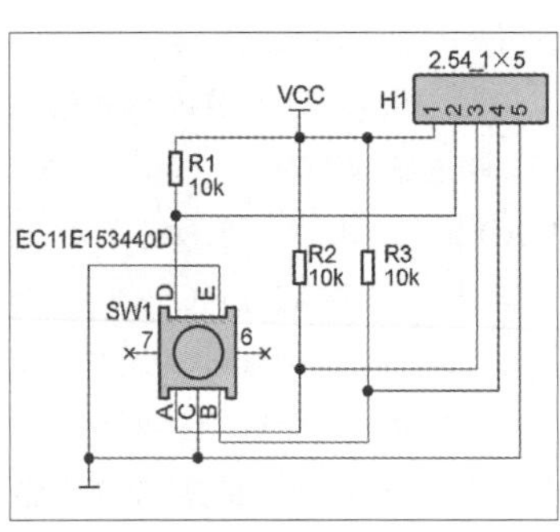

图 6 EC11 旋转编码器电路

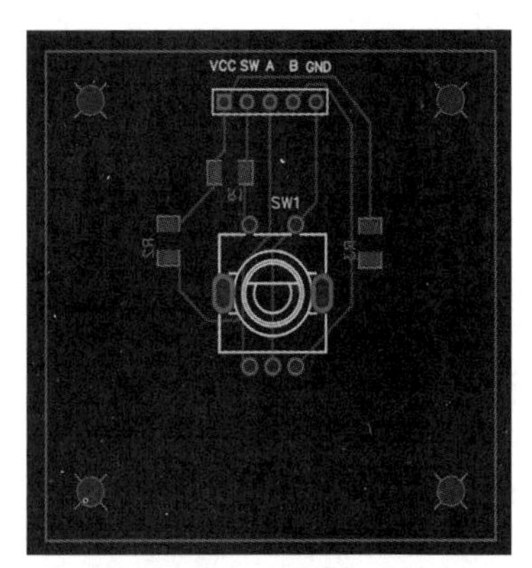

图 7 EC11 旋转编码器电路板的 PCB 设计

图 8 EC11 旋转编码器电路板的成品

旋转编码器，它是 ALPS 出品的 EC11 系列产品，如图 5 所示。其常见于老式的音响，多用于控制音量或选择节目。因为其体积较大，目前我们在常见的家用电器上很少能见到。为了能更好地驱动这款旋转编码器，我特地为其设计了一块电路板，其电路如图 6 所示，PCB 设计如图 7 所示。电路中 10kΩ 的电阻用于上拉信号，模拟引脚 1 为 VCC，模拟引脚 2 为按键输出，模拟引脚 3 和引脚 4 用于判断当前旋转的 A 和 B 引脚的状态，模拟引脚 5 为 GND。安装好的 EC11 旋转编码器电路板如图 8 所示。当用户旋转旋钮时，旋钮内部的 2 个开关会不断接通和断开，与其对应的 A 和 B 引脚会出现脉冲信号，我们根据脉冲信号的数量可以判断旋钮的旋转角度，根据脉冲信号产生的先后顺序可以判断旋钮的旋转方向。

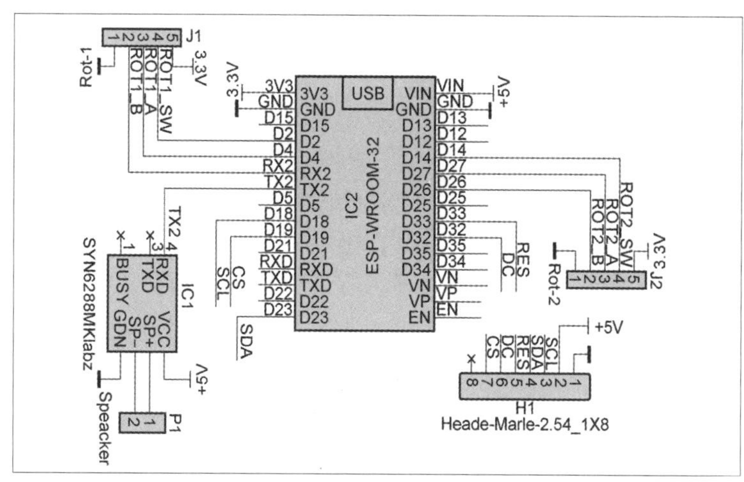

图 9 儿童认表训练器整体的电路

儿童认表训练器整体的电路如图 9 所示，PCB 设计如图 10 所示。图 9 中的 J1 和 J2 是连接旋转编码器的接口，H1 是连接 GC9A01 圆形液晶显示屏的接口。系统通过 ESP-WROOM-32 开发板的 USB 接口取电，同时提供给显示屏和旋转编码器使用。

完成硬件设计后，着手准备软件设计。为了驱动 EC11 旋转编码器，我们需要安装 ai-esp32-rotary-encoder 这个 Arduino 库，并在文件头部通过 #include "AiEsp32RotaryEncoder.h" 引用该库，再使用程序 3 声明 2 个 EC11 旋转编码器即可驱动。

程序3

```
AiEsp32RotaryEncoder rotaryEncoder1 = AiEsp32RotaryEncoder(ROTARY_ENCODER1_A_PIN, ROTARY_ENCODER1_B_PIN, ROTARY_ENCODER1_BUTTON_PIN, -1);
AiEsp32RotaryEncoder rotaryEncoder2 = AiEsp32RotaryEncoder(ROTARY_ENCODER2_A_PIN, ROTARY_ENCODER2_B_PIN, ROTARY_ENCODER2_BUTTON_PIN, -1);
```

文件头部还要有对 GC9A01 圆形液晶显示屏的声明，如程序 4 所示。指定使用的 DC 和 CS 引脚。

程序4

```
Arduino_GC9A01 tft = Arduino_GC9A01(GC9A01_DC, GC9A01_RST,GC9A01_CS )
```

之后在 setup( ) 函数中对 EC11 旋转编码器进行初始化，如程序 5 所示。经过这样的设定，后续可以使用 rotaryEncoderX.readEncoder( ) 函数取得当前 EC11 旋转编码的数值。其中 1 号编码器用于调整时针，取值为 0~12；2 号编码器用于调整分针，取值为 0~60。

程序5

```
//初始化 1 号 EC11 旋转编码器
rotaryEncoder1.begin();
rotaryEncoder1.setup([]{rotaryEncoder1.readEncoder_ISR();});
//设定 1 号 EC11 旋转编码器的输出范围，这里为 0~12
rotaryEncoder1.setBoundaries(0, 12, true);
//设定 2 号 EC11 旋转编码器的输出范围，这里为 0~60
rotaryEncoder2.setBoundaries(0, 60, true);
```

同样，在 setup( ) 函数中还有对 GC9A01 圆形液晶显示屏初始化的内容，如程序 6 所示。

程序6

```
// 设定分辨率为 240 像素 ×240 像素
tft.init(240, 240);
//设定显示屏显示角度
tft.setRotation(0);
//设定背景颜色
tft.setTextColor(GC9A01_WHITE, GC9A01_DARKCYAN);
//绘制表盘边界的圆环
tft.fillCircle(120, 120, 118, GC9A01_GREEN);
tft.fillCircle(120, 120, 110, GC9A01_BLACK);
//绘制表面
for(int i = 0; i<360; i+= 30) {
  sx = cos((i-90)*0.0174532925);
  sy = sin((i-90)*0.0174532925);
  x0 = sx*114+120;
  yy0 = sy*114+120;
  x1 = sx*100+120;
  yy1 = sy*100+120;
  tft.drawLine(x0, yy0, x1, yy1, GC9A01_GREEN);
}
//绘制 60 个点
for(int i = 0; i<360; i+= 6) {
  sx = cos((i-90)*0.0174532925);
  sy = sin((i-90)*0.0174532925);
  x0 = sx*102+120;
  yy0 = sy*102+120;
  // Draw minute markers
```

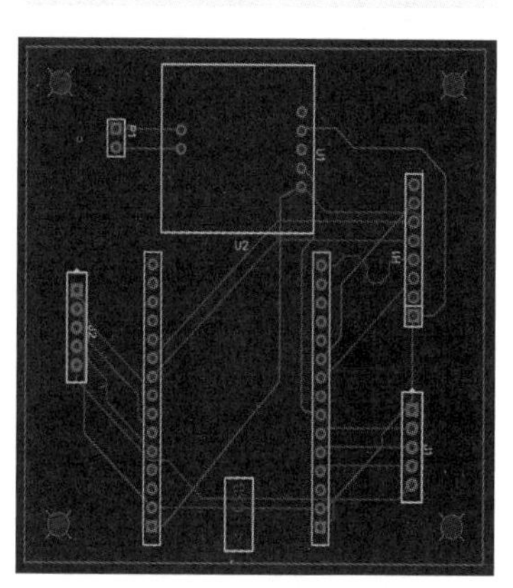

图 10 儿童认表训练器整体的 PCB 设计

```
    tft.drawPixel(x0, yy0, GC9A01_WHITE);
    if(i==0 || i==180) tft.fillCircle(x0, yy0, 2, GC9A01_WHITE);
    if(i==90 || i==270) tft.fillCircle(x0, yy0, 2, GC9A01_WHITE);
  }
  tft.fillCircle(120, 121, 3, GC9A01_WHITE);
  //绘制初始时间 10 : 10
  ShowTime(10,10);
```

最后进入 loop() 函数，随机生成一个“小时”和“分钟”数值，然后通过语音播报这个数值。语音是通过 SYN6288 语音模块进行合成的。SYN6288 语音模块是市面上常见的语音合成模块，它使用串口和ESP32进行通信。在此作品的设计中，由于引脚数量的关系，只使用了 ESP-WROOM-32 开发板串口的发送引脚。为了播报时间，需要将时间转化为字符串，这在程序中是通过 Time2Voice() 函数完成的，如程序7所示。这个函数会将“10:00”转化为“十点整”，将“12:05”转化为“十二点零五”，将“8:24”转化为“八点二十四”等。此处需要特别注意：字符串中的汉字使用的是 Unicode 编码，每个汉字对应 3 个字节。这步完成后，即可使用 Str2Voice() 函数将转化后的字符串发送给 SYN6288 语音模块。

程序7

```
void Time2Voice(uint8_t hh,uint8_t mm){
  String DataBuffer[11]={{"零"},{"一"},{"二"},{"三"},{"四"},{"五"},{"六"},{"七"},{"八"},{"九"},{"十"}};
    String timeStr="";
    Serial.print("Get time: ");
    Serial.print(hh);
    Serial.print(":");
    Serial.println(mm);
    if (hh>9) {timeStr+="十";
    if (hh>10) {timeStr+=DataBuffer[hh-10];}
    }
    else {timeStr+=DataBuffer[hh];}
    timeStr+="点";
    if (mm==0) {timeStr+="整";}
    else
    if (mm<10) {timeStr+="零";timeStr+=DataBuffer[mm];}
    else if (mm%10==0) {timeStr+=DataBuffer[mm/10]; timeStr+="十";}
    else if ((mm>9)&&(mm<20)){timeStr+="十";timeStr+=DataBuffer[mm%10];}
    else {timeStr+=DataBuffer[mm/10];timeStr+="十";timeStr+=DataBuffer[mm%10];}
    if(mm!=0) {timeStr+="分";}
    //timeStr="十二点五十八";
    //输出一次 Arduino 原始字符串 UTF8 的值
    for (int i =0;i<timeStr.length()*3;i++) {
    Serial.print(timeStr[i]&0xFF,HEX);
      Serial.print('');
    }
    Serial.println('');
    Str2Voice(timeStr);
}
```

用户按下左侧的旋钮编码器，装置重新播报时间；按下右侧的旋钮编码器，装置会检查是否正确并通过语音告知用户结果。此部分的程序如程序 8 所示。

程序8

```
// 按下左侧旋钮编码器
if (rotary1Click) {Time2Voice(hh,mm);rotary1Click=false;}
  // 按下右侧旋钮编码器
  if (rotary2Click) {
    if ((abs((rotaryEncoder2.readEncoder()-mm))<5) &&
      (((rotaryEncoder1.readEncoder()%12)==(hh % 12))))
    {
      Str2Voice(Pass);
      InTest=false;
    }
    else {Str2Voice(Fail);}
    rotary2Click=false;
    delay(3000);
}
```

将程序上传至 ESP-WROOM-32 开发板，再连接电路，上电，就可以看到图 11 所示的样子了。调试无误后，再给儿童认表训练器制作一个外壳，就可以拿给自己的孩子进行认表的训练了。

图 11 上传程序、连接电路并上电

指针式手表除了看时间还可以作为在户外判定方向的装置。方法很简单，将手表当前的时间除以 2，再在表盘上找出商数的相应位置，然后将这个数字对准太阳，表盘上“12”点所指的方向就是北方。比如上午 10 点，除以 2，商是 5，将表盘上的“5”对准太阳方向，“12”的方向即为北方。北方一旦确定，其他方向就一目了然了。不过，使用这种方法判断方向要记住，时间应按 24 小时计时法计算。比如下午 2 点，就要按 14 点计算。有兴趣的朋友不妨试试。

爱心日历床头灯

傅乙桀

笔者大学期间在实验室收拾东西的时候，在废旧的箱子中意外翻到前几届师兄留下来的几个废旧零件，留之无用，弃之可惜，正巧碰上学院在举办电子艺术比赛，就用它们做了一个床头灯参赛。

这个床头灯除了带有爱心造型，能够发光，还加装了一块OLED显示屏，可以个性化地显示实时时间。硬件方面需要一块单片机、一块OLED显示屏、一个蜂鸣器及一些装饰用灯条。整体来说结构简单，可以作为电子爱好者们的一个练手小项目，下面就一起来看一下具体的制作流程吧。

制作流程

项目用到的大部分零件如图1所示。

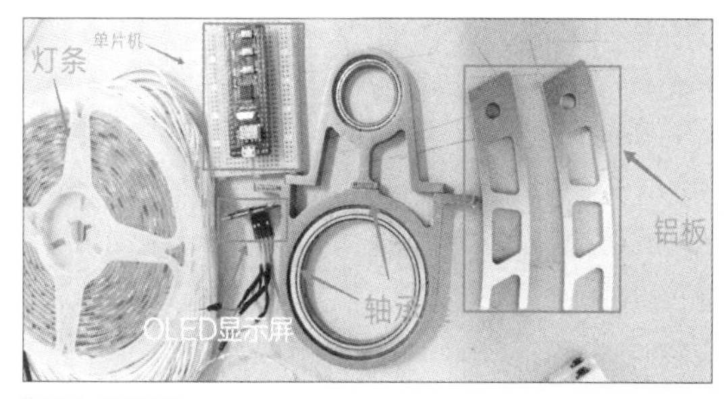

图1 废旧零件

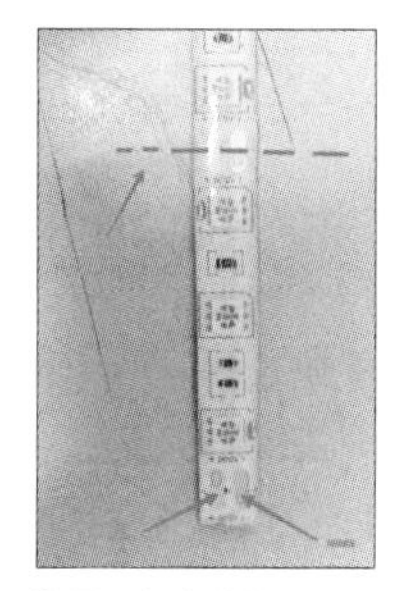
图2 灯条结构

这两个粉色圆环形状的金属零件是两个轴承座，原本是用来装在赛车链轮上的。在我发现长条形银色铝板的时候，它已经断成了两截，我拿来后把它打磨了一下，就作为灯的底座了，大家也可以用身边的其他物品来代替这套结构。

接下来就要给零件加装灯光，这里用到一种灯条，如图2所示，这种灯条使用起来比较方便，我们可以根据自己需要的长度去裁剪。裁剪后刮去隔离层，将正负极通上电，灯条就能够发光了。

笔者将灯条贴在轴承圈内，将正、负极用导线引出一同控制，最后形成一种环灯的效果，如图3所示。由于金属表面涂有亚光漆，环灯不会显得刺眼，反而会营造夜晚的氛围，图4所示为环灯点亮的效果。

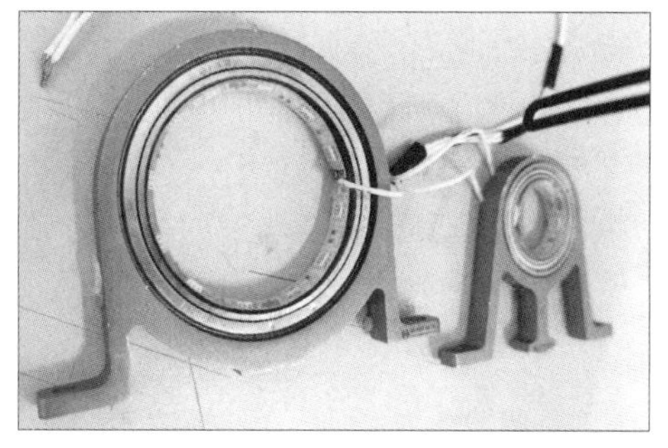
图3 环灯结构

图4 环灯点亮效果

屏幕采用的是SSD1315驱动的OLED显示屏，如图5所示，OLED显示屏具备自发光、对比度高、厚度薄等优点。虽然显示屏大小只有10cm^{2}左右，但也可以显示128像素×64像素的内容，对于一个用来显示时间的桌面级设备足够了，显示效果如图6所示。

本次项目采用的是市面上常见的四引脚型的OLED显示屏模块，4个引脚分别为VCC、GND、SCL、SDA，前两个用于供电，后两个分别为时钟线和数据线。主控可以采用Arduino、STM32等。在这里本人采用了STM32 F1603C8T6的核心板来作为整个项目的主控板，核心板与OLED显示屏和蜂鸣器的连接如图7所示。用模拟I^{2}C的方式来控制显示屏，在这里我原本想用硬件I^{2}C来直接通信，这样代码的编写也较容易，但硬件I^{2}C要求在总线上有上拉电阻，由于没有适宜电阻，身边材料只有杜邦线和面包板，最终尝试失败。这里选取了PA5和PA7来

图5 OLED显示屏

图6 OLED显示屏工作效果

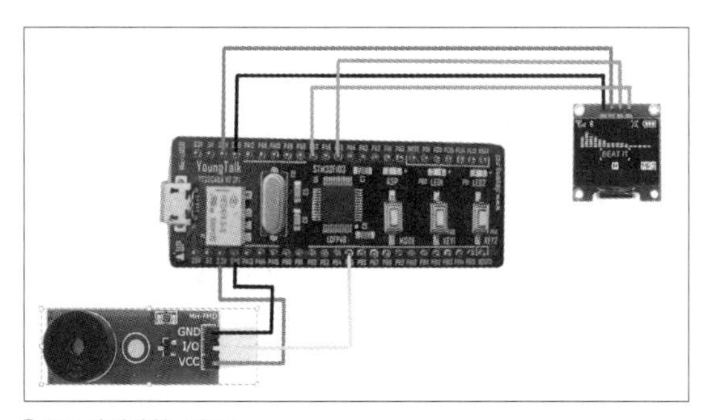

图7 电路连接示意图

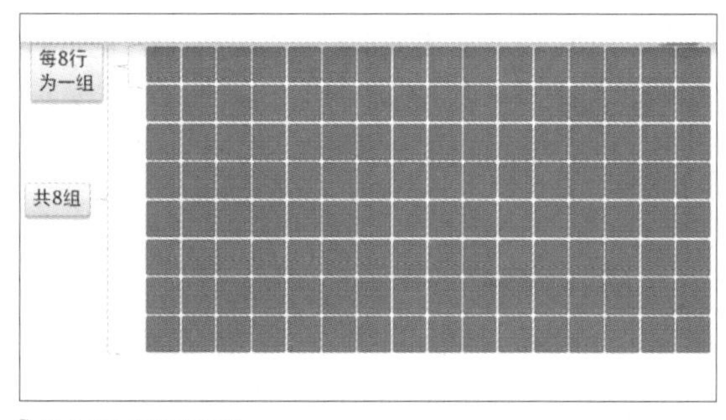

图8 显示屏点阵分割

作为SCL和SDA。

接下来讲一下OLED显示屏的显示原理，我将它分为显示ASCII字符、显示汉字、显示图片这3部分来说明。

对于显示ASCII字符，可以理解为将128像素×64像素点阵分割为若干个16像素×8像素的分区，如图8所示。每个分区对应整个显示屏都会有一个自己的坐标，每个分区用来显示一个字符，如图9所示。可以看出，如果用0和1来表示每个小方格的亮灭，则对于一个16像素×8像素大小的字符用8个十六进制数来表示，这样一来，ASCII表中的字符可以被一组数表示出来。显示屏商家往往会提供给我们ASCII字符显示的对应表，以免我们一个一个计算所需要的字符源码，同时给出坐标，我们可以在显示屏任意位置显示自己想要的字符。

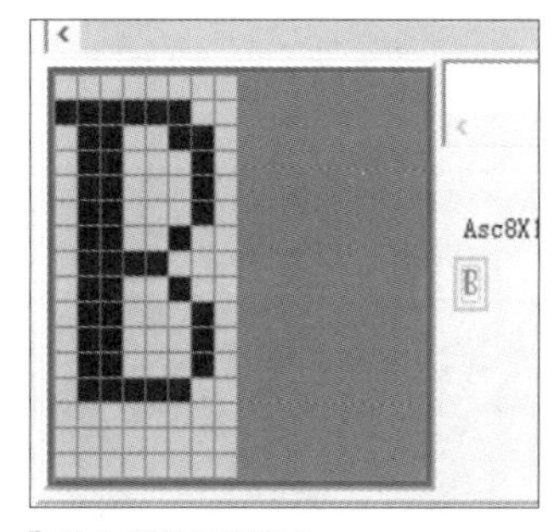

图9 字符显示原理图

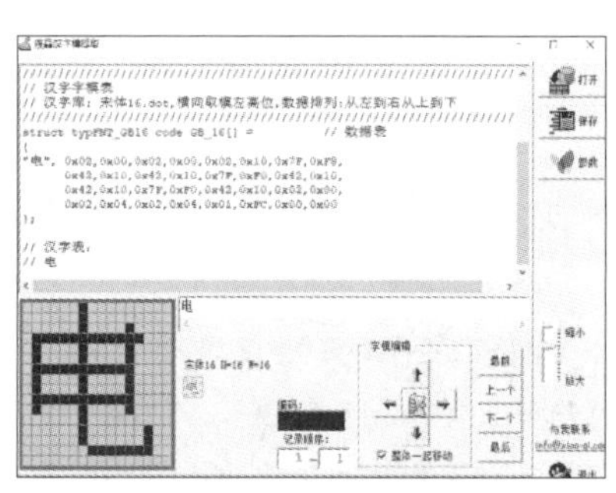
图10 取模软件生成显示汉字的数组

对于汉字的显示，也是同样的原理，但是汉字相对于ASCII较大，需要两个字符的宽度来表示，即16像素×16像素，由于汉字的数量太多，不可能做出像ASCII码一样的对应表，因此，我们需要根据自己的需要，在取模软件中输入我们想要的汉字，调整好设置，它便自动生成显示用的数组，如图10所示。

图片同样需要用取模软件转化为点阵形式在显示屏中显示，这样我们就可以丰富显示屏中的内容，在日历中左上角的图案为校徽，如图11所示，当然你也可以选取自己喜欢的其他图案。但应当注意的是，原图片分辨率大小应当与所用的OLED显示屏一样，才可以保证图片显示完整且恰当。例如我们的图片与显示屏的大小都是128像素×64像素的。

图11 对校徽图片进行取模

驱动文件可以由厂商提供，也可以自己编写。若自己编写，则需要模拟I²C的工作时序，按照厂商规定的方法通过I²C总线对显示屏写入不同的指令去完成对显示屏的控制，如唤醒、清空等。无论是哪里的驱动文件，用户最需要关注的是程序1所示的4个操作函数。

程序1

```
void OLED_ShowChar(u8 x,u8 y,u8 chr,u8 Char_Size); //显示字符
void OLED_ShowNum(u8 x,u8 y,u32 num,u8 len,u8 size); //显示数字
void OLED_ShowString(u8 x,u8 y, u8 *p,u8 Char_Size); //显示字符串
void OLED_ShowChinese(u8 x,u8 y,u8 no); //显示汉字
void OLED_DrawBMP(unsigned char x0, unsigned char y0,unsigned char x1, unsigned char y1,unsigned char BMP[]); //显示图片
```

显示屏连接好后，怎样才能得到实时时间呢？笔者采用的是STM32内部的RTC（Real Time Clock）来获取实时时间，RTC是一个独立的定时器，在单片机上接上外部低速晶体振荡器，如图12和图13所示，用纽扣电池持续供电，如图14

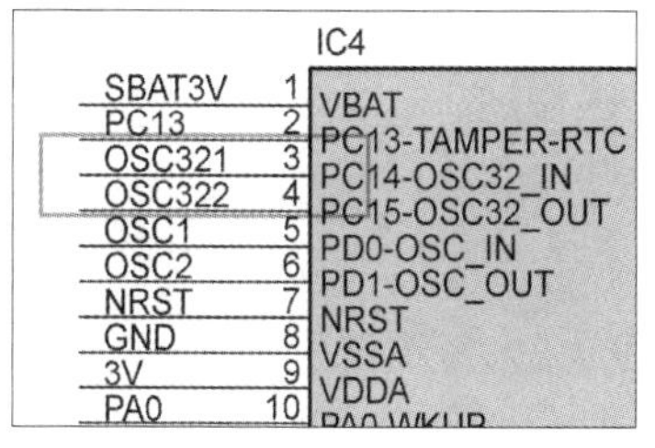

图 12 单片机外部晶体振荡器引脚

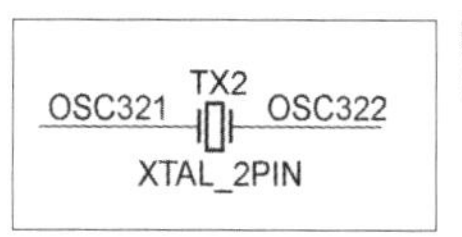

图 13 外部晶体振荡器电路

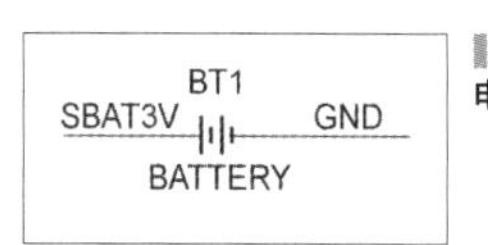

图 14 独立供电电路

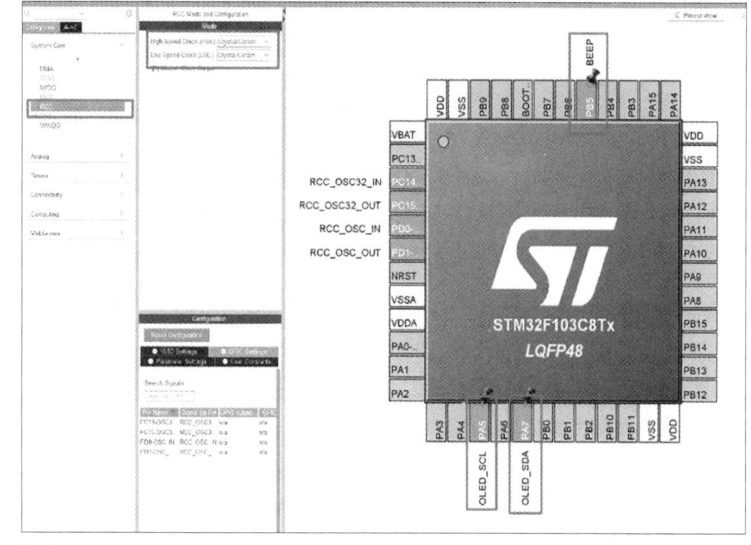

图 15 STM32 CUBE 设置

所示，这样即便在单片机未通电时，RTC 也在不停地运转着。

硬件方面完成后，开始编写程序。我们在 STM32CUBE 中选用自己的芯片创建新项目，首先将 PA5 和 PA7 这两个用于连接 SCL 和 SDA 的引脚设置为 OUTPUT，接下来设置 RCC 采用外部晶体振荡器，如图 15 所示。

然后激活 RTC 的日历和时钟源，如图 16 所示。

接下来对时钟树进行设置，RTC 采用外部 32.768kHz 的低速晶体振荡器，如图 17 所示。

接下来在 Keil 中打开输出文件进行编辑。首先是 RTC 的日历功能，HAL 库中给出了很多函数，但我们要关注的函数仅有两个，分别为对时间和日期的读取函数，

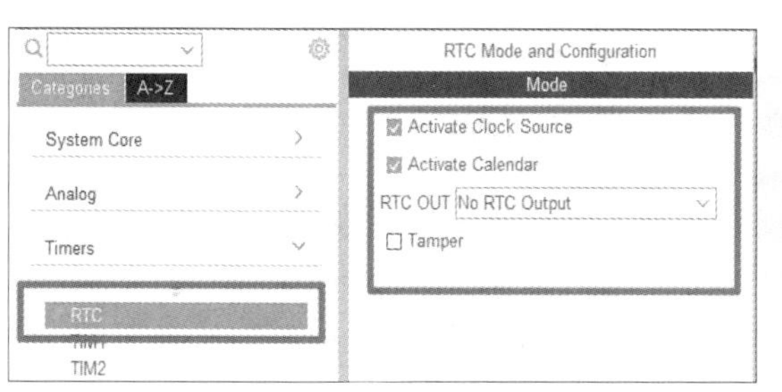

图 16 RTC 激活设置

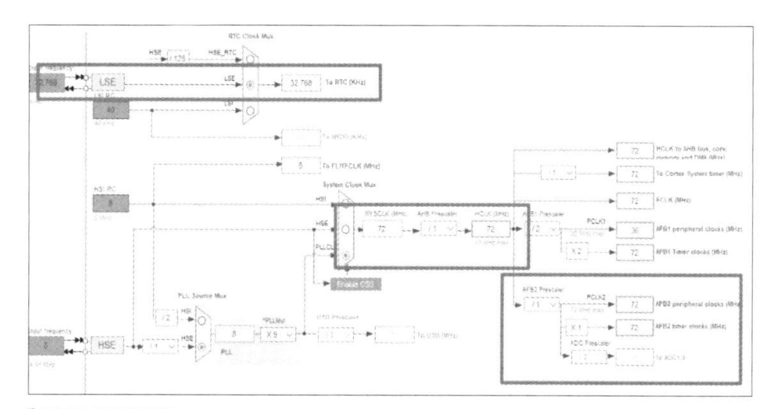

图 17 时钟树设置

如下所示。

```
HAL_RTC_GetDate(&hrtc, &GetDate, RTC_FORMAT_BIN);
HAL_RTC_GetTime(&hrtc, &GetTime, RTC_FORMAT_BIN);
```

然后定义两个结构体来存放读取到的时间和日期信息，如下所示。

```
RTC_DateTypeDef GetDate;
RTC_TimeTypeDef GetTime;
```

在 while 循环中每隔 1s 读取一次时间信息。这样我们便做到了对时间的实时读取。

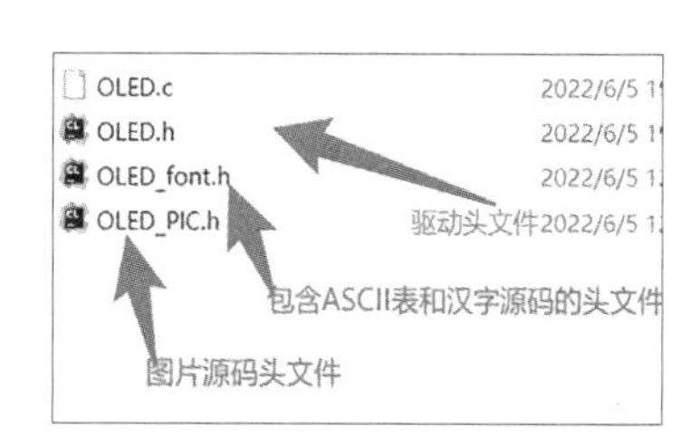

图 18 OLED 显示屏驱动相关文件

接下来是对显示屏的编程，首先在已有的工程文件中导入与 OLED 显示屏有关的驱动文件、ASCII 源码以及图片源码和汉字源码的头文件，如图 18 所示。

笔者所设计的界面，可以通过程序 2 来实现。

程序2

```
/* USER CODE */
OLED_Init(); //OLED显示屏初始化
OLED_Clear(); //OLED显示屏清屏
OLED_DrawBMP(0,0,128,8,BMP1);
// OLED显示屏左上角显示校徽图片
OLED_ShowCHinese(80,2,0);
// 显示汉字"日"
OLED_ShowCHinese(112,2,1);
// 显示汉字"月"
RTC_DateTypeDef GetDate;
//定义结构体存放日期信息
RTC_TimeTypeDef GetTime;
//定义结构体存放时间信息
OLED_ShowString(64,0," SCAU ",16);
OLED_ShowString(72,4,":",16);
// 显示始终不变的字符部分
OLED_ShowString(96,4,":",16);
OLED_ShowString(0,6,
"**----2022----**",16);
while (1)
{
  HAL_RTC_GetTime(&hrtc, &GetTime,
RTC_FORMAT_BIN);   //获取时间信息
  HAL_RTC_GetDate(&hrtc, &GetDate,
RTC_FORMAT_BIN);   //获取日期信息
  OLED_ShowNum(64,2,GetDate.Month,
2,16);
  OLED_ShowNum(96,2,GetDate.Date ,
2,16);
  OLED_ShowNum(56,4,GetTime.Hours ,
2,16); // 将得到的信息实时变更显示
  OLED_ShowNum(80,4,GetTime.
Minutes,2,16);
  OLED_ShowNum(104,4,GetTime.
Seconds,2,16);
  HAL_Delay(1000); // 每隔一秒刷新一次
}
```

首先在初始化时，先对显示屏进行清空，再在显示屏左上角显示我们想要的图片，将固定不变的部分（图中汉字）也进行显示。这样在大循环中，获取到实时时间信息后，再将得到的时间信息显示出来，显示屏中的时间就变化起来，最终的完成效果如图 19 所示。

图 19 显示屏最终效果

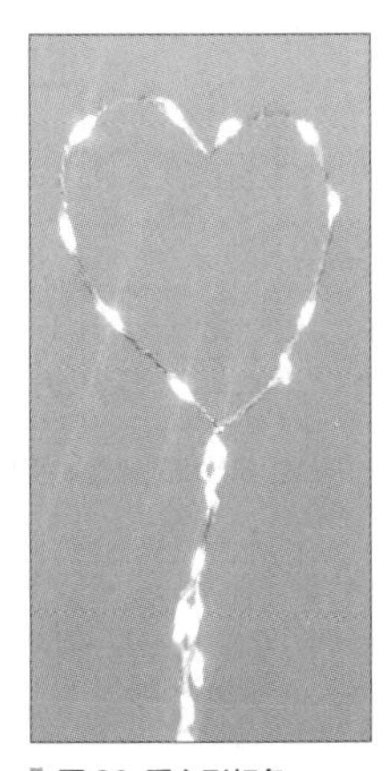
图 20 爱心形灯条

接下来是蜂鸣器部分的编程，如程序 3 所示，我们只需控制 PB5 引脚在高低电平之间来回变化即可控制蜂鸣器发声，变化的频率来决定音调的大小。这里可以让蜂鸣器在整点时“哔”一声，或者通过改变音调来播放简单的 MIDI 音乐。

程序3

```
while(1)
{
  BEEP=!BEEP;
  HAL_Delay(100); //修改delay中的数值
可以改变音调
}
```

最后就是爱心灯条的制作，这个灯条实际上是由多个 LED 串联而成。开始是一个长条形的 LED 灯带，在做好绝缘之后，将其对折，弯曲成自己想要的形状，这里就做成了一个爱心的形状，如图 20 所示。

接下来把以上成果组装在一起，将面包板固定在底座上，最终成品如图 21 所示，在发光的状态下，给人一种幽暗的意境，最后记得一定要为它取一个好听的名字。

图 21 最终成品效果

总结与展望

RTC 时钟的程序其实有一个 BUG，运行 STM32 CUBE 生成的代码，每次单片机断电重新上电后，其时间会被重置。对于这一问题，解决思路大致是：单片机上电时会根据 BKP 寄存器的标志位来判断是否对 RTC 进行初始化并设置时间。因此只需在每次上电执行初始化前，将标志位设置为预期值，即可跳过初始化。

其次还有许多可以优化的地方，比如可以增加更多功能来增强交互性、可以 3D 打印出外壳等。显示屏还有更多功能可以开发，甚至可以用它来播放动画。

“双功”小型放大器
——闲置计算机多媒体音箱再利用

王渊发　王建生

自从智能手机普及，大量的家用PC被迫“下岗”，在旧货市场，用很便宜的价钱就能购买到优质的多媒体2.1声道音箱。笔者利用空闲时间，制作了一台小胆机与多媒体2.1声道音箱混合形成“双功”小型放大器，它们能够取长补短、刚柔相济，效果很不错。

胆机有丰富的泛音，音色柔顺、温暖，特别是采用单端甲类输出的电路。这类功放由于电路上的特点，二次谐波成分比较多，尽管这是一种声波失真，但二次谐波对音乐信号来说，恰好是高八度的谐和音，所以听起来很讨人喜欢、很入耳。这种音色上的特点使胆机的声音很有特色，特别是在播放人声时的音色极为甜美，表现室内音乐时又很细腻，并能增强音乐的真实感，使人百听不厌，用爱好者的话说就是这类功放的声音特别有“味道”。但胆机（特别是小功率胆机）也有不足之处，由于胆管传输速度较慢，缺乏爆发性，不适应欣赏交响乐之类的瞬态反应快的大动态、快节奏的音乐。

这里笔者简单介绍一下石机，晶体管功放也被称为石机，是以半导体元器件为放大组件的音频功率放大器。石机工作环境多为低电压、大电流，石机产生的谐波多为奇次谐波，出声干瘪、不圆润，音色偏干、偏冷，久听易使听觉疲劳。但石机也有胆机无法替代的优势，例如石机以阳刚著称，低频控制力度强劲，很有冲击力，处理大场面时分析力强，层次感明显比胆机优越，很适合播放瞬态反应快的快节奏音乐。

笔者根据上述情况及多媒体音箱的功率特点，所以才想到用小胆机与多媒体音箱（多媒体音箱属石机）混合使用，来个胆、石双功放合并做功，于是笔者动手制作了一台功率只需 2~3W 的小型双声道胆机用于实验，图 1 所示是笔者制作好的胆机。

小胆机的制作

本胆机电路简单，不需要特殊组件，所用元器件少，制作简单，调试方便。

1. 前级放大

整机电路如图 2 所示。每个声道只需 1 个半电子管，电路上半部分为信号放大级，前级放大管选用高 μ 电子管 6N2（半个）做一边声道的前级信号放大，采用 6N2 电子管的目的是提高整机灵敏度。信号放大级的主要技术指标是放大倍数，6N2 放大系数为 97.5，足以满足本机推动功放级的放大要求，高 μ 管放大的优势是倍数大，电路不用加入太多的放大环节，少一级放大，也就少了一份非线性失真和相

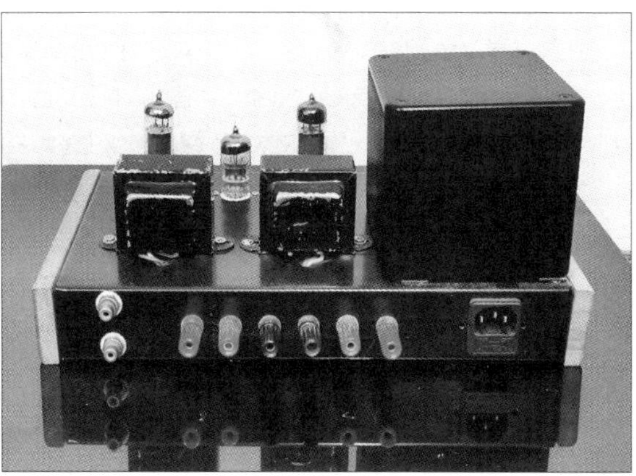

图 1　制作好的胆机

移的问题。使用高 μ 电子管还有音色圆润、韵味好、音乐感强的好处，也就是具有典型的“胆味”。当然，高 μ 电子管也存在一些局限性，比如它的内阻较高，在信号传输中易损失一些能量和信息。但在本机中，高 μ 电子管仅做中音放大，所以影响不大。本机前级采用共阴极放大，使用的是传统的信号电压放大电路，其优势是能显示出层次感和动态感，以及人声的圆润和细腻，电子管功放前级多数采用共阴极这种经典电路。经过输入信号放大后的音频信号，由 6N2 半个三极管的屏极输出，经 0.22μF 电容耦合，将放大后的音频推动信号电压注入功放电子管的栅极。胆机实物内部电路如图 3 所示。

2. 功率放大级

本机输出放大电路采用的是单端甲类功率放大，选用超线性功率放大电路。超线性功放电路的品质极佳，它既具有三极管接法的高保真输出特点，同时又具备标准电路功放的高功率输出效率特点。合理地选择功放电子管帘栅极与屏极之间的比值，即反馈系数，能使功放级的输出阻抗、阻尼系数、线性带宽等达到较高水平。

由于超线性功放环路内有帘栅极的负反馈网络，功放级的电性能得到了很大改善，不仅超过了三极管的水平，还能使五极功率管的信噪比达到较高水平，减弱放大器的工作噪声，并有效降低了输出阻抗，为扬声器音圈的阻尼创造了优良的工作条件，使放大器的重放音变得更加清晰、明亮。

本功放管的阴极采用 5W/6.8V 晶体稳压二极管代替阴极电阻和电解电容，这种做法有 3 个优点：（1）可构成自偏压，稳压管的稳压值就是栅负压，二极管在这里相当于固定偏压，但它要比固定栅负压简便多了；（2）它可以使电子管的工作点更加稳定，不会随阳极电流的变化而变化；（3）省去了大功率阴极电阻和大容量电解电容，这也是本机的一个特点。

功率放大级的功放电子管采用国产 6P14 电子管。采用该管制成的小功率单端甲类小功放，音质清澈透明、丰满润泽、柔美动听、有高保真度，尤其在聆听人声时能反映出丰富的细节，在播放弦乐时能将小提琴发挥得淋漓尽致。这与 6P14 是五极管有很大的关系，6P14 的特性强于束射四极管 6P1、6P6P，它的阴极面积要比 6P1、6P6P 大上近 1 倍，灵敏度和效率要高许多，其跨导为 6P1、6P6P 的 2 倍、内阻仅为 6P1、6P6P 的一半，推动只需 6V 的信号电压便可激励至满功率，功率输出在负载变压器为 5kΩ、次级接 8Ω 时能达 3W，接 4Ω 阻抗时输出功率可达到 6W，该管采用小型九脚玻璃封装。

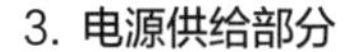

3. 电源供给部分

单端功放的电源供给是一个棘手的问题，首先电源供给的变压器要足够大，保证有充足的电压、电流，这对电源滤波纯度要求非常高，脉动系数不能大于 0.5%，否则电源中的脉动成分就会产生交流声。只有这样才能确保本功放在大动态下挥洒自如，不会产生失真，品质安全可靠。本机电源变压器高压是单组 230V，于是笔者先用彩色电视机用的晶体桥式整流块做桥式整流，再用电子管 6Z4 双屏并接做半波整流，这样可以轻松通过 150mA 的电流，之后进行 CRC 滤波。采用晶体桥式整流块加电子管做二次整流，可将电路电源的纹波降至极低程度，因此信噪比大为提高，功放音色纯美。采用晶体桥式整流块与电子管二次相配合可吸取两者的长处，

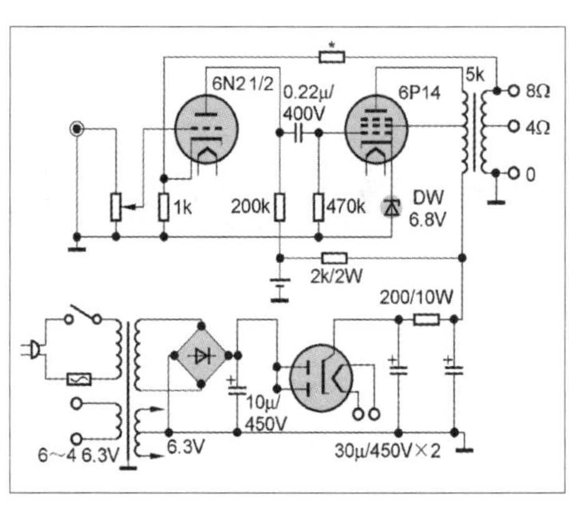

图 2 整机电路

图 3 胆机实物内部电路

避开各自的缺点。本机各电子管的灯丝均采用交流供电方式，灯丝一端接地，这样走线简洁，性能更加可靠。

4. 电路调整与测试

整机安装结束，仔细检查无误后，就可以进行第一步（不插电子管）通电测试，可以用万能表直流挡测量各处电压。主电源电压通常为 280~310V，灯丝两端的电压为 6.7V 左右，测量结果基本相近即可。然后插上电子管，接上 8Ω/10W 的电阻作为负载（开展第二步测试），开机后 1 分钟测量主电源电压应为 250~300V，第二步需要分别测量电子管的阴极电压，6N2 的阴极电压在 1~1.5V 为正常，6P14 的阴极电压在 6~7V 为正常。如果按本机电路图所示采用稳压二极管，那稳压二极管的电压一定是在 6.8V。

通过上述简单测量，可以确认各级工

作点是否能正常工作，接下来，我们拆下假负载，接上音箱进行试听。试听时，笔者感觉本机的信噪比较高，将耳朵贴近音箱仅能听到极轻微的噪声，接着将左、右声道的音量控制电位器置于最大位置，此时在音箱前应听不到明显的杂音，这样才算工作正常，然后就可以接上音源进行试听了。

胆机高音部分各高声部的乐器均能辨别，但效果不是非常理想，听人声倒是令人满意，声音恬净、圆润、无失真、有磁性、很耐听。胆机的输出功率在（单边）2.5W左右，适合听人声歌曲、弦乐、轻音乐类为主的作品。低音部分较差，这是小胆机的通病，也在笔者的预料之中。玩过电子管机的发烧友都知道，胆机的频响宽度无论是从各指标，还是从实际听音角度来说，总有点不尽如人意，准确度与晶体管相比有较大的差距，这跟输出变压器有很大的关系。

但爱好者自己制作一个真正的宽频响输出变压器是很困难的。如果要想胆机偏低频，输出变压器的线圈就要绕很多圈，有很大的体积，这时虽然低频做到了，但高频会受到影响。若要关照高频，输出变压器线圈的圈数就绕得少，还要考虑分布电容和漏感，这就互相矛盾，无法照顾两头，也正是上述原因，才引发了笔者胆、石双机并用的想法，目的是用石机的优势来弥补胆机的不足。在笔者付诸行动之前，就与圈内的同好分享过这个想法，但不少同好持反对意见，多数同好认为胆机速度慢，石机速度快，没办法合并使用。但这从理论上说是没问题的，因此笔者想通过实验进行验证，我们不能仅凭人耳去分辨是石机快，还是胆机快，笔者认为科学的东西还是需要用实验来验证。

5. 胆、石双机合并

小胆机有了，那该选什么样的多媒体音箱与小胆机相结合呢？

多媒体音箱的品种有很多，选择一个质量出色的低音箱是非常重要，尤其是在本组音箱中，多媒体音箱还是有很大作用的。在条件允许的情况下可尽量选购档次不错的音箱，如“惠威”“山水”“创维”等品牌的产品，其中“创维”和“山水”的产品具备了分开的高、低音调节电位器。另外尽量选择木质箱体，木质箱体的音质清晰明亮，低音效果沉稳、震撼，这样可以带来更出色的音质效果。图4所示为有高、低音调节的多媒体音箱。

图4 有高、低音调节功能的多媒体音箱

胆、石两台功放的合并很简单，但必须借助一个一分二RCA音频三通，即一公二母莲花插头插座来完成，也就是在CD播放机RCA音频输出部分使用一公二母莲花插头插座，然后用两根信号线分别连接胆机和多媒体音箱（见图5）。

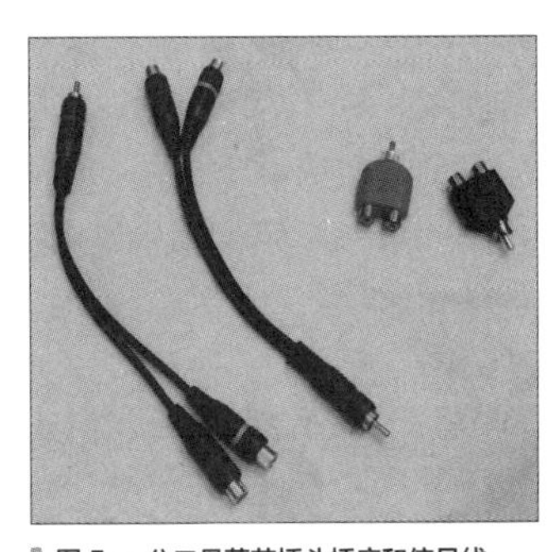

图5 一公二母莲花插头插座和信号线

6. 胆、石双功放的优势

笔者试制的这款胆、石双功放有以下5个特点。

◆ 能明显拓宽整机频响，各频段用各自的高、中（胆机）、低音电位器调控，保证高、中、低频段幅度可调出自己所需要的音频信号分量，实现整机的平衡度。

◆ 能有效改善回放的频响性能，增大整机的力度与速度，使听感更自然，同时也能欣赏快节奏、大动态的音乐。

◆ 提高了综合传输效率，胆、石双功放能起到相辅相成、取长补短的作用。

◆ 不需要环路负反馈，避免TIM失真，确保音质、音色原汁原味。

◆ 免去贵而无益的功率分频器，直驱音箱内扬声器，避免因分频器损耗功率和失真，并且增大了胆机的阻尼系数，也节省了一套昂贵的电子前级分频器。

小胆机的音箱很难配置，有时候花钱也很难买到合适的。对小胆机音箱的要求是小功率、高灵敏度（灵敏度应大于91dB）。最后笔者决定自己动手做，笔者使用了发烧友送的

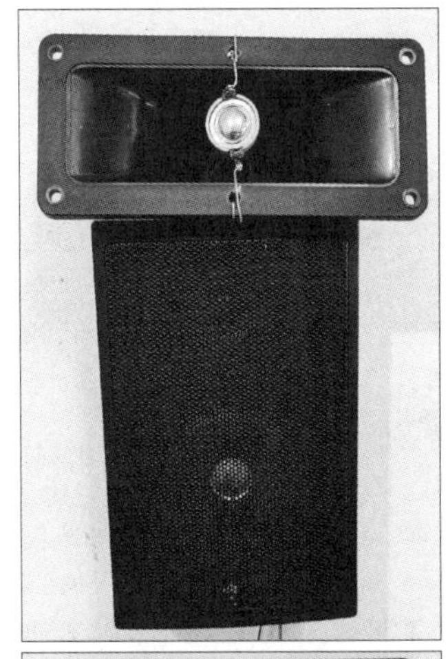

图6 自制音箱

一对“尊宝”环绕小音箱，但这个小音箱的原配扬声器音圈烧坏了，为了得到这对全频小功率扬声器，笔者只好“杀鸡取卵”，拆了一台旧收录机。

笔者又在网上购买了一对半英寸的5W/4Ω 小高音扬声器替换多媒体音箱的左、右两只小音箱，借此提升高音，因为多媒体音箱高音不够高，有点偏中音。中音部分已由胆机专供，已经足够了，缺的是高音，笔者将两只小高音扬声器安装在“尊宝”环绕小音箱内，这样胆、石两个功放在放音时可以共享一对音箱，保持整机的完整性。当然，两组音箱分别播放也同样出色（自制音箱如图 6 所示，上面部分是自制的高音和超高音部分，下面部分为中音部分）。通过双功放播放音乐，音乐的高低音会更加传神，低频的质感、量感、厚度感，中高频的通透感、空气感，以及高频的穿透感都相当到位，声音的定位更加精准，功放的推动力和对扬声器的控制力也有所提升。这是一个非常独特、实用的功能，对于提升音质音色起到很大的作用。

两台功放同时重放时输出功率翻倍，效果很不错，可安置在家庭的小客厅、书房、卧室内欣赏音乐（见图 7）。笔者认为单端甲类功放的音色要比推挽功放的音色更加动听，谐音更丰富。改造后的多媒体 2.1 声道音箱的高音更显纤细明亮、无刺耳感、解析力非常出色。在播放快速的钢琴乐曲与打击乐曲时敏捷流畅、生动活泼，将乐曲中的细节发挥得淋漓尽致。

小胆机中音谐音丰满，真实自然。在播放人声与弦乐时极富感染力、清晰度高、层次分明。多媒体音箱的低音部分在这套音箱中起到了很大的作用，其低音雄厚、干净利落，节奏感分明，动态范围宽广，弦乐中的大提琴与低音鼓的共鸣声表现非常出色。

图 7 笔者将本制作功放安置在家中

智能扭转软体机器人

北卡罗来纳州立大学和宾夕法尼亚大学的研究人员开发了一款软体机器人，这款软体机器人由液晶弹性体制成，呈扭曲带状，类似意大利面。将软体机器人放在 55℃以上的表面时，软体机器人接触该表面的部分会收缩，而暴露在空气中的部分则不会，这使软体机器人开始滚动。表面温度越高，它滚动的速度越快。

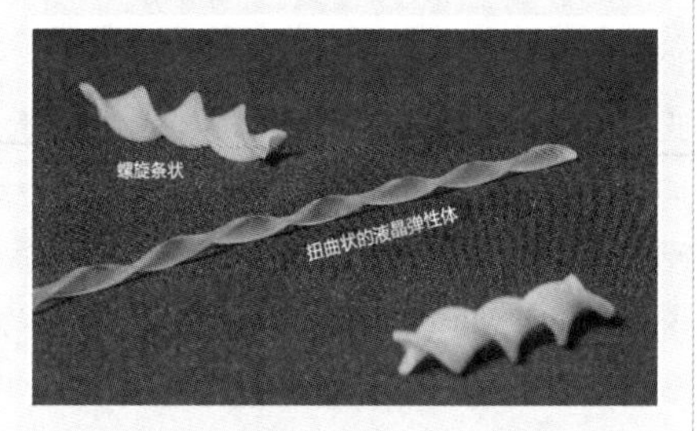

软体机器人能够在没有任何人类或计算机干预的情况下翻越障碍。如果软体机器人的一端遇到障碍物，它会轻微地旋转以绕过障碍物。如果软体机器人的中央部分遇到障碍物，它就会快速释放变形能量，使软体机器人略微跳跃并重新定位。

研究人员进行了多次试验，证明了这款软体机器人能够在类似迷宫的环境中运动，而且它还能在沙漠中很好地工作。

山羊形四足机器人

在日本东京国际机器人展上，日本机器人企业川崎公司推出了一款四足机器人 Bex。川崎公司研发这款机器人的灵感来源于非洲和亚欧大陆山区里生活的山羊。

Bex 是一个膝关节上有轮子的四足机器人。在地面崎岖不平的情况下，Bex 以下肢四腿末端的蹄部接地，以仿生羊的方式前进。Bex 在平坦光滑的地面上行走时，可以降低机身，将下肢四腿膝部的轮毂接地，以四驱车的方式前进，这样可以同时确保行进速度与稳定性。

Bex 的身子底下安装了一个类似于长板凳的设备，身子上面设计了一个座椅和车把，方便人安全乘坐。在有人模式下，骑行者可以用 Bex 身上的手柄操纵行进方向与速度。在无人模式下，Bex 可以与其他川崎公司生产的无人自动送货机器人联网获取行动信息。

立创课堂

YuToo 电子墨水屏时钟

▌程盘鑫

它是一个物联网终端，它是一个电子时钟，它是一个小闹钟，它是一个温度计……

项目介绍

YuToo 电子墨水屏时钟是一个开源硬件项目，项目设计结合了实用性和趣味性，既不像纯时钟那样单调，也不会成为玩一次就被丢到杂物堆中的数码玩具，它可以一直在你的桌面默默工作。

我们先来看看这个电子墨水屏时钟有什么特点。

多功能：可以显示时间、天气、闹钟，能够设置整点、半点提醒，支持温/湿度、环境光监测，能够实现韵律灯效，还可以被当作电子书和 HomeKit（由苹果设备中家庭 App 直接控制）使用。

低功耗：别看电子墨水屏时钟功能多，却非常省电，正常工作在时钟、天气模式下（自动或节能模式），使用 2000mAh 电池，实测可以工作两个月以上。

趣味性：开启韵律灯效后，灯珠会随着音乐进行律动，非常有意思，在工作之余可以打开音乐，开启灯效，放松一下。

管理方便：可以通过内置 Web 进行在线管理，也可以在开启 HomeKit 后通过 iPhone、iPad 之类的苹果设备进行简单功能管理。

系统功能介绍：支持多界面切换，可以在天气时间界面、纯时间界面、天气界面和电子书界面进行循环切换，界面风格参考了网上多位高手的作品，这里表示感谢；支持电子书功能；支持闹钟功能；支持天气预报功能；支持网络自动同步时间；支持韵律灯效；支持苹果 HomeKit 管理；支持环境光监测；支持 OTA 升级。

硬件介绍

本项目采用 ESP32 模块（见图 1），这是一个双核、最高支持 240MHz 主频的单片机，并且内置了 Wi-Fi 和蓝牙、4MB Flash，价格低廉，性价比很高。

显示使用的是电子墨水屏，电子墨水屏是一个非常优秀的显示器件，其优点是只有在刷新内容时才需要耗电，显示时不耗电，非常适合长期不用刷新或刷新率比较低的场景，比如超市的价签和当前项目。它的缺点也非常明显，一是颜色单调，二是刷新速度慢，三是价格偏高，但目前有很多优秀的二手价签在卖，这个价格就比较低了，所以让这个电子墨水屏项目的成本低了许多。

电路设计说明

1. 主控电路

ESP32 提供的 GPIO 还是比较多的，但在本项目中还是有些不够用，所以我将电子墨水屏的 SPI 和 Micro SD 卡的 SPI 进行了复用，好处是减少了 I/O 的占用，坏处就是复用会有一些干扰，程序中有一些问题需要优化。主控电路我使用了两路 ADC 采集，一路采集电池的电压，另一路采集 USB 的电压，方便判断 USB 是否插入。我还对 I²C 和 UART 引脚增加了上拉电阻，防止信号干扰，如果信号速率比较高，建议将上拉电阻换成 4.7kΩ 的。另外，我在 3V3 电源处加了一个 10μF 电容，主要是为了防止瞬时功耗造成电源波动。整体来看，使用了 ESP32 模块后，主控外围的元器件还是非常少的，主控电路如图 2 所示。

2. 充电及稳压电路

USB 插座使用的是 USB Type-C 贴片，使用了 MOS 管开关电路实现供电的自动切换，即插入 USB 后会切断电池供电，由 USB 供电；拔掉 USB 后，自动切换到电池供电。充电模块使用的是常用的 TP4056，这个芯片最高可以提供 1A 的充电电流，价格比较便宜，缺点是发热严重，之前有将它放于电子墨水屏背面，导

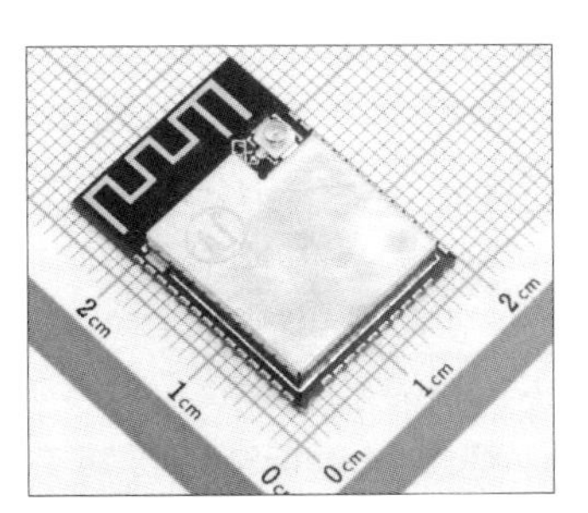

▌图 1 ESP32 模块

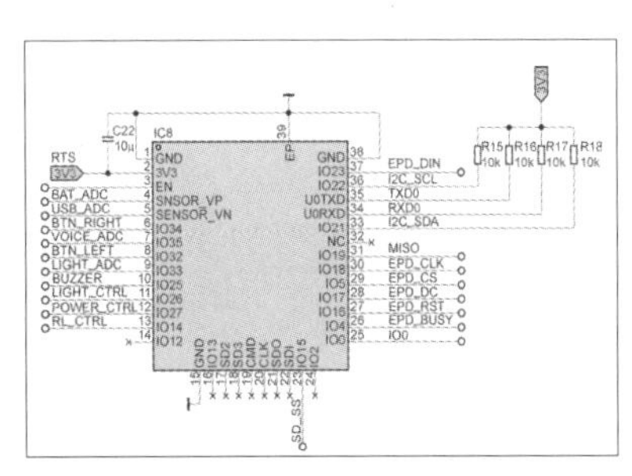

▌图 2 主控电路

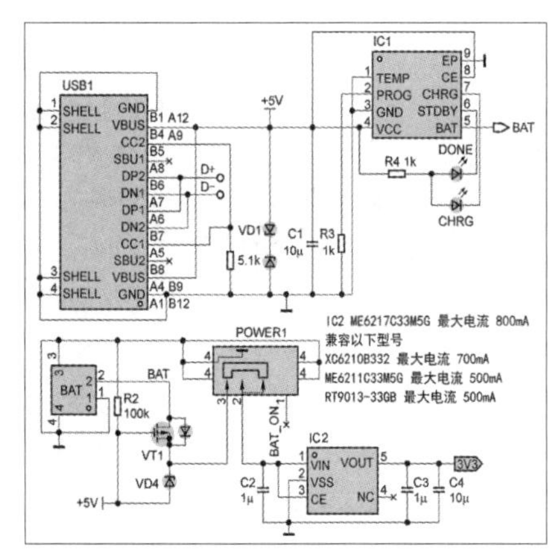

图 3 充电及稳压电路

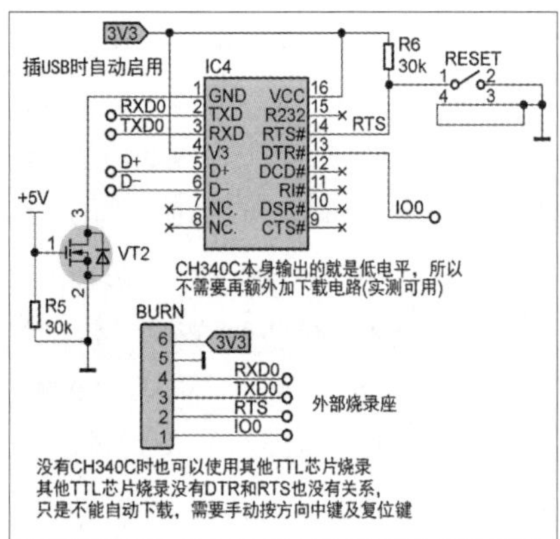

图 4 下载电路

致电子墨水屏被烧坏的经历，所以大家设计电路时需要非常注意，让 TP4056 远离热敏感元器件。3.3V 电路使用的是低功耗 LDO，目前可以使用的型号比较多，只要保障最大输出电流大于 500mA 即可，大家手里的低功耗 LDO 只要引脚、规格书中示例电路一致就可以直接替换。我用的 LDO 静态电流在 100μA，当然也有更低的，但价格可能会比较高一些，所以根据实际选择吧，充电及稳压电路如图 3 所示。

3. 下载电路

ESP32 使用的是串口下载，常用的串口下载器都可以用，本项目使用了 CH340C，这个串口芯片体积比较大，速率也还可以，优点是价格便宜，电路比较简单。当然如果有串口设备，也可以不用

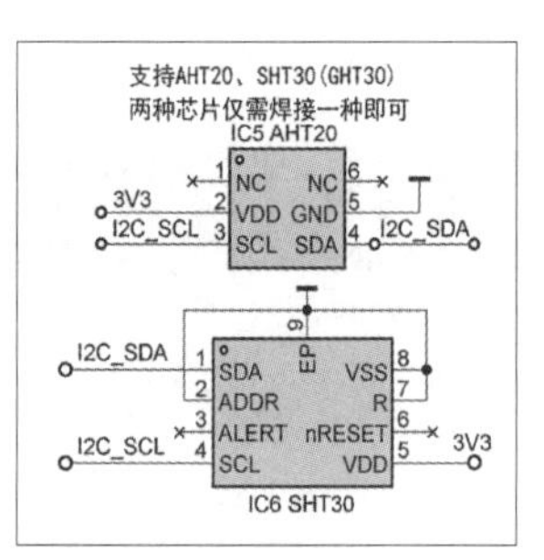

图 5 温 / 湿度芯片电路

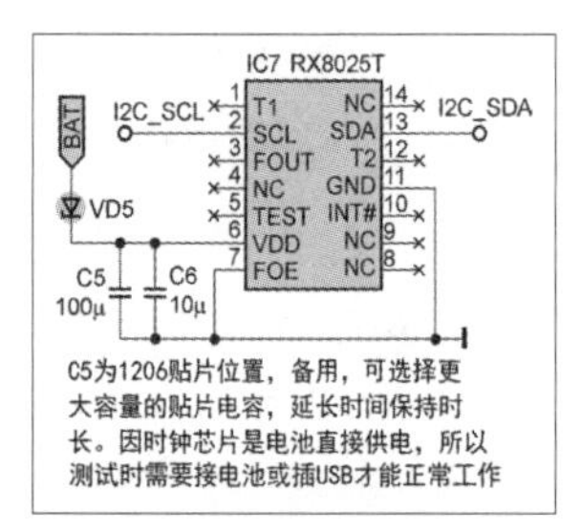

图 6 时钟芯片电路

焊接，可以直接使用外接烧录座烧录，下载电路如图 4 所示。

4. 温/湿度芯片电路

这里选用的两种芯片仅需要焊接一种即可，主要是为了提高复用性，两种芯片的价格差得比较多，AH20 价格在 2 元左右；SHT30 一般在 8 元左右；GHT30 是 SHT30 是国产版本，价格在 4 元左右，精度都还可以接受。温 / 湿度芯片电路如图 5 所示。

5. 时钟芯片电路

时钟芯片使用的是 I²C 接口的 RX8025T，这款芯片虽然很难买到全新的，但它内置了温度补偿晶体振荡器，外围电路简单，工作电压范围宽（1.8~5.5V），这是我选择它的主要原因，并且网上价格也非常便宜（1~2 元一个），性价比非常高，但容易买到次品，所以购买时需要多挑选。电路中的 VD5 是使电路变成防止电池断电时时钟芯片电源快速消耗的单向电路（见图 6），两颗电容主要用于失电后时间保持，可以焊其中一个，一起焊上也没有问题。C5 是建议焊上的，这样失电时可以保持更长的时间。

6. 环境光传感器电路

有人很好奇电子墨水屏为什么要加环境光传感器，这是因为可以做更多功能适配，比如可以实现低光照时不刷新墨水屏、不更新天气或进行其他相关操作，还可以在连上 HomeKit 后实现联动操作，比如实现自动开关窗帘等，用处还是比较多的。芯片选择的是 LTR-553ALS-01 三合一光传感器，优点还是价格便宜、功能多样。这款芯片还内置了一个距离传感器，但是可测距离比较短，只有几厘米。你是不是会觉得几厘米有什么用？其实这个功能主要是为了进行近距离的一些判断，比如我们可以判断外壳是否关上了之类的情况，毕竟还要关注功耗，可测距离远了，功耗自然也就高了，距离近才能做到低功耗。LTR-553ALS-01 本身使用 I²C 通信，电路自然也非常简单。这里 INT 是中断输出，可以配置，在目前项目中预留功能，暂未使用。环境光传感器电路如图 7 所示。

7. 韵律灯效部分电路

灯珠使用的是 24 颗 WS2812-2020 小体积灯珠，这是 RGB LED，内置芯片，仅需要一个 I/O 就可以控制上百个灯珠，灯珠的小体积可以实现更小面积里的更高密度集成。音频采集电路由 VT5（S8050）将来自话筒的声音放大后，再由 MCU 进行 ADC 采样，转换成幅值信号送入信号处理，之后就可以实现多彩灯效了。音频采集电路和 RGB LED 电路如图 8 和图 9 所示。

8. 电子墨水屏驱动电路

为了提供更多选择，这里 FPC 座集成了 24Pin 和 34Pin 两种，根据自己的电子墨水屏类型选择焊接就可以了，不过要注意，焊接是有上下接区分的，买 FPC 座之

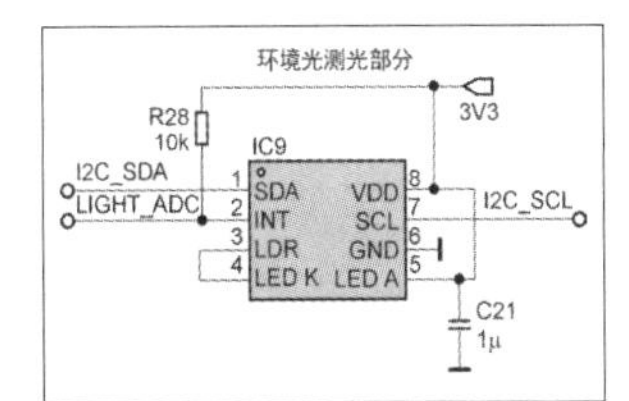

图 7 环境光传感器电路

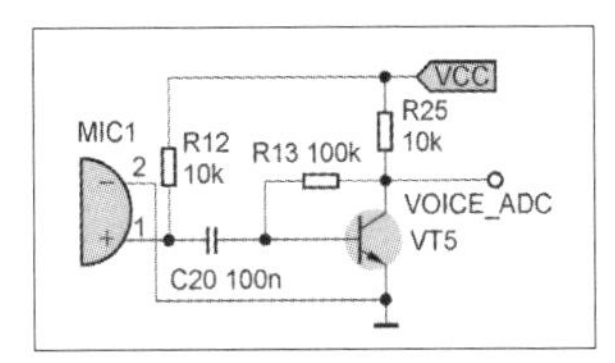

图 8 音频采集电路

前要知道自己的电子墨水屏是哪种类型来选择上接或下接，如果不确定也没有关系，有一种 24Pin 的 FPC 座同时支持上下接，这种也很方便。墨水屏驱动电路如图 10 所示。

PCB设计说明

设计之初，我希望能适当减小作品体积，这样看起来会更精致一些，所以在综合考虑正面电子墨水屏和灯珠占用空间后，尺寸最终定在了 9.6cm×4.2cm。灯珠、环境光传感器、温 / 湿度传感器手工焊难度较高，所以板厚选在了 1.2mm，这样方便使用热风枪焊接或进行回流焊，灯珠、环境光传感器还是建议使用回流焊，因为这些元器件不是很耐高温，使用热风枪焊接容易吹坏。

PCB 整体布局如图 11 所示，这是 PCB 背面，我将 USB 接口、充放电电路放在了灯珠背面，特别是发热比较严重的充电芯片 TP4056，这样比较容易发热的部分都被隔离在了一侧，且中间有排线开窗隔离，将发热部分对电子墨水屏的影响降到了最低。

主板主要做了 3 处开窗：第 1 处起到了

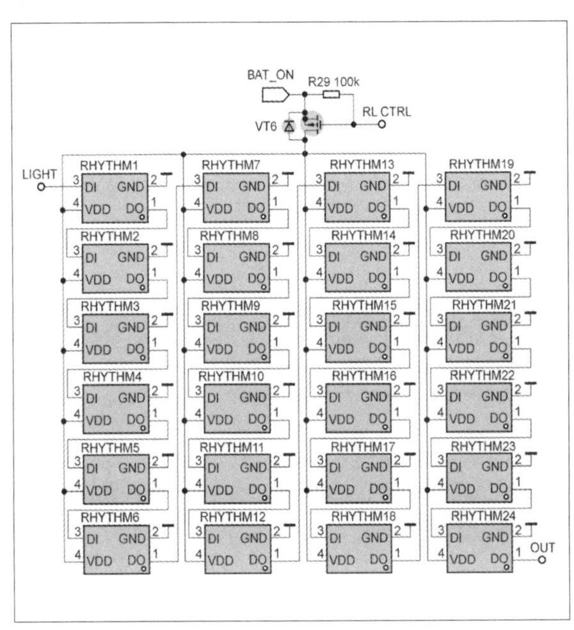

图 9 RGB LED 电路

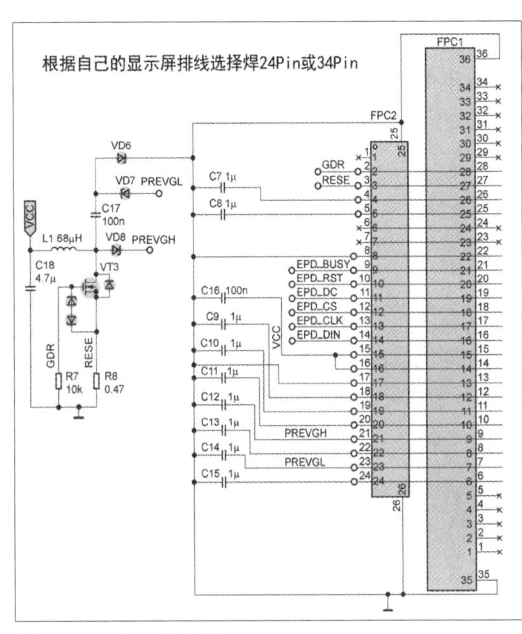

图 10 电子墨水屏驱动电路

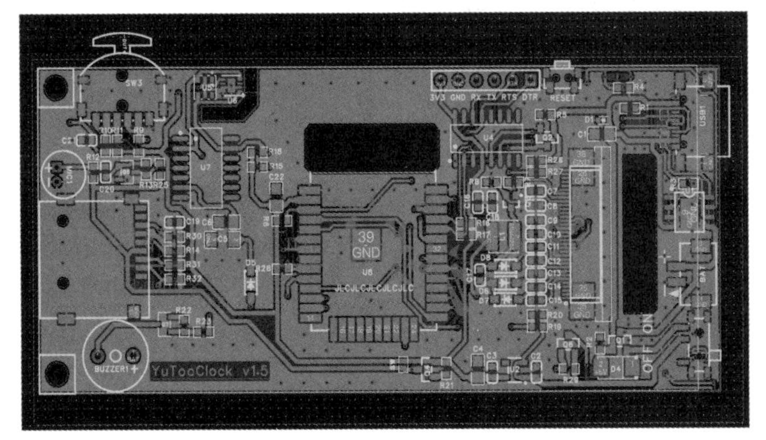

图 11 PCB 整体布局

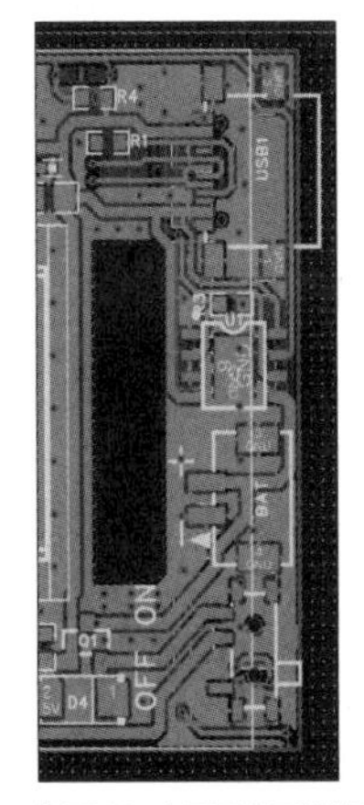

图 12 电子墨水屏排线开窗

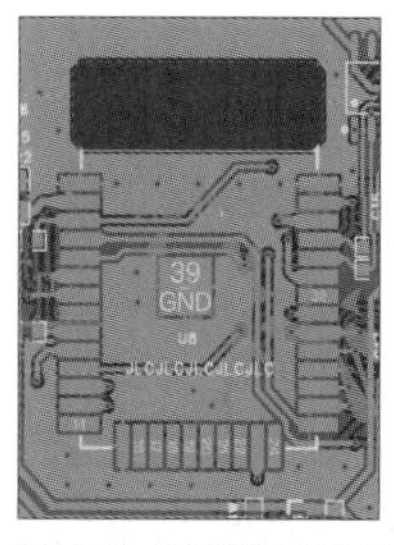

图 13 主控芯片下方开窗

图 14 温 / 湿度芯片开窗

与充电电路热隔离的作用（见图 12）；第 2 处在主控芯片下方，这里是主控芯片天线位置，可以提高信号穿透性（见图 13）；第 3 处在温 / 湿度芯片位置，这里也是起热隔离的作用，尽量减少因主控芯片温升导致的温 / 湿度芯片采集数据误差（见图 14），这里其实也只能减少误差，毕竟在封闭空间中，空气热传导还是比较严重的，特别是在持续工作模式下，测量出来的温度会比环境温度高。

PCB 正面就很简单了（见图 15），主要是确认灯珠和电子墨水屏的位置，以及充放电指示灯和环境光传感器的位置。图 16 所示是 PCB 的 3D 预览效果图。

功能介绍

1. 按键功能

按键采用一个三向键，实现了左键、中键、右键功能，左、右键主要用于数据调整和菜单切换操作，中键主要用于操作确认和功能操作。中键为了适配功能操作，增加了单击、双击、长按功能，分别适配不同场景下的功能。

电子墨水屏时钟在主界面时（见图 17），常按右键即可在多个界面中进行切换，默认主界面为天气时间界面，长按右键可依次切换到时间界面和天气界面（见图 18 和图 19）。

最后可切换到电子书界面（见图 20），在电子书界面长按中键会进入电子书选择界面（见图 21），继续长按右键又可切换回主界面。在天气时间界面、时间界面、天气界面长按中键，即可以进入配置界面（见图 22），这时依然是用左、右键切换菜单，中键确认选择操作。

当在配置界面选中“Web 配置”功能后，即可以进行参数配置。这里要注意的是，首次开启或未配置网络时，电子墨水屏时钟会自动生成一个 Wi-Fi 信号，使用手机、计算机等设备连接墨水屏上提示的 Wi-Fi 名称和密码就可以连上，连接成功后，在浏览器的网址栏中输入 IP 地址（192.168.4.1）就可以打开 Web 管理界面，如果已经经过了配网并连上了网络，墨水屏也会提示一个 IP 地址，连接这个地

图 15 正面 PCB 布局布线图

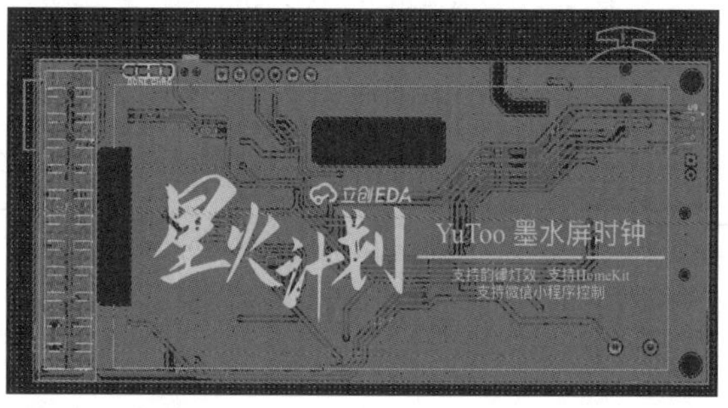

图 16 3D 预览效果图

图 17 主界面

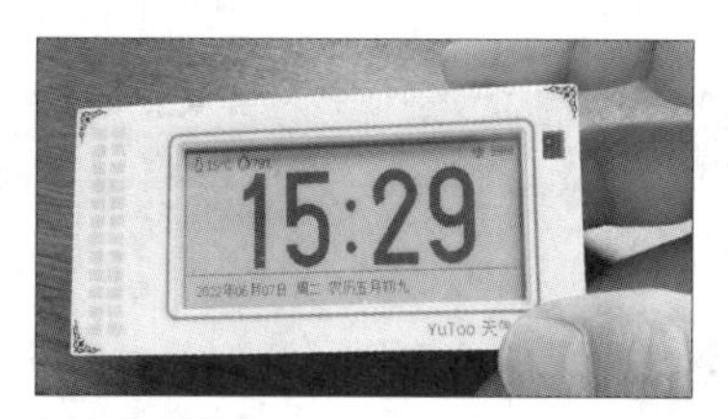

图 18 时间界面

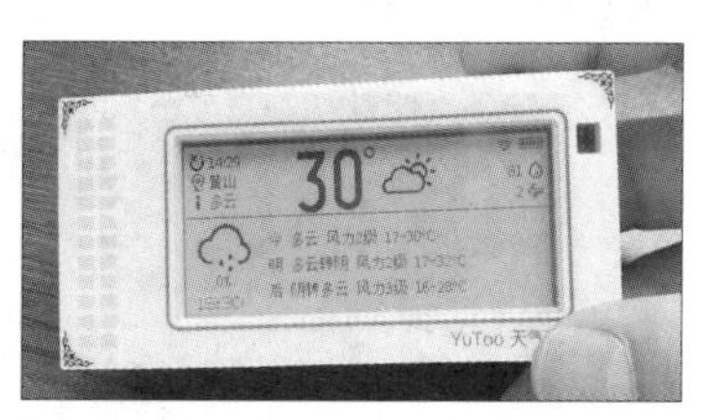

图 19 天气界面

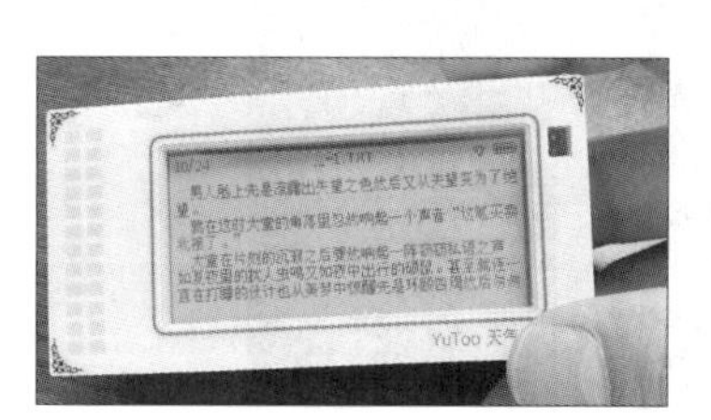

图 20 电子书界面

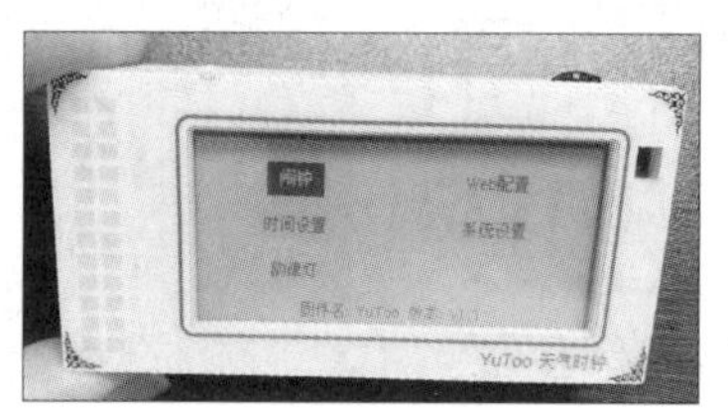

图 21 电子书选择界面

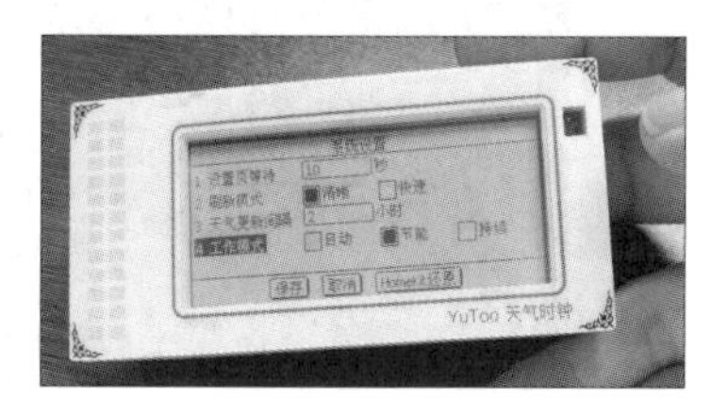

图 22 配置界面

YuToo 配置主菜单

WiFi配置	时间设置
系统设置	韵律灯设置
闹钟设置	系统信息
还原设置	
更新系统	重启系统

图 23 Web 主配置界面

〈返回 YuToo 系统参数调整

天气 Key: [心知天气] 私钥，不修改请留空

城 市: 北京市 选择城市

天气预报由 心知天气 提供，可以免费注册和使用。

工作模式: ● 自动 ○ 节能 ● 持续

自动模式: 当USB供电时，系统持续工作，电池时自动休眠，非常省电。

显示优化: 20

为了减少墨水屏残影，刷新指定次数后进行一次全局刷新，以优化显示效果。

设置页等待时长 10 秒

超过等待时长则自动返回。

有效按键时长 20 毫秒

长按时长 1000 毫秒

深度睡眠等待时间 30 秒

深度睡眠模式 ○ 清晰 ● 快速

深度睡眠后刷新模式，如果快速刷新看不清或出现较大残影，请切换到清晰模式

天气更新间隔 2 小时 (有效值 1~24)

图 24 Web 天气界面

址也可以进行配置。

2. Web管理界面

进入 Web 管理界面后，我们可以在这里配置 Wi-Fi，设置闹钟、灯效等（见图 23）。注意，如果要更新天气预报，则需要进入“系统设置”，然后在这里设置好天气 Key 和你所在的城市（见图 24），设置好后墨水屏时钟就可以自动拉取数据了。天气 Key 需要大家自己到心知天气注册后才能获得，是免费的。在 Web 天气界面单击“心知天气”就可以打开注册页面。

“更新系统”是进行 OTA 升级的地方，操作非常简单，不清楚的朋友们可以前往哔哩哔哩关注“forsew”观看本项目演示视频。图 25 所示为电子墨水屏时钟的 Web 端系统信息界面。

3. HomeKit管理

当插入 USB 或在设置界面将工作模式改为持续工作后，电子墨水屏时钟会自动开启 HomeKit，当然，这个功能必须要先配网才可以用。这时我们使用 iPhone 单击“家庭”这个 App，可以通过“添加配件”或单击主界面右上角的“+”号进行添加配件（见图 26）。

〈返回 YuToo 系统信息

固件名:	YuToo
固件版本:	v1.1
IDF版本:	v4.4.1-1-gb8050b365e
主板信息:	ESP32-D0WDQ5 Rev 1
CPU主频:	80/240 MHz
CPU核心数:	2 Cores
Flash大小:	4MB
内置存储:	已用: 1KB / 总: 169KB
可用内存:	160KB
MAC:	24:0A:C4:B9:E5:10
SD卡类型	SDHC
SD(已用/总)	3MB / 30GB

图 25 Web 端系统信息界面

单击图 26 左图中的“更多选项”搜索设备，设备列表中出现的“H&T Bridge”就是电子墨水屏时钟的 HomeKit 名称了，单击进行连接，之后输入图 27 所示的配对密钥进行连接。

连接过程需要 1~2 分钟，连接之后会出现各设备的相关设置，根据需要选择就可以了，配置完成后就可以进行管理了。管理界面比较简单，主要是开关功能的操作，不能进行参数的设置。配置页面还有更多配置就不一一说明了，大家自己去发现吧。

结束语

整个项目开发耗时四五个月，中间改版了六七次，目前 PCB 已经更新到了 1.5 版本，主要是功能优化和布局优化。软件部分仍然在根据反馈进行优化升级中。整个项目已经在立创开源硬件平台上开源，感兴趣的朋友可以前往该平台，搜索“YuToo 墨水屏时钟”，下载本项目的相关资源。

图 26 HomeKit 配置界面和主界面

图 27 配对密钥

OSHWHub 立创开源硬件平台 立创课堂

点亮浪漫，电容触摸无极调光雪花灯

郝炜哲

故事还要从今年3月说起，那会刚开学课程不多，因此我空出了大把的时间。学校每天晚上会早早熄灯，我的台灯又很不给力，不能无极调光，暗的时候觉得太暗，亮的时候又觉得太亮，种种因素堆在一起，我便决定自己动手做一个小夜灯。

可能有读者朋友会问，零基础可以吗？当然可以，本项目不需要烧录任何程序。但是作为一名电子工程师，你需要熟练掌握用电安全，以及电烙铁等工具的使用方法。如果你还不能熟练掌握工具的使用方法，那一定要在可以熟练使用工具的人的陪同下完成本项目，牢记安全第一。

制作步骤

1. 设计思路

既然是要自己设计一个东西，那就得顾及方方面面，最好能实现我想要的所有功能。为了做出符合期望的作品，我把自己想象成客户，给自己提出想要实现的功能。

对小夜灯的初步设想功能如下：第一，体积要小，便于携带、使用；第二，要省电，但光线要足够亮，并且要能调光；第三，成本要低，制作材料要容易获取；第四，长时间开灯不能过热，PCB设计要美观。

2. 外观构思

我最初的想法是直接做一个长方形的小夜灯，体积小一些，可以直接挂在腰间，后来我参考作品时发现做的人很多而且都不符合我心中的想法，于是又在网上搜了很多触摸灯进行参考，最后看到了一个星星形状的灯，感觉非常有意思。但是星星比较尖，不方便携带，与我最初提出的要求又不完全符合，思考良久后，我从北京冬奥会开幕式找到了灵感，打算做一个雪花形状的小夜灯。

我在立创开源硬件平台上看到很多用WS2812制作的彩色雪花灯，但是它们都需要MCU控制，体积大，成本高，又与我的理念有冲突。于是我融合了触摸灯（便宜但不美观）与雪花灯（美观但成本较高且不适合新手）的优点，在笔记本上构思了小夜灯的外观。

3. 元器件选型

为了实现“便于使用”的功能，我用常见的USB Type-C接口给小夜灯供电，舍弃了小体积的Micro USB接口。之所以选择USB Type-C接口，一是因为Micro USB接口寿命短且不能正反插拔，而且USB Type-C接口正在逐渐替代Micro USB接口；二是现在大部分手机采用USB Type-C接口与苹果的Lightning接口，大家手中应该会有USB Type-C线，这样看来使用USB Type-C接口更方便。

USB Type-C接口我选择了16 Pin的，原因是16 Pin支持多种颜色，这样可以达到搭配外露PCB的目的。

灯丝选择了26mm长的陶瓷灯丝，它四面透光没有死角，且兼具照明与美观，灯丝比较小巧。为了使灯光温馨，我选择了暖光。

触摸芯片选用的是SGL8022W单键电容式触摸芯片，其采用SOP-8封装，价格便宜，易于购买（各大平台有售），使用稳定（市面上有大量触摸台灯使用），且功能丰富（有缓亮缓灭、无极调光等功能）。

4. 绘制原理图

本制作的原理图与PCB均采用国产软件嘉立创EDA标准版绘制。对电路相对简单的方案来说，嘉立创EDA标准版出图实在是又快又方便。

我们可以根据芯片手册绘制芯片外围电路，由于我想要芯片实现缓亮缓灭、无极调光的功能，于是我拉高了芯片OPT1

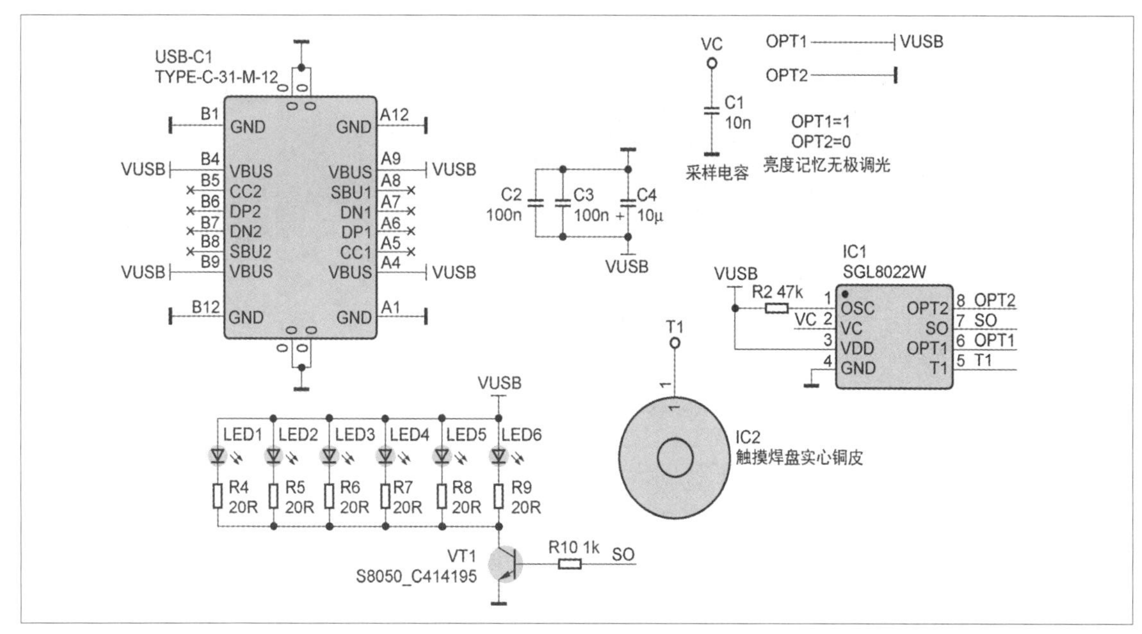

图 1 绘制好的电路

脚，拉低了 OPT2 脚。电路设计尽量简单，省去不必要的元器件，方便根据绘制的草图布局 PCB。绘制好的电路如图 1 所示。

5. PCB设计

在嘉立创 EDA 中使用快捷组合键 Alt+P 将原理图转为 PCB。找一张合适的雪花图片素材，用 Photoshop 处理后导入 Inkscape 描出轮廓，并将轮廓保存为 DXF 格式，在嘉立创 EDA 中导入轮廓并且选择为边框层。接着选择文档层绘制出基本的辅助线、板子大小等（见图 2）。

根据辅助线及雪花形状绘制开槽位置、打孔位置等。之后就可以进行元器件布局了。这个过程需要不断通过 3D 预览图预览元器件的位置是否合适、美观，确认无误之后开始布线。在布线的过程中需要调整丝印，由于最后选择让 PCB 外露，因此布线、丝印、铺铜必须美观。我去除了元器件的位号，让元器件周围更干净整洁。为了好看与透光，正面铺铜我只铺了中间六角星和上面接口的位置（见图 3）。

为让灯丝下方能够透光，我先绘制了 6 个透光部位的图像，然后放入 PCB 中转换为槽孔位置，这样铺铜的时候就不会铺到这里（见图 4）。

为了布线美观，我也是煞费苦心，由于元器件摆放角度非常规，布线需要用自由角度线绘制，想要美观就要尽量保持角度自然。为了让透光部位不单调，我在底层用导线绘制了雪花的轮廓，为了避免 DRC 报错，我把绘制网络改为 GND，然后将它编为一个组，这样就可以方便复制移动了，把它们放在透光部位，有一种雪花坠落的感觉（见图 5）。

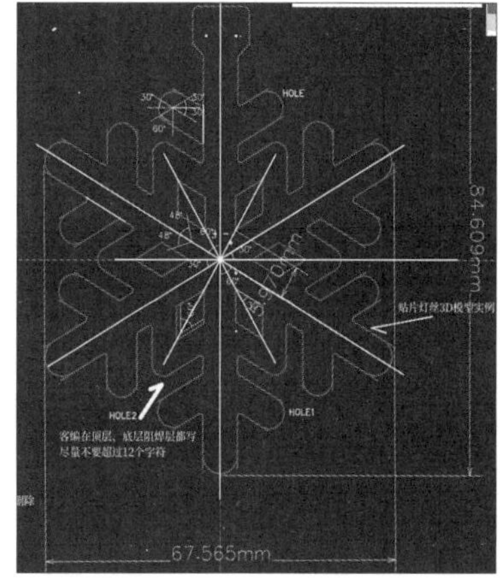

图 2 PCB 设计

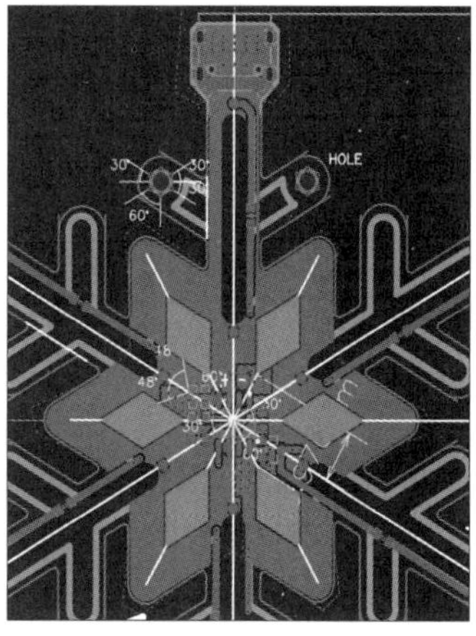

图 3 元器件布局

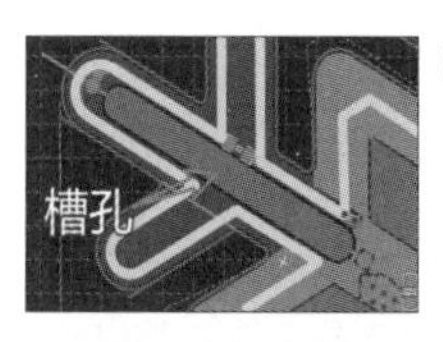

图 4 槽孔位置

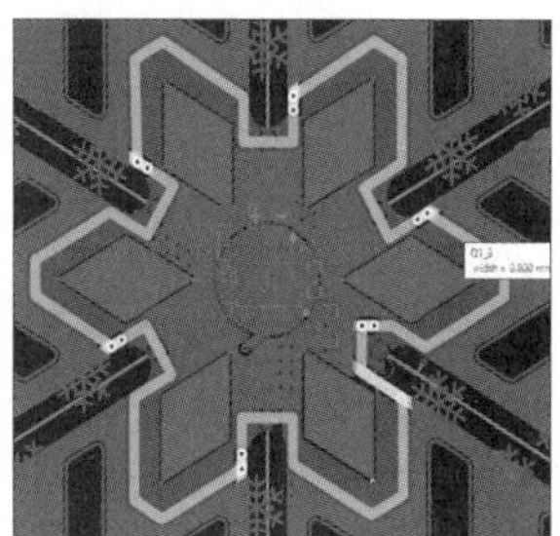
图 5 在底层用导线绘制雪花的轮廓

图6 PCB 最终预览效果

图7 元器件焊接细节

确认布线没问题，最后就是加入“灵魂”。为了让光秃秃的 PCB 好看起来，我自己设计了丝印图案，然后贴上自己的 Logo，再做一下开窗处理。2D 预览效果如图 6 所示。确认无误后就下单坐等收货吧！我制作了蓝色与黄色（透光能力较强）两种 PCB。大家可以前往哔哩哔哩关注“球球的 daddy”观看雪花灯的元器件焊接视频和效果演示视频，雪花灯的元器件焊接细节如图 7 所示。

6. 外壳设计

好的产品离不开好看的外观。由于这次用到的陶瓷灯丝易碎，所以我专门为它设计了一个外壳，这个外壳使用 SolidWorks 建模，用 KeyShot 9 进行渲染，渲染效果如图 8 所示。最后联系一个比较靠谱的工厂用亚克力板进行切割，当然，也可以使用其他材料。

7. 最终展示

将外壳安装好后，雪花灯就制作好了，通电看一下效果（见图 9），我个人感觉还是不错的。

图8 渲染效果

结语

雪花灯前后制作了一周左右，完成后我觉得它是满足了之前提出的所有要求的。之后我把它拿给身边的朋友们使用，他们在实际使用后返回了一些好评和建议。优化后，我将整个项目开源在立创开源硬件平台，本文制作所需的 PCB 文件、原理图文件及外壳 3D 文件等均已上传到该平台，读者朋友可以在该平台搜索“触摸无极调光雪花灯”下载需要的文件。整个制作过程，我最大的收获就是对产品从出生到发布的全部过程更加熟悉了，这让我受益匪浅。最大的喜悦是开源之后获得了很多朋友的喜欢。自己的想法能被更多的人实现、改进、完善，我想这就是开源的魅力。

图9 雪花灯最终效果

行空板延时摄影装置

郭力

演示视频

项目起源

行空板具体能够做哪些事情，与树莓派相比有哪些擅长的方面？我一直对延时摄影技术很感兴趣，这是我基于行空板制作的一款延时摄影装置，如图1所示，希望能够抛砖引玉，为大家带来一些启发。

方案介绍

首先，我们了解一下什么是延时摄影。延时摄影也叫缩时摄影，类似于定格动画，把多张拍摄间隔时间相同的图片串联起来，合成一个动态的视频，以明显变化的影像展现景物低速变化的过程。譬如花蕾的开放约需3天3夜，即72小时，可以设置每半小时拍摄一张照片，按顺序记录开花过程的细微变化，共计拍摄144张照片，再将这些照片串联合成视频，按正常播放速率放映（每秒24帧），在6s之内，展现3天3夜的开花过程。延时摄影通常应用在拍摄自然风景、城市生活、建筑制造、生物演变等题材上。

了解了延时摄影的原理，现在我们就可以开始制作延时摄影装置了。主要用到的器材有行空板和USB摄像头。具体方案是用行空板控制摄像头每隔一段时间拍摄一张照片，直到拍摄照片数量达到预定值结束，最后将照片合成视频。

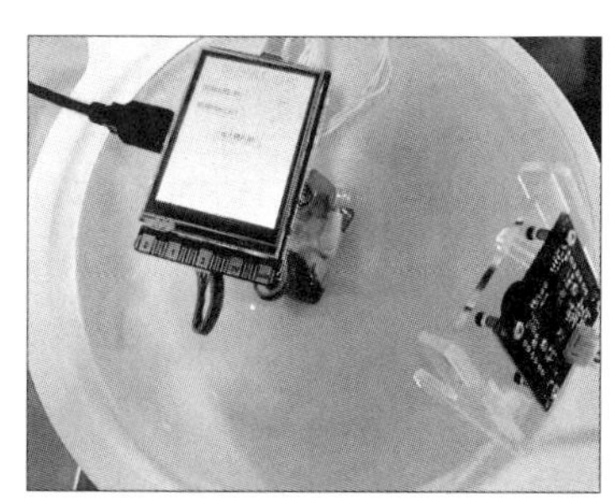
图1 延时摄影装置

程序设计

1. 编程思路

方案确定后，我们设计如图2所示的思维导图。

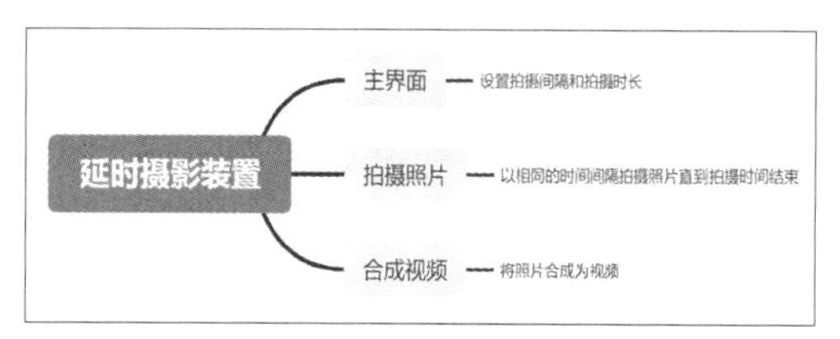

图2 延时摄影装置程序设计思维导图

2. 准备工作

（1）准备编程环境

本次我们使用Mind+编程，如果你还没有安装该软件可以先在官方网站下载。软件下载并安装完成后，我们需要将行空板与计算机连接，官方文档中介绍的连接方式有很多种，我们采用USB数据线的方式进行连接。

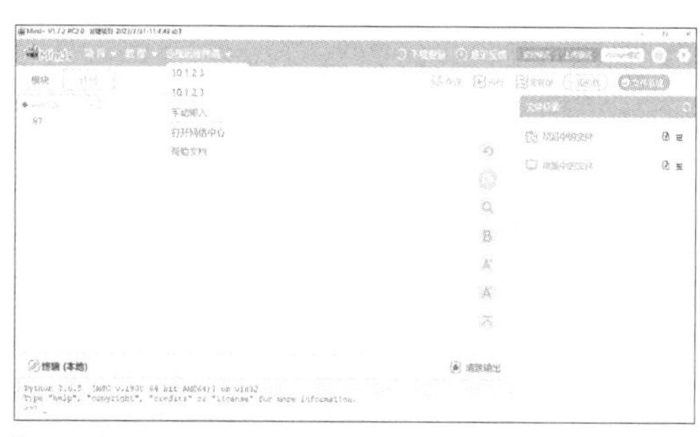
图3 连接远程终端

行空板连接计算机后，在Mind+软件右上角选择“Python模式”，单击左下角的“终端”按钮打开终端，随后在软件的上方会出现“连接远程终端”的菜单，如图3所示，我们选择行空板的IP地址进行连接。

（2）创建文件

行空板与计算机连接成功后，单击图4中的“+”按钮创建Python程序，或者单击“三横线”按钮创建新文件夹。根据自己的需求创建一个新的Python程序并修改文件名称，双击文件名即可打开新文件进行程序设计。

3. 程序编写

（1）导入库

本次我们需要使用OpenCV库来完成图像采集，使用pinpong库控制行空板的屏幕和按键，除此之外还会用到time库、os库等。以上库的导入方式如程序1所示。

程序1

```
import cv2,time,os
from pinpong.board import Board
from pinpong.extension.unihiker
import *
from unihiker import GUI
```

图4 在Mind+软件中新建文件

下面我们根据思维导图来编写程序，首先设置初始化后的界面。

（2）设置界面

本次延时摄影装置界面如图 5 所示，其中需要用到文字 draw_text( )、按钮 add_button( ) 以及等待灯带按键 A/B 被按下的指令“wait_a_click( )”。

其中有两个比较关键的时间数据：拍摄间隔和拍摄时长。我们采用 input( ) 的方式获取这两个时间数据，主界面函数运行结束后需要将这两个时间数据传递给拍摄函数，如程序 2 所示，其中使用 button( ) 的作用是让文字有边框，增加美观度。

程序2

```
def window():
 img_time = int(input("请输入拍摄间隔（单位为秒）"))
 video_time = int(input("请输入拍摄时长（单位为分钟）"))
 logo=u_gui.draw_text(text="延时摄影装置",x=40,y=0,font_size=20, color="#33CCFF")
 u_gui.add_button(x=60, y=70, w=100, h=30, text="拍摄间隔（秒）", origin='center')
 u_gui.add_button(x=60, y=110, w=100, h=30, text="拍摄时长（分钟）", origin='center')
 sec=u_gui.draw_text(text=str(img_time)+"秒",x=160,y=60,font_size=12, color="#FF0000")
 mins=u_gui.draw_text(text=str(video_time)+"分钟",x=160,y=100, font_size=12, color="#CC33CC")
 u_gui.add_button(x=120, y=160, w=100, h=30, text="按A键开始", origin='center')
 u_gui.wait_a_click()
 take_photo(img_time,video_time)
```

延时摄影装置

拍摄间隔(秒) 10秒

拍摄时长(分) 1分

按A键开始

图 5 延时摄影装置界面

（3）拍摄照片

主界面设置完成，我们按下行空板侧面的 A 键即可触发拍摄程序。这里我们需要掌握 OpenCV 库采集图形的基本指令如下。

◆ 调用摄像头：cv2.VideoCapture(0)，括号里的数字代表 USB 摄像头的编号，比如自带的摄像头编号为 0，外接的摄像头编号为 1。

◆ 新建拍摄窗口计算机：cv2.namedWindow(' Video Cam ' , cv2.WINDOW_NORMAL), 括号中第一项为窗口名称，第二项为窗口尺寸。

◆ 在窗口展示图像：cv2.imshow('Video Cam',frame）括号中第一项为窗口名称，第二项为图像数据。

◆ 读取图像：imread( )。

◆ 存储图形：imwrite(path, frame) 括号中第一项为保存路径，第二项为图像数据。

◆ 释放内存：release( )。

◆ 关闭窗口：destroyAllWindows( )。

掌握了 OpenCV 库的基本使用方法之后，我们还需要学习一种间隔时间采集图像的方法，假设我们设置间隔拍摄的时间变量为 img_time，首次开始拍摄的时间记录在变量 last_start_time 中，然后不断以 time.time( ) 的方式获取当前时间（单位为秒），如果当前时间减去开始拍摄时的时间超过间隔拍摄的时间，那么就控制摄像头采集一张图像并保存下来，并对开始拍摄时间变量重新赋值，如此往复即可实现相同间隔时间拍摄。

那么如何才能让拍摄结束呢？这里我们用拍摄时长 video_time 除以间隔时间 img_time 即可得到应采集图像的数量（注意时间单位要统一），当数量达到时终止拍摄，如程序 3 所示，运行后采集的图像如图 6 所示。

程序3

```
def take_photo(img_time,video_time):
cap = cv2.VideoCapture(0)
cv2.namedWindow('Video Cam', cv2.WINDOW_NORMAL) #创建窗口"Video Cam"
src_path = '/root/faM/img/'
delete(src_path)
last_start_time = time.time()
i=0
num = video_time*60
while(cap.isOpened() and ((cv2.waitKey(1) & 0xFF )!= ord('q'))):
ret,frame = cap.read()
if time.time() - last_start_time >= img_time:
path = src_path+"{}.jpg".format(i)
cv2.imwrite(path, frame)
i+=1
last_start_time = time.time()
if ret == True:
cv2.imshow('Video Cam',frame)
else:
break
if i>num:
break
cap.release()
cv2.destroyAllWindows()
makevideo(src_path)
```

（4）合成视频

图像采集完成后，接下来将采集到的图像合成为视频。合成视频需要用到 OpenCV 库中视频操作的基本方法如下。

◆ 设置视频写入器：cv2.VideoWriter_fourcc(*'mp4v')，括号内

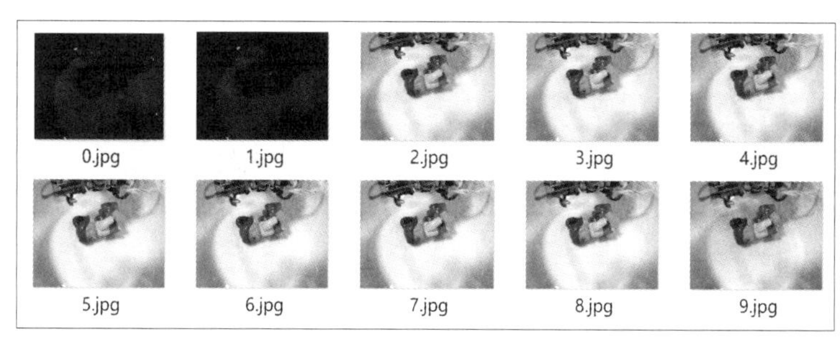

图6 采集的图像

为mp4格式。

◆ 创建视频写入对象：cv2.VideoWriter(sav_path,fourcc,2,size)，括号内第一个参数是保存路径，第二个参数是编码器，第三个参数是帧数，第四个参数是图像尺寸。

◆ 将图像写入视频：videowrite.write(img_array[i])，通常会将图像放入数组，再以循环的方式将所有图像数据写入视频。

合成视频的程序如程序4所示，运行后结果如图7所示，大家可以扫描文章开头的二维码观看演示视频。

程序4

```
def makevideo(src_path):
# 设置每张图像大小
size = (320,240)
print("每张图片的大小为({},{})".format
(size[0],size[1]))
# 设置源路径与保存路径
sav_path = '/root/faM/video.mp4'
# 获取图片总张数
all_files = os.listdir(src_path)
index = len(all_files)
print("图片总数为:" + str(index) +
"张")
# 设置视频写入器
fourcc = cv2.VideoWriter_fourcc
(*'mp4v')#MP4格式
videowrite = cv2.VideoWriter(sav_
path,fourcc,2,size)#2是每秒的帧数,
size是图片尺寸
# 临时存放图片的数组
img_array=[]
# 读取所有GPG格式的图片 (这里图片命名是
0~index.jpg, 例如: 0.jpg 1.jpg ...)
for filename in [src_path + '/'
+ r'{}.jpg'.format(i) for i in
range(0,index)]:
img = cv2.imread(filename)
if img is None:
print(filename + " is error!")
continue
img_array.append(img)
print("sz"+str(len(img_array)))
# 合成视频
for i in range(0,index):
img_array[i] = cv2.resize(img_
array[i],(320,240))
videowrite.write(img_array[i])
print('第{}张图片合成成功'.format(i))
```

(5) 删除文件

进行下一次的延时摄影时，需要将之前的图像数据删除，删除的方法如程序5所示。

程序5

```
def delete(src_path):
all_files = os.listdir(src_path)
index = len(all_files)
for i in range(index):
os.remove(src_path+"{}.jpg"
.format(i))
```

总结

至此，延时摄影装置的程序设计就全部完成了，在本案例中，我们通过使用OpenCV库的一些基础用法完成了延时摄影的任务，回头审视整个过程，行空板出厂自带了OpenCV等库，与树莓派相比省去了很多配置的过程，这样可以更专注于程序设计本身，大大提高了效率。并且行空板板载了按键和屏幕，在实现人机交互方面也便捷了不少。如果再增加一些特殊的环境感知传感器，还可以做出更加丰富有趣的项目，比如检测植物生长过程的环境数据，再结合摄像头拍摄延时摄影的数据。接下来我还会分享一些类似的实用案例，一起期待吧！

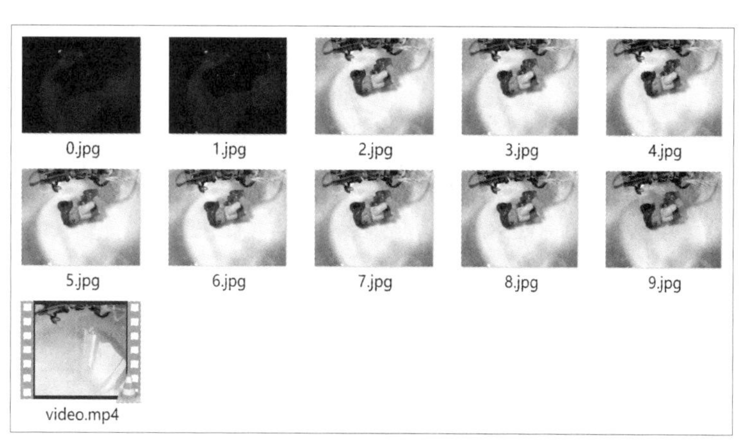

图7 合成视频

使用 FireBeetle ESP32 给万用表增加语音功能

演示视频

▌王岩柏

万用表可以用来测量设备的电流、电压和电阻等。对于电气工程师来说，万用表是最常见的测量设备。虽然它无法直接解决电路问题，但它是用来判断问题必不可少的工具。第一个现代意义上的万用表出现在 1920 年，它是基于 1820 年发明的检流计升级而来的。这款万用表能够检测电流、电压和电阻，因此它被命名为“安伏欧万用表”。在此之前，测量这些物理量都需要使用独立的设备。1920 年，英国邮电局的工程师 Donald Macadie 觉得每次出门维修通信设施需要携带多个电表非常麻烦，因此他发明了安伏欧万用表。我们在多数情况下使用万用表时，会专注表笔与被测量物，而没有机会去看表盘读数，针对这种情况，我使用 FireBeetle ESP32 改造 Victor 86B 万用表（以下简称 VC86B 万用表），给 VC86B 万用表增加一个语音功能。

VC86B 万用表是一款数字万用表，特别之处在于它带有 USB 接口，在安装驱动程序和上位机程序后，我们可以在计算机上直接查看测量结果（见图 1）。此次作品的基本原理是通过 USB Host 读取并解析 VC86B 万用表发送的数据，然后通过语音合成模块将测量结果播报出来。

这次设计的硬件部分主要有以下 3 个模块。

1. FireBeetle ESP32

FireBeetle ESP32 是基于 ESP-WROOM-32 双核芯片设计的主控板，具有速度快、板载接口丰富的特点。其接口如图 2 所示。

2. FireBeetle USB Host Shield

为了获得 VC86B 万用表的数据，我们需要设计一款 USB Host Shield 来和 FireBeetle ESP32 通信。目前最成熟的开源 Arduino USB Host 库当属 Oleg Mazurov 的 USB Host Shield Library 2.0，该库可以兼容市面上大部分的 Arduino 主控板，从 ATmega328P 到 ATmega2560 再到 ESP32，都能够使用这个库通过 SPI 总线驱动 USB 设备。FireBeetle USB Host Shield 的最终电路如图 3 所示，包含 MAX3241e 芯片（左侧电路）、FireBeetle ESP32 接口设计（右上侧电路）、USB 2.0 公头设计（右下侧电路）。

MAX3421e 芯片是该设计的核心，该芯片使用 3.3V（VCC Pin23）供电，电路中 VBCOMP（Pin22）是该芯片用于检测 USB 引脚上 5V Vbus 的引脚，并不是芯片电源。该芯片所需的时钟信号来自 12MHz 的晶体振荡器。此外，该芯片本身带有 GPIO 引脚，可以用作 GPI 或者 GPO 引脚，一些情况下，其可以弥补主控板 GPIO 引脚不足的缺点，不过此次作品并未使用这些引脚，直接进行悬空处理了。图 3 左侧的电路也可以被看作 MAX3421e 的最小系统，其可以被迁移至任意的 Arduino 设计中。

▌图 1 在上位机中查看 VC86B 万用表数据

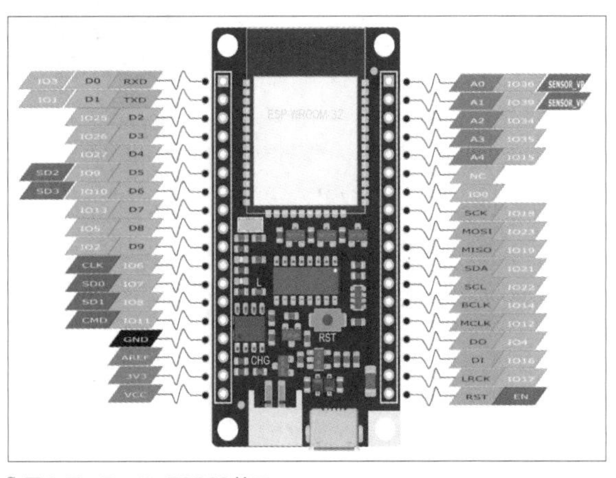

▌图 2 FireBeetle ESP32 接口

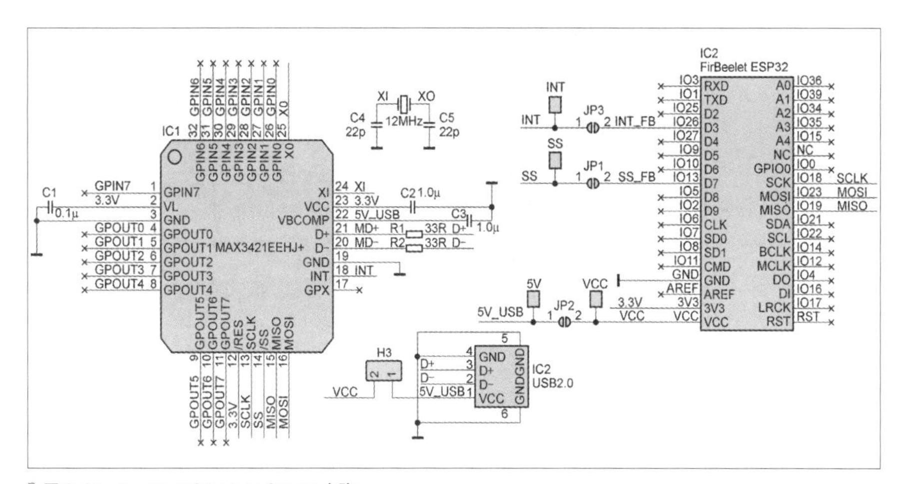

图3 FireBeetle USB Host Shield电路

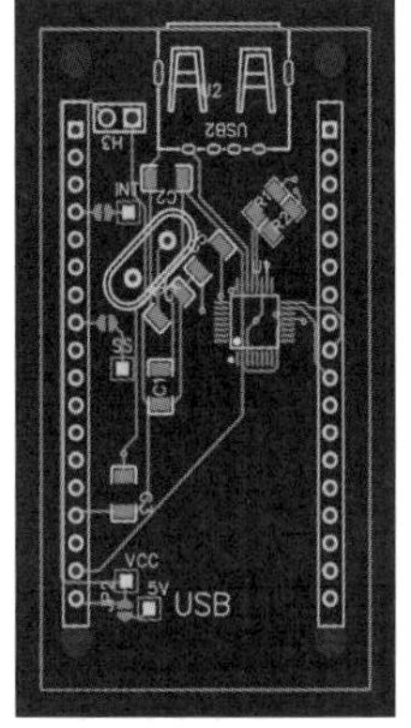

图4 FireBeetle USB Host Shield PCB设计

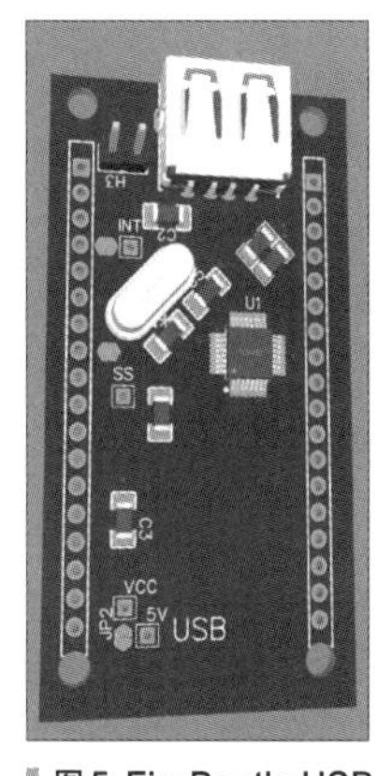

图5 FireBeetle USB Host Shield PCB 3D渲染效果

图6 FireBeetle USB Host Shield成品

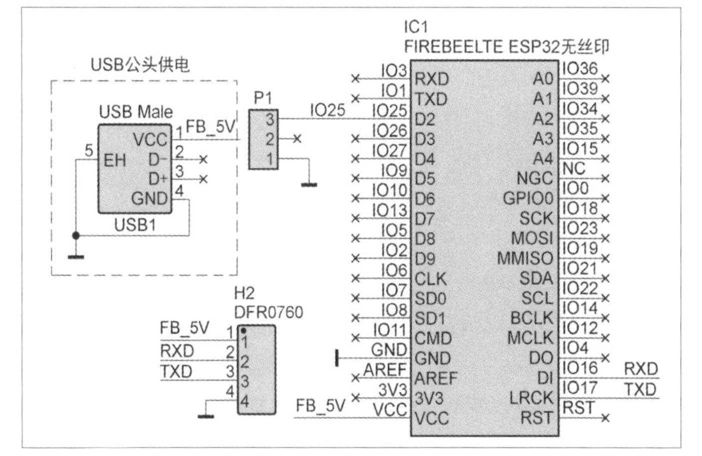

图8 底板的电路

MAX3421e芯片和FireBeetle ESP32的引脚对应关系如图3右侧电路所示，两者都是通过SPI总线进行通信的。引脚对应关系中，IO13、IO18、IO19、IO23分别是SPI接口的SS、SCKL、MISO、MOSI信号线。特别地，FireBeetle ESP32为后期堆叠Shield可能会发生的引脚冲突预留了JP1、JP2、JP3（短接电阻）。

图7 Gravity中英文语音合成模块

正常使用时，需要将上述短接电阻焊接起来。JP1用于提供SPI的SS信号；当USB设备功耗较高，FireBeetle ESP32无法提供足够的电力驱动这个设备时，需要考虑断开JP2，然后从VCC处引入外部的5V电压对USB设备进行供电；JP3用于MAX3421e芯片发送中断请求。

FireBeetle USB Host Shield的PCB设计如图4所示、PCB 3D渲染效果如图5所示、成品如图6所示。

3. Gravity中英文语音合成模块

Gravity中英文语音合成模块（见图7）的核心是科大讯飞的XFS5152CE语音合成芯片，模块支持中文、英文和中英文混合合成语音，提供I²C/UART两种通信及接口，自带扬声器，方便用户使用。

我们需要一块用于连接FireBeetle USB Host Shield的3个部分的底板。底板的电路如8所示，PCB设计如图9所示，我们可以看到板子上只有连接器件，并没有功能性元器件。板子上的USB公头，可以用于给整个系统供电，或者直接通过FireBeetle ESP32上的Micro USB母头为整个系统供电。图8中的P1用于连接触发语音事件的接头，我们设计使用踏板作为此次作品触发语音的开关；语音合成模块是通过UART和FireBeetle ESP32进行通信的，使用的是FireBeetle ESP32的IO25引脚，IO25引脚对应ESP内部的Serial2。上述3个部分通过堆叠的方式拼装在一起，拼装后

表 1 VC86B 万用表通信数据格式

偏移	位	说明
byte0	bit[7~4]	高四位始终为 1
	bit[3]	当前测量为交流（ACV 为交流电压，ACA 为交流电流）
	bit[2]	当前测量模式为直流（DCV 为直流电压，DCA 为直流电流）
	bit[1]	当前为自动量程（AUTO）
	bit[0]	USB 通信打开（RS232）
byte1	bit[7~4]	高四位始终为 2
	bit3	正负号
	bit2	千位数码管数值 bit6
	bit1	千位数码管数值 bit5
	bit0	千位数码管数值 bit4
byte2	bit[7~4]	高四位始终为 3
	bit3	千位数码管数值 bit3
	bit2	千位数码管数值 bit2
	bit1	千位数码管数值 bit1
	bit0	千位数码管数值 bit0
byte3	bit[7~4]	高四位始终为 4
	bit3	百位数码管前面的小数点
	bit2	百位数码管数值 bit6
	bit1	百位数码管数值 bit5
	bit0	百位数码管数值 bit4
byte4	bit[7~4]	高四位始终为 5
	bit3	百位数码管数值 bit3
	bit2	百位数码管数值 bit2
	bit1	百位数码管数值 bit1
	bit0	百位数码管数值 bit0
byte5	bit[7~4]	高四位始终为 6
	bit3	十位数码管前面的小数点
	bit2	十位数码管数值 bit6
	bit1	十位数码管数值 bit5
	bit0	十位数码管数值 bit4
byte6	bit[7~4]	高四位始终为 7
	bit3	十位数码管数值 bit3
	bit2	十位数码管数值 bit2
	bit1	十位数码管数值 bit1
	bit0	十位数码管数值 bit0
byte7	bit[7~4]	高四位始终为 8
	bit3	个位数码管前面的小数点
	bit2	个位数码管数值 bit6
	bit1	个位数码管数值 bit5
	bit0	个位数码管数值 bit4
byte8	bit[7~4]	高四位始终为 9
	bit3	个位数码管数值 bit3
	bit2	个位数码管数值 bit2
	bit1	个位数码管数值 bit1
	bit0	个位数码管数值 bit0
byte9	bit[7~4]	高四位始终为 0xA
	bit[3]	字符 u（在电流、电容数值下有效）
	bit[2]	字符 n（只在电容数值下有效）
	bit[1]	字符 K（在频率、电阻数值下有效）
	bit[0]	二极管符号
byte10	bit[7~4]	高四位始终为 0xB
	bit[3]	m（电流数值下有效）
	bit[2]	占空比，单位是 %（DUTY）
	bit[1]	M（在频率、电阻数值下有效）
	bit[0]	BEEP
byte11	bit[7~4]	高四位始终为 0xC
	bit[3]	当前读数为电容，显示符号 F
	bit[2]	当前读数为电阻，显示符号 Ω
	bit[1]	当前读数为相对测量值（REF）
	bit[0]	数据保持（HOLD）
byte12	bit[7~4]	高四位始终为 0xD
	bit[3]	当前读数为电流，单位是 A
	bit[2]	当前读数为电压，单位是 V
	bit[1]	当前读数为频率，单位 Hz
	bit[0]	当前电池欠压（BAT）
byte13	bit[7~4]	高四位始终为 0xE
	bit[3]	保留未使用
	bit[2]	当前读数为电压，单位是 mV
	bit[1]	当前读数为温度，单位是℃
	bit[0]	保留未使用

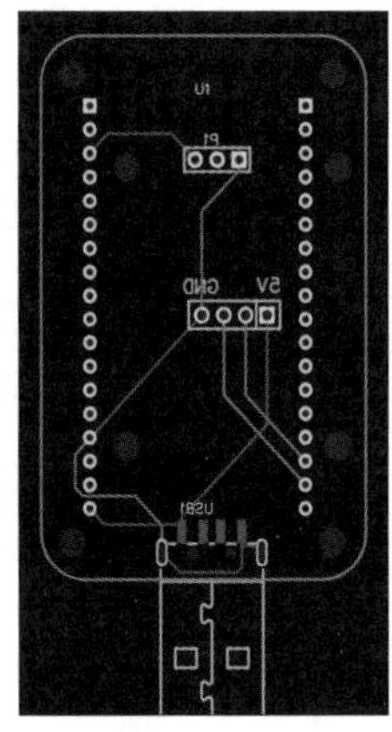

图 9 底板的 PCB 设计

图 10 堆叠拼装后的成品

的成品如图 10 所示。

至此，硬件已经准备好，接下来，讲述程序的设计。前面提到 VC86B 万用表带有 USB 接口，我们从 PC 端查询它的 VID 和 PID，可以得知 VC86B 万用表通过内置的 CP2102 芯片将串口信号转换为 USB 信号输出，因此，我们首先要解决的问题是如何实现 USB Host 和 CP2102 的通信。经过研究，我发现通过修改 USB Host Library 中 FT232 的例子，可以得到支持 CP2102 的程序，使用这个程序就能够获得 VC86B 万用表发出的数据了。接下来的问题是如何解析收到的数据。VC86B 万用表通信数据格式如表 1 所示，表盘中数码管和 bit 的对应关系如图 11 所示。

结合实际数据进行解说，例如，VC86B 万用表发送如表 2 所示的一组数据。数据

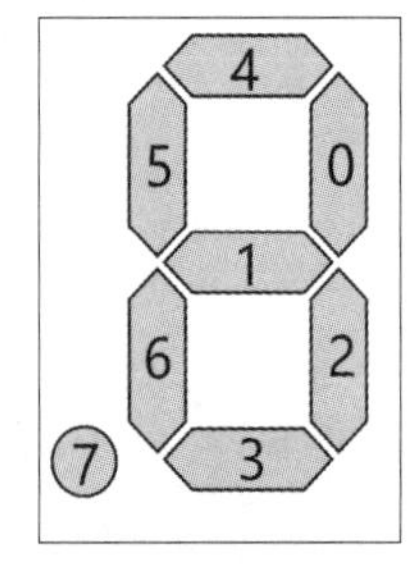

图 11 VC86B 万用表表盘中数码管和 bit 的对应关系

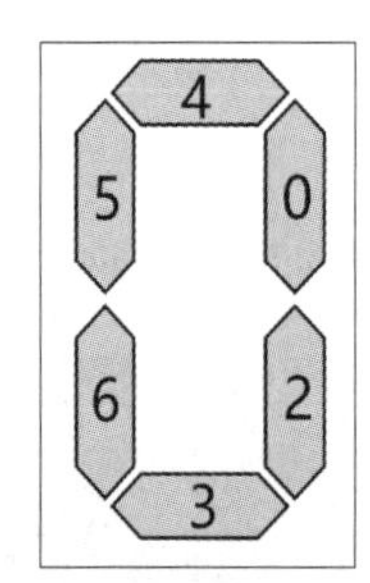

图 12 用数码管显示数字“0”

中的 byte1 和 byte2 分别是 0x27 和 0x3D，对于用户来说有效数据是 0x7D，转化为二进制是 0b111 1101，即 bit0、bit2 ~ bit6 被点亮，如图 12 所示，用户看到的是数字“0”。同理，VC86B 万用表表盘中十位和百位显示的也是“0”。byte7、byte8 给出的值是 0xFE，其对应的二进制为 0b1111 1110，即 bit1 ~ bit6 被点亮，用户看到的数字是“6”，同时因为 bit7 的值为 1，所以数字“6”前的小数点也被点亮，用户看到的完整的数字是“000.6”。我们继续解说，byte 0xA bit3 表示 m，byte 0xC bit2 表示 V。最终，表 2 数据的含义为 000.6mV。

接下来，根据上述知识编写程序。特别需要注意的是，USB Host 无法保证每次可以完整收取指定长度的数据，比如，VC86B 万用表每次的有效数据是 14byte，但是使用 cp210x.RcvData( ) 函数有可能只接收到 6byte，因此需要有一个拼接动作，使程序在接收到 14byte 后才进行解析。这个操作的流程如图 13 所示，

表 2 VC86B 万用表发送数据示例

位置	00	01	02	03	04	05	06	07	08	09	0A	0B	0C	0D
数据	17	27	3D	47	5D	67	7D	8F	9E	A0	B8	C0	D4	E8

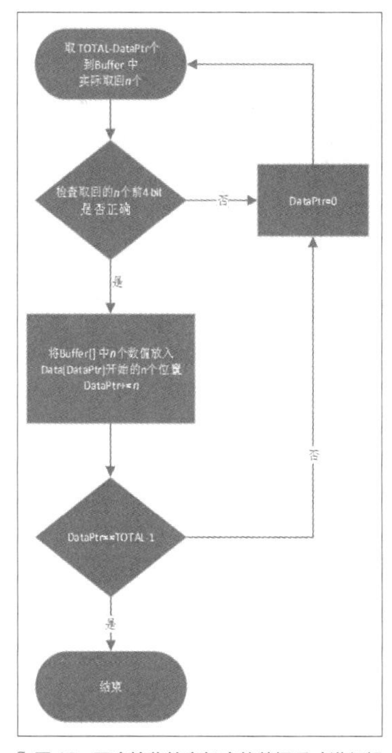

图13 程序接收特定长度的数据后才进行解析的流程

对应的程序如程序1所示。

程序1

```
if ((n != 0) && (Pressed != true)) {
  //这里可以输出收到的数据包
  if (NCDEBUG) {
    for (byte i = 0; i < n; i++) {
      Serial.print(Buffer[i], HEX);
      Serial.print(" ");
    }
    Serial.println("");
  }
  //检查收到的数据bit[7:4] 是否有效
  if ((Buffer[0] >> 4) != DataPtr + 1)
  {
    DataPtr = 0;
    return;
  };
  //将收到的数据拼接到Data[]中
  for (byte i = 0; i < n; i++) {
    Data[DataPtr + i] = Buffer[i];
  }
  DataPtr += n;
  //如果收到了TOTAL-1 个字符，就说明收到足够的数据
  if (DataPtr == TOTAL - 1) {
    //这里可以输出一下收到的数据包
    if (NCDEBUG) {
      for (byte i = 0; i < DataPtr; i++) {
        Serial.print(Data[i], HEX);
        Serial.print(" ");
      }
      Serial.println("");
    }
    DataPtr = 0;
    //将收到的数据包解析为字符串
    Final = ResultToWord(ParserResult(Data));
    if (NCDEBUG) {
      Serial.println(Final);
    }
    Serial.println(Final);
  }
}
```

获取的数据在Data[ ]中，之后通过ResultToWord( )函数将数据转化为一个字符串，即可由语音合成模块输出的字符串。接下来介绍如何使用程序实现语音输出功能。首先需要注意的是这次使用串口通信时，需要将Gravity中英文语音合成模块上的开关拨动到UART的位置。程序中，我们先在文件头部引入库文件，并声明一个对象，如程序2所示。然后使用ss.speak(Buffer)播放Buffer中定义的中英文字符串，汉字是Unicode编码，每一个字占用3byte。DFRobot_SpeechSynthesis库默认是同步播放，意思是调用ss.speak( )函数后会处于这个函数中直到语音播放完成。这会造成与USB相关的函数会被阻塞，致使函数无法及时处理消息，进而可能导致FireBeetle ESP32重启。为了解决这些问题，需要将DFRobot_SpeechSynthesis库中的void DFRobot_SpeechSynthesis::wait( )函数去掉，即修改同步播放为异步播放。去掉函数后，还需要处理触发播放部分的程序，避免出现前一段语音还没播放完，就播放后一段语音的情况。程序中，需要用BUTTON_PIN触发中断，触发时程序需要检测距离上次触发的时间是否超过3s，只有超过3s时，程序才会置起标志。此部分的程序如程序3所示。将程序上传至FireBeetle ESP32并进行调试，成品如图14所示。

程序2

```
#include "DFRobot_SpeechSynthesis.h"
DFRobot_SpeechSynthesis_UART ss;
```

程序3

```
pinMode(BUTTON_PIN, INPUT_PULLUP);
//将中断的引脚设置为输入PULLUP模式
attachInterrupt(digitalPinToInterrupt(BUTTON_PIN), Button_Pressed, RISING);
//设置触发中断的模式和中断服务函数
void Button_Pressed() {
  if (millis()-LastRead > 3000) {
    Pressed = true;
    LastRead=millis();
  }
}
```

一般情况下，DIY设备的可靠性和稳定性是无法和市面上量产的产品相比的，但是我们可以通过这样或者那样的“微创新”让设备更加顺手，提升我们的工作效率。

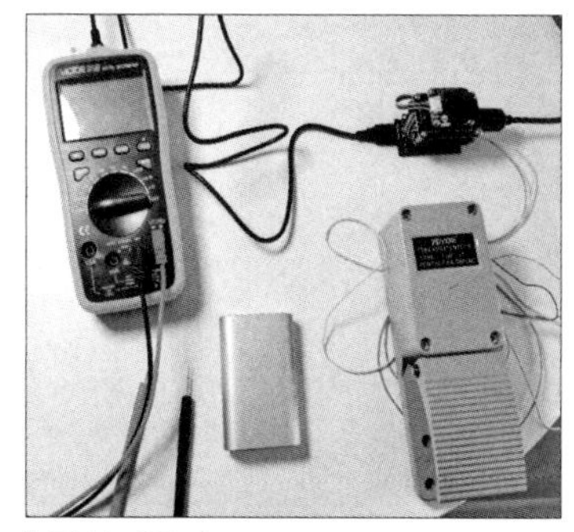

图14 成品

检测潜在日晒伤害的微型机器学习智能装置（下）

项目演示视频

[土耳其]库特鲁汉·阿克塔尔（Kutluhan Aktar）　翻译：李丽英（柴火创客空间）

前文，我们了解了可以检测潜在日晒伤害的微型机器学习智能装置的设计思路、外观设计和基本的硬件连接，并分享了如何设计一个安卓App，怎样在Arduino IDE上设置 XIAO BLE（nRF52840）主控板，以及如何通过 XIAO BLE（nRF52840）主控板收集和存储天气数据。现在，我们已经收集到了足够的数据，接下来，我们需要构建一个神经网络模型，让我们的智能装置“智能”起来。那么如何构建一个神经网络模型呢？一起来看看吧！

使用 Edge Impulse 构建神经网络模型

当我采集完所有日晒伤害风险数据集并分配好对应标签后，就开始研究我的人工神经网络（ANN）模型了，我希望模型可以根据估算的紫外线指数、温度、气压和海拔来预测日晒伤害风险等级。

Edge Impulse 的模型部署选项支持大部分微控制器和开发板，因此我决定使用 Edge Impulse 来构建我的人工神经网络模型。此外，Edge Impulse 还进一步简化了模型部署的步骤，可以在 XIAO BLE 等边缘设备上轻松、快速地部署嵌入式机器学习应用。

图1 世界卫生组织给出的 UV 指数分级

尽管 Edge Impulse 支持以 CSV 文件上传样本，但它只支持时间序列的数据类型，并会将所有数据记录上传到单个文件中。因此，我需要通过数据缩放（规范化）、数据预处理来格式化数据集，以便更准确地训练我的模型。

前面说过，我使用智能装置在户外记录数据时，根据个人经验为每个数据选择了日晒伤害风险等级。由于紫外线辐射会对我们的健康造成不利影响，因此如何分配日晒伤害风险类别对后面在有限的数据量下准确预测日晒伤害风险至关重要。因此，我把世界卫生组织给出的 UV 指数作为判断日晒伤害风险等级的主要依据（见图1）。

由于分配的类存储在 UV_DATA.csv 文件中的 risk_level 数据字段下，我很轻松地就预处理了我的数据集，并把数据样本都打上了下面的3个标签之一：可以忍受（0）；有风险（1）；危险（2）。

此外，Edge Impulse 支持自定义数据缩放和准确性优化，经过训练的模型都可转化为一个 Arduino 库。因此，在对数据集进行缩放（规范化）和预处理并创建样本后，我能够构建一个准确的神经网络模型来预测日晒伤害风险，并在 XIAO BLE（nRF52840）上快速地部署和运行它。

预处理和数据缩放处理，获取数据样本

为了数据缩放和预处理数据集以方便创建样本，我开发了一个包含一个文件的 process_dataset_py.py 程序，该程序放在本项目附带的资源包中，大家可以扫描杂志目次页上的云存储平台二维码下载。

如果数据类型不是时间序列，Edge Impulse 需要一个带有标题的 CSV 文件，该文件的标题指示每个样本的数据字段，这样方便使用 CSV 文件上传数据。由于 Edge Impulse 可以从文件名推断上传样本的标签，因此这个程序会读取给定数据集并为每个数据生成一个 CSV 文件，并根据给定数据记录的指定日晒伤害风险等级进行命名。此外，这个程序会为每个生成的具有相同标签的样本进行递增

样本数记录，比如 Tolerable.sample_1.csv、Tolerable.sample_2.csv、Risky.sample_1.csv、Risky.sample_2.csv、Perilous.sample_1.csv、Perilous.sample_2.csv 等。

首先，我在 process_dataset_py.py 代码文件中创建了一个名为 process_dataset 的类来精确执行以下函数。

先引入所需的模块。

```
import numpy as np
import pandas as pd
from csv import writer
```

__init__( ) 函数从指定的 CSV 文件中读取数据集并定义日晒伤害风险等级。

```
def __init__(self, csv_path):
# 从指定的 CSV 文件中读取数据集
self.df = pd.read_csv(csv_path)
# 定义类（标签）名称
self.class_names = [ "Tolerable", "Risky", "Perilous"]
```

scale_data_elements( ) 函数缩放数据，并在 0~1 范围内定义适当格式的数据项。

```
def scale_data_elements(self):
self.df["scaled_uv_index"] = self.df["uv_index"] / 10
self.df[ " scaled_temperature " ] = self.df["temperature"] / 100
self.df["scaled_pressure"] = self.df["pressure"] / 100000
self.df["scaled_altitude"] = self.df["altitude"] / 100
print( " Data Elements Scaled Successfully!")
```

在 split_dataset_by_labels( ) 函数中，我们需要根据给定的日晒伤害风险等级拆分数据集，定义指示数据元素的标题，使用缩放的数据元素创建数据样本并增加每个样本的样本数。

然后，创建一个 CSV 文件，以指定的日晒伤害风险等级命名，并用样本编号进行标识。每个样本包含 4 个数据项，这个 4 个数据项分别是紫外线指数（uv_index）、温度（temperature）、气压（pressure）、海拔（altitude）。

```
def split_dataset_by_labels(self, class_number):
l = len(self.df)
sample_number = 0
# 根据日晒伤害风险等级（等级）拆分数据集
for i in range(l):
# 将标题添加为第一行
processed_data = [[ "uv_index", "temperature","pressure","altitude"]]
if (self.df[ "risk_level " ][i]==class_number):
row = [self.df[ "scaled_ uv_index"][i], self.df[ "scaled_temperature " ][i], self.df["scaled_pressure"] [i], self.df["scaled_altitude"][i]]
processed_data.append(row)
# 增加每个样本的样本数
sample_number+=1
# 为每个用样本编号标识的样本创建一个 CSV 文件
filename = "{}.sample_{}.csv".format(self.class_names[class_number], sample_number)
with open(filename, "a", newline=" ") as f:
for r in range(len(processed_data)):
writer(f).writerow(processed_data[r])
f.close()
print( " CSV File Successfully Created: " + filename)
```

最后，针对每个日晒伤害风险等级运行 split_dataset_by_labels( ) 函数，创建每个等级的 CSV 格式的样本。

```
dataset.scale_data_elements()
for c in range(len(dataset.class_names)):
dataset.split_dataset_by_labels(c)
```

执行 process_dataset_py.py 程序后，它会为指定的数据集中的每个数据样本生成一个 CSV 文件，并在 Shell 上打印文件名以便调试。图 2 所示为生成的训练样本，图 3 所示为生成的测试样本。

Perilous.sample_1	5/10/2022 5:09 PM	CSV
Perilous.sample_2	5/10/2022 5:09 PM	CSV
Perilous.sample_3	5/10/2022 5:09 PM	CSV
Perilous.sample_4	5/10/2022 5:09 PM	CSV
Perilous.sample_5	5/10/2022 5:09 PM	CSV
Perilous.sample_6	5/10/2022 5:09 PM	CSV
Perilous.sample_7	5/10/2022 5:09 PM	CSV
Perilous.sample_8	5/10/2022 5:09 PM	CSV
Perilous.sample_9	5/10/2022 5:09 PM	CSV
Perilous.sample_10	5/10/2022 5:09 PM	CSV
Perilous.sample_11	5/10/2022 5:09 PM	CSV
Perilous.sample_12	5/10/2022 5:09 PM	CSV
Perilous.sample_13	5/10/2022 5:09 PM	CSV
Perilous.sample_14	5/10/2022 5:09 PM	CSV
Perilous.sample_15	5/10/2022 5:09 PM	CSV
Perilous.sample_16	5/10/2022 5:09 PM	CSV
Perilous.sample_17	5/10/2022 5:09 PM	CSV
Perilous.sample_18	5/10/2022 5:09 PM	CSV
Perilous.sample_19	5/10/2022 5:09 PM	CSV
Perilous.sample_20	5/10/2022 5:09 PM	CSV
Perilous.sample_21	5/10/2022 5:09 PM	CSV
Perilous.sample_22	5/10/2022 5:09 PM	CSV
Perilous.sample_23	5/10/2022 5:09 PM	CSV
Perilous.sample_24	5/10/2022 5:09 PM	CSV
Perilous.sample_25	5/10/2022 5:09 PM	CSV

图 2 训练样本

Perilous.test.sample_1	5/10/2022 5:34 PM	CSV
Perilous.test.sample_2	5/10/2022 5:34 PM	CSV
Perilous.test.sample_3	5/10/2022 5:34 PM	CSV
Perilous.test.sample_4	5/10/2022 5:34 PM	CSV
Perilous.test.sample_5	5/10/2022 5:34 PM	CSV
Risky.test.sample_1	5/10/2022 5:34 PM	CSV
Risky.test.sample_2	5/10/2022 5:34 PM	CSV
Risky.test.sample_3	5/10/2022 5:34 PM	CSV
Risky.test.sample_4	5/10/2022 5:34 PM	CSV
Risky.test.sample_5	5/10/2022 5:34 PM	CSV
Risky.test.sample_6	5/10/2022 5:34 PM	CSV
Risky.test.sample_7	5/10/2022 5:34 PM	CSV
Risky.test.sample_8	5/10/2022 5:34 PM	CSV
Tolerable.test.sample_1	5/10/2022 5:34 PM	CSV
Tolerable.test.sample_2	5/10/2022 5:34 PM	CSV
Tolerable.test.sample_3	5/10/2022 5:34 PM	CSV
Tolerable.test.sample_4	5/10/2022 5:34 PM	CSV
Tolerable.test.sample_5	5/10/2022 5:34 PM	CSV
Tolerable.test.sample_6	5/10/2022 5:34 PM	CSV
Tolerable.test.sample_7	5/10/2022 5:34 PM	CSV
Tolerable.test.sample_8	5/10/2022 5:34 PM	CSV
Tolerable.test.sample_9	5/10/2022 5:34 PM	CSV

图 3 测试样本

图 4 注册并创建一个新项目

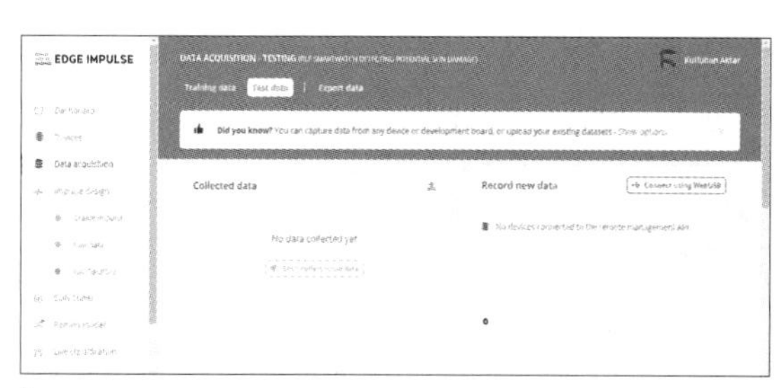

图 5 在数据采集页面上传样本

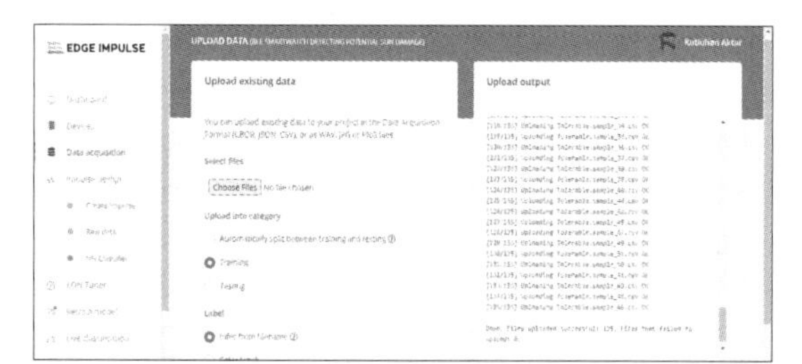

图 6 选择数据样本

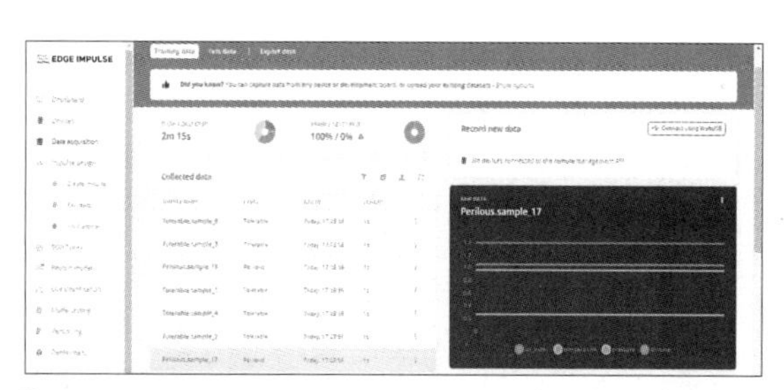

图 7 上传好的训练样本

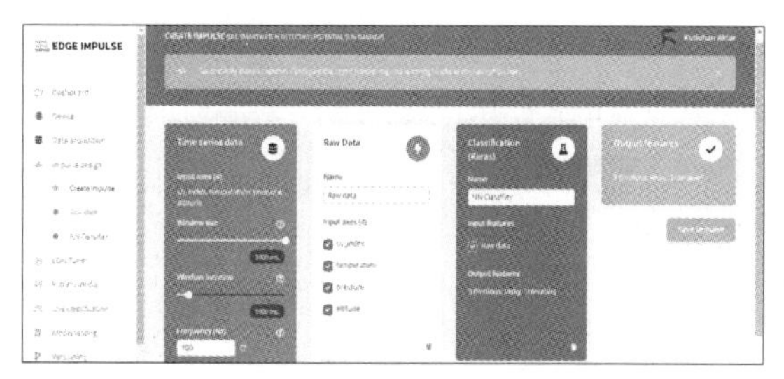

图 8 创建脉冲页面

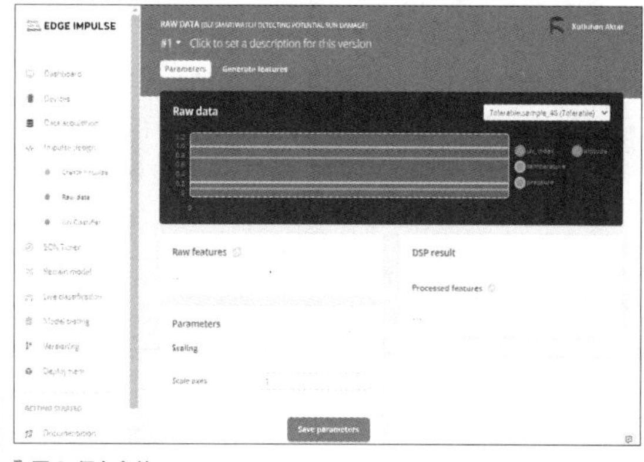

图 9 保存参数

将样本上传到 Edge Impulse

成功生成训练样本和测试样本后，将它们上传到在Edge Impulse上的项目中。

首先，我们注册 Edge Impulse 账号并创建一个新项目（见图4）。然后在数据采集页面单击“Training data”和“Test data”上传样本（见图5）。

然后，选择数据类别（Training 或 Testing），并在标签下选择“Infer from filename”（从文件名推断），如图6所示，这样系统会自动根据文件名推断出标签。最后，选择文件并开始上传。这里我先选择了训练数据（Training），上传好的训练样本如图7所示。接着重复此步骤，上传测试样本。

在日晒伤害风险等级上训练模型

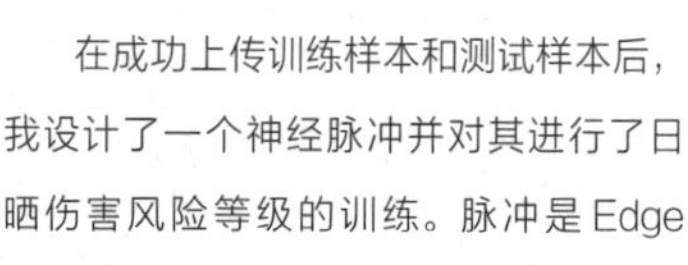

在成功上传训练样本和测试样本后，我设计了一个神经脉冲并对其进行了日晒伤害风险等级的训练。脉冲是 Edge Impulse 中的自定义神经网络模型，我通过使用原始数据（Raw Data）模块和分类学习（Classification）模块来创建我的脉冲。原始数据模块会从数据样本生成窗口，不需要任何特定的信号处理。分类学习模块则代表 Keras 神经网络模型。此外，它还允许用户更改模型设置、架构和模型层。现在找到创建脉冲页面（见图8），然后，选择原始数据模块和分类学习模块，最后保存脉冲。

在为模型生成特征之前，请转到原始数据页面并单击“Save parameters”保存参数（见图9）。

保存参数后，单击“Generate features”（生成特征）按钮，将原始数据模块应用于训练样本（见图10），生成的特征如图11所示。

最后，导航到 NN Classifier 页面开始训练神经网络模型，训练结果如图12所示。

我利用默认的分类模型设置、架构和层来构建我的神经网络模型。在生成特征并使用训练样本训练我的模型后，Edge Impulse 将精度得分（也就是模型的准确率）评估为100%，如图13所示。

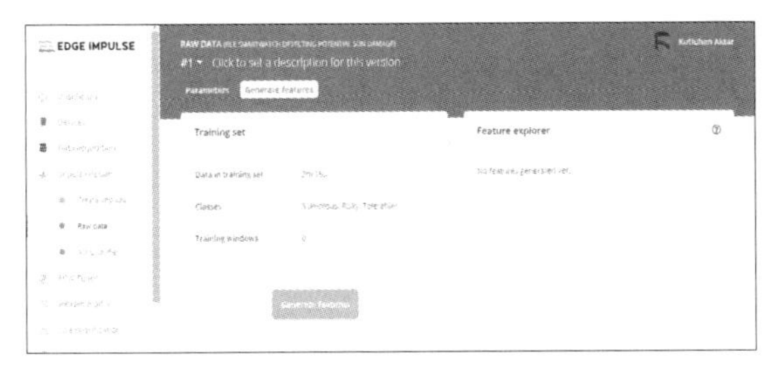

图 10 单击“Generate features”（生成特征）按钮

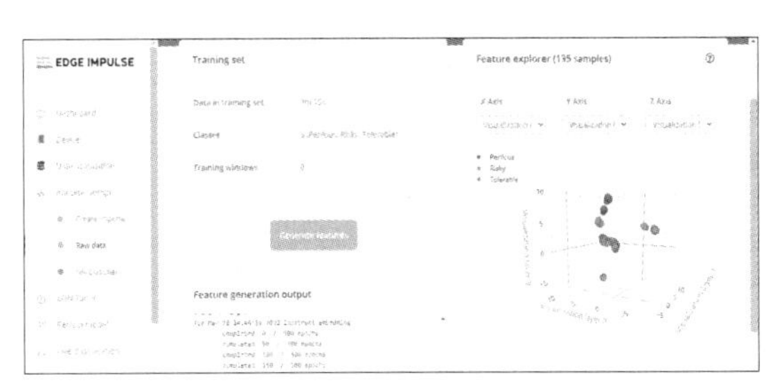

图 11 生成的特征

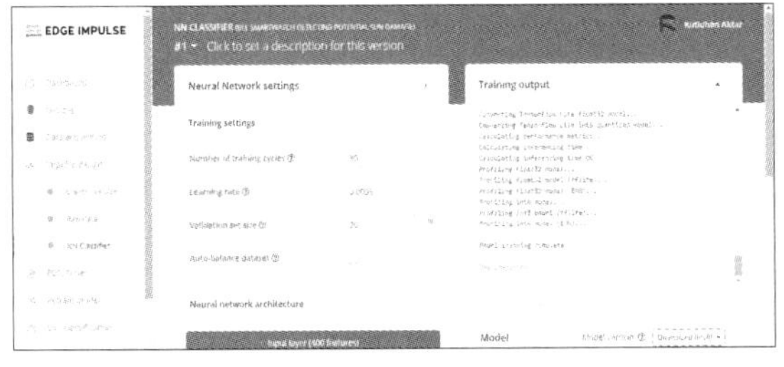

图 12 神经网络模型训练结果

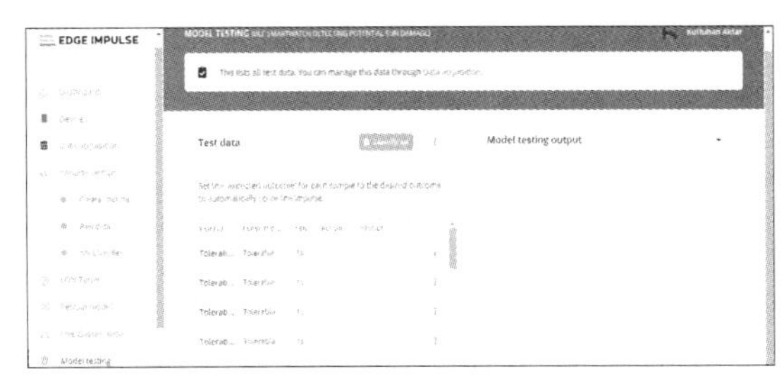

图 14 在模型测试页面单击“Classify all”

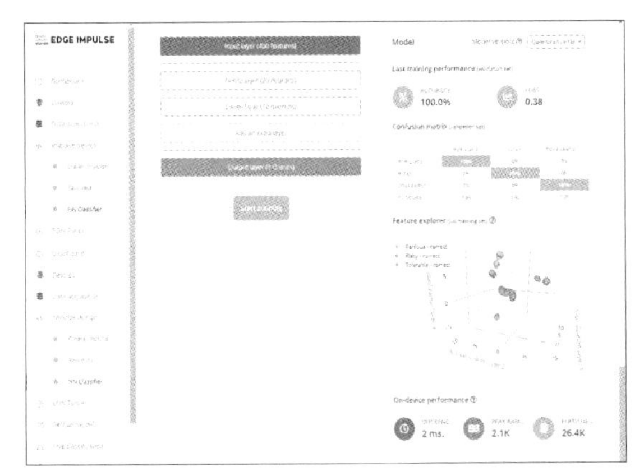

图 13 模型的准确率评估为 100%

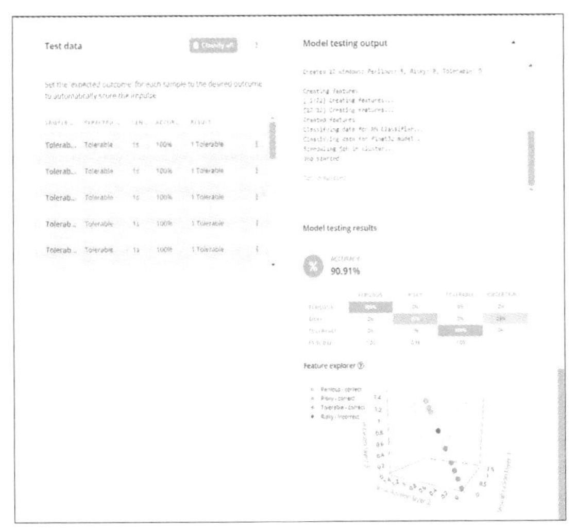

图 15 模型的准确率评估为 90.91%

评估模型准确性并部署模型

在构建和训练神经网络模型后，我需要通过测试样本测试该模型的准确性和有效性。要验证经过训练的模型，我们需要把页面转到模型测试页面并单击“Classify all”（进行全部分类），如图 14 所示。测试后，该模型的准确率评估为 90.91%（见图 15）。

在验证了神经网络模型后，我们将其部署为一个 Arduino 库，这里请导航到部署页面并选择 Arduino 库。然后，选择 Unoptimized (float32) 选项来部署模型，这样可以不降低模型精度。最后，单击“Build”部署，将模型下载为 Arduino 库（见图 16）。

在 XIAO BLE（nRF52840）主控板上设置 Edge Impulse 模型

在 Edge Impulse 上构建、训练、部署、导出模型后，我需要将 Arduino 库上传到 XIAO BLE（nRF52840）主控板上，在主控板上运行这个库。由于 Edge Impulse 在将模型部署为 Arduino 库时将信号处理、配置和学习模块进行了优化，并将其格式化到一个包中，因此我能够毫不费力地在主控板上导入我的模型，以便运行推理。将模型下载为 ZIP 格式的 Arduino 库后，在 Arduino IDE 上依次单击“Sketch”→“Include Library”→“Add .ZIP Library”。然后，将 BLE_Smartwatch_Detecting_Potential_Sun_Damage_inferencing.h 文件引入，这样就成功将 Edge Impulse 神经网络

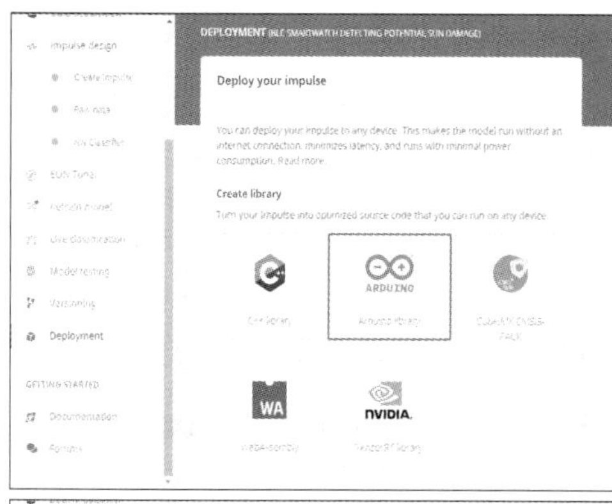

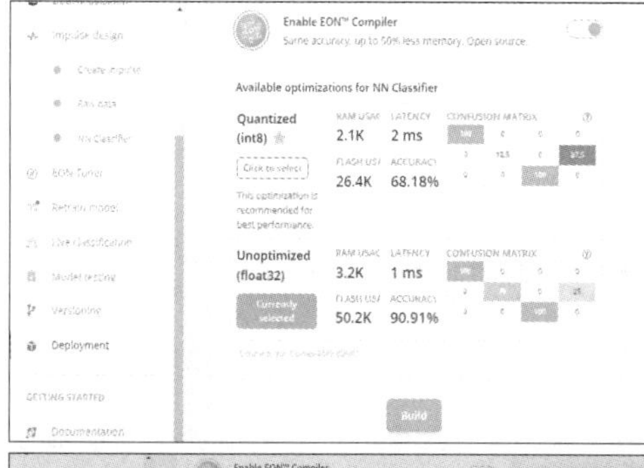

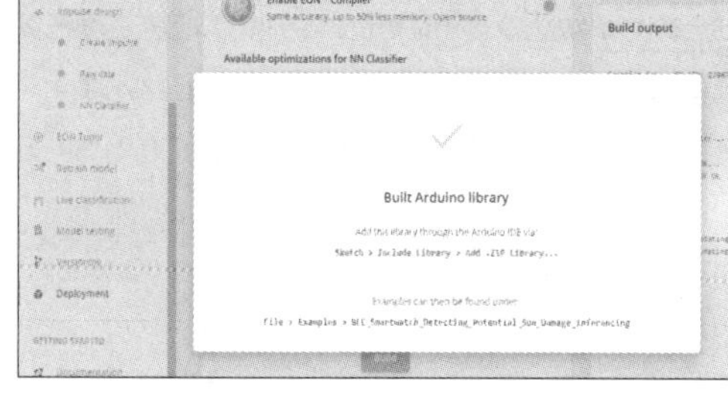

图16 将神经网络模型部署为Arduino库

模型导入主控板了。

在Arduino IDE上成功导入模型后，使用XIAO BLE（nRF52840）主控板定期运行推理，以预测日晒伤害风险。此外，在成功运行推理后，我使用XIAO BLE（nRF52840）主控板作为外围设备，通过BLE传输，将预测结果和最近收集的数据传到App上。

在BLE连接中，设备可以是以下两种角色之一：中央设备和外围设备。外围设备（也称为客户端）向其范围内的设备传输有关其自身的信息，而中央设备（也称为服务器）执行扫描以获取需要传播的信息。你可以在Arduino官网上搜索“ble-device-to-device”获取更多有关BLE的信息。

你可以从杂志的云存储平台下载本项目的BLE_smartwatch_run_model.ino文件，并上传到XIAO BLE（nRF52840)主控板上，然后运行Edge Impulse神经网络模型，使用XIAO BLE的BLE传输功能，进行代码检查。

你也可以在代码中设置相应的函数和导入所需的库，如下所示。

```
#include <ArduinoBLE.h>
#include <Adafruit_BMP085.h>
#include <Adafruit_GFX.h>
#include <Adafruit_SSD1306.h>
// 导入转换为Arduino库的Edge Impulse模型
#include <BLE_Smartwatch_Detecting_Potential_Sun_Damage_inferencing.h>
```

使用Edge Impulse模型定义运行推理所需的参数。

```
#define FREQUENCY_HZ EI_CLASSIFIER_FREQUENCY
#define INTERVAL_MS (1000 / (FREQUENCY_HZ + 1))
// 定义特征数组以便对一帧数据进行分类
float features[EI_CLASSIFIER_DSP_INPUT_FRAME_SIZE];
size_t feature_ix = 0;
```

定义预测模型输出的阈值为0.60，定义日晒伤害风险等级名称和颜色，风险等级分可容忍、有风险、危险3种。

```
float threshold=0.60;
// 定义日晒伤害风险等级名称和颜色
String classes[] = {"Perilous", "Risky", "Tolerable"};
int color_codes[3][3] = {{255,0,0}, {255,255,0}, {0,255,0}};
```

创建BLE服务和数据特征。允许远程设备（即中央设备）读取数据和发送通知。

```
BLEService BLE_smartwatch("19B10000-E8F2-537E-4F6C-D104768A1214");
BLEFloatCharacteristic temperatureCharacteristic("19B10001-E8F2-537E-4F6C-D104768A1214", BLERead | BLENotify);
BLEFloatCharacteristic altitudeCharacteristic("19B10002-E8F2-537E-4F6C-D104768A1214", BLERead | BLENotify);
BLEFloatCharacteristic UVCharacteristic("19B10003-E8F2-537E-4F6C-D104768A1214", BLERead | BLENotify);
BLEFloatCharacteristic pressureCharacteristic("19B10004-E8F2-537E-4F6C-D104768A1214", BLERead | BLENotify);
BLEFloatCharacteristic classCharacteristic("19B10005-E8F2-537E-4F6C-D104768A1214", BLERead | BLENotify);
```

定义单色图形。创建一个数组，包括每个日晒伤害风险等级的图标。

```
static const unsigned char PROGMEM *class_icons[] = {tolerable, risky, perilous};
```

检查BLE初始化状态，并在串口监视器上打印XIAO BLE（nRF52840）主控板的地址信息。

```
while(!BLE.begin()){
  Serial.println("BLE initialization
```

```
is failed!");
  err_msg();
}
Serial.println("\nBLE initialization
is successful!\n");
Serial.print("MAC Address: ");
Serial.println(BLE.address());
Serial.print("Service UUID
Address: ");
Serial.println(BLE_smartwatch.
uuid());
Serial.println();
```

设置 XIAO BLE（nRF52840）主控板的本地名称（BLE UV Smartwatch）和信号传输服务的 UUID。将给定的数据特征添加到服务中，然后将服务添加到设备，并为连接和断开连接的设备分配事件处理程序。最后，使用 BLE 传输信息。

```
BLE.setLocalName("BLE UV
Smartwatch");
// 设置此外设信号传输服务的 UUID
BLE.setAdvertisedService(BLE_
smartwatch);
// 将给定的数据特征添加到服务
BLE_smartwatch.addCharacteristic
(temperatureCharacteristic);
BLE_smartwatch.addCharacteristic
(altitudeCharacteristic);
BLE_smartwatch.addCharacteristic
(UVCharacteristic);
BLE_smartwatch.addCharacteristic
(pressureCharacteristic);
BLE_smartwatch.addCharacteristic
(classCharacteristic);
// 将服务添加到设备
BLE.addService(BLE_smartwatch);
// 为此外设分配连接和断开连接的事件处理
程序
BLE.setEventHandler(BLEConnected,
blePeripheralConnectHandler);
BLE.setEventHandler(BLEDisconnected,
blePeripheralDisconnectHandler);
// 发出通知
BLE.advertise();
Serial.println(("Bluetooth
device active, waiting for
connections..."));
```

在 run_inference_to_make_predictions( ) 函数中，我们根据给定模型缩放（规范化）收集的数据，并将缩放的数据项复制到特征数组的缓冲区中。如果需要，可将缩放的数据项多次复制到特征数组（缓冲区），串行监视器上可以显示将数据复制到功能缓冲区的进度。

然后，运行分类器，在串行监视器上打印推理时间，阅读每个日晒伤害风险等级（标签）的预测结果，获得大于给定阈值 0.60 的检测结果，它代表了模型预测的最准确的标签。另外需要注意串行监视器上是否打印检测到的异常。最后，清除特征缓冲区。

```
void run_inference_to_make_
predictions(int multiply){
  // 根据给定模型缩放数据项
  float scaled_UV_index = UV_index /
10;
  float scaled_temperature = _
temperature / 100;
  float scaled_pressure = _pressure /
100000;
  float scaled_altitude = _altitude /
100;
  // 将缩放的数据项复制到要素缓冲区
  // 如果需要，将缩放数据项相乘，同时将其
复制到要素缓冲区
  for(int i=0; i<multiply; i++){
    features[feature_ix++] = scaled_
UV_index;
    features[feature_ix++] = scaled_
temperature;
    features[feature_ix++] = scaled_
pressure;
    features[feature_ix++] = scaled_
altitude;
  }
  // 显示将数据复制到要素缓冲区的进度
  Serial.print("Features Buffer
Progress: ");
  Serial.print(feature_ix);
  Serial.print(" / "); Serial.
println(EI_CLASSIFIER_DSP_INPUT_
FRAME_SIZE);
  // 运行推理
  if(feature_ix == EI_CLASSIFIER_DSP_
INPUT_FRAME_SIZE){
    ei_impulse_result_t result;
    // 从特征缓冲区（帧）创建信号对象
    signal_t signal;
    numpy::signal_from_buffer(features,
EI_CLASSIFIER_DSP_INPUT_FRAME_SIZE,
&signal);
    // 运行分类器
    EI_IMPULSE_ERROR res = run_
classifier(&signal, &result, false);
    ei_printf("\nrun_classifier
returned: %d\n", res);
    if(res != 0) return;
    // 在串行监视器上打印推断时间
    ei_printf("Predictions (DSP: %d
ms., Classification: %d ms., Anomaly:
%d ms.): \n", result.timing.dsp,
result.timing.classification, result.
timing.anomaly);
    // 获得每个标签（类）的预测结果
    for(size_t ix = 0; ix < EI_
CLASSIFIER_LABEL_COUNT; ix++){
      // 在串行监视器上打印预测结果
      ei_printf("%s:\t%.5f\n",
result.classification[ix].label,
result.classification[ix].value);
      // 获取预测标签（类）
      if(result.classification[ix].
value >= threshold) predicted_class
= ix;
    }
    Serial.print("\nPredicted
Class: "); Serial.println(predicted_
class);
```

```
    // 检测异常
    #if EI_CLASSIFIER_HAS_ANOMALY == 1
    ei_printf("Anomaly : \t%.3f\n",
result.anomaly);
    #endif
    // 清除功能缓冲区（帧）
    feature_ix = 0;
  }
}
```

在 update_characteristics( ) 函数中更新所有浮点数据特征以便通过 BLE 传输给定信息。

```
void update_characteristics(){
  temperatureCharacteristic.
writeValue(_temperature);
  altitudeCharacteristic.writeValue
(_altitude);
  UVCharacteristic.writeValue
(float(UV_index));
  pressureCharacteristic.writeValue
(float(_pressure));
  classCharacteristic.writeValue
(float(predicted_class));
  Serial.println("\n\nBLE: Data
Characteristics Updated Successfully!
\n");
}
```

如果 Edge Impulse 模型能成功预测日晒伤害风险等级，则可以尝试每间隔 30s 通过 BLE 传输最近收集的数据和预测的结果。

更新数据特征后，在 SSD1306 OLED 显示屏上显示预测结果及其分配的单色图标，并将 RGB LED 的颜色转换为给定的颜色。最后，清除预测标签（类）并更新计时器。受篇幅限制，文章只分享了关键代码，需要的朋友可以在杂志的云存储平台下载完整代码。

```
if(millis() - timer >= 30*1000){
  // 如果 Edge Impulse 模型成功预测了标
签（类）
  if(predicted_class != -1){
    update_characteristics();
    // 更新特征后，通知用户并在显示屏上打
印预测标签（类）
    display.clearDisplay();
    display.drawBitmap(48, 0, class_
icons[predicted_class], 32, 32,
SSD1306_WHITE);
    display.setTextSize(1);
    display.setTextColor(SSD1306_
WHITE);
    // 打印
    display.setCursor(0,40);
    display.println("BLE: Data
Transmitted");
    String c = "Class: " + classes
[predicted_class];
    int str_x = c.length() * 6;
    display.setCursor((SCREEN_WIDTH -
str_x) / 2, 56);
    display.println(c);
    display.display();
    adjustColor(color_codes
[predicted_class][0], color_code
s[predicted_class][1], color_codes
[predicted_class][2]);
    delay(5000);
    // 清除预测标签（类）
    predicted_class = -1;
  }
  // 更新定时器
  timer = millis();
}
```

在XIAO BLE（nRF52840）主控板上运行模型以预测日晒伤害风险水平

当特征数组（也就是缓冲区）充满数据项时，我的 Edge Impulse 神经网络模型将给定特征缓冲区的标签（日晒伤害风险等级）预测为 3 个数字的数组（0~2），0 表示可容忍，1 表示有风险，2 表示危险。

在 XIAO BLE（nRF52840）主控板上运行 BLE_smartwatch_run_model.ino 文件后，如果 BLE 初始化状态成功，智能装置上的RGB LED会以蓝色点亮（见图 17）。

然后智能装置的 RGB LED 变为洋红色，并将采集到的数据显示在 SSD1306 OLED 显示屏上。显示的数据包括紫外线

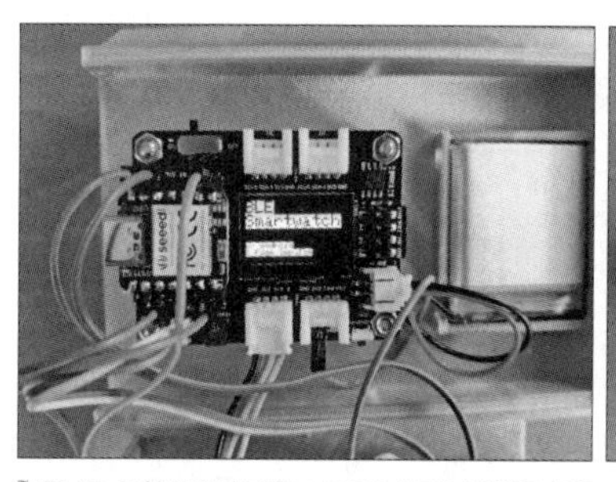

图 17 初始化状态成功，RGB LED 以蓝色点亮

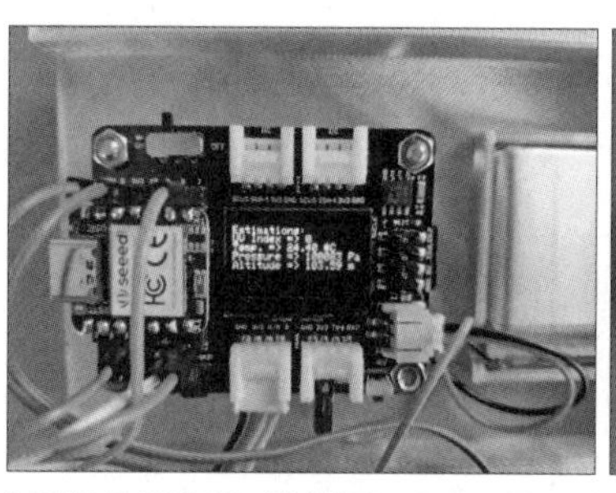

图 18 RGB LED 变为洋红色，OLED 显示屏上显示采集到的数据

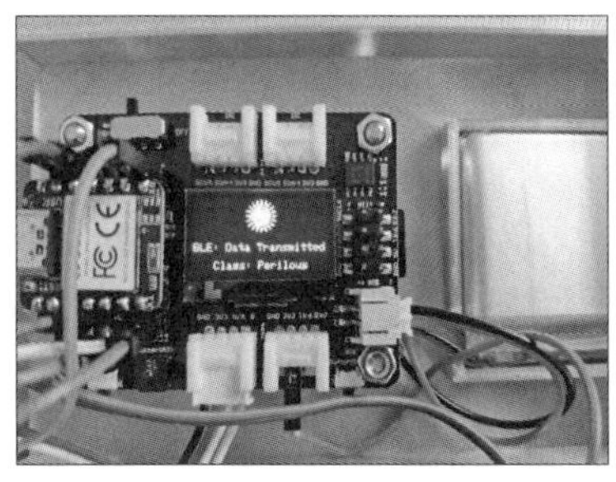

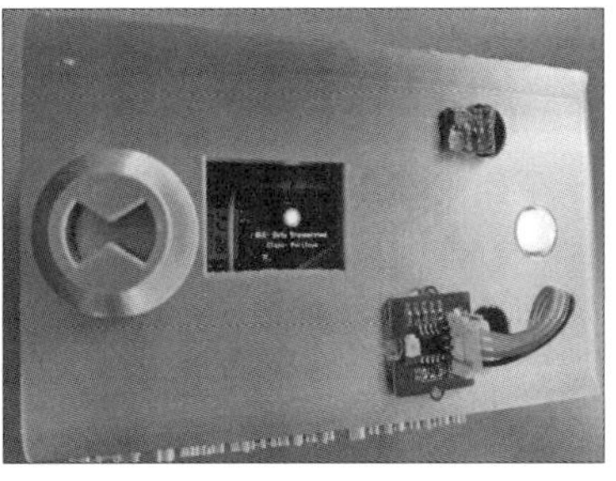

图 19 日晒伤害风险等级为危险时，显示屏显示相关信息，RGB LED 以红色点亮

指数、温度、气压、海拔（见图 18）。

智能装置通过最近收集的紫外线指数、温度、气压和海拔数据填充特征缓冲区，定期使用 Edge Impulse 模型运行推理。同时，智能装置将检测结果显示出来，代表模型预测的最准确的标签。在显示时，每个日晒伤害风险等级都有一个独特的单色图标，以及不同的 RGB LED 颜色。RGB LED 以绿色点亮表示可容忍，RGB LED 以黄色点亮表示有风险，RGB LED 以红色点亮表示危险。

成功运行推理后，智能装置还会通过 BLE 传输预测结果和最近收集的数据。如果 XIAO BLE（nRF52840）主控板通过 BLE 成功传输给定信息，智能装置会在显示屏上打印相关信息，RGB LED 也会以指定颜色点亮（见图 19）。此外，智能装置也会在串行监视器上打印传感器数值以方便使用者进行调试（见图 20）。

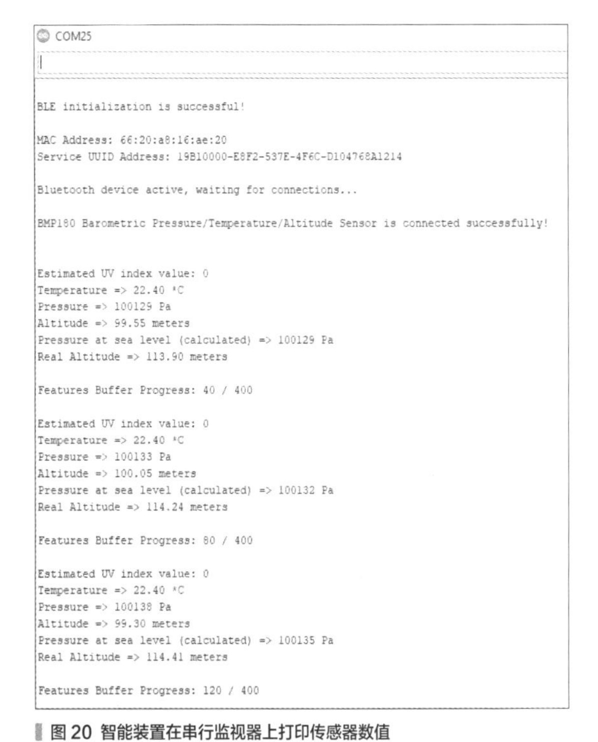

COM25
BLE initialization is successful!
MAC Address: 66:20:a8:16:ae:20
Service UUID Address: 19B10000-E8F2-537E-4F6C-D104768A1214
Bluetooth device active, waiting for connections...
BMP180 Barometric Pressure/Temperature/Altitude Sensor is connected successfully!
Estimated UV index value: 0
Temperature => 22.40 *C
Pressure => 100129 Pa
Altitude => 99.55 meters
Pressure at sea level (calculated) => 100129 Pa
Real Altitude => 113.90 meters
Features Buffer Progress: 40 / 400
Estimated UV index value: 0
Temperature => 22.40 *C
Pressure => 100133 Pa
Altitude => 100.05 meters
Pressure at sea level (calculated) => 100132 Pa
Real Altitude => 114.24 meters
Features Buffer Progress: 80 / 400
Estimated UV index value: 0
Temperature => 22.40 *C
Pressure => 100138 Pa
Altitude => 99.30 meters
Pressure at sea level (calculated) => 100135 Pa
Real Altitude => 114.41 meters
Features Buffer Progress: 120 / 400

图 20 智能装置在串行监视器上打印传感器数值

通过BLE在 BLE UV Smartwatch App 上显示模型预测结果

在上文中，我使用 MIT App Inventor 开发了一个 Android App（BLE UV Smartwatch），以便通过 BLE 获取并显示从智能装置传输过来的预测信息。

我们打开 App，按下扫描（Scan）按钮，这时 App 会扫描查找兼容的 BLE 设备并将它们显示为列表。如果按下停止（Stop）按钮，App 将停止扫描设备。如果按下连接（Connect）按钮，App 会尝试通过 BLE 连接到选定的 BLE 设备（本项目就是指智能装置）。如果 App 成功连接到作为中心设备的智能装置，则 App 会等待智

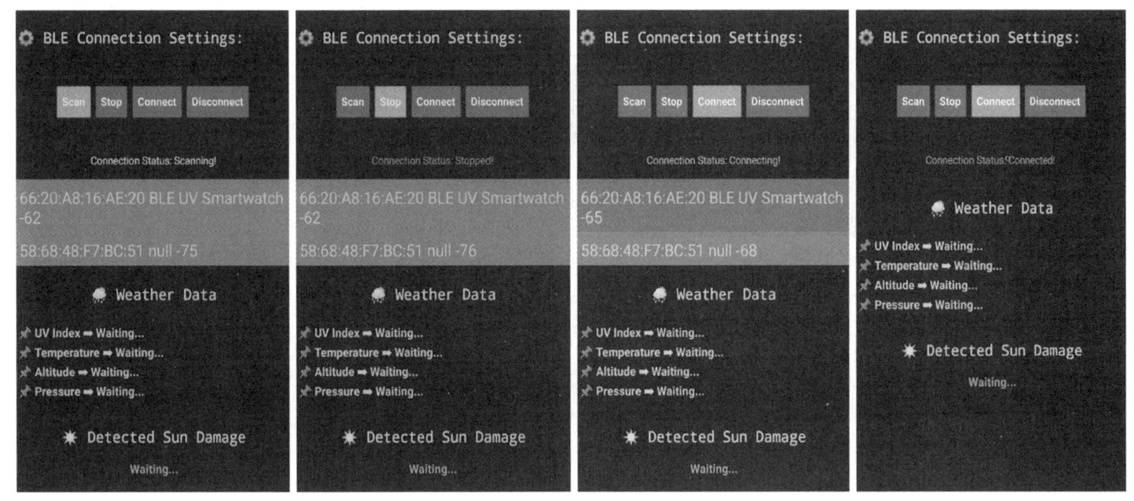

图 21 App 连接智能装置

ESP8266 开关面板控制器

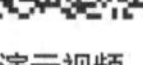

演示视频

▌吴汉清

有很多家用电器是使用开关面板控制电源开关的，比如电灯、排风扇、热水器等。如果要对这些开关实现手机远程控制，通常需要购买一个物联网智能开关面板替换原来的开关面板，这不但成本高，更换也比较麻烦，还浪费了原有的开关面板。本文分享一种开关面板控制器，不需要改动原开关面板，直接将舵机用机架固定在开关面板上，用舵机摇臂转动代替人手触动开关，也可以继续用手控制开关面板，不需要时还可以很容易地拆下来。

系统构成

开关面板控制器通过物联网实现其功能，笔者使用 ESP8266 Wi-Fi 芯片作为设备端主控。先在手机上安装 blinker App，该 App 作为客户端使用。物联网服务器使用点灯（blinker）物联网云平台。借助这个平台，用手机即可以实现对开关面板的控制。

电路工作原理

控制器选用在 ESP8266-12E 基础上封装的物联网 NodeMCU 开发板，这个开发板兼容 Arduino，可用 Arduino IDE 编写、下载程序。

开关面板控制器电路如图 1 所示。

电路很简单，主要由 NodeMCU 开发板和舵机组成。

NodeMCU 开发板可以通过 USB 数

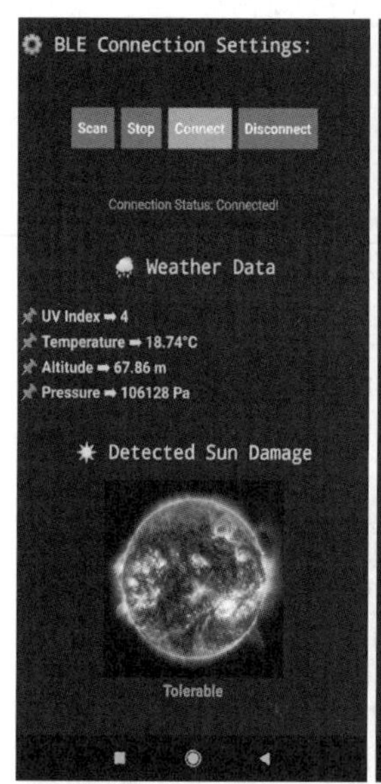

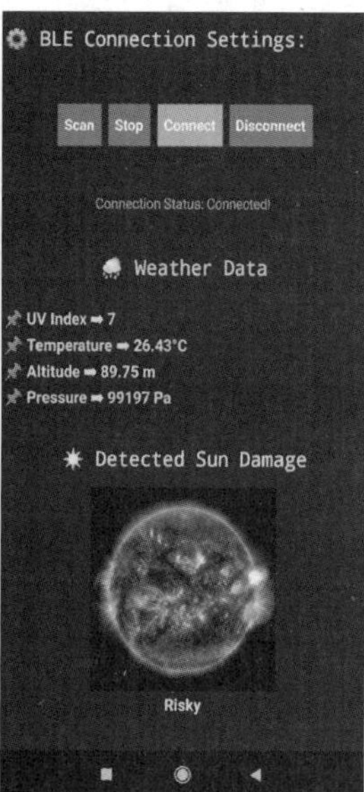

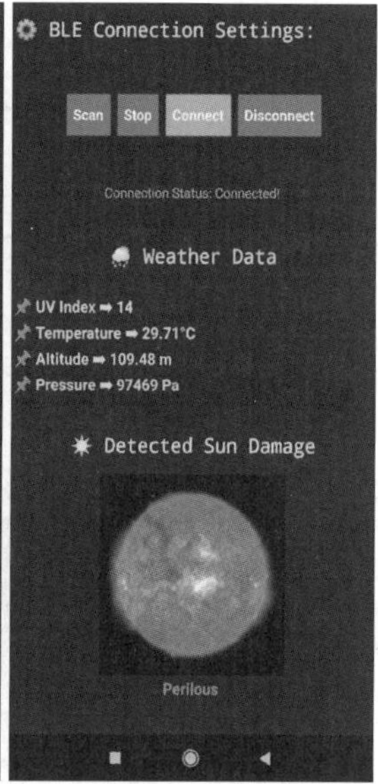

▌图 22 日晒伤害风险等级对应的日晒状态图像和颜色

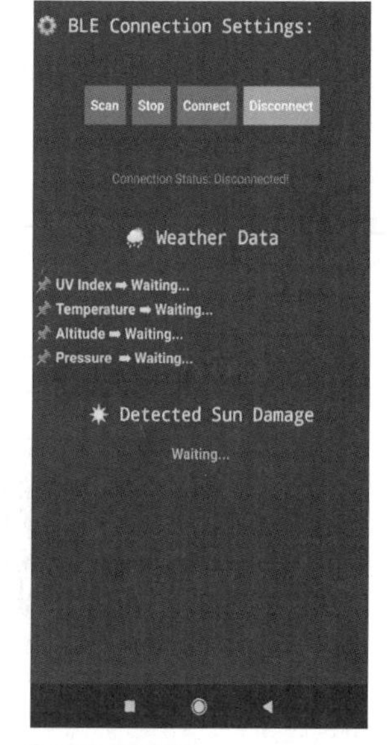

▌图 23 断开连接

能装置传输的数据包（见图 21）。

当 App 接收到来自智能装置的数据包后，它会显示智能装置最近收集的数据及 Edge Impulse 模型预测的日晒伤害风险等级，每个日晒伤害风险等级都有对应的日晒状态图像和颜色，如图 22 所示。

如果按下断开连接（Disconnect）按钮，App 会断开与智能装置的连接并清除所有接收到的信息（见图 23）。

在完成上述所有步骤并进行实验后，我们就可以使用智能装置来预测户外活动时的日晒伤害风险水平，以减轻过度日晒造成的健康威胁，这样，我们可以尽最大努力避免与紫外线有关的皮肤病，预防光老化、DNA 损伤、免疫抑制等健康问题，还可以尽量减少紫外线引起的眼睛损伤。

据线接 5V 充电器进行供电，通过内部稳压后给 ESP8266 模块提供 3.3V 电源，同时也可以对外输出 3.3V 和 5V 的电源。

舵机是一种角度伺服的驱动器，它是由直流电机、传感器和控制电路组成的自动控制系统。舵机有 3 根输入线，红色线是电源正极，棕色线是地线，橙色线是信号控制线。信号控制线输入的脉冲信号可以控制舵机输出轴的旋转角度，舵机旋转角度范围为 0° ~ 180° ，舵机可停止在输入信号指定的角度位置。控制器就是通过控制舵机旋转，用舵臂去触动开关，实现电源的开关，其控制原理如图 2 所示。

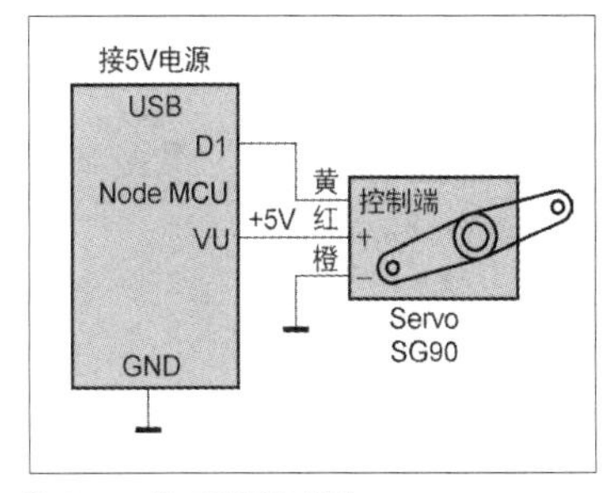

图 1 开关面板控制器电路

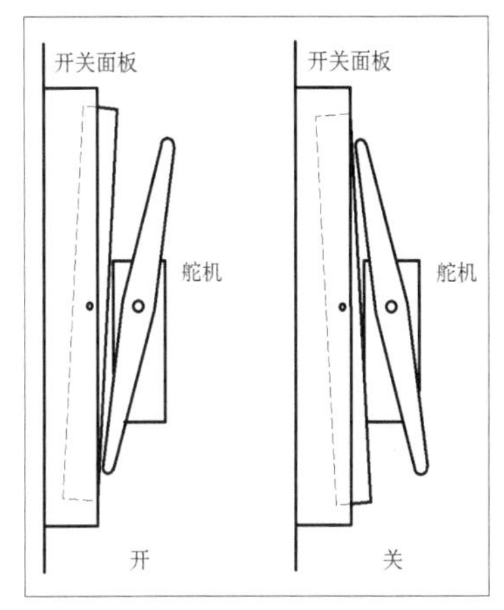

图 2 舵机控制开关原理

使用 NodeMCU 开发板的数字端 D1 作为舵机控制信号的输出端，舵机电源正接开发板 5V 输出端 VU，舵机地线接开发板的接地端 G。

软件设置

1. 安装blinker App，添加设备

打开点灯科技股官方网站，下载并安装 blinker App。

打开 App，单击主页面右上角的“⊕”，接着单击“独立设备”→“网络接入”→“点灯科技”，即可添加一个设备，如图 3 所示。注意记录设备的密钥，供编程时使用。

图 3 添加设备

单击“返回我的设备”即可看到刚才添加的设备，在设备管理中将设备改名为“开关面板”。

2. 程序设计

设备端程序的主要功能有：连接 Wi-Fi；使用密钥绑定物联网账户上对应的设备，接入物联网平台；根据手机端 App 的指令，用舵机控制面板开关做出相应的动作。

编程前要先在 Arduino IDE 中安装 ESP8266 扩展包和 blinker Arduino 支持库。Arduino IDE 要使用 1.18.1 以上的版本，笔者使用的版本是 1.18.13。程序如下所示。

```
#define BLINKER_WIFI
#include <Blinker.h> // blinker 库文件
#include <Servo.h> // 舵机库文件
Servo myservo;
int servoPin = D1; // 使用数字引脚 D1 作
舵机脉冲控制信号输出端
int s;
char auth[] = "dc02dbf88a7e";
// 设备密钥
char ssid[] = "Xiaomi008";
//Wi-Fi 名称
char pswd[] = "12345678";
//Wi-Fi 密码
// 新建组件对象
BlinkerButton Button1("btn-on");
BlinkerButton Button2("btn-off");
BlinkerButton Button3("btn-read");
// 按下 Button1 按键即执行下列函数，打开
电源
void button1_callback(const String &
state) {
  BLINKER_LOG("get button state: ",
state);
  digitalWrite(LED_BUILTIN,LOW);
  // 点亮 LED
  myservo.write(35); // 舵机转向 35°，打
开电源
  Blinker.delay(500);
  myservo.write(90); // 舵机复位
  s = 1;
  Button1.print("on");
}
// 按下 Button2 按键即执行下列函数，关闭
电源
void button2_callback(const String &
state) {
  BLINKER_LOG("get button state: ",
state);
  digitalWrite(LED_BUILTIN,HIGH); //
熄灭 LED
  myservo.write(145); // 舵机转向 145°，
关闭电源
  Blinker.delay(500);
  myservo.write(90); // 舵机复位
  s = 0;
```

```
  Button2.print("off");
}
// 按下Button3按键即执行下列函数，查询电源开关状态
void button3_callback(const String & state) {
  BLINKER_LOG("get button state: ", state);
  if(s==1)
  Button3.print("on");
  else
  Button3.print("off");
}
void setup() {
  // 初始化串口
  Serial.begin(115200);
  // 初始化LED端口
  pinMode(LED_BUILTIN, OUTPUT);
  digitalWrite(LED_BUILTIN, HIGH);
  myservo.attach(servoPin); // 定义舵机脉冲控制信号引脚
  myservo.write(90); //设置舵机初始角度
  Blinker.begin(auth, ssid, pswd); //通过Wi-Fi连接物联网平台
  Button1.attach(button1_callback);
  Button2.attach(button2_callback);
  Button3.attach(button3_callback);
}
```

图4 组件设置页面

```
void loop() {
  Blinker.run();
}
```

程序中设置了3个控制按钮，功能分别为打开电源、关闭电源、查询电源开关状态，对应的新建组件对象的键名分别为btn-on、btn-off、btn-read。这些键名在App中设置设备的按钮时使用到。

为什么要设置查询电源开关状态的按钮呢？因为我们打开blinker App是看不到电源开关原来所处的状态的，增加这个按钮后按一下，根据返回的信息是on还是off就能知道当前电源是开还是关了。

接下来将编写好的程序写入NodeMCU开发板。

将NodeMCU开发板连接计算机，在Arduino IDE中单击“工具”→“开发板”→“ESP8266 Boards”→“NodeMCU 1.0”。

接下来选择NodeMCU开发板所接的COM端口，下载程序。

3. 设置组件

打开手机上的blinker App，在设备列表页面找到已经添加的设备“开关面板”，在弹出的页面中单击“开始使用”，再单击右上角的编辑按钮，进入组件设置页面，如图4所示。

接下来进行组件设置。

先单击设置页面下的“按键”，分别设置3个按钮，3个按钮的参数设置如图5所示。然后再单击设置页面下面的“调试”，设置调试窗口，如图6所示。调试窗口用来显示收发的数据，以此观察设备的工作状态。

调试完成后单击右上角的“√”按钮，保存设置，完成后的界面如图7所示。

图5 按钮的设置参数

图6 调试窗口设置

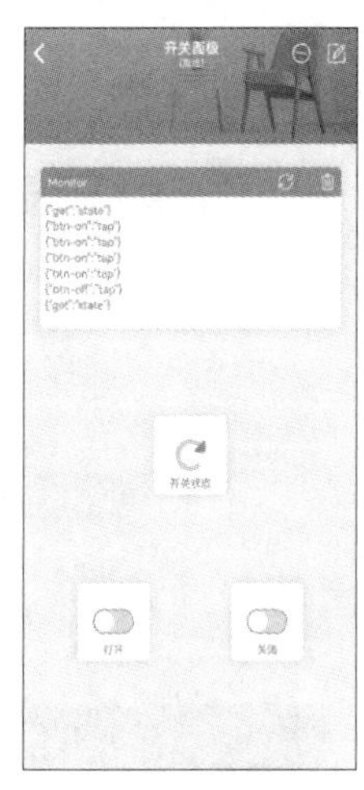

图7 设置完成的界面

安装与使用

开关面板控制器使用的主要元器件如附表所示。

市面上常见的 NodeMCU 开发板有两种，如图 8 所示。第一种 USB 转串口芯片使用 CH340G，这种开发板有 5V 输出接口，输出端口为 VU；第二种 USB 转串口芯片使用 CH9012X（或 CP2101），开发板也比第一种小一点，这种开发板没有 5V 输出端。所以要购买第一种开发板，不然 5V 接线比较麻烦。

图 8 常见的两种 NodeMCN 开发板

附表 主要元器件清单

序号	名称	规格 / 型号	数量	备注
1	ESP8266 模块	NodeMCU	1	要具有 5V 输出端口
2	舵机	SG90	1	
3	USB 数据线	Micro USB 接口	1	
4	杜邦线	公对母	3	
5	电源	5V 手机充电器	1	
6	舵机固定机架	3D 打印件	1	

固定在开关面板上的舵机机架可以使用 3D 打印机打印，设计如图 9 所示。当然，大家也可以根据自己手头的材料制作。

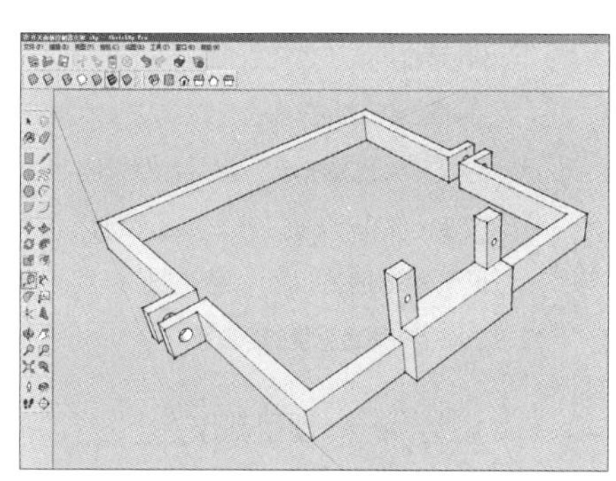

图 9 舵机机架设计

NodeMCU 开发板和舵机的实物连接如图 10 所示。

最后将舵机用机架固定在开关面板上，硬件就安装完毕了，如图 11 所示。

接通 5V 电源，舵机初始状态角度为 90°，安装舵臂时注意使其处于与舵机侧面平行的位置。

打开手机 App，单击“开关面板”，当设备显示为在线状态时，单击“打开”按钮，控制器的舵机角度从 90° 转到 35°，顺时针旋转 55°，舵臂打开开关。单击“关闭”按钮，舵机角度从 90° 转到 145°，逆时针旋转 55°，舵臂关闭开关。与此同时，调试窗口也会显示相关信息。单击“状态查询”可获取当前开关状态，显示“{“swi”：“on”}”表示打开状态，显示“{“swi”：“off”}”表示关闭状态。

在实际使用中如发现舵机开和关的旋转角度不合适，可分别对程序中 myservo.write(35) 和 myservo.write(145) 的参数进行修改。

扩展应用

细心的朋友可能已经注意到了，前文展示的程序中有点亮和熄灭开发板上 LED 的语句，点亮 LED 的语句为 digitalWrite(LED_BUILTIN,LOW)，关闭 LED 的语句为 digitalWrite(LED_BUILTIN,HIGH)，这原本是想将 LED 用作电源开关指示的，它对应的输出端为数字端 D4，我们可以用它来驱动一个固态继电器，这样就可以制作一个远程控制的电源开关，当 D4 输出低电平时，固态继电器输入端接 3V 电源，输出端接通电源；当 D4 输出高电平时，输入端无电压输入，输出端断开电源。远程控制电源开关的电路和实物连接如图 12 所示。

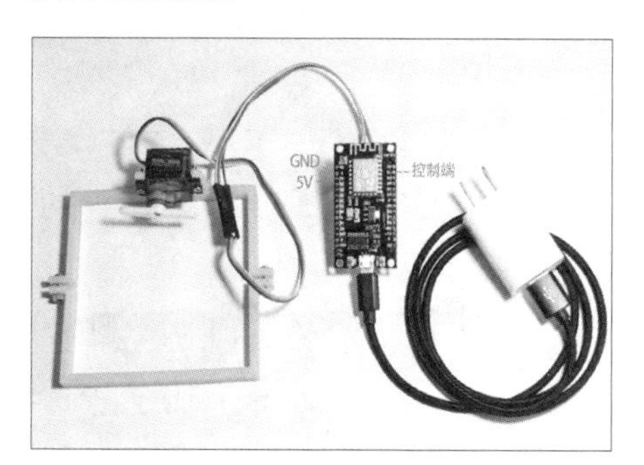

图 10 实物连接

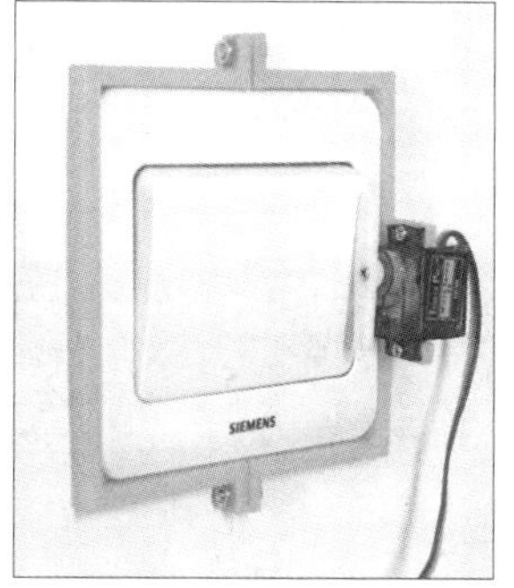

图 11 安装舵机

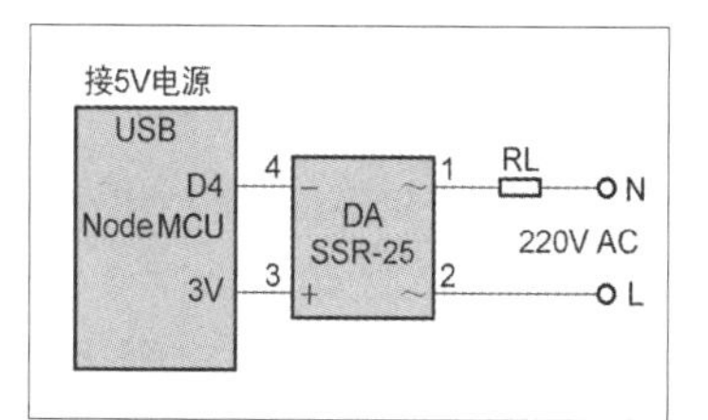

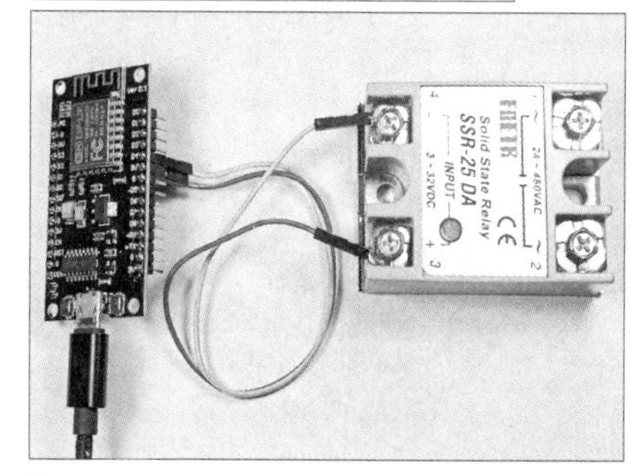

图 12 远程控制电源开关电路和实物连接

开关灯喊一声就够了——科技宅必备！

演示视频

张希淼

在冬天，我们经常会躺在床上不愿意去开灯，因为外面好冷，但是关灯玩手机对眼睛不好，所以我决定做一款能躺在床上就可以开关灯的设备。后来我在学习使用声音传感器的时候，发现声音传感器可以控制LED开关，那么是不是可以通过声音远程控制我房间内的灯的开关呢？经过一段时间的实践，我成功制作了语音远程控制开关灯设备，这样就可以减少冬天我下床开关灯的次数了！

项目概述

“声音远程控制开关灯”是一个能够方便大多数人居家生活的设备。它采用客户端访问服务器的工作方式，在客户端加上声音传感器，在服务器端加上舵机。当声音传感器检测到声音时，客户端会向服务器发出访问，服务器接收到客户端访问后，会驱动舵机，从而拨动开关实现开、关灯操作。所采用的材料如表1所示。

电子模块介绍

1. ESP32模块

ESP32模块提供了一套完整的无线局域网和蓝牙4.2解决方案，它具有较小的物理尺寸，如图1所示。此款芯片专为低功耗移动电子设备、可穿戴物联网设备而设计，模块上集成了Wi-Fi和蓝牙，具有低成本、布局好的特点。ESP32模块同时提供了一个开放的平台，支持用户灵活地自定义功能，用于不同的应用场景。

2. ESP8266模块

ESP8266模块是一款可以作为微控制器使用的成本极低且具有完整TCP/IP协议栈的Wi-Fi IoT控制芯片，如图2所示，其强大的处理和存储能力，使其可通过GPIO口集成传感器及其他特定设备，降低了前期开发成本，运行中占用的系统资源也较少。

3. SG90舵机

SG90舵机如图3所示，其核心闭环控制系统发出PWM（脉冲宽度调制）信号给舵机，信号在电路板上得到舵机处理之后，舵机计算出转动的角度，根据设定的角度驱动电机转动，通过减速齿轮给舵臂动力，与此同时电位器返回当前的位置信号，判断舵臂是否已经到达设定位置。

表1 材料清单

序号	名称	数量
1	ESP32模块	1个
2	ESP8266模块	1个
3	SG90舵机	1个
4	YL56声音传感器	1个

4. YL56声音传感器

YL56声音传感器如图4所示，它的作用相当于一个话筒，用来接收声波。该传感器内置一个对声音敏感的电容式驻极体话筒。声波使话筒内的驻极体薄膜振动，导致电容的变化，进而产生与之变化对应的微小电压。这一电压随后经放大器放大，被转化成0~5V的电压，电压值的大小等价于声音强度的大小，经过A/D转换即可求得相对声音强度的AD值。

项目制作

1. 找到合适的服务器代码和客户端代码

两者的代码均可在官方提供的示例中找到。打开Arduino，选择“工具”，单击

图1 ESP32模块

图2 ESP8266模块

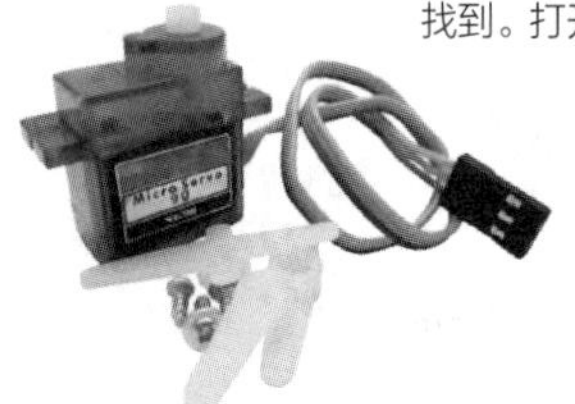
图3 SG90舵机

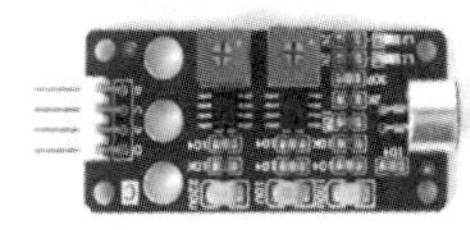
图4 YL56声音传感器

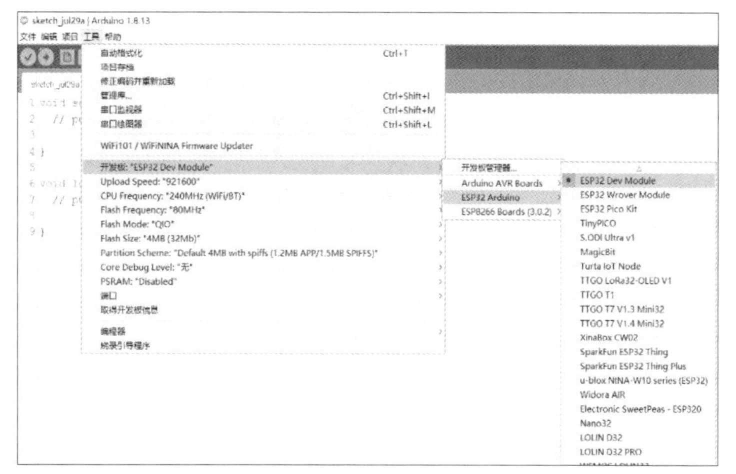

图 5 ESP32 Dev Module 示例

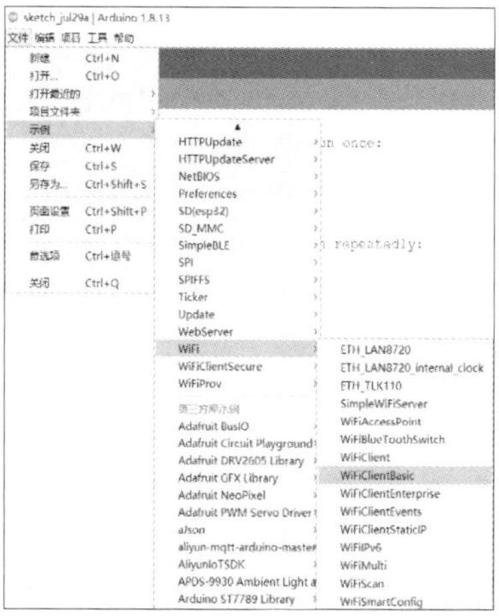

图 6 WiFiClientBasic 示例

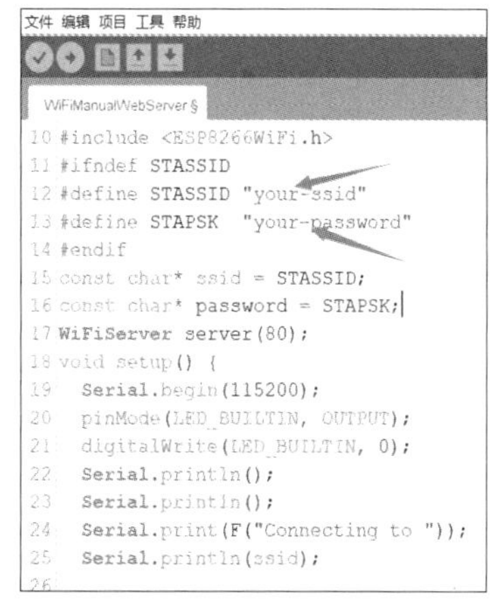

图 7 连接 Wi-Fi

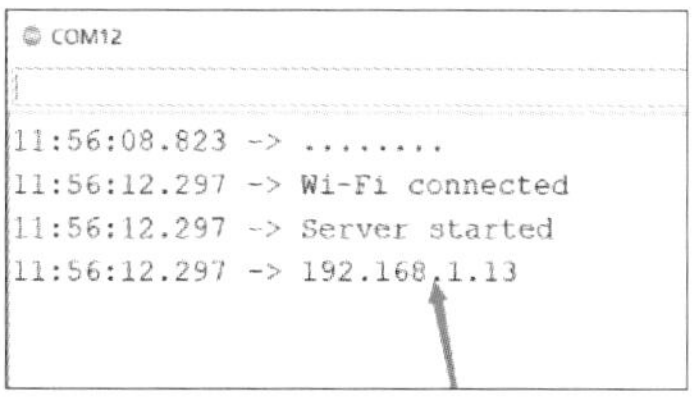

图 8 显示 IP 地址

“开发板 ESP32 Dev Module”，选择“ESP32 Arduino”，选择开发板后，单击“文件”，找到 ESP32 Dev Module 的示例，如图 5 所示。

再重新打开 Arduino 选择“ESP8266”，然后单击“文件”，找到 WiFiClientBasic 的示例，如图 6 所示。

打开服务器与客户端示例后需要稍加修改。如图 7 所示，将画箭头的地方修改成要连接的 Wi-Fi 名称和密码，然后上传到 ESP8266 模块中获取 IP 地址。

IP 地址如图 8 所示，记下该 IP 地址。

如图 9 所示，将第一处改为与服务器相同的 Wi-Fi 名称和密码；第二处改为 80；第三处改为服务器的 IP 地址，然后将程序上传到 ESP8266 模块中。

如图 10 所示，COM12 为服务器串口监视器，COM15 为客户端串口监视器，若服务器串口监视器中出现 new client，表示客户端可以正常访问服务器。

2. 调试YL56声音传感器

YL56 声音传感器与 ESP32 引脚连接如表 2 所示，单击“文件”，选择如图 11 所示的 DigitalReadSerial 示例。需要对代码稍加修改，将图 12 所指的 INPUT 修改为 22，然后将程序上传到 ESP32 模块

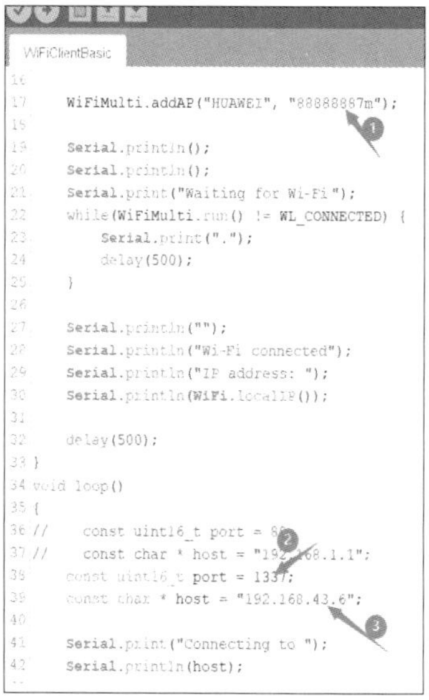

图 9 客户端修改

表 2 YL56 声音传感器与 ESP32 模块引脚连接

ESP32 模块	YL56 声音传感器
VCC	VCC
GND	GND
GPIO22	OUT

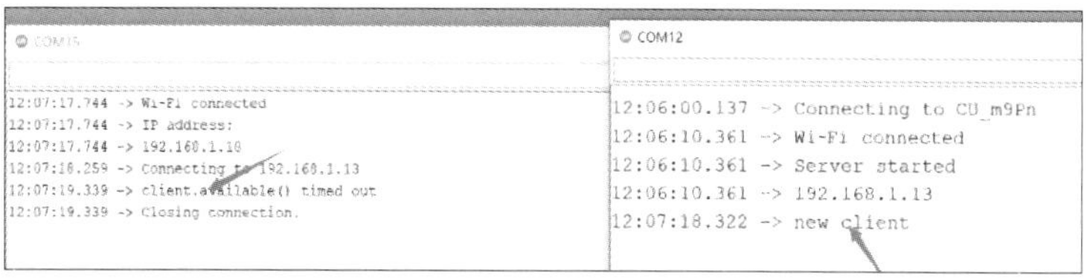

图 10 Wi-Fi 连接成功

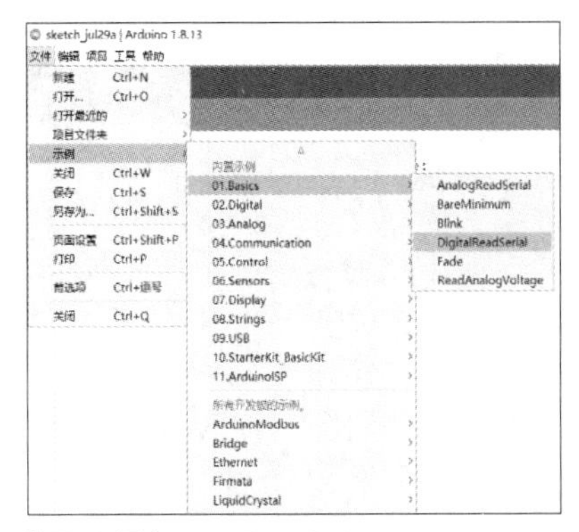

图 11 调试 DigitalReadSerial

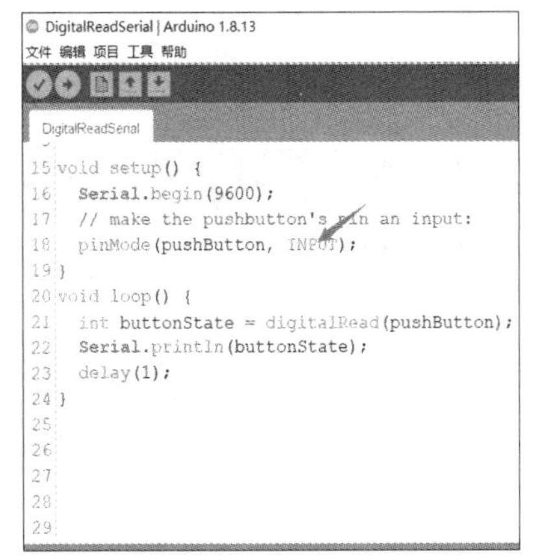

图 12 修改程序

中。可以通过调节声音传感器上面的旋钮来改变声音传感器的阈值，同时观察串口监视器，当声音传感器检测到声音，即声音传感器上面亮 2 颗灯时，串口监视器显示的是 0 还是 1，从而控制后面的客户端访问。

3. 将声音传感器的代码加入客户端程序中

通过对客户端程序稍加解读，并通过 Serial.println( ) 语句和串口监视器了解客户端程序是在哪里访问服务器，然后在访问服务器的语句之前添加条件语句，当声音传感器检测到声音数据时，客户端可访问服务器。程序 1 是我自己修改的代码，至此客户端程序已经调试完成。

程序1

```
#include <WiFi.h>
#include <WiFiMulti.h>
#define D 22
int buttonState = 0;
WiFiMulti WiFiMulti;
void setup()
{
  Serial.begin(115200);
  delay(10);
  pinMode(D, INPUT);
  WiFiMulti.addAP("CU_m9Pn",
"5kukw66x");
  Serial.println();
  Serial.println();
  Serial.print("Waiting for
Wi-Fi");
  while(WiFiMulti.run() != WL_
CONNECTED) {
  Serial.print(".");
  delay(500);
  }
  Serial.println("");
  Serial.println("Wi-Fi connected"
);
  Serial.println("IP address:");
  Serial.println(WiFi.localIP());
  delay(500);
}
void loop()
{
  const uint16_t port = 80;
  const char * host = "
192.168.1.12";
  buttonState = digitalRead(D);
  Serial.print("Connecting to");
  Serial.println(host);
  Serial.println(buttonState);
  WiFiClient client;
  if (!client.connect(host, port))
  {
    Serial.println("Connection
failed.");
    Serial.println("Waiting 5
seconds before retrying");
    delay(500);
    return;
  }
  if(buttonState==LOW)
  {
    client.print("GET /L"); }
  int maxloops = 0;
  while (!client.available() &&
maxloops < 1000)
  {
    maxloops++;
    delay(1);
  }
  if (client.available() > 0)
  {
    String line = client.
readStringUntil('\r');
    Serial.println(line);
  }
  else
  {
    Serial.println("client.
available() timed out");
  }
  Serial.println("Closing
connection.");
  client.stop();
  Serial.println("Waiting 5
seconds before restarting");
  delay(100);
}
```

4. 调试舵机

SG90 舵机与 ESP8266 引脚连接如表 3 所示，舵机信号线里面传输着一种特殊的 PWM 方波，这是一种周期固定为 20ms 的方波，高电平的时间为 0.5~2.5ms，0.5ms 对应舵机旋转到 0°，1.5ms 对应舵机旋转到 90°，2.5ms 对应舵机旋转到 180°，如图 13 所示。首先将 20ms 平分 200 份，每一份为 100μs，通过 analogWrite( ) 函数修改 D4 引脚占不同份的高电平，可实现舵机旋转，具体代码如程序 2 所示。

表 3 SG90 舵机与 ESP8266 引脚连接

ESP8266 模块	SG90 舵机
5V	红线
GND	黑线（棕线）
D4	黄线

程序2

```
void setup() {
  analogWriteFreq(50);
  //频率设置为 50Hz，即周期为 20ms
   analogWriteRange(200);
  //范围设置为 200，即占空比步长为 100μs
  analogWrite(D4,1);
}
  void loop() {
  analogWrite(2,5);
  delay(1000);
  analogWrite(2,15);
  delay(1000);
}
```

将程序上传到 ESP8266 模块中，可以看到舵机在反复旋转。

5. 将舵机程序加入到服务器程序中

通过对服务器端程序稍加解读，并通过 Serial.println( ) 语句和串口监视器了解服务器端程序中在哪里接受了客户端的访问，添加舵机代码，从而实现当客户端访问时，舵机转动一定角度，从而拨动开关实现关灯。具体代码如程序 3 所示。

程序3

```
#include <ESP8266WiFi.h>
#ifndef STASSID
#define STASSID "CU_m9Pn"
#define STAPSK "5kukw66x"
#endif
const char* ssid = STASSID;
const char* password = STAPSK;
WiFiServer server(80);
void setup() {
  analogWriteFreq(50);
  analogWriteRange(200);
  analogWrite(D4,1);
```

```
  Serial.begin
(115200);
  pinMode(LED_BUILTIN,
OUTPUT);
  digitalWrite(LED_
BUILTIN, 0);
  Serial.println();
  Serial.println();
  Serial.print(F("
Connecting to "));
  Serial.println
(ssid);
  WiFi.mode(WIFI_STA);
  WiFi.begin(ssid,
password);
  while (WiFi.
status()!=WL_CONNECTED) {
    delay(500);
    Serial.print(F("."));
  }
  Serial.println();
  Serial.println(F("WiFi onnected"
));
  server.begin();
  Serial.println(F("Server started"
));
  Serial.println(WiFi.localIP());
}
void loop() {
  WiFiClient client = server.
available();
  if (!client) {
    return;
  }
  Serial.println(F("new client"));
  delay(1000);//延时
  client.setTimeout(5000);
  String req = client.readStringUntil
('\r');
  Serial.println(F("request: "));
  Serial.println(req);
  int val;
  if (req.indexOf(F("/L")) != -1) {
```

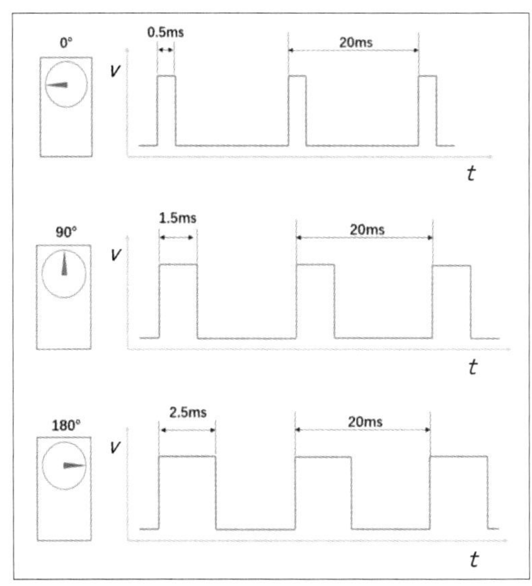

图 13 舵机原理图

```
    analogWrite(2,5);
    delay(1000);
    analogWrite(2,15);
    delay(1000);
    val = 0;
  } else if (req.indexOf(F("/gpio/1"
)) != -1) {
    val = 1;
  } else {
    Serial.println(F("invalid
request"));
    val = digitalRead(LED_BUILTIN);
  }
  digitalWrite(LED_BUILTIN, val);
  while (client.available()) {
    client.read();
  }
  client.print(F("HTTP/1.1200OK\
r\nContent-Type:text/html\r\n\r\
n<!DOCTYPE HTML>\r\n<html>\r\nGPIO
is now "));
  client.print((val) ? F("high") : F
("low"));
  client.print(F("<br><br>Click <a
href='http://"));
  client.print(WiFi.localIP());
  client.print(F("/gpio/1'>here</
```

```
a> to switch LED GPIO on, or <a
href='http://"));
  client.print(WiFi.localIP());
  client.print(F(" /gpio/0 '>here</a>
to switch LED GPIO off.</html>"));
  Serial.println(F(" Disconnecting
from client"));
}
```

6. 实现开灯操作

之前的操作已经实现了声音远程控制关灯操作，但是没有开灯的操作是不完美的。我们可以在程序中设置一个变量，当关灯后这个变量的值为 0，当开完灯后这个变量的值是 1，然后每次开灯、关灯之前判断这个变量的值为 1 还是 0，如果是 0，说明下一步需要开灯，如果是 1，说明下一步需要关灯。该变量需要在客户端进行修改，修改部分如程序 4 和程序 5 所示。

程序4

```
#include <WiFi.h>
#include <WiFiMulti.h>
#include <WiFiUdp.h>
#define D 22
int buttonState = 0;
WiFiMulti WiFiMulti;
WiFiUDP ntpUDP;
int find =0;
if (!client.connect(host, port)) {
  Serial.println("Connection failed."
);
  Serial.println( " Waiting 5 seconds
before retrying");
  delay(500);
  return;
}
```

程序5

```
if(buttonState==1)
client.print("GET/L"); //常关
if(buttonState==0)
{
  if(find==0)
  {client.print("GET/K");// 开灯
  }
if(find==1)
{
  client.print("GET/H"); // 关灯
}
if(find==0)  find=1;
else find=0;
}
```

同样，还应该对舵机程序进行修改，之前只控制舵机拨动开关关灯，现在再控制舵机拨动开关开灯，修改结果如程序 6 所示。

程序6

```
String req = client.readStringUntil
('\r');
Serial.println(F("request:"));
Serial.println(req);
int val;
if (req.indexOf(F("/L")) != -1)
{
  analogWrite(2,15); // 对应 90° 回到正
中间
  val = 0;
}
else if (req.indexOf(F("/H")) != -1)
{
  analogWrite(2,5);   // 对应关灯
  delay(100);
  analogWrite(2,15);   // 对应 90° 回到正
中间
  val = 1;
} else  if(req.indexOf(F("/K")) !=
-1)
{
  analogWrite(2,25); // 对应 180° 对应开灯
  delay(100);
  analogWrite(2,15);// 对应 90° 回到正中间
  Serial.println(F( " invalid request"
));
  val = digitalRead(LED_BUILTIN);
}
else  if(req.indexOf(F("/N")) != -1)
{
  analogWrite(2,25); // 对应 180° 对应开灯
}
digitalWrite(LED_BUILTIN, val);
```

如此，该项目不仅可以实现声音远程控制舵机实现关灯，也能实现声音远程控制舵机实现开灯。

7. 完善不足

考虑到使用者可能晚上打呼噜或者其他情况使声音传感器检测到声音，驱动舵机从而开灯，使睡眠质量降低，所以我在客户端添加了时间限制。

（1）通过NTP获取时间

NTP 即网络时间协议，它可以使计算机对其服务器或时钟源（如石英钟、GPS等）进行同步化，还可以提供高精准度的时间校正，矫正后时间与标准时间的误差小于 1ms。标准时间来源于原子钟、卫星、天文台等。

在 Arduino 上安装 NTPClient 库，在“工具 - 库管理器”中搜索 NTP，如图 14 所示，安装 NTPClient 库。

接下来打开官方例程，选择“文件 - 例程 -NTPClient-Basic”，进行如图 15 所示修改。

我们通过串口监视器查看打印结果，发现打印出来的时间和计算机中显示的时间并不同步，基本相差 8 个小时。原因在于我们所处的位置是东 8 区，所以要与东 8 区时间同步，进行如程序 7 所示修改。

程序7

```
void setup()
{
Serial.begin(115200);  // 连接 Wi-Fi
WiFi.begin(ssid, password);
while ( WiFi.status() != WL_CONNECTED
) {
delay ( 500 );
Serial.print ( "." );
}
```

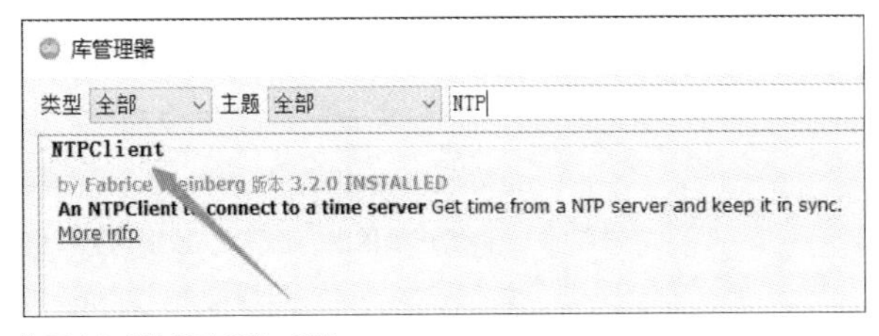

图 14 安装 NTPClient 库

```
timeClient.begin();
timeClient.setTimeOffset(28800);
// + 1 区偏移 3600, +8 区偏移 28800
}
```

获取具体年、月、日、星期、小时、分钟的代码如程序 8 所示。

程序8

```
unsigned long epochTime = timeClient.
getEpochTime();
Serial.print("Epoch Time:");
Serial.println(epochTime);
//打印时间
int currentHour = timeClient.
getHours();
Serial.print("Hour:");
Serial.println(currentHour);
int currentMinute = timeClient.
getMinutes();
Serial.print("Minutes:");
Serial.println(currentMinute);
int weekDay = timeClient.getDay();
Serial.print("Week Day:");
Serial.println(weekDay);
//将 epochTime 换算成年月
struct tm *ptm = gmtime((time_t *)
&epochTime);
int monthDay = ptm->tm_mday;
Serial.print("Month day:");
Serial.println(monthDay);
int currentMonth = ptm->tm_mon+1;
Serial.print("Month:");
Serial.println(currentMonth);
delay(1000);
```

Epoch Time 指的是一个特定的时间——1970-01-01 00:00:00 就是世界标准时间 1970 年 1 月 1 日 0 时 0 分 0 秒，以这个时间为起点，每过去一秒，数值加 1。就可以对应地算出公历日期时间（不算闰秒）。可以利用 NTP 库文件中提供的方法直接计算出年月日、星期等数据，串口演示如图 16 所示。

（2）将获取时间的代码加入ESP32模块程序中

在获取时间的代码中位于 setup( ) 函数上面的代码移植到 ESP32 客户端程序的 setup( ) 函数中，如果有重复的可不移植，将 loop( ) 函数里面的代码移植到 ESP32 客户端程序的 loop( ) 函数中，移植后如程序 9 所示。

程序9

```
#include <NTPClient.h>
#include <WiFi.h>
#include <WiFiMulti.h>
#include <WiFiUdp.h>
#define D 22
int buttonState = 0;
WiFiMulti WiFiMulti;
WiFiUDP ntpUDP;
NTPClient timeClient(ntpUDP);
int find =0;
Serial.begin(115200);
delay(10);
pinMode(D, INPUT);
WiFiMulti.addAP ("CU_m9Pn",
"5kukw66x");
Serial.println();
```

```
文件 编辑 项目 工具 帮助
Basic §
1 #include <NTPClient.h>
2 #include <ESP8266WiFi.h>
3 //#include <WiFi.h>
4 //#include <WiFi101.h>
5 #include <WiFiUdp.h>
6 const char *ssid     = "<SSID>";
7 const char *password = "<PASSWORD>";
8 WiFiUDP ntpUDP;
9 NTPClient timeClient(ntpUDP);
10 void setup(){
11   Serial.begin(115200);
12   WiFi.begin(ssid, password);
13   while ( WiFi.status() != WL_CONNECTED ) {
14     delay ( 500 );
15     Serial.print ( "." );
16   }
17   timeClient.begin();
18 }
```


图 15 程序修改图

```
COM15
17:03:56.593 -> Hour: 17
17:03:56.593 -> Minutes: 4
17:03:56.593 -> Week Day: 1
17:03:56.593 -> Month day: 1
17:03:56.593 -> Month: 8
17:03:57.573 -> 17:04:14
17:03:58.604 -> Epoch Time: 1659373455
17:03:58.604 -> Hour: 17
17:03:58.604 -> Minutes: 4
17:03:58.604 -> Week Day: 1
17:03:58.604 -> Month day: 1
17:03:58.604 -> Month: 8
17:03:59.579 -> 17:04:16
17:04:00.606 -> Epoch Time: 1659373457
17:04:00.606 -> Hour: 17
17:04:00.606 -> Minutes: 4
17:04:00.606 -> Week Day: 1
17:04:00.606 -> Month day: 1
17:04:00.606 -> Month: 8
17:04:01.587 -> 17:04:18
自动滚屏  Show timestamp
```

图 16 串口演示

```
Serial.println();
Serial.print("Waiting for Wi-Fi");
while(WiFiMulti.run()!= WL_CONNECTED)
{
  Serial.print(".");
  // delay(500);
}
Serial.println("");
Serial.println("Wi-Fi connected");
Serial.println("IP address:");
Serial.println(WiFi.localIP());
delay(500);
```

```
timeClient.begin();
timeClient.setTimeOffset(28800);
void loop()
{
  buttonState = digitalRead(D);
  Serial.println(buttonState);
  timeClient.update();
  unsigned long epochTime = timeClient.getEpochTime();
  Serial.print("Epoch Time:");
  Serial.println(epochTime);
  //打印时间
  int currentHour = timeClient.getHours();
  Serial.print("Hour:");
  Serial.println(currentHour);
  int currentMinute = timeClient.getMinutes();
  Serial.print("Minutes:");
  Serial.println(currentMinute);
  int weekDay = timeClient.getDay();
  Serial.print("Week Day:");
  Serial.println(weekDay);
  //将epochTime换算成年月
  struct tm *ptm = gmtime ((time_t *)&epochTime);
  int monthDay = ptm->tm_mday;
  Serial.print("Month day:");
  Serial.println(monthDay);
  int currentMonth = ptm->tm_mon+1;
  Serial.print("Month:");
  Serial.println(currentMonth);
  Serial.println(timeClient.getFormattedTime());
```

将获取时间代码添加到客户端程序中后，只需要在服务器程序中添加时间限定。例如，晚上 11 点之后，即使声音传感器检测有声音，虽然客户端会访问服务器，但是因为访问的类型不一样，不会导致舵机进行转动，具体代码如程序 10 所示。

程序10

```
if(currentHour>7&&currentHour<23)
//白天
{
 if(buttonState==0)
 {
 if(find==0)
  {client.print("GET /K");// 开灯
  }
  if(find==1)
  {
   client.print("GET/H");// 关灯操作
  }
  if(find==0)  find=1;
  else find=0;
 }
}
if(currentHour>23||currentHour<7)
// 晚上
{
 if(buttonState==0)
 {
  if(find==0)
  {client.print("GET /L"); // 常关
  }
  if(find==1)
  {
   client.print("GET /L"); // 常关
  }
  if(find==0)  find=1;
  else find=0;
 }
}
```

成果展示

图 17 所示是已经做完的成品，将已经上传服务器程序的 ESP8266 模块和已经上传客户端程序的 ESP32 模块均进行供电，对声音传感器说“开灯”，舵机会拨动开关实现开灯操作，对声音传感器说“关灯”，舵机会拨动开关实现关灯操作，具体操作可以扫描文章开头的二维码观看演示视频。

如果舵机转动角度过小不足以实现声音远程控制关灯的功能，可以修改舵臂度数，直至实现关灯功能。

展望

虽然声音远程控制舵机实现开关灯的装置能极大地方便我的生活，但是其仍然存在两个弊端，一是其安装比较麻烦，将舵机固定在开关旁边往往是最大的困难。我计划 3D 打印一个外壳，使舵机能够固定在外壳上，同时外壳能适配灯的开关，这样就完美解决了安装问题。二是声音传感器只能检测有无声音，而不能智能化区分声音的内容，有概率会导致误开误关。针对这一问题，可以使用离线语音模块代替声音传感器，使整个装置变得更加智能。相信在未来，语音控制技术能够为我们的生活带来更多的便利！

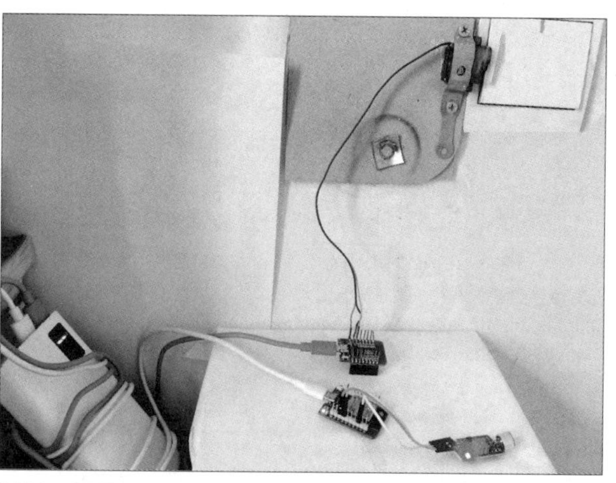

图 17 成品图

当珠算文化遇上创客制作

毕世良

算盘是以前较常用的计算工具之一，被誉作中国的“第五大发明”，其“珠动数出”的独特优势，是其他计算工具无法匹敌的。珠算以前是小学数学课堂中的重要内容，直至计算机兴起并逐渐普及，算盘作为一种计算工具被取代，珠算知识也慢慢从数学课程标准里消失，致使目前中小学生对算盘的使用方法及发展历史知之甚少。本作品通过Arduino控制LED，模拟珠算的运算过程，并实时播报珠算口诀及其实际含义。让更多的小朋友认识珠算文化。

项目起源

笔者受《难得一见的算盘们》中各式各样的创意算盘的启发，结合自身的爱好，设计并制作了一个用LED模拟算珠的电子算盘。算盘的主控采用Arduino Uno，搭配MP3模块、矩阵键盘模块和LCD1602显示模块。

制作过程

1. LED驱动板的制作

本制作采用LED代表算盘的算珠，为了节省Arduino Uno的I/O引脚数量，通过74HC595芯片来实现对LED的驱动，本设计采用多片74HC595芯片级联驱动方式连接，3个Arduino Uno的引脚就可以完成LED的控制，目前完成了5片LED驱动板的级联，如后续有需要，可以方便地增加。通过立创EDA软件绘制的LED驱动板电路如图1所示，打样后完成焊接制作，如图2所示。

2. 电子算盘功能设计

在电子算盘的功能设计上用到的硬件有4×4矩阵键盘模块、LCD1602显示模块及MP3播放模块。我们通过4×4矩阵键盘模块对数字及运算符进行输入，输入的信息在LCD1602显示模块上进行显示，并通过计算识别运算的珠算口诀，通过MP3模块实现珠算口诀的播报。

3. 计算功能

程序设计是整个作品的核心，首先需要完成对输入数据的合成，根据输入的数据计算出LED驱动板显示的内容，最后调用驱动函数控制LED的亮灭。在处理按键数据时，需要识别是否按下功能键，若按下数字键，程序将自动记录按下的数字键键值；若按下功能键，则完成相对应的功能。

目前电子算盘可以实现3位数以内的加减法运算，所以在合成运算数据时，需要先确定输入的是几位数。在按下加号键或减号键时完成第一个数的合成，此时根据数字键被按下的次数来合成。例如数字

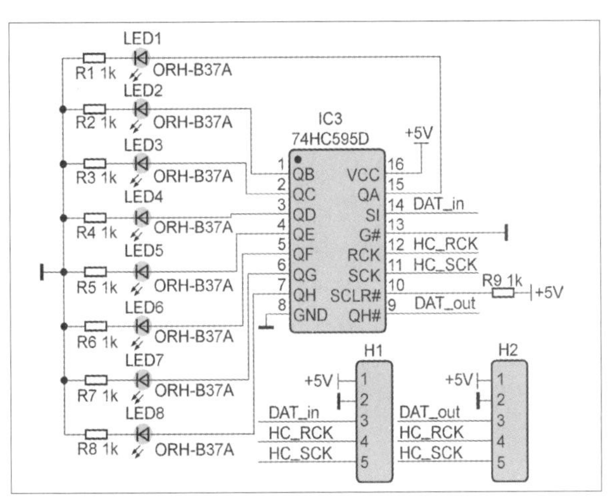

图1 LED驱动板电路

图2 制作完成的LED驱动板实物图

键被按下了2次，那就需要把第一次输入的数乘以10后再加上第二次输入的数，这个合成后的数是我们实际的运算数。如程序1所示，程序中的data1就是合成的第一个运算数。

程序1

```
char customKey = customKeypad.getKey();
if (customKey) { //有按键被按下去
  count++;
  if (customKey == hexaKeys[2][3]){ //减号键
add_and_sub = 2; //减法运算
    count--;
    switch (count) {
      case 1: data1 = data_tab1[0] - 48;
      tab[4] = tab_09[(data_tab1[0] - 48)];
      break;
      case 2: data1 = ((data_tab1[0] - 48) * 10) + (data_tab1[1] - 48);
      //合成一个2位数
      tab[3] = tab_09[(data_tab1[0] - 48)];
      tab[4] = tab_09[(data_tab1[1] - 48)];
      break;
      case 3: data1 = ((data_tab1[0] - 48) * 100) + ((data_tab1[1] - 48) * 10) + (data_tab1[2] - 48);
      //合成一个3位数
      tab[2] = tab_09[(data_tab1[0] - 48)];
      tab[3] = tab_09[(data_tab1[1] - 48)];
      tab[4] = tab_09[(data_tab1[2] - 48)];
      break;
      default: break;
    }
    //通过74HC595模块让LED显示数据
    lcd.print("-");
    count = 0; //按键次数清零，准备记录后面一个数
  }
  else if (customKey == hexaKeys[0][3]) { //加号键
    add_and_sub = 1; //加法运算
    count--;
    switch (count) {
      case 1: data1 = data_tab1[0] - 48;
      tab[4] = tab_09[(data_tab1[0] - 48)];
      break;
      case 2: data1 = ((data_tab1[0] - 48) * 10) + (data_tab1[1] - 48);
      //合成一个数2位数
      tab[3] = tab_09[(data_tab1[0] - 48)];
      tab[4] = tab_09[(data_tab1[1] - 48)];
      break;
      case 3: data1 = ((data_tab1[0] - 48) * 100) + ((data_tab1[1] - 48) * 10) + (data_tab1[2] - 48);
      //合成一个3位数
      tab[2] = tab_09[(data_tab1[0] - 48)];
      tab[3] = tab_09[(data_tab1[1] - 48)];
      tab[4] = tab_09[(data_tab1[2] - 48)];
      break;
      default: break;
    }
    //通过74HC595模块让LED显示数据
    lcd.print("+");//lcd.print(count);
    count = 0; //按键次数清零，准备记录后面一个数
  }
}
```

在按下等号键以后，完成第二个运算数的合成，合成方法和第一个运算数相同。合成完成后，判断之前按下的运算符是加号还是减号，根据运算符把两个运算数做对应的运算。在做减法运算时，目前只考虑正数的运算，当出现小数减大数时将会显示错误。如程序2所示，程序中的data2就是合成后第二个运算数。

程序2

```
if (customKey == hexaKeys[3][3]) {
  //等号键
  lcd.print("=");
  count--;
  switch (count) {   //合成一个数
    case 1: data2 = data_tab2[0] - 48;
    break;
    case 2: data2 = ((data_tab2[0] - 48) * 10) + (data_tab2[1] - 48);
    break;
    case 3: data2 = ((data_tab2[0] - 48) * 100) + ((data_tab2[1] - 48) * 10) + (data_tab2[2] - 48) ;
    //合成一个3位数
    break;
    default: break;
  }
  if (add_and_sub == 1) { //加法运算
    Serial.print("它们的和是: ");
Serial.println((data1 + data2 - 96));
    if ((data2 < 10) && (data2 > 0))
{
      bofang_x[4] = xuhao[data2 + 5];
      bofang_x[5] = xuanze_gequ[data2 + 5];
      for (int i = 0; i < 7; i++) {
      //播放第x首
        mySerial.write(bofang_x[i]);
      }
    }
    else {
      for (int i = 0; i < 5; i++) {
      //暂停播放
        mySerial.write(zanting[i]);
      }
    }
    data3 = (data1 + data2);
    lcd.print(data3);
    tab[1] = tab_09[data3 / 1000];
    //计算最后显示的数据
    tab[2] = tab_09[data3 % 1000 / 100];
    tab[3] = tab_09[data3 % 1000 % 100 / 10]; //计算最后显示的数据
    tab[4] = tab_09[data3 % 1000 % 100 % 10];
  }
  else if (add_and_sub == 2) {
  //减法运算
    Serial.print("它们的差是: ");
    Serial.println((data1 - data2));
```

```
  if (data1 >= data2) {
  //被减数大于等于减数
    if ((data2 < 10) && (data2 > 0))
{
      bofang_x[4] = xuhao[data2 + 14];
      bofang_x[5] = xuanze_gequ[data2 + 14];
      for (int i = 0; i < 7; i++) {
//播放第x首
        mySerial.write(bofang_x[i]);
      }
    }
    else {
      for (int i = 0; i < 5; i++) {
//暂停播放
        mySerial.write(zanting[i]);
      }
    }
    data3 = data1 - data2;
    lcd.print(data3);
    tab[1] = tab_09[data3 / 1000];
//计算最后显示的数据
    tab[2] = tab_09[data3 % 1000 / 100];
    tab[3] = tab_09[data3 % 1000 % 100 / 10]; //计算最后显示的数据
    tab[4] = tab_09[data3 % 1000 % 100 % 10];
  }
  else {   // 小数减大数，显示错误
    lcd.setCursor(0, 1); //结束，显示坐标回到第二行最左边
    lcd.print("Err              ");
    tab[1] = 0x00;
    tab[2] = 0x00;
    tab[3] = 0x00;
    tab[4] = 0x00;
  }
 }
}
```

在按键被按下后，如果被按下的不是功能键，就说明按下的是数字键，需要把数字键按下次数变量shuzi_count加1，并把键值显示在LCD上，记录下来，具体如程序3所示。

程序3

```
Serial.println("是数字");
shuzi_count++;
if(shuzi_count==1){
  //第一次按下数字键，需要返回第二行左边显示，并清除之前的显示
  lcd.setCursor(0, 1);
  lcd.print("                ");
  //用空格代替数字，清除数字
  lcd.setCursor(0, 1);
}
if(add_and_sub==0){
  data_tab1[count-1]=customKey;
  //记录按下的数字
  lcd.write(customKey);
}
else{
  data_tab2[count-1]=customKey;
  //记录按下的数字
  lcd.write(customKey);
}
```

4. 显示功能

在按下任一按键后，程序将会识别出按下的是数字键、符号键还是功能键，识别出数字键或者符号键后，就需要在LCD1上实时显示对应字符，用lcd.write(val)来显示变量的值；用lcd.print(“ ”)显示字符串，在显示变量和字符串之前还需要通过lcd.setCursor(0,1)来设置显示的位置。

完成运算后，还需要调用LED驱动板的驱动函数，完成点亮对应的LED。如程序4所示，data3就是加法运算后的和，分离出各位数据后存入数组中，再调用LED驱动板的驱动函数完成显示。

程序4

```
data3=(data1+ data2);
lcd.print(data3);
tab[1]=tab_09[data3/1000];
//计算最后显示的数据
tab[2]=tab_09[data3%1000/100];
tab[3]=tab_09[data3%1000%100/10];
//计算最后显示的数据
tab[4]=tab_09[data3%1000%100%10];
HC595_val();
//输出8位数据驱动函数，高位数据在先
void HC595_val()
{
  digitalWrite(latchPin, LOW);
  //开始输入数据
  for (int i = 0; i < 5; i++) {
shiftOut(dataPin, clockPin, MSBFIRST, tab[i]); //输出数据
    //digitalWrite(clockPin, LOW);
    //全部输入完毕
  }
  digitalWrite(latchPin, HIGH);
  //输出数据
}
```

5. MP3音频播报功能

本制作的一个亮点是设计了音频播放功能，音频播放采用MP3模块，MP3模块与Arduino Uno通过软件串口连接，Arduino Uno通过软件串口发送特定的数据流来控制音频的播放、暂停及其他功能。音频播报的内容包含两部分，分别是珠算的历史文化介绍音频和珠算运算口诀音频。

当播放音频键被按下后，根据不同的键值，MP3模块将会播放对应的音频文件，如程序5所示。在等号键被按下后，如果此次运算的第二个数是十以内的数，将会播放在此次运算中，个位数运算的珠算口诀所对应的音频。

程序5

```
//播放算盘历史功能键
if (customKey == hexaKeys[3][0]) {
  Serial.println("不是数字,A");
  count--;  //功能键按下次数不计
  A_count++;
```

```
  if (A_count == 1) {
    for (int i = 0; i < 7; i++) {
//播放第一首
      mySerial.write(bofang1[i]);
    }
  }
  else if ((A_count <= 5) && (A_
count > 1)) {
    for (int i = 0; i < 5; i++) {
//播放下一首
      mySerial.write(xiayishou[i]);
    }
  }
  else {
    A_count = 0; //清零A键被按下次数
    for (int i = 0; i < 5; i++) {
//播放第一首
      mySerial.write(zanting[i]);
    }
  }
  Serial.println(A_count);
}
//播放珠算口诀键
else if (customKey == hexaKeys[3]
[1]) {
  Serial.println("不是数字,B");
  count--;  //功能键被按下次数不计
  B_count++;
  if (B_count > 23) {
    B_count = 1;
  }
  bofang_x[4] = xuhao[B_count +
5];
  bofang_x[5] = xuanze_gequ[B_
count + 5];
  for (int i = 0; i < 7; i++) {
  //播放第x首
    mySerial.write(bofang_x[i]);
  }
  Serial.println(B_count);
}
```

6. 外壳设计及组装

为了整个作品的美观，外壳的制作通过3D打印完成。外壳设计得比较简单，直接采用3D建模软件中的三维实体之间的布尔运算实现外壳建模。作品外壳的3D模型如图3所示，组装完成后的成品如图4所示。

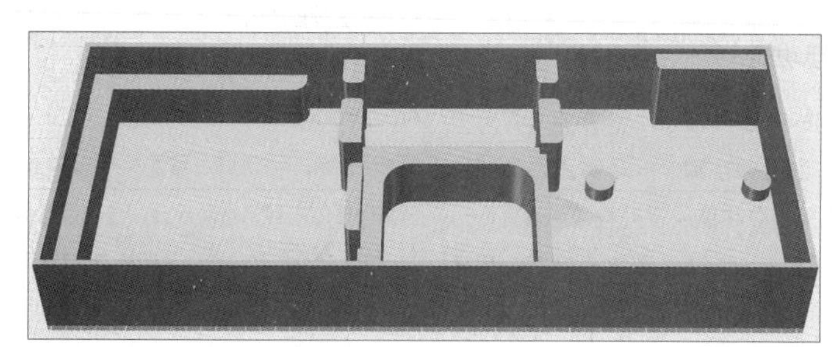

图3 3D外壳模型

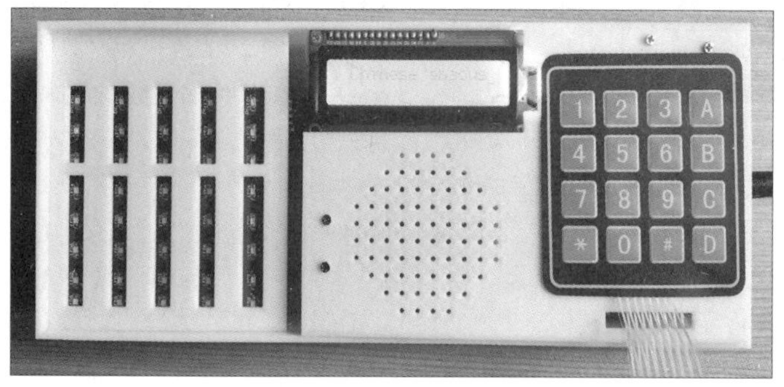

图4 组装完成的电子算盘

遇到的问题及解决办法

在整个作品的设计、制作过程中遇到了一些问题，经过我的努力，最终解决了。在这里和大家一起分享一些我的经验，希望可以给对电子算盘感兴趣的朋友提供一些帮助。

1. LED驱动板间距的问题

最初设计LED驱动板的时候没有考虑到LED驱动板之间的连接线的长度问题，最终实际焊接完LED驱动板后发现LED驱动板之间采用排针连接间隔太大，影响了整个作品的成品效果和外观设计。通过比对，最终选择剪去一段排针的针脚，直接通过焊接的方式把剪完的排针连接在一起，这样大大缩短了LED驱动板之间的间距，整体设计更美观。

2. MP3模块声音异常问题

MP3模块通过串口和Arduino Uno相连。测试程序编写完成后进行测试，在正常声音外还夹杂着很有规律的“嗒、嗒、嗒”的声音。最终我在MP3模块的官方使用说明书中找到了答案。在MP3模块和5V供电的连接的电路图中，串口的RX引脚之间有一个1kΩ的电阻。而本设计的Arduino Uno正是5V供电的，但是在电路中并没有加入这个电阻，经过测试，加完电阻后工作一切正常，杂音消失。

3. MP3模块播放语音不匹配的问题

因为采用的是现成的MP3模块，音频文件需要以4位数字编码的形式命名。在做指定曲目播放的程序调试时出现了实际播放曲目和设置曲目编号不匹配的问题，经过仔细核查发现曲目编号是采用十进制编写的，而MP3模块的控制数据流中的编码是采用十六进制表示的，在指定曲目播放时没有做数据进制之间的转换，所以出现了播放曲目不匹配的情况，最终通过进制转换解决了此问题。

用场效应管制作 1-T 单元动态存储器

俞虹

动态存储器不同于静态存储器，它需要对存储器进行刷新，这也是动态存储器名称的由来。动态存储器存储单元需要的晶体管比较少，故大容量的存储器都使用动态存储单元，例如计算机的内存条就属于动态存储器。这里我们介绍用场效应管制作1-T（单个场效应管）单元动态存储器的方法，虽然这个存储器的容量只有24bit，但我们通过制作可以对动态存储器有更多的了解。

工作原理

为了更好地理解动态存储器，我们先介绍和 1-T 单元动态存储器有关的几个基本知识，然后再介绍 1-T 单元动态存储器。

1. PMOS管

这次制作不仅用到 NMOS 管，也要用到 PMOS 管。PMOS 管的外观如图 1 所示，它的符号如图 2 所示，目前小功率 PMOS 管有 BS250、BS208 等型号。

2. 双向导通NMOS管

要实现 MOS 管的双向导通，常规的 NMOS 管和 PMOS 管是不适用的，必须使用衬底电极 B 独立的 MOS 管。衬底电极 B 独立的 NMOS 管的符号如图 3 所示。目前这种衬底电极 B 独立的 MOS 管比较少见，而且价格比较高。那么，有没有办法用一般的 NMOS 管来代替呢？答案是肯定的。我们可以使用两个 NMOS 管背对背连接，工作时一个 NMOS 管导通，另一个 NMOS 管不导通，但使用它的寄生二极管来导通，这样就实现了双向导通。等效电路如图 4 所示。

3. 1-T存储单元

1-T 存储单元电路如图 5 所示，它由一个衬底电极 B 独立的 NMOS 管（这里用 2 个 3 脚 MOS 管代替）和电容 C_C 组成（C_{BL} 不在单元内）。

存储 0：这种情况下，位线电压为 0V，MOS 管接在位线上的极充当源极。栅极电压被提高到 3V，如果 C_C 存储的数字为 0，则漏 - 源电压为 0V，通过的电流为 0A。如果 C_C 存储的数字为 1（两端电压约 1.9V），那么 MOS 管 M_A 导通使 C_C 放电，C_C 上的电压变为 0V。

存储 1：这时位线电压被设置为 3V，字线电压也为 3V，接位线 M_A 极充当漏极。这时，M_A 工作在饱和区，如果 C_C 中存储的是 1，并且 C_C 呈现的是满 1，则 M_A 的电流为 0。如果 C_C 中的电压小于满 1，通过 M_A 的电流将为 C_C 充电，使其达到比栅极电压低一个阈值（1.9V）。

数据读取：首先位线电压被充电到（1/2）V_{DD}，字线电压为 3V，MOS 管 MA 导通，C_C 经过 M_A 连接到位线上。这时，电荷在 C_{BL} 和 C_C 实现共享，使位线上的电压稍微变化（变大或变小）。如果这时 C_C 存储的是数字 1，则 C_C 使位线电压上升，这个上升的电压使感测放大器输出为 1；如果这时 C_C 中存储的是数字 0，则 C_C 使位线电压下降（需要一定时间），这个下降的电压使感测放大器输出为 0，这样就实现了数据的读取。但要注意，读取数据时 C_C 上的电压会发生变化。

4. 感测放大器

感测放大器电路如图 6 的中间部分所示。感测放大器由 VT3~VT6 组成的锁存器及预充 MOS 管 VT7、VT8 组成。在预充时，VT7 和 VT8 栅极接 3V 电压，

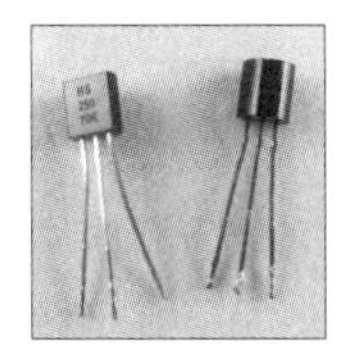

图 1 PMOS 管

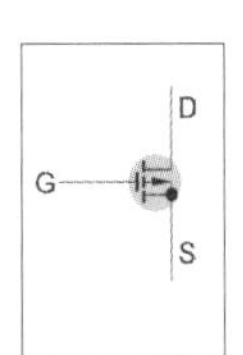

图 2 PMOS 管符号

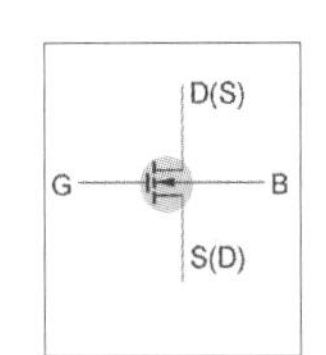

图 3 衬底电极 B 独立的 NMOS 管符号

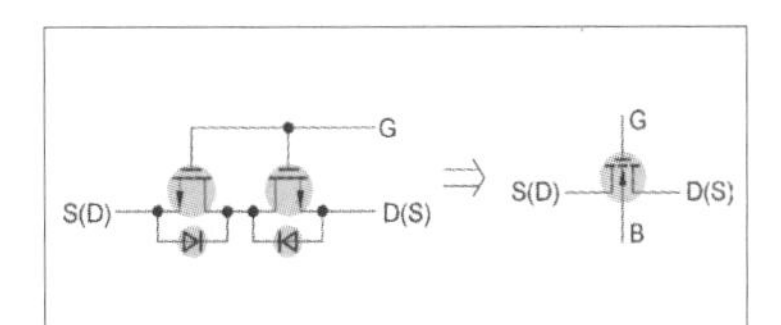

图 4 双向导通 NMOS 管等效电路

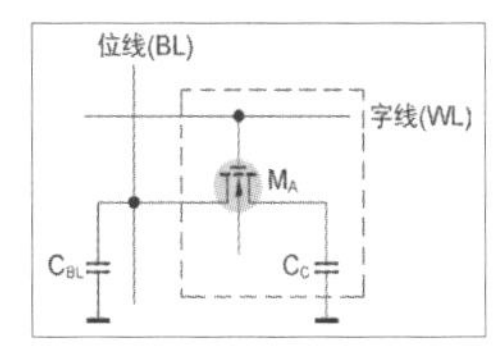

图 5 1-T 存储单元电路

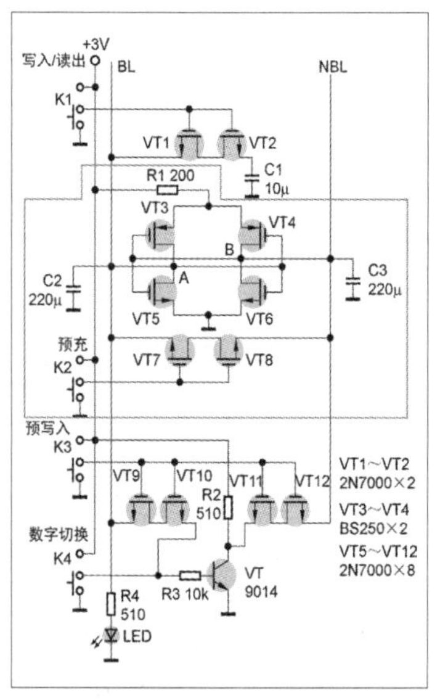

图6 单元读写电路

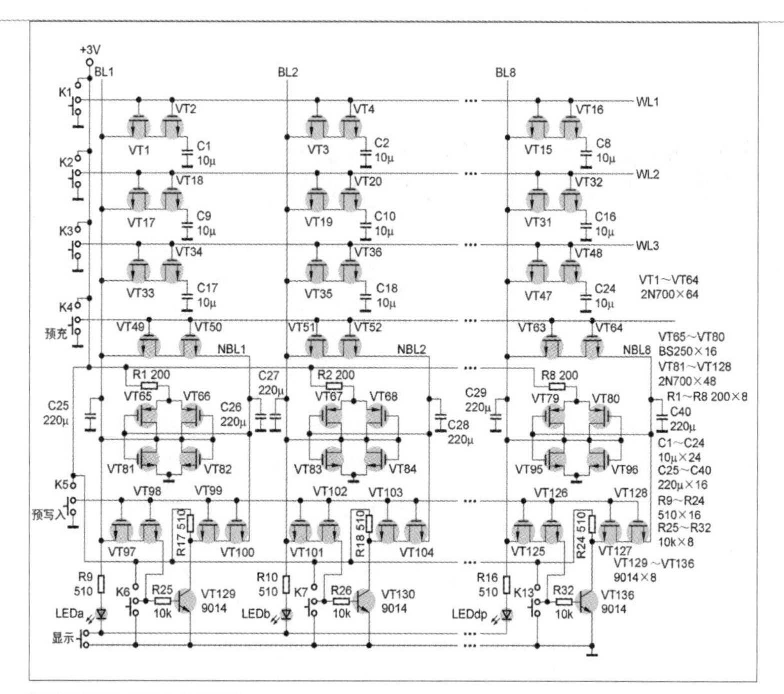

图7 24bit 动态存储器电路

两条位线BL和NBL电压被迫达到(1/2)V_{DD}。随后预充MOS管截止，接着将字线电压提高到3V，这样就可以对存储单元的数字进行读取，实现C3和C2电荷的共享，即感测放大器对微小电压差值进行放大，一定时间后两根位线形成接近3V的电压差。

5. 单元读写电路

单元电路如图6所示。首先写入数字，写入1时，将开关K4向上拨动，R3接电源正极。三极管导通，这时VT10源极接3V电压，而VT11源极接0V电压。将预写入开关K3向上拨动，VT9~VT12的栅极加3V电压，VT9导通，将锁存器的A点拉高。同时，VT11导通，将锁存器的B点拉低，这时A点电压为3V，B点电压为0V。接着向上拨动写入/读出开关K1，数字1被写入C1中。同理写入数字0时，将开关K4向下拨动，R3接0V电压，三极管截止，VT10源极加0V电压，VT11源极加3V电压。再将预写入开关K3向上拨动，VT9~VT12栅极加3V电压VT10导通，锁存器A点电压被拉低。同时VT12导通，锁存器B点电压被拉高，最终A点电压为0V，B点电压为3V。接着向上拨动写入/读出开关K1，VT1和VT2栅极加3V电压，VT1导通，数字0被写入C1中。读取数字时，将预充开关K2向上拨动，VT7和VT8栅极接3V电压，VT7、VT8有一个导通，A、B对地电压为1.5V。再向下拨动K2，同时向上拨动K1，VT1和VT2加3V电压，这时C1被充电或放电，位线上微小电压变化被感测放大器放大，最终使得位线输出数字1或0，这个电平再由LED显示出来。其中，R1是限流电阻。

6. 24bit动态存储器

该部分电路如图7所示，它主要由MOS管VT1~VT128、三极管VT129~VT136、电容C1~C40组成。电路包含8组上面介绍的单元读写电路和3组存储单元电路，每组存储单元电路包含8个存储单元。这样做的目的是同时存储3个数字的段。每条位线接3个存储单元，这样共有24个存储单元。K1~K3为写入/读出开关，工作时K1~K3只能有一个接3V电压。当开关有一个接3V电压时，对应的8个存储单元同时写入或读出，每条位线上的3个存储单元由一个感测放大器连接，共有8个感测放大器。K6~K13用于8个数字段的输入（亮为1，灭为0），LEDa~LEDg、LEDdp为数码管内对应的发光管，要显示数码管，只需要将K14向下拨动即可。具体工作原理类似前面介绍的单元读写电路，只不过将单元读写电路增加为8个，在每个读写电路上再增加2个存储单元（共3个）。它可以存储3个数字的24个段，如同时存储1、2、3三个数字的段（包括小数点）。

制作方法

本项目材料清单如表1所示，为了在制作24bit动态存储器时有更大的把握，我们先制作一个单元读写电路，再制作24bit动态存储器。

1. 制作单元读写电路

选取一块7cm×9cm的万能板，将准备好的元器件和开关按图6位置排列装在万能板上并焊接和固定，用锡线进行连接。由于正负极的连线比较多，可以使用飞线和软线进行连接。4个开关安装在万能板的两侧，焊接完成的单元读写电路板如图

表 1　材料清单

名称	位号	值	数量
NMOS 管	VT1~VT64、VT81~VT128	2N7000	112 个
PMOS 管	VT65~VT80	BS250	16 个
电解电容	C1~C24	10 μ F/10V	24 个
电解电容	C25~C40	220 μ F/10V	16 个
电阻	R1~R8	200Ω	8 个
电阻	R9~R24	510Ω	16 个
电阻	R25~R32	10kΩ	8 个
三极管	VT129~VT136	9014	8 个
拨动开关	K1~K14	1×2	14 个
数码管	—	1.42cm 共阴	1 个
万能板	—	9cm×15cm	3 块
万能板	—	7cm×9cm	1 块
万能板	—	5cm×7cm	1 块
长螺丝	—	Φ3mm，长 5cm	4 个

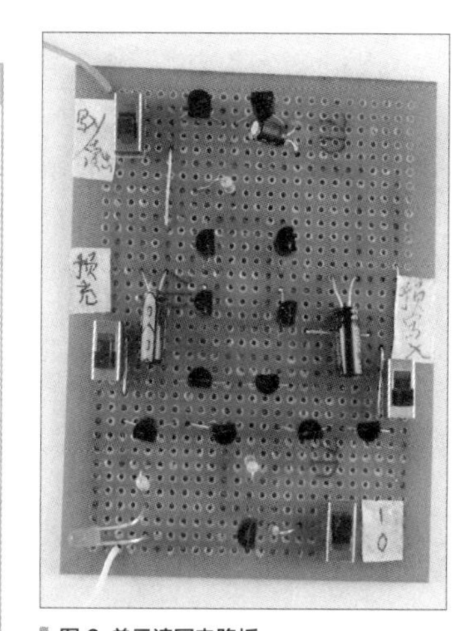
图 8　单元读写电路板

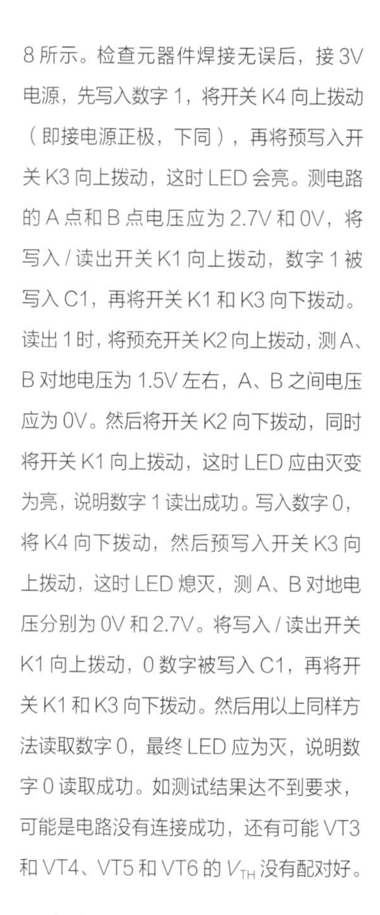

8 所示。检查元器件焊接无误后，接 3V 电源，先写入数字 1，将开关 K4 向上拨动（即接电源正极，下同），再将预写入开关 K3 向上拨动，这时 LED 会亮。测电路的 A 点和 B 点电压应为 2.7V 和 0V，将写入 / 读出开关 K1 向上拨动，数字 1 被写入 C1，再将开关 K1 和 K3 向下拨动。读出 1 时，将预充开关 K2 向上拨动，测 A、B 对地电压为 1.5V 左右，A、B 之间电压应为 0V。然后将开关 K2 向下拨动，同时将开关 K1 向上拨动，这时 LED 应由灭变为亮，说明数字 1 读出成功。写入数字 0，将 K4 向下拨动，然后预写入开关 K3 向上拨动，这时 LED 熄灭，测 A、B 对地电压分别为 0V 和 2.7V。将写入 / 读出开关 K1 向上拨动，0 数字被写入 C1，再将开关 K1 和 K3 向下拨动。然后用以上同样方法读取数字 0，最终 LED 应为灭，说明数字 0 读取成功。如测试结果达不到要求，可能是电路没有连接成功，还有可能 VT3 和 VT4、VT5 和 VT6 的 V_{TH} 没有配对好。

2. 制作24bit动态存储器

先制作读写电路，选取两块 9cm×15cm 的万能板，根据图 7、图 9 规划出 8 个读写电路的制作区。其中一块万能板制作 1~4 读写电路，另一块万能板制作 5~8 读写电路。制作前先要配对锁存器 MOS 管，如配对 VT65 和 VT66、VT81 和 VT82 。也就是两管的阈值电压（V_{TH}）要基本相同，要求两管 V_{TH} 相差不大于 0.1V，否则感测放大器会出现错误。然后焊接元器件，先将 MOS 管排列清楚焊接在万能板上，再焊接电容、电阻及三极管，然后用锡线连接电路。如果锡线不够用，可以考虑使用飞线（可以使用元器件引脚），横的线用锡线，竖的线用飞线，焊接完成的读写电路板正面如图 10 所示，反面如图 11 所示。要求读写电路板要制作两块。另外，如果读写电路板的空间充足，可以考虑将一组存储单元焊接在读写电路板上。

再制作 1-T 存储单元电路，选取一块 9cm×15cm 的万能板，按图 12 规划元器件制作区，上面 3 排焊接 3 组 1~4 存储单元，下面 3 排焊接 3 组的 5~8 存储单元。将 NMOS 管和电容焊接在万能板上，再用锡线连接电路。焊接完成的存储单元电路板如图 13 所示（图中只焊出 4 排，另 2 排焊在读写电路板上），这样共用 3 块电路板完成 24bit 动态存储器的制作。3 块电路板制作完成后，先仔细检查每块电路板，看是否有漏焊、连焊和错焊等问题，并用

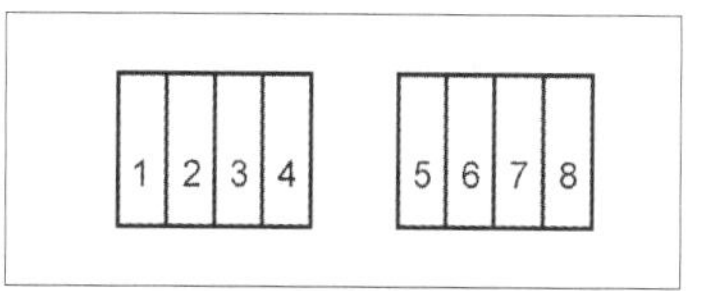

图 9　读写电路板规划图

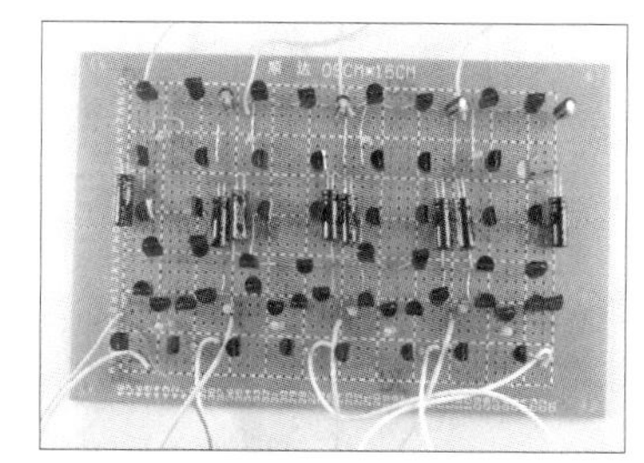
图 10　读写电路板正面

图 11　读写电路板反面

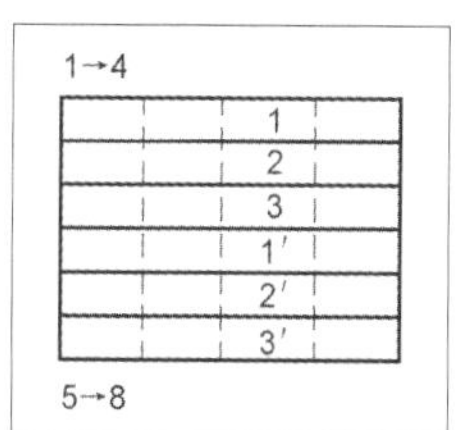

图 12　存储单元电路板规划图

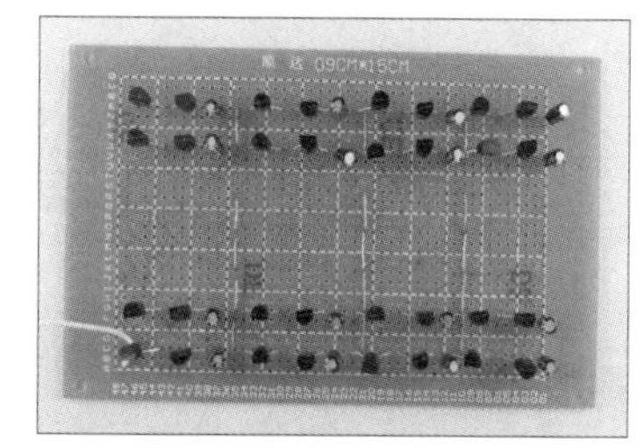
图 13　存储单元电路板

图 14　显示与控制电路板

万用表检查所有正负极锡线是否连通以及是否短路。

为了对存储器进行读写和显示，需要制作一块显示与控制电路板。选取一块5cm×7cm的万能板，将图7上的14个拨动开关和数码管焊接在万能板上，如图14所示。这些电路板都制作完成后，先用软线连接第一块读写电路板和显示与控制电路板。检查焊接没有错误后，在第一块读写电路板上放上存储单元电路板，用软线连接，再放上第二块读写电路板并用软线连接，先不用螺丝固定，电路板连接完成后都要检查一次，防止出错。最终连接完成的24bit动态存储器如图15所示。

完成后，可以连接3V电源（电源电压一般为3V~3.2V）进行读写测试，通电后的存储器如图16所示。测试内容包括读写1、2、3，读写国庆节的日期10.1以及读写圆周率保留两位小数的值3.14，数字和段的关系如表2所示。写操作流程是先将所有开关向下拨动（接地，下同），用K6~K13的8个开关进行数字段的切换，完成后将K5向上拨动，K1向上拨动再向下拨动，K5再向下拨动，这样8个数字段被写入C1~C8中，用同样方法将数字段写入C9~C16、C17~C24中。以上要写3次，每次写一组。读操作流程是将预充开关K4向上拨动再拨回（预充时间一般为3秒，不可太少），将K1向上拨动再拨回，这时数码管显示数字，完成第一个数字的读操作。同样方法对第二个数字和第三个数字进行读操作，但要注意：后面两次不再拨动K1，而是分别拨动K2和K3。将1、2、3三个数字读出效果如图17所示，将国庆节日期读出效果如图18所示，将圆周率3.14读出效果如图19所示。

图15 24bit动态存储器

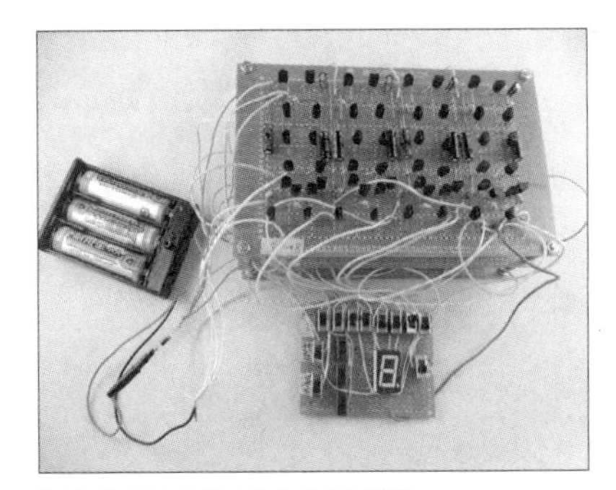

图16 通电后的24bit动态存储器

表2 数字和段的关系

数字＼段	LEDa	LEDb	LEDc	LEDd	LEDe	LEDf	LEDg	LEDdp
0.	1	1	1	1	1	1	0	1
1	0	1	1	0	0	0	0	0
2	1	1	0	1	1	0	1	0
3	1	1	1	1	0	0	1	0
3.	1	1	1	1	0	0	1	1
4	0	1	1	0	0	1	1	0

图17 读取数字1、2、3

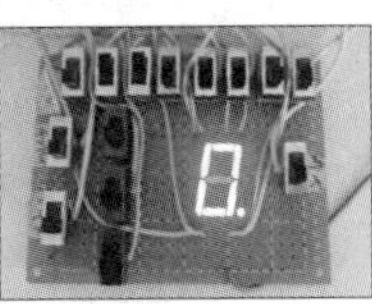
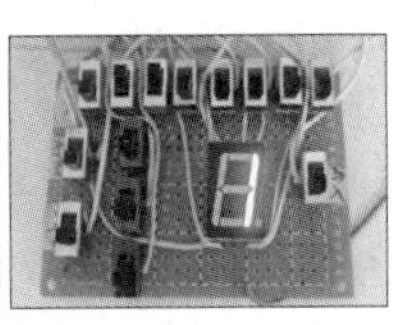

图18 读取日期10.1

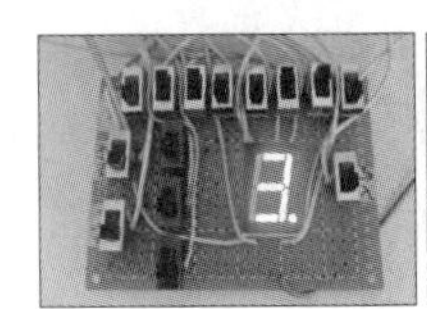
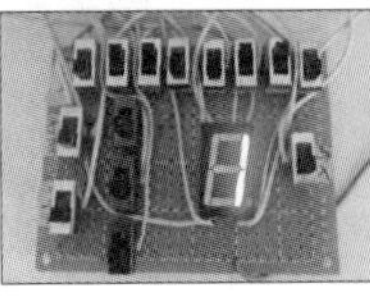

图19 读取圆周率

如果读写操作过程中存在电路问题，读出的数字不准确，这就需要我们细心检查，并判断原因，如锁存器对应的两管V_{TH}不配对，就会使数字缺段和多段。目前，问题主要集中在PMOS管上，所以选用好的PMOS管很重要。拨动开关时，需要两个开关同时操作的步骤不能分开操作。另外，拨动开关时的流程不能出错，否则需要重新开始。由于存储单元的电容会漏电，一般读写一次（3组）的时间不能太长（小于1分钟），否则也会出现显示错误的问题。

3. 电路的刷新

由于存储电容会漏电，经过测试，使用存储电容10μF，数字可以保留10~205min，故要求每5min刷新一次。计算机中一般用电脉冲刷新，这里可以手动刷新。方法是将K4向上拨动3s再拨回，将K1向上拨动3s（读出和写入时间）再拨回，这样数字被读出，又会被写入。对第二组和第三组用同样方法进行刷新，以后每隔5min进行以上操作，这样就可以保留住数字，完成刷新。场效应管制作的24bit动态存储器工作总电流约50mA。

演示视频

AI 战斧小车

——基于蓝牙、语音的双重控制设计

王彦菲　张晶

灵感来源：国内著名玩具厂商“奥迪双钻”推出的遥控车系列曾陪伴着很多人走过了充实又值得怀念的童年，当年巨火的《四驱兄弟》《雷速登闪电冲线》等动画片无一不在展现赛车场上的热血青春。这波逝去的青春回忆让我萌生了制作一款格斗小车的想法。

方案构思

在初期设想作品制作方案的过程中，我的想法比较简单——使用手机蓝牙对小车进行控制，但是经过考虑，这样做缺乏一定的趣味性，并且蓝牙传输数据可能存在一定时延，小车的反应会显得比较迟钝。为了提升小车的智能性，我考虑结合 ASR（自动语音识别技术）给小车安装“听觉系统”，实现真正的人机交互，给小车注入“灵魂”。

表 1　ASRPRO 开发板参数

模组型号	ASRPRO-2M	ASRPRO-4M
尺寸	28mm × 30mm(±0.2mm)	
工作温度	-40℃ ~85℃	
存储环境	-40℃ ~100℃，<5%RH	
供电范围	供电电压 3.6~5V，供电电流 >500mA	
支持接口	UART、I^2C、PWM、SPI、GPIO	
可用 I/O 口数量	10	
串口速率	默认 9600bit/s	
SPI Flash	2MB(内置)	4MB(内置)

1. 选择主控

方案确定后，选择相应的器材，对比市面上很多语音识别芯片，我最终选定 ASRPRO 作为主控（见图 1），它采用第三代 BNPU 技术，支持语音识别、声纹识别、语音增强等功能，具备强劲的回声消除和环境噪声抑制能力，具体参数如表 1 所示。

2. 选择蓝牙模块

蓝牙模块选用的是其配套的蓝牙模块 V3.0 版本，支持 BLE4.0，如图 2 所示。上位机采用蓝牙调试器 App（目前只有安卓版本），如图 3 所示，可以在软件中快速使用蓝牙连接 BLE 蓝牙串口模块，与蓝牙模块进行高频率的实时数据交互，直接进行调试。

3. 选择执行器

为了让小车能够根据控制实现相应的运动效果，格斗小车采用双路电机驱动模块（见图 4）连接两个直流电机完成前进、后退、左转以及右转的基本功能。采用单路电机驱动模块（见图 5）和双轴直流电机带动格斗小车武器实现攻击效果。

另外，电机的转速选择会影响到小车实际运行的效果，大家可以根据需求选择

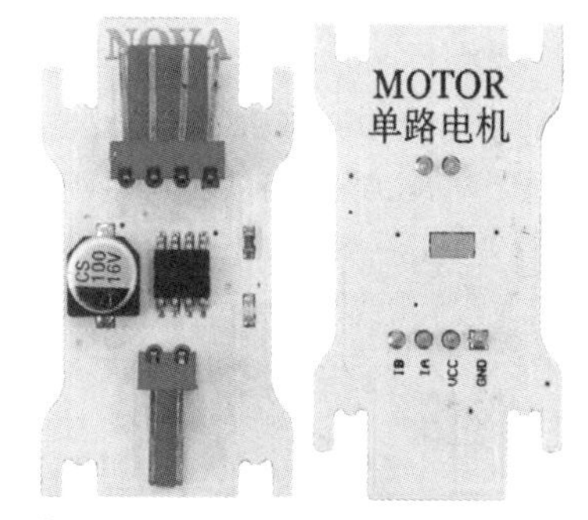

图 5　单路电机驱动模块（正反面）

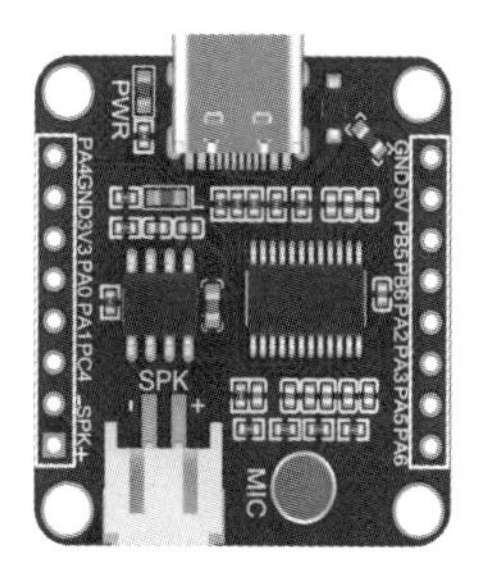

图 1　ASRPRO 开发板

图 2　蓝牙模块

图 3　蓝牙调试助手

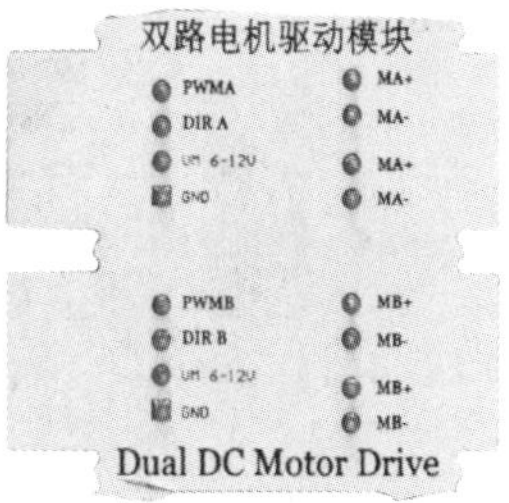

图 4　双路电机驱动模块（正反面）

表 2　材料清单

序号	名称	数量
1	ASRPRO 开发板	1 个
2	蓝牙模块	1 个
3	配套扬声器	1 个
4	双路电机驱动模块	1 个
5	单路电机驱动模块	1 个
6	单轴直流电机	2 个
7	双轴直流电机	1 个
8	1.5V 干电池	3 个
9	3.2V 干电池	3 个
10	电池盒	2 个
11	导线	若干
12	格斗小车激光切割结构件	1 组
13	螺丝	若干
14	螺母	若干
15	万向球	1 个
16	STC-LINK 下载器	1 个
17	USB Type-C 数据线	1 根
18	安卓手机	1 台

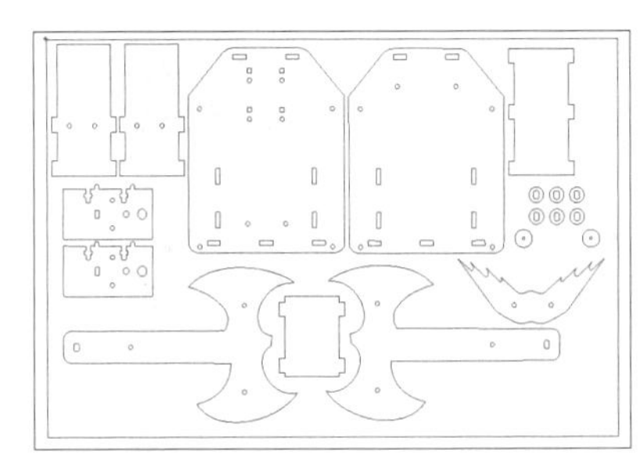

图 6　激光切割图纸

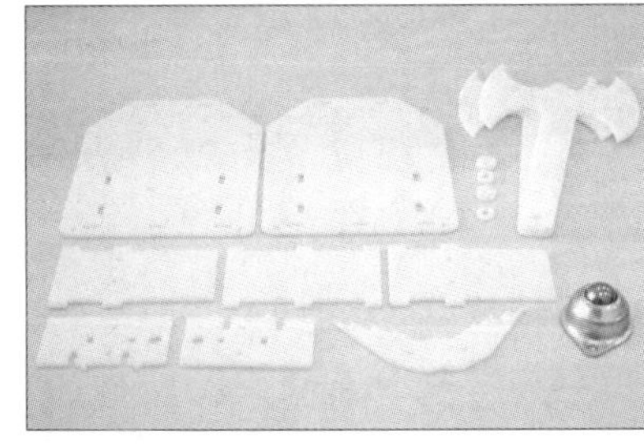

图 7　激光切割结构件

合适的电机。这里选用双轴直流电机的原因是小车的攻击武器结构件分为左右双边，双轴电机能够在两边带动设备，而单轴电机不能。如果是控制小车单个车轮的运动方向，单轴的直流电机就可以实现。

4. 结构设计

通过 LaserMaker 软件设计小车的整体结构，然后使用激光切割机制作出实物模型，进行组装。设计图纸时需要注意预留安装孔位（见图 6），再使用激光切割机切割结构件（见图 7），方便后续小车的组装。制作小车的材料清单如表 2 所示。

动手实践

1. 电路连接

如图 8 所示，蓝牙模块 RX、TX 引脚分别连接 ASRPRO 的 PA5、PA6 引脚，将两个电机与对应驱动模块连接，双路电机驱动模块分别连接 PA2、PA3 引脚以及 PA4、PC4 引脚，单路电机驱动器连接 PA0、PA1 引脚，最后给 ASRPRO、蓝牙模块以及电机驱动模块供电即可完成整个电路的连接，连接实物如图 9 所示。

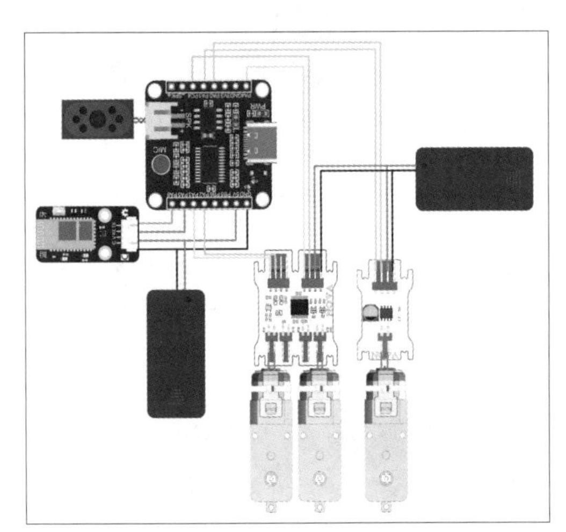

图 8　电路连接示意图

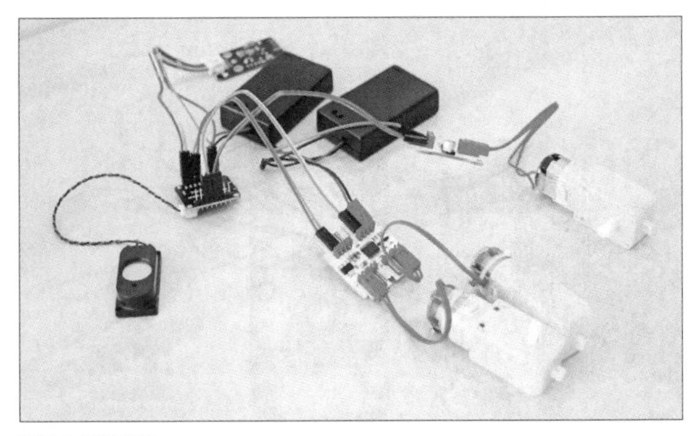

图 9　连接实物

2. 程序设计

（1）配置编程环境

使用天问 Block 软件编写 ASRPRO 控制程序。打开软件后，单击“设备”选择“ASRPRO”，如图 10 所示，进入编程界面。

（2）编写语音程序

在初始化指令内部添加“播报音设置”“欢迎词”“退出语音”“识别词”积木，当说出“天问小车”时即可唤醒设备，识别到“前进”“后退”“左转”“右转”和“攻击”时回复相应语音，并设置对应语音识别 ID，完成语音模型的程序编写，如图 11 所示。

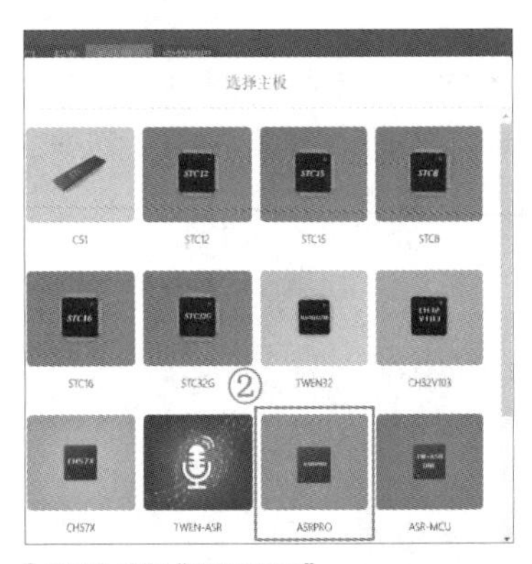

图 10　选择“ASRPRO”

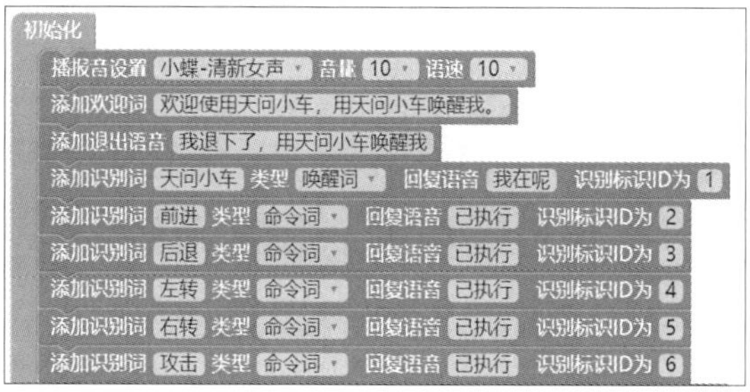

图 11 语音程序

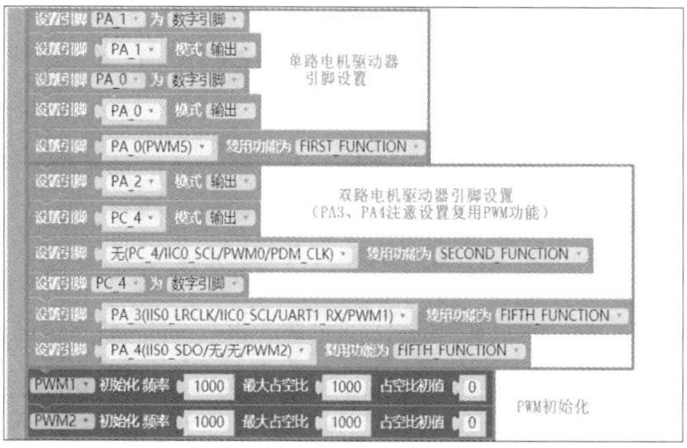

图 12 驱动模块引脚设置

图 13 蓝牙模块初始化设置

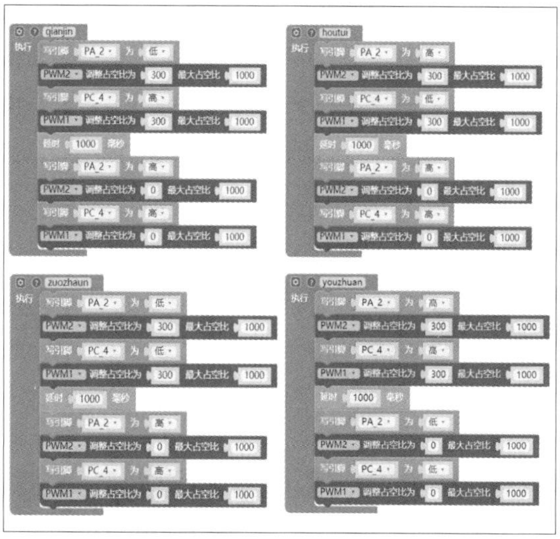

图 14 小车运动功能函数

（3）电机驱动模块各引脚初始化设置

电机驱动模块的引脚设置如图 12 所示，我选用的双路电机驱动模块用于驱动小车左右轮电机，可以进行 PWM 调速；单路电机驱动模块用于带动攻击武器，一般不需要对速度作特别设置，因此除了 PA3 引脚和 PA4 引脚设置了 PWM 功能，其他电机驱动模块引脚设置数字输出即可，同时 PWM 也应进行对应的初始化设置。

（4）蓝牙模块初始化设置

蓝牙模块的初始化设置如图 13 所示，由于蓝牙与 ASRPRO 之间的通信方式为蓝牙端作为发送端，ASRPRO 作为接收端实现单向通信，因此设置 PA6 引脚（与蓝牙模块的 TX 引脚相连）复用功能为 UART2_RX，即串口采用 UART2。设置串口波特率和用于存储串口接收数据的变量，即可完成初始化程序的编写。

（5）编写小车运动功能函数

在编写程序之前，最好先测试一下电机的转向，以便后续与小车模型组装完成前进、后退、左 / 右转等功能。

控制小车的运动就是控制其两边车轮的转向和转速，根据实际测试电机转动的方向设置 PA2 引脚和 PA4 引脚的电平，控制两边电机正 / 反转；设置 PWM1 和 PWM2 占空比，控制电机转速。如图 14 所示，编写小车完成前进、后退、左转、右转的运动功能，并在 1s 后制动。你也可以根据实际情况调整运动的速度和时间。

另外还需要控制双轴直流电机，即小车武器（战斧）实现攻击的效果，主要是控制电机的转向，你也可以增加 PWM 调速功能模拟攻击的力度大小，通过设置延迟的时间来控制武器最终攻击的位置。在攻击结束后，设置其归回原位。完整程序如图 15 所示。

（6）编写语音识别函数

添加语音识别函数，根据不同的语音识别 ID，调用“前进”“后退”“左转”“右转”以及“攻击”函数。如果未识别到对应指令，调整 PWM 占空比为 0，控制小车停止运动。语音识别函数如图 16 所示。

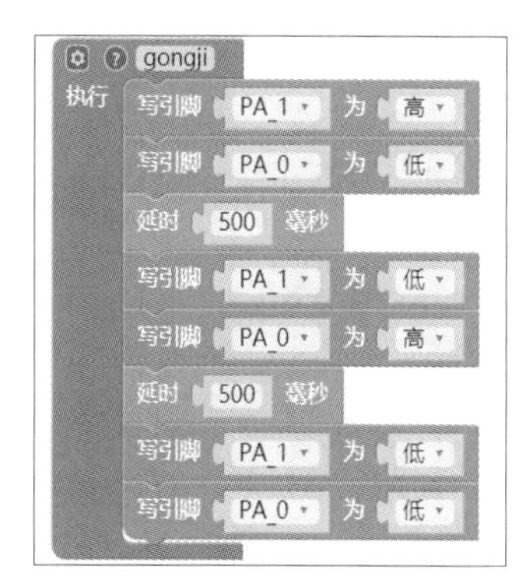

图 15 小车运动功能函数

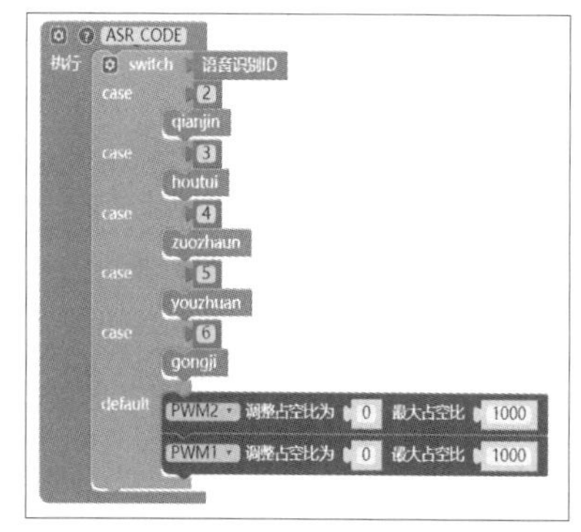

图 16 语音识别函数

图 17 选择 BLE 透传参数

图 18 连接“HaoDa BT”

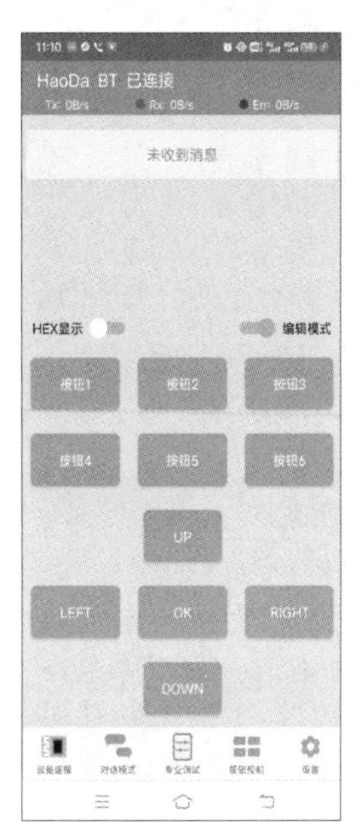

图 19 编辑模式

图 20 设置按钮“UP”

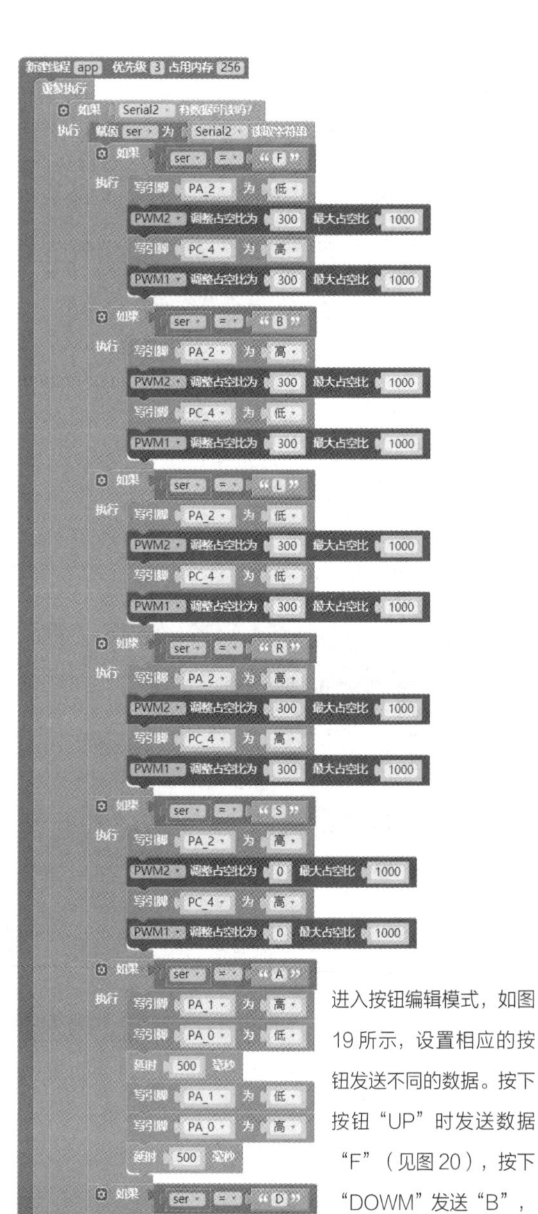

图 21 蓝牙控制小车程序

（7）手机端蓝牙调试器App设置

到这里，我们已经实现语音控制小车的动作了。但是根据程序我们也可以看出，如果想要让小车实现持续性前进、后退等动作，则需要不断说出对应的识别词，这里可以使用蓝牙控制改善此问题，接下来我们进行蓝牙模块的参数配置以及对应程序设计。

在手机上下载安装蓝牙调试器 App 之后，打开手机蓝牙，找到名字默认为“HaoDa BT”的蓝牙模块，单击右边的小齿轮设置蓝牙模块配置参数，如图 17 所示（注意不同的蓝牙模块配置的 UUID 会不一样），再单击“+”连接蓝牙模块（见图 18）。

单击软件界面下方的“按钮控制”，进入按钮编辑模式，如图 19 所示，设置相应的按钮发送不同的数据。按下按钮“UP”时发送数据“F”（见图 20），按下“DOWM”发送“B”，按下“LEFT”发送“L”，按下“RIGHT”发送“R”，松开以上按钮时都发送“S”；按下按钮“OK”时发送数据“A”，松开时发送“D”。

（8）编写蓝牙控制小车程序

App设置结束之后，我们回到编程界面，创建线程用于实时接收串口的数据，根据按下按钮发送的消息，控制小车完成相应的动作；松开按钮小车则停止运动或攻击；若一直按住按钮，小车可实现持续性运动效果。蓝牙控制小车程序如图 21 所示。

（9）下载程序

编写好上述所有程序后，单击界面右上角的“生成模型”，注册账号并登录或直接登录账号（见图 22），开始生成语音模型（见图 23）。等待模型生成完成后，单击界面右上角的“编译下载”，将程序下载到 ASRPRO 开发板，即完成小车的程序设计。

图 22 注册 / 登录账号

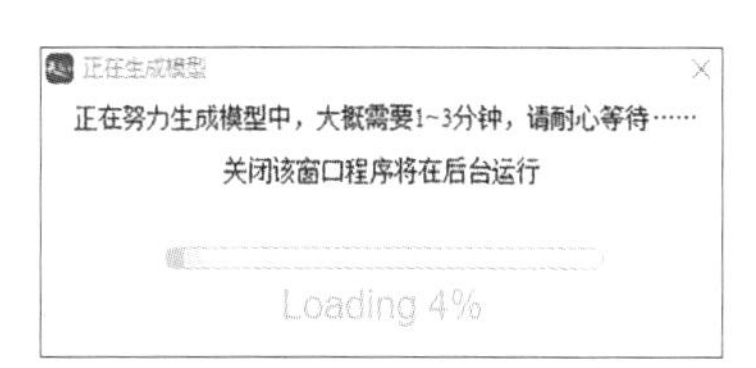

图 23 等待生成模型

3. 组装

1 将万向球安装在小车底盘，并安装盖板的尾翼。

2 组装武器，将各个电机安装到对应的位置。

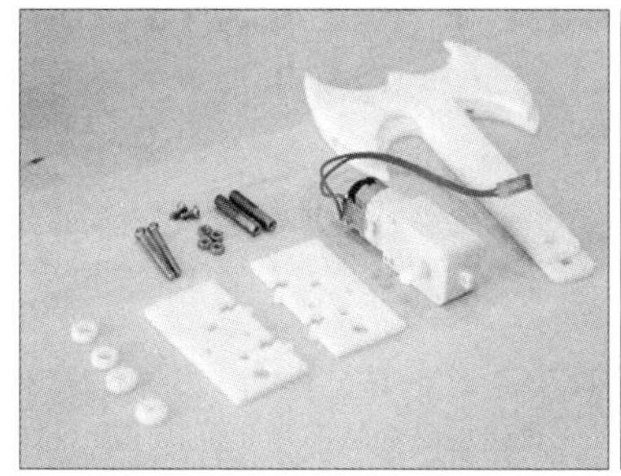
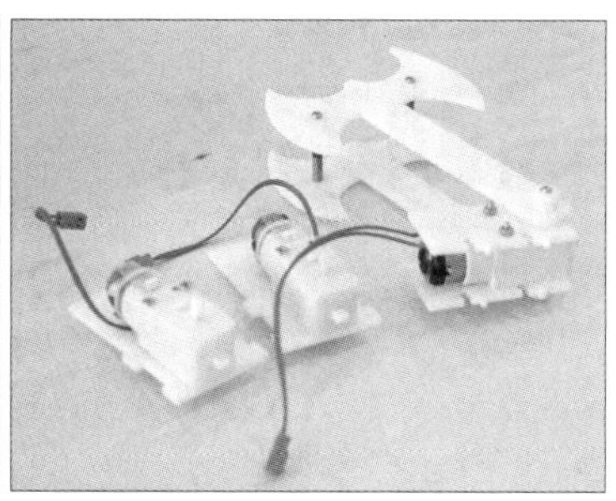

3 将武器安装到上盖板，然后安装底盘的螺丝。

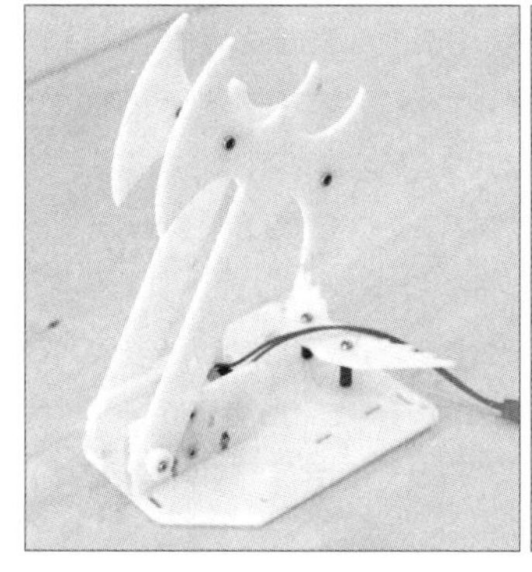
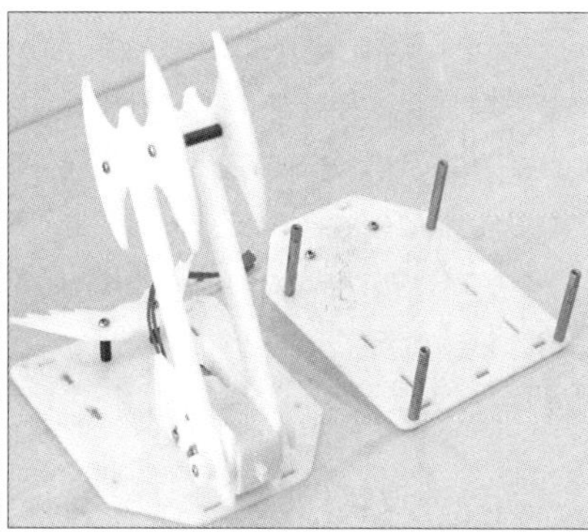

4 组装车身，安装左右两边的电机及车轮，完整的小车组装完成。

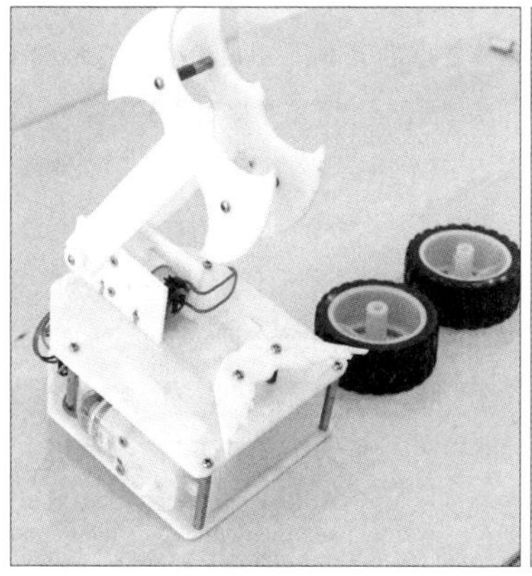

结语

这款小车实现了语音和手机蓝牙的双重控制，具体的演示效果可以扫描文章开头的二维码观看演示视频。语音的控制一定程度上提升了小车的灵敏度，但如果想让小车持续性运动，则需要在手机端使用蓝牙调试助手 App，按住对应功能按钮不松开，即可实现。当然这个作品也存在一些问题，比如蓝牙控制不灵敏，攻击时会将小车的底盘顶起等。整个程序还可以再进行优化，对于电机的使用比较灵活，这个作品我后续也会进行完善，如果大家有好的想法或建议，也欢迎各位继续关注！

安全眼——自行车智能安全辅助系统

演示视频

宋秀双

随着经济的快速发展，人们的生活节奏日益加快，许多人因为缺乏运动，被亚健康所困扰。再者随着城市交通压力的增加，人们开始倡导绿色出行。因此越来越多的人选择使用自行车出行。据统计，近年来，中国自行车的年产量为8000多万辆，社会保有量近4亿辆。

自行车的行车安全和人们的行驶习惯有着密切的关系，而给自行车安装各种辅助装备，如警示灯、方向灯等，也是提高行车安全系数的有效方法。以此为创意来源，我基于行空板设计了安全眼——自行车智能安全辅助系统，使行车时的安全系数更升一级。

设计思路

使用国产开源硬件——行空板作为主控板，通过连接自行车把手上的按钮和后置摄像头，实现一键按下，即可在行空板的屏幕上查看车辆后方实时画面的功能。

附表 硬件清单

序号	名称	数量
1	行空板	1块
2	按钮模块	3个
3	摄像头	1个
4	灯环	1个

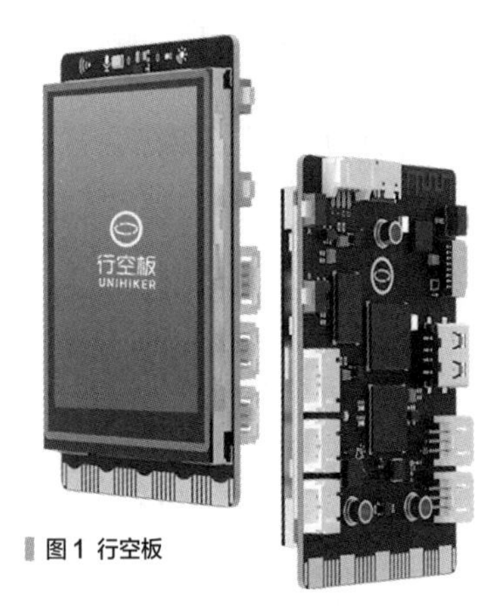

图1 行空板

设计算法判断自行车后方是否有车辆靠近，如检测到有车辆靠近，则行空板上的蜂鸣器会鸣响提醒骑行车主注意后方来车，并且开启自行车后方安装的灯环，提醒后方车辆注意前方有人。

在车把上设计可以控制灯环分别开启左半边灯和右半边灯的按钮，用于提醒后方车辆和行人注意自行车的转向情况。

组装系统

准备如附表所示的硬件。其中行空板（见图1）是一款采用微型计算机架构，集成LCD彩屏、Wi-Fi、蓝牙、多种常用传感器和丰富的扩展接口的开源硬件。其自带Linux操作系统和Python编程环境，并且预装了常用的Python库。

按照如图2所示的电路连接示意图组装硬件，即将按钮1连接在行空板的21号引脚，按钮2连接在22号引脚，按钮3连接在23号引脚，灯环连接在24号引脚，摄像头通过USB数据线连接到行空板的USB接口。其中按钮1用于控制灯环的左半边灯，按钮2用于控制灯环的右半边灯，按钮3用于控制行空板的屏幕显示摄像头所拍摄的画面。当同时按下按钮1和按钮2时，系统进入智能识别车辆模式，实时检测后方来车情况。电路连接实物如图3所示。

使用热熔胶将各个硬件固定在相应的位置，即将按钮1、按钮3固定在左侧车把，按钮2固定在右侧车把，灯环和摄像头固定在车座下方，如图4所示。

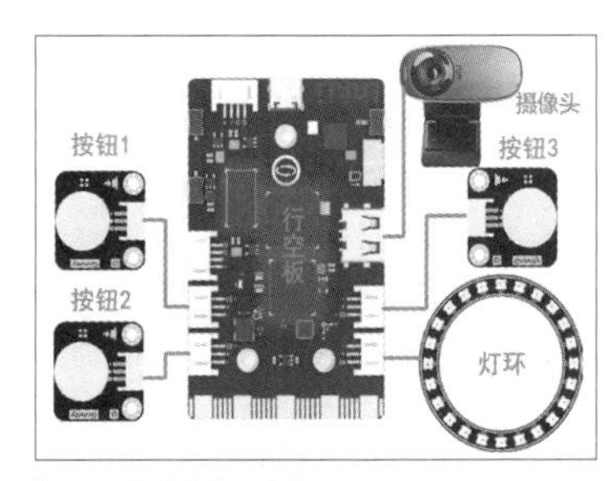

图2 电路连接示意图

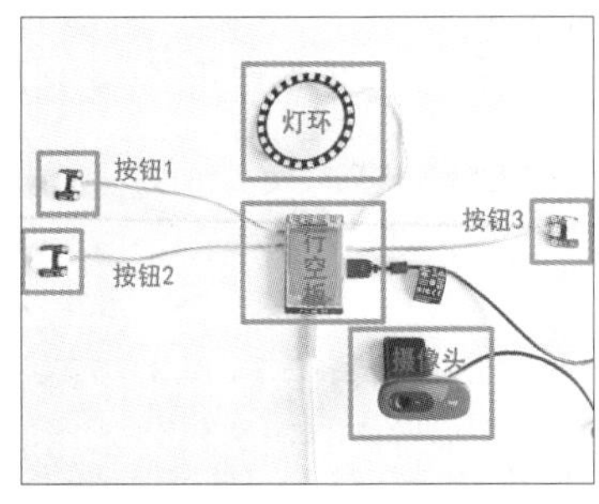

图3 电路连接实物

图4 将硬件固定在自行车的相应位置

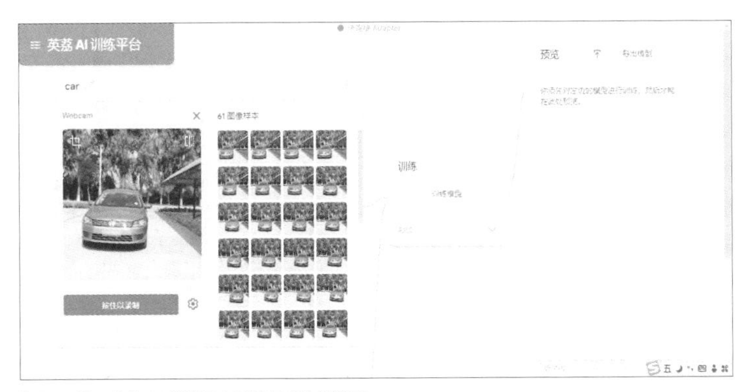

图 5 使用英荔 AI 训练平台训练识别车辆模型

图 6 使用英荔 AI 训练平台训练识别车辆模型现场

编写程序

在编写程序方面，我们可以使用 Google Teachable Machine 训练识别车辆的模型，再将训练好的模型加载到程序中。Google Teachable Machine 是免费的深度学习模型创建网络平台。使用该平台可以构建对图像、音频甚至姿势进行分类的模型。将模型加载到程序中后，我们可以使用 Tensorflow 或 PyTorch 之类的框架来构建自定义的卷积神经网络。

如果无法访问 Google Teachable Machine，我们可以使用国产的英荔 AI 训练平台训练识别车辆的模型，如图 5、图 6 所示。然后将训练好的模型下载到行空板，并将模型文件放在程序所在的目录下。程序加载模型的程序如程序 1 所示。按下车把上的按钮后点亮按钮，以及按下按钮 1、按钮 2 后，灯环对应的左右半边的灯闪烁的程序如程序 2 所示，后者的实际效果如图 7、图 8 所示。

程序1

```
import tensorflow.keras
model = tensorflow.keras.models.load_
model('keras_model.h5')
labels=['car','background']
```

程序2

```
from pinpong.board import Board,Pin
from pinpong.board import NeoPixel
import time
Board().begin()
p_p21_in=Pin(Pin.P21, Pin.IN)#按钮1
p_p22_in=Pin(Pin.P22, Pin.IN)#按钮2
p_p23_in=Pin(Pin.P23, Pin.IN)#按钮3
p_p24_out=Pin(Pin.P24, Pin.OUT)#灯环
np1 = NeoPixel(p_p24_out,24)#初始灯环
np1.clear()
currenttime1=time.time()
currenttime2=time.time()
color1=0xFF0000
color2=0xFF0000
bs1=0
bs2=0
while True:
 if p_p21_in.read_digital()==True
and p_p22_in.read_digital()==False:
#按下按钮1
  if time.time()-currenttime1>0.2:
#灯环左半边的灯闪烁
   currenttime1=time.time()
   if color1==0x000000:
    color1=0xFF0000
   else:
    color1=0x000000
   np1.range_color(0,11,color1)
  bs1=1
```

图 7 按下按钮 1，灯环左半边的灯闪烁

图 8 按下按钮 2，灯环右半边的灯闪烁

```
  elif bs1==1:
    bs1=0
    np1.range_color(0,11,0x000000 )
if p_p22_in.read_digital()==True and p_p21_in.read_digital()==False:
#按下按钮2
  if time.time()-currenttime2>0.2:
#灯环右半边的灯闪烁
    currenttime2=time.time()
    if color2==0x000000:
      color2=0xFF0000
    else:
      color2=0x000000
    np1.range_color(12,23,color2)
    bs2=1
  elif bs2==1:
    bs2=0
    np1.range_color(12,23,0x000000)
```

按下按钮3使行空板屏幕显示摄像头拍摄的画面的程序如程序3所示，实际效果如图9所示。同时按下按钮1、按钮2，进入智能识别车辆模式的程序如程序4所示，实际效果如图10、图11所示。

程序3

```
if p_p23_in.read_digital()==True:
success, img = cap.read()
  if not success:
    continue
  if bs2==0:
    bs2=1
    cv2.namedWindow('camera',cv2.WND_PROP_FULLSCREEN) #窗口全屏
    cv2.setWindowProperty('camera',cv2.WND_PROP_FULLSCREEN, cv2.WINDOW_FULLSCREEN) #窗口全屏
    img = cv2.rotate(img, cv2.ROTATE_90_COUNTERCLOCKWISE)
#旋转屏幕
  cv2.imshow('camera',img)
  if cv2.waitKey(1) & 0xFF == ord('q'):
      break
```

程序4

```
cap = cv2.VideoCapture(0)
  if p_p21_in.read_digital()==True and p_p22_in.read_digital()==True:
#同时按下按钮1和按钮2
  cap = cv2.VideoCapture(0)
  success, image = cap.read()
  if success == False:
    continue
  image = cv2.flip(image,1)
  img = cv2.resize(image,(224,224))
  img = np.array(img,dtype=np.float32)
  img = np.expand_dims(img,axis=0)
  img = img/255
  prediction = model.predict(img)
  predicted_class = labels[np.argmax(prediction)]
  cv2.putText(image, predicted_class,(123,456), font, 2, (0,255,0), 3)
  if predicted_class=='car':
    np1=rainbow(0,24,0,0x0000FF)
    buzzer.play(buzzer.DADADADUM,buzzer.Onze)
  if predicted_class=="background":
    np1.clear()
```

图11 检测到后方有车辆靠近时，灯环被点亮

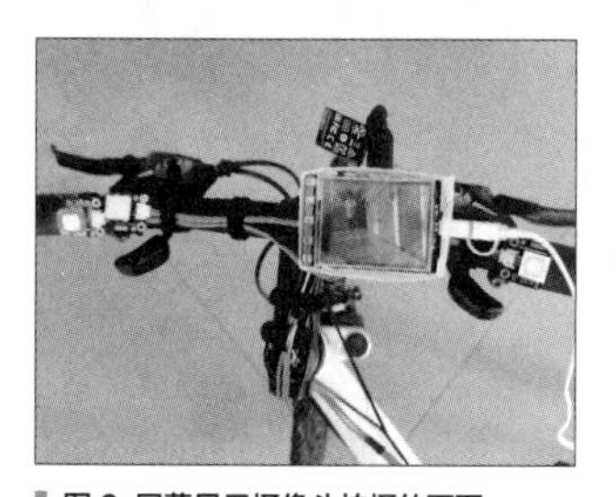
图9 屏幕显示摄像头拍摄的画面

图10 在智能识别车辆模式下，后方有车辆靠近

结语

在实际使用安全眼——自行车智能安全辅助系统的过程中，我们发现此系统确实可以帮助骑行者更好地了解车辆后方信息以及提醒周围的人注意自行车，但系统仍存在以下3点可以改进的地方。

◆ 本作品使用了我自己训练的模型来识别后方的车辆，识别准确率比较高，但由于行空板的算力有限，识别时屏幕显示的画面会出现有些延迟的情况，后续可以尝试使用其他硬件来缓解这个情况。

◆ 需要给行空板增加物理防护，以避免雨天行车时，雨水导致行空板短路的情况发生。

◆ 当前使用的灯环的灯比较大，所以左右半边的灯分别显示时，指向效果不太明显。后续可以选用两个较小的灯环进行改进（安装时将两个灯环分开点距离），因为灯环可以串联，不会占用额外的行空板引脚，所以此改进方法非常可行。

此外，使用热熔胶固定硬件，非常便于我们拆卸系统，但也会导致存在安装不牢固，硬件容易丢失的问题。大家可以根据自己的实际使用需求，选择不同的固定方式。

安全出行，强身健体，我以创客的方式倡导低碳生活，期待我们共建美好家园。

终点计时器

▌章明干

演示视频

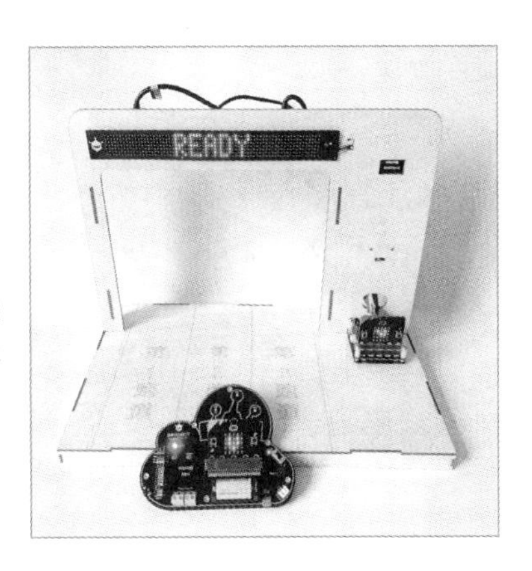

目前，中小学校的中小型运动会大多采用人工方法进行计时，因此径赛终点需要有多个裁判，一部分裁判记时间，另一部分裁判记名次，由于人的视觉和听觉的不同，这样的方法不可避免地会出现误判、漏判现象，于是我设计出了这个简易版的终点计时器。

设计思路及功能

这个作品主要采用 micro:bit 开发板、红外数字避障传感器、显示屏等设备制作而成。

各跑道上的红外数字避障传感器检测运动员是否到达终点，并把相应的信号传送给 micro:bit 开发板，开发板会自动记录各运动员到达终点的时间，然后根据各跑道上运动员所花的时间自动计算出名次并分别在 OLED 显示屏和柔性点阵屏上显示，同时把这个结果发送到另一块开发板及物联网平台上，裁判就可以远距离查看相应的成绩，而且成绩和名次都会保存在物联网平台上，裁判可在计算机或手机上随时查询，这样就能有效地解决终点计时的一些问题，减轻裁判的负担。

材料清单

材料清单如附表所示。

附表 材料清单

序号	名称	数量
1	micro:bit	2 个
2	micro:IO-BOX 扩展板	1 个
3	micro:IoT 扩展板	1 个
4	红外数字避障传感器	3 个
5	OLED 显示屏	1 个
6	7 像素 ×71 像素 RGB 柔性屏	1 个
7	杜邦线	若干
8	椴木板结构件	若干

结构设计与搭建

1　我们先利用 CorelDRAW 软件在计算机中设计出相应的结构件图纸，并用激光切割机切割，切割板材是 3mm 厚的椴木板。

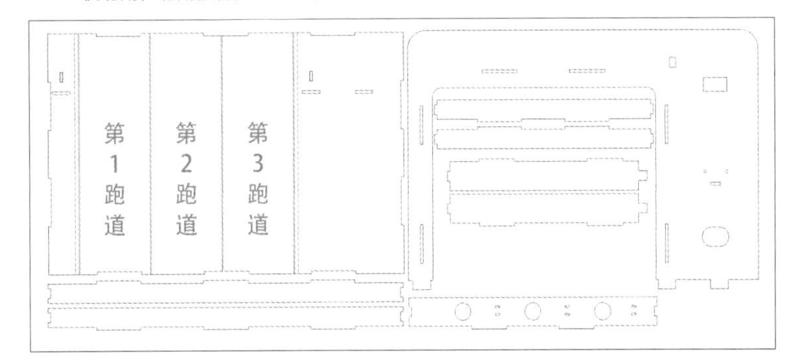

2　把 3 个红外数字避障传感器分别安装在顶部面板上。

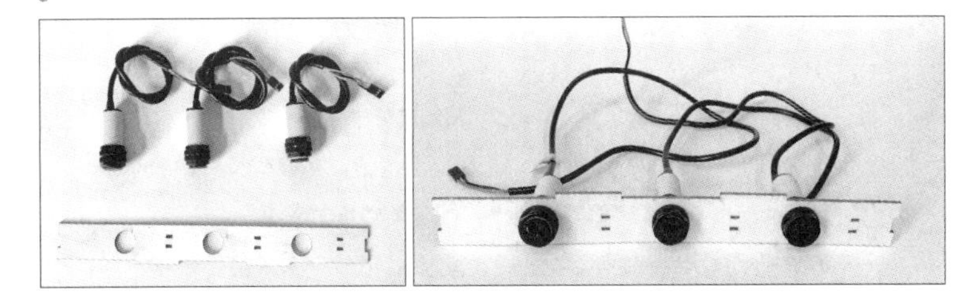

3　安装底板跑道部分。

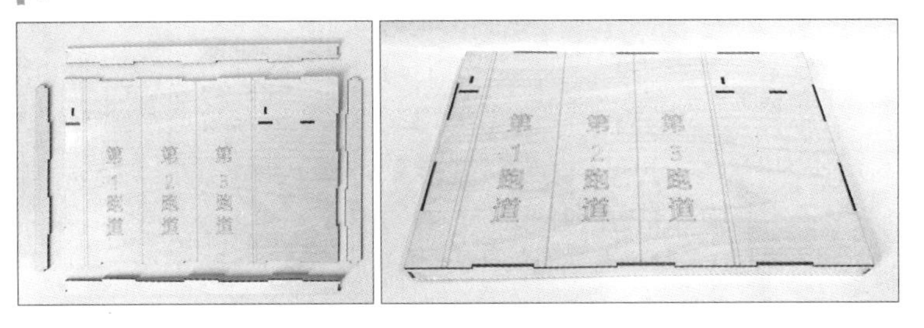

4　安装架子部分。

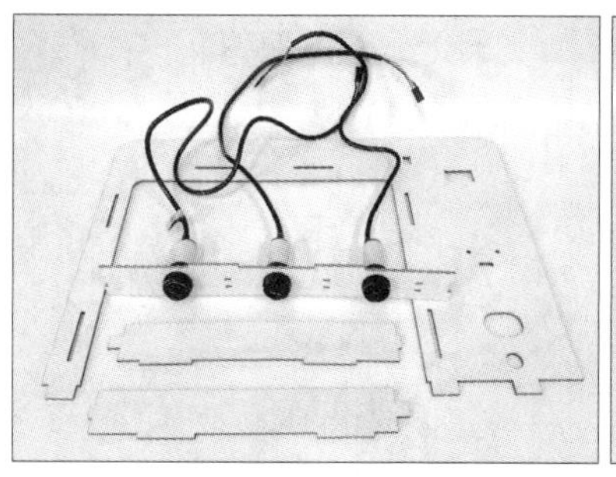

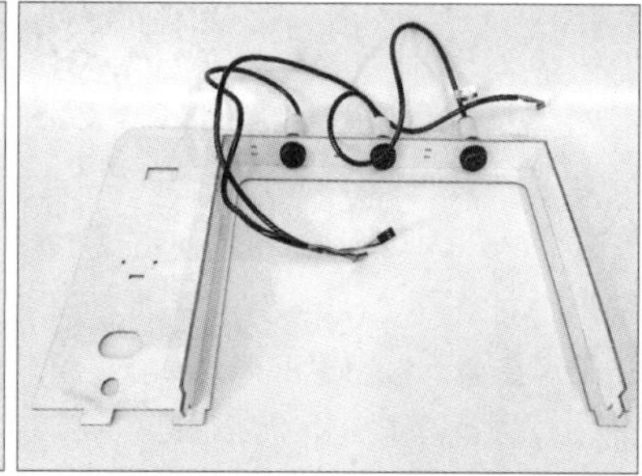

5　把架子和底板安装在一起。

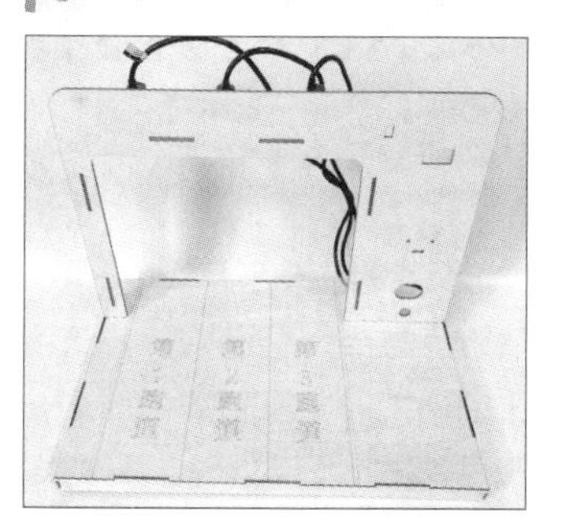

6　安装上 7 像素 ×71 像素 RGB 柔性屏和 OLED 显示屏，再按照电路连接示意图把各传感器的连接线插在扩展板相应的位置上。扩展板需先按照引脚对应关系与 micro:bit 进行组装。

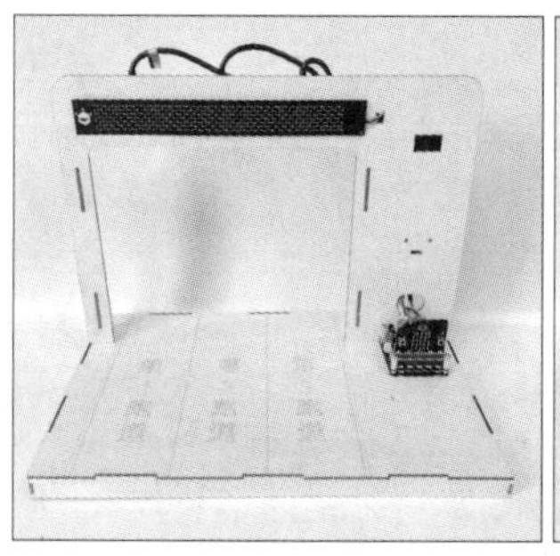

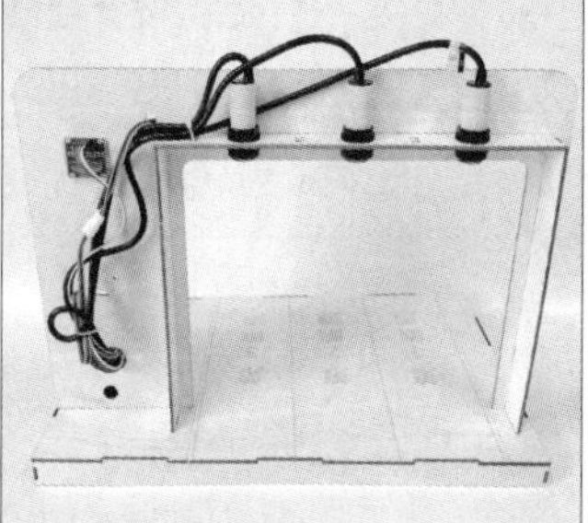

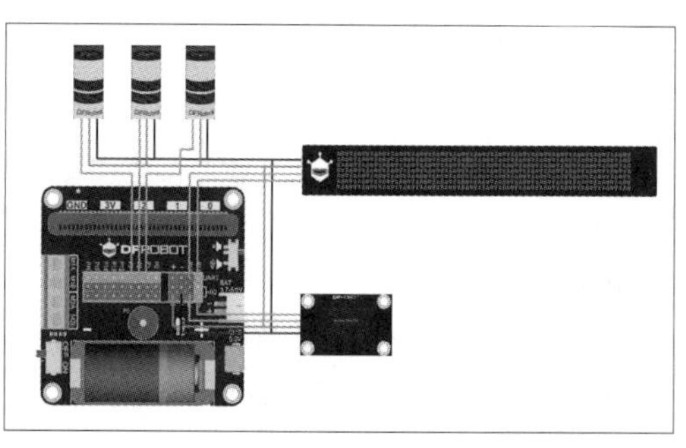

7　对于接收端，我们只要把 micro:bit 开发板插在 micro:IoT 扩展板上就可以了，这样整个结构部分的安装就完成了。

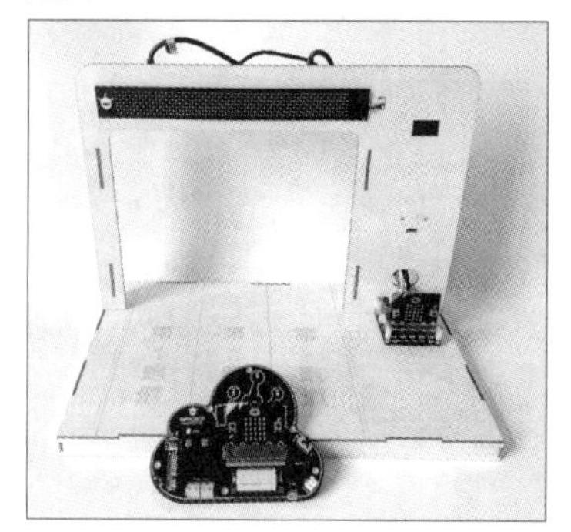

程序编写

1. 主控端程序

（1）编程软件

编程软件是 Mind+。打开 Mind+ 软件，切换到“上传模式”，然后单击“扩展”，添加相应的主控板和传感器等，在“主控板”选项卡中选择“micro:bit”，在“显示器”选项卡中选择“OLED-12864 显示屏”，在“用户库”选项卡中添加“7 像素 ×71 像素 RGB 柔性屏”并选择，最后单击“返回”回到程序编写界面。

（2）初始化设置

我们要进行一些初始化设置，包括无线频道、7 像素 ×71 像素 RGB 柔性屏的设置，再让 micro:bit 点阵屏和 OLED 显示屏显示相应的提示内容，最后再添加一些变量并设置初始值。程序如图 1 所示。

（3）“当A按钮按下”程序

先设置提示音、图标和 OLED 显示屏上显示的内容，接着发送一个字符“G”给接收端表示开始计时，然后再把“系统运行时间（ms）”赋值给“开始计时”变量。程序如图 2 所示。

（4）“时间”函数

这个函数用来计算各个跑道中运动员到达终点所花费的时间，只有红外数字避

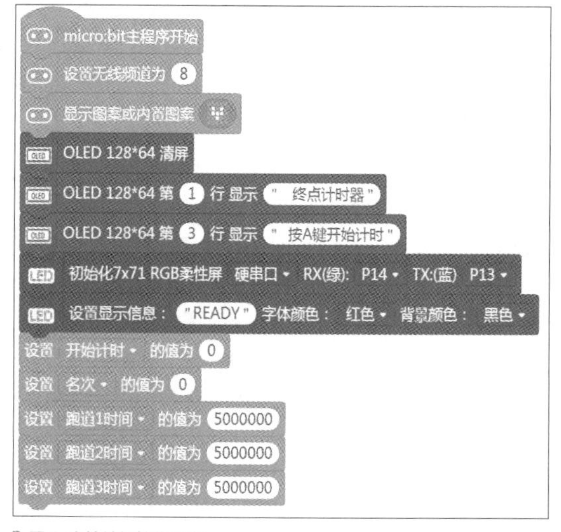

图 1 主控端初始化程序

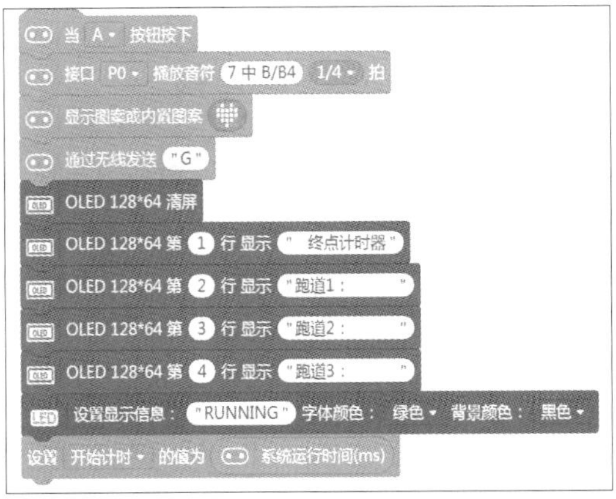

图 2 “当 A 按钮按下”程序

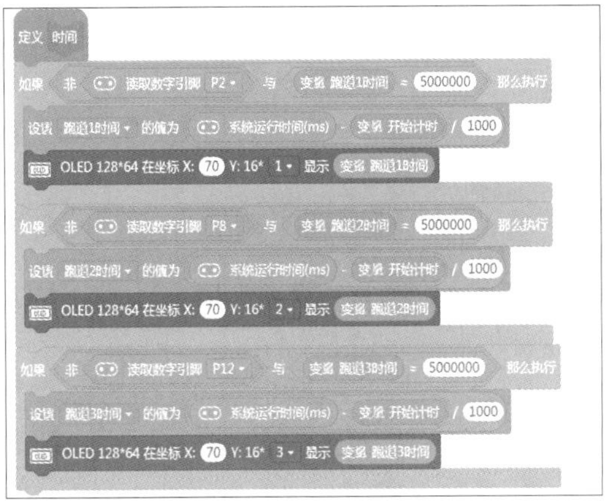

图 4 部分“名次”函数程序

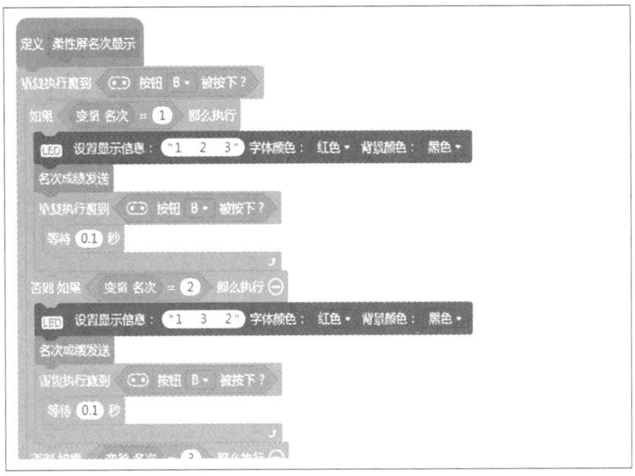

图 3 “时间”函数程序

图 5 部分“柔性屏名次显示”函数程序

障传感器检测到有运动员经过且该跑道时间没变化过时才会计算，该跑道运动员所花费的时间就是“系统运行时间”减去变量“开始计时”的值，因为时间单位是 ms，所以再除以 1000 把单位变为 s，并让这个时间显示在 OLED 显示屏上的相应位置。程序如图 3 所示。

（5）“名次”函数

这个函数根据各跑道运动员的时间来计算他们所取得的名次，并显示在 OLED 显示屏上的相应位置。程序中的变量“名次”的值并不是指运动员所取得的名次，而是指各跑道运动员名次的几种排列情况，这样编写的原因是柔性屏上不能直接显示变量的值，所以我们让它根据变量“名次”的值来显示相应的内容。部分程序如图 4 所示，接下来的程序类似，请读者尝试。

（6）“柔性屏名次显示”函数

这个函数根据变量“名次”的值使柔性屏上显示相应的名次内容，并把相应的成绩发送给接收端。这里使用“重复执行直到按钮 B 被按下？”积木主要是实现在 B 按钮按下前让柔性屏一直显示的功能，按下 B 按钮后表示此轮比赛结束，柔性屏会显示其他内容。再把这个函数放到“当 A 按钮按下”程序的最下面。部分程序如图 5 所示，接下来的程序类似，请读者尝试。

（7）“名次成绩发送”函数

这个函数把各跑道上运动员的时间及

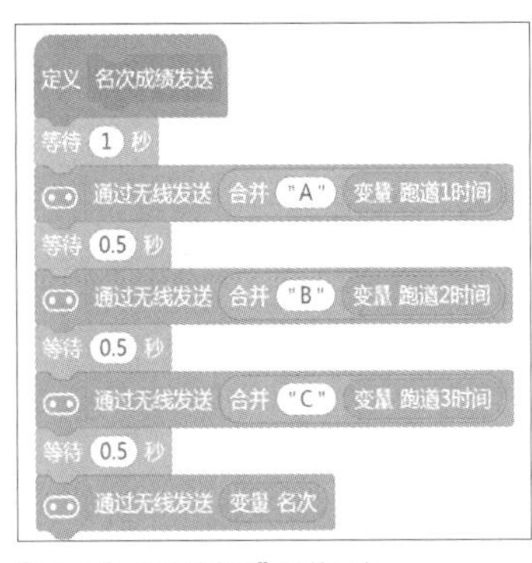

图 6 “名次成绩发送”函数程序

变量“名次”的值发送给接收端，前面加上“A”“B”“C”分别代表跑道 1、跑道 2、跑道 3。程序如图 6 所示。

（8）“当B按钮按下”程序

这里的程序与“当 A 按钮按下”程序

图7 “当B按钮按下”程序

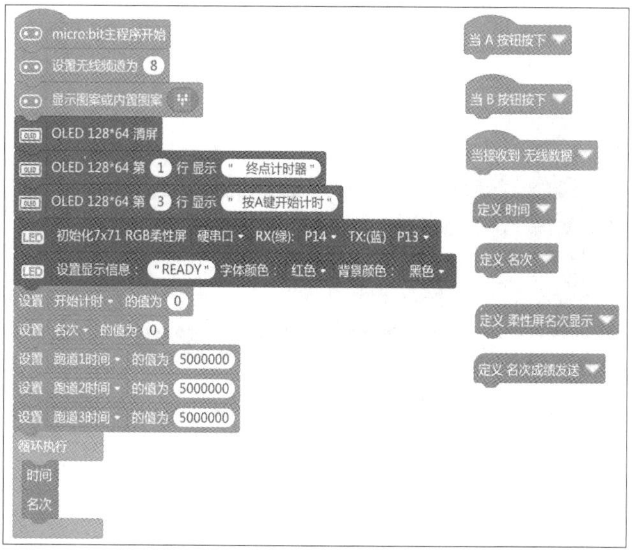

图9 主控端完整程序

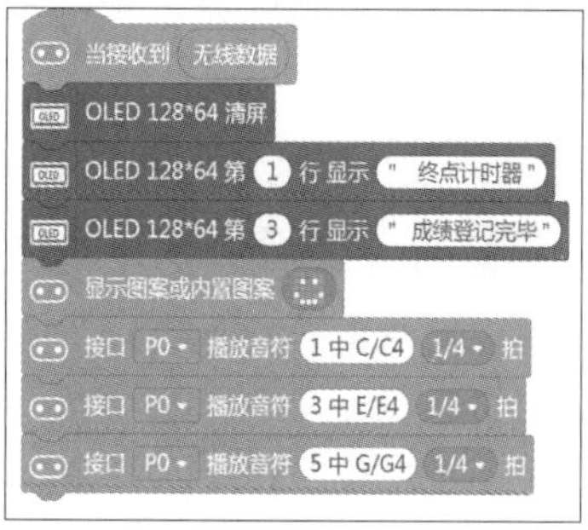

图8 登记完成程序

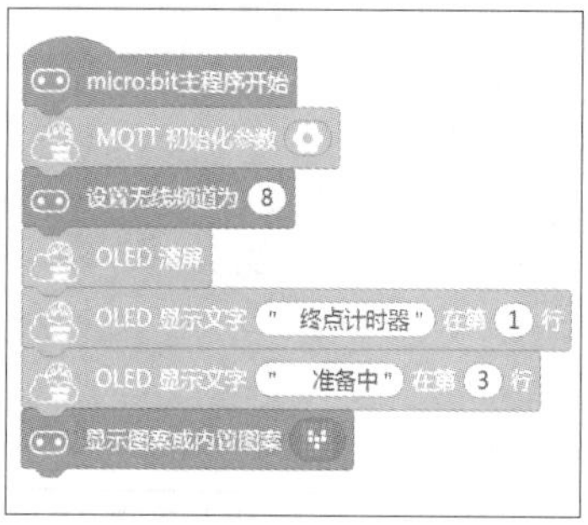

图10 接收端初始化程序

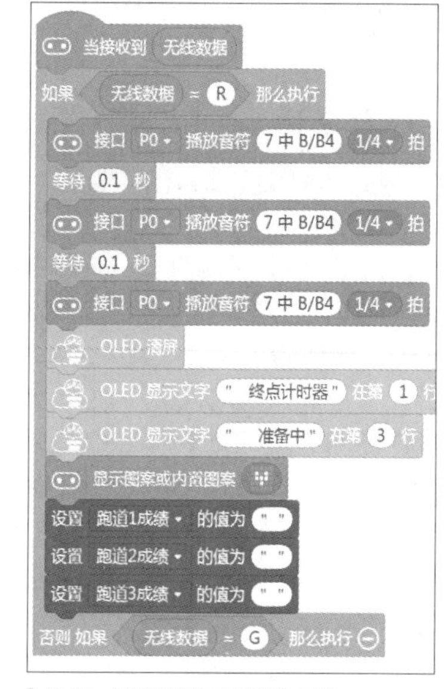

图11 “当接收到无线数据”程序

类似，通过无线信号发送字符“R”给接收端表示准备开始。程序如图7所示。

（9）登记完成

当接收端登记成绩完成后会发送一个信号给主控端，主控端接收接收端发过来的信号后执行如图8所示的程序。

（10）完整主控端程序

最后把“时间”和“名次”函数放到主程序的“循环执行”中，这样主控端程序就完成了。主控端完整程序如图9所示。

2. 接收端程序编写

（1）初始化设置

接收端程序一开始也进行一些初始化设置，包括MQTT初始化、无线频道设置及OLED显示屏显示提示内容。在于MQTT初始化参数，我们要设置无线Wi-Fi和物联网平台的账号与密码。程序如图10所示。

（2）“当接收到无线数据”程序

接收到的信号主要有“R”“G”和各跑道的时间以及名次。无线信号“R”表示进入准备计时状态，我们先播放一段提示音，再让OLED显示屏和点阵屏显示相关信息，初始化3个跑道变量的值；接收到无线信号“G”表示比赛正在进行中，只要改一下相应提示音和显示内容就行了，部分程序如图11所示，接下来的程序类似，请读者尝试。

（3）无线信号分析程序

接收到的无线信号包含“A”“B”“C”分别表示第一跑道、第二跑道、第三跑道的成绩，这里相应的成绩需要进行截取，去掉第一个字符就是对应的成绩值，如果接收到其他无线信号就是变量“名次”的值了。程序如图12所示。

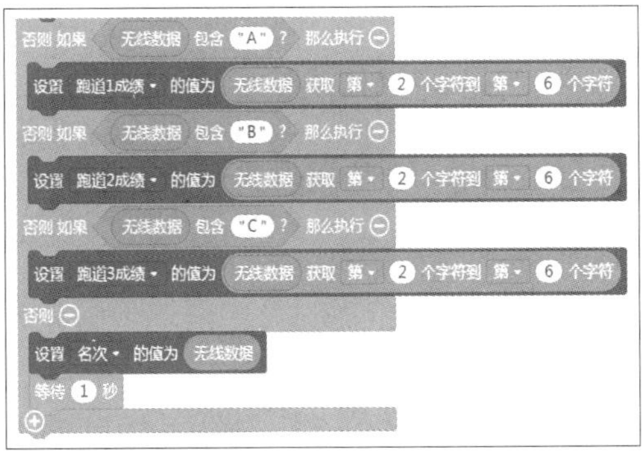

图 12 无线信号分析程序

图 13 “OLED 显示及上传物联网”函数程序

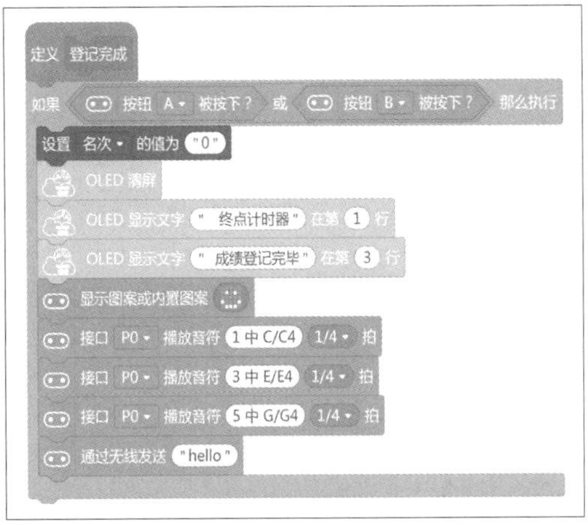

图 14 “登记完成”函数程序

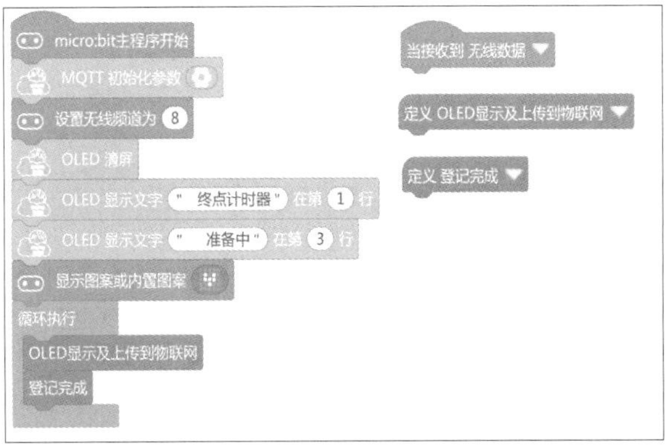

（4）“OLED显示及上传到物联网”函数

这个函数根据变量“名次”和“各跑道成绩”的值让 OLED 显示屏显示相应的内容，并且把成绩和名次上传到物联网平台上，显示及上传完成后，把变量“名次”的值赋值为“0”，这样就相当于不再执行这个函数里面的指令。部分程序如图 13 所示，接下来的程序类似，请读者尝试。

（5）“登记完成”函数

这个函数通过按按钮 A 或按钮 B 使 OLED 显示屏显示相应内容及播放提示音等，再发一个信号给主控端，告诉它成绩已录入完毕。程序如图 14 所示。

（6）接收端完整的程序

最后再把“OLED 显示及上传到物联网”和“登记完成”函数放入主程序“循环执行”中就行了。完整接收端程序如图 15 所示。

图 15 完整接收端程序

使用说明

打开主控端扩展板上的电源开关，micro:bit 上会显示一个小心形，跑道上方的柔性屏上会显示“READ”，OLED 显示屏上也会显示“终点计时器”“按 A 按钮开始计时”的文字，表示准备就绪。

看到发令枪的白烟后马上按 micro:bit 上的 A 按钮，这时计时开始，跑道上方的柔性屏上会显示“RUNNING”，这时 micro:bit 上会显示一个大心形。

当运动员跑过终点时，相应跑道上的红外数字避障传感器就会感应到，并把信号传给主控板，主控板就会通过计算得出成绩以及名次，再把结果显示在 OLED 显示屏及柔性屏上，而且会把结果发送到接收端及物联网平台上，裁判就可以随时在接收端或物联网平台上查看成绩。

按接收器上的按钮 A 或 B，就会发送信息到主控端，主控端上的主控板会显示一个笑脸，再按主控端上的按钮 B 可以开始准备下一轮比赛。

大家可以扫描文章开头的二维码观看演示视频。

水下作业机械臂

吴东晓 张致诚 尹世杰 苏棣煊

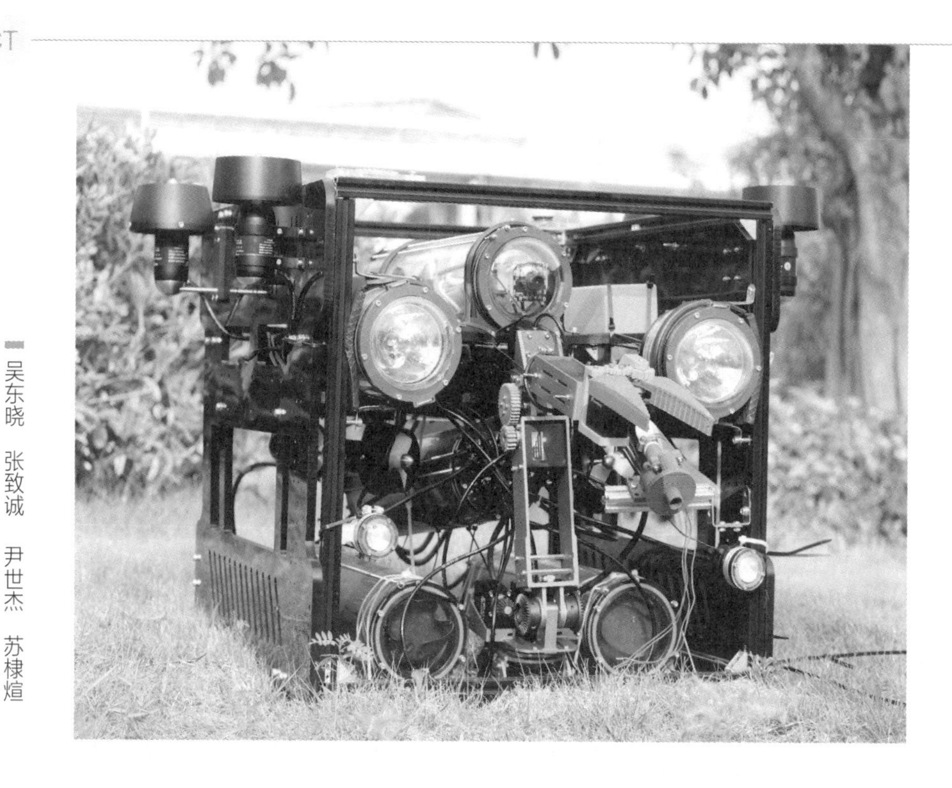

自2010年国家大力发展海洋资源探索以来，国内掀起了一场研发制造新一代水下机器人的热潮，经过多年高速发展，水下机器人的市场规模已突破50亿美元大关。作为机器人的执行构件，水下机械臂是遥控潜水器（ROV）不可或缺的部分。由于ROV的工作环境恶劣，其对机械臂的稳定性、高效性提出了较为严苛的要求。目前市面上普遍采用计算机键鼠进行操控，该方法不直观，操作效率低。我们设计了一种新型的人机交互方式，以求用更高的效率，操控机械臂稳定地工作。

ROV框架搭建

在搭建机器人系统之前，我们确定了下列技术指标，并围绕指标进行系统设计。

◆ 该机器的水下作业深度能够达到50m。

◆ 该机器能在水下持续作业2~3h。

◆ 该机器具有一定的可升级性。

◆ 该机器的无故障工作时长能够达到100h。

◆ 该机器每年的维护费用不高于机身总售价的12%。

基于上述系统指标，我们选定了以树莓派、STM32为核心的主控系统。水下机器人系统架构如图1所示。

如果说结构是ROV的肌体，那“机械臂”一定是其灵魂。在拥有一款合适的机械臂后，ROV才能发挥其价值。

可靠性、灵活度和成本都是我们在设计机械臂前需要不断考虑、权衡的问题。

在参考了大量同类水下机械臂的设计思路后，我们设计了如图2所示的“第

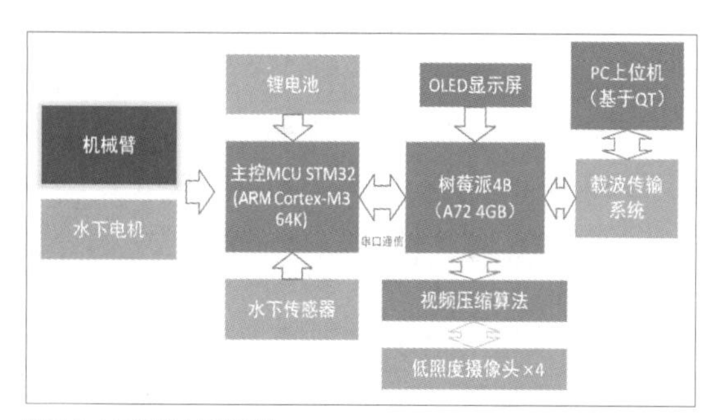

图1 水下机器人系统架构

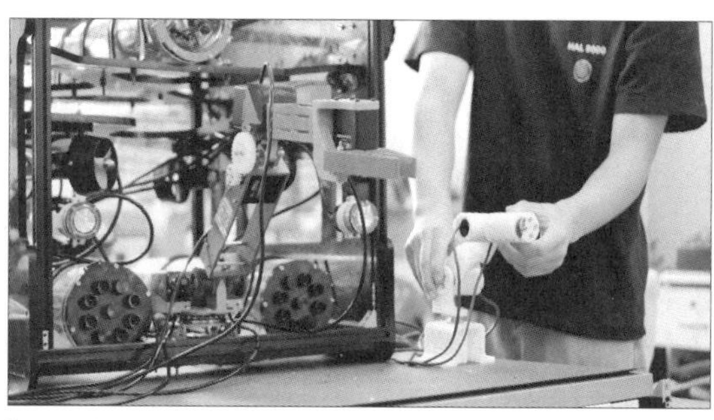

图2 “第2代智能机械臂”

图 3 探照灯特写

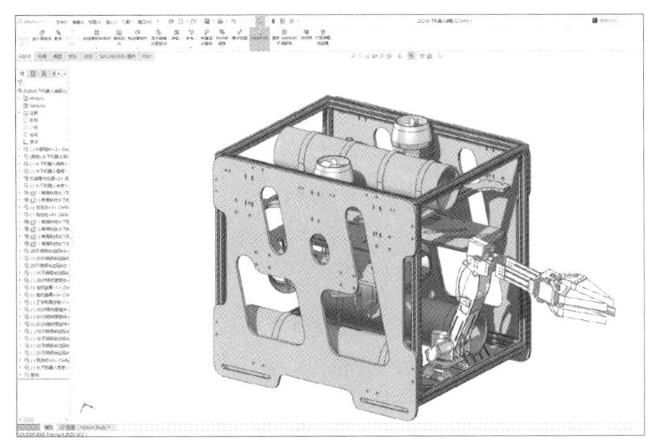

图 4 水下机器人 SolidWorks 视图

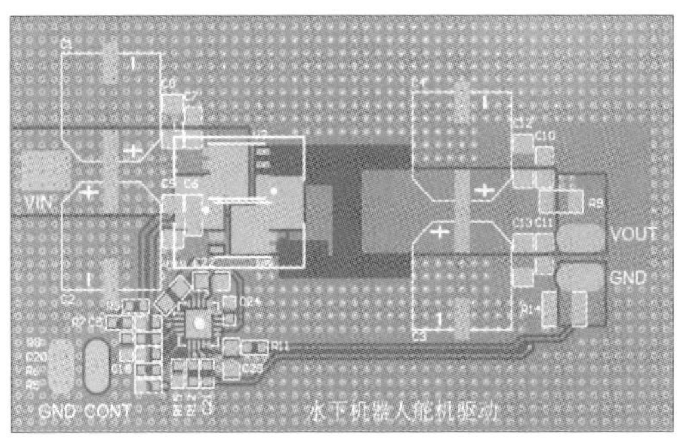

图 5 舵机电源 PCB

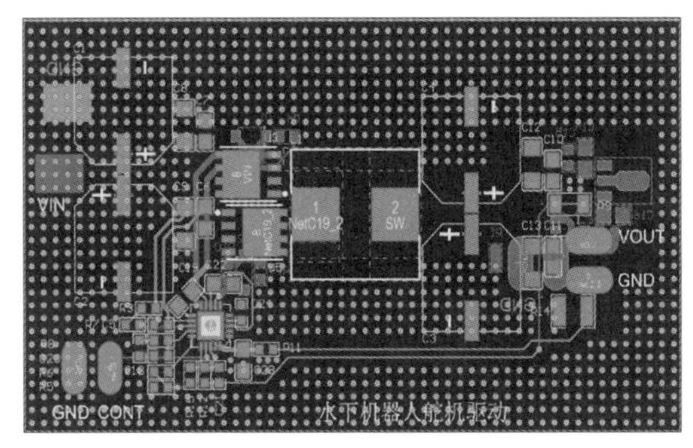

图 6 舵机电源 PCB 2D 仿真

2 代智能机械臂”，该机械臂工作深度达到 60m，可在严苛的工作环境中完成抓取工作。

考虑水下环境复杂，能见度低，我们在机器人的正前方安装了水下探照灯，防止水下机器人下水便“抓瞎”（见图 3）。

但在实际的测试过程中我们发现，大功率的 LED 与电机、电调在工作时会产生大量的热。如何将热量高效地传递到外界，是一个非常值得关注的技术点。

在结构选材上，我们选用了性能满足要求且价格成本可控的方案——“防腐铝合金 +CNC 加工”。金属加工价格并不便宜，所以在正式打样之前，我们使用 SolidWorks 内置的仿真工具进行了多维度的仿真模拟，以求在生产前发现可能的问题并及时进行修改。水下机器人 SolidWorks 视图如图 4 所示。

机械臂硬件设计

“第 2 代智能机械臂”主要由 3 部分组成，分别是舵机供电模块、舵机控制模块与数据收 / 发模块。

1. 舵机供电模块

使用 TD8655 电源芯片及相关电路外设将电池组提供的 24V 供电降为 7V，为机械臂供电。舵机电源 PCB 如图 5 所示，舵机电源 PCB 2D 仿真如图 6 所示。

2. 舵机控制模块

使用意法半导体公司的 STM32F103C8T6 芯片作为控制模块主控芯片。通过主控芯片对机械臂舵机进行控制。舵机控制模块 PCB 如图 7 所示，舵机控制模块 PCB 2D 仿真如图 8 所示。

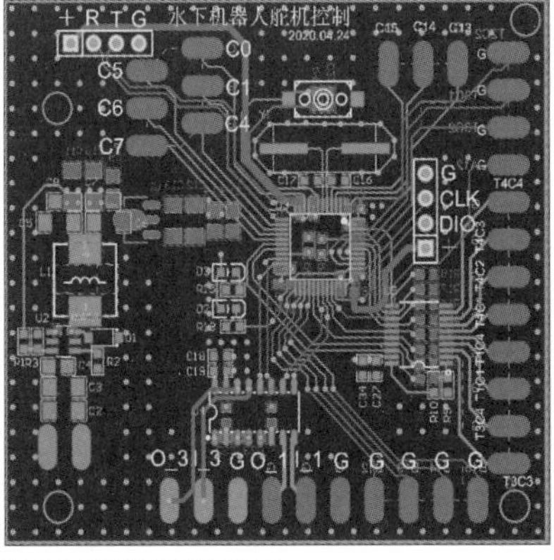

图 7 舵机控制模块 PCB

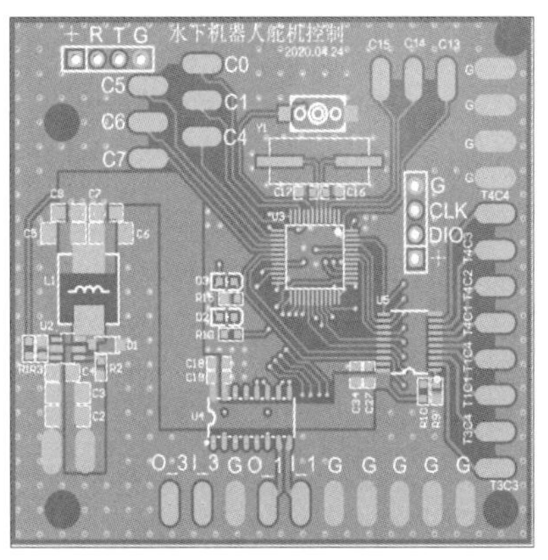

图 8 舵机控制模块 PCB 2D 仿真

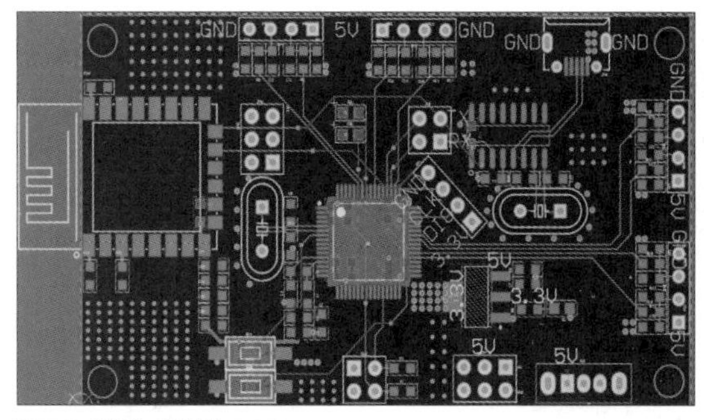

图 9 数据收 / 发模块 PCB

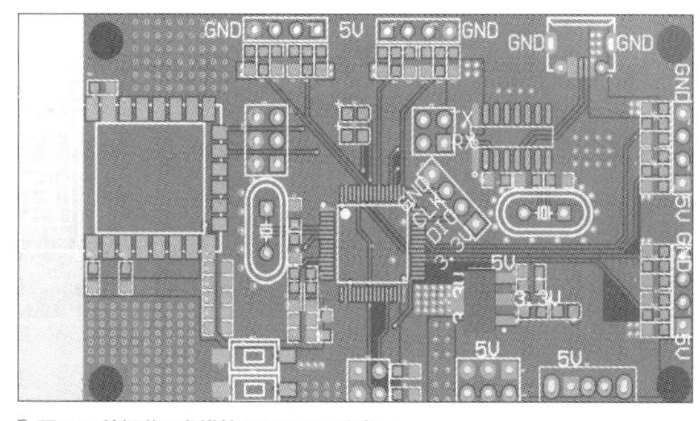

图 10 数据收 / 发模块 PCB 2D 仿真

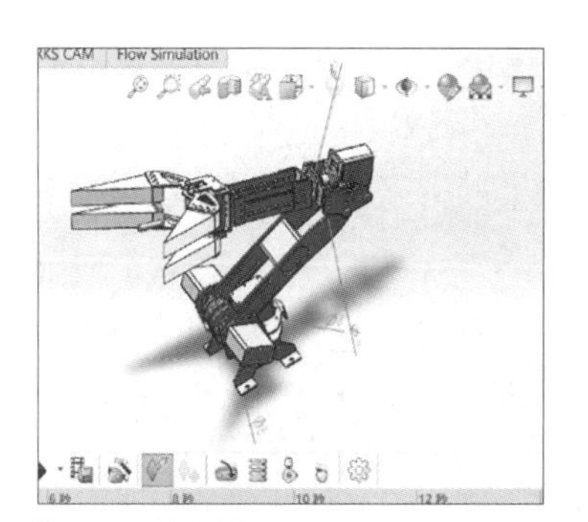

图 11 机械臂仿真

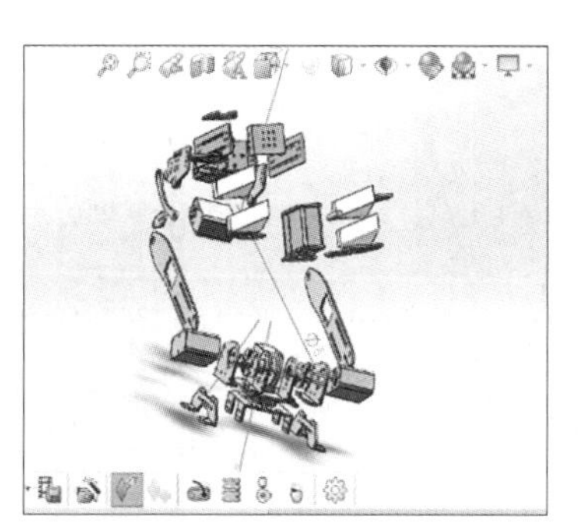

图 12 机械臂爆炸视图

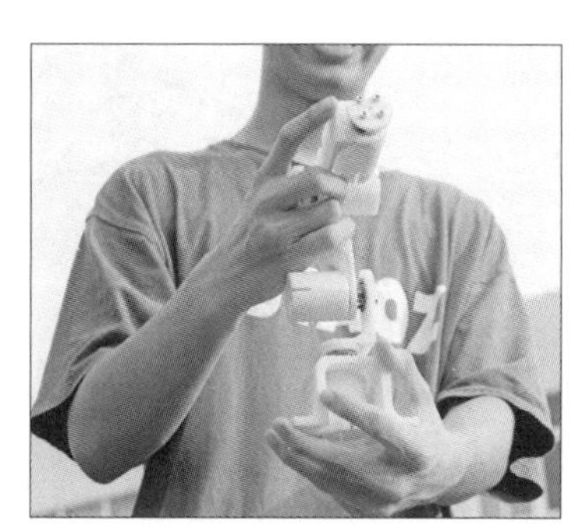

图 13 mini 机械臂操作展示

3. 数据收/发模块

通过 4 个定时器获取旋转编码器的 AB 相数据，对数据进行一定的过滤处理后，使用 ESP8266 将其发送至计算机端。数据收 / 发模块 PCB 如图 9 所示，数据收 / 发模块 PCB 2D 仿真如图 10 所示。

4. 机械臂结构设计

设计好机械臂后，我们需要对设计好的“机械臂”进行仿真，以求在打样前发现可能存在的问题，并及时进行修改。

“第 2 代智能机械臂”共有 3 个自由度。由一个回转机构和两个关节转动机构以及一对舵机提供动力，并且通过齿轮啮合运动驱动机械夹爪。机械臂仿真如图 11 所示，机械臂爆炸视图如图 12 所示。

机械臂软件设计

软件算法的质量，决定了能否充分发挥硬件的性能。该部分内容主要介绍“第 2 代智能机械臂”的算法设计。

1. 主机械臂的软件设计

为了方便使用者操控水下机械臂，我们按 1:4 等比缩小制作了一款“mini 机械臂”（见图 13），用于对“大”机械臂的控制。

在对“大”机械臂进行控制之前，我们首先得知道“mini 机械臂”当前的姿态信息。

我们在“mini 机械臂”上安装了旋转编码器，这是一种角度检测装置，其利用光电转换原理将旋转角度物理量转换成相应的电脉冲数字量。其具有体积小、 抗干扰能力强、可靠性高等优点。机械臂控制流程如图 14 所示，旋转编码器安装位置如图 15 所示。

根据光电编码器参数与定时器计数值，我们利用下列公式即可计算出角度。

$C=p\times \mathrm{PPR}$

$\mathrm{Angle}=N/C\times 360°$

其中，C 表示编码器单圈总脉冲数，p

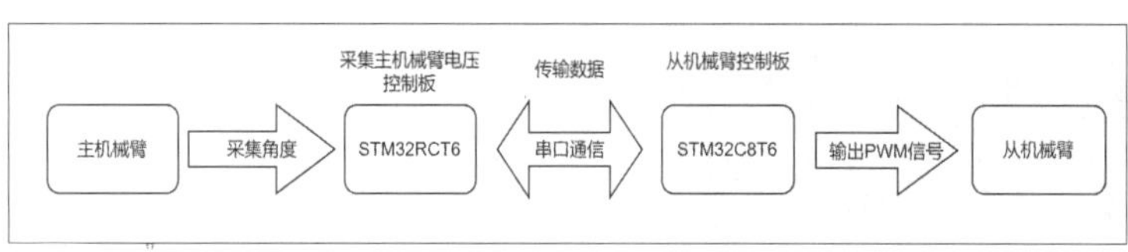

图 14 机械臂控制流程

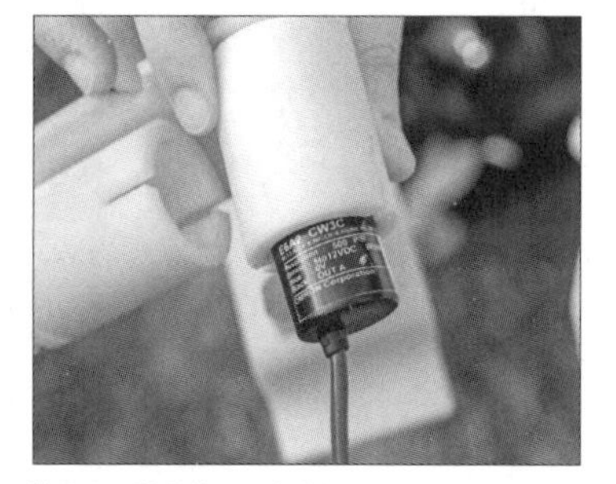

图 15 旋转编码器安装位置

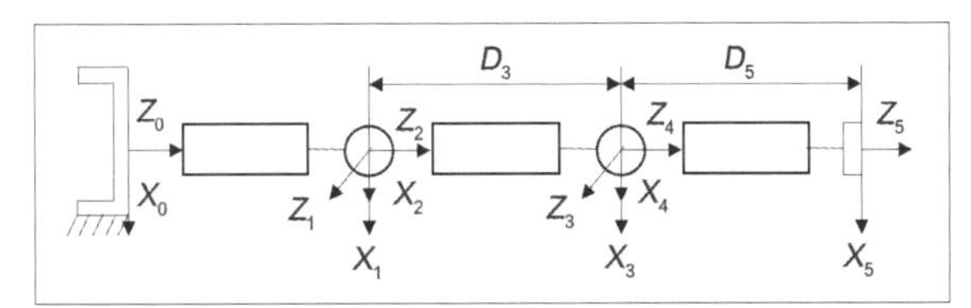

图 16 机械臂连杆坐标系示意图

附表 机械臂 D-H 连杆参数

连杆 i	连杆扭角	连杆长度 α_{i-1}/mm	连杆夹角 θ_i/mm	连杆距离 d_i/mm	变量 θ_i
1	90°	0	θ_1	0	-90° ~ +90°
2	-90°	0	θ_2	0	-60° ~ +60°
3	90°	0	θ_3	40	-60° ~ +60°
4	-90°	0	θ_4	0	-90° ~ +90°
5	0	0	θ_5	20	-180° ~ +180°

图 17 机械臂局部视图 1

图 18 机械臂局部视图 2

表示电机转速比，PPR 表示编码器分辨率，N 表示一个周期内得到的编码器脉冲数。

2. 机械臂路径规划

在水下对“机械臂”进行操作，比在陆地操控“机械臂”更具难度。因此我们设计了一套路径规划算法，可令“机械臂”达到期望的工作姿态。

要对机械臂的运动逻辑进行规划，首先对其进行运动学分析。

3. “机械臂”的正逆解运动学分析

为了更好地对机械臂进行定量分析，我们选用了 D-H 参数法建立机械臂的运动学模型。该方法最早于 1955 年由 Denavit 和 Hartenberg 提出，后来的机器人表示和建模基本依据了这个方法，其也成为表示机器人和对机器人运动进行建模的标准方法。机械臂连杆坐标系示意图如图 16 所示，机械臂 D-H 连杆参数见附表。

机械臂的正运动学通过机械臂的各个关节变量的值计算机械臂末端执行器的姿态，本项目采用的是 D-H 参数法建模，根据前面机械臂的连杆坐标系建立各个关节的坐标系，确定 D-H 参数与齐次变换矩阵 T_i^{i-1}，得到机械臂关节坐标系变量到笛卡儿坐标空间的坐标转换关系。

$$T_i^{i-1}=\begin{bmatrix}\cos\theta_i & -\sin\theta_i\cos\alpha_i & \sin\theta_i\sin\alpha_i & \alpha_i\cos\theta_i \\ \sin\theta_i & \cos\theta_i\sin\alpha_i & -\cos\theta_i\sin\alpha_i & \alpha_i \\ 0 & \sin\alpha_i & \cos\alpha_i & d_i\end{bmatrix}$$

结合 D-H 参数表中提供的数据，利用齐次变换矩阵通式可以得到机械臂末端执行器的笛卡儿空间的变换矩阵。

$$T_5^0=T_1^0\,T_2^1\,T_3^2\,T_4^3\,T_5^4=\begin{bmatrix}n_x & O_x & a_x & P_x \\ n_y & O_y & a_y & P_y \\ n_z & O_z & a_z & P_z \\ 0 & 0 & 0 & 1\end{bmatrix}$$

机械臂逆运动学是已知机器人末端执行器的位置，求所有关节的关节变量。根据前文，我们得到了相邻坐标系的坐标变换矩阵，求出其逆解，结合矩阵性质进行求解，能够得出。机械臂局部视图如图 17 和图 18 所示。

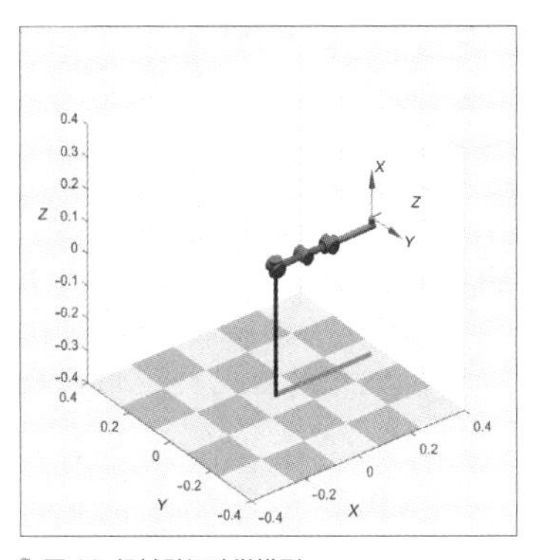

图 19 机械臂运动学模型

4. 机械臂建模和轨迹规划

使用 MATLAB 中的 rvctool 包，通过调用里面的函数创建符合研究目标的运动学模型。根据 D-H 参数表中机械臂各个参数，使用 Link 函数、SerialLink 函数等，编写相应对应的程序，得到 5 自由度机械臂运动学模型。机械臂运动学模型如图 19 所示。

由于加速度不连续将会使电机产生抖动，严重时甚至会损坏电机结构。因此，为了获得一个加速度连续的轨迹，运动方向与速度需要有合适的初始和终止条件，以及合适的初始与终止加速度值。此计算法则共有6个边界条件，因此需要采用五次多项式。

人为给定初始时刻和终止时刻的位置、速度和加速度信息，这是轨迹曲线的约束条件，另外由于机械臂有一定的响应时间，所以需要同时给定“运动时间”。在MATLAB中运行生成五次多项式单关节轨迹曲线，MATLAB五次多项式单关节轨迹曲线仿真结果如图20所示。

机械臂创新点——模块化机械爪

现在市场上大多数水下作业机器人主要以金属材料制作机械爪抓取结构。此结构具有操作性强、抓取力度大等优点。但同时，坚硬的金属结构会使其在执行抓取任务时对脆弱易碎的物品造成二次破坏。

我们在设计抓取结构时充分考虑了这一问题，最后决定采用ABS材料制作而成的柔性机械爪。该机械臂顺承了最初金属抓取结构所具有的较强抓取力，还能凭借其柔软、有韧度的特点保证在抓取易碎物的同时避免其受到伤害与损坏。机械臂抓取物品如图21所示。

另外为了让“机械爪”适用于不同的使用场景，我们还设计了多款由不同材料制作而成的机械臂。硬质PLC材料机械爪如图22所示，软质ABS材料机械爪如图23所示。

结语

科技发展日新月异，水下机器人的发展也越发成熟。从传统人工下水进行海洋探索到现在可以使用水下智能化设备，海洋探索的成本与安全性正不断提高。

机械臂作为水下机器人不可或缺的一部分，其性能及稳定性决定了水下机器人本身是否能有足够的能力在海洋深处完成各项复杂的操作。

在广东海洋大学海创实验室的资助下，我们设计研发了主/从机械臂跟随控制功能，希望能够提升操纵机械臂的准确性，提升水下作业质量，为水下工作的智能化贡献青年力量。

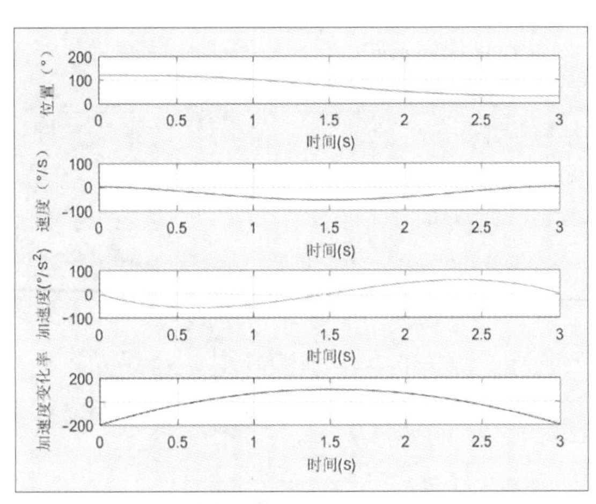

图20 MATLAB五次多项式单关节轨迹曲线仿真结果

图21 机械臂抓取物品

图22 硬质PLC材料机械爪

图23 软质ABS材料机械爪

ESP32 老人健康休闲一体化设备

演示视频

张浩华　李晓慧　王爱利　程骞阁

本项目响应国家智慧养老政策，顺应智慧养老的趋势，打造出一款老人佩戴的一体化设备，这款设备可用于老人监测健康和休闲娱乐。

社会技术的进步和经济的快速发展，推动互联网与养老结合成为新的发展态势。互联网养老服务提供了一种精细化、个性化和全方位的公共服务。本项目通过传感器与物联网形成数据网，对老人健康状况进行实时监测分析。本项目的功能主要包括计步、播放音乐曲目、老人意外跌倒一键报警和老人日常生活中的体温监测。

硬件介绍

1. 掌控板

掌控板（见图 1、图 2）是一块结合创客教育、人工智能教育和编程教育的开源智能硬件。它集成ESP32高性能双核芯片，支持 Wi-Fi 通信，可以作为物联网节点，轻松实现物联网应用。同时，掌控板集成了 OLED 显示屏、三轴加速度计、蜂鸣器、按键开关、金手指外部拓展接口，利用它小尺寸和多传感器的特点，我们可以做出不同的智能穿戴作品。

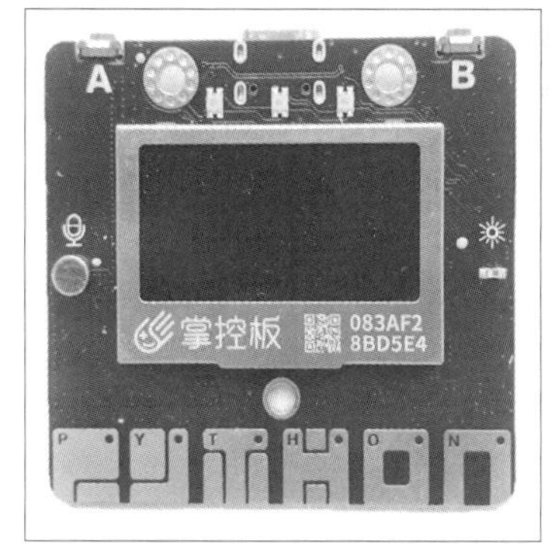

图 1 掌控板正面

图 2 掌控板背面

图 3 掌控宝正面

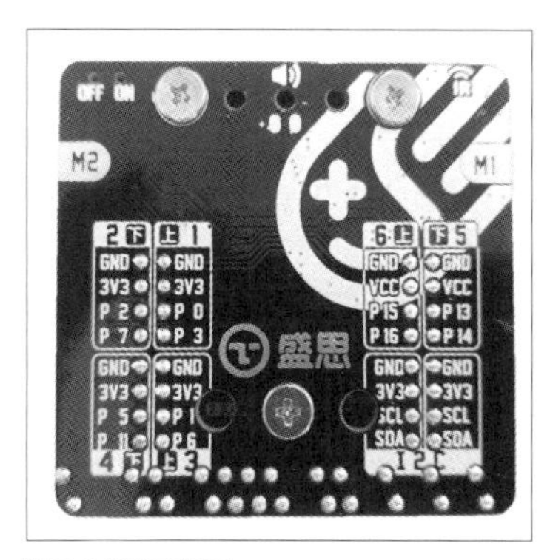

图 4 掌控宝背面

2. 掌控宝

掌控扩展板有很多种，由于制作的是智能穿戴作品，我们选择轻便、节约空间的掌控宝（见图 3、图 4）。掌控宝左右两侧扩展出 12 路引脚，可以接入各种功能模块，它还扩展出两路 I²C 接口，板上标记 SCL 和 SDA。掌控宝内置功放和扬声器，支持音频播放。可播放掌控板 DAC 输出的音频信号，比如 MP3 歌曲、语音合成音频等。掌控宝内置了 330mAh 的锂电池，可以为掌控板及外接的硬件模块供电。

3. JQ8400-FL-10P语音模块与腔体扬声器

JQ8400-FL-10P 语音模块（见图 5）采用硬解码的方式，保证系统的稳定性和音质，小巧的尺寸满足嵌入穿戴的需求。该模块最大的特点在于可灵活地更换音频内容，与使用 U 盘一样，简单便捷。腔体扬声器（见图 6）与 JQ8400-FL-10P 语音模块配合，便可播放音乐。

图 5 JQ8400-FL-10P 语音模块

图 6 腔体扬声器

4. MLX90614红外测温模块

MLX90614 红外测温模块（见图 7）是一款非接触式测温传感器，用于测量老人的体温。将其接入云平台，它可以将数据显示在平台上。

图 7 MLX90614 红外测温模块

电路连接

首先，需要将掌控板与掌控宝相连接，如图 8 所示。

然后，将 MLX90614 红外测温模块的 VIN、GND、SCL、SDA 引脚分别与掌控宝的 3V、GND、SCL、SDA 引脚相连接。

最后，将 JQ8400-FL-10P 的 RX、TX、GND、5V 引脚分别与掌控宝的 P16、P15、GND、VCC 引脚连接，SPK+、SPK- 与扬声器两端的引脚相连接。

物联网平台EasyIoT

物联网平台可以实现数据上网，从而远程监控老人健康动态，用户在平台上可以观察到老人的体温数据、是否跌倒以及误报警等，物联网平台调试过程如下。

◆ 注册 EasyIo 账号并登录（见图 9）。

◆ 选择工作间，记录自己的 user、password、topic，用于实现 MQTT 数据上传的验证（见图 10）。

◆ 查看详情可以打开消息，计算机网站端和手机小程序端皆可显示界面（见图 11、图 12）。

功能描述

功能框图如图 13 所示，项目功能如下。

在走路时通过串口查看加速度传感器的 x、y、z 和强度值，会发现变化最明显的是强度值，因为强度值是综合 x、y、z 三个方向的值得到的矢量和，任一方向的值发生变化，强度值都会变化。所以我们选择强度值变化作为计步标准，计步程序如图 14 所示。

音乐播放功能通过 MP3 模块实现，按键实现切换上一首、下一首音乐的功能，程序如图 15 所示。

通过三轴加速度计算摆动的幅度和速度，利用数学模型算法，可判断老人是否摔倒，并自动启动报警机制。计算合加速度 $\sqrt{(x^2+y^2+z^2)}$ 的值作为跌倒判检测的依

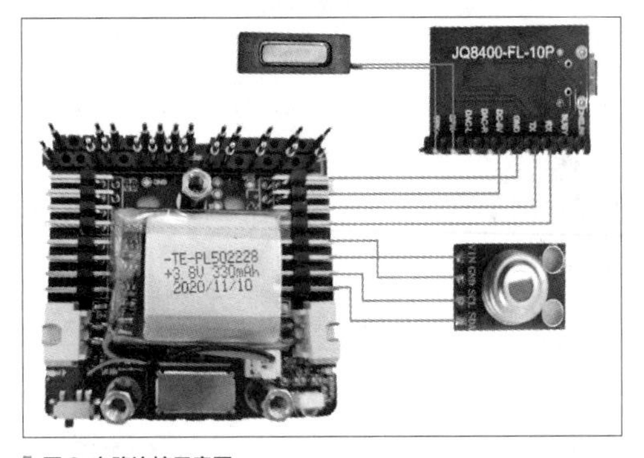

图 8 电路连接示意图

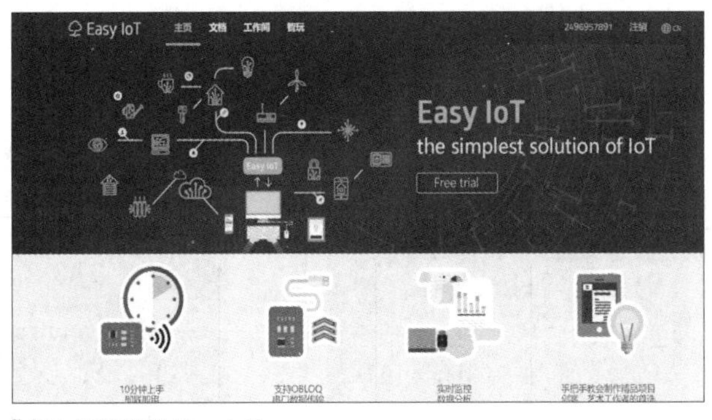

图 9 物联网平台 EasyIoT

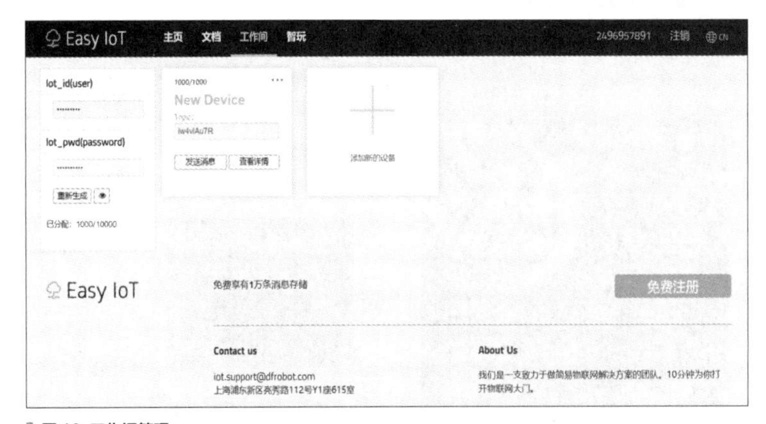

图 10 工作间管理

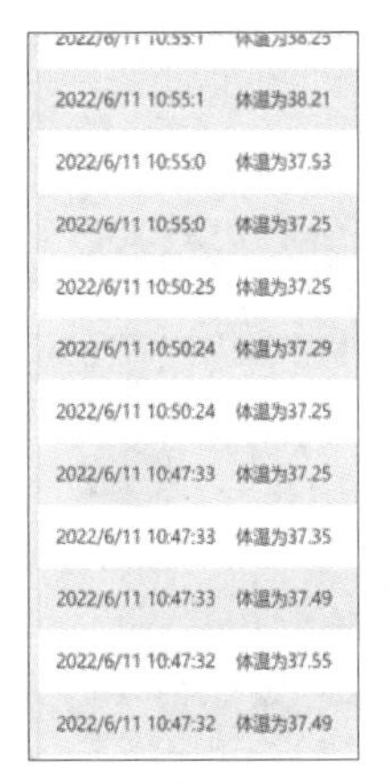

图 11 计算机网站端

图 12 手机小程序端

系统
本地
云平台
计步
音乐播放
跌倒检测
体温显示

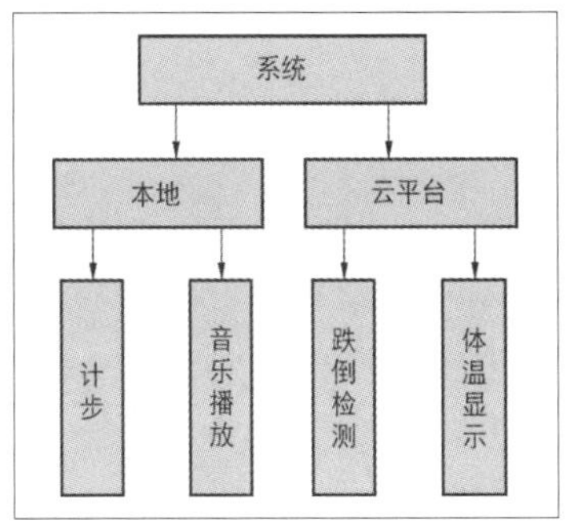

▌图 13 功能框图

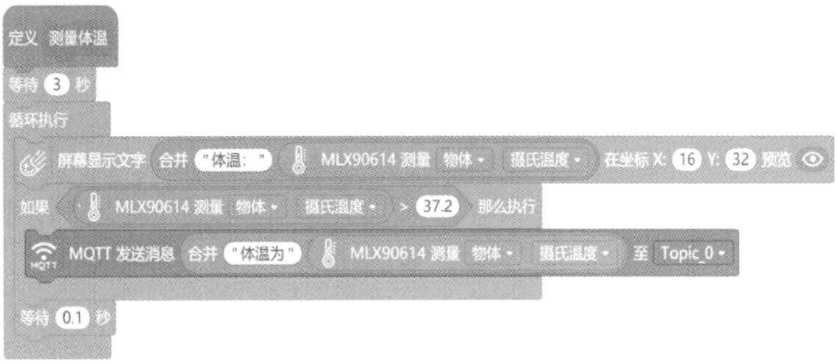

定义 测量体温
等待 3 秒
循环执行
屏幕显示文字 合并 "体温：" MLX90614 测量 物体 摄氏温度 在坐标 X: 16 Y: 32 预览
如果 MLX90614 测量 物体 摄氏温度 > 37.2 那么执行
MQTT 发送消息 合并 "体温为" MLX90614 测量 物体 摄氏温度 至 Topic_0
等待 0.1 秒

▌图 16 测量体温程序

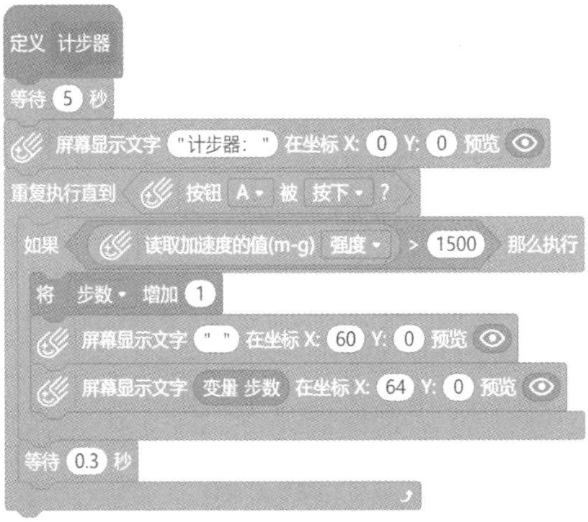

定义 计步器
等待 5 秒
屏幕显示文字 "计步器：" 在坐标 X: 0 Y: 0 预览
重复执行直到 按钮 A 被 按下 ?
如果 读取加速度的值(m-g) 强度 > 1500 那么执行
将 步数 增加 1
屏幕显示文字 " " 在坐标 X: 60 Y: 0 预览
屏幕显示文字 变量 步数 在坐标 X: 64 Y: 0 预览
等待 0.3 秒

▌图 14 计步程序

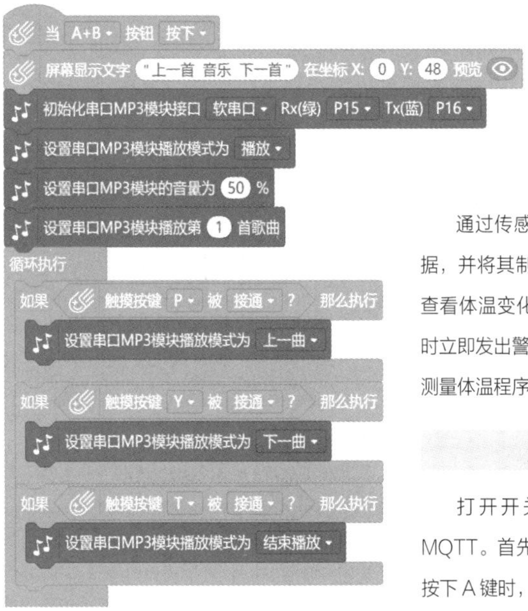

当 A+B 按钮 按下
屏幕显示文字 "上一首 音乐 下一首" 在坐标 X: 0 Y: 48 预览
初始化串口MP3模块接口 软串口 Rx(绿) P15 Tx(蓝) P16
设置串口MP3模块播放模式为 播放
设置串口MP3模块的音量为 50 %
设置串口MP3模块播放第 1 首歌曲
循环执行
如果 触摸按键 P 被 接通 ? 那么执行
设置串口MP3模块播放模式为 上一曲
如果 触摸按键 Y 被 接通 ? 那么执行
设置串口MP3模块播放模式为 下一曲
如果 触摸按键 T 被 接通 ? 那么执行
设置串口MP3模块播放模式为 结束播放

▌图 15 音乐播放程序

据，因为不管向哪个方向跌倒，合加速度的值都有较大的变化。当人体静止的时候，合加速度的大小在 10m/s^2 左右，在很小的范围内浮动，此时的值是重力加速度的大小。当人体以正常速度行走的时候，合加速度的值在 7～15m/s^2 规律地变化，每隔一段时间都会出现峰值，这是由于人体脚掌落地的时候，脚掌与地面之间的作用力变大，但是峰值不超过 15m/s^2。

通过传感器测量获取老人体温数据，并将其制作成曲线图，方便随时查看体温变化趋势，当体温出现异常时立即发出警报，以便提醒子女询问，测量体温程序如图 16 所示。

成果展示

打开开关，立即连接 Wi-Fi 和 MQTT。首先屏幕显示计步器功能，按下 A 键时，测量体温；按下 B 键时，显示合加速度，利用合加速度判断老人是否跌倒；按下 A+B 键时，播放音乐，触摸 Y 键播放下一首音乐，触摸 T 键停止播放音乐。设备展示如图 17 所示。具体操作可以扫描文章开头的二维码观看视频。

技术特点

产品连接多个传感器，同时连接物联网平台，实时显示老人的体温与行走步数，便于对老人进行健康管理。内置的传感器可以监测老人的运动状况，及时让子女了解问题。

结语

针对老人注重身心愉悦的需求，本产品可以记录老人运动时的步数，还可以播放音乐，丰富老人的生活，与此同时，能够全面关注老人的身体健康状况和运动状态。子女可以通过手机或计算机在物联网平台实时关注老人的情况，更加放心。

计步
数据分析
测体温
音乐

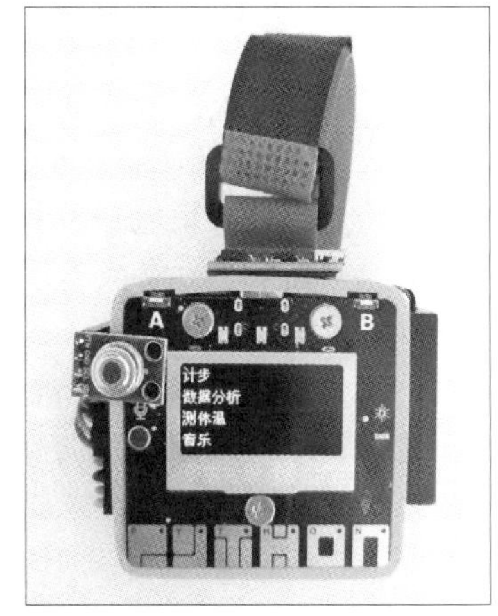

▌图 17 设备展示

USB 键盘转蓝牙键盘的装置

王岩柏 陈录

无线键盘能够在一定范围内自由使用，让用户摆脱了线缆的束缚。这个优点对于桌面摆满各种元器件、电路板和仪器的工程师来说，大大降低了线路绊倒水杯之类事件发生的可能性。现在市面上的主流笔记本计算机自带蓝牙功能，普遍支持蓝牙键盘作为输入设备。这次介绍的作品就是一个能够将USB 键盘转接为蓝牙键盘的装置。

本作品设计的核心是 ESP32-S3，它是乐鑫科技于 2020 年年底推出的一款集成了 2.4GHz Wi-Fi 和 Bluetooth 5 (LE) 的 SoC 芯片。这款 SoC 芯片搭载 Xtensa 32 位 LX7 双核处理器，主频高达 240MHz，内置 512KB SRAM，具有 45 个可编程 GPIO 引脚和丰富的通信接口。从名称上也可以看出，它可以看作 ESP32-S2 的升级版，相比 ESP32-S2 芯片 芯片，ESP32-S3 仍然拥有 USB OTG 功能，同时增加了对蓝牙的支持功能。本次作品就是基于这两个功能实现的，USB OTG 将自身设定为 USB Host，负责获得和解析键盘数据；蓝牙负责与主机进行通信。这样用户在 USB 键盘上的操作就会以蓝牙键盘操作的形式呈现在主机上。

硬件部分

1. 5V转3.3V电路

如图 1 所示的电路负责将 5V 电压转为 3.3V。USB 键盘需要 5V 供电，ESP32-S3 工作在 3.3V 下，因此板子上必须同时有 5V 和 3.3V 电压存在。这部分电路核心是 TI 生产的 SOT-223 封装的 TLV1117LV 线性稳压器（LDO），这款器件功耗极低，与传统 1117 稳压器相比仅为 1/500，适用于需要超低静态电流的应用。TLV1117LV 系列 LDO 还可在 0mA 负载电流下保持稳定，不存在最低负载要求，因此适用于必须在待机模式为超小型负载供电的情况，在正常运行状态下需要 1A 大电流时同样保持稳定输出。TLV1117LV 可提供出色的线路与负载瞬态性能，从而可在负载电流由不足 1mA 变为超过 500mA 时产生幅值极低的下冲与过冲输出电压。特别与 AMS1117 相比，TLV1117LV 外部只需要 2 个 1μF 的电容即可，不需要钽电容，因此可以降低成本并压缩 PCB 体积。

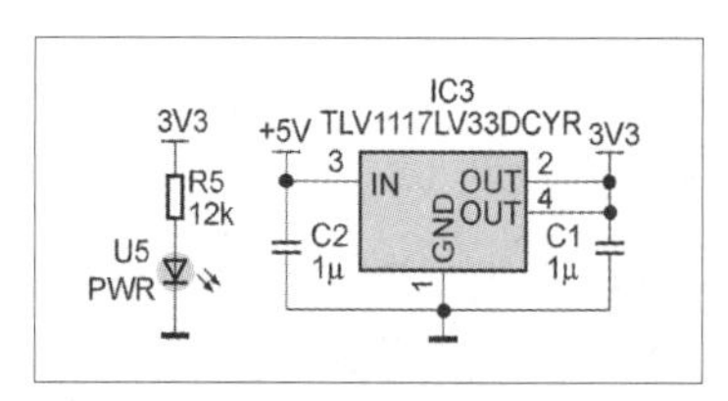

图 1 5V 转 3.3V 电路

2. USB公头

接下来是用于从外部取电的 USB 公头，用于提供 5V 电源。电路如图 2 所示。

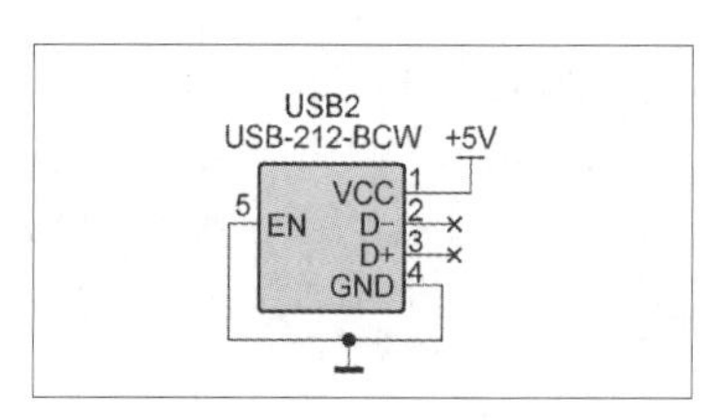

图 2 USB 公头电路

3. 负载电路

如图 3 所示是一个负载电路，前面提到这个设备用 USB 公头从外部取电，供电的可能是充电宝之类的移动电源，为了节省电力，当外部负载小于特定值时，这种移动电源会主动切断电源。为了避免这种情况，这里预留负载消耗的电路设计。如果有需要，可以间隔一定时间拉出一个负载，避免电源自动关闭（实际上根据经验，大部分 USB 键盘功耗就会超过 100mA，这部分预留电路并未上件）。

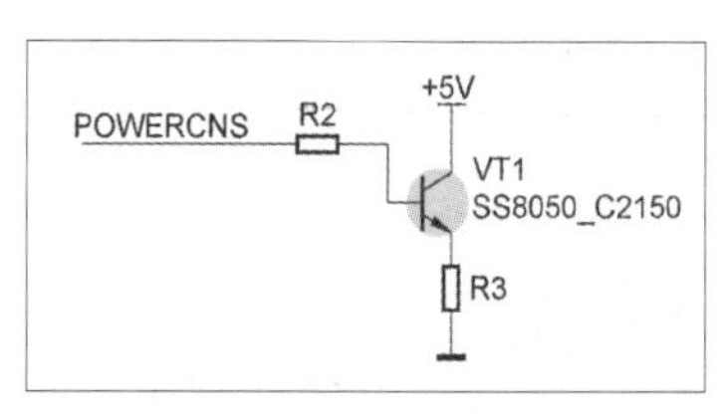

图 3 负载电路

4. USB母头

如图 4 所示是用于连接键盘的 USB 母头电路。

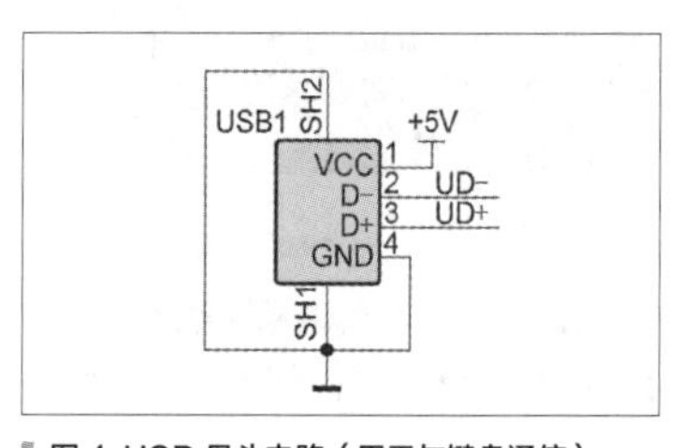

图 4 USB 母头电路（用于与键盘通信）

5. ESP32-S3最小系统

如图 5 所示是整个设计的核心 ESP32-S3，这里也可以看作这个 SoC 的最小系统电路，一个 0.1μF 电容，一

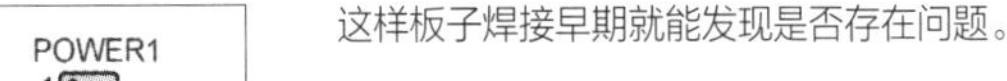

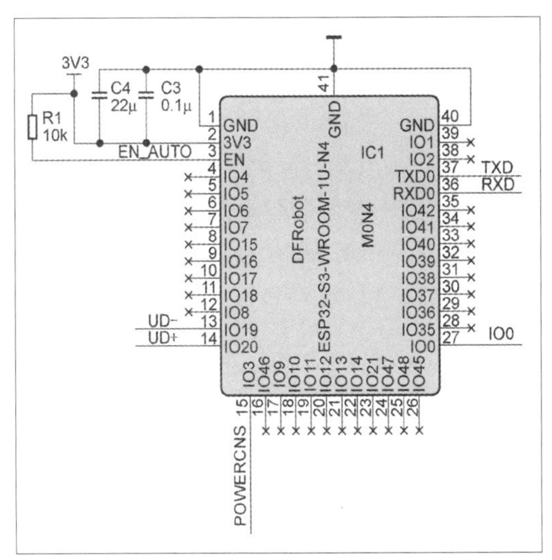

图5 主控ESP32-S3最小系统电路

个22μF电容，一个10kΩ电阻，再搭配3.3V供电即可让ESP32-S3正常工作。

6. 烧写接口

如图6所示是板上预留的烧写接口，这个接口包含了一对串口通信线，还有连接到串口DTR和RTS信号的IO0引脚和EN_AUTO引脚。下载过程中DTR和RTS模拟了按键动作，因此可以实现无须手工按键的全自动烧写。这部分在ESP32系列上是一脉相承的，无论是最初的ESP32还是后面的ESP32-S2都可以使用这个接口实现全自动烧写。

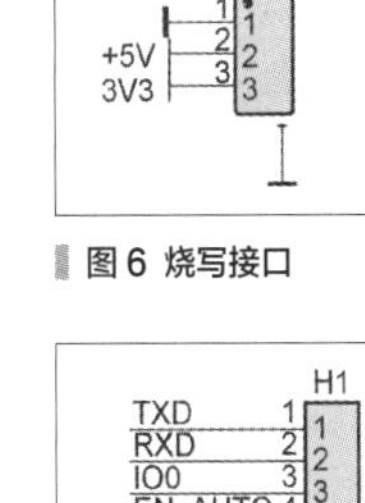

图6 烧写接口

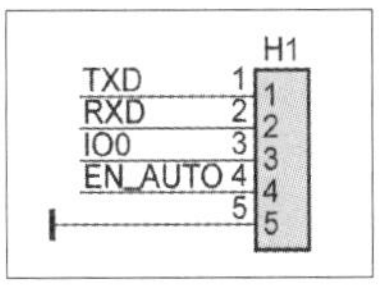

图7 外部供电接口

7. 外部供电接口

如图7所示是板子上供电接口，这部分是为了方便调试而设计的。在串口测试小卡上自带了5V和3.3V供电电源，手工焊接完成ESP32-S3最小系统后，配合上面的烧写和调试接口，通过这里输入3.3V供电即可进行ESP32-S3的测试，这样板子焊接早期就能发现是否存在问题。

8. 电路板设计

PCB设计如图8所示，因为元器件不多，设计并不复杂。3D模型如图9所示，焊接完成后的实物如图10所示。

9. 串口测试小卡

为了方便ESP32系列的调试，我还特别设计了一个串口测试小卡，该卡的作用是如下。

（1）配合Arduino IDE实现ESP32全自动烧写。

（2）实现ESP32串口数据的输入/输出。

（3）对外供电，可以提供3.3V和5V的输出。

这个卡的核心是CH343，如图11所示，它是南京沁恒微电子股份有限公司出品的USB转串口芯片，从名称上可以看出它是CH340的升级产品，最高速率可达6Mbit/s。外围不需要晶体振荡器，配合2个0.1μF电路和1个1μF电容即可正常工作。

10. ESP32系列下载小板

ESP32-S3自动下载电路如图12所示，下载小板是通过串口DTR引脚和RTS引脚来实现的，为了方便使用，还设计了按钮，如果发生了无法自动下载的情况，可以使用按钮让ESP32-S3进入下载模式。

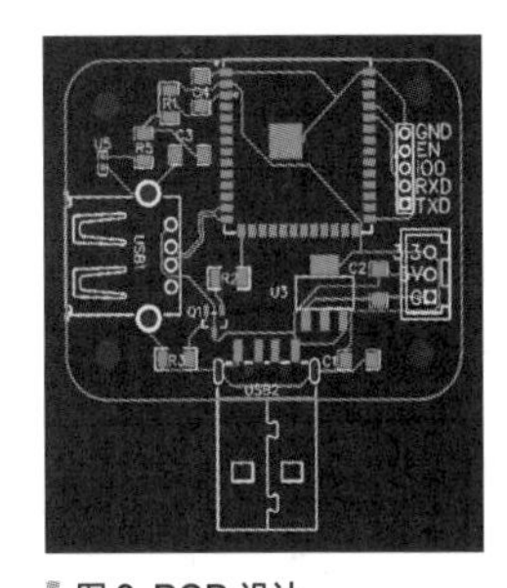

图8 PCB设计

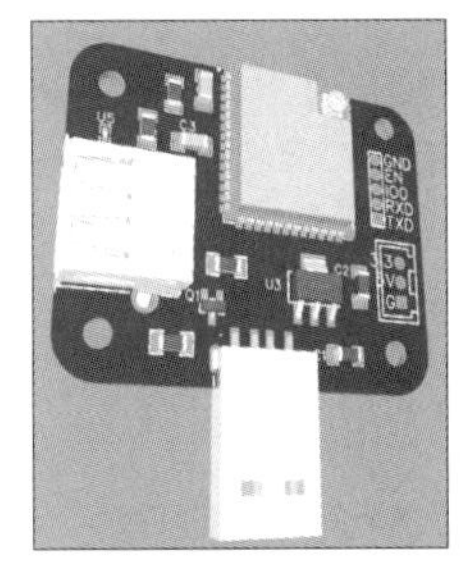

图9 3D模型

图10 焊接完成后的实物

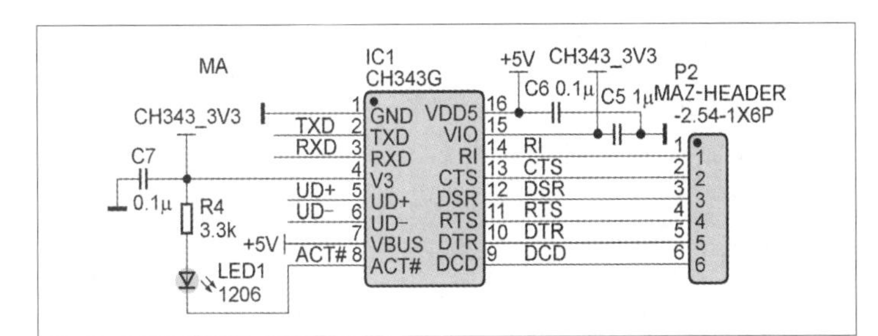

图11 CH343G电路

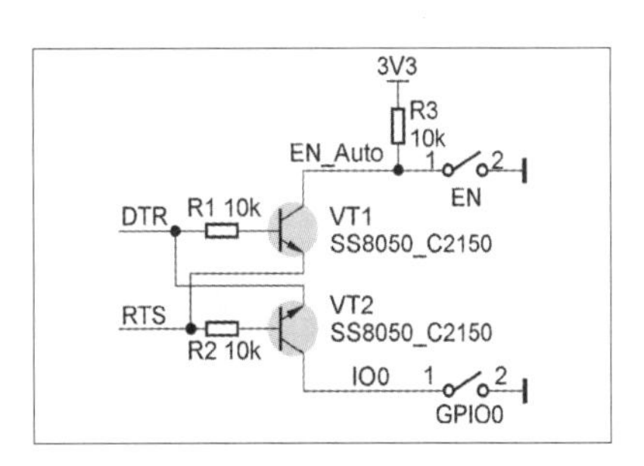

图12 ESP32自动下载电路

ESP32-S3 接口如图 13 所示，特别注意 RXD 和 TXD 有一个交叉，这里与前面提到的 ESP32-S3 板卡烧写接口是对应的，ESP32 系列下载小板 3D 模型如图 14 所示，实物如图 15 所示。

软件设计

首先，需要完成的是 USB Host 部分。这里添加 ESP32-USB-HOST-Demos 库，该库能够在 ESP32-S2 和 ESP32-S3 上实现 USB Host 功能。库中提供的一个名为 usbhhidboot 的例子，展示了解析 USB 键盘数据的方法。

对于 USB HID 设备来说，它会通过 HID 描述符告知 USB Host 发送数据的时间间隔，USB Host 会以轮询的方式向 HID 查询数据。因此在 Loop( ) 循环中的程序 1，含义是当键盘已经初始化完成后（isKeyboardReady==true），可以进行数据轮询(isKeyboardPolling==true)，到达设定的轮询时间后（KeyboardTimer > KeyboardInterval），USB Host 使用 usb_host_transfer_submit，对设备进行数据请求，获得的数据会在回调函数 keyboard_transfer_cb( ) 中进行处理。

程序1

```
if (isKeyboardReady &&
!isKeyboardPolling && (KeyboardTimer
> KeyboardInterval)) {
  KeyboardIn->num_bytes = 8;
  esp_err_t err = usb_host_transfer_
submit(KeyboardIn);
  if (err != ESP_OK) {
    ESP_LOGI(" ", "usb_host_transfer_
submit In fail: %x", err);
  }
  isKeyboardPolling =
true;
  KeyboardTimer = 0;
}
```

当 USB Host 取得设备返回的数据后，在程序 2 的回调函数中完成按键信息的解析，可以看到数据占 8 字节。

程序2

```
void keyboard_transfer_cb(usb_
transfer_t *transfer)
{
  if (Device_Handle == transfer-
>device_handle) {
    isKeyboardPolling = false;
    if (transfer->status == 0) {
      if (transfer->actual_num_bytes
== 8) {
        uint8_t *const p = transfer-
>data_buffer;
        ESP_LOGI("  ", "HID report:
%02x %02x %02x %02x %02x %02x %02x
%02x",
        p[0], p[1], p[2], p[3], p[4],
p[5], p[6], p[7]);
      }
      else {
        ESP_LOGI("  ", "Keyboard boot
hid transfer too short or long");
      }
    }
    else {
      ESP_LOGI(" ", "transfer->status
%d", transfer->status);
    }
  }
}
```

我们实现了 USB 键盘数据的接收过程，接下来还要实现 ESP32-S3 的 BLE 键盘，添加 ESP32-BLE-Keyboard 库让 ESP32-S3 将自身模拟为 BLE 键盘。首先在程序头部用程序 3 的方法声明一个 BLE 键盘。

程序3

```
BleKeyboard bleKeyboard;
```

接下来进行判断，如果当前蓝牙已经连接，即可将输入的键盘数据发送。这里蓝牙按键的数据格式与前面 USB 键盘的数据格式相同（蓝牙协议诞生于 USB 协议之后，蓝牙、键盘、鼠标的协议设计参考了 USB HID 协议，因此蓝牙键盘协议和 USB HID 协议非常类似）。接下来，将取得的 USB 数据原封不动地通过蓝牙键盘转发出去，主机即可收到，程序如程序 4 所示。

程序4

```
if(bleKeyboard.isConnected()) {
  bleKeyboard.sendReport((KeyReport*)
p);
}
```

从这个设计可以看出，ESP32-S3 带有 USB OTG 功能，主频较高、性能优异、可用性强，有兴趣的朋友不妨尝试使用这款 SoC 配合 Arduino 环境完成有趣的作品。

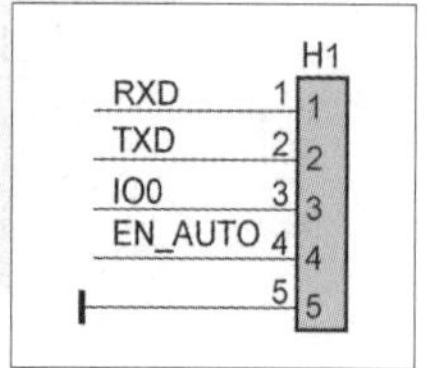

图 13 下载小板烧写接口

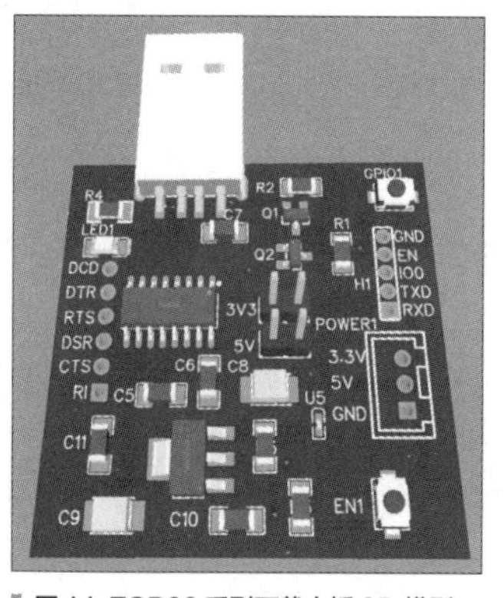

图 14 ESP32 系列下载小板 3D 模型

图 15 ESP32 系列下载小板

立创课堂

ESP32 桌面看板

▌野生程序员

项目介绍

我经常在网络上见到桌面天气预报、小电视等作品，网友们做得都很棒，也都实现了很多功能。我自小喜欢电子，看到网友们 DIY，心里甚是痒痒，所以下定决心在空闲时间制作一个属于自己的桌面摆件，由于自己是个颜值控，在构思时就计划要做一个具有心仪的外观和 UI 交互功能的作品。制作该作品正式开始时间为 2020 年国庆假期，经过半年的修修改改，硬件做到了第 7 版，定型了一个 GSM-Weather 版本，当时只做了 PCB 与部分 UI，后来经过两年断断续续的开发，最终形成了现在的样子。

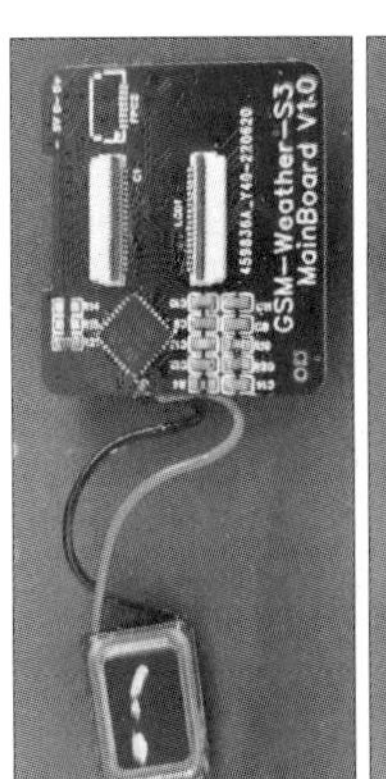

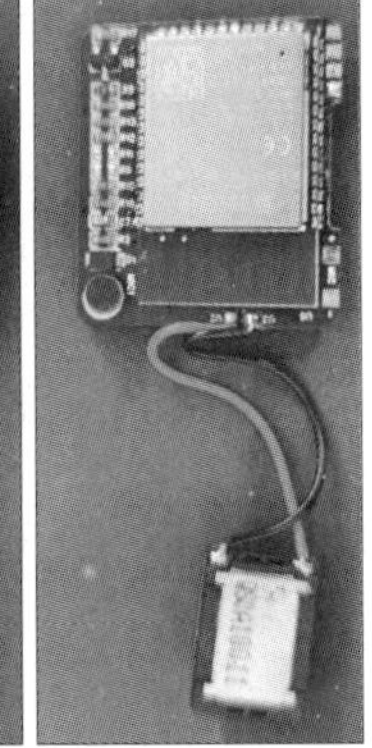

▌图 1 主控板正反面

▌图 2 ESP32-S3-WROOM-1-N16R8 模块

硬件介绍

首先，介绍 GSM-Weather-s3 的相关硬件，主要分为主控板和 USB&SD 板，两块板子使用 FPC 连接。

1. 主控板

主控板使用 ESP32-S3-WROOM-1-N16R8 模块，负责屏幕显示、音频采集与播放，主控板正反面如图 1 所示。

ESP32-S3-WROOM-1-N16R8 是一个以 ESP32-S3 芯片为核心封装的模块，如图 2 所示，使用这个模块能大大降低工程师设计的复杂度。如果使用纯芯片设计，需要设计师考虑天线是否能够达到最好的性能，我们需要通过调节电容、电感达到阻抗匹配，才能设计出性能最佳的天线，但这个调节过程对新手来说是很困难的。使用模组的设计大大方便了初学者，初学者直接使用即可。

ESP32-S3-WROOM-1-N16R8 的外围电路还是比较少的，ESP32-S3-WROOM-1-N16R8 的最小系统电路如图 3 所示，其内部集成 16MB Flah 8MB RAM。

2. USB&SD板

USB&SD 板主要负责程序下载、电源管理、SD 卡底座等功能，USB&SD 板实物如图 4 所示。

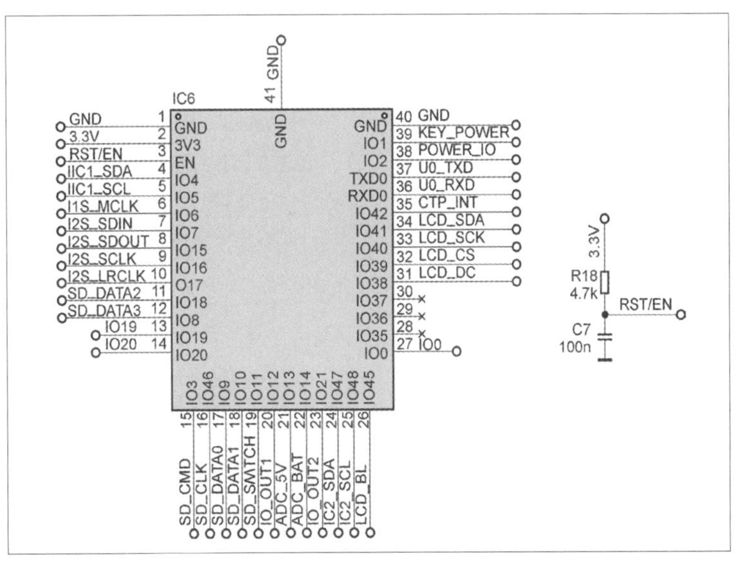

▌图 3 主控最小系统电路

▌图 4 USB&SD 板

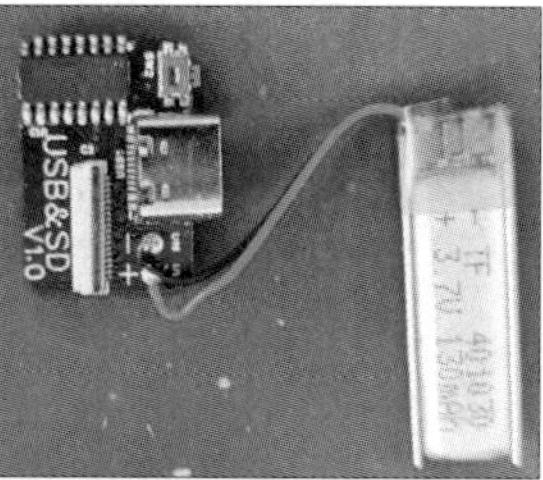

▌图 5 电源自动切换电路

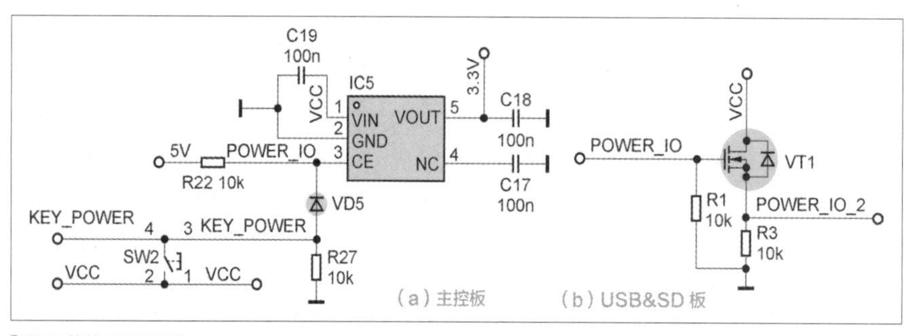

▌图 6 软件开关机电路

注：图 6（a）的 POWER_IO2 引脚经过 FPC 线连接到图 6（b）的 POWER_IO 引脚

（1）电源自动切换电路

电源自动切换电路如图 5 所示，VT6 是一个 PMOS 管，BAT+ 是电池，5V 是充电器输入，当充电器未接入时 VT6 导通，BAT+ 流过 VT6 给 VCC 供电，当充电器接入时，VT6 截止，5V 流过 VD4 给 VCC 供电。

（2）软件开关机电路

软件开关机电路如图 6 所示，IC5 是一个输出为 3.3V 的稳压芯片，该芯片带有开关功能，即 CE 引脚，给该引脚输入高电平，打开输出；输入低电平，关闭输出。SW2 是一个按键，一端接到电源 VCC，另一端连接到单片机 KEY_POWER 引脚和 IC5 引脚电路。

◆ 按键开机过程

在未插入充电时，按键后，VCC 流过 SW2、VD5 给 CE 引脚一个高电平，使能 3.3V 输出，此时单片机开始运行。程序首先检测 KEY_POWER 引脚的电平，如果该电压为高电平，说明是按键开机，然后控制 POWER_IO 引脚输出高电平锁定 CE 引脚电平，这时松开手后，由于 POWER_IO 引脚为高电平，会继续使能 IC5 输出。

◆ 充电开机过程

在未按下按键时插入充电器，此时 5V 的电经过 R22 给 CE 引脚高电平，使能 3.3V 输出，单片机运行，程序开始检测 KEY_POWER 的电平。由于 R27 为下拉电阻，所以识别为低电平，程序检测到按键未被按下，即充电开机。

◆ 按键关机过程

程序在运行过程中实时检测 KEY_POWER 的电平，当为高电平时开始计时，计时达到 2s 后开始检测按键是否被松开，当被松开后拉低 POWER_IO 关机。

（3）USB转串口电路与自动烧录电路

ESP32-S3 支持串口下载，由于计算机没有接口，所以需要一个 USB 转串口芯片，USB 转串口电路如图 7 所示，IC13 的型号是 CH340C，该芯片支持一路 USB 转串口 TTL，带有 RTS、DTR 控制引脚，内部集成晶体振荡器大大简化了外部电路。

根据 ESP3-S3 数据手册，进入串口下载模式需要在上电前拉低 IO0，CH340C 带有 RTS、DTR 引脚，可以加入开关控制电路实现自动复位和拉低 IO0，自动下载电路如图 8 所示，VT4 芯片的型号是 UMH3N，该芯片内部带有两个三极管并且集成偏置电压，如电路所示利用 CH340C 的 RTS、DTR 引脚可以实现自动下载程序。

3. PCB设计

主控板和 USB&SD 板的 PCB 设计如图 9 和图 10 所示，在设计外壳时，PCB 的安装方法与尺寸已经确定，为了降低成本，两块 PCB 均使用两层板设计。由于尺寸比较小，USB&SD 板经过多次布局才完成。主控板的音频芯片 WM8978 是 QFN 封装的，该芯片底部有焊盘。

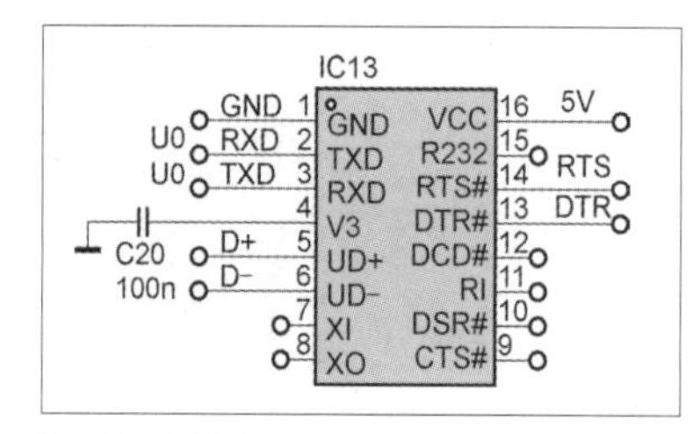

▌图 7 USB 转串口电路

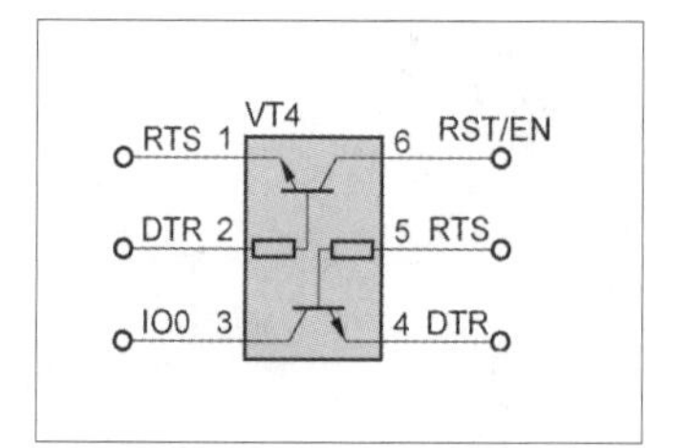

▌图 8 自动下载电路

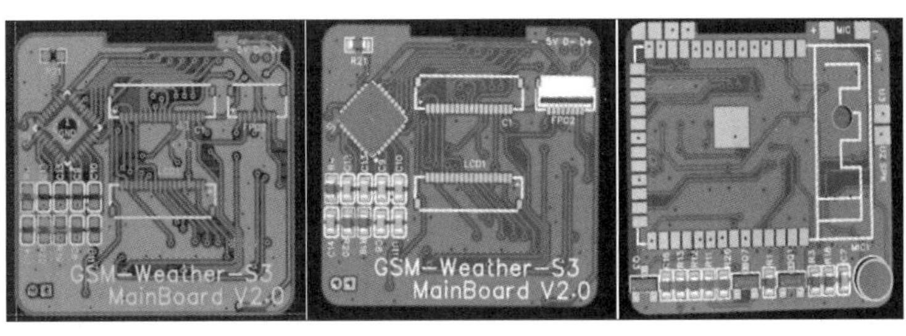

图 9 主控板 PCB 设计

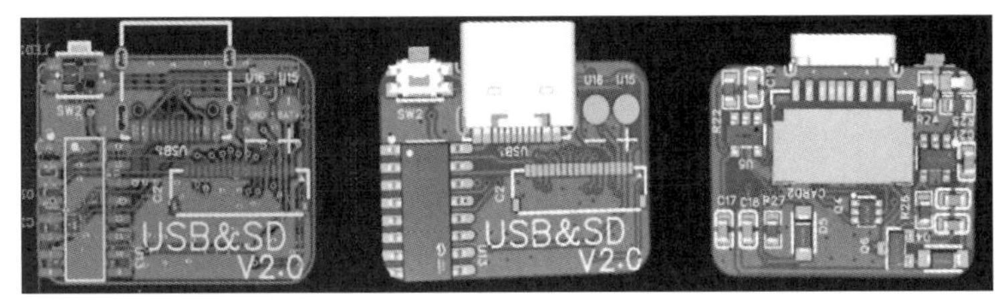

图 10 USB&SD 板 PCB 设计

外壳设计

外壳使用 Autodesk Fusion 360 设计制作。

1. 屏幕的安装

我是个颜值控，在构思时就把该作品的整体外观定义在小巧的标签下，为了完成该作品，我专门学习了 Autodesk Fusion 360 的使用方法。该软件是一款 3D 结构设计工具，我在网上看教程视频学习了 3 周，设计时遇到了很多困难，其中最大的难题是正面屏幕的安装方式，外壳的正面是一个满屏斜面设计，我计划把屏幕直接卡在外壳上，如图 11 所示，斜面外框的尺寸在计算时比较困难，最后无奈用了笨办法，经过 3 次 3D 打印才得到合适的尺寸。

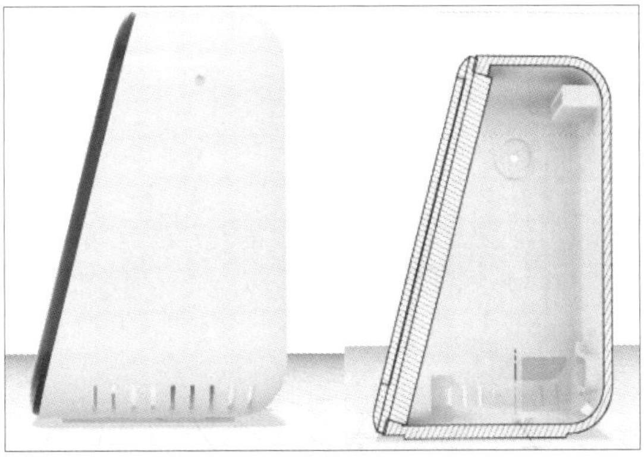

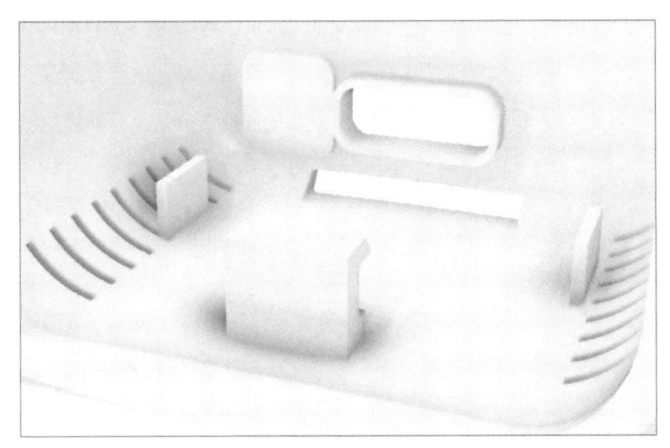

图 11 外壳斜面与截面图（左图黑色为屏幕）

2. USB&SD板的安装

USB&SD 板使用卡扣直接卡在外壳上，底部 3 个卡点固定 USB&SD 板，如图 12 所示。

3. 主板与电池的安装

电池通过双面胶粘在外壳内壁，主板由于有两条 FPC 线支撑，可以直接放在内部。

4. 外观颜色

设计好外壳后进行 3D 打印，然后使用自喷漆更换外壳颜色，外壳的设计与实物如图 13~ 图 15 所示。

软件部分简介

硬件电路设计与焊接完成后可以开始编写代码，这个项目使用乐鑫官方的 ESP-IDF5.0 编程。

代码部分就不全部展开介绍了，需要的朋友可以前往立创开源硬件平台搜索本项目“GSM-Weather-S3”，项目描述中有完整的带注释的代码，可以自行阅读，

图 12 固定 USB&SD 板的卡点

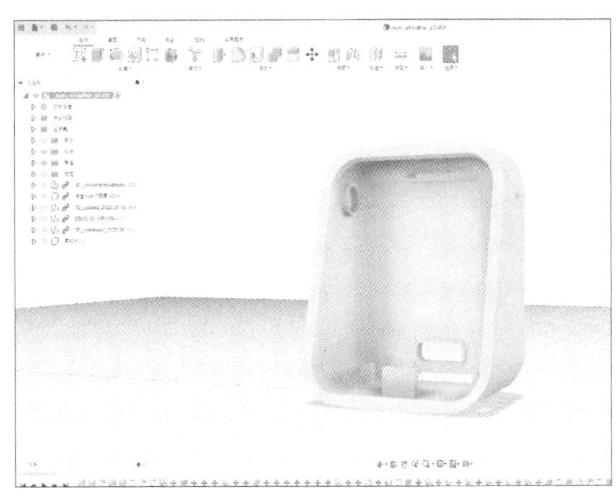

图 13 外壳设计

图 14 实物图 1

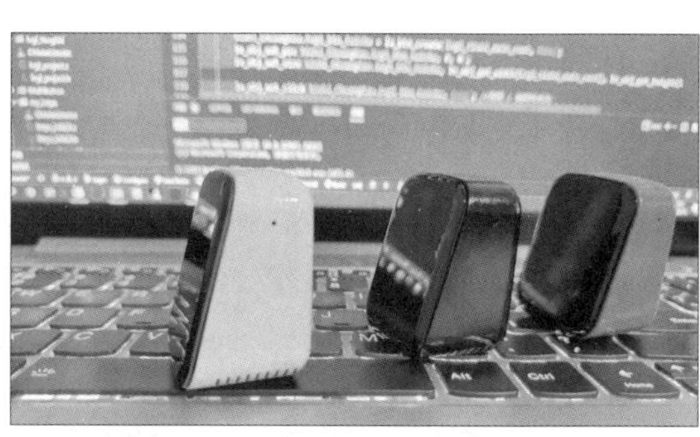

图 15 实物图 2

下面介绍两处关键点。

1. 软件关机

关机代码在 bsp_power.c 文件中，关机代码如下。

```
if(bsp_key_read_power_gpio()==1)
{
  bap_power_debug("关机计数:%d",
count);
  if(++count>20)
  {
    lvgl_hint_create(lv_scr_act(),"松
手关机",200,20);
    while(bsp_key_read_power_gpio())
    {
      vTaskDelay(pdMS_TO_TICKS(10));
    }
    vTaskDelay(pdMS_TO_TICKS(1000));
    while(1)
    {
      bsp_power_off();
      vTaskDelay(pdMS_TO_TICKS(10));
    }
  }
}else
{
  count=0;
}
```

关机逻辑是在开机情况下检测按键是否被按下，按下时开始计时，计时到 2s 认为用户关机，调用窗口提示“松手关机”，然后检测按键是否恢复，恢复后调用 bsp_power_off( )，该函数是拉低开机引脚 POWER_IO，关闭 3.3V 稳压芯片的输出，使整个系统断电。这里在调试时出现了问题，代码执行到 bsp_power_off( ) 时并没有立刻关机，而是等了一会才关机，使用示波器查看 POWER_IO 引脚正确拉低，排除软件问题，经过排查是 VT1（见图 6）处的电路问题，关闭 VT1 控制引脚后，ESP32 模块存有余电，没有立刻断电，等待放电结束后才关机，后来加入两行代码解决了该问题，代码如下。

```
if(bsp_key_read_power_gpio()==1)
bap_power_debug("关机计数:%d",count);
if(++count>20)
{
  lvgl_hint_create(lv_scr_act(),"松手
关机",200,20);
  while(bsp_key_read_power_gpio())
  {
    vTaskDelay(pdMS_TO_TICKS(10));
  }
  vTaskDelay(pdMS_TO_TICKS(1000));
  bsp_ledc_set_duty(0);
  system_save_config();
  wifi_lianjie(system_data.wifi_
name,system_data.wifi_password,NULL);
  while(1)
  {
    bsp_power_off();
    vTaskDelay(pdMS_TO_TICKS(10));
```

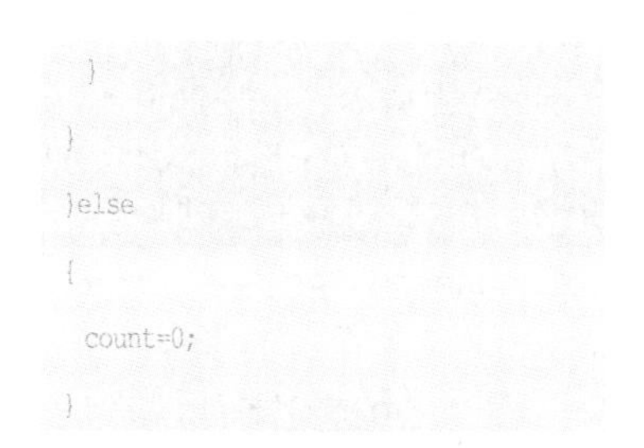

```
    }
  }
}else
{
  count=0;
}
```

2. 界面交互动态效果

交互动态效果是使用 lvgl anim 功能实现的，该功能在设定时间时实现指定变化样式，代码如下。

```
lv_anim_path_t path;
lv_anim_path_init(&path);
lv_anim_path_set_cb(&path, lv_anim_
path_ease_out);
lv_anim_set_path(&bilibili_
ChuangKou.lv_anim_zuo_image_jin,
&path);
lv_anim_start(&bilibili_ChuangKou.
lv_anim_zuo_image_jin);
```

lv_anim_path_set_cb( ) 函数指定变化样式，样式一共有 7 种，这样变量在变化时就可以实现非直行运动来呈现更生动的效果。

结语

这个项目在外观和 UI 上经过了很多次改版，我每次看到计算机旁边的这几个小家伙就特别有成就感，接下来我会继续完善作品的软件和 UI 部分。

用单片机制作厨房定时器

▌肖伟

由于机械定时器的声音较小，厨房中开启抽油烟机以后很难听见闹铃声，并且机械定时器定时准确度较低，于是使用STC单片机做了个数码管显示的定时器。

该定时器主要实现时间倒计时，倒计时结束后驱动蜂鸣器响铃提示。在空闲时间（非倒计时时）显示时间，时间可设置。

硬件设计

1. 主要元器件选择

所有元器件均选择易购买的元器件，以下为本次制作选用的主要元器件。

◆MCU：STC15W系列单片机，也可以选用其他型号。

◆显示：四位带有秒点的绿色共阳数码管。

◆电源：12V交直流转换模块，AMS1117-5.0稳压IC。

◆蜂鸣器：5V有源蜂鸣器。

元器件清单如表1所示。

2. 电路设计

定时器电路如图1所示，主要包括MCU、电源、数码管显示、按键、蜂鸣器，以及可扩展的实时时钟和温度测量电路。

3. 面板及PCB设计

由于厨房中恰好有个空闲的86型开关面板，所以定时器PCB及面板按照86型开关面板尺寸设计。PCB设计如图2所示，PCB 3D预览如图3所示，元器件焊接后的成品电路板如图4和图5所示，86型开关面板开孔后并与PCB组装如图6所示。

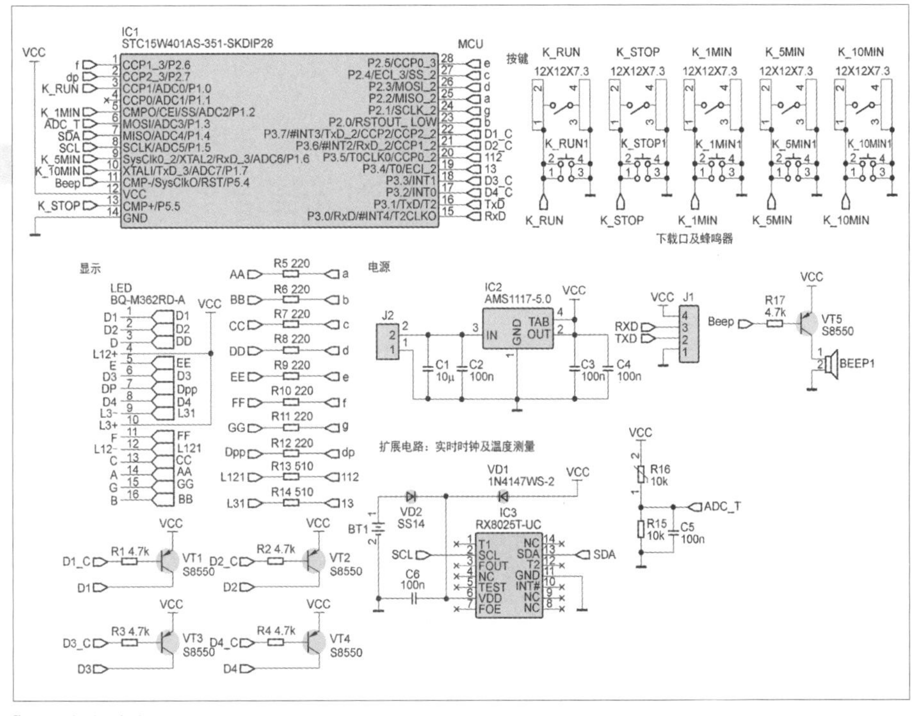

▌图1 定时器电路

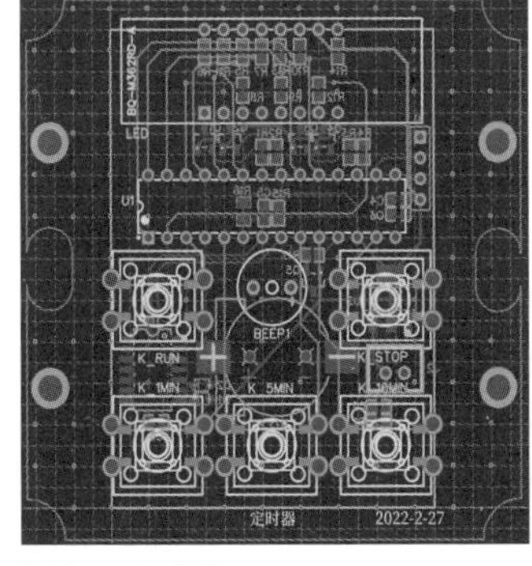

▌图2 PCB设计

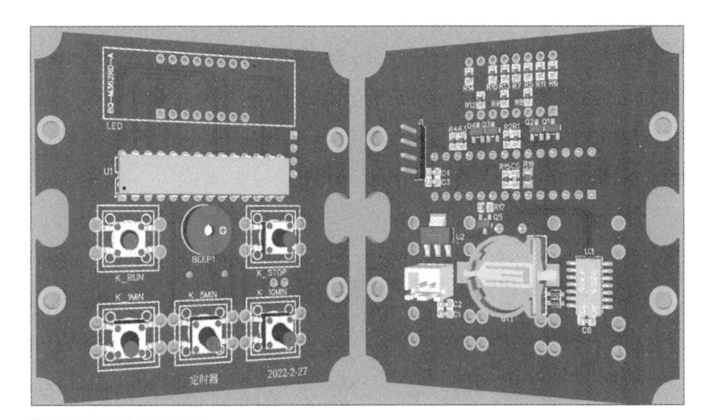

▌图3 PCB 3D预览

表 1　元器件清单

元器件	编号	参数	封装	数量
单片机	U1	STC15W401AS	DIP-28	1 个
稳压 IC	U2	AMS1117-5.0	SOT-223	1 个
有源蜂鸣器	BEEP1	有源蜂鸣器	TH_BD9.0	1 个
电容	C1,C4	10μF	C0603	2 个
	C2,C3,C5,C6	100nF	C0603	4 个
二极管	VD1	1N4148WS-2	SOD-323	1 个
	VD2	SS14	SOD-323	1 个
按键	K_1MIN,K_5MIN,K_10MIN,K_RUN,K_STOP	12X12X7.3	SW-DIP-12X12X7.3	5 个
	K_1MIN1,K_5MIN1,K_10MIN1,K_RUN1,K_STOP1	K4-6×6_SMD	KEY-SMD_4P	5 个
数码管	LED	BQ-M362RD-A	BQ-M362RD-A	1 个
三极管	VT1,VT2,VT3,VT4,VT5	S8550	SOT-23-3	5 个
电阻	R1,R2,R3,R4,R17	4.7kΩ	R0603	5 个
	R5,R6,R7,R8,R9,R10,R11,R12	220Ω	R0603	8 个
	R13,R14	510Ω	R0603	2 个
	R15	10kΩ	R0603	1 个
程序下载口	J1	HDR-M-2.54_1x4	HDR-M-2.54_1X4	1 个
电源接口	J2	XH2.54-2P 直插	XH2.54-2P	1 个
实时时钟 IC	U3	RX8025T-UC	SOIC-14	1 个
热敏电阻	R16	10kΩ	R0805	1 个
纽扣电池	BT1	FBA75002-S02B2101L	BAT-SMD_CR1220	1 个

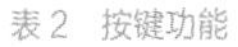

表 2　按键功能

按键名称	功能 1	功能 2	功能 3
开始 / 暂停键	设置定时时间后按该键启动倒计时，空闲状态可立即启动倒计时（默认倒计时时间 5min）	倒计时期间按该键则暂停倒计时	倒计时结束后响铃期间按该键停止响铃
暂停 / 取消键	倒计时期间按该键则暂停倒计时，暂停状态下按该键取消倒计时	在空闲状态下按该键进入设置时间状态，在设置时间状态下切换设置小时和分钟的十位和个位，设置完个位后退出设置状态，进入空闲状态	倒计时结束后响铃期间按该键停止响铃
1min 按键	倒计时时间增加 1min	设置时间状态下为减小键	倒计时结束后响铃期间按该键停止响铃
5min 按键	倒计时时间增加 5min	在设置时间状态下切换设置小时和分钟的十位和个位，设置完个位后退出设置状态，进入空闲状态	倒计时结束后响铃期间按该键停止响铃
10min 按键	倒计时时间增加 10min	设置时间状态下为增加键	倒计时结束后响铃期间按该键停止响铃

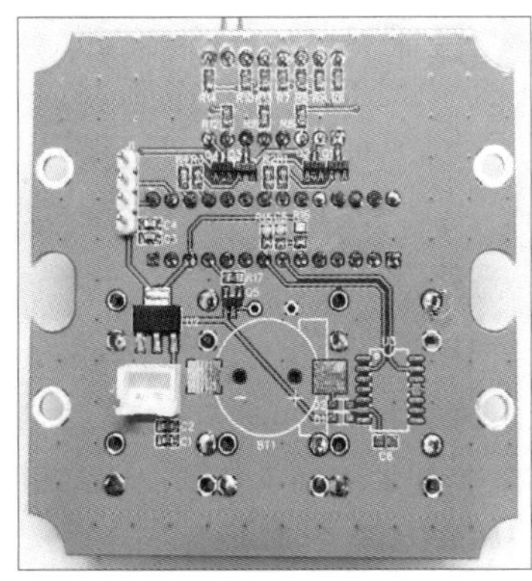

图 4　元器件焊接后成品 - 正面

图 5　元器件焊接后成品 - 背面

图 6　面板布局

软件设计

1. 按键设计

该定时器有 5 个按键，按键功能如表 2 所示。

2. 状态迁移

为满足显示时间、倒计时、设置时间等功能需求，软件上设置空闲、设置倒计时时间、倒计时、暂停、设置时钟和响铃 6 个状态，各状态含义如下。

- ◆ 空闲：显示时间。
- ◆ 设置倒计时时间：通过 1min、5min、10min 按键设置倒计时时间。
- ◆ 倒计时：显示剩余时间。
- ◆ 暂停：暂停倒计时。
- ◆ 设置时钟：设置小时和分钟。
- ◆ 响铃：倒计时结束后响铃提醒。

程序初始化后进入空闲状态，即显示时钟，然后根据不同按键在不同状态之间进行切换。状态转移如图 7 所示。

各状态下数码管的显示如表 3 所示。

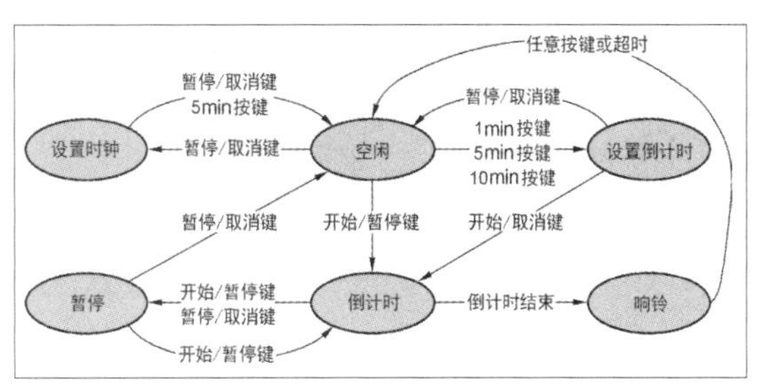

图7 面板布局

表3 各状态下数码管的显示

状态	数码管显示	说明
空闲、设置时钟	16:15	空闲状态下时钟秒点闪烁，设置时钟状态下正在设置的位数字闪烁
设置倒计时	--03	
倒计时、暂停	00:53	暂停状态下数字不变动
响铃	00:00	蜂鸣器鸣响时数字闪烁

3. 程序实现

程序使用C语言编写，由于篇幅限制下面仅介绍数码管驱动、按键扫描和蜂鸣器驱动的部分代码。

（1）数码管驱动

本定时器使用共阳极数码管，根据单片机端口连接关系，可以得到数字0~9、空格和“-”的驱动数组定义。

```
//数码管字段I/O定义
#define BitA P22
#define BitB P20
#define BitC P24
#define BitD P23
#define BitE P25
#define BitF P26
#define BitG P21
#define BitDp P27
#define DOT P35 //时钟点
#define DotC P34 //温度点
//数码管段码定义：0~9，空格，'-'
uchar nNum[12]={0x82, 0xEE, 0xD0,
0xE0, 0xAC, 0xA1, 0x81, 0xEA, 0x80,
0xA0, 0xFF, 0xFD};
```

数码管的驱动实际上是根据将要显示的数字，向单片机I/O发送不同代码驱动的过程。下面是动态扫描四位数码管的核心代码，该部分代码位于DisPlay()函数中。

```
//全部关闭
Bit1=OFF;
Bit2=OFF;
Bit3=OFF;
Bit4=OFF;
//四位数码管动态扫描
PORT_NUM=nNum
[nDisNum[0]];
Bit1=ON;
DelayMs(2);
Bit1=OFF;
PORT_NUM=nNum[nDisNum[1]];
Bit2=ON;
DelayMs(2);
Bit2=OFF;
PORT_NUM=nNum[nDisNum[2]];
Bit3=ON;
DelayMs(2);
Bit3=OFF;
PORT_NUM=nNum[nDisNum[3]];
Bit4=ON;
DelayMs(2);
Bit4=OFF;
```

（2）按键扫描

按键扫描在5ms定时器中断时实现，由于每个按键对应一个I/O，未使用行列扫描方式，因此驱动程序较为简单。

```
//按键扫描部分
if(PORT_1Min==0 || PORT_5Min==0 ||
PORT_10Min==0 || PORT_Start==0 ||
PORT_Cancel==0) //有按键按下
{
 nKeyDownCount++;
 if(nKeyDownCount>2) //10ms软件去抖
 {
  if(PORT_Cancel==0) nKey=KEY_
NULL+11;
  else if(PORT_Start==0) nKey=KEY_
NULL+12;
  else if(PORT_1Min==0) nKey=KEY_
NULL+13;
  else if(PORT_5Min==0) nKey=KEY_
NULL+14;
  else if(PORT_10Min==0) nKey=KEY_
NULL+15;
 }
 else
 {
  nKey=KEY_NULL;
 }
}
else //没有按下或者抬起按键
{
 nKeyDownCount=0;
 if(nKey==(KEY_NULL+11)) nKey=KEY_
Cancel;
 else if(nKey==(KEY_NULL+12))
nKey=KEY_Start;
 else if(nKey==(KEY_NULL+13))
nKey=KEY_1Min;
 else if(nKey==(KEY_NULL+14))
nKey=KEY_5Min;
 else if(nKey==(KEY_NULL+15))
nKey=KEY_10Min;
}
```

在得到按键值（nKey）后，主循环就可以根据不同的按键值响应不同操作。

```
//主循环
while(1)
```

基于模拟开关的数字式可调电阻

演示视频

余晓慧

起源

我在实验室的测试工作中，经常要用可调电阻来模拟热敏电阻，使系统读取到某个特定的温度。实验室里已经有一批数字式的可调电阻，是多年以前，两个学生设计的。这种可调电阻除了可以设置阻值外，还可以直接设置温度，然后自动将温度换算为对应的阻值，非常方便。但是这批可调电阻已经使用了 3 ~10 年，由于采用继电器作为电子开关，如今也基本到了开关次数用尽的时候，出现了阻值不准、重复性差的情况。因为采用的继电器有机械结构和触点，所以还存在容易跌落损坏、触点氧化的问题。我想起来数字电路中有一种称为传输门（又称模拟开关）的元器件，可以用来替代继电器，从而避免上述问题。

在实验室的工作中，我有幸接触到横河示波器，其 DLM 系列的“旋转飞梭”提供的交互体验让我感到惊艳。目前实验室使用的可调电阻，用数码管显示信息，用4个按键实现位选、加、减和确认的功能，用1个2位拨码选择输入的是阻值还是温度。我印象中市场上有类称为“旋转编码器”的元器件，与“旋转飞梭”非常类似，于是决定改进一下可调电阻，提升交互体验。

```
{
  //开始/暂停按键
  if(nKey==KEY_Start)
  {
    ...
  }
  //取消或进入设置时间
  if(nKey==KEY_Cancel)
  {
    ...
  }
  //1min 按键
  if(nKey==KEY_1Min)
  {
    ...
  }
  //5min 按键
  if(nKey==KEY_5Min)
  {
    ...
  }
  //10min 按键
  if(nKey==KEY_10Min)
  {
    ...
  }
```

（3）蜂鸣器驱动

蜂鸣器驱动是在 5ms 定时器中断时实现，由变量 nBeep 决定是否驱动蜂鸣器鸣响，由变量 iBeepInter 决定鸣响的时长，从而实现“嘀～嘀～嘀～嘀～”鸣响效果。

```
//响铃提醒
if(nMode==MODE_BEEP)
{
  if(nBeep>0)
  {
    iBeepInter++;
    if(iBeepInter<15) P_BEEP=0;
    else if(iBeepInter<15*2) P_BEEP=1;
    else if(iBeepInter<15*3) P_BEEP=0;
    else if(iBeepInter<15*4) P_BEEP=1;
    else if(iBeepInter<15*5) P_BEEP=0;
    else if(iBeepInter<15*6) P_BEEP=1;
    else if(iBeepInter<15*7) P_BEEP=0;
    else if(iBeepInter<15*14) P_BEEP=1;
    else {iBeepInter=0; nBeep--;};
  }
  else
  {
    nMode=MODE_IDLE;
    nRunMin=DEFAULT_TIME;//默认计时时间
    nRunSec=0;
  }
}
```

结语

本定时器的时钟部分使用单片机内部RC时钟源，由于内部RC时钟源误差较大，长时间使用会有较大误差，使用预留的高精度时钟电路（RX8025T）可实现长时间精准走时。

此外，本定时器还预留了温度测量电路，利用负温度系数（Negative Temperature Coefficient，NTC）热敏电阻和单片机的模数转换器（Analog-to-Digital Converter，ADC）实现温度测量。

方案讨论

要解决继电器的机械结构带来的问题，核心思路就是用半导体元器件代替继电器。调查之后，排除了以下几种元器件。

◆ 数字电位器。数字电位器的误差太大，一般为 20%，显然不合适。

◆ 固态继电器或 MOS 管。两者都属于三端元器件，必须有一端接地，无法用于本电路中的电子开关。

◆ 线性光耦。输出电流与输入电流呈线性关系，但无法将输出电流转化为电阻，不适用。

◆ 光敏电阻。由一个 LED 和两个光敏电阻构成可调电阻，通过改变 LED 的亮度，改变光敏电阻的阻值。通过光路设计，使得照射到两个光敏电阻上的光通量相等，其中一个用于反馈，另一个用于电阻输出。这一方案在想法上很优秀，但是光路设计、制作工艺、光敏电阻特性等都是很难解决的问题，不适用。

◆ 基于运放的反馈电路。电阻在电路中体现的是 V-I 关系，制作一个电流源，实时检测外电路加在输出端子上的电压 V，调整输出电流为 V/R，对于外电路而言，该电流源表现出电阻的特性。其实这就是电子负载的恒电阻模式。这一方案对于模电的要求比较高，因此我放弃了这个方案。

◆ 购买现成的仪器。一些厂商提供了专业的解决方案，性能好，但是价格比较贵。我们通常要同时测多台机器，而一台机器通常要接多个热敏电阻，用量很大。而对于分辨率和阻值等没有很高的要求，因此要选择符合需求、价格便宜一些的方案。

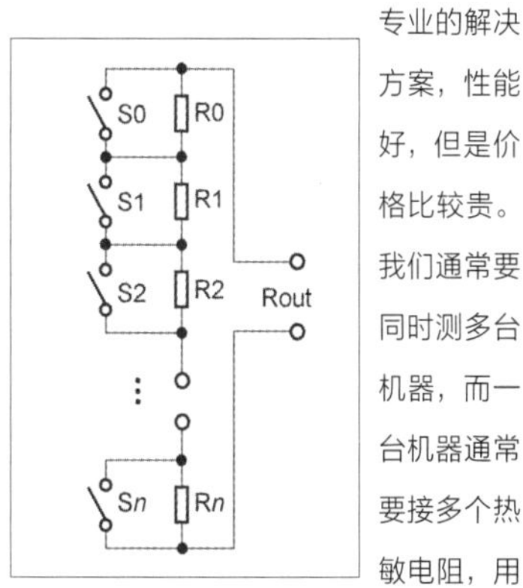

图 1 调节电阻电路

综上所述，在我想到的所有方案中，用模拟开关替代继电器是最简单、效果最好的方案。该方案可能存在一些限制，但在我们的工作场景中，这些限制是可以接受的。

调节电阻原理

利用如图 1 所示电路，可以简便地调节输出电阻的阻值。电阻 R0 至 Rn 串联构成电阻串，给每个电阻并联一个开关，当开关闭合时，该电阻被短路，接入电路的阻值变为 0。开关 S0 至 Sn 均可取值 0 或 1，表示电阻被短路或未被短路，则总的输出电阻 Rout 的取值为：

$$Rout=S0\times R0+S1\times R1+S2\times R2+\cdots+Sn\times Rn$$

为了减少电阻的用量，我们用二进制的思想来选择 R0 至 Rn 的阻值，电阻 Rx 的阻值取为 $Rx=R_0\times 2^x$。于是总的输出电阻为：

$$Rout=S0\times R0\times 2^0+S1\times R0\times 2^1+S2\times R0\times 2^2+\cdots+Sn\times R0\times 2^n$$

$$=R0\times(S0\times 2^0+S1\times 2^1+S2\times 2^2+\cdots+Sn\times 2^n)$$

其中，$S0\times 2^0+\cdots+Sn\times 2^n$ 是我们熟悉的二进制转十进制的公式，因此，我们可以理解为，Rout 的值是单位阻值 R0 乘以一个倍数，而这个倍数的值采用二进制来表示。我们容易发现，R0 在这里起到了“分辨率”的作用，是 Rout 变化的最小单位，而倍数的位数 n 则决定了倍数的最大值，进而决定了 Rout 的变化范围。Rout 的变化范围为 $0\sim(2^n-1)\times R0$。

在实际应用中，一般采用继电器作为电子开关，除了可以利用单片机控制，还可以将控制电路（驱动继电器的电路）与外电路隔离开。

模拟开关原理

在查阅了闫石的《数字电子技术基础》以及 ADI、TI 的应用笔记之后，我总结出了模拟开关这一元器件的一些要点。

如图 2 所示的是模拟开关电路，一对互补的 P 通道 MOSFET 和 N 通道 MOSFET 的 D 极、S 极分别连接在一起，衬底由元器件内部分别接到正电源（+15V）和负电源（-15V）。当 PMOS 接高电平，NMOS 接低电平时，两只 MOS 管均截止，D 极、S 极之间相当于开路；当 PMOS 接低电平，NMOS 接高电平时，两只 MOS 均导通，D 极、S 极之间相当于导通。这种元器件截止与导通的两种状态，与机械开关的断开与闭合十分类似，可以传递模拟信号，故被称为模拟开关。而在数字电路中，这种元器件被称为传输门。

市面上有多种配置的模拟开关可选，例如 1∶2、1∶4、1∶8 等，相当于单刀双掷、单刀多掷开关。例如 CD4052 就是 1:4 的配置，即四选一模拟开关，也被称为多路复用器。

但是模拟开关毕竟是半导体元器件，只有在特定条件下，其特性才接近机械开关。例如模拟开关必须工作在特定电压下，电压过高可能导致元器件损坏，过低则可能导致 MOS 管不能被导通。与机械开关相比，模拟开关的性能往往较差，目前其导通电阻一般在数欧姆量级，部分型号的导通电阻可低至 1Ω 以内。

RS2103XH模块简介

RS2103XH 模块是一款国产的模拟开关，单刀双掷，标称内阻 0.6Ω，工作电压 5V。引脚配置如图 3 所示，当 IN 引脚为低电平时，NO 引脚断开，NC 引脚与 COM 引脚导通，当 IN 引脚为高电平时，

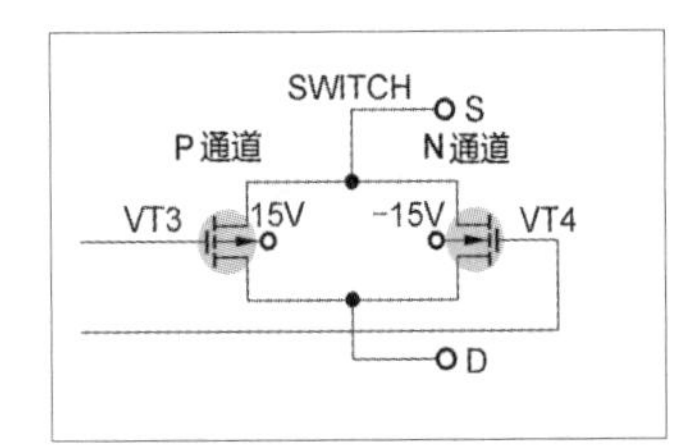

图 2 模拟开关电路

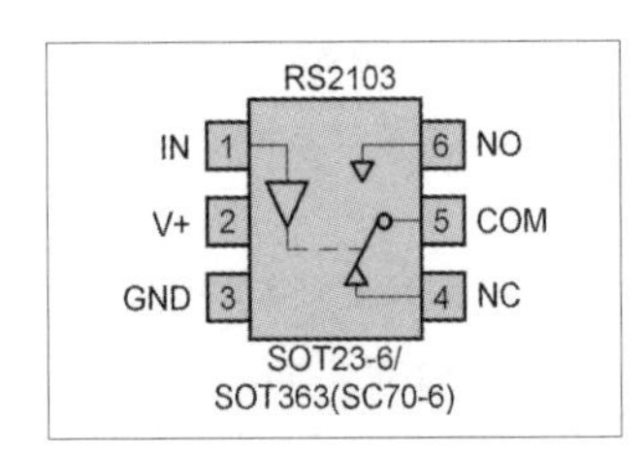

图 3 RS2103XH 模块引脚配置

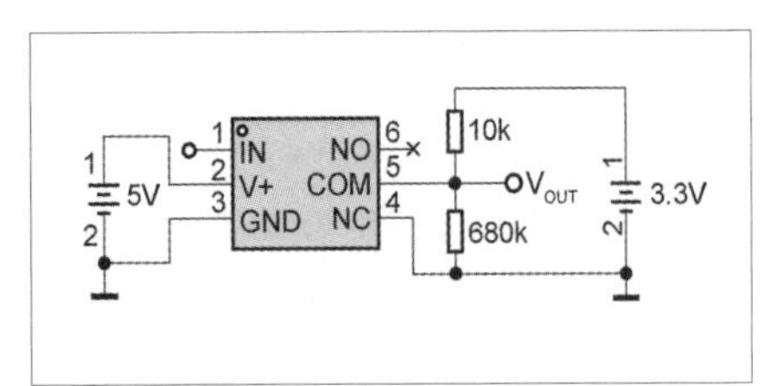

图 4 RS2103XH 模块与外电路共地电路

NO 引脚与 COM 引脚导通，NC 引脚断开。

在我制作了第一版可调电阻之后，发现效果很不理想，于是做了下面两个实验来研究 RS2103XH 模块的特性。

实验 1，如图 4 所示，RS2103XH 模块由 5V 电源供电，电路右侧 3.3V 电源电压加在由 10kΩ 电阻和 680kΩ 电阻构成的分压器上，模拟电阻串联接入外电路中。5V 电源和 3.3V 电源分别由两个 12V 电压适配器经 AMS1117 模块稳压获得，用万用表实测，两个电压分别为 5.01V 和 3.32V。给 IN 引脚加上不同的电平，用万用表测量 V_{OUT} 的电压值。

V_{IN} 引脚为低电平时，NC 引脚与 COM 引脚闭合，V_{OUT} 应为 0V，符合实验结果。V_{IN} 为高电平时，NC 引脚与 COM 引脚断开，V_{OUT}=3.32×680/(10+680) ≈ 3.2719V，符合实验结果。

实验 2，RS2103XH 模块与外电路不共地，如图 5 所示。由于两个电源不共地，所以存在两个参考地，IN 引脚电压以 G1 为参考地测量，而 V_{OUT} 作为外电路的信号，则以 G2 为参考地测量，二者电压分别为 5.01V 和 1.97V。

V_{IN} 为低电平时，结果符合预期，但是 V_{IN} 为高电平时，实验结果与理论不符。可见当 COM 引脚与 NC 引脚浮地时，模拟开关就不能正确地工作。

我在第一版可调电阻的设计中，为了与外电路隔离，采用的是实验 2 中不共地的电路。根据如图 2 所示模拟开关电路，我的分析是，开关是否导通由 MOS 管的 G 极电位和衬底电位决定，所以 D、S 两极的电位虽然不确定，但只要它们之间的电势差不要过大（破坏 MOSFET 导通的条件），便不影响开关导通。但实验证明我的分析是错误的，模拟开关呈现接近理想开关特性的条件是，NC 引脚和 COM 引脚的电位相对于 GND 引脚必须是确定的值（且在工作范围内）。

硬件设计

知道了上述的基本原理之后，最核心的问题就已经被解决了，剩下的都是常规设计。

硬件设计使用的元器件有旋转编码器 EC11 模块、0.91 英寸 OLED 屏以及光耦，由于仅涉及电平输出和 I²C 通信，对单片机没有什么要求，所以选择了 STC15W4K48S4。电源方面，因为实验室里有很多 12V 电源适配器，所以设计输入电压为 12V，通过 78M05 模块转换为 5V 给单片机供电。

电阻输出电路方面，已通过实验得出结论，RS2103XH 模块必须与外电路共地，因此无法与外电路隔离，但是可以将电阻输出电路与单片机控制电路作电气隔离。我购买了海凌科的隔离电源 HLK-1D1205 模块，该模块输入 12V 直流电压，输出 5V 直流电压，额定功率为 1W。隔离电源电路如图 6 所示，只需要分别在输入端和输出端加个电容降低纹波。输出端并联 4 个 1kΩ 电阻是为了消耗至少 10% 的最大输出电流（220mA），避免隔离电源模块因输出电流太小而工作不稳定。实际测量隔离电源的输出电压为 4.7V 左右，误差比规格书所述要大。

电阻串的单元电路如图 7 所示，采用光耦隔离信号，光耦输入端的电流来自

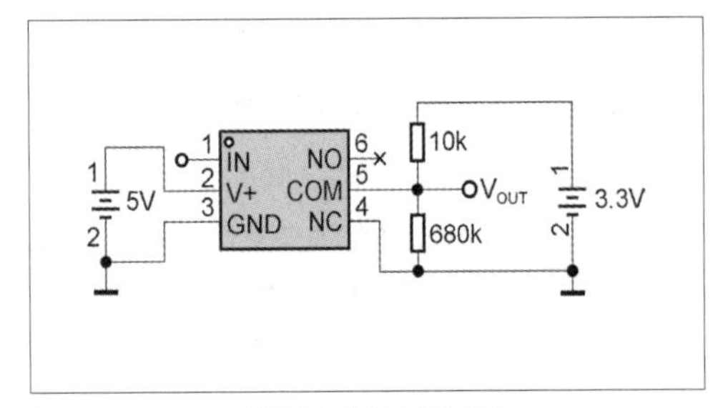

图 5 RS2103XH 模块与外电路不共地电路

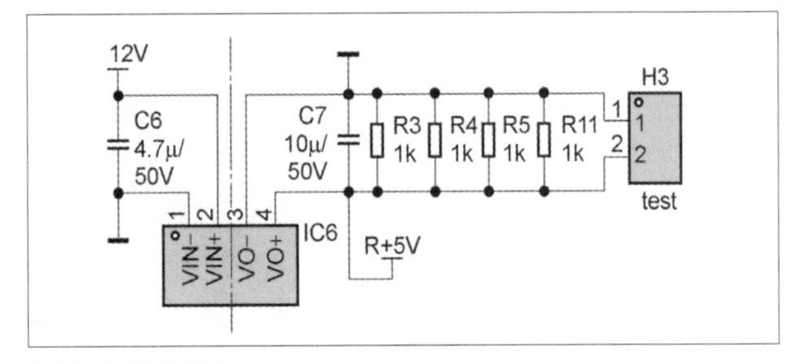

图 6 隔离电源电路

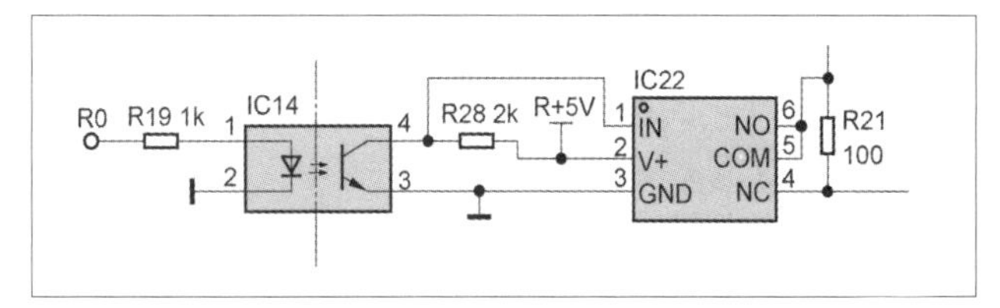

图 7 电阻串的单元电路

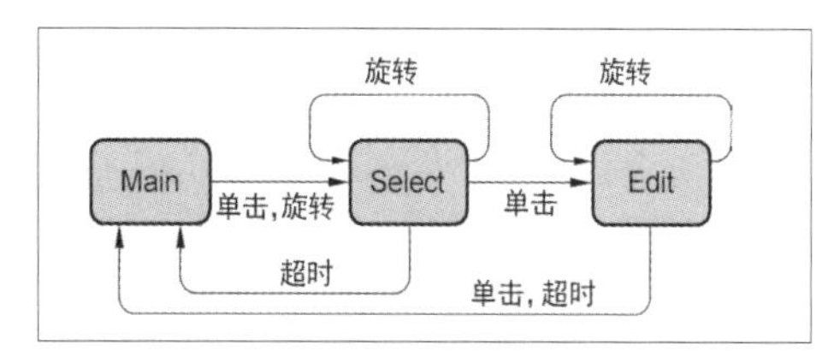

图 9 不同状态之间的转换关系

图 8 制作完成的电路板

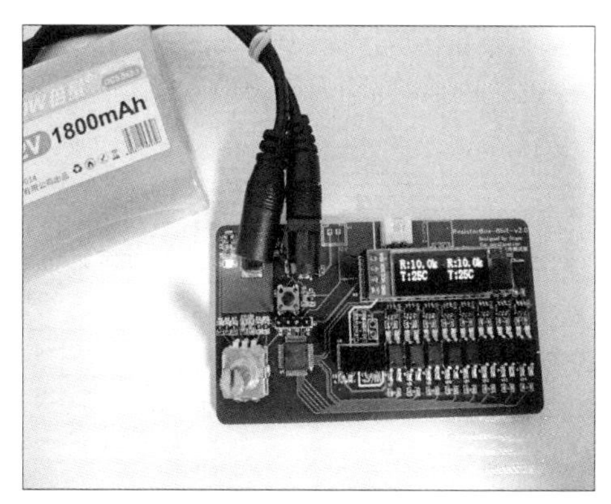

图 10 运行中的可调电阻

单片机的推挽输出。最小电阻 R0 设计为 100Ω，电阻串的位数为 8 位，输出范围为 0~25.5kΩ。

制作完成的电路板如图 8 所示。

软件设计

软件功能比较简单，实现用户通过旋转编码器设置温度值或电阻值的功能。要求具有内置温度与阻值的对应关系表，当用户修改电阻值时，同步显示当前阻值对应的温度；当用户修改温度时，同步显示当前温度对应的阻值。采用状态机的思想编写程序，将上述功能归纳为 3 个状态。

Main：用户长时间无操作时，显示温度值和阻值。

Select：用户旋转旋钮将焦点移动到温度项或阻值项上，焦点所在的地方高亮显示。

Edit：用户旋转旋钮修改焦点所在项目（温度或阻值）的数值，焦点所在的地方高亮并闪烁。

不同状态之间的转换关系如图 9 所示。

在程序的实现上，将一轮主循环分为输入、处理、输出 3 步。输入阶段读取旋转编码器的旋转、按键动作，以及读取时间。然后进入处理阶段，根据输入更新状态机的状态、阻值和温度值。如果没有输入，则处理阶段不做任何事情。最后进入输出阶段，如果温度值或阻值有变化，则更新屏幕显示的数值，改变电阻输出电路的阻值，另一方面，在这个阶段实现屏幕高亮或闪烁的效果。

将程序烧录到 STC15W4K48S4 中，加载电源之后，运行效果如图 10 所示。

结语

使用万用表测量输出阻值，误差在 1% 左右，与所用贴片电阻的精度相当，证明这一可调电阻的设计可行。

与继电器方案相比，模拟开关方案体积小，理论上耐摔，寿命长，但实际使用寿命如何，还有待投入使用后检验。模拟开关的内阻比继电器的大，但是在我们的使用场景中，这一误差是可以忽略的。

目前的设计要求加在电阻输出端口上的电压极性正确，否则便超出了模拟开关的工作范围，在使用上不太方便，后期可以通过采用双电源和电源电压 12V 的模拟开关来解决这个问题。

这个项目中的核心元器件、模拟开关、隔离电源和单片机都是国产的，绘制 PCB 用的也是国产的立创 EDA 专业版。最初选择国产元器件的原因是便宜，实际使用之后让我感到有些惊喜，也感到它们的一些不足。RS2103XH 模块比 TI 的 TS5A3166 模块便宜一半，但是内阻却低 1/3。另外感谢嘉立创免费打样的活动，让我有可能迭代了几批板子做实验，才有了最终的成品。衷心希望国内厂商能够持续改进产品，提供更高质量的产品，早日扩大国内市场份额。

用场效应管制作 3-T 动态存储器

俞虹

3-T动态存储器是由3个场效应管组成存储单元的存储器，由于读/写电路较简单，在有的场合会用到它。另外，动态存储器和其他存储器不同之处是需要刷新电路。否则，一定时间后，电路就不能工作了。这里我们也用到刷新电路，它可以在电路读取数据时将数据写入。同时，我制作的3-T动态存储器比以往制作的动态存储器容量大，可以达到64bit，它可以实现点阵屏的显示。

工作原理

要使场效应管制作的 3-T 动态存储器能够正常工作，需要 2 个电路部分，一个是 64bit 3-T 动态存储器，另一个是读取、显示和刷新电路。

1. 双方向导通场效应管

双方向导通场效应管的符号如图 1 所示，可以看出衬底 B 的箭头是向里的，因此它是双方向导通的 NMOS 管。它的电流方向是由漏极（D）和源极（S）之间的电位决定的，漏极电位（对地）大于源极，则电流由漏极流向源极；源极电位大于漏极，则电流由源极流向漏极。这种管主要在集成电路出现，分立元器件比较少见，那么分立元器件如何实现电流双方向导通呢？可以使用 2 个 3 引脚的 NMOS 管来实现这种电流双方向导通，等效电路如图 2 所示。将 2 个普通的 NMOS 管栅极连接在一起作为这种管的栅极 G，将漏极连接在一起，同时将两个源极作为这种管的 D（S）极和 S（D）极。当栅极加导通电压后，D（S）极和 S（D）极之间也加电压，这样其中一个 NMOS 管导通，电流会从另一个 NMOS 管上的寄生二极管流过，再流入导通的 NMOS 管，完成其中一个方向的电流流动。只要改变 D（S）极和 S（D）极之间的电压方向，就可以完成另一个方向的电流流动，从而实现双方向导通。

2. 3-T存储单元（包含读/写电路）

3-T 存储单元的电路如图 3 所示，它由 NMOS 管 VT1~VT10 和拨动开关 K1~K5 组成，电路中主要是由 VT1、VT1′、VT2、VT3 和 C1 组成的存储单元（这里由 VT1 和 VT1′ 代替一个双方向导通场效应管）。

数据写入过程：要把一个数据写入存储单元，向上拨动 K5（接电源正极）再拨动 K4，数据可以经 VT9 和 VT10（双方向导通场效应管）送到写数据线上。向上拨动开关 K3，写控制端 W 为高电平，使写选择线变为高电平，从而使 VT1 或 VT1′ 导通。当写入数据为 1 时，VT9 导通，写数据线为高电平，因 VT1′ 导通，电容 C1 被充电（如电源电压为 3.6V，则 C1 上的电压为 2.5V），即 C1 被充电到高电平，这样数据 1 就暂时被存储在 C1 中。当写入的数据为 0 时，VT10 导通，VT1 也导通，这时如果 C1 原来暂存的是数据 1，就会通过 VT1 和 VT10 放电，所以 C1 中的数据 1 会变为 0（如果原来为 0 则不变），这样数据 0 就被暂存在 C1 中。

数据读取过程：首先需要对 C2 和 C3 预充电。VT4 和 VT5 是预充管，在读操作之前，向左拨动 K1，使 VT4 和 VT5 导通，从而对读 / 写数据线的电容 C2 和读数据线的 C3 进行预充电。向右拨动 K1，VT4 和 VT5 截止，在数据线上的 C2 和 C3 仍然保持高电平（约 2.5V）。接着开始读取过程，向上拨动 K2，读控制端 R 为高电平，即读选择线为高电平。如这时 C1 存数据 1，则 VT2 导通，同时因为读选择线为高电平，所以 VT3 也导通，电容 C3 经 VT2 和 VT3 放电，使读数据线降为低电平。这时 VT6 截止，C2 上的电荷不能通过 VT6 和 VT7 释放到地，这样写数据线保持高电平。这时 VT8 导通， LED 被点亮，相当于数据 1 由数据线经 VT8 输出，从而完成读 1 的过程。如 C1 存有数据 0，则 VT2 截止，读数据线上的电容 C3 就不经过 VT2 和 VT3 放电，故读数据线保持高电平。这时读数据线的高电平使 VT6 导通，又由于读控制端 R 为高电平，使 VT7 导通，写数据线上的电容 C2 通过 VT6 和 VT7 放电，使写数据线降为低电平。这时

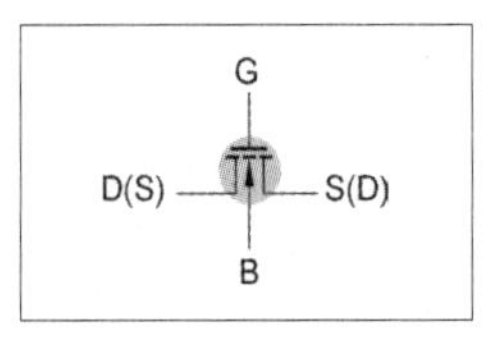

图 1 双方向导通 NMOS 管符号

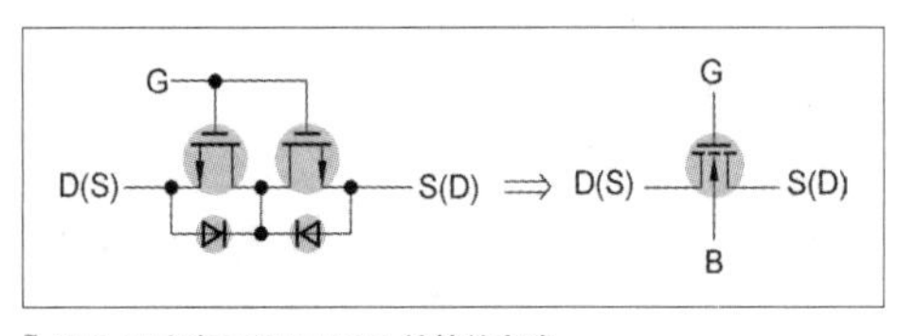

图 2 双方向导通 NMOS 管等效电路

VT8截止，LED熄灭，相当于数据0由写数据线经VT8输出。

刷新过程：由于电容C1会通过自身的泄漏电阻放电，为了长期保存数据，必须定时刷新，来补偿C1失去的电荷。刷新方法是先预充，等预充完成后进行读操作，这时C1上的数据就被读到写数据线上。在读数据的同时，使写控制端W为高电平，则C1上的电荷会B道C2上的电荷变化而变化，即写数据线为高电平时，会对C1充电，使C1数据为1稳定不变。在写数据线为低电平时，C1的数据为0保持不变，这样就可以做到读取数据的同时还能进行数据的刷新。一般电容C1使用的是瓷片电容或电解电容，可以根据电容漏电的情况，选择刷新时间和间隔时间。

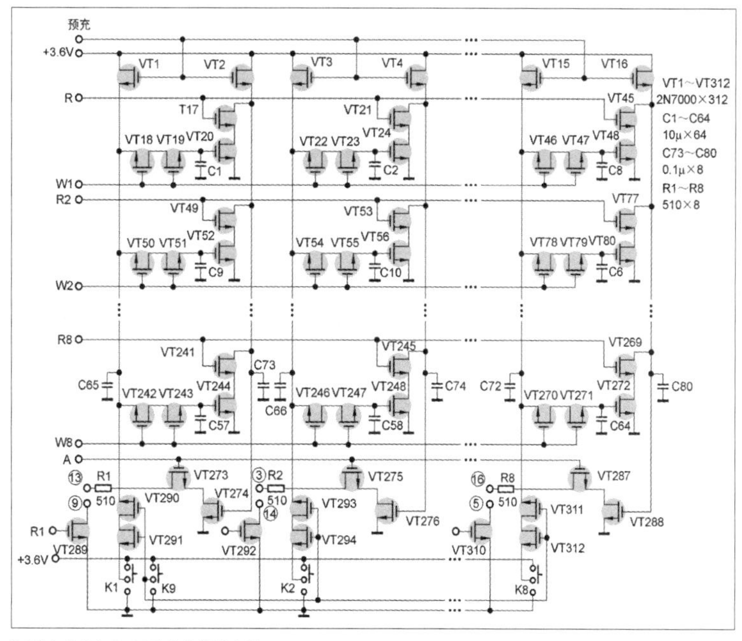

图4 64bit 3-T动态存储器电路

3. 64bit 3-T动态存储器

64bit 3-T动态存储器电路如图4所示，元器件清单1如表1所示，它由VT1~VT312、C1~C80以及电阻R1~R8等元器件组成。VT1~VT16组成8个预充电路，每个预充电路供8个3-T存储单元使用。4个NMOS管组成一个3-T存储单元，这样共有64个3-T存储单元，形成8行8列存储器。同时每1列有1个（共8个）读写和显示电路，如VT273、VT274、VT289~VT291就组成一个这样的电路。⑬⑨、③⑭……⑯⑤是点阵屏的16个引脚，两个数的组合，前面数表示行，后面数表示列，并且顺序为从左到右，从上到下。它们的工作是以行的形式加脉冲，写入数据时，K1~K8选择0或1，再将K9向上拨动，用开关K1~K9控制数据线W1~W8中有一条为高电平，其他为低电平。如W1为高电平，则数据就会被写入电容C1~C8中。同理，W2为高电平，则数据就被写入C9~C16中。如要读取数据，可以在预充线上加3.6V电源，使16条列线上的电容C65~C80（共16个）都充上2.5V电压，然后使数据线R1~R8其中一条为高电平，这样数据0或1就会被读到每列的左侧列线上（这时A线为高电平）。例如数据线R1为高电平，则C1~C8上的数据就会被读到每列的左侧列线上。同理，数据线R2为高电平，C9~C16上的数据就会被读到每列的左侧列线上。然后通过后面将要介绍的扫描式读取、显示和刷新电路将存储的64个数据显示在点阵屏上，其中电阻R1~R8为点阵屏的限流电阻。

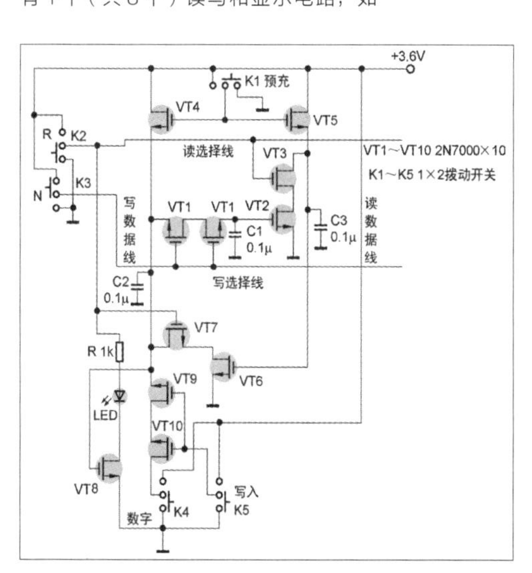

图3 3-T存储单元电路

4. 扫描式读取、显示和刷新电路

扫描式读取、显示和刷新电路如图5所示，元器件清单2如表2所示。IC1、微调电阻RP和瓷片电容C1等元器件组成脉冲振荡电路，IC1的3脚输出脉冲信号，经三极管VT1反相后供后级4路电路使用。第一路作为IC2(CD4017)的脉冲输入，第二路（A′点）连接到64bit 3-T存储器上的A数据线上，第三路加到IC3(CD4011)8个与非门的一个输入端，第四路经VT2反相作为预充脉冲信号。那么为什么需要这样连接电路呢？这是为了读取数据和点阵屏显示。IC2组成脉冲移动电路，在14引脚脉冲的作用下，输出的脉冲会从IC2的3、2、4、7、10、1、5、6这8个引脚移动输出，但这些脉冲包含

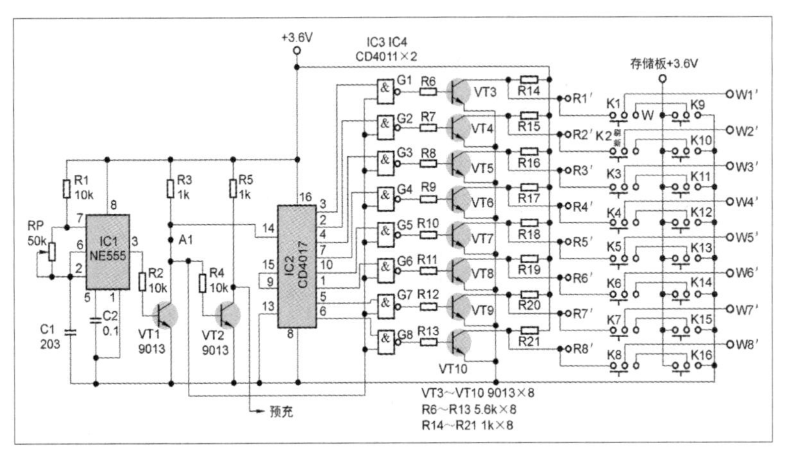

图 5 扫描式读取、显示和刷新电路

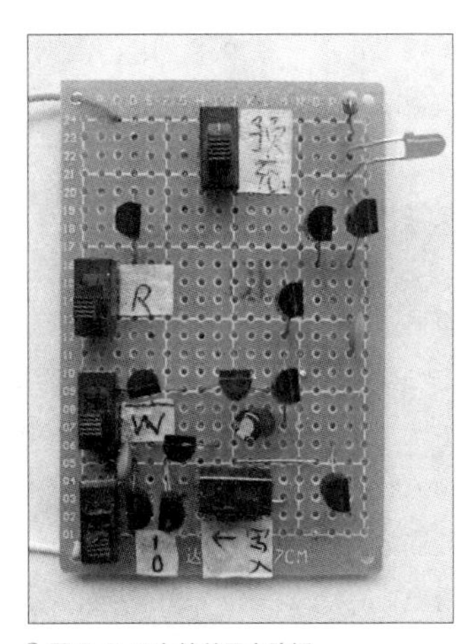

图 6 3-T 存储单元电路板

有预充脉冲的成分，为了消除预充脉冲成分，将移动脉冲加到 8 个与非门 G1~G8 的一个输入端上，G1~G8 的另一个输入端共同连接到 VT1 的集电极上（也就是第三路输出）。再根据与非门 Y=AB 的逻辑关系可以得到去预充脉冲成分的移动脉冲信号，8 个脉冲信号经三极管 VT3~VT10 反相后变为所需要的正脉冲信号，作为读取电路输出的脉冲信号。工作时，将信号线 R1′ ~ R8′ 接到 64bit 存储器电路上的 R1~R8 数据线端和 NMOS 管的 R1′′ ~ R8′′ 端，实现数据的扫描输出和显示。拨动开关 K9~K16 作为 8 条数据线 W1~W8 的信号输入，如果将开关向左拨动（接 3.6V 电源），数据就被写入（每次可以写入 8 个数据）。K1~K8 为刷新开关，要对存储器中的数据进行刷新时，在读取数据的情况下（扫描读取）将 K1~K8 向左拨动，即信号线 R1′ ~R8′ 的信号也加到存储器电路上的 W1~W8 端，从而实现读和写同时工作，即实现数据的刷新。

表 1　元器件清单 1

名称	位号	值	数量
NMOS 管	VT1~VT312	2N7000	312 个
电解电容	C1~C72	10μF，50V	72 个
瓷片电容	C73~C80	104	8 个
电阻	R1~R8	510Ω	8 个
拨动开关	K1~K9	1×2	9 个
万能板	9cm×15cm	–	4 个
螺丝	Φ=3mm，长为 5cm	–	4 个

表 2　元器件清单 2

名称	位号	值	数量
时基电路	IC1	NE555	1 个
计数 / 脉冲分配器	–	CD4017	1 个
四二输入与非门	–	CD4011	2 个
三极管	VT1~VT10	9013	10 个
拨动开关	K1~K16	1×2	16 个
瓷片电容	C1	203μF	1 个
瓷片电容	C2	104μF	1 个
微调电阻	RP	50kΩ	1 个
电阻	R1、R2、R4	10kΩ	3 个
电阻	R3、R5、R14~R21	1kΩ	10 个
电阻	R6~R13	5.6kΩ	8 个
万能板	9cm×12cm		1 个
点阵屏	3.2cm×3.2cm	共阴极	1 个

这样，只要调微调电阻 RP 的阻值，那么移动脉冲就移动得足够快，从而点阵屏上的 LED（8 个 LED 为一行）亮点从上到下移动得足够快，使人的眼睛看到点阵屏的亮点就是一个有意义的字。

制作方法

1. 制作3-T存储单元

为了制作 64bit 动态存储器有更多的把握，我用 5cm×7cm 的万能板先制作一个 3-T 存储单元。根据图 3 所示将元器件焊接在万能板上并用锡线连接电路，将 5 个拨动开关焊接在相应的位置。为了在测试时不拨错开关，可以在对应开关的边上贴上标签，如 R、W 标签等。焊接完成的 3-T 存储单元电路板如图 6 所示。检测元器件焊接无误后，可以进行读写测试。将电路板接 3.6V 电源（可以用 3 节 5 号镍氢电池），先将数据开关 K4 向上拨动（拨动方向产生的高 / 低电平以电路图为准），输入数据 1，再将写入开关 K5 向上拨动，向上拨动开关 K3，数据 1 被写入存储单元中的 C1 中，完成后向下拨动 K3、K5。再进行数据的读取，向上拨动开关 K2，（加预充脉冲）再拨回，电容 C2 和 C3 被充电，向上拨动开关 K2， LED 发亮，说明数据的写入和读取成功。然后向下拨动开关 K4，输入数据 0，再用同样方法测试数据 0 的写入和读取。

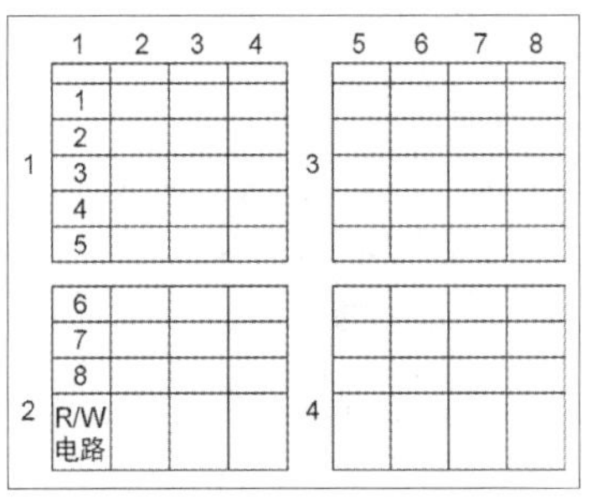

图 7 存储电路板规划

但必须清楚，读取 0 时， LED 应该是熄灭的。

2. 制作64bit动态存储器

选取 4 块 9cm × 15cm 的万能板，根据图 4、图 7 所示规划好元器件焊接位置。先将 NMOS 管放在第一块万能板上并焊接，再放上电容焊接。一般靠上端焊接的是预充管，下端焊接存储单元管，再下面焊接读 / 写管。可以看出，要焊接的主要是 64 个存储单元，又因存储单元由 4 个 NMOS 管和 1 个电容组成，故焊接起来比较简单。需要考虑一个存储单元的连接方法，之后重复连接就可以了，关键是连线比较多。一般竖线连接用锡线，横线使用飞线（可以使用软线作为飞线），10μF 电容可以使用 4mm × 7mm 的型号。制作完成的第一块电路板正面如图 8 所示，反面如图 9 所示。然后再制作第二块电路板，第二块电路板只有 12 个存储单元，排成 3 行，电路板的下面用于焊接读 / 写和显示电路。同样先焊接存储单元的 NMOS 管，再焊接电容，最后焊接读 / 写和显示电路元器件。可以看出每个读写和显示电路的左侧电容和右侧电容是不同的，一个容量是 10μF，另一个容量是 0.1μF，这是点阵屏显示的需要。然后进行连线，方法与第一块电路板相似，也要使用飞线。制作完成的第二块电路板正面如图 10 所示，反面如图 11 所示，要求上面介绍的电路板再制作 2 块（即第一块板和第二块板各 2 块），这样 4 块电路板即制作完成。然后检查元器件焊接情况，看是否有虚焊、连焊和错焊的情况，直到电路板正常。再用软线将 4 块电路板按电路要求连接，主要是板和板之间数据线以及电源线等的连接。连接时要考虑方便检修，不要把线连接太紧凑（不要以以叠合的方式连接），连接完成的 4 块电路板如图 12 所示，等测试完成后，可以将 4 块电路板用 5cm 长的螺丝固定住。

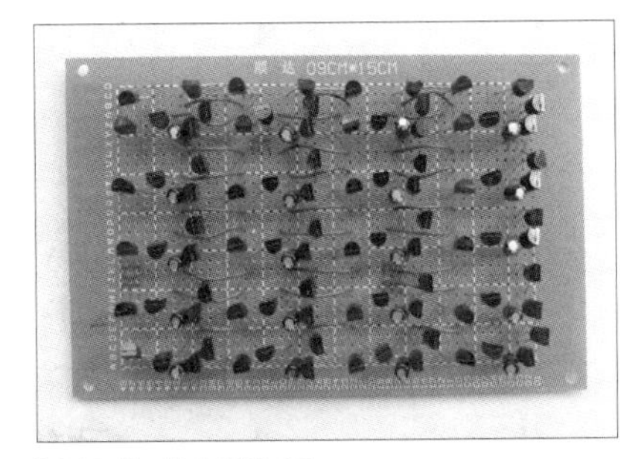

图 8 第一块电路板正面

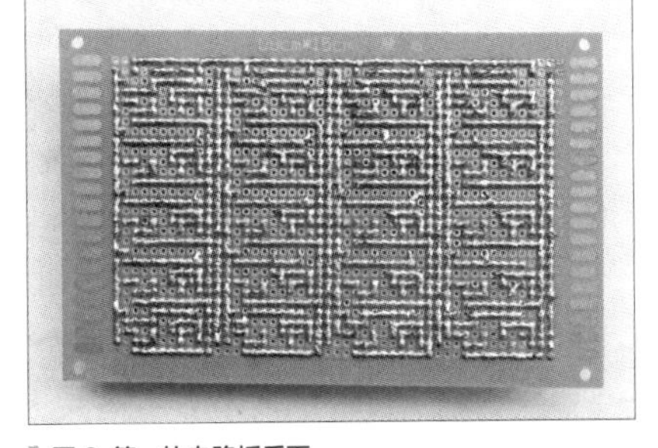

图 9 第一块电路板反面

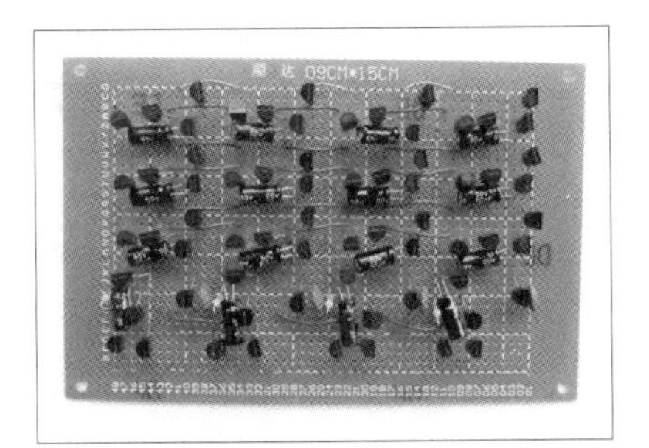

图 10 第二块电路板正面

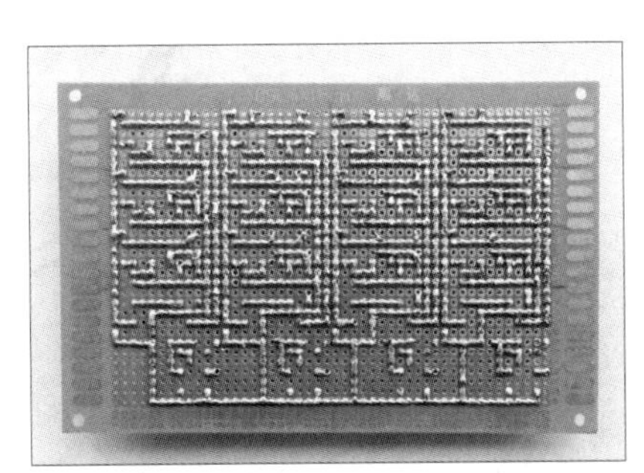

图 11 第二块电路板反面

图 12 连接完成的 4 块电路板

图 13 扫描式读取、刷新和显示电路板

3. 制作扫描式读取、刷新和显示电路

选取一块 9cm × 12cm 的万能板，将图 5 所示的元器件焊在万能板上。中间焊接 8×8 点阵屏，两侧和上侧焊接 24 个拨动开关，集成电路焊接在点阵屏的上侧和右侧。先焊上元器件再用锡线连接电路，如连接的锡线不够用，可以考虑背面用飞线，制作完成的电路板如图 13 所示。然后检查元器件的焊接情况，看是否有虚焊和错焊的问题，然后通电检查电路是否能正常工作。为了方便检查脉冲信号是否正常，可以先将电容 C1 改为 10μF 的，接 3.6V 电源，在 IC1 的 3 引脚用万用表测量应有脉冲输出，然后在 A′ 点和预充端测量也要有脉冲输出，再测量信号线 R1′ ~ R8′ 端也要有脉冲输出。如有问题，应该检查连线是否有错，直到正常。

4. 总装和测试

以上 5 块电路板都制作完成后，可以用导线将 5 块电路

图 14 安装完成的 64bit 3-T 动态存储器

1	0	0	0	0	0	0	0	0
2	0	1	1	0	0	1	1	0
3	1	0	0	1	1	0	0	1
4	1	0	0	0	0	0	0	1
5	0	0	0	0	0	0	1	0
6	0	0	1	0	0	1	0	0
7	0	0	0	1	1	0	0	0
8	0	0	0	0	0	0	0	0

1	0	0	0	1	0	0	0	0
2	0	0	1	1	0	0	0	0
3	0	0	0	1	0	0	0	0
4	0	0	0	1	0	0	0	0
5	0	0	0	1	0	0	0	0
6	0	0	0	1	0	0	0	0
7	0	0	0	1	0	0	0	0
8	0	0	1	1	1	0	0	0

图 17 爱心存储数据

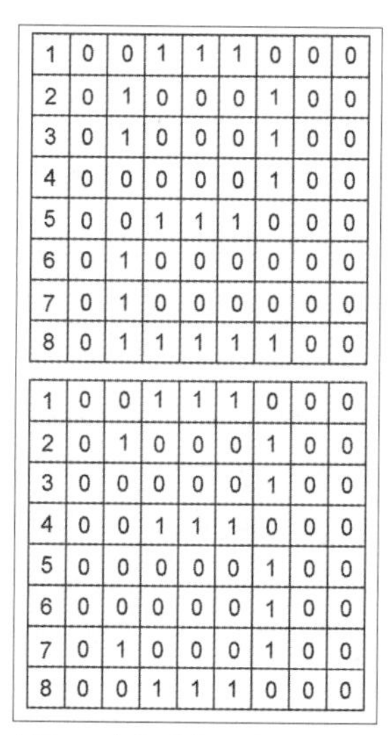

1	0	0	1	1	1	0	0	0
2	0	1	0	0	0	1	0	0
3	0	1	0	0	0	1	0	0
4	0	0	0	0	0	1	0	0
5	0	0	1	1	1	0	0	0
6	0	1	0	0	0	0	0	0
7	0	1	0	0	0	0	0	0
8	0	1	1	1	1	1	0	0

1	0	0	1	1	1	0	0	0
2	0	1	0	0	0	1	0	0
3	0	0	0	0	0	1	0	0
4	0	0	1	1	1	0	0	0
5	0	0	0	0	0	1	0	0
6	0	0	0	0	0	1	0	0
7	0	1	0	0	0	1	0	0
8	0	0	1	1	1	0	0	0

图 18 “1”“2”“3”存储数据

板用软线连接起来。由于连接的线较多（从读取、刷新和显示电路板上接出），大约有 50 条引线，可以考虑使用 8 芯扁平线。为了便于拨动开关的读 / 写操作和点阵屏显示，引线要在两侧和背面引出到存储器电路板。一般焊接完成一组引线需要检查一下，看是否有错，不能等 50 条引线焊完成再检查，全部安装完成的 64bit 3-T 动态存储器如图 14 所示。

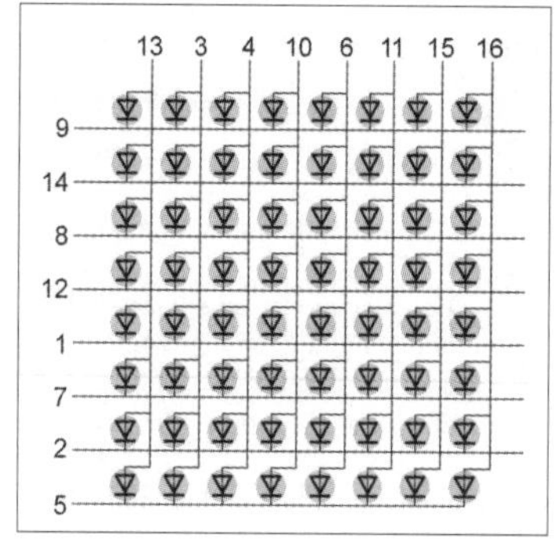

图 15 点阵屏内部连线

接着进行测试。先介绍点阵屏的情况，共阴极点阵屏的内部连接情况如图 15 所示，引脚排列如图 16 所示，接着测试存储器的存储和显示情况。先显示一个爱心再显示数字“1”“2”“3”，爱心和“1”“2”“3”的存储显示如图 17、图 18 所示。先将爱心的存储数据存入存储器中，接上 64bit 存储器电路板的电源，拨动开关 K1~K8 选择数据，拨动写入开关 K9，再逐步拨动图 5 的 K9~K16 开关。存储完成后，再接通扫描电路板的电源，这时爱心应在点阵屏上显示出来，如出现爱心显示闪烁，可以调微调电阻 RP 直到正常。同样方法再显示“1”“2”“3”这 3 个数，爱心和“1”“2”“3”显示情况如图 19 和图 20 所示。用这个制作还可以显示简单的汉字，如显示“电子”的情况如图 21 所示。

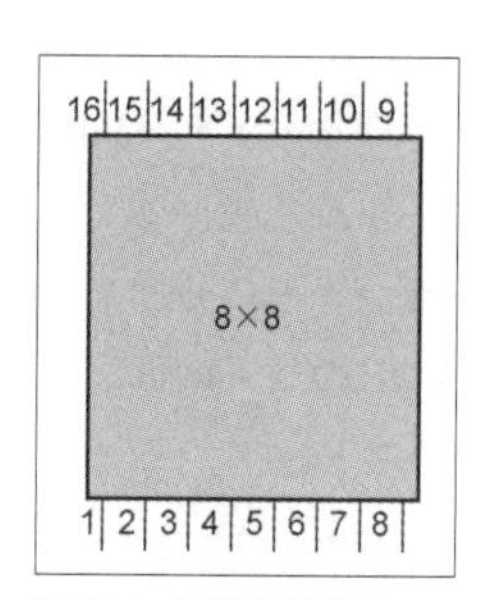

图 16 点阵图引脚排列

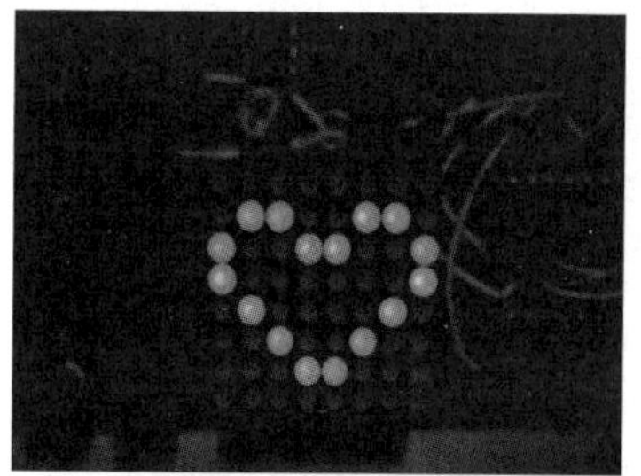

图 19 爱心显示

5. 刷新电路

由于存储单元的电容电荷会不断减少，需要定时补充电荷。方法是将图 5 所示（扫描电路板）的拨动开关 K1~K8 在显示的状态下向左拨动，这样数据就会被刷新。一般电容的电荷能保持约 1h，故可以考虑半小时刷新一次，刷新时间在 10s 左右。

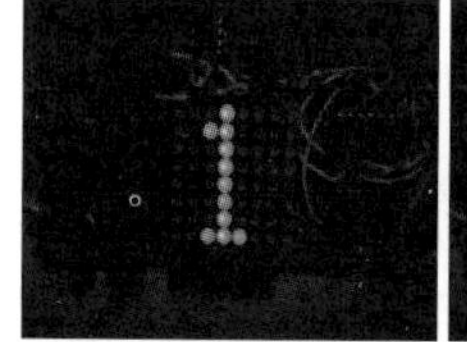

图 20 “1”“2”“3”显示

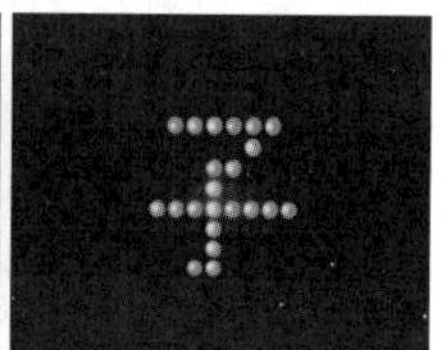

图 21 “电”“子”显示

全数字电阻箱

王陆琳

电阻箱是利用变换装置来改变其阻值的可变电阻器具，它由若干个不同阻值的定值电阻，按一定的方式连接而成。传统电阻箱的变换装置通常采用转盘式、插销式和端钮式等机械结构，存在体积较大、阻值调节不方便、阻值读取不直观等问题。全数字化电阻箱具有体积小、阻值设置方便灵活、阻值读取直观等优点，并可以实现多组预置阻值快速切换，满足设备开发、试验等不同场景的需求。

硬件设计

1. 系统框架

全数字电阻箱系统框架如图 1 所示。本系统包括控制器和电阻矩阵两大部分，控制器包括电源模块、MCU、LCD 显示模块和用户输入模块，电阻矩阵包含串 / 并译码器和 3 个阻值量级的电阻矩阵。

2. 主要元器件选择

全数字电阻箱元器件的选择兼顾精度和成本，主要元器件选型如下。

◆ MCU：STC15W 系列单片机。

◆ 显示：160 像素 ×128 像素全彩 LCD。

◆电源模块：78M05 和 AMS1117-3.3 稳压 IC。

◆ 输入：EC11 旋转编码器。

◆ 继电器：SIP-1A05 干簧管继电器，吸合接触电阻为 150MΩ。

◆ 矩阵电阻：1‰金属膜电阻。

◆ 串并译码器：74HC595。

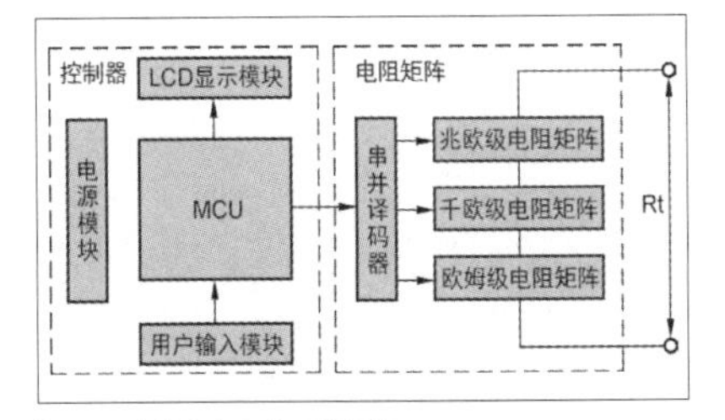

图 1 全数字电阻箱系统框架

3. 电阻矩阵原理

本系统电阻矩阵为扩展型 8421 编码器，即在 8421 编码器基础上扩展到 10 位，实现兆欧、千欧快速切换，同时可减少继电器和电阻数量。电阻矩阵由继电器控制每个电阻是否串联到电阻网络中，继电器由串 / 并译码器驱动。此外，增加一个低阻值短接继电器，以减小低阻值时继电器接触内阻的影响，当本系统设置的输出电阻小于 32Ω 时，启动该继电器。考虑常用电阻阻值范围，兆欧级电阻矩阵只使用 4 位，因此本系统可实现电阻等效输出小于 16MΩ，分辨率为 1Ω。电阻矩阵电路图如图 2 所示。

为了减小多个电阻精度的误差叠加对输出阻值的影响，在程序实现时，优先选用大阻值电阻。例如设置输出电阻

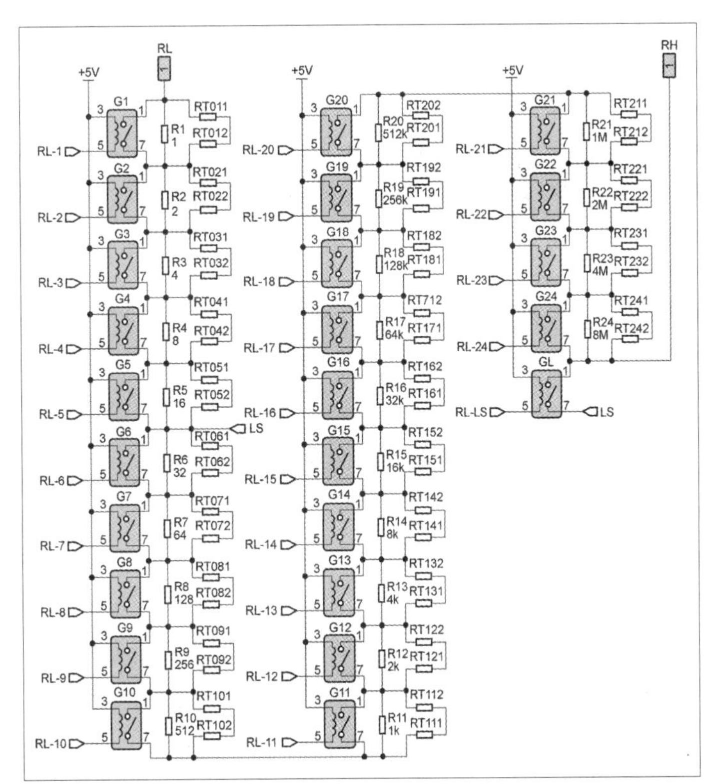

图 2 电阻矩阵电路

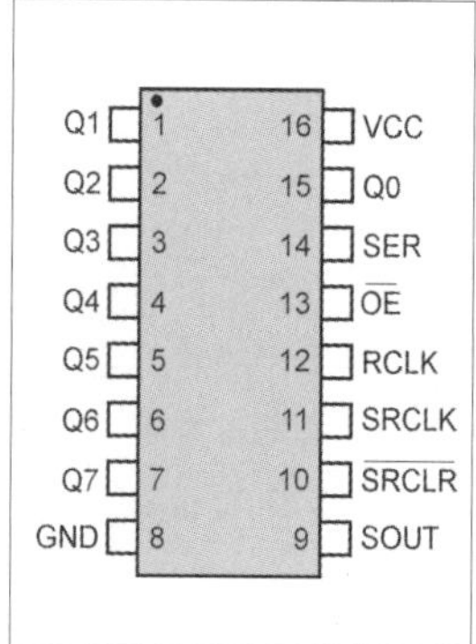

图 3 74HC595 引脚排列

附表 74HC595 引脚功能

符号	引脚	描述
Q0~Q7	第 15 脚，第 1~7 脚	8 位并行数据输出
GND	第 8 脚	地
SOUT	第 9 脚	串行数据输出
SRCLR	第 10 脚	主复位（低电平有效）
SRCLK	第 11 脚	数据输入时钟线
RCLK	第 12 脚	输出存储器锁存时钟线
OE	第 13 脚	输出有效（低电平有效）
SER	第 14 脚	串行数据输入
VCC	第 16 脚	电源

为 1kΩ，则优先选用千欧级电阻矩阵中的 R11 为内部输出电阻，而不是选用欧姆级电阻矩阵中的 R4、R6~R10 等 6 个电阻串联。

为了提高单个电阻精度和消除继电器接触内阻影响，每个矩阵节点电阻为 3 个电阻通过串 / 并联构成的组合电阻。组合电阻还可以减少电阻种类，便于量产。

4. 串/并译码电路

串 / 并译码电路由 4 片 74HC595 构成，前一片的串行数据输出为后一片的串行数据输入，从而实现 4 片 74HC595 级联，最多可实现 32 路并行输出，本系统只使用到前 25 路并行输出。

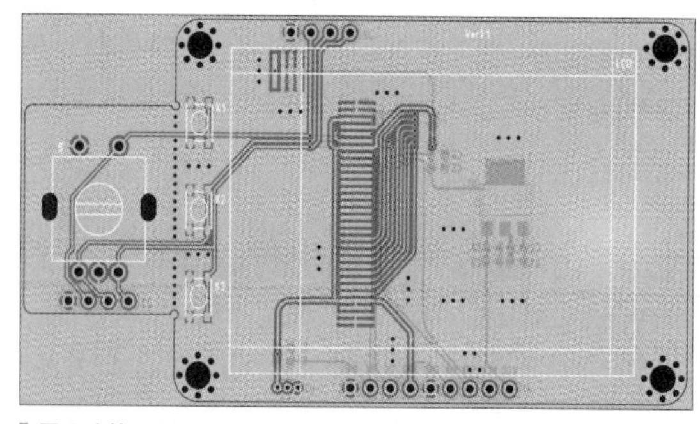

图 4 主控 PCB

74HC595 是具有三态输出功能（高电平、低电平和高阻抗 3 种输出状态）的 8 位串行输入、并行输出的移位缓存器。在 SRCLK 的上升沿，串行数据由 SER 输入内部的 8 位移位缓存器，并由 SOUT 输出，而并行输出则是在 RCLK 的上升沿将在 8 位移位缓存器的数据存入 8 位并行输出缓存器。当串行数据输入端OE的控制信号为低电平时，并行输出端的输出值等于并行输出缓存器所存储的值。

74HC595 的引脚排列如图 3 所示。各引脚功能见附表。

5. PCB设计

PCB 采用控制板和电阻矩阵板分体设计，两者通过插针 / 插座连接。主控板和电阻矩阵板 PCB 设计如图 4 和图 5 所示。焊接元器件后的电路板如图 6 和图 7 所示。

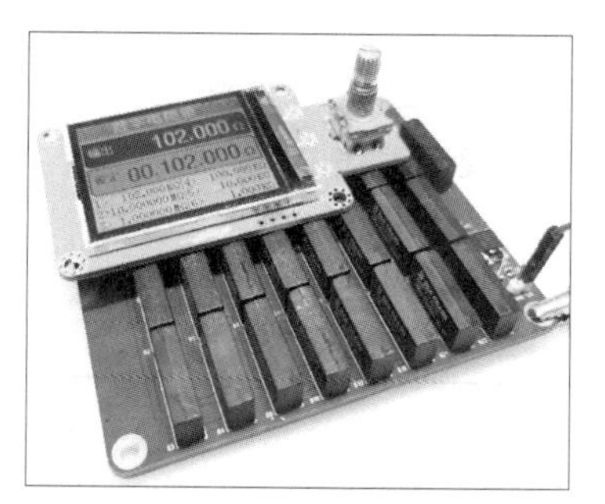

图 6 焊接元器件后的电路板 – 正面

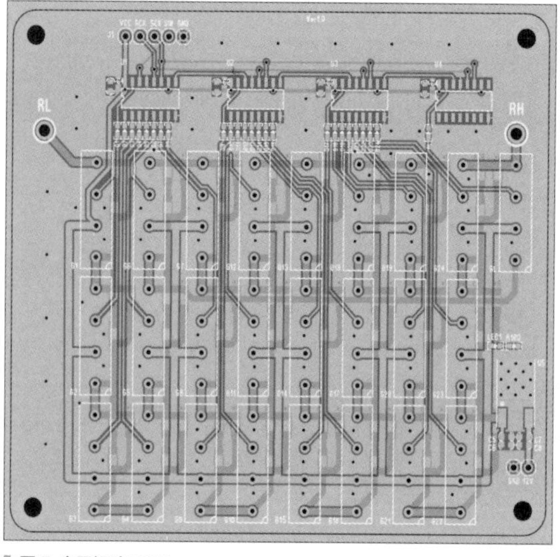

图 5 电阻矩阵 PCB

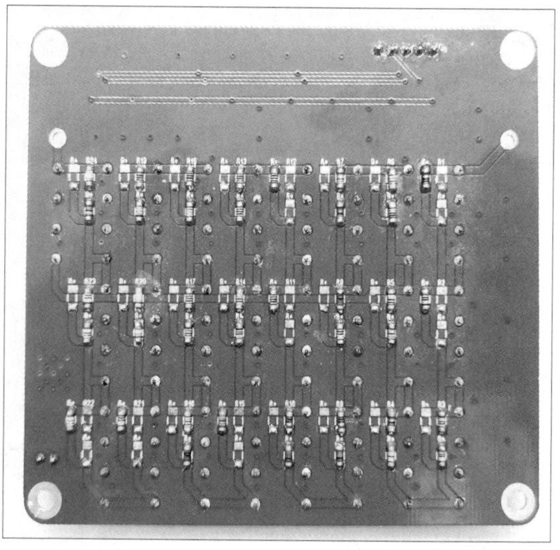

图 7 焊接元器件后的电路板 – 背面

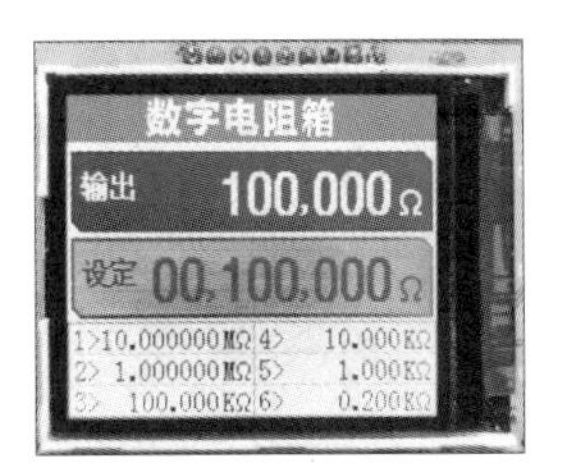

图8 用户界面

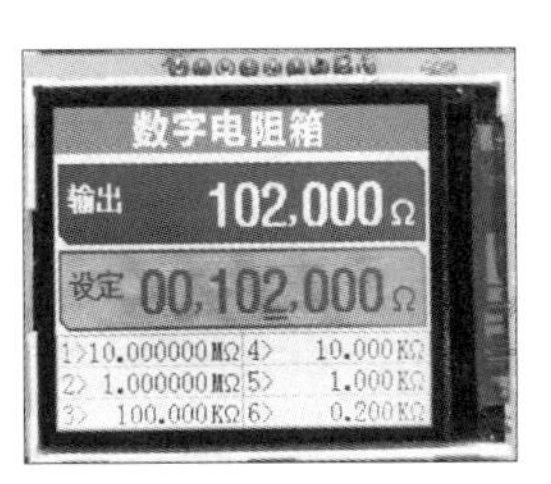

图9 设置界面

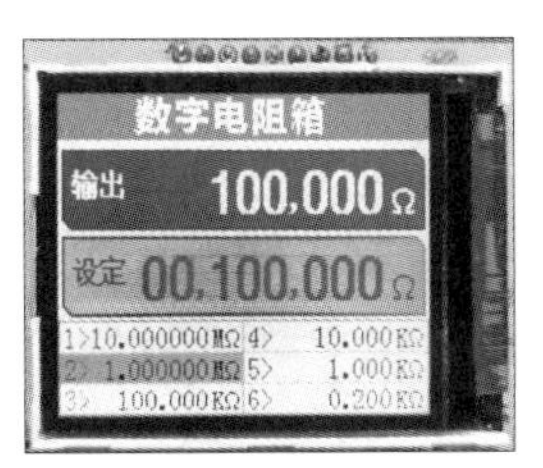

图10 选择预置阻值

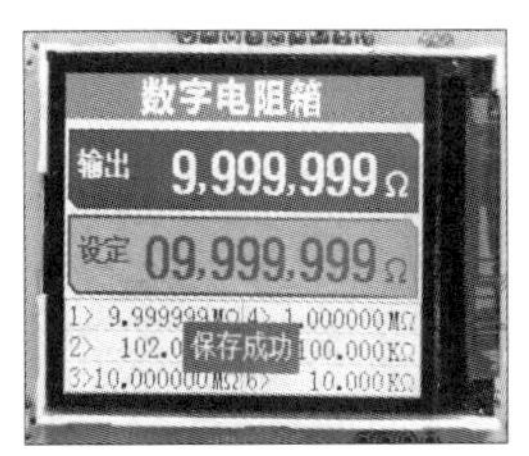

图11 保存当前阻值

软件设计

1. 用户界面设计

显示模块采用160像素×128像素全彩LCD显示屏，输入设备为旋转编码器，用户显示界面如图8所示。蓝色底色部分为输出阻值，绿色底色部分为设置阻值，底部6个数值为预置阻值。

系统启动后进入用户主界面，并输出关机前最后一次设置的阻值。短按旋转编码器进入设置状态，如图9所示，显示闪烁光标对应的数值为正在设置的位；再次短按旋转编码器，正在设置的位在8个数值间进行切换。在设置状态下，左右旋转编码器可调整数值大小。3s未操作旋转编码器则输出当前设定阻值，输出值显示当前设定阻值。

在空闲状态下，快速旋转编码器可进入预置阻值选择界面，如图10所示。左右旋转编码器选择1~6预置阻值，短按编码器选定当前预置阻值。

在空闲状态下，长按编码器可保存当前阻值，如图11所示。

2. 软件实现

控制软件使用C语言编写，由于篇幅限制，下面仅介绍程序流程和阻值发送的部分代码。

（1）程序流程设计

控制软件流程如图12所示。

（2）阻值发送的部分代码

首先根据设定的阻值计算需要串行发送的32位数值（保存在变量lt中），然后从高位开始依次发送到串/并译码器中。此部分代码如下所示。

```
//16MΩ单独计算
if(lResOut==16000000)
{
  lt=0x00FFA000;
}
else
{
//大阻值优先
  lt=((lResOut/1000000)<<20)+
((lResOut%1000000/1000)<<10)+
(lResOut%1000);
}
//如果电阻大于或等于32Ω则断开低阻值短接
继电器
if(lResOut>=32) lt|=0x01000000;
//如果电阻小于32Ω则短接低阻值短接继电器，
以减小继电器接触电阻导致的误差
else lt|=0xFEFFFFE0;
//发送串行数据到电阻矩阵
for(i=0;i<32;i++)
{
  if(lt&0x80000000) SIN_1;
  else              SIN_0;
                    SCK_0;
                    _nop_();
                    _nop_();
                    SCK_1;
                    _nop_();
                    _nop_();
                    lt<<=1;
}
RCK_0;
_nop_();
_nop_();
RCK_1;
_nop_();
_nop_();
```

结语

试验表明，全数字电阻箱操作方便，输出的等效电阻值一致性较好。等效电阻值为0~16MΩ，可满足绝大部分电阻式传感器开发场景要求，例如工业用温度传感器、汽车油量传感器等。此外，在软件上可以扩展电阻编程输出功能，例如可变范围内的步进功能、随机跳变功能、模拟正弦波功能等。

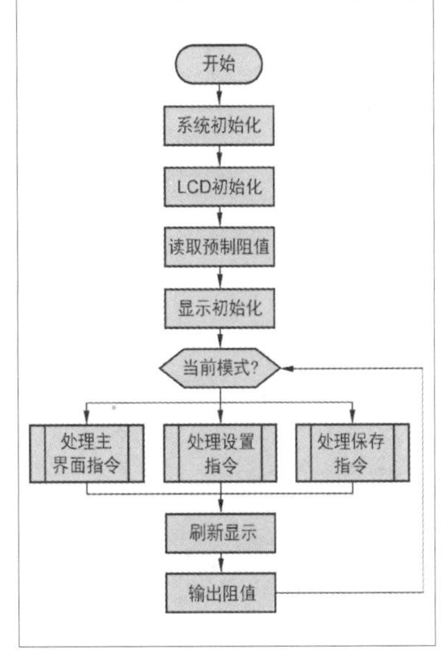

图12 控制软件流程

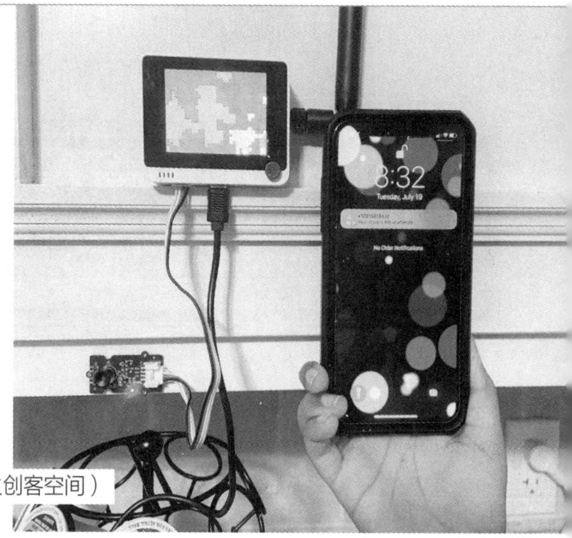

厨房里的人工智能：妈妈再也不用担心烧菜忘记关炉灶了

[美国] 莎煦芮卡·达斯（Sashrika Das） 翻译：李丽英（柴火创客空间）

这是一个基于 Wio Terminal 和热成像仪制作的人工智能系统，可以自动检测炉灶是否有人看管。无人看管时，它会发出警报。

先跟大家分享一下，我为什么会做这个项目。有一天晚上，我妈妈做完晚饭后，因为一时疏忽就忘记关炉灶了。直到第二天早上，我爸爸才注意到炉灶开了一整夜！幸运的是，炉灶火开得很小，炉灶上方也没有放置任何物品，所以并没有给我们造成任何损失。我从学校的安全防火课刚好了解到房屋着火的主要原因之一就是烹饪后炉灶没有及时关掉。

图1 项目“AEye 人工智能眼”部署在厨房吊柜上

因此，这样的情况实在很危险，我就想我们必须采取一些措施来防止这种情况再次发生。

因为我最近也在学习 TinyML，就正好把这个知识应用到这个项目里面来。我的这个项目借助了热成像仪和机器学习，这样我们可以看到热辐射图像。基于机器学习，整个系统可以识别炉灶是否有人看管，并在无人看管的情况下通知烹饪者。

项目所使用的物料如附表所示。

附表 电子元件

序号	名称	数量
1	矽递科技 Wio Terminal	1
2	矽递科技 Grove 热成像仪（红外阵列 MLX90640 110°）	1
3	矽递科技 Wio Terminal 专用电池套	1
4	矽递科技 SenseCAP M2 网关	1

使用的软件工具如下。

◆ Arduino IDE。

◆ Edge Impulse Studio。

◆ AWS Lambda，Lambda 是亚马逊云服务 AWS 在 2014 年推出的“无服务器”计算服务，用户无须管理服务器，可以更专注自己的业务。由于上手简单，而且真正利用了云的优势，Lambda 快速成为了一项明星服务。

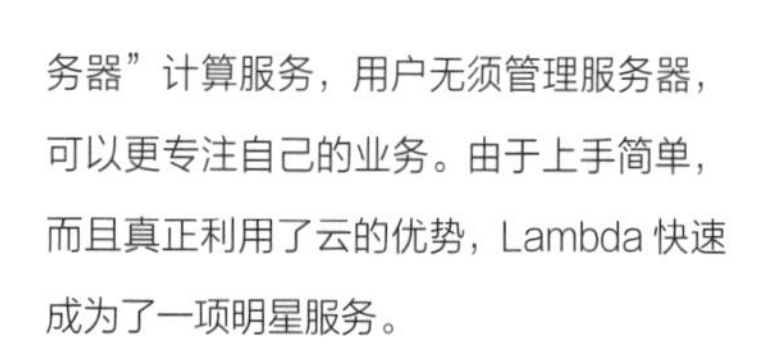

◆ AWS IAM，全称是 AWS and Access，是一种 Web 服务，可帮助开发者安全地控制用户对 AWS 资源的访问权限。IAM 可以控制哪些人可以使用其 AWS 资源（身份验证）以及他们可以使用的资源和采用的授权方式。

◆ AWS DynamoDB，Amazon DynamoDB 是一个支持键-值存储和文档型数据结构的 NoSQL 数据库服务，是亚马逊云计算服务的一部分。

我把这个项目命名为“AEye 人工智能眼”，项目“AEye 人工智能眼”布署在厨房吊柜上，如图 1 所示。它是一个基于矽递科技 Wio Terminal 的带屏主控系统，Wio Terminal 与一个热成像仪模块和 LoRa 电池套相连。我在 Wio Terminal 上运行了一个 TinyML 模型，这样它就可以在厨房没有人的情况下检测炉灶是否开着。当然，如果不使用机器学习，我们可以根据热量数据来判定炉灶是否开着，但是如果需要同时判定“炉灶是否开着”和“是否有人在场”两个条件，我们就需要在代码中使用大量 if-else 逻辑来进行判断并给

Project Info Keys Export

API Keys 1 + Add new API key

API keys are used to connect to the Edge Impulse API, and to connect devices to the Edge Impulse remote management API. All API keys that are not marked as development keys are truncated.

NAME	API KEY	ROLE	CREATED	DEVELOPME...
AEye-key	ei_042628a4c60787c45090d71fa677b53c47dea7ade...	Admin	Jun 06 2022, 21:26:54	⊘

HMAC Keys 2 + Add new HMAC key

HMAC keys are used to sign device data that gets sent through the ingestion API. The data acquisition format documentation has examples on how to sign data in a variety of languages.

NAME	HMAC KEY	CREATED	DEVELOPMENT KEY
AEye-key		Jun 06 2022, 21:26:54	⊘

图 2 在 Edge Impulse 平台获取密钥

这个系统写好相应的执行命令。总之，整个代码就会很长，结构也很复杂。而在这种情况下，机器学习可以很轻松地实现 2 个条件的同时判断，并且做到在危险发生之前发出警告，让我们可以及时检查炉灶。

下面就是我的项目制作过程。

用Edge Impulse 创建机器学习模型项目

前往 Edge Impulse 官网，创建一个新项目。项目创建之后，单击“Keys（密钥）”的选项卡，并添加一个新的 HMAC 密钥（见图 2）。获得密钥后，复制密钥以备后用。

数据采集

Edge Impulse 这个模型训练平台目前不支持从热成像仪模块直接采集数据，因此我们需要用 Wio Terminal 采集数据，再将其转发到 Edge Impulse，从而实现模型创建。

首先，我们需要将代码文件 WIO_AEye_Data_Collector.ino 烧录到 Wio Terminal，然后就可以开始采集数据了。

我采集厨房炉灶数据如图 3 所示。采集完所需数据后，我们要把 Wio Terminal 的 SD 卡取出并插入计算机。随后，我们就可以在计算机上看到 SD 卡上列出的 CSV 文件。

看到这些文件后，我们把它们复制到“data/raw”文件夹中。此步骤你可以选择不做，但如果想直观地查看这些 CSV 红外成像文件，在这个步骤之后，运行一个 imager.py 程序就可以在“data/visual”文件夹下实现所有数据的可视化。

数据采集代码如程序 1 所示。

程序1

```
#include <Wire.h>
#include <SPI.h>
#include "TFT_eSPI.h"
#include "MLX90640_API.h"
#include "MLX9064X_I2C_Driver.h"
#include <Seeed_FS.h>
#include "SD/Seeed_SD.h"
#define TA_SHIFT 8
paramsMLX90640 mlx90640;
TFT_eSPI tft;
TFT_eSprite spr = TFT_eSprite(&tft);
const byte MLX90640_address = 0x33;
static float mlx90640To[768];
char filename[50];
int  file_count = 500;
void readFile(fs::FS& fs, const char* path) {
  Serial.print("Reading file: ");
  Serial.println(path);
  File file = fs.open(path);
  if (!file) {
    Serial.println( " Failed to open
```

图 3 采集厨房炉灶数据

```
file for reading");
    return;
  }
  Serial.print("Read from file:");
  while (file.available()) {
    Serial.write(file.read());
  }
  file.close();
}
void writeFile(fs::FS& fs, const
char* path, String data) {
  Serial.print("Writing file: ");
  Serial.println(path);
  File file = fs.open(path, FILE_
WRITE);
  if (!file) {
    Serial.println("Failed to open
file for writing");
    return;
  }
  for ( int i = 0; i < data.length();
i = i + 512) {
    if (!file.print(data.substring(i,
i + 512))) {
      Serial.println("Write failed");
    }
  }
  file.close();
}
void deleteFile(fs::FS& fs, const
char* path) {
  Serial.print("Deleting file: ");
  Serial.println(path);
  if (fs.remove(path)) {
    Serial.println("File deleted");
  } else {
    Serial.println("Delete failed");
  }
}
void setup()
{
  pinMode(WIO_KEY_A, INPUT_PULLUP);
  pinMode(WIO_KEY_B, INPUT_PULLUP);
  pinMode(WIO_KEY_C, INPUT_PULLUP);
  pinMode(LED_BUILTIN, OUTPUT);
  digitalWrite(LED_BUILTIN, LOW);
  Wire.begin();
  Wire.setClock(400000);
  Serial.begin(115200);
  delay(1000);
  if (isConnected() == false)
  {
    Serial.println("MLX90640 not
detected at default I2C address.
Please check wiring. Freezing.");
    while (1);
  }
  Serial.println("MLX90640 online!");
  int status;
  uint16_t eeMLX90640[832];
  status = MLX90640_DumpEE(MLX90640_
address, eeMLX90640);
  if (status != 0)
  Serial.println("Failed to load
system parameters");
  status = MLX90640_ExtractParameters
(eeMLX90640, &mlx90640);
  if (status != 0)
  Serial.println("Parameter
extraction failed");
  tft.begin();
  tft.setRotation(3);
  Getabcd();
  tft.fillScreen(TFT_BLACK);
  while (!SD.begin(SDCARD_SS_PIN,
SDCARD_SPI)) {
    Serial.println("Card Mount
Failed");
    return;
  }
  uint8_t cardType = SD.cardType();
  if (cardType == CARD_NONE) {
    Serial.println("No SD card
attached");
    return;
  }
  pinMode(WIO_BUZZER, OUTPUT);
  digitalWrite(LED_BUILTIN, HIGH);
}
void loop()
{
  for (byte x = 0 ; x < 2 ; x++)
  {
    uint16_t mlx90640Frame[834];
    int status = MLX90640_
GetFrameData(MLX90640_address,
mlx90640Frame);
    if (status < 0)
    {
      Serial.print("GetFrame
Error: ");
      Serial.println(status);
    }
    float vdd = MLX90640_
GetVdd(mlx90640Frame, &mlx90640);
    float Ta = MLX90640_GetTa
(mlx90640Frame, &mlx90640);
    float tr = Ta - TA_SHIFT;
    float emissivity = 0.95;
    MLX90640_CalculateTo
(mlx90640Frame, &mlx90640,
emissivity, tr, mlx90640To);
  }
  uint32_t color;
  uint8_t label_id = 0;
  if (digitalRead(WIO_KEY_A) == LOW) {
    Serial.println("Stove with
human");
    label_id = 1;
  }
  else if (digitalRead(WIO_KEY_B) ==
LOW) {
    Serial.println("Just stove");
    label_id = 2;
  }
  else if (digitalRead(WIO_KEY_C) ==
```

```
LOW) {
  Serial.println("Stove off");
  label_id = 3;
 }
 String data;
 for (uint8_t x = 0; x < 32; x++) {
  for (uint8_t y = 0; y < 24; y++) {
   if (x == 0 && y == 0) {
    data = mlx90640To[24 * x + y];
   } else {
    data = data + "," + mlx90640To
[24 * x + y];
   }
   float val = mlx90640To[32 * (23 -
y) + x];
   if (val > 99.99) val = 99.99;
    tft.fillRect(x * 10, y * 10,
10, 10, GetColor(val));
   }
  }
  if (label_id > 0) {
   analogWrite(WIO_BUZZER, 128);
   sprintf(filename, "/readings_%d_
label_%d.csv", file_count, label_id);
   Serial.println(data);
   writeFile(SD, filename, data);
   file_count++;
  }
  delay(500);
  if (label_id > 0) {
   analogWrite(WIO_BUZZER, 0);
  }
}
{
 Wire.beginTransmission((uint8_t)
MLX90640_address);
 if (Wire.endTransmission() != 0)
 return (false);
 return (true);
}
 a = MinTemp + (MaxTemp - MinTemp) *
0.2121;
 b = MinTemp + (MaxTemp - MinTemp) *
0.3182;
 c = MinTemp + (MaxTemp - MinTemp) *
0.4242;
 d = MinTemp + (MaxTemp - MinTemp) *
0.8182;
}
uint16_t GetColor(float val) {
 red = constrain(255.0 / (c - b) *
val - ((b * 255.0) / (c - b)), 0,
255);
 if ((val > MinTemp) & (val < a)) {
  green = constrain(255.0 / (a -
MinTemp) * val - (255.0 * MinTemp) /
(a - MinTemp), 0, 255);
 }
 else if ((val >= a) & (val <= c)) {
  green = 255;
 }
 else if (val > c) {
  green = constrain(255.0 / (c - d)
 * val - (d * 255.0) / (c - d), 0, 255);
 }
 else if ((val > d) | (val < a)) {
  green = 0;
 }
 if (val <= b) {
  blue = constrain(255.0 / (a - b)
 * val - (255.0 * b) / (a - b), 0, 255);
 }
 else if ((val > b) & (val <= d)) {
  blue = 0;
 }
 else if (val > d) {
  blue = constrain(240.0 / (MaxTemp
 - d) * val - (d * 240.0) / (MaxTemp
 - d), 0, 240);
 }
 return spr.color565(red, green,
blue);
}
```

将数据上传到Edge Impulse

现在，我们已经把所有的原始数据采集完成了。因为 Wio Terminal 自带的屏幕分辨率为 32 像素 ×24 像素，所以这个屏幕上显示的每个图像都会有 768 个单独的数值。这 768 个以时间序列排列的数值，每两个数值之间都有一个 1ms 的间隔。因此，在 Edge Impulse 平台上，我们采集的数据呈现方式会与图 4 中的类似。

接下来，我们要打开 data-formatter.py 程序并将我们前面创建 Edge Impulse 项目时获得的 HMAC 密钥复制进去。这个 Python 程序会自动将我们采集的 CSV 文件转换为 JSON 文件，并将这些文件存储在“ /data/data-formatter ”文件夹下。

```
python3 data-formatter.py
```

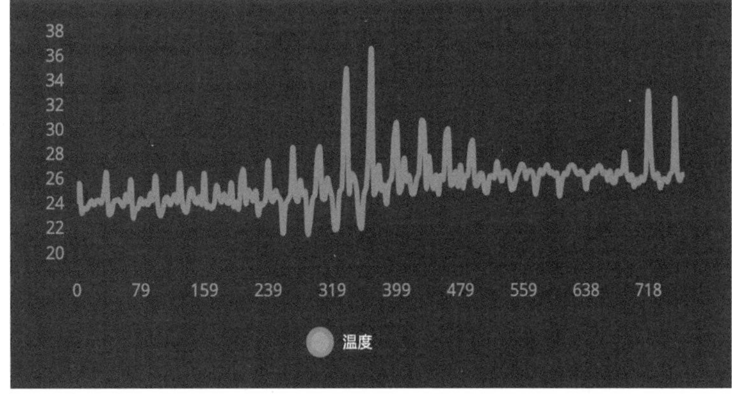

图 4 采集数据的呈现方式

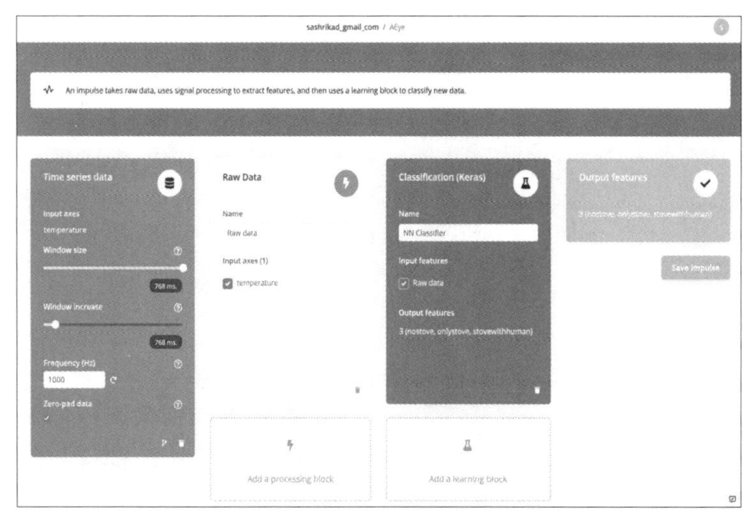

图5 训练模型所设置的参数

现在，我们要在Edge Impulse平台的“Data acquisition（数据采集）”页面上传这些数据，应用“cd /”命令进入名为“formatted-data”的文件夹并运行以下命令。

```
edge-impulse-uploader --category
split *.json
```

训练模型

现在我们已经完成了数据收集，这意味着我们现在可以继续训练模型了！首先，我们前往Edge Impulse的“Create impulse（创建脉冲）”页面，随后单击“Add an input block（添加输入块）”并选择“Time series data（时间序列数据）”。在这里，我们需要将“Window size（窗口大小）”设为768，并且将“Window increase（窗口增加）”也设为768。

随后，单击“Add processing block（添加处理块）”并选择“Raw data（原始数据）”选项。

之后，选择“Add a learning block（添加学习模块）”并选择“Keras”数据分类。

做到这一步，我们就可以保存脉冲了。所有设置如图5所示。

现在，我们可以前往“Raw data（原始数据）”页面，在这个页面不需要进行太多手动设置，保留系统的默认值即可。随后，我们可以前往“NN classifier（NN数据分类器）”页面调整“Number of training（训练周期数）”和“Machine learning rate（机器学习率）”。如果我们训练的模型效果不佳，这就意味着我们应该添加更多的数据并重新训练模型。

到这一步，我们就已经完成了模型训练。导航到“Deployment（部署）”页面，将把模型文件以Arduino库的形式下载（下载后是一个ZIP文件）。如果你使用了与我相同的名称命名模型项目，那么下载的库文件名称也会是AEye_inferencing.h。

设置Wio Terminal的LoRa网络

这个项目因为涉及远距离传输，所以我这次没有使用Wi-Fi和蜂窝网这两种传输方式，而是使用LoRa网络。LoRa网络也有限制，那就是它只能传输原始数据，不能传输音频或图像。但对于我这个项目来说，这不是问题，因为我只需要传输原始数据。或许有些人会问，这个设备如果部署在家里，为什么不直接用Wi-Fi传输数据？其实也可以。但我家有很多智能设备都是连接Wi-Fi的，所以这个项目我试图给Wi-Fi网络减负，这样我也可以试试新的网络传输方式。给这个项目提供LoRa网络的数据网关SenseCAP M2 Data Only，如图6所示。

矽递科技在发布了Wio Terminal后，还推出了一个专门与之配套使用的LoRa电池套，附带一个LoRa天线。我们将天线连接到电池套后，将代码WIO_AEye_Inference_lora.ino上传到Wio Terminal。

图6 给这个项目提供LoRa网络的数据网关SenseCAP M2 Data Only

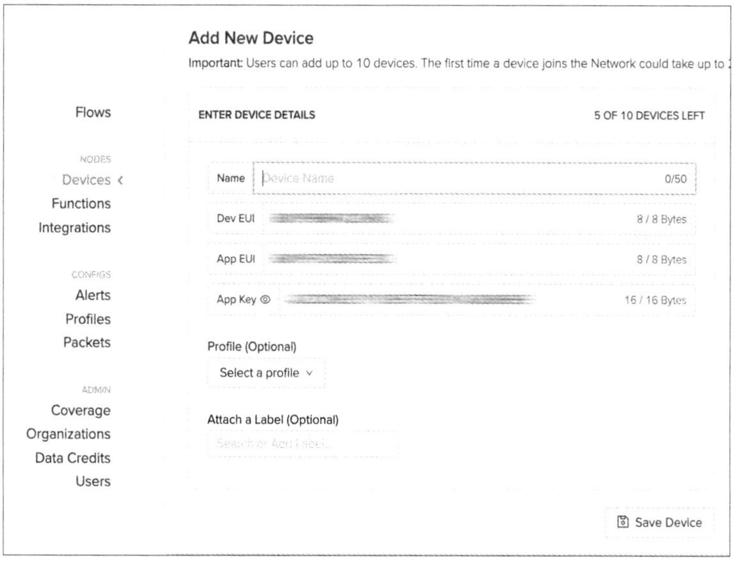

图 7 在 Helium 上注册设备时所需的 EUI、App EUI 和 App 密钥

在Helium 上注册设备

Helium 是一个去中心化的无线网络，旨在为支持 LoRaWAN 标准的物联网设备提供开放、大范围的全球无线网络覆盖。目前，Helium 区块链已有几十万个网关共同组成全球最大的 LoRaWAN，为各类物联网设备提供服务。所以，我这个项目将通过 Helium 网络来实现数据以 LoRaWAN 协议进行传输。

要做到这一点，我们需要前往 Helium 控制台，进行 Wio Terminal 注册。注册设备后，进入 Helium 控制台，找到设备页面并添加新设备。在 Helium 上注册设备时所需的 EUI、App EUI 和 App 密钥如图 7 所示。我们需要获取设备的 EUI、App EUI 和 App 密钥。如果你要查看 Wio Terminal 的这些信息，我们可以将 Wio Terminal 的圆圈按钮向左滑动，直到看到屏幕变化，就可以看到这些信息了。

AWS 集成

要开始集成了。首先我们需要创建一个 AWS 账户。前往 AWS IAM 并单击“Vser（用户）”。然后，我们可以通过添加用户名（我用的用户名是“wio-terminal-stove-helium”）来创建账户，然后 AWS 会生成一个“Access key（访问密钥）”凭证。这个凭证能为我们提供访问密钥 ID 和秘密访问的密钥。

温馨提示：AWS 生成凭证的时候，我们只能看到一次秘密访问密钥，因此一定要记得将其完全复制。AWS 生成凭证时需要输入密钥，如图 8 所示。

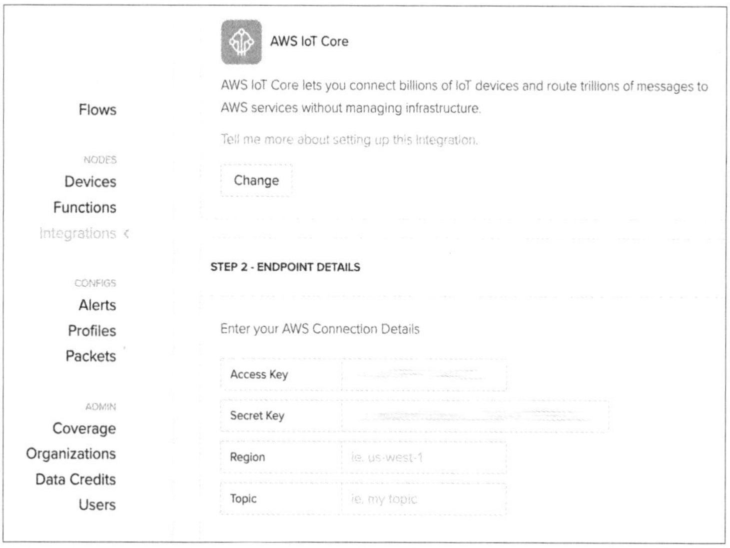

设置之后，我们返回 Helium 控制台，在“Integrations”下输入在 AWS 获得的凭证，以及我们希望 AWS IoT 运行的 AWS 区域。完成集成后，找到“Flows（流程）”页面并开始创建工作流，如图 9 所示。

创建AWS Lambda

现在我们已经完成了工作流程的创建，但我们还需要创建一个 Lambda 服务。Lambda 是一项计算服务，可使我们无须预置或管理服务器即可运行代码。

我们可以从 AWS IoT 中搜索“Lambda”，然后就可以创建这个服务。Lambda 程序如程序 2 所示。对于这个项目，我使用 AWS Pinpoint 来发送关于何时无人看管炉灶的通知。

程序2 Lambda程序

```
import json
import boto3
from botocore.exceptions import
ClientError
import time
def lambda_handler(event, context):
```

图 8 AWS 生成凭证时需要输入密钥

```
  print("Received event: " + json.dumps(event))
  data = event["decoded"]["payload"]
  pinpoint_client = boto3.client('pinpoint')
  dynamoClient = boto3.client('dynamodb')
  app_id = "Add your app_id"
  origination_number = "Your aws long code"
  destination_number = "Add your phone number"
  message = ("Add your message")
  message_type = "TRANSACTIONAL"
  try:
    if data["label"] == 2:
      response = dynamoClient.get_item(TableName ="wio_terminal_stove_config",Key={"id":{"S":"LAST_TEXT_SENT"}})
      past = (int) (response['Item']['value']['S'])
      now = (int) (time.time())
      diff = now - past
      print("diffrence", diff)
      if diff > 15*60:
        response = pinpoint_client.send_messages(
          ApplicationId=app_id,
          MessageRequest={
            'Addresses': {destination_number:{'ChannelType': 'SMS'}},
            'MessageConfiguration': {
              'SMSMessage': {
                'Body': message,
                'MessageType': message_type,
                'OriginationNumber': origination_number}}})
        response = dynamoClient.update_item(
          TableName = "wio_terminal_stove_config",
          Key={"id": {"S":"LAST_TEXT_SENT"}},
          AttributeUpdates={
            'value': {"Value":{"S":str(now)}},
          }
        )
        #print(response)
        if response["ResponseMetadata"]["HTTPStatusCode"] == 200:
          print("data updated successfully")
        else:
          print("data updated failed!!!")
  except ClientError:
    logger.exception("Couldn't send message.")
    raise
  return {
    'statusCode': 200,
    'body': json.dumps('Hello from Lambda!')
  }
```

创建规则

部署 Lambda 后，我们必须为其定义规则。前往 AWS IoT Core 并导航到“Message rat（消息路由）”，选择“Rules（规则）”。进入“Rules（规则）”页面后，单击“Create rule（创建新规则）”，如图 10 所示。

这个时候，我们需要用上我们在 Helium 控制台使用的主题名称，然后选择我们刚刚部署的 Lambda。

创建数据库

在 Lambda 服务中，我将警报通知的时间间隔设置为 15min。因此，当系统检测到图像数据为标签 2（即“炉灶无人看管”状态）时，系统就会给手机发送通知。而下一次通知则需要在 15min 才会生效。而 15min 后，系统会再次发送通知，这里就会涉及更新数据库。现在，除了创建数据库外，我们已经基本完成了所有工作。

而要制作数据库，首先要去 AWS DynamoDB 创建一个表。我们可以将表格标题设置为“wio_terminal_stove_config”，将分区键设置为“id”并将其设置为字符串类型。保持表格设置的“默认设置”，然后单击“创建表格”。

到了这里，我们就完成了这个设备的所有设置。现在把这个“AEye 人工智能眼”设备安装在方便检测炉灶前是否有人烹饪的地方，它就会帮我们盯着炉灶啦！

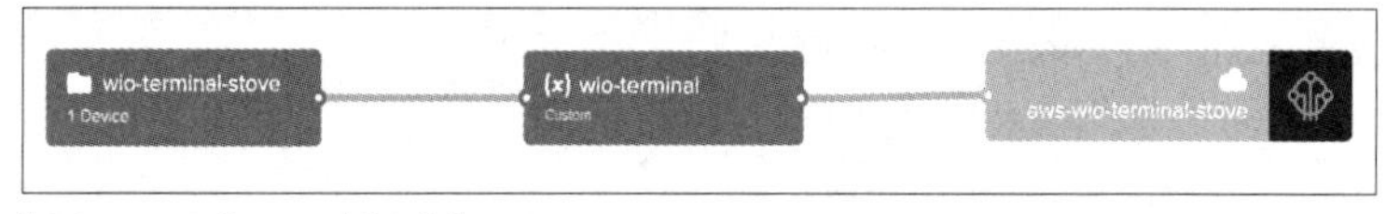

图 9 AWS“Flows（流程）”页面

图 10 在 AWS IoT Core 创建新规则

DIY 蓝牙音箱

孙振贺

小时候我就喜欢听音乐，一开始时使用录音机播放磁带听音乐，后来使用插光盘的随身听听音乐，再后来，MP3播放器和智能手机的出现，让听音乐越来越简单便捷。我记得曾经有一次使用MP3播放器听音乐，MP3播放器的扬声器突然没有声音了，我就自己使用螺丝刀拆开MP3播放器的外壳，发现里面有一根导线接触不良，只能用胶带粘一下勉强解决，那时候我就想以后一定要自己会修理这些设备。

如今我学会了处理一些小问题，但是很少动手修理，一般情况下耳机或者音箱坏了，直接买新的代替。但是这似乎远离了小时候的愿望，所以我决定自己制作一个蓝牙音箱。

功能介绍

蓝牙音箱的功能不是很复杂，能够通过蓝牙与手机连接，通过手机上的音乐 App 播放音乐即可。同时它配置一个 3.5mm 耳机接口，如今很多手机都取消了 3.5mm 耳机接口，但是大部分有线耳机依然使用 3.5mm 耳机插头，配置 3.5mm 耳机接口可以让蓝牙音箱在日常生活中使用起来更加方便。为了提升视觉效果，我决定加几个随着音乐变化的 LED，同时制作一个外壳，让蓝牙音箱整体更美观。

准备工作

1. 材料清单

首先我们要准备制作蓝牙音箱的材料，我使用 HT6872 功放模块、KA2284 LED 电平驱动模块和 MH-M18 蓝牙模块完成预期的功能。下面简单介绍一下这 3 个模块。

（1）HT6872功放模块

HT6872 功放模块是一款低 EMI、防削顶失真（ACF）、单声道免滤波 D 类音频功放模块，如图 1 所示，引脚如图 2 所示。它在 6.5V 电压、4Ω 负载条件下，输出 4.71W 功率，在各类音频终端应用中维持高效率并提供 AB 类放大器的性能。

HT6872 功放模块的最大特点是提供防削顶失真输出控制功能，可检测并抑制输入音乐、语音信号幅度过大所引起的输出信号削顶失真（破音），也能自适应地防止在电池应用中由电源电压下降造成的输出削顶，显著提高音质，创造非常舒适的听音享受，并保护扬声器免受过载损坏。同时芯片具有 ACF-Off 模式。

HT6872 功放模块具有独有的电磁干扰（EMI）抑制技术和优异的全带宽低电磁辐射性能，电磁辐射水平在不加任何辅助设计时仍远在 FCC Part15 Class B 标准之下，不仅避免了干扰其他敏感电路，还降低了系统设计难度。

HT6872 功放模块内部集成免滤波器数字调制技术，能够直接驱动扬声器，并最大限度减小脉冲输出信号的失真和噪声，输出不需要滤波网络，极少的外部元器件节省了系统空间和成本，HT6872 是便携式应用的理想选择。

此外，HT6872 功放模块内置的关断功能使待机电流最小化，该模块还集成了输出端过流保护、片内过温保护和电源欠压异常保护等功能。

（2）KA2284 LED电平驱动模块

KA2284 LED 电平驱动模块如图 3 所示，经常用于 5 段 LED 电平指示电路，如图 4 所示。实际上它是一个 AD 转换器，

图 1 HT6872 功放模块

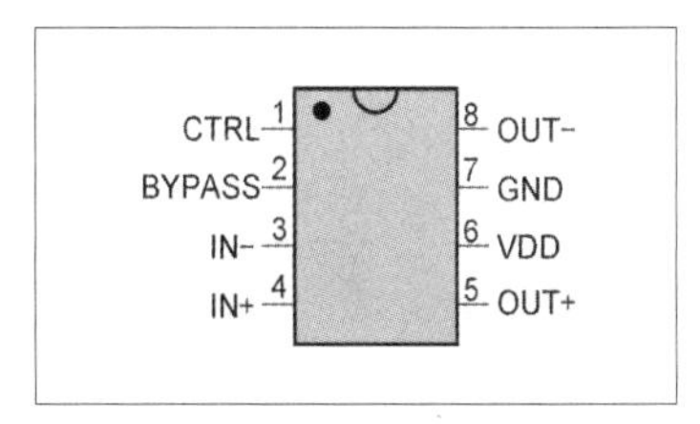

图 2 HT6872 功放模块引脚

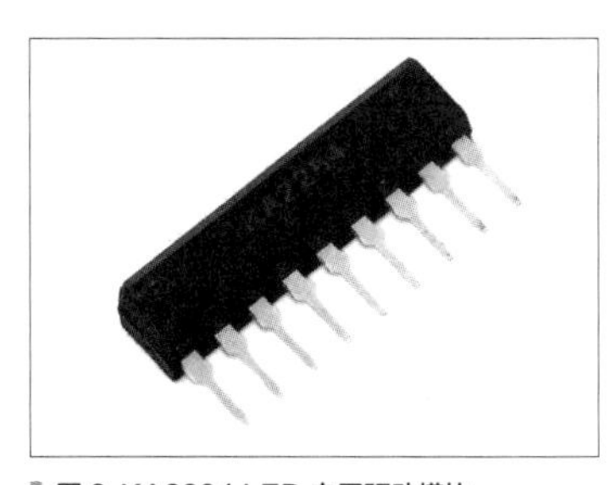

图 3 KA2284 LED 电平驱动模块

输入高低不同的电压，就可以输出 5 个 LED 不同的点亮状态，需要注意的是，LED 只能顺序点亮和熄灭。KA2284 LED 电平驱动模块常用 LED 点亮的数量来做功

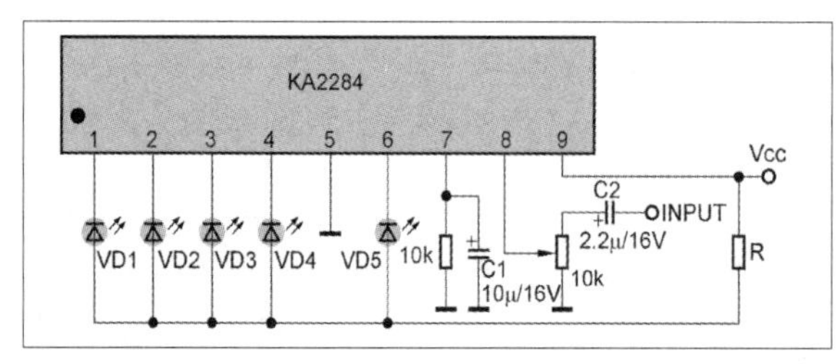

图4 5段LED电平指示电路

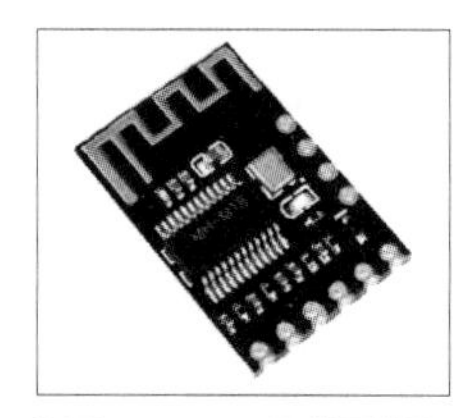

图5 MH-M18蓝牙模块

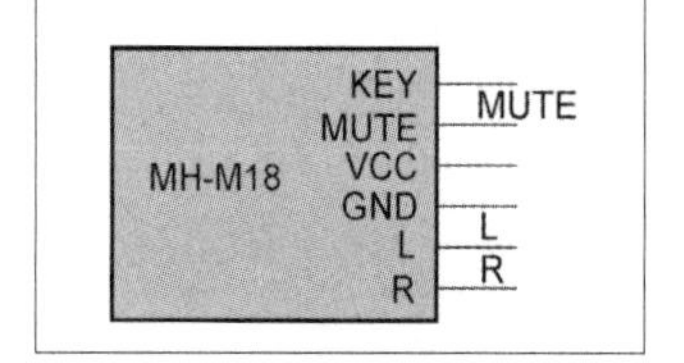

图6 MH-M18蓝牙模块引脚

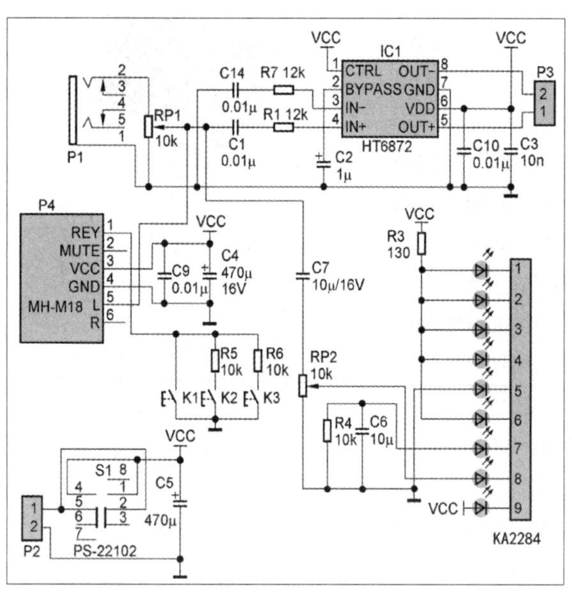

图7 蓝牙音箱电路

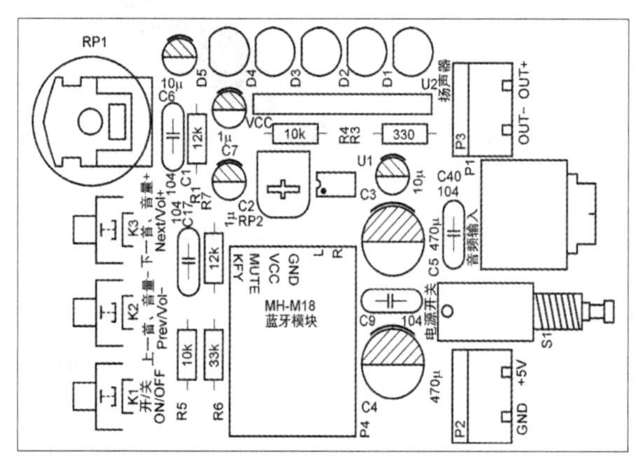

图8 蓝牙音箱元器件分布

放输出或者环境声音大小的指示，即声音越大，点亮的LED越多，声音越小，点亮的LED越少。

在舞台表演上，光线随着音乐有节律地变化，的确会让人更加享受，但我制作的蓝牙音箱并没有过于复杂的灯光效果，只要LED随着音乐变化就可以。

（3）MH-M18蓝牙模块

MH-M18蓝牙模块为低功耗蓝牙设计方案，如图5所示，支持蓝牙4.2传输、蓝牙自动回连技术、WAV/WMA/FLAC/APE/MP3无损解码、双声道立体声无损播放。模块连接其他蓝牙设备后，便可快速实现蓝牙无线传输，非常便捷。空旷环境下，蓝牙连接距离可达20m，广泛应用于各种蓝牙音频接收、各种音响DIY等场景。MH-M18蓝牙模块引脚如图6所示，具体功能见表1。

（4）蓝牙音箱电路

设计好的蓝牙音箱电路如图7所示，具体的元器件分布如图8所示。本项目所用到的其他材料就不一一介绍了，具体材料清单如表2所示。

表1 MH-M18蓝牙模块引脚功能

编号	引脚	说明
1	KEY	按键控制端（4个按键功能，需要另外加电阻）
2	MUTE	静音控制端（静音时输出高电平，播放时输出低电平）
3	VCC	电源正极5V（锂电池3.7V供电需要短路二极管）
4	GND	电源负极
5	L	左声道输出
6	R	右声道输出

表2 材料清单

序号	名称	编号	数量
1	高压陶瓷电容	C1、C9、C10、C17	4个
2	直插电解电容	C2~C7	6个
3	LED	VD1~VD5	5个
4	6x6轻触开关	K1~K3	3个
5	3.5mm耳机接口	P1	1个
6	2Pin接插件	P2、P3	2个
7	MH-M18蓝牙模块	P4	1个
8	直插色环电阻	R1~R7	7个
9	拨盘电位器	RP1	1个
10	蓝白电位器	RP2	1个
11	卧式自锁开关	S1	1个
12	HT6872功放模块	IC1	1个
13	KA2284 LED电平驱动模块	IC2	1个
14	蓝牙音箱外壳板件	—	6个
15	扬声器	—	1个
16	导线	—	若干
17	螺丝、螺母	—	若干

2. 注意事项

在焊接电路板时，先准备好焊锡丝和电烙铁。特别注意的是电烙铁头要保持洁净，才可以沾上焊锡（俗称“吃锡”）。将电烙铁接触焊接点，首先要用电烙铁加热焊件各部分，例如印制板上的引线和焊盘，使之都受热，其次要让电烙铁头的扁平部分接触热容量较大的焊件，烙铁头的边际部分接触热容量较小的焊件，以使焊件均匀受热。当焊锡彻底融化焊点后移开电烙铁，移开电烙铁的方向应该是 45° 左右的方向，同时轻轻旋转一下，吸除多余的焊料。检查焊点质量并及时补焊，焊接完，将电烙铁头撤离，应将其放置在电烙铁架上，注意防止烫伤。

制作过程

1 将准备好的元器件按图 8 所示的位置焊接在电路板上。

2 将准备好的扬声器焊接上导线，将导线另一端连接在电路板上，同时将 USB 电源线连接在电路板上，注意区分正负极。

3 将电路板接通电源测试，没有问题后，用螺丝将扬声器和电路板固定在准备好的外壳板件上。

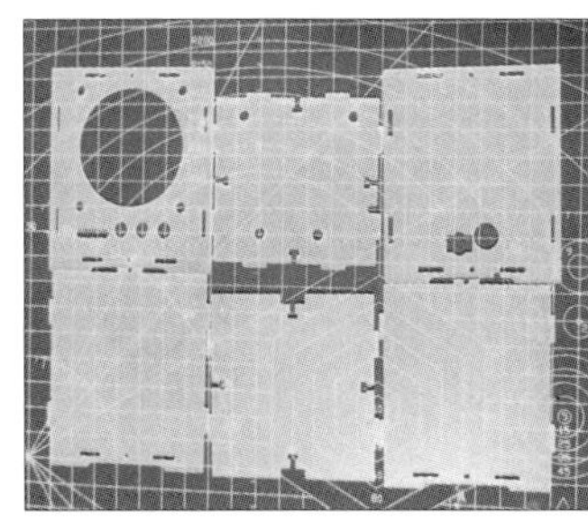

结语

至此，DIY 的蓝牙音箱就制作完成了，只要给蓝牙音箱通上电源，其蓝牙模块就可以被手机搜索到，配对成功后就可利用手机 App 播放音乐，虽然使用它听音乐没有专业音响设备效果好，但毕竟是自己制作的，听起来有自己的趣味。

在制作过程中，我也遇到了很多问题，这里和大家分享一下。首先是焊接问题，元器件比预期的还要小很多，需要用镊子辅助焊接，注意最好不要使用涂漆的镊子，我在焊接时，镊子涂的漆，在高温下就被烤化了，给焊接造成了一定影响。其次就是在安装外壳时，我所使用的材料比较脆，螺丝不能拧太紧，不然很容易让板件裂开，可以选择其他材料来解决这个问题。

我制作的蓝牙音箱也有很多需要改进的地方，比如整个音箱内部还有很大空间，我们可以安装一个电源盒，让音箱脱离有线电源也可工作，这样使用起来更加方便。现在的白色外壳看起来很单调，可以 DIY 自己喜欢的图案和形状，提高音箱美观程度和个性化程度，希望大家可以一起动手，制作一些更好玩的项目！

4 将剩余的外壳板件安装好，我们自制的蓝牙音箱就完成了。

基于角动量守恒的单点平衡 Cubli

徐进文

项目背景

全球第一个单点平衡 Cubli 是 ETH（瑞士苏黎世联邦理工学院）动态系统与控制研究小组创造出来的，Cubli 内部装有 3 个无刷电机，并带动 3 个动量轮，利用动量轮的角动量变化，产生足够的力矩来让立方体保持平衡。其原理是物理学中刚体定轴转动的角动量守恒定律，这是表述角动量与力矩之间关系的定理。合外力矩为零时，刚体对同一轴的角动量守恒。立方体在平衡位置左右摆动试图打破平衡时，动量轮会相应加速转动，迫使立方体在平衡位置稳定收敛。该物理原理应用范围很广，空间站、卫星调整在轨姿态，靠的就是内部的偏置动量轮实现 3 轴姿态稳定，飞机、火箭上用作定向装置的回转仪也是利用这一原理制作成的。

第一次见到 Cubli 的神奇表现时，我很想亲自动手打造一个属于自己的 Cubli，相信很多读者也会和我有相同的心情，Cubli 简直是机械与电子的完美结合体。制作 Cubli 需要掌握的技能和知识还是比较多的，需要学习机械设计、硬件设计、软件设计和算法等方面的知识。下面我将详细介绍 Cubli 的制作过程。

附表 材料清单

序号	名称	数量
1	（立方体外壳）上 / 下铝基板板框	2 个
2	（立方体外壳）四周铝基板板框	4 个
3	电机支架及 PCB 支架	4 个
4	动量轮	9 个
5	法兰联轴器	3 个
6	6 面螺母	8 个
7	M3 铜柱	若干
8	M3 螺丝	若干
9	3S 航模电池	2 个
10	无刷电机	3 个
11	STM32F103RCT6 模块	1 个
12	MPU6050 模块	1 个
13	HC-05 蓝牙模块	1 个
14	ST-LINK 仿真烧录器	1 个

材料介绍

上 / 下铝基板板框与四周铝基板板框用来组建 Cubli 外壳。电机支架用来将电机固定在立方体板框上。PCB 支架是固定电路板的支架，将 PCB 固定在板框上，提升结构的稳定性。动量轮通过法兰联轴器（见图 1）固定到电机的轴上。6 面螺母（见图 2）用来固定立方体板框。电池要选择 3S 航模电池（见图 3），输出电压为 12V，共需要 2 块。主控芯片采用的是意法半导体 F1 系列的 STM32F103RCT6 模块，该模块是一种嵌入式微控制器，正常工作主频是 72MHz，程序存储器容量是 256KB，程序存储器类型是 Flash，RAM 容量是 48KB。MPU6050 模块是 6 轴加速度传感器，能同时检测 3 轴加速度和 3 轴陀螺仪的运动、温度数据。HC-05 蓝牙模块（见图 4）专为智能无线数据传输而打造，配置 256KB 空间，遵循 BLEV 4.0 蓝牙规范，只需配备少许的外围元器件就能实现其强大功能。

所有的材料清单如附表所示，基本工具如电烙铁、焊锡丝这些我就不介绍了。

制作过程

1. 外观尺寸

整个机器机械外观尺寸为 125mm × 125mm × 125mm，之所以选这个尺寸是经过深思熟虑和实际测试的。目前我无法

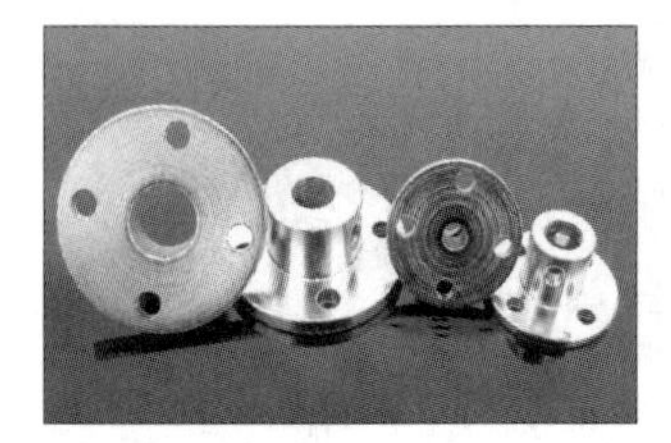

图 1 法兰联轴器

图 2 6 面螺母

图 3 3S 航模电池

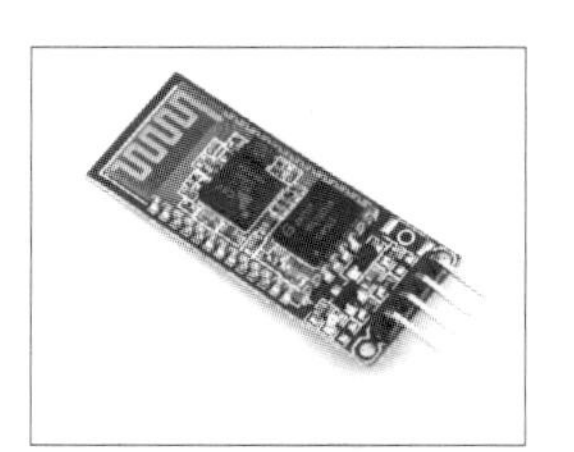

图 4 HC-05 蓝牙模块

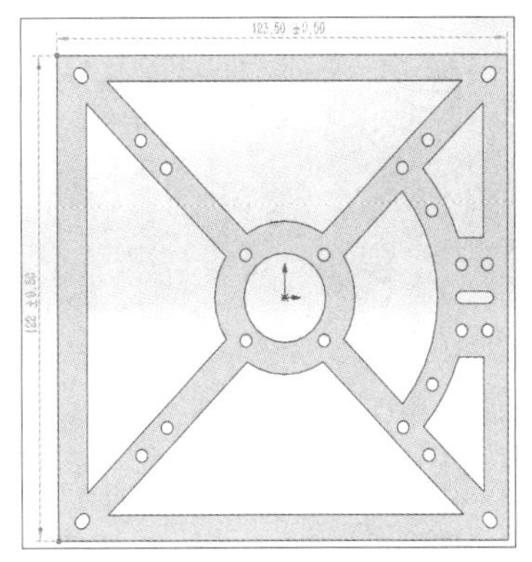

图 5 四周板框（123.5mm×122mm）

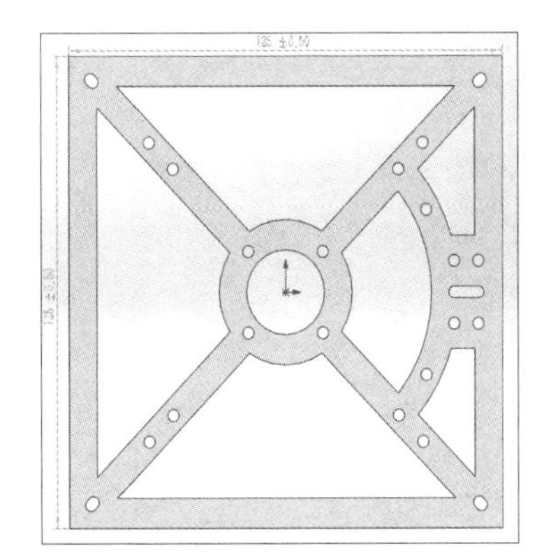

图 6 上下板框（125mm×125mm）

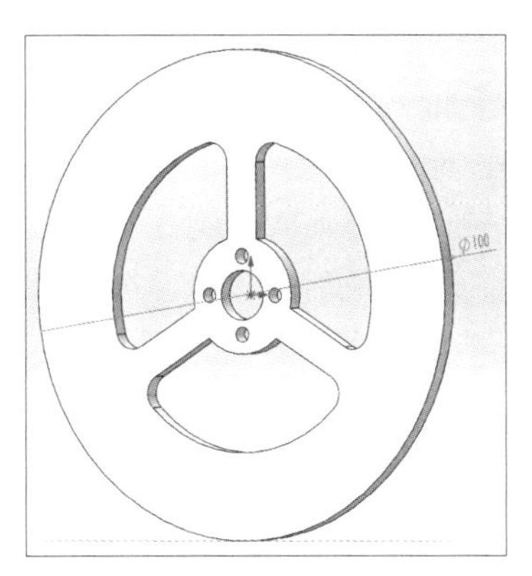

图 7 动量轮（直径 100mm）

将这个尺寸进一步缩小了，这是由于受到电机参数、动量轮、电机支架以及整体机动性效果的限制。虽然尺寸不能缩小，但是可以放大，不过我是向小尺寸方向进行优化的。目前这个尺寸虽然不够小巧，但仍然适合当作桌面摆件。

2. 建模过程

首先就是创建 Cubli 外框部分，由于外框金属板使用的是铝基板，而铝基板板材厚度一般为 1.6mm，为了让立方体 6 个面拼接在一起，必须考虑板材厚度参数的影响。尺寸种类越多，加工会越麻烦。我采取的方案是四周 4 个面采用统一参数，上、下 2 个面采用统一参数。上、下 2 个面最大尺寸是 125mm×125mm。这时需要在 3 个边上减去板材 1.6mm 的厚度，实际建模时，减去 1.5mm 板厚（因为我测量标称 1.6mm 厚的铝基板实际只有 1.5mm 厚），其中，上、下高度需要缩减 3mm，左、右宽度缩减 1.5mm，如图 5 所示，最终得到的尺寸为 123.5mm×122mm。上、下板框不需要裁剪，如图 6 所示，尺寸为 125mm×125mm。

3. 动量轮设计

动量轮的设计较为简单，主要考虑动量轮直径大小即可，直径设置为 100mm，如图 7 所示，我为了尽量增大动量轮的质量，所以就减少挖空的部分，后来发现，多挖空一些也不会影响平衡效果。

（1）电机支架与PCB支架设计

我采用复合设计模式，将电机支架与 PCB 支架巧妙结合在一起，组成一个部件，减少部件种类，方便加工，如图 8 所示。电机支架需要 4 个固定部位，PCB 支架只需要 3 个固定部位，根据自己需要把另一个支架的固定位切除即可得到如图 9 所示的两种支架。

（2）组装效果

各部件已经设计完成，Cubli 3D 模型如图 10 所示。

4. PCB设计

介绍完机械结构的建模和装配，接下来就是硬件设计。PCB 设计工具我使用的是立创 EDA，这是一个比较容易上手的在线 PCB 设计平台。硬件系统的架构采用分层结构设计，即控制板＋电源板双板叠加的结构。这样设计的好处是可以缩小 PCB 的尺寸，然后将控制板分离出来，

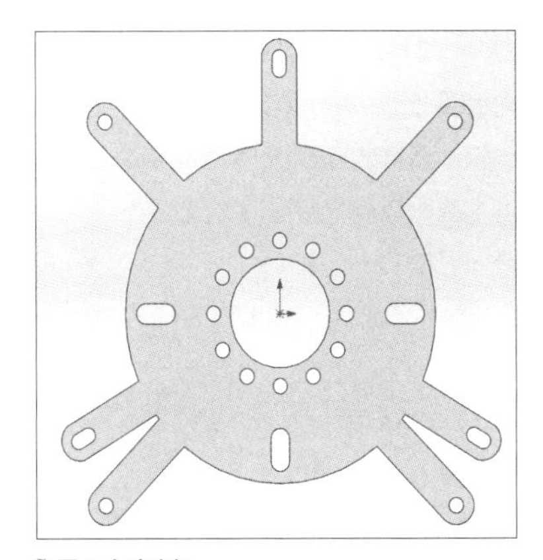

图 8 复合支架

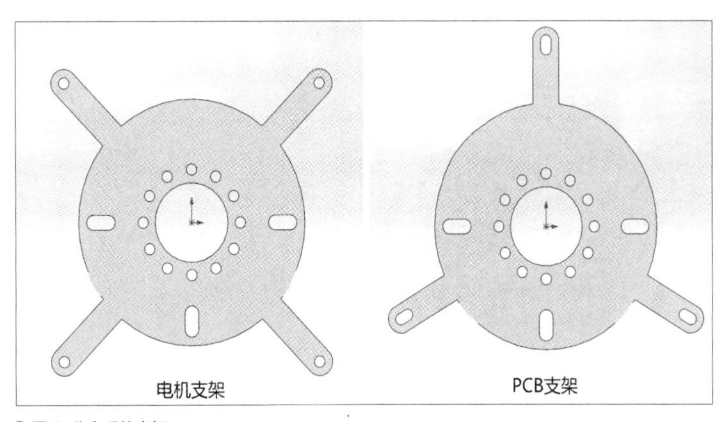

图 9 分离后的支架

方便复用在其他项目中，充分发挥控制板的作用；将电源板独立出来，方便加粗走线，并可以预留较多的电机与舵机接口，方便扩展新的功能。

另外，需要说明的是，本次设计的 Cubli 没有机械刹车部分，不能自动起立。我在电源板上预留了 4 路舵机控制接口，可以同时驱动 4 个舵机，而刹车机制往往只用到了其中 3 个舵机，所以说控制板的扩展性很强。有兴趣的读者可以对机械结构加以改进，增加机械刹车部分。

接下来设计电路原理图，印制电路板，顶板控制 PCB 如图 11 所示，底板（电源板）PCB 如图 12 所示。我把控制板所有 I/O 都引出来了，以后只要换个底板就可以应用在其他场合，方便重复利用，这就是分离式设计的好处。

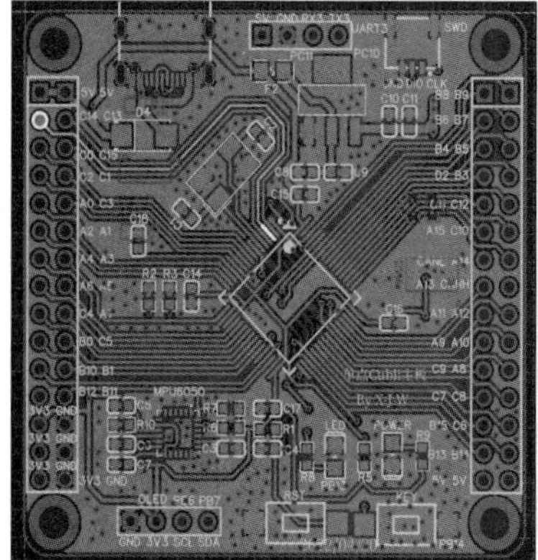
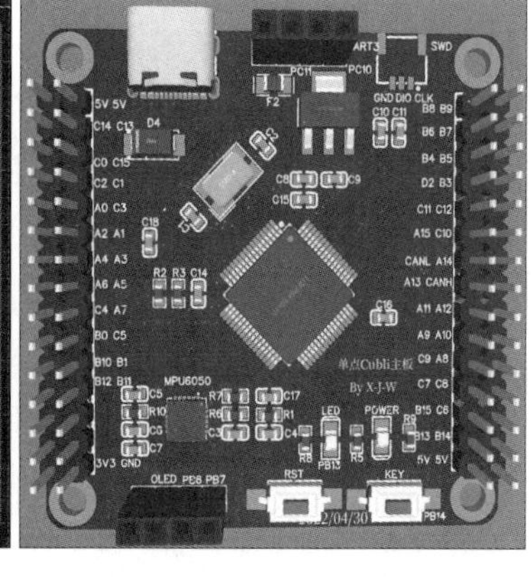

图 11 顶板控制 PCB

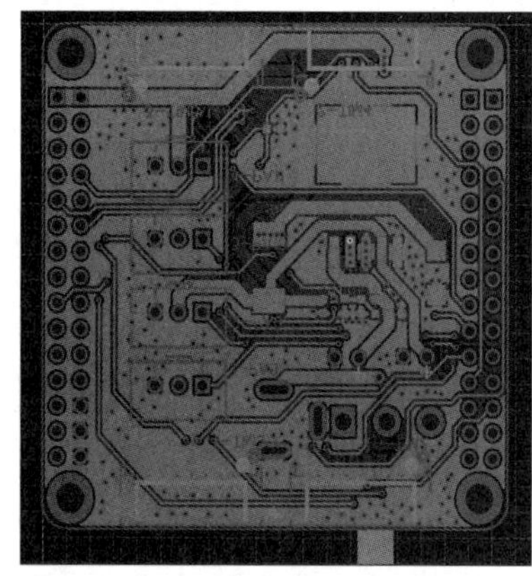
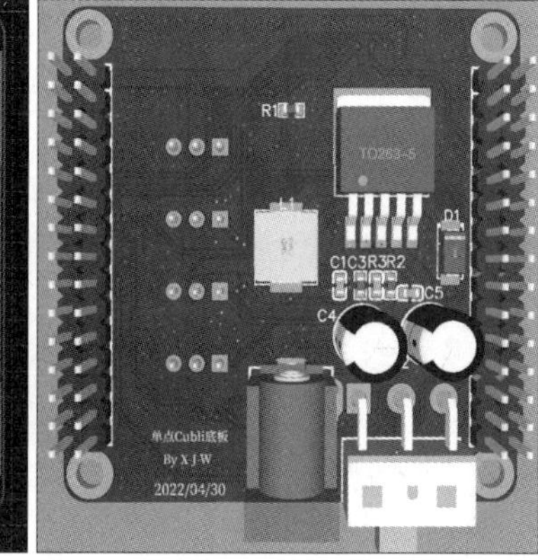

图 12 底板（电源板）PCB

5. 软件设计

软件设计语言是 C 语言，开发环境是 Keil5。用 Keil5 打开 Cubli 的源码工程，进行编译烧录即可。烧录工具使用 ST-LINK 或者 DAP-LINK 仿真烧录器，我采用的是寄存器开发方式，所以代码较为简洁。

算法部分，我采用的是经典的 PID 控制算法，对 Cubli 的 X 轴与 Y 轴都使用 PID 算法，当然，3 个电机坐标轴与控制板的 X 轴与 Y 轴是不同的坐标系，所以需要应用正逆运动学去分析。

图 10 Cubli 3D 模型

下面对软件主要的功能进行简要说明，首先是软件中需要配置的硬件接口，如图 13 所示。

PID 参数如程序 1 所示，硬件调试好后，将程序烧录进去基本可以平衡，我制作的 Cubli 对 PID 参数不是很敏感（实际测试得到的结论），基本上可以通用。

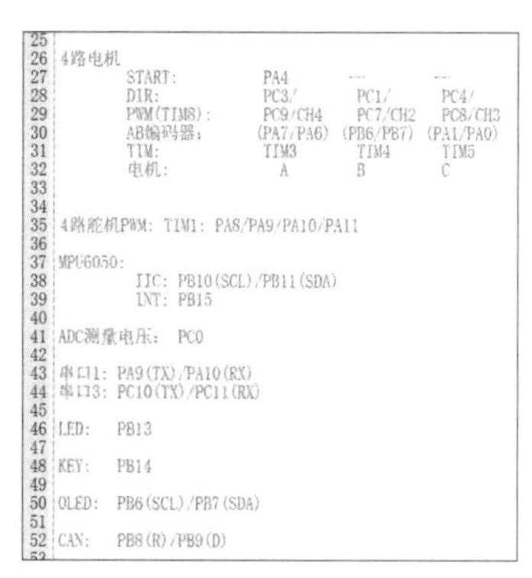

```
25
26 4路电机
27         START:        PA4        ---        ---
28         DIR:          PC3/       PC1/       PC4/
29         PWM(TIM8):    PC9/CH4    PC7/CH2    PC8/CH3
30         AB编码器:     (PA7/PA6)  (PB6/PB7)  (PA1/PA0)
31         TIM:          TIM3       TIM4       TIM5
32         电机:          A          B          C
33
34
35 4路舵机PWM: TIM1: PA8/PA9/PA10/PA11
36
37 MPU6050:
38          IIC: PB10(SCL)/PB11(SDA)
39          INT: PB15
40
41 ADC测量电压:  PC0
42
43 串口1: PA9(TX)/PA10(RX)
44 串口3: PC10(TX)/PC11(RX)
45
46 LED:    PB13
47
48 KEY:    PB14
49
50 OLED:   PB6(SCL)/PB7(SDA)
51
52 CAN:    PB8(R)/PB9(D)
```

图 13 硬件接口

程序1

```
float  Gryo_KP = -9, Gryo_KI=-0,
Gryo_KD=-0; //自转控制PID参数
float Velocity_KP=-40,Velocity_KI=-
0.2; //速度控制PID参数
float Balance_KP = 1200, Balance_KI = 0,
Balance_KD=300; //平衡控制器PID参数
```

软件集成了匿名上位机数传功能，支持匿名上位机的姿态显示和传感器数据波形显示功能，调用程序 2 可以用匿名上位机查看 Cubli 的姿态。

程序2

```
void ANO_DT_Send_Status(float angle_
rol, float angle_pit, float angle_yaw,
s32 alt, u8 fly_model, u8 armed)
{
  u8 _cnt=0;
  vs16 _temp;
```

```
vs32 _temp2 = alt;
u8 i,sum = 0;
data_to_send[_cnt++]=0xAA;
data_to_send[_cnt++]=0xAA;
data_to_send[_cnt++]=0x01;
data_to_send[_cnt++]=0;
_temp = (int)(angle_rol*100);
data_to_send[_cnt++]=BYTE1(_temp);
data_to_send[_cnt++]=BYTE0(_temp);
_temp = (int)(angle_pit*100);
data_to_send[_cnt++]=BYTE1(_temp);
data_to_send[_cnt++]=BYTE0(_temp);
_temp = (int)(angle_yaw*100);
data_to_send[_cnt++]=BYTE1(_temp);
data_to_send[_cnt++]=BYTE0(_temp);
data_to_send[_cnt++]=BYTE3(_temp2);
data_to_send[_cnt++]=BYTE2(_temp2);
data_to_send[_cnt++]=BYTE1(_temp2);
data_to_send[_cnt++]=BYTE0(_temp2);
data_to_send[_cnt++] = fly_model;
data_to_send[_cnt++] = armed;
data_to_send[3] = _cnt-4;
for(i=0;i<_cnt;i++)
sum += data_to_send[i];
data_to_send[_cnt++]=sum;
ANO_DT_Send_Data(data_to_send, _cnt);
}
```

程序 3 是硬件初始化部分，供大家参考。

程序3

```
Stm32_Clock_Init(9); //系统时钟设置
delay_init(72); //延时初始化
LED_Init(); //初始化与LED连接的硬件接口
KEY_Init(); //按键初始化
MiniBalance_TIM8_PWM_Init(7199,0); //初始化PWM 10kHz，用于驱动电机
uart3_init(36,115200); //初始化串口3，默认与蓝牙连接
Encoder_Init_TIM3(); //编码器接口(PA7/PA6)
Encoder_Init_TIM4(); //编码器接口(PB6/PB7)
Encoder_Init_TIM5(); //初始化编码器(PA1/PA0)
Adc_Init(); //初始化ADC
MPU_Init(); //初始化MPU6050
mpu_dmp_init(); //初始化MPU6050的DMP模式
EXTI_Init(); //MPU6050 5ms定时中断初始化
```

程序 4 是 Cubli 运动学解耦得到的公式，可以实现正逆运动学解算，得到电机控制量和电机编码器转速等重要参数。

程序4

```
void Kinematic_Analysis(float Vx,float Vy,float Vz)
{
 Motor_A = Vx + L_PARAMETER*Vz;
 Motor_B = -X_PARAMETER*Vx + Y_PARAMETER*Vy + L_PARAMETER*Vz;
 Motor_C = -X_PARAMETER*Vx - Y_PARAMETER*Vy + L_PARAMETER*Vz;
}
void Encoder_Analysis(float Va,float Vb,float Vc)
{
 Encoder_X=Va*2-Vb-Vc;
 Encoder_Y=(Vb-Vc)*sqrt(3);
 Encoder_Z=Va+Vb+Vc;
}
```

程序 5 是 PID 算法部分，*X* 轴、*Y* 轴、*Z* 轴 3 个轴分别有独立的 PID 运算，传入对应的传感器参数进行运算即可。

程序5

```
float Roll_balance_Control(float Angle,float Angle_Zero,float Gyro)
{
 static float PWM,error,Bias;
 Bias=Angle-Angle_Zero; //获取偏差
 error+=Bias; //偏差累积
 if(error>+30)error=+30; //积分限幅
 if(error<-30)error=-30; //积分限幅
 PWM=Balance_KP*Bias + Balance_KI*error + Gyro*Balance_KD/10; //获取最终数值
 if(Flag_Stop==1) PWM=0,error=0; //停止时参数清零
 return PWM;
}
float Pitch_balance_Control(float Angle,float Angle_Zero,float Gyro)
{
 static float PWM,error,Bias;
 Bias=Angle-Angle_Zero; //获取偏差
 error+=Bias; //偏差累积
 if(error>+30)error=+30; //积分限幅
 if(error<-30)error=-30; //积分限幅
 PWM=Balance_KP*Bias + Balance_KI*error + Gyro*Balance_KD/10;
 //获取最终数值
 if(Flag_Stop==1) PWM=0,error=0; //停止时参数清零
 return PWM;
}
float Yaw_balance_Control(float Gyro,float Gyro_control)
{
 static float PWM,error,Bias,Last_Bias,D_Bias;
 Bias=Gyro-Gyro_control; //获取偏差
 error+=Bias; //偏差累积
 if(error>+12000)error=+12000;
 //积分限幅
 if(error<-12000)error=-12000;
 //积分限幅
 D_Bias=Bias-Last_Bias; //一阶后向差分
 PWM=Gryo_KP*Bias/10 + Gryo_KI*error/1000 + D_Bias*Gryo_KD/10; //获取最终数值
 Last_Bias=Bias; //将本次偏差赋值作为上次偏差
 if(Flag_Stop==1) Last_Bias=0,PWM=0,error=0; //停止时参数清零
 return PWM;
}
```

Cubli 的控制部分在程序 6 的中断服务函数中实现，5ms 定时中断由 MPU6050

的INT引脚触发，严格保证采样和数据处理的时间同步。其中包括对MPU6050 6轴传感器数据的采集、对电机编码器数据的正运动学分析，以及通过PID算法得到的控制量需要进行逆运动学分析，从而得到3个无刷电机的控制量大小。另外还有一些电池电压保护、倾角保护等机器保护措施。

程序6

```
int EXTI15_10_IRQHandler(void)
{
 if(INT==0)
 {
  EXTI->PR=1<<15; //清除LINE5上的中断标志位
  Encoder_A = -Read_Encoder(3); //读取编码器的值
  Encoder_B =  Read_Encoder(4); //读取编码器的值
  Encoder_C = -Read_Encoder(5); //读取编码器的值
  Read_DMP(); //更新姿态
  if(delay_flag==1)
  {
   if(++delay_50==10)
   delay_50=0,delay_flag=0; //给主函数提供50ms的精准时延
  }
  Angle_Bias_X = Angle_Balance_X-Angle_Zero_X; //获取X方向的偏差
  Angle_Bias_Y = Angle_Balance_Y-Angle_Zero_Y; //获取Y方向的偏差
  Encoder_Analysis(Encoder_A,Encoder_B,Encoder_C); //对编码器的数据进行正运动学分析
  if(Turn_Off(Voltage)==0) //如果电池电压不存在异常
  {
   Balance_Pwm_X=-Roll_balance_Control(Angle_Bias_X, Angle_Zero_X, Gyro_Balance_X);//X方向平衡控制
   Balance_Pwm_Y=-Pitch_balance_Control(Angle_Bias_Y, Angle_Zero_Y, Gyro_Balance_Y); //Y方向平衡控制
   Balance_Pwm_Z=Balance_Control_Z(Gyro_Balance_Z, Velocity_Z_control);
   Velocity_Pwm_X=Velocity_Control_X(Encoder_X); //X方向速度控制
   Velocity_Pwm_Y=Velocity_Control_Y(Encoder_Y); //Y方向速度控制
Move_X =Balance_Pwm_X+Velocity_Pwm_X; //X方向控制量累加
   Move_Y =Balance_Pwm_Y+Velocity_Pwm_Y; //Y方向控制量累加
   Move_Z=-Balance_Pwm_Z; //Z方向控制量累加
   if(Move_Z>+600)Move_Z=+600; //限制Z轴控制量，降低Z轴调节权重，优先保证平衡
   if(Move_Z<-600)Move_Z=-600; //限制Z轴控制量，降低Z轴调节权重，优先保证平衡
   Kinematic_Analysis(Move_X,Move_Y,Move_Z); //逆运动学分析，得到A、B、C电机控制量
   Xianfu_Pwm(Max_Pwm); //PWM限幅
   if(Flag_Stop==2)
   {
    Motor_B=0,Motor_C=0,Single=1.3; //单边平衡
   }
   else{
    Single=1; //单点平衡
   }
   Set_Pwm(Motor_A*Single, Motor_B,-Motor_C); //赋值给PWM寄存器
  }
  Key(); //扫描按键变化
  APP_Control(); //App蓝牙指令
  if(Voltage<2290&&Voltage>600)Led_Flash(20); //电量不足时快速闪烁
  else Led_Flash(100);//LED闪烁
  Voltage_All+=Get_battery_volt(); //多次采样累积
  if(++Voltage_Count==100) Voltage=Voltage_All/100,Voltage_All=0,Voltage_Count=0; //求平均值获取电池电压
 }
 return 0;
}
```

作品展示

最后就是把机械结构与PCB、电池这些部件全部组装在一起，上电烧录编译好的程序，用手辅助Cubli在直立位置平衡，按下KEY按键，即可启动平衡功能，然后你就可以感受到Cubli的平衡力，趁机拿开辅助的手。最后，使用手机App控制Cubli自旋，如图14所示，好好欣赏你的完美平衡的Cubli吧！

图14 用手机App控制Cubli自旋

M5StickC 语音助理 玩转语音识别！

朱盼

演示视频

最近在群里面经常听到人们讨论语音识别功能，不少老师问如何使用语音识别功能，语音识别离线好还是在线好，哪家的语音识别模块好用等。我这个长年混迹于各大创客交流群与开源社区的人对此还是有些经验的，我用过许多开源硬件，对群里大家讨论的语音识别也接触过不少，其中在线、离线之争由来已久，现在我为大家分享一下自己使用语音识别功能的经验。

对于离线语音识别模块来说，常见的有海凌科 V20、LD3320 语音识别模块、DF 的 Gravity:I²C 语音识别模块等，这类模块的特点是使用拼音代替汉字编程或者在线生成特定语音词条的固件，这类模块可以识别一些简单的语句，拥有唤醒与免唤醒命令词，可实现一些简单的开灯、关灯等功能，成本在 10~200 元。在线语音识别一般采用话筒 +ESP32 模块构成，其中数字话筒效果优于模拟话筒，数字话筒的代表是 SPM1423 和 INMP441 等。在线语音识别和离线语音识别的不同之处在于它可以识别任意语言，不区分你使用什么语种、什么方言，仅仅与你开通的在线服务有关，识别速度与网络环境、语言服务提供商有关，质量较好的情况下可以快速识别结果。缺点是需要联网，不过现在我们都处于物联网大数据的海洋中，网络终究不是问题。网络问题解决了，剩下的就是选择语音识别服务提供商了，目前国内主流的语音识别服务提供商有百度、阿里、腾讯、华为、科大讯飞等。其中，腾讯对于我们学习较为友好，腾讯云为开通相关服务的用户每月赠送一定免费额度的 API 调用次数，以语音识别为例，每月有 5000 次免费额度。我创作了 M5StickC 语音助理这个项目帮助大家了解语音识别，并将它运用到智能家居控制或者创客作品中。

M5StickC语音助理名称的由来

M5StickC 来源于 M5StickC PLUS 开发板，语音助理代表着它可以识别语音并帮助你完成某些事情，本项目的思路是将识别的语音通过 MQTT 进行发布，任何设备通过该语音识别发布的主题即可获取语音识别结果，同时 M5StickC 语音助理订阅一个 MQTT 主题用于反馈与交互，效果参考演示视频。

预期目标及功能

- 语音识别。
- 语音交互。
- MQTT 语音识别结果发布。
- MQTT 主题订阅反馈。
- 智能家居控制。
- 自定义流程控制。
- 中文显示。

硬件部分

M5StickC PLUS 如图 1 所示。

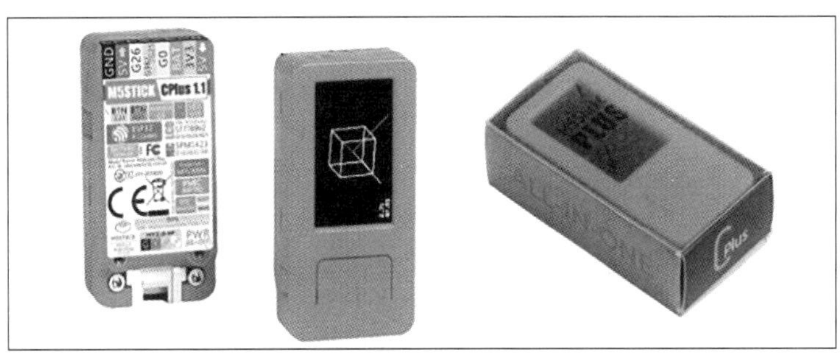

图1 M5StickC PLUS

M5StickC PLUS 的特点如下。

◆ 基于 ESP32 开发，支持 Wi-Fi 和蓝牙。

◆ 内置 3 轴加速计与 3 轴陀螺仪。

◆ 内置红外发射管 。

◆ 集成话筒。

◆ 内置锂电池，配备电源管理芯片。

◆ 配有用户按键、LCD(1.14 英寸)、电源 / 复位按键。

◆ 有扩展接口。

◆ 集成无源蜂鸣器。

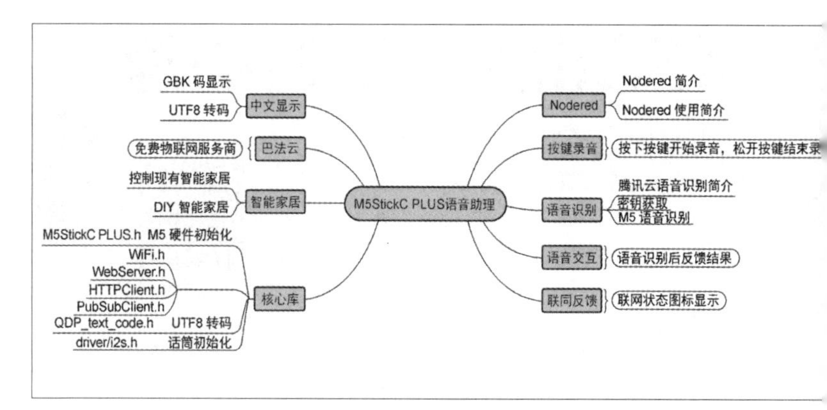

图 2 功能思维导图

程序设计

下面开始详细讲解程序设计过程。

1. 开发环境

我们使用 Aduino IDE 软件来编写本项目的程序，开发板选择 M5StickC。至于如何在 Arduino IDE 中配置 ESP32 的开发环境，不在本文的介绍范围，请自行查阅相关资料。

2. 程序思路

为了达到预期目标，我们先绘制功能的思维导图（见图 2），再根据思维导图逐步实现M5StickC语音助理的程序设计。

下面我们将具体讨论 M5StickC 语音助理各个子功能是如何实现的。

（1）语音识别

我们使用腾讯云的在线语音识别，先访问腾讯云官网，找到语音识别服务，这里我们可以在线体验语音识别功能，然后按照如下步骤简单了解腾讯云语音识别产品。

步骤 1 第一次使用需要注册腾讯云账号并按照提示进行实名认证，如图 3 所示。

图 3 注册腾讯云

步骤 2 注册成功并开通语音识别服务后，腾讯云会给我们每月 5000 次免费接口调用额度，如图 4 所示。

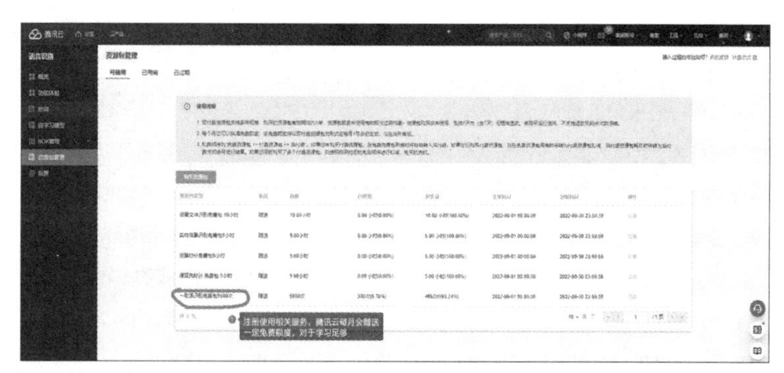

图 4 查看免费接口次数

步骤 3 进入管理后台获取腾讯云 secretId 和与 secretKey 并记录（注意保存自己的密钥，不要泄露），如图 5 所示。

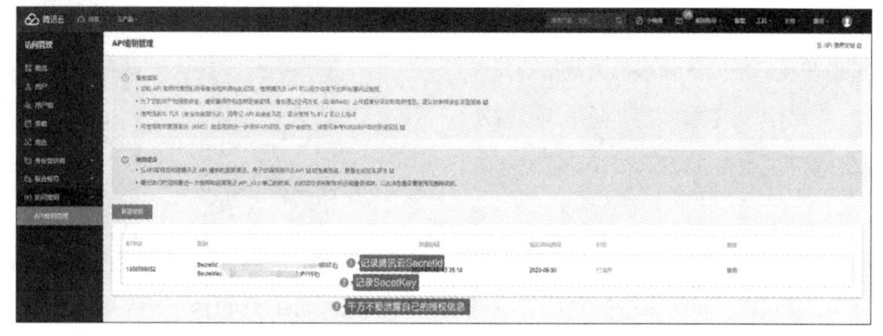

图 5 获取 secretId 和 secretKey

我们将获取的 secretId 与 secretKey 填入下面的语音识别示例程序并修改网络信息，由于腾讯云需要授权才能使用，在这里我在用服务器部署了一个转接服务用于对接腾讯云，示例程序如程序 1 所示，修改联网与账号信息并选择 M5StickC 开发板上传。

程序1

```
#include <WiFi.h>
#include <driver/i2s.h>
#include <HTTPClient.h>
#include <M5StickCPlus.h>
char ssid[] = "******************";
//网络名称
char pass[] = "******************";
//网络密码
String secretId = "******************"; //腾讯云 secretId
String secretKey = "******************";//腾讯云 secretKey
#define CONFIG_I2S_BCK_PIN -1//话筒引脚定义
#define CONFIG_I2S_LRCK_PIN 0
#define CONFIG_I2S_DATA_PIN -1
#define CONFIG_I2S_DATA_IN_PIN 34
#define SPEAK_I2S_NUMBER I2S_NUM_0
#define MODE_MIC 0
#define MODE_SPK 1
#define DATA_SIZE 1024
bool InitI2SSpeakOrMic(int mode)//I2S 模式选择函数
{
  esp_err_t err = ESP_OK;
  i2s_driver_uninstall(SPEAK_I2S_NUMBER);
  i2s_config_t i2s_config = {
    .mode = (i2s_mode_t)(I2S_MODE_MASTER),
    .sample_rate = 16000,
    .bits_per_sample = I2S_BITS_PER_SAMPLE_16BIT,
    .channel_format = I2S_CHANNEL_FMT_ALL_RIGHT,
    .communication_format = I2S_COMM_FORMAT_I2S,
    .intr_alloc_flags = ESP_INTR_FLAG_LEVEL1,
    .dma_buf_count = 6,
    .dma_buf_len = 60,
  };
  if (mode == MODE_MIC)
  {
    i2s_config.mode = (i2s_mode_t)(I2S_MODE_MASTER | I2S_MODE_RX | I2S_MODE_PDM);
  }
  else
  {
    i2s_config.mode = (i2s_mode_t)(I2S_MODE_MASTER | I2S_MODE_TX);
    i2s_config.use_apll = false;
    i2s_config.tx_desc_auto_clear = true;
  }
  Serial.println("Init i2s_driver_install");
  err += i2s_driver_install(SPEAK_I2S_NUMBER, &i2s_config, 0, NULL);
  i2s_pin_config_t tx_pin_config;
  tx_pin_config.bck_io_num = CONFIG_I2S_BCK_PIN;
  tx_pin_config.ws_io_num = CONFIG_I2S_LRCK_PIN;
  tx_pin_config.data_out_num = CONFIG_I2S_DATA_PIN;
  tx_pin_config.data_in_num = CONFIG_I2S_DATA_IN_PIN;
  Serial.println("Init i2s_set_pin");
  err += i2s_set_pin(SPEAK_I2S_NUMBER, &tx_pin_config);
  Serial.println("Init i2s_set_clk");
  err += i2s_set_clk(SPEAK_I2S_NUMBER, 16000, I2S_BITS_PER_SAMPLE_16BIT, I2S_CHANNEL_MONO);
  return true;
}
uint8_t microphonedata0[1024 * 80];
size_t byte_read = 0;
int16_t *buffptr;
uint32_t data_offset = 0;
String Pcm2String(uint8_t* pcm_buff, uint32_t pcm_lan)//上传音频数据获取结果函数
{
  String apiurl = "http://****" + secretId + "&secretKey=" + secretKey; //腾讯云语音识别
  HTTPClient resthttp;
  uint64_t time = micros();
  resthttp.begin(apiurl);
  resthttp.addHeader("Content-Type", "audio/pcm");
  resthttp.POST((uint8_t*)pcm_buff, pcm_lan);
  Serial.printf("Time %dms\r\n", (micros() - time ) / 1000);
  String response = resthttp.getString();
  Serial.println(response);// 打印语音识别 JSON 数据
  return String(response).substring(String(response).indexOf(String("Result\":\"")) + String("Result\":\"").length(), String(response).indexOf (String("\",\"AudioDuration")));
//返回识别关键语句
}
void setup()
{
  M5.begin();// 开发板初始化
  Serial.println("Init Spaker");
  InitI2SSpeakOrMic(MODE_SPK);
//话筒初始化
  delay(100);
  M5.Axp.ScreenBreath(10);// 设置背光亮度为 10
  size_t bytes_written;
```

```
  WiFi.begin(ssid, pass);// 开始连接网络
  while (WiFi.status() != WL_CONNECTED) {
    delay(500);
    Serial.print(".");
  }
  Serial.println("Local IP:");
  Serial.print(WiFi.localIP());
  pinMode(37, INPUT_PULLUP);// 板载按钮上拉
}
void loop()
{
  if (!digitalRead(37))// 按下板载按钮，开始语音识别
  {
    data_offset = 0;
    InitI2SSpeakOrMic(MODE_MIC);// 准备开始录音
    while (1)
    {
      i2s_read(SPEAK_I2S_NUMBER, (char *)(microphonedata0 + data_offset), DATA_SIZE, &byte_read, (100 / portTICK_RATE_MS));
      data_offset += 1024;
      if (digitalRead(37) || data_offset >= 81919)// 松开按钮或者超时 8s 结束录音
      break;
    }
    Serial.println("end");
    String SpakeStr = Pcm2String(microphonedata0, data_offset);// 保存语音识别结果
    Serial.println(SpakeStr);// 打印语音识别结果
  }
}
```

上传该例后，我们打开串口监视器，按下板载按钮 37 说“你好吗？”，便能得到如图 6 所示的结果，在这我们一般不需要识别末尾的标点，可以使用 replace( ) 函数消除标点符号。例如 SpakeStr.replace("？"," "); 消除变量 SpakeStr 的值中的所有问号。

```
COM10
Init i2s_driver_install
Init i2s_set_pin
Init i2s_set_clk
end
Time 668ms
{"Result":"你好吗？","AudioDuration":736,"WordSize":0,"RequestId":"4591aad4-c2a
你好吗？
自动滚屏  Show timestamp    没有结束符  115200 波特率  清空输出
```

图 6 串口监视器

（2）添加交互图标

我们想要实现联网的交互效果，联网前与联网后显示不同颜色图标用于表示不同联网状态，M5StickC PLUS 显示自定义图标如程序 2 所示。

程序2

```
#include <M5StickCPlus.h>
PROGMEM const unsigned char icon[] = {// 取模数据定义
  // 取模数据量大，此处省略
};
void setup()
{
  M5.begin();
  M5.Lcd.setRotation(0);
  M5.Lcd.fillScreen(BLACK);
  M5.Axp.ScreenBreath(10);
  M5.Lcd.drawXBitmap(0, 52, icon, 135, 135, WHITE);// 将 135 像素 ×135 像素的图标显示到坐标 (0,52)，颜色为白色
}
void loop()
{
}
```

我们使用 Image2Lcd 软件取模，设置如图 7 所示。

按照上面的设置单击“保存”可得到

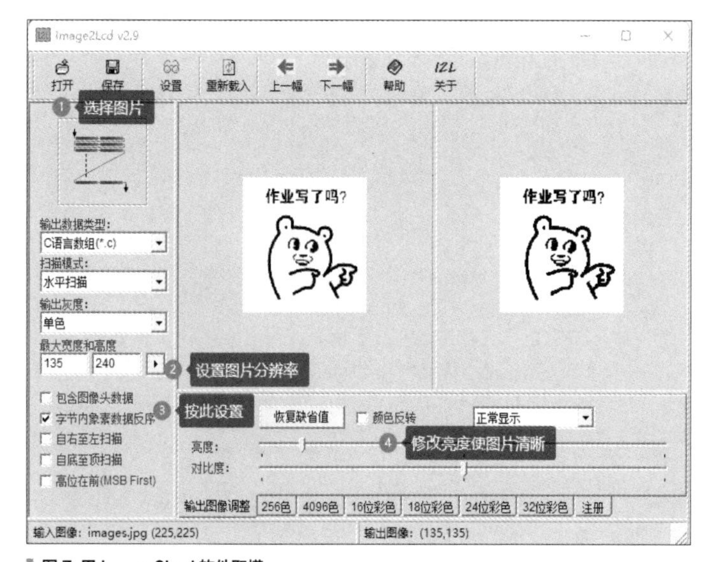

图 7 用 Image2Lcd 软件取模

图8 显示效果

取模数据，上传程序效果如图8所示，这里你可以设置为任意单色图标。

（3）中文显示

我们希望把语音识别后的文字显示到屏幕上，M5官方提供了显示GBK编码字符串的方法loadHzk16( )，但Arduino IDE采用的是UTF8编码，故我们需要把UTF8编码的字符串转换为GBK编码，这里我们用到了齐护机器人的QDP_text_code.h库文件，该库可实现编码转换，M5StickC PLUS中文显示例子如程序3所示。

程序3

```
#include <M5StickCPlus.h>
#include <QDP_text_code.h>// 引用转码库文件
char* utf8togb2312(String input_data)// 自定义转码函数
{
  int input_num = input_data.length();
  int output_num = 0;
  unsigned char str[input_num];
  byte select = 0;
  for (int x = 0; x < input_num; x++)
  {
   str[x] = input_data.charAt(x);
   select = Transform.GetUtf8ByteNumForWord(str[x]);
   if (select == 0)
   output_num++;
   else if (select >= 2)
   output_num += 2;
  }
  uint8_t gbArray[output_num];
  Transform.Utf8ToGb2312(str, input_num, gbArray);
  char gbArray1[output_num];
  static String data;
  data = "";
  for (int x = 0; x < output_num; x++)
  {
   data = String(data) + String(char(gbArray[x]));
  }
  char* gbkstr = const_cast<char*>(data.c_str());
  return gbkstr;
}
void display_text(String txt) { // 显示中文并自动换行
  M5.Lcd.fillScreen(BLACK);// 清屏
  M5.Lcd.setTextSize(2);// 设置字体大小
  M5.Lcd.setCursor(3, 5);// 设置显示坐标
  M5.Lcd.writeHzk(utf8togb2312(String(txt).substring(0, 12)));// 截取前4个汉字显示
  M5.Lcd.setCursor(3, 40);
  M5.Lcd.writeHzk(utf8togb2312(String(txt).substring(12, 24)));
  M5.Lcd.setCursor(3, 75);
  M5.Lcd.writeHzk(utf8togb2312(String(txt).substring(24, 36)));
  M5.Lcd.setCursor(3, 110);
  M5.Lcd.writeHzk(utf8togb2312(String(txt).substring(36, 48)));
  M5.Lcd.setCursor(3, 145);
  M5.Lcd.writeHzk(utf8togb2312(String(txt).substring(48, 60)));
  M5.Lcd.setCursor(3, 180);
  M5.Lcd.writeHzk(utf8togb2312(String(txt).substring(60, 72)));
}
void setup()
{
  M5.begin();
  M5.Lcd.setRotation(0);// 设置屏幕旋转为横向
  M5.Lcd.setTextSize(2);
  M5.Lcd.setTextColor(WHITE, BLACK);// 设置显示文本前景颜色为白色，背景颜色为黑色
  M5.Lcd.loadHzk16();//GBK编码显示初始化
  M5.Axp.ScreenBreath(10);
}
void loop()
{
  if (Serial.available() > 0) {// 当串口有数据可读时显示串口数据
   display_text(String(Serial.readString()));
  }
}
```

上传代码后打开串口监视器，输入任意汉字，汉字效果如图9所示。

（4）MQTT订阅与发布

MQTT是一种轻量级物联网协议，不懂MQTT是什么的可以上网搜索了解，这里我们选择免费的巴法云MQTT服务器，巴法云官网如图10所示。

在这里，我们可以使用邮箱注册一个新账号或者直接用微信账号登录，登录后选择MQTT设备云，新建主题postvoice

图9 汉字显示效果

图10 巴法云官网

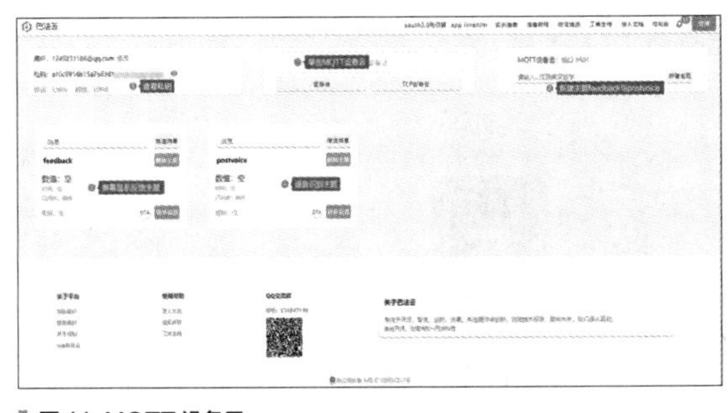

图11 MQTT 设备云

和 feedback 并记录巴法云私钥，如图 11 所示。

现在我们来编写 MQTT 的程序用来连接巴法云平台，如程序 4 所示。

程序4

```
#include <WiFi.h>
#include <PubSubClient.h>
char ssid[] = "*******************";
// 网络名称
char pass[] = "******************";
// 网络密码
String client_id = "*******************"; // 巴法云私钥
String post_voice = "postvoice";
// 语音识别消息发送主题
String feedback = "feedback";
// 屏幕反馈接收主题
const char *mqtt_broker = "bemfa.com";
// 巴法云 MQTT 服务器地址
const char *mqtt_username = "***";
//MQTT 用户名
const char *mqtt_password = "***";
//MQTT 用户密码
const int mqtt_port = 9501; //MQTT 开放端口
String mqtt_topic = "";
String mqtt_data = "";
boolean mqtt_status = false;
WiFiClient espClient;
PubSubClient client(espClient);
void callback(char *topic, byte *payload, unsigned int length) {
//MQTT 消息接收函数
  String data = "";
  for (int i = 0; i < length; i++) {
    data = String(data) + String((char) payload[i]);
  }
  mqtt_topic = String(topic);
  mqtt_data = data;
  mqtt_status = true;
}
void setup() {
  Serial.begin(115200);
  WiFi.begin(ssid, pass);
  while (WiFi.status() != WL_CONNECTED) {
    delay(500);
    Serial.print(".");
  }
  Serial.println("Local IP:");
  Serial.print(WiFi.localIP());
  client.setServer(mqtt_broker, mqtt_port);//MQTT 连接函数
  client.setCallback(callback);
  while (!client.connected()) {
    if (client.connect(client_id.c_str(), mqtt_username, mqtt_password)) {
      Serial.println("Public emqx mqtt broker connected");
    } else {
      Serial.print("failed with state ");
      Serial.print(client.state());
      delay(2000);
    }
  }
  client.subscribe(String("feedback").c_str());
}
void loop() {
  client.loop();
  if (mqtt_status) {//MQTT 接收并打印数据
    if (String(mqtt_topic).equals(String(post_voice))) {// 接收主题 feedback 消息
      Serial.println(mqtt_data);
      mqtt_status = false;
    }
  }
  if (Serial.available() > 0) {
    client.publish(String(postvoice).c_str(), String(Serial.readString()).c_str());
  }
}
```

以上代码运行效果如图 12 所示，串口监视器发送字符串会发布到巴法云 postvoice 主题，巴法云 feedback 主题发布消息会在串口监视器中显示。

Nodered与M5StickC 语音助理的结合

通过上面的程序，我们便能轻松实现语音识别了，现在我们来使用 Nodered 接

入 M5StickC 语音助理。Nodered 是一个强大的流程控制平台，通过简单地拖曳组件即可开发出功能强大的自动化控制程序，至于 Nodered 是什么，这里篇幅有限就不介绍了，感兴趣的同学可以上网搜索了解。Nodered 接入 M5StickC 语音助理控制流程如图 13 所示。

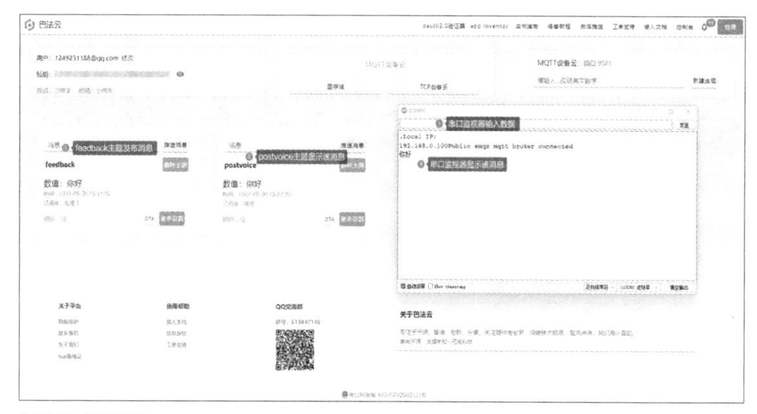

图 12 代码效果

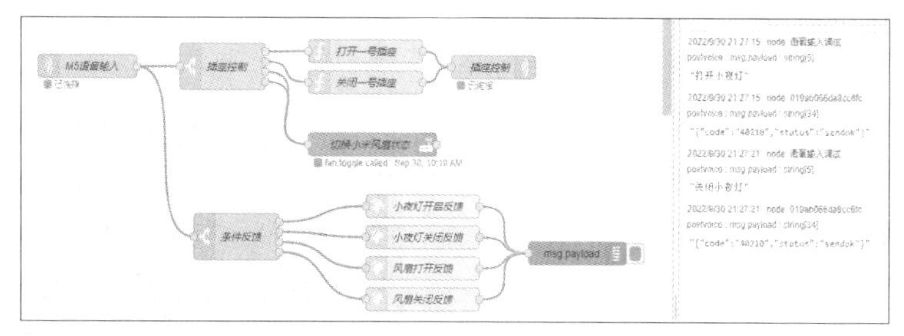

图 13 自动化控制程序流程

使用说明

◆ 下载 M5Burner 烧录软件。

◆ 打开软件选择 StickC 开发板。

◆ 下滑到底部选择 M5StickC 语音助理下载并烧录固件。

◆ 单击 USER CUSTOM 登录或者注册账号。

◆ 进入用户主页单击 BurnerNVS，跳出弹窗，选择对应的串口并连接。

◆ 输入网络信息、腾讯云和巴法云账号信息，屏幕上会实时显示设置的网络信息。

◆ 各数据输入完成并保存后，单击右侧的板子按钮 39，M5StickC PLUS 将自动重启并自动连接网络。

◆ 联网完成，联网图标变绿即可使用语音识别功能。

◆ 注意使用 M5StickC PLUS 时按下板子按钮 39，将清除网络信息与巴法云账号并重启，此时需要重新配置网络与巴法云账号。

◆ 尝试修改模板文件，自定义表单文件与数据表格，重复上述步骤理解本项目。

程序下载

以上就是 M5StickC 语音助理的项目介绍，如果你没有 IDE 或者只想体验该项目，那么可以根据自己的系统下载 M5Burner 烧录工具进行安装，打开软件按照下面的步骤进行烧录体验。

1

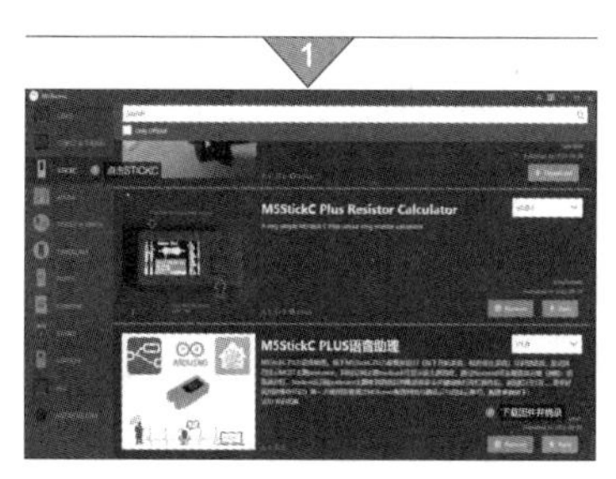

2

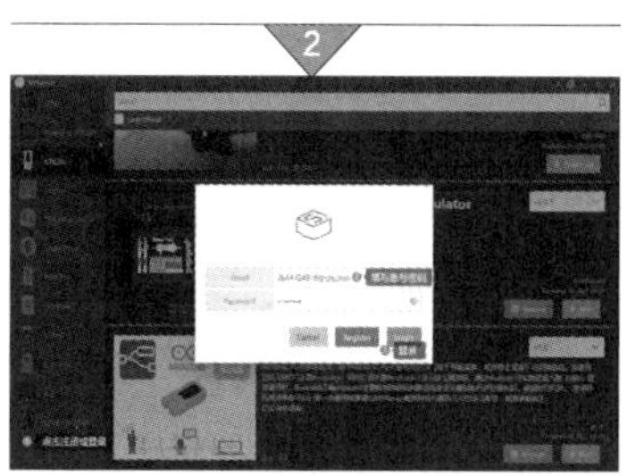

3

4

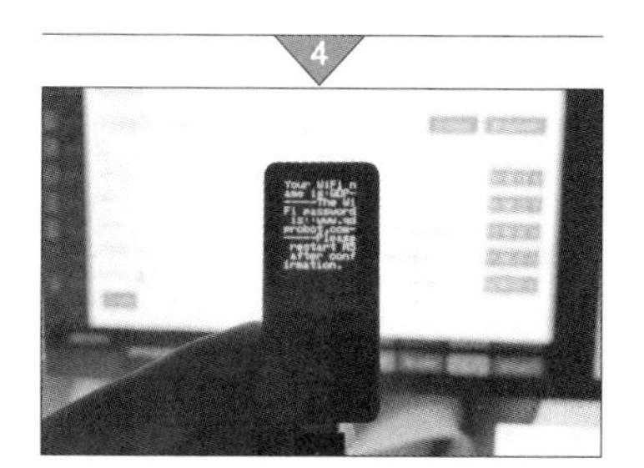

结语

根据上面的介绍，我们便能完成 M5StickC 语音助理的项目制作了，其中具体实现细节由于篇幅限制，这里就不再讨论，大家可以通过 M5Burner 的项目地址下载程序源代码进行查看，其中必要的程序说明已经注释。使用 M5StickC 语音助理，你能够轻松完成语音控制作品。到这里，对于在线语音识别与离线语音识别，你更倾心哪种呢？相信你已经有了自己的答案。让我们一起在物联网的海洋中徜徉吧！

基于物联网的家庭智能安防系统

演示视频

张浩华　王爱利　李晓慧　柴欣

近几年，随着科学技术的进步，人们对于居住质量的要求逐渐提高，同时对于家庭安防的意识也逐渐增强，各种智能化家居设备层出不穷。我们设计了一款适合家庭使用的智能安防系统，其功能齐全，操作简便，具有极大的便利性和舒适性。

功能介绍

本设备主要功能包括 3 个方面：室外安全、室内安全和物联网。

门禁识别功能是通过 HuskyLens 人工智能视觉传感模块中的人脸识别功能配合舵机一起实现的。HuskyLens 人工智能视觉传感模块利用内置的机器学习功能，记录并分辨家中成员的人脸和其他人脸，辨别来访的人是熟人还是陌生人。当识别到是家中成员时，舵机旋转模拟开门功能。入侵监测功能是通过人体感应模块完成的，当主人不在家中时可以开启此功能，保护家中安全。如果有人靠近，蜂鸣器就会发出警报声，并且会记录入侵次数，将数据上传到手机和计算机。

环境检测功能采用环境传感器实现，可检测室内的温 / 湿度、有害气体以及空气质量，将读取到的环境数据传送到手机和计算机。火灾预防功能是通过火焰传感器，探测家中是否有火源，如果发现，将提示用户拨打 119 报警。

同时设备还加入了物联网功能，采用 Wi-Fi 通信方式连接手机和计算机。利用 Easy IoT 平台作为媒介完成手机 App 对设备的控制。手机 App 可以读取云平台中来自设备的数据，还可以向设备发送指令。功能框架如图 1 所示。

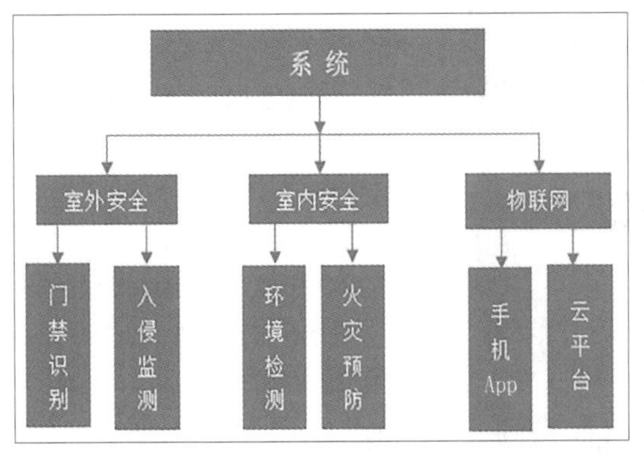

图 1 功能框架

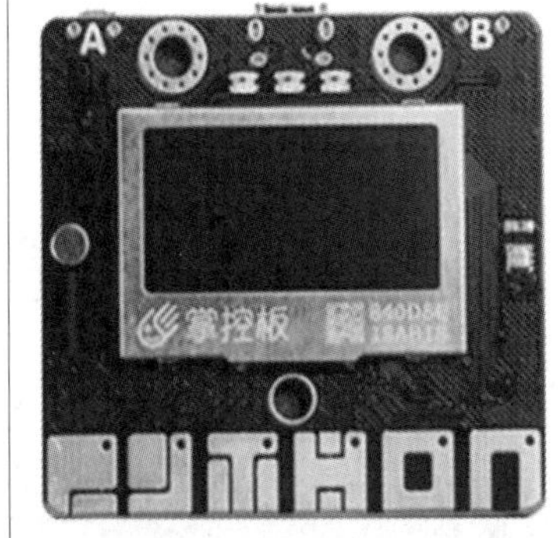

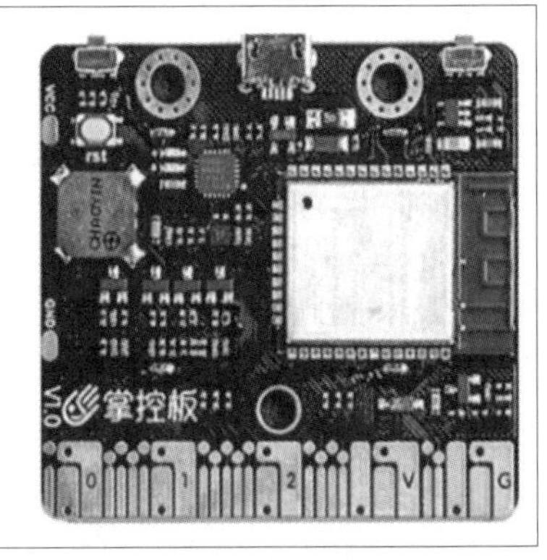

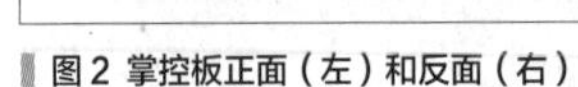

图 2 掌控板正面（左）和反面（右）

硬件选择

1. 主控板

主控板我们选择了一款可编程的开源硬件——掌控板（见图 2），它小巧精致，集各种优点于一身，功能强大。板载了 1.3 英寸的 OLED，具有物联网、Wi-Fi、蓝牙功能，内置无线网卡，可以帮助用户制作多种创意作品。

2. 扩展板

扩展板选用的是与掌控板配套的掌控宝（见图 3），两者搭配可扩展多个模块，掌控宝自带电源，解决了后期供电问题，同时让设备更加精简。掌控宝两侧扩展出 12 路引脚接口和 2 路 I^2C 接口，可接入多种模块，有利于各种项目的制作。

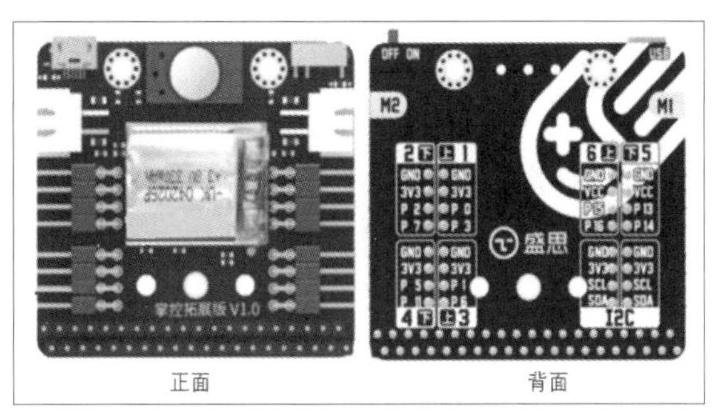

图 3 掌控宝正面（左）和反面（右）

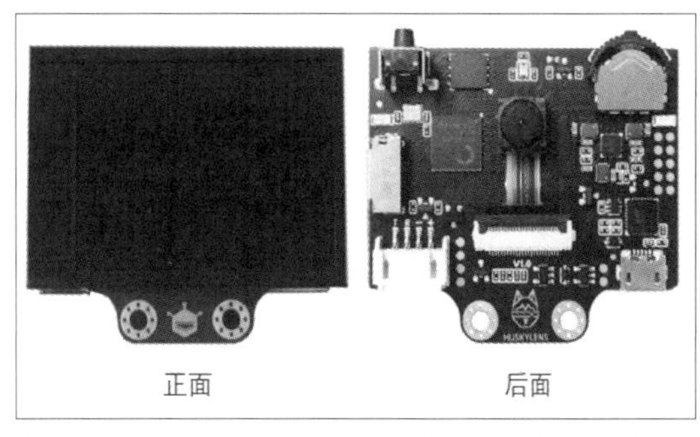

图 4 HuskyLens 人工智能视觉传感模块正面（左）和反面（右）

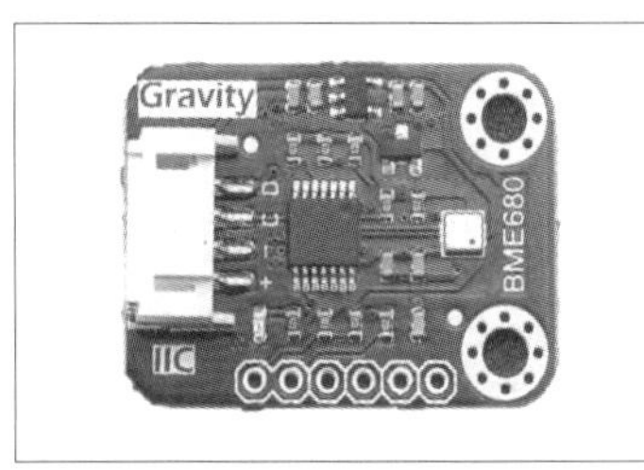

图 5 BME680 环境传感模块

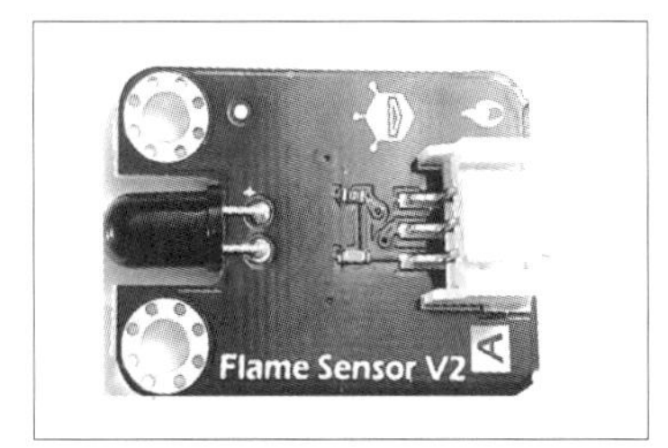

图 6 火焰传感模块

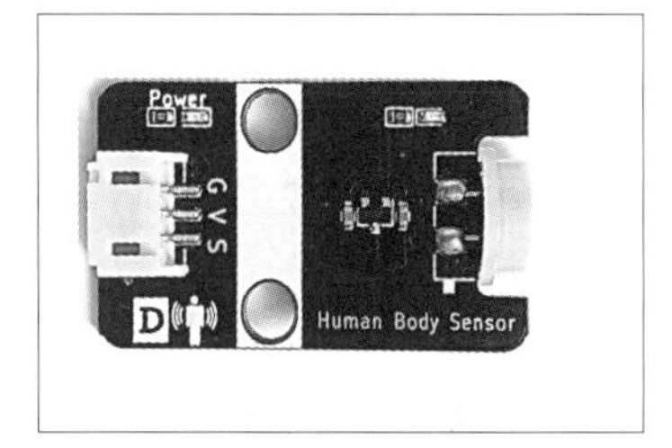

图 7 人体感应模块

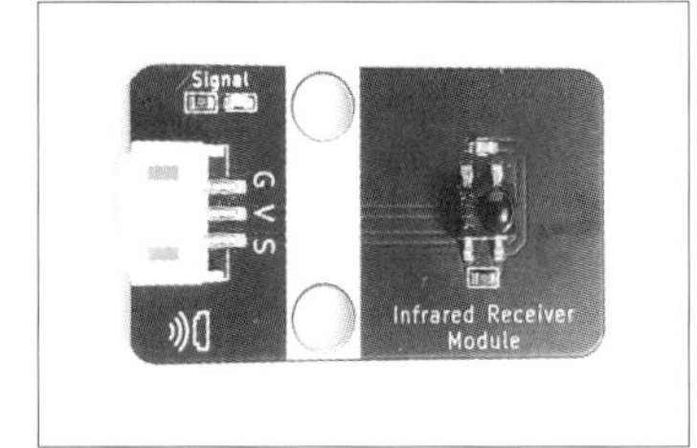

图 8 红外接收模块

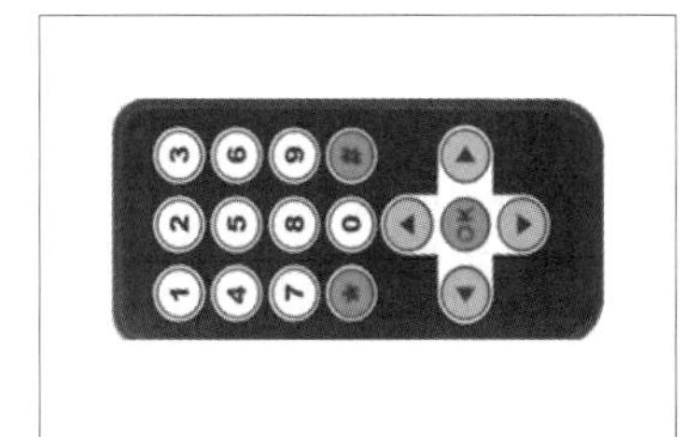

图 9 遥控器

图 10 舵机

3. HuskyLens人工智能视觉传感模块

HuskyLens 人工智能视觉传感模块（见图 4）是一款简单易用的人工智能视觉传感模块，内置 6 种功能，仅需 1 个按键即可完成 AI 训练。板载 UART/I^{2}C 接口，可以连接到掌控板上，实现硬件无缝对接，直接输出识别结果给控制器。内置的机器学习芯片使其具有人脸识别的功能。它自带 2.0 英寸 IPS 显示屏，操作更加简单。

4. 环境传感模块和火焰传感模块

我们选择 BME680 环境传感模块（见图 5）来检测室内的空气质量。它是一款高度集成的传感模块，体积小、兼容性好，方便安装，可穿戴，可测量 VOC（挥发性有机化合物）浓度、温度、湿度、气压等数据，非常适合用于检测空气质量。火焰传感模块（见图 6）可以探测家庭火源、感知火焰。它能在 -25~85℃下工作，性能稳定可靠。

5. 人体感应模块、红外接收模块和遥控器

人体感应模块（见图 7）用来监视室外的安全情况，它能够监测到运动的物体。红外接收模块（见图 8）搭配遥控器（见图 9）一起使用，更加方便操作设备。

6. 舵机

门禁设置采用舵机（见图 10）来完成开 / 关门的功能。

外观设计

本设备的适用场景是家庭，我们搭建了一个小房子的模型（见图 11 和图 12），根据现实中家庭情况将各个传感模块安装好。

硬件搭建

首先将掌控板和掌控宝连接在一起，再将设备所使用的传感器连接在相应的引脚上，如图 13 所示。

图 11 小房子模型正面

图 15 查询详情

图 12 小房子模型侧面

查询结果

时间	消息
2022/9/13 18:0:48	快拨打119
2022/9/13 18:0:29	快拨打119
2022/9/13 18:0:8	入侵次数7
2022/9/13 18:0:5	入侵次数6
2022/9/13 18:0:2	入侵次数5
2022/9/13 17:59:58	入侵次数4
2022/9/13 17:59:53	入侵次数3
2022/9/13 17:59:46	入侵次数1
2022/9/13 17:59:39	温度31.00
2022/9/13 17:59:34	空气质量18081.00
2022/9/13 17:59:30	湿度48.00
2022/9/13 17:59:27	温度31.00
2022/9/13 17:59:22	空气质量17565.00
2022/9/13 17:59:19	湿度49.00
2022/9/13 17:59:16	温度31.00
2022/9/13 17:59:10	空气质量17036.00
2022/9/14 10:56:38	入侵次数2
2022/9/14 10:56:32	入侵次数1
2022/9/14 10:55:32	入侵次数3
2022/9/14 10:55:20	入侵次数2
2022/9/14 10:55:13	入侵次数1
2022/9/14 10:54:43	欢迎回家
2022/9/14 10:54:27	欢迎回家
2022/9/14 10:53:58	欢迎回家

图 16 查询结果

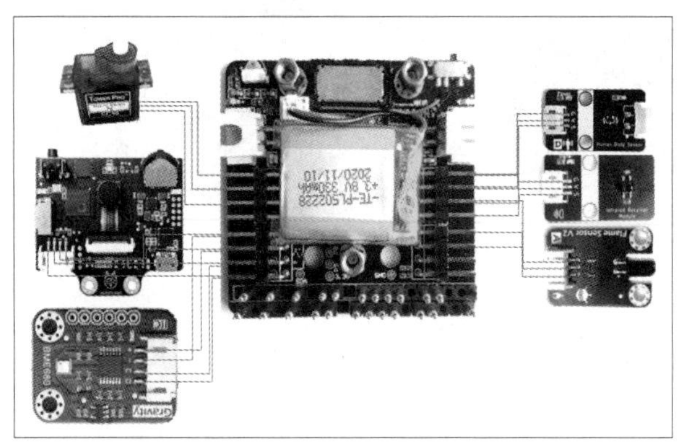

图 13 电路连接示意图

图 14 工作间

HuskyLens 人工智能视觉传感模块有 4 个引脚，分别是正 / 负、T、R 引脚，其中将正 / 负引脚分别连接到掌控板的电源和 GND 引脚，T 和 R 引脚分别与 SDA、SCL 引脚连接。舵机的 3 个引脚，对应连接在掌控宝的 GND、VCC 和 P13 引脚。BME680 环境传感器采用的是 I^2C 接口，分别将正 / 负、C、D 引脚与掌控宝的 VCC、GND、SCL、SDA 引脚依次连接。

人体感应模块有 3 个引脚，分别是 G、V、S 引脚，将它们与掌控宝的 GND、VCC、P7 引脚连接。红外接收模块的 G、V、S 引脚依次连接在掌控宝的 GND、VCC、P0 引脚上。火焰传感器有 3 个引脚，分别与掌控宝的 GND、VCC、P2 引脚相连接。

搭建物联网平台

我选择了 Easy IoT 物联网平台，首先登录 Easy IoT 物联网平台（没有账号需先注册）。

登录成功，进入“工作间”（见图 14），将设备名称更改为“家庭智能安防系统”，记录 Iot_id(user)、Iot_pwd(password)、Topic 的数据信息，用于 MQTT 的初始化参数。

查看信息记录，单击“查看详情”，如图 15 所示，可以看到查询结果如图 16 所示，同时用户可以通过日期查看以往记录。

在云端发送消息，单击“发送新消息”，掌控板和手机 App 会收到信息并显示在屏幕上，如图 17 所示。

手机App

将 App Inventor 安装在手机上，安装好后打开主界面，如图 18 所示。

单击“设置参数”，把物联网平台的 3 个数据信息、服务器地址及端口填写上，同时把下面的按钮修改为设备功能，如图 19 所示，单击“确认”即可。

返回主界面，单击“连接服务器”，如图 20 所示，就可以接收到掌控板发来的数据，单击“发送消息”也可以与掌控板进行双向通信。

程序编写

本作品程序采用 Mind+ 进行编写。首先初始化 Wi-Fi 和 MQTT，程序如图 21 所示，让掌控板通过 MQTT 协议与物联网平台通信。其次是门禁功能，初始化舵机，按下主控板上的 A 按键执行子线程 1，进行人脸识别，识别成功，屏幕上会显示“欢迎回家”，否则会显示“陌生人”，同时亮起红灯。然后通过遥控器的数字按键执行其他 3 个功能。数字按键“1”的作用是开启环境检测功能，检测到的温 / 湿度和空气质量的数据，显示在掌控板屏幕上，同时会上传到手机和计算机。数字按键“2”的作用是关闭环境检测功能。按下数字按键“3”会开启入侵监测，如果有人经过，蜂鸣器就会发出报警声音，同时记录入侵的次数。数字按键“4”的作用是关闭入侵功能。

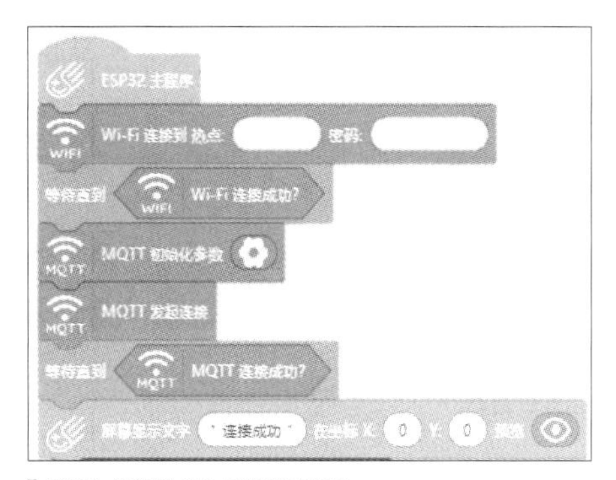

图 21 初始化 Wi-Fi 和 MQTT

图 22 程序部分代码

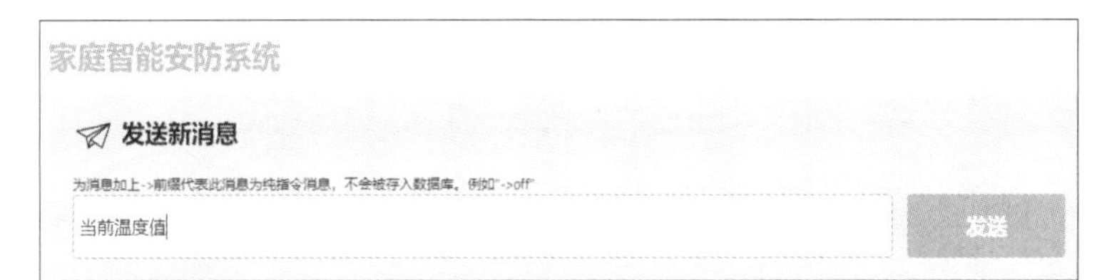

图 17 发送新消息

图 18 App 主页

图 19 设置参数

图 20 连接服务器

按下数字按键“5”可以开启火灾预防功能，感知到火源的值大于 1000 时，会提示用户拨打 119。程序部分代码如图 22 所示，大家可以自行尝试完成完整代码。

结语

经测试，设备各个功能都达到了预期设计的目标，具有便于操作、信息准确、智能化程度高等优势，实现了家庭智能安防系统的网络化和信息化，具体演示视频可以扫描文章开头的二维码观看。其中最大的特色就是双向通信，通过 Wi-Fi 将数据实时传输到用户的手机和计算机，同时可以通过手机和计算机向掌控板发送信息，获得设备所收集的数据，可以提高家庭的安全性和可控性，也提升了用户的体验感。

OSHWHub 立创开源硬件平台 立创课堂

基于ESP32的蓝牙小键盘设计

上电冒烟

项目简介

键盘对于每一个使用计算机的人来说必不可少，键盘的种类有很多，像一体式68配列、84配列、分体式键盘等。对于嵌入式开发爱好者来说，使用最频繁的就是复制（Ctrl+C）和粘贴（Ctrl+V）了。针对于此，我设计了一款对电子爱好者来说很实用小玩具——蓝牙CV键盘。

它有如下几个特点。

◆ 通过蓝牙连接，免得一个小键盘还要占用珍贵的USB接口。

◆ 按下即为“Ctrl+”的自动组合键，如按下V即自动为Ctrl+V（粘贴）。

◆ 使用HID协议，3个键都可编程，只需要按照键盘码更改程序里的一个数组即可。

◆ 项目使用国产MCU ESP32-C3开发，性价比高。

◆ 带可编程RGB LED，可自定义效果。

◆ 通过Arduino语言开发，简单易上手。

◆ 板载充/放电管理芯片及锂电池。

◆ 使用热插拔轴座，支持全键热插拔，可放上自己喜欢的轴体。

◆ 项目全部开源，广大爱好者可自行修改。

硬件设计

硬件部分包含ESP32-C3核心板、锂电池充/放电管理电路、USB转串口及自动下载电路、键盘和RGB电路。

主控使用ESP32-C3-WROOM-02模组。本项目使用的ESP32-C3核心板对于键盘主体的PCB兼容。

1. ESP32-C3核心板

ESP32-C3是一款安全稳定、低功耗、低成本的物联网芯片，搭载RISC-V 32位单核处理器，支持2.4GHz Wi-Fi和Bluetooth 5 (LE)，为物联网产品提供行业领先的射频性能、完善的安全机制和丰富的内存资源。因考虑本次作品是面向广大电子爱好者的一个小项目，需要降低制作难度，因此我采用了乐鑫官方比较成熟、稳定的ESP32-C3模组进行设计，这大大减少了硬件设计的工作量及复刻难度。初学者也可进行制作，其外部仅需串口、自动下载电路、供电电路、复位电路。ESP32-C3最小系统电路如图1所示。

2. 电源

供电部分有两个版本，分别是考虑降低成本使用AMS1117-3.3（见图2）和考虑更高的PSRR、更低噪声使用MP20051（见图3）。

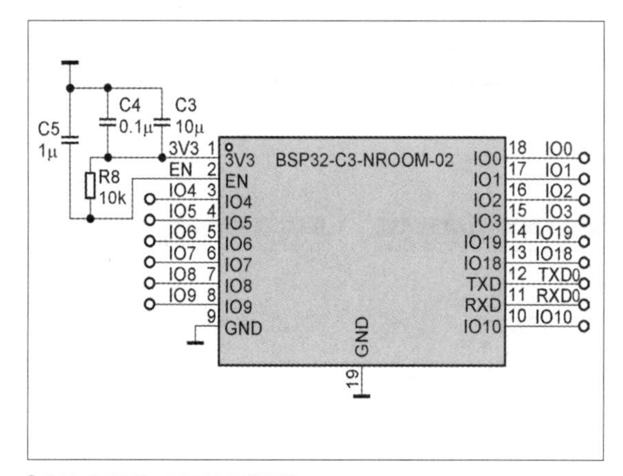

图1 ESP32-C3最小系统电路

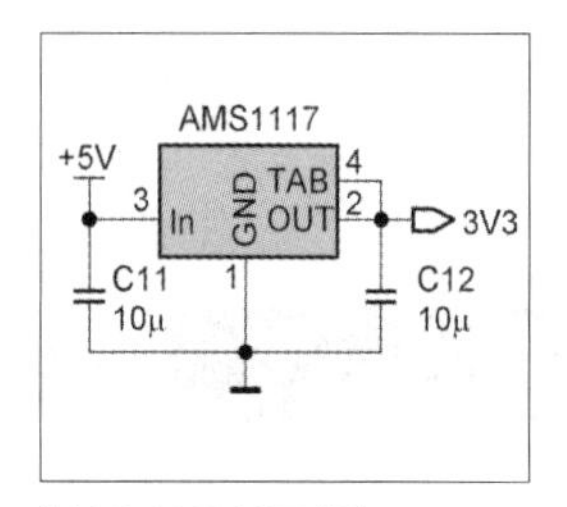

图2 AMS1117电路

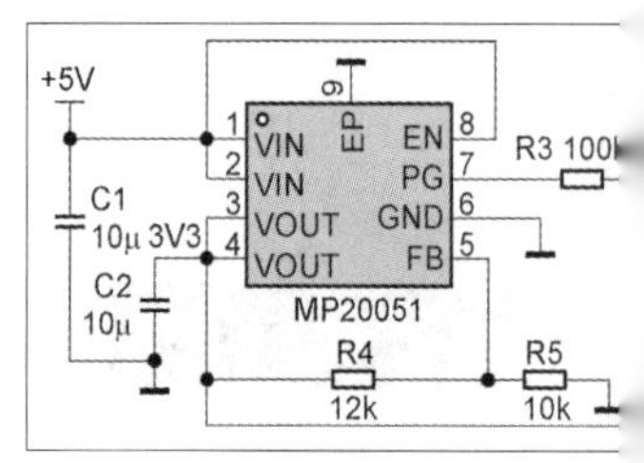

图3 MP20051电路

3. 锂电池充/放电管理电路

锂电池充 / 放电管理采用的是 ETA9741 芯片，ETA9741 有着高集成度，外围电路仅需一个电感和若干电容即可完成充 / 放电管理，自带电量显示功能。

其特点是转换效率高达 96%，支持 5V/2A 输出，自动切换升压 / 降压模式（即可自动转换充 / 放电）。采用 ETA9741 主要是为了降低制作难度，并且其具有高转换效率，提高电池能量利用率。ETA9741 充 / 放电管理电路如图 4 所示。

4. USB转串口及自动下载电路

串口部分采用的是南京沁恒（WCH）的 CH343P USB 转高速串口芯片，它性能稳定、性价比高。CH343P 的封装为 QFN16，体积小巧。USB 转串口及自动下载电路如图 5 所示。

5. 键盘和RGB LED电路

键盘的热插拔轴座选用的是凯华的轴座，兼容三脚轴和五脚轴。键盘底部的 RGB LED 采用的是反贴 WS2812B 灯珠。因按键数量只有 3 个，因此采用 GPIO 接口直接读取。按键消抖采用硬件电容消抖。按键及 RGB LED 电路如图 6 所示。

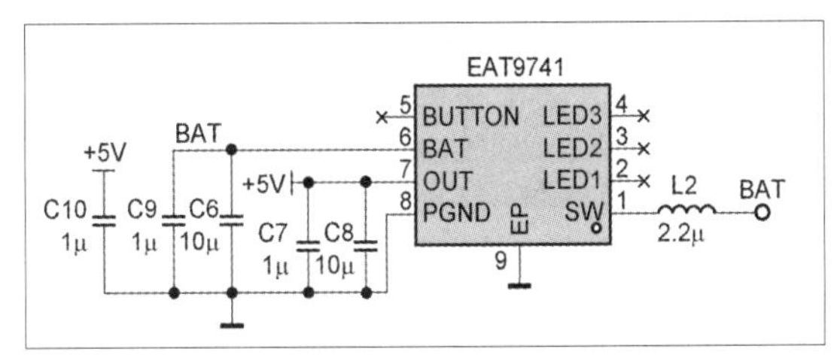

图 4 ETA9741 充 / 放电管理电路

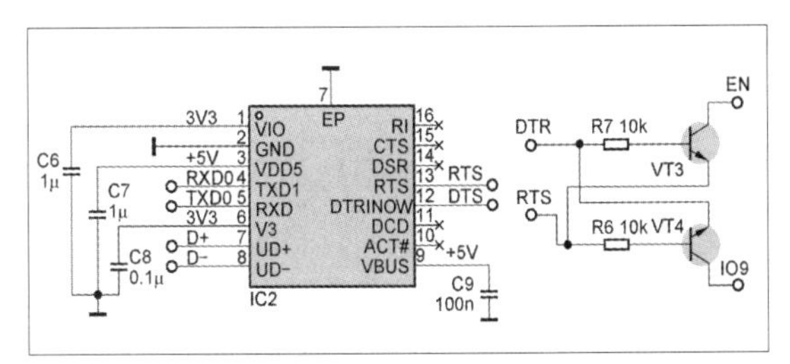

图 5 USB 转串口及自动下载电路

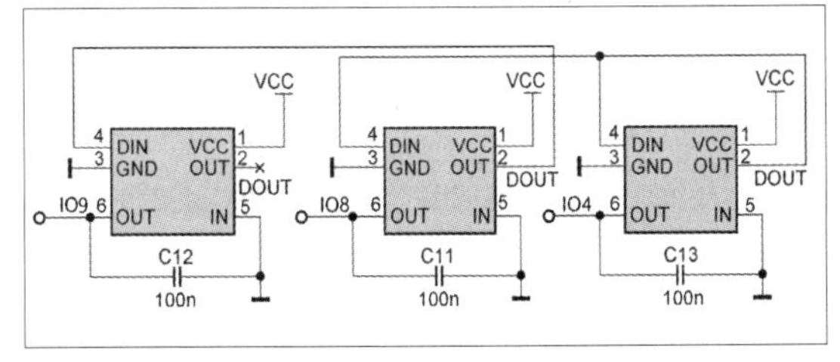

图 6 按键及 RGB LED 电路

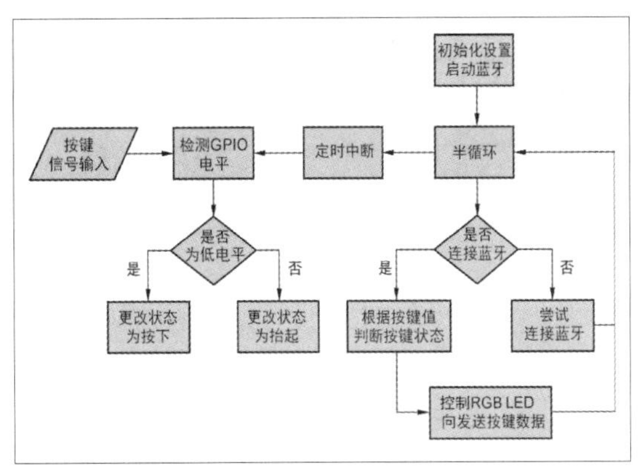

图 7 软件设计流程

软件设计

软件主要分为 3 个部分：按键检测、RGB LED 灯效控制、BLE 数据发送。软件设计流程如图 7 所示。

1. 按键检测部分

按键检测部分采用定时中断扫描按键状态的方式，ESP32 的 GPIO 接口设置为内部上拉模式，若按下开关即拉低 GPIO 接口电平，检测到这个电平，ESP32 就会标记按键为按下状态，按下后再松开即抬起。定时终端设置时间为 10ms，即刷新率（回报率）为 100Hz，若有需要，可以提高刷新率，ESP32 的性能支持更高的刷新率。

2. RGB LED灯效控制

RGB LED 灯效控制采用 Adafruit_NeoPixel.h 这个开源库，基于 Arduino LED 开发，降低了开发难度。需要注意的是，这个库设置亮度会保持所有 RGB LED 的亮度相同，没有单独设置某个 LED 调节亮度的函数。WS2812B 手册标明其数据传输方式为每个 LED 24bit，即 Red、Green、Blue 各占 8bit，0~255 的数值代表了其单个灯的亮度。例如，控制数据中前 8 位为 10000000 即代表着第一个灯珠的红色部分亮度为最大亮度的一半。通过这种方式可以定义单个 LED 的亮度信息。总体灯效当前版本预设了两种模式，第一种是按下的按键亮蓝灯，抬起时逐渐熄灭；第二种是按下任意按键，所有 RGB LED 亮绿灯，抬起后熄灭。两者之间通过长按 3 个键 1s 自动切换。当然，这只是最简单的 RGB LED 灯效，得益于 Arduino LED 的开发方便，电子爱好者可以很简便地编辑自己喜欢的灯效。

用 ESP32 FireBeetle 实现无线功率计

演示视频

王岩柏　陈录

硬件设计

最近为了测试计算机的实时功耗，我设计了一个无线功率计，它能够测量微软 Surface 计算机的实时功耗，并将测量结果通过蓝牙发送到另外的主机上。这个设备使用的硬件是 ESP32 FireBeetle、5.5~28V 转 3.3V 降压电源模块、ESP32 FireBeetle 萤火虫 OLED 12864 屏幕以及 INA226 电压 / 电流监控模块。其中，ESP32 FireBeetle 是主控板，负责读取功率信息、提供蓝牙连接功能，INA226 模块是高 / 低侧测量、双向电压 / 电流监控芯片。这款芯片能够测量 0~36V 总线上的

附表　部分键盘码

A	B	C	D	E	F	G	H	I	J
0x04	0x05	0x06	0x07	0x08	0x09	0x0A	0x0B	0x0C	0x0D
K	L	M	N	O	P	Q	R	S	T
0x0E	0x0F	0x10	0x10	0x12	0x13	0x14	0x15	0x16	0x17
U	V	W	X	Y	Z				
0x18	0x19	0x1A	0x1B	0x1C	0x1D				

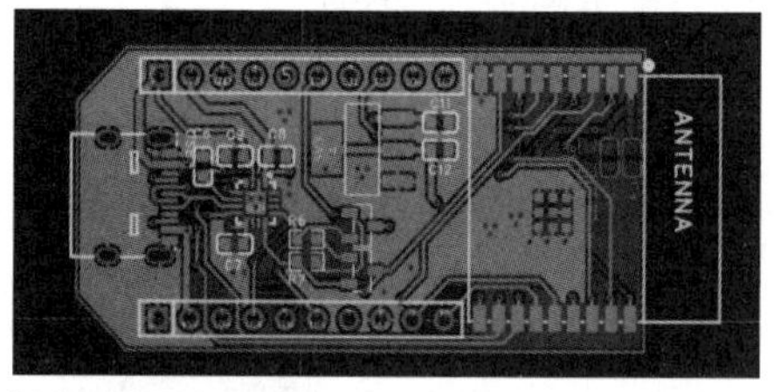

图 9　键盘主板 PCB

3. BLE数据发送

HID（Human Interface Device）即人机接口设备，本次采用的协议正是 HID 协议，键盘通过向主机发送键盘码来发送按键信息，主机通过接收键盘码来获取键盘控制信息。二者通过低功耗蓝牙（BLE）连接。具体步骤如下。

◆ 键盘发送给主机报文描述符，让主机知道后面的报文是什么格式。

◆ 主机解析键盘发送的报文描述符，进而确定报文格式。

◆ 键盘向主机发送报文（键盘码）。

◆ 主机收到报文后根据格式进行解码，确定后续操作。

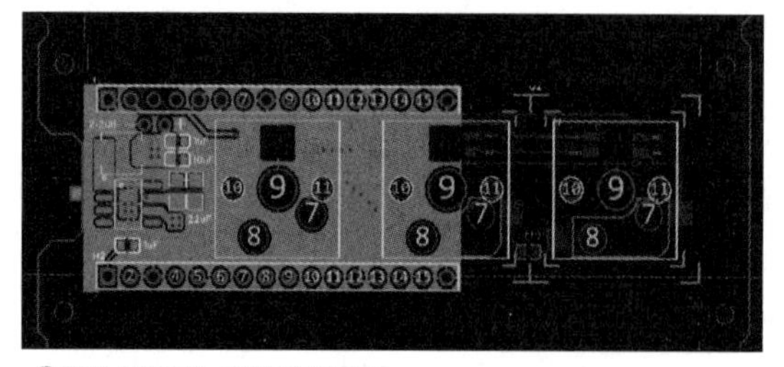

图 8　ESP32-C3 核心板 PCB

◆ 当主函数中检测到已连接蓝牙后，就会进行按键状态的读取，通过对应按键的两个状态值（按下、抬起）发送给计算机相应的键盘码，进而传输按键信息。

部分键盘码如附表所示，若要更改按下的按键值，即只用更改键盘码数组中的一个数值即可。

PCB设计

PCB 设计没有太多要注意的内容，因直接使用 ESP32-C3 官方模组，外围电路设计较为简单，低速信号也不需要考虑等长和阻抗匹配的问题。需要特别注意的是，蓝牙天线的位置禁止铺覆铜，否则会严重影响信号收 / 发的质量。ESP32-C3 核心板 PCB 如图 8 所示，键盘主板 PCB 如图 9 所示。

结语

这次制作的 CV 蓝牙小键盘原理不复杂，硬件电路简单，软件程序也不复杂，会用 Arduino 的电子爱好者都可以制作。并且此项目的全部资料都开源在立创硬件开源平台上了，也受到了很多电子爱好者的支持与鼓励，欢迎广大电子爱好者复刻。

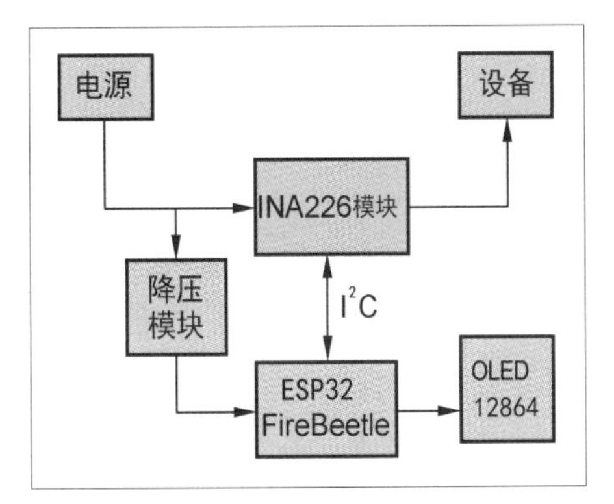

图 1 无线功率计基本原理

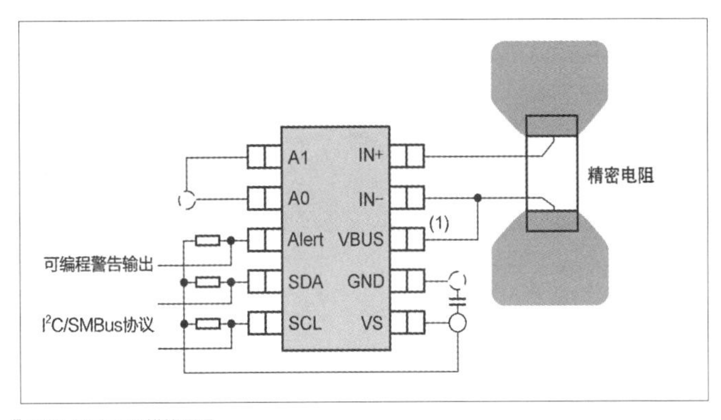

图 2 INA226 模块原理

电压，还能报告电流、电压和功率，精度为 0.1%。

无限功率计基本原理如图 1 所示，电源电流经过 INA226 模块后提供给设备使用，主控通过 I²C 和 INA226 模块进行通信，为了方便使用，功率计可以直接从计算机适配器上取电，电压经过降压模块调整为 3.3V 后供给 INA226 模块、主控板和屏幕。

INA226 模块工作原理如图 2 所示，在芯片外部被测试电源上串接一个电阻（阻值很小的精密电阻），通过读取其两端电压再经过 ADC 即可计算出当前电流，结合测试出来的电源电压即可得知当前输出端的功耗。

无线功率计电路如图 3 所示，特别注意降压模块旁边有一个名为“3.3VPOWER”的跳线，当使用 Micro USB 接口连接 ESP32 FireBeetle 进行调试时，需要断开这个跳线；当独立工作时，需要将此位置短路，ESP32 FireBeetle 会从被测试总线进行取电工作。

PCB 设计如图 4 所示，上方左侧接线柱是电源的输入接口，右侧接线柱是输出接口。焊接完成的设备成品如图 5 所示。输入端为微软 Surface 计算机适配器（磁吸接口），这个适配器输出有 VCC、GND 和 Signal 3 根引线。Signal 相当于适配器的开关，它的作用是表示当前磁吸接口是否连接计算机。当磁吸接口连接计算机后，Signal 会被拉低，此时适配器 VCC 会输出 15V 电压。这次测试中 Signal 始终直接接地，之后适配器会一直维持 15V 输出。

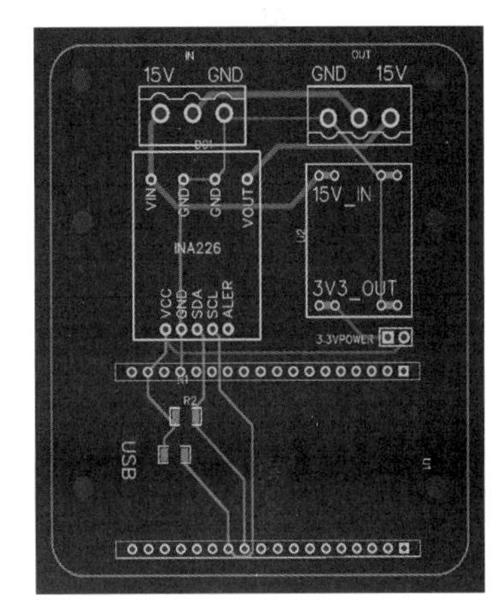

图 4 PCB 设计

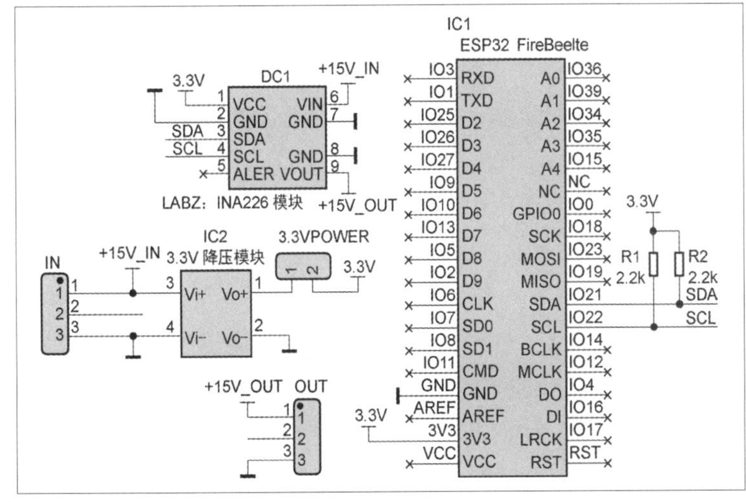

图 3 无线功率计电路

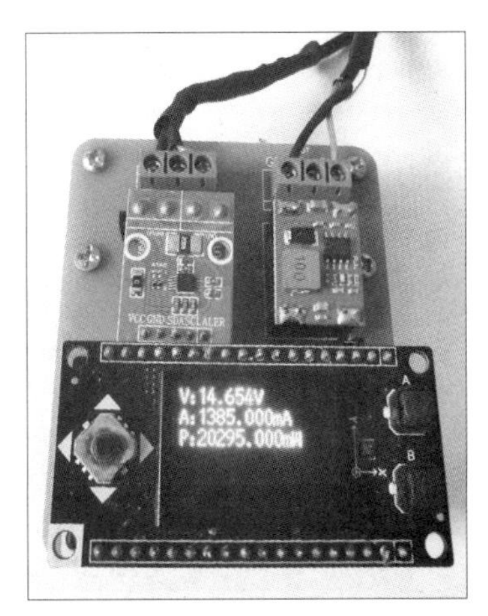

图 5 设备成品

软件设计

为了读取功率数据，我使用了INA226模块。首先使用I²C设备扫描工具确定模块地址，最终确定模块地址为0x40。如果一次使用多个INA226模块，可以通过更改模块上的电阻设置不同地址。程序开始处引用INA226库，声明如程序1所示。

程序1

```
#include "INA226.h"
INA226 INA(0x40);
```

后续程序中直接使用INA.getBusVoltage( )、INA.getCurrent_mA( )和INA.getPower_mW( )函数直接获取电压、电流和功率信息。

程序创建了一个BLE的UART的对象，用户使用Windows的蓝牙功能搜索发现设备，配对之后可以通过串口获得数据，如程序2所示。

程序2

```
#include "BluetoothSerial.h"
BluetoothSerial SerialBT;
```

上述程序创建了一个名为SerialBT的串口蓝牙对象，接下来使用SerialBT.register_callback(callback)注册回调函数。当有蓝牙连接/断开时，Arduino的蓝牙架构会自动调用这个回调函数。接下来在setup( )中通过程序3创建一个名为“PowerMeter”的蓝牙设备。当使用计算机搜索蓝牙设备时，会显示这个设备名称，如图6所示。除了蓝牙之外，程序还声明了Serial( )，用户还可以通过ESP32 FireBeetle板载USB接口获得当前的电压、电流信息。

程序3

```
if (!SerialBT.begin ("PowerMeter"))
{
  Serial.println("An error occurred initializing Bluetooth");
} else {
  Serial.println("Bluetooth initialized");
}
```

为了显示一些基本信息，我使用了ESP32 FireBeetle萤火虫OLED 12864，在程序开头使用程序4创建OLED对象。这个OLED12864的显示方法很简单，以显示当前功率为例，首先通过dtostrf( )将Watt中以浮点数表示的功率信息转为字符串，放在FloatToStr变量中；接下来使用sprintf( )将FloatToStr格式化输出到Buffer中，然后使用OLED.disStr( )将Buffer输出到OLED上，最终通过OLED.display( )函数将内容显示出来。

程序4

```
// OLED 地址
const uint8_t OLED_I2C_addr = 0x3c;
const uint8_t OLED_pin_SPI_cs = D2;
// OLED 对象
DFRobot_OLED12864 OLED (OLED_I2C_addr, OLED_pin_SPI_cs);
memset(Buffer,' ', sizeof (Buffer));
dtostrf(Watt, 1, 3, FloatToStr);
sprintf(Buffer,"P:%smW", FloatToStr);
fillchar(&Buffer[0],16);
OLED.disStr(0, 32, Buffer);
OLED.display();
```

这个功率计从设计角度来说会长时间工作，为了保护OLED，程序设计了屏幕点亮超过DISPLAYTIMEOUT设定的时间后自动关闭屏幕的功能。息屏后按下OLED按钮后会再次唤醒屏幕显示。具体如程序5所示。

程序5

```
// 如果屏幕点亮超过DISPLAYTIMEOUT指定时间，关闭屏幕
if (millis() - DisplayTimeOut > DISPLAYTIMEOUT) {
  Serial.println("Turn off display");
  displayOff = true;
  OLED.displayOff();
}
void IRAM_ATTR detectButton() {
  Serial.println("Button");
  // 如果当前屏幕处于关闭的状态，触发之后打开屏幕
  if (displayOff) {
    displayOff = false;
    DisplayTimeOut = millis();
  }
}
```


图6 蓝牙设备“PowerMeter”

结语

这次的设计使用ESP32 FireBeetle作为主控，它除了蓝牙功能，还有Wi-Fi功能，如果有需要，还可以将蓝牙无线连接方式改为Wi-Fi连接，连接上同一个App后，主机端可以使用轮询的方式获得多个功率计的数据，更加便于操作和管理，大家可以扫描文章开头的二维码观看演示视频。

用体感手套控制仿生机械臂

演示视频

▌许和乐

项目背景

在电影《环太平洋》中，机甲可以通过感知驾驶员的姿态做出相同的动作。现实中，工业机械臂可以根据既定程序进行固定轨迹运动，执行的动作单一，无法对外界变化做出反应，只能进行对指定位置物品的移动等操作。笔者设计的体感手套（见图 1）可以实时读取人手部姿态，仿生机械臂的运动轨迹全程由体感手套运动决定，如图 2 所示，可以应用于远程处理危险物品、灵活转移重物，具有灵活度高、智能化程度高的特点。

设计分析

这个项目最终要实现的功能是穿戴体感手套后，仿生机械臂可以跟随人体手部的动作做出相同的动作。要设计一个这样的系统，必须要解决几个关键问题：第一，手部动作的采集；第二，处理采集到的信息；第三，使仿生机械臂做出相同动作。

我的解决思路是使用传感器作为机器的“感官”，用若干个传感器构成的“感官”采集人体手部的姿态。使用微处理器进行数据运算，采用无线或有线通信方式实现数据的传递，使仿生机械臂收到指令，并做出相应的动作。系统设计框架如图 3 所示。

硬件设计

硬件设计部分需要的材料清单如表 1 所示。

主控芯片选择 STM32F103ZET6 模块，如图 4 所示。STM32F103ZET6 模块是一款功能强大的单片机。它专为需要高性能、低成本和低功耗的嵌入式应用设计，采用 ARM Cortex-M 内核，拥有双 12 位 ADC、4Mbit/s UART 和 18Mbit/s

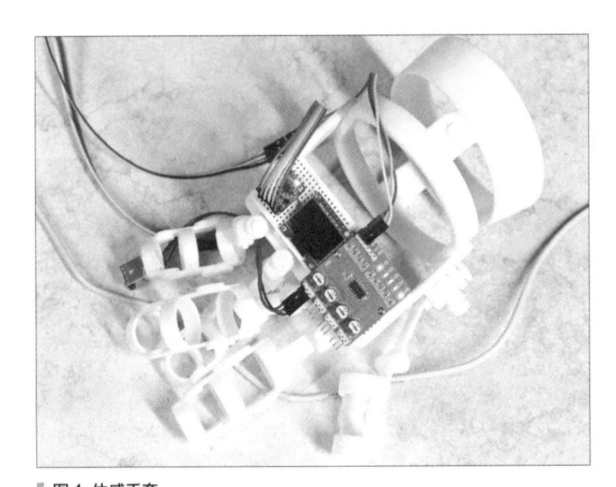
▌图 1 体感手套

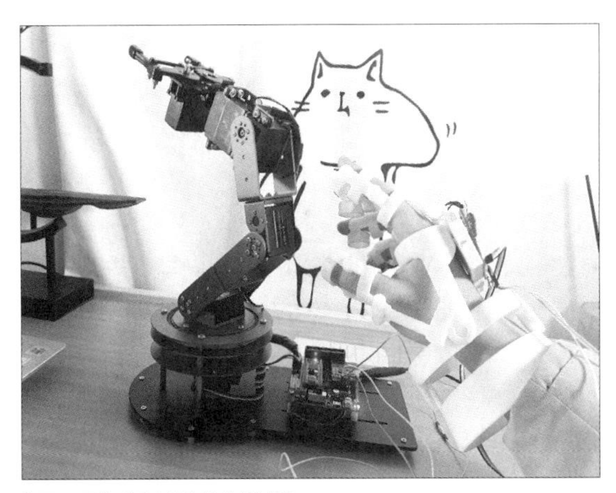
▌图 2 用体感手套控制仿生机械臂

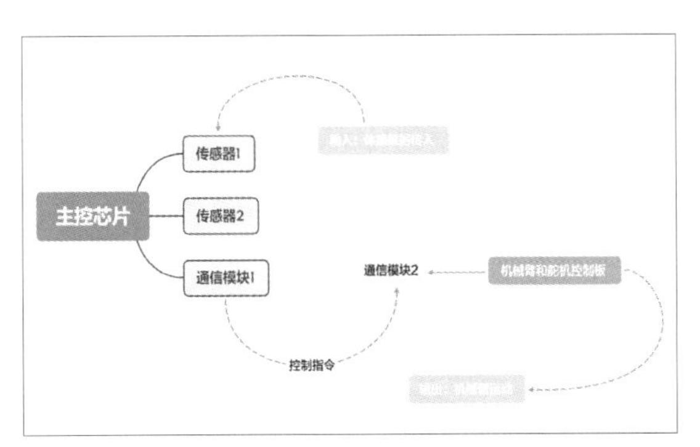

▌图 3 设计系统框架

▌图 4 STM32F103ZET6 模块

表 1　材料清单

序号	名称	数量
1	STM32F103ZET6 模块	1 个
2	红外传感器	1 个
3	MPU6050 6 轴姿态传感模块	1 个
4	HC08 蓝牙模块	2 个
4	6 轴仿生机械臂（含舵机控制板）	1 个
5	3D 打印骨骼体感手套	1 个
6	面包板	2 个
7	杜邦线	若干

SPI，在功耗和集成度上也有不错的表现。

接下来选择 MPU6050 6 轴姿态传感模块（见图 5）读取 Yaw（偏航）、Pitch（投掷、倾斜、坠落）、Roll（转动）3 个方向上的欧拉角（见图 6），这 3 个欧拉角可以很好地表示手部的整体姿态。

现在我已经可以通过 MPU6050 6 轴姿态传感模块得到手的整体动作角度，然后将红外传感器固定在手套的指尖部分，如图 7 所示，当我们控制体感手套张开手掌和握拳时，红外传感器通过指尖和手掌心的接触或分离回传高电平或低电平 2 种不同的数据，以此来控制仿生机械臂的张开或闭合。

我选用 HC08 蓝牙模块（见图 8）进行数据通信。目前 HC 系列蓝牙模块在单片机通信方面应用十分广泛，具有配备双模蓝牙、操作简单、功耗低、主 / 从机一体和通信效果好等优点。

仿生机械臂部分选择任意一款仿生机械臂均可，我选的仿生机械臂附带舵机控制板用于驱动机械臂。

模块连接方式使用蓝牙（有线）或杜邦线（无线）。HC08 蓝牙模块配对的连接方式相当于使用杜邦线连接，不需要多余的初始化配置，因此两种通信方式本质上代码是完全一样的。需要注意的是，由于 HC08 蓝牙模块本身的限制，串口通信的最高波特率是 256000 波特，而使用杜邦线则没有这种限制，可以设置为 500000 波特。在这里我给出了 HC08 蓝牙版本的引脚连接方式，如表 2 所示，杜邦线版本只需将 STM32 的 PA9、PA10、GND 引脚与舵机控制板的 RX、TX、GND 引脚相连。

程序设计

首先进行 MPU6050 6 轴姿态传感模块和红外传感器的初始化，获得体感数据变量 Yaw、Roll、Pitch 的值和 PA8 引脚电平。Yaw、Roll、Pitch 3 个变量的值可以映射到仿生机械臂位置进行姿态解算，以 Pitch 为例，当手向上调整 x 度时，人为调整仿生机械臂使其俯仰姿态与手部成 x 度向上，记录此时仿生机械臂的舵机位置，记作 y。重复上述动作，记录多组 x、y 数据，使用 MATLAB 的函数拟合工具可以生成一组 y 关于 x 的多项式函数模型，如图 9 所示，当输入自变量 x 时，该模型能计算出使仿生机械臂姿态与手部姿态相同的 y 值，即当 MPU6050 6 轴姿态传感

表 2　引脚连接方式

MPU6050 6 轴姿态传感模块	STM32F103ZET6 模块
VCC	VCC
GND	GND
SDA	PB10
SCL	PB11
INT	PA4
AD0	PA15
HC08 蓝牙模块（发送端）	**STM32F103ZET6 模块**
RX-	PA9
TX-	PA10
GND	GND
VCC	VCC
红外传感器	**STM32F103ZET6 模块**
IN1	PA8
舵机控制板	**HC08 蓝牙模块（接收端）**
RX	PA9
TX	PA10
GND	GND
VCC	5V

模块传入数据时，就能计算出仿生机械臂舵机的位置参数。同时，红外传感器读取的高 / 低 2 种电平分别代表手掌握拳 / 张开，对应控制仿生机械臂夹爪的舵机位置。计算出舵机位置后，通过蓝牙将数据发送给舵机控制板，即可控制仿生机械臂运动。程序设计流程如图 10 所示。

MPU6050 6 轴姿态传感模块初始化代码如程序 1 所示，在 MPU6050.c 中直接调用 dmp 库进行解算读取 Yaw、Pitch、Roll 3 个方向上的角度，在主函数

图 5　MPU6050 6 轴姿态传感模块

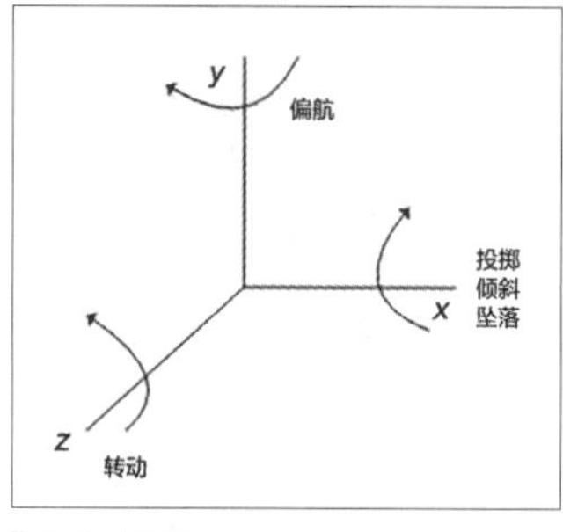

图 6　欧拉角

图 7　红外传感器

图 8　HC08 蓝牙模块

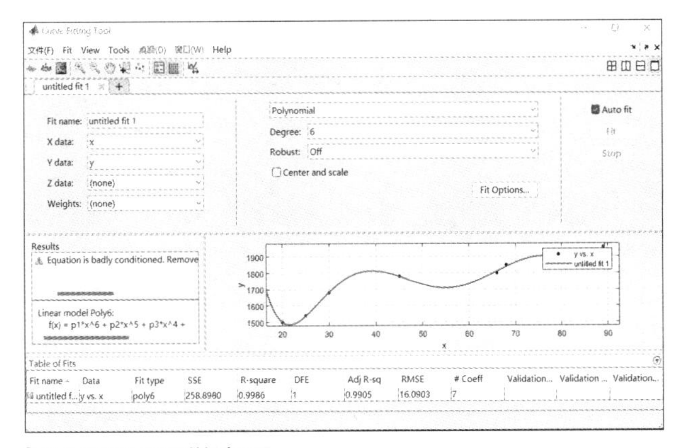

图 9 MATLAB 函数拟合工具

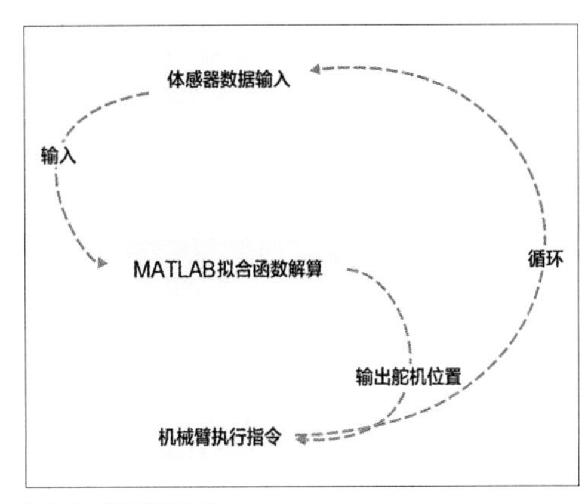

图 10 程序设计流程

中只需要通过语句判断 MPU_dmp_get_data(&pitch,&roll,&yaw)==0 是否已读取这 3 个角度的参数。

程序1

```
//初始化MPU6050 6轴姿态传感模块，返回值为0成功，否则错误
u8 MPU_Init(void)
{
  u8 res;
  GPIO_InitTypeDef GPIO_InitStructure;
  RCC_APB2PeriphClockCmd(RCC_APB2Periph_AFIO,ENABLE); //AFIO时钟
  RCC_APB2PeriphClockCmd(RCC_APB2Periph_GPIOA,ENABLE); //设置I/O PORTA时钟
  GPIO_InitStructure.GPIO_Pin = GPIO_Pin_15; //配置端口
  GPIO_InitStructure.GPIO_Mode = GPIO_Mode_Out_PP; //推挽输出
  GPIO_InitStructure.GPIO_Speed = GPIO_Speed_50MHz; //I/O口频率为50MHz
  GPIO_Init(GPIOA, &GPIO_InitStructure); //根据设定参数初始化GPIOA
  GPIO_PinRemapConfig(GPIO_Remap_SWJ_JTAGDisable,ENABLE); //禁止JTAG,PA15引脚可以作普通I/O接口使用，否则PA15引脚不能作普通I/O接口
  MPU_AD0_CTRL=0; //控制AD0引脚为低电平，从机地址为：0X68
  MPU_IIC_Init(); //初始化I²C总线
  MPU_Write_Byte(MPU_PWR_MGMT1_REG,0X80); //复位MPU6050
  delay_ms(100);
  MPU_Write_Byte(MPU_PWR_MGMT1_REG,0X00); //唤醒MPU6050
  MPU_Set_Gyro_Fsr(3); //设置陀螺仪
  MPU_Set_Accel_Fsr(0); //设置加速度传感器
  MPU_Set_Rate(50); //设置采样率为50Hz
  MPU_Write_Byte(MPU_INT_EN_REG,0X00); //关闭所有中断
  MPU_Write_Byte(MPU_USER_CTRL_REG,0X00); //I²C主模式关闭
  MPU_Write_Byte(MPU_FIFO_EN_REG,0X00); //关闭FIFO
  MPU_Write_Byte(MPU_INTBP_CFG_REG,0X80); //INT引脚低电平有效
  res=MPU_Read_Byte(MPU_DEVICE_ID_REG);
  if(res==MPU_ADDR) //元器件ID正确
  {
    MPU_Write_Byte(MPU_PWR_MGMT1_REG,0X01); //设置CLKSEL、PLL，X轴为参考
    MPU_Write_Byte(MPU_PWR_MGMT2_REG,0X00); //加速度传感器与陀螺仪都工作
    MPU_Set_Rate(50); //设置采样率为50Hz
  }else return 1;
  return 0;
}
```

红外传感器的初始化代码如程序 2 所示。

程序2

```
#include "infrared.h"
void infrared_INIT(void)
{
  GPIO_InitTypeDef GPIO_InitStructure;
  RCC_APB2PeriphClockCmd(infrared_RCC,ENABLE);
  GPIO_InitStructure.GPIO_Pin=infrared_PIN;
  GPIO_InitStructure.GPIO_Mode=GPIO_Mode_IN_FLOATING;
  GPIO_InitStructure.GPIO_Speed=GPIO_Speed_50MHz;
  GPIO_Init(infrared_PORT,&GPIO_InitStructure);
}
```

串口的初始化代码如程序 3 所示，初始化后可通过 usart1_send_char(u8 c) 函数根据通信协议向舵机控制板发送数据，驱动仿生机械臂运动。

程序3

```
void uart_init(u32 bound){
  //GPIO端口设置
  GPIO_InitTypeDef GPIO_InitStructure;
```

```
USART_InitTypeDef USART_InitStructure;
NVIC_InitTypeDef NVIC_InitStructure;
RCC_APB2PeriphClockCmd(RCC_APB2Periph_USART1|RCC_APB2Periph_GPIOA, ENABLE); //设置USART1, GPIOA时钟
GPIO_InitStructure.GPIO_Pin = GPIO_Pin_9;
GPIO_InitStructure.GPIO_Speed = GPIO_Speed_50MHz;
GPIO_InitStructure.GPIO_Mode = GPIO_Mode_AF_PP; //复用推挽输出
GPIO_Init(GPIOA, &GPIO_InitStructure);//初始化GPIOA.9
GPIO_InitStructure.GPIO_Pin = GPIO_Pin_10; // 初始化GPIOA.10
GPIO_InitStructure.GPIO_Mode = GPIO_Mode_IN_FLOATING; //浮空输入
GPIO_Init(GPIOA, &GPIO_InitStructure);//初始化GPIOA.10
NVIC_InitStructure.NVIC_IRQChannel = USART1_IRQn; //配置USART1 NVIC
NVIC_InitStructure.NVIC_IRQChannelPreemptionPriority=3 ; //抢占优先级3
NVIC_InitStructure.NVIC_IRQChannelSubPriority = 3; //子优先级3
NVIC_InitStructure.NVIC_IRQChannelCmd = ENABLE; //IRQ通道
NVIC_Init(&NVIC_InitStructure); //根据指定的参数初始化VIC寄存器
//USART 初始化设置
USART_InitStructure.USART_BaudRate = bound; //串口波特率
USART_InitStructure.USART_WordLength = USART_WordLength_8b; //字符为8位数据格式
USART_InitStructure.USART_StopBits = USART_StopBits_1; //一个停止位
USART_InitStructure.USART_Parity = USART_Parity_No; //无奇偶校验位
USART_InitStructure.USART_HardwareFlowControl = USART_HardwareFlowControl_None;//无硬件数据流控制
USART_InitStructure.USART_Mode = USART_Mode_Rx | USART_Mode_Tx; //收/发模式
USART_Init(USART1, &USART_InitStructure); //初始化串口1
USART_ITConfig(USART1, USART_IT_RXNE, ENABLE); //开启串口接受中断
USART_Cmd(USART1, ENABLE);
}
```

MATLAB舵机位置解算代码如程序4所示，通过MATLAB得到的一次函数进行拟合，得到舵机位置后，根据串口通信协议对数据进行赋值。

程序4

```
#include "servo6.h"
extern void transfer(int a);
extern int st3 ;
extern int st4 ;
extern int low ;
extern int high ;
void Contorl_six_Init(float x)
{
  int state = 0;
  int angle = 0 ; //定义舵机位置状态参数
  state = x * 10 ;
  state =state/10; //陀螺仪状态参数（已经取整）
  angle = 8.475*state; //将陀螺仪状态参数转化为舵机位置参数
  angle =angle +1491.52;
  angle = angle * 10;
  angle =angle/10; //转化后的参数取整
  transfer(angle); //转化赋值
  st3= low; //赋值
  st4= high; //赋值
}
```

红外传感器参数解算程序如程序5所示，红外传感器根据手握拳/张开回传高/低2种电平，读取引脚电平，若为高电平则说明检测方向遇到障碍物，使夹爪加紧，反之则松开。

程序5

```
#include "stm32f10x.h"
#include "servo1.h"
#include "infrared.h"
extern void transfer(int a);
extern int st7 ;
extern int st8 ;
extern int low ;
extern int high ;
void Contorl_one_Init(float x)
{
  if(INFRARED_STATE()==0)
  {
    st7 = 0x78;
    st8 = 0x05;
  }
  else
  {
    st7 = 0x67;
    st8 = 0x02;
  }
}
```

串口发送数据流函数如程序6所示，针对不同的舵机控制板，根据通信协议修改数据即可。

程序6

```
void Contorl_date(void) //串口发送控制数据
{
  int i =0;
  char ByteSend[25]={0};
  ByteSend[0]= 0x55;
  ByteSend[1]= 0x55;
  ByteSend[2]= 0x23;//数据长度设置为23
  ByteSend[3]= 0x03;//指令名不需要更改，控制多个舵机运动
  ByteSend[4]= 0x06;//要控制的舵机个数
  ByteSend[5]= 0xC8;//时间低8位
  ByteSend[6]= 0x00;//时间高8位
```

```
ByteSend[7]= 0x03;//3号舵机
ByteSend[8]= st1;//位置低8位(03)
ByteSend[9]= st2;//位置高8位(03)
ByteSend[10]= 0x06;//6号舵机
ByteSend[11]= st3;//位置低8位(06)
ByteSend[12]= st4;//位置高8位(06)
ByteSend[13]= 0x04;//4号舵机
ByteSend[14]= st5;//位置低8位(04)
ByteSend[15]= st6;//位置高8位(04)
ByteSend[16]= 0x01;//1号舵机
ByteSend[17]= st7;//位置低8位(01)
ByteSend[18]= st8;//位置高8位(01)
ByteSend[19]= 0x02;//2号舵机
ByteSend[20]= st9;//位置低8位(02)
ByteSend[21]= st10;//位置高8位(02)
ByteSend[22]= 0x05;//5号舵机
ByteSend[23]= st11;//位置低8位(05)
ByteSend[24]= st12;//位置高8位(05)
for (i=0;i<25;i++)
{
 usart1_send_char(ByteSend[i]);
}
}
```

主函数如程序7所示，在while( )循环中不断读取体感数据，实时通过函数解算舵机位置，将数据发送给仿生机械臂，使得仿生机械臂的动作和人体手部动作相同。

程序7

```
int main(void)
{
 u8 t=0; //默认开启上报
 u8 key;
 float pitch,roll,yaw; //欧拉角
 short aacx,aacy,aacz; //加速度传感器原始数据
 short gyrox,gyroy,gyroz; //陀螺仪原始数据
 infrared_INIT(); //红外初始化
 NVIC_PriorityGroupConfig(NVIC_PriorityGroup_2); //设置NVIC中断分组2，2位抢占优先级，2位响应优先级
 uart_init(500000); //串口波特率初始化为500000波特
 delay_init(); //延时初始化
 usmart_dev.init(72); //初始化usmart
 LED_Init(); //初始化与LED连接的硬件接口
 KEY_Init(); //初始化按键
 LCD_Init(); //初始化LCD
 MPU_Init(); //初始化MPU6050
 OLED_Init(); //初始化OLED
 POINT_COLOR=RED; //设置字体为红色
 while(mpu_dmp_init())
 {
  LCD_ShowString(30,130,200,16, 16,"MPU6050 Error");
  delay_ms(200);
  LCD_Fill(30,130,239,130+16,WHITE);
  delay_ms(200);
 }
 LCD_ShowString(30,130,200,16, 16,"MPU6050 OK");
 LCD_ShowString(30,150,200,16, 16,"KEY0:UPLOAD ON/OFF");
 POINT_COLOR=BLUE;//设置字体为蓝色
 LCD_ShowString(30,170,200,16, 16,"UPLOAD ON ");
 LCD_ShowString(30,200,200,16, 16," Temp:    . C");
 LCD_ShowString(30,220,200,16, 16,"Pitch:    . C");
 LCD_ShowString(30,240,200,16, 16," Roll:    . C");
 LCD_ShowString(30,260,200,16, 16," Yaw :    . C");
 while(1)
 {
  key=KEY_Scan(0);
  if(key==KEY0_PRES)
  {
   report=!report;
   if(report)LCD_ShowString(30,170,200,16,16,"UPLOAD ON ");
   else LCD_ShowString(30,170,200,16,16,"UPLOAD OFF");
  }
  if(mpu_dmp_get_data(&pitch,&roll,&yaw)==0)
  {
   MPU_Get_Accelerometer(&aacx,&aacy,&aacz); //获取加速度传感器数据
   MPU_Get_Gyroscope(&gyrox,&gyroy,&gyroz); //获取陀螺仪数据
   //对陀螺仪解算出的欧拉角进行舵机位置线性拟合
   Contorl_one_Init(pitch); //1号舵机状态读拟合
   Contorl_two_Init(pitch); //2号舵机状态拟合
   Contorl_three_Init(roll); //3号舵机状态拟合
   Contorl_four_Init(roll); //4号舵机状态拟合
   Contorl_five_Init(roll); //5号舵机状态拟合
   Contorl_six_Init(yaw); //6号舵机状态拟合
   Contorl_date(); //传输控制指令
  }
  t++;
 }
}
```

作品展示

仿生机械臂可以实时同步人体手部的动作，轻松夹取物品并移动到指定位置，具有灵活性、实时行和准确性，很好地实现了人机交互的功能，大家可以扫描文章开头的二维码观看演示视频。

结语

本次设计的用体感手套控制仿生机械臂采用了传感器协作、MATLAB函数拟合等多种手段，可以较为准确地实现仿生机械臂和人体手动作的同步。我希望未来能设计出更准确的模型，控制仿生机械臂运动姿态，达到更加完美的效果。

OSHWHub 立创开源硬件平台 立创课堂

基于 ESP8266 的窗帘电机

演示视频 1

演示视频 2

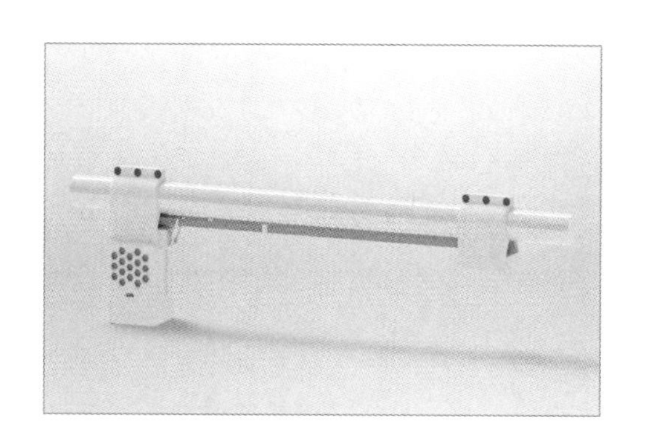

小 O 和小 Q

本作品主控采用 ESP8266 12E 或 ESP8266 12F，能够连接 Wi-Fi，利用点灯科技 App 接入米家 App，能够用小爱音箱控制窗帘。

硬件部分

我房间内的窗帘横杆的直径为 27.5mm，我把外壳源文件分享出来，如果有需要，可以根据需要自己修改。作品使用 12V 供电，理论上需要至少 12V/3A 的电源，DC 电源接口为外径 5.5mm × 内径 2.5mm，如图 1 所示。

作品使用 42 步进电机，轴长约 23.5mm，驱动芯片为便宜的 A4988，也可以自行更换为更贵的静音驱动芯片，步进电机如图 2 所示，电机连接方式如图 3 所示。同步带型号为 2GT-6mm，同步轮参数为 20 齿内径 5mm、带宽 6mm，惰轮尺寸、型号相同，但要选择带轴承的。电机相关信息如图 4 所示。

限位开关固定在外壳上。将限位开关

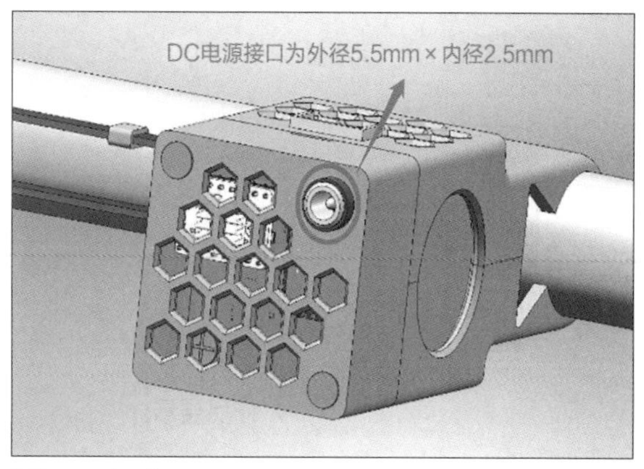

图 1 DC 电源接口

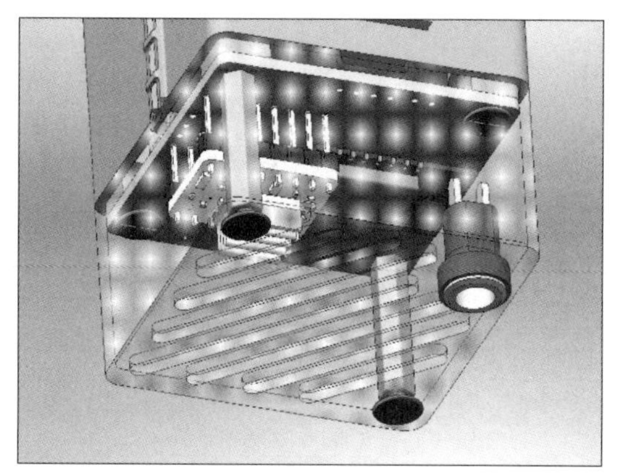

图 2 步进电机

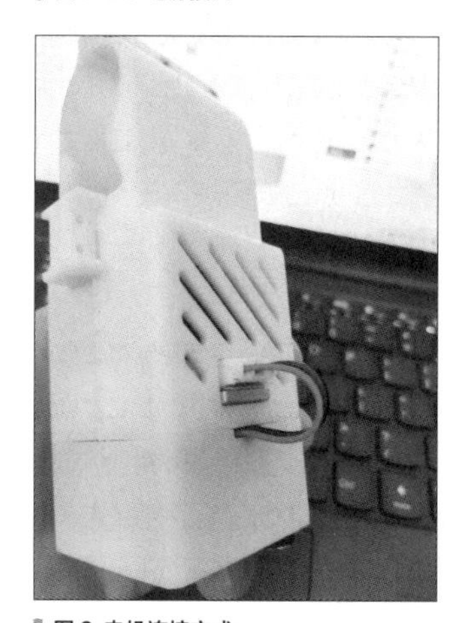

图 3 电机连接方式

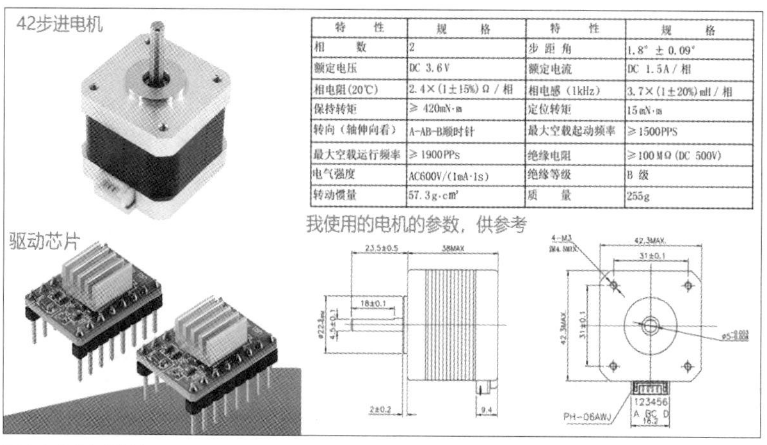

特　性	规　格	特　性	规　格
相　数	2	步距角	1.8° ± 0.09°
额定电压	DC 3.6V	额定电流	DC 1.5A / 相
相电阻(20℃)	2.4×(1±15%) Ω / 相	相电感（1kHz）	3.7×(1±20%) mH / 相
保持转矩	≥ 420mN·m	定位转矩	15mN·m
转向（轴伸向看）	A-AB-B顺时针	最大空载起动频率	≥1500PPS
最大空载运行频率	≥1900PPs	绝缘电阻	≥100MΩ (DC 500V)
电气强度	AC600V/(1mA·1s)	绝缘等级	B 级
转动惯量	57.3g·cm²	质　量	255g

图 4 电机相关信息

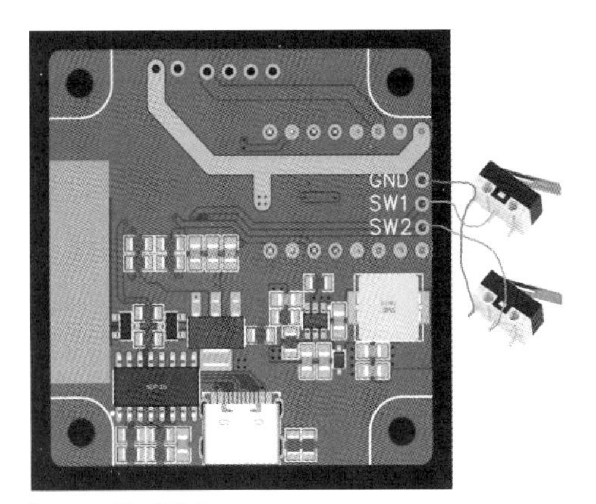

图5 限位开关接线

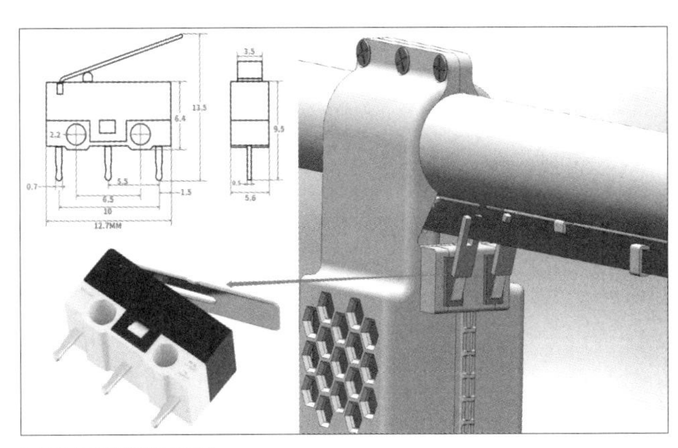

图6 同步带限位固定块

延长杆套在限位开关上“夹住”同步带，将两个限位开关的公共端连接在一起，通过导线连接到主板上的GND，然后将两个开关的常开端通过导线分别连接到主板上的SW1、SW2引脚。

主板上的开窗区域需要堆锡。限位开关接线如图5所示。

3D打印文件中有固定在同步带上的限位块，但我在实际安装中没有用到，我用连接同步带的铜扣来充当限位块，大家制作时用以上哪种方法都行。同步带限位固定块如图6所示，实拍如图7所示。

安装需要物料：M3平头螺丝12颗（长度至少8mm，不要太长，也不要过短）、20mm M3双通铜柱2根、M3螺母（厚度约2.4mm）8颗、3mm×4.2mm M3镶嵌螺母4颗，安装物料如图8所示。

软件部分

将主板通过数据线连接到计算机。

由于没有写自动配网的代码，窗帘电机代码中的第45、46、47行需要修改，为点灯科技App密钥和需要连接的Wi-Fi名称和口令。其中，第45行的secret key可以从点灯科技App中获取。需要修改的部分代码如图9所示。

填入Wi-Fi名称和口令后编译上传。在点灯科技App中将设备命名，在米家App中绑定点灯账号。

上传完成后打开串口监视器，等待ESP8266成功连接服务器后，通过串口将数据输出该单片机的地址，这串地址需要写进无线开关的代码中，用于ESP-NOW无线传输。无线地址如图10所示。

主板启动后，开始尝试连接Wi-Fi，此时指示灯快速闪烁；连接上Wi-Fi后开始连接MQTT服务器，此时指示灯慢速闪烁；成功连接服务器后，指示灯关闭，详情请扫描文章开头二维码观看演示视频。

此时可以连接12V电源开始测试设备是否运行正常。测试时如果电机不转而且抖动严重，请不要惊慌，尝试检查电机线序是否正确，请确保12V电源正负极连接正确！接反会烧坏主板元器件。

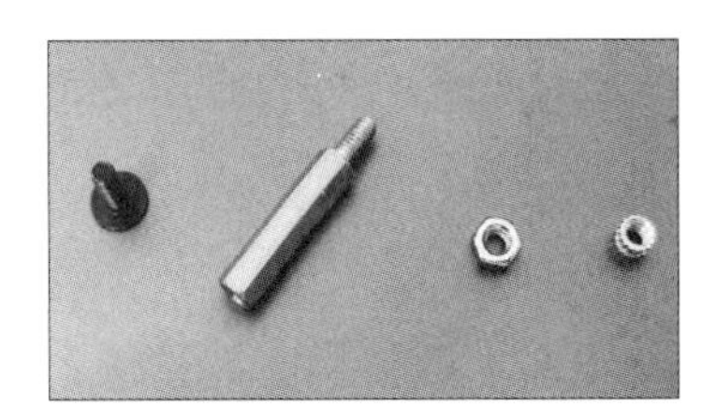

图8 安装物料

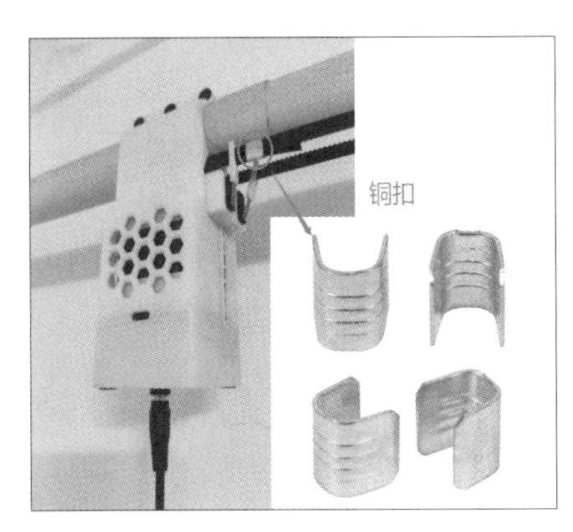

图7 实拍

```
40 bool power = 0;
41 bool j = 1;
42
43 int count;
44
45 char auth[] = "secret key";//在点灯科技App中获取密钥
46 char ssid[] = "WiFi-ssid";//连接的Wi-Fi名称
47 char pswd[] = "WiFi-password";//连接的Wi-Fi口令
48
49 char motpower = 0;
50
51 bool oState = false;
52
```

图9 需要修改代码部分

```
COM3
23:03:22.189 -> [1166] WiFi Connected.
23:03:22.189 -> [1166] IP Address:
23:03:22.189 -> [1166] 192.168.1.110
23:03:22.468 -> [1416] Freeheap: 34896
23:03:22.468 -> [1418] mDNS responder started
23:03:22.468 -> [1419] webSocket_MQTT server started
23:03:22.468 -> [1419] ws://A2AB8590ZHAHG5035YRYPR9K.local:81
23:03:37.574 ->
23:03:37.574 ->
23:03:37.574 -> 地址：5C:CF:7F:E0:4A:DB
23:03:37.574 -> IP ADRESS:5C:CF:7F:E0:4A:DB
23:03:37.761 -> [16712] ======================================================
23:03:37.761 -> [16712] =========== Blinker Auto Control mode init! ===========
23:03:37.761 -> [16712]      EEPROM address 0-1279 is used for Auto Control!
23:03:37.761 -> [16718] ======= PLEASE AVOID USING THESE EEPROM ADDRESS! ======
23:03:37.761 -> [16723] ======================================================
23:03:37.761 -> [16730] Connecting to MQTT...
23:03:37.761 -> [16732] reconnect_time: 0
23:03:38.458 -> [17414] MQTT Connected!
23:03:38.458 -> [17414] Freeheap: 35208
```

图 10 无线地址

程序上传完成后，就可以用小爱音箱来控制窗帘了。如果你恰好拥有一个或多个小爱音箱，那么你就可以手动创建一个场景，将开/关窗帘的操作放在米家 App 首页或通知栏，如图 11 所示。

不过因为点灯科技 App 标准版是不能将设备定义成窗帘电机类型的，于是我把设备定义成插座类型。

如果想要用小爱音箱控制该设备，需要说设备的全名。因为小爱音箱已有一个默认的“窗帘”词语，但没有开放给用户使用，DIY 的窗帘接入小爱音箱需要重新设定一个词语。（例如我将设备命名“窗帘”，让小爱音箱打开窗帘时，她会回答你还没有窗帘设备，但如果我把设备命名为“卧室窗帘”，让小爱音箱打开卧室窗帘，设备就会正常运行。）

这个时候只需要在小爱音箱 App 训练里将打开/关闭窗帘语音对应的操作换成打开/关闭卧室窗帘就行了。小爱音箱 App 训练界面如图 12 所示。

无线控制

窗帘电机主控为乐鑫科技的 ESP8266，而乐鑫科技开发了 ESP-NOW 无线传输协议，这种协议能够与 Wi-Fi 同时使用，也就是说除了连接 Wi-Fi 用米家 App 控制之外，还能够用另一个 ESP8266 作为“遥控器”来控制。无线开关渲染如图 13 所示。

使用ESP8266 12E或ESP8266 12F主控，通过 ESP-NOW 协议传输信号。

图 11 米家 App 首页操作

图 12 小爱音箱 App 训练界面

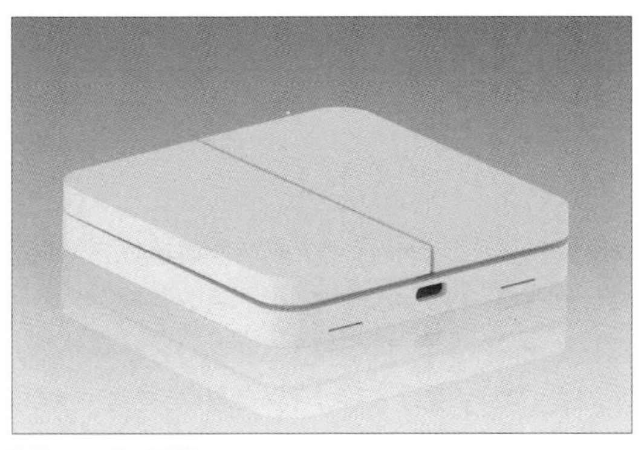

图 13 无线开关渲染

图 15 无线开关外壳和内部元器件

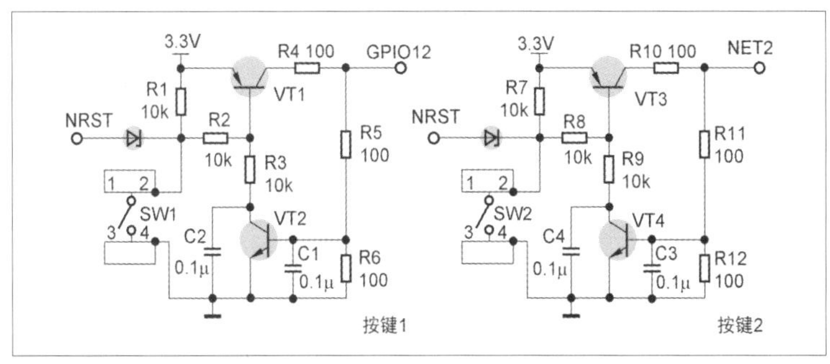

图 14 无线开关按键控制电路

图 16 装配好的无线开关

图 17 无线开关深度睡眠后功耗测试

按下按键唤醒 ESP8266，发出信号后重新进入休眠状态，发送信号过程中的电流约为 100mA，休眠的电流约为 22μA。无线开关按键控制电路如图 14 所示。

ESP8266 处于深度休眠状态时，按下按键会复位唤醒，并将按键状态锁存，ESP8266 检测完按键状态后再将 I/O 接口电平拉低，解除锁存，并在发送完相应的信息后重新进入休眠。

外壳分为底壳、中框和按键 3 部分组成。依次扣上就行，我用了 4 颗 10mm×2mm 磁铁的斥力将 4 颗按键弹起。无线开关外壳和内部元器件如图 15 所示，装配好的无线开关如图 16 所示，无线开关深度睡眠后功耗测试如图 17 所示。

ESP8266 数据手册中标明的深度睡眠电流为 20μA，我实际测得总电流为 22μA，说明我测得的数据是比较准确的。发送数据时，如果发送失败，则会每隔 200ms 重发一次，发送成功或重发多次失败后则会进入休眠。发送一次数据的电流消耗情况如图 18 所示。

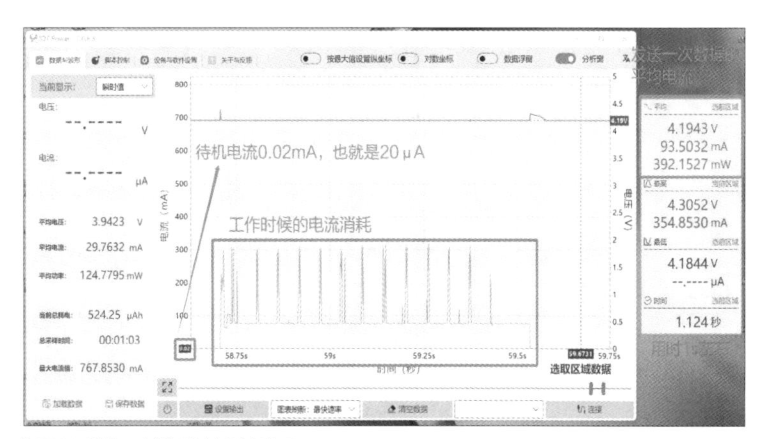

图 18 发送一次数据的电流消耗情况

智能防疫测距语音播报器

杨润靖

在疫情防控措施中，戴口罩和做核酸检测是非常有效的措施。在做核酸检测时，我们经常会听到类似这样的提示：请戴好口罩，做好个人防护，保持1m以上间距等。这里为什么是1m以上的间距呢？因为呼吸道传染病毒大多通过飞沫传播，飞沫传播发生在传染源近距离接触的时候，传播距离一般为1~2m。但是这个细节容易被人们忽视，在排队做核酸检测时往往间距小于1m，存在很高的相互感染的风险。于是笔者设计了一款具有测距功能的语音播报器，它可以实时检测间距，及时提醒大家注意安全距离。

原理介绍

整个系统原理如图 1 所示，由单片机核心板、激光测距模块、语音合成模块、锂电池、充电管理 / 升压一体模块、扬声器、开关、充电口、指示灯等组成。

单片机核心板通过激光测距模块实时获取距离信息，通过语音合成模块播放语音。充电器连接充电口后，通过充电管理 / 升压一体模块给锂电池充电。充电时指示灯亮红色，充满时指示灯熄灭。锂电池输出电压通过充电管理 / 升压一体模块升压至 5V，给其他模块供电。正常工作时，检测到距离大于 2m，则停止播放语音；当距离在 1~2m，则会播放“请佩戴好口罩，保持 1m 以上间距，注意个人防护。Please wear a mask, keep a distance of more than one metre, and pay attention to personal protection.”；当距离小于 1m 时，则会播放“请注意，当前间距小于 1m，请后退。Please note that, the current distance is less than one metre, please step back.”。

元器件介绍

1. STM32G030F6P6模块

单片机核心板使用的 STM32G030F6P6 模块，如图 2 所示，这个模块具有 3.3V LDO 稳压电路、复位电路、电源指示灯、用户控制 LED 等。单片机通电即可工作，非常适合 DIY。STM32G030F6P6 是基于 ARM Cortex-M0+ 内核设计的 MCU。具有 32KB 的 Flash 存储模块、8KB RAM、64MHz 主频、5 通道 DMA、12 位 ADC、两路 I^2C 接口、两路 USART、两路 SPI，支持 2~3.3V 的工作电压以及 -40~85℃的工作温度。

2. 激光测距模块

VL53L0X 激光测距模块是 ST 第 2 代激光测距模块，如图 3 所示，它是完全集成的传感模块，配有嵌入式红外滤光片、人眼安全激光、先进的滤波器和超高速光子探测阵列。VL53L0X 集成了一个领先的 SPAD 阵列，并内嵌 ST 的第二代 FlightSens 专利技术。VL53L0X 的 940nm VCSEL（垂直腔面发射激光器）完全不为人眼所见，加上内置的物理红外滤光片，使其测距距离更长，对环境光的免疫性更强，对盖片的光学串扰具有更好的稳定性。无论目标反射率如何，都能提供精确的距离测量。它可以测量 2m 的绝对距离，为测距性能等级设定了新的基准。

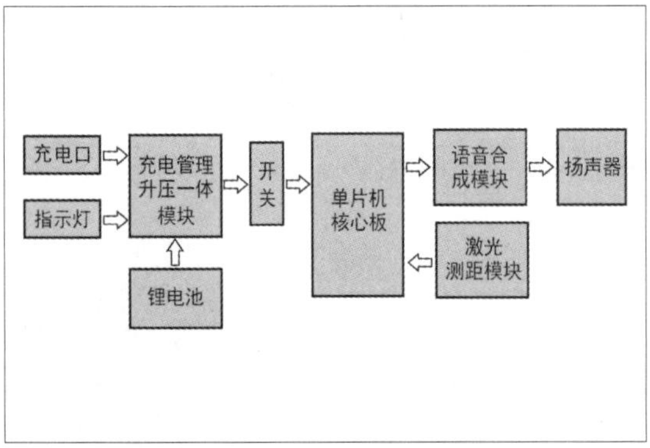

图 1 系统原理

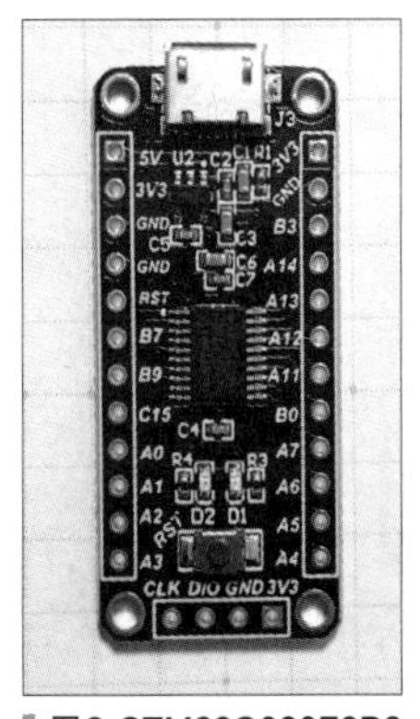

图2 STM32G030F6P6 模块

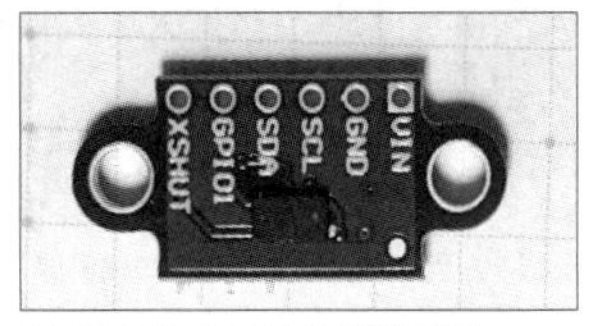

图 3 VL53L0X 激光测距模块

3. 语音合成模块

语音合成模块采用的是“宇音天下”的 SYN6988 中英文语音合成芯片。如图 4 所示，它是一款高

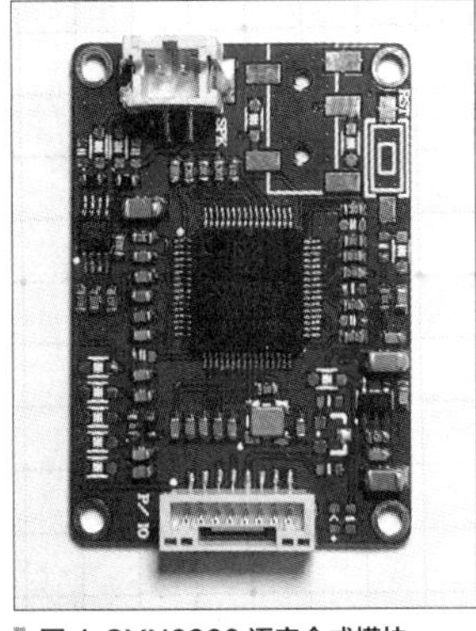

图 4 SYN6988 语音合成模块

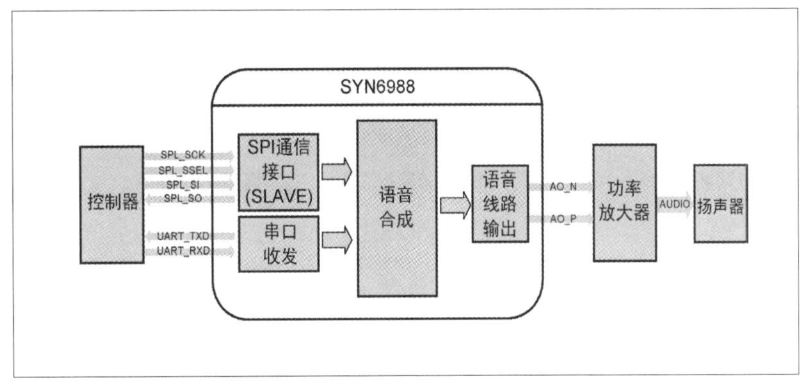

图 5 SYN6988 语音合成模块工作原理

端中英文语音合成芯片，可以通过 UART 接口或 SPI 通信方式接收待合成的文本数据，实现文本 - 语音转换（TTS），适用于车载 GPS 调度终端、信息机、考勤机、排队机、智能仪器、智能玩具、公交车语音报站器、自动售货机、智能仪表等产品。

SYN6988 的工作原理如图 5 所示，主要具有以下功能及特点。

（1）文本合成功能

SYN6988 语音合成模块支持中英文本的合成，可以采用 GB2312、GBK 和 Unicode 这 3 种编码方式，每次合成的文本量可达 4000 字，具有清晰、自然、准确的中英语音合成效果。

（2）文本智能分析处理

SYN6988 语音合成模块具有文本智能分析处理功能，对常见的数值、电话号码、时间日期、度量衡符号等格式的文本，能够根据内置的文本匹配规则进行正确的识别和处理，支持 10 级音量调整、10 级语速调试和 10 级语调调整，满足各种不同的应用需求。SYN6988 语音合成模块集成了多种声音提示音，可用于不同行业不同场合的信息提醒、警报等功能，支持多种文本控制标记，可以通过发送“合成命令”发送文本控制标记，调节语速、语调、音量。还可以使用控制标记提升文本处理的正确率。芯片支持 Standby 低功耗模式，使用控制命令可以使芯片进入 Standby 模式。

4. 充电管理 / 升压一体模块

充电管理模块采用充电管理 / 升压一体的模块，如图 6 所示，由于系统供电使用 5V 的电压，需要将锂电池的输出电压升至 5V。模块的输入电压支持 4.5~8V，给锂电池充电最大电流为 1A。输出电压可在 4.3~27V 内任意调整，输出电流最大为 2A。

充电管理模块采用的是 4056 模块，如图 7 所示，它是一款完整的单节锂离子电池恒定电流 / 恒定电压线性充电器。底部带有散热片的 SOP8 封装与较少的外部元器件数目，使 4056 模块成为便携式应用的理想选择。4056 模块可以适合 USB 电源和适配器电源工作。

4056 模块内部采用了 PMOSFET 架构和防倒充电路，不需要外部隔离二极管，热反馈可对充电电流进行自动调节，以便在大功率操作或高温环境下对芯片温度加以限制。充电电压固定在 4.2V，充电电流可通过一个电阻进行外部设置。当充电电流达到最终浮充电压之后，降至设定值 1/10 时，4056 模块将自动终止充电循环。

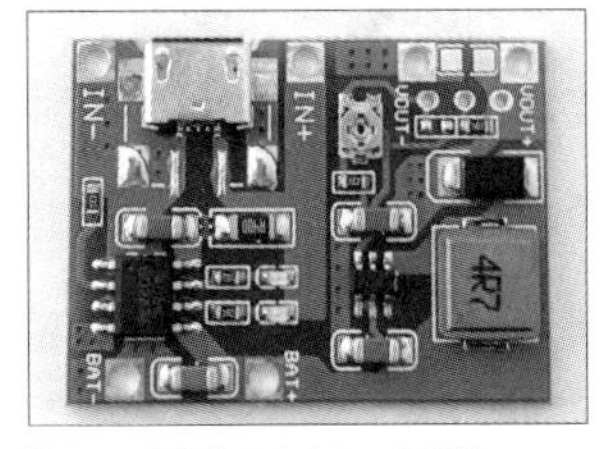

图 6 充电管理 / 升压一体模块

当输入电压（交流适配器或 USB 电源）断开时，4056 模块自动进入低电流状态，将电池漏电流降至 2μA 以下。4056 模块在有电源时也可置于停机模式，从而将供电电流降至 55μA。

4056 模块适用于手机、PDA、MP3、MP4、数码相机、电子词典、GPS、充电器等设备。

升压芯片采用的是 PW5328B 模块，如图 8 所示，它是一款恒定频率的 6 引脚 SOT23 电流模式升压转换器，适用于小型、低功耗应用。

PW5328B 模块的开关频率为 1.2MHz，效率可达 97%。允许使用高度小于 2mm 的小型低成本电容和电感。内部软件启动可减小浪涌电流并延长电池寿命。

PW5328B 模块具有在轻负载时，自动切换到脉冲频率调制模式的功能，具有欠压锁定、电流限制和热过载保护功能，以防止在输出过载情况下损坏。输入电压支持 2~24V，输出电压可达 28V。它适用于可穿戴设备、传感器电源、电池供电设备等。

图 7 4056 模块

图 8 PW5328B 模块

图 9 18650 锂电池

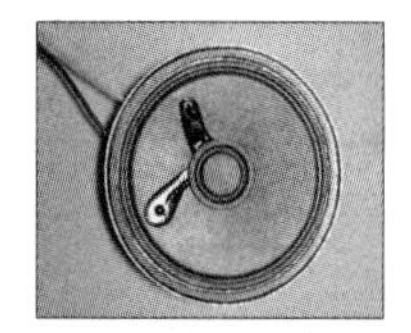

图 10 扬声器

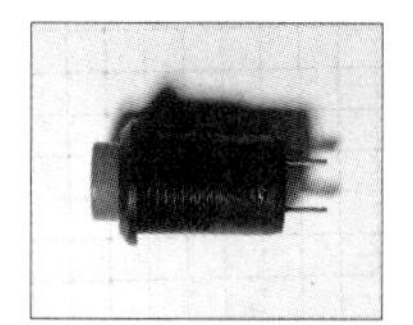

图 11 自锁型开关

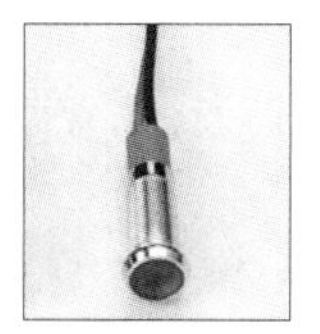

图 12 Φ6mm 单色指示灯

图 13 DC 电源接口

锂电池采用的是 18650 锂电池（见图 9），扬声器采用的是 8Ω、1W 的扬声器（见图 10），电源开关为自锁型开关（见图 11），指示灯为 Φ6mm 单色指示灯（见图 12），充电接口为 5.5mm×2.1mm 的 DC 电源接口（见图 13）。

制作组装

1 准备外壳。

2 在上壳画出扬声器的轮廓以及找好出声孔的位置。

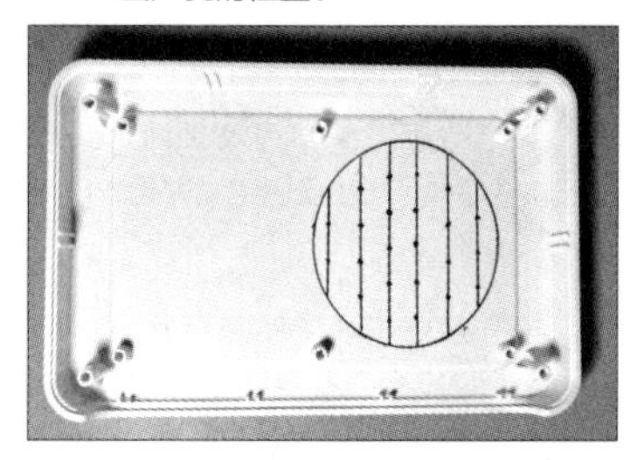

3 按照标记好的出声孔位置进行开孔。

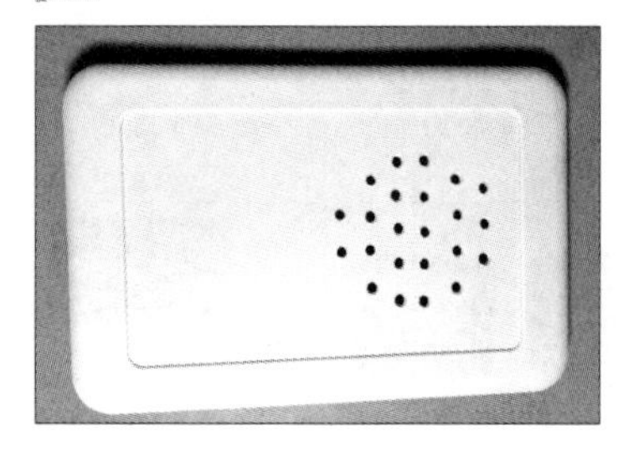

4 将电源开关、充电接口、充电指示灯固定在外壳一侧。

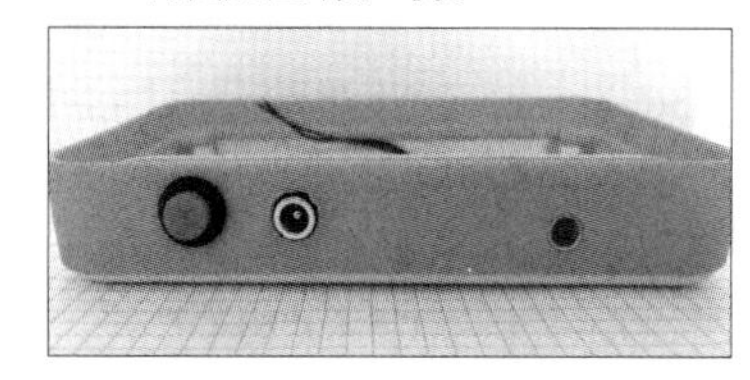

5 将激光测距模块、语音合成模块与单片机固定在壳体内，并按附表所示连接模块引脚。将扬声器安装在上壳，用热熔胶固定，并与语音合成模块连接。将锂电池以及充电升压模块固定好，并与电源开关、充电口、指示灯连接。

附表 模块与单片机的连接

模块	模块引脚	单片机引脚
语音合成模块	TXD	PA3
	RXD	PA2
激光测距模块	SCL	PA11
	SDA	PA12
	GPI01	PA6
	XSHUT	PA7

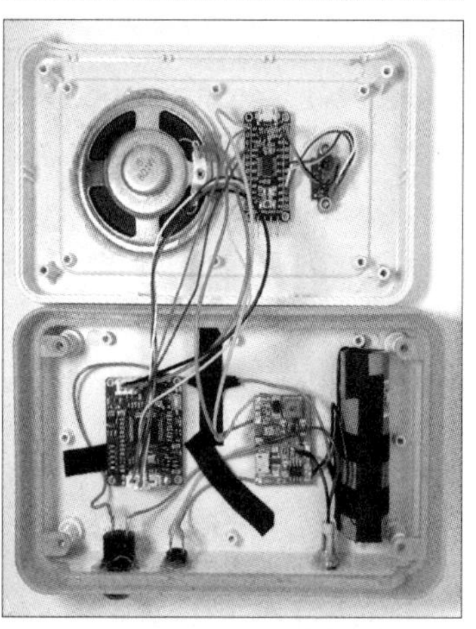

6 组装好上、下壳体，通电测试各模块电压。

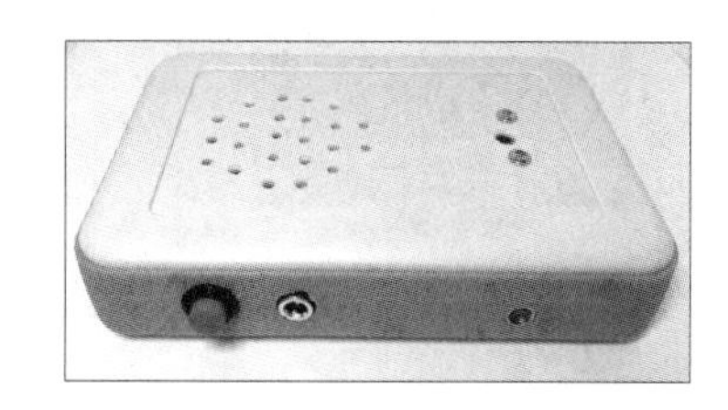

程序设计

首先打开 STM32CubeMX，新建工程，然后选择对应的型号，定义引脚功能，最后配置主频及外设时钟并生成工程。

主要函数

（1）获取距离函数

通过 I^2C 接口初始化 VL53L0X 激光测距模块并将其配置为测量模式，读取传感器测得的距离。

```
if(vl53l0x_init(&vl53l0x_dev))
// VL53L0X 激光测距模块初始化
{
 printf("VL53L0X_Init Error!!!\r\n");
 delay_ms(200);
}
else
{
 printf("VL53L0X_Init OK\r\n");
 VL53L0X_RdByte(&vl53l0x_dev,
0xc0,&data);
 printf("register1:0x%x\r\n",data);
 printf(" vl53l0x_dev.I2cDevAddr =
0x%x\r\n",vl53l0x_dev.I2cDevAddr);
}
if(vl53l0x_set_mode(&vl53l0x_dev,
mode)) // 配置测量模式
{
 printf("Mode Set Error!!!\r\n");
}
```

```
else
printf("Mode Set OK!!!\r\n");
while(1)
{
 Status = vl53l0x_start_single_test
(&vl53l0x_dev,&vl53l0x_data,buf);
}
```

（2）VL53L0X初始化函数

配置VL53L0X激光测距模块的MCU引脚功能，配置I²C地址、通信速率等信息，初始化设备并获取VL53L0X信息等。

```
VL53L0X_Error vl53l0x_init(VL53L0X_
Dev_t *dev)
{
 GPIO_InitTypeDef GPIO_InitStructure;
 VL53L0X_Error Status = VL53L0X_
ERROR_NONE;
 VL53L0X_Dev_t *pMyDevice = dev;
 RCC_APB2PeriphClockCmd(RCC_
APB2Periph_GPIOA,ENABLE);
 GPIO_InitStructure.GPIO_Pin = GPIO_
Pin_5;   //配置XSHUT引脚
 GPIO_InitStructure.GPIO_Mode =
GPIO_Mode_Out_PP;
 GPIO_InitStructure.GPIO_Speed =
GPIO_Speed_50MHz;
 GPIO_Init(GPIOA, &GPIO_InitStructure);
 pMyDevice->I2cDevAddr = VL53L0X_
Addr;
 pMyDevice->comms_type = 1;
 pMyDevice->comms_speed_khz = 400;
 VL53L0X_i2c_init();//I²C初始化，配置
SDA和SCL引脚
 VL53L0X_Xshut=0; //使能XSHUT引脚
 delay_ms(30);
 VL53L0X_Xshut=1;
 delay_ms(30);
 vl53l0x_Addr_set(pMyDevice,0x52);
 if(Status!=VL53L0X_ERROR_NONE) goto
error;
 Status = VL53L0X_DataInit(pMyDevice);
 if(Status!=VL53L0X_ERROR_NONE) goto
error;
 delay_ms(2);
 Status = VL53L0X_GetDeviceInfo
(pMyDevice,&vl53l0x_dev_info); if
(Status!=VL53L0X_ERROR_NONE) goto
error;
 error:
 if(Status!=VL53L0X_ERROR_NONE)
 {
  print_pal_error(Status);
  //打印错误信息
  return Status;
 }
 return Status;
}
```

（3）VL53L0X设置模式函数

设置VL53L0X的测距模式，有单次测量、连续测量、定时测量3种测量模式以及默认、高精度、长距离、高速4种精度模式。本次使用的是连续高速测距模式。

```
VL53L0X_Error vl53l0x_set_mode
(VL53L0X_Dev_t *dev,u8 mode)
//设置测距模式
{
 VL53L0X_Error status = VL53L0X_
ERROR_NONE;
 uint8_t VhvSettings;
 uint8_t PhaseCal;
 uint32_t refSpadCount;
 uint8_t isApertureSpads;
 status = VL53L0X_StaticInit(dev);
 status = VL53L0X_PerformRefCalibration
(dev, &VhvSettings, &PhaseCal);
 //Ref参考校准
 Delay_ms(2);
 status = VL53L0X_PerformRefSpadManagement
(dev, &refSpadCount, &isApertureSpads);
//执行参考SPAD管理
 Delay_ms(2);
 status = VL53L0X_SetDeviceMode
(dev,VL53L0X_DEVICEMODE_CONTINUOUS_
RANGING);//使能连续测量模式
 Delay_ms(2);
 status = VL53L0X_SetInter
MeasurementPeriodMilliSeconds
(dev,Mode_data[mode].timingBudget);
//设置内部测量周期
 Delay_ms(2);
 status = VL53L0X_SetLimitCheckEnable
(dev,VL53L0X_CHECKENABLE_SIGMA_
FINAL_RANGE,1);//使能SIGMA范围检查
 Delay_ms(2);
 status =VL53L0X_SetLimitCheckEnable
(dev,VL53L0X_CHECKENABLE_SIGNAL_
RATE_FINAL_RANGE,1);//使能信号速率范围
检查
 Delay_ms(2);
 status = VL53L0X_SetLimitCheckValue
(dev,VL53L0X_CHECKENABLE_SIGMA_
FINAL_RANGE,Mode_data[mode].
sigmaLimit);//设定SIGMA范围
 Delay_ms(2);
 status = VL53L0X_SetLimitCheckValue
(dev,VL53L0X_CHECKENABLE_SIGNAL_
RATE_FINAL_RANGE,Mode_data[mode].
signalLimit);//设定信号速率范围
 Delay_ms(2);
 status = VL53L0X_
SetMeasurementTimingBudget
MicroSeconds (dev,Mode_data[mode].
timingBudget);//设定完整测距最长时间
 Delay_ms(2);
 status = VL53L0X_SetVcselPulsePeriod
(dev, VL53L0X_VCSEL_PERIOD_
PRE_RANGE, Mode_data[mode].
preRangeVcselPeriod);//设定VCSEL脉冲
周期
 Delay_ms(2);
 status = VL53L0X_SetVcselPulsePeriod
(dev, VL53L0X_VCSEL_PERIOD_
FINAL_RANGE, Mode_data[mode].
finalRangeVcselPeriod);//设定VCSEL脉
冲周期范围
 VL53L0X_StartMeasurement(dev);
 return status;
}
```

结语

经过组装和调试，功能都可以实现了，测试了一段时间，我感觉效果还不错。希望读者们在做核酸检测时都做好个人防护。

用场效应管制作数模转换器 AD7520

▌俞虹

数模转换器是将数字信号转换为模拟信号的电子装置，在一些较复杂的数字电路中是必不可少的。例如用单片机制作的波形发生器，就会使用到数模转换器。目前，使用得比较多的数模转换器有AD7520(10位）、AD7533（10位）和AD7541（12位）等。这里介绍用场效应管制作数模转换器AD7520，通过制作，我们可以对数模转换器AD7520的内部结构以及工作原理有更多的了解。

工作原理

这里先介绍 CMOS 模拟开关，再介绍 AD7520 内部电路结构和工作原理。

1. CMOS模拟开关

CMOS 模拟开关电路如图 1 所示，它的符号如图 2 所示，它由 4 个 PMOS 管、5 个 NMOS 管以及 2 个电阻组成。VT1~VT3 组成电平转移电路，目的是使 CMOS 输入信号电平能和 TTL 兼容。VT4、VT5 以及 VT6、VT7 组成两个 CMOS 反相器，分别驱动开关管 VT8 和 VT9，VT8 和 VT9 组成单刀双掷开关。

当 D 为 1 时，VT1 输出低电平，VT4 和 VT5 组成的反相器输出高电平，VT6 和 VT7 组成的反相器由于输出低电平而使 VT8 截止，VT9 栅极接 VT4 和 VT5 反相器，反相器的输出使 VT9 导通。工作时，电流经 R2 从 VT9 流出。当 D 为 0 时，VT1 输出高电平，VT4 和 VT5 组成的反相器输出低电平使 VT9 截止，由于 VT6 和 VT7 反相器输出高电平，VT8 导通。工作时，电流经电阻 R2 从 VT8 流出，完成单刀双掷开关的功能。这里 R1 和 R2 的电阻值之比为 1 : 2。

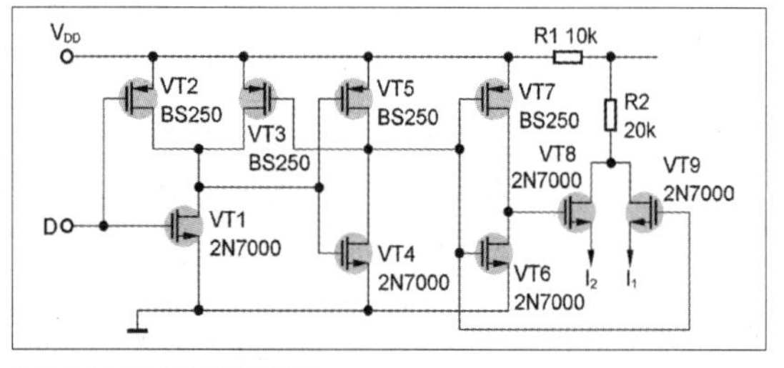

▌图 1 CMOS 模拟开关电路

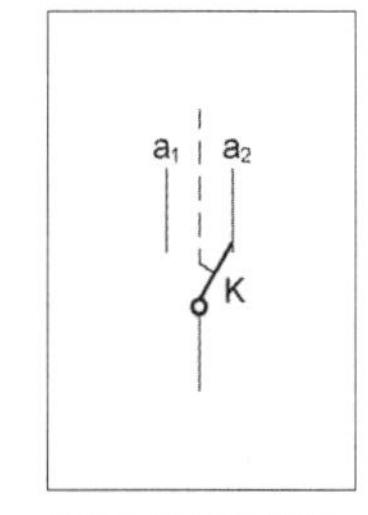

▌图 2 模拟开关符号

2. AD7520内部电路

AD7520 内部电路如图 3 虚线框内所示，它主要由 10 个 CMOS 模拟开关和 R-2R 倒 T 形电阻网络组成，材料清单如表 1 所示。要完成数字信号到模拟信号的转换，除了需要一个 AD7520，还需要一个运算放大器，如图 3 虚线框外电路所示。运算放大器 A 和前面的电阻网络组成类似加法运算放大器电路，输出为模拟信号。$D0$~$D9$ 为输入的 10 位二进制数，各位的二进制数码分别控制相应的模拟开关。当二进制数码为 1 时，模拟开关接到运算放大器的反相输入端；当二进制数码为 0 时，模拟开关接同相输入端，同时接地。

3. 电阻网络的输出电流

电阻网络如图 4 所示，计算输入电流时需要注意，在图 4 中，00′、11′、22′、…、77′、88′、99′左边部分电路的等效电阻值均为 R（这里 R=10kΩ）。不论模拟开关接到运算放大器的反相输入端还是接地，各支路电流是不变的。这样，从参考电压端的输入电流为 $I_R=V_R/R$，各支路电流 $I_9=(1/2)\times I_R$、$I_8=(1/4)\times I_R$、$I_7=(1/8)\times I_R\times\cdots\times I_2=(1/256)\times I_R$、$I_1=(1/512)\times I_R$、$I_0=(1/1024)\times I_R$。由于电阻网络的输出电流 I_1 等于以上电流之和，故 $I_1=(V_R/R\times 2^{10})(D9\times 2^9+D8\times 2^8+D7\times 7+\cdots+D2\times 2^2+D1\times 2^1+D0\times 2^0)$。由于 $U0=-R_F\times I_1$，当 $R_F=R$ 时，$U0=-(V_R/2^{10})(D9\times 2^9+D8\times 2^8+D7\times 2^7\times\cdots\times D2\cdot 2^2+D1\cdot 2^1+D0\times 2^0)$，这里 $D0$~$D9$ 每个二进制数码为 1 或 0，2^{10}=1024。这样当 V_R=5V 时，$U0$ 的最小值是 0.005V，$U0$ 的最大值是 4.99V。这样通过二进制数码 $D0$~$D9$ 的组合，就

表 1 AD7520 内部电路材料清单

名称	位号	值	数目
PMOS 管	VT2、VT3、VT5、VT7	BS250	4 个
NMOS 管	VT1、VT4、VT6、VT8、VT9	2N7000	5 个
电阻	R1~R11、R21	20kΩ	12 个
电阻	R12~R20	10kΩ	9 个
万能板	9cm × 15cm	—	2 个
螺丝	Φ3mm, 长 20cm	—	4 个

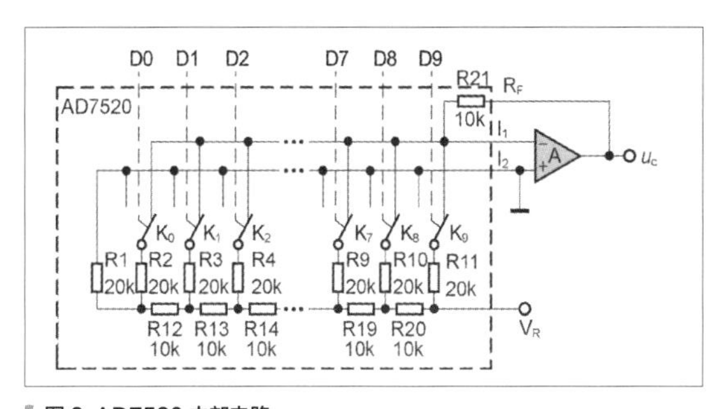

图 3 AD7520 内部电路

图 4 电阻网络

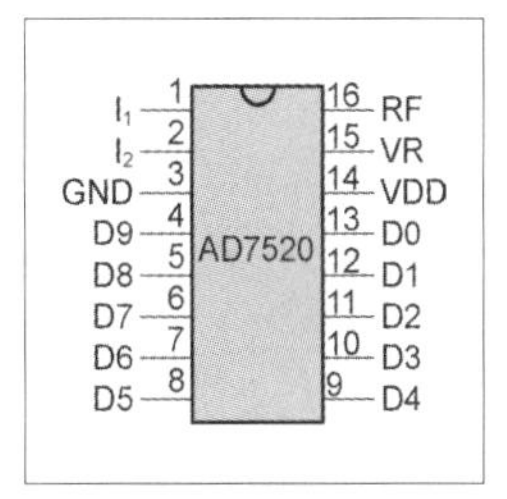

图 5 AD7520 引脚

表 2 数字量与模拟量关系

输入数字量	输出模拟量（理论）			输出模拟量（实测）		误差 1	误差 2
D9~D0	U0（V_R）	U0（V_R=5V）	U0（V_R=-5V）	U0（V_R=5V）	U0（V_R=-5V）	-	-
0000000000	0	0	0	0	0	0	0
0001100110	-102/1024V_R	-0.50V	0.50V	-0.48V	0.47V	0.02V	0.03V
0100110011	-307/1024V_R	-1.50V	1.50V	-0.48V	1.47V	0.02V	0.03V
1000000000	-512/1024V_R	-2.50V	2.50V	-2.47V	2.47V	0.03V	0.03V
1111111111	-1023/1024V_R	-4.99V	4.99V	-4.97V	4.96V	0.02V	0.03V

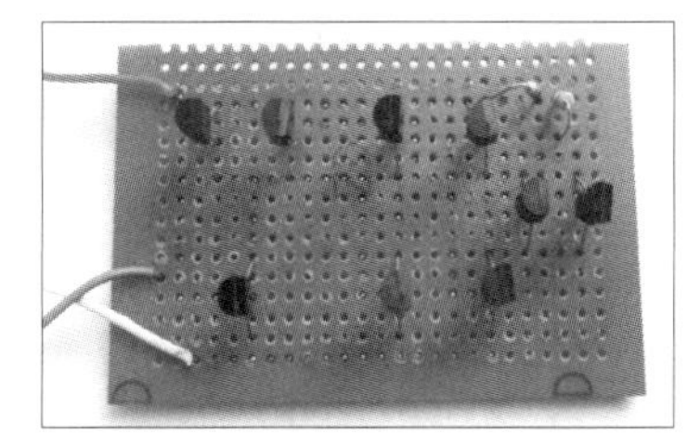

图 6 模拟开关电路板

图 7 10 个模拟开关安装位置

可以得到 0~5V 的电压。部分数字量与模拟量关系如表 2 所示。

AD7520 的引脚排列如图 5 所示。CD7520 有 16 个引脚，4~13 引脚为 10 位数字量的输入端，引脚 1 为模拟电流 I_1 的输出端，引脚 2 为模拟电流 I_2 的输入端，接到运算放大器的反相输入端。引脚 3 为接地端，引脚 14 为 CMOS 模拟开关的电源 VDD 端，引脚 15 是参考电压接线端 VR，VR 可正可负。引脚 16 是内部电阻 RF 的引出端，一般接到运算放大器的输出端。可以看出 AD7520 内部不包含运算放大器，使用时需要外接。

制作方法

1. 制作CMOS模拟开关

为了有更多的把握制作 AD7520，首先制作一个 CMOS 模拟开关。选择一块大小为 5cm×7cm 的万能板，根据图 1 所示电路将 4 个 PMOS 管、5 个 NMOS 管以及 2 个电阻焊接在万能板上并用锡线连接，焊接完成的 CMOS 模拟开关如图 6 所示。检查元器件焊接无误后，可对模拟开关进行测试。先将图 1 中电阻 R1 左端接到电源的正极，将电路板接 5V 电源，D 端接 5V 电源正极，用数字万用表测 I_1 端对地电压为 4V，I_2 端对地电压为 0。再将 D 端接地，测得 I_2 端电压为 4V，I_1 端电压为 0，说明 CMOS 模拟开关工作正常。如果不正常，可以逐级测反相器的输出电平，判断是否有虚焊或连焊的问题。

2. 制作AD7520

选择 2 块 9cm×15cm 的万能板，按图 7 所示将 10 个模拟开关元器件焊接在万能板上。可以先焊接一个 CMOS 模拟开关，等找出电路的连线规律后，再焊接其他 9 个模拟开关。焊接完成后，在每块电路板上焊接 4 条锡线作为电源正 / 负极的连接线。焊接完成的一块电路板正面如图 8 所示，反面如图 9 所示。检查元器件焊接无误后，对 2 块电路板按图 3 所示进行连接，再连接 2 块板之间的引线，连接完引线，电路板如图 10 所示。这样 2 块板引出的正 / 负极引线有 4 条，数据线 10 条以及 VR、RF、I_1、I_2 引线，共 18 条引线。由

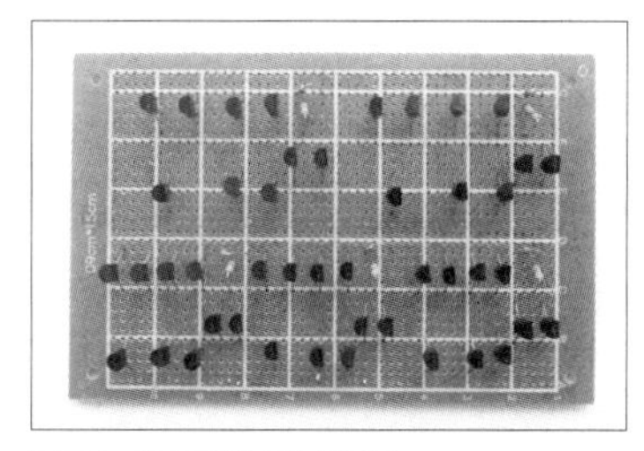

图 8 AD7520 电路板正面

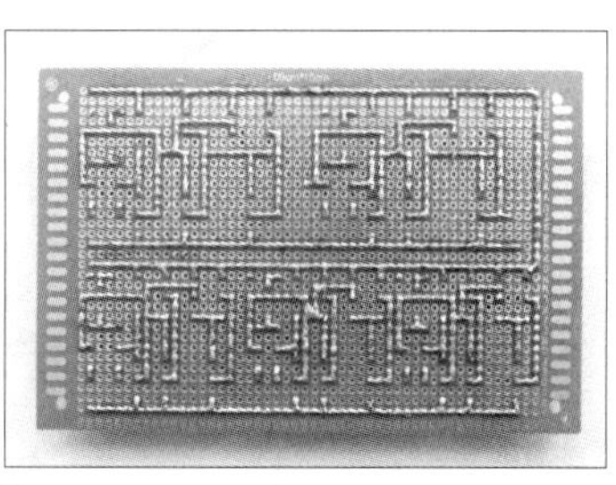

图 9 AD7520 电路板反面

于引线较多，可以在引线上贴标签，再检查一次连线，应保证引线连接没有错误，然后用上面制作CMOS模拟开关的同样方法测每个模拟开关是否正常工作。

正常工作后，用4个Φ3mm螺丝将2块板固定在一起形成完整的电路装置，如图11所示。接着可以对AD7520电路板进行测试，测试前先按测试电路（见图12）制作2个电路，材料清单如表3所示。由于在这里使用了正/负双电源，故按图12所示左侧电路用5cm×7cm万能板制作一个9V和一个-9V的双电源电路，制作完成的双电源如图13所示。为了能对AD7520加二进制数码，再用5cm×7cm的万能板和10个拨动开关制作10个能产生1和0的数码装置，同时在电路板上焊接运算放大器和微调电阻RP，制作完成的数码产生电路板如图14所示。最后将AD7520电路板、正/负双电源电路板和数码产生电路板用软线连接起来，用4节5号电池产生的6V电压作为V_R的电压，连接完成的测试电路如图15所示。

图10 连接完成的AD7520电路板

图11 组装完成的AD7520电路板

测试时，检查连接完成的电路没有问题后，将正/负双电源通电，产生正/负9V电压加到运算放大器上，同时将6V电源加到AD7520电路板上，微调RP使V_R为5V。调节拨动开关使$D0$~$D9$都为0，用数字万用表测$U0$为0。再测$D0$~$D9$为0110011000时，测输出电压$U0$为-0.48V。测$D0$~$D9$为1100110010时，测输出电压为-1.48V。测$D0$~$D9$为0000000001时，输出电压$U0$为-2.47V。最后测$D0$~$D9$都为1时，输出电压$U0$为-4.97V。还可以将6V电池电源正/负极对调，对V_R加-5V电压，按以上同样方法测输出电压$U0$为0.47V、1.47V、2.47V和4.96V。这些数据已经记录在表2中，对比正/负输出电压的理论值和测试值可以得到它们的误差（误差1和误差2）。可以看出，将数字量转换为模拟量后，模拟量存在误差，但这个误差不大，约为0.02~0.03V，可以认为转换精度还是比较高的。

表3 测试电路材料清单

名称	位号	值	数量
稳压块	IC1	7809	1个
稳压块	IC2	7909	1个
运算放大器	IC3	uA741	1个
变压器	B	双12V、3W	1个
二极管	VD1~VD4	1N4007	4个
电解电容	C1、C3	470μF、25V	2个
瓷片电容	C2、C4~C6	0.1μF	4个
拨动开关	K1~K10	1×2	10个
微调电阻	RP	2kΩ	1个
5号6V电池盒	-	-	1个
5号1.5V电池	-	-	4个
万能板	-	5cm×7cm	2个

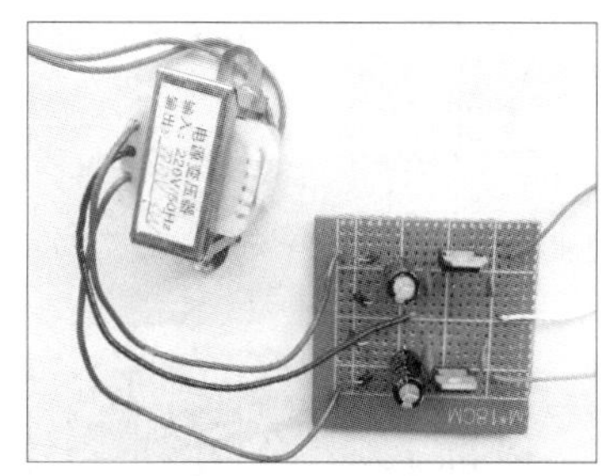
图13 9V正负双电源

图14 数码产生电路板

图15 连接完成的测试电路

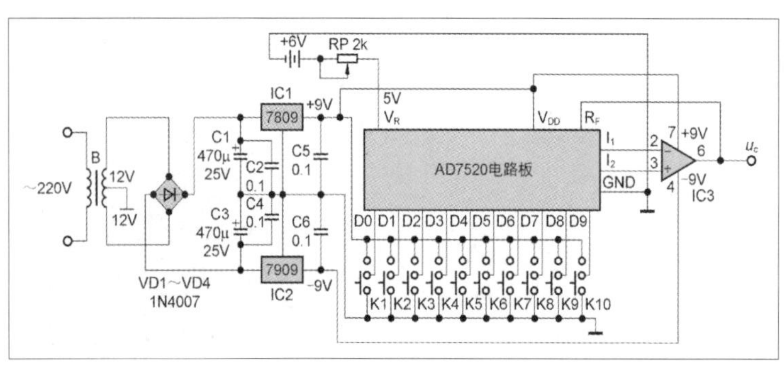

图12 测试电路

Totoro——模仿埙的电子吹奏乐器

演示视频

张鹏

在电子制作领域，电子乐器一直都是电子爱好者热衷制作的项目，相信大部分读者制作过简单的电子乐器。基础版电子乐器通过单片机输出PWM信号驱动蜂鸣器，再配合按键实现简易电子琴。进阶版电子乐器可以通过单片机的DAC产生波形，模拟部分乐器的音色，实现更加真实的音乐效果。然而笔者并没有采用上述的方案，而是通过蓝牙与手机连接，配合手机上的App用手机发出声音，我们可以在手机上自由选择合适的音色，而不受硬件条件的限制。

这一系列乐器笔者一共制作了3款，分别是吹奏式的乐器电子埙、拉奏式的乐器电子二胡和弹奏式的乐器电子卡林巴琴。本文就先给大家介绍一下电子埙的原理及制作过程。

本文介绍的乐器外观模仿了中国古代乐器“埙”的造型（见图1），取名Totoro，再配上龙猫的图案，看上去十分可爱。乐器一共有6个按键，模拟6个指孔，可演奏13个音，大家可以扫描文章开头的二维码观看演示视频。

创作思路

要制作一款电子吹奏的乐器，首先要有检测吹气气流的装置，通过气流控制演奏的声音。其次要有声音输出部分，输出我们演奏的音乐。吹奏乐器通常由手和嘴巴配合，所以还要有指法检测装置。最后，作为一款电子乐器，要突出其电子特征，一定要有灯光效果。所以笔者将整个设备的设计分成了4个模块，如图2所示。

气流检测部分采用的核心元器件是话筒，如图3所示，演奏的时候人对着话筒吹气，会在话筒两端产生电压，然后运算放大器将电压信号放大，单片机的ADC采集电压信号，就能够检测演奏时吹气气流的大小了。

指法检测部分采用了6个机械键盘的按键，这6个按键分别连在单片机的6个GPIO引脚上，不同的按键组合表示不同的音符，目前的设计一共可以演奏13个音，具体的指法如图4所示。

声音输出部分采用蓝牙MIDI连接手机，配合手机上的“自乐班”App，在手

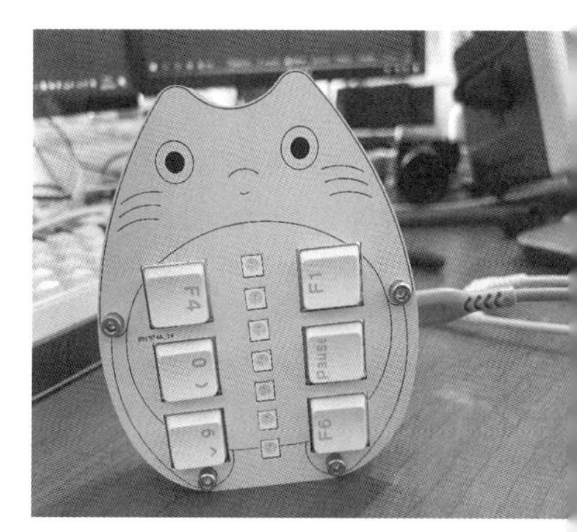

图1 电子埙Totoro

机上发出声音。Android和iOS系统均可使用该App，在应用市场搜索“自乐班”安装即可。

灯光效果部分，该乐器前面板上安装了7个WS2812彩色灯珠，可实现蓝牙连

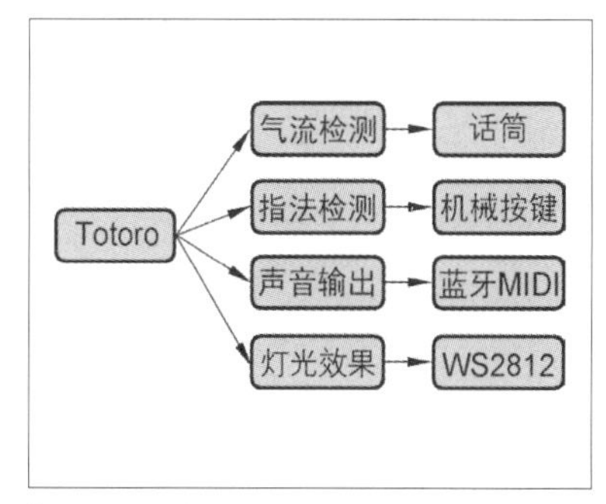

图2 4个模块

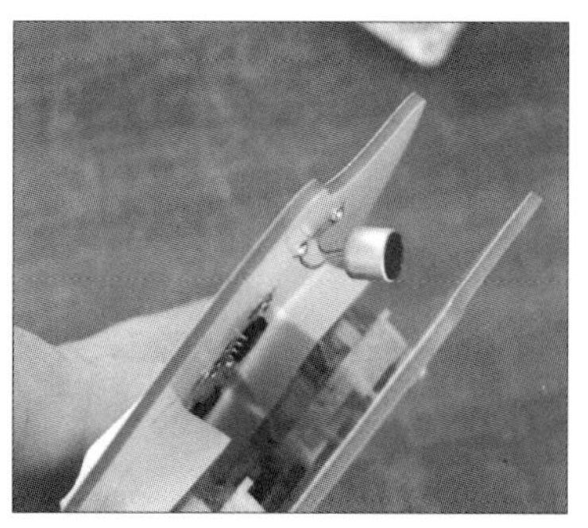
图3 话筒

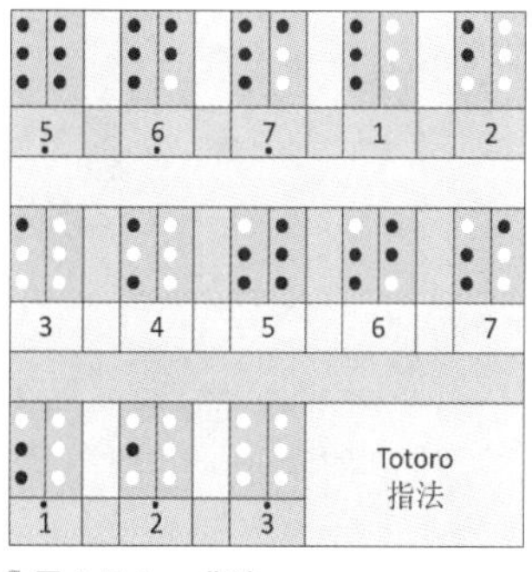

图4 Totoro指法

接状态指示、演奏气流强度指示和制造音乐氛围等功能。

硬件设计

我选择了当下主流的 ESP32 模块作为该设备的主控，ESP32 模块同时具备蓝牙和 Wi-Fi 功能，并且支持多种开发方式，在电子 DIY 领域很受欢迎。为了方便烧录、调试程序，电路板在设计时还增加了 USB 转串口模块 CH340N。要想优雅地演奏，乐器肯定不能拖着一根电源线，所以该设备采用锂电池供电，采用 TP4055 模块充电，稳压模块则采用了低压差的 RT9013 模块。话筒部分的运放采用的是常用的 LM358 模块，指示灯采用的是自带控制器的 WS2812 彩色灯珠。完整电路如图 5 所示。

PCB 采用了上下两层的结构，中间通过 4 根 17mm 长的 M3 铜柱连接，铜柱也是 4 个电极，可用于连接上下两侧。板子的外观设计成龙猫的形状，用于感受气流的话筒安装在龙猫两只耳朵的中间，演奏时将下嘴唇贴近龙猫的耳朵吹气即可。PCB 渲染如图 6 所示。

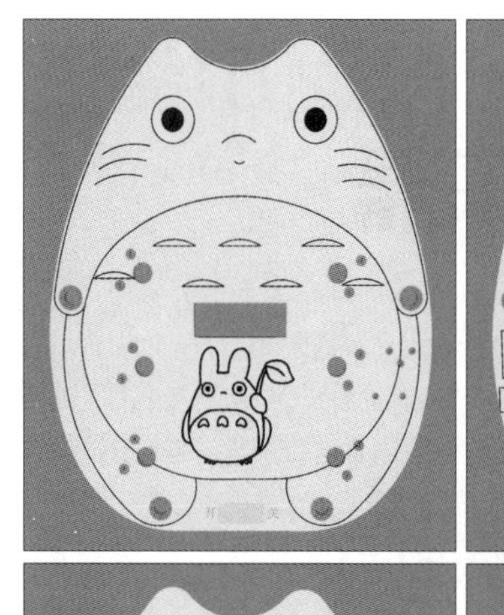
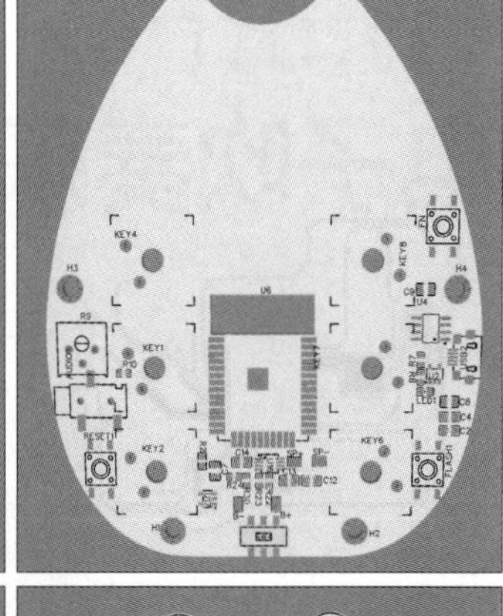
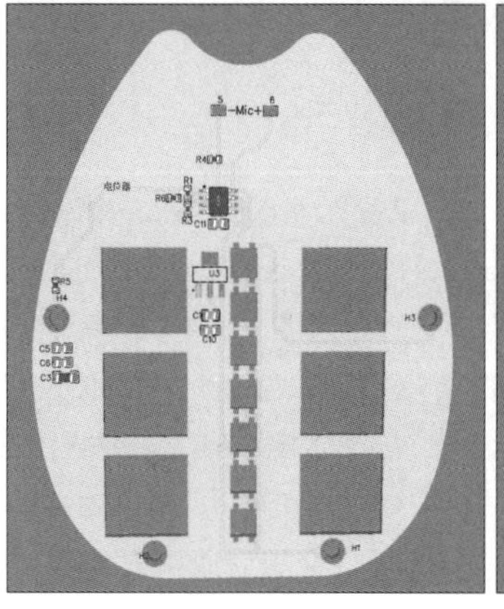
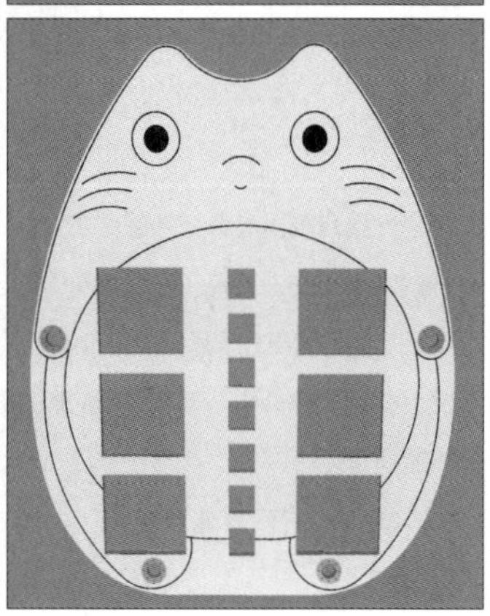

图 6 PCB 渲染

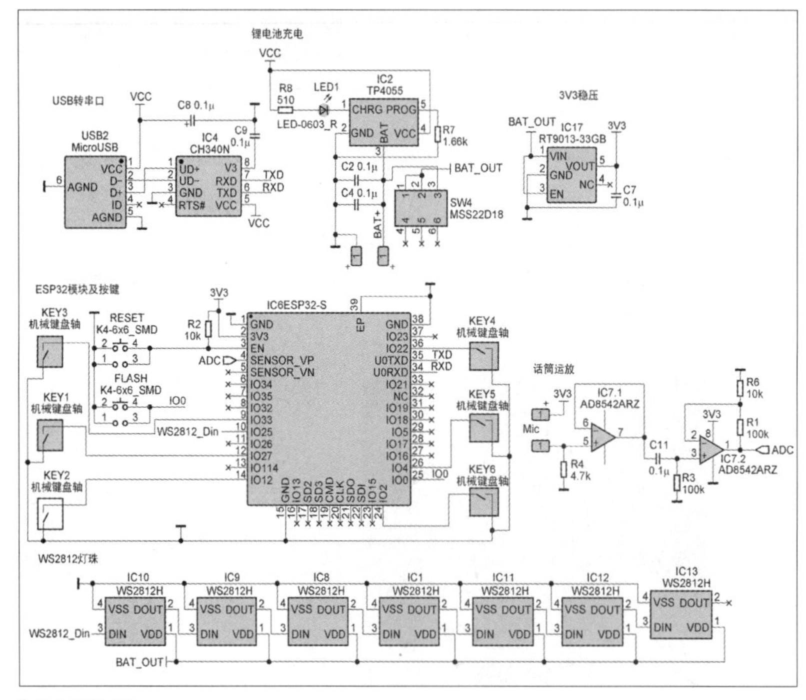

图 5 完整电路

从图 6 中可以看出，大部分元器件都放在内层，板子的外层没有任何元器件和走线，所以整个设备组装好后，即使没有外壳，看起来也非常美观。

程序设计

ESP32 模块支持多种开发平台，比如原厂提供的 ESP-IDF、容易上手的 Arduino IED 以及程序简单的 Micro Python 等。本文使用 Micro Python 进行程序设计。

设备中使用了 ADC、蓝牙、WS2812 模块等外设，其中蓝牙部分需要按照蓝牙 MIDI 协议的要求，实现对应的服务、特性以及广播数据。所以第一步要先导入对应的功能模块，如程序 1 所示。

程序1

```
from machine import Pin, ADC
from time import sleep_ms
import ubluetooth
from ubluetooth import BLE
from neopixel import NeoPixel
ble = BLE()
ble.active(True)
MIDI_SERVER_UUID = ubluetooth.UUID
('03B80E5A-EDE8-4B33-A751-
6CE34EC4C700')
MIDI_CHAR_UUID = ubluetooth.UUID
('7772E5DB-3868-4112-A1A9-
F2669D106BF3')
MIDI_CHAR = (MIDI_CHAR_UUID,
ubluetooth.FLAG_READ | ubluetooth.
FLAG_WRITE | ubluetooth.FLAG_
NOTIFY, )
MIDI_SERVER = (MIDI_SERVER_UUID,
(MIDI_CHAR , ) , )
SERVICES = (MIDI_SERVER, )
((char_midi, ), ) = ble.gatts_
register_services(SERVICES) #注册服务
到 gatts
ble.gap_advertise(100, adv_data = b'
\x02\x01\x05\x07\x09\x54\x6F\x74\
x6F\x72\x6F', resp_data = b'\x11\
x07\x00\xC7\xC4\x4E\xE3\x6C\x51\xA7\
x33\x4B\xE8\xEd\x5A\x0E\xB8\x03')
```

气流检测部分采用ADC检测话筒输出的电压大小，需要在程序中设置ADC的引脚以及数据宽度。灯光部分采用了NeoPixel库，使用起来很方便，设置驱动引脚以及灯珠数量就可以完成配置，具体程序如程序2所示。

程序2

```
adc = ADC(Pin(36))
#使用引脚 39 创建 ADC
adc.atten(ADC.ATTN_11DB)
#设置 ADC 数据长度
adc.width(ADC.WIDTH_12BIT)
#设置 ADC 数据长度
np = NeoPixel(Pin(5,
Pin.OUT), 7)
```

按键检测部分是整个程序的核心，首先将按键对应的引脚设为上拉输入模式，然后在循环中不断检测引脚电平的变化。与普通的单个按键检测不同，这里检测的是按键组合的变化，不同的组合对应不同的音符，6个按键一共有64种组合方式，参考Totoro指法，只选取其中的13种组合实现13个音。按键按照顺序从低到高赋予二进制比重分别是1、2、4、8、16、32，如当第一、二、三这3个按键同时被按下时，按键组合的值就是7。除了检测按键，循环中还要不断读取话筒电压，用于控制音量，把音符和音量信息通过蓝牙发送到手机，同时驱动WS2812模块实现对应的灯光效果，如程序3所示。

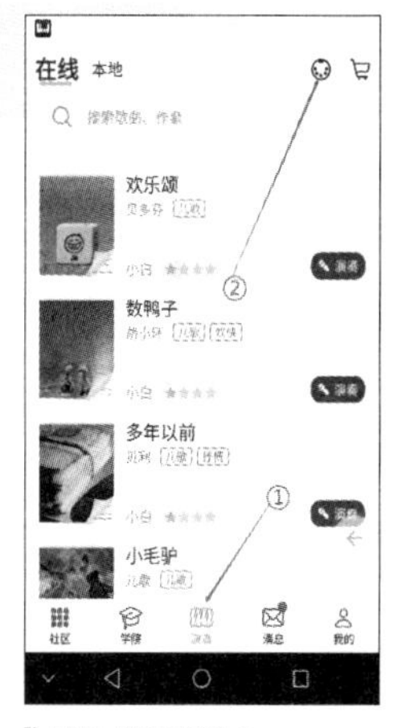

图7 “自乐班”App

图8 连接蓝牙MIDI设备

程序3

```
k_0 = Pin(12, Pin.IN, Pin.PULL_UP)
k_1 = Pin(27, Pin.IN, Pin.PULL_UP)
k_2 = Pin(33, Pin.IN, Pin.PULL_UP)
k_3 = Pin(2, Pin.IN, Pin.PULL_UP)
k_4 = Pin(4 , Pin.IN, Pin.PULL_UP)
k_5 = Pin(22 , Pin.IN, Pin.PULL_UP)
key_pin_list  = [k_0, k_1, k_2, k_3,
k_4, k_5]
key_value_list = [1,2,4,8,16,32]
key_value_last = -1
key_value_now  = 0
while True :
  key_value_now = 63
  for i in range(6): #检测按键
    if key_pin_list[i].value() == 0:
      key_value_now = key_value_now -
key_value_list[i]
    if not key_value_now  == key_
value_last:#按键组合发生变化
      ble.send(bytearray([0x80, 0x80,
0x90, midi_start + midi_inve[key_
value_now] , 0x63]))
      key_value_last = key_value_now
  v = int(adc.read()/10) #读取话筒电压
  le.send(bytearray([0x80, 0x80,
0xB0, 0x07 , v]))
  for i in range(v/16):#通过音量控制亮
灯个数
    np[i] = (0, 120, 0)
  np.write()
```

由于Python是一种解释型语言，执行效率较低，也不太适合实现太复杂的功能，有兴趣的读者可以在理解设计思路的基础上，采用C语言重写上述功能，实现更好的吹奏效果以及更丰富的灯光效果。

操作

首先在手机上安装“自乐班”App，并赋予其蓝牙和定位的功能。然后将我们的设备上电，在App里单击“演奏”，再单击“连接图标”，如图7所示，最后在打开的页面中选择对应的蓝牙设备，单击“连接”，如图8所示。连接成功后，在手机App上选择一个合适的音色，就可以进行演奏了。

OSHWHub 立创开源硬件平台 立创课堂

STM32 无叶风扇台灯

张树宁 杨靖宇

项目介绍

风扇和台灯都是常用的家用电器，市面上的风扇台灯二合一产品目前还较为稀少，基本上只是二者的简单拼接，性能和功率难以保证。我们设计了这款精致的无叶风扇台灯，使用应用广泛的STM32F103C8T6芯片作为主控，非常适合大家学习参考。

1. 应用场景

◆ 家用电器全流程设计参考。

◆ 单片机课程设计，让学生根据要求实现相关功能。

◆ 电子认知与焊接练习，完成无叶风扇台灯的焊接、组装，激发电子学习兴趣。

2. 使用说明

该无叶风扇台灯的使用方式非常简单，主要有如下步骤。

◆ 首先给机箱插上双头线插座，然后把插头插到电源插座上。

◆ 通过机箱上的电源开关，可以开机和关机。

◆ 开机后，通过6个按键即可对无叶风扇台灯进行控制，按键功能分为长按和短按，短按可以按挡位进行调节，长按则可进行无极调控，每个按键的功能如图1所示。

◆ 台灯开关具有切换模式功能，电源开关关闭后快速打开，可循环切换照明模式，4种模式分别为全亮、正白、暖白、夜灯。

此外，该无叶风扇台灯还内置了HC08蓝牙模块，可以通过手机App进行控制，具体操作流程如下。

◆ 在手机上下载“HC蓝牙助手”App。

◆ 打开无叶风扇，并通过“HC蓝牙助手”连接无叶风扇台灯的蓝牙。

◆ 编辑蓝牙App的按键内容，按键内容和控制功能对照如表1所示。

编辑完按键内容后，便可通过按键进行蓝牙控制。

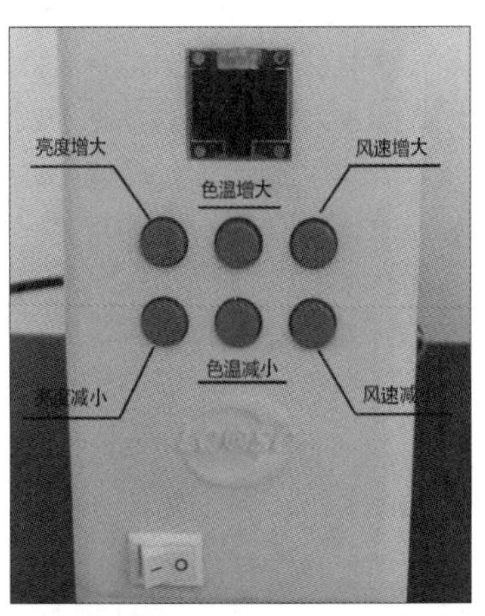

图1 按键功能示意图

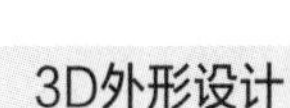

3D外形设计

电子产品的设计主要包括3D外形设计、硬件设计和软件设计三大部分，体现出相互约束和相互支撑的关系。在设计该款无叶风扇台灯时，首先进行了产品定位，我们对它的定位是：一款桌面式小型无叶风扇加大功率台灯。

良好的外观是吸引用户的重要因素，最终选定了长方体折叠式外形方案，然后使用Catia进行具体的3D外形设计。

表1 按键内容和控制功能对照

按键内容（遥控指令）	功能
#Set10012X	亮度增大
#Set10013X	亮度减小
#Set10014X	色温增大
#Set10015X	色温减小
#Set10016X	小夜灯
#Set10017X	风速增大
#Set10018X	风速减小
#Set10011X	打印开关
#Ask0	查询信息

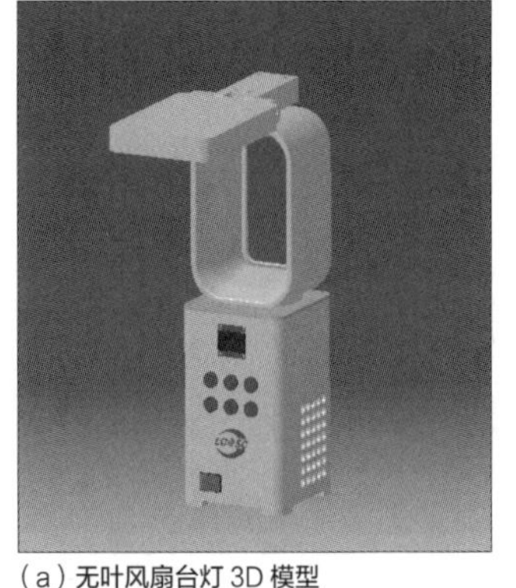

（a）无叶风扇台灯3D模型

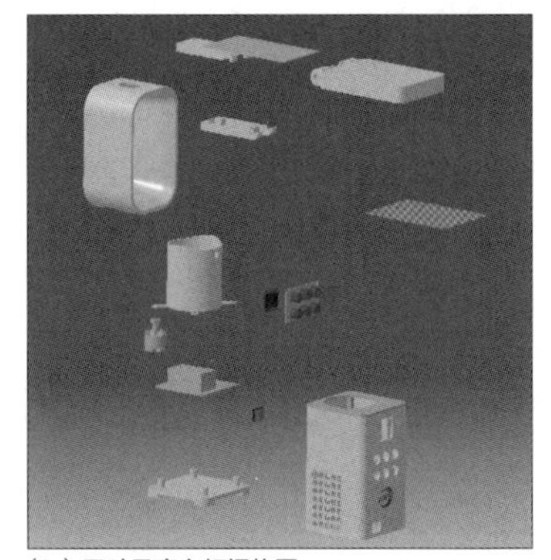

（b）无叶风扇台灯爆炸图

图2 3D模型

该无叶风扇台灯的 3D 模型和爆炸图如图 2 所示。

3D 结构打印件主要包括底座、箱体外壳、风扇气道外壳、风扇涡轮扇叶、出风口外壳、台灯外壳等。

硬件设计

无叶风扇台灯的硬件电路共包含 3 块电路板，分别为无叶风扇台灯主控板、按键板、灯板。PCB 采用立创 EDA 专业版进行设计，下面分别对 3 块电路板的原理和 PCB 进行介绍。

1. 主控板原理和PCB设计

主控板电路包括控制电路、台灯驱动电路和风扇驱动电路三大部分。

控制电路如图 3 所示，主要包括 MCU 电路、滤波电容电路、显示屏接口电路、蓝牙接口电路、按键接口电路和 Debug 串口电路等。控制核心采用常用的 STM32F103C8T6 芯片，也可用国产的 HK32F103C8T6 芯片替代。

台灯驱动电路如图 4 所示，主要包括整流电路、两路 LED 驱动电路和 220V AC 转 3.3V DC 电路。整流电路的核心元器件为 4 个二极管，同时包含滤波电容，并通过阻容件引出一路 50Hz 的脉冲信号，控制芯片可通过检测该脉冲实现快速开关、切换照明模式的功能。LED 驱动的核心元器件为 BP2596，产生 3.3V 直流的核心元器件为 BP2525，3.3V 用于控制电路供电。

风扇驱动电路如图 5 所示，降压模块产生 12V 直流电源为无刷电机供电，最大输出功率可达 20W；无刷电机连接电调，并采用 PWM 信号进行控制。

主控板 PCB 的仿真和实物分别如图 6 所示，主控板左侧为风扇驱动电路，右侧上方为台灯驱动电路，右侧下方为控制电路。

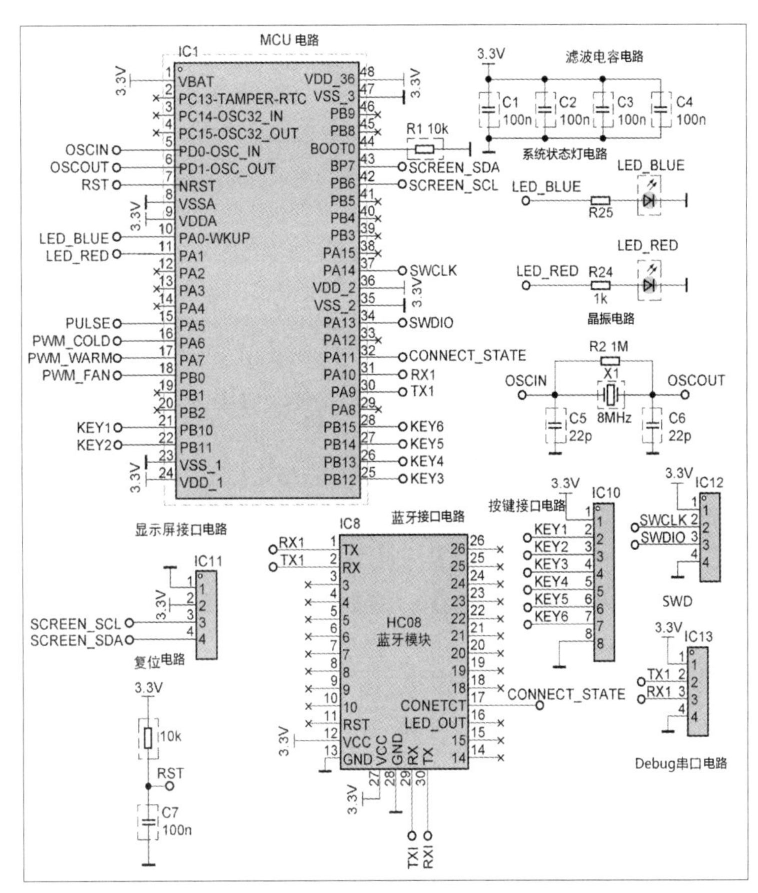

图 3 控制电路

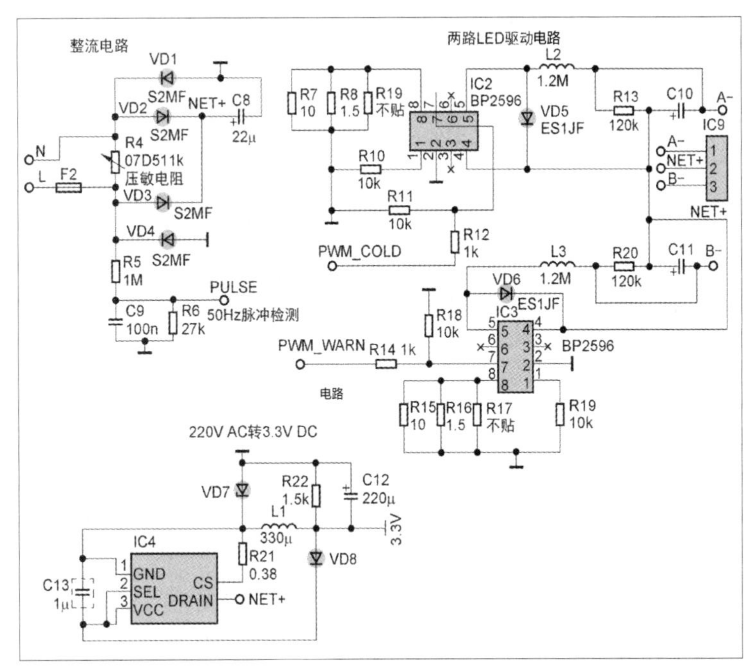

图 4 台灯驱动电路

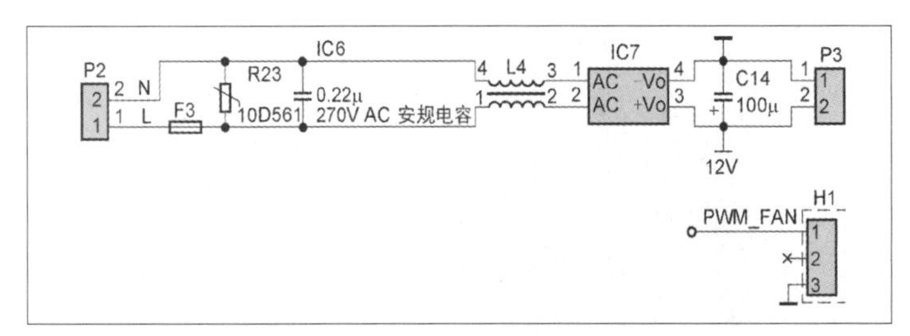

图 5 风扇驱动电路

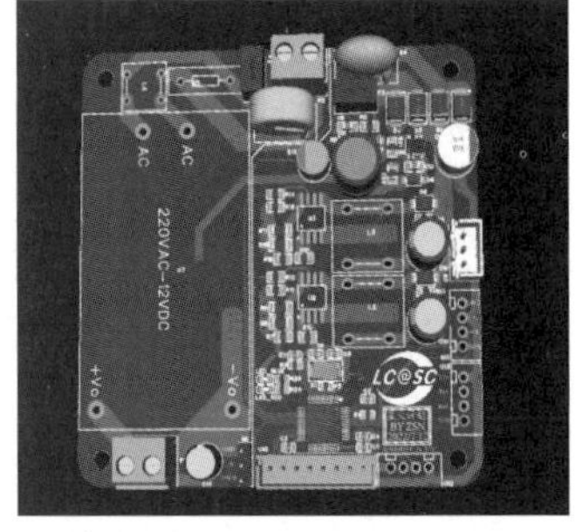

（a）PCB 仿真

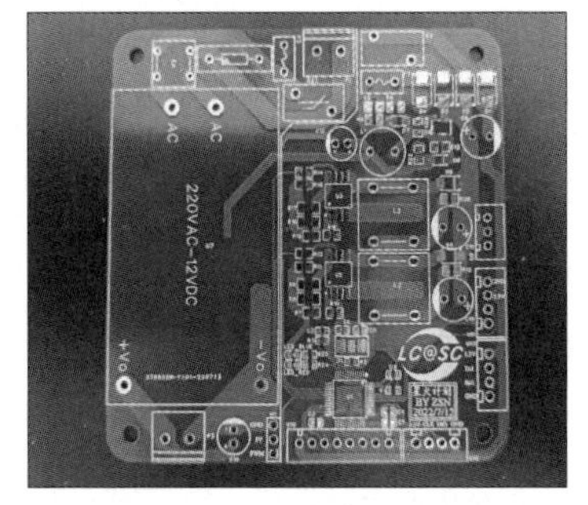

（b）PCB 实物

图 6 主控板 PCB

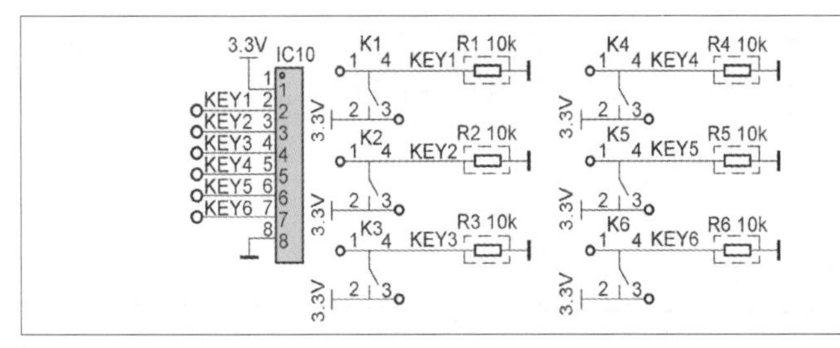

图 7 按键板电路

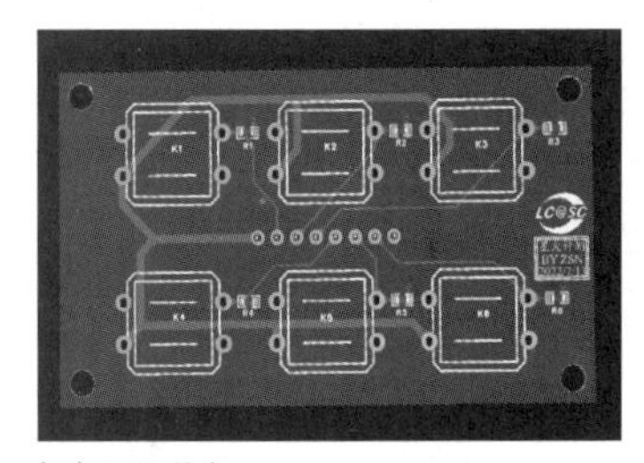

（a）PCB 仿真

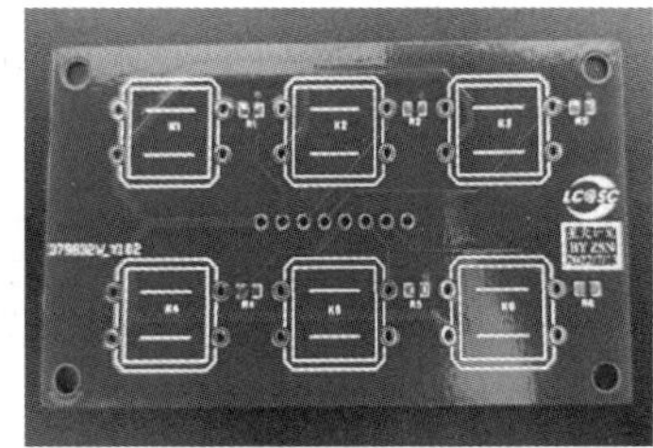

（b）PCB 实物

图 8 按键板 PCB

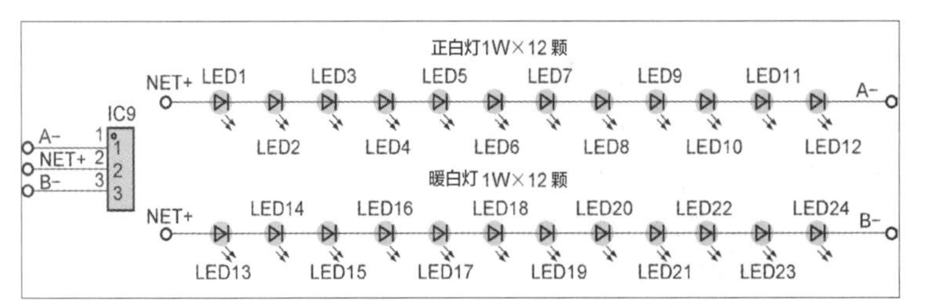

图 9 灯板电路

2. 按键板原理和PCB设计

按键板电路非常简单，电路如图 7 所示，按键板 PCB 仿真和实物如图 8 所示。

3. 灯板原理和PCB设计

灯板电路采用 24 颗 1W 的 LED 灯珠进行设计，其中 12 颗为正白灯，12 颗为暖白灯，单颗 LED 灯珠电压为 6V。灯板电路如图 9 所示，电路板仿真和实物如图 10 所示。在设计灯板 PCB 时，应使正白和暖白 LED 灯珠均匀排列，且油墨颜色为白色。

程序设计

1. 程序结构分析

程序设计部分，首先采用 STM32Cube 生成配置，包含引脚配置、时钟配置、下载配置、串口配置等（具体可参考源码）。然后在生成的程序上使用 Keil 5 进行开发，添加相关文件夹，最终程序结构如图 11 所示，添加的文件夹包含 APP、APP_Function。APP 文件夹内部为上层应用层函数，并包含了自己设计的

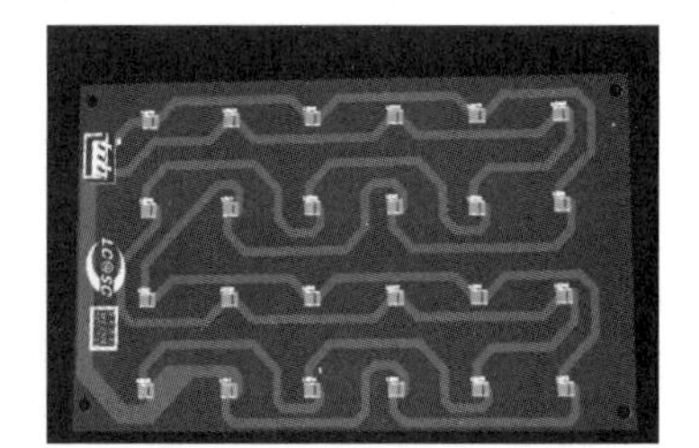

（a）PCB 仿真

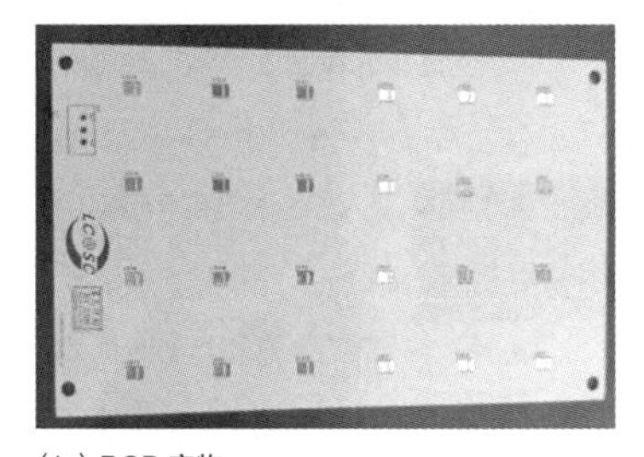

（b）PCB 实物

图 10 灯板 PCB

一个简单的任务系统，在 Main() 函数中进行调用。APP_Function 文件夹包含串口、系统 Flash 读 / 写和显示屏相关底层函数封装，由应用层函数进行调用。main.c 文件中包含详细的程序结构描述，通过任务系统实时执行多个任务。

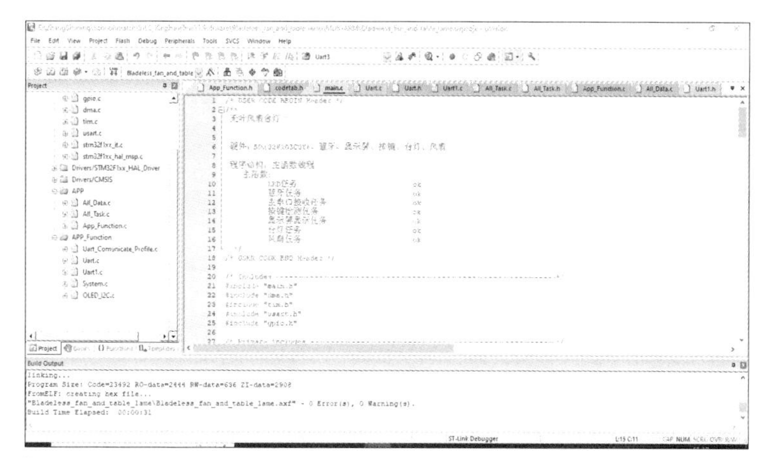

图 11 程序结构

2. 程序详解

程序中各个 .c 文件及其对应功能如表 2 所示。APP 文件夹中包含 3 个 .c 文件：All_Data、All_Task、App_Function，文件中包含参数初始化函数，可用于存储设备的一些基本信息以及掉电保存参数。另外，All_Task 文件中包含了构建任务系统的基本函数，并在其 .h 文件中详细说明了其移植方法，是一种可以推广的原创任务系统。App_Function 文件夹中包含各个任务函数的最上层函数。

表 2 按键内容功能对照

文件名	功能
All_Data.c	包含系统参数结构体，基于面向对象的编程思想，将所有数据整合成一个数据结构体对象
All_Task.c	原创的简易任务系统，包含构建任务系统的基本函数，其 .h 文件详细说明了其移植方法
App_Function.c	包含各个任务函数的最上层函数，在任务系统中调用
Uart_Comunicate_Profile.c	串口通信协议文件，用于收 / 发蓝牙命令和系统调试
Uart.c	串口底层函数
Uart1.c	串口 1 应用层函数
System.c	用于存储设备的一些基本信息以及掉电保存参数，参数存储于芯片 Flash 中
OLED_I2C.c	显示屏通信控制底层函数

3. 重点函数解析

无叶风扇台灯的程序设计中包含许多重要功能函数，从而支撑整个产品的功能，下面就对较为重要的函数进行解析。

（1）Main()函数

Main() 函数是整个工程的核心函数，其指示了整个工程的运行流程，无叶风扇台灯的 Main() 函数流程及核心程序如图 12 所示。程序运行后，首先对系统相关的硬件模式进行配置，然后运行任务系统，任务系统可以同时执行多个任务，从而实现丰富多样的功能。任务主要包括 LED 任务、蓝牙任务、主串口接收任务、按键检测任务、台灯任务、风扇任务。

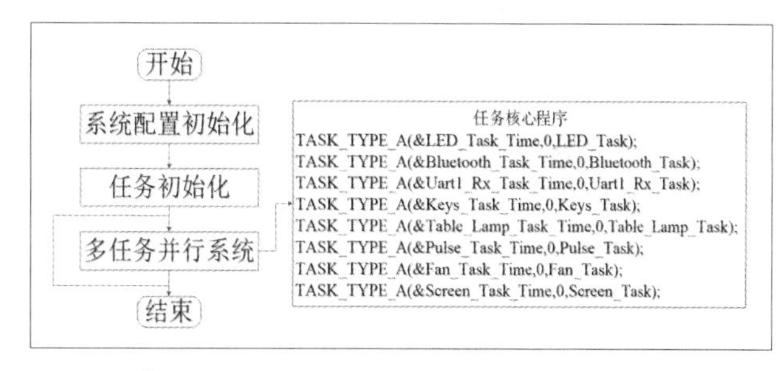

图 12 Main() 函数流程及核心程序

（2）All_Init()函数

All_Init() 函数主要负责自定义程序部分的初始化，其不包含由 STM32Cube 生成的初始化程序。其函数流程及核心程序如图 13 所示，依次为系统参数初始化、串口初始化、台灯 / 风扇初始化、启动定时器、屏幕初始化。

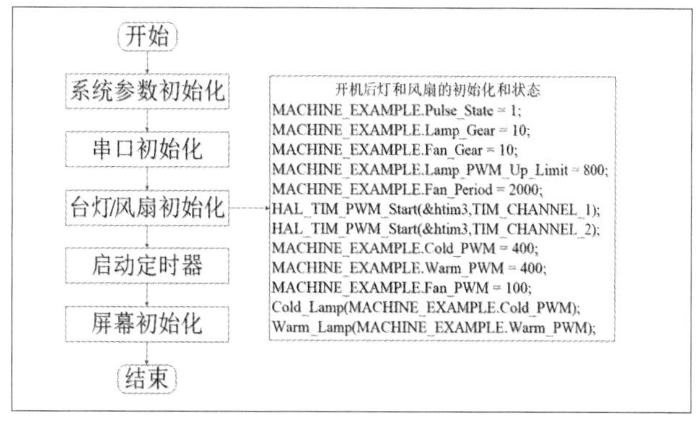

图 13 All_Init() 函数流程及核心程序

（3）Uart1_Receive_Data_Function ()函数

Uart1_Receive_Data_Function () 函数用于串口 1 接收数据。串口 1 与蓝牙相连，其接收的数据主要为表 1 中的控制指令，该函数需要对接收到的数据进行解析，得

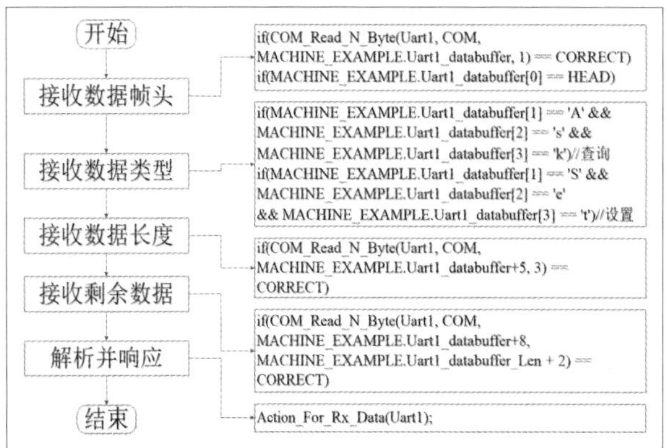

图 14 Uart1_Receive_Data_Function () 函数流程及核心程序

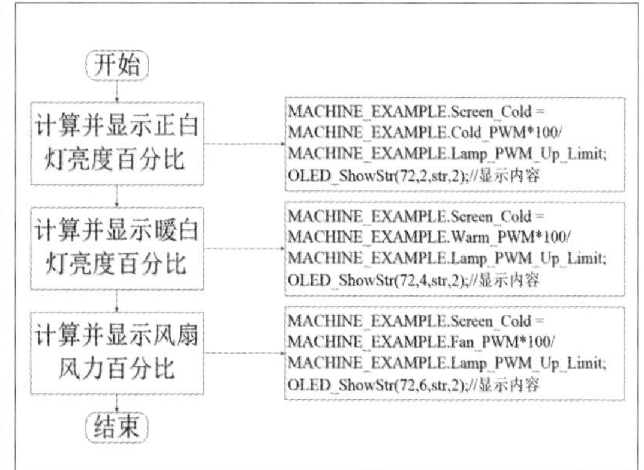

图 15 Screen_Task () 函数流程及核心程序

到相应的控制指令，再根据指令执行对应的操作，其流程及核心程序如图 14 所示。以此为接收数据帧头、接收数据类型、接收数据长度、剩余接收数据、解析并响应。

（4）Screen_Task ()函数

Screen_Task() 函数用于控制数据显示，主要用于显示正白灯亮度百分比、暖白灯亮度百分比和风扇风力百分比。其函数流程及核心程序如图 15 所示。

（5）Table_Lamp_Task ()函数

Table_Lamp_Task () 函数用于控制台灯的功率和色温等，其控制源为对应的按键或蓝牙指令。按键分为长按和短按，短按时台灯按挡位调节，长按则可进行无极调控。其函数流程及核心程序如图 16 所示。

（6）Fan_Task ()函数

Fan_Task () 函数用于控制风扇的功率，其控制源同样为对应的按键或蓝牙指令。按键分为长按和短按，短按时台灯按挡位调节，长按则可进行无极调控。其函数流程及核心程序如图 17 所示。

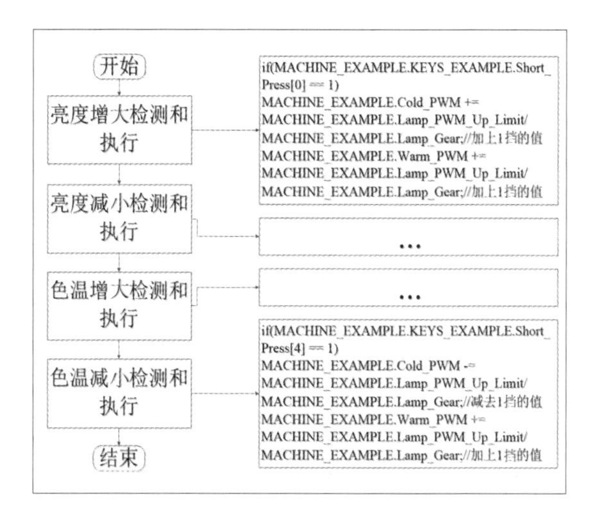

图 16 Table_Lamp_Task () 函数流程及核心程序

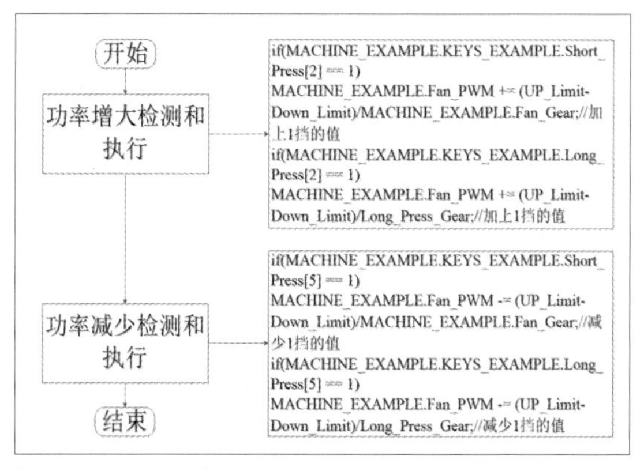

图 17 Fan_Task () 函数流程及核心程序

结语

该无叶风扇台灯产品为插电使用电器，通电后电路板上有高压，制作调试过程中切勿在通电状态下直接用手接触电路板。

整个制作流程如下。

（1）准备外壳 3D 打印件，开源文件 stl 文件夹中包括所有需要的打印件模型文件，可通过 3D 打印机进行打印。

（2）电路板打板和备料，共包含 3 块电路板，除电路板配套元器件外，还需准备一个船形开关、一个双头电源母座、一根双头线插座、电源线、热熔胶、若干直径 3mm 螺丝、无刷电机和电调。

（3）焊接电路板，下载程序，测试风扇和台灯。

（4）整机组装（出风口处的打印支撑件需要清除，台灯电源线需要从风扇出风件中间穿过，风扇圆柱件的下方进线口和台灯连接件的上方出线口需要用热熔胶进行密封）。

智慧湖泊：有害藻华的早期检测

演示视频

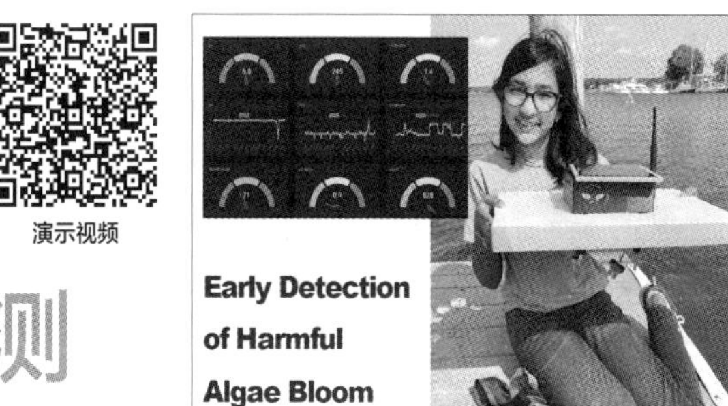

[美国]莎煦芮卡·达斯（Sashrika Das） 米森·达斯（Mithun Das）
翻译：李丽英（柴火创客空间）

最近在我们镇上发生了一件非常令人心痛的悲剧。一位女士带着她的狗去湖边散步，因为她没有注意到湖中因为水质过度营养化而藻华暴发，让狗狗下到了湖中游泳（见图1）。在回家的路上，狗狗就开始大喘气，虽然立即被送往急救，但依然没能挺过来。要是这位女士知道湖中的藻华污染了湖水，产生了毒素，那我想她肯定不会让狗狗去湖中游泳的。

为了避免这样的悲剧再次发生，我们开始了这个项目的设计。我们一家都很爱狗，我们养了一只拉布拉多犬，名字叫Sasha，它今年5岁多了，一直都跟我们一起生活，就像我们的家人一样。这个设备配有多个传感器，能检测水中是否存在有害藻类，并能为城镇居民提供实时更新的信息。这个项目在镇上湖泊部署和应用，希望镇上的居民能获得关于有害藻华信息的实时信息，以免再次发生受害事件。

有害藻华

藻类能通过光合作用产生氧气，是地球生命的重要组成，也是水生生态系统的基础组成。即使在今天，藻类产生的氧气占地球大气中氧气的比例也高达50%。理论上，所有藻类都是有益无害的。藻类分类如图2所示。

有害藻华特指某些问题物种的过度暴发式生长，并且它们都会产生毒素，因此被环保机构认定是有害的。

蓝藻，旧称蓝绿藻，是一类能通过产氧光合作用获取能量的革兰氏阴性菌，但有些也能通过异营来获取能量，由其颜色而得名。在美国康涅狄格州的湖泊和池塘中常常能见到自然生长的蓝藻。这些微生物不明显而经常被忽视，并且在自然状态下并不会对水体造成伤害。然而，当水体养分负荷超过一定水平时，蓝藻就会大量繁殖，并且会产生和释放毒素。当蓝藻大量释放毒素时，在水体中甚至附近活动的生物都会受到影响。但是就像前面所提的那样，并非所有的藻华都是有害藻华（HAB），如果没有更详细的检测，就不能确定藻华中的藻类类型。因此，如果要避免文章开头所提悲剧的发生，最安全的办法是避免接触被有害藻华污染的水体。而如果我们能在任何藻华形成的早期，就实现检测甚至预警，那我相信对保护水体会非常有帮助。

水体参数与有害藻华

专业机构的研究表明，有害藻华的存

图1 狗狗在湖中游泳

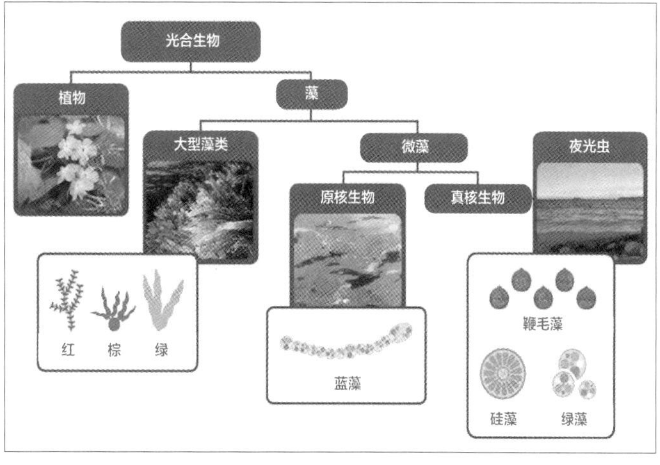

图2 藻类分类

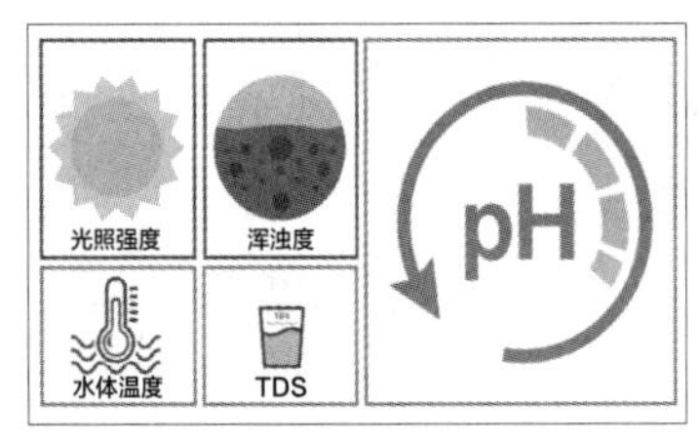

图 3 五大关键参数

在与光照强度、水体温度、水体酸碱度（pH 值）、浑浊度、溶解固体（TDS）都存在直接或间接关系（见图 3）。正如前面所提的，藻类能进行光合作用，它们能通过二氧化碳、水和阳光来产生葡萄糖和氧气。在其光合作用的过程中，就会减少水中溶解的二氧化碳，并同时会提高水的 pH 值。目前已观察到有害藻华暴发的水体 pH 值范围为 8~10。

研究表明，较为温暖的水体（介于 15.6~26.7℃）往往会成为蓝藻快速生长和暴发的温床。这也解释了为什么在美国东海岸，有害的藻类大量繁殖的时间往往发生在仲夏到初秋之间。

浑浊度是衡量水体透明度的重要指标，如果悬浮在水中的物质增多，则意味着能进入水体下方的阳光会大大减少。虽然水体浑浊度不是造成有害藻华暴发的主要原因，但这个参数是在检测到有害藻华存在后，对藻华强度定量估计的重要指标。

有害藻华光合作用过程中产生的葡萄糖其实不足以供微生物暴发式生长。让藻华快速暴发的营养元素（包括氮、磷、硫、维生素和其他微量营养素）往往来自于原

图 4 项目原型

本的水体环境。而 TDS 这个参数就是表示水中这些营养物质含量的指标，TDS 数值越高，就表明当前水体环境越有利于有害藻华的快速暴发。

说了这么多，大家现在应该理解这些水体参数与有害藻华暴发之间的关系了。但其实还有一个很重要的参数，就是水体溶解氧，我没有放进这个项目，因为我们一直没有寻找到合适的传感器。总结起来，就是如果我们能够获取这些参数，就可以推测出水体是否会暴发藻华，这样我们就可以通知当地有关机构采取进一步行动。

原型搭建

介绍完前面这些知识，我们就可以开始考虑搭建项目原型了。

项目所使用的材料如附表所示。

软件工具如下。

◆ Arduino IDE。

◆ 亚马逊 AWS IoT。

◆ Edge Impulse Studio 。Edge Impulse Studio 是一个在边缘设备上进行机器学习的在线开发平台，用于在边缘设备上进行机器学习。它为初学者提供了友好且强大的网页交互界面和工具包，涵盖 TinyML 学习路径所需的从数据收集到模型部署的整个流程。

◆ AWS Lambda 。它是亚马逊云服务 AWS 在 2014 年推出的“无服务器”计算服务，用户无须管理服务器，可以更专注自己的业务。由于上手简单，而且真正利用了云的优势，Lambda 快速成为了一项明星服务。

◆ Visual Studio Code。它是一款由微软开发且跨平台的免费源程序编辑器，该软件支持语法高亮、程序自动补全、程序重构功能，并且内置了命令行工具和 Git 版本控制系统。用户可以更改主题和键盘快捷方式实现个性化设置，也可以通过内置的扩展程序商店扩展软件功能。

◆ 3D 打印机。

1. 硬件搭建

在本次项目原型（见图 4）中，我们使用了微型控制器 Wio Terminal，同时配置了浑浊度传感器和 pH 值传感器等（实物见图 5）。这个原型每小时读取所有传

附表 材料清单

序号	名称	数量
1	矽递科技 SenseCAP M2 LoRaWAN 室内网关（数据传输版）	1 个
2	矽递科技 Wio Terminal	1 个
3	矽递科技 Wio Terminal 专用电池套（含 LoRa 模块）	1 个
4	矽递科技 Grove 水质 pH 值传感器套件	1 个
5	矽递科技 Grove 水质浑浊度传感器	1 个
6	矽递科技 Grove DS18B20 温度传感器	1 个
7	矽递科技 Grove SI1151 阳光传感器（可测紫外线、可见光和红外线）	1 个
8	通用太阳能板 12V /3W	1 个
9	通用锂电池 3.7V /2400mAh	1 个

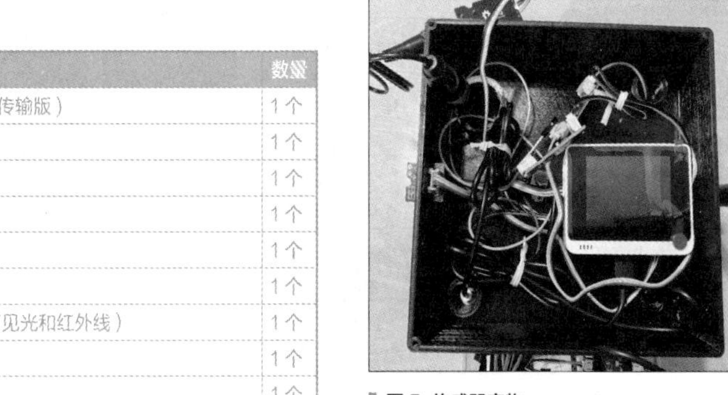

图 5 传感器实物

感器数据一次，并通过基于 LoRa 协议的 Helium 网络传输到 AWS 云端。同时，这个设备能运行我们自己搭建的 TinyML 预判模型，它能根据读取的传感器数值预测当前水体的状况。

Wio Terminal 配套的专用电池套自带一个 LoRa 模块，将其连接到 Wio Terminal 之后，Wio Terminal 就能与 SenseCAP LoRaWAN 数据传输网关直接通信。我们也为这个项目搭建了一个专门的数据仪表盘，所有采集的实时数据都会在仪表盘上以图表形式呈现。

这样一来，政府机构或其他相关部门、小镇居民都可以通过回调 URL 订阅数据实时获取信息。每次采集到了新数据，数据都会通过回调 URL 让所有订阅用户获悉。

除了传感器和读数之外，这个项目最需要考虑的点就是设备的整体功耗。为了最大限度地减少电力使用，我们把设备设置为每隔几个小时发送一次数据，在其余时间都会进入深度睡眠。此外，我们也考虑使用太阳能电池板。一旦这个原型项目验证成功，我们希望接下来可以向城镇相关机构反馈、建议，在湖泊多个地点部署，让小镇的湖泊藻华暴发预警变得更加智能。

图 6 太阳能电池板

2. 太阳能电池板配置

这个项目中的设备需要在户外长时间运作，所以我们准备了一个 12V/3W 的太阳能电池板（见图 6），尺寸为 145mm × 145mm。这个太阳能电池板给一个 3.7V/2400mAh 的锂电池持续供电。另外，Wio Terminal 配套的电池也自带一个 650mAh/3.7V 的锂电池，所以我们一共有总容量为 3050mAh 的电池。

太阳能电池板的电流为： 3(W)/ 12（V）= 0.25（A） = 250（mA）， 因为要完全实现由太阳能电池板来供电，我们需要的充电时间约为 3050 / 250 = 12.2（h）。这是一个粗略的估算。根据这个估算，我们需要想办法让设备至少用电池或充电宝运行一周，这样我们才可以一直用太阳能电池板来运行设备。

在这个原型设计过程中，我使用了带显示屏的 Wio Terminal，屏幕会消耗大量电力。在实际部署时我们其实并不需要显示屏，所以我们在部署完成后，应该关闭显示屏。另外，我们也使用了“深度睡眠”模式，以便设备每隔一段时间（每小时或每 3 小时或每 12 小时）运行一次来传输数据，这将消耗更少的电量。

3. 数据采集

按照上面步骤完成所有硬件搭建之后，我们就开始沿着湖泊采集水体数据，尽可能多地收集水体样本，这样能让后面的机器学习有更多的学习样本。每个水体样本都会包括这些参数：pH 值、TDS、浑浊度、温度、光照强度，我们采集到的一个样本相对应的读数为：

6.72，256.5，1.47，71.3，682。

采集的样本（这些样本里有些是有藻华的，有些是没有藻华的）数量越多，我们后面训练的模型就会越精准。因为项目提交有截止日期，我们采集的数据量是有限的，但非常幸运这些数据对于我们的这次项目原型搭建足够了。项目提交之后，我们也会继续努力收集越来越多的数据。

在采集数据之前，我们已经对 Wio Terminal 机身上方的 3 个按钮（A、B 和 C）进行了编程，这样可以给采集的数据打上相应的标签进行分类，数据最终会被采集存储为 .csv 文件。

- ◆ A 按钮的标签为正常。
- ◆ B 按钮的标签为警告。
- ◆ C 按钮的标签为危险。

4. TinyML

前面我们了解了这些参数都与有害藻华的出现或者快速暴发存在联系，但如果要用以往的编程逻辑（即达到某个数值组合，则触发相应的行为）进行编程，因涉及的数值很多，数值组合（可能会有上百个 if-else 条件语句）也多，可想而知编程工作量和复杂程度将会是一场噩梦。如果我们引入机器学习，那么这个过程就会轻松很多。我们只需要在前面采集数据的阶段，给每个数据打上相应的标签（正常、警告、危险），再用这些数据训练人工智能模型，模型部署之后根据新采集的数据进行预测。

这个项目，我们使用了 Edge Impulse 这个平台来导入采集到的数据，并且对数据进行标记和模型训练。 Edge Impulse 是一个领先的边缘设备机器学习开发平台，对全球开发人员免费。

对于数字信号处理（DSP）模块，我们选择原始数据，学习算法选择了 Keras（见图 7）。

老实说，虽然我们成功训练出了模型，但采集的数据较少，实际上模型在部署之后，预测并没有达到特别高的准确率。而这也再次告诉我们，我们需要尽可能多地从真实环境中采集更多的数据，让尽可能多的数据量来参与模型训练，保证模型的精准度。

5. 通过Helium发送数据

Helium 是一个为低能耗物联网设备与互联网连接所建立的点对点无线网络，它主要通过 LoRaWAN 网关，支持 LoRaWAN

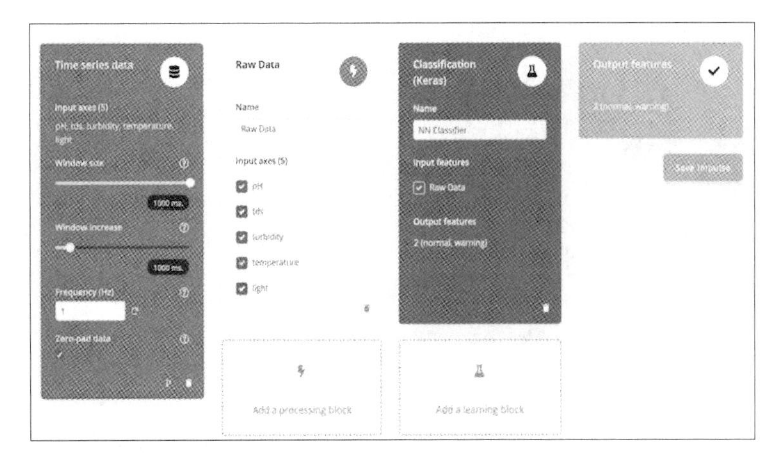

图 7 Keras 算法界面

图 8 SenseCAP M2 LoRaWAN 室内网关

协议的物联网设备提供公共的无线网络覆盖，使物联网设备更方便地接入互联网以及传输数据。最近这个网络的覆盖率增长极快，覆盖范围也很广，对于户外项目的数据传输来说，是一个很不错的选择。

这次考虑到设备后续的实际部署场景很可能是没有网络信号覆盖的湖区，所以我们这个项目原型中，采集的所有数据是通过矽递科技的 SenseCAP M2 LoRaWAN 室内网关经由 LoRaWan 协议向 Helium 控制台发送的。每个设备都在 Helium 控制台中配置并与 AWS IoT Core 集成，这样数据就可以转发到 AWS 云端进行进一步处理。SenseCAP M2 LoRaWAN 室内网关如图 8 所示。

首先，我们需要在 Helium 控制台上创建一个帐户，用来注册我们的设备。此外，我们还需要 Data Credits 发送数据。进入控制台后，导航到设备页面并添加新设备（见图 9）。

在 Wio Terminal 上，将蓝色按钮向左滑动并按住，直到出现设备信息。在 Helium 控制台上的设备页面中输入此信息。如果你的 Wio Terminal 仍然连接到 Arduino IDE，设备信息也会打印在串口监视器上，因此我们也可以从那里复制。注册设备后，我们就需要创建一个标签。

接下来，前往 Functions（函数）页面，输入名称并选择自定义脚本。此时，你应该会在 Helium 实时数据部分看到来自你的设备数据。

完成后，访问 Helium 控制台的 Flows 页面创建一个工作流程（见图 10）。这个工作流程基本将你的设备连接到了 AWS IoT。你也可以查看 Helium 官方文档进行 AWS IoT 集成步骤的学习，此处不过多讲解。

需要注意的事项是，设备将数据发送到 AWS，需要对数据进行解码，解码程序如图 11、图 12 所示。完整的项目源码可以在 Github 上搜索用户名“Mithun Das, Sashrika Das”的项目“Smart Lake - early detection of algae bloom”获得。

系统架构

我们在设计这个设备系统时，也把实际应用中没有服务器参与的情况考虑进去了，系统架构如图 13 所示。这个架构也被证明是有意义的，因为它可以随着采集数据集量负载的增加而自动扩展。

一旦 AWS IoT Core 接收到数据信息， 使用 lambda() 函数创建的 IoT 路由规则就会将数值进行传递。

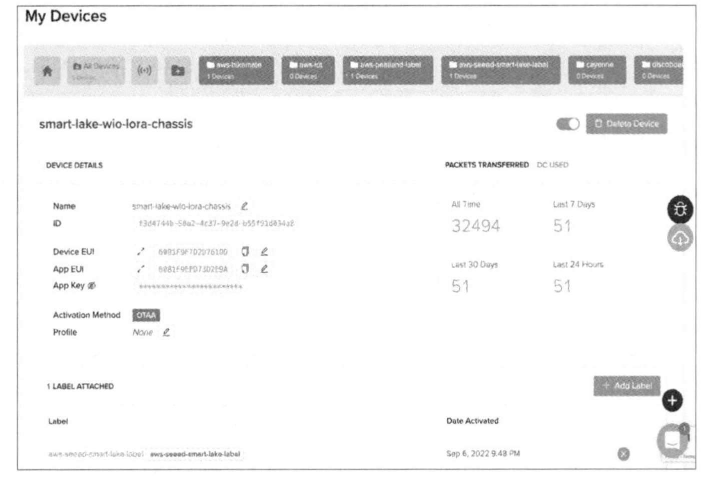

图 9 设备页面

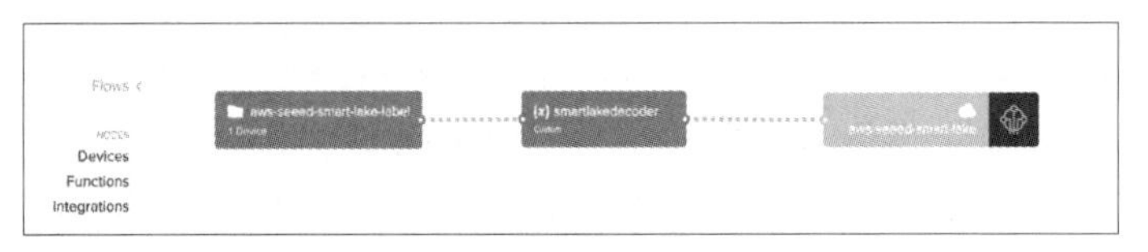

图 10 Helium 控制台的 Flows 页面创建一个工作流程

CUSTOM SCRIPT

```
function Decoder(bytes, port, uplink_info) {
  const hasGPS = bytes[0];

  const decoded = { dev_eui: uplink_info.dev_eui, hasGPS: hasGPS,
prediction :  bytes[1]};

   if(hasGPS == 0){
       decoded['temperature'] =  bytes[2];
       decoded['ph']= bytes[3]/10;
       decoded['tds']= (bytes[4] << 8| bytes[5]);
       decoded['turbidity']= bytes[6]/10;
       decoded['uv']= bytes[7]/10;
       decoded['light']= (bytes[8] << 8| bytes[9]);
   }else{
       decoded['latitude']   = (bytes[5] | (bytes[4]<<8) | (bytes[3]<<16)
| (bytes[2]<<24)) /1000000;
       decoded['longitude']   = (bytes[9] | (bytes[8]<<8) | (bytes[7]<<16)
| (bytes[6]<<24)) /1000000;
   }
   return decoded;
}
```

图 11 解码程序 1

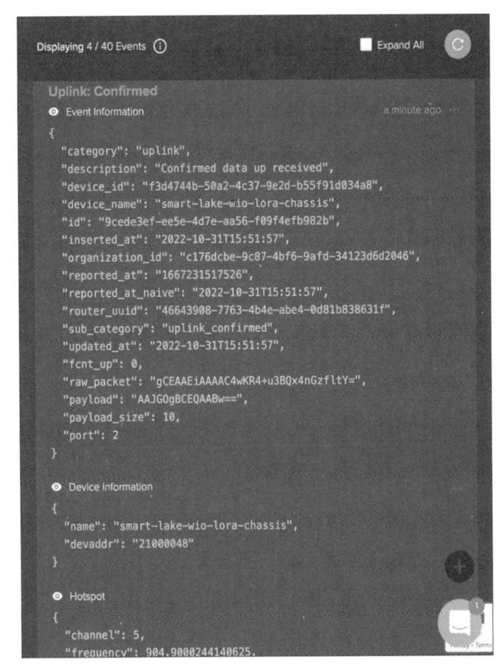

Displaying 4 / 40 Events
Expand All
Uplink: Confirmed
Event Information
a minute ago
{
"category": "uplink",
"description": "Confirmed data up received",
"device_id": "f3d4744b-50a2-4c37-9e2d-b55f91d034a8",
"device_name": "smart-lake-wio-lora-chassis",
"id": "9cede3ef-ee5e-4d7e-aa56-f09f4efb982b",
"inserted_at": "2022-10-31T15:51:57",
"organization_id": "c176dcbe-9c87-4bf6-9afd-34123d6d2046",
"reported_at": "1667231517526",
"reported_at_naive": "2022-10-31T15:51:57",
"router_uuid": "46643908-7763-4b4e-abe4-0d81b838631f",
"sub_category": "uplink_confirmed",
"updated_at": "2022-10-31T15:51:57",
"fcnt_up": 0,
"raw_packet": "gCEAAEiAAAAC4wKR4+u3BQx4nGzfltY=",
"payload": "AAJGOgBCEQAABw==",
"payload_size": 10,
"port": 2
}
Device Information
{
"name": "smart-lake-wio-lora-chassis",
"devaddr": "21000048"
}
Hotspot
{
"channel": 5,
"frequency": 904.9000244140625,

图 12 解码程序 2

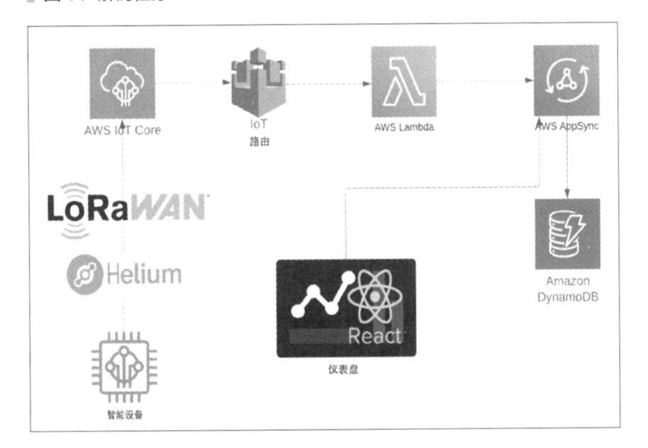

图 13 系统架构

图 14 地点分布

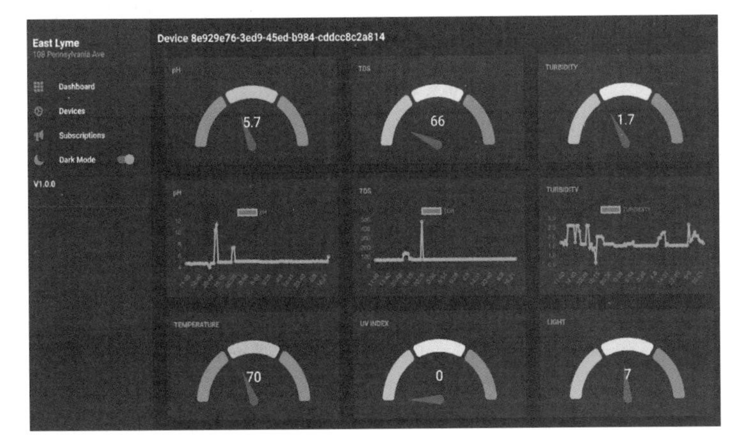

图 15 实时水体参数信息

数据看板与仪表盘

我们在小镇湖泊附近的3个地点(见图 14),进行了项目原型部署,单击每个点即可获取如图 15 所示的实时水体参数信息。

开发者门户和第三方集成

我们构建的系统可以产生良好的数据,但第三方应用程序却无法直接利用这些数据。我们考虑了这个问题并设计了一个"eventer"系统,它可以很容易地通过 Rest API 与外部应用程序进行集成。

公共卫生机构或当地市政厅系统等外部应用程序可以通过回调 URL 和使用电子邮件接收来自"eventer"系统的事件(即系统预判的正常、警告、危险)。每次有来自设备的新数据时,都会发布到回调 URL。如果"eventer"系统无法直接发布消息,那么它会通过电子邮件通知集成商,从而实现系统判断结果可以实时同步给相关机构。

制作小型回流焊机

▌浩祺心

回流焊是通过重新熔化预先分配到印制板焊盘上的焊锡膏，实现 SMD（表面安装器件）焊端或引脚与 PCB 的焊盘之间机械与电气连接的软钎焊。

本制作使用一台电烤箱，通过软件控制碳纤维发热管实现回流焊所需的温度曲线，完成 SMD 的回流焊工艺。

回流焊原理

回流焊根据技术的发展分为气相回流焊、红外回流焊、远红外回流焊、红外加热风回流焊和全热风回流焊、水冷式回流焊，主要应用于各类 SMD 的焊接。回流焊接技术的焊料是焊锡膏。回流焊机内部有一个加热电路，将空气或氮气加热到足够高的温度后吹向已经贴好元器件的电路板，让元器件两侧的焊料融化后与主板粘结。

回流焊机炉膛内温度有 4 个温区：升温区、恒温区、回流区、冷却区，如图 1 所示。

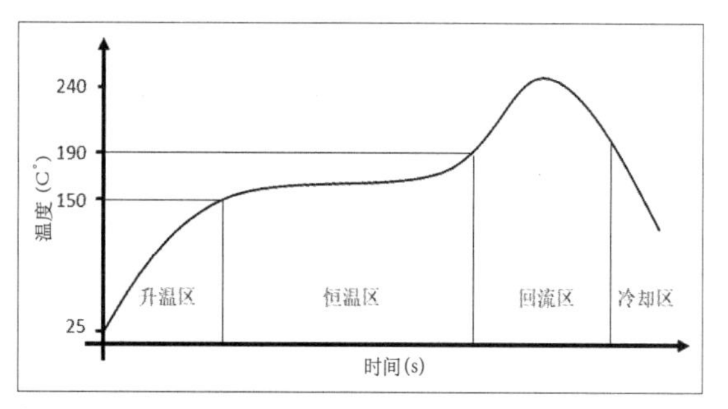

▌图 1 回流焊曲线示意图

PCB 回流焊接过程如下。

◆ 在升温区，焊锡膏的溶剂、气体蒸发，焊锡膏的助焊剂润湿焊盘、元器件焊端和引脚，焊锡膏软化、塌落、覆盖焊盘，将焊盘、元器件引脚与氧气隔离。

◆ 在恒温区，PCB 和元器件得到充分的预热，以防 PCB 突然进入焊接高温区而损坏 PCB 和元器件。

◆ 在回流区，温度迅速上升使焊锡膏达到熔化状态，液态焊锡对 PCB 的焊盘、元器件焊端和引脚润湿、扩散、漫流或回流混合形成焊锡接点。

◆ 在冷却区，焊点凝固，完成回流焊接。

硬件设计

1. 设计思路

根据回流焊的原理，焊接过程实际上是根据回流焊曲线进行加热和温控的过程。因此硬件上需要一个加热腔体，里面放置加热器件、循环风风扇、温度传感器等部件，从而控制器可以根据温度曲线控制加热速度和温度，以满足回流焊的温度要求。

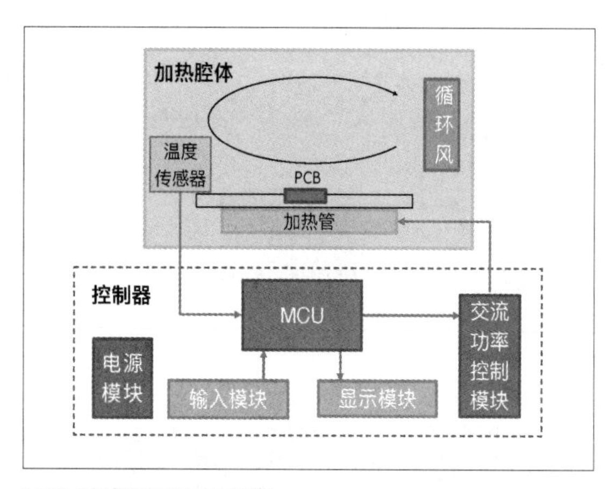

▌图 2 回流焊机系统框架示意图

回流焊机系统框架示意图如图 2 所示。

2. 元器件选择

（1）加热腔体

加热腔体采用成品电烤箱改造而成。电烤箱自带循环风系统、托盘、加热管，便于改造。

（2）加热管

加热管采用远红外碳纤维发热管。碳纤维发热管具有升温迅速、热滞后小、发热均匀、热辐射传递距离远、热交换速度快等特点。碳纤维发热管在工作过程中光通量远远小于金属发热体的电热管，电热转换效率高达 98% 以上。因此碳纤维发热管非常适合精确控制温度的应用场景。

（3）交流功率控制模块

交流功率控制模块采用双向可控硅和可控硅光电耦合器制作的固态继电器。

（4）电源

加热管电源为市电交流 220V，直流部分由一个变压器全波整流后线性稳压输出 3.3V。之所以采用变压器，是因为控制固态继电器时需要检测交流过零点。

（5）MCU

具备 ADC 功能的单片机均可以使用，本制作采用 Atmel 公司的 ATMega3290 单片机。

（6）显示模块

采用 12864 LCD 点阵显示模块。

（7）温度传感器

采用 PT100 铂热电阻。PT100 温度传感器是一种以铂（Pt）制作的电阻式温度检测器，属于正电阻系数传感器。

（8）其他元器件

包括按键、蜂鸣器、阻容元器件等。

3. 电路设计

回流焊机电路如图 3 所示，主要包括 MCU 及外围电路、交流

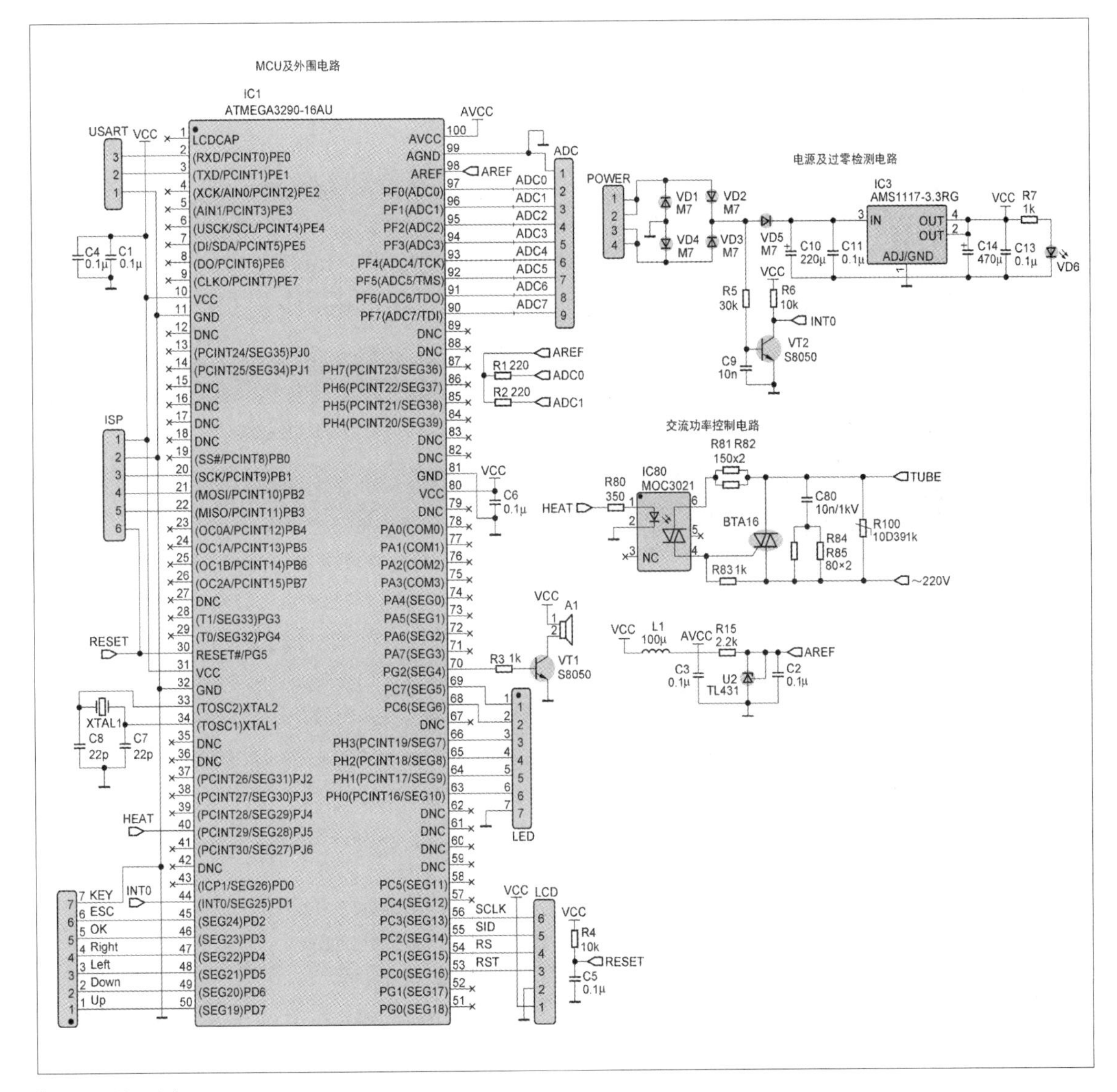

图 3 回流焊机电路

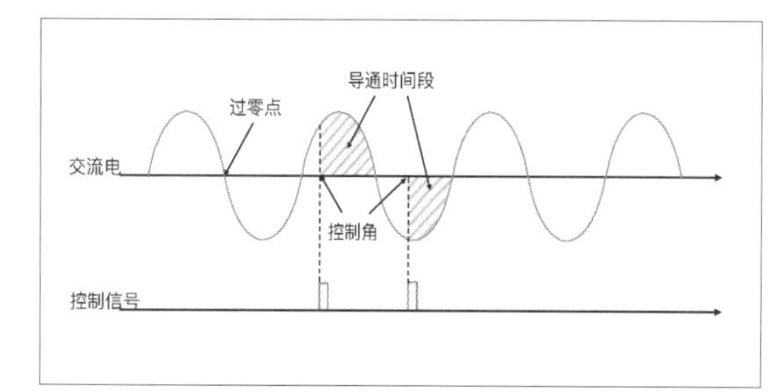

图 4 交流功率控制原理示意图

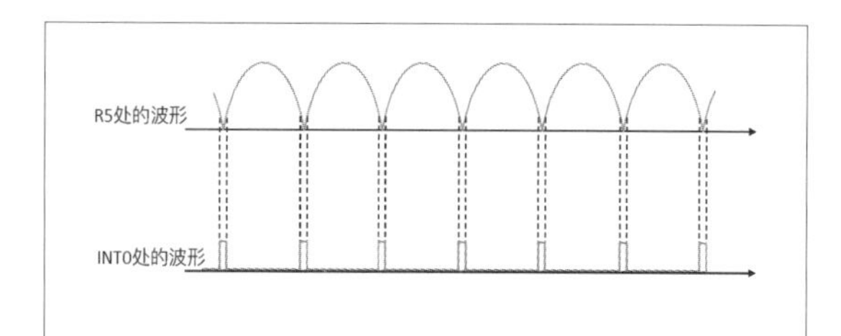

图 5 整流波形和过零触发脉冲示意图

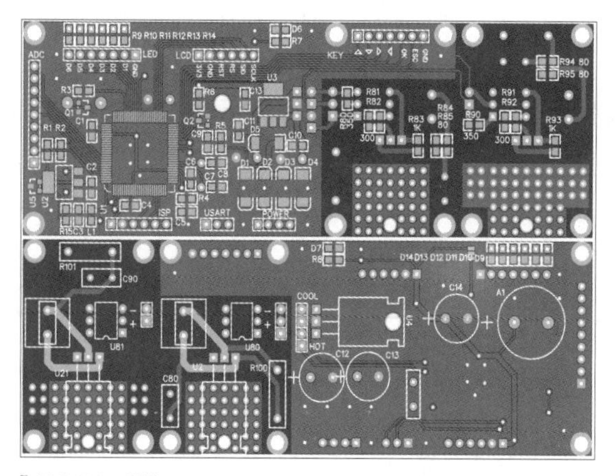

图 6 PCB 预览

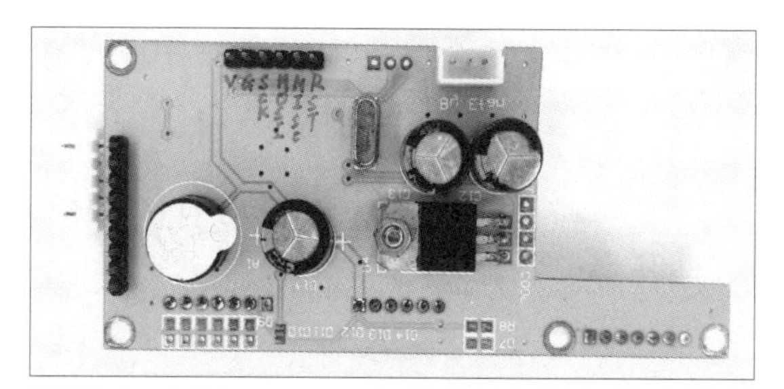

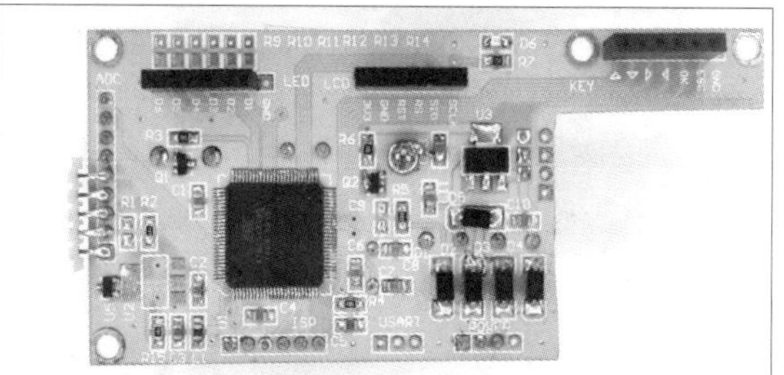

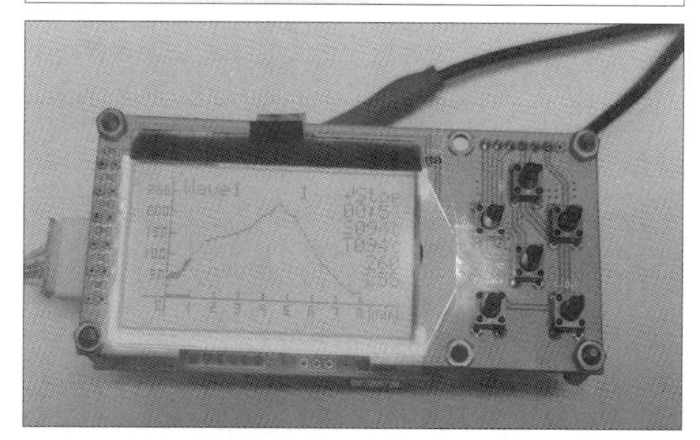

图 7 焊接元器件并与 LCD 组装后的控制板

功率控制电路和电源及过零检测电路（固态继电器）。

（1）交流功率控制模块

双向晶闸管一旦触发导通，即使失去触发电压，也能继续保持导通状态。对于交流电而言，只有在交流零点时才会关闭。因此可以在交流零点之后、下一个零点之前，给晶闸管一个导通触发信号，通过控制触发信号的起始时间点即可控制晶闸管的导通时间，从而实现交流负载的功率控制。触发信号处于波形周期中的角度叫作控制角，晶闸管导通周期称为导通角。交流功率控制原理示意图如图 4 所示。

本制作使用 MOC3021 光电耦合器，晶闸管为 BTA16。压敏电阻 10D391K 和 C80、R84/85 组成尖峰、浪涌吸收电路，防止尖峰、浪涌对晶闸管造成冲击和干扰。

（2）过零检测电路

从交流功率控制原理可以看出，需要检测出过零点才能精确控制晶闸管的导通角，因此需要一个过零检测电路。在图 3 中，VT2、R5、R6、C9 和 VD5 构成了简单且可靠的过零检测电路，当零点过后将会在 INT0 处产生一个低电平脉冲，从而触发单片机中断。电路中的 VD5 用来阻断 C10 的滤波电平，以保证在 R5 产生完整的、全波整流后的波形。全波整流后的波形以及 INT0 发出的触发脉冲如图 5 所示。

4. PCB设计

PCB 预览如图 6 所示，焊接元器件并与 LCD 组装后的控制板如图 7 所示，所有部件组装后的整机如图 8 所示。

PCB 与电路图稍有不同：

◆ PCB 比电路图增加了一套固态继电器；

◆ 由于笔者手头没有合适的变压器，因此增加一个 7805 稳压模块以减小 AMS1117 的功耗。

图 8 整机装配

软件设计

1. 用户界面设计

该制作用户菜单包括选择曲线、自动执行、手动执行和定制曲线四大项，菜单结构如图 9 所示，菜单仿真界面如图 10 所示。

2. 功能介绍

（1）主菜单

主菜单中可选择 4 种子菜单，分别是选择曲线、自动执行、手动执行和定制曲线。在自动执行子菜单前显示已经选择的回流温度曲线序号，默认选择曲线 1。

（2）选择曲线

程序内置 6 种回流温度曲线。

◆ 曲线 1：适用于 85Sn/15Pb、70Sn/30Pb。

◆ 曲线 2：适用于 63Sn/37Pb、60Sn/40Pb。

◆ 曲线 3：适用于 Sn/Ag3.5、Sn/Cu.75、Sn/Ag4.0/Cu.5。

◆ 曲线 4：适用于 Sn/Ag2.5/Cu.8/Sb.5、Sn/Bi3.0/Ag3.0。

◆ 曲线 5：适用于红胶标准固化。

◆ 曲线 6：适用于 PCB 返修等。

（3）自动执行

根据选择的温度曲线自动执行回流焊接，在执行过程中显示执行时间、标准曲线温度和实际温度，并绘制标准温度曲线和实际温度曲线。在执行过程中可按菜单键中止。

（4）手动执行

手动执行时可通过上、下键设置加热功率（加热百分比），在执行过程中显示执行时间、实际温度，并绘制设置温度曲线和实际温度曲线。在执行过程中可按菜单键中止。手动执行时间最长为 99min59s。

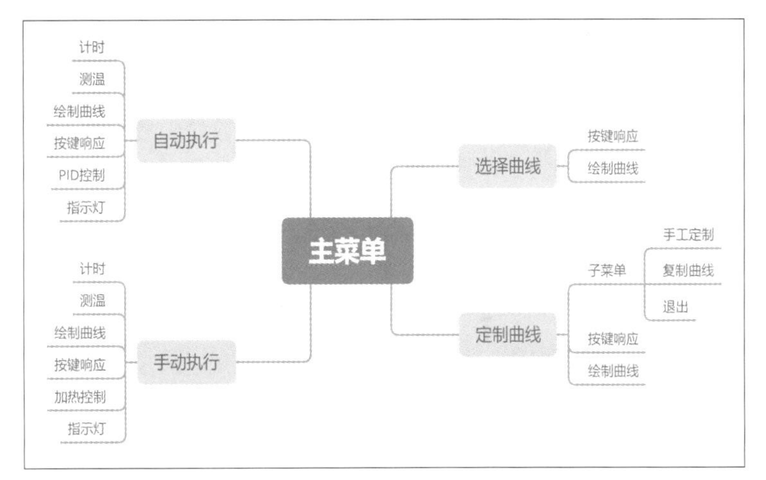

图 9 菜单结构

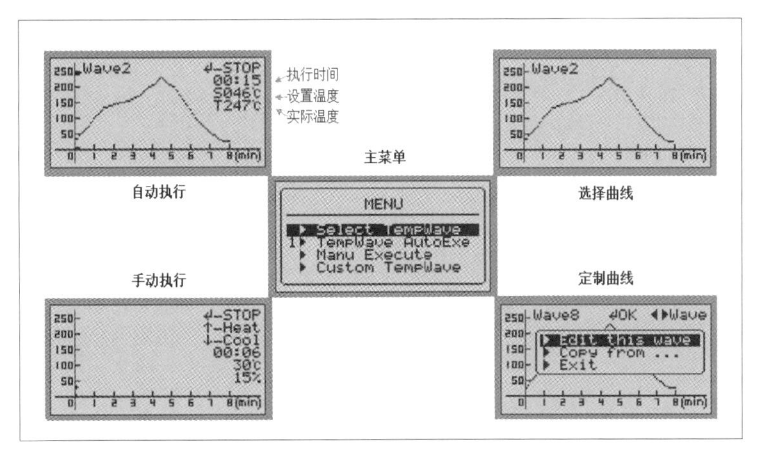

图 10 菜单仿真界面

（5）定制温度曲线

本制作可提供两条定制温度曲线，可通过复制、编辑已有曲线的方式定制个性化曲线。定制曲线 LCD 显示仿真界面如图 11 所示。

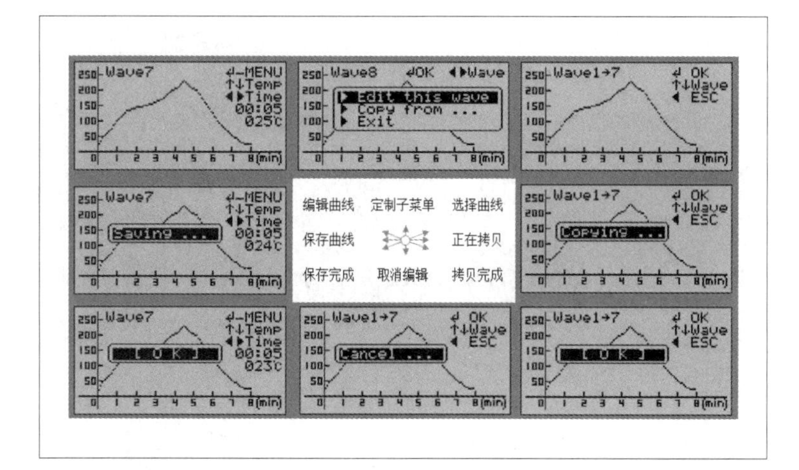

图 11 定制曲线 LCD 显示仿真界面

3. 程序实现

该制作的程序使用 C 语言编写，由于篇幅限制，下面仅介绍 PID 算法及程序调用部分，全部程序请参见《无线电》杂志云存储平台。

（1）PID算法介绍

PID 即 Proportional（比例）、Integral（积分）、Derivative（微分）的缩写。顾名思义，PID 算法是结合比例、积分和微分 3 种环节于一体的控制算法，它的实质就是根据输入的偏差值，按照比例、积分、微分的函数关系进行运算，运算结果用以控制输出。

其中，比例环节的作用是对偏差瞬间做出反应，偏差一旦产生，控制器立即产生控制作用，使控制量向减少偏差的方向变化；积分环节的调节作用是消除静态误差，即积分是一个累积偏差的过程，只有偏差为 0 时，积分值才是一个常数；微分环节的作用则是在积分的基础上加快调节过程，对偏差出现的瞬间根据偏差的变化趋势给出适当的纠正。

（2）PID算法实现

本程序采用位置式 PID 算法，也就是根据当前系统的实际温度，与想要达到的预期温度的偏差，进行 PID 控制。

位置式 PID 算法公式如下：

$$u(t) = K_p \times e(t) + K_i \times \sum_{i=0}^{t} e(i) + K_d \times [e(t) - e(t-1)]$$

其中，$u(t)$ 为控制器的输出值，$e(t)$ 为控制器输入与设定值之间的误差，K_p 为比例系数，K_i 为积分时间常数，K_d 为微分时间常数。

根据位置式 PID 算法公式，C 语言实现如下。

```
//PID 相关变量
int Proportion=150;// 比例系数
int Integral=2;   // 积分时间常数
int Derivative=20;// 微分时间常数
int LastError=0;  // 上次偏差
int SumError=0;   // 历史误差累计值
int SetPoint;// 设定目标
int NextPoint;// 当前采样值（采样温度）
```

```
/*
 * PID 计算
 * 动态曲线加热时需要积分，否则曲线跟不上。
 * 在恒温控制时也必须要积分，否则无法恒温。
 * 但为了减少上冲，在温度到达设定温度前（包括升温和降温，差别很大时）不进行 PID 控制，减少积分的影响。
 * 具体计算方法。
 * 1. 在温度达到要求的温度前，只使用比例系数加热，这样可以快速升温；但不要使用积分，否则上冲非常高。
 * 2. 到达设定温度后，使用 PID 算法，可以很好地进行温度控制。
 */
int PIDCalc(void)
{
int dError,Error;
Error=SetPoint-NextPoint;// 偏差，设定值减去当前采样值
SumError+=Error;// 积分，历史偏差累加
dError=Error-LastError;// 当前微分，偏差相减
LastError=Error;
return (Proportion*Error+Integral*SumError-Derivative*dError);
}
```

在实际应用中需要根据控制对象选择不同的比例系数、积分时间常数和微分时间常数，并进行多次试验以确定最合适的数值。

（3）算法调用

在自动执行和手动执行程序中均需要调用 PID 算法函数，下面以自动执行为例说明 PID 算法函数的调用。

```
// 自动执行
void AutoExe(void)
```

```
{
    ...
    //PID部分初始化
Proportion=nSetupSaveValue[6]*255+nSetupSaveValue[7];
    //比例系数
    Integral=nSetupSaveValue[2];  //积分时间常数
    Derivative=nSetupSaveValue[3];//微分时间常数
    LastError=0;//上次偏差
    SumError=0;//历史误差累计值
     Clr_Scr();//清屏
    Clr_Buff();//清显存
    NextPoint=GetTemper(HEATPORT);//取得当前温度
    if(nWaveNo>5)//自定义曲线
    SetPoint=eeprom_read_byte((void *)((nWaveNo-6)*97));
    else//预置曲线
    SetPoint=pgm_read_byte(&sWaveData[nWaveNo][0]);
    ...
    while(1)
    {
    //判断是否结束
    if(nNowTempIdx>=96)
    {
     ...
    }
    else
    {
    AutoExePID();//PID控制，确定加热力度或降温风扇时延
            }
     }
}
//自动执行PID计算
void AutoExePID(void)
{
if(bStop && nSec!=nSecBak)
    {
nSecBak=nSec;
int iPidOut=PIDCalc();//调用PID算法
if(bHotFan)//加热过程
            {
     LED_FAN_OFF();//关闭降温风扇
     LED_HOT_ON();//打开加热指示灯
     if(iPidOut<0)//温度高于设定值，关闭加热器（相同时也加热）
            {
    EIMSK&=~_BV(INT0);//INT0关闭，不再处理过零信号
    StopTc1();//关闭定时器1
    iDuty=0;
    HEATOFF();//关闭可控硅
    WrBuff5x7(0, 63, '0');
            }
    else
            {
    EIMSK|=_BV(INT0);  //INT0允许
    if(iPidOut>260) iDuty=260;
    else iDuty=(uint)iPidOut;
    WrBuff5x7(0, 63, '1');
            }
            }
    else//降温过程
            {
    if(iPidOut<0)//温度高于设定值，打开风扇
            {
    LED_FAN_ON();//打开降温风扇，风扇没有调速，因此直接打开
            }
    else
            {
    LED_FAN_OFF();//关闭降温风扇
            }
    LED_HOT_OFF();//关闭加热指示灯
    EIMSK&=~_BV(INT0);//INT0关闭，不再处理过零信号
    StopTc1();//关闭定时器1
    iDuty=0;  HEATOFF();//关闭可控硅
            }
    }
}
```

结语

该小型回流焊机的发热器件采用碳纤维发热管，在温度控制上采用PID算法，通过实测温度误差为±2℃。由于碳纤维发热管的功率、电烤箱的空间等条件限制，最大升温速度约1℃/s，温度可以达到255℃以上，能够满足小批量PCB焊接需求。

此外，该小型回流焊机可自定义温度曲线，还可以手动执行加热，通过PID算法可以实现长时间恒温控制，非常适合维修PCB使用。

“神龙号”攀爬车

陈子平

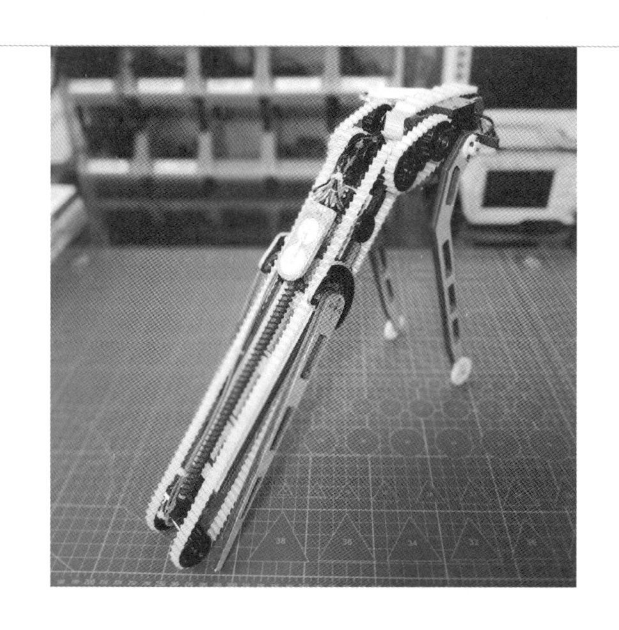

我这次带来的项目是一款攀爬车，名字叫“神龙号”，下面我将详细讲解这个项目的设计思路和制作过程。

演示视频

我将这个项目分为5个部分详细阐述。第一部分是根据具体的要求，寻找可行的方案，建立初步的设计思路，进行可行性分析。第二部分是进行机械结构设计，解决具体的实现问题，通过3D建模合理安排布局。第三部分是整体的制作过程，详细介绍各个部件的组装过程和细节部分。第四部分是项目完成后的实验过程，详细介绍攀爬的具体实现原理与转换步骤。第五部分是分析装置的不足之处和后续的改进措施，为以后完善这个方案做好准备。

设计要求

本次设计需要满足以下5个方面的要求：攀爬车大小限制在250mm×250mm×250mm内；质量不超过400g；2个N20减速电机（100r/min）提供动力；电源部分用4颗CR2032纽扣电池；攀爬上障碍物，并到达指定的盒子内部的时间控制在3min以内。赛道和障碍物如图1所示。

根据以上要求，合理利用空间是提升攀爬高度的关键。

第一层思路是利用竖直平面的最高点，目前的立体空间大小是25cm×25cm×25cm。装置攀爬高度极限为25cm（见图2）。

第二层思路是利用平面内最长的距离，就是正方形的斜线，其长度为35.3cm。如果能够实现斜线的攀爬，则最大高度在35.3cm（见图3）。

第三层思路是利用空间范围内最长的斜线，立体空间内相对顶点，经过计算最长的距离是43.3cm，也就是理论上如果能尽可能地利用空间，设计出完美的装置，其最大的攀爬高度可以达到43.3cm（但装置零部件的设计和攀爬机构的大小限制一般小于43.3cm）（见图4）。

第四层思路是在空间范围内最长斜线的基础上再进行折叠或延伸，形成（43.3+n）cm长度的攀爬高度，n可以是1次折叠延伸长度，也可以是多次折叠延伸长度，只要立体空间够能折叠下，那理论上可以无限延伸长度，从而实

图1 赛道和障碍物

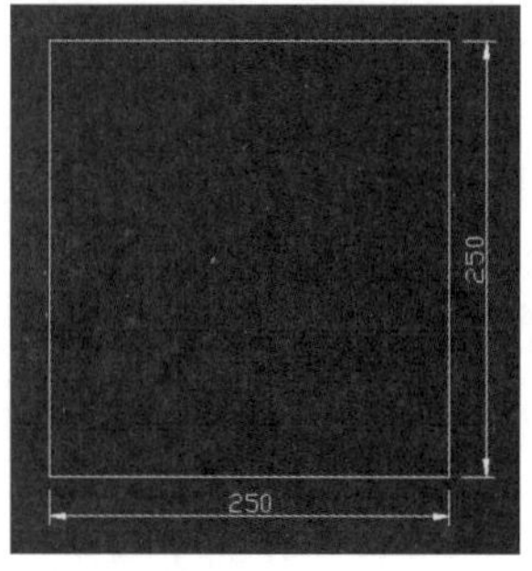

图2 竖直平面

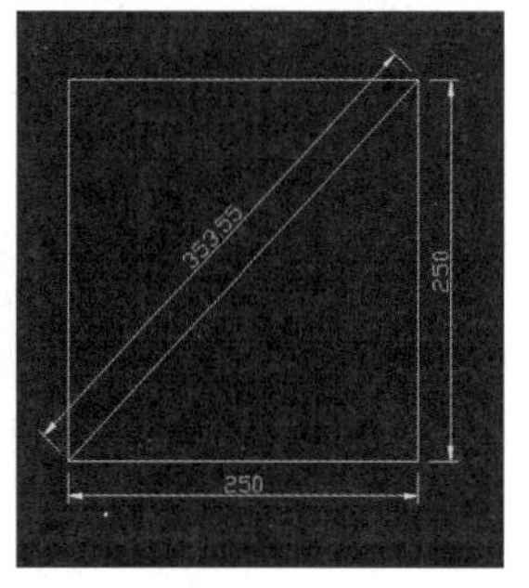

图3 斜向平面

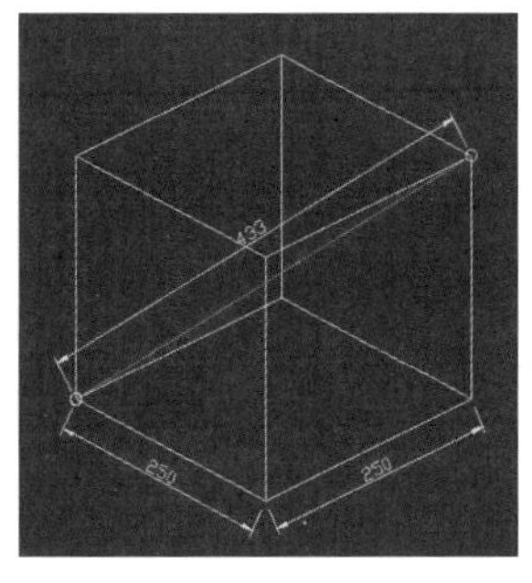

图 4 斜向空间

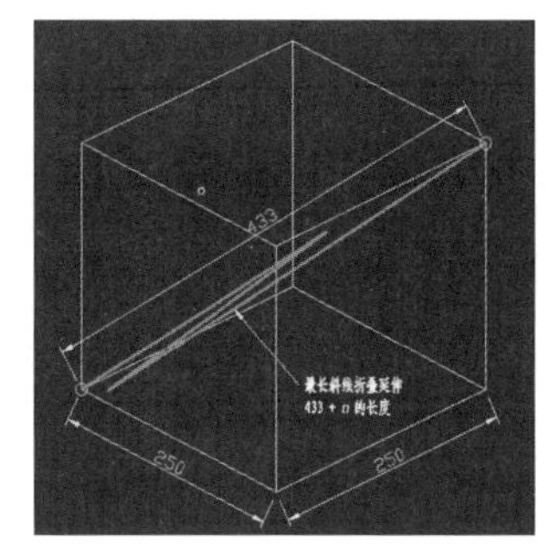

图 5 斜向折叠空间

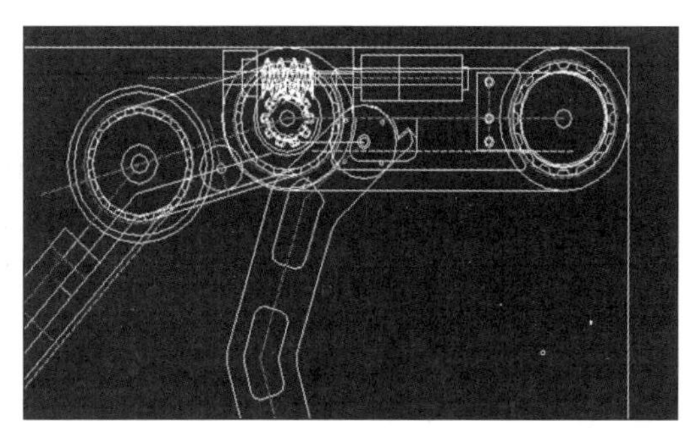

图 6 CAD 初步设计

现无限高度的攀爬（由于装置零部件的设计和空间的限制，实际只能在 38.5cm 的基础上再增加 n cm），斜向折叠空间如图 5 所示。

经过反复地考虑，我最后决定采用 1 次折叠延伸的设计思路，保证了方案的可实施性，方便设计、加工，制作设计时间短。2 次或 3 次折叠考虑到运行稳定和可缩回性的问题，会导致装置过于复杂，不利于稳定运行。确立了设计思路，下一步进行机械结构的设计。

机械结构设计

整体机械结构设计分为主体支架部分、动力部分、传动部分、攀爬部分、触发部分、提升部分、1 次折叠部分、支撑部分、收纳部分等。

开始设计前先用 AutoCAD 初步绘制整体框架，确定各个零件的位置和主体支架的几何形状，为后续 3D 建模打好基础，CAD 初步设计如图 6 所示。

根据 CAD 绘制的整体框架，用 SolidWorks 进行建模。

（1）主体支架部分设计

主体支架是整个装置中最重要的一个部件，用于安装电机和各传动部分，起着承前启后的作用，结构比较复杂，前后经过多次修改最终设计定型（见图 7）。

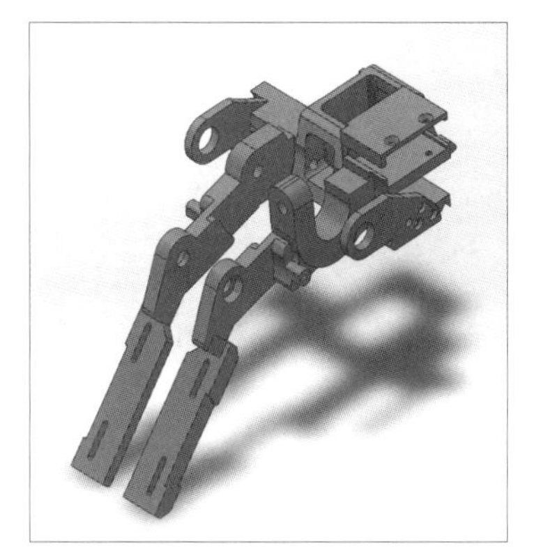

图 7 设计主体支架

（2）动力部分设计

电机用的是 N20 减速电机（100r/min），嵌入主体支架内部，主动力通过蜗轮和蜗杆进行传递，蜗轮和蜗杆具有结构紧凑、传动比大、自锁等优点，高减速比可以进一步地放大电机的扭矩。其自锁的特点，还可以使装置在攀爬过程中不会因为动力不足而滑落。动力部分设计如图 8 所示。

图 8 动力部分设计

（3）传动部分设计

传动部分使用同步轮和同步带（见图 9）。电机的蜗轮和蜗杆输出动力连接中间主同步轮，主同步轮带动中间主同步带使头部的同步轮转动，中间的部分通过 3mm 光轴使两侧一级同步轮同时转动；两侧一级同步轮也连接同步带，带动二级同步轮，二级同步轮继续连接行走同步带；行走同步带使三级同步轮运动，形成了以一个主同步轮带动其他 9 个同步轮同时转动的传动模式，实现了 10 轮同步。

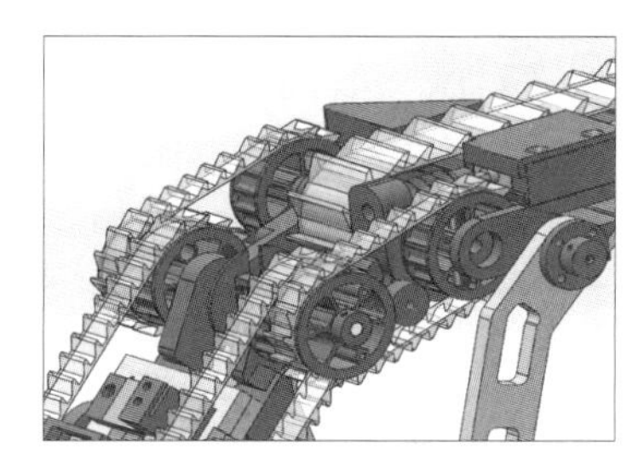

图 9 传动部分设计

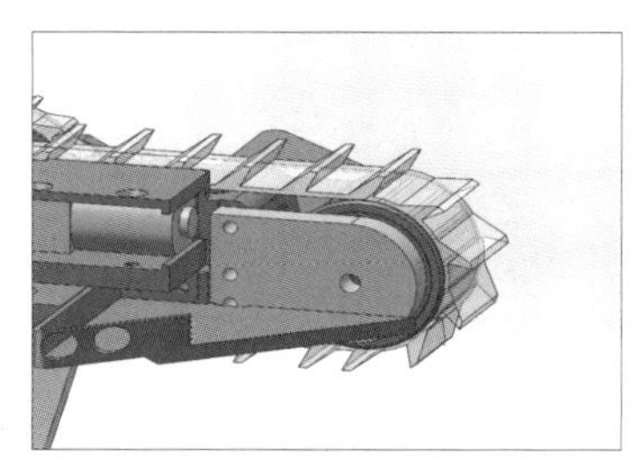

图 10 攀爬部分设计

（4）攀爬部分设计

攀爬部分采用棘齿结构，设计在同步带的外侧，棘齿结构能够使装置具有卡住障碍物边缘的能力，这样在攀爬过程中就不会因为摩擦力不够发生滑落，能够使装置平稳向上爬行，攀爬部分设计如图 10 所示。

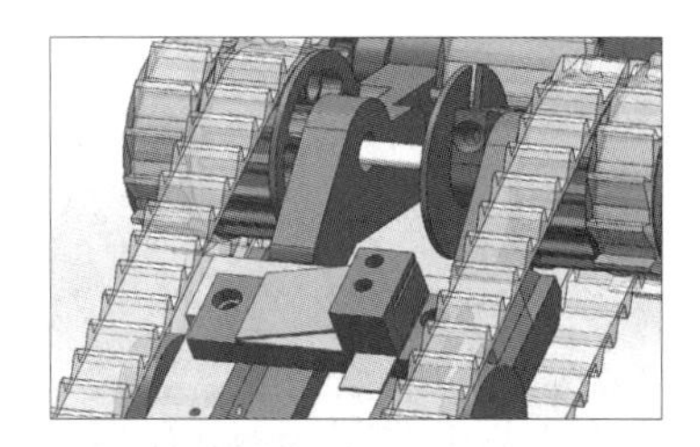

图 11 延时触发机构设计

（5）延时触发机构设计

延时触发机构采用类似卷闸门、卷扬机的原理设计，二级同步轮光轴并联带动挂线卡零件，光轴缠绕丝线拉动触发塑料垫片，接通铜片开关模块，使螺杆电机运作，实现延时触发运动，延时触发机构设计如图 11 所示。

（6）提升机构设计

根据第四层思路延伸方案，采用 1 次折叠提升设计。此方案采用螺纹传动原理，螺杆装配螺母，把电机的旋转运动转化为直线运动，带动滑动提升块向下运动；滑动提升块连接了左右两侧的折叠式支撑腿，折叠支撑腿往后运动将整个装置撑起，螺杆长度转化为装置的提升高度。提升机构设计如图 12 所示。

（7）1次折叠机构设计

折叠支撑腿倾斜于底板平行线，其在重力的作用下，自然下垂，形成一个三角形的稳定支撑，保证触发提升机构时，不会由于支撑腿的提升运动使整体装置向后倒。左右各设计有翻转轮，当攀爬上障碍物时翻转轮启动，将支撑腿折叠回装置内部。1 次折叠机构设计如图 13 所示。

（8）支撑部分设计

整体装置左右各有一条支撑腿，用于装置初始状态时的支撑。底部有两个活动的轮子，当二级棘齿同步带运动时，可以带动轮子一起前进。支撑腿同时还起着导向轮的作用，可以控制装置的运动方向。支撑部分设计如图 14 所示。

（9）收纳部分设计

左右两侧有一对收纳盒子，用于调节装置的重心。由于装置并非完全对称，电机安装在右侧，右侧会更重，收纳盒用于放置配重块，调节重心与中心轴线重合；右侧收纳盒提供位置安装电池盒。收纳部分设计如图 15 所示。

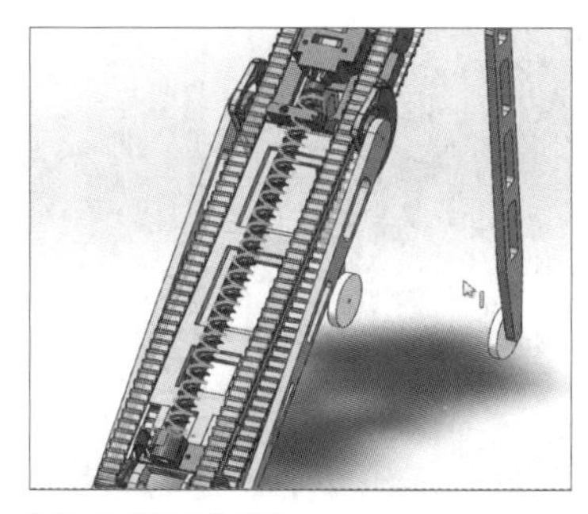

图 12 提升机构设计

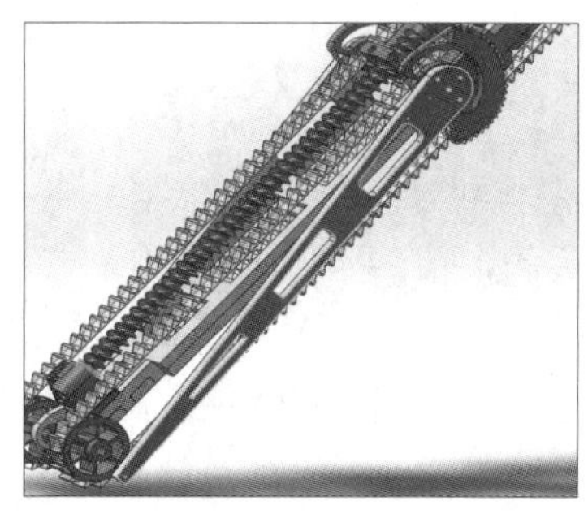

图 13 1 次折叠机构设计

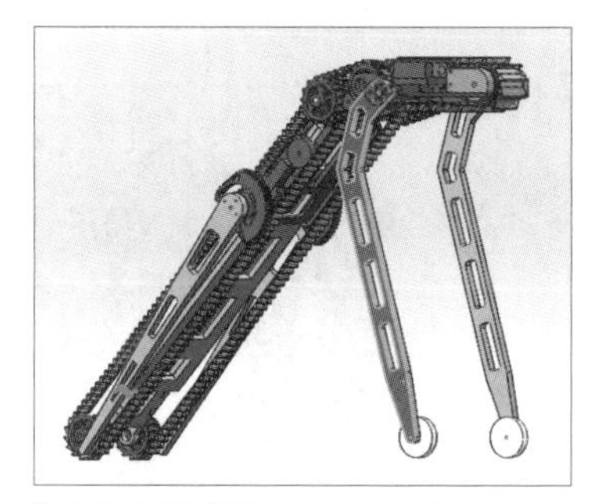

图 14 支撑部分设计

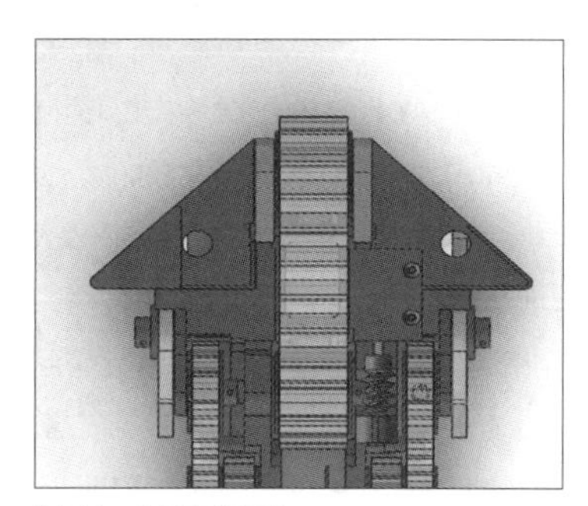

图 15 收纳部分设计

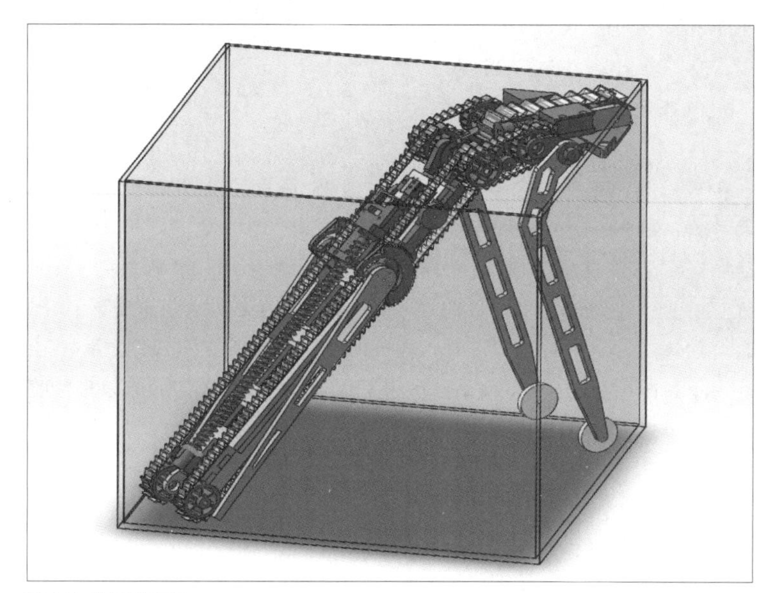

图 16 整体设计效果

通过以上设计，装置整体设计已经基本完工，将 3D 模型放入 25cm×25cm×25cm 的透明盒子内部检查尺寸是否符合要求；如果有尺寸超出的部分要进行修改，确保符合要求，检查完成后，接下来要进行实物的制作。整体设计效果如图 16 所示。

整体制作过程

着手进行装置的制作，项目材料清单如附表所示。通过清单可以了解到大部分的零部件都需要用到 3D 打印，少部分的零部件需要用到激光切割和 CNC 加工，准备好相应的工具和设备，开始加工制作。

附表 项目材料清单

序号	名称	参数	数量	备注
1	N20 减速电机	100r/min	2 个	—
2	纽扣电池	CR2032	4 颗	—
3	纽扣电池盒	带开关	2 个	—
4	电线	0.3mm²	1 根	—
5	木板	300mm × 300mm	1 块	激光切割加工
6	3D 打印部件	PLA	30 个	3D 打印
7	3D 打印履带	TPU	7 个	3D 打印
8	自攻螺丝	1.7mm	47 个	—
9	小皮带轮	25mm	2 个	—
10	3mm 光轴	500mm	1 个	—
11	2mm 光轴	500mm	1 个	—
12	垫片	3mm	13 个	—
13	轴套	2mm	1 个	—
14	0.5mm 铜片	150mm × 150mm	1 个	—
15	迷你轴承	3mm × 8mm × 3mm	10 个	—
16	塑料片	1mm	1 个	—
17	行程开关	1A/125V	1 个	—
18	胶水	502	2 盒	—
19	黄铜板	4mm	个 1	CNC 加工
20	热熔胶	7mm	1 个	—
21	丝线	黑色	1 根	—

将模型逐一导出 STL 格式文件，用 3D 打印机进行打印。3D 打印的零部件（见图 17）约 30 个，包括主体支架、同步轮、滑块螺母、螺杆、触发开关、翻转轮、驱动螺杆、提升电机座、挂线卡、收纳盒、辅助轮、法兰等。经过一段时间的打印，把全部 3D 打印件做好，有部分零件精度要求高，还需要进一步地手工打磨。

将 300mm（长）× 300mm（宽）× 4mm（高）木板放入激光切割机，进行激光切割加工（见图 18），激光切割的好处在于加工速度，比 3D 打印机快，而且木板本身重量比较轻，可以减少装置重量。激光切割加工的零部件如图 19 所示。

下一步要将切割好的零部件进行初步组装，方便后续的操作。

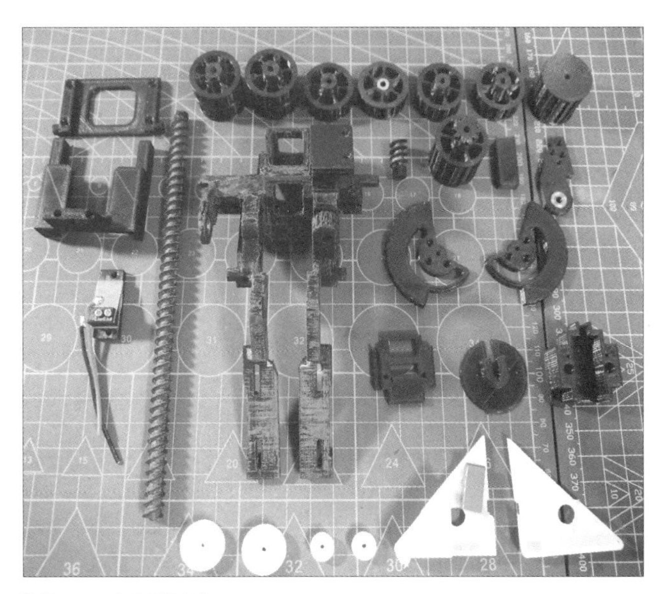

图 17 3D 打印的零部件

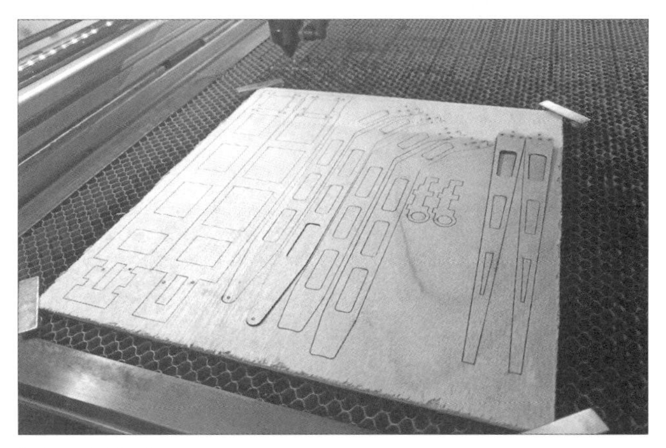

图 18 激光切割加工

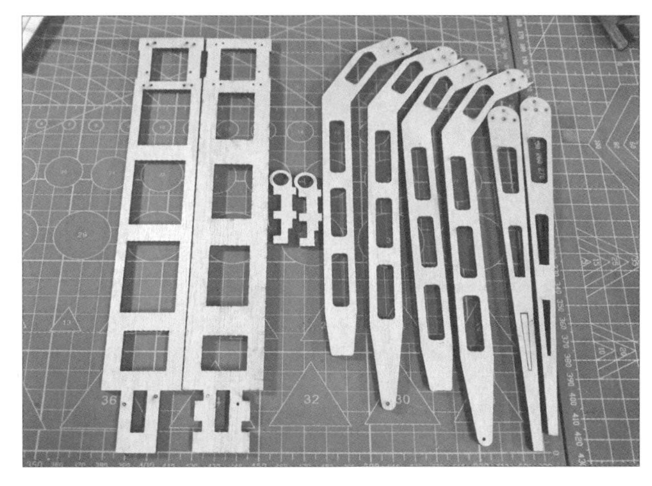

图 19 激光切割加工的零部件

1. 零部件组装

1 安装底板轴承，用安装锤或用手将其轻轻压入安装孔内，保证轴承不突出木板。

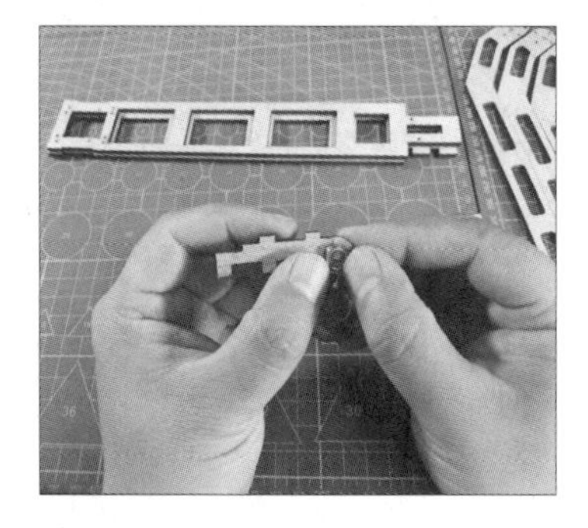

2 用胶水将底板的上下两块木板和底板轴承板粘在一起，过程中注意零件的两侧要齐平，安装孔位置同步。

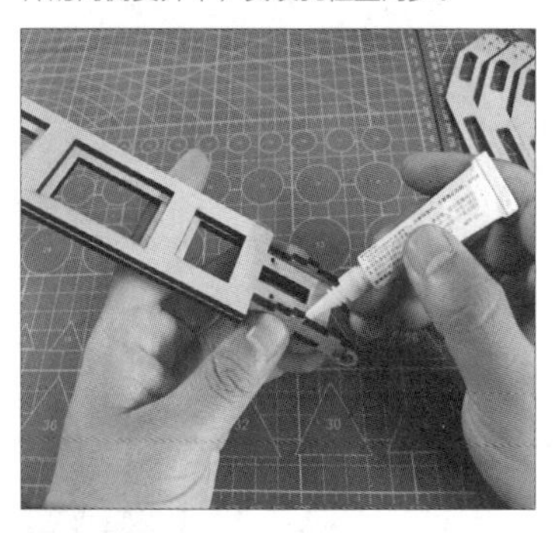

3 先用502胶水把左右两侧的支撑腿粘牢，注意安装孔位要齐平。

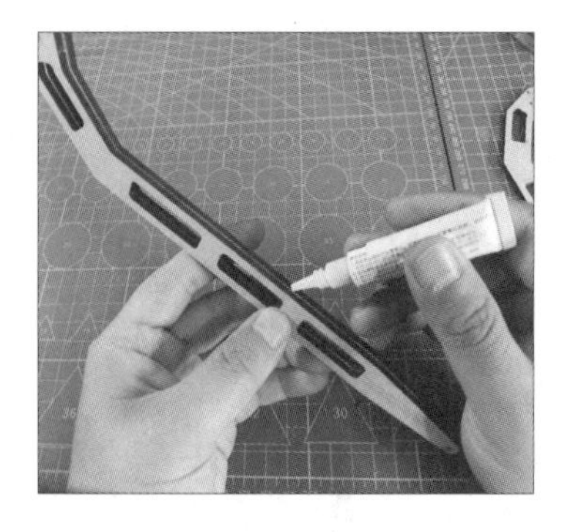

4 安装左右两侧支撑腿上的法兰和滚轮。

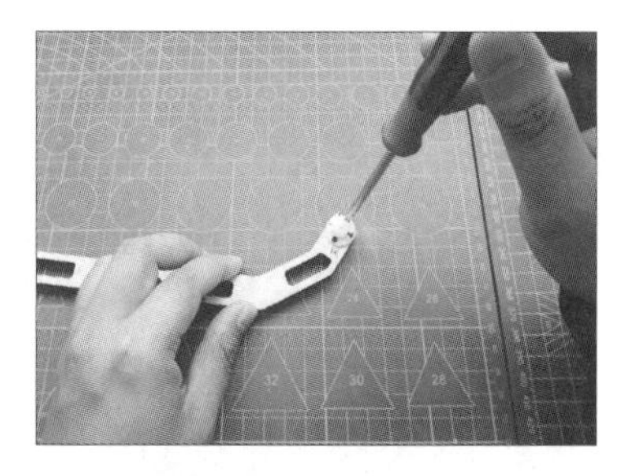

5 安装底板同步轮，同步轮内侧要放置垫片，防止其与底板接触。

6 用CNC数控机床加工头部前置垫块。

7 头部前置垫块使用黄铜材质，用于固定头部同步轮，用黄铜材质的原因在于其密度比较大，可以偏置重心。

8 触发开关由两块铜片组成，铜片相互挤压产生夹紧力，安装时注意两块铜片不可接通。

9 给行程开关焊接导线，装入螺杆定位轴承。

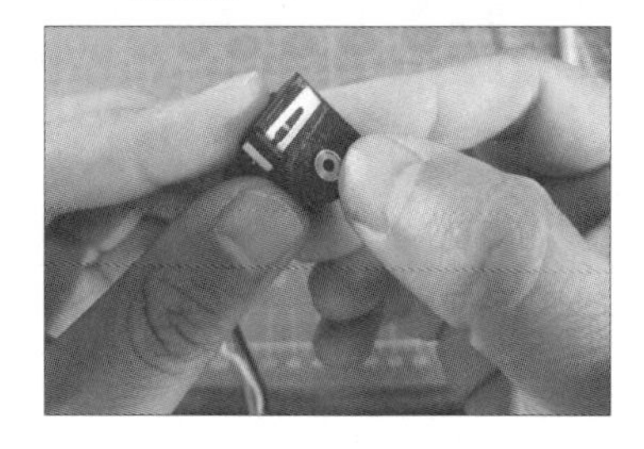

10 准备工作已经完毕，接下来要开始整体组装了，附上所有零部件合照。

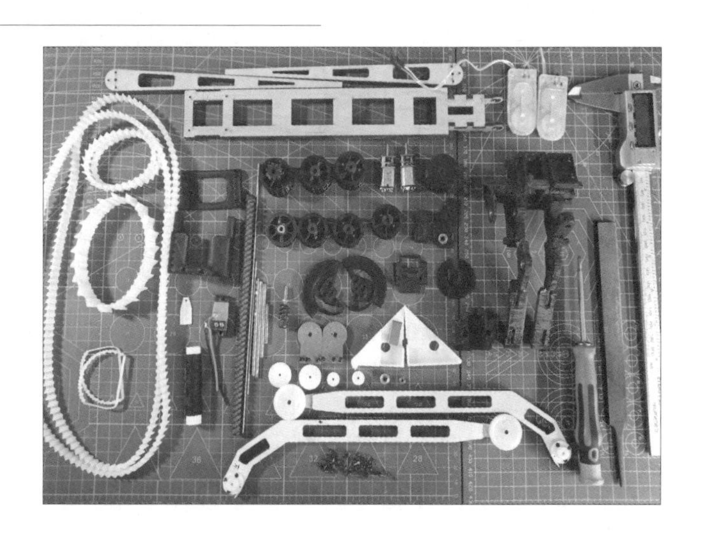

2. 整体组装

1 将5个轴承分别装入主体支架的轴承孔中。

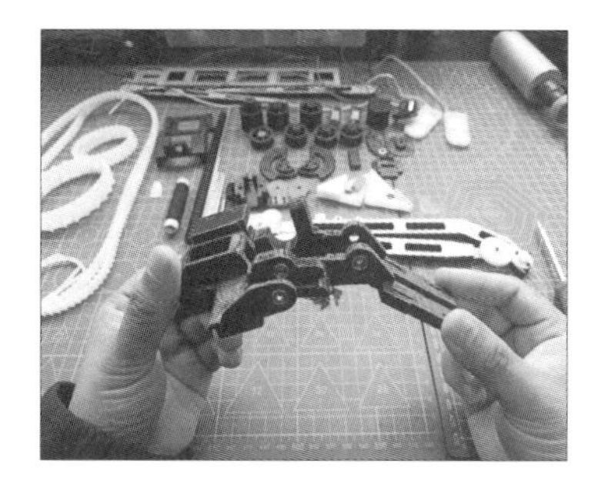

2 将蜗轮同步轮放入中间凹槽内，注意预紧孔朝上，方便固定。

3 将驱动螺杆装入电机主轴，再把电机嵌入主体支架内部，在左侧插入固定光轴。

4 安装左侧同步轮，注意要预先把中间履带一同装入。

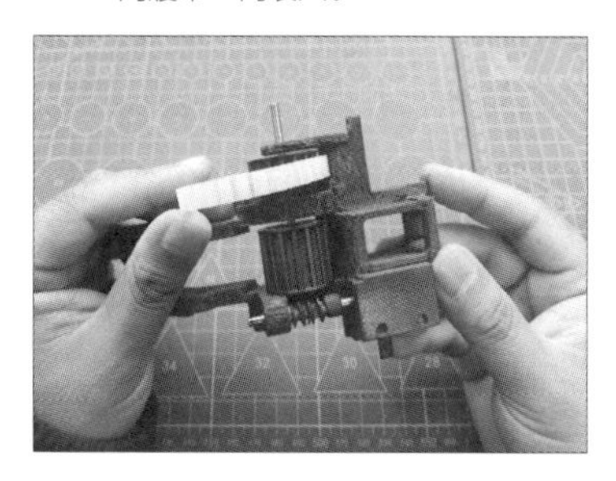

5 将右侧同步轮装入，在外侧安装同步轮侧板。

6 在头部左右两侧各装一个前置垫块，用于固定头部同步轮。

7 装入头部履带，安装时注意棘齿的方向要向前。

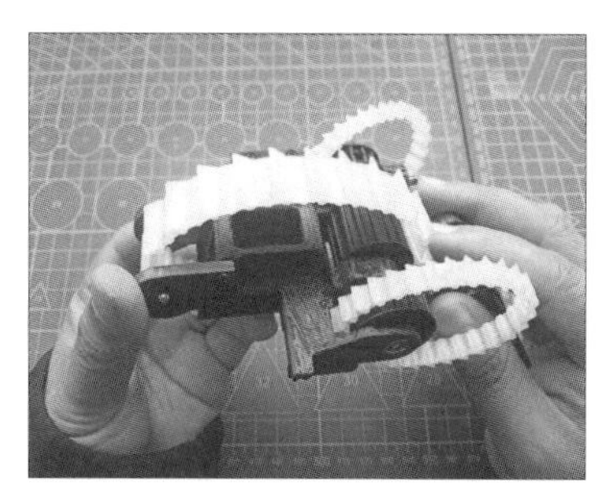

8 将头部同步轮从顶部装入，在前置垫块中间安装固定光轴。

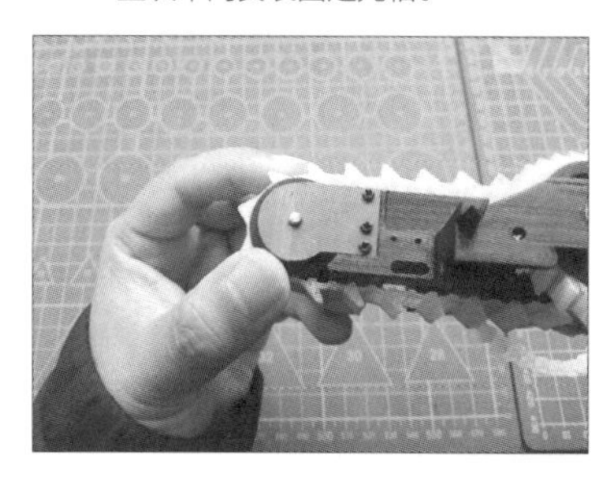

9 安装二级同步轮，二级同步轮由2个同步轮组合而成，安装时注意预先放入底部履带。

10 将底板装入主体支架底部滑槽，由4个螺丝固定。

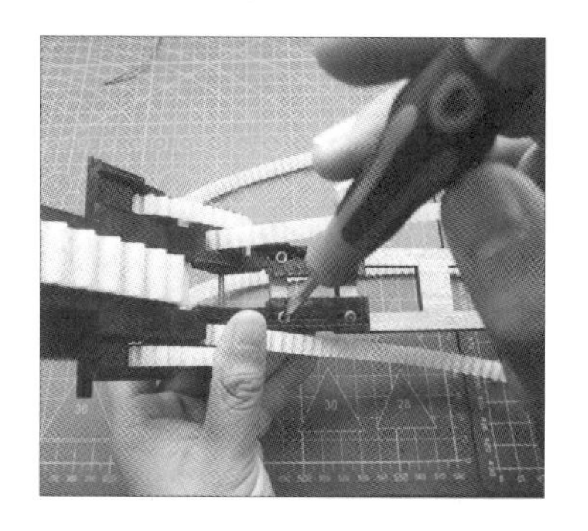

11 通过螺丝孔滑槽拉紧底板，用螺丝刀固定，张紧底部履带。

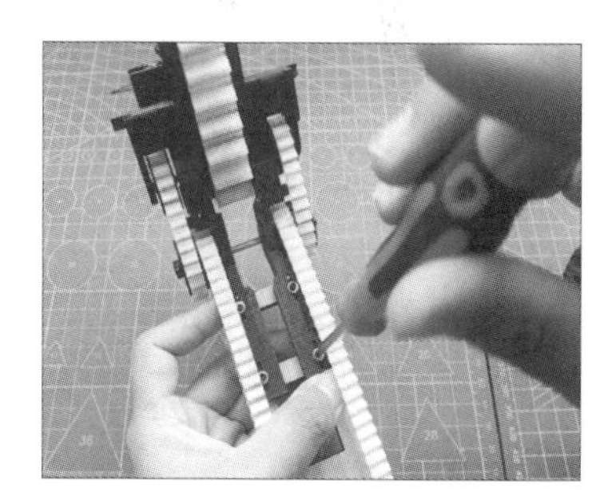

12 将螺杆电机座安装在底板上。

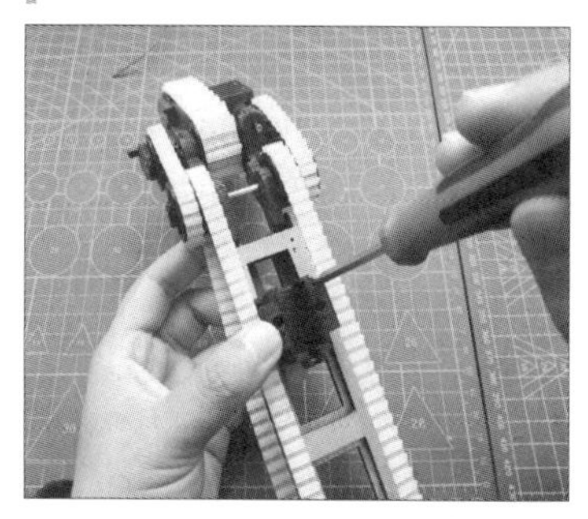

13 将螺杆电机装入电机座内。

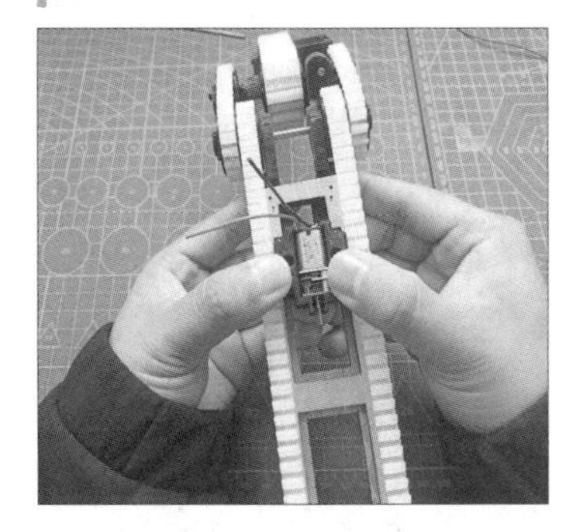

14 安装螺杆和螺母座。将螺杆部分装入 2mm 光轴和定位轴套。

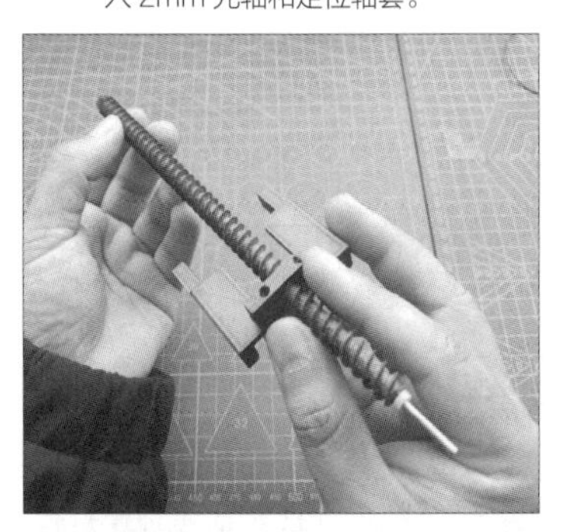

15 将电机主轴先放入两个垫片，将螺杆 D 孔装入电机主轴。

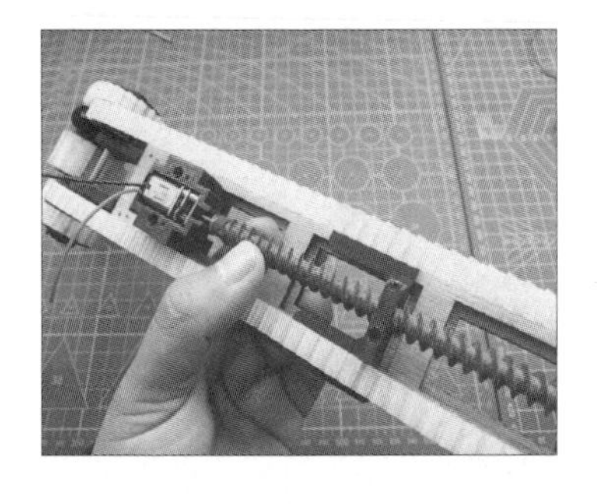

16 将行程开关连接到螺杆底部，用 1.7mm 螺丝将开关固定。

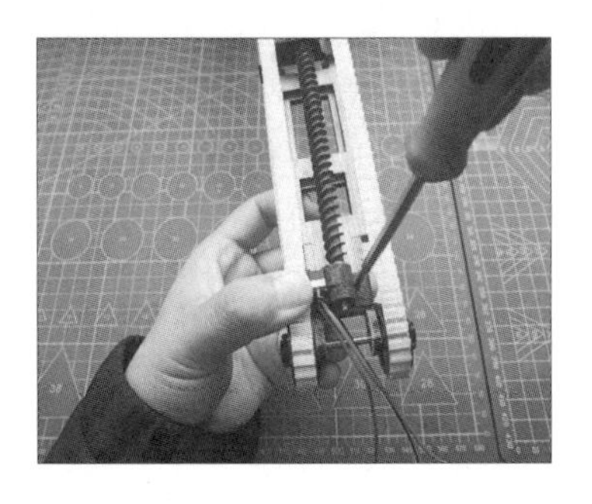

17 用螺丝将滑块盖板固定在螺母座底部。

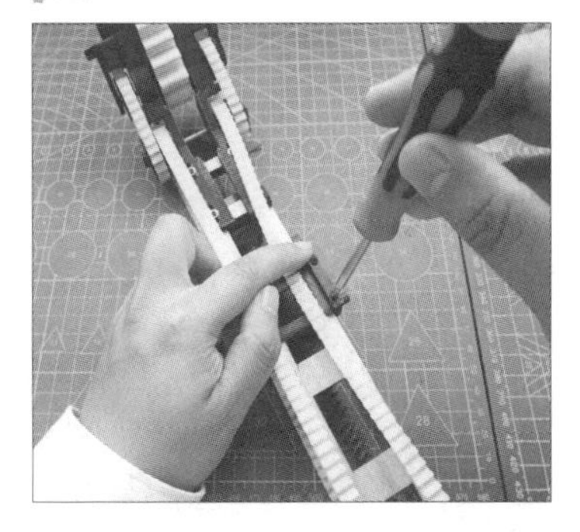

18 将触发开关安装在螺杆电机顶部。

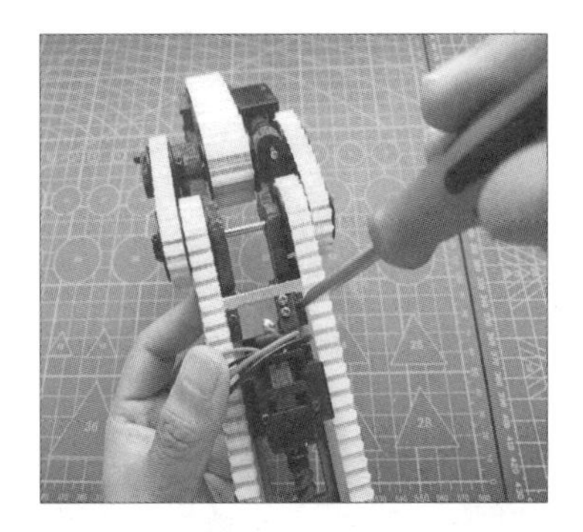

19 将左右两侧翻转轮与折叠支撑腿固定在一起，注意翻转轮的左右区别，比较容易装错。

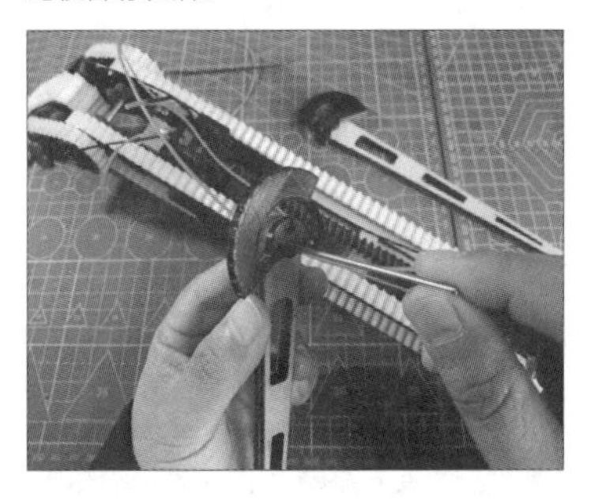

20 给螺母座底部装入 2mm 光轴，连接左右折叠支撑腿。

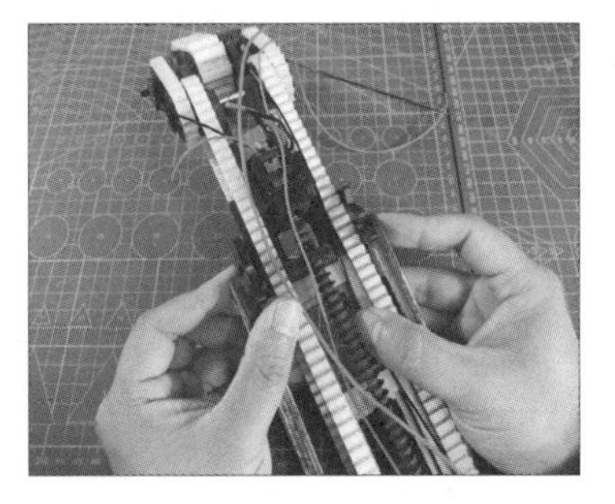

21 装置左右两侧各有大小一对辅助轮，辅助轮可以负重，还可以防止履带在行驶过程中下压变形。

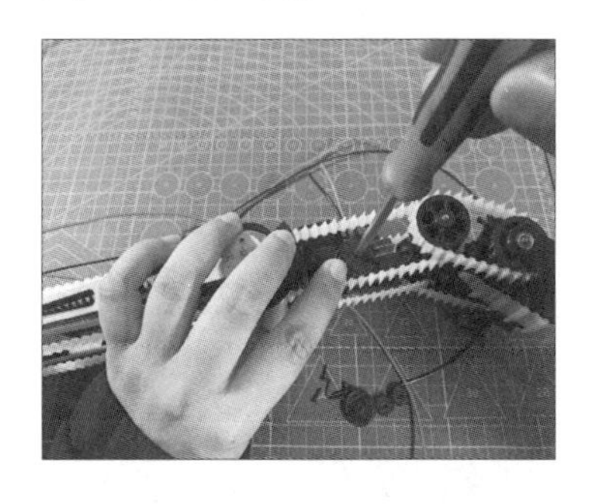

22 将两侧收纳盒安装在头部，用螺丝固定，收纳盒的主要作用在于固定电池盒和放置负重块。

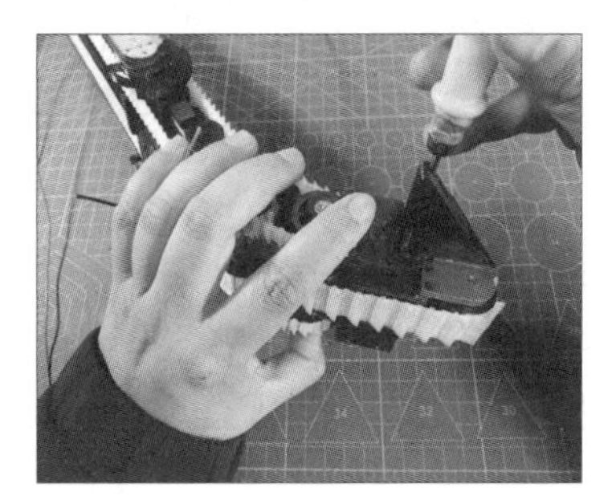

3. 电路设计

电路如图 20 所示，左侧 1 号电机是攀爬电机，由一个独立电源供电；右侧 2 号电机为螺杆电机，用于提升装置。SW2 开关为触发开关，用于延时触发。SW3 为行程开关，可以看到有两个分支，常闭端口连接了 2 号电机，常开端口与 1 号电机相连，构成了一个原始的开关选择器。当触发开关接通，行程开关未被接通时，2 号电机运转；当行程开关接通时，2 号电机停止运转；常开端口接通，1 号电机运转。这样就构成了一个简单的电源管理系统，使提升机构的电源不会被浪费，当装置提升完毕时，会有 4 个电池同时给攀爬电机供电，充足的电量可以保证其稳定爬升。

按照电路图，连接装置电路。

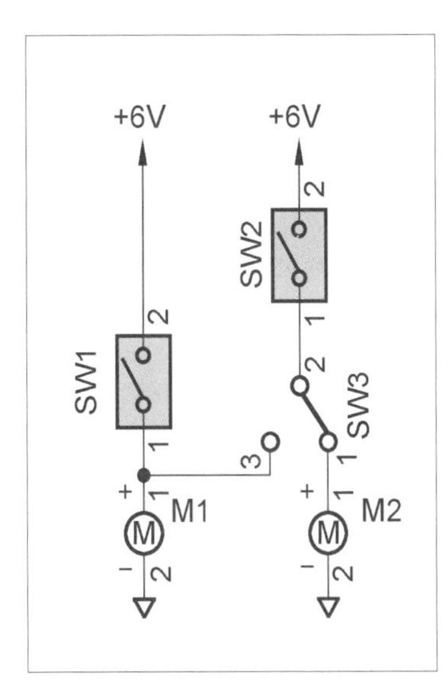

图 20 电路

1 安装左右两侧支撑腿，支撑腿用 2mm 光轴连接，通过法兰固定使 2 个支撑腿同步运动。

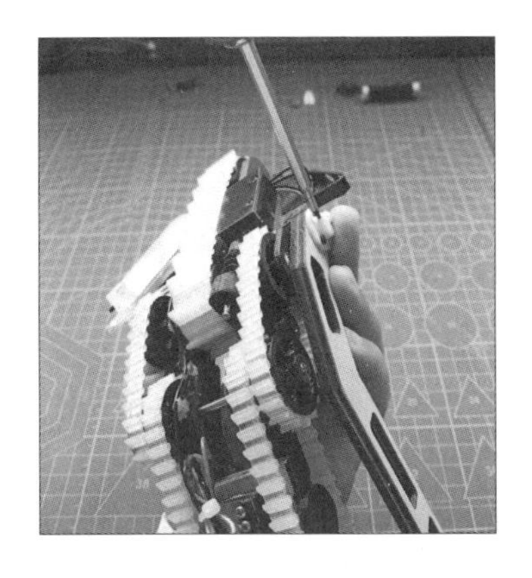

2 抽取一小段丝线，其中一端打结，再卡住挂线卡的一端。

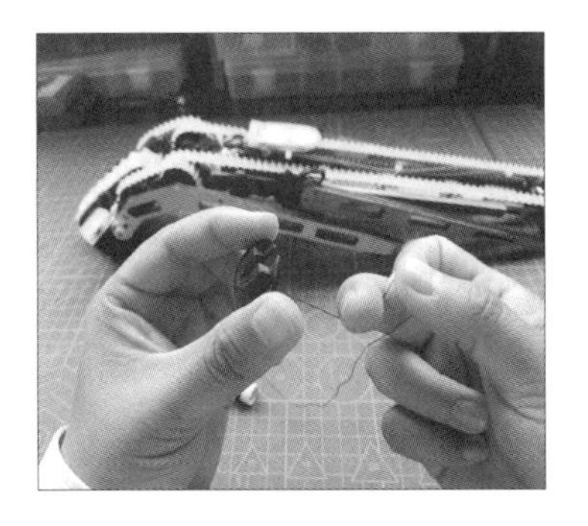

3 在丝线中间穿入一个 3mm 轴承，另外一端连接塑料垫片。

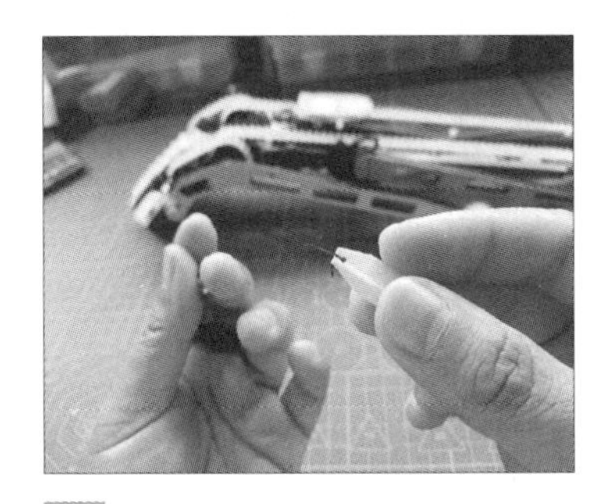

4 将挂线卡穿入一级同步轮光轴，再用螺丝固定。

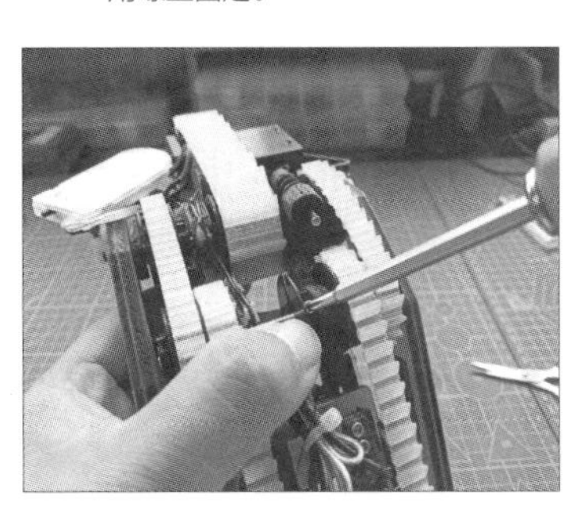

5 经过以上步骤，“神龙号”攀爬车就已经组装完毕了。

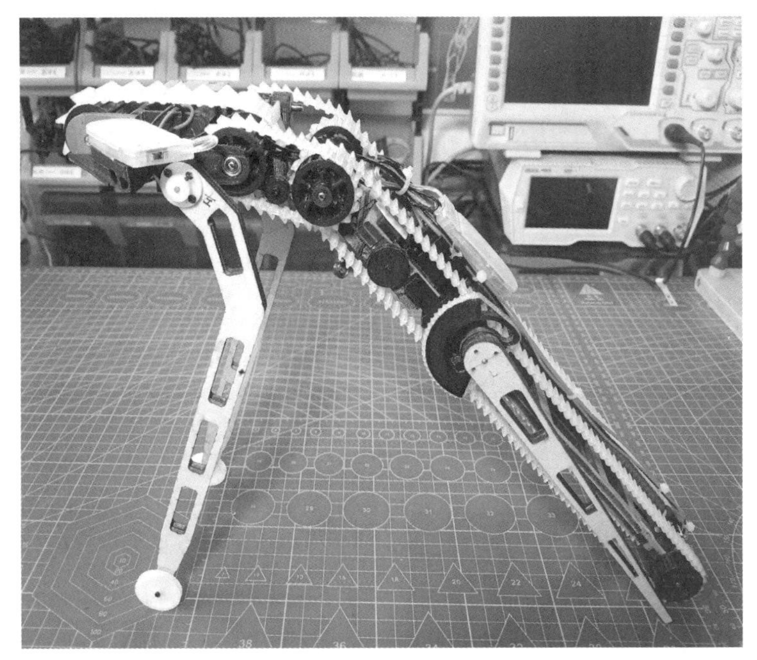

后面是漫长的调试过程，主要调试 3 个方面：第一个是装置的配重，偏置重心使其稳定在中心轴线上；第二个是机械的运行是否流畅，有没有需要二次加工的地方；第三个是延时触发的时间，要调节挂线卡的角度和丝线的长度，这些方面都比较简单。

攀爬原理分析

整个攀爬过程分为 7 个阶段，装置运动过程中通过每一个阶段的相互衔接，完成障碍物的攀爬。

1 第 1 阶段是行驶阶段，此时装置在出发区，辅助轮支架展开，后部的履带和支撑腿辅助轮呈现4点着地的状态，底部履带转动带动整个装置往前移动。

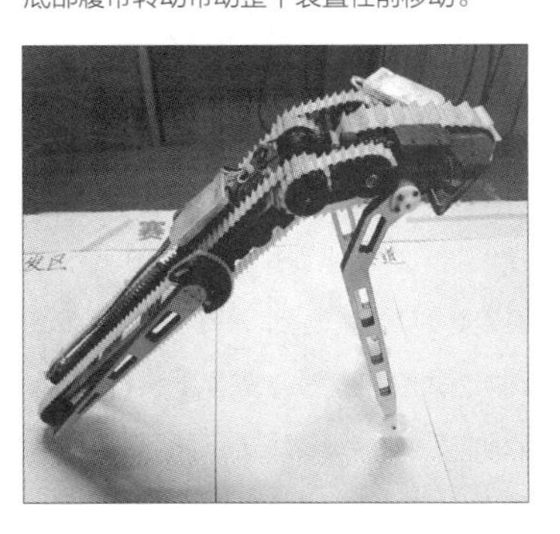

2 第 2 阶段为沿边爬升阶段，当装置头部触碰障碍物，在底部履带往前运动的情况下，头部履带同时旋转，使整个装置斜向沿障碍物攀爬。此刻装置的辅助轮失去作用，在重力的作用下垂直向下，装置底部履带和头部履带形成 3 点稳定的结构，使装置垂直向上攀爬。

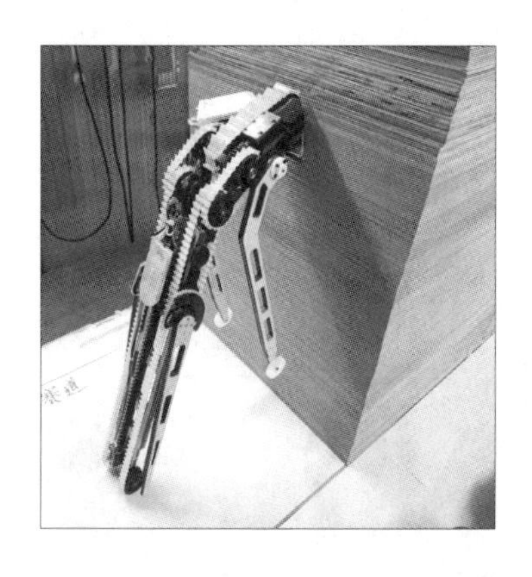

3 第 3 阶段为快速爬升阶段，底部履带离障碍物 10cm 左右距离时，触发开关开启，螺杆电机运转，推动折叠支撑腿向下运动，撑起整个装置垂直向上快速爬升，直到触碰到螺杆底部的行程开关为止。

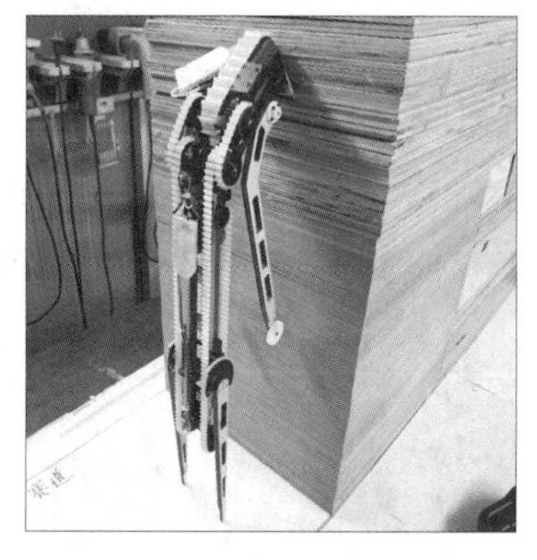

4 第 4 阶段为垂直攀升阶段，这时头部履带运动到障碍物的顶部顶点，头部履带的棘齿卡住障碍物的顶点，整体装置的重力作用使装置垂直向下调整姿态，底部履带与头部履带形成 3 点稳定结构，使装置稳定向上攀爬。

5 第 5 阶段为翘尾转换阶段，当头部履带攀爬到末尾时，由于头部更重的原因，头部向下运动，使装置尾部翘起，中间部分的双履带棘齿继续卡住装置，不让其滑落，这时中间部分履带与头部履带继续形成 3 点稳定支撑，使装置平稳向前运动。

6 第 6 阶段为尾部折叠阶段，装置行驶到尾部时，底部翻转轮与障碍物顶点接触，替代了底部履带的接触点，这时翻转轮顺时针旋转，带动折叠支撑腿一同旋转，当折叠支撑腿旋转越过中心垂线时，翻转轮底部不再与障碍物接触，折叠支撑腿由于重力作用，顺时针向下运动，完成尾部折叠动作。

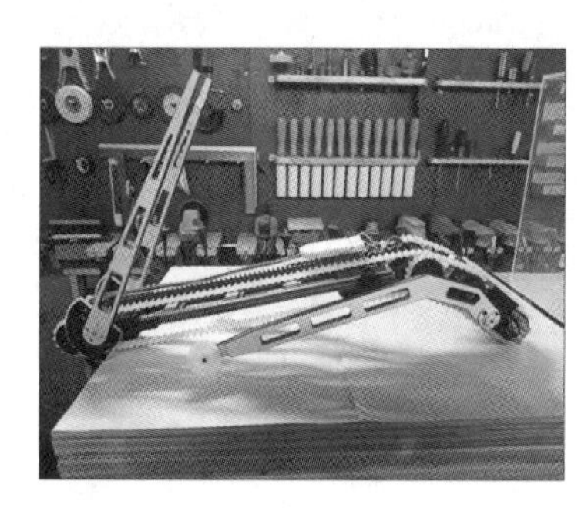

7 第 7 阶段为平行爬行阶段，这时整个装置的尾部已经折叠，整体都已经爬上了障碍物，也没有了滑落的风险，装置呈现平行的全履带爬行状态，头部履带与底部履带形成 3 点稳定结构，使装置平稳向前移动，直到通过终点线。

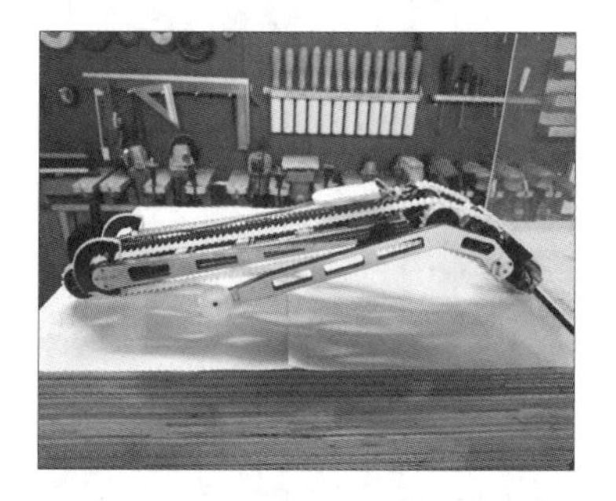

结语

目前这个装置能够轻松攀爬 52cm 的高度，当然还有很大提升的空间，比如研究 2 次折叠甚至 3 次折叠技术，能够在此基础上继续提升攀爬高度，可以达到“ + n ”的效果。研究攀爬车的目的并不是比赛和追求攀爬高度，而是更好地应用于实际。后续可改进的地方还有很多：比如外太空辐射很强，软体履带需要改成金属链式履带；延时触发机构可以由程序控制实现自由伸缩；辅助支撑腿也可以替换为机械式的辅助伸缩腿，当感应到前方有障碍物时，启动伸缩腿，抬起头部进入攀爬模式越过障碍物。这个装置毕竟只是模拟攀爬的过程，与实际应用还有一段距离，希望这个项目的分享能给大家带来一些启发，如果有不对的地方也请各位指正。

ESP32 迷你掌上平衡车

▌黎林

项目起源

平衡车几乎是每个电子DIY玩家的入门必做项目，集单片机编程、传感器数据采集与处理、电机运行控制、PID算法等众多知识于一身，兼顾专业性和趣味性。在各类电子设计竞赛中也常常能看到平衡车的身影。纵观市面上常见的平衡车套件和开源项目，很少有尺寸小巧、结构紧凑的平衡车作品。因此我决定制作一款迷你掌上平衡车，希望突破常规思路，设计一款尽可能小的两轮掌上平衡车。经过几次版本迭代，最终版本能够在手掌上保持平衡，外观小巧，运动性能卓越，在外形、结构和程序控制等方面都实现了比较好的平衡。

项目简介

本项目使用ESP32-WROOM模块作为主控，该模块内置蓝牙和Wi-Fi通信功能，性能强大。平衡车通过6轴加速度计陀螺仪传感器MPU6050模块反馈姿态信息，使用DRV8833电机驱动模块驱动电机运动，电机带有AB相霍尔编码器，可以用于测量转速。电源选用7.4V锂电池，经线性稳压器降至3.3V给ESP32-WROOM模块供电。程序使用Arduino IDE编写，使用内置开源库实现角度滤波和PID平衡控制算法，并利用蓝牙实现了远程调参和远程运动控制，使平衡车能够实现手持平衡。本项目用到的主要材料清单如附表所示。

制作过程

1. 第1版平衡车

这是我初次尝试设计，直接将各个模块连接在一起组成平衡车，结构比较简单，PCB挖槽复用，兼作电机固定板，无须多次打板。但这种设计方式导致空间利用率低，孔位估算不够合理，电机间距较大，实际外形尺寸比较大，如图1所示。同时无法安装电池，接线较为复杂，整体美观度较低。

▌图1 第1版平衡车

2. 第2版平衡车

在第1版平衡车的基础上，我采用冰墩墩造型的外壳，内部放置各个模块，第2版平衡车材料如图2所示，电路部分基本无改动。但外壳设计效果不佳，组合后的电路板很难塞进外壳，并且无法固定。第2版平衡车安装完成后如图3所示，表面看起来效果还可以（全是可爱的冰墩墩

附表 材料清单

序号	名称	数量
1	ESP32-WROOM模块	1个
2	MPU6050模块	1个
3	DRV8833电机驱动模块	1个
4	N20电机	2个
5	7.4V锂电池	1块
6	M3铜柱	8个
7	ZH1.5-6Pin母座	2个
8	ZH1.5-6Pin双头排线	2个
9	拨动开关	1个
10	亚克力板	2块

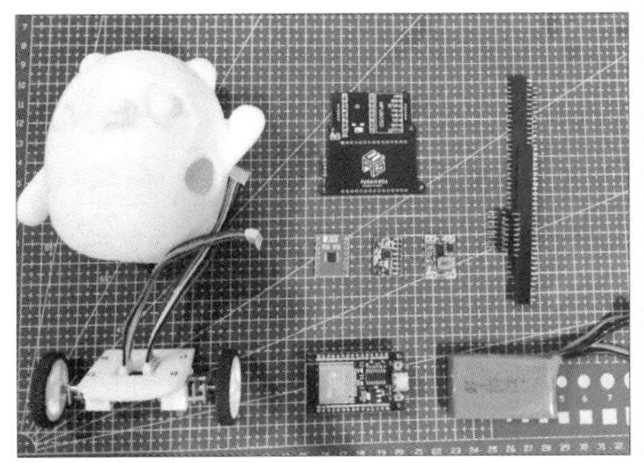

▌图2 第2版平衡车材料

▌图3 第2版平衡车

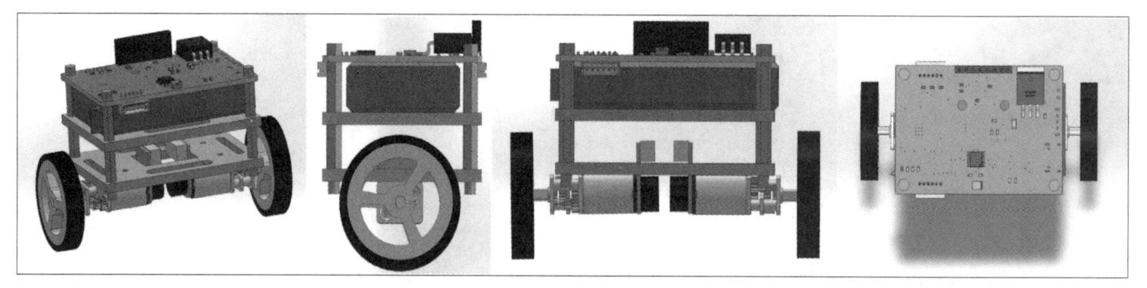

图 4 第 3 版平衡车 3D 模型

的功劳），但整体重心偏高，仅通过 PID 算法很难实现平衡控制。

3. 第3版平衡车

（1）结构设计

有了前 2 次制作积攒的经验，我决定开始设计第 3 版平衡车，争取将机身做得更小巧，平衡性能更优秀。我考虑了孔位和尺寸估算问题，根据测量数据完成了整体的结构建模，有效避免各个模块间的干涉问题。

原本计划使用 2 层板堆叠结构，在中间位置放置电池，但电机排线需要向上突出，下面无法放置电池，所以又增加了 1 层，使用 3 层板堆叠结构，下面 2 层使用亚克力板（也可 3D 打印），最上层为电路板。缩小尺寸的关键在于减小 2 个电机间的横向间距，于是我重新建模，得到准确的平衡车 3D 模型，如图 4 所示。

（2）电路设计

电路使用锂电池供电，接入点设置开关控制电流通断。主控为 ESP32-WROOM 模块，工作电压为 3.3V，电池需要经过 2 次降压处理，为了使电路简单，我使用了低压差线性稳压器（LDO），第 1 级使用 LM1084 模块降压至 5V，第 2 级使用 AMS1117 模块降压至 3.3V。使用 DRV8833 电机驱动模块驱动电机，虽然驱动电流不大，但足够带动 N20 电机。一个 DRV8833 电机驱动模块可驱动 2 个电机，每个电机需要 2 个 PWM 信号输入进行调速，2 个电机共需要 4 个 PWM 信号输入。串口芯片使用 CH340C 模块，增加 2 个三极管实现自动下载。6 轴加速度陀螺仪传感器使用了经典的 MPU6050 模块，接入电源、接地和 2 根信号线即可正常读取数据。

PCB 按照主要的信号流向进行布局设计，电源电路部分需要集中一些，方便布线。MPU6050 模块下方空白处也放置了一些元器件。布线还有很大的改进空间，可以设计得更合理一些，电源部分做到尽量宽一点，

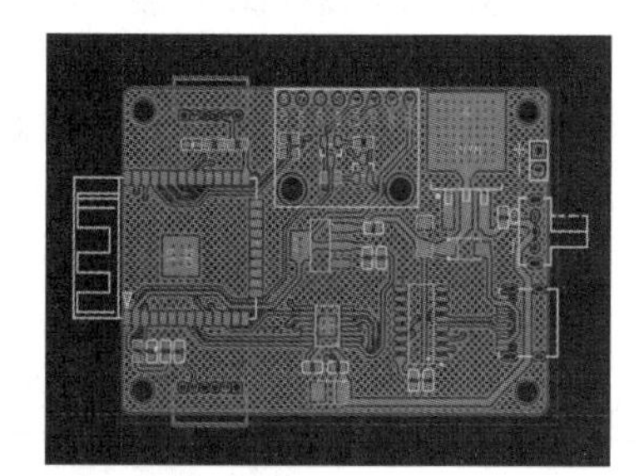

图 5 2D 仿真 PCB

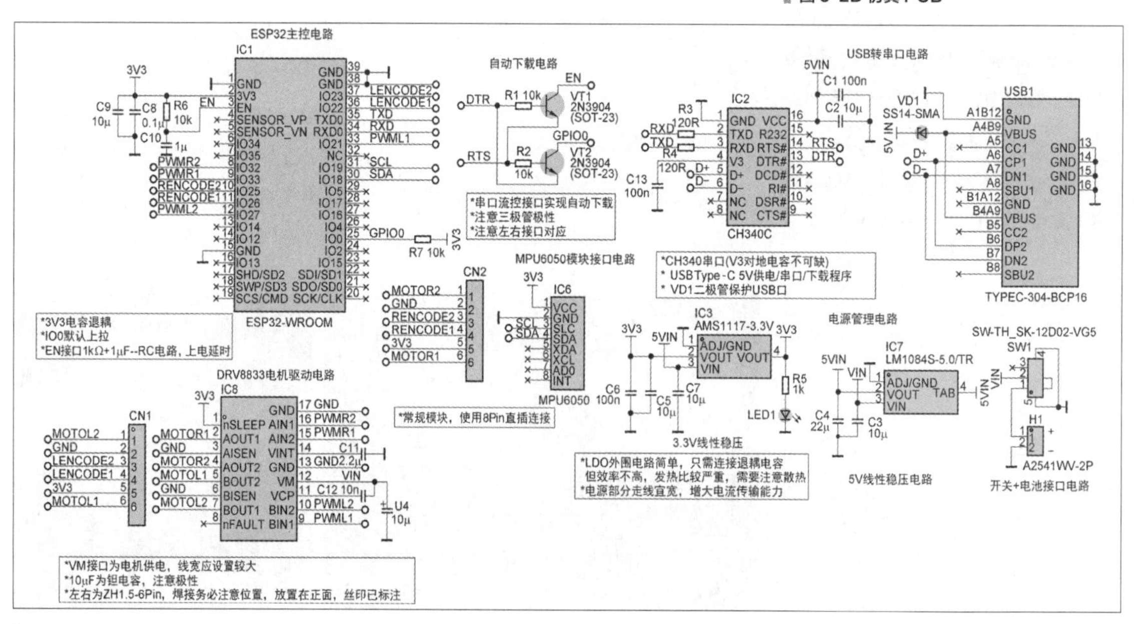

图 6 平衡车电路

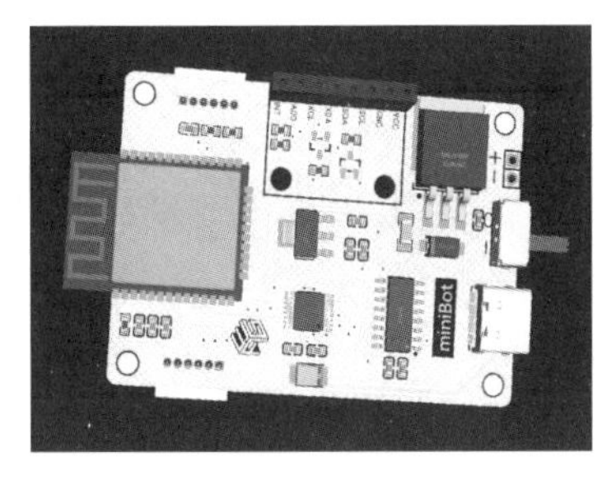

图7 电路板3D模型

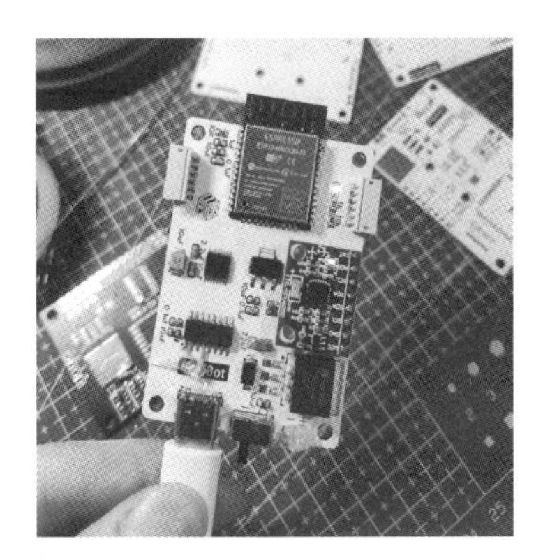

图8 焊接完成的电路板

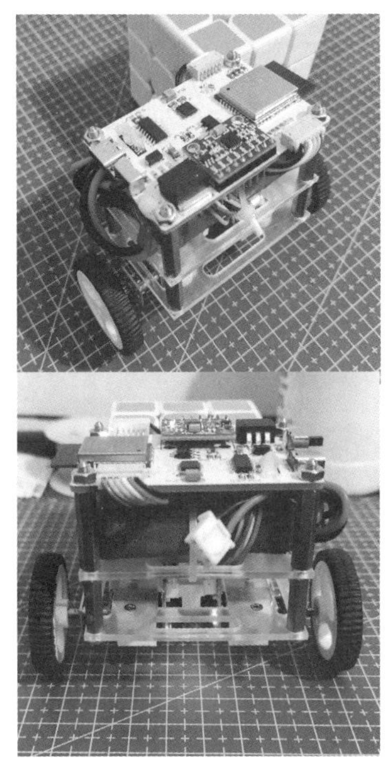

图9 组装完成的第3版掌上平衡车

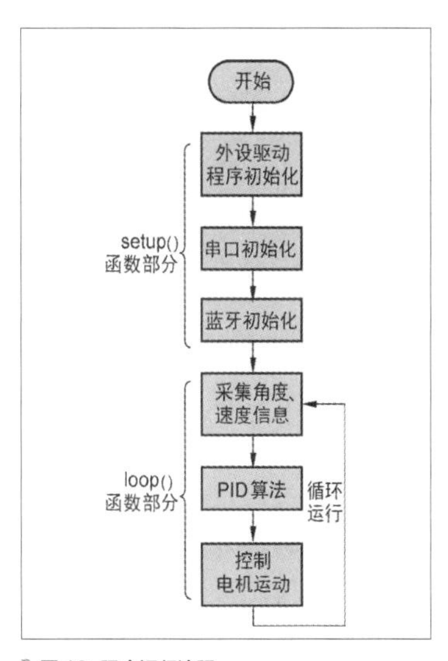

图10 程序运行流程

信号线可以窄一些，2D仿真PCB如图5所示，最终设计的平衡车电路如图6所示。

（3）组装

完成电路设计便开始采购元器件并下单制作PCB，经过几天的等待，全部材料到齐后开始动手制作。首先焊接元器件，按照预先搭建的电路板3D模型（见图7），使用焊锡膏和加热板进行焊接，用电烙铁补焊调整。大部分元器件为常规的贴片封装，焊接起来难度不大。焊接完成后调试时，我发现CH340模块缺了1个电容，无法正常工作，于是决定飞线处理，然后使用热熔胶固定。电源接口也补充了热熔胶，防止短路。焊接完成的电路板如图8所示。

焊接完毕后开始组装其他部件，将下面2层亚克力板和上面1层PCB用M3铜柱连接固定。要预留一定的空间给电池和排线，用附赠的电机座固定N20电机，除电源线外，其余部分和3D平衡车模型完全一致，组装完成的第3版掌上平衡车如图9所示。

程序设计

程序部分主要以平衡车的控制为核心，通过MPU6050模块采集角度数据、霍尔编码器采集速度数据作为输入信息，将信息传递给控制器进行PID运算，并将输出结果转换为PWM信号驱动电机转动，程序运行流程如图10所示。PID算法作为经典的控制算法，不同的参数对于小车的稳定性和动态响应均有显著影响。为便于PID算法调参，我使用蓝牙模块连接手机助手App，通过发送指令实现远程调节参数。

程序开发选择Arduino IDE，导入ESP32相应的库即可开始开发之旅。Arduino庞大的开源社区为整个开发流程提供了极大便利，比如本项目中MPU6050模块开发使用了开源的MPU6050_tockn库，能够直接获取处理后的角度数据。PID算法也是基于ArduPID库进行修改，去掉定时器部分内容，使用起来更加高级。

平衡车的控制需要获取速度信息，使用的N20电机末端装有霍尔传感器和对应的放大处理电路，能够直接输出不同频率的方波，电机速度可由频率信息转换得到。此外，使用的霍尔传感器为AB相输出，能够产生两个具有90°相位差的方波信号，借助该相位差可以直接判断平衡车的运动方向，而不需要在程序中进行二次标记处理，程序部分由4个中断处理函数和1个速度读取函数组成，中断处理函数和速度读取函数如程序1所示。

程序1

```
//编码器计数，中断回调函数，上升沿触发
void right_counter_encoder1()
{
    if(digitalRead(RCODE2) == HIGH){
//判断此时的B相电平，高电平为前进
    Rcounter++;  //前进则计数值增加
    }else
    Rcounter--; //后退则计数值减少
}
```

```
//编码器读取函数
void readEncoder(double* numR,
double* numL)
{
    *numR = (double)Rcounter;
    *numL = (double)Lcounter;
    //数值清零，重新计数
    Rcounter = 0;
    Lcounter = 0;
}
```

平衡功能的实现采用了并联双环PID的形式。首先实现了角度环控制，角度环为负，反馈控制，能够让平衡车稳定在平衡角度。但此时速度未加控制，容易出现向一侧偏倒、无法回正的情况，因此引入了速度环控制，输出与角度环输出叠加，速度环设计为正反馈控制，能够提高平衡车的动态响应，平衡车在快要偏倒时迅速回正，从而使平衡车一直保持在稳定状态。PID算法如程序2所示，以50ms为周期循环运行，PID算法参数已在初始化时配置，因此没有显式传递参数的程序。

程序2

```
mpu6050_get_angel(&ang_in,'Y');
//获取Y轴角度值
readEncoder(&spdL_in, &spdR_in);
//获取编码器值
spdSum = spdL_in + spdR_in;
//左右编码值累加
pid_ang.compute();  //计算角度环PID
pid_spd.compute();  //计算速度环PID
pwm_out = -ang_out - spd_out ;
//角度环为负反馈，速度环为正反馈，符号由实际测试得到
moto_pwm_set(LEFT, (pwm_out+spd_turn));  //输出PWM
moto_pwm_set(RIGHT, (pwm_out-spd_turn));  //输出PWM
```

蓝牙模块部分使用了JSON格式打包数据，具体格式在注释中定义，如程序3所示，通过Arduino Json库可直接解析出不同指令和参数，并传递给对应的变量实现更新。

程序3

```
//蓝牙发送参数指令，使用JSON格式进行打包和解析，字符串格式：
"{"cmd":1,"data":[p,i,d]}" ，(p、i、d为常数)
/* cmd=1: 角度环PID设置
 * cmd=2: 速度环PID设置
 * cmd=3: 转向环PID 暂未添加，目前通过固定差速实现
 * cmd=4: 角度平衡值，发送格式：
 "{"cmd":4,"data":[angle]}" ，(angle为常数)
 * cmd=5: 速度值
 * cmd=6: 转向值
*/
```

调试和运行

掌上平衡车制作完成后，漫长的调参过程便开始了，涉及角度和速度2个环节的控制，一般采用先调节角度、后调节速度的调试顺序。先将速度环参数均设为0，调节角度环参数使小车能够维持一定时间的平衡效果；接下来再加入速度环参数，让小车能够在原地保持静止。我在查找相关资料过程中，发现多数教程推荐角度环采用PD控制，即保持积分环节为0，能增强平衡车的稳定性；而速度环采用PI控制，保持微分环节为0，提高平衡车的响应速度。按照这样的方法进行调试，平衡性能得到明显改善。

经过进一步完善，小车的动态平衡性能达到了预期的水平。连接蓝牙进行远程控制，小车能够按照遥控指令迅速地切换运动状态并保持平衡，前进、后退、转向都表现得比较稳定。最终成品如图11所示。

图11 迷你掌上平衡车

结语

从设计电路到完成平衡车的制作，这辆迷你掌上平衡车一共用了半个月左右的时间。虽然有前2个版本积累了经验，但电路部分是第1次尝试摆脱模块组合的形式，基本做到了由单板PCB集成所有电路。充分锻炼了我的设计和制作能力，在调试过程中遇到的困难也为后续作品打下了坚实的基础。

由于能力有限，这辆掌上平衡车还是有许多可以改进的地方。从结构层面来说，目前迷你程度几乎已达到极限（电机大小的限制），如果再要减小体积的话，需要换更小的电机。从外观角度来看，现在比较大的问题是电池接线大部分暴露在外面，不是很美观，电机排线也比较突出，如果平衡车倒地的时候撞到排线，可能造成设备损坏。

程序部分也有一定问题，PID算法运行的前1min，电机运动会出现明显的滞后和超调现象，运行一段时间后才能恢复正常的平衡模式，目前未排查到原因，可能是某些变量初始化造成的，还在排查中。小车运行稳定程度也有提升空间，一方面PID算法和参数还可以优化，另一方面可能受编码器分辨率影响，按20Hz频率采样，得到编码器数据是0~50的整数，数据精度十分有限。

后续我会针对PID算法优化程序，争取让平衡车有更稳定的平衡效果，同时考虑换一种更美观的结构。

HoloCubic——透明显示桌面

刘栩如

本文给大家介绍的这款桌面小摆件HoloCubic搭载了Wi-Fi和蓝牙功能，可以实现很多应用，如显示时间、天气预报、播放视频等。已经有超过5000名DIY爱好者成功制作了不同版本的HoloCubic，HoloCubic 3D渲染如图1所示。

准备材料

这个项目有很多有意思的地方，比如用分光棱镜来折射屏幕显示的画面，这样会产生一种全息投影的视觉体验。同时HoloCubic抛弃所有按键功能，使用MPU6050模块来控制，甚至可以用它来玩2048小游戏。

HoloCubic的外观有2种技术版本，图2所示为光固化3D打印版本，图3所示为CNC加工版本，可根据自己喜好选择。我选择的是光固化3D打印版本。

分光棱镜在光学实验上很常用，它由2块三棱镜拼接而成，原理如图4所示。2块三棱镜胶合层镀有分光膜，作用是让反射光和透射光光程相等。在透光时，分光棱镜没有光线偏移造成的影响，所以不会存在光束平移、干涉等困扰。分光棱镜是边长为25.4mm的正方体，材质为H-K9光学玻璃，分光比为1：1。棱镜的大小正好可以盖住IPS屏幕。

本项目一共使用2块电路板，一块为主控板（见图5左侧），另一块为屏幕控制板（见图5右侧）。使用一根8 Pin排线连接2块电路板。板子的厚度为1mm。

主控选择的是ESP32 PICO D4模块，引脚如图6所示。ESP32 PICO D4模块是一款基于ESP32的系统级封装模块，可提供完整的Wi-Fi和蓝牙功能。该模块的规格为7.0mm×7.0 mm×0.94 mm，整体占用的PCB的面积小，并且已将晶体振

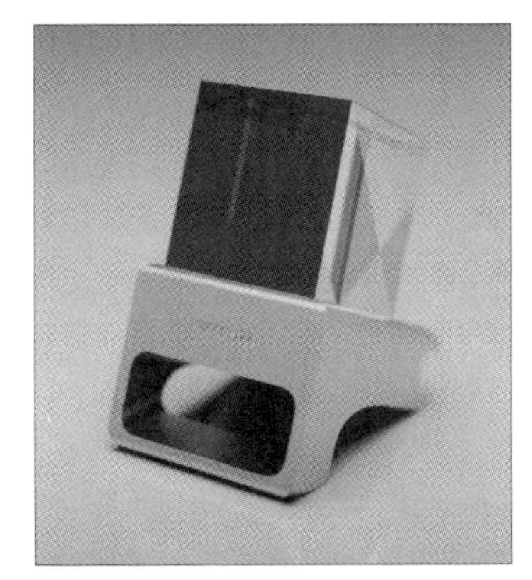

图3 CNC加工版本外观

图1 HoloCubic 3D渲染

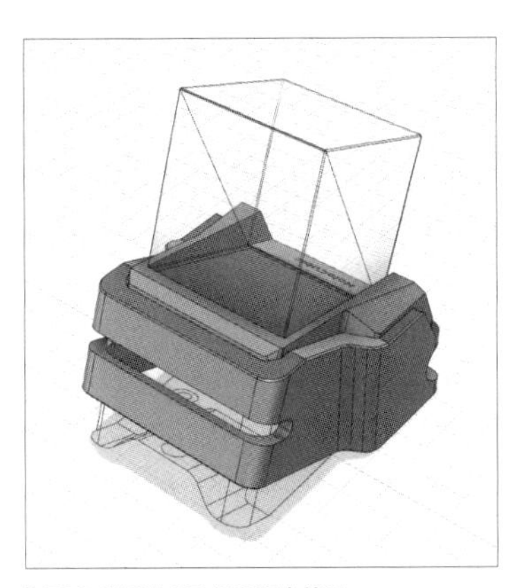

图2 光固化3D打印版本外观

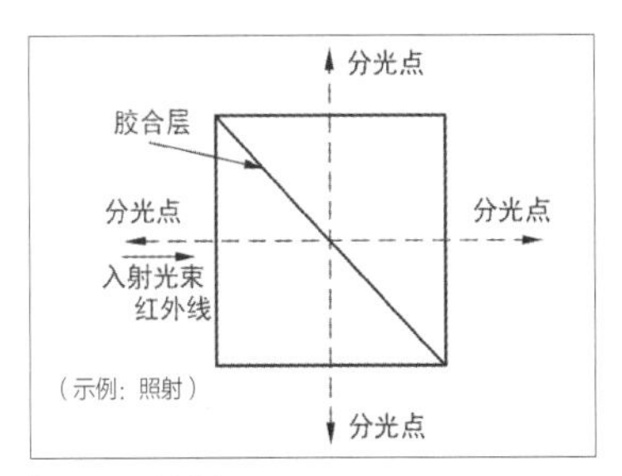

图4 分光棱镜原理

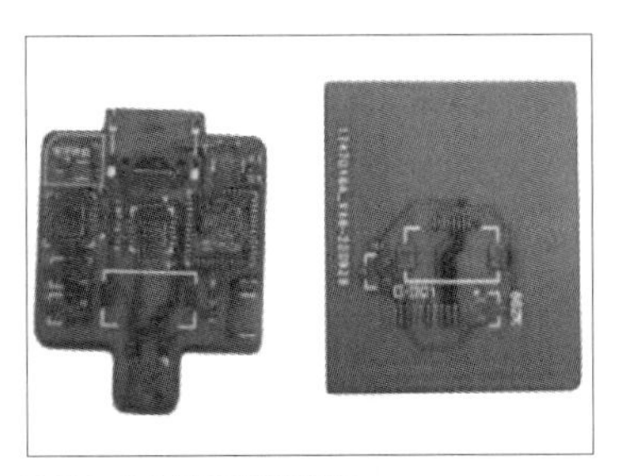

图5 主控板和屏幕控制板

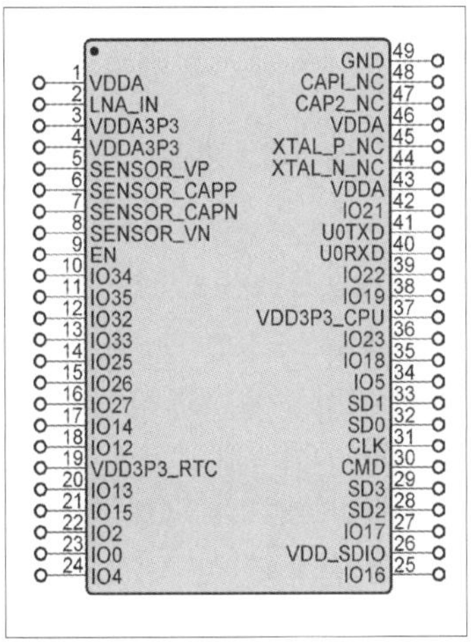

图6 ESP32 PICO D4的引脚

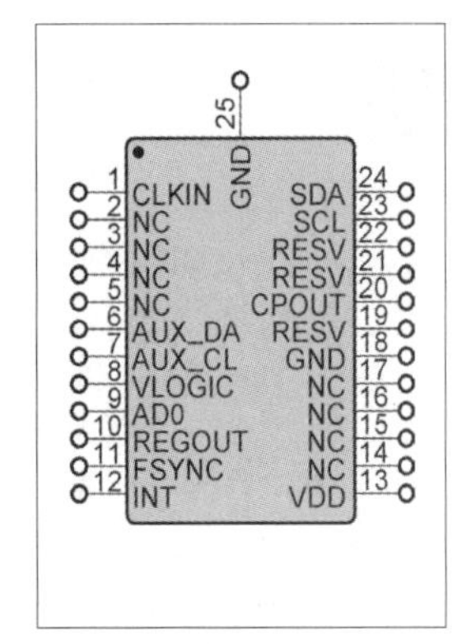

图7 MPU6050 的引脚

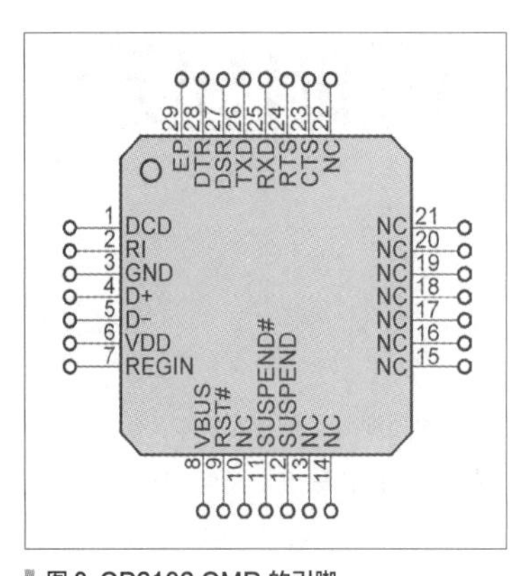

图8 CP2102 GMR 的引脚

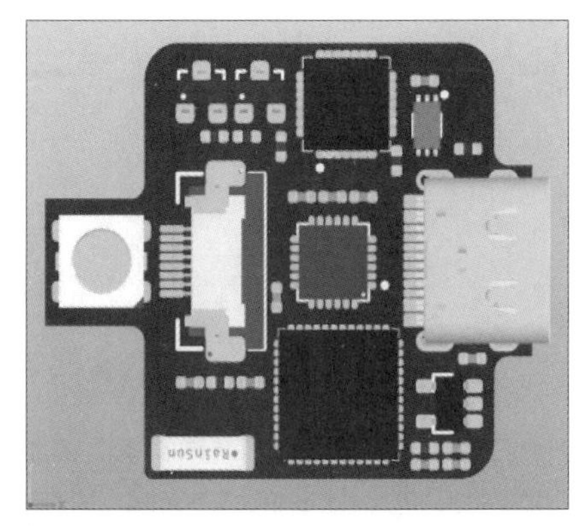

图9 3D 渲染

荡器、Flash、滤波电容、RF 匹配链路等所有外围元器件集成封装，不再需要外接其他元器件即可工作。同时 ESP32 PICO D4 模块的计算性能也支持 HoloCubic 的后续开发，可以实现自己想要的功能。

我选择 MPU6050 模块来实现 6 轴运动的计算，其引脚如图 7 所示。MPU 6050 模块整合了 3 轴陀螺仪、3 轴加速器，可由 I^2C 端口连接其他传感器，同时大大降低了运动处理算法对操作系统的负荷，并为应用开发提供结构化的 API。最重要的是该模块体积小巧，不会占用 PCB 太多空间。

USB 转 TTL 芯片选择的是 CP2102 GMR 模块，其引脚如图 8 所示。CP2102 GM 模块稳定性高，通信速率高达 2Mbit/s。同时体积小巧，方便焊接。

屏幕选择的是 1.33 英寸的 IPS 焊接式屏幕，分辨率为 240 像素 ×240 像素。

焊接和组装

我选用锡膏来进行焊接。先使用 Altium Designer 导出交互式动态 BOM 表，方便查看元器件的焊接位置。焊接的时候要对照 3D 渲染（见图 9）和 PCB 设计（见图 10）。

焊接时注意先在焊盘上挤上锡膏（不能太多，太多会连锡），再将焊盘放到加热台上加热。锡膏被加热熔化时，贴片引脚与电阻、电容之间会有一个归位的动作，

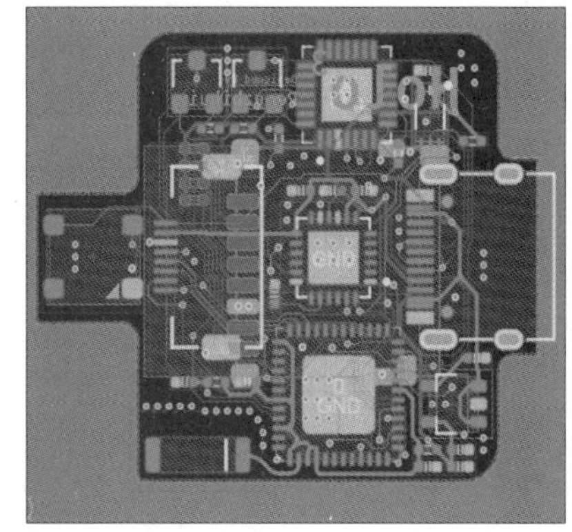

图10 PCB 设计

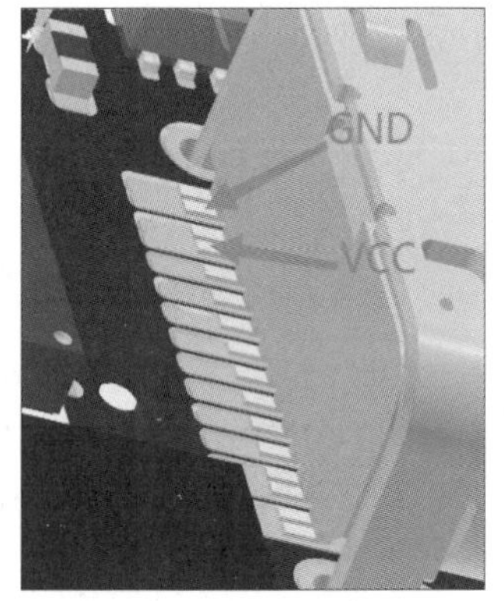

图11 VCC 与 GND 引脚

会使贴片引脚和焊盘连接在一起。

首先焊接 USB Type-C 母头，焊接完成后，使用万用表测量 VCC 与 GND 引脚（见图 11）之间是否短路。

接下来焊接 CP2102 GMR 及周边的电阻，焊接完成后。将主控板连接到计算机之前，在计算机上安装 CP210x 驱动程序。驱动程序安装好之后给主板上电，如果计算机弹出 USB 设备异常等信息，需要重新补焊 CP2102 GMR 的信号引脚和旁边的 2 个电阻，如图 12 所示。

如果 CP210x 端口前有 1 个黄色的感叹号，代表计算机的 CP210x 的驱动程序安装失败，需要重新安装，还有一种可能

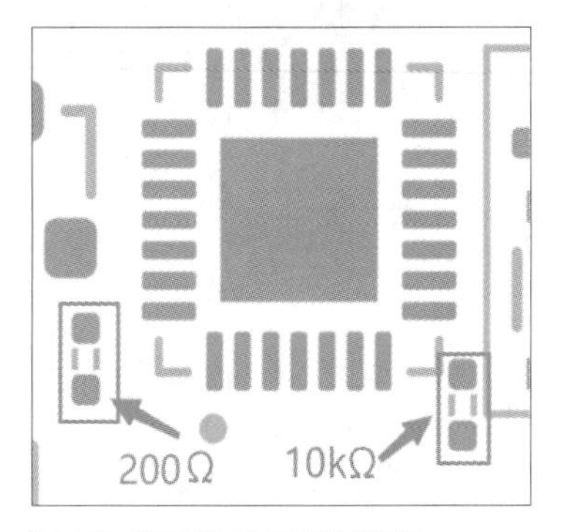

图12 CP2102 GMR 周边的电阻

是需要关闭 Windows10 的数字签证。正常情况显示的串口如图 13 所示。

接下来焊接ME6211 LDO及周边电路，焊接时注意电容和电阻挨得很近，一定不要

端口 (COM 和 LPT)
Silicon Labs CP210x USB to UART Bridge (COM3)

图13 正常情况显示的串口

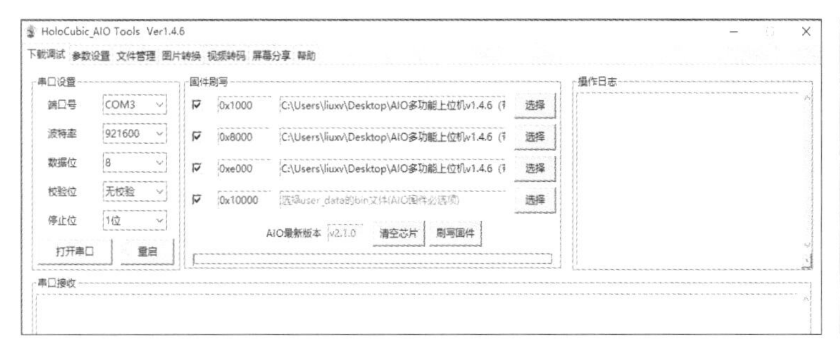

图14 HoloCublic_AIO 主界面

```
操作日志
0多功能上位机v1.4.6（带v2.0.4版本固件）
\AIO多功能上位机v1.4.6（带v2.0.4版本固
件）\bootloader_qio_80m.bin 0x8000 C:\U
sers\liuxv\Desktop\AIO多功能上位机v1.4.
6（带v2.0.4版本固件）\AIO多功能上位机v1
.4.6（带v2.0.4版本固件）\partitions.bin
 0xe000 C:\Users\liuxv\Desktop\AIO多功
能上位机v1.4.6（带v2.0.4版本固件）\AIO
多功能上位机v1.4.6（带v2.0.4版本固件）\
boot_app0.bin 0x10000 D:/下载/AIO多功能
上位机v1.4.6（带v2.0.4版本固件）/AIO多
功能上位机v1.4.6（带v2.0.4版本固件）/Ho
loCubic_AIO固件_v2.0.4.bin
--------------
```

图15 烧录的日志信息

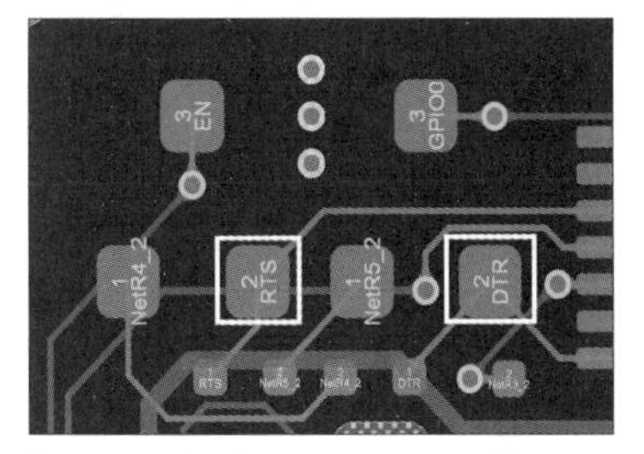

图16 要测量的RTS2和DTR2引脚

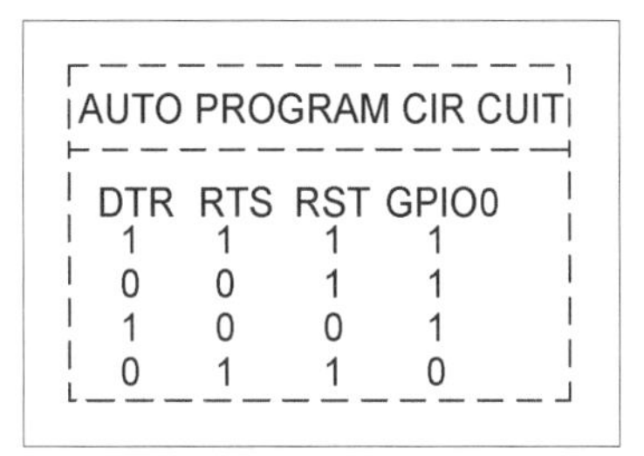

图17 4个相关引脚的时序关系

连锡。焊接完成之后要测量VCC和GND引脚是否短路，没有问题之后给主板上电，用电压表测量VCC引脚是否为5V，再去测量0Ω 电阻的电压是否为3.3V。

然后焊接ESP32 PICO D4模块和陶瓷天线以及其他供电贴片、电阻、电容。焊接完成后下载测试文件，使用HoloCublic_AIO烧录。HoloCublic_AIO主界面如图14所示，选好对应的COM端口号，在把波特率设置为921600（波特），烧录时间约为30s。

选择完测试固件后，单击“刷写固件”按钮。软件界面右侧的操作日志就会弹出烧录的日志信息，如图15所示。

如果超过30s还没有烧录成功，大概有以下3种情况。

1. CP2102 GMR质量问题

测量三极管RTS2和DTR2引脚（见图16）的对地电压，如果都为3.3V，这说明CP2102 GMR没有问题，如果都为5V说明CP2102 GMR存在问题。因为CP2102 GMR工作时的内核电压为3.3V，此时我们要更换CP2102 GMR。

2. CP2102 GMR和ESP32 PICO D4焊接问题

CP2102 GMR与ESP362 PICO D4模块之间连接的4个引脚如果存在短路、断路等都会造成测试程序烧录失败。这4个引脚的时序关系如图17所示。

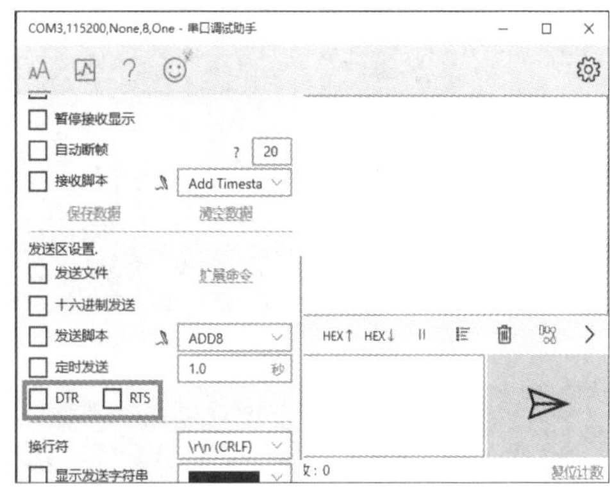

图18 手动拉低DTR和RTS引脚功能

我们可以手动拉低DTR和RTS引脚，图18展示了串口调试助手的手动拉低DTR和RTS引脚功能。给主控板供电后，再用万用表测量DTR和RTS引脚的对地电压，显示为3.3V。当我们将DTR选项勾选，DTR引脚的对地电压应该为0，用同样的方法测试RTS引脚。如果都没有问题则证明这2个引脚没有虚焊。

3. ESP32 PICO D4模块的复位电容太小

复位电容太小也会导致DTR和RTS引脚同时被拉低，可以给C7位置的电容换成10μF的电容。

排除这些问题就可以烧录成功了，然后继续焊接MPU6050模块及周边电阻、电容。焊接完成后测试界面如图19所示。接下来焊接FPC卡座和OLED屏幕扩展板，屏幕的焊接位置如图20所示。

焊接步骤全部完成后。组装屏幕和结构件，

```
[E][sd_diskio.cpp:194] sdCommand(): Card Failed! cmd: 0x00
[E][sd_diskio.cpp:775] sdcard_mount(): f_mount failed: (3) The physical drive cannot work
[E][sd_diskio.cpp:194] sdCommand(): Card Failed! cmd: 0x00
Card Mount Failed
CpuFrequencyMhz: 240
Initialization MPU6050 now, Please don't move.
>.......>..*.*....
//            X Accel  Y Accel  Z Accel   X Gyro   Y Gyro   Z Gyro
//OFFSETS      -518,    -343,    1448,     131,      61,      16
Initialization MPU6050 success.
[Operate] act_info->active: SHAKE
[Operate] act_info->active: TURN_RIGHT
Current App: 2048
```

图19 焊接完成后测试界面

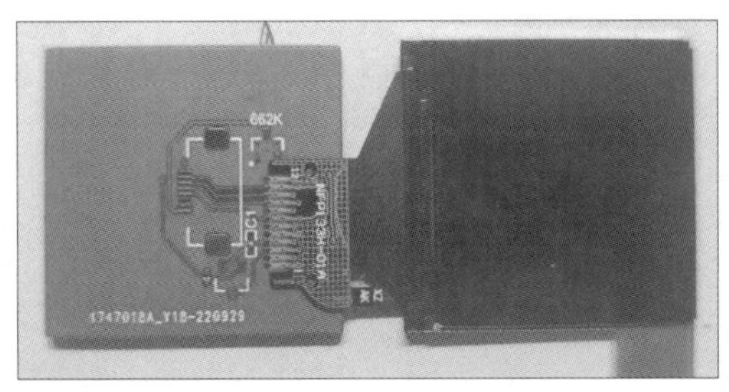

图 20 屏幕的焊接位置

图 21 分光棱镜的摆放位置

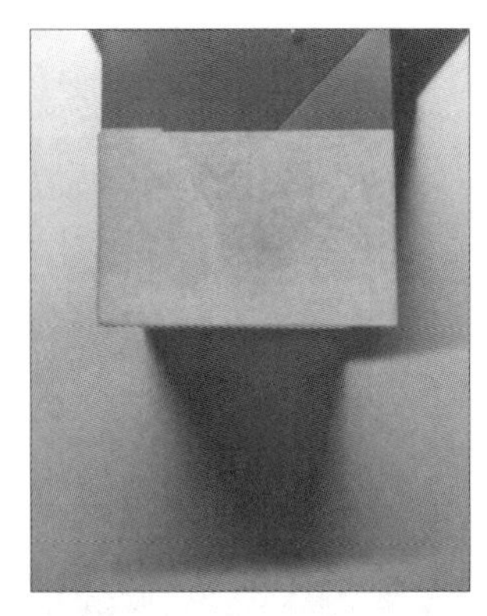

图 22 在分光棱镜四周缠上胶带

注意分光棱镜和屏幕的摆放位置，如图 21 所示，用 502 胶水固定。在固定分光棱镜之前把屏幕的保护膜撕掉，再用无尘布擦干净分光棱镜，用绝缘胶带缠绕屏幕四周，如图 22 所示，防止胶水留在分光棱镜侧面，影响整体观感。

程序设计

本项目使用 Visual Studio Code 插件 PlatformIO IDE 进行开发。

首先安装 Visual Studio Code。完成之后打开软件，在左侧扩展里的搜索栏输入 PlatformIO IDE，如图 23 所示，选择安装，安装完成后如图 24 所示。

接下来在 Libraries 选项中下载未引入的库文件，如图 25 所示。搜索对应的库文件名称并选择下载，等一会就会完成安装。

当所有的外部库文件下载好之后就可

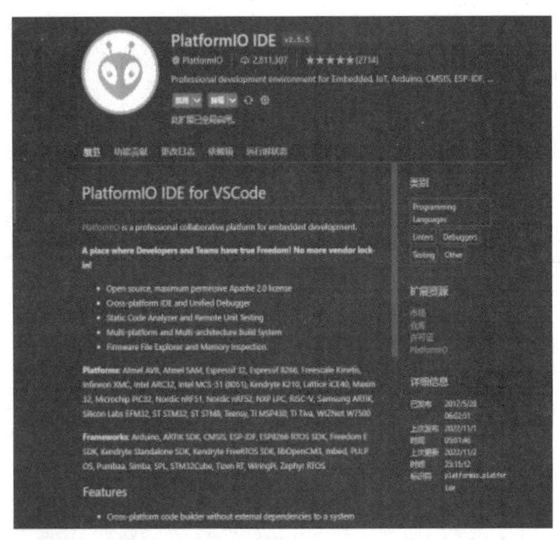

图 23 PlatformIO IDE 安装界面

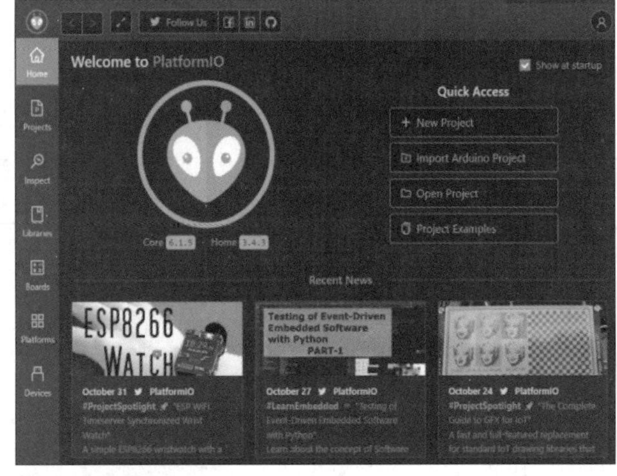

图 24 PlatformIO IDE 菜单

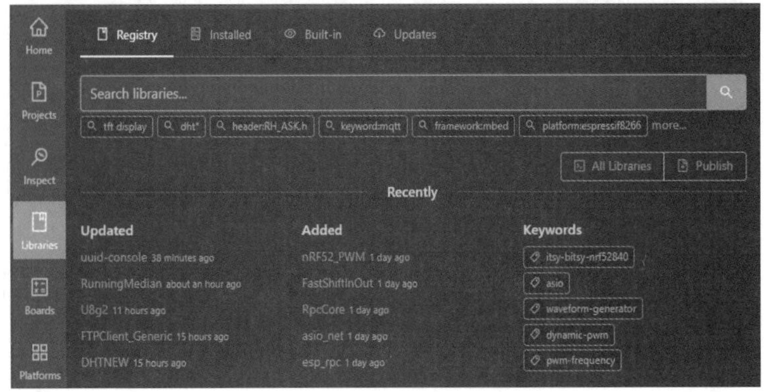

图 25 Libraries 界面

以进行编译，单击左下角的“PlatformIO: Build”开始进行编译。成功的话终端会显示“SUCCESS”，如图 26 所示。

当编译成功后，就可以用给主控板上电。上电成功后打开 PlatformIO 菜单栏下的 Devices 会看到你插入主控板的对应端口号（见图 27）。

接下来就可以烧录程序了，下面我介绍一下程序部分。

我在程序 1 中定义了波特率、设置了

```
问题 53  输出  调试控制台  终端
Archiving .pio\build\HoloCubic_AIO_Debug\libf39\libTFT_eSPI.a
Indexing .pio\build\HoloCubic_AIO_Debug\libf39\libTFT_eSPI.a
Archiving .pio\build\HoloCubic_AIO_Debug\libFrameworkArduino.a
Indexing .pio\build\HoloCubic_AIO_Debug\libFrameworkArduino.a
Linking .pio\build\HoloCubic_AIO_Debug\firmware.elf
Retrieving maximum program size .pio\build\HoloCubic_AIO_Debug\firmware.elf
Checking size .pio\build\HoloCubic_AIO_Debug\firmware.elf
Advanced Memory Usage is available via "PlatformIO Home > Project Inspect"
RAM:   [===       ]  33.2% (used 108952 bytes from 327680 bytes)
Flash: [========= ]  94.9% (used 2985244 bytes from 3145728 bytes)
Building .pio\build\HoloCubic_AIO_Debug\firmware.bin
esptool.py v3.1
Merged 1 ELF section
============================== [SUCCESS] Took 46.40 seconds ==============================

Environment          Status    Duration
-------------------  --------  ------------
HoloCubic_AIO_Debug  SUCCESS   00:00:46.405
============================== 1 succeeded in 00:00:46.405 ==============================
 *  终端将被任务重用，按任意键关闭。
```

图 26 编译成功

```
COM3  Silicon Labs CP210x USB to UART Bridge (COM3)  USB VID:PID=10C4:EA60 SER=0001 LOCATION=1-8
```

图 27 对应的端口号

启动文件位置和读取配置文件的方法、App 的安装，以及 MPU 6050 模块的初始化。

程序1

```
Serial.begin(115200);
  Serial.println(F("\nAIO (All in one) version " AIO_VERSION "\n"));
Serial.flush();
Serial.print(F("ChipID(EfuseMac): "));
Serial.println(ESP.getEfuseMac());
app_controller = new AppController();
if (!SPIFFS.begin(true))
  {
Serial.println("SPIFFS Mount Failed");
  return;
   }
#ifdef PEAK
  pinMode(CONFIG_BAT_CHG_DET_PIN, INPUT);
  pinMode(CONFIG_ENCODER_PUSH_PIN, INPUT_PULLUP);
 Serial.println("Power: Waiting...");
  pinMode(CONFIG_POWER_EN_PIN, OUTPUT);
digitalWrite(CONFIG_POWER_EN_PIN, LOW);
digitalWrite(CONFIG_POWER_EN_PIN, HIGH);
Serial.println("Power: ON");
log_e("Power: ON");
#endif
app_controller->read_config(&app_controller->sys_cfg);
app_controller->read_config(&app_controller->mpu_cfg);
app_controller->read_config(&app_controller->rgb_cfg);
 screen.init(app_controller->sys_cfg.rotation,
app_controller->sys_cfg.backLight);
  rgb.init();
rgb.setBrightness(0.05).setRGB(0, 64, 64);
  ambLight.init(ONE_TIME_H_RESOLUTION_MODE);
 tf.init();
 lv_fs_fatfs_init();
 app_controller->init();
  app_controller->app_install(&weather_app);
  app_controller->app_install(&weather_old_app);
app_controller->app_install(&picture_app);
app_controller->app_install(&media_app);
app_controller->app_install(&screen_share_app);
app_controller->app_install(&file_manager_app);
app_controller->app_install(&server_app);
app_controller->app_install(&idea_app);
 app_controller->app_install(&bilibili_app);
 app_controller->app_install(&settings_app);
 app_controller->app_install(&game_2048_app);
 app_controller->app_install(&anniversary_app);
 app_controller->app_install(&heartbeat_app, APP_TYPE_BACKGROUND);
 app_controller->app_install(&stockmarket_app);
 app_controller->app_auto_start();
  app_controller->main_process(&mpu.action_info);
  mpu.init(app_controller->sys_cfg.mpu_order,
   app_controller->sys_cfg.auto_calibration_mpu,
 &app_controller->mpu_cfg);
  RgbConfig *rgb_cfg = &app_controller->rgb_cfg;
RgbParam rgb_setting = {LED_MODE_HSV,
rgb_cfg->min_value_0, rgb_cfg->min_value_1, rgb_cfg->min_value_2,
rgb_cfg->max_value_0, rgb_cfg->max_value_1, rgb_cfg->max_value_2,
rgb_cfg->step_0, rgb_cfg->step_1, rgb_cfg->step_2,
rgb_cfg->min_brightness, rgb_cfg->max_brightness,
rgb_cfg->brightness_step, rgb_cfg->time};
 rgb_thread_init(&rgb_setting);
 act_info = mpu.getAction();
 xTimerAction = xTimerCreate("Action Check",
 200 / portTICK_PERIOD_MS,
pdTRUE, (void *)0,
```

```
actionCheckHandle);
    xTimerStart(xTimerAction, 0);
```

上电开机时，系统优先启动MPU6050模块。使用头文件的是<MPU6050.h>。

同时定义ImuAction *act_info来存放MPU6050模块返回的数据。在结构体ImuAction中定义了虚拟参数，用于调整MPU6050的初始方向，具体如程序2所示。

程序2

```
struct ImuAction
{
    volatile ACTIVE_TYPE active;
    boolean isValid;
    boolean long_time;
int16_t v_ax;
int16_t v_ay;
    int16_t v_az;
    int16_t v_gx;
    int16_t v_gy;
    int16_t v_gz;
};
```

MPU6050模块成功启动后，系统会生成一个App控制器。AppController类里面有显示App的接口，将App注册到app_controller中，提供App退出、Wi-Fi事件处理等方法。同时AppController类定义了HoloCubic最大安装应用数量（20个）和Wi-Fi生命周期（60s），具体内容如程序3所示。

程序3

```
class AppController
{
public:
    AppController(const char *name =
CTRL_NAME);
    ~AppController();
    void init(void);
    void Display(void);
    int app_auto_start();
    int app_install(APP_OBJ *app,
APP_TYPE app_type = APP_TYPE_REAL_TIME);
int app_uninstall(const APP_OBJ *app);
  int remove_backgroud_task(void);
    int main_process(ImuAction *act_
info);
  void app_exit(void);
  int send_to(const char *from, const
char *to,
   APP_MESSAGE_TYPE type, void
*message,
  void *ext_info);
  void deal_config(APP_MESSAGE_TYPE
type,
  const char *key, char *value);
  int req_event_deal(void);
   bool wifi_event(APP_MESSAGE_TYPE
type);
void read_config(SysUtilConfig *cfg);
void write_config(SysUtilConfig *cfg);
void read_config(SysMpuConfig *cfg);
void write_config(SysMpuConfig *cfg);
void read_config(RgbConfig *cfg);
void write_config(RgbConfig *cfg);
private:
APP_OBJ *getAppByName(const char
*name);
   int getAppIdxByName(const char
*name);
   int app_is_legal(const APP_OBJ
*app_obj);
private:
  char name[APP_CONTROLLER_NAME_LEN];
  APP_OBJ *appList[APP_MAX_NUM];
  APP_TYPE appTypeList[APP_MAX_NUM];
  // std::list<const APP_OBJ *> app_
list;
  std::list<EVENT_OBJ> eventList;
  boolean m_wifi_status;
  unsigned long m_preWifiReqMillis;
  unsigned int app_num;
  boolean app_exit_flag;
  int cur_app_index;
  int pre_app_index;
  TimerHandle_t xTimerEventDeal;
public:
  SysUtilConfig sys_cfg;
  SysMpuConfig mpu_cfg;
  RgbConfig rgb_cfg;
};
```

在AppController启动成功后，会开启App控制器、加载配置文件、初始化环境光传感器，再初始化SD卡，并安装App。程序4为初始化RGB色彩程序。

程序4

```
struct RgbParam
{
uint8_t mode; // 0为RGB色彩(LED_MODE_
RGB) 1为HSV色彩(LED_MODE_HSV)
  union
    {
  uint8_t min_value_r;
  uint8_t min_value_h;
    };
    union
    {
  uint8_t min_value_g;
  uint8_t min_value_s;
    };
    union
    {
  uint8_t min_value_b;
  uint8_t min_value_v;
    };
    union
    {
  uint8_t max_value_r;
  uint8_t max_value_h;
    };
    union
    {
  uint8_t max_value_g;
  uint8_t max_value_s;
    };
    union
    {
  uint8_t max_value_b;
  uint8_t max_value_v;
```

```
    };
    union
    {
  int8_t step_r;
  int8_t step_h;
    };
    union
    {
  int8_t step_g;
  int8_t step_s;
    };
    union
    {
  int8_t step_b;
  int8_t step_v;
    };
    float min_brightness;
    float max_brightness;
float brightness_step;
    int time;
};
```

如程序 5 所示，使用 isCheckAction 来判断 MPU6050 模块是否检测到动作，如果检测到，就将 isCheckAction 的值改为 true 再进入 if 判断，将存储的历史动作返回 act_info，然后运行当前线程。

程序5

```
void loop()
{
    screen.routine();
    if (isCheckAction)
    {
    isCheckAction = false;
    act_info = mpu.getAction();
    }
    app_controller->main_process(act_
info);
}
```

本项目的图形显示是基于 LVGL 实现的，LVGL 是一个图形库，它具有多平台使用、移植方便、操作简单、开源等一系列特点。LVGL 拥有 30 多个应用部件，同时还可以自定义应用部件。

我们的应用程序通过调用 LVGL 库来创建 GUI。它包含一个 HAL（硬件抽象层）接口，用于注册显示和输入设备驱动程序。除特定的程序外，它还可以驱动屏幕 GPU、读取触摸板以及控制按钮输入。

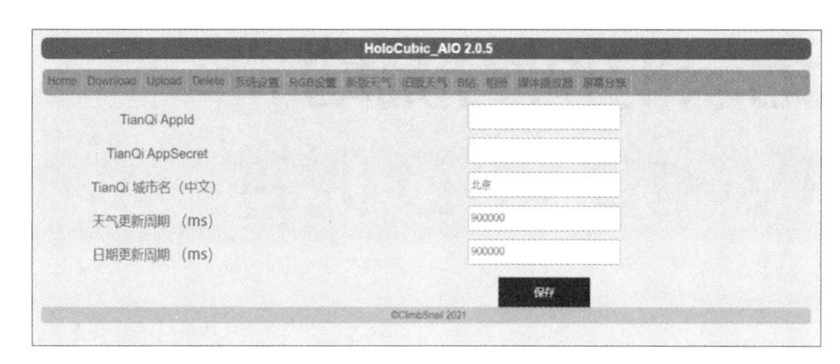

图 28 天气设置界面

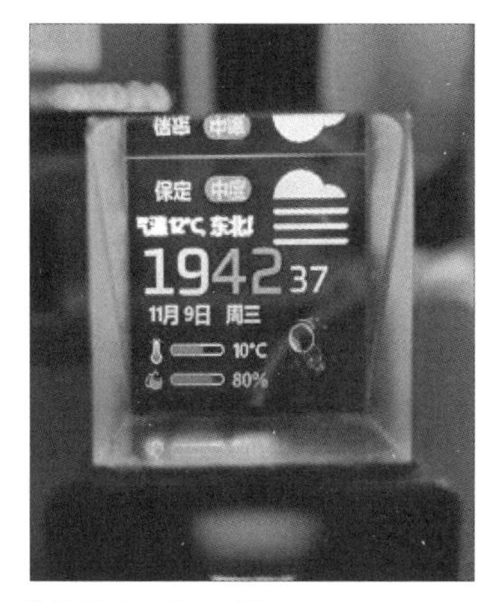

图 29 HoloCubic 显示

图 30 2048 小游戏

HoloCubic配置

给 HoloCubic 供电后打开网页配置服务 App，进入 App 后 HoloCubic 屏幕会显示 Web Sever Start，HoloCubic 会创建一个热点，名称为 HoloCubic_AIO（没有密码）。用一台与 HoloCubic 在同一局域网下的设备连接这个热点，在浏览器地址输入 192.168.4.2 就可以进入 HoloCubic 的后台管理界面。在这里你可以设置 App、屏幕亮度、功耗、连接 Wi-Fi 的名称和密码等。

输入 Wi-Fi 名称和密码。在易科云 App 注册账号，获取 AppId 和 AppSecret，将这 2 项填入天气界面保存，如图 28 所示。完成之后退出 Web Server 界面，进入天气界面等待更新。更新完成后就可以看到 HoloCubic 显示的时间、天气、温度、湿度等信息，如图 29 所示。还可以在 HoloCubich 上完成玩 2048 小游戏（见图 30）等功能。

结语

本项目耗时半个月制作完成，其间我学习了很多的技术，比如如何使用加热台，怎么看原理图，如何进行芯片封装等。自己动手制作项目时，我发现总是会遇到很多意想不到的问题，解决这些问题也是一个成长的过程，希望大家都可以动手实践，完成自己的作品。

记录时间的流动 IV-18 VFD 时钟

卿宇

起初，我了解时钟显示类DIY项目是从辉光管开始的，一度被稀有气体产生的特殊光芒和复古字体所吸引，无奈辉光管早已停产，现在的价格让一般DIY爱好者望而却步。之后我又接触到了荧光管，荧光管与辉光管产生于同一时期，虽然有着和LED相似的外形，但荧光管本身的玻璃外壳、内部金属结构的质感以及由电子冲击荧光剂产生的观感均是LED无法相比的。为了重新感受荧光管的技术魅力，我决定制作一款荧光时钟。

IV-18荧光管介绍

早期荧光管大量应用于手持和台式计算器，但由于功耗更低的LED、LCD技术发展，荧光管逐渐被取代，现在趋向应用于扁平化、内容各异的显示屏应用，如数字播放器、CD机等设备的交互界面上。本项目使用的IV-18荧光管属于真空荧光显示器件（VFD），IV-18荧光管里嵌入了7位数字和小数点，最左侧一位是1个圆点和1条横线符号，如图1所示。

IV-18荧光管的两侧有用于支撑和拉直灯丝（即阴极）的弹簧装置，顶部有保持真空、防止漏气的黑色吸气剂，如图2所示。正面显示部分上方是一层金属网，即荧光管的栅极，覆盖了整个显示部分。栅极背后是一块基板，IV-18荧光管与大多数VFD不同，它的基板是一块玻璃，而不是完全不透明的陶瓷基板，大大提升了观感。基板上有用荧光粉涂的每位数字，由导线把对应段与阳极引脚连接。与单个荧光管不同，IV-18荧光管的每个数字的同一段连接在相同的引脚上，这也影响了它的驱动方式。

VFD荧光管工作时需要两组电压供电，首先需要给灯丝通电，IV-18荧光管需要的灯丝电压一般在3~5V，栅极需要50V左右的正电压。灯丝通电之后温度会升高至数百摄氏度，此时灯丝会向外释放热电子，热电子被加上正电压的栅极吸引，扩散到阳极，由于阳极也带正电压，热电子会再次加速扩散，并且轰击阳极数字段上的荧光粉使其发光。

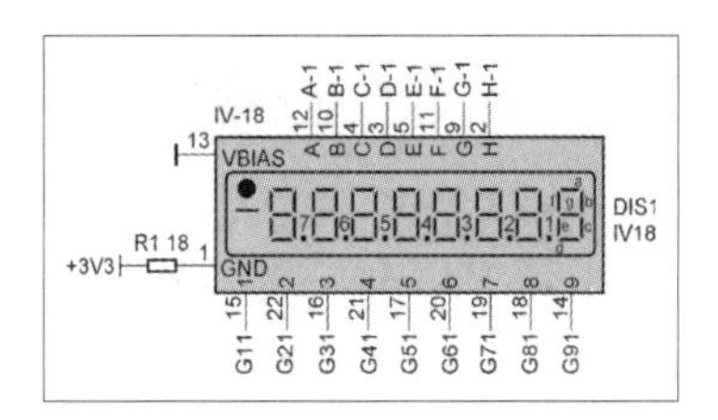

图3 IV-18荧光管电路

IV-18荧光管电路如图3所示，其中第1、13引脚为灯丝，第2~5、9~12引脚为阳极，第14~22引脚为栅极，数码管从右到左分别为第1~9位，其中第9位是最左边的圆点和横线符号，第6~8引脚是空脚。使用时，给灯丝加上3.3V直流电压，之后如同控制数码管一样，给某个栅极引脚加上50V电压，则对应的位控制有效，给某个阳极引脚加上50V电压，则该位对应的某个段就会显示。如果给所有栅极和阳极都加上50V电压，则荧光管所有位全亮。但由于IV-18荧光管类似于多位共阳数码管，每次驱动只能让某几位显示同一个内容，要让每位能够显示不同内容，就需要引入动态扫描驱动概念。动态扫描驱动核心是依次单独点亮每一位，所有位全部被点亮一次为一个周期，如果能将这个周期控制在一个极短的时间（几十毫秒），再加上人眼的视觉暂留效应，我们将看到荧光管每位会显示不同内容。

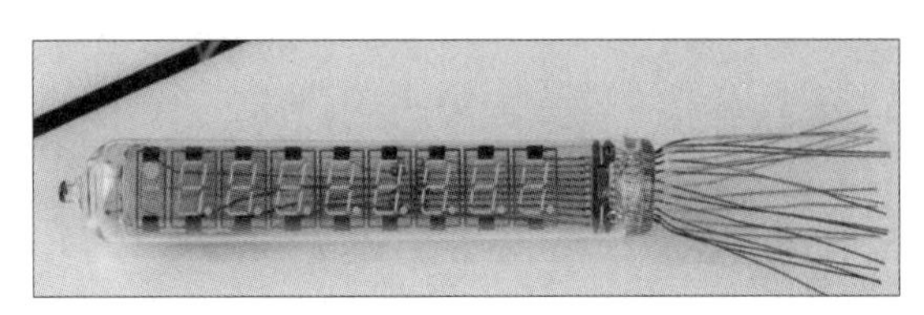
图1 IV-18荧光管正面

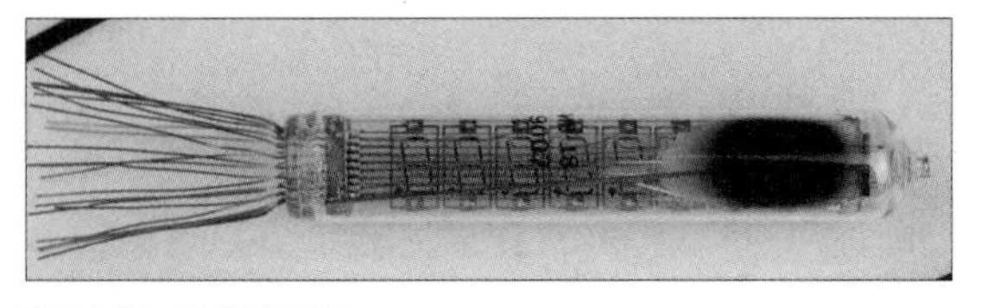
图2 IV-18荧光管反面

电路方案介绍

本项目元器件的选型都是为了方便使用电烙铁焊接，项目所用到的材料如附表所示。

附表 材料清单

序号	名称	参数/说明	数量
1	IV-18 荧光管	N/A	1个
2	0603 电阻	18Ω	1个
3	0805 电阻	10kΩ	5个
4	0805 电阻	1kΩ	3个
5	0805 电阻	100 Ω	2个
6	0805 电阻	5.1kΩ	2个
7	0805 电阻	4.7kΩ	3个
8	0805 电阻	1MΩ	1个
9	0805 电阻	39kΩ	1个
10	1206、0805 电阻	0Ω	1个
11	0805 电容	100nF/100V	12个
12	0805 电容	22μF/25V	1个
13	0805 电容	1μF/50V	3个
14	铝电解电容 L8.3-W8.3	47μF/100V	1个
15	铝电解电容 L3.2-W1.6	22μF	2个
16	铝电解电容 L5.3-W5.3	47μF/16V	1个
17	ESP32 WROOM 32UE 模块	主控板	1个
18	AMS1117-3.3 模块	LDO	2个
19	Micro USB 5Pin	N/A	1个
20	USB Type C 6Pin	N/A	1个
21	XL6007E1 模块	Boost	1个
22	HV5812WG-G 驱动模块	荧光管驱动	1个
23	DS18B20 模块	温度传感器	1个
24	S8050	三极管	2个
25	1M4004	整流二极管	1个
26	1N5819WS	肖特基二极管	2个
27	SS16	肖特基二极管	1个
28	0650 电感	33μH	1个
29	RGB WS2812B	RGB	2个
30	CH340C 模块	USB 转串口	1个
31	RX8025T 模块	RTC	1个
32	CR1220 电池座	N/A	1个
33	排母	2×10Pin	1个

1. 主控板介绍

（1）主控方案

主控板采用乐鑫科技的ESP32 WROOM 32UE模块，如图4所示，其配置2.4GHz Wi-Fi和低功耗蓝牙模块，内置ESP32系列芯片，拥有双核32位LX6处理器、26个引脚，外设丰富，具有外部天线连接器。除了官方提供的ESP-IDF，还可以采用MicroPython或者Arduino框架开发，简化控制部分电路，方便完成项目设计。

ESP32 WROOM 32UE模块的程序下载方案采用基于CH340C模块的自动下载电路，只需连接Micro USB接口便可进行程序下载，ESP32 WROOM 32UE模块自动下载电路如图5所示。

CH340C模块在接收到下载信号时，RTS#为高电平，DTR#为低电平，此时VT3导通、VT4截止，ESP32 WROOM 32UE模块的IO0引脚被拉低，而复位引脚EN为高电平，单片机复位并进入下载模式，而之后RTS#、DTR#的电平翻转后，IO0为高电平，复位引脚EN为低电平，ESP32 WROOM 32UE模块进入Flash运行模式，完成自动下载。

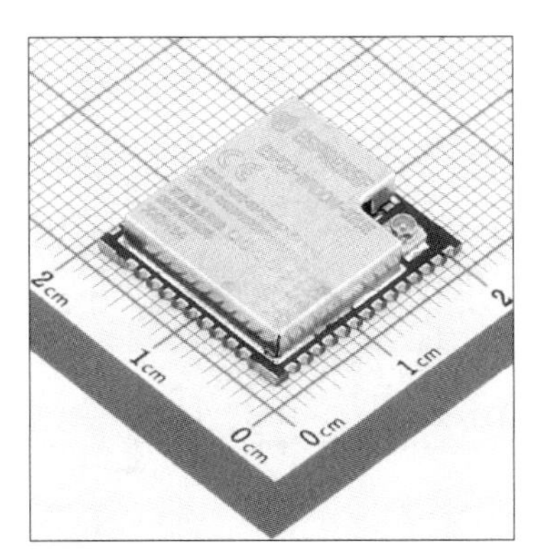

图4 ESP32 WROOM 32UE 模块

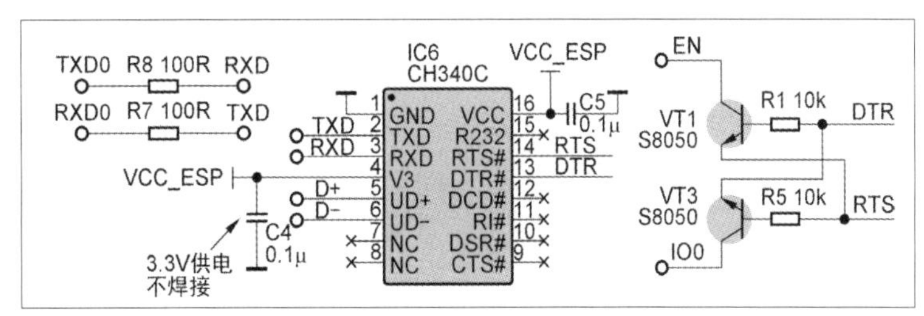

图5 ESP32 WROOM 32UE 模块自动下载电路

（2）RTC电路方案

ESP32 WROOM 32UE模块虽然能联网通过NTP授时，但NTP授时所消耗的时间远大于从RTC授（实时时钟）时，由于IV-18荧光管的动态扫描驱动方式需要尽量缩短周期，所以我们使用RTC电路进行授时。RTC电路方案采用RX8025T模块，如图6所示，该模块通信方式为I^2C，自带温补晶体振荡器，且精度与更常见的高精度RTC芯片DS3231相当，但价格便宜许多，性价比极高。

RX8025T模块电路如图7所示，电路中I^2C两个通信引脚通过4.7kΩ电阻上拉至3.3V，B1为CR1220纽扣电池座，没有外部电源供电时能够保持RX8025T模块时钟，二极管VD2与VD1将VCC引脚与纽扣电池正极隔离。

（3）IV-18荧光管驱动方案

IV-18荧光管的灯丝只需加上3.3V直流电压即可，实际上也可以使用交流电

图6 RX8025T 模块

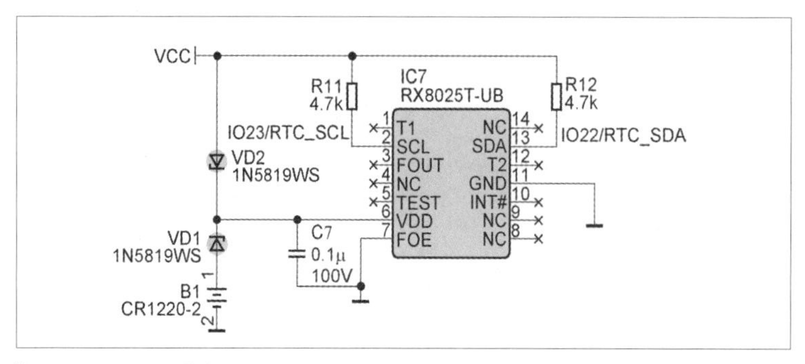

图7 RX8025T 模块电路

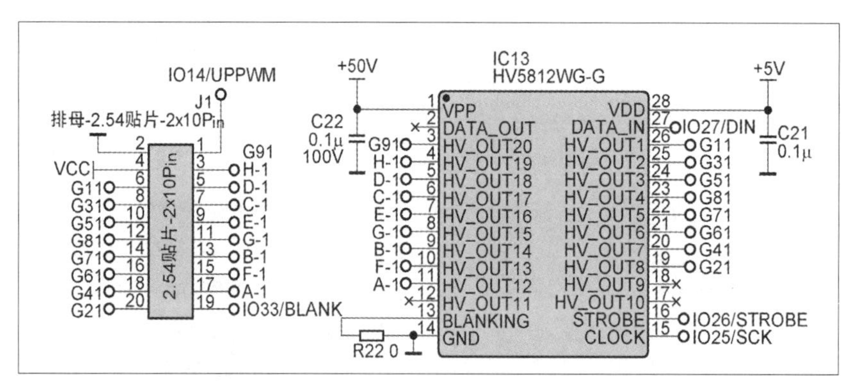

图8 HW5812 驱动模块电路

源供电，这样显示的亮度会更加均匀，显示效果更好，但是低压交流电源不容易获得，因此没有采用这种方案。栅极与阳极需要动态扫描驱动，所以至少需要17个输出端口（9个栅极+8个阳极）的驱动芯片。我采用HW5812驱动模块设计的电路，电路如图8所示。

其中VPP、VDD、GND为电源引脚，VPP引脚电压为50V，VDD引脚电压为模块工作电压4.5~5.5V。DATA_IN、DATA_OUT、SCK以及STROBE为控制引脚，其中DATA_IN引脚为串行数据输入，DATA_OUT为级联引脚，SCK为移位寄存器时钟，时序为时钟上升沿有效，STROBE为选通引脚，在上升沿将移位寄存器中数据加载到输出锁存器中。HV_OUT1~HV_OUT20为高压输出引脚，BLANKING为输出锁存器使能引脚，低电平有效，高电平时使输出引脚全部输出低电平。

（4）其余外设方案

其余两个外设的驱动电路如图9所示，RGB WS2812B电路采用3.3~5V电源供电，通过不同占空比的PWM产生不同颜色的光，可通过程序实现自定义灯光效果。DS18B20温度传感模块电路，用于获取当前温度，并在IV-18荧光管上显示。

（5）电源方案

本项目中主控以及各种外设所需电源均为直流电源。其中5V电压从USB Type-C 6Pin接口（仅供电）或者Micro USB接口（供电与数据）获得。由于ESP32 WROOM 32UE模块中对电源要求相对较高，通过双路线性稳压器AMS1117-3.3供电的方案解决电压问题，其中一路AMS1117-3.3为CH340C模块和ESP32 WROOM 32UE模块独立供电，另一路为其余外设模块供电。50V电压采用XL6007E1电源模块处理，这是标准的Boost升压电路，XL6007E1 Boost电路如图10所示。

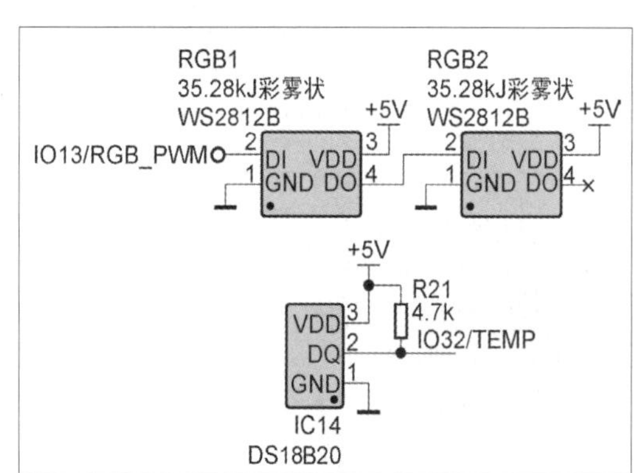

图9 其余外设电路

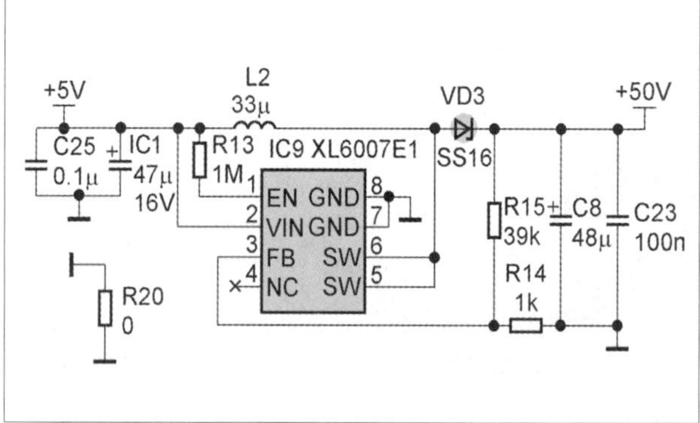

图10 XL6007E1 Boost 电路

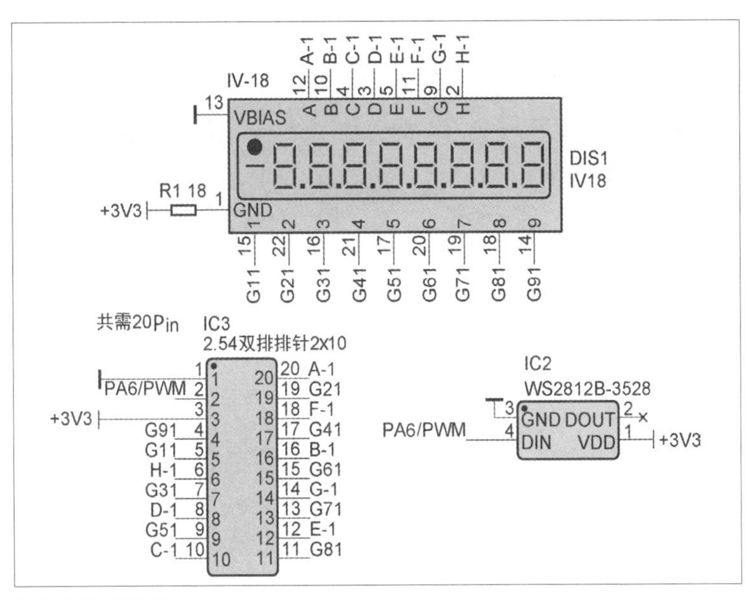

图 11 IV-18 电路

2. IV-18 电路设计

IV-18 电路设计得比较简单，如图 11 所示。IV-18 荧光管通过 2×10Pin 2.54mm 排针排母与电路板连接在一起。

3. 主控PCB设计

主控 PCB 为双层板，主控 PCB 顶层设计如图 12 所示，主控 PCB 底层设计如图 13 所示。布局主要突出模块化，元器件均在顶层，而为 RX8025T 模块断电时供电的纽扣电池放在了 PCB 底层。Micro USB 接口、CH340C 模块以及 ESP32 WROOM 32UE 模块均在 PCB 顶层左侧，并尽量靠近放置。其他部分主要通过 PCB 底层构成 3.3~5V 完整回路， 50V 高压部分 XL6007E1 Boost 电路位于右侧，并且该部分单点接地，以减少开关电源对系统接地的影响。

焊接及装配

电路焊接方面，应按照分模块焊接的方法，确定供电正常之后，焊接 CH340C 模块，并确认计算机能正常识别，然后焊接 XL6007E1 Boost 电路并确认 50V 升压正常，最后再焊接其他部分的电路。

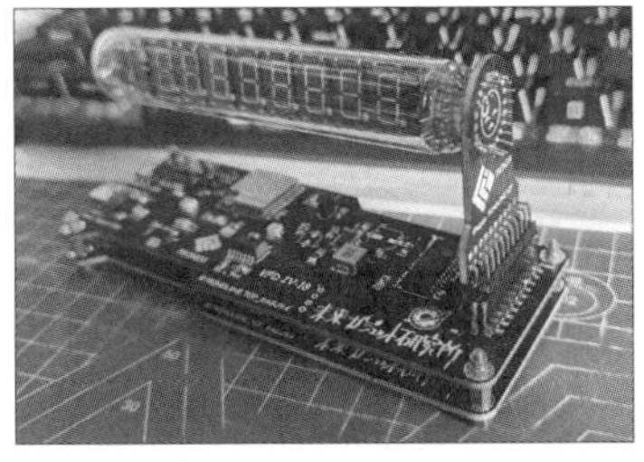
图 14 安装完成的 IV-18 VFD 时钟

本项目机械结构较为简单，其中主控板 4 角留有 M3 法兰焊盘，可用于添加铜柱，支撑整体结构，避免 PCB 部分与桌面接触造成其他影响。安装完成的 IV-18 VFD 时钟如图 14 所示。

程序设计

程序设计框架如图 15 所示。

上电启动之后，首先尝试连接名称、密码保存在程序文件中的 Wi-Fi，并设置连接超时时间为 15s，如果连接成功，则通过阿里云 NTP 网络授时中心获取时间并更新 PCB 上 RTC 保存的时间；如果失败，则跳过本环节进入下一步，之后通过

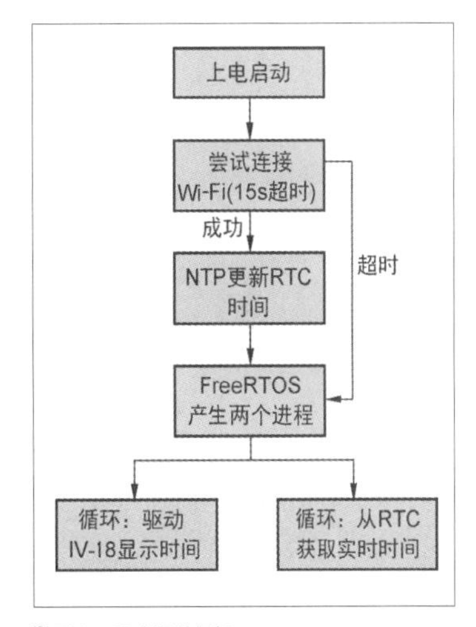

图 15 程序设计框架

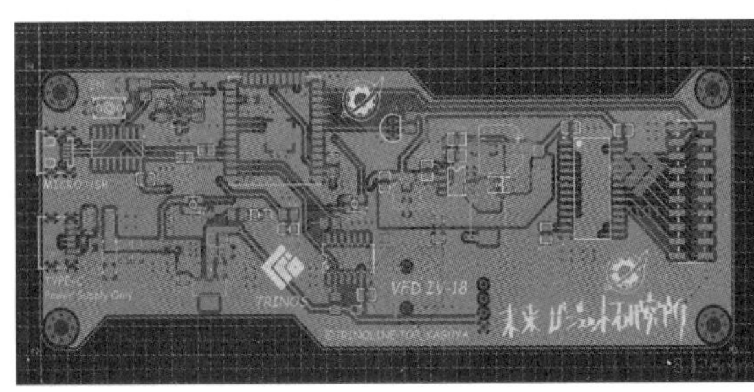

图 12 主控 PCB 顶层设计

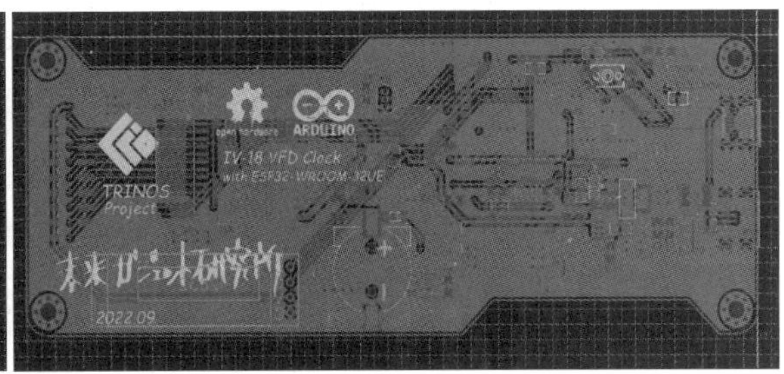

图 13 主控 PCB 底层设计

9HDCEGBFA		24678531
1111 11111	000	11111111
1位位码+8位段码	NONE	8位位码

图 16 传输 20 位数据的结构

图 17 开机显示“HELLO”

FreeRTOS 产生 2 个进程，一个进程在循环中读取 RTC 时间并保存至全局变量数组中，另一个进程在循环中对 IV-18 荧光管动态驱动显示当前时间。

这里介绍 IV-18 荧光管驱动模块的底层程序，如程序 1 所示。

程序1

```
void IV18_Write(uint32_t TxData)
{
  uint8_t i,NUL=0;
  IV18_STR_L;
  IV18_SCK_L;
  //delayMicroseconds(1);
  for(i=0;i<20;i++)
  {
    if(TxData & 0x80000)// 高位优先
      IV18_DIN_H;
    else
      IV18_DIN_L;
      NUL++;//delayMicroseconds(1);
            //delayMicroseconds(2);
      IV18_SCK_H;// 在时钟上升沿载入
      TxData <<= 1;
      NUL--;//delayMicroseconds(1);
            //delayMicroseconds(2);
      IV18_SCK_L;
  }
  IV18_STR_H;
  NUL++;//delayMicroseconds(1);
        //delayMicroseconds(2);
  IV18_STR_L;
}
```

函数参数 TxData 为输入芯片的 20 位数据，首先将选通引脚 STROBE 和时钟引脚 SCK 拉低，然后根据输入参数改变数据引脚 DIN 的电平，将时钟引脚 SCK 拉高，产生上升沿并写入 1 位，之后再拉低 SCK，将 TxData 左移一位，循环 20 次便能向 HV5812WG 写入 20 位数据。之后将选通引脚 STROBE 拉高，产生上升沿时，输出锁存器输出，完成一次传输 20 位数据的通信。20 位数据 TxDatad 的构成是由 HV5812WG 的电路所决定的。如图 16 所示，其中高 9 位为 1 位位码 +8 位段码，低 8 位为 8 位位码，中间 3 位没有意义，比如输入 0xFF8FF（对应二进制 1111 1111 1000 1111 1111），即将荧光管的所有栅极以及阳极全部被加上高压，此时荧光管上所有位的每一段都会显示。因此在程序中通过调整 IV18_Display_Num( ) 函数的输入参数 TxData，即可改变荧光管的显示内容。

功能与显示效果

IV-18 VFD 时钟目前实现的功能有开机显示“HELLO”效果（见图 17）、时 - 分时钟显示模式（见图 18）以及时 - 分 - 秒时钟显示模式（见图 19），可在程序中更改时钟显示模式。

结语

我早就构思了雏形，也进行了相关电路方案的测试，直到最近花费了半个月时间实现了 IV-18 VFD 时钟。虽然目前实现的功能比较基础，但满足了我对荧光管这种充满历史气息的器件的向往，也希望借此机会能让更多人欣赏到荧光管的魅力。

图 18 时 - 分时钟显示模式

图 19 时 - 分 - 秒时钟显示模式

超声波 1m 距离报警器

俞虹

超声波1m距离报警器可以在人与人之间小于1m距离时发出报警声和闪光，这在很多场合会使用到，如核酸检测排队以及超市购物排队。本文介绍的1m距离报警器利用超声波反射原理，通过单片机计算来获得人与人之间的距离，它具有工作精度高和体积小的特点。

工作原理

报警器电路如图 1 所示，它由两部分组成：一部分是超声波测距和报警电路，另一部分是锂电池自动充电电路。

1. 超声波测距模块

首先介绍超声波测距模块（HC-SR04）的原理，超声波测距模块外观如图 2 所示。它共有 4 个引脚。

- VCC：电源输入端（3~5V）。
- Trig：触发信号输入端。
- Echo：回响信号输出端。
- GND：接地端。

工作时，需要给超声波测距模块接入电源，接着给 Trig 引脚输入一个至少 10μs 的高电平方波。输入方波后，模块自动发射由 8 个脉冲组成的 40kHz 超声波，同时 Echo 引脚的电平由 0 变为 1（计时开始）。当超声波返回并被模块的超声波接收探头接收时，Echo 引脚的电平由 1 变为 0（计时结束）。这段计时的时间即超声波从发射到返回的时间，然后根据超声波在空气中的传播速度算出距离，HC-SR04 的工作波形如图 3 所示。

2. 报警电路

报警电路由单片机 IC1 和超声波测距模块 U 等组成。接通电源后，单片机 IC1 的引脚 13 发送一个脉冲给超声波测距模块的 Trig 引脚，使超声波测距模块发射超声波。模块发射超声波后，Echo 引脚会输出高电平加到 IC1 的引脚 6，单片机 IC1 内部定时器开始计时。超声波测距模块接收到回波后，单片机 IC1 的引脚 6 变为低电平，同时单片机 IC1 进行距离计算。如果距离小于 1m，则单片机 IC1 的引脚 7 会不断出现高低电平变化，蜂鸣器 HD 会发出间断的鸣叫声。同时单片机 IC1 的引脚 11 也会不断出现高低电平变化，使紫色发光管 LED1 闪烁。如果距离大于 1m，单片机 IC1 的引脚 6 和引脚 11 都为低电平，没有闪光和鸣叫声。

3. 锂电池自动充电电路

锂电池自动充电电路由 IC2、绿色发光管 LED2 和红色发光管 LED3 组成。

IC2 的型号是 SA3582D，它是一个万能充芯片，内含基准电压、大电流驱动管，不需要外围元器件即能工作。主要特点是充电电流可达 300mA，基准电压为 4.25V，能自动识别电池极性，有短路保护功能等。SA3582D 外观如图 4 所示，

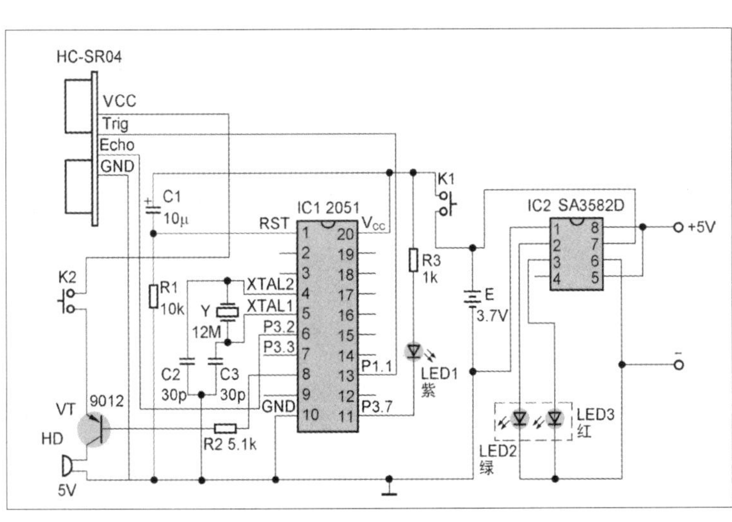

图 1 报警器电路

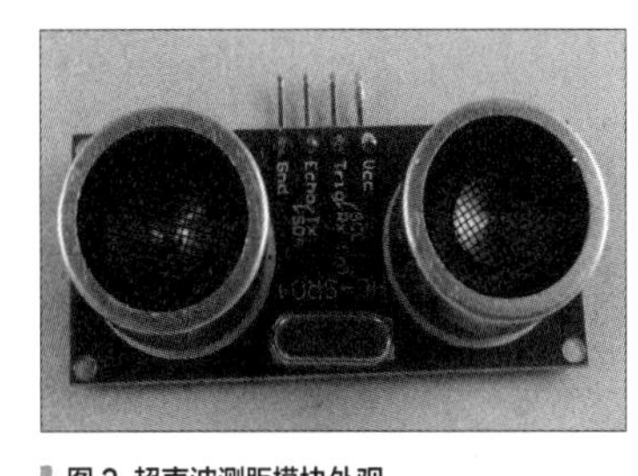

图 2 超声波测距模块外观

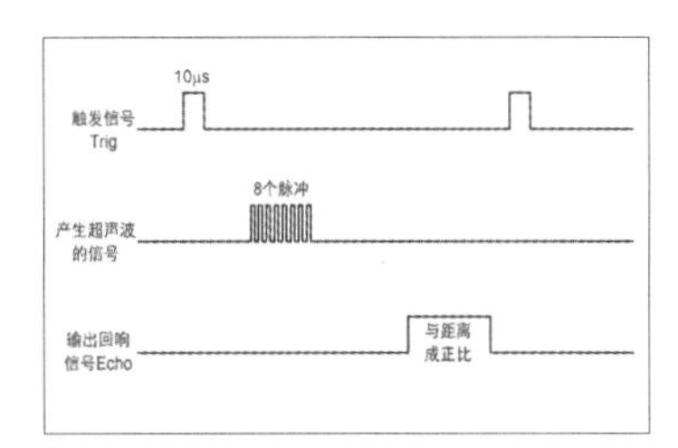

图 3 HC-SR04 的工作波形

图 4 SA3582D 外观

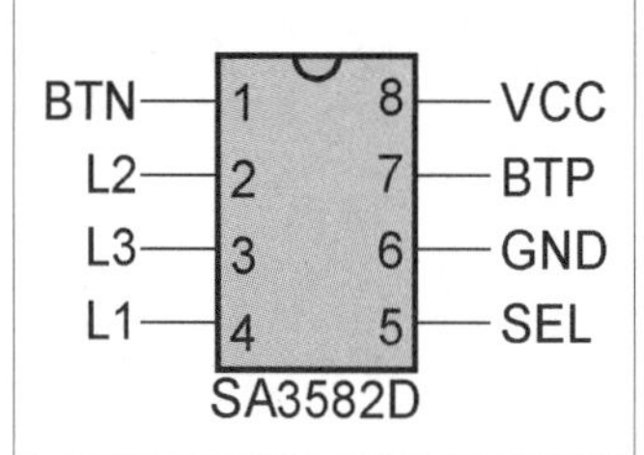

图 5 SA3582D 引脚排列

SA3582D 引脚排列如图 5 所示，引脚功能如下。

◆引脚 1：电池负极。

◆引脚 2：指示灯 LED2 引脚。

◆引脚 3：指示灯 LED3 引脚。

◆引脚 4：指示灯 LED1 引脚。

◆引脚 5：选择端（发光模式）。

◆引脚 6：电源负极。

◆引脚 7：电池正极。

◆引脚 8：电源正极。

SA3582D 的引脚 1 和引脚 7 接 3.7V 锂电池，引脚 2 接绿色发光管 LED2，引脚 3 接红色发光管 LED3，引脚 4 不接。

充电时，5V 电源接引脚 8 和引脚 6，接入未满电池时，电源开始对电池正常充电，电池电压缓缓上升，充电电流不断减小，红色发光管 LED3 闪烁，绿色发光管 LED2 熄灭，表示正在充电。当电池电压上升到 4.25V 时，红色发光管 LED3 熄灭，绿色发光管 LED2 点亮，充电电流为 0，表示充电结束，可以切断电源。这里用 2 个拨动开关 K1 和 K2，K1 用于切断电池电压，K2 用于不需要报警时关闭蜂鸣器 HD。

软件分析

软件中使用了 2 个延时程序，一个延时程序 delayMS 用于控制蜂鸣器的间断鸣叫和发光管的闪烁。另一个延时程序 delayt 用于 1m 距离的计算。当模块的 Echo 引脚输出为 1 时，定时器开启。当 Echo 引脚输出为 0 时，定时器关闭，定时器会记录超声波发射到反射的时间。Echo 引脚从 1 到 0 的时间可用如下公式计算：

$$T=(H+I-G)+T_{count}$$

其中，H 为定时器存储高 8 位数据，I 为定时器存储低 8 位数据，G 为中断初始值（0xfc66），Tcount 为中断累计时间。再通过 $S=VT$ 算出距离，V 是超声波在空气中的速度。故程序中用 if 语句判断距离是否小于 1000mm（1m），软件的程序流程如图 6 所示，相关的程序可以在《无线电》杂志云存储平台下载。

所需元器件清单如附表所示。

附表 元器件清单

名称	位号	值	数量
单片机	IC1	89C2051	1 个
充电芯片	IC2	SA3582D	1 个
有源蜂鸣器	HD	5V	1 个
超声波测距模块	U	HC-SR04 (3~5V)	1 个
晶体振荡器	Y	12MHz	1 个
三极管	VT	9012	1 个
瓷片电容	C2、C3	30P	2 个
电解电容	C1	10μF	1 个
电阻	R1	10Ω	1 个
电阻	R2	5.1kΩ	1 个
电阻	R3	1kΩ	1 个
拨动开关	K1、K2	1×2 直角	2 个
发光管	LED1	Φ3 紫色	1 个
发光管	LED2、LED3	Φ3 双色	1 个
20 引脚集成电路插座	—	—	1 个
锂电池	E	420mAh	1 个
micro USB 充电插口	—	—	1 个
外壳	80mm×50mm×21mm	—	1 个

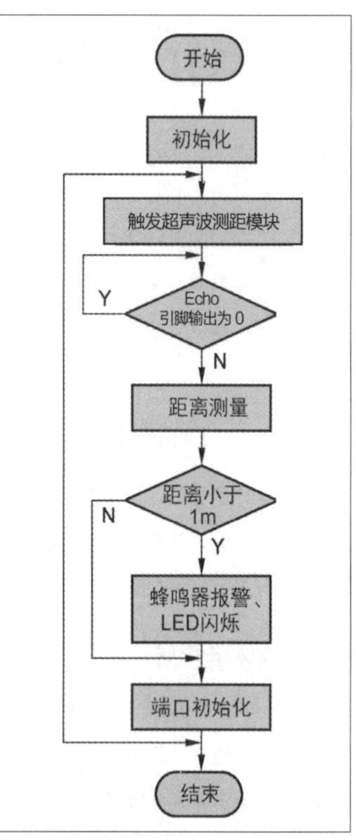

图 6 软件的程序流程

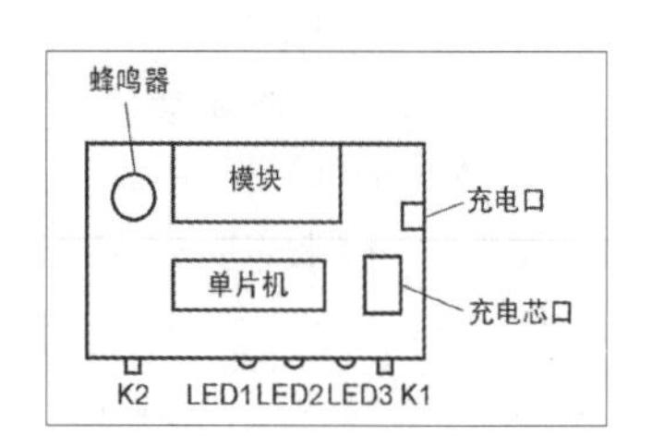

图 7 元器件的安装位置

制作方法

先制作印制电路板。找一块单面覆铜板（厚 1mm），将它切成 76mm×46mm 大小，用 DXP2004 制板软件将 PCB 设计出来。制板时，要考虑元器件的安装位置（电路板的空间比较小），这里提供安装元器件的参考位置，如图 7 所示。PCB 设计如图 8 所示，它的线宽用 20mil（1mil=0.0254mm），线距用 10mil 就可以。由于 micro USB 充电插口比较特别，需要设计一个元器件封装图，

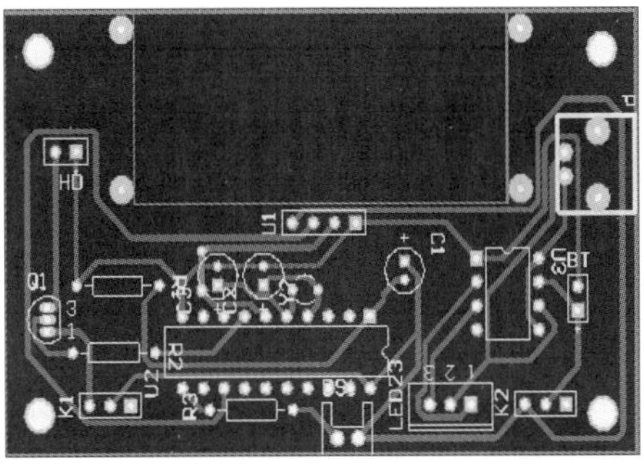

图 8 PCB 设计

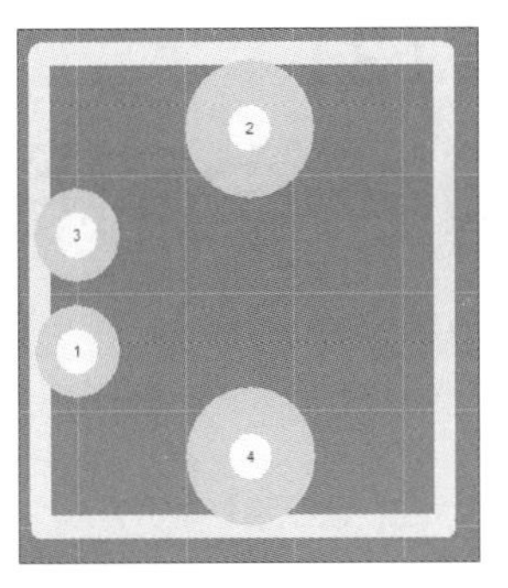

图 9 元器件封装图

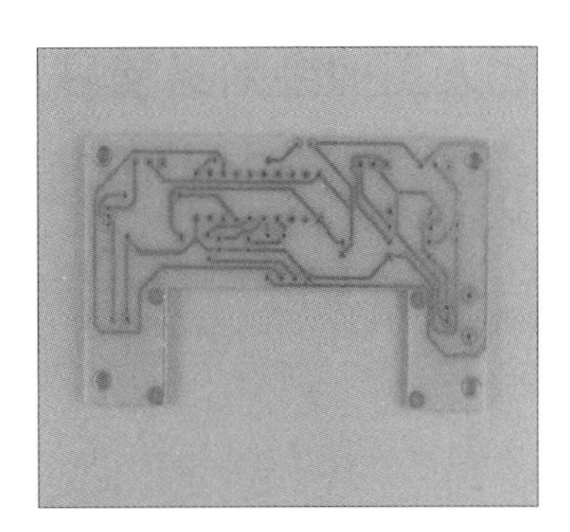

图 10 电路板实物

如图 9 所示。可以看出，整个 PCB 布线中只使用一条飞线（红色）。用热转印法制作出来的电路板如图 10 所示，电路板的开槽是为了方便超声波测距模块嵌入并固定而设计的。

为了能使超声波测距模块和电路板连接在一起，需要剪短超声波测距模块的 4 个接线引脚。将超声波测距模块嵌入电路板中间，在 4 个引脚位置用焊锡固定，将 4 个接线引脚连接到电路板相应的位置，然后焊接其他元器件。在单片机上可以先焊一个 20 引脚插口，这样便于单片机烧写程序，焊接完成的电路板正面如图 11 所示，反面如图 12 所示。

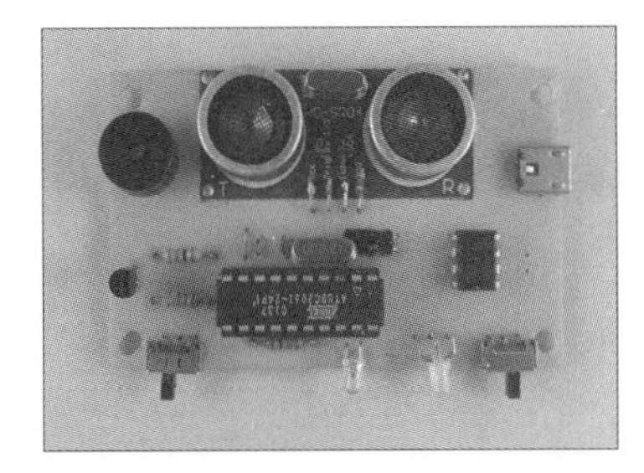

图 11 电路板正面

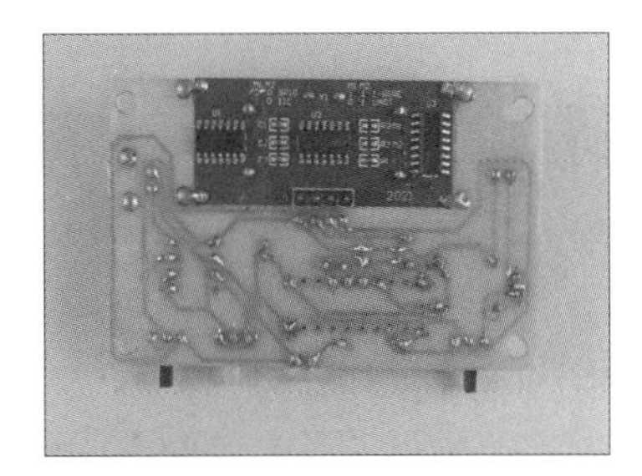

图 12 电路板反面

检查元器件焊接无误后进行测试。将拨动开关 K1 先关闭，接上 3.7V 锂电池，micro USB 充电口接 5V 充电器，这时红色发光管 LED3 闪烁。一段时间后，红色发光管 LED3 熄灭，绿色发光管 LED2 亮说明充电电路正常。然后将开关 K1 打开，用手遮挡超声波探头，这时能听到间断的报警声和看到紫色发光管闪烁。人移动到超声波探头前 1m 外报警声停止，闪光消失，说明电路正常没有问题，否则要检查电路是否有虚焊和连焊等问题。

找一个大小为 80mm × 50mm × 21mm 的塑料外壳（见图 13），将外壳根据 2 个开关、LED、micro USB 插口的位置开出 5 个孔，开孔大小要满足开关能正常开闭，LED 能从外壳露出，插口上的充电插头插拔自如。将电路板装入外壳中，

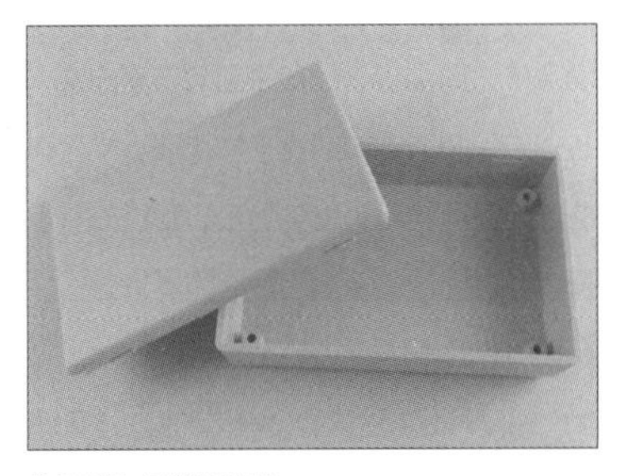

图 13 报警器外壳

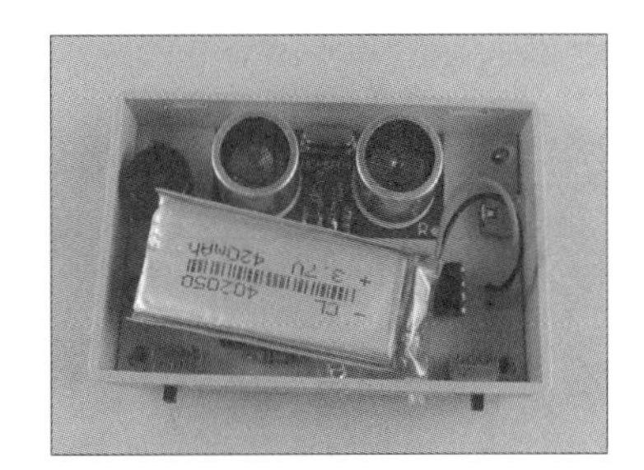

图 14 报警器内部

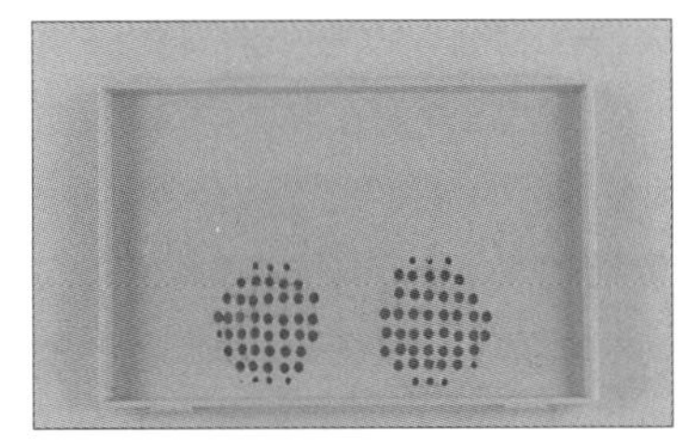

图 15 开孔后的面板

并用螺丝固定，锂电池可以直接放在单片机的上面（但要求外壳面板能盖上），报警器内部如图 14 所示。用钻头在外壳的面板上超声波探头位置开一些小孔使超声波通过，如图 15 所示。然后将有外壳的报警器再进行 1m 距离测试，直到正常工作。由于这种报警器挂在人的胸前比较合适，可以买一条宽 1cm、长 1m 的丝带，

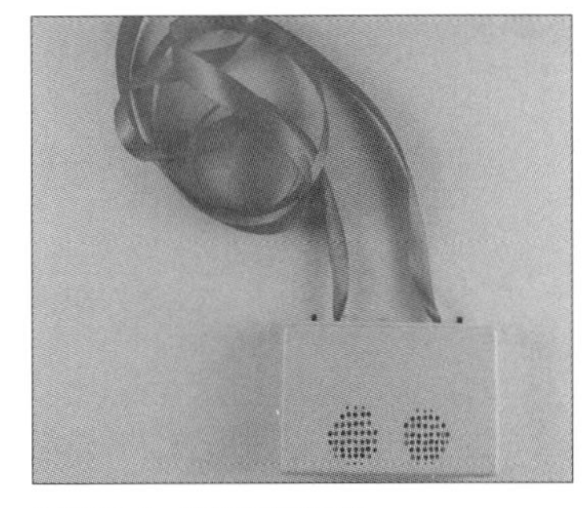

图 16 1m 距离报警器外观

在外壳再开 2 个小孔，将丝带固定在外壳上，这样整体安装好的 1m 距离报警器即制作完成，如图 16 所示。

制作完成后，你可以找一个时间到需要排队的地方（如超市）去试一试效果，我想你一定有不同的感受。

让人工神经网络学习音乐（3）

让人工神经网络学习即兴演奏

▍赵竞成（BG1FNN） 胡博扬

喜欢音乐的人可能也喜欢用乐器弹奏乐曲，甚至喜欢即兴演奏，能够即兴演奏说明已经具备了作曲能力，可以用音乐表达自己的心境或情感。那么人工神经网络能做到即兴演奏吗？我们不妨来试试。

神经网络模型及迭代生成乐曲的原理

这次搭建的神经网络比较简单，但预处理和后处理比较烦琐，所以我们将程序分为训练程序和应用程序。先看看训练程序 train_music_robot_gru.py，程序中构建网络结构的代码如程序 1 所示。

程序1

```
model = tf.keras.Sequential()
model.add(tf.keras.layers.
Embedding(vocabulary_length,
embedding_dimension, batch_input_
shape=[batch, None]))
model.add(tf.keras.layers.
GRU(recurrent_nn_units,
recurrent_activation='sigmoid',
return_sequences=True,
recurrent_initializer='glorot_
uniform',stateful=True))
model.add(tf.keras.layers.
Dense(vocabulary_length))
```

这是一个典型的 GRU 循环神经网络，包括 Embedding() 嵌入层、GRU() 循环网络层、Dense() 全连接层。与以往不同的是，这段代码放在函数 build_model() 中，调用这个函数即可实现模型实例化。

采用循环神经网络的理由是，训练数据不再是可以任意打乱的一个个独立音素的声音波形数据，而是前后有联系的音符序列。实际上，音乐和语言在本质上是相似的。让神经网络学习识别音色和音符，相当于让孩子认字，只要孩子认足够多的字就可以读课文，但孩子可能并不理解课文的内容。学会识别音符的神经网络实际上也不理解音符之间的关系。让神经网络学习作曲则相当于让孩子造句、写作文，孩子必须知道字词的含义和用法，学习作曲的神经网络起码也需要知道音符的特点及音符之间的关系。显然选择具有选择性记忆功能的循环神经网络是合适的。

循环神经网络的结构和原理在《无线电》杂志 2021 年 8 月开始连载的《让人工神经网络学习信号处理》一文中已有介绍，这里不再重复。但这次不是构成自动编码器，而是使用循环神经网络生成时间序列数据。举个例子，如果给出一个时间序列的前几个音符，例如 ['3+_1.0', '3+_0.5']，我们会希望神经网络能够预测出下一个音符是 ['2+_0.5']，这样就能知道这个时间序列的前 3 个音符是 ['3+_1.0','3+_0.5','2+_0.5']，再将这 3 个音符输入神经网络，希望它能预测出第 4 个音符是 ['1+_0.5']，依此类推，我们就可以得到乐曲的第 1 小节 ['3+_1.0','3+_0.5','2+_0.5','1+_0.5','2+_0.5','1+_0.5','7_0.5']。这不就是前面让人工神经网络识别乐曲部分举例的识别结果吗？但这次不是识别音符而是生成乐曲，也可以说是“机器作曲”吧！当然，要想实现这一目标，首先要让神经网络学习。为此需要记住一个概念，即“回溯深度”。

在上述过程中，如果只给出时间序列数据的第 1 个音符，回溯深度就是 1，神经网络得到的信息很有限，它的选择就会很随意；如果给出时间序列数据的前 *N* 个音符，回溯深度就是 *N*，*N* 越大，神经网络得到的信息就越多，它就有了选择“最佳搭档音符”的条件。

如今，“迭代”一词使用的频率很高，产品更新、软件升级都被称为迭代，但就算法而言，类似上述“机器作曲”的自主“进化”过程才是数学意义上的迭代。从某种意义上讲，训练的目的是让神经网络具备自主做出最佳选择的能力，这可是原本人类和智能生物才具有的能力。回溯深度是不是越大越好呢？当然不是，回溯深度越大，输入神经网络的过程就越长，耗费机时，而且容易束缚神经网络的“创新”。本文取回溯深度 sequence_length=20，即训练时每次“喂入”GRU 神经网络 20 个音符，而标签是它们后面的那个音符，训练目标则是让神经网络学会输出这个音符。

训练数据的预处理

在训练程序 train_music_robot_gru.py 中有比较详细的注释，这里仅就程序 2 所示的构建主词典进行补充说明。

程序2

```
index_to_musical = [4.0,3.0,2.0,1.5,
1.0,0.75,0.5,0.375,0.25,0.125]
index_to_vocabulary = [-20,-19,-18,
-17,-16,-15,-14,-13,-12,-11,-10,-9,
-8,-7,
-6,-5,-4,-3,-2,-1,0,1,2,3,4,5,6,7,
8,9,10,11,12,13,14,15,16,17,18,19,20
,21,22,
23,24,25,26,27,28]
index_to_musical_vocabulary = ['no']
#生成键，添加占位符'no'
for i in range(len(index_to_
musical)):
  for j in range(len(index_to_
vocabulary)):
    index_to_musical_vocabulary +=
[str(index_to_vocabulary[j]) + '_' +
str(index_to_musical[i])]
musical_vocabulary_to_index =
{char:index for index,
char in enumerate(index_to_musical_
vocabulary)}
#print(musical_vocabulary_to_index)
```

实现人机交换时需要使用合适的音符记录格式，但在程序内部往往需要计算，像“1+_0.5”是无法参与计算的，需要再做些变换。第 1 句代码定义音符时长序列，读者应该注意到其中包括了 10 个浮点音符，如 1.5、0.75 等，它们是可以直接参与计算的。第 2 句代码定义了一堆看不出名堂的整数，其实这些整数表示的是唱名。如果把唱名 do 对准序列的 1，那么 2 就是 re，这应该不难理解，但 8 表示哪个唱名呢？它代表高 8 度的 do。0 又代表哪个唱名呢？它代表低 8 度的 si。就是说，把不同音域的 7 个唱名按音阶由低到高排列，并以中音 do 对准 1，向低音侧按递减数列标记，向高音侧按递加数列标记，依次表示 7 个 8 度的共 49 个不同音高的唱名。这样定义的唱名似乎有些怪，但它们也是可以计算的，而且符合音乐普遍以中音为基准的传统（如标准音、中央 C 都定义在中音区）。需要避免歧义时，我们就将这样的唱名称为“计算唱名”吧。现在需要将唱名和时长组合起来，如果直接写出这些组合，足有 490 个，太长了，索性让第 4~7 句代码来循环完成吧。第 8 句代码生成以计算音符（即计算唱名与时长的组合，无歧义时也称为音符）为键，以序号为值的字典。有了这个字典，神经网络使用的音符数据（包括输入数据和标签），就可以用其在字典中的序号（数字）代替了。这是一个非常关键的处理，否则计算机不会认识我们造的“符号”。

训练数据是按列表保存的，由数据文件读取的数据集合 Datafile 仍是原来的列表，内容包括各乐曲的音符唱名、时长、音域序列等，形状稍显复杂。为便于计算，定义 4 个列表 musical_length、musical、vocabulary、base_num 分别表示乐曲各小节音符数以及各音符的时长、唱名、音域，并使用程序 3 所示代码提取相应数据。

程序3

```
song_length = len(datafile)
for m in range(song_length):
    musical_length += [datafile[m]
[0]]
    musical += [datafile[m][1]]
    vocabulary += [datafile[m][2]]
    base_num += [datafile[m][3]]
```

需要说明的是，song_length 是乐曲数，musical_length 的维度是 2，而 musical、vocabulary、base_num 的维度都是 3。如果你有疑问，恢复程序 2 最后一行被注释的打印语句，运行程序就可以显示它们的数值或形状，如下所示。

```
3000
(3000, 8)
(3000, 8, 20)
(3000, 8, 20)
(3000, 8, 20)
```

显然 3000 是乐曲数（依训练时实际使用的乐曲数而定），8 是每首乐曲的小节数，20 则是每小节的名义音符数。这意味着每次由 Datafile 取出并添加到 musical_length 中的是 8 个数字，表示该乐曲各小节的实际音符数，而添加到 musical、vocabulary、base_num 中的则是 8 组数据，分别表示该乐曲各小节的音符时长序列、唱名序列及音域序列。实际音符数不会大于名义音符数，这意味音符时长、唱名、音域 3 个序列中均可能包含无效数据（即填充的占位符），很多情况下尽管“容器”（程序变量）放的“东西”有多有少，但“容器”的大小只能是固定的。

需要固定大小的还有如程序 4 所示的例子。

程序4

```
for m in range(song_length): #遍历各
乐曲
  data_char = []
  for i in range(8):  #遍历各小节
    for j in range( musical_length[m]
[i]): #遍历各音符
      data_char += [str(vocabulary[m]
[i,j] + base_num[m][i,j] * 7) + '_' +
str(musical[m][i,j])]
      #合成字符音符
  data_char += data_char #扩大每个乐曲
的长度
  if len(data_char) < song_char_
length: #不足长度
    data_char += ['no'] * (song_char_
```

```
length = len(data_char))
  dataset_as_char += data_char # 加入字符音符数据集
```

继续使用这段代码准备训练数据。注意，第 4 句代码的循环控制参数是 musical_length，即遍历实际音符，目的是剔除无效数据。第 5 句代码是将音符时长序列、唱名序列、音域序列转化为前面讲的计算音符格式，利用已经建立的主字典可以进一步转换为神经网络认识并能处理的数字。第 6 句代码将乐曲重复一遍，即由每曲 8 小节变成每曲 16 小节，这样做并不是为了凑数，而是增加迭代机会。第 8 句代码将转换为计算音符格式的序列用占位符 no 补足到规定长度 song_char_length。song_char_length=10×16=160，16 是每首乐曲的小节数，10 是每小节的平均音符数。你可能要对前面是 20，但这里又是 10 进行吐槽了，但毕竟涉及的是两个不同目标的独立程序，生成训练数据时考虑得宽泛些，具体使用时则考虑得更实际些，应该算正常处理吧！

关于训练数据集

目前的神经网络学习方法是基于数据的，即需要通过大量乐谱数据，让神经网络自行从中“体会”和“梳理”乐理知识和作曲技巧。那么问题来了，到哪里去找大量的乐谱呢？笔者曾从网上下载过一些钢琴曲，希望设法分解主旋律、配乐、和弦等，遗憾的是并未如愿。另一个顾虑是“使用权限”，个人欣赏当然没有问题，但用于训练神经网络是否属于“合理使用”就不得而知了。自己弹奏虽是一种途径，即兴弹奏十几首，甚至几十首尚可，但不重复地弹出几千首就难上加难。无奈之下，还是寄希望于计算机编程，姑且不问“好不好”，先解决“有没有”吧。

基于 mido 生成符合音律要求的音符序列并不难，划分小节、处理音的强弱变化等也不难，这些前面已经实现了。虽然调式很复杂，但可以限制为 C 自然大调。难的是处理音符之间的高低关系和长短关系，并让其形成不同的节奏，至于涉及的乐曲主题和旋律，则更遥不可及。所幸笔者的努力尚有结果，能为读者提供由 6000 首不重复的钢琴曲片段构成的训练数据集，每曲 8 个小节，正常播放一遍大约需要 60 小时。

播放和编辑这个数据集的程序是 edit_music_dataset.py，该程序默认模式是连续播放数据集，为了“遮丑”添加了和弦，但不能取舍或修改数据。将程序中变量 play_control 的数值由 0 改为 1 即可进入编辑模式，该模式下逐曲播放，可以选择“确认”“放弃”“重放”或“修改”当前乐曲。修改时可在提示行输入修改内容，修改内容为下划线连接的小节序号、音符位置序号、按音符记录格式标记的新音符，如 2_3_4+_0.5 是将第 2 小节的第 3 个音符修改为 4+_0.5。如果改动音符时长，那么就会影响小节和整曲的时长，调整起来有点烦，因此建议仅修改唱名为好（如 2_3_4+），实际上听感不佳的主要原因多是唱名衔接不够和谐。显然修改功能并不友好，但笔者的本意是希望选择“确认”或“放弃”，并不主张修改，因为那样费时且极易出错。如果能从 6000 首曲子中选出 3000 首曲子即可满足个性化的训练要求（笔者也是取其中 3000 首曲子作为训练模型的，不过并未筛选和修改）。但即使这样，依然不可能一次完成，建议如程序 5 所示修改代码以便分段实施。

程序5

```
song_length = len(datafile) #乐曲数
begin_song = 100 # 0
end_song = 200 # song_length
......
for m in range(begin_song,end_song):
musical_length += [datafile[m][0]]
......
```

这是拆分曲谱数据集的代码，缺省设置是 begin_song = 0，end_song 等于乐曲总数，即针对全曲进行筛选。如果改为 begin_song=100，end_song=200，那么只是取数据集的第 101~200 首进行筛选，下次再从第 201 首开始筛选，日积月累或许可以完成这项艰巨任务。

读者可以把这个程序改得更友好些，只是希望届时可以共享筛选出的数据，让大家玩得更开心。确认后的数据集默认另存为 dataset_revise0.dat 文件，大家应注意及时改名保存，全部修改完再合并（Python 很擅长拆分和合并序列，可以练练手），训练时替换原有的 dataset0.dat。另外，如果是在预训练基础上继续训练，一定要使导入预训练权重和偏置的语句有效。

体验即兴弹奏

虽然已经听到了计算机生成的乐曲，但那毕竟是人通过程序控制生成的乐曲，并非机器自主迭代出的乐曲，最终还是要读者亲自验证曲子到底是不是神经网络的即兴演奏。实现即兴演奏的程序是 music_robot_gru.py，不妨先在 IDLE 中运行这个程序，第一次运行要等待一会儿，这是 Python 的特点，因为有些代码需要编译。运行程序，除显示网络结构等信息外，还会显示如下提示。

```
请输入：播放--1至3个引导音符(如1++_0.5 或 3+_0.25 ,5+_0.25), 重放--r, 退出--e:
```

不妨就按提示中的示例输入 1++_0.5，按回车键后，程序很快就能打印出一个生成的曲谱，如果计算机的声音是开启状态的，我们还能听到这首已经配上了和弦的乐曲。乐曲的第 1 个音符就是你输入的音符，后面的音符是神经网络迭代生成的。你可能认为这只是让神经网络记住了一些乐曲，但并没有体现出“即兴”的含义。那你可以换些引导音符，甚至重复输入相同的引导音符，看看它会不会演奏出不同的乐曲。乐曲的长短可能是几个小节，也可能是十几个小节；乐感可能有些，也可能不佳，这要取决于你输入的引导音符能否激起机器此时的“灵感”（玩笑！）。乐曲类型不敢妄下结论，但绝不会扰乱你的学习和生活，大致属于舒缓、令人放松的那种吧。

不管怎样，让神经网络学习即兴演奏的目标总算达到了，而且似乎比训练数据集的乐曲节奏变化更丰富些，不够和谐的声音也少了些，老师希望学生“青出于蓝而胜于蓝”，这当然也是笔者的愿望。我们怎么称呼它呢？就叫音乐机器人小叶吧，因为出身“业余”，创作水平也不够专业，但小小的“一叶之舟”也能搭载我们去探索计算音乐的奥妙。

应用程序

你可能会猜想它要构建音符与音符代码主词典，也要构建 GRU 循环神经网络，而且其结构参数都与训练程序相同，因为要直接导入训练程序的权重和偏置。应用程序的完整代码请参考程序 music_robot_gru.py，这些代码大家都已熟悉，无须赘述。程序 6 所示是迭代预测音符的函数。

程序6

```
def generate_text(model, start_
string, temperature, characters_to_
generate):
  input_string0 = [musical_
vocabulary_to_index.get(key_char)
for key_char
  in start_string]
  model.reset_states()
  generated = [] #保存生成序列
  for i in range(characters_to_
generate): #遍历输入序列
    input_string = tf.expand_
dims(input_string0, 0) #增加一个维度，
下标为0
    predictions = model(input_string)
#预测输出
    predictions = tf.squeeze
(predictions, 0) #删除下标为0的维度
    predictions = predictions /
temperature #确定随机程度
    predicted_id = tf.random.
categorical(logits=predictions,
    num_samples=1)[-1,0].numpy()
#确定预测音符的键值
    input_string0.append(predicted_
id) #将predicted_id添加到输入序列
    if len(input_string0) > input_
string_length_max: #最大回溯深度限制
    input_string_length = np.random.
randint(1, input_string_length_max)
    input_string0 = input_string0[-
input_string_length:] #舍弃前部音符
    generated.append(index_to_musical_
vocabulary[predicted_id])
    return start_string + generated
#返回包括引导音符序列的预测音符序列
```

第 2 句代码使用主字典，将输入的引导音符序列转换为音符代号序列。第 3 句代码的作用是“重置神经网络”，这是因为迭代操作需要连续调用模型。到这里基本完成了准备工作，下面则是迭代生成后续音符的循环，循环次数由调用时传递的参数 characters_to_generate 决定，程序设定的乐曲最大音符数为 96，扣除输入的引导音符数后即为这个循环次数。第 6 句代码增加 1 个维度，因为 GRU 需要指示批大小和输入序列长度。第 7 句代码预测了下一个音符，但这里的“音符”是与音符有关但又很难一句话说明白的一组数据，稍后再做解释吧。预测后自然要把添加的维度删除，这就是第 8 句代码的作用。第 9 句代码将预测结果 predictions 除以表征迭代随机性大小的参数 temperature，这个参数越小，表示迭代的随机性越小，反之则大，具体作用结合下面代码再进行解释。第 10 句代码使用 TensorFlow 的函数 random.categorical() 确定音符的键值，[-1,0] 指定采样对象并转换为 NumPy 数组。第 11 句代码将预测音符的键值添加到输入音符序列中，但如果输入音符序列长度超过最大回溯深度，就要舍弃前面的音符，这是第 14 句代码的作用，不过舍弃几个音符是随机确定的，目的也是增加迭代的随机性。第 15 句代码将预测音符添加到预测音符序列，这正是调用该函数的目的。这样说明有些抽象，先看看第 7 句代码预测结果（并经第 8 句代码处理）的“素颜”。

```
tf.Tensor(
[[ 4.03298950e+00 -1.83228171e+00
-1.46558821e+00 -2.19493461e+00
  -2.54262352e+00 -2.43006420e+00
-2.62808704e+00 -2.33442402e+00
……
  -1.49848032e+00 -2.18505073e+00
-2.20298219e+00 -2.14404702e+00
-2.17806458e+00 -2.38125682e+00
-2.25781345e+00]],
shape=(1, 491), dtype=float32)
```

你可能有些茫然，这些数据与音符有何关系呢？根据形状 shape=（1,491），可以知道数据为 1 组 491 个，其值有正有负，有大有小。还记得建立的字典吗？其元素也是 491 个，其实预测的就是下一个音符属于字典各个 key 可能性的表征，姑且称为概率吧（勉强！因为概率并无负值）。如何按照概率确定键值，当然可以

采取“赢者通吃”的原则，哪个概率大就取哪个概率对应的键值，但是否有例外呢？再看看第10句代码确定的键值：316, 315, 314, 264, 410, 211, 309, 310, 310, 311, 312, 313, 0, 0, ……

粗略查找可以发现，这些键值中确实有例外，只是数据量太大难以展示。为进一步说明到底有没有例外，以及影响例外发生的因素是什么，笔者特编写了程序7所示的试验代码。

程序7

```
import tensorflow as tf
import numpy as np
predictions = np.array([[1.1,
-3.0,-5.3,0.6,0.8]])
temperature = 0.1 #分别取值0.1和1.0进行比较
predictions = predictions /
temperature
predicted_id = []
for i in range(10): #采样10次
predict_id = tf.random.categorical
(logits=predictions,
num_samples=1)[-1,0].numpy()
  predicted_id.append(predict_id)
print(predicted_id)
```

这段代码与generate_text()函数第7句代码到第10句代码的功能是一致的，只是对predictions直接赋值，值也是有正有负，有大有小。两次运行结果如下。

```
[0, 0, 0, 0, 4, 0, 0, 0, 0, 0]
[0, 0, 0, 3, 0, 4, 3, 0, 1, 3]
```

第1次运行取temperature=0.1，结果是10次采样，9次为最大值1.1的下标0，1次为次大值0.8的下标4。可见例外确实存在，但基本上遵循“赢者通吃”的原则，采样的随机性并不高。第2次运行取temperature=1.0，结果是除最小值-5.3未被采样外，其他4个数均被采样。尽管最大值采样次数仍保持最多，但其他数值被采样的机会明显增加，即采样的随机性提高了。

“赢者通吃”原则保证迭代生成的音符属于“最佳匹配”，但缺乏多样性，如同老师出题让学生造句，全班同学造的句子都和示例一样，这种结果肯定不是老师希望看到的。对于模型预测结果的采样似乎也应该具有一定的多样性，这应该可以称为机器的“灵感”吧。也就是说，即使输入同样的引导音符，经过几十次迭代后生成的乐曲大概率并不相同，有“最佳匹配”，也有“次佳匹配”，丰富程度远超训练数据。人的灵感归根结底是源于外部环境的影响，机器目前还做不到，但能做到有些变化也是一种进步，或许人工智能今后可以由这里取得新的突破！

虽然基于神经网络迭代生成了最长96个音符的音符序列，并且可以演奏，但还不能按小节打印出来，因为神经网络并不会划分小节。这项工作远比预想的复杂，因为输入的引导音符序列并不一定是训练乐曲某小节的开始部分，迭代不可能按小节进行。即使碰巧引导音符序列就是某首训练乐曲的开始部分，由于迭代具有选择性和随机性，也不一定严格按训练乐曲的小节进行。

划分小节并进行调整的作业由程序music_robot_gru.py中定义的函数check_bar()完成，先看看它将要面对的几个主要问题。首先是附点音符与后续关联音符不应分割，如附点音符3+_1.5的后续音符一般是1个八分音符，或者2个十六分音符，这个音符组合一般应划在同一小节内。为此设置程序8所示代码标记附点音符组合，避免它们在划分小节时被拆分。

程序8

```
musical_dot = [0] * musical_length
for n in range(musical_length):
  key_value = bar_dot.get
(str(musical[n]))      #检索并取得键值
  if key_value != None: #键值有效
    if n < musical_length-1 and
musical[n+1] == key_value[0]:
      musical_dot[n] = 1 #标记不允许拆分
      n += 1            #跳过后续音符
    elif n < musical_length-2 and
musical[n+1]+musical[n+2] ==
      key_value[0]:
      musical_dot[n] = 2 #标记不可拆分，且后续音符数为2
      musical_dot[n+1] = 1 #标记不可拆分
      n += 2 #跳过后续2个音符
```

代码中的bar_dot是建立的附点音符字典，检索这个字典即可确定音符是否属于附点音符，其第1个键值即是与附点音符配对的后续音符时长，如果这些条件均符合，即可标记为不允许拆分的附点音符组合。程序9是划分小节的部分代码。

程序9

```
for n in range(musical_length):
#遍历音符序列
value += musical[n] #累计音符时长
if (n == musical_length - 1) or
(value >= 3.5 and value +
musical[n+1] > 4.0 and musical_dot[n]
== 0):
musical_check.append(musical[ptr_
begin:n+1])
vocabulary_check.append
(vocabulary[ptr_begin:n+1])
base_num_check.append(base_num[ptr_
begin:n+1])
musical_length_check.append(n + 1 -
ptr_begin)
```

第3句代码是划分小节的条件语句，第1个条件n==musical_length-1意味已到音符序列尾，划分小节（即结束小节）是理所当然的。第2个条件有点复杂，包括3个用and连接的具体条件，

value>=3.5 and value+musical[n+1]>4.0 规定了小节累计时长，显然 value=4.0 满足这个条件，musical_dot[n]==0 则排除了拆分附点音符组合。第 4、5、6 句提取属于该小节音符的完整信息，第 7 句代码记录该小节音符序列长度。

单独的附点音符也是 check_bar() 函数需要处理的问题，如 3+_1.5 的后续音符不是八分音符而是 1 个四分音符（可能是个意外迭代结果），这个附点音符将被拆分为 2 个非附点音符。再者是小节累计时长或小于 4 拍或大于 4 拍，无法凑成 4 拍，需要调整。还有就是训练数据中并无特定旋律的结束小节，致使迭代乐曲的结束小节往往并不符合乐曲收尾的要求，也需要适当处理。这些问题在生成的乐曲中可能只是个别现象，但很扎眼，check_bar() 函数对此均做了必要处理，限于篇幅不再一一说明，但感觉还可以继续改进、完善。另外，music_robot_gru.py 的大部分处理是在函数中实现的，如果你希望重复使用这些函数，也可参考 musicalsub.py 做成单独模块，算是一道自选题吧。

配和弦

最后需要说明的是配和弦的代码。其实识别乐曲时也加了和弦，放在这里一起说明，是因为目前配和弦还不是通过机器学习实现的，不希望有“喧宾夺主”之嫌。前面说过本文使用的乐曲局限于 C 自然大调，和弦也仅限于三和弦的 C、Dm、Em、F、G、Am、Bdim 这 7 种和弦的原位和弦，读者肯定会吐槽这些局限，但如果搞得再复杂些，估计连笔者都要被“劝退”了。为加和弦定义了程序 10 所示的二维列表 index_to_chord。

程序10

```
index_to_chord = [[1,3,5],
[2,4,6],[3,5,7],[4,6,8],[-2,0,1],
[-1,1,3],[0,2,4]]
index_to_chord_length = len(index_
to_chord)
```

列表中的数字与计算唱名的表示是一致的，如“8”表示高音 do，“0”表示低音 si，“-1”表示低音 la，“-2”表示低音 sol。依据什么加和弦有不同的说法，本文采用以累计时长为指标评估小节唱名与各和弦唱名重合度的方法，重合度计算代码如程序 11 所示。

程序11

```
chord_ = [0.0] * index_to_chord_
length
for k in range(7):
  if mus_[k] > 0.0:
  for m in range(index_to_chord_
length):
    if chord_seek[m].count(voc_[k])
> 0:
      chord_[m] += mus_[k]
chord_max_index = chord_.
index(max(chord_))
```

第 1 句代码对上述 7 种和弦的重合度列表清零。第 2 句代码遍历 7 个唱名。第 3 句代码的 mus_[k] 是预先统计的该小节 k 唱名的合计时长，如时长为 0（即不含 k 唱名）则不做处理。第 4 句代码遍历 7 种和弦。第 5 句代码在 chord_seek[m]（和弦字典的副本）中检索循环变量 k 对应的唱名，如果检索到则执行第 6 句代码，将该小节 k 唱名的合计时长计入和弦重合度列表。最后一句代码是取得和弦重合度列表中最大值的索引，即该小节适配和弦的索引。

修改这段代码还可以考虑其他影响因素（如主音、重音）配和弦，有兴趣的读者不妨试试。把和弦加到 MIDI 中需要增加音轨，且同样要确定唱名、时长、音域、音量等参数，并调用 play_note() 函数发送，限于篇幅不再赘述。其实不只是加和弦，只要能生成乐谱数据，结合前面介绍的内容还可以实现二重奏或是不同乐器的合奏，当然这还要取决于你掌握多少音乐知识。

小结

这部分主要介绍了基于 GRU 循环神经网络迭代生成乐曲的基本算法，其实这也是生成自然语言的基本算法。提供的 GRU 循环神经网络模型是经过预训练的，如果想提高模型的即兴演奏水平并赋予自己的个性，可以对提供的乐曲数据进行筛选或修改，或利用本文的乐曲识别模型生成自己喜爱的乐曲数据，并继续训练模型。如果你对加和弦有自己的想法，或者觉得程序界面太简陋，那就行动吧。

有的读者可能吐槽为什么不把识别乐曲和即兴演奏结合起来呢？真是有心人，前者相当于人的耳朵，后者相当人的嗓子，基本上具备用音乐交流的条件，起码玩“音乐接龙”不在话下。如果再增加一个能理解乐曲情感的神经网络分类模型，甚至实现“机器对歌”都不是梦，有道是“只有想不到的，没有做不到的！”

实现一个基于神经网络的音乐演奏机器人确实有些难度，能坚持到此的读者应该得到些额外“奖励”。笔者在调试程序 music_robot_gru.py 时，为免除反复输入引导音符之苦开了个“便门”，即只要将程序的某个参数值改为 1，音乐机器人小叶就可以在已经生成的乐曲中自动获取引导音符，并继续激发创作灵感为您不知疲倦地奉献几十甚至几百首不同的乐曲，不过这个“奖励”要自己去寻找哦！

喜欢创作的读者快来试试吧！

让人工神经网络学习音乐（4）
树莓派也能即兴演奏

▌赵竞成（BG1FNN） 胡博扬

网上有一个有趣的话题：树莓派能玩什么？从搭建一个家庭网站、私人Git服务器，到学习Linux、制作语音闹钟等，这些玩法各有特色，但应用其预装的Python 3做复杂的人工智能项目并不多见，做计算音乐更是难得，如果树莓派能多一种玩法岂不是很有意思？

意想不到的"烦恼"

树莓派原本是个廉价（现在并不廉价）的教育用小型计算机，与单片机相比，树莓派能运行Linux操作系统，树莓派4B已将Python 3作为其主要的开发语言并预装到系统镜像里。另外，Python是跨平台开发语言，在Windows下开发的Python应用程序移植到Linux系统应无障碍，但实际还是费了一番周折。

笔者手边的树莓派型号是4B，预装的是Python 2.7和Python 3.7.9，但安装TensorFlow 2.0.0时被拒绝，提示最高只能安装TensorFlow 1.14.0。更新pip、改换国内镜像源、下载tensorflow-2.0.0-cp37-none-linux_armv7l本地安装，种种尝试均无效果。问题可能出在系统镜像或预装的Python上，不过折腾它们不仅费时费力，还不一定能解决问题。踌躇中我想起有文献说明TensorFlow 1从1.10版开始就正式引入了动态图机制，只是TensorFlow 2默认自动开启，而TensorFlow 1需要手动开启。开启动态图机制Eager的代码如程序1所示。

程序1

```
import tensorflow as tf
tf.enable_eager_execution()
```

动态图机制是TensorFlow 2的主要改进，替换了以前先构建"运算图"，再建立"会话"、喂入数据并进行计算的机制，使Python等的数据和函数也可穿插其中，就是说在TensorFlow 2下开发的代码有可能在开启Eager的TensorFlow 1环境下运行。听起来有些别扭，一般是高版本兼容低版本的已有资源，反过来确实少见。其实这要感谢在TensorFlow上运行的高级API框架Keras，因为本文人工神经网络编程使用的正是Keras。笔者有一台旧笔记本电脑只能安装TensorFlow 1.5.1，为了加深对动态图机制的认识，我们可以用程序2所示的代码测试一下。

程序2

```
import tensorflow as tf
#tfe = tf.contrib.eager
#tfe.enable_eager_execution()
data = tf.constant([1,2,3]).numpy()
print(data.shape)
print(data)
```

先将第2句代码和第3句代码（TensorFlow 1.5打开动态图机制比较麻烦，需要2条语句）注释掉，即不打开动态图机制，运行结果如下。

```
Traceback (most recent call last):
  File " D:/UserFiles/Raspberry Pi/test_eager.py", line 8, in <module>
    data = tf.constant([1,2,3]).numpy()
AttributeError: 'Tensor' object has no attribute 'numpy'
>>>
```

出错原因是Tensor对象不支持numpy属性，即无法将其转换为Numpy数组。删除注释，将第2、第3句代码还原，即打开动态图机制，运行结果会有变化吗？

```
(3,)
[1 2 3]
>>>
```

以上是运行结果，可见结果不仅没有出错，而且打印出了Tensor对象的形状和数据。别小看这个变化，它说明TensorFlow 1.x确实由静态运算图机制转变为动态图机制。由此也可看出TensorFlow起码在1.5版时就引入了动态图机制进行测试，只是把它隐藏得更深些。这对无法安装TensorFlow 2的"古董级"计算机无疑是个好消息，因为我们不用再去学已经过季的运算图机制了。不妨试试你的老旧计算机能否打开TensorFlow 1.x的动态图机制，也许会有惊喜。

遇到的第2个"烦恼"是，树莓派读取在PC上训练得到的神经网络权重数据时出错，提示参数数量不一致。考虑操作系统的差别不应该导致这种错误，问题很可能还是出在TensorFlow版本上。笔者使用的树莓派配置并不完整，显示屏也不大，用起来实在不方便，所以决定还是在PC上分析原因。为此，笔者在PC上又复制了一个Linux虚拟机作为对比，并将原来安装的TensorFlow 2.0.0删除，改为安装TensorFlow 1.14.0，使其与树莓派的编程环境一致。运行原有虚拟机时，TensorFlow 2.0.0编程的GRU神经网络的模型信息如下。

```
Model: "sequential"
____________________________________________
Layer (type) Output Shape Param #
============================================
embedding (Embedding) (1, None, 256)
125696
____________________________________________
gru (GRU) (1, None, 1024) 3938304
____________________________________________
dense (Dense) (1, None, 491) 503275
============================================
Total params: 4,567,275
Trainable params: 4,567,275
Non-trainable params: 0
```

其中，显示GRU层的参数为3 938 304个，与Windows下的网络参数完全相同。运行模拟树莓派编程环境的虚拟机时，TensorFlow 1.14.0编程的GRU神经网络的模型信息如下。

```
Model: "sequential"
____________________________________________
Layer (type) Output Shape    Param #
============================================
embedding (Embedding) (1, None, 256)
125696
____________________________________________
gru (GRU) (1, None, 1024) 3935232
____________________________________________
dense (Dense) (1, None, 491) 503275
============================================
Total params: 4,564,203
Trainable params: 4,564,203
Non-trainable params: 0
```

显示GRU层的参数为3 935 232个，明显比前者少。确认出错是TensorFlow版本不同所致。没有办法，只能在复制的虚拟机上重新训练，然后将其移植到树莓派上使用。你也许想在树莓派上训练模型，笔者的经验是，在树莓派上训练BP、CNN等模型尚可，但训练GRU模型恐怕要累坏树莓派。

过了这两关，程序终于可以打印出曲谱了，但播放声音时又出错，提示不支持MIDI乐曲文件。迄今为止，我一直用Python的mido模块将曲谱数据变换为MIDI文件，但MIDI文件是基于MIDI乐器数字接口标准的，记录的只是哪个琴键被按下、持续了多长时间、力度如何等操作参数，并不是声音本身。

播放MIDI文件需要借助Python的另一个模块Pygame，但遗憾的是，Pygame在Linux系统下只支持WAV、MP3等格式，并不支持MIDI！熟悉树莓派开发的读者，可能会想到采用MIDI播放硬件模块，但这与本文学习Python人工神经网络技术的初衷并不一致，还是坚持编程解决吧。为此，一是寻找其他支持MIDI的Python模块（注意不是播放软件），二是编程WAV声音波形生成代码，将就Linux系统下的Pygame模块。前者在网上寻找无果，没有可用的工具，只好造个工具，不过还是那句话：先解决有没有，再解决好不好。

造个生成声音波形文件的工具

读者对声音波形应该不陌生，《无线电》杂志2021年8月开始连载的《让人工神经网络学习信号处理》中就对波形进行了讲解，本文的训练数据也多来自音符的波形。生成声音波形的方法，一是合成，即根据声音的频谱由相应频率的简单波形合成，优点是通用性好，只需要保存不同乐器的频谱参数就可生成不同乐器的波形数据；二是由已有的或录制的声音片段拼接，这种方法的优点是声音真实，但占用的计算机资源较多，难以保存各种乐器的波形数据。本文制作仅限于钢琴曲，需要保存的波形数据量并不大，且树莓派4B支持的Micro SD卡容量高达32GB，占用几十兆容量应无问题。

确定方案后，首先就是找乐曲的声音波形数据，当然还是限定于钢琴曲。不少读者会想到前面使用过的数据生成程序create_tone_mid.py，不错，我们就是用它生成各个音符的MIDI文件，然后用软件将MIDI文件转换为WAV声音波形文件。先看看程序3所示的代码。

程序3

```
def verse(track):
  for i in range(7):
    base_num = i - 3
    #最低：低3个八度，最高：高3个八度
    play_note(1, 4.0, track, base_num) # do，4拍
    play_note(2, 4.0, track, base_num) # re，4拍
    ......
    play_note(7, 4.0, track, base_num) # si，4拍
```

这段代码似曾相识，但第2句代码的循环次数由6增加为7，即音域扩展为以中音为中心的7个八度，原因是这些数据是被动使用的，涉及的音域有可能更宽。还有一些不同之处，音符时长由1拍改为4拍，原因是为了避免拼接音符时长。同一音符的声音片段拼接时容易产生噪声，需要控制好声音的衰减过程，就是说由1拍数据延长为4拍时需要小心处理，而从4拍数据中截取1拍数据只是举手之劳，当然代价是大大增加了数据量。

另外，将MIDI文件转换为WAV声音波形文件时，选择采样率为44 100Hz，因为使用这些数据不再为识别什么，而是为了重构音乐。修改后的程序命名为create_mid_raspi.py，放在下载包的

RasPi目录下，生成的MIDI数据和转换后的WAV数据分别放在RasPi目录下的MIDI目录和WAV目录内，有兴趣的读者可以参考。

直接使用这个WAV波形数据显然有问题，因为它包含不同音符的数据，起码需要适当切割开，否则难以引用。这项处理由cut_wave_raspi.py程序完成，程序很简单，看看程序4所示的切片参数吧。

程序4

```
beat = 4 #音符时长4拍
bpm = 90 #速度
vocabulary_sum = 49 #7个唱名，7个八度
sampling_rate = 44100 #采样频率
slice_sum = 16 #每个音符切片数
sampling_sum = int(sampling_rate * 60
/ bpm * beat) #每个音符的采样数=117600
data_length = sampling_sum *
vocabulary_sum  #总有效采样数
slice_length = sampling_sum // slice_
sum  #每个切片的采样数：7350
```

第5句代码规定每个音符的切片数为16。每个音符时长为4拍，故每个切片为0.25拍，即十六分音符，这也是本项制作中乐曲时长的最小分配单位（哎，受伤害的总是可怜的三十二分音符）。第6句代码是每个音符的采样数，高达117 600，已经远超8位CPU的寻址能力，但对树莓派不过是毛毛雨。第7句代码的sampling_sum称为总有效采样数，因为WAV文件的数据实际上还包括首、尾部的空白部分，其长度大于sampling_sum，需要从中提取有效数据。熟悉WAV格式的读者会想到如何处理左、右声道，由MIDI转换的WAV波形数据确实是有2个声道，程序5所示代码可分别取出左、右声道的波形数据。

程序5

```
datause = np.frombuffer(datawav,dtype
= np.short)
datause.shape = -1,2
# 改变形状（2个声道）
datause = datause.T
```

这是wavread( )函数的部分内容，wavread( )函数用于读取WAV文件并提取参数和数据。第1句代码中的datawav是左、右声道波形数据序列，Numpy的frombuffer( )函数实现量化并将二进制数据转换为16bit整数数组。第2、3句代码用于改变数据形状并将数组转置，分别得到两个声道的波形数据序列。显然这里2个声道的数据是完全相同的，只使用其中1个声道数据即可。需要注意的是，保存的并不是WAV文件，而是形状为唱名、切片序号、切片数据的3维数组（称为音符切片数组吧），使用时还可以原样读回，这种读写结构化数据的便捷性要归功于pickle模块的dumo( )函数和load( )函数。

如何使用这个3维数组呢？树莓派的人工神经网络即兴演奏应用程序名为music_robot_gru_raspi.py，其大部分代码与music_robot_gru.py相同，但程序6所示函数除名称保留外，代码则完全不同。

程序6

```
def play_note(voc, mus, base):
  voc_index = voc + base * 7 + 20
  length = int(mus / 0.25 + 0.01)
  #切片数
  if voc > 0:
    wave_slice = index_wave_slice[voc_
index][0:length][0:]
  else: #未使用
    wave_slice = [0] * 7350 * length
#切片长度=7350
  return wave_slice
```

在程序music_robot_gru.py中，这原本是向mido音轨发送音符的函数，构建的是乐曲的MIDI文件；在程序music_robot_gru_raspi.py中改为返回一个音符的波形数据，构建的是乐曲的WAV声音波形文件。第2句代码计算音符唱名在音符切片数组唱名维度上的序号，因为中音do（base=0）的序号为21（又碰到了计算唱名），故应加20调整并对准。第3句代码根据音符拍数计算应提取的切片数，如音符为1拍，则应提取4个切片。第5句代码按计算唱名序号和切片数由读回的音符切片数组index_wave_slice提取波形数据。第7句代码实现一段空白波形数据，作为今后备用的休止符。调用play_note( )的依然是verse_play( )函数和verse_chord_play( )函数（均未做改动），并分别返回整个乐曲及和弦的波形数据。下面看看程序7所示调用verse_play( )函数并加入和弦的代码。

程序7

```
verse_play(musical_keep, vocabulary_
keep, base_num_keep,musical_length_
keep, bar_number)
wave_slice_length = len(wave_data)
verse_chord_play(musical_
keep, vocabulary_keep, base_num_
keep,musical_length_keep, bar_number)
wave_chord_data = np.reshape(wave_
chord_data,
(3, wave_slice_length, slice_length))
# 改变形状
wave_data = np.array(wave_data)
for m in range(3):
wave_data += np.array(wave_chord_
data[m])
wave_data = np.reshape(wave_data,
(wave_slice_length * slice_length))
wave_data = list(zip(wave_data, wave_
data))
wave_data = np.reshape(wave_data,
(wave_slice_length * 2, slice_
length))
```

代码中的musical_keep、vocabulary_keep、base_num_keep分别是神经网络模型生成乐曲的音符时长、唱名、音域序列，musical_length_keep是音符数序列，bar_number为小节数。第1句代码生成乐曲的波形数据序列；第

3句代码生成和弦的波形数据序列；第4句代码调整数据形状；第5句代码转换为Numpy数组，因为Python列表相加是元素连接，而Numpy数组相加才是元素相加；第6、第7句代码将三和弦序列元素（音符波形数据）与乐曲序列的对应元素一一相加（合成）；第9句代码使用Python的zip()函数将wave_data和wave_data（没错，是2个wave_data）的对应元素打包为元组，最终构成左、右声道相同的波形数据；为此，第8句代码先将wave_data展开，打包后再由第10句代码恢复为切片序号。10句代码实现了如此多的复杂处理，这正是Python的魅力。到此这个工具也算基本造好了，当然还可以把它打包成一个独立模块，供其他程序使用，有兴趣的读者可以继续完善。

部署到树莓派！

上述开发其实都是在PC上做的，尽管在Linux虚拟机上建立的Python环境与树莓派的预装环境基本相同，但真的部署到树莓派，程序是否能正常运行还是一个未知数。

下载包里除在Windows下运行的程序和数据，还有一个Ubuntu目录，树莓派的代码和数据均在这个目录下。读者可以先将下载包复制到Windows系统中，再借助专用软件将Ubuntu目录复制到树莓派中，笔者使用的是名为WinSCP的软件，目录名称可在复制后一并更改。

需要说明的是，树莓派并不使用Ubuntu目录下的训练程序train_music_robot_gru_raspi.py，存储容量紧张时可以删除；该目录的子目录名称和数据文件名称一般不更改，否则还要更改相应程序中的路径和文件名称。尝试修改或继续训练模型时，需要将Ubuntu目录复制到Linux虚拟机下，训练和验证均可在Linux虚拟机上进行，但如果希望树莓派使用新的训练结果，一定要将新的权重文件复制到树莓派上。另外，各程序涉及的数据均保存在该程序所在目录的子目录下，但下载包RasPi\dataset目录下的wave_data.dat切片数据是跨操作系统的，即它在Windows系统下生成，但其使用程序在Linux系统下，故重新生成数据后，需要将其复制到使用该数据的程序所在系统，请注意核对文件名称以免出错。wave_data.dat切片数据无疑与弹奏速度相关，为此分别生成了60、75、90这3种节拍数的切片数据，默认使用每分钟节拍数为75的切片数据，读者可按自己喜欢的弹奏速度进行选择，只是切片数据名称要改为wave_data.dat。

树莓派的优点是小巧，但直接操作并不方便，一般是将其作为主机，将PC作为终端机，通过终端软件连接并远程操作，笔者使用的终端软件是putty。PC与树莓派的连接方式可以是串口、以太网、Wi-Fi，笔者使用Wi-Fi连接。当然，如果配置稍大些的触摸屏，单独运行也是可行的。树莓派的具体操作在其附带的资料中有详细介绍，这里不再赘述。

图1所示是配置7英寸显示屏的树莓派运行music_robot_gru_raspi.py的结果，不仅能清楚地显示音乐机器人小叶（笔者给音乐机器人起的名字）创作的曲谱（尽管查看整个曲谱还是需要上下滑动），而且由连接在树莓派音频接口的小音箱播放出乐曲。

你可能要问音乐机器人小叶的创作水平到底如何？笔者实在没有能力评价。有道是“名师出高徒”，笔者不过是兴趣稍微广泛些的业余爱好者，自然“教”不出高徒。音乐是艺术，源远流长，博大精深，但信息技术也在不断进步，希望音乐机器人小叶的创作水平在广大爱好者的手中不断提高，我也深信在人工智能迅速走向大众的时代，各具特色的音乐机器人一定不会缺席。

图1 树莓派在即兴演奏

结语

有很多喜欢音乐的年轻人，使用计算机软件“玩”音乐的年轻人也不少，使用Python创作音乐的年轻人也不乏其人，但以音乐素材为数据集，学习、进阶人工神经网络的人或许不多见，其实选择音乐作为进阶人工神经网络的突破口是相当不错的。

之所以做这些，首先当然是爱好，它会在崎岖、艰难的科学探索之路上给你提供无尽的力量；其次，无线电、电子领域爱好者都不同程度地熟悉信号和信号处理，对一帧一帧探究音乐奥秘具有得天独厚的优势；再次，音乐与语音很相近，但又不像语音发音那样多变，既可充分借鉴语音处理的经典方法，也可实现“端到端”的解决方案，为继续向语音识别进军打下基础；最后，音乐与自然语言有很多共同点，音乐除了具有声音属性外，还具有时间序列符号属性，前者相当于自然语言的语音，后者相当于自然语言的文字，或许是继续进阶NLP相对容易攀爬的探索之路吧。

多数人关注音乐本身，但尚未关注到音乐与技术的结合，这似乎还是一片“净土”，正是玩家的乐园，祝大家玩得开心并有所收获。

回归纯粹，德生 PL-320 收音机使用体验

▌收音机评论译介

2022年10月19日，国内知名收音机企业德生公司推出了一款新品，即PL-320全波段高灵敏度便携式收音机（包装见图1）。感谢德生公司的信赖，我于9月12日就收到了测试样机，协助他们开展测试工作，看看能否找到一些软件或其他方面尚待改进或优化的问题。在撰写本文的前几天，我特意咨询了德生公司，证实我手里的这台测试样机与目前正式量产的机器没有什么差别，所以，本文所述内容普遍适用于广大读者手中的PL-320收音机。

回归纯粹的新产品

当 PL-320 处于研发阶段时，德生公司董事长梁伟先生曾多次在不同场合公开表示，即将问世的 PL-320 是一款“回归纯粹”收音机的新产品。大家不禁会问，难道德生还推出过很多“不纯粹”的收音机？答案是肯定的。

近些年，随着用户需求的多样化，很多人已经不满足于收音机单纯提供接收广播信号的功能，希望搭载更多符合时代潮流、更实用的功能，例如蓝牙、插卡播放等。德生公司在这个方向的试水要追溯到2011年，PL-398MP“全波段＋插卡播放”收音机与广大消费者见面，而且破天荒地配备了按键照明功能。同时期，一起被研发的还有 PL-398BT，它的突出特点是“全波段＋蓝牙”。但 PL-398BT 没有在国内上市，只在海外销售了一段时间，目前已经停产。

此后，德生公司在普及型收音机中开始尝试“调频收音机＋插卡播放”的设计方案，先后推出了α3、A6、d3、Q3、ICR-100、ICR-110等机型。直到2019年，德生公司终于在高端旗舰收音机上搭载插卡播放和蓝牙功能，代表作就是 PL-990 与 H-501（见图2），均为“全波段＋插卡播放＋蓝牙”的设计模式，实现了一机多用，多功能集一身，省去了额外配备 MP3 播放器和蓝牙音箱的烦恼，市场反映良好。

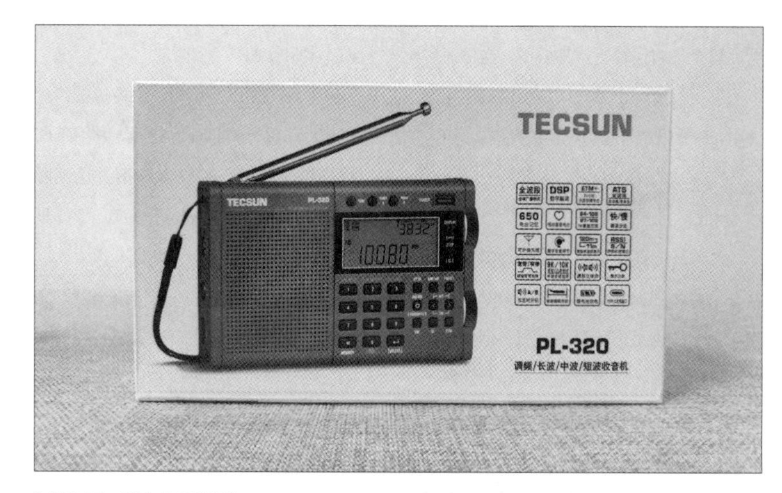

▌图1 PL-320 收音机包装

▌图2 德生 H-501

正因为在传统收音机上“叠罗汉”式的加功能，一部分收音机爱好者认为，德生收音机似乎变得“不纯粹”了，已经背离了自己的初心，变成了“四不像”。其实，这种反对的声音由来已久，从2011年 PL-398MP 浮出水面的时候，反对的声音就不绝于耳了。

实不相瞒，那时我也是反对阵营里的一员。回想当初，我朴素且浅薄地认为，

德生公司应该先把“本职工作”做好，在设备接收性能和做工品质等方面狠下功夫，等超越索尼、根德、松下等公司的同类产品之后，再考虑插卡播放和蓝牙等功能。我推测大多持反对意见的爱好者也是如此考量的。

时至今日，再去收音机论坛浏览关于PL-990、H-501等收音机的文章或帖子，仍有很多爱好者对德生公司在传统收音机上的“画蛇添足”感到不满，一再呼吁向“纯粹收音机”回归。

新款PL-320收音机就是在这样的背景下应运而生，是德生公司回应一部分收音机爱好者吁求的一种积极尝试与努力。

这款“回归纯粹”的新产品表现如何？我将从一名普通收音机用户的视角谈谈自己粗浅的使用体验。

外观与功能

德生PL-320的外观与前代产品PL-330很相似（见图3），只不过机壳四周的倒角更加圆润，而非PL-330那般的45°斜切角。

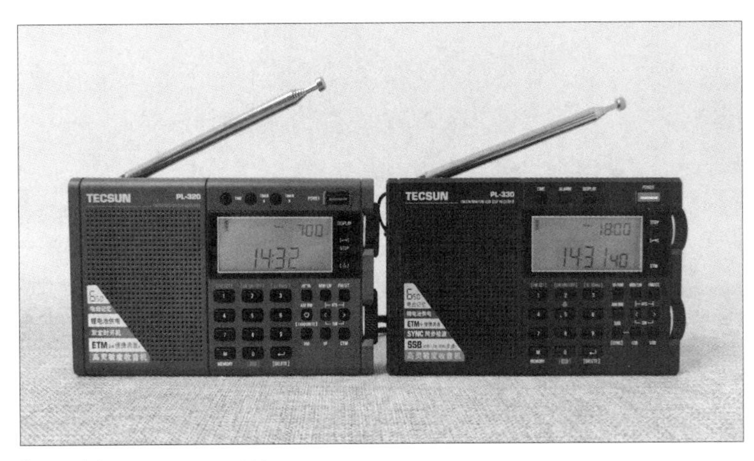

图3 德生PL-320和PL-330

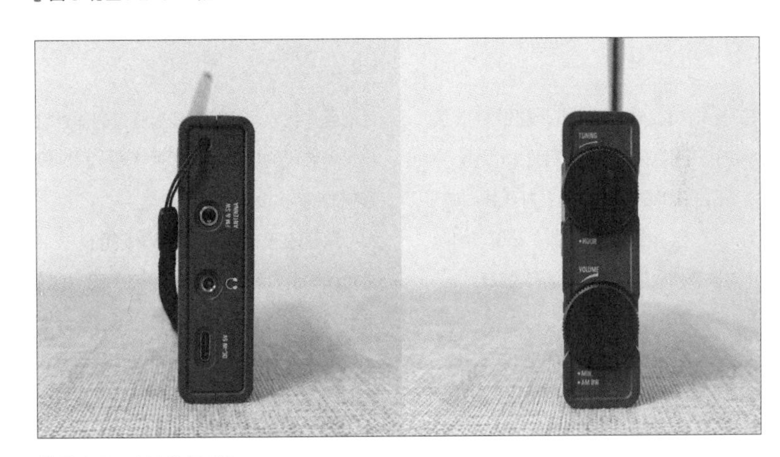
图4 PL-320机身两侧

前面板的按键、屏幕布局也与PL-330如出一辙，但是为了“回归纯粹”，PL-320取消了单边带和同步检波功能，不过新增了一个“喜爱的频率”功能，用户可以将自己最喜欢的电台存储到设备中。在任何波段下，短按带有心形图标的按键，就能快速、准确地调取自己最喜欢收听的电台，此功能适合每天固定收听一个频率的用户，比如即将参加中考、高考的学生。另外，用户不能删除最喜爱的频率，只能用新的频率覆盖掉之前的旧频率。此外，PL-320的按键更宽大、更突出，触摸感更明显，手感更好，不像PL-330的按键那样几乎与前机壳齐平。

PL-320机身左侧（见图4左）设有手绳、外接天线接口、耳机接口和USB Type-C外接电源接口。以前，广大用户诟病德生收音机外接电源接口不能与时俱进，例如S-8800和PL-880采用的是Mini USB接口、PL-990和H-501安装的是Micro USB接口，总是比主流接口慢一拍。新品PL-320终于跟上了时代步伐，大部分用户携机外出时，不用再另带一根数据线了。

PL-320机身右侧（见图4右）具有两个多功能飞梭，上面的飞梭可用来调谐频率、设定小时数；下面的飞梭可用来调节音量大小、设定分钟数、切换调幅带宽。这两个旋钮的手感并不是很好，转动时有卡顿的挡位感，但又给人一种松垮的感觉。既做不到PL-600、PL-660等收音机飞梭那般顺滑，又不像PL-310ET、PL-380等收音机飞梭那样卡位紧致、挡位感明晰，它的操控手感介于这两种飞梭之间。

图5 PL-320后机壳

PL-320后机壳（见图5）上有改善音质的导声孔、BL-5C电池仓和支撑背板。由于PL-330没有配备支撑背板，用户不得不自行选购支撑配件，并粘贴在后机壳上，因此招来了不少批评之声。德生公司

图6 倾斜放置的 PL-320

图7 德生 PL-320

在 PL-320 上展现了“知错能改”的态度，用户终于可以倾斜放置收音机了(见图6)。

PL-320 的顶部设有拉杆天线，共分为7节，全长约 49cm，能够 360° 旋转，用来改善调频和短波信号的接收效果。

PL-320 的规格为 13.9cm×8.5cm×2.6cm，在不装锂电池的情况下，重约 210g，整体非常小巧，方便用户随身携带。

PL-320 的标配附件有 BL-5C 锂电池 1 块、立体声耳机 1 副、USB Type-C 数据线 1 根、保护套 1 个、说明书 1 份，这款收音机的官方指导价格是 288 元。

接收性能

在收音机的各个波段中，我个人比较偏爱短波，仿佛只有在那种伴随着沙沙声的节目中，才能找回手捧德生 R-1212A 收音机，在午夜捕捉空中电波的青葱岁月，这算是情怀给我留下的一个“后遗症”吧。

长久以来，我始终坚信“没有对比就没有优劣”的观念，单纯把玩一台收音机，往往无法推断出它的接收性能。为此，我选取了德生 PL-330 作为衡量 PL-320 收音机接收性能的参照物。这两款机器大小相同、功能相近、定位相似、价格差距不大，最关键的是，PL-330 是一款经过市场，尤其是广大收音机爱好者检验过的优秀机型，各波段的接收性能都很优秀，是比较理想的横向对比的对象。

需要注意的是，PL-330 使用的 DSP 芯片型号是 Si4735，而新品 PL-320 的内置 DSP 芯片型号为 Si4734。我也好奇这两款芯片在实际使用中有没有明显的差异。

在相同收听环境、相同设置的条件下，我分别选择了 15360kHz、13640kHz、11610kHz、9620kHz、7430kHz 和 6115kHz 6 个短波频率进行细致的聆听，反复进行对比，结果是两机的接收效果基本相同。不过，由于 PL-320 的扬声器外放声音略微发暖，一定程度上拉低了语音清晰度，所以听感上 PL-330 要更清晰一些。

然后，我又在不同时间段对比 PL-320 与 PL-330 的中波和调频接收性能，结果与在短波波段的表现类似，二者难分伯仲。由于本地几乎接收不到长波信号，而且国内也没有此类长波广播电台，所以无法判断这两款收音机的长波接收性能，这个任务就留给欧洲的玩家吧！

作为两款基于不同 DSP 芯片的收音机，它们在实验室内的精密测量仪器上表现或许有些差异，但在我们日常生活的收听环境中，很难精准判断二者孰优孰劣。根据我多轮对比测试的结果，我认为 PL-320 与 PL-330 在扬声器外放音质上的差别要高于两者在接收性能上的差别。接下来，我谈一下两款收音机的音质表现。

音质表现

我已向德生公司工作人员求证，PL-320 与 PL-330 的内置扬声器规格相同，但是，后机壳上导音孔的开孔形状、大小有差别，导致两个收音机的扬声器外放音质略有差异。

从我个人的听感来说，PL-320 收音机的扬声器外放音质比 PL-330 圆润和饱满一点儿，用来听音乐效果会好一点儿。相比之下，PL-330 的扬声器声音略微干硬，用它听语音类节目，能保证具有较好的语音清晰度，效果略好于 PL-320。总之，对于阻抗为 8Ω、功率为 0.25W 的小扬声器来说，提出过高的音质要求也不太现实。我曾经尝试用 PL-320 与 PL-330 外接德生 B50 便携式蓝牙音箱，这样的组合效果还是很不错的。

PL-320 的耳机输出音质没有让我失望，打开收音机，插上普通的阻抗为 32Ω 的立体声耳机，将收音机的音量调到 0，此时耳机几乎没有底噪，声音较为干净。非常适合喜欢在夜深人静时，戴着耳机收听高品质调频广播节目的朋友，较低的底噪与宁静的夜晚相得益彰。换作其他普通收音机，犹如细雨般沙沙的底噪声，只能让人“乘兴而来，败兴而去”。

新亮点

作为一款没有搭载插卡、蓝牙、单边带、同步检波功能的“纯粹”收音机，德生 PL-320（见图 7）除了上文提到的“喜爱的频率”功能、USB Type-C 外接电源接口、支撑背板外，还有哪些拿得出手的新亮点呢？在我看来，新亮点还包括下述几个方面。

第一，它新增了一项前所未有的新功能，即用户可以自行设定 ETM 检索电台的信号阈值。这个功能在此前的德生系列收音机中见所未见、闻所未闻。具体操作方法是：在开机状态下，在任何一个波段，长按数字按键 5，此时屏幕右上角信号强度与信噪比的位置会出现一组数字，我手中的这台测试样机的默认数值是 2808。然后转动上面的飞梭，前两个表示信号强度的数字会发生变化，同理，转动下面的飞梭，后两个表示信噪比的数字也会相应改变。

如果你只想听强台，你可以保持这个数值不变；如果你想将强台、弱台、极弱台“一网打尽”，你可以将这两个数值调低一些，例如将信号强度的阈值调整为 20 或更低，将信噪比的阈值调整为 04 或更低。然而，这是一把双刃剑，调得太低的话，PL-320 的 ETM 功能会锁定一些没有信号的空频率，比如极强信号的邻频。至于调到多少才合适，需要用户自己不断摸索和尝试。此外，还需注意信号强度最高值为 30，最低值为 08，信噪比的最高值为 20，最低值为 01。这个功能给予了用户最大自由度，用户可以根据自己的收听偏好来设定 ETM 功能的灵敏度，可高可低。另外，调频、中波和短波，任何一个波段都能进行独立调整，互不干扰。

第二，用户可以将 PL-320 收音机 ETM 得到的频率转存到 P0 页的地址中，PL-330 则做不到这一点，ETM 得到的频率和已存频率是严格分开的，不能跨功能转存。PL-320 在进行跨功能转存时，如果已存频率中有相同的频率，则默认覆盖掉该频率，不会出现 P0 页有两个相同频率的现象。

第三，二次改进后的 ETM 功能检索的频率范围比 PL-330 更宽了。PL-320 的 ETM 功能可以实现 11450~13900kHz、14500~17000kHz 的连续搜索。而 PL-330 在这个频率区间，ETM 的检索范围是 11450~12200kHz、13500~13900kHz、15000~15900kHz。两者相比，PL-320 多出来的检索频率范围是 12200~13500kHz、15900~17000kHz。在这个扩展频率区间内，大家可以额外收听一些电台。然而，这也带来了一个不便：延长了 ETM 的时长。我简单测算过，PL-320 在短波波段完成一次 ETM，耗时大约 188s，而 PL-330 收音机完成这项工作耗时大约 130s。对比下来，PL-320 整整慢了将近 1min。

第四，频率整理功能有了新改进。用户可以独立地整理已存频率和 ETM 得到的频率。在关机状态下，长按数字按键 0，是整理已存频率；长按 ETM 按键，是整理ETM 得到的频率。频率整理更有针对性，同时节省了时间。

除了上述 4 个主要的方面，PL-320 的新亮点还有调幅带宽有了新变化。在 PL-330 收音机上，长波和中波的可选带宽为 2.5kHz、3.5kHz 和 9kHz，短波可选带宽为 2.5kHz、3.5kHz 和 5kHz，单边带可选带宽为 0.5kHz、1.2kHz、2.2kHz、3kHz 和 4kHz。在 PL-320 上，调幅带宽统一调整为 2.5kHz、3.5 kHz、5kHz 和 9kHz 4 种。在关机的状态下，长按屏幕背光照明按键，PL-320 会开启常亮模式，而 PL-330 做不到这一点。PL-320 具有两组定时开机（闹钟）功能，而 PL-330 只有一组。

值得一提的是，PL-320 还带有许多隐藏的“彩蛋”，例如在关机状态下，长按 VM 按键，待屏幕显示全部信息后，在屏幕右上角会显示机器固件版本号，我这台测试样机的固件版本为 3202；在中波波段，长按数字按键 3，能够启用外接天线接口接收中波信号的功能；在关机状态下，长按数字按键 8，能启用或关闭时间的读秒功能。在 PL-330 上适用的调整最大音量、更改静音门槛的“彩蛋”在 PL-320 上同样好用。而且 PL-320 新增了一个 PL-330 没有的“彩蛋”，在短波波段，ETM 结束后，长按数字按键 2，PL-320 会自动删除 ETM 得到的虚假频率，保留真正有广播信号的频率，进一步提高了 ETM 检索的准确度。至于还有没有其他更好玩儿的“彩蛋”，尚待广大收音机爱好者们发掘。

结语

综上所述，尽管 PL-320 的售价不足 300 元，但它的各波段接收性能令人满意，足以应对绝大多数的收听需求。对于那些极弱、极难接收的信号，要么给它外接一副高性能室外天线，要么由 PL-990、H-501 等高端收音机来承接这项任务。纵使它没有保留 PL-330 所配备的单边带和同步检波功能，但新增的多个亮点功能也弥补了这个缺憾。

行文至此，可以回答文首提出的问题了，我认为 PL-320“回归纯粹”收音机是成功的，如果一并解决了由来已久的各波段调谐静音问题的话，那就功德圆满了。期待德生公司的下一款产品，让我们拭目以待！

身边的电池（上）

杨法（BD4AAF）

电池在现代电气化生活中无处不在，大到新能源汽车和传统汽车，小到数码产品和遥控器，都离不开电池。便携电子产品、数码产品、通信产品基本也离不开电池。对于无线电爱好者，电池更是亲密的朋友。虽然现在大部分手机改用不可拆卸的内置电池，使独立电池减少了出镜的机会，但电池的作用丝毫没有减小。电池形式多样，性能各异。在合订本上册的《二次电池充电的那些事儿》一文中我们介绍了不同类型二次电池的充电方法，本文就来聊一聊身边形形色色的电池，看看这些电池都有哪些特性。

干电池

干电池是一种伏打电池，其内部电解液为糊状，不含流动液体，故长久以来都被称为“干电池”（见图1）。干电池是大众接触最早，也是应用最为广泛的消费类小型电池。在民用场合，干电池最早用于手电和便携收音机，后来广泛应用于各类小型电子产品，例如日常生活中的石英钟、遥控器、电动玩具、无线鼠标/键盘等。

民用通用干电池以圆柱状为主，以体积划分型号，常见的有5号（AA）、7号（AAA）、1号、2号、9号（AAAA）。此外，还有其他形状的干电池。仪器万用表使用的是矩形的9V电池和15V叠层电池，叠层电池由多节电池串联起来。

干电池以材料和化学反应分为普通酸性锌锰电池（俗称“锌锰电池”“碳性电池”）、碱性锌锰电池（俗称“碱性电池”）、兼容锂电池。普通酸性锌锰电池标号为R6，后缀S表示普通标准型、后缀P表示高功率型、后缀C表示高容量型。碱性锌锰电池标号为LR6（见图2）。

图1 常见干电池

普通酸性锌锰电池历史悠久，工艺成熟，制造技术门槛低，目前主打低成本。普通酸性锌锰电池的性能不断提高，新技术、新配方旨在提高电池容量、降低自放电（保存时间更久）、绿色环保（不含汞）、减少漏液以提高外壳耐腐蚀性能。

由于化学配方和结构的改变，碱性电池在电池容量、内阻、自放电率、抗漏液性能方面均有显著提高。虽然碱性电池比普通酸性锌锰电池贵不少，但对比两者的平均使用时间，可发现碱性电池并不算贵。无论是小电流长期放电，还是短时大电流放电，碱性电池都有很好的特性，碱性电池早已是高档电子产品和仪器设备首选的非充电电池。

干电池一般回避标称电池容量，这可能也是历来的一个传统。在外观上，锌锰电池与碱性电池没有差别；在质量上，碱性电池使用钢外壳所以重一些。区别两种电池最简单的方法就是看电池标号，有LR6字样的是碱性电池。

兼容传统干电池的一次性锂电池崭露

图2 碱性电池LR6标号

头角，它与普通电池的外形和输出电压一致（1.5V输出），可直接兼容使用。由于使用了新技术、新材料，这种电池更加环保（无汞无镉），不容易漏液（优化外壳设计），电量显著增加（比充电镍氢电池容量还成倍提升）。兼容一次性锂电池性能优良，只是初期价格较高（是碱性电池的数倍），制造厂家少，宣传广告少，所以尚未普及使用。另外，锌锰干电池不只有圆柱形，还有纽扣形等。

干电池属于一次性电池，不支持充电反复使用。实际上，很多干电池不是只能单次放电，只是充电容易造成漏液等问题，故厂商标称：单次使用不得充电。现在支持充电的镍氢电池价格不高，如果需要充电还是建议购买专用的镍氢充电电池。现代干电池相对镍氢电池有保存时间长（不少产品有效期可长达10年，见

图 3 有效期 10 年的干电池

图 3）、拆封即用、容易获得、单价低的优点。作为储备物资和微功率用电器（如遥控器、普通备用小手电）供电，干电池还是首选。

电池漏液一直是一个困扰用户的问题。在常规干电池的电量用完后，电池内的化学物质对电池外壳的腐蚀加剧，时间一长容易出现漏液问题，泄漏的液体具有腐蚀性，轻则腐蚀电池仓极片和弹簧，重则腐蚀电路板，造成的损失往往远超电池自身价值。厂家早就关注了这个问题，并从电池外壳、密封工艺、电解液等多方面改进。由于涉及成本和技术，一些品牌的电池漏液问题相对严重。碱性电池的漏液问题要比廉价碳性电池的好很多，尤其是一些大牌产品特别注重这个问题，可谓一分价钱一分货，可见好电池不仅仅是容量大而已。

笔者曾买过大牌碱性电池，部分电池依然有漏液问题，不知道是否买到了假货？笔者的经验是，镍氢电池的漏液概率远远低于干电池的漏液概率，镍镉 / 镍氢电池几乎不会漏液。早期的一些镍镉 / 镍氢电池的正极会出现“冒盐”的情况，腐蚀电池仓极片，如今的大牌镍氢电池基本解决了这个问题。

干电池的代用与兼容

电池代用与兼容的原则是考虑输出电压和体积两大因素，同时还要考虑电池输出电流的能力。

普通酸性锌锰电池和碱性电池的输出电压都是 1.5V，可以相互兼容（见图 4），充电的镍氢 / 镍镉电池虽然输出电压略低一点，只有 1.2V（见图 5），但实际上，在大部分应用场合也兼容。上文中提到的 1.5V 输出的兼容锂电池也是可以代用的。市场上有些与 5 号干电池体积相同的锂电池，因其输出电压为 3.6V 或 3V，故不兼容，除非用电器支持很宽的电压输入范围。

只要不同型号干电池的输出电压一致，大多能代用。通常是用小体积的电池代替大体积的电池，如用 5 号干电池代替 1 号干电池，当然电池容量会因此缩小很多。不同体积的电池代用需要一个转换器（见图 6）以满足体积的适配需求。

假电池，顾名思义不是真正意义上的电池，本身不提供能量，只是占位而已，物理上相当于一条导线。在实际应用中，一个用电器设计安装 3 节干电池（1.5V × 3=4.5V），如果用户要安装一节同体积的 3.6V 锂电池，那么就需要搭配 2 节假电池来满足电池安装空间。电子爱好者使用这种方式较多。

很久以来，一些用电产品一直提示“仅使用碳性电池，勿使用碱性电池 / 镍氢电池等高功率电池，否则易烧毁电器”，其实该说法不具科学性。第一，碳性电池和碱性电池都输出 1.5V 电压，镍氢电池输出电压更低，不会因为电压过高而烧毁电器。第二，碱性电池和镍氢电池的内阻确实比碳性电池低一些，理论上输出电流会因此大一点，但实际差异很小，远不会危及用电器的安全。第三，高功率电池指的是电池支持大电流输出，大电流主要由负载的电阻而定，如果是小功率用电器，它的实际工作电流小（电阻大），电池是不可能提供高功率大电流输出的。

镍氢/镍镉电池

在消费类领域，镍镉 / 镍氢电池是在锂电池普及前最常见的可充电二次电池。镍镉 / 镍氢电池形式多样，最为大众熟悉的是类似 5 号和 7 号干电池外形的通用型产品。

1899 年，瑞典人 Waldemar Jungner 发明了镍镉电池。镍镉电池是最早上市的消费类可充电小型电池，其典型单体输出电压为 1.2V，充满电时电压接近 1.45V。镍镉电池具有支持大电流放电的特性，全

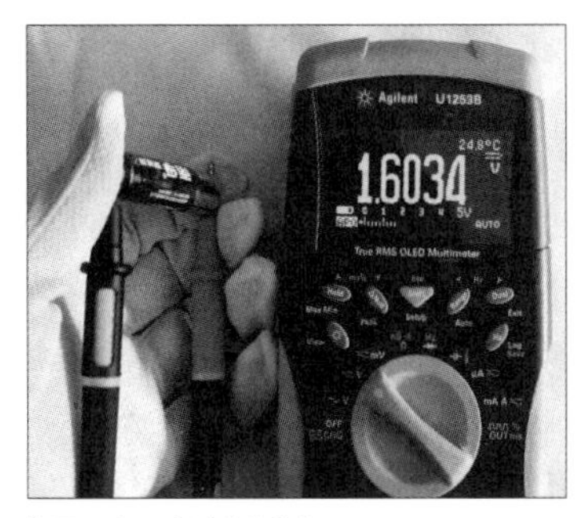

图 4 新干电池的空载电压

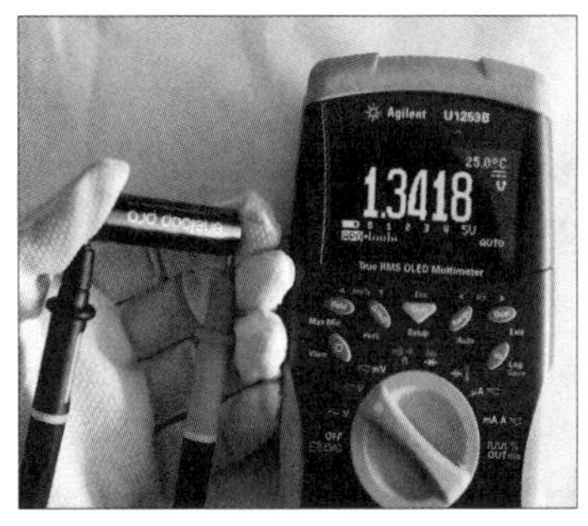

图 5 满电镍氢充电电池的空载电压

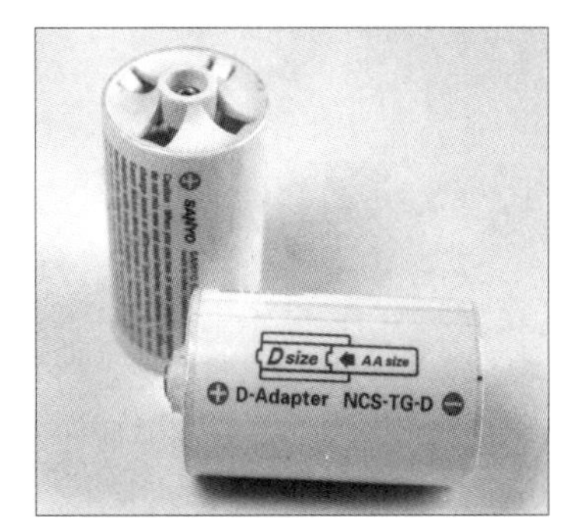

图 6 用 5 号干电池代替 1 号干电池的转换器

密封，免维护，同时具有较好的低温性能。除了在消费类电子产品领域，镍镉电池在专业的便携仪器、电动工具等工业领域都有大量应用。镍镉电池含重金属镉，对环境有污染，我们对废弃镍镉电池需谨慎处理。

镍镉电池具有“记忆效应”，如果长期在还有较多残留电量状态下为其充电，则会出现电池有效电量锐减的情况。厂家往往告知用户要“放光充满”，一些高级的充电器有手动和自动放电功能，由于早期可充电电池的价格较贵，所以用户使用起来总是小心翼翼，“记忆效应”的概念也由此深入人心。

镍氢电池是继镍镉电池后的新一代可充电电池（见图7），能量密度是镍镉电池的1.5倍以上，上市之初就以大容量为卖点。早期镍氢电池的容量高出镍镉电池50%以上，同时由于镍氢电池不含“镉”，所以更环保。镍氢电池的输出电压和放电特性与镍镉电池相似，在使用上两者完全兼容。

镍氢电池凭借自身电量大的优势在大部分领域逐渐取代了镍镉电池，同时更多的电池厂家投产镍氢电池，使镍氢电池的价格不比镍镉电池贵。虽然镍氢电池在体积能量密度比、寿命、质量方面不及锂电池，但在高倍率放电和耐过充、过放及安全性方面依然保持优势。

图7 5号镍氢可充电电池

镍氢电池也有“记忆效应”，只是比镍镉电池小很多，早期使用镍氢电池也被提示“放光充满”。已经出现记忆效应的电池可通过多次完全循环充放电加以修复。镍氢电池上市多年来，在技术上不断改进，包括外壳、电解质、电极材料等，表现在容量不断提升、自放电率减小、循环寿命提高、电池密封性提高、支持大电流充电等方面。5号镍氢电池（见图8）的容量从早期上市的800mAh不断升级到目前的2600mAh，可谓进步巨大。新技术的镍氢电池记忆效应已经很小，如今已基本不再提“放光充满”的使用要求。

镍氢电池在发展中也遇到了电池容量、自放电率、循环使用寿命三者相互制衡的问题。一度出现高容量电池、低自放电电池、长寿命高循环次数电池不同特性的产品。高容量5号镍氢电池的电容量可高至2600mAh，低自放电镍氢电池存放一年后还能保持85%电量，长寿命镍氢电池可循环使用2100次。

经过技术改进，近年来集高容量、低自放电、高循环寿命于一身的镍氢电池面世，虽然各方面性能尚达不到极致，但很好地平衡了各方性能，使镍氢电池成为一款性能均衡的产品。目前市场上主流的5号镍氢电池的容量在1600～2600mAh不等，价格也不同。镍氢电池的综合性能除了容量，自放电率、循环寿命也是重要指标。

镍氢/镍镉电池有使用寿命，随着充放电循环次数的增加，电池的容量会逐步下降，内阻会逐步增加（影响放电性能），最终出现“一充就满，一用就完”的现象。镍氢/镍镉电池的寿命与厂家制造工艺和用户使用方式及充电管理有着密切关系。厂家公布的电池寿命数据与测试方法有很大关系，包括放电循环深度。实践证明，

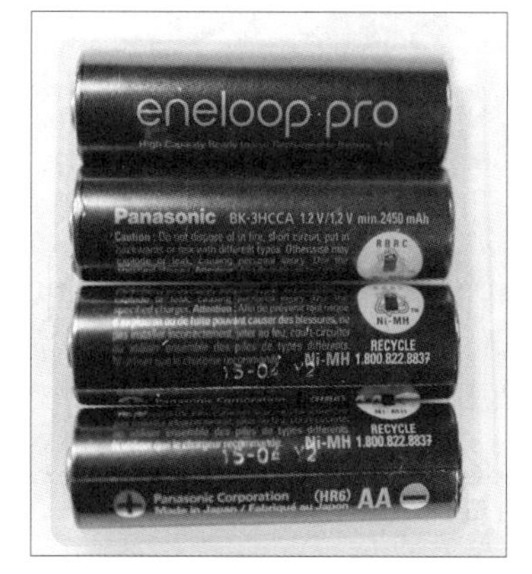

图8 高性能5号镍氢可充电电池

镍氢电池“浅充浅放”的寿命远大于完全充放电的寿命。

镍氢/镍镉电池除了应用在消费类领域，更多用在工业上，所以常见的圆柱状镍氢/镍镉电池有尖头和平头两种不同的外形。尖头电池适合独立使用，尖头部位能更好地与电池仓极片接触。平头电池适合工业制作电池组，平头部分提供更多的金属带焊接平面。

镍氢/镍镉电池外壳多用镀镍钢筒，在充电时电池内部有一定压力，过饱和充电时压力显著增大，为了避免爆炸，安装有排气的安全泄压阀。泄压阀的密封性能关系到电池的寿命。

镍氢/镍镉电池的容量是其重要性能指标，电池上明确标称容量。通常以毫安时（mAh）或安时（Ah）为单位表示，上述单位为复合单位，为电流与放电时间的乘积；也可能以瓦时（Wh）为单位，即电压、电流、放电时间的乘积，瓦时更能表征电池的容量。早期的镍镉5号电池的容量在500mAh左右，现代同体积的镍氢电池容量已可达2600mAh。

镍氢/镍镉电池虚标容量是市场上常见的现象，一些电池厂家标的容量数字非常离谱，比一流企业的顶级产品的容量还大出很多。一些电池厂家的技术和成本有限，但依旧追求电池的大容量，使用了过

时的大容量、高自放电、低寿命的技术生产电池。电子爱好者可使用具有电量测试功能的充放电器验证电池的实际容量，对于大众用户，还是选购大品牌的产品比较靠谱。

蓄电池

蓄电池俗称“电瓶”，是电池的鼻祖，具有悠久的历史，多年来凭借自身特点有着稳定的市场需求。蓄电池的技术与时俱进，有诸多改进后的新产品。厂家使用各种板栅新技术提高蓄电池寿命，增强蓄电池性能，防止板栅生长短路。

传统的电瓶是铅酸蓄电池（见图9），极板为铅或铅合金，电解质为稀硫酸。极板和隔板的性能以及电解质的纯度直接影响电瓶的内阻、放电性能和寿命。常见的铅酸蓄电池每格单元输出电压为2V，商品蓄电池按照输出电压需要将多组单元串联以提高输出电压，市场上常见的铅酸蓄电池有6V、12V、24V等规格，如果用户有更高电压需求，可继续串联使用。

铅酸蓄电池内部串联工艺有传统裸露型、穿墙型、跨接型，后两种方式具有电阻低和节省材料的优点。传统铅酸蓄电池具有容量大、输出电压平稳、支持瞬间大电流、工作温度宽泛、价格低的特点，所以广泛应用在传统汽车、辅助动力车辆及大中型电能储备领域。传统汽车启动需要较大的电流，这正好符合铅酸蓄电池支持瞬间大电流放电的特性。

传统铅酸蓄电池中的电解液以液态存在，在充电末期会产生气泡和水，并容易散发到空气中形成酸液损失，所以传统铅酸蓄电池需要定期进行人工维护，为其添加蒸馏水和稀硫酸电解液。由于存在液态电解液，传统铅酸蓄电池需要相对水平的工作状态，不能倒置或过分倾斜。另外，传统铅酸蓄电池散发出的酸雾能够对环境造成影响，还会腐蚀金属。不正确地使用传统铅酸蓄电池会导致极板硫化和机械断裂，使蓄电池容量下降，内阻增加甚至报废，传统铅酸蓄电池还存在意外爆炸的隐患。

全密封的蓄电池一改传统铅酸蓄电池的缺点，具有免维护的特点，也被称为“免维护蓄电池”。免维护蓄电池多种多样，但有一个基本特点——全密封。有的通过内循环和阀控技术将充电时产生的水循环利用，有的用胶体电解质，实现在使用中用户无须添加水或电解液的操作。现在主流的中小型免维护蓄电池大多采用胶体电解质，俗称固体电瓶，不但免维护，而且可以任意摆放工作位置。免维护蓄电池对环境影响小，适合在室内工作。大家生活中遇到的不间断电源UPS电池、助动车电池、高端汽车电瓶，都是此类免维护蓄电池。

有些车辆上会使用专用的AGM电瓶。这是一种使用玻纤隔板的阀控型电瓶，外部全密封，较普通电瓶具有更长的寿命和更高的可靠性，低温放电表现好，最主要具有放电能力强、支持大电流充电的特性。大部分带发动机启停功能的汽车会选用AGM电瓶，因为此类电瓶能承受大电流充放，实际使用寿命大幅优于普通电瓶。

卷绕式蓄电池是一种较新型的高性能蓄电池，具有内阻低、放电能力强、支持大电流充电的特性。卷绕式蓄电池为阀控密封高度贫液设计，可在任意位置摆放使用。卷绕式蓄电池的极板不是平面形式，而是采用螺旋卷绕技术，超薄的正极板和负极板螺旋卷绕成卷，电解质为之间的玻璃纤维网所吸附，具有极板有效表面积大的特点。每组电池单元为圆柱形，具有很好的结构稳定性。卷绕式蓄电池性能强悍，广泛应用于高端场合，如高档汽车等。卷绕式蓄电池外形比较容易识别，很多厂家都将每个卷绕电瓶单元外壳做成圆柱状组合，与普通电瓶的“方盒子”外形有明显的差异。

本文内容到这里就结束了，后续内容为大家介绍应用广泛的锂电池和身边名不见经传的纽扣电池。

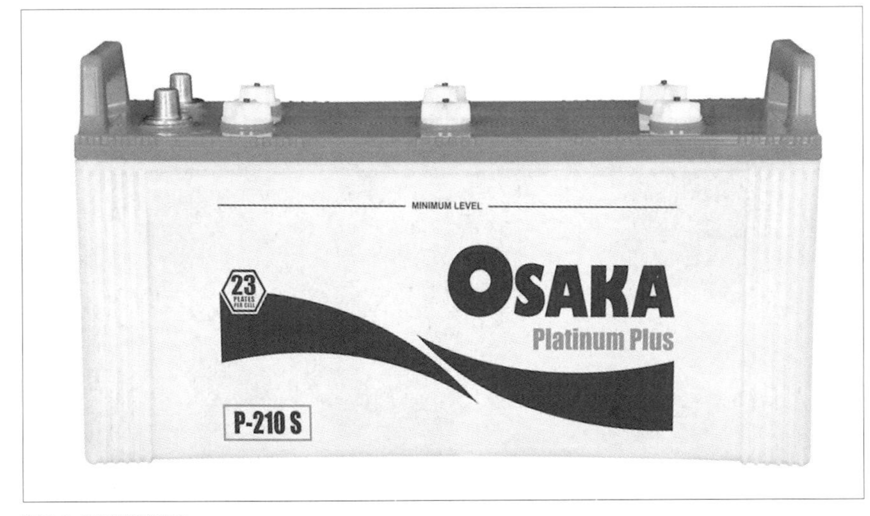

图9 传统铅酸蓄电池

身边的电池（下）

杨法（BD4AAF）

上文为大家介绍了我们身边常见的干电池和铅酸蓄电池，本文我们继续聊一聊如今当红的锂电池和“小不点”纽扣电池。

如今，锂电池广泛应用于手机、新能源电动汽车、中小型数码产品等，发展势头强劲。和过去的电池相比，锂电池具有污染小、能量密度高的特点，占领了很多传统电池的市场。锂电池的技术仍处于发展期，新技术、新产品会不断涌现。

并不是所有锂电池都能充电，锂电池分为一次性锂电池和可充电的锂离子二次电池。我们身边常见的一次性锂电池有锂电纽扣电池、CR123A、CR2 电池等，还有一些工业用一次性锂电池。在民用消费领域应用最多的一次性锂电池是 CR123A 电池（见图 1），它是锂锰电池，提供 3V 电压，特点是电容量大、可大电流放电、存储时间久，而且基本不漏液。单颗 CR123A 电池的容量在 1300~1600mAh，远比同体积的早期干电池的容量大。CR123A 电池可存放 10 年，比早期的干电池更适合用于应急储备，干电池的有效期延长到 10 年是近些年的新技术。CR123A 电池的价格向来比主流的 5 号干电池贵得多，所以只在高端场合应用，过去被广泛应用于中高档的照相机、闪光灯、医疗设备等。

CR2 电池的体积比 CR123A 电池的小，以前多用于小型照相机，现在已不多见。如今崭露头角的新星是与 5 号 /AA 电池兼容的一次性锂铁电池，它提供 1.5V 电压，卖点是电池容量高。这种与 AA 电池体积一致的 1.5V 锂铁电池还在普及中。

锂离子二次电池的类型众多，按照正极材料划分，常见的有钴酸锂（$LiCoO_2$）、锰酸锂（$LiMn_2O_4$）、钴锰混合、钛酸锂、三元材料（NMC）、磷酸铁锂（$LiFePO_4$）等，各自都有优缺点。早期锂离子二次电池的电解液主流为液体，如今有胶体和固体。聚合物锂电池是指使用聚合物作为电解质的锂电池。锂电池的外壳主要有镀镍钢壳和铝塑膜包装聚合物。

图 1 CR123A 一次性锂电池

早期锂电池的外壳多采用镀镍钢壳，且多为圆柱形，后期随着铝塑膜封装的广泛应用，锂电池的外形逐渐多变。早期的锂电池以钴酸锂为主，如今以三元（镍钴锰或镍钴铝）材料为主，使用镍钴锰复合材料可大大减少钴的用量。调节三元系锂电池正极材料 3 种化学元素的配比，可使其有不同的性能表现。解决了三元系锂电池输出电压较低等问题后，三元系锂电池大行其道，而且其安全性天然优于钴酸锂电池。如今，国内的新能源电动汽车所用的锂电池大部分选用的是三元系锂电池。

图 2 18650 锂电池

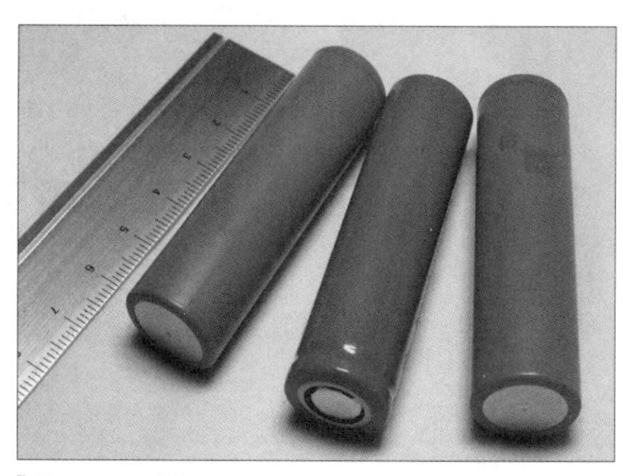
图 3 18650 电芯

动力型锂电池与容量型锂电池

锂离子二次电池按照用途和放电特性可分为动力型锂电池和容量型锂电池。高容量、高电压、低内阻、高安全性的电池是人们追求的目标，但限于科学技术，往往鱼与熊掌不可兼得。

动力型锂电池为适应大电流、高倍率放电应用设计，提供较高倍率的电流输出，如电动工具、新能源电动汽车、无人机等。动力型锂电池支持高倍率、大电流放电的同时也支持大电流快速充电。

容量型锂电池为适应放电倍率要求不高但注重续航时长的应用设计，提供尽可能高的容量，以获得更长的续航时间，应用于数码产品、常规手电筒、充电宝等。虽然动力型锂电池和容量型锂电池的主要化学材质一样，两者在外观上也没有较大差别，但正负极材料工艺、隔膜材料、电解液导电性有所不同，所以提供的性能也不同。

以大家熟悉的 18650 锂电池为例，目前主流的产品正极采用锂镍钴锰三元材料。动力型锂电池能够提供5C以上的放电率，支持 10A 甚至 30A 的放电电流，主流的中高端产品容量在 2600~3500mAh，内阻在 7~35mΩ。容量型电池大多能够提供 3C 的放电率，支持 2~4A 的持续放电电流，主流的中高端产品容量在 3000~3600mAh，内阻在 30~60mΩ。由此我们得到一个经验：可通过测量锂电池的内阻来验证电池是否为动力型。如果电池内阻较小，则可以在大电流输出时减小电池内部的电压降，提供较大的输出电流和电压。

形形色色的18650锂电池

大名鼎鼎的 18650 锂电池（见图 2）是当年 SONY 公司按照电池的外观尺寸定义的一种电池，由于其成本低廉、性能卓越，后来声名鹊起得以广泛应用。18650 锂电池的命名很简单，它的直径为 18mm，高度为 65mm，0 表示其电芯外形为圆柱形（见图 3）。根据上述命名规则可知，因被某品牌电动车大量应用而名噪一时的 21700 锂电池的直径为 21mm，高度为 70mm，外形为圆柱形。此外还有常见的锂电池型号 14500、16340、26650 等。理论上电池体积越大，容量越大，也可提供更大的放电电流。

65mm 高的 18650 锂电池是工业版本的标准型，电芯为平头（见图 4），如果加装尖头或者保护板，那么电池的整体高度就会有所增加。所幸很多产品的电池仓具有接触弹簧，有一定的长度容纳余量，稍微长一点的电池也能安装。有些用于手电或数码产品的 18650 锂电池甚至还加装了标准 USB 充电口，不需要专用的充电器，用 Mirco-USB 或 USB Type-C 线就能为其充电（见图 5）。

18650 锂电池与其他电池一样，可以通过串联提高电压，通过并联提高容量，典型的应用是笔记本电池组。18650 锂电池最初设计用于工业用途，并不是后来被用户直接当作干电池一样使用。工业版的标准型 18650 锂电池自身不含保护板，需要搭配电池保护板（见图 6）或整机电路的锂电保护电路工作。电池保护板可确保电芯不过充、不过流、不过放电。市面上有些为手电筒配套的 18650 一体电池加装了保护板，使其成为独立的消费类商品。

聚合物锂电池

聚合物锂电池是使用聚合物作为电解质的锂电池，主流产品使用胶体电解液。聚合物锂电池的标准输出电压为 3.7V，特点是安全性高（电芯不易起火，铝塑软包封装不会爆炸）、电池容量大、支持多种封装形式、质量轻、内阻小、不漏液。聚合物电池早就是手机电池的主力。

聚合物电芯的型号一般采用物理体积的厚、宽、高数据来命名。聚合物锂电池大多采用铝塑软包封装（见图 7），但不限于此，采用传统钢壳或铝壳包装也可以。

图 4 工业用 18650 平头电芯

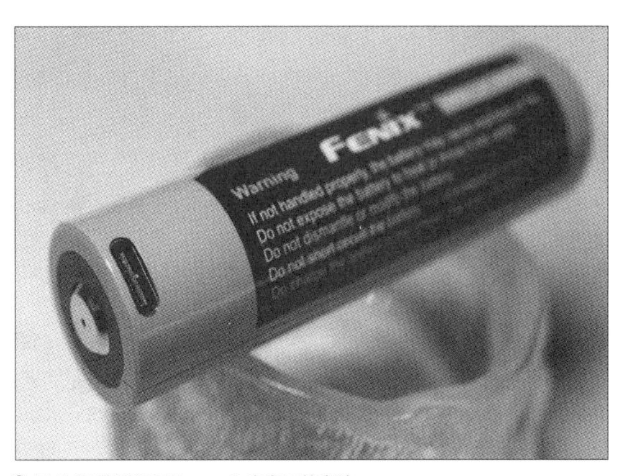

图 5 提供 USB Type-C 充电口的电池

软包封装内部结构，除了可以使用传统的卷绕式结构，还可以使用叠片式结构，这样可以将电池做得很薄。软包封装对电池外形没有限制，可定制特定体积和形状的电池。

当红磷酸铁锂电池

磷酸铁锂电池是以磷酸铁锂作为正极材料的锂离子二次电池，标准输出电压较低，为3.2V，特点是安全性高、寿命长、成本低、稳定性好、质量轻且环保（不含重金属），缺点是低温性能较差、放电电压较低。另外，磷酸铁锂电池抗高温，热失控温度普遍在500℃以上，显著好于三元系锂电池（不到300℃），使用过程中相对更安全。

新技术的磷酸铁锂电池具有与三元系锂电池接近的电池能量密度，明显优于铅酸蓄电池和镍氢/镍镉电池。磷酸铁锂电池凭借其放电特性适合作为动力电池使用，实际上有不少小型电动车已经在使用磷酸铁锂电池，其低成本和长寿命为应用厂家所看中。磷酸铁锂电池支持一二千次的循环使用寿命，拉低了平均使用成本，令人刮目相看。

锂离子二次电池的低温与高温表现

消费类市场上常规的锂离子二次电池在低温环境中表现不佳，主要体现在放电能力和容量下降。冬天，单反相机很快就“没电了”，而且冬天新能源汽车的单次充电行驶里程明显不及夏天，这些都是电池低温性能不佳的表现。常规的锂离子二次电池对高温也不太适应，表现为电池损耗增大、寿命缩短、故障率增高。在工业领域，有专为低温和高温设计的专用锂电池，以满足不同应用的需要。

锂电池的膨胀

锂电池的膨胀俗称“鼓包”，这是铝塑膜软包装锂电池特有的现象（见图8）。鼓包实质上是电池内部产生了大量气体，压力显著增大，铝塑膜软包装自身的刚性低、承受压力有限，所以外观更容易变形甚至破裂。锂电池发生鼓包表明内部已有损坏，其容量会大大减少，放电能力也会降低，只能做报废处理。

锂电池鼓包的原因有很多，有使用不当的问题，也有电池自身制造工艺和品质的问题。

常见的使用不当主要有过充和过放电。过充通常由充电器不佳或充电电路电压控制不精确导致。过放电通常由用电器长期微量耗电、电池内部自放电及保护电路板故障没有及时切断输出导致。此外，高温工作、外部短路、碰撞变形、封装表面破损也会导致电池鼓包。

电池品质问题主要体现在制造工艺和材料，常见的有封装不良、电芯含水超标、包装内部腐蚀、电池内部短路。有些制造品质不佳的锂电池即使不用，放一段时间后也鼓包了。

锂电池的存放

锂电池长期不用可常温存放，应避免高温，且湿度不能太高。在《无线电》杂志2022年6月刊登的《二次电池充电的那些事儿》一文中介绍过长期存放锂电池不宜满电，建议保持中低电量状态。实际操作过程中，用户较难掌握电池的实际电量，简单易行的方法就是测量锂电池的电压，一般存储电压推荐3.7~3.8V（随着电量比例的增加，锂电池电压也会逐步上升）。

锂电池的爆炸和燃烧

我们有时会在新闻中见到锂电池爆炸或燃烧的报道，可能对锂电池的安全性深感担忧。锂电池的安全性确实不及镍氢/镍镉电池和铅酸蓄电池，有条件的厂家会通过技术手段尽量避免相关事故的发生。

在物理意义上，电池爆炸是对压力的瞬间释放。锂电池爆炸需要两个要件，第一，爆炸前要有足够的压力；第二，要求压力瞬间释放。锂电池在充电后期及过充、短路时会产生大量气体，密闭电池内部空间压力陡增，这也是电池爆炸的第一要件。钢壳受力超过极限时会出现破裂，这是电池爆炸的第二要件。

前文提到主流锂电池有两类外壳包装，一类是钢壳，另一类是铝塑膜软包。铝塑膜外壳的承受压力有限，当电池内部压力

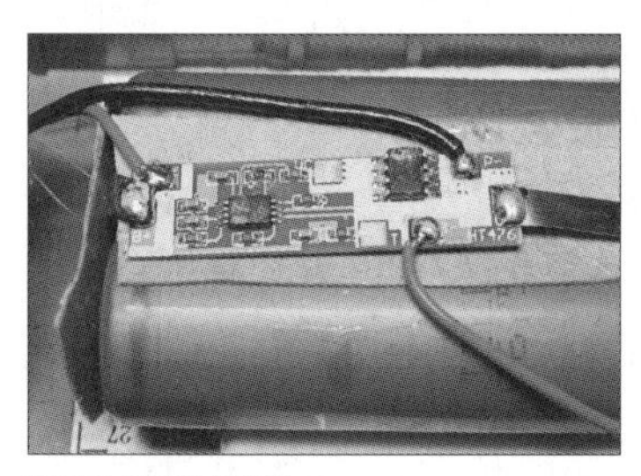
图6 锂电池保护板

图7 铝塑软包封装

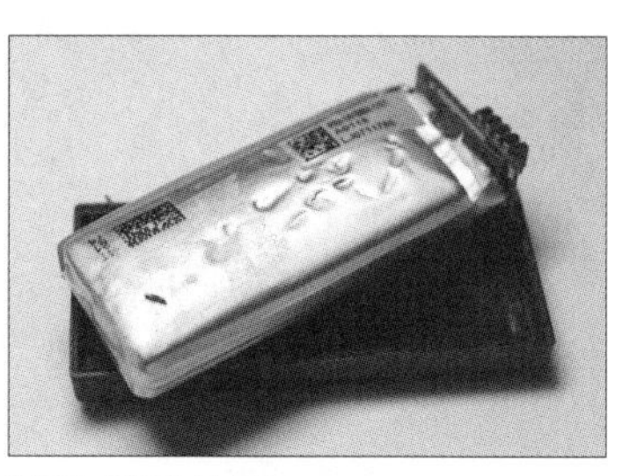
图8 膨胀的锂电池

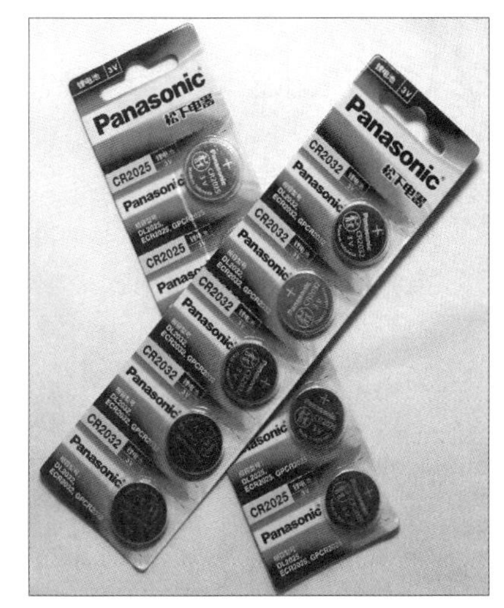

图 9 锂电纽扣电池

图 10 碱性纽扣电池

图 11 氧化银纽扣电池

较大时就会鼓包破裂，裂口自然会释放压力。虽然此举会使电池报废，但也将电池爆炸消灭在萌芽状态，所以铝塑膜软包装的锂电池理论上不会爆炸。钢壳可以承受很大压力，这就使爆炸成为可能。

常见的 18650 锂电池、21700 锂电池都是钢壳结构的。厂家早就预见了这个安全问题，所以在电池结构上，除了保证电池钢壳的耐压性，更在电池正极帽处设计了紧急排压阀 / 安全阀，其功能与厨房压力锅的紧急排压阀类似，当电池内部压力异常并超过警戒值时，抢在钢外壳破裂前将排压阀打开释放压力，避免发生爆炸。排压时动静不小，但避免了电池爆炸。当然，如果排压阀出故障，不能及时释放压力，压力继续攀升，那电池就危险了。

锂电池的燃烧是个令人头痛的问题，一旦大量电池燃烧，连专业的消防员都没有太好的应对方法。锂电池的燃烧大部分是因其短路，超大电流放电引起发热导致，也有外部处于高温环境或受到火烤引起。锂电池的短路分为电池外部短路和电池内部短路。电池外部短路多为负载短路或电池正极意外与导电的机壳（负极）触碰。电池内部短路大多是电池内部故障或电池受到外力变形及外壳被穿刺。正品锂电池通常在电池内部设计有电流熔断保险丝，这是电池防过流的最后防线。

纽扣电池

纽扣电池因外形扁平类似纽扣而得名，主要用于微功耗、持久供电场合。很多电子产品和电子仪器内部的时钟电路都靠纽扣电池长期供电。台式计算机主板的时钟和 CMOS 就是靠纽扣电池维持运行和记忆的。传统电子手表和石英手表也靠纽扣电池供电。

外形类似的纽扣电池材质不同，输出电压也不同，常见的有锂电纽扣电池（3V，见图 9）、锌锰纽扣电池（1.5V，包括碱性纽扣电池，见图 10）、氧化银纽扣电池（1.55V，见图 11）。还有一些扁平外形的镍氢 / 镍镉电池，主要用于早期仪器。很多高档石英表都会使用氧化银电池，因为这种电池放电平稳，只有在寿命快终结时，电压才会骤然下降，该特性对保证石英表走时精确很有益处。0 汞的概念也广泛体现在纽扣电池上，符合环保的理念。

早期，我国以 AG 开头标号纽扣电池，如今国际上流行以纽扣电池的化学材质为标号的开头，体积为标号数字。如常见的锂电池 CR2032 和 CR2025 就是直径为 20mm，厚度分别 3.2mm 和 2.5mm。有的纽扣电池，尤其是锌锰电池，由于出现得比较早，同一种电池，不同国家（地区）、不同时代会有不同的命名，如常见的 AG13/LR44/L1154/A76 其实都是同一种电池。纽扣电池的型号大多会刻在电池上，商品包装上也会有鲜明的标识，购买替换电池时寻找相同型号的一定没错。

主流的消费类电子产品使用纽扣电池时多采用电池座，在工业设备和很多仪器上则多用焊接方式提高稳定性。工业化的焊接采用点焊机，点焊是一种过流焊接，属于瞬间热熔接，对被焊工件影响小，广泛使用于电池组的制造。纽扣电池的外壳多为钢壳，普通电烙铁和锡料不易焊接。需要使用焊接引脚的纽扣电池时，建议在电子市场购买已点焊好引脚的产品。

品质不佳的纽扣电池有漏液的问题，锌锰纽扣电池更容易出现这个问题，同样会存在腐蚀电路板的隐患。选购知名品牌的纽扣电池，其品质和性能更有保障。

USB 数据电缆的那些事儿（上）

杨法（BD4AAF）

随着USB接口的广泛应用，USB数据电缆成为日常数码产品不可或缺的搭档。随着USB接口标准不断发展，USB数据电缆也与时俱进。如今，全新标准的USB Type-C电缆的结构和功能较以往的USB数据电缆更加复杂、多样、智能。很多新材料、新工艺、新设计、新功能不断出现在新款的USB数据电缆上。本文我们就来聊一聊USB数据电缆的那些事儿。

概述

USB 数据电缆（见图 1）本质上是用于连接 USB 主机（HOST）/ 供电方与客户端（Slave）或者设备（Device）的电缆，主要用于传输串行数据并且可以传输电力。随着使用 USB 接口的电源的广泛应用，包括手机在内的小型数码产品的充电应用的剧增，USB 数据电缆传输电力的功能越来越受到重视。

早期的 USB 数据电缆物理上由 USB 连接器（俗称“接口”）和线缆组成，一些较新的 USB 数据电缆增加了电路和芯片。USB 数据电缆在主机端主要是传统的 USB Type-A 连接器（见图 2）和较新的 USB Type-C 连接器（见图 3），在客户端常见的有 USB Type-B（早期常见于计算机外设，如打印机、扫描仪等，见图 4）、Mini USB（常见于数码产品与手机，见图 5）、Mirco USB（常见于新一代数码产品与手机，见图 6）、Mirco USB 3.0（常见于移动硬盘，见图 7）、Lighting（常见于苹果手机与数码产品，见图 8）等连接器。

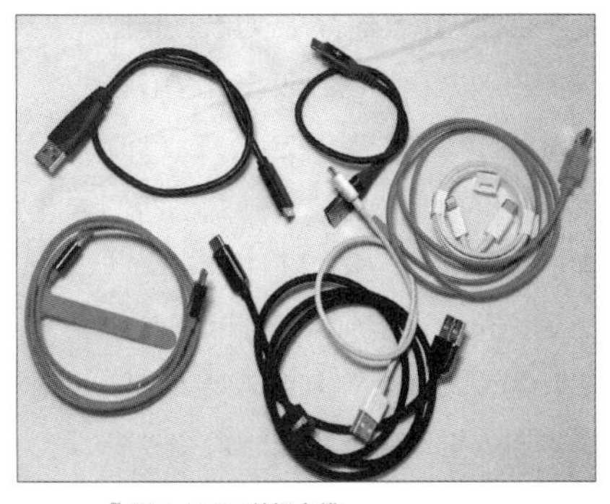

图 1 USB 数据电缆

Mirco USB 连接器的体积小，主流材质为不锈钢外壳，可插拔次数多，采用盲插结构设计，支持 USB 的 OTG 功能，其内部触点与 Mini USB 一样为 5Pin，所以 Mirco USB 渐渐取代了 Mini USB。Mirco USB 一度大量应用于安卓智能手机的数据 / 充电端口，所以在手机圈里也被称为“安卓口”。随着 USB Type-C 连接器的到来，其优越的特性包括多功能传输、智能识别、高速数据传输、大电流传输、无区分正反插等，全面碾压了 Mirco USB 连接器并逐渐取代。

Lighting 连接器为苹果数码产品专用。USB Type-C 为新一代通用 USB 连接器，大有取代之前的 USB Type-A、USB Type-B、Mini USB、Mirco USB 连接器之势。

USB电缆数据的传输性能

USB 电缆的数据传输速度与 USB 标准有关（见表 1）。

表 1 所示的传输速度为理论上支持的最高传输速度，但实际由于各种原因较难

图 2 USB Type-A 连接器

图 3 USB Type-C 连接器

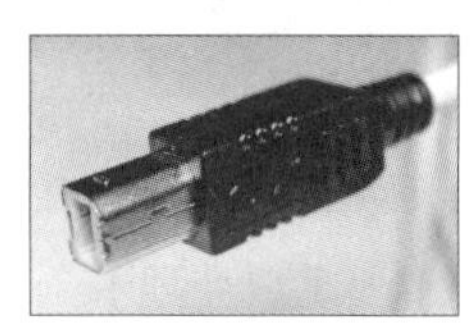

图 4 USB Type-B 连接器

图 5 Mini USB 连接器

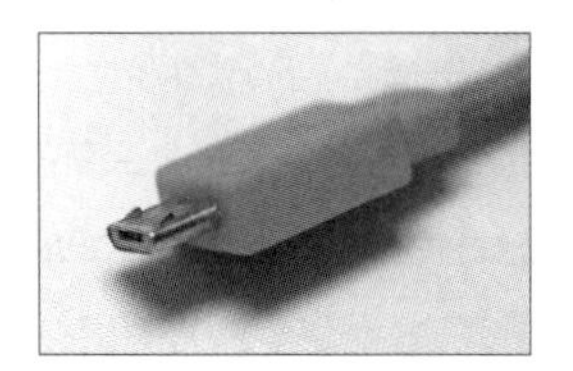

图 6 Mirco USB 连接器

图 7 Mirco USB 3.0 连接器

图 8 Lighting 连接器

表 1　USB 标准和传输速度

标准	最高传输速度	最高传输速度
USB 1.0	1.5Mbit/s	0.192MB/s
USB 1.1	12Mbit/s	1.5MB/s
USB 2.0 high speed	480Mbit/s	60MB/s
USB 3.0	5Gbit/s	640MB/s
USB 3.1 Gen1	—	—
USB 3.1 Gen2	10Gbit/s	1280MB/s
USB 3.2	20Gbit/s	2560MB/s
USB 4.0	40Gbit/s	5120MB/s

达到极限值。其中，除了存储器和接口芯片的读写能力，传输电缆的性能和接口连接器的性能也会影响到数据的传输速度和误码率。

首先，不同的连接器在设计之初就有传输上限。市场上一些做工不错的安卓手机的 Mirco USB 充电线的数据传输指标大部分标示支持 480Mbit/s 的传输速度，实际上就是 USB 2.0 标准。主流 USB 3.0 的移动硬盘接口使用的不是 Mirco USB 连接器，而是 Mirco USB 3.0，有时新款产品直接使用 USB Type-C 连接器。

其次，电缆的性能关系到高速数据传输误码率和传输速度上限。低速传输时，普通导线就能胜任，但随着传输数据的不断提升，数据线的串扰和外界干扰问题就逐渐显现出来，由此对线缆的结构和性能提出了越来越高的要求，包括导线数量、屏蔽结构、抗干扰性能。

USB数据电缆的电力传输性能

随着 USB 供电应用的增多和数码产品快速充电的兴起，USB 数据电缆作为电源供电线的应用逐渐变多。USB 供电向着高功率、大电流、高电压、智能化方向发展。对于相应的 USB 电缆要求承载更大的电流，一些电缆被要求传输 100W 电力，最大电流可达 5 ~ 6A。最新的 USB 连接电缆开始支持 240W 电力传输规格。传统的 USB 电压为 5V，随着快充概念的兴起，USB 快充电压不断被提升，继 9V、12V 后，目前 20V 已大量应用。

提高电压的目的是在保证传输总功率的前提下减小传输电流，可减少传输损耗、减少线体和连接点发热，这与高压输电原理一样。尽管在一些应用中，USB 传输电压已提升到 20V（最新标准中的电压更是增加到 28V、36V、48V），但依然属于低压直流电的范畴，对传统导线间的绝缘无甚压力。USB 快充中电流的提升对较细线缆有较大压力。早期的 USB 电缆电流传输预计最高不超过 2A，如今动辄 5A 的电流对导线输电能力新增考验。

导线传输直流电过流会引起线材温升等问题。使用较粗的铜线、镀锡铜线都是增加线缆传输电流能力的方法。但粗铜线在硬度、质量、便携性、成本方面都不友好。另外，纯铜线的过流能力要明显优于铝线、铁线、铜包铝线、铜包钢线，高纯度的无氧铜能降低线材内阻，使用多股导线线材能改善电缆硬度，增加手感。

线缆的内阻与导线长短有关，导线越长，内阻越大，物理上相当于电阻的串联结构。当然导线的内阻都是毫欧姆（mΩ）级别的，但即便是毫欧级电阻，依然会对大电流充电造成影响，所以大电流的 USB 快充线的长度一般在 2m 以下，主流快充线的长度为 1m 左右。

除了线材，大电流传输对连接器也有要求，由于传统的 Mirco USB 只有单组触点且触点面积较小，所以一般不推荐 2A 以上的电流传输。目前 USB 电缆大电流传输普遍为 USB Type-C 连接器，USB Type-C 物理上支持 20V 5A（电路实现需要配合芯片）供电。

USB Type-A 连接器早期设计并没有考虑到大电流供电，在 USB 2.0 的标准中供电最高规格为 5V/0.5A，即便在之后的 USB 3.0 标准中供电最高规格也仅为 5V 0.9A。尽管在后期，实际电力传输都有所突破。针对目前动辄 3A 以上的大电流传输，传统的 USB Type-A 连接器有些捉襟见肘。为了兼顾兼容性和实际大电流传输的需求，很多生产厂家对 USB Type-A 连接器加以改进以增加其电流传输能力。常见的增强设计会增加 USB Type-A 连接器左右两侧电力传输接触片的面积（见图 9），采用双触点和加宽金手指。

USB Type-C 连接器外形看似比 USB Type-A 的小，内部触点也没有 USB Type-A 的“粗壮”，但 USB Type-C 连接器的实际电流传输能力大于 USB Type-A 连接器。

USB 2.0电缆与USB 3.0电缆

USB 2.0 电缆与 USB 3.0 电缆的外形差别不大，但性能大为不同，成本和技术也大不一样。一个 USB 3.0 的设备与支持 USB 3.0 的主机，如果使用一根 USB 2.0 的数据电缆会使传输模式下降为 USB 2.0。USB 3.0 电缆兼容 USB 2.0 电缆的工作模式。

数据线与计算机或主机连接常用的 USB Type-A 连接器分 USB 2.0 与 USB 3.0，两者外观类似，用户最容易识别的是 USB 2.0 连接器，其接口内基片为黑色或白色，USB 3.0 连接器的内基片为蓝色（USB-IF 组织要求）。USB 2.0 连接

图 9　加大 USB Type-A 连接器两侧电源传输触片面积

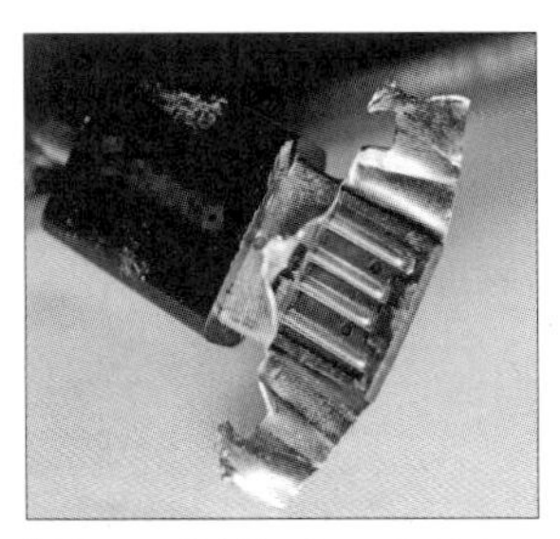

图10 4触点的USB 2.0 USB Type-A连接器

图11 4+5触点的USB 3.0 USB Type-A连接器

图12 不同颜色的USB连接器

器的内部为单排4个触点（见图10），USB 3.0连接器内部为前后两排，共9个触点（前排4个触点与USB 2.0兼容，后排新增5个触点）（见图11），USB 3.0连接器多出的5个触点分别为SSTX+、SSTX-、SSRX+、SSRX-、GND。

USB 3.0的高速数据传输在物理上需要专用的通道，USB 2.0从硬件结构上就不支持，所以不用指望USB 2.0能具有USB 3.0的高速传输性能。在USB 3.0用于USB 2.0的场合，实际只使用前排的4个触点。

虽然个人计算机和数码电子设备早已进入USB 3.0的时代，但出于工艺和成本，市场上很多USB数据电缆依然是按USB 2.0标准制造，包括很多外表看似“高级”的电缆。分辨USB 2.0数据电缆与USB 3.0数据电缆，一看接口的基片颜色，二看USB Type-A连接器内的触点分布。

USB接口颜色的含义

USB数据电缆计算机/主机端的USB Type-A连接器内的基片有多种颜色（见图12），不同的颜色代表不同性能（见表2）。

表2 USB Type-A基片颜色与含义

颜色	含义
黑色	USB 2.0/USB 1.1/USB 1.0
白色	USB 2.0/USB 1.1/USB 1.0
蓝色	USB 3.0/ USB 3.1 Gen1/2
黄色	关机可充电USB 2.0
红色	USB 3.2 Gen2
橙色	快速充电（企业定义）
紫色	快速充电（企业定义）

USB数据电缆的内部结构

USB数据电缆内部主要由导线、加强线（抗拉线）、金属编织网、铝箔屏蔽混编组成。

USB数据线的数据传输和电力传输需要导线完成。导线的粗细关系到电流传输承载能力和内阻。由于信号传输所需电流很小，而电力传输电流要求不断增加，所以很多USB专用线材使用较细的导线作为信号传输线，较粗的导线作为电力传输线。

同样直径的导线有单股线和多股线，多股线线体相对柔软，抗折性好，所以被USB数据电缆广泛使用。理论上同直径的多股线包含铜线数量越多，每条铜线越细越柔软，使用高纯度的无氧铜可制作出含铜丝数量相当高且柔软的多股线。导线包含铜丝的数量与直流电流承载能力没有直接的关系，导线的总截面积大小和材质才是关键因素。铜导线表面镀锡（看上去铜线呈银色），能提高承载直流电流的能力。铜导线表面镀银，成本高，对提高直流电流传输能力作用不大（在射频领域，由于射频信号传输有趋肤效应和银金属有高导电性，对减少传输损耗有明显的作用）。因为铜尤其是纯度较高的铜价格较高，所以劣质的USB数据电缆会先用内径细的铜线或者铝线、铜包钢等导线替代，导致USB数据电缆能用但内阻大、充电电流小、线材内部易断裂的问题。

不少厂家会用AWG表示数据线内部导线粗细规格。AWG（American Wire Gauge）是美国线规的简称，AWG值是导线直径的函数，数值越大表示导线越细。通常标准USB电缆推荐使用28AWG线材，对于大电流传输的电缆，推荐电流传输电线使用更粗的26AWG（1A）、24AWG（2A）、22AWG（3A）、20AWG（5A）规格。实际USB线材用到24AWG或22AWG线材已经算是用料扎实的了。

加强线一般采用棉质或尼龙材质，自身不导电，起到增加线材抗拉强度的作用。高级的线材除了有独立的加强线，每条导线中也会夹杂尼龙加强线。

线材的屏蔽性能主要靠金属编织网、包裹铝箔、螺纹管实现，现代新技术也有使用石墨烯作为轻薄屏蔽材料的。屏蔽可减小外界信号和相邻导线传输的干扰。屏蔽结构有线材整体屏蔽和内部导线独立屏蔽，还有多重屏蔽。多重屏蔽可增加屏蔽效果。金属编织网是柔性线缆屏蔽最常用的手段，屏蔽效果与编织网的金属导电性能、编织网密度有关。常规屏蔽编织网采用纯铜或铜镀锡材质，高端的采用高成本的铜镀银材质，有特别要求的采用双层

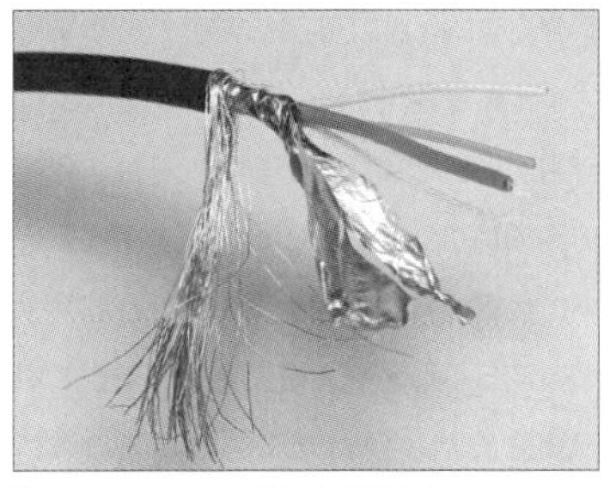

图13 USB 2.0数据电缆的内部

图14 USB 3.0电缆内部明显复杂得多

图15 带转接头的数据线

编织网结构。廉价的采用铝、铝镁合金丝作为编织网材料，降低编织密度可节省材料，减少成本，但屏蔽性能也大打折扣。铝箔是线缆低成本实现屏蔽的方案，有时与金属编织网结合使用。铝箔屏蔽常作为USB电缆内部数据传输线独立屏蔽方式。另外导线双绞结构也有一定的屏蔽抗干扰效果。

标准USB 2.0数据电缆的内部（见图13）比较简单，数据D+和D-各一条线，电源正负极各一条线，共4条导线。有的厂家定制的电缆内部实际为3条导线，利用电缆外屏蔽网作为电力传输负极（地线），可节省一条内部导线。

标准USB 3.0数据电缆采用特定的10芯外加屏蔽结构，包含3组信号线（2组SDP信号线和1组UTP信号线，差分信号线要求双绞或独立屏蔽），外加电源线和地线（见图14）。

如果大电流快充线是常见的USB 2.0，那么物理上主要就是电源线加粗而已，也有将多条导线并联与电源正极相连，利用电缆屏蔽网作为电源负极的实际做法。

USB数据线最容易损坏的地方是其与连接器的接头之处，用户往往在此过度弯曲或直接拽线拔插头。厂家一直很重视这个问题，所以采取了多种措施，常见的是采用线缆护套、加长加韧护套、与连接器外壳一体化注塑成型护套、连接部位灌胶加强、线缆与连接器增加金属卡箍。

USB数据电缆的附加功能——多接口数据线

为了增加USB数据电缆的适用范围，有的多用途数据电缆通过添加适配器兼容多种规格的连接器。常见的是以Mirco USB数据线为基础，附加Mirco USB to USB Type-C和Mirco USB to Lighting转接头（见图15）。有的USB数据电缆通过并联的方式，多头输出的同时提供Mirco USB、USB Type-C、Lighting主流接口。

灯光功能

数据线的灯光功能除了指示带电连接状态，还有装饰作用。甚至有的数据电缆通体都能发光，还有动态显示效果。USB数据电缆的电源可来源于主机。

电流功率的指示功能

数据电缆上集成电压、电流测量电路，能显示电压、电流、功率数据，方便用户了解当前实时的电力传输状态，用户可据此判断是否成功启动快充以及快充的状态。

“专用USB数据线”的秘密

一些品牌手机的“专用快充线”内部设计蕴含奥秘，普通的标准数据线无法启动专属的高速快充。奥秘在于主机连接端的USB Type-A连接器内部特殊设计了4+1触点（见图16），4触点为USB 2.0标准的USB Type-A连接器排列，后排外加一个触点连接USB Type-A接插件内小电路板上的一个存储芯片（见图17），用于识别线缆型号，作为允许开启快充的必要条件之一。实际使用中，“专用快充线”也要配合原厂专用快速充电器才能启动高速快充。

这类特殊的USB数据电缆兼容USB 2.0标准线，也可通用于普通场合的充电和数据传输，限于硬件结构不能提供USB 3.0高速数据传输。

图16 连接器内部专用触点

图17 专有线路板和芯片

话说苹果Lightning连接器

Lightning 连接器为苹果公司 2012 年开始启用的连接器，以取代之前的 30Pin 老连接器，体积较上一代连接器大幅度缩小，固定机械结构更可靠，整体更耐用。相较 Mirco USB，其设计和功能更加先进和丰富，最为用户津津乐道的是其无区分正反插的设计。Lightning 连接器为双面 8Pin 设计，定义了电源正负极、正反和 ID 识别、一组数据通道、一组备用触点。Lightning 连接器发布时采用 USB 2.0 数据传输标准，一直沿用至今。

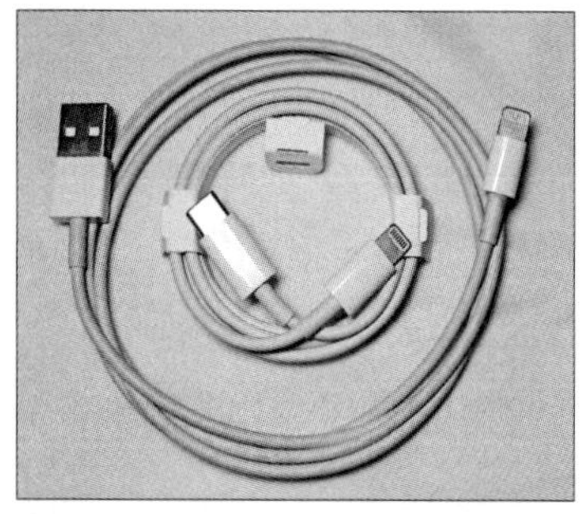

图 18 老款 USB Type-A 与新款 USB Type-C 连接器的 Lighting 连接器

虽然 Lighting 连接器上市多年，但还有不少潜力。主流数码设备大多只是用连接器的单面触点，如果双面同时使用，性能会有很大提升。

Lightning 连接器与时俱进，主机连接端从 USB Type-A 连接器升级为 USB Type-C 连接器（见图 18），理论上可支持更大的电流传输和更多可利用的数据传输通道。此外 USB Type-C 连接器可与新款充电适配器和充电宝连接。

苹果专用的 Lightning 连接器内部在与用户设备连接侧内部有识别芯片。有些仿制的廉价第三方 Lightning 连接器采用模拟数据的方式替代苹果专用识别芯片，导致连接不稳定或设备出现弹窗警告。对于第三方数据线，苹果公司有官方 MFi 认证。MFi 认证是苹果公司 Made for iPhone/iPad/iPod 的英文缩写。MFi 认证主要为了第三方的产品符合相关安规要求，确保产品品质和性能，对第三方产品是个品质保证，对苹果数码产品也是安全充电和数据传输的保障。

本文与大家分享了传统 USB 数据电缆的一些知识，后续内容将为大家介绍当红的 USB Type-C 数据线的相关内容。

遥控步行机器人

美国西北大学的工程师开发出了有史以来最小的遥控步行机器人，这款机器人外形酷似螃蟹，只有 0.5mm 宽，可弯曲、爬行、转身、跳跃。

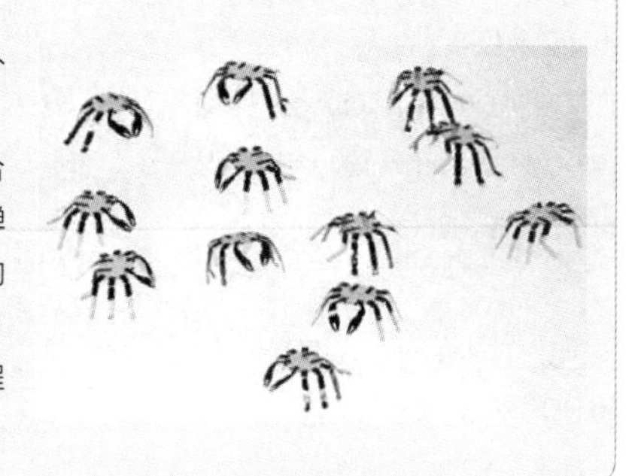

研究人员用平面几何形状设计了行走蟹结构的前体。然后，他们将这些前体黏合到略微拉伸的橡胶基材上。当拉伸的基材松弛时，会发生受控的屈曲过程，导致螃蟹“弹出”成精确定义的三维形状。应用这种制造方法或许能制造出任何尺寸或 3D 形状的步行机器人，研究人员还开发了形似尺蠖、蟋蟀和甲虫的毫米级机器人。

研究人员使用扫描的激光束在机器人身体的不同位置快速加热，激光不仅能远程控制机器人启动，激光的扫描方向也决定了机器人的行走方向。

微小型管道机器人

清华大学机械系现代机构学与机器人化装备实验室研发了一种可在亚厘米级管道中高效运动的管道探测机器人，设计该机器人的灵感来源于蚯蚓。

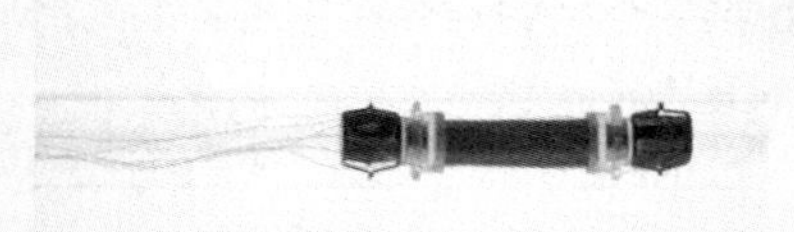

在航空发动机和炼油机等复杂系统中，有大量用于输送水、气体和油的管道。为确保它们处于良好的工作状态，工作人员需要定期从外部和内部检修管道。然而，当涉及直径小于 1cm 的微细管道时，目前使用的机器人的尺寸很难按比例缩小。于是该团队提出了一种以智能材料驱动的微型管道检测机器人。

这个机器人采用高功率密度、长寿命的介电弹性体致动器作为人造肌肉，采用基于智能复合微结构的高效锚固单元作为传动装置，以适应不同管道的复杂形状。研究人员通过考虑软材料的独特特性来分析机器人的动态特性，并相应地调整驱动电压的频率和相位，以优化机器人的运动速度。

USB 数据电缆的那些事儿（下）

上文我们介绍了传统USB数据电缆的一些知识，本文我们一起来分享USB数据电缆新锐USB Type-C的相关内容。

杨法（BD4AAF）

USB Type-C连接器

USB Type-C 连接器（见图1）是新一代USB连接器，尺寸为8.3mm×2.5mm，比USB Type-A / Type-B 连接器小得多，但它的内部包含双面各12个引脚，可提供高速数据传输、大电流供电、智能判断等先进功能，满足新时代高速数据传输和大功率快速充电应用的新需求。USB Type-C 慢慢成为了主流手机和笔记本计算机的多功能数据及电力 I/O 端口。USB Type-C 连接器设计为可逆的，正反插入均能正常工作。这种特性以前只有在苹果的 Lightning 连接器上才能享受到。

USB Type-C连接器有24个引脚（见图2），包含高速数据、USB 2.0、多路电源、CC 等诸多信号通道。设计 USB Type-C 连接器外壳时需充分考虑超高速数据传输时的 EMC，所以整体由全金属覆盖，起到了屏蔽作用，同时也足够坚固（见图3）。USB Type-C 连接器设计有4路电源，共支持最高5A电流传输，标配线缆一般支持3A电流，加粗的线缆可提供5A甚至以上的电流传输能力。

USB Type-C 物理连接器被新一代的 USB 4.0 和雷电4选为指定连接器。实际在 USB 3.0 和后期的雷电3中，USB Type-C 连接器已被广泛使用。

USB Type-C 高速数据传输支持 USB 3.0（USB 3.1 Gen1）、USB 3.1 Gen2、USB 3.2 甚至最新的 USB 4.0。USB Type-C 也支持 USB 2.0/1.1/1.0，硬件上保留有独立的传输通道。

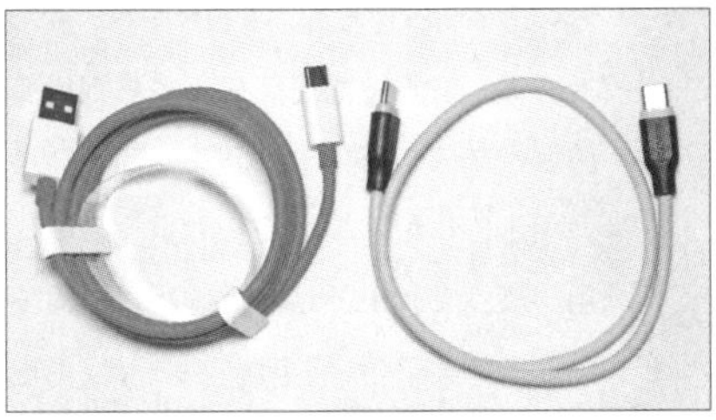

图1 常见的 USB Type-C 连接器

USB Type-C 物理结构设计有多路电力传输，支持 USB PD 20V/5A（100W）高电力传输。最新标准通过提高电压到48V（最大传输电流还是5A），将最高总传输功率提升至240W。

USB Type-C 不但支持串行数据和电力传输，还支持数字视频 / 音频传输模式，在特殊模式下还可以传输模拟音频。

至少一端使用 USB Type-C 连接器的电缆称为 USB Type-C 电缆，常见的有 USB Type-A to USB Type-C 数据电力电缆、USB Type-C to USB Type-C 数据电力电缆，也有 USB Type-C to HDMI、USB-C to DP 音视频电缆。

USB Type-C 插头内部为有弹性的金属触片和固定卡榫，插座部分内部主要是金手指接触电路板。考虑到触片的金属疲劳问题，插座的寿命会更长一些。插座通常设置在设备侧，插头通常为数据线采用，实际应用中更换数据线更为便捷。

USB Type-C引脚功能详解

USB Type-C 接口内共24个引脚，呈双面分布，引脚排布充分考虑正反插兼容，USB Type-C 连接器内部和接触片如图4、图5所示。其中有4组电源（4正极+4负极）、2组 USB 2.0 引脚（D+和D-）、4组高速差分信号引脚（TX1+、TX2+、TX1-、TX2-、RX1+、RX2+、

图2 USB Type-C 连接器内部触点（非满触点）

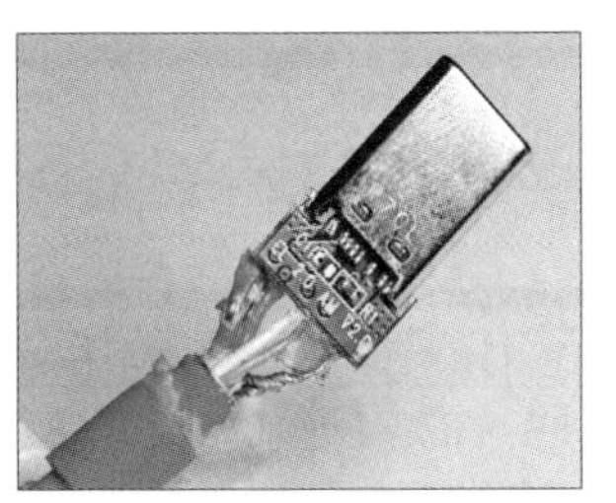
图3 USB Type-C 连接器全金属覆盖

图4 USB Type-C 连接器内部

图5 USB Type-C 连接器接触片

RX2+、RX2-）、2路CC信号引脚（CC1和CC2）、2路辅助信号引脚（SBU1和SBU2）（见图6、见图7）。

USB Type-C 的电源传输可使用一组或多组引脚，设计上每个触点最高可承载1.25A电流，使用多路电源并联输电可提升整体电流传输能力，理论上4组通道最高支持4×1.25A=5A电流。

CC信号是USB Type-C较以前标准最不同的设计。CC引脚在DPF（下行端口）和UFP（上行端口）内部分别通过上拉/下拉电阻来识别一些功能，包括设备连接、USB Type-C 连接器插入方向、工作模式等。使用PD快充功能，CC引脚是重要的信号通道。CC信号不但用于PD BCM码通信，还有线缆传输方向确认和正反插入确认的功能。当一路CC引脚用于配置信号用途时，另一个CC引脚则可以为线缆E-Marker芯片供电。

辅助信号引脚则为一些特殊应用场景提供数据传输通道。

在系统设计的用户层面，USB Type-C 的插头插拔没有正反人工识别操作要求，实际在电路层面是通过插座中的CC和Vconn通道与插头CC1和CC2来判断插头正插或反插情况。

USB-C数据电缆E-Marker芯片

E-Marker的全称是“Electronically Marked Cable”，作为USB Type-C线缆的电子身份信息标签。E-Marker芯片自身不参与电力和数据的直接传输，用于为当前被读取的电缆设定属性，包括电力传输能力、高速数据传输能力、视频传输能力、ID等信息。在USB Type-C接口中，E-Marker芯片通过CC通道进行通信，Vconn通道为其供电。E-Marker内存储的属性信息由厂商根据自身产品特性事先写入。E-Marker芯片存储的信息由主机端读取，专业用户也可以通过小型检测器读取其中内容。E-Marker芯片体积很小，很方便设计小PCB整合在USB Type-C的连接器内。

E-Marker芯片是一类功能芯片的称谓，并非特定的一款芯片。多家企业生产多款不同价格、不同功能的E-Marker芯片，如Intel、赛普拉斯、Silicon Mitus、威盛电子、易冲半导体、慧能泰、成绎、优微科技等厂商都有成熟的产品。大部分E-Marker芯片并不贵，占线缆整体成本比例不高。E-Marker具体芯片有功能差异，其主要功能是标识电流传输大小、数据传输速度、视频输出，有的廉价芯片仅支持单项功能。

USB Type-C数据电缆在产品设计时可选择无芯片方案、单芯片方案、双芯片方案。按照技术规范在一些基础级应用如5V/3A以下的非大功率、高电压电力固定传输和简单USB 2.0数据传输应用，可不使用E-Marker芯片。如果线缆要支持大于5A的电流、大于5V的电压、USB PD协议、USB 3.0以上高速数据传输（包括数字视频传输），则需要搭配E-Marker芯片。单芯片方案是指在电缆两端任意一端安装E-Marker芯片。双芯片方案是指在电缆两端分别安装E-Marker芯片。单芯片和双芯片理论上实现的功能一样，用户甚至感觉不到单双芯片的区别。实际应用中，单芯片方案

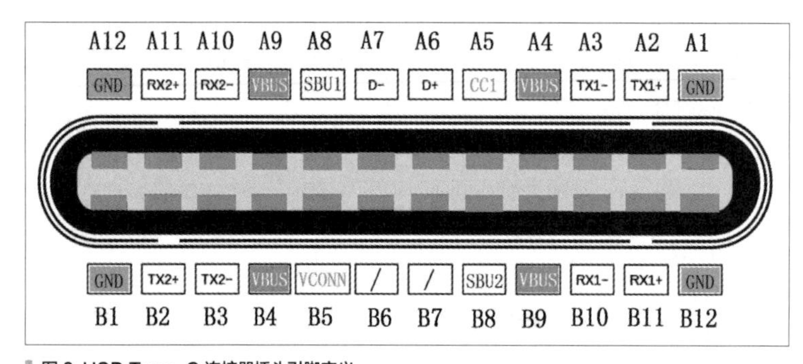

图6 USB Type-C 连接器插头引脚定义

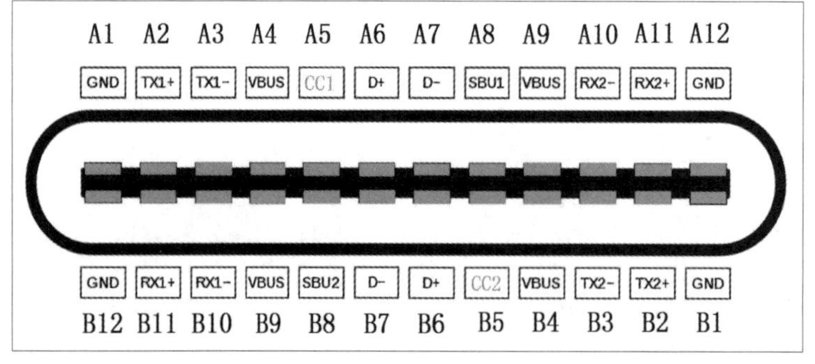

图7 USB Type-C 连接器插座引脚定义

只使用一片E-Marker芯片，但电缆中需要增加一条专用导线将E-Marker芯片的通信信号通过导线共享到电缆另一端。双芯片方案由于芯片通信自然靠近连接器端口，在识别成功率和稳定性方面有一定优势，同时由于线缆中不需要专用导线，可减少线缆内部导线数量，对线缆粗细、柔软度的要求，以及电缆自身成本都有益。

有些产品标榜自己内置E-Marker芯片，给人高科技的感觉，其实内置E-Marker芯片是应国际USB-IF协会的规范要求，所有的USB Type-C快充线、高速数据线都是必配的。通常厂商不标明自己的产品使用的是哪款E-Marker芯片，只标注USB Type-C数据线支持哪些功能。双E-Marker芯片配置有时会作为产品亮点在广告中予以突出，通常此类线定位比较高。

在一些技术类文章中，我们会看到USB供电和传输会用到“CC逻辑检测与控制芯片”。CC逻辑芯片不是E-Marker芯片，但可以说是E-Marker芯片的搭档，是安装在设备端的芯片，不会出现在数据电缆里。

不一样的USB Type-C数据电缆

Type-C是一种USB接口，加上一些线缆的接线规范。它不规定任何特定的速度、能力或支持的数据协议，而是根据不同应用的需求来搭配不同的Type-C线缆。USB Type-C物理接口有3个相关标准：USB Type-C 1.1/2.1、USB PD 2.0/3.0/3.0PPS/3.1、Battery Charging 1.2。成品USB Type-C线缆可以按应用需要支持其中一个或全部标准。

USB Type-C电缆内置芯片不仅仅有E-Marker芯片，随着USB 4.0、DisplayPort 1.4a TX、PCI Express、Thunderbolt 4等高速数据传输应用，对于较长的高速数据电缆还会加入Re-timer和Re-driver功能芯片。Re-timer的作用是恢复数据，Re-driver的作用是对传输衰减的信号进行增强。

外表看似一样的USB Type-C数据线可以是全功能高级电缆，也可以是只支持充电或充电+USB 2.0单项或低速电缆，甚至实际产品USB Type-C连接器内部24个触点都不必配置齐全，可按需分布。目前市场上很多大电流快充USB Type-C电缆内部结构都是充电+USB 2.0结构，可减少线缆复杂结构和降低成本。

USB标准与雷电标准

雷电3、雷电4和USB 1.×/2.0/3.×/4.0都可以以USB Type-C连接器出现。严格地说，USB Type-C连接器是一个物理硬件标准，雷电和USB是应用协议标准。最新的雷电4协议由英特尔提出，传输8K 60Hz视频，兼容菊花链、PD供电等。USB 4由USB Promoter Group推出，支持DP 2.0，兼容雷电3。

早期的雷电3的物理接口为mini DP，后来Intel将其改为USB Type-C连接器，同时提升了性能。支持雷电的USB Type-C电缆和主机接口会以一个闪电图标加以标识。雷电3/4数据线主力为双头USB Type-C电缆形式，内置USB Type-C EMCA控制器芯片。

雷电3电缆同时支持USB 3.1，但普通USB 3.1电缆不一定可用于雷电3的设备。雷电3的数据线会在连接器上标注闪电标志和数字“3”，雷电4的数据线会在连接器上标注闪电标志和数字“4”。雷电数据线要比USB数据线贵得多。雷电4的数据线兼容USB 4/3.×/2.0。高品质的雷电4数据线经过英特尔雷电4认证，性能更有保障。

连接器长短

连接器的长短适应不同的应用场景，随着连接器传输速度的不断提升，对线材的要求也在不断提高，一些标准限制了连接器的长度。如常用的双头USB Type-C连接器，USB 2.0标准建议线长不大于4m，USB 3.2 Gen1标准建议线长不大于2m，USB 3.2 Gen2标准建议线长不大于1m。技术上随着线材长度的增加，其阻值累计增大、信号衰减增加、抗干扰性能下降。

目前手机和数码产品提供的连接器大多在1m左右。通常显著低于1m的连接器被称为“短线”。市场上一些短线长度仅为15～20cm,也有50～60cm的产品，比较适合配合充电宝使用。短线在电流传输内阻、传输干扰、抗线体缠绕打结方面有天然的优势，放在包里外出携带非常方便。苹果Lightning连接器原厂商没有短线，一些用户想出了用一条短mirco USB线配上官方Lightning转接头的方式组成苹果充电短线。

长线在固定使用场景下有自身的优势，相对减少电源设备或主机对客户端设备的牵制。长线可以通过增加导线直径、使用高等级无氧铜等方法控制整体电阻，加强屏蔽等措施改善高速数据传输中的干扰问题。超长线还可以使用信号增强芯片来解决长距离传输信号衰减的问题。

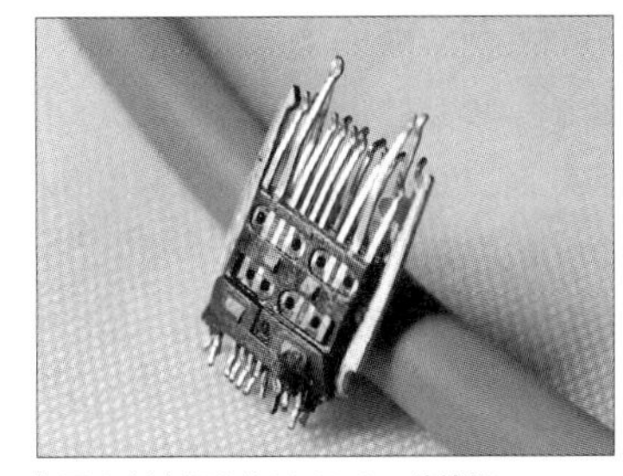

图8 触点氧化的Lightning连接器

连接器插头发热问题

连接器的插头在充电时容易出现发热现象，尤其是大电流充电时问题更为明显。究其根本原因是接插件的接触电阻引起的。由物理公式 $P=I^2\times R$（功率等于电流的平方乘以电阻）可以知道在电流较大的情况下，即使微小的电阻也会显著发热（损耗功率最终转换成热量）。

接触电阻增加通常由接触不良、触点氧化、焊点虚焊引起。接插件触片金属疲劳弹力不足、弹片接触面氧化、弹片磨损、弹片位置偏移都会造成接触不良，这通常与接插件的品质和使用次数有关。触点氧化是实际中更普遍遇到的问题，尤其是使用了一段时间的产品（见图 8）。常规的氧化来源于空气中的潮气和金属氧化反应，目前技术普遍采用触点镀金来加以应对，黄金发生氧化反应慢。同时每次插拔会带来接触面的机械磨擦，正好去除了接触面上很薄的自然氧化层，但同时累计很多次的机械摩擦会使黄金镀层磨损殆尽，失去保护作用，增加黄金镀层的厚度是个实际的解决方案，但黄金作为贵金属，镀层厚了，成本也成倍增加。普通的触点黄金镀层大多厚 2 ~ 5μm，高档的产品黄金镀层会厚 20 ~ 30μm。另外接触不良的触点形成的高温会进一步促进触点氧化甚至碳化，形成恶性循环，同时对接插件另一端正常的触点也造成影响。

接触电阻的形成是插头和插座共同作用的结果，有时问题出在老旧的主机插座上。数据线磨损，更换相对容易，如果主机上的插座出了问题，更换就麻烦得多。如果发现充电口有明显的异常发热，可以尝试连续插拔几次电源线，如果无改善，建议尝试新的线缆。另外使用小电流慢充可极大地缓解电源口发热的问题。

USB数据电缆外套材质

USB 数据电缆外套材质关系到线材手感、耐用度、抗弯折、抗缠绕也关系到产品成本。

USB 数据电缆的外套与其他工业电缆一样，基本要求是绝缘、阻燃、耐候、抗拉（承受拉力）、具有较好的弯曲性能。作为面向最终用户的消费类商品还要求线体不太硬、手感好、耐脏、外观漂亮。

早期的 USB 数据电缆主要使用 PVC 材料，PVC（聚氯乙烯）材料是工业电缆应用最为广泛的工业线缆外套材料。目前主流的 USB 数据电缆多采用手感更好的 TPE 材料，包括很多手机制造厂商定制的“原装数据充电线”。著名的苹果连接器外套也是 TPE 材料。相比 TPE 材料，PVC 材料在很多方面有性能优势，如弹性和韧性以及表面加工后的手感。手感上，PVC 材料偏僵硬，尤其在低温环境下；TPE 材料柔软性较好，质感和手感更上一个层次。目前 PVC 外套的 USB 数据电缆多使用在廉价场合和工业场合。PVC 和 TPE 材料的抗折性都有限，导致连接器寿命有限，遇到不注意爱护、经常超大幅度弯折线体的用户，很容易出现线体外套开裂、接头处外套断裂的情况。

编织外套是新一代第三方高档数据线的新宠，它使用棉质或尼龙等高强度材质编织而成（见图 9），甚至还有用凯夫拉（芳纶）材质的，在抗折和抗拉强度方面有明显的提升。由于整体偏硬，使用编织外套线缆不容易缠绕打结。但编织外套在柔软性和抗脏特性方面不是强项。有些使用编织外套的线缆考虑到成本、整体硬度、工艺，内部不再有屏蔽作用的金属编织网和铝箔，好在不进行屏蔽处理对大电流传输无甚影响，对 USB 2.0 数据传输影响也不大。

硅胶外套（见图 10）是近期兴起的 USB 电缆外套新材料，包括使用高级的液态硅胶。硅胶外套传统上绝缘、耐高低温性能非常出色。作为 USB 电缆外套材料，厂商更看中其柔韧、亲肤手感、抗污、耐用、颜色多样。在低温环境中，硅胶线依然能保持柔软。很多使用硅胶外套的线材为了凸出线体的柔软性、改善手感，内部没有金属编织网或铝箔屏蔽处理。有的高级线材则使用石墨烯材料作为屏蔽层。市场上硅胶外套 USB 数据电缆大部分设计用于大电流电力传输和充电，USB 3.0 连接器还很少见。

USB 数据电缆外套的颜色没有特定的含义，早期以黑色和白色为主。后期的一些产品采用红色、绿色、黄色等鲜明色彩，彰显个性的同时也迎合了年轻人的口味。实际使用中，线材使用一些与众不同的颜色方便日常从一堆连接器中被发现。

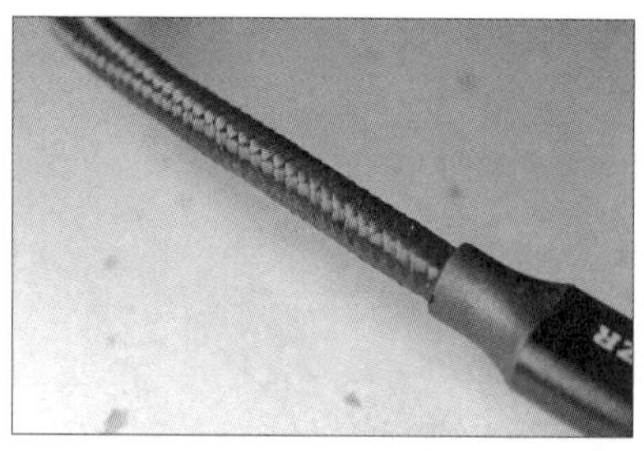

图 9 连接器编织外套

图 10 连接器硅胶外套

2022 年业余无线电台设备盘点

杨法（BD4AAF）

时间飞逝，不知不觉中已临近年尾，2022年全球芯片短缺依然妨碍不了业余无线电台设备的创新和发展。

因为新冠肺炎疫情，已停办几年的业余无线电界三大展会之一的日本 HAM fair，于 2022 年 8 月恢复开展。不少设备厂商借这次盛会发布自己的新品，展示了实物样机。其中，引人注目的有 ICOM IC-905 超短波小型电台、ICOM IC-PW2 短波功率放大器、YAESU FT-710 短波电台、ANLICO X100 手持多模式数字解调接收机。这些新产品虽然尚未开始正式销售，但其新特性、新玩法已令不少 HAM 魂牵梦绕，再现当年 ICOM IC-705 发布时的盛景。可见在现代高科技商业通信飞速发展的时代，全球 HAM 对无线电新技术、新玩法依然充满热情与渴望。

一些元器件的短缺导致一些传统型号的电台设备无法继续生产，促使一些厂商在原有机型上进行修改，以适应新的元器件，同时优化软件、改动外壳，以新型号再战新征程。

我国对业余无线电台的设备规范和设台管理日益规范化、法制化，一系列新的管理规定强调业余无线电台爱好者所用成品设备必须具备包含业余无线电频段的无线电发射设备型号核准，消除了以往小作坊产品、走私设备以及商用设备打着改装、自制名义办理业余无线电台执照的灰色空间。按照业余无线电台活动使用业余无线电专属设备的总体原则，杜绝以往一些人利用业余无线电旗号将私人持有的非业余电台设备披上业余电台的合法外衣，以业余无线电之名行非法之事。国家无线电管理机构降低了办理业余无线电设备无线电发射设备型号核准的门坎，使主观上期望遵守规定的国内外厂商和企业更容易为自己的业余无线电台产品取得无线电发射设备型号核准，体现了我国无线电管理保护合法、打击非法，同时按照国际惯例允许使用真正的业余无线电台自制设备，鼓励 HAM 动手实践、探索技术。

短波电台

短波电台方面，业余电台产品三大器材厂商 KENOOW、ICOM、YAESU 都没有大动作，旗舰产品是企业技术能力的象征，让大部分 HAM 用户高山仰止。

中高档的设备对于企业来说是既叫好又卖座的产品，对于 HAM 用户来说是买得起、用得爽，而且是放在家里很有“面子”的设备。7 英寸以上大尺寸彩色液晶屏、实时频谱显示以及双通道接收成为现代中高档短波业余电台设备（基地台）三大流行元素。YAESU 的 FTDX101 系列和 ICOM IC-7610 是国内关注度最高的中高档短波电台。YAESU FTDX101MP（见图 1）标配 200W 发射功率，令很多没有打算配置独立功率放大器的用户眼馋。IC-7610 作为一代名机 IC-7600 的 SDR 升级版，令很多 ICOM 短波电台铁杆粉丝再次怦然心动，不少人有了新的升级目标。FLEX radio 作为 SDR 电台的先锋，被热衷通联和比赛的 HAM 所追捧，配合插件，FLEX radio 频谱监视功能强大，是通联比赛找台不可多得的辅助装备。

入门级设备对于企业来说跑量又赚钱，是企业收入的基石、品牌人气的支柱，对于 HAM 用户来说是实用又实惠的设备。随着科技的发展，入门级设备的基础性能与中档设备越来越接近，功能和配置也不断向中档设备看齐。ICOM IC-7300（见图 2）是

图 1 YAESU FTDX101MP

图 2 ICOM IC-7300

图 3 YAESU FTDX10

图 4 ICOM IC-705

ICOM 首款 SDR 短波电台产品，上市多年来一直受到新 HAM 的追捧，高颜值加上时髦的 SDR 架构和实用的性能，使其成为很多新 HAM 人生的第一部短波电台，它在市场上很长一段时间内几乎没有对手。

2022 年销售最为成功的短波电台要算是 YAESU FTDX10（见图 3）。这是八重洲公司最近推出的一款进阶型短波电台。所谓进阶型可以理解为性能和配置加强的入门级短波电台，性能更接近于中档电台，但产品定位和价格都要比中档电台低一些。FTDX10 凭借其 5 英寸彩色液晶屏、高速实时频谱以及不俗的实用性能，一上市就受到老 HAM 的追捧，成为升级 SDR 架构后有高性能频谱图、高性价比短波电台的首选，上市之初还出现了现货一机难求的局面。尽管 FTDX10 的价格要高于友商的 IC-7300，但更新的架构、更高的配置依然吸引了众多有万元购机预算的 HAM。想想花一部中高配置 iPhone14 Pro Max 的钱就能到手一台可使用至少 10 年的短波电台还是挺值得的。另外 YAESU 系列产品在国内提供良好的官方保修政策，这也是很多人放心选择八重洲电台的原因。在新款的 FTDX10 和 FT-710 的冲击下， FT-991A 凭借自身整合大功率 V/U 频段和小巧便携机身的优势，依然有自己的市场，被一些需要“全功能机”、便携户外架台、超短波气派桌面座机的用户所喜欢。100W 短波输出的 FT-991A 野外设台毕竟要比 5~10W 的小电台有“力量”得多。

小功率便携短波电台 2022 年热门的产品有 ICOM IC-705（见图 4）、协谷 X6100（见图 5），YAESU 的 FT-818 亦老当益壮。ICOM IC-705 颜值高、功能强，是大众 HAM 心目中的网红机，很多拥有高级电台的资深 HAM 也纷纷入手。尽管在同类型产品中价格不便宜，但 IC-705 还是一直畅销。协谷的 X6100 自上市以来也广受不少 HAM 追捧，尤其是协谷电台的老用户。协谷 X6100 颜值惊人，价格不贵，外观设计搭配 4 英寸 IPS 大彩色液晶屏和操作按钮，接口布局自成一体，内置天调和电池以及轻量化设计，堪称为户外通联而生，诸多实用功能都为玩家贴心设计，搭配原厂百瓦级 XPA125B 功率放大器，在固定场合使用不输百瓦固定短波电台。协谷 XPA125B 功率放大器（见图 6）自上市以来一直是业余电台市场上同级别国货中综合品质和性能上乘的功放产品。SDR 架构的协谷 X6100 上市以来一直升级固件，精进产品功能，体现出厂商负责的态度，也增加了粉丝们的忠诚度。YAESU FT-818ND 采用传统架构、传统外观，依然受到不少老 HAM 的喜爱，内置电池、体形小巧、携带方便。FT-818ND 和前款 FT-817 更一直是青少年无线电比赛等多个项目中的绝对主力用机。

2022 年最令人期待的短波电台是 YAESU FT-710（见图 7），真机在日本 HAM fair 展会上提供试用体验后颇受好评。 FT-710 从型号命名和规格上看是 FTDX10 的精简版，保留了 FTDX10 的一些亮点功能，基本收 / 发性能与 FTDX10 接近。与广受好评的 FTDX10 相比， FT-710 发射功率不变，减小了体积，缩小了

图 5 协谷 X6100

图 6 协谷 XPA125B 功率放大器

▌图 7 YAESU FT-710

▌图 8 YAESU FTM-200DR

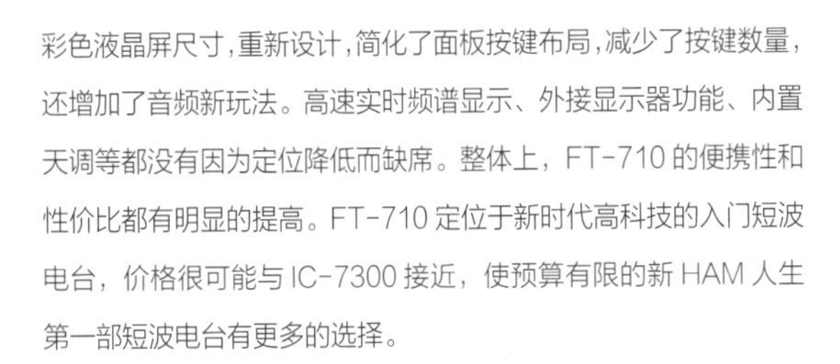

彩色液晶屏尺寸，重新设计，简化了面板按键布局，减少了按键数量，还增加了音频新玩法。高速实时频谱显示、外接显示器功能、内置天调等都没有因为定位降低而缺席。整体上，FT-710 的便携性和性价比都有明显的提高。FT-710 定位于新时代高科技的入门短波电台，价格很可能与 IC-7300 接近，使预算有限的新 HAM 人生第一部短波电台有更多的选择。

车载台

2022 年的业余电台车载台热门机型要数 YAESU FTM-200DR（见图 8）和 FTM-300DR，另外，威诺的 VR-N7500 凭借特别联网功能异军突起。FTM-200DR 为八重洲公司最新款车载电台，主攻入门人群，彩屏和数模两用是其最大的亮点。FTM-200DR 的售价与 FTM-300DR 相差不多，所以早期出品的 FTM-300DR 更受欢迎。八重洲公司最高等级车载台 FTM-400XDR 已多年没有更新，虽然凭借彩色触摸大屏依旧有不少 HAM 买单，但更多的 HAM 在等待其更新。ICOM 的 IC-2730 在前辈一代名机 IC-2720 的余荫下，依然被一些 ICOM 粉丝所喜爱，推荐新手购买。

威诺 VR-N7500 的最大卖点是可以通过互联网实现链路功能，通过手机 App 使用和控制家中的主机。通过公网与家中电台互联构成链路是很多 HAM 向往的玩法，如果 HAM 技术能力、动手能力不够，那么 N7500 几乎算是个现成品。

欧讯 KG-WV966（见图 9）是为数不多的公网 + 模拟双模式车载电台，被很多玩家戏称为 KG-WV50 手持对讲机的车载大功率版。KG-WV966 集卓智达公网和传统模拟 FM 对讲机于一体，被不少车友俱乐部用户所看好，其公网与常规相互转发功能（跨模式中继）被不少喜欢搭链路、玩转发的 HAM 喜欢。KG-WV966 价格略高，影响了其在 HAM 玩家圈子里的销量。

二手市场上，MOTOROLA 的新一代车台（二手）大量涌现，前几年还价格不菲的 XTL5000 主机已经是白菜价，款式比较新的 APX7500 二手机也降到万元水平。摩机是“摩迷”的最爱。

2022 年最期待的超短波电台是 ICOM IC-905（见图 10），真机在日本 HAM fair 展会上首露真容后立即引起热议。虽然还没有现货销售，但已有很多 HAM 跃跃欲试了。IC-905 的出现将

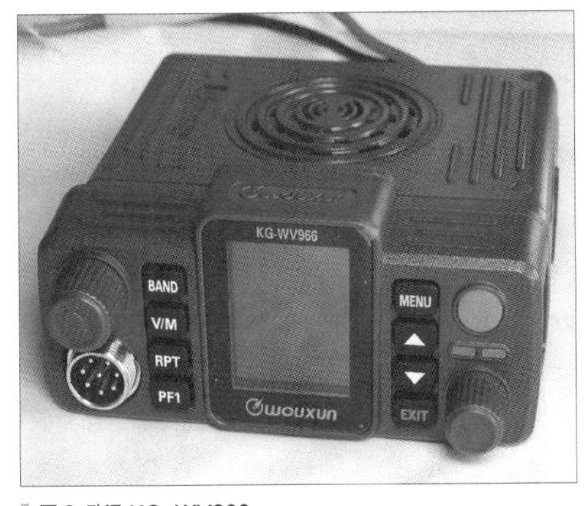

▌图 9 欧讯 KG-WV966

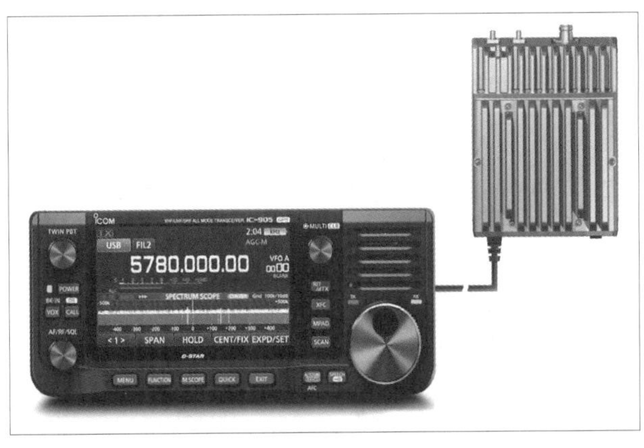

▌图 10 ICOM IC-905

业余电台超短波应用推进到一个新层次，大大降低了 1.2GHz、2.4GHz、5.6GHz、10GHz 微波的入门门槛。过去玩 2GHz 以上微波都需要专业设备，是技术派 HAM 专属的高级玩法，现在用一台小小的 IC-905 就能轻松入门。微波频段的设备——射频单元独立外置，各种微波特有天线、波导、连接器，对于绝大部分非科班出身的业余无线电爱好者都是新鲜事物。随着工作频率的提高，规划可使用的频率带宽也大为扩展，大带宽下一些新型高速数据传输模式得以运行，实时高分辨率图像甚至实时视频传输也成为可能。

手持对讲机

进口手持对讲机方面，今年人气最高的是 YAESU 的新旗舰 FT5DR（见图 11）。与前辈 FT3DR 相比，FT5DR 的提升不明显，但触摸彩屏和适宜的价格吸引了众多新 HAM，而且老用户都切实感觉得出来，其语音音质提高了。各地的 YAESU YSF/C4FM 中继普及率高，加上还有 MMDVM 网关，大部分不差钱的 HAM 都会优先考虑新款的 FT5DR。FT-70DR 为玩 YSF 数字模式提供低价器材、千元出头的价格和数 / 模两用，使其性价比较高，被不少预算有限、讲究实惠的 HAM 所选择。

ICOM 的手台新旗舰 ID-52A（见图 12）悄然在国内上市，颜值爆表、功能绝绝，很多功能使其再次成为业余电台新时代手持机的领航者，被大部分 HAM 喜爱。只是其支持的 D-STAR 数字模式以及中继在国内使用得不多，限制了其高级应用市场。尽管如此，ID-52A 依然成为 HAM 设备玩家的掌上明珠。

能工作在业余无线电频段的 MOTOROLA XirP8668i 和海能达 HP780 这两款是 DMR 和 PDT 制式中的高端产品。2022 年 MOTOROLA 新上市的 R7 颜值满满，成为“摩迷”争相追求拥有的新目标。不过在业余电台设台新政策下如何合法使用这些“专业机”成为新问题。

国产手持对讲机方面，最受 HAM 关注的是自由通和宝峰的产品。自由通 AT-D878 是为无线电玩家度身定制的 DMR“神机”，它将商用的 DMR 做成了玩家机，DMR 发烧友几乎人手一台。自由通 AT-D878 功能配置不断升级，新款产品蓝牙、APRS 收 / 发解码等功能陆续扩展，最新蓝牙版 AT-D878 还能与自由通高级蓝牙手持话筒搭配使用。宝峰对讲机以其超低价位的 UV-5R 在业余无线电台界闻名，继而支持 DMR 数字制式的 DM-5R 再次刷新了 DMR 手台的价格下限。市场上 UV-5R 的版本有很多，包括不同的颜色和外壳。宝峰对讲机因廉价、好用，在国外亦受欢迎，很多国外 HAM 在视频中都使用宝峰 UV-5R 对讲机。在一些国家的 HAM 中，继欧讯品牌对讲机后，宝峰对讲机再掀中国制造对讲机热潮。宝峰除了其成名的 UV-5R 外，现在已有很多型号，最新款的 AR-152（见图 13）令人眼前一亮，具备超高功率输出和超大电池容量，具备无线电发射设备型号核准（业余业务），除了用于业余无线电台通联外，还是 war game 的好道具装备。

接收机

无线电接收和收听是业余无线电中的一个玩法分支，包括业余无线电爱好者、广播爱好者以及技术爱好者，玩家中不乏骨灰级 HAM。支持宽频率范围、多模式解调、实时频谱显示的接收机是业余无线电收听玩家所向往的设备。随着无线电数字调制和宽带传输应用的广泛应用，传统模拟制式解调的宽带接收机成为“鸡肋”，支持各种数字调制解码、解调的接收机成为新的关注焦点。由于声码器专利等，在消费类电子市场上提供多数字模式解调的接收机并不多见。专业领域，此类机型在技术上已没有问题，但产品价格非一般个人能轻易承受。国外消费类市场上，著名品牌 AOR 的数字调制解调接收机名气最大，其代表性的 AOR DV1 和 DV10 上市多年来价格不高，广受个人用户喜爱。近些年出品的 AR-5700D 更提供了一个高性能的选择，配备了更强劲的处理器

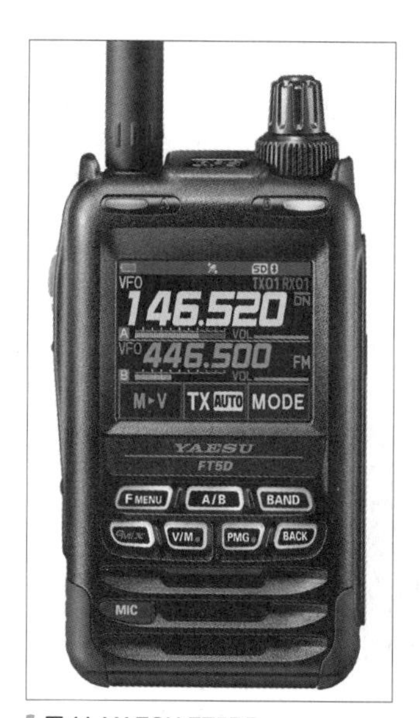

图 11 YAESU FT5DR

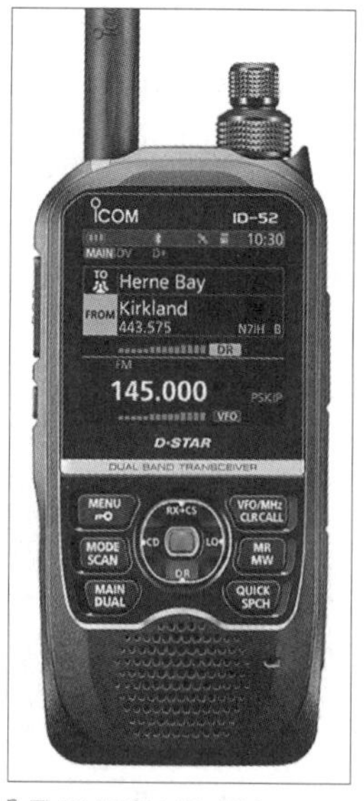

图 12 ICOM ID-52A

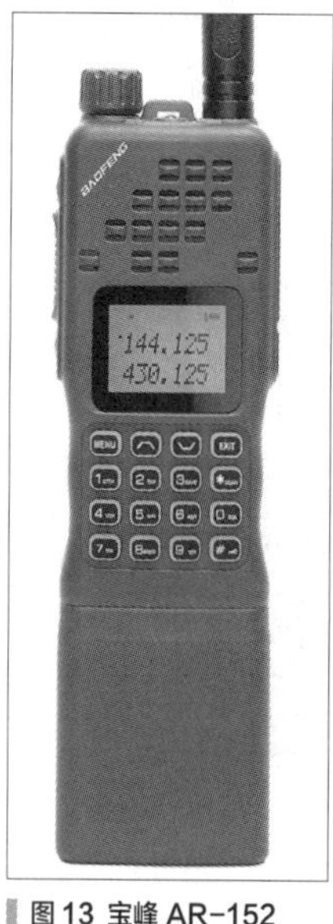

图 13 宝峰 AR-152

图 14 ALINCO DJ-X100

图 15 KVE 系列天线分析仪

支持主流数字调制模式语音解调，只是价格已不在一个档次上了。

2022 年，收听爱好者最关注的多模式数字解调接收机是 ALINCO DJ-X100（见图 14）。它是一台手持接收机，支持解调 DMR、D-STAR、YSF/C4M、NXDN、DCR 等业余无线电和数字模式以及常规 AM、FM、WFM 模拟模式。以其规格来看，它虽然没有 AOR DV10 强大，省去了短波频段和单边带制式支持，但设计新颖、界面漂亮、功能实用。以 DJ-X100 功能配置和产品定位来看，其定价不会很高，是个人拥有主流多模式数字调制解调接收机低价位机型的新选择。

资深业余无线电收听爱好者最期待的 R/S PR100 接收机终于迎来其升级型号 R/S PR200。PR100 以及其衍生升级型号 DDF007 随即在二手市场上出现得更多。PR100 和 PR200 频谱功能强悍，几乎可以当便携频谱仪使用。PR200 硬件上升级为实时频谱，更有利于显示现代越来越多出现的时分脉冲信号，同时 PR200 加强了单机自动无线电测向功能，可配合附件让普通车辆快速具备无线电目标追踪功能。遗憾的是，PR200 作为监测接收机，依然没有支持数字调制的直接解调。除了 R/S 的产品，Narda 的 Signal Shark 也是类似的产品，配合测向组件，装在车辆上玩无线电测向也很有趣。

周边及测量仪器

网络分析仪 VNA 和天线分析仪是新老技术型 HAM 都十分渴望得到的仪器，是调试、检测、制作天线的好帮手。

KVE 系列天线分析仪多年来凭借其简单易用、测量直观、体积小巧的特点一直受到新 HAM 的喜爱。KVE 系列天线分析仪（见图 15）无须电台射频驱动就能独立测量和图示化显示天线在特定频率区间的驻波变化曲线。

Nano VNA 网络分析仪价廉物美，依然是 2022 年业余无线电圈子里最热门的高性价比仪器，制造商也不断改进，其性能和稳定性均有一定提高，在此基础上更有改进升级的版本。性能提升主要表现在工作频率提升、扫描点数增加、测量动态范围扩大、底噪降低、显示屏幕加大。SV4401 和 Lite VNA 可以看作 Nano VNA 的高级版本，工作频率扩展至 4.4GHz 和 6GHz，用途更为广泛。

由国内著名技术派 HAM 成立的高科技公司——科创仪表出品的 KC901 系列手持矢量网络分析仪，多年来一直是国内业余无线电界射频测量仪器的天花板，其实用性能和可靠性可与价格 10 倍于它的国外大牌仪表媲美，广泛受到国内外 HAM 中高手的称赞。受芯片短缺、芯片价格暴涨的影响，目前科创仪表为业余无线电爱好者设计的低价位的 KC901C+（2GHz 版）和 KC901S+（4GHz 版）已显示缺货和停产，只有原来主供商业用户的 KC901V（7GHz 版，见图 16）及更高频率版本才限量供应。

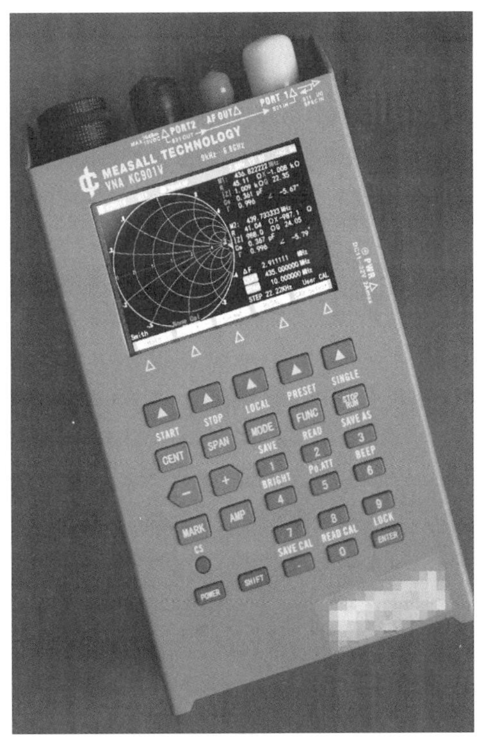

图 16 KC901V 手持矢量网络分析仪

2022 年终仪器市场大盘点

杨法（BD4AAF）

转眼间2022年又到了年末，我们照例对市场上的传统通用仪器做一下盘点。今年，“芯片荒”和芯片涨价继续延续，对电子仪器市场产生了明显的影响，很多进口仪器和设备价格不断上涨。国际仪器品牌厂商放慢了硬件更新的速度，更多在软件上下功夫，针对不同应用场景推出了不同解决方案。

5G 通信方兴未艾，6G 通信已跃跃欲试，通信科技发展前景广阔。更高的频率、更大的带宽、更快的传输速率是各种测量仪器，尤其是无线电射频测量仪器的发展趋势。几家“领头羊”仪器生产企业的产品线日益丰富，几乎覆盖所有常用的通用仪器。继前些年示波器百家争鸣后，更高技术含量的频谱仪与信号分析仪、矢量网络分析仪、可编程直流电源等也出现了很多精品。近年来，国产仪器厂商通过提高元器件国产化率等手段控制产品成本，在芯片普遍涨价的国际背景下，大部分国产仪器价格保持平稳。更多的中国仪器走出国门，从入门级到中档仪器稳步占领国外市场。国产仪器功能多、硬件配置高、价格实惠，成为很多国外用户的共识，国外用户群从私人用户向教育用户和中小企业用户扩展。国内二手仪器市场火热，专业的二手仪器厂商受到了众多小微企业的青睐，国际品牌自营的官方翻新仪器也被国内用户关注。二手仪器具有供货快、价格低、性价比高、折损率低的优点，二手市场的无线电射频仪器是大部分业余无线电爱好者购置仪器的主要来源。

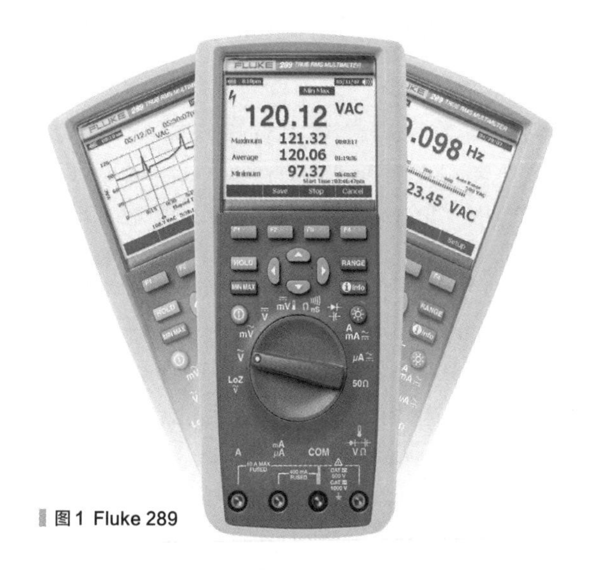

图 1 Fluke 289

万用表

高端手持万用表市场依然是 Fluke 289（见图 1）和 Fluke 287C 的天下。Fluke 87V 则是高端产品中的销量冠军，其凭借高可靠性和高实用性，成为一线工程师梦寐以求的测量搭档，目前“当红花旦”是 Fluke 87V MAX（见图 2）。与 Fluke 87V 相比，Fluke 87V MAX 延长了电池使用时间，增加了键盘背光，提升了防水、防尘等级和抗跌落等级，达到 IP67，同时配置了更高性能的表笔。福禄克经典经济型 15B/17B 推出了新款产品 15B/17B MAX，新款产品提升了部分测量性能，完善了保护功能，提供误操作报警，同时升级了测量表笔。

图 2 Fluke 87V MAX

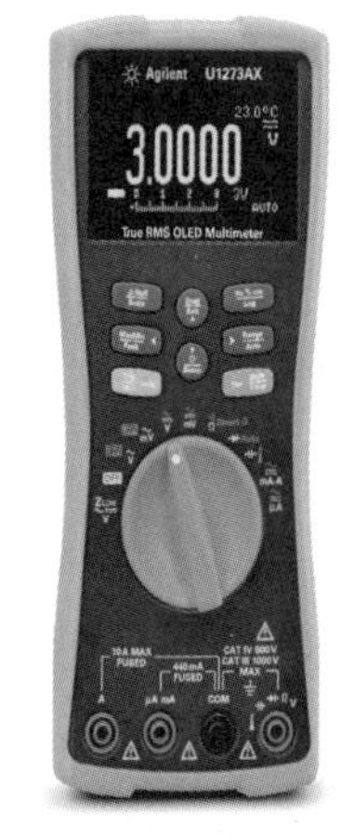

图 3 KEYSIGHT U1273AX

专业的电子测量工程师要求手持万用表测量准确、实用可靠、安全性高。业余无线电爱好者和仪器玩家更多追求颜值、品牌、数据指标。配备自主发光 OLED 显示屏的国际品牌万用表成为玩家心目中的“神器”。是德科技的 KEYSIGHT U1273AX（见图 3）和 U1253B OLED 显示屏万用表正好符合玩家的口味，只是价格不菲。二手市场上的 U1253B 大多换过显示屏（OLED 屏幕长期开机容易老化），也有一部分是拼装机，整体品质堪忧。

国产万用表中除传统品牌优利德、胜利、MASTECH 华仪外，正泰、德力西电气、得力等公司凭借产品实用的性能、适宜的价格以及不错的品质，渐渐争得越来越多的市场份额。除广为大家熟知和接受的手持数字万用表传统外形之外，设计的基于大液晶屏和触摸屏的全新产品吸引了不少年轻人的眼球，正泰新型大屏幕万用表 ZTW0111C（见图 4）给传统仪器市场带来了新气象。

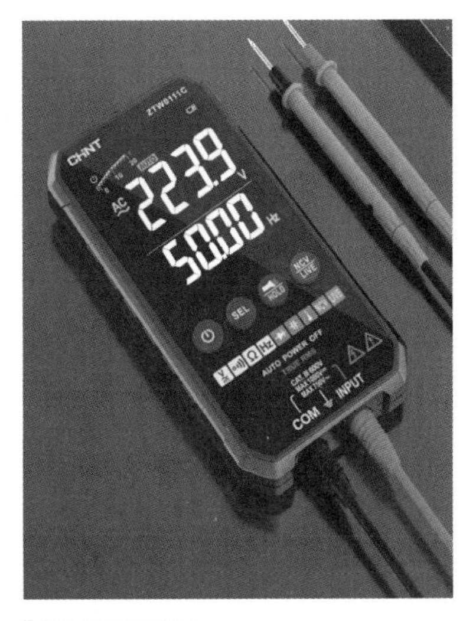

图4 ZTW0111C

主打高分辨率、高稳定性的台式数字多用表中，名气最大的还是 KEYSIGHT 的产品。在 6.5 位台式数字多用表市场，34401A 系列已功成身退，主流替代产品是 34460A、34461A、34465A 以及 7.5 位高性能的 34470A。新系列全面采用黑色色调，搭配彩色显示屏，令仪器更为炫酷，同时显示和数据存储分析能力也大大提升。在此领域泰克吉时利（Keithley）的 DMM6500 和 DMM7510 是其有力的竞争对手。国产台式数字多用表方面，各大万用表和仪器制造公司都推出了新产品，产品集中在 5.5 位和 6.5 位，国产品牌产品价格要比进口品牌产品便宜得多，销量较多的品牌有普源、鼎阳、优利德等。

示波器

名气最响的国际示波器品牌为 Tektronix 和 KEYSIGHT，在专业领域，力科的示波器也有很强的实力，另外以射频仪器著称的 ROHDE&SCHWARZ 设计的示波器也别有一功。大屏幕、触摸屏幕、12bit 垂直高分辨率（传统示波器垂直电压分辨率为 8bit）、低底噪、深存储等成为现代中档以上示波器的技术热点。

泰克公司的 TBS1000C 和 TBS2000B 系列提供入门级的性能，适合基础应用和教育型用户。泰克公司推出了 2 系列到 6 系列的主流产品，新概念、新造型、新系统，从移动应用覆盖到高端高性能产品。泰克 2 系列 MSO 混合信号示波器（泰克 MS022 如图 5 所示）主打体积小巧和移动应用，堪称掌上平板示波器。泰克 2 系列产品外形类似加厚的触摸屏，具有 10.1 英寸高清屏幕，同时保持传统实体操控按键、旋钮，支持电池工作，并可选 16 个数字电路通道和 50MHz 信号发生器。泰克 3 系列以便携机的体积提供大屏幕显示，并集成硬件频谱仪功能和信号发生器功能，是真正的多功能混合域示波器。高配 1GHz 带宽的机型具备 5GSa/s 的高采样率。泰克 4 系列混合信号示波器为新锐机型（泰克 MS046 如图 6 所示），提供基于传统高端 5 系列机型的触摸式用户交互界面，显示屏采用 13.3 英寸全高清屏，并支持多点容性触控，测量硬件上提供 12bit 垂直分辨率（高分辨率模式下可提升至 16bit）和 6 条模拟测量通道，在所有模拟 / 数字通道上实时采样率可达 6.25GSa/s。高端的泰克 6 系列提供卓越的性能与豪华的配置，显示屏采用 15.6 英寸 1920 像素 ×1080 像素全高清屏，支持多点容性触控，带宽最高达 10GHz，配备最大 1Gpts 存储深度，测量硬件上提供 12bit 垂直分辨率。

是德科技的示波器技术也是业界的天花板。高端的 Infiniium

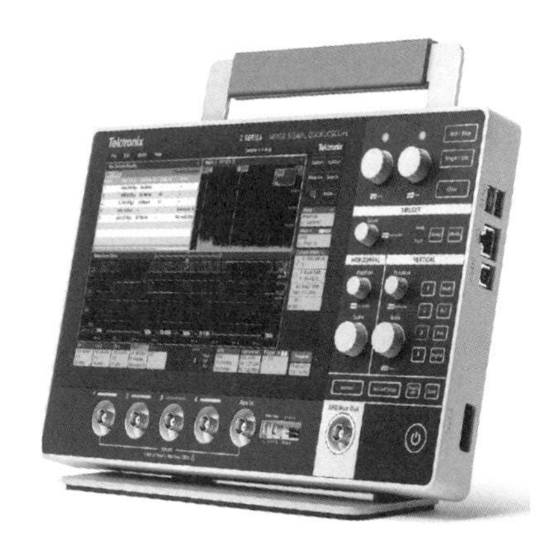

图 5 泰克 MS022

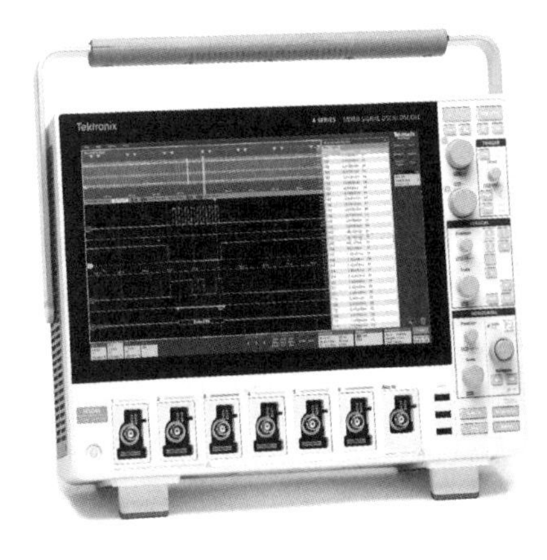

图 6 泰克 MS046

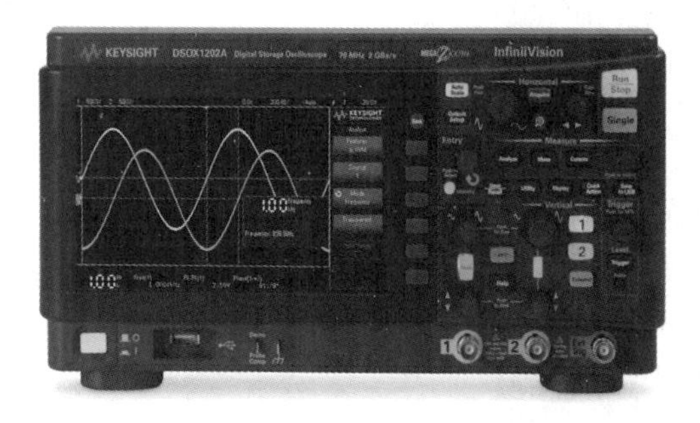

图 7 InfiniiVision DSOX1202A

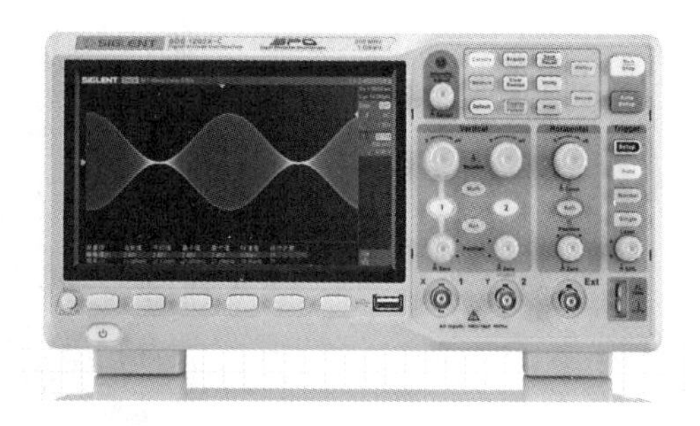

图 8 鼎阳 SDS1202X-C

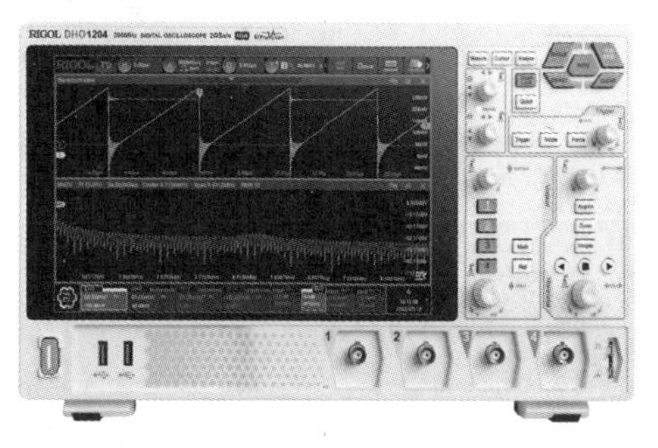

图 9 普源 DHO 1204

UXR 系列提供最高 110GHz 带宽和 256GSa/s 最大采样率。新款黑色入门级的 InfiniiVision 1000 *X* 系列（InfiniiVision DSOX1202A 如图 7 所示）是无线电爱好者的最爱，品牌好、颜值高、实用性强、升级空间大等特点无不吸引着玩家眼球，放在家里既有面子又实用，同时价格也十分合理。

普源、鼎阳、优利德等国产示波器品牌被广大国内外用户认可。继前几年的大液晶屏、深存储、100MHz 带宽技术热点后，近年来数字荧光显示、200MHz 带宽、10bit/12bit 高垂直分辨率、高刷新率、触摸屏幕等都纷纷出现在新款示波器上。国内以普源精电和鼎阳科技为代表的仪器制造企业不断精进技术，已具备了制造中 / 高端示波器的实力。今年 100MHz 带宽、1GSa/s 采样率、7 英寸彩色液晶屏配置的示波器，已成为无线电爱好者心里的起步配置设备。普源的 DS1000Z-E/DS1000Z 系列作为进阶性能的高性价比机型， 24Mpts 存储深度、3 万帧 / 秒波形刷新率、多级灰度数字荧光显示等亮点，依然令很多无线电爱好者垂涎。DS1000Z-E 后缀带 E，为 2 通道机型，价格更实惠一些。鼎阳的 SDS1000X-C 系列（鼎阳 SDS1202X-C 如图 8 所示）和 SDS1104X-U 是今年无线电爱好者关注度最高的高性价比机型，SDS1000X-C 系列标配 14Mpts 存储深度，20 万帧 / 秒的高波形刷新率、1M 点 FFT 高速运算、256 级灰度的 SPO 荧光显示效果，在入门级产品中属于佼佼者。

在国产中档示波器中，普源 HDO 1000 系列示波器（普源 DHO 1204 如图 9 所示）和鼎阳 SDS2000X plus 系列广受专业用户关注。普源 HDO 1000 系列示波器搭载全新“半人马座”芯片，配备 10.1 英寸高清触控屏，提供 12bit 高垂直分辨率，150 万帧 / 秒的高波形刷新率、可选择的 100Mpts 存储深度，不管是外观还是内部硬件，都与入门级产品拉开差距，给人第一印象就是有档次的仪器。中配版本不到 1 万元的价格令个人用户和小微企业可以接受。针对需要大带宽的用户，普源还有 HDO 4000 系列，最大带宽可达 800MHz。鼎阳的 SDS2000X plus 系列主打全能低噪，配备 10.1 英寸高清触控屏，提供 8bit/10bit 高垂直分辨率、低底噪、12 万帧 / 秒的波形刷新率、 2M 点 FFT 运算、标配 200Mpts 存储深度，是普源 HDO1000 系列示波器有力的竞争对手。另外麦科信 Micsig 的手持平板示波器，由于其高移动性、不错的性能、适宜的价格等也受到现场工程师和无线电玩家的喜爱，如今已更新的第 4 代平板示波器，产品成熟稳定，操作有特色。目前麦科信主推 Smart 系列和 TO 系列，分别配备 8 英寸和 10.1 英寸液晶屏， Smart 系列保留实体按键，更偏重工业应用，TO 系列为全触摸屏设计。

频谱仪与信号分析仪

随着无线通信科技的迅猛发展，频谱仪和信号分析仪需求不断增长，新制式、新标准的测量都要求软件不断升级。在专业测试场合，很多测量都需要由软件完成。能加载制式信号测量分析软件的频谱仪称为信号分析仪，只有传统功能的频谱仪称为通用频谱分析仪。高移动性的手持频谱仪和 5G 测量分析应用的信号分析仪已经成为市场的热点。5GHz 频段应用的增加和 5G 系统高频段的使用，也对频谱仪的工作频率上限提出更高的要求。前几年 3GHz 的频谱仪如今已不够用，现在 6 ~ 7GHz 的频谱仪只能说刚刚够用，20GHz 以上的产品才算高级设备。实时频谱仪也

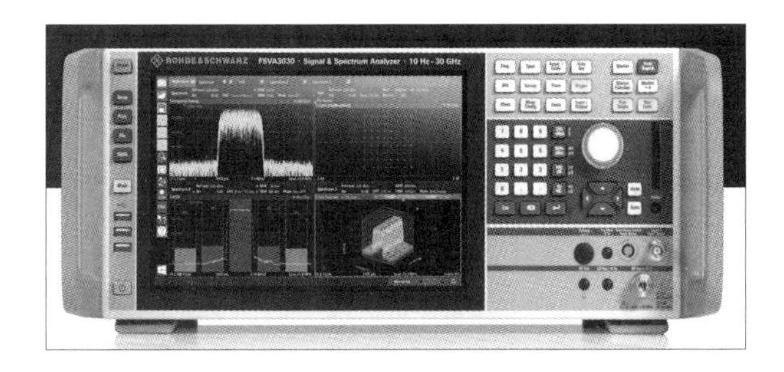

图10 ROHDE&SCHWARZ FSVA3030

越来越受到重视，它测量脉冲时隙信号有明显的优势。随着无线电通信宽带信号应用的增长，对频谱仪分析带宽能力的要求也随之提高。主流中档产品的分析带宽基本要求在100MHz起步，高档产品则在400MHz以上，顶级产品更可达数吉赫兹。

罗德与施瓦茨的频谱仪一直是业界的翘楚，高端的FSW老当益壮，通过不断升级适应了5G时代高要求应用。新款的ROHDE&SCHWARZ FSVA3030（见图10）提供实验室级的高性能、高精度、多功能测量，支持大分析带宽。FPS机架型信号分析仪提供高性能、高速测量的系统集成方案。FPC系列为用户提供了低价位的选择，高配置型号内置了跟踪源、独立连续波信号发生器以及驻波比电桥，提供带史密斯圆图显示功能的单端口矢量网络分析仪功能。

是德科技的频谱仪依然是业界的天花板，其N904xB系列UXA信号分析仪提供无与伦比的性能和非凡的测量体验。FieldFox N99xxB系列（FieldFox N9914B如图11所示）是很多现场工程师梦寐以求的手持多功能射频和微波分析仪，该系列都可在手持仪表上提供实时频谱仪功能，性能和指标较上一代产品有显著的提升，多功能机型集频谱、矢网、功率计、天线分析仪于一身。新款的N9953B最大工作频率可达54GHz。上一代FieldFox A系列目前多款有优惠促销活动，性能依然实用。FieldFox在二手市场颇为热门，多功能机型是无线电玩家眼中的“神器”，实用单功能机型则是小微企业和工作室的首选。是德科技的仪器通过选件可扩展其他功能，软件授权升级灵活，方便用户定制自己所需功能。为了让用户控制成本，是德科技推出选件租赁服务，适合只需要短时期使用某项高级功能的用户。

泰克RSA306B（见图12）频率覆盖范围达6.2GHz，实时频谱、体积小巧、携带安装方便、性价比高，上市多年来一直是无线电爱好者最喜欢的USB频谱仪，也是小微企业频谱仪配置的首选。尽管近年来出现许多其他公司的同类产品，但RSA306B凭借其好用的软件界面和品牌效应依然吸引了众多客户。

国产频谱仪方面以普源的RSA5000系列、RSA3000系列和鼎阳SSA5000A、SSA3000X-R、SSA3000X plus为代表。入门级产品以普源的DSA800、DSA700系列和鼎阳SSA1015X-C为代表，主打低价位和实用的性能。用户花费不到万元就能买到一部全新的性能实用、配置现代、样式新潮的现代频谱仪。普源的DSA815（见图13）依旧被不少无线电爱好者所青睐。

在国产手持频谱仪方面，德力仪器的产品一直位列三甲，近些年又为5G信号测量推出新品E8900A。鼎阳首款SHA800A手持频谱仪新品性能不俗，令人耳目一新。创远科信上市了一款基于安卓系统的超小型手持频谱仪SpecMini，采用5.5英寸触摸屏，犹如一个加厚版的手机，工作频率达到7.5GHz，具有100MHz分析带宽。

图11 FieldFox N9914B

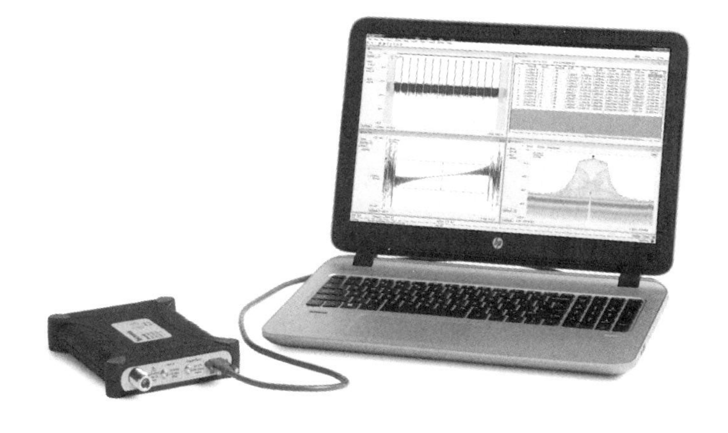

图12 泰克RSA306B

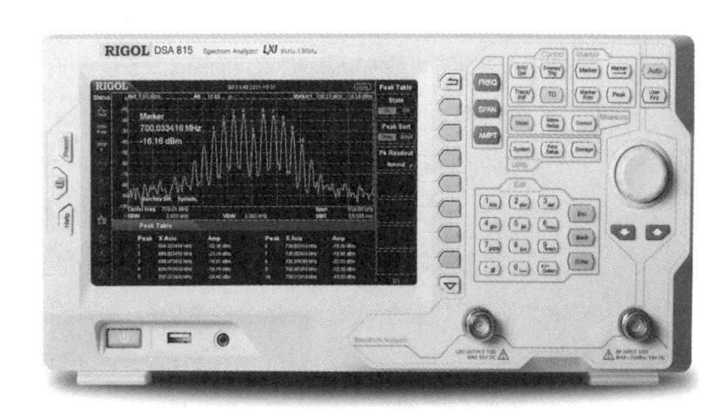

图 13 普源 DSA815

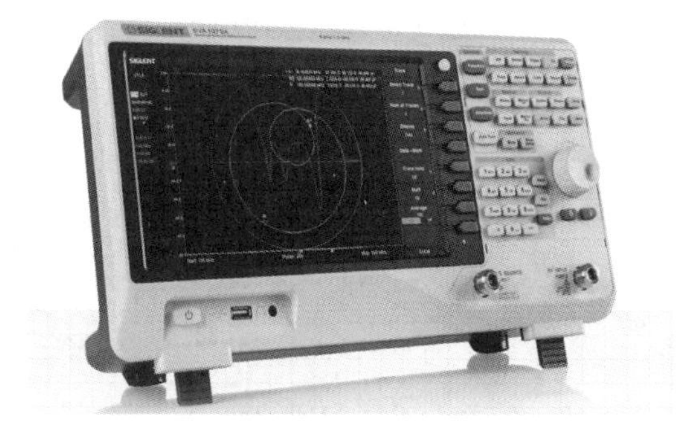

图 14 鼎阳 SVA1075X

矢量网络分析仪

矢量网络分析仪用来检测和调试射频设备，往往是射频器件制造企业的核心仪器。是德科技、罗德与施瓦茨、泰克、安立等国际厂商都提供了宽频率工作范围、高精度、多端口、高速测量的产品，但价格高昂，令大多数小微企业和工作室汗颜。二手市场的矢量网络分析仪成为很多小微企业、无线电爱好者和仪器玩家的首选。如是德科技的 E5071C 台式机和 N9923A 手持机都是二手市场上的热门产品。

比较热门的国产矢量网络分析仪是鼎阳入门级 SVA1000X 系列（鼎阳 SVA1075X 如图 14 所见）和高性能的 SNA5000X 系列。示波器“领头羊”普源精电在其高阶型号的部分频谱分析仪上，通过选件提供 VNA 功能。上海创远科信 C5 型矢量网络分析仪（见图 15）继续保持高颜值、低价位。上述不少产品让用户能以 2 ~ 3 万元预算买到全新的、正规仪器企业出品的商用矢量网络分析仪，比二手国际品牌还便宜。对于预算不多的无线电爱好者，一些网络工作室出品的 NanoVNA、LiteVNA、SAA2 等产品也是不错的选择，花几百元就能感受一下矢量网络分析仪的实操测量体验。近几年来，以 NanoVNA 为代表的产品在业余无线电爱好者中广泛使用，制造厂商也逐渐规模化，产品不断改进提升性能。

可编程直流电源

除国际高精度的可编程直流电源品牌外，国产产品也打破技术壁垒，开始风生水起。普源精电和鼎阳都推出了自己的高精度可编程直流电源新品。之前选购艾德克斯产品的国内企业也有很多。普源新品 DP2000 系列（普源 DP2031 如图 16 所示）分辨率达到了 1mV/0.1mA 水平，小电流测量分辨率高达 1μA，年准确度达 28μA，内置功能丰富，外观设计也十分炫酷，搭载了彩色触摸屏让操作更加舒适。普源 DP900 和 DP800 系列则提供了实惠的价格和实用的性能。

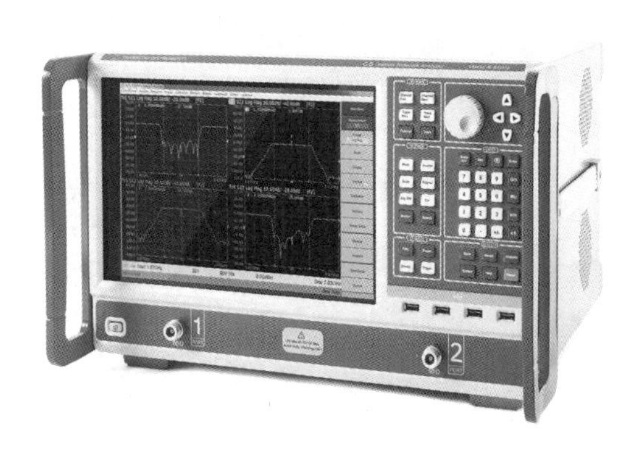

图 15 创远科信 C5 型矢量网络分析仪

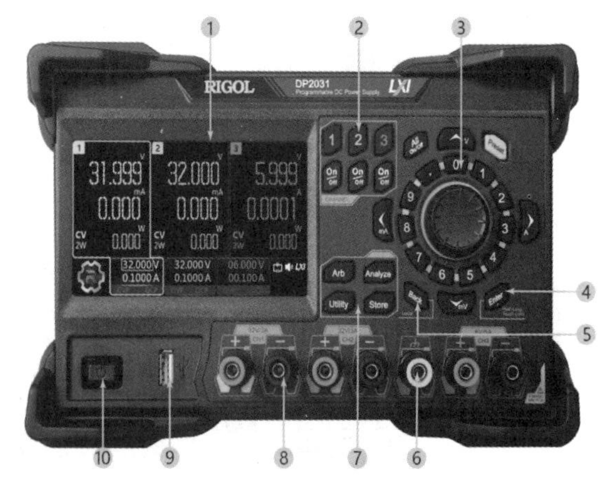

图 16 普源 DP2031

ESP8266 开发之旅 网络篇（17）

DNSServer——真正的域名服务

▌单片机菜鸟博哥

Arduino For ESP8266中有两个与DNS服务相关的库：ESP8266mDNS库和DNSServer库。ESP8266mDNS库是组播DNS库，使用这个库，ESP8266可以在AP模式下或是以STA模式接入局域网，而局域网中其他开启mDNS服务的设备可以通过网址访问ESP8266。关于ESP8266mDNS库的内容，笔者在《无线电》杂志2022年5月刊上已经讲过，有需要的朋友可以查看。

但使用ESP8266mDNS库有个明显缺点，需要其他设备也开启mDNS服务，而Windows系统还需要安装Bonjour软件，同时域名为xxx.local。

那有没有更合适的库呢？这里就要说到本次的内容——DNSServer库。这个库就是本文将用到的建立DNS服务的方式，使用该库时ESP8266必须工作在AP模式下，而DNSServer库也是属于真正意义的精简版DNS服务器。

DNSServer运行在UDP协议之上，大家可以回顾《无线电》杂志2021年12月刊上的《ESP8266开发之旅 网络篇（12）UDP服务》，了解UDP服务。在这里，DNS服务器唯一的作用就是把域名转成对应映射的地址。

DNSServer库

ESP8266使用DNS服务时一般和WebServer服务一起使用，WebServer服务部分内容请回顾《无线电》杂志2021年1月、2月刊上相关内容，使用DNSServer库，需要在代码中加入以下头文件。

```
#include <DNSServer.h>
```

讲解方法前，还是先来看看笔者总结的思维导图（见图1）。DNSServer库的常用方法非常简单，只有4个方法，毕竟DNS服务器的功能比较单一。

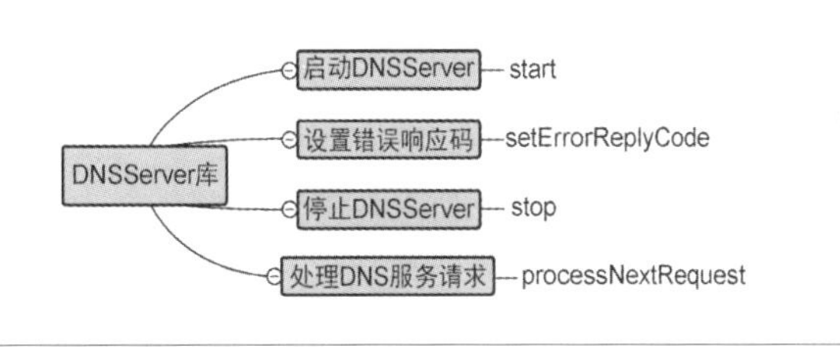

▌图1 思维导图

1. start

```
/* 启动DNS服务器
 * @param port  端口号，DNS服务一般占用53端口
 * @param domainName 映射域名
 * @param resolvedIP 映射IP地址
 * @return  bool 是否启动成功 */
bool start(const uint16_t &port,
  const String &domainName,
const IPAddress &resolvedIP);
```

其源码说明如下。

```
bool DNSServer::start(const uint16_t
&port, const String &domainName,
const IPAddress &resolvedIP)
{
  _port = port;
  _buffer = NULL;
  _domainName = domainName;
  _resolvedIP[0] = resolvedIP[0];
  _resolvedIP[1] = resolvedIP[1];
  _resolvedIP[2] = resolvedIP[2];
  _resolvedIP[3] = resolvedIP[3];
  downcaseAndRemoveWwwPrefix
(_domainName);
  //启动UDP服务，监听客户端向DNS服务器查询域名
  return _udp.begin(_port) == 1;
}
```

2. stop

```
/* 停止DNS服务器 */
void stop();
```

其源码说明如下。

```
void DNSServer::stop()
{
  //停止UDP服务
  _udp.stop();
  free(_buffer);
  _buffer = NULL;
}
```

3. setErrorReplyCode

```
/* 设置错误响应码
```

```
 * @param  DNSReplyCode  错误响应码 */
void setErrorReplyCode(const
DNSReplyCode &replyCode);
```

DNSReplyCode 的定义如下。

```
enum class DNSReplyCode{
  NoError = 0,
  FormError = 1,
  ServerFailure = 2, //服务错误
  NonExistentDomain = 3,
  NotImplemented = 4,//未定义
  Refused = 5,//拒绝访问
  YXDomain = 6,
  YXRRSet = 7,
  NXRRSet = 8
};
```

4. processNextRequest

```
/* 处理DNS请求服务 */
void processNextRequest();
```

其源码说明如下。

```
void DNSServer::processNextRequest()
{
  //获取UDP请求内容
  _currentPacketSize = _udp.
parsePacket();
  if (_currentPacketSize)
  {
    if (_buffer != NULL) free(_buffer);
    _buffer = (unsigned char*)malloc(_
currentPacketSize * sizeof(char));
    if (_buffer == NULL) return;
    _udp.read(_buffer, _
currentPacketSize);
    _dnsHeader = (DNSHeader*) _buffer;
    //判断请求是否查找域名映射的IP地址,
"*"在这里有非常特殊的作用,读者请注意
    if (_dnsHeader->QR == DNS_QR_
QUERY &&
    _dnsHeader->OPCode == DNS_OPCODE_
QUERY &&
    requestIncludesOnlyOneQuestion()
&&
    (_domainName == "*" ||
getDomainNameWithoutWwwPrefix() == _
domainName)
  )
    {
      //返回IP地址
      replyWithIP();
    }
    else if (_dnsHeader->QR == DNS_
QR_QUERY)
    {
      //响应错误码
      replyWithCustomCode();
    }
    free(_buffer);
    _buffer = NULL;
  }
}
/* 响应域名对应的IP地址 */
void DNSServer::replyWithIP()
{
  if (_buffer == NULL) return;
  _dnsHeader->QR = DNS_QR_RESPONSE;
  _dnsHeader->ANCount = _dnsHeader-
>QDCount;
  _dnsHeader->QDCount = _dnsHeader-
>QDCount;
  //_dnsHeader->RA = 1;
  _udp.beginPacket(_udp.remoteIP(), _
udp.remotePort());
  _udp.write(_buffer, _
currentPacketSize);
  _udp.write((uint8_t)192);
  _udp.write((uint8_t)12);
  _udp.write((uint8_t)0);
  _udp.write((uint8_t)1);
  _udp.write((uint8_t)0);
  _udp.write((uint8_t)1);
  _udp.write((unsigned char*)&_ttl,
4);
  // RData 的长度为4字节(因为在
本例中 RData 为 IPv4 地址) _udp.
write((uint8_t)0);
  _udp.write((uint8_t)4);
  _udp.write(_resolvedIP, sizeof(_
resolvedIP));
  _udp.endPacket();
  #ifdef DEBUG_ESP_DNS
  DEBUG_ESP_PORT.printf("DNS
responds: %s for %s\n",
  IPAddress(_resolvedIP).
toString().c_str(), getDomainName
WithoutWwwPrefix().c_str() );
  #endif
}
/* 响应错误码 */
void DNSServer::replyWithCustomCode()
{
  if (_buffer == NULL) return;
  _dnsHeader->QR = DNS_QR_RESPONSE;
  _dnsHeader->RCode = (unsigned
char)_errorReplyCode;
  _dnsHeader->QDCount = 0;
  _udp.beginPacket(_udp.remoteIP(), _
udp.remotePort());
  _udp.write(_buffer, sizeof
(DNSHeader));
  _udp.endPacket();
}
```

注意：ESP8266 DNSServer 运行于UDP协议之上，只能支持一个域名映射。当ESP8266设置的域名为“*”时，意味着所有请求都会被链接到该IP地址，我们可以利用这一点做一些特殊操作。

实例

1. 访问主机名

实验说明：在手机浏览器上访问“www.××××.com”（此处用你自己设置的网址）会显示“Hello World”。

实验源码如下所示。

```
#include <ESP8266WiFi.h>
```

```
#include <DNSServer.h>
#include <ESP8266WebServer.h>
//调试定义
#define DebugBegin(baud_rate) Serial.
begin(baud_rate)
#define DebugPrintln(message) Serial.
println(message)
#define DebugPrint(message) Serial.
print(message)
#define DebugPrintF(...) Serial.
printf( __VA_ARGS__ )
const byte DNS_PORT = 53;
IPAddress apIP(192, 168, 1, 1);
DNSServer dnsServer;
ESP8266WebServer webServer(80);
void setup() {
  DebugBegin(115200);
  WiFi.mode(WIFI_AP);
  WiFi.softAPConfig(apIP, apIP,
IPAddress(255, 255, 255, 0));
  WiFi.softAP("DNSServer example");
  // 修改与域名关联的TTL(单位为秒)
  // 默认值为60s
  dnsServer.setTTL(300);
  // 设置用于其他域的返回码(例如发
送ServerFailure而不是NonExistent
Domain,这将减少客户端发送的查询数)
  // 默认值为DNSReplyCode::NonExistent
Domain
  dnsServer.setErrorReplyCode
(DNSReplyCode::ServerFailure);
  // 启动DNSServer,映射主机名为
www.××××.com
  bool status = dnsServer.start(DNS_
PORT, "www.××××.com", apIP);
  if(status){
    DebugPrintln("start dnsserver
success.");
  }else{
    DebugPrintln("start dnsserver
failed.");
  }
  //运行简单的HTTP服务器以查看DNS服务
器是否正常工作
  webServer.onNotFound([]() {
    String message = "Hello World!\n\
n";
    message += "URI: ";
    message += webServer.uri();
    webServer.send(200,"text/plain",
message);
  });
  webServer.begin();
}
void loop() {
  dnsServer.processNextRequest();
  webServer.handleClient();
}
```

实验结果：我们会在手机上看到一个名为DNSServer example的开放式AP热点，先单击其名称进行连接（见图2），然后在手机浏览器访问www.××××.com，如图3所示。

图2 DNSServer example开放式AP热点

2. Portal认证

当我们连上某些Wi-Fi热点时，只要没有认证手机号码信息，无论访问哪个页面都会弹出一个Web认证页面（这是商家用来收集用户信息的一种手段，大家填写时一定要慎重），这就是Portal认证。

Portal服务器是接收Portal客户端认证请求的服务器端系统，其主要作用是提供免费的门户服务和基于Web认证的界面，以及与接入设备交互，认证客户端的认证信息。其中的Web认证方案首先需要给用户分配一个地址，用于访问门户网站。

Portal基于浏览器，采用的是B/S构架，对不同权限的用户下发不同的VLAN，访问不同的服务器资源，通过认证后就能访问Internet资源，Portal认证方式不需要安装认证客户端，减少了客户端的维护工作量，便于运营。

运营者通常可以在Portal页面上拓展业务，如展示商家广告、联系方式等基本信息。Portal广泛应用于运营商、学校等网络。通过DNSServer，我们也可以使用Portal认证。

实验说明：进行Portal认证。

实验源码如下所示。

```
#include <DNSServer.h>
#include <ESP8266WebServer.h>
#include <ESP8266WiFi.h>
//调试定义
#define DebugBegin(baud_rate) Serial.
```

图3 访问www.××××.com1

```
begin(baud_rate)
#define DebugPrintln(message) Serial.println(message)
#define DebugPrint(message) Serial.print(message)
#define DebugPrintF(...) Serial.printf( __VA_ARGS__ )
const byte DNS_PORT = 53;
IPAddress apIP(192, 168, 1, 1);
DNSServer dnsServer;ESP8266WebServer webServer(80);
String responseHTML = ""
"<!DOCTYPE html><html><head><title>CaptivePortal</title></head><body>"
"<h1>Hello World!</h1><p>This is a captive portal example. All requests will be redirected here.</p></body></html>";
void setup() {
  DebugBegin(115200);
  WiFi.mode(WIFI_AP);
  WiFi.softAPConfig(apIP, apIP, IPAddress(255, 255, 255, 0));
  WiFi.softAP("DNSServer CaptivePortal example");
```

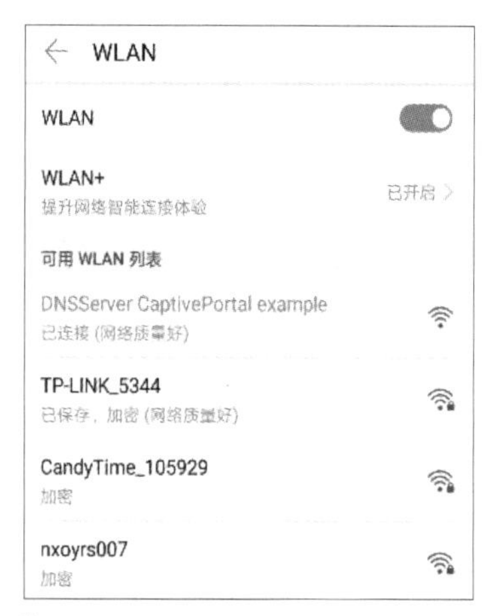

图 4 DNSServer CaptivePortal example 开放式 AP 热点

CaptivePortal

Hello world!

This is a captive portal example.All requests will be redirected here.

图 5 访问 www.××××.com2

```
  // 所有请求都映射到一个具体地址
  dnsServer.start(DNS_PORT, "*", apIP);
  // 重播具有相同 HTML 的所有请求
  webServer.onNotFound([]() {
    DebugPrintln("webServer handle.");
    webServer.send(200, "text/html", responseHTML);
  });
  webServer.begin();
}
void loop() {
  dnsServer.processNextRequest();
  webServer.handleClient();
}
```

实验结果：我们会在手机上看到一个名为 DNSServer CaptivePortal example 的开放式 AP 热点，先单击其名称进行连接（见图 4），然后在手机浏览器访问 www.××××com，如图 5 所示。

DNSServer 也是非常重要的内容，特别对于 Web 配网来说，经常需要使用它，请读者认真理解使用。

恒湿驱动滚动软体机器人

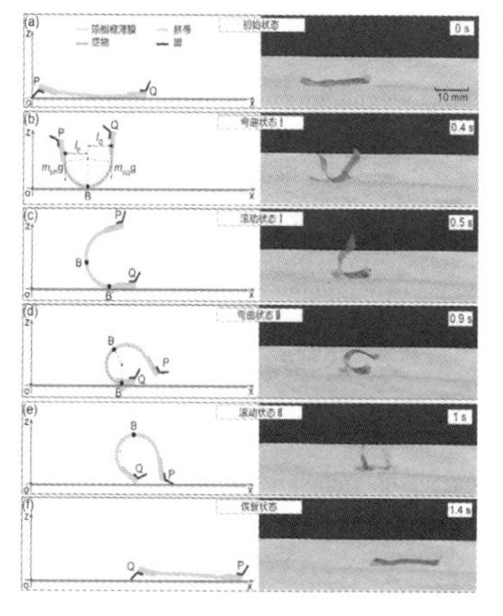

天津大学化工学院张雷教授课题组与机械学院陈焱教授课题组合作，利用琼脂糖薄膜的湿度敏感特性，研究出了一种可以在恒定湿度环境下快速滚动的软体机器人——Hydrollbot。

机器人与潮湿环境接触后，在吸水产生的弯曲变形和自身重力的共同作用下，可以实现在恒定湿度环境中连续、快速滚动。机器人的运动速度随着薄膜长度和湿度的增加而增加，随着薄膜厚度和胶带长度的增加而降低。

Hydrollbot 的质量仅为 6.8mg，直线滚动速度达到 0.714 身长 / 秒，研究人员可以通过改变机器人结构的几何形状和脚的位置调控机器人的滚动方向。

STM32入门100步（第47步）

DHT11 温 / 湿度传感器

杜洋　洋桃电子

原理介绍

图 1 所示是配件包中的温 / 度传感器，型号是 DHT11。这是一款非常常见的温 / 湿度传感器。它可以采集环境温度和湿度，温度范围是 0 ~ 50℃，湿度范围是 20%RH ~ 90%RH。传感器有 4 个引脚，体积小，使用单总线通信方式，只要用一根数据线和单片机连接就能通信。温 / 湿度传感器在项目开发中比较常用，可用于温 / 湿度显示，也可用于通过温 / 湿度值控制其他电器。接下来我们把传感器连接到开发板，看一下温 / 湿度显示效果。先要将 DHT11 连接到洋桃 1 号开发板，连接前要知道它的接口定义。如图 2 所示，将传感器网格窗口朝前，4 个引脚朝下，引脚号从左到右依次是 1、2、3、4。在连接电路时，1 脚连接 5V 电源，2 脚连接数据接收的 I/O 端口，3 脚悬空，4 脚接 GND，传感器就能和单片机通信（见图 2）。洋桃 1 号开发板上并没有为这款传感器预留接口，我们用开发板上的面包板来连接电路。如图 3 所示，面包板上有很多孔洞，可以分成两部分，以中间的凹槽为界，左边和右边是独立的两部分，每行横向的 5 个插孔在内部导通，每行之间纵向不导通。我们按面包板的特性来连接传感器。把传感器插到面包板上，有字的一面朝向核心板，将 4 个引脚插在面包板右边 4 行中，用面包板专用线连接电路，DHT11 第 1 脚连接核心板两侧排孔的“GND”；第 2 脚连接排孔“PA15”，程序通过 PA15 接口读取温 / 湿度值；第 4 脚连接排孔“5V”。插入 3 根导线，温 / 湿度传感器就连接完成，开发板上的其他跳线按默认即可。在附带资料中找到“DHT11 温湿度显示程序”工程，将工程中的 HEX 文件下载到开发板中看一下效果。效果是在 OLED 屏上显示“DHT11 TEST”，表示温 / 湿度传感器的测试程序，显示当前湿度“Humidity: 11%”，当前温度 “Temperature: 30℃”。这是我的测试数据，这组温度和湿度的数据是 DHT11 读出来的。以上就是示例程序的显示效果。

DHT11 单总线通信原理和传感器特性要通过数据手册来学习。在附带资料中找到“洋桃 1 号开发板周围电路手册资料”文件夹，打开“DHT11 说明书（中文）”文档。第 1 页有传感器的图片、优势特性、产品概述、应用领域。“订货信息”部分是重点内容，湿度测量范围是 20%RH ~ 90%RH，温度测量范围是 0 ~ 50℃。湿度误差为 ±5%，温度误差为 ±2℃。由于传感器的测量误差较大，不能用于精确温 / 湿度测量，只能用在对精度要求不高的项

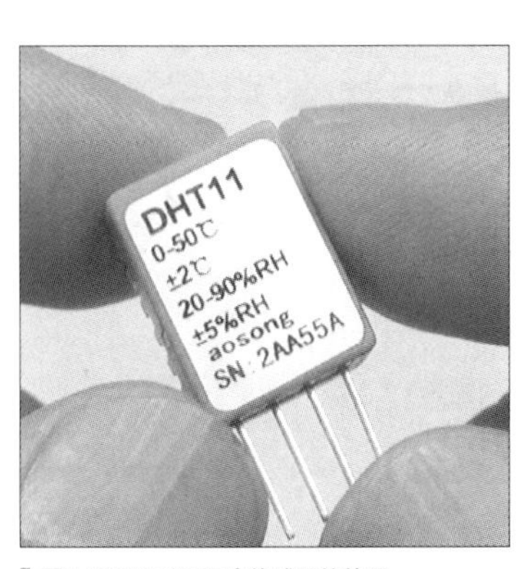

图1 DHT11温/湿度传感器的外观

图2 DHT11的接口定义

图3 DHT11与开发板连接图

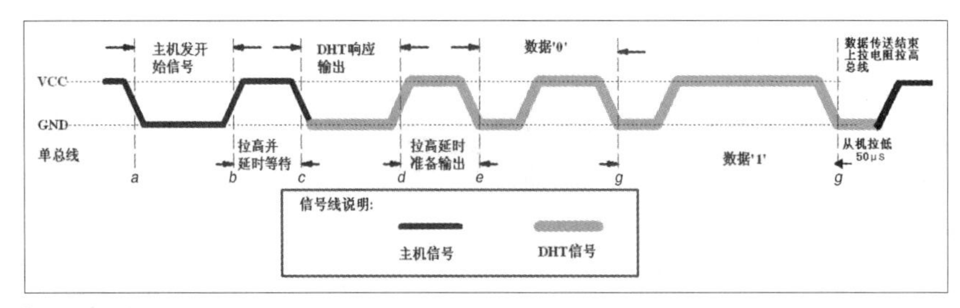

图4 单总线通信时序图1

目，比如家用电器、消费类电子产品等中。第 2 页是传感器性能说明，给出了温 / 湿度值的测量性能，湿度分辨率是 1%，温度分辨率是 1℃。接口说明中的电路图是经典电路，1 脚连接 VDD，2 脚数据线连接 I/O 端口，4 脚连接 GND。数据线要串联 5kΩ 上拉电阻，建议连接线短于 20m 时用 5kΩ 上拉电阻，连接线大于 20m 时使用合适的上拉电阻。目前仅在开发板上做实验，暂时省去上拉电阻，在项目开发中需要使用上拉电阻。接下来“电源引脚”部分给出 DHT11 供电电压是 3 ~ 5.5V，传感器上电后需要等待 1s，以越过不稳定状态，在此期间不能发送任何指令。也就是说传感器实际工作电压在 3 ~ 5.5V（在开发板上连接 5V 电源）。“等待 1s”是指系统通电后传感器未能处工作状态，单片机需要延时 1s 等待传感器稳定再读取数据。电源正负极连接 100μF 的电容起到滤波作用。由于开发板内部已经连接了滤波电容，所以在面包板上不需要连接。

第 3 页是串行通信（单线双向通信）。USART 串口、I²C 总线、SPI 总线、CAN 总线都有 2 个或 2 个以上的引脚，而 DHT11 只需 1 个引脚就能发送和接收，这就是单总线通信。单总线通信的应用并不多，常见的仅有 DS18B20 温度传感器和 DHT11 温 / 湿度传感器。接下来要学习 DHT11 的驱动方法，除了从传感器读出数据，另一个重点是理解单总线通信。文档中提到 DATA 用于微处理器和 DHT11 之间的通信和同步，采用单总线数据格式，一次通信时间 4ms 左右，数据分小数和整数部分。具体格式在下边说明，当前小数部分用于以后的扩展，现读初值为 0。从这句话可知我们现在使用的型号中小数无效，只有整数部分有效。一次完成数据传输 40bit，高位先出。40bit 是指二进制位数。每个字节有 8bit，40bit 是 5 个字节。第一个字节是 8bit 湿度整数部分，第 2 个字节是 8bit 湿度小数部分（为 0），第 3 个字节是 8bit 温度整数部分，第 4 个字节是 8bit 温度小数部分（为 0），第 5 个字节是 8bit 校验和。“校验和”用于验证全部数据是否正确，当数据传送正确时，校验和与前 4 个数据之和相等。接下来给出单总线的通信时序图（见图 4），从中可以看出单总线的通信过程，图的下方有一段文字对时序含义进行说明。图中黑线表示单片机（主机）发出的波形，灰粗线表示 DHT11（传感器）发出的波形。由于是单总通信，单片机和传感器信号都在同一条线上。我们从左侧开始分析，左侧是时序图的时间起始。开始时，总线电平为高电平，单片机先将总线拉为低电平（位置 a），持续至少 18ms，这是主机发送的开始信号。接下来单片机再把总线拉为高电平（位置 b），停留 20 ~ 40μs。需要注意：“18”的单位是 ms，“20 ~ 40”的单位是 μs。到此单片机结束了发送操作。接下来单片机将 I/O 端口状态变为接收，接收从 DHT11 传来的数据，后面的灰线部分表示传感器发送给单片机的波形（DHT 信号）。传感器将总线拉为低电平（位置 c），持续约 80μs，表示传感器响应。传感器再把总线拉为高电平（位置 d），持续一段时间，再次拉为低电平（位置 e），接下来传送数据。数据中的逻辑 0 是由一个短时间的低电平和一个短时间的高电平组成的。逻辑 1 是由一个短时间的低电平和一个长时间的高电平组成的。逻辑 1 或逻辑 0 的波形共传送 40bit（5 字节）。数据传送完成时，传感器将总线拉为低电平（位置 g），持续 50μs 后放开总线。总线回到初始的高电平状态，完成一次单总线通信。

图 5 所示是每一个波形的时间长度说明。主机（单片机）给出的低电平起始信

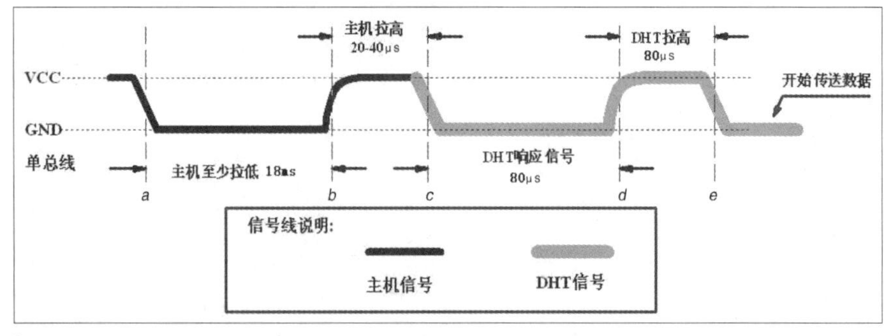

图5 单总线通信时序图2

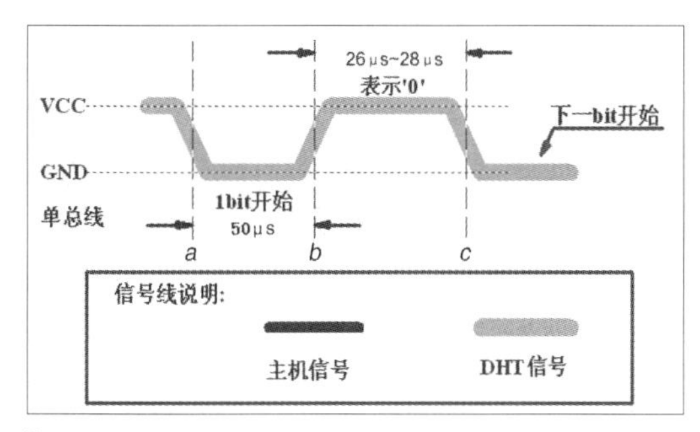

图6 逻辑0的波形

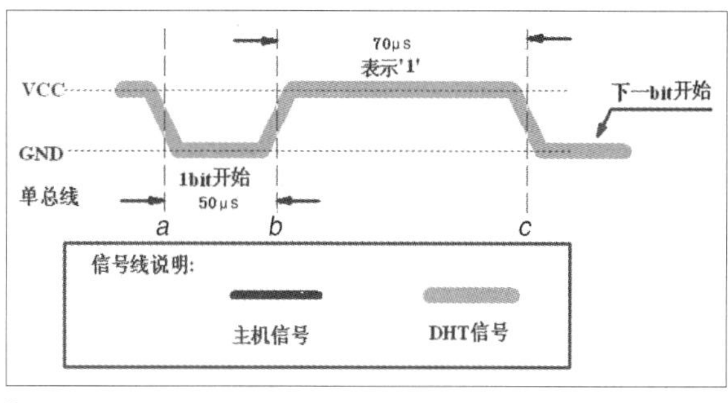

图7 逻辑1的波形

号为18ms（a～b），主机拉高的高电平为20～40μs（b～c），传感器响应的低电平为80μs（c～d），高电平为80μs（d～e）。传送数据分为逻辑0和逻辑1（字节中的每个位）。图6所示是逻辑0的波形。如果发送的数据是0，传感器会将总线拉到低电平（位置a），保持50μs，再变为高电平（位置b），保持26～28μs，接下来再将总行拉低发送下一位数据（位置c）。图7所示是逻辑1的波形。发送数据1时，传感器先将总线拉到低电平（位置a），保持50μs，再变为高电平（位置b），保持70μs，接下来再将总线拉低，发送下一位数据（位置c）。从中可知数据0和1的区别是高电平的时长。高电平在70μs表示数据1，高电平在26～28μs表示数据0。程序只要判断每bit的高电平的长度是28μs还是70μs，就能确定数据是0还是1。现在我们了解了数据0和1的表达方式，知道了总线的通信过程，用这两个特性就能编写出驱动程序。接下来再看“测量分辨率”，分辨率分别以十进制数表示8位（bit）温度值和8位（bit）湿度值。第5页是电气特性，其中说明采集周期为1s，即温/湿度数据的刷新频率为1s。说明书的最后是应用信息和封装信息，从封装信息中可知引脚定义和封装尺寸。这就是数据手册的全部内容。

程序分析

接下来我们分析驱动程序。打开“DHT11温湿度显示程序”工程，工程复制了上一节的工程，在Hardware文件夹中加入DHT11文件夹，在文件夹里加入dht11.c和dht11.h文件，这是我编写的DHT11驱动程序。接下来用Keil软件打开工程，首先打开main.c文件，如图8所示，DHT11温/湿度显示程序，程序效果是在OLED屏上显示温/湿度值。第18～22行声明库文件，第24行

```
18  #include "stm32f10x.h" //STM32头文件
19  #include "sys.h"
20  #include "delay.h"
21  #include "relay.h"
22  #include "oled0561.h"
23
24  #include "dht11.h"
25
26
27  int main (void){//主程序
28    u8 b[2];
29    delay_ms(1000); //上电时等待其他器件就绪
30    RCC_Configuration(); //系统时钟初始化
31    RELAY_Init();//继电器初始化
32
33    I2C_Configuration();//I²C初始化
34    OLED0561_Init(); //OLED屏初始化
35    OLED_DISPLAY_8x16_BUFFER(0,"   YoungTalk    "); //显示字符串
36    OLED_DISPLAY_8x16_BUFFER(2,"   DHT11 TEST   "); //显示字符串
37
38    if(DHT11_Init()==0){ //DHT11初始化  返回0成功，1失败
39      OLED_DISPLAY_8x16_BUFFER(4,"Humidity:   %   "); //显示字符串
40      OLED_DISPLAY_8x16_BUFFER(6,"Temperature:   C"); //显示字符串
41    }else{
42      OLED_DISPLAY_8x16_BUFFER(4,"DHT11 INIT ERROR!"); //显示字符串
43    }
44    delay_ms(1000);//DHT11初始化后必要的延时（不得小于1s）
45    while(1){
46      if(DHT11_ReadData(b)==0){//读出温/湿度值
47        OLED_DISPLAY_8x16(4,9*8,b[0]/10 +0x30);//显示湿度值
48        OLED_DISPLAY_8x16(4,10*8,b[0]%10 +0x30);//
49        OLED_DISPLAY_8x16(6,12*8,b[1]/10 +0x30);//显示温度值
50        OLED_DISPLAY_8x16(6,13*8,b[1]%10 +0x30);//
51      }else{
52        OLED_DISPLAY_8x16_BUFFER(6,"DHT11 READ ERROR!"); //显示字符串
53      }
54      delay_ms(1000); //延时，刷新数据的频率（不得小于1s）
55    }
56  }
57
```

图8 main.c文件的部分内容

加载 dht11.h 文件。主程序部分，第 28 行定义一个数组，存放两个字节的数据。第 36 行在 OLED 屏上显示“DHT11 TEST”。第 38 行用 if 语句判断 DHT11 初始化函数 DHT11_Init 的返回值，返回值为 0 表示初始化成功。显示第 39 行的温度和时间；为 1 表示初始化失败，执行第 42 行 else 语句显示“DHT11 INIT ERROR!”（传感器错误）。第 44 行显示完成后延时 1s。延时 1s 非常必要，前面说过传感器的采样周期是 1s，初始化后需要等待 1s 再读取数据，如果 1s 出错就延时 2s 或更长时间。另外第 29 行主函数开始部分也有 1s 延时，因为传感器上电后要等待 1s 进入稳定状态。总之，上电开始要延时 1s，初始化结束还要延时。如果发现读取出错，延时时间还要加长一些。第 45 行是 while 主循环，第 46 行用 if 语句判断读出温 / 湿度值的函数 DHT11_ReadData 的返回值。调用此函数便能读出温 / 湿度值，参数是数组 b，表示将温 / 湿度数据放到数组 b 中。函数有返回值，返回值为 0 表示读取成功，为 1 表示读取失败。第 47 ~ 50 行是读取成功的处理程序，把读出来的数据显示在 OLED 屏上。第 47 ~ 48 行显示湿度值（数组 b 的第 [0] 位置，十位和个位分开显示），第 49 ~ 50 行显示温度值（数组 b 的第 [1] 位，十位和个位分开显示）。第 51 行通过 else 语句处理数据读取失败，显示传感器读取错误“DHT11 READ ERROR!”。第 54 行延时 1s。程序回到 while 循环再次读出温 / 湿度值，刷新显示。

```
1 ⊟#ifndef __DHT11_H
2   #define __DHT11_H
3   #include "sys.h"
4   #include "delay.h"
5
6   #define DHT11PORT GPIOA //定义I/O端口
7   #define DHT11_IO GPIO_Pin_15//定义I/O端口
8
9
10  void DHT11_IO_OUT (void);
11  void DHT11_IO_IN (void);
12  void DHT11_RST (void);
13  u8 Dht11_Check(void);
14  u8 Dht11_ReadBit(void);
15  u8 Dht11_ReadByte(void);
16  u8 DHT11_Init (void);
17  u8 DHT11_ReadData(u8 *h);
```

图9 dht11.h文件的全部内容

```
21  #include "dht11.h"
22
23
24 ⊟void DHT11_IO_OUT (void){ //端口变为输出状态
25    GPIO_InitTypeDef  GPIO_InitStructure;
26      GPIO_InitStructure.GPIO_Pin = DHT11_IO; //选择端口号（0~15或all）
27      GPIO_InitStructure.GPIO_Mode = GPIO_Mode_Out_PP; //选择I/O端口工作方式
28      GPIO_InitStructure.GPIO_Speed = GPIO_Speed_50MHz; //设置I/O端口速度（2/10/50MHz）
29    GPIO_Init(DHT11PORT, &GPIO_InitStructure);
30  }
31
32 ⊟void DHT11_IO_IN (void){ //端口变为输入状态
33    GPIO_InitTypeDef  GPIO_InitStructure;
34      GPIO_InitStructure.GPIO_Pin = DHT11_IO; //选择端口号（0~15或all）
35      GPIO_InitStructure.GPIO_Mode = GPIO_Mode_IPU; //选择I/O端口工作方式
36    GPIO_Init(DHT11PORT, &GPIO_InitStructure);
37  }
38
39 ⊟void DHT11_RST (void){ //DHT11端口复位，发出起始信号（I/O发送）
40    DHT11_IO_OUT();
41    GPIO_ResetBits(DHT11PORT,DHT11_IO); //
42    delay_ms(20); //拉低至少18ms
43    GPIO_SetBits(DHT11PORT,DHT11_IO); //
44    delay_us(30); //主机拉高20~40μs
45  }
```

图10 dht11.c文件的部分内容1

理解了主函数的程序原理，接下来只剩两个问题。DHT11 如何初始化？DHT11 如何读取温 / 湿度值？解决这两个问题要分析 dht11.h 和 dht11.c 文件。先看 dht11.h 文件，如图 9 所示，文件开始部分第 4 行加入延时函数的库文件，表示在 dht11.c 文件会调用延时函数。第 6 ~ 7 行定义单总线的 I/O 端口，当前使用 PA15。第 10 ~ 17 行声明 dht11.c 文件的函数。声明的函数比较多，但需要用户调用的只有初始化函数 DHT11_Init 和读取温湿度函数 DHT11_ReadData。其他函数都是为这两个函数服务的。

接下来分析 dht11.c 文件，第 21 行加载 dht11.h 文件，第 24 行是 I/O 端口设置函数 DHT11_IO_OUT，功能是让端口变为输出，将单总线的 I/O 端口变为推挽输出方式。第 32 行的函数 DHT11_IO_IN，功能是将端口变为输入，把单总线的 I/O 端口变为上拉电阻的输入方式。第 39 行是 DHT11 端口复位函数 DHT11_RST，功能是从单片机发送起始信号，即时序图中的黑线部分（18ms 低电平和 20 ~ 40μs 高电平）。第 47 行是等待 DHT11 回应函数 Dht11_Check，发送起始信号后等待传感器发回数据。第 63 行是读取一位（bit）的函数 Dht11_ReadBit，返回值是读出的这一位，对应时序图中接收部分，逻辑 0 或 1。第 78 行是读取一个字节的函数 Dht11_ReadByte，返回值是读到的数据。第 88 行是初始化函数 DHT11_Init，第 94 行是读取温 / 湿度值函数 DHT11_Init。dht11.c 文件包含的函数较多，但每个函数的内容较少。只要知道函数之间的调用关系，就能理解函数之间的运作原理。

首先我们来看第 24 行的将 I/O 端口变为输出状态函数和 32 行的将端口变为输入状态函数。单总线通信所使用的 I/O 端口既要发送数据（时序图黑线部分）又要接收数据（时序图灰线部分），一个端口有两种工作状态，这 2 个函数用于切换端口工作状态。如图 10 所示，第 25 ~ 29 行设置 I/O 端口（PA15）I/O 方式为

```
47 u8 Dht11_Check(void){ //等待DHT11回应，返回1:未检测到DHT11，返回0:成功（I/O端口接收）
48     u8 retry=0;
49     DHT11_IO_IN();// I/O到输入状态
50     while (GPIO_ReadInputDataBit(DHT11PORT,DHT11_IO)&&retry<100){//DHT11会拉低40~80μs
51         retry++;
52         delay_us(1);
53     }
54     if(retry>=100)return 1; else retry=0;
55     while (!GPIO_ReadInputDataBit(DHT11PORT,DHT11_IO)&&retry<100){//DHT11拉低后会再次拉高40~80μs
56         retry++;
57         delay_us(1);
58     }
59     if(retry>=100)return 1;
60     return 0;
61 }
62
63 u8 Dht11_ReadBit(void){ //从DHT11读取一个位 返回值: 1/0
64     u8 retry=0;
65     while(GPIO_ReadInputDataBit(DHT11PORT,DHT11_IO)&&retry<100){//等待变为低电平
66         retry++;
67         delay_us(1);
68     }
69     retry=0;
70     while(!GPIO_ReadInputDataBit(DHT11PORT,DHT11_IO)&&retry<100){//等待变高电平
71         retry++;
72         delay_us(1);
73     }
74     delay_us(40);//等待40μs //用于判断高低电平，即数据1或0
75     if(GPIO_ReadInputDataBit(DHT11PORT,DHT11_IO))return 1; else return 0;
76 }
77
78 u8 Dht11_ReadByte(void){  //从DHT11读取一个字节  返回值: 读到的数据
79     u8 i,dat;
80     dat=0;
81     for (i=0;i<8;i++){
82         dat<<=1;
83         dat|=Dht11_ReadBit();
84     }
85     return dat;
86 }
```

图11 dht11.c文件的部分内容2

50MHz 推挽输出方式。第 33 ~ 36 行将 I/O 端口 I/O 方式设置为上拉电阻输入方式。接下来第 39 行的 DHT11_RST 函数发送图 4 中黑线部分波形（a ~ c）。第 40 行调用函数 DHT11_IO_OUT 将端口设为输出端口，单片机可以向传感器发送数据。第 41 行将 I/O 端口变为低电平。第 42 行延时 20ms，以上操作即产生了图 4 中黑线部分的低电平起始信号（a ~ b）。低电平要求 18ms，我们实际延时 20ms，延时宁多不宜少。接下来第 43 行将 I/O 端口变为高电平，第 44 行延时 30μs。高电平要求 20 ~ 40μs，我们实际延时 30μs。执行以上函数便向传感器发送起始信号。

如图 11 所示，第 47 行是等待传感器回应的函数 Dht11_Check。函数无参数，有返回值，返回 1 表示未检查到传感器，返回 0 表示成功。函数中第 48 行定义变量 retry，初始值为 0。第 49 行将 I/O 端口变为输入状态。第 50 行是 while 循环，判断 I/O 端口的输入状态，若为高电平则一直循环等待。同时还判断条件变量 retry 是否小于 100，2 个条件同时满足才能判断为真。while 循环内部有 2 行程序，第 51 行是变量的值加 1，第 52 行延时 1μs。while 循环检测 I/O 端口，为高电平时循环检测，一旦为低电平则跳出判断。因为发送完起始信号后要等待传感器发回低电平信号，所以循环等待感器回应。若传感器长时间无回应，为了避免循环卡死，我加入循环一次，变量 retry 的值加 1，并延时 1μs，当变量 retry 的值加到 100 时，自动跳出循环。变量的值加到 100，即延时 100μs。也就是说程序通过 while 循环等待传感器发来低电平信号，等待最长 100μs，超过 100μs 表示传感器损坏或硬件连接出错，此时跳出循环并标记错误。第 54 行判断等待时长是否超过 100μs，若超过，返回值为 1，表示传感器无回应；若不超过，表示检查到低电平才退出循环，这时将变量 retry 清 0，以备下次使用。

接下来第 55 行又是通过 while 循环读取 I/O 端口状态，区别是此处加入按位取非运算（！）。也就是若 I/O 端口是低电平则一直循环，变为高电平才跳出循环。判断条件中也加入了变量 retry，等待超过 100μs 跳出循环，通过第 59 行的 if 语句判断是否超出时间。超出时间则返回值为 1，表示传感器无回应；否则返回 0，表示以上两个循环都是因电平状态变化才跳出循环。这两组程序能判断时序图中传感器返回的低电平和高电平信号，有这两个信号就表示传感器正确回应，由此可知传感器是否正常连接，判断初始化是否成功。如图 12 所示，在第 88 行的初始化函数 DHT11_Init 中，第 89 行设置 I/O 端口时钟，第 90 行复位传感器端口，发送起始信号。第 91 行通过返回值等待传感器回应，为 0 表示初始化成功，

```
87
88 u8 DHT11_Init (void){ //DHT11初始化
89   RCC_APB2PeriphClockCmd(RCC_APB2Periph_GPIOA | RCC_APB2Periph_GPIOB |
90   DHT11_RST();//DHT11端口复位，发出起始信号
91   return Dht11_Check(); //等待DHT11回应
92 }
93
94 u8 DHT11_ReadData(u8 *h){ //读取一次数据//湿度值(十进制，范围:20%~90%)
95     u8 buf[5];
96     u8 i;
97     DHT11_RST();//DHT11端口复位，发出起始信号
98     if(Dht11_Check()==0){ //等待DHT11回应
99         for(i=0;i<5;i++){//读取5位数据
100            buf[i]=Dht11_ReadByte(); //读出数据
101        }
102        if((buf[0]+buf[1]+buf[2]+buf[3])==buf[4]){  //数据校验
103            *h=buf[0]; //将湿度值放入指针1
104      h++;
105            *h=buf[2]; //将温度值放入指针2
106        }
107    }else return 1;
108    return 0;
109 }
110
```

图12 dht11.c文件的部分内容3

就将初始化函数的返回值也变为0；为1表示初始化失败，就将初始化函数的返回值也变为1。只要用端口复位和等待回应就能判断传感器是否正常工作。

接下来是与读取温/湿度值有关的函数。第63行是读取一位（bit）函数Dht11_ReadBit。第64行定义变量retry，第65行进入while循环判断I/O端口，变为低电平时跳出循环，同时超过100μs时跳出循环。第70行又是while循环，I/O端口为高电平时跳出循环，同时超过100μs时跳出循环。这两个while循环判断数据位中的波形，第一个循环判断低电平，第2个循环判断高电平。传感器返回数据出现低电平时，第1个循环成立，进入第2个循环等待高电平，传感器输出在15μs后变为高电平，使第2个while循环退出执行下面的程序。第74行延时40μs，用于判断数据是0还是1。我们知道数据0和1的差别是高电平的时长。高电平时长为28μs表示是数据0，时长为70μs表示数据1。既然时长不同，只要在两个时长之间取一个采样点就能判断数据。我设定的采样点时间是40μs。即进入高电平延时40μs后再判断，如果此时（采样位置）为低电平表示数据为0，为高电平表示数据1。只要判断一次采样点的电平状态便确定了数据。所以第75行通过if语句判断I/O端口电平，高电平返回1，低电平返回0，实现了一位（bit）的读取。接下来第78行是读取一个字节函数Dht11_ReadByte，一字节是8位。第79行先定for循环使用的变量i，第81行进入for语句循环8次，第82行是每循环一次将数据左移一位，第83行调用按位读取函数Dht11_ReadBit，将读取的位（bit）放入字节最低位，通过不断左移，循环8次最终放满8个位（bit）。第85行返回一字节的数据。

最后来分析读取温/湿度数据的函数DHT11_ReadData。第95行定义5个字节的数组buf，存放传感器读取的数据。5字节的数据是湿度整数、湿度小数、温度整数、温度小数、校验和。第96行定义for循环使用的变量i。第97行调用端口复位函数DHT11_RST，发送起始信号。第98行调用等待传感器回应函数Dht11_Check，通过if语句判断返回值，返回值为0表示读取成功。第99行通过for循环读出5字节数据。第100行调用字节读取函数Dht11_ReadByte，将读取的字节数据放入数组buf，循环5次读出全部5个字节。第102行通过if语句校验数据。校验方法是将数组中前4个字节（buf[0] ~ buf[3]）相加，看相加结果的最后8位（bit）是否等于数组中第5个字节（buf[4]）的值。相等则数据正确，执行第103 ~ 105行数据存放程序。其中第103行将数组第1字节数据（buf[0]，湿度值整数）放入指针*h，第104行将指针加1，第105行将第3字节数据（buf[2]，温度值整数）放入指针*h，放入完成后执行第108行，返回值为0，表示数据读取成功。如果在第98行的if判断中传感器无回应，通过第107行的else语句让返回值为1，表示读取失败。数据存放成功时，在参数给出的指针中会存有温/湿度数据。在主函数调用读出温/湿度值函数时，要在参数中给出有2个元素的数组，通过数组在主函数中存放温/湿度数据。至此DHT11的驱动程序就分析完了。

其实程序只是对时序图中的电平进行判断，I/O端口有时输出，有时输入，程序通过while循环判断高低电平的开始位置，通过延时函数进入采样点，判断数据位是1还是0；最后校验数据，校验成功后将5字节数据放入指针变量。主函数将温/湿度数据以十进制数显示在OLED屏上，达到示例程序的效果。单总线通信还有一款比较常用的温度传感器DS18B20。我们可以分析它的数据手册，以同样的程序设计原理来驱动它。DS18B20可提供更精准的温度值，但不能提供湿度值。各位可以自行研究，编写驱动程序。如果你能成功驱动DS18B20芯片，读出温度值，说明你已经熟悉单总线通信原理，也掌握了从分析数据手册到编写驱动程序的全过程。

软硬件创意玩法（5）

用 Arduino IDE 编程发射红外信号控制家电

▌徐玮

在之前的文章中，我们已经让 Uair 开发板（基于 ESP32）成功对红外遥控器进行了解码操作，明白了为什么红外线遥控器上有这么多的按键，如何让它们分别实现不同的功能。这次我们要通过 Arduino 编程发射红外线信号，实现真正控制家用电器的目标。之前我们已经学习了红外线发射电路的详细原理和硬件介绍，这里我们再看一下 Uair 开发板上的红外发射电路。

如图 1 所示，我们可以看到 ESP32 模块的 GPIO22 脚用来控制 4 个红外发射管（VD6~VD9），分别向 4 个方向发射红外线信号。图 2 所示为 Uair 开发板，如果装上外壳就如图 3 所示。

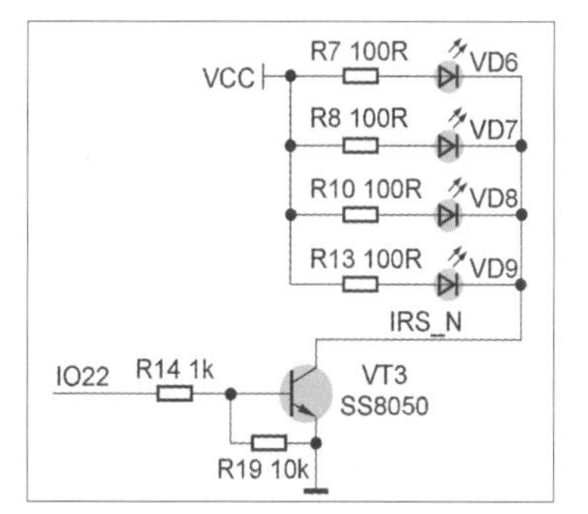

▌图 1 Uair 开发板上的红外发射电路

▌图 2 Uair 开发板上的 4 个红外发射管

我们要使用 Uair 开发板通过红外线控制家电，其实要做的就是让 Uair 开发板代替手持遥控器，实现信号发射功能，如图 4 所示，这里我用 Uair 开发板代替雅马哈的功放遥控器。

这次我们的目标是让遥控器不停地发射“音量 +”按钮信号，扬声器的音量会逐渐增大，上一期已经详细介绍了如何进行按键的解码，具体的解码程序原理及相关源码请参考上期文章，这里不再赘述。

图 5 所示是解码得到的遥控器按键键码信息，我们来解释一下其中的信息含义。

Protocol=NEC 指通信协议使用的是 NEC 标准，后面的 Address=0x78 和 Command=0xCC 定义了这个按钮的地址码和命令码，这两个码的组合是用来唯一标识遥控器按键的数据。Raw-Data=0x33CC8778 指的是红外线的原始码，因为不容易被人记住，它已经将底层的二进制数转换成了以 0x 开头的十六进制数。32 bits LSB first 指的是红外信号总的字节长度为 32 位。第二行是重复的内容，你不用再去细看，只要知道地址码和命令码就可以了。

现在我们可以进入 Arduino IDE 编写代码了，因为红外发射要用到 IRremote 库，所以我们还需要在线安装这个库，如

▌图 3 带外壳的 Uair 开发板

▌图 4 用右边的 Uair 开发板实现左边的红外遥控器信号发射功能

COM19

发送

```
Protocol=NEC Address=0x78 Command=0xCC Raw-Data=0x33CC8778 32 bits LSB first

Protocol=NEC Address=0x78 Command=0xCC Repeat gap=39500us
```

☑自动滚屏 ☐Show timestamp　换行符　9600 波特率　清空输出

▌图 5 通过串口打印按键解码值

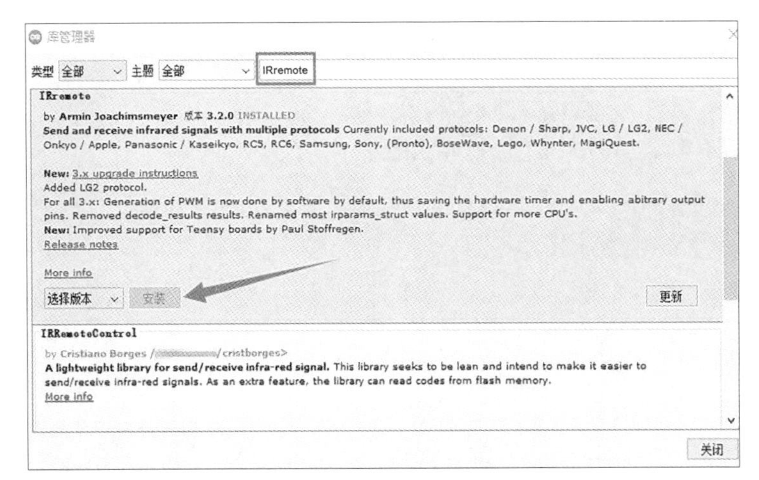

图6 IRremote 库

图7 红外线发射程序

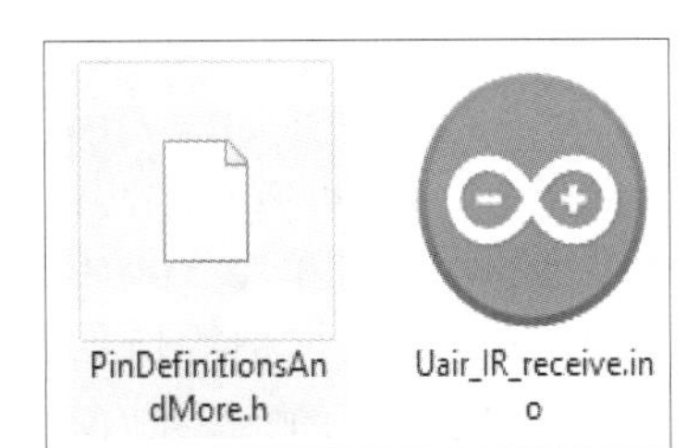

图8 将 PinDefinitionsAndMore.h 文件复制到源码路径下

图6所示，如果你已经完成了上一期教程，那就不用再额外安装了。

现在，我们来写个非常简单的程序代码，如图7所示，每隔1s自动发送“音量+”按键的红外线信号。

注意，在安装完 IRremote 库后，计算机上的 Arduino 库路径下会出现一个 PinDefinitionsAndMore.h 文件，如果没找到，可以使用计算机的文件查找命令找到它，然后把它复制到和你的 Arduino 源程序同层的路径下，如图8所示。

然后，用记事本打开 PinDefinitionsAndMore.h 文件，将 GPIO 引脚修改为红外接收与红外发射相应的实际引脚号，在文件中，我们修改 #elif defined(ESP32) 部分的相关定义，因为我们实际使用的是 ESP32 模块，如图9所示。

接下来将开发板选择为“NodeMCU-32S”，选择实际使用的 COM 端口号，直接下载程序就可以了，如图10所示。

程序下载完成后，我们如何判断下载是否成功呢？最简单的方案当然是把 Uair 开发板的红外发射管对准功放或电器设备，看一下效果就知道了。还有一种方法可以判断红外线信号是否发射出来，因为红外线是人眼不可见的，所以我们可以借助手机或摄像机的摄像头来判断是否有红外线发出。

比如，我们可以先用手机摄像头对准红外线遥控器进行观察，当我们按下按键时，看是否有微弱的光发出，如图11所示。我实际测试了一下，安卓手机的摄像头很容易做到，用 iPhone 的摄像头看不太明显，用摄像机看非常明显。

我们再看一下给 Uair 开发板通上电后，4个红外发射头有什么表现。这

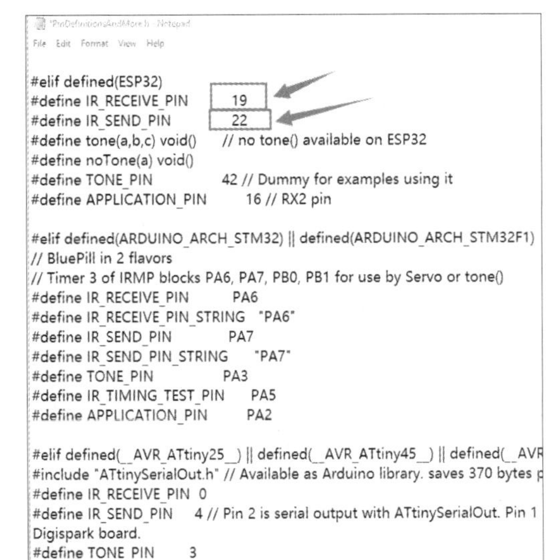

图9 修改 GPIO 引脚定义

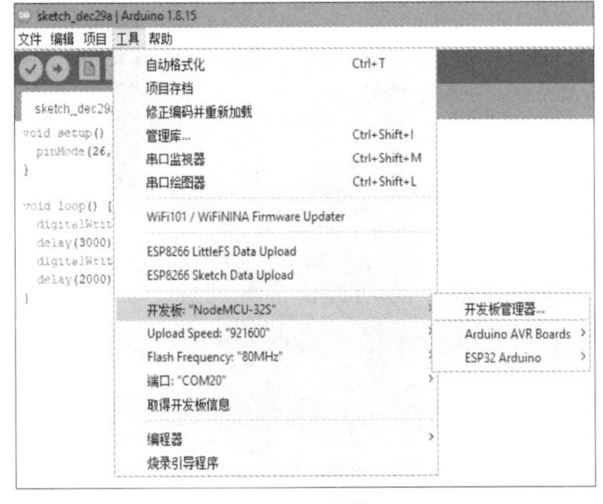

图10 开发板类型与 COM 端口号的选择

图 11 通过手机看遥控器发出来的红外线

图 12 通过手机看 Uair 发出的红外线

里我们也可以看到有微弱的光发出，如图 12 所示。

现在我们可以判断硬件的红外发射管已经在工作了，将 Uair 开发板放到功放前，运行程序，看一下功放的音量值，如图 13~ 图 15 所示。

现在，我们来看一下程序，并解释一下它的工作原理。

第一行的 #include "PinDefinitionsAndMore.h" 定义了 ESP32 模块连接红外发射和接收电路所需要的 GPIO 引脚号。

第二行的 #include <IRremote.h> 是加载红外线解码所需要用到的库文件，这样我们才可以“偷懒”，不用编写底层驱动程序，因为库文件都帮我们事先处理好了。

Serial.begin(9600); 初始化了串口通信的波特率，也就是串口的打印输出速度，你也可以定义成更快或更慢的速度，只要与串口监视器中设置成一致的波特率就可以了。一般我们常用的波特率为 9600 波特或 115 200 波特。虽然后面的主程序中并没有用到串口的功能，如果有需要的话，你可以插入串口打印语句方便程序的调试。

IrSender.begin(IR_SEND_PIN, ENABLE_LED_FEEDBACK); 是红外线发射的初始化语句。

```
uint16_t sAddress = 0x78;
uint8_t sCommand = 0xCD;
uint8_t sRepeats = 0;
```

这里定义了 3 个变量，也是我们后面要调用发射函数时使用的参数，即地址码、命令码及重复发码的次数。如果怕丢包，我们可以设置 sRepeats 参数多发几次，设置 1 为重复 1 次，设置 2 为重复 2 次，以此类推，你想重复发射几次就设置成几。但提示一下，对于某些状态翻转功能的控制，最好不要重复发送。比如电视机的开关电源键，或有些电器使用一个按键进行“开”和“关”的功能切换，这样的话，你重复发码，电视机就会变成一下子“开”，一下子“关”了。

在 loop 循环体中，我们使用了 IrSender.sendNEC(sAddress, sCommand, sRepeats); 函数进行信号发射，加载的是我们前面已经定义好的按键地址码和命令码，并通过 delay(1000); 延时函数进行 1s 的延时，这样信号就会间隔 1s 不断地发射出去了。如果你想发射其他按键的信号，只需要将按键地址码和命令码的相关变量改成相应的值即可。

现在你已经可以用 Uair 开发板来发射任何红外编码信号了，你可以用同样的方法控制电视机、空调等各种设备，如果与传感器的数值进行关联，还可以实现对电器设备的智能化控制，比如通过温度传感器控制空调，通过温 / 湿度传感器控制加湿器等。在后续的教程中，我们将为大家讲解更多精彩有趣的实例。

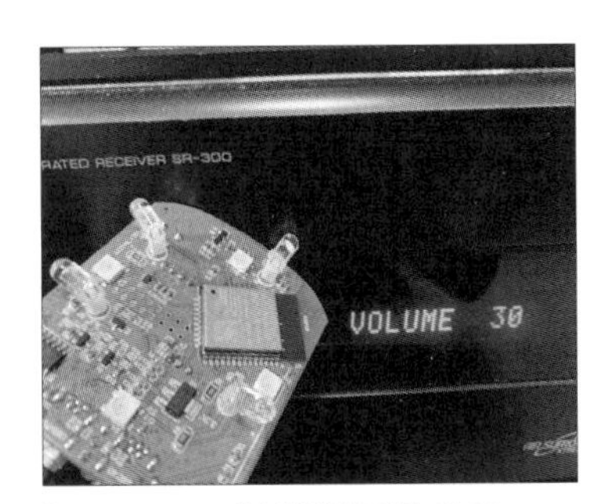

图 13 Uair 开发板控制音量增加到 30

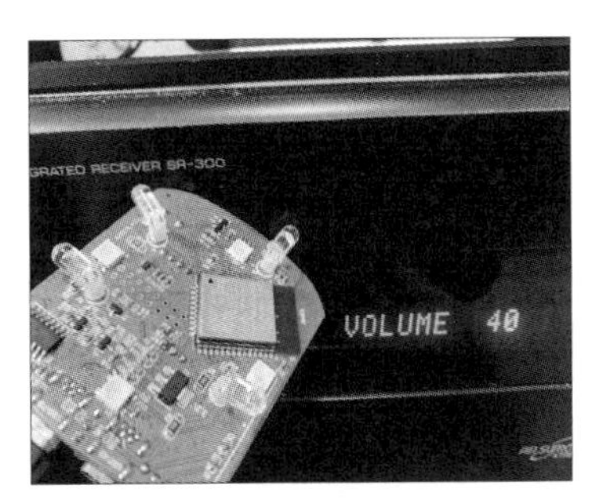

图 14 Uair 开发板控制音量增加到 40

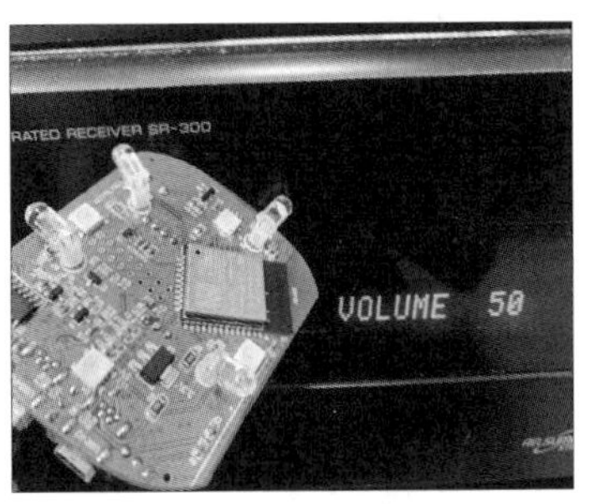

图 15 Uair 开发板控制音量增加到 50

TinkerNode 物联网开发板使用教程（4）

自动购买牛奶设备

柳春晓

演示视频

Hello，大家好。通过之前几期的学习，我们了解了 TinkerNode 物联网开发板的基本功能。本期，我们将讲述如何使用 TinkerNode 物联网开发板，结合阿里云平台及 Auto.js App 制作类似亚马逊 Dash Button 的自动购买牛奶设备。自动购买牛奶设备可解决我们实际生活中遇到的牛奶喝完后忘记及时购买的情况。本项目的主要目的是让大家了解重量传感器的特点，使用 TinkerNode 物联网开发板解决生活中的实际问题，以及学习阿里云平台云监控、报警等相关功能的使用方法。为了方便大家学习，我制作了视频版教程，大家可以扫描二维码进行学习。视频版教程中包含详细的组装过程，本文就不展开介绍了。本项目所需的材料如附表所示，电路连接如图 1 所示。

本项目是通过 3 个步骤实现自动购买牛奶的：当牛奶重量低于预设值时，触发报警；当触发报警时，设备向阿里云平台发送报警信息；阿里云平台收到报警信息后，向手机发送短信触发自动购买操作。接下来，我们就分别介绍如何实现这 3 个步骤。

附表 材料清单

序号	名称	数量
1	TinkerNode 物联网开发板	1 块
2	TinkerNode 扩展板	1 块
3	3.7V 电池	1 块
4	重量传感器套件	1 组

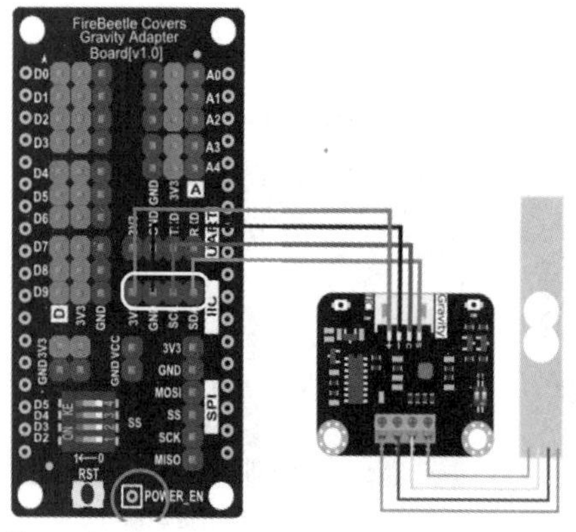

图 1 电路连接示意图

触发报警

在这一步骤中，我们专注于使用 TinkerNode 物联网开发板调试重量传感器。重量传感器又称电子秤，在此次设计中，我们应用它来作为数据采集单元，将物体的重量转换为 TinkerNode 物联网开发板都能识别的电压信息。我们此次用到的重量传感器的测量范围是 0~1kg，当被测物体的重量高于 1kg 时，TinkerNode 物联网开发板读取到的重量也是 1kg，也就是说如果想要使用这个重量传感器实现触发报警，需要保证牛奶在快用完时的重量小于 1kg。

由于 TinkerNode 的模拟量读取精度与 Arduino 的不同，我们需要对重量传感器的官方库进行简单处理，使重量传感器用于 TinkerNode 时也能输出较为准确的信息。处理方法是，将下载好的重量传感器的官方库解压放在 Arduino IDE 的 librarys 的文件夹下，并将 Test_Weight_Judgment.ino 文件上传至 TinkerNode 物联网开发板。上传好文件后，进行触发报警测试。Test_Weight_Judgment.ino 文件中的内容如程序 1 所示，程序中设定了触发报警的重量阈值，即 400，当重量低于这个值时，触发报警，TinkerNode 物联网开发板上的 LED 会发出红色的光。修改重量阈值，即可调节触发报警的重量。

程序1

```
#include <DFRobot_HX711_I2C.h>
DFRobot_HX711_I2C MyScale;
float Weight = 0;
bool state = 0;
void setup() {
  Serial.begin(9600);
  while (!MyScale.begin()) {
    Serial.println("The initialization of the chip is failed, please confirm whether the chip connection is correct");
    delay(1000);
  }
  // 设置重量传感器模块自动校准时的校准重量(单位为g)
  MyScale.setCalWeight(100);
  // 此为重量传感器模块的自动校准设置触发阈值。当秤上物体的重量大于此值时，模块启动校准过程
  MyScale.setThreshold(10);
```

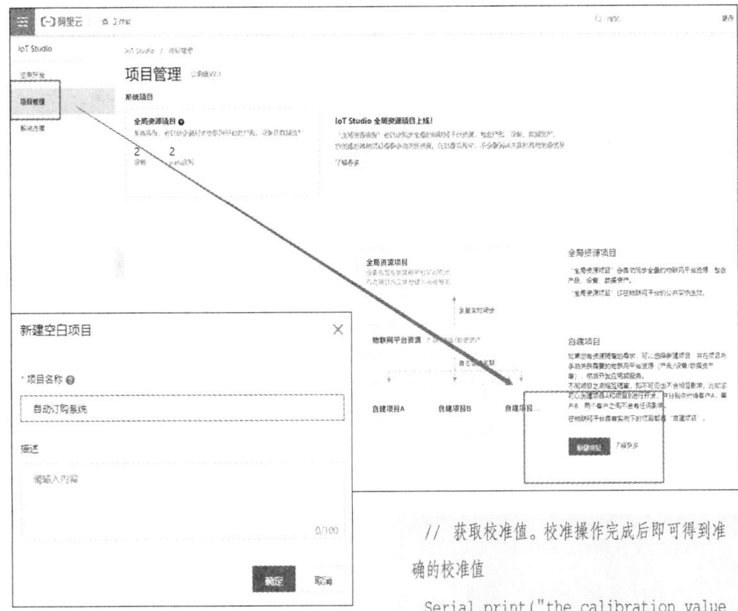

▌图 2 新建“自动订购系统”项目

▌图 3 选择“创建产品”

▌图 4 创建“家庭日用品订购”产品

```
  // 获取校准值。校准操作完成后即可得到准确的校准值
  Serial.print("the calibration value of the sensor is: ");
  Serial.println(MyScale.getCalibration());
  MyScale.setCalibration(MyScale.getCalibration());
  delay(1000);
}
void loop() {
  Weight = MyScale.readWeight();
  if(Weight > 700 && state == 0 && Weight < 2000){
    state = 1;
    Serial.println("heavy");
  }
  if(Weight < 400 && state == 1 && Weight > 20){
    state = 0;
    Serial.println("light");
  }
  Serial.print(Weight, 1);
  Serial.println("g");
  delay(1000);
}
```

向阿里云平台发送报警信息

在上一步骤中，我们实现了TinkerNode物联网开发板通过LED显示报警信息的功能。接下来，我们介绍如何将报警信息发送到阿里云平台。

1. 新建项目、产品、设备

首先，进入阿里云平台并登录，进入物联网应用开发平台。和前几期不一样，这次我们需要先单击物联网应用开发平台界面左侧的“项目管理”，并在新的界面中选择“新建项目”，新建一个名为“自动订购系统”的项目（见图2）。然后单击项目管理界面左侧功能栏中的“产品”，在新的界面中选择“创建产品”（见图3），再按照图4所示的选项完成“家庭日用品订购”产品的创建。接下来，单击“家庭日用品订购”产品后面的“查看”，进入产品管理界面，依次选择“功能定义”“编辑草稿”（见图5），按照图6所示的信息为产品添加自定义功能。因为本项目只

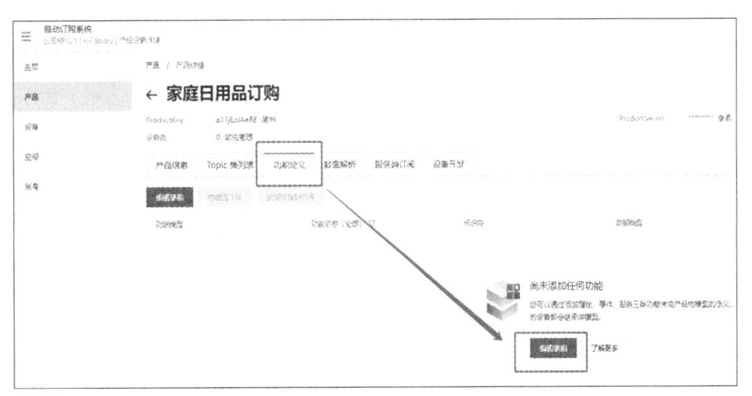

▌图 5 依次选择“功能定义”“编辑草稿”

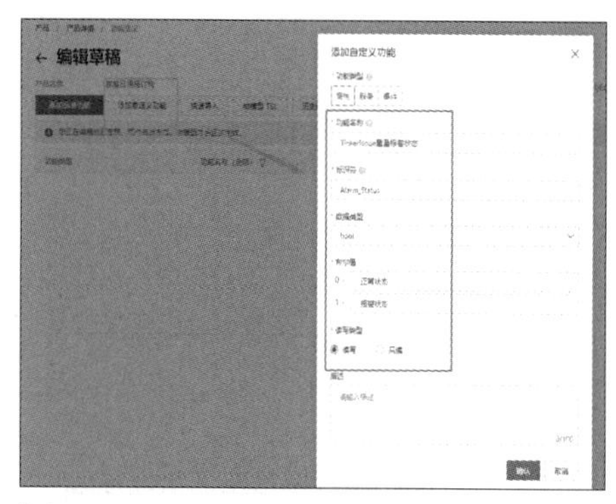
图6 添加自定义功能

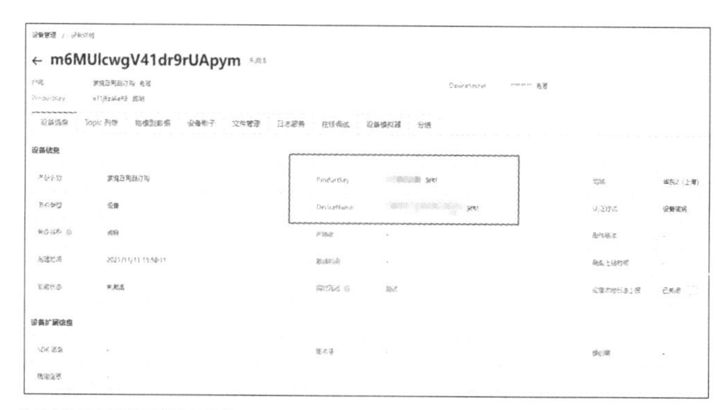

图7 查看并记录设备信息

需要查看 TinkerNode 物联网开发板上报的报警信息，所以在为产品添加自定义功能时，仅需要创建一个数据类型为 bool 的自定义功能。最后，我们需要单击项目管理界面左侧功能栏的“设备”，在新的界面中选择“添加设备”，查看并记录设备信息（见图7）。此处的设备信息用于后续调试程序，使设备可以接入阿里云平台。

2. 调试程序

我们需要根据阿里云平台中的配置信息依次将设备证书信息、产品识别符、Topic 信息修改在程序2的对应位置。即在项目管理界面左侧导航栏中选择“设备”，在设备列表找到相应的设备，单击“查看”，将设备证书信息对应地复制到程序2中 ProductKey、DeviceName、DeviceSecret 变量值的双引号内；在产品详情界面查看产品识别符，将其复制到程序2中 Identifier 变量值的双引号内；在设备管理界面查看 Topic 信息，并将其填写在程序2中 subTopic、pubTopic 后的双引号内。

程序2

```
#include <DFRobot_HX711.h>
#include <ArduinoJson.h>
#include "DFRobot_BC20.h"
#include "DFRobot_Iot.h"
#define BEDROOD_LIGHT  D4
/* 配置证书信息 */
String ProductKey = "Your_Product_Key";
String ClientId = "12345";
String DeviceName = "Your_Device_Name";
String DeviceSecret = "Your_Device_Secret";
/* 配置域名和端口号 */
String ALIYUN_SERVER = "iot-as-mqtt.cn-shanghai.aliyuncs.com";
uint16_t PORT = 1883;
/* 配置产品标识符 */
String Identifier = "Your_Identifier";
/* 需要发布和订阅的 Topic 信息 */
const char * subTopic = "Your_sub_Topic";//set
const char * pubTopic = "Your_pub_Topic";//post
DFRobot_BC20 myBC20;
DFRobot_Iot myDevice;
DFRobot_HX711 MyScale(D2, D3);
bool state = 0;
void callback(char * topic, byte * payload, unsigned int len) {
 Serial.print("Recevice [");
 Serial.print(topic);
 Serial.print("] ");
 for (int i = 0; i < len; i++) {
  Serial.print((char)payload[i]);
 }
 Serial.println();
}
void ConnectCloud() {
 while (!myBC20.connected()) {
  Serial.print("Attempting MQTT connection...");
  if (myBC20.connect(myDevice._clientId, myDevice._username, myDevice._password)) {
   Serial.println("Connect Server OK");
  } else {
   myBC20.getQMTCONN();
  }
 }
}
void setup() {
 Serial.begin(115200);
 Serial.print("Starting the BC20.Please wait... ");
 while (!myBC20.powerOn()) {
  delay(1000);
  Serial.print(".");
 }
 Serial.println("BC20 started successfully !");
 while (!myBC20.checkNBCard()) {
  Serial.println("Please insert the NB card !");
  delay(1000);
 }
 Serial.println("Waitting for access ...");
 while (myBC20.getGATT() == 0) {
```

```
    Serial.print(".");
    delay(1000);
  }
  myDevice.init(ALIYUN_SERVER,
ProductKey, ClientId, DeviceName,
DeviceSecret);
  myBC20.setServer(myDevice._
mqttServer, PORT);
  myBC20.setCallback(callback);
  ConnectCloud();
  //myBC20.publish(pubTopic, ("{\"
id\":" + ClientId + ",\"params\"
:{\"" + Identifier + "\":1},
\"method\":\"thing.event.property.
post\"}").c_str());
  pinMode(BEDROOD_LIGHT, OUTPUT);
}
void loop() {
  Serial.print(MyScale.readWeight(),
1);
  Serial.println("g");
  if (MyScale.readWeight() > 600 &&
state == 0 && MyScale.readWeight() <
3000) {
    state = 1;
    digitalWrite(BEDROOD_LIGHT, LOW);
  }
  if (MyScale.readWeight() < 400 &&
state == 1 && MyScale.readWeight() >
20) {
    state = 0;
    digitalWrite(BEDROOD_LIGHT,
HIGH);
    for (int i = 1; i < 6; i++) {
      Serial.print("第几次上传:");
      Serial.println(i);
      myBC20.publish(pubTopic, ("
{\"id\":" + ClientId + ",\"
params\":{\"" + Identifier + "\":
"+state+"},\"method\":\"thing.
event.property.post\"}").c_str());
      myBC20.loop();
      Serial.println("Data is
published to cloud.");
      delay(12000);
    }
  }
  Serial.print(MyScale.readWeight(),
1);
  Serial.println("g");
  delay(500);
}
```

修改好后，将程序上传至 TinkerNode 物联网开发板中。我们将装有不同重量牛奶的牛奶盒放在自动购买牛奶设备的称重板子上，检测是否可以在设备调试端上看到 TinkerNode 物联网开发板上传的信息（见图 8）。

3. 创建报警配置

在阿里云平台搜索“云监控”，并单击“产品控制台”（见图 9），进入报警配置界面，此时，我们可以在概览中看到云监控可以免费发 1000 条短信（见图 10）。我们需要根据图 11 所示的步骤，依次单击“报警服务”“报警联系人”“新建联系人”，并根据提示设置联系人的姓名和手机号码，最后拖动滑块完成报警联系人的创建。创建后，单击手机短信中的链接完成激活，激活后手机号会在云监控中显示出来（见图 12）。

然后，我们在云监控界面依次单击“报警规则”“创建报警规则”（见图 13），进入报警规则配置界面（见图 14）。将产品选为“物联网产品”，实例选为“家庭日用品订购”，规则名称填为“牛奶重量报警触发”，并设置规则描述。此处的规则描述，我们设置了一种方式：当设备发送到平台的 MQTT 消息量在规定时间和规定周期内超过了我们设定的值，便触发报警。接下来，我们要根据图 15 所示的步骤，单击“快速创建联系人组”，在新的界面中，

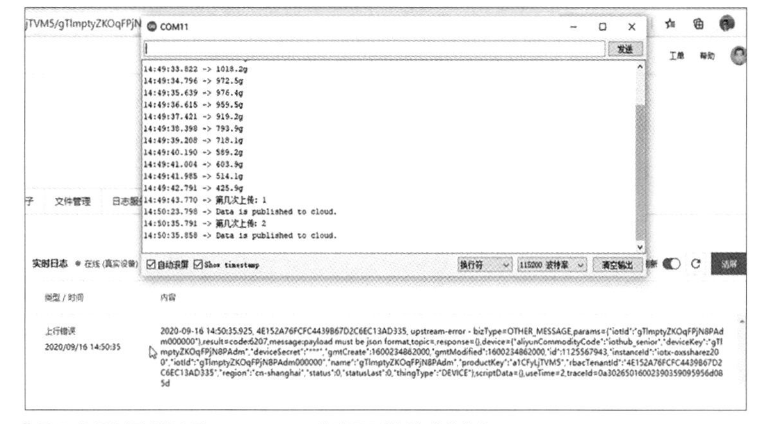

图 8 在设备调试端查看 TinkerNode 物联网开发板上传的信息

云监控

云监控服务可用于收集获取阿里云资源的监控指标或用户自定义的监控指标，探测服务可用性以及针对指标设置警报。使您全面了解阿里云上的资源使用情况、业务的运行状况和健康度，并及时收到异常报警做出反应，保证应用程序顺畅运行。

图 9 单击“产品控制台”

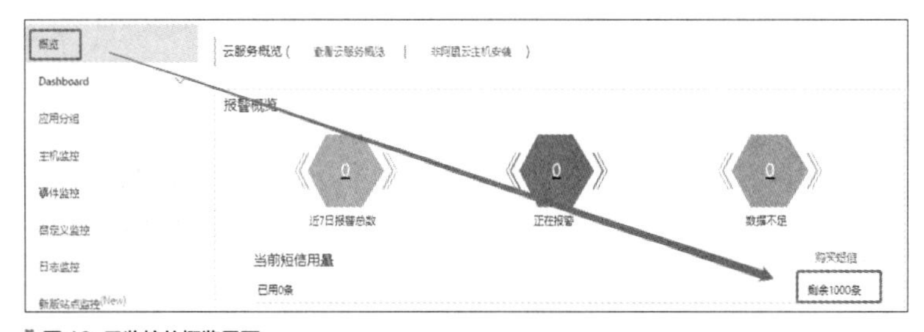

图 10 云监控的概览界面

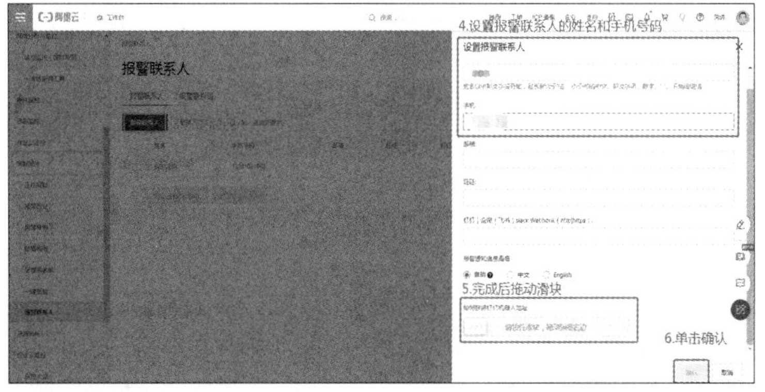

图 11 创建报警联系人

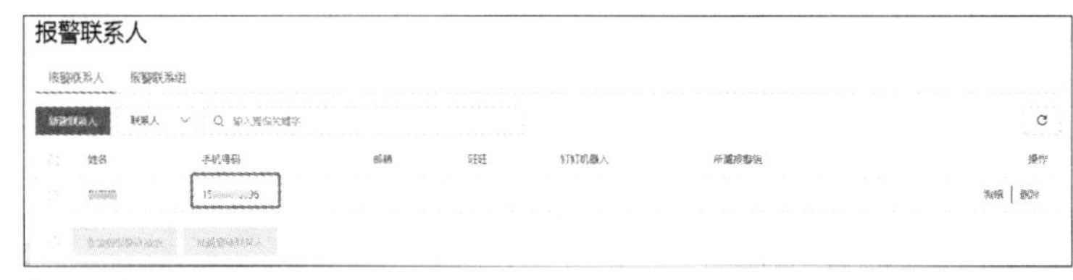

图 12 激活后的手机号码

图 13 单击“创建报警规则”

触发自动购买操作

Auto.js App 是基于 JavaScript 语言，运行在 Android 平台的程序框架。它能够实现手机数据监控、图片监控、操作控件、自动化工作流等功能。这一部分，我们将介绍如何使用 Auto.js 对手机端进行配置和调试。

我们先打开“无障碍服务”和“通知读取权限”（见图 17）。然后单击“文件”（见图 18），创建文件名称，并添加 .js 文件，再单击运行。.js 文件的内容如程序 3

图 14 报警规则配置界面

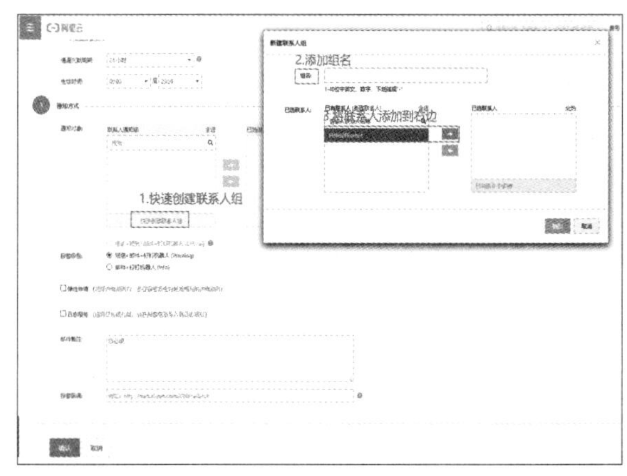

图 15 配置通知方式

填写组名，并将联系人添加到右边，再单击“确定”，完成通知方式的配置。完成后，我们就可以在报警服务中看到当前的报警状态以及报警历史了（见图 16）。

报警规则列表

图 16 查看当前的报警状态及报警历史

所示。运行程序后，我们将一瓶未开封的牛奶和一瓶总重量小于400g的牛奶交替放在称重板子上进行报警触发，当阿里云平台收到超过3条报警信息时，阿里云平台会向手机发送一条短信。注意，虽然阿里云平台接收信息很及时，但是经过实测，触发报警会有3~10min延迟。收到短信后，我们需要打开Auto.js App中的日志服务查看短信的字节数量（见图19）。因为报警短信的字节数量是固定的，所以我们使用字节数量触发自动购买的程序。然后打开购买牛奶的购物App，按照图20所示的步骤，复制对应口令。最后将字节数量和口令修改在程序3中。修改后，再次运行程序，并触发报警，就可以自动购买牛奶了。

程序3

```
auto();
events.observeNotification();
events.onNotification(function
(notification) {
  device.wakeUp();
  sleep(2000);
  if (notification.getPackageName() ==
app.getPackageName("短信")) {
    toast("判断是否为阿里云报警短信");
    sleep(1000);
    printNotification(notification);
    var text_judge = notification.
getText();
    if (text_judge.length == 123) {
//通过判断特定的字符长度，判断是否为阿里云报警短信，这里需要将123换成135
     toast("已确认是阿里云短信，进入购买程序");
     if (confirm("是否进行购买？")) {
      setClip("此处填写已复制的商品的口令")
      sleep(2000)
      launchApp("盒马")
      sleep(4000)
      id("ll_detail_add_cart")
.findOne().click()
      sleep(1000)
      text("加入购物车").findOne().
click()
      sleep(4000)
      id("icon_cart").findOne().
click()
      sleep(4000)
      id("button_cart_charge")
.findOne().click()
      sleep(1000)
      while (id("btn_confirm")
.findOne().click()) {
       toast("正在购买");
       break;
      } sleep(1000)
      id("tv_OK").findOne().click()
      sleep(1000)
      id("btn_confirm").findOne().
click()
     }
    }
    else {
     toast("不是阿里云短信");
    }
  }
});
toast("正在后台运行");
function printNotification
(notification) {
  log("字符长度： "+ notification.
getText().length);
  log("应用包名： " + notification.
getPackageName());
  log("通知文本： " + notification.
getText());
}
```

图17 打开“无障碍服务”和“通知读取权限”

图18 单击“文件”

图19 查看字节数量

图20 复制口令

鸿蒙 eTS 开发入门（1）

从页面布局开始

程晨

2020年7月，华为公司正式发布了HarmonyOS 3.0。对于开发者来说，HarmonyOS 3.0与前几版系统最大的不同可能就是人们可以通过华为自己推出的编程语言——eTS来开发鸿蒙应用。这种语言可能是华为公司在未来主推的开发语言。

eTS 是扩展的 TS（TypeScript）语言，其基本语法结构与 TS 语言类似，而 TS 语言又是 JavaScript 的一个变种。相比于使用 JavaScript 进行鸿蒙应用开发，使用 eTS 进行开发，不需要再分别完成 .css 文件、.hml 文件和 .js 文件，每个页面或 Ability 只需要完成一个文件即可。

我从 2021 年 8 月开始，在《无线电》杂志上开始连载《鸿蒙 JavaScript 开发初体验》，之后出版了图书《鸿蒙应用开发入门》，其中的内容会让我们学习 eTS 更容易。从本期开始，我将在之前连载的《鸿蒙 JavaScript 开发初体验》的基础上继续通过连载的形式介绍基于 eTS 的鸿蒙应用开发。

大家先将开发环境更新为 DevEco Studio 3.0，然后新建一个项目，如图 1 所示。我们能看到相比于 2.0 版本，3.0 版本在选择模板的界面中，开发者只需要选择应用的类型即可，这一步不用确定要使用的开发语言。此时，我们选择基础的空项目（Empty Ability），然后单击“Next”，打开如图 2 所示的界面。

在这个界面中，我们就需要选择编程语言了，这里我们选择语言为 eTS，将项目命名为 ETSApplication，然后单击“Finish”完成项目的创建，此时开发环境界面变成了图 3 所示的样子。

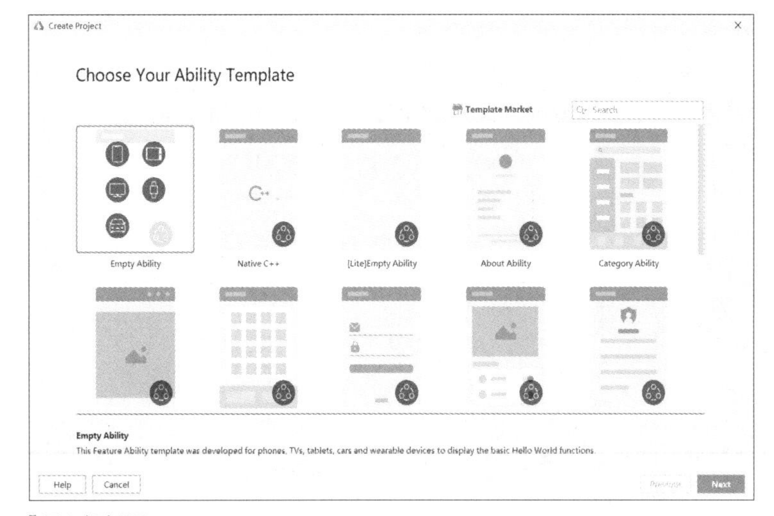

图 1 新建项目

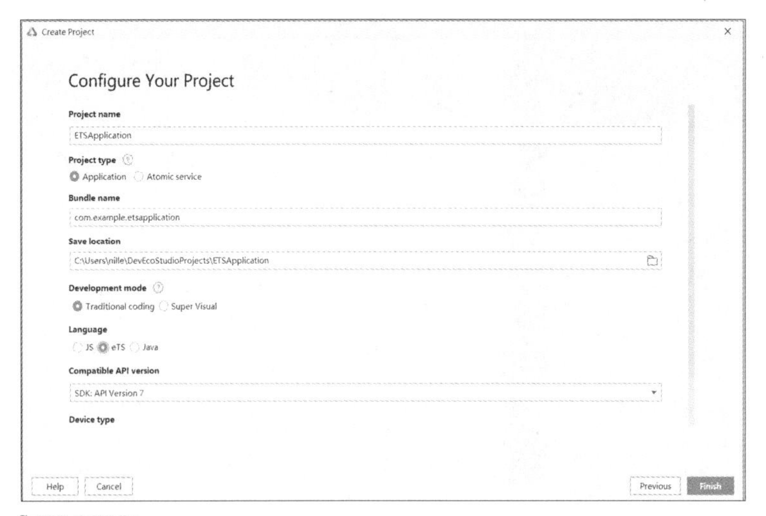

图 2 配置项目

图3 项目界面

整个项目的结构可以参考之前基于JavaScript语言的项目结构，两者不同的是之前的.js文件夹变成了.eTS文件夹(见图3左侧)。接着，点开pages文件夹，我们会看到文件夹下只有一个文件——index.eTS，内容如下所示。

```
@Entry
@Component
struct Index {
  build() {
    Flex({ direction: FlexDirection.
Column, alignItems: ItemAlign.Center,
    justifyContent: FlexAlign.Center
}) {
      Text('Hello World')
      .fontSize(50)
      .fontWeight(FontWeight.Bold)
    }
    .width('100%')
    .height('100%')
  }
}
```

这个内容最后的显示效果是在一个白色背景的中间显示一行文字——Hello World。程序中@Entry、@Component、struct Index{}是系统自动生成的组件化struct。装饰器@Component是组件化的标志，用@Component修饰的struct表示这个结构体有了组件化的能力，通过@Component装饰的组件被称为自定义组件。@Entry修饰的组件表示该组件是页面的根节点(可以结合之前基于JavaScript语言开发鸿蒙应用的内容来理解)。需要注意的是，一个页面有且仅能有一个@Entry，只有被@Entry修饰的组件或者其子组件，才会在页面上显示。@Component和@Entry都是基础且重要的装饰器，给被装饰的对象赋予某一种能力，@Entry赋予页面入口的能力，@Component赋予组件化能力。

struct中的内容实际上就是对index页面描述和交互的程序。struct遵循Builder接口声明，因此需要在build()函数中声明当前页面的布局和组件。在build()函数中，Flex()是一个容器对象，如果不考虑实现对象的参数及对象中包含的内容，那么对应的程序如右栏所示。

```
Flex() {
}
.width('100%')
.height('100%')
```

程序中后两行的width()和height()是对象的方法，方法前面要有符号(.)，方法也可以被称为属性，其通过链式调用的方式配置组件的多个属性，或者说其通过链式调用的方式能够调用对象的多个方法。width()和height()用于设定容器的大小，这里设置容器铺满整个屏幕，即横向和纵向的尺寸都是100%。

在eTS文件中，页面的布局依然可以参考CSS盒子模型的概念，即将所有的组件或对象都可以看成盒子，盒子由边沿(margin)、盒体(border)、填充(padding)、内容组成，如图4所示。

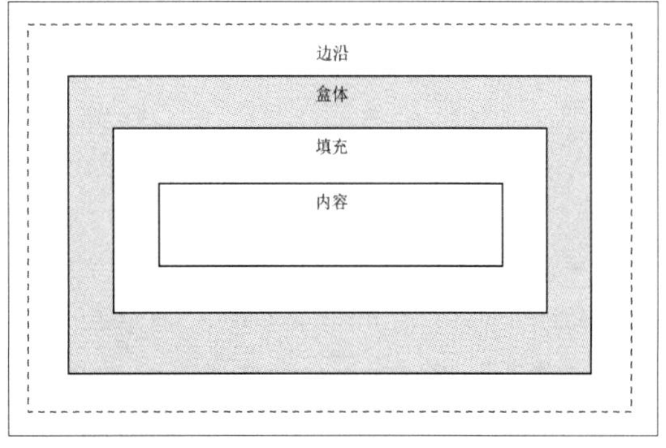

图4 盒子模型示意图

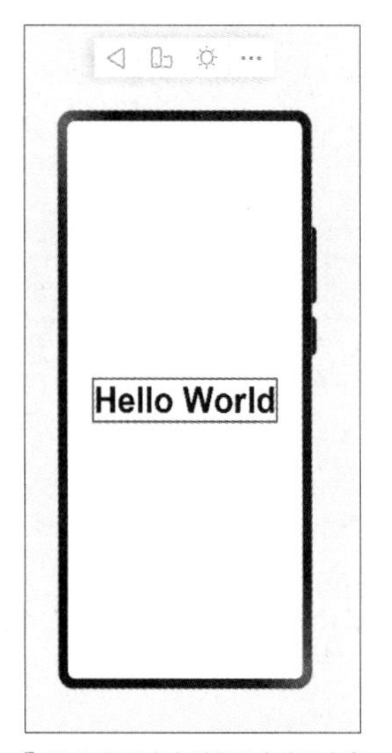

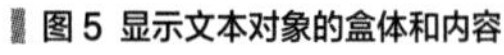
图 5 显示文本对象的盒体和内容

图 6 增加一个文本对象后的显示效果

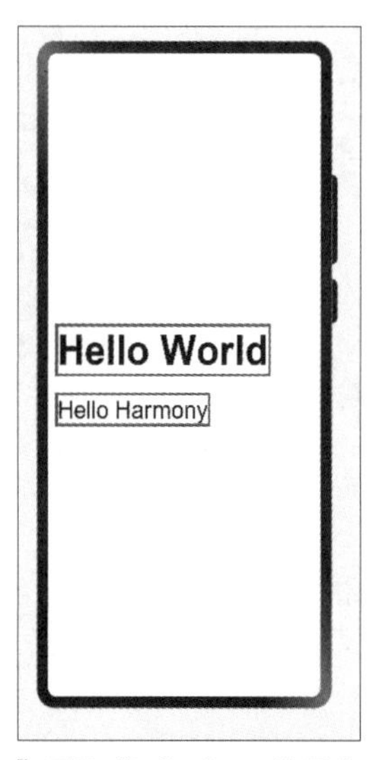

图 7 将 alignItems 设置为 ItemAlign.Start 的显示效果

图 8 将 alignItems 设置为 ItemAlign.Stretch 的显示效果

目前，容器中只有一个文本对象，如下所示，该程序表示文本内容为“Hello World”，文本字体大小为 50，字体加粗。其中 fontSize() 和 fontWeight() 是文本对象的方法。

```
Text('Hello World')
.fontSize(50)
.fontWeight(FontWeight.Bold)
```

对应盒子模型，我们还可以设置盒体的颜色与形式以及盒子的边沿与填充，比如设置盒体为蓝色实线，粗细为 3 个像素，盒子的边沿为 10 个像素，程序如下所示，对应界面的显示效果如图 5 所示。

```
Text('Hello World')
.fontSize(50)
.fontWeight(FontWeight.Bold)
.borderStyle(BorderStyle.Solid)
.borderColor(Color.Blue)
.borderWidth(3)
.margin(10)
```

接下来，我们可以依照同样的格式再增加一个文本对象，程序见本页中栏。新增文本对象的文本为“Hello Harmony”，字体大小为 30，对应界面的显示效果如图 6 所示。

```
Text('Hello Harmony')
.fontSize(30)
.borderStyle(BorderStyle.Solid)
.borderColor(Color.Blue)
.borderWidth(3)
 .margin(10)
```

对象的参数是一个字典，现在来看一下 Flex() 对象的参数，内容如下所示。

```
{ direction: FlexDirection.Column,
  alignItems: ItemAlign.Center,
justifyContent: FlexAlign.Center }
```

其中，direction 表示容器内对象或组件的方向，其有 4 个可选项：FlexDirection.Row（横向，从前往后）、FlexDirection.RowReverse（横向，从后向前）、FlexDirection.Column（纵向，从上往下）、FlexDirection.ColumnReverse（纵向，从下向上），此处参数为纵向。alignItems 表示容器内对象或组件在主轴垂直方向上的对齐方式，这里主轴方向即 direction 的方向（横向或纵向）。

alignItems 有 4 个可选项：ItemAlign.Center（居中）、ItemAlign.Start（开始位置，对应主轴横向来说就是上方，对于主轴纵向来说就是左侧）、ItemAlign.End（结束位置，对应主轴横向来说就是下方，对于主轴纵向来说就是右侧）、ItemAlign.Stretch（延伸，对象或组件在主轴垂直方向上延伸至屏幕容器的边缘）。在 direction 为 FlexDirection.Column 的情况下，将 alignItems 设置为 ItemAlign.Start 的显示效果如图 7 所示，而设置为 ItemAlign.Stretch 的显示效果如图 8 所示。

justifyContent 表示容器内对象或组件在主轴上的排列位置，有 6 个可选项：FlexAlign.Center（居中）、FlexAlign.Start（开始位置，对应主轴横向来说就是左侧，对于主轴纵向来说就是上方）、FlexAlign.End（结束位置，对应主轴横向来说就是右侧，对于主轴纵向来说就是下方）、FlexAlign.SpaceAround（居中，周围填充空格）、FlexAlign.SpaceBetween（居中，中间填充空格）、FlexAlign.SpaceEvenly（居中，对象或组件之间均匀的填充空格）。具体的显示效果大家可以自己尝试一下，这里就不展示了。本次内容就先介绍到这里。

ESP8266 开发之旅 网络篇（18）

无线固件更新——OTA（上）

单片机菜鸟博哥

前面的文章中，笔者编写的固件都是通过Arduino IDE向ESP8266模块烧写。这样需要经常插拔转接线，很容易造成ESP8266模块数据丢失。将ESP8266做成产品并交付到客户手上之后应该如何更新固件呢？ 在这里，就引入本篇需要了解的实用功能 —— OTA。Over the air update of the firmware，即无线固件更新，这是非常炫酷且实用的功能。

一般情况下，我们通过 SerialBoot Loader 来更新 ESP8266 的固件，这属于开发板内置的默认方式。因为 OTA 用到的是 Wi-Fi 网络更新，所以我们假设有一个“WIFIOTABootLoader”来处理固件的无线更新，但是这个“WIFIOTABootLoader”需要我们先通过串口线预先写入 ESP8266。换句话说就是，我们得在项目代码中嵌入用于 OTA 的“WIFIOTABootLoader”。

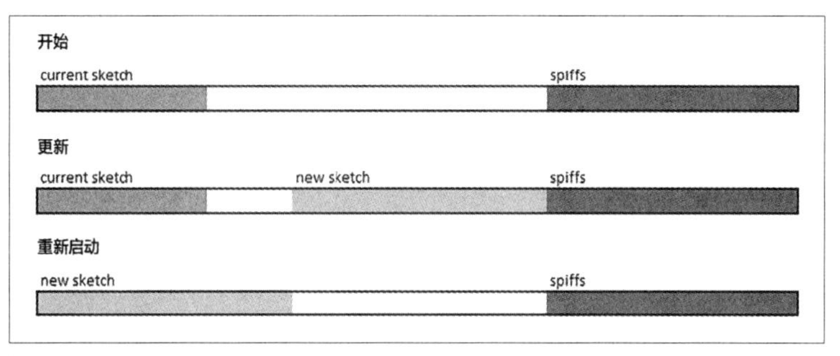

图 1 固件更新过程

OTA方式

在 Arduino Core For ESP8266 中，使用 OTA 功能可以有 3 种方式。

ArduinoOTA：OTA 之 Arduino IDE 更新，需要利用到 Arduino IDE，只是不需要通过串口线烧写，这种方式适合开发者。

WebUpdateOTA：OTA 之 Web 更新，通过 EPS8266 上配置的 Web Server 来选择固件更新，这种方式适合开发者以及有配置经验的消费者。

ServerUpdateOTA： OTA 之服务器更新，把固件放在云端服务器上，ESP8266 从服务器下载更新，这种方式适合零基础的消费者。

新旧固件更新过程如图 1 所示。更新固件前，当前固件（current sketch，绿色部分）和文件系统（spiffs，蓝色部分）位于 Flash 存储空间的不同区域，中间空白的是空闲空间。固件更新时，新固件（new sketch，黄色部分）将被写入空闲空间，此时 Flash 中同时存在这 3 个对象。重启模块后，新固件会覆盖掉旧固件，然后从当前固件的开始地址开始运行，以达到固件更新的目的。

接下来，我们看看这 3 种方式是怎么用以上 3 个步骤实现固件更新的。

ArduinoOTA—— OTA之 Arduino IDE更新

为了更好地使用 ArduinoOTA，先来了解一下 ArduinoOTA 需要用到的库，再具体分析里面的实现原理。请在代码里面包含以下头文件。

```
#include <ArduinoOTA.h>
```

查看 ArduinoOTA 库底层源码，可以发现引入了 UdpContext、ESP8266mDNS、WiFiClient（同时关联 WiFiServer），也就是说用到了 UDP 服务、TCP 服务以及 mDNS 域名映射，这个是一个关键点。在这里，笔者总结了 ArduinoOTA 库的思维导图，如图 2 所示，这个库可以细分为安全策略配置、管理 OTA 和固件更新相关 3 大类。

1. 安全策略配置

使用默认的安全策略配置就好，如果有特殊要求，也可以自行配置。

（1）setHostname()

```
/ * 设置主机名，主要用于 mDNS 的域名映射
  * @param  hostName 主机名 */
void setHostname(const char
*hostname);
```

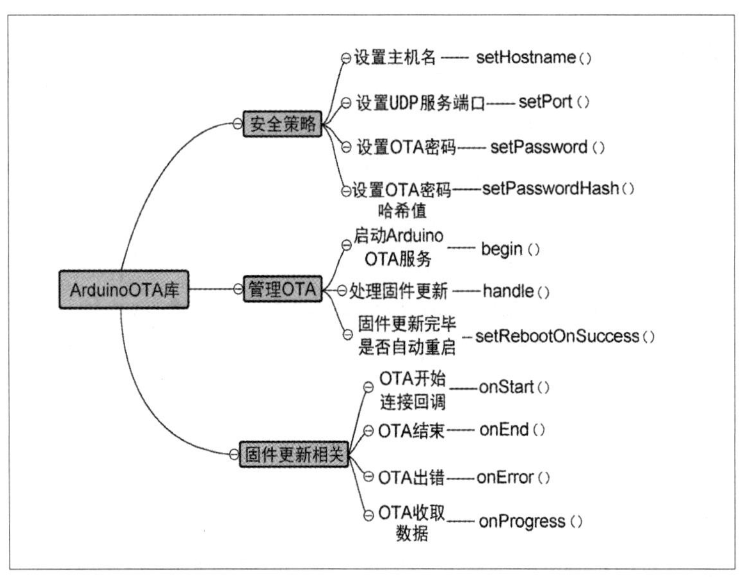

图2 ArduinoOTA库的思维导图

注意 默认主机名是esp8266-××××。

（2）getHostname( )

```
/ * 获取主机名
 * @return String 主机名*/
String getHostname();
```

（3）setPassword( )

```
/ * 设置访问密码
  * @param password 上传密码，默认为
NULL */
void setPassword(const char
*password);
```

其源码说明如下。

```
void ArduinoOTAClass::setPassword
(const char * password) {
  if (!_initialized && !_password.
length() && password) {
    //MD5 编码 建议用这个方法
    MD5Builder passmd5;
    passmd5.begin();
    passmd5.add(password);
    passmd5.calculate();
    _password = passmd5.toString();
  }
}
```

（4）setPasswordHash( )

```
/* 设置访问密码哈希值
 * @param password 上传密码哈希值
MD5(password) */
void setPasswordHash(const char
*password);
```

其源码说明如下。

```
void ArduinoOTAClass::
setPasswordHash(const char *
password) {
  if (!_initialized && !_password.
length() && password) {
    //MD5 编码的密码
    _password = password;
  }
}
```

（5）setPort( )

```
/ * 设置 UDP 服务端口
 * @param port UDP 服务端口 */
void setPort(uint16_t port);
```

注意 以上代码请在begin( )方法之前调用。

2. 管理OTA

（1）begin( )

```
/ * 启动 ArduinoOTA 服务 */
void begin();
```

其源码说明如下。

```
void ArduinoOTAClass::begin() {
  if (_initialized)
  return;
  // 配置主机名，默认为 esp8266-××××
  if (!_hostname.length()) {
    char tmp[15];
    sprintf(tmp, "esp8266-%06x", ESP.
getChipId());
    _hostname = tmp;
  }
  //UDP 服务端口号，默认为 8266
  if (!_port) {
    _port = 8266;
  }
  if(_udp_ota){
    _udp_ota->unref();
    _udp_ota = 0;
  }
  // 启动 UDP 服务
  _udp_ota = new UdpContext;
  _udp_ota->ref();
  if(!_udp_ota->listen(*IP_ADDR_ANY,
_port))
  return;
  // 绑定了回调函数
  _udp_ota->onRx(std::bind(&ArduinoOT
AClass::_onRx, this));
  // 启动 mDNS 服务
  MDNS.begin(_hostname.c_str());
  if (_password.length()) {
    MDNS.enableArduino(_port, true);
  } else {
    //mDNS 注册 OTA 服务
    MDNS.enableArduino(_port);
  }
  _initialized = true;
  _state = OTA_IDLE;
```

```
  #ifdef OTA_DEBUG
  OTA_DEBUG.printf("OTA server at: %s.local:%u\n", _hostname.c_str(), _port);
  #endif
}
/ * 解析收到的 OTA 请求 */
void ArduinoOTAClass::_onRx(){
  if(!_udp_ota->next()) return;
  ip_addr_t ota_ip;
  if (_state == OTA_IDLE) {
    // 查看当前 OTA 命令，可以烧写固件或者烧写 SPIFFS
    int cmd = parseInt();
    if (cmd != U_FLASH && cmd != U_SPIFFS)
    return;
    _ota_ip = _udp_ota->getRemoteAddress();
    _cmd  = cmd;
    _ota_port = parseInt();
    _ota_udp_port = _udp_ota->getRemotePort();
    _size = parseInt();
    _udp_ota->read();
    _md5 = readStringUntil('\n');
    _md5.trim();
    if(_md5.length() != 32)
    return;
    ota_ip.addr = (uint32_t)_ota_ip;
    //验证密码，需要 IDE 输入密码
    if (_password.length()){
      MD5Builder nonce_md5;
      nonce_md5.begin();
      nonce_md5.add(String(micros()));
      nonce_md5.calculate();
      _nonce = nonce_md5.toString();
      char auth_req[38];
      sprintf(auth_req, "AUTH %s", _nonce.c_str());
      _udp_ota->append((const char *)auth_req, strlen(auth_req));
      _udp_ota->send(&ota_ip, _ota_udp_port);
      // 切换到验证状态
      _state = OTA_WAITAUTH;
      return;
    } else {
      // 切换到更新固件状态
      _state = OTA_RUNUPDATE;
    }
  } else if (_state == OTA_WAITAUTH)
{
    int cmd = parseInt();
    if (cmd != U_AUTH) {
      _state = OTA_IDLE;
      return;
    }
    _udp_ota->read();
    String cnonce = readStringUntil(' ');
    String response = readStringUntil('\n');
    if (cnonce.length() != 32 || response.length() != 32) {
      _state = OTA_IDLE;
      return;
    }
    String challenge = _password + ":" + String(_nonce) + ":" + cnonce;
    MD5Builder _challengemd5;
    _challengemd5.begin();
    _challengemd5.add(challenge);
    _challengemd5.calculate();
    String result = _challengemd5.toString();
    ota_ip.addr = (uint32_t)_ota_ip;
    if(result.equalsConstantTime(response)) {
      // 验证通过，切换到更新固件状态，等待固件接收
      _state = OTA_RUNUPDATE;
    } else {
      _udp_ota->append("Authentication Failed", 21);
      _udp_ota->send(&ota_ip, _ota_udp_port);
      if (_error_callback) _error_callback(OTA_AUTH_ERROR);
      _state = OTA_IDLE;
    }
  }
  while(_udp_ota->next()) _udp_ota->flush();
}
```

可以看出，begin( ) 方法主要是根据配置内容启动 mDNS 服务，默认域名是 esp8266-××××；启动 UDP 服务，默认端口是 8266，这是 ArduinoIDE 无线传输固件的根本。

（2）handle( )

```
/ * 处理固件更新，这个方法需要在 loop() 方法中不断检测调用 */
void handle();
```

其源码说明如下。

```
void ArduinoOTAClass::handle() {
  if (_state == OTA_RUNUPDATE) {
    // 处理固件更新
    _runUpdate();
    _state = OTA_IDLE;
  }
}
void ArduinoOTAClass::_runUpdate() {
  ip_addr_t ota_ip;
  ota_ip.addr = (uint32_t)_ota_ip;
  // 查看 Update 是否启动成功，Update 类主要用于与 Flash 打交道，用于更新固件或者 SPIFFS，下面笔者会说明
  if (!Update.begin(_size, _cmd)) {
    #ifdef OTA_DEBUG
    OTA_DEBUG.println("Update Begin Error");
    #endif
    if (_error_callback) {
      _error_callback(OTA_BEGIN_
```

```
ERROR);
    }
    StreamString ss;
    Update.printError(ss);
    _udp_ota->append("ERR: ", 5);
    _udp_ota->append(ss.c_str(),
ss.length());
    _udp_ota->send(&ota_ip, _ota_udp_
port);
    delay(100);
    _udp_ota->listen(*IP_ADDR_ANY, _
port);
    _state = OTA_IDLE;
    return;
  }
  _udp_ota->append("OK", 2);
 _udp_ota->send(&ota_ip, _ota_udp_
 port);
  delay(100);
  Update.setMD5(_md5.c_str());
  //停止UDP服务
  WiFiUDP::stopAll();
  WiFiClient::stopAll();
  //执行OTA，开始回调
  if (_start_callback) {
    _start_callback();
  }
  if (_progress_callback) {
    _progress_callback(0, _size);
  }
  //连接到IDE建立的服务地址
  WiFiClient client;
  if (!client.connect(_ota_ip, _ota_
port)) {
    #ifdef OTA_DEBUG
    OTA_DEBUG.printf("Connect Failed\
n");
    #endif
    _udp_ota->listen(*IP_ADDR_ANY, _
port);
    if (_error_callback) {
      _error_callback(OTA_CONNECT_
ERROR);
    }
    _state = OTA_IDLE;
  }
  uint32_t written, total = 0;
  while (!Update.isFinished() &&
client.connected()) {
    int waited = 1000;
    //接收固件内容
    while (!client.available() &&
waited--)
    delay(1);
    if (!waited){
      #ifdef OTA_DEBUG
      OTA_DEBUG.printf( " Receive
Failed\n");
      #endif
      _udp_ota->listen(*IP_ADDR_ANY, _
port);
      if (_error_callback) {
        _error_callback(OTA_RECEIVE_
ERROR);
      }
      _state = OTA_IDLE;
    }
    //把固件内容写入Flash
    written = Update.write(client);
    if (written > 0) {
      client.print(written, DEC);
      total += written;
      //回调调用进度
      if(_progress_callback) {
        _progress_callback(total, _
size);
      }
    }
  }
  //更新结束
  if (Update.end()) {
    //回调接收成功
    client.print("OK");
    client.stop();
    delay(10);
    #ifdef OTA_DEBUG
    OTA_DEBUG.printf("Update Success\
n");
    #endif
    //OTA结束回调
    if (_end_callback) {
      _end_callback();
    }
    //自动重启
    if(_rebootOnSuccess){
      #ifdef OTA_DEBUG
      OTA_DEBUG.printf( " Rebooting...\
n");
      #endif
      delay(100);
      //重启命令
      ESP.restart();
    }
  } else {
    _udp_ota->listen(*IP_ADDR_ANY, _
port);
    if (_error_callback) {
      _error_callback(OTA_END_ERROR);
    }
    Update.printError(client);
    #ifdef OTA_DEBUG
    Update.printError(OTA_DEBUG);
    #endif
    _state = OTA_IDLE;
  }
}
```

接下来，看看Update类，这是一个写Flash存储空间的重要类，重点看下面几个方法。

Update.begin( )源码说明如下。

```
bool UpdaterClass::begin(size_t size,
int command) {
  …… //省略前面细节
```

```
  if (command == U_FLASH) {
    //以下代码就是确认烧写位置，烧写位置在我们文章开头说到的空闲空间，处于当前程序区和 SPIFFS之间
    uint32_t currentSketchSize = (ESP.getSketchSize() + FLASH_SECTOR_SIZE - 1) & (~(FLASH_SECTOR_SIZE - 1));
    //_SPIFFS_start SPIFFS 开始地址
    uint32_t updateEndAddress = (uint32_t)&_SPIFFS_start - 0x40200000;
    uint32_t roundedSize = (size + FLASH_SECTOR_SIZE - 1) & (~(FLASH_SECTOR_SIZE - 1));
    updateStartAddress = (updateEndAddress > roundedSize)? (updateEndAddress - roundedSize) : 0;
    …… //省略细节
  }
  else if (command == U_SPIFFS) {
    //如果是烧写 SPIFFS
    updateStartAddress = (uint32_t)&_SPIFFS_start - 0x40200000;
  }
  else {
    //不支持其他命令
    #ifdef DEBUG_UPDATER
    DEBUG_UPDATER.println(F("[begin] Unknown update command."));
    #endif
    return false;
  }
  //initialize 记录更新位置
  _startAddress = updateStartAddress;
  _currentAddress = _startAddress;
  …… //省略细节
}
```

Update.end( )源码说明如下。

```
bool UpdaterClass::end(bool evenIfRemaining){
  …… //省略前面细节
  if (_command == U_FLASH) {
    //设置重启后复制新固件，覆盖旧固件
    eboot_command ebcmd;
    ebcmd.action = ACTION_COPY_RAW;
    ebcmd.args[0] = _startAddress;
    ebcmd.args[1] = 0x00000;
    ebcmd.args[2] = _size;
    eboot_command_write(&ebcmd);
    #ifdef DEBUG_UPDATER
    DEBUG_UPDATER.printf("Staged: address:0x%08X, size:0x%08X\n", _startAddress, _size);
  }
  else if (_command == U_SPIFFS) {
    DEBUG_UPDATER.printf("SPIFFS: address:0x%08X, size:0x%08X\n", _startAddress, _size);
#endif
  }
  _reset();
  return true;
}
```

（3）setRebootOnSuccess( )

```
/ * 设置固件更新完毕是否自动重启
  * @param reboot 是否自动重启，默认值为true */
void setRebootOnSuccess(bool reboot);
```

> **注意** 这个函数的值可以设置成true，让ESP8266可以自动重启。

3. 固件更新相关

（1）onStart( )

```
/ * 回调函数定义 */
typedef std::function<void(void)> THandlerFunction;
/ * OTA 开始连接回调 fn
  * @param fn 回调函数 */
void onStart(THandlerFunction fn);
```

（2）onEnd( )

```
/ * 回调函数定义 */
typedef std::function<void(void)> THandlerFunction;
/ * OTA 结束回调 fn
  * @param fn 回调函数 */
void onEnd(THandlerFunction fn);
```

（3）onError( )

```
/ * 回调函数定义
  * @param ota_error_t 错误原因 */
typedef std::function<void(ota_error_t)> THandlerFunction_Error;
/ * OTA 出错回调 fn
  * @param fn 回调函数 */
void onError(THandlerFunction_Error fn);
```

错误原因定义如下。

```
typedef enum {
  OTA_AUTH_ERROR,// 验证失败
  OTA_BEGIN_ERROR,//Update 开启失败
  OTA_CONNECT_ERROR,// 网络连接失败
  OTA_RECEIVE_ERROR,// 接收固件失败
  OTA_END_ERROR// 结束失败
} ota_error_t;
```

（4）onProgress( )

```
/ * 回调函数定义
  * @param 固件当前数据大小
  * @param 固件总大小 */
typedef std::function<void(unsigned int, unsigned int)> THandlerFunction_Progress;
/ * OTA 接收固件进度，回调 fn
  * @param fn 回调函数 */
void onProgress(THandlerFunction_Progress fn);
```

4. 实例

实验说明：OTA之Arduino IDE更新，需要用到ArduinoOTA库。我们需要先往ESP8266烧写支持ArduinoOTA的代码，然后Arduino IDE会通过UDP通信连接到8266建立的UDP服务，通过UDP服务校验相应信息，校验通过后

8266连接Arduino IDE建立的HTTP服务，传输新固件。注意，ArduinoOTA需要Python环境支持，需要读者先安装。

实验准备：NodeMCU开发板、Python 2.7。

实验过程：演示更新功能，需要区分新旧代码。先往NodeMCU中烧写V1.0版本代码，其代码如下。

```
#include <ESP8266WiFi.h>
#include <ESP8266mDNS.h>
#include <WiFiUdp.h>
#include <ArduinoOTA.h>
//调试定义
#define DebugBegin(baud_rate) Serial.begin(baud_rate)
#define DebugPrintln(message) Serial.println(message)
#define DebugPrint(message) Serial.print(message)
#define DebugPrintF(...) Serial.printf( __VA_ARGS__ )
#define CodeVersion "CodeVersion V1.0"
const char* ssid = "xxxx";
//填上Wi-Fi账号
const char* password = "xxxxx";
//填上Wi-Fi密码
void setup() {
  DebugBegin(115200);
  DebugPrintln("Booting Sketch...");
  DebugPrintln(CodeVersion);
  WiFi.mode(WIFI_STA);
  WiFi.begin(ssid, password);
  while (WiFi.waitForConnectResult() != WL_CONNECTED) {
    DebugPrintln("Connection Failed! Rebooting...");
    delay(5000);
    //重启ESP8266模块
    ESP.restart();
  }
  ArduinoOTA.onStart([]() {
    String type;
    //判断一下OTA内容
    if (ArduinoOTA.getCommand() == U_FLASH) {
      type = "sketch";
    } else { // U_SPIFFS
      type = "filesystem";
    }
    DebugPrintln("Start updating " + type);
  });
  ArduinoOTA.onEnd([]() {
    DebugPrintln("\nEnd");
  });
  ArduinoOTA.onProgress([](unsigned int progress, unsigned int total) {
    DebugPrintF("Progress: %u%%\r", (progress / (total / 100)));
  });
  ArduinoOTA.onError([](ota_error_t error) {
    DebugPrintF("Error[%u]: ", error);
    if (error == OTA_AUTH_ERROR) {
      DebugPrintln("Auth Failed");
    } else if (error == OTA_BEGIN_ERROR) {
      DebugPrintln("Begin Failed");
    } else if (error == OTA_CONNECT_ERROR) {
      DebugPrintln("Connect Failed");
    } else if (error == OTA_RECEIVE_ERROR) {
      DebugPrintln("Receive Failed");
    } else if (error == OTA_END_ERROR) {
      DebugPrintln("End Failed");
    }
  });
  ArduinoOTA.begin();
  DebugPrintln("Ready");
  DebugPrint("IP address: ");
  DebugPrintln(WiFi.localIP());
}
void loop() {
  ArduinoOTA.handle();
}
```

 COM3

```
CodeVersion V1.0
Ready
IP address: 192.168.1.100
```

图3 烧写成功

烧写成功后，打开串口监视器会看到图3所示内容。

烧写成功后，关闭Arduino IDE然后重新打开，目的是和ESP8266建立无线通信。然后在工具菜单的端口项中多了一个“esp8266-××××”的菜单项，如图4所示，单击选中它。

接下来，请往NodeMCU中烧写V1.1版本代码，与前面V1.0版本代码一样，只是将V1.0改为V1.1，改变部分的代码如下所示。

```
#define CodeVersion "CodeVersion V1.1"
```

编译单击上传，会出现图5所示页面。

更新完毕，重启ESP8266，如图6所示。

实验总结：OTA之Arduino IDE更

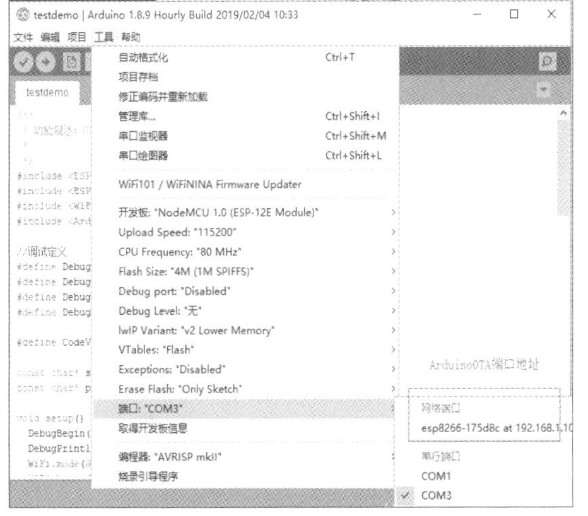

▌图 4 "esp8266-xxxxx" 菜单项

▌图 5 OTA 端口

新实现逻辑非常简单，主要有下面几点。

◆连接 Wi-Fi。

◆配置 ArduinoOTA 对象的事件函数。

◆启动 ArduinoOTA 服务 ArduinoOTA.begin( )。

◆通过 loop( ) 函数将处理权交由 ArduinoOTA.handle( )。

为了区分正常工作模式以及更新模式，我们可以使用 loop( ) 函数设置个标志位来区分(标志位通过其他手段修改，比如按钮、软件控制)，其代码如下。

```
void loop() {
  if (flag ==0) {
    // 正常工作状态的代码
  } else {
    ArduinoOTA.handle();
  }
}
```

小结

在 Arduino Core For ESP8266 中，使用 OTA 功能有 3 种方式，本文介绍了 Arduino IDE 更新，下期再介绍剩下的两种更新方式。

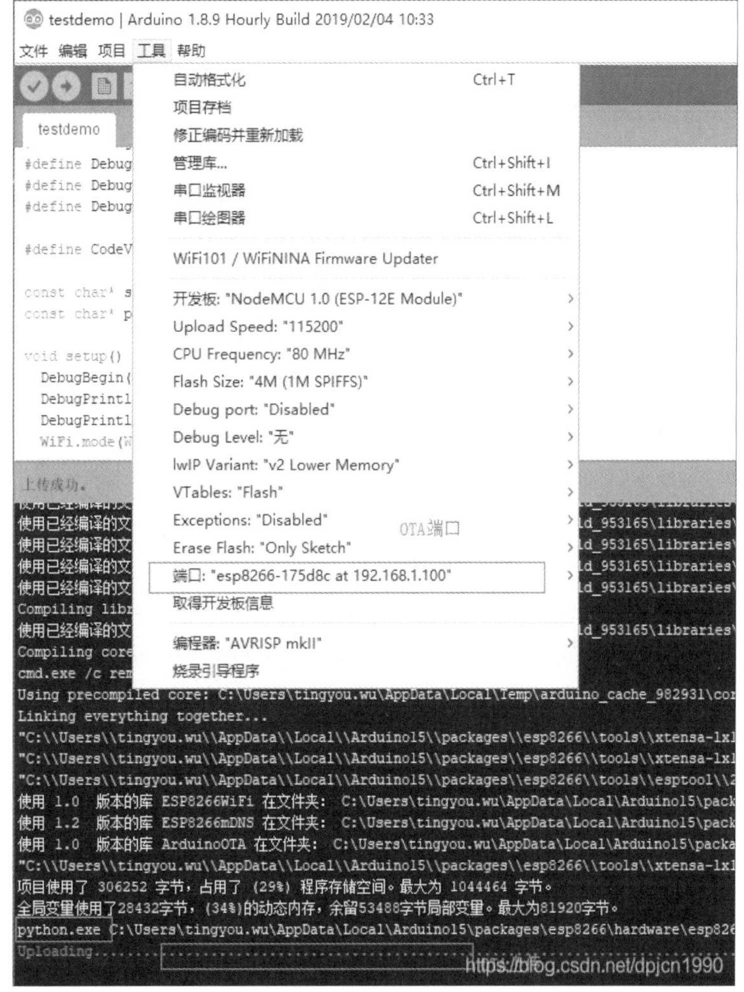

▌图 6 重启 ESP8266

STM32入门100步（第48步）

MPU6050 模块

▌杜洋　洋桃电子

原理介绍

这一节我们介绍配件包中的配件MPU6050模块，如图1所示。模块由一片印制电路板（PCB）和一排排针接口组成。PCB上面有很多元器件，中间的方形芯片是MPU6050。MPU6050是一款6轴加速度传感器和陀螺仪，它能感知自身位移和旋转角度。由于芯片体积太小，为了方便实验才将芯片和周边元器件焊接在一片电路板上，形成一个完整的加速度传感器和陀螺仪功能模块。MPU6050模块在项目开发中很常用，可制作自平衡小车、智能手表、4轴飞行器等。只要是用到检测加速度、位移、旋转角度的项目，都可使用这款模块。接下来看一下MPU6050的工作原理和驱动方法。在开始实验之前，要将MPU6050模块连接到洋桃1号开发板上。模块下方的排针可以插入洋桃1号开发板的面包板上，如图2所示，插接时排针在左侧，插到面包板的左侧的排孔上，再用面包板专用线将模块与开发板旁边的排孔连接。模块第1脚VCC连接开发板的5V端口，模块第2脚GND连接到开发板的GND端口，模块第3脚是SCL（I^2C总线的时钟线）连接开发板PB6端口，模块第4脚SDA（I^2C总线的数据线）连接开发板PB7端口。插好后就可以给开发板下载程序了。在附带资料中找到“MPU6050原始数据显示程序”工程，将工程中的HEX文件下载到开发板中，看一下效果。效果是在OLED屏上显示“MPU6050 TEST”，表示MPU6050测试程序。如图3所示，屏幕显示3行6组数据，左边的X、Y、Z表示3轴加速度值。右边的X、Y、Z表示3轴陀螺仪值，这是从MPU6050芯片读出的原始数据。只要从芯片读出这6个数值，再经过特殊算法处理，就能得到MPU6050模块当前的运动姿态。即使没有经过算法处理，也能从原始数据中看出端倪。只要让传感器产生位移或旋转，就能让原始数据发生变化。这一功能可用于运动手表、智能手环的计步功能，利用加速度传感器测量手臂的移动规律计算出步数。

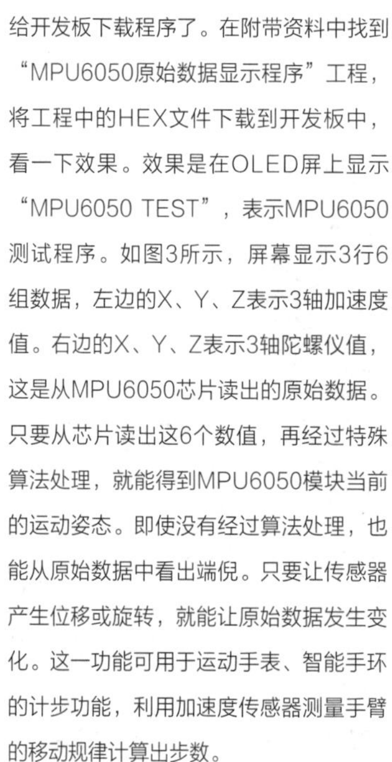

▌图1 MPU6050模块外观

▌图2 MPU6050模块与开发板的连接

接下来介绍MPU6050模块的特性和驱动方法。在附带资料中找到“洋桃1号开发板周围电路手册资料”文件夹，找到“MPU6050数据手册（中文）”“MPU6050数据手册（英文）”“MPU-6000寄存器映射和描述（英文）”，在介绍原理时会用到这3个文件。MPU6000或MPU6050是同一个系列中的两款芯片，它们是6轴运动处理芯片，内部集成了加速度传感器和陀螺仪。加速度传感器主要检测位移，陀螺仪主要检测方向改变和旋转。图4所示是芯片的实物图，芯片引脚在底面上，右边是引脚定义图，其中部分引脚是空脚（NC）。关于引脚的定义和外围电路设计就不进行介绍了，有兴趣的朋友可以自学。我们仅介绍MPU6050模块，模块上集成了芯片和外围电路，引出了排针引脚，使开发变得更简单，不需要考虑芯片电路的设计原理，

图3 示例程序的演示效果

只需要考虑模块和单片机的连接方法。如图5所示，模块第1脚VCC可以连接3.3V或5V电源，因为模块集成了稳压电路，2种电源都能让芯片正常工作。第2脚GND连接开发板的GND接口。第3脚SCL连接单片机I^{2}C总线的SCL，我们使用单片机内部的硬件I^{2}C总线的SCL接口，端口是PB6。SDA对应的端口是PB7。需要注意：I^{2}C总线规定每条通信线上需要连接2.2kΩ上拉电阻，但由于模块和开发板上的OLED屏共用一组I^{2}C总线，OLED屏已连接上拉电阻，无须再加电阻。接下来XDA和XCL接口是I^{2}C主模式接口，主模式是模块作为主设备的通信模式。但现在我们是以单片机为主设备、模块为从设备通信。所以XDA和XCL接口两个引脚悬空。接下来AD0接口是器件地址选择接口。我们知道I^{2}C设备有7位器件地址，AD0引脚可以控制7位地址中的最低位。AD0连接高电平时地址为最低位为1，低电平时最低位为0。由于可选择2个地址，同一条I^{2}C总线上最多连接2个模块。当前使用1个模块，AD0悬空不接。悬空不接时，其内部的下拉电阻会使地址最低位为低电平（0）。INT是中断输出引脚，模块的初始化设置可以开启外部中断。某些数据满足中断条件时，此引脚向单片机发出中断信号，让单片机及时处理。因为我们只是做入门实验，暂时不研究外部中断，引脚悬空。最终只要将模块的4个接口和开发板连接就可以正常工作。

接下来研究6个轴与芯片实物的对应关系，如图6所示。6轴包括加速度传感器的3轴和陀螺仪的3轴。左边模块实物中，电路板中间的黑色芯片是MPU6050芯片，芯片左上角有一个芯片定位点，既标注了第1脚位置又表示了6轴的方位。将芯片角度对应到右边图片，把芯片实物与示意图上的角度关系对应起来。3个箭头表示三维空间坐标，从左到右穿过的是x轴，从前向后的是y轴，从下表面向上表面穿过的是z轴，x、y、z 轴组成空间坐标系，传感器数据与3轴位移关系对应。芯片向上或向下移动是z轴位移，向左或向右移动是x轴位移，向前或向后移动是y轴位移。3个箭头上的小弯曲箭头表示芯片在x、y、z轴方向的旋转。比如芯片以z轴为中轴进行顺时针或逆时针旋转，旋转产生的角度会转化为角度数据。在y轴和x轴上同样有转角数据。转角数据来自芯片内部的陀螺仪，它能感知轴的旋转。芯片输出的6轴数据有正负之分，比如x轴向右移动为正值，向左移动为负值。

接下来看模块的器件地址。官方数据

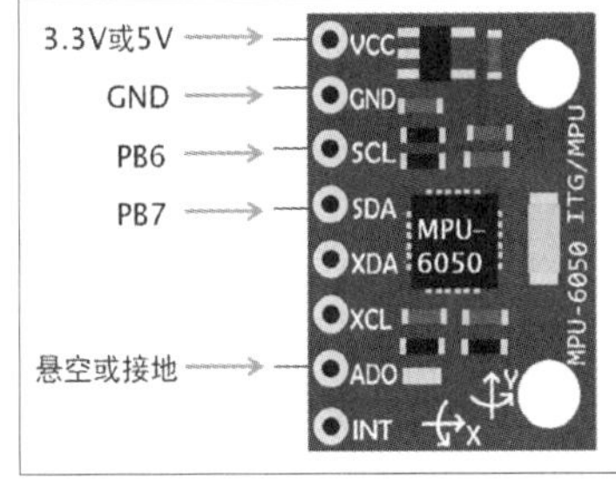

MPU6050模块	核心板两侧排孔	功能说明
VCC	5V	电源
GND	GND	地
SCL	PB6	从模式I^{2}C-时钟
SDA	PB7	从模式I^{2}C-数据
XDA	悬空	主模式I^{2}C-数据
XCL	悬空	主模式I^{2}C-时钟
AD0	悬空	器件地址选择（悬空时为低电平）
INT	悬空	中断输出（向单片机发送中断信号）

图5 模块接口定义图

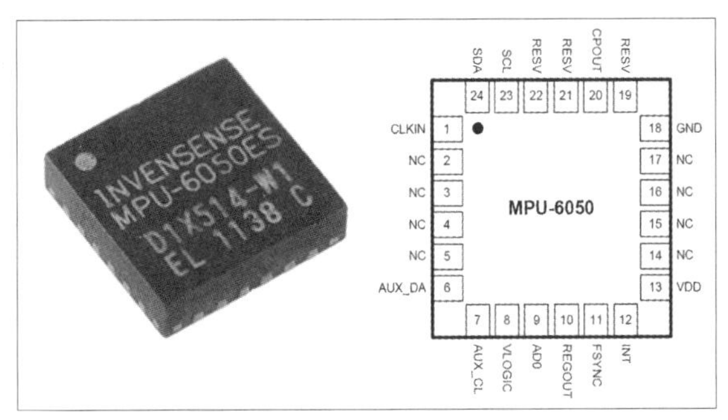

图4 MPU6050芯片实物图和接口定义图

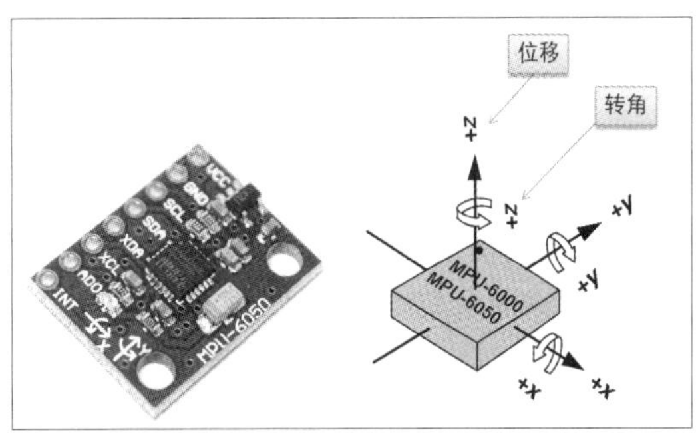

图6 6轴测量原理示意图

手册给出的器件地址是0x68，但开发板连接模块的器件地址是0xD0。地址不同是因为器件地址共7位，当以十六进制数表示时需要以一个字节（8位）的方式呈现，给7位地址补0。补0的位置决定了地址值。最低位补0结果是11010000（0xD0），最高位补0结果是01101000（0x68）。我们只要记住STM32单片机硬件I²C总线的器件地址是0xD0。

接下来打开“MPU6050数据手册（中文）”文档，阅读手册可以深入了解这款芯片。“简介”章节说明了MPU6050和MPU6000的区别，MPU6000既支持I²C总线，又支持SPI总线通信。MPU6050芯片只支持I²C总线通信。MPU6050陀螺仪和加速度传感器使用3个16位的ADC，陀螺仪测量范围是±250°/s、±500°/s、±1000°/s、±2000°/s，加速度传感器范围是±2g、±4 g、±8 g、±16 g。“特征”章节给出了芯片的特征。“电气特性”部分说明了芯片工作电压是2.375~3.46V，模块上有3.3V稳压芯片。第3~4页是性能测试特性。第5页“使用说明”给出芯片的引脚定义和封装图，还有经典的外围电路设计。接下来介绍了可编程中断、内部时钟机制、数字接口等。请大家认真学习数据手册。数据手册只介绍了芯片的基本参数和特性，没有介绍如何用I²C总线读出原始数据。我们打开“MPU-6000寄存器映射和描述（英文）”文档。这个文档记录了MPU6050芯片的寄存器映射关系，即I²C子地址映射表。通过表格可知子地址中放入了什么数据。第6页是寄存器映射表，表前边列出的是子地址，I²C总线读取对应子地址中对应的传感器数据。表中第1列是由十六进制表示的子地址，第2列是由十进制表示的子地址，第3列是寄存器名称，第4列是寄存器的读写关系。R/W表示寄存器既可读又可写，R表示只读，W表示只写。最后8列是一个字节的8个位，左边是最高位（bit7），右边是最低位（bit0）。此表格对于初学者来说理解起来有一定难度，请大家翻译并阅读，编程时会用到。表格内容非常多，第7页可以找到十六进制数子地址0x3B，对应加速度传感器*x*轴输出的高8位，0x3C对应*x*轴输出的低8位。高8位和低8位相加便是完整的16位加速度值。子地址0x3D和0x3E对应*y*轴的16位加速度值，子地址0x3F和0x40对应*z*轴的16位加速度值，子地址0x43和0x44对应陀螺仪*x*轴的16位陀螺仪值，子地址0x45和0x46对应*y*轴的16位陀螺仪值，子地址0x47和0x48对应*z*轴的16位陀螺仪值。示例程序通过I²C总线读出12个字节的数据并显示在OLED屏上。在编程时需要大家熟悉此表中的子地址功能。第9页详细介绍了子地址表中每个功能、每一位的作用。

程序分析

接下来我们分析MPU6050读出原始数据的程序。打开“MPU6050原始数据显示程序”工程。这个工程复制了上一节的“DHT11温湿度显示程序”工程，并在Hardware文件夹中加入MPU6050文件夹，其中加入MPU6050.c和MPU6050.h文件，这是我编写的MPU6050驱动程序。用Keil软件打开工程，工程的设置里已经添加了MPU6050、I²C总线、OLED屏相关的驱动程序文件。接下来main.c文件如图7和图8所示，这是MPU6050原始数据显示程序。“原始数据”是指3轴加速度传感器和3轴陀螺仪的直接输出的数据，未经过算法处理。在实际的应用中，针对不同的项目开发和应用环境，会对原始数据进行不同的算法处理，达到精确判断位移和旋转角度的效果。不同项目会有不同的算法，我们暂时不研究算法，能读出原始数据即可。如图7 所示，第18~22行定义库文件，第24行加入MPU6050.h文件。第28行定义16位数组，数组中有6字节的空间，初始值为0。第29行延时500ms，延时可以使单片机之外的其他元器件在上电后进入工作状态。第30行时钟初始化，第31行继电器初始化。继电器在本程序中没有使用，但为了防止继电器吸合，需要对继电器初始化，接下来第33行是I²C初始化函数，模块使用I²C总线通信，所以要初始化I²C总线。第36行在OLED屏上显示

```
18 #include "stm32f10x.h" //STM32头文件
19 #include "sys.h"
20 #include "delay.h"
21 #include "relay.h"
22 #include "oled0561.h"
23
24 #include "MPU6050.h"
25
26
27 int main (void){//主程序
28     u16 t[6]={0};
29     delay_ms(500); //上电时等待其他器件就绪
30     RCC_Configuration(); //系统时钟初始化
31     RELAY_Init();//继电器初始化
32
33     I2C_Configuration();//I²C初始化
34
35     OLED0561_Init(); //OLED屏初始化
36     OLED_DISPLAY_8x16_BUFFER(0,"  MPU6050 TEST  "); //显示字符串
37     OLED_DISPLAY_8x16_BUFFER(2,"X:        X:    "); //显示字符串
38     OLED_DISPLAY_8x16_BUFFER(4,"Y:        Y:    "); //显示字符串
39     OLED_DISPLAY_8x16_BUFFER(6,"Z:        Z:    "); //显示字符串
40
41     MPU6050_Init(); //MPU6050初始化
42
43     while(1){
```

图7 main.c文件的部分内容 1

```
43 while(1){
44     MPU6050_READ(t);  //加速度
45     //其中t[0~2]是加速度ACCEL，t[3~5]是陀螺仪值 GYRO
46     OLED_DISPLAY_8x16(2,2*8,t[0]/10000 +0x30);//显示
47     OLED_DISPLAY_8x16(2,3*8,t[0]%10000/1000 +0x30);//显示
48     OLED_DISPLAY_8x16(2,4*8,t[0]%1000/100 +0x30);//
49     OLED_DISPLAY_8x16(2,5*8,t[0]%100/10 +0x30);//
50     OLED_DISPLAY_8x16(2,6*8,t[0]%10 +0x30);//
51     OLED_DISPLAY_8x16(2,11*8,t[3]/10000 +0x30);//显示
52     OLED_DISPLAY_8x16(2,12*8,t[3]%10000/1000 +0x30);//显示
53     OLED_DISPLAY_8x16(2,13*8,t[3]%1000/100 +0x30);//
54     OLED_DISPLAY_8x16(2,14*8,t[3]%100/10 +0x30);//
55     OLED_DISPLAY_8x16(2,15*8,t[3]%10 +0x30);//
56
57     OLED_DISPLAY_8x16(4,2*8,t[1]/10000 +0x30);//显示
58     OLED_DISPLAY_8x16(4,3*8,t[1]%10000/1000 +0x30);//显示
59     OLED_DISPLAY_8x16(4,4*8,t[1]%1000/100 +0x30);//
60     OLED_DISPLAY_8x16(4,5*8,t[1]%100/10 +0x30);//
61     OLED_DISPLAY_8x16(4,6*8,t[1]%10 +0x30);//
62     OLED_DISPLAY_8x16(4,11*8,t[4]/10000 +0x30);//显示
63     OLED_DISPLAY_8x16(4,12*8,t[4]%10000/1000 +0x30);//显示
64     OLED_DISPLAY_8x16(4,13*8,t[4]%1000/100 +0x30);//
65     OLED_DISPLAY_8x16(4,14*8,t[4]%100/10 +0x30);//
66     OLED_DISPLAY_8x16(4,15*8,t[4]%10 +0x30);//
67
68     OLED_DISPLAY_8x16(6,2*8,t[2]/10000 +0x30);//显示
69     OLED_DISPLAY_8x16(6,3*8,t[2]%10000/1000 +0x30);//显示
70     OLED_DISPLAY_8x16(6,4*8,t[2]%1000/100 +0x30);//
71     OLED_DISPLAY_8x16(6,5*8,t[2]%100/10 +0x30);//
72     OLED_DISPLAY_8x16(6,6*8,t[2]%10 +0x30);//
73     OLED_DISPLAY_8x16(6,11*8,t[5]/10000 +0x30);//显示
74     OLED_DISPLAY_8x16(6,12*8,t[5]%10000/1000 +0x30);//显示
75     OLED_DISPLAY_8x16(6,13*8,t[5]%1000/100 +0x30);//
76     OLED_DISPLAY_8x16(6,14*8,t[5]%100/10 +0x30);//
77     OLED_DISPLAY_8x16(6,15*8,t[5]%10 +0x30);//
78
79     delay_ms(200); //延时（决定刷新速度）
80   }
81 }
```

图8 main.c文件的部分内容 2

```
1  #ifndef __MPU6050_H
2  #define __MPU6050_H
3  #include "sys.h"
4  #include "i2c.h"
5  #include "delay.h"
6
7
8  #define MPU6050_ADD 0xD0   //器件地址（AD0悬空或低电平时地址是0xD0，
9                             为高电平时为0xD2，7位地址：1101 000x）
10
11 #define MPU6050_RA_XG_OFFS_TC       0x00
12 #define MPU6050_RA_YG_OFFS_TC       0x01
13 #define MPU6050_RA_ZG_OFFS_TC       0x02
14 #define MPU6050_RA_X_FINE_GAIN      0x03
15 #define MPU6050_RA_Y_FINE_GAIN      0x04
16 #define MPU6050_RA_Z_FINE_GAIN      0x05
17 #define MPU6050_RA_XA_OFFS_H        0x06
```

图9 MPU6050.h文件的内容 1

“MPU6050 TEST”，下面显示x、y、z轴的坐标，空格位置用于显示数值。第41行是MPU6050初始化函数MPU6050_Init，初始化可使芯片进入工作状态，不断输出加速度传感器和陀螺仪数据。接下来进入while主循环，如图8所示，第44行是读取芯片数据函数MPU6050_READ。函数有一个参数数组t，意思是将芯片读出的数据存入数组t。数组可存放6个16位数据。数组第0位到第2位存放加速度值，第3位到第5位存放陀螺仪值。第46～77行是OLED屏显示程序。第46～50行在第2行分别显示数组第0位数值的万位、千位、百位、十位和个位。第51～55行在第2行左侧位置显示数组第3位的数据，第57～61行显示数组第1位的数据，第62～66行显示数组第4位的数据，第68～72行显示数组第2位的数据，第73～77行显示数组第5位的数据。从此可见，屏幕左侧显示t[0]、t[1]、t[2]中存储的加速度值，屏幕右侧显示t[3]、t[4]、t[5]中存储的陀螺仪值。第79行是延时函数，该函数决定了数据的刷新频率。主程序分析完成，接下来还有两个问题：一是MPU6050初始化函数如何初始化，二是MPU6050_READ函数如何读出数据。

继续分析程序，打开MPU6050.h文件，如图9所示。文件开始部分第4行加入i2c.h文件，因为程序中使用了I^2C总线。第4～5行加入延时函数的库文件。第8行定义MPU6050的器件地址0x0D。如果模块D0端口悬空或接地，地址就是0x0D；如果D0端口为高电平，地址就变为0xD2。第11～120行是对器件内部的寄存器映射的宏定义。这里需要再看一下“MPU-6000寄存器映射和描述”第6页的寄存器映射表，其中的映射关系就是程序中宏定义的寄存器映射。第12行是0x1A对应宏定义是MPU6050_RA_CONFIG，寄存器的地址值用在I^2C总线子地址，读写子地址就能完成数据读取和设置。需要注意：最终读出的原始数据所在位置是0x3B～0x48，共14组。每个数据都是1字节（8位）。但已知传感器内部ADC是16位的，最终读出的数据也是16位的。16位的数据分成两个部分，每个部分1字节。第63行是加速度传感器x轴高8位MPU6050_RA_ACCEL_XOUT_H，低8位是MPU6050_RA_ACCEL_XOUT_L。二者相加是完整的16位数据。第110行有MPU6050_RA_PWR_MGMT_1，这是非常重要的电源设置寄存器，第106～109行还有4个寄存器需要在初始化时设置。第123～124行声明MPU6050初始化函数MPU6050_Init和读出原始数据的函数MPU6050_READ（见图10）。

```
115 #define MPU6050_RA_DMP_CFG_1       0x70
116 #define MPU6050_RA_DMP_CFG_2       0x71
117 #define MPU6050_RA_FIFO_COUNTH     0x72
118 #define MPU6050_RA_FIFO_COUNTL     0x73
119 #define MPU6050_RA_FIFO_R_W        0x74
120 #define MPU6050_RA_WHO_AM_I        0x75   /////
121
122
123 void MPU6050_Init(void);
124 void MPU6050_READ(u16* n);
```

图10 MPU6050.h文件的内容 2

接下来打开MPU6050.c文件，如图11所示。第21行加载MPU6050.h文件。第24行是MPU6050初始化函数MPU6050_Init。第34行是读出原始数据函数MPU6050_READ。首先分析MPU6050初始化函数，函数没有参考值

```
21  #include "MPU6050.h"
22
23
24 void MPU6050_Init(void){  //初始化MPU6050
25     I2C_SAND_BYTE(MPU6050_ADD,MPU6050_RA_PWR_MGMT_1,0x80);//解除休眠状态
26     delay_ms(1000); //等待器件就绪
27     I2C_SAND_BYTE(MPU6050_ADD,MPU6050_RA_PWR_MGMT_1,0x00);//解除休眠状态
28     I2C_SAND_BYTE(MPU6050_ADD,MPU6050_RA_SMPLRT_DIV,0x07);//陀螺仪采样率
29     I2C_SAND_BYTE(MPU6050_ADD,MPU6050_RA_CONFIG,0x06);
30     I2C_SAND_BYTE(MPU6050_ADD,MPU6050_RA_ACCEL_CONFIG,0x00);//配置加速度传感器工作在±16g模式
31     I2C_SAND_BYTE(MPU6050_ADD,MPU6050_RA_GYRO_CONFIG,0x18);//陀螺仪自检及测量范围，典型值：0x18(不自检，2000°/s)
32 }
33
34 void MPU6050_READ(u16* n){ //读出三轴加速度/陀螺仪原始数据 //n[0]是AX，n[1]是AY，n[2]是AZ，n[3]是GX，n[4]是GY，n[5]是GZ
35     u8 i;
36       u8 t[14];
37       I2C_READ_BUFFER(MPU6050_ADD, MPU6050_RA_ACCEL_XOUT_H, t, 14); //读出连续的数据地址，共12字节
38       for(i=0; i<3; i++)  //整合加速度
39         n[i]=((t[2*i] << 8) + t[2*i+1]);
40       for(i=4; i<7; i++)  //整合陀螺仪
41         n[i-1]=((t[2*i] << 8) + t[2*i+1]);
42 }
```

图11 MPU6050.c文件的内容

和返回值。第25行是I²C总线的发送函数I2C_SAND_BYTE，第一个参数是器件地址，第2个参数是子地址（寄存器映射中的地址），第3个参数是数据。这行函数是向MPU6050芯片MPU6050_RA_PWR_MGMT_1寄存器发送数据0x80。MPU6050_RA_PWR_MGMT_1定义的是电源管理专用寄存器（地址为0x6B）。在寄存器映射表中可以找到0x6B，名称是MPU6050_RA_PWR_MGMT_1，可读写（R/W），一个字节的8位分别有不同功能，表格中有每个功能的解释。我简单说明一下，字节最高位bit7表示RESET（复位），为1时模块复位。bit6表示休眠，为1时进入休眠状态。其他的功能暂时不讲。回到程序部分，将MPU6050_RA_PWR_MGMT_1设为0x80，即最高位bit7为1，使模块复位，复位的目的是解除休眠模式，因为芯片在无设置时处于休眠模式，复位让芯片退出休眠模式。第26行延时1s，让芯片复位后有充分的准备时间。第27行继续通过I²C总线发送MPU6050_RA_PWR_MGMT_1为0x00，让芯片进入正常工作状态。第28行设置陀螺仪的采样率，这里使用MPU6050_RA_SMPLRT_DIV（子地址0x19），数据是0x07。第29行对设置寄存器MPU6050_RA_CONFIG进行设置，数值是0x06。第30行设置加速度传感器取值范围，数值是0x00。第31行设置陀螺仪测量范围，数值是0x18。要想了解以上设置的含义，可打开数据手册第15页找到加速度的设置寄存器，子地址0x1C，其中bit3、bit4设置加速度的取值范围，可设为0、1、2、3。为0时传感器取值范围是±2g，为1时传感器取值范围是±4g，为2时传感器取值范围是18g，为3时传感器取值范围是±16g。不同的范围有不同的精确度和灵敏度，不同的应用中会用到不同的范围。数据手册第14页可以找到陀螺仪设置，bit3、bit4设置陀螺仪的取值范围，可设置为0~3。设置为0时陀螺仪取值范围是±250°/s，为1时陀螺仪取值范围是±500°/s，为3时陀螺仪取值范围是±2000°/s。不同的应用对旋转精度可进行不同的设置，大家可以根据自己的需要设置寄存器。发送以上的数据就可使芯片开始工作，按照设置好的取值范围输出数据。

第34行是读取数据函数MPU6050_READ，函数有参数，没有返回值。参数是16位指针*n，存放3轴加速度传感器和陀螺仪的原始数据。第0位数据对应AX（A表示加速度传感器，X表示x轴），n[1]~n[3]对应GX（G表示陀螺仪，X表示x轴）。函数内部第35行定义用于for循环的变量i，第36行定义存放临时数据的数组t，可存放14个字节。第37行通过I²C总线连续读取函数，起始地址是0x3B（MPU6050_RA_ACCEL_XOUT_H，加速度值x轴的高8位），向下读取14个字节，直到0x48。中间有两个字节数据是无用的，程序会忽略它们，但在连续读取时会把14个字节全部读出放入数组t。第38行通过for循环将数组t的数据存放到指针n。第39行先读取高8位数据再左移8位，再放入低8位数据，即将x轴的高8位和低8位合并，形成16位数据。将第1个x轴数据放入指针第0位，然后第38行循环3次，将y轴和z轴数据依次放入指针1和2位。接下来第40行放入陀螺仪数据，从4位到8位放入3次。第41行将陀螺仪数据的高8位和低8位合并成16位数据，放入指针n的3、4、5位。完成数据的读取。回顾过程，从I²C总线连续读取14个字节数据放入指针n，在主函数中定义指针n对应的数组t，这样t[0]~t[5]就是加速度传感器和陀螺仪的6个16位数据。然后将原始数据在OLED屏上显示，最终呈现出示例程序的效果。关于MPU6050的应用还有很多内容，以后我们再深入研究。

漫话 3D 技术（初级）

认识 3D 技术

▌闫石

如今，很多人对3D打印技术充满好奇，从本文开始，我将为大家介绍3D技术的方方面面。通常来说，3D打印技术只关注建模部分，但3D领域博大精深，并不只有建模那么简单。我尽量将知识拓展，让大家对这个领域有一个相对全面、深入的认识。

我接触 3D 技术是一个偶然。最初自己制作宣传片，片头需要一些三维场景，但找别人制作不仅价格高，还会有诸多不便，把需求准确传达给制作人员就不是一件轻松的事，因此我决定自学 3D 技术。

我学的是软件专业，自认为可以很快掌握一个软件的使用方法，但学习 3D 技术花费了我很大的心血。我十分刻苦地学习，也未达到精通的水平，这个技术涉及的知识太多，任意一个环节都要反复练习才能掌握好，请大家端正心态，短时间内成为高手的可能性非常小，学习伊始就要做好吃苦的准备。

我从初级、中级、高级、开发这 4 个部分介绍 3D 技术。

在初级部分，我主要介绍基础的 3D 知识，包括建模、材质、灯光、摄像机、普通动画；在中级部分，主要介绍动力学、角色动画、布料系统、粒子系统和其他软件；在高级部分，主要介绍和影视后期相关的内容；在开发部分，主要介绍节点流开发和 Python 编程。

3D 技术包含很多内容，我们在日常工作和生活中，可能只使用其中一个或几个模块，全部使用到的可能性很小。对这些环节，国外也是找专人分工负责，例如有专门的建模师、动画师等，如果掌握了所有模块，基本就可以成为公司的技术总监了。

通常，大家会关心一个问题——我应该学哪个软件？其实，三维系统的本质是相通的，虽然功能上有强有弱，侧重和特色也不同，但底层基础是一致的，熟悉了一个软件，再学习其他软件并不难。因此，从这个意义上说，学哪个软件都好，只要肯学。

下面，我将各个软件的介绍罗列出来，大家对比选择。

相关的软件

三维建模软件主要分两大类：工业设计类和影视动画类。

工业设计类软件价格昂贵，主要用于计算机辅助设计（CAD）。

CATIA（见图 1）是法国达索公司的产品。该软件支持从项目的前期评估、具体设计、分析、模拟、组装到维护的工业设计流程。目前，主要是飞机制造商等大型生产企业使用该软件。

鸟巢的结构非常复杂，内部没有立柱支撑，自身的质量也很大。它到底能承受怎样的破坏，谁心里都没底，而且这已经不是如何建造的问题了，而是这个方案是否可以被采用，毕竟建造成本太高，社会影响也很大。最后官方使用 CATIA 软件对其进行了力学测试，证明其结构强度可以达到预定的要求，这样鸟巢项目才确定实施。CATIA 之所以可以做到，是因为 CATIA 主要为大型飞机制造商服务，有专门的功能模块来测试飞机在极限条件下是否会解体，鸟巢就是使用这个模块进行测试的。

UG（见图 2），即 UniGraphics NX，是德国西门子公司的产品，它为用户的产品设计和加工过程提供了方法，也是对标 CATIA 的高端软件产品。因为 UG 加

▌图 1 CATIA 软件界面

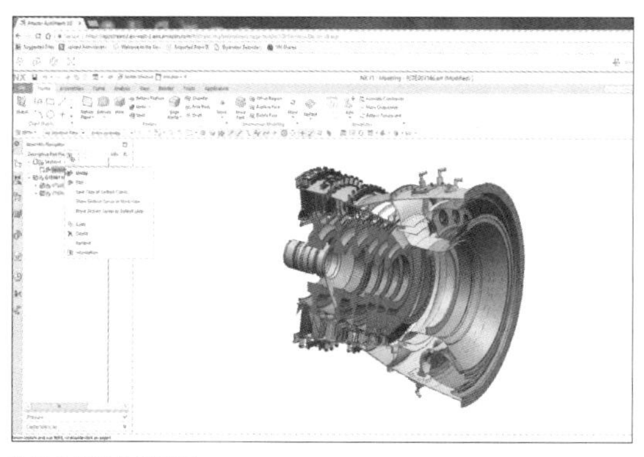

▌图 2 UG 软件界面

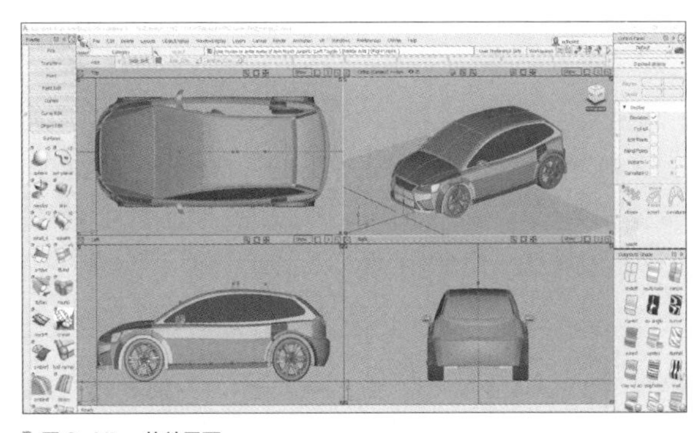

图 3 Alias 软件界面

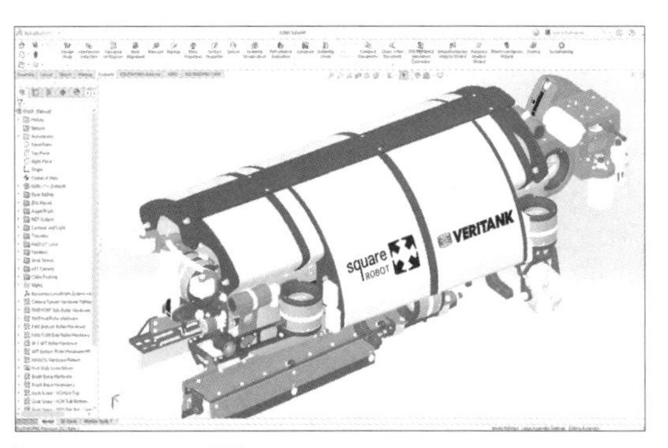

图 4 SolidWorks 软件界面

图 5 Inventor 软件界面

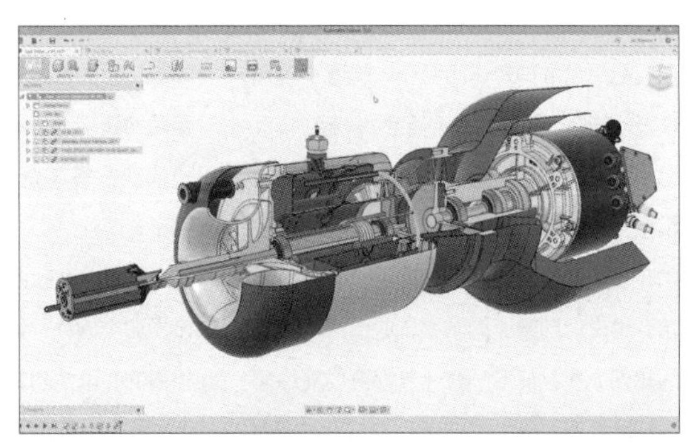

图 6 Fusion360 软件界面

图 7 Maya 软件界面

工模块的性能尤为突出，因此一些大型生产企业通常选择 UG 作为生产用软件系统。

Alias（见图 3）是软件公司 AutoDesk 旗下的工业设计软件，支持从草图绘制到高级曲面的构建，有着极高的自由度，特别擅长对曲面、曲线的精雕细琢，可以提供极高质量的曲面造型，在汽车、船舶、摩托车、飞机、运动器材和时尚用品等高端造型设计领域中广泛运用。

SolidWorks（见图 4）是 SolidWorks 公司设计的一款软件，该公司成立于 1993 年，最初是一家美国公司，当初希望在每一个工程师的桌面上提供一套具有生产力的实体模型设计系统。因为其性能优良，价格也相对容易接受，因此非常受欢迎，后来被法国达索公司收入麾下。CATIA 面对的是高端客户，SolidWorks 则是针对中端客户。

Inventor（见图 5）是 AutoDesk 公司推出的一款三维可视化实体设计软件，瞄准的也是中端客户，与 SolidWorks 形成竞争。国内使用较多的是 Inventor 和 SolidWorks，但相对而言，SolidWorks 的客户群可能更大。

Fusion360（见图 6）是 Autodesk 公司针对云端推出的一款全能软件，特点是完全云端操作、支持各种手持终端在线访问、提供全方位服务。Fusion360 整体比较新，诸多地方还在不断完善，更新速度很快，大家可以多加关注。

影视动画类软件

影视动画类软件主要有以下几种。

Maya（见图 7）是 Autodesk 公司的主流软件，功能强大，拥有完善的节点编辑和 MEL 脚本编程功能，国外很多动画电影都是使用 Maya 制作的。因为其功能较多，初学者会感到吃力，Maya 比较适合大型影视公司使用。

3DS Max（见图 8），国内使用 3DS Max 的用户非常多，但大部分用于建筑设计和装饰，较少看到用这个软件做角色动画或影视片头，其主要优势是积累了丰富的模型库。

Modo（见图9）早先只是一个建模软件，如今可以实现建模、雕刻、动画、渲染等功能。

Rhino（见图10）是一款专业的建模软件，在工业设计领域应用广泛。

SketchUp（见图11）原本是一个不太知名的软件，被谷歌收购后，迅速在全球范围内推广。它强调的是快速建模，不过多讲究细节，而且现在有庞大的插件库，可以完成很多系统没有的功能。因为其操作简单而且免费，所以拥有较大的用户群。

Blender（见图12）是一款开源软件，它有很多功能模块。国外使用它的用户比较多，也有专门的社群和论坛。这个软件的操作方式和其他软件不太一样，国内很少有人使用它，学习资料也不是很多。

Cinema 4D（见图13）是一款德国软件，最早只适用于苹果系统，后来才推广到 Windows 系统。这个软件相对而言比较容易上手，运行也很稳定，设计中规中矩。

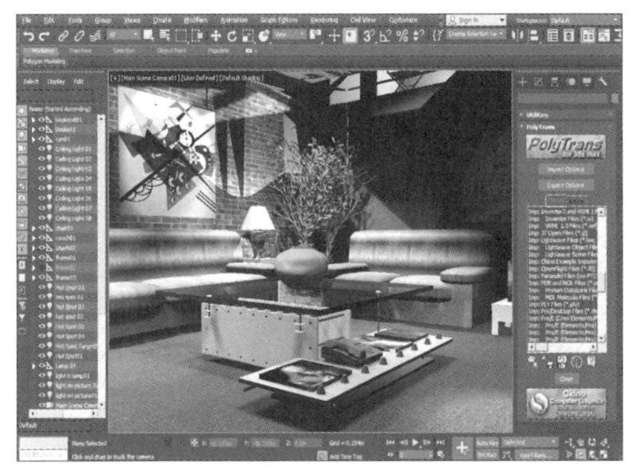

图8 3DS Max 软件界面

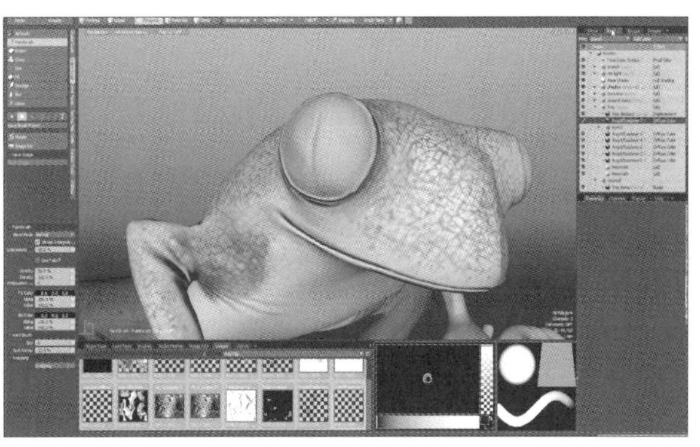

图9 Modo 软件界面

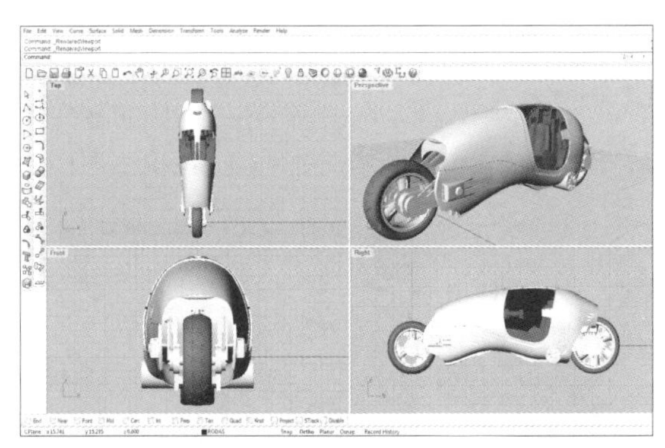

图10 Rhino 软件界面

图11 SketchUp 软件界面

图12 Blender 软件界面

图13 Cinema4D 软件界面

图 14 LightWave 软件界面

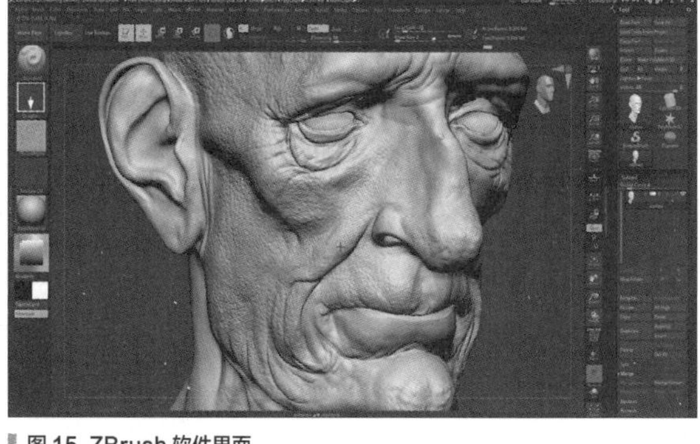

图 15 ZBrush 软件界面

LightWave（见图 14）是一款老牌三维软件，在很多年前我在展会上见过它的身影，当时售价是几万美元，把还是学生的我吓得够呛！

ZBrush（见图 15）是另一类建模软件，因为它脱离了传统的多边形构建方式，完全基于用户的需求而设计。初始状态是一个球体或立方体，模拟手对这个球 / 立方体的拉伸、揉捏、挤压等操作。这款软件对艺术家尤为适合，因此很多高校雕塑专业的学生就学习使用这个软件，它可以实现极其逼真的肌肤纹理，这些是传统点线面造型方式很难做到的。

3D 建模软件特别多，这里就不一一列举了。我自己使用的是 Cinema 4D，感觉很好用，功能强大也非常稳定，上手也比较容易，对计算机的要求也不高，后续的介绍也是基于这个软件。

本系列我们只介绍针对影视行业的 3D 技术，下面对一些功能模块进行介绍。

3D建模

建模是 3D 技术的入门内容，不管场景复杂还是简单，都要有物体，物体就是模型，我们可以根据自己的需求建立模型。

一般来说，一个物体的几何形态越清晰，建模就越简单。下面我结合自己的学习进行介绍，大家认真体会。

图 16 所示是一个花瓶，这是最简单、最基本的拉伸放样。

图 17 所示是国外杂志上的一个卡通形象，非常有趣，尤其它的眼神非常俏皮，我以此为灵感制作了一个模型，当时还在自学阶段，做得不太好。

进行很多练习后，我开始尝试制作车辆模型，参考的是布加迪 · 威龙，国外有很多人用这款车练习建模。其实我当时学习的时间很短，没实力做车辆模型，但无知者无畏，结果做成这个样子（见图 18），后面就没信心做下去了。

车辆模型之所以难做，是因为它的细节比较多，而且有很多曲面，形态不好把握。后来我查找了很多资料，知道了车模的制作方法，其实和绘画是一样的，就是找特征、抓形。图 19 所示的两幅切割图是国外爱好者给出的参考，如果我在设计之初

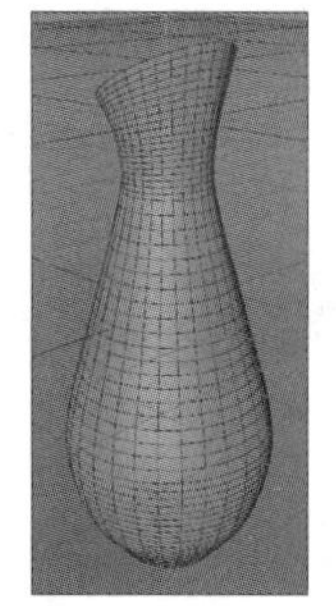

图 16 花瓶

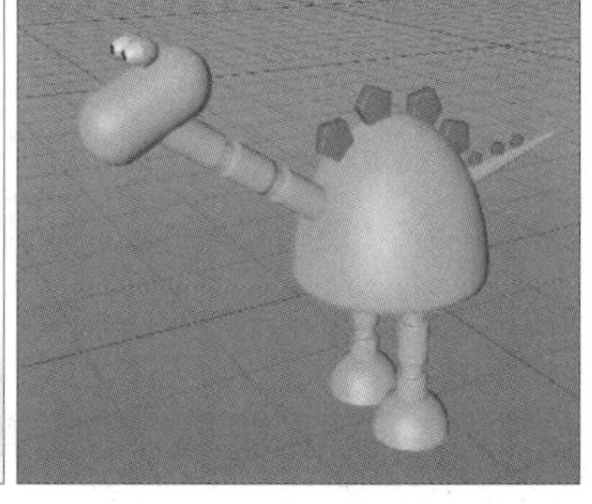

图 17 卡通形象和自己建的模型

图 18 布加迪真车和我制作的模型

图 19 国外爱好者给出的参考切割图

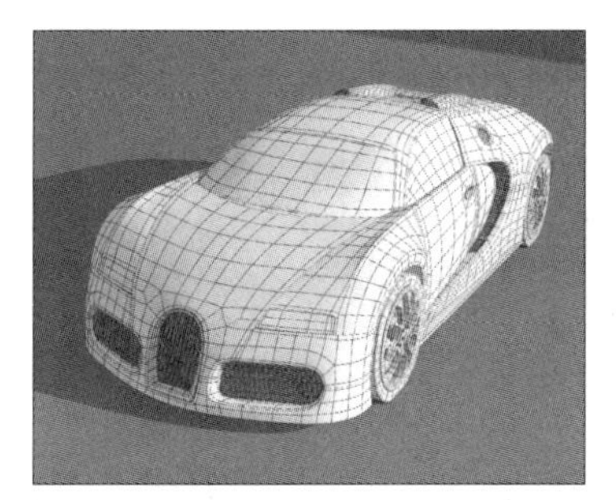

图 20 Modo 模型

把握这些关键点，做出的模型也不会太差，做的过程也不会特别吃力。

图 20 所示的模型是国外爱好者制作的，作者用的软件是 Modo。

图 21 所示是我后来陆续完成的作品，相信大家能够感觉到，这些作品比之前的好了很多，它们分别是赛车、手表、蒸汽火车和挖掘机。

我还制作了鸟巢 3D 模型（见图 22），大家可能觉得这个作品没有前面的难，但我也花费了不少心思。我在网上找到了一些鸟巢现成的模型和建模教学视频，但那些只是凭个人的观察和感觉制作的形似模型，并不是真实的鸟巢模型。我在找资料时，找到了鸟巢的施工图，但看完之后我的头都要“大”了，因为我不懂建筑专业，而鸟巢的结构又特别复杂，所以我用了将近一周的时间，终于把它大致看明白了。接着就把数据输入三维软件，完成了基于真实数据的鸟巢 3D 模型。

总结一下，不管几何体多复杂，3D 建模还是比较简单，因为形态容易把握，图 23 所示的场景中，虽然看上去很复杂，但技术上没有难度，因为大部分是几何体的堆叠。

下面进入颇具挑战的生物建模。

生物建模之所以难，是因为我们不好控制生物的形态。而且我们做的东西越常见，难度也就越大一因为大家对其比较熟悉，做得稍微差一点，很容易就会被识破。

我最开始尝试制作的是恐龙模型（见图 24），做得勉强说得过去。后来就练习制作手部模型（见图 25），然后制作了耳朵模型（见图 26）。大家可以看到，制作的耳朵模型就比较像样了。

下面，我们来看看动物模型的制作，我刚开始制作的是鳄鱼模型。

图 27 所示是我的习作，图 28 所示是

图 21 后来制作的作品

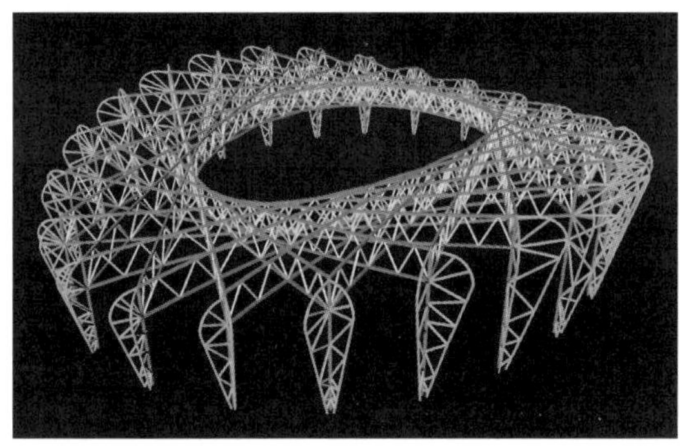

图 22 鸟巢 3D 模型

图 23 看似复杂其实简单的场景

图 24 恐龙模型

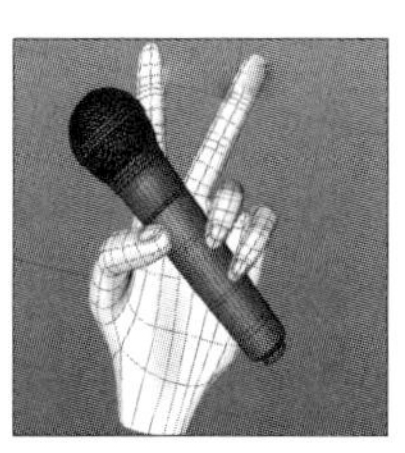

图 25 手部模型

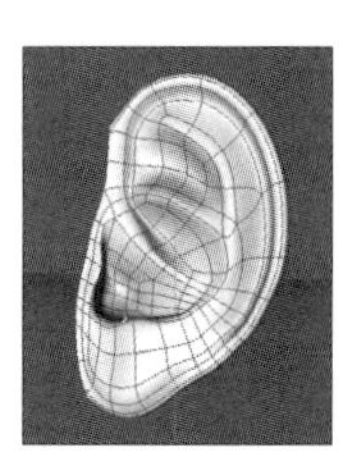

图 26 耳朵模型

图 27 我制作的鳄鱼模型

图 28 别人制作的鳄鱼模型

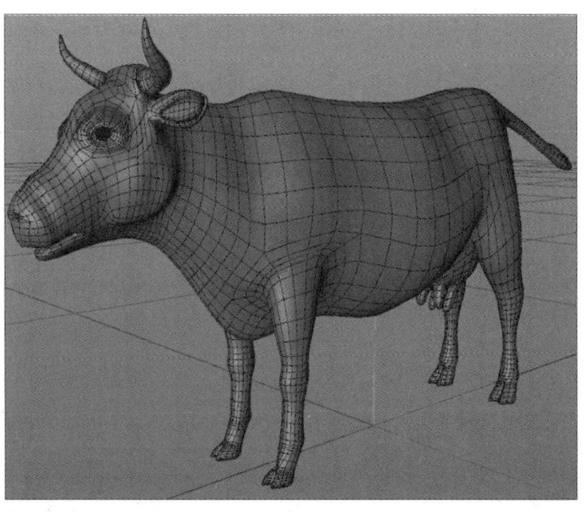

图 29 奶牛建模练习

别人制作的鳄鱼模型。不对比的话，我的作品还说得过去，但放在一起，差距就太明显了。有人说我做的模型像塑料玩具，我感觉评价还是很准确的，但起码让人一眼就看出来是鳄鱼，这个作品还不算失败。

图 29 所示是我制作的奶牛模型，这是我建模学习阶段制作的最好的作品了。这个牛的身体形态，我认为可以打 80 分，但牛头部分还欠火候，因为头部的细节太多，尤其是眼睛。

图 30 灯光烘托的球体

材质、灯光、摄像机

材质可以表明物体外观应该具备的形态。学习这部分内容需要具备一定的美术知识和 3D 软件技能。

灯光是一个非常专业的领域，光影效果对于场景、任务的表现极为重要。图 30 所示的球体非常精美，简单的模型，加上精美的材质和灯光，也会具有很大吸引力。

现实中，摄影师出去拍片，必须要有好的灯光师配合。在计算机领域，灯光的设置也很重要，因为灯光最大程度加大了计算机的运算负担，不合理的灯光布置，不但达不到效果，还白白浪费了时间和金钱。

下面再说一说摄像机。三维领域的摄像机都是虚拟的，模拟现实中的镜头运转、切换，而且动画领域也可以设置双机位制作立体影片。

这部分内容，需要在软件环境下实时渲染，对照结果进行描述，而且要不断调整参数才能发现差异，纸媒不方便展示这些，感兴趣的读者可以查找相关资料。

普通动画

普通动画就是最常见的关键帧动画，这种动画很早就有，随着现代技术的发展，用计算机做动画变得更加方便。关键帧动画相对简单，设定关键帧和需要的参数，就可以实现。

下面介绍一下动画中的几个关键概念。大家可以查找相关视频理解概念的含义。

◆ 帧：是动画中最小单位的单幅影像画面，相当于电影胶片上的一格镜头。

◆ 关键帧：指角色或者物体运动或变化中的关键动作所处的那一帧。

◆ 插值：关键帧与关键帧之间的动画可以由软件来自动创建。

◆ 关键帧动画：本质就是设置特定时间、特定位置的参数，以完成预期的目的。

以上介绍了 3D 技术的初级部分。其实，掌握好初级部分，就已经超越了很多人，这部分虽然是基础，但也是最实用的内容，需要花费时间和精力来学习！

鸿蒙 eTS 开发入门（2）

加载图片

上文的内容让我们对基于eTS开发的鸿蒙应用项目有了一个整体的了解，本文我们介绍一下图片对象。

▌程晨

在空项目中，有一个名为icon.png的图标图片，如图1所示。这个图片位于目录resources/base/media下，插入图片对象需要指定对应图像文件的路径，在eTS程序中，可以通过$r('app.type.name')的形式引用应用资源。形式中，app代表是应用内resources目录中定义的资源；type代表资源类型（或者是资源的存放位置），可以取color、string、plural、media、element等；name代表资源的名称，即文件名。

如果我们想使用media文件夹中的icon.png图片，对应的程序如下所示。

```
Image($r('app.media.icon'))
```

将其放入index.ets文件中，对应的程序如下所示。

```
@Entry
@Component
struct Index {
  build() {
    Flex({direction: FlexDirection.
    Column, alignItems: ItemAlign.
Center, justifyContent: FlexAlign.
Center }) {
      Text('Hello World')
      .fontSize(50)
      .fontWeight(FontWeight.Bold)
      Image($r('app.media.icon'))
      Text('Hello Harmony')
      .fontSize(30)
    }
    .width('100%')
    .height('100%')
  }
}
```

我们在程序中去掉了文本对象的盒体显示，此时界面的显示效果如图2所示。我们可以发现因为没有设置图片的显示大小，目前图片占据了整个屏幕。此处我们通过图片对象的height( )方法修改图片的高度，假设设定图片的高度为100，则当前图片对象的程序应如下所示，此时界面的显示效果如图3所示。

```
Image($r('app.media.icon'))
.height(100)
```

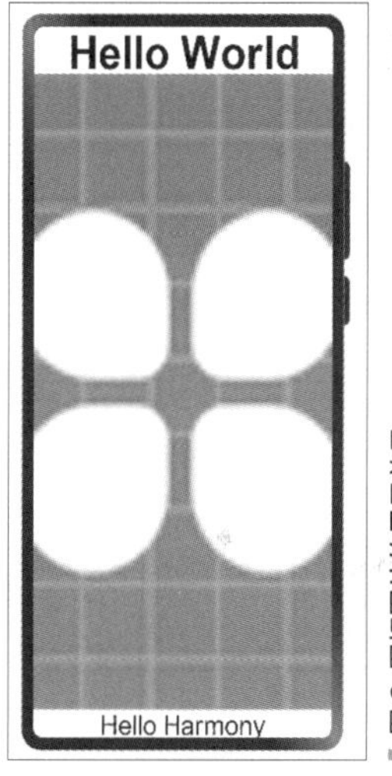

▌图2 图标图片的显示效果

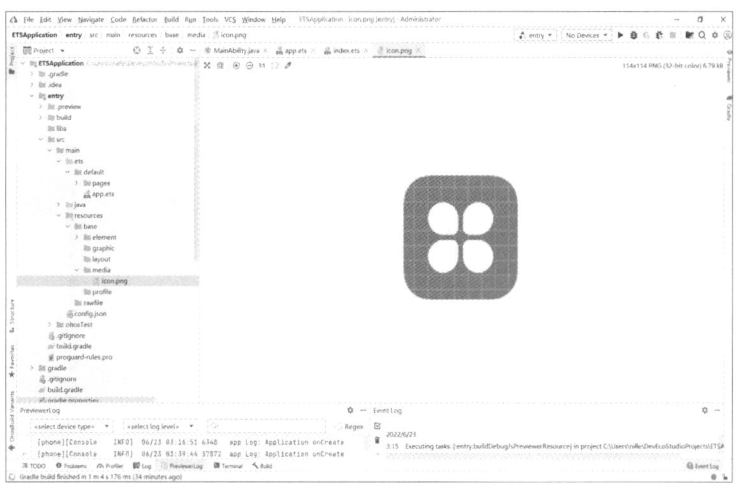
▌图1 空项目中的图标图片

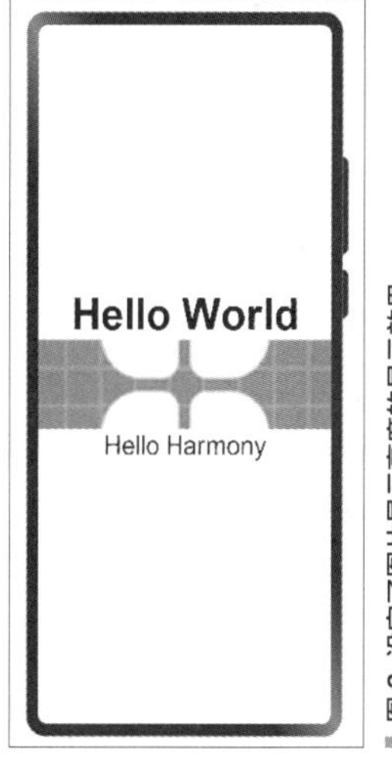

▌图3 设定了图片显示高度的显示效果

图 4 完整的图标图片的显示效果

图 5 加载图片

通过观察图 3，我们能发现目前图片只显示了中间部分。如果我们希望显示完整的图片，有以下两个方法。

方法一：通过图片对象的 width( ) 方法设置图片的宽度，由于 icon.png 图片是正方形的，所以这里可以设定宽是 100。

方法二：使用图片对象的 objectFit( ) 方法设置图片的显示形式，该方法有如下 5 个可选值。

◆ ImageFit.Cover：保持图片宽高比进行缩小或者放大，使得图片两边都大于或等于显示边界。这是该方法的默认值，因此会出现图 2 所示的情况。

◆ ImageFit.Contain：保持图片宽高比进行缩小或者放大，使得图片完整显示在显示区域内。

◆ ImageFit.Fill：不保持图片宽高比进行缩小或者放大，使得图片填充整个显示区域。

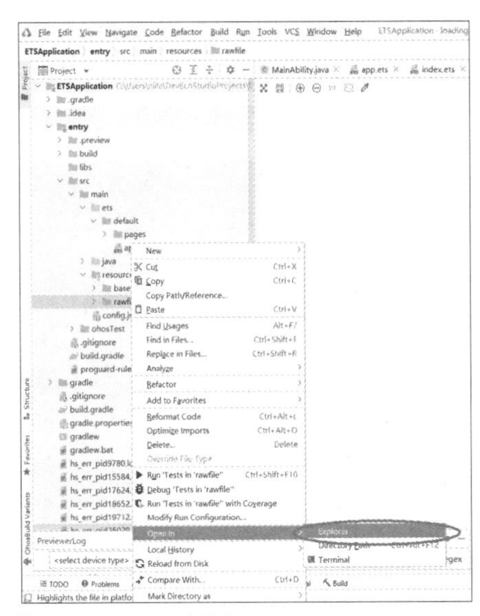

图 6 打开 rawfile 文件夹

◆ ImageFit.None：保持原有尺寸显示图片。

◆ ImageFit.ScaleDown：保持图片宽高比进行缩小或者保持大小不变。

如果想在保持图片宽高比的情况下完整显示图片，那么需要设置 objectFit( ) 方法的值为 ImageFit.Contain，对应程序如下所示，此时界面的显示效果如图 4 所示。

```
Image($r('app.media.icon'))
.objectFit(ImageFit.Contain)
.height(100)
```

在实际应用中，推荐使用方法二，因为使用这种方法不用考虑图片的实际尺寸，同时，一般在实际页面的布局中，是能够明确图片的显示高度的。另外，如果想在设定了显示高度的情况下，按照图片的原本尺寸显示图片，可以将该方法的值设置为 ImageFit.None。

能够完整显示图标图片后，我们来显示一张加载图片，如图 5 所示。要显示图片的第一步是要将图片添加到项目中，这次我们将加载图片放在 resources 目录中的 rawfile 文件夹下。打开 rawfile 文件夹的操作方法是右键单击“rawfile”，然后在弹出的菜单中选择“Open In”，接着在子菜单中选择“Explorer”，如图 6 所示。

放在 rawfile 文件夹下的资源可以使用 $rawfile('filename') 的形式直接引用。当前 $rawfile 仅支持图片对象引用资源，形式中，filename 表示 rawfile 文件夹下文件的相对路径，文件名需要包含扩展名，路径不用以“/”开头。此时，加载图片被直接放在 rawfile 文件夹下，文件名为 loading.jpeg。因此直接修改图片对象的程序为如下所示的程序，即可显示加载图片。

```
Image($rawfile('loading.jpeg'))
.objectFit(ImageFit.Contain)
.height(400)
```

这里将图片的高度调整成了 400，显示效果如图 7 所示。

通常，加载图片是一直转动的。接下来，我们看看怎么让图片转动起来。实现转动可以通过 rotate( ) 方法来完成。rotate( ) 方法并不是图片对象特有的，文本对象也可以使用。该方法的参数是一本字典，内容如下所示。

```
{ x: number,y: number,z: number,
angle: Angle,centerX: Length,centerY:
Length}
```

图 7 加载图片的显示效果

其中，x、y、z 表示转动的轴向，这里要说明一下，转动图片实际上是将图片放在一个三维的场景中旋转，x 表示上下方向旋转，y 表示左右方向旋转，z 表示垂直于屏幕的方向旋转；angle 表示旋转的角度；centerX 和 centerY 表示旋转的中心，默认为图片的中心。

让图片自动旋转前，我们先添加一个滑动条，实现手动旋转加载图片。添加一个滑动条对象 Slider，并说明滑动条上滑块的当前值（value）、最小值（min）、最大值（max）、间隔值（step）以及样式类型（style），对应的程序如下所示。

```
Slider({ value: 0,  min: 0,  max:
360,  step: 1,  style: SliderStyle.
OutSet})
```

这里当前值和最小值都为 0；因为添加滑动条的目的是旋转图片，所以最大值为 360；滑动时的间隔值为 1；样式方面，滑动条有 2 种样式，分别为 SliderStyle.OutSet（滑块在滑动条上）和 SliderStyle.InSet（滑块在滑动条内），此处使用的是前者。

另外，滑动条的样式还可以通过对象的方法进行设置，这些方法及其用途如下所示。

◆ blockColor( ) 方法：用于设置滑块的颜色。

◆ trackColor( ) 方法：用于设置滑动条的背景颜色。

◆ selectedColor( ) 方法：用于设置滑动条已滑过的颜色。

◆ showSteps( ) 方法：用于设置当前是否显示步长刻度值，默认为 false，表示不显示。

◆ showTips( ) 方法：用于设置滑动时是否显示气泡提示百分比，默认为 false，表示不显示。

加上部分方法，添加滑动条的程序就变为如本页中栏上方所示的程序了。

```
Slider({ value: 0, min: 0, max: 360,
step: 1, style: SliderStyle.OutSet
})
.blockColor(Color.Blue)
.trackColor(Color.Black)
.selectedColor(Color.Blue)
```

将其放入 index.ets 文件中，对应的程序如下所示。

```
@Entry
@Component
struct Index {
 build() {
  Flex({ direction: FlexDirection.
Column, alignItems: ItemAlign.Center,
justifyContent: FlexAlign.Center })
   {
    Text('Hello World')
    .fontSize(50)
    .fontWeight(FontWeight.Bold)
    Image($rawfile('loading.jpeg'))
    .objectFit(ImageFit.Contain)
    .height(400)
    Slider({ value: 0, min: 0, max:
360, step: 1, style: SliderStyle.
OutSet })
    .blockColor(Color.Blue)
    .trackColor(Color.Black)
    .selectedColor(Color.Blue)
   }
   .width('100%')
   .height('100%')
 }
}
```

这里用滑动条对象代替了之前程序中的第二个文本对象，滑动条的样式为 SliderStyle.OutSet，此时界面的显示效果如图 8 所示。

目前拖动滑动条，加载图片不会有任何变化，因为我们还没有将滑动条与加载图片的角度结合在一起。为了传递参数，这里需要设置一个变量。定义内部变量需要用到装饰器 @State，@State 装饰的变量是组件内部的状态数据，当这些状态数据被修改时，会调用所在组件的 build() 方法刷新界面。

为了避免出现错误，@State 装饰的所有变量都需要分配初始值。假设我们定义一个数据类型为数字、名为 angle 的变量，则程序如下所示。

```
@State angle: number = 0
```

接下来，为了在拖动滑动条时可以改变变量的值，需要使用滑动条对象的 onChange( ) 方法。这个方法会将当前滑块的值（value）和滑动条改变的模式（mode）传递给一个自定义的回调函数，每次滑块位置发生变化时，程序都会执行这个回调函数。这里的操作只是将滑块对应的值赋值给变量 angle。此时，滑动条的程序如下所示。

```
Slider({ value: 0, min: 0, max: 360,
step: 1, style: SliderStyle.InSet })
.blockColor(Color.Blue)
.trackColor(Color.Black)
.selectedColor(Color.Blue)
.onChange( (value: number, mode:
SliderChangeMode) => {
 this.angle = value
})
```

图 8 添加滑动条后的显示效果

ESP8266 开发之旅 网络篇（19）

无线固件更新——OTA（下）

▌单片机菜鸟博哥

在Arduino core For ESP8266中，使用OTA功能有3种方式：OTA之Arduino IDE更新、OTA之Web更新、OTA之服务器更新。上文，我们学习了Arduino IDE更新，这次，一起来看后面两种。

WebUpdateOTA——OTA之Web更新

OTA 之 Web 更新，通过 ESP8266 上配置的 WebServer 来选择固件更新，其操作过程如下。

（1）先用 ESP8266 建立一个 Web 服务器然后提供一个 Web 更新界面，需要使用到 ESP8266HTTPUpdateServer 库。

（2）通过 Arduino 将源文件编译为 *.bin 的二进制文件。

（3）通过 mDNS 功能在浏览器中访问 ESP8266 的服务器页面。

（4）通过 Web 界面将本地编译好的 *.bin 二进制固件文件上传到 ESP8266 中。

（5）文件上传完成后 ESP8266 将固件写入 Flash 中。

请加入本页右栏上方所示的头文件。

```
#include <ESP8266WebServer.h>
#include <ESP8266mDNS.h>
#include <ESP8266HTTPUpdateServer.h>
```

1. updateCredentials( )

```
/ * 校验用户信息
 * @param username 用户名称
 * @param password 用户密码 */
void updateCredentials(const char * username, const char * password)
```

最后，通过变量 angle 的值改变图片的旋转角度，整个 index.ets 文件的程序如下所示。

```
@Entry
@Component
struct Index {
  @State angle: number = 0
  build() {
    Flex({ direction: FlexDirection.Column, alignItems: ItemAlign.Center, justifyContent: FlexAlign.Center })
    {
      Text('Hello World')
      .fontSize(50)
      .fontWeight(FontWeight.Bold)
      Image($rawfile('loading.jpeg'))
      .objectFit(ImageFit.Contain)
      .height(400)
      .rotate({x:0 ,y:0 ,z:1, angle:this.angle})
      Slider({ value: 0, min: 0, max: 360, step: 1, style: SliderStyle.InSet })
        .blockColor(Color.Blue)
        .trackColor(Color.Black)
        .selectedColor(Color.Blue)
        .onChange( (value: number, mode: SliderChangeMode) => {
          this.angle = value
        })
      }
      .width('100%')
      .height('100%')
    }
}
```

此时拖动滑动条就会看到加载图片转动了。这里的程序是让图片垂直于屏幕的方向旋转（z:1），即实现转动的效果。大家可以尝试实现图片上下、左右、斜向旋转的效果。另外，注意程序中滑动条的样式已经改为 SliderStyle.InSet，此时界面的显示效果如图 9 所示。我们能看到图 9 中进度条已经走到了中间的位置，对应地，加载图片旋转了 180°。

本文的内容就先到这里了，至于图片的自动旋转，实际上就是让图片定时旋转一定角度，这个内容我们后续内容介绍。

▌图 9 滑动条样式为 SliderStyle.InSet 的显示效果

2. setup( )

```
/ * 配置WebOTA
 * @param ESP8266WebServer 需要绑定的WebServer */
void setup(ESP8266WebServer *server)
{
  setup(server, NULL, NULL);
}
/ * 配置WebOTA
 * @param ESP8266WebServer 需要绑定的WebServer
 * @param path 注册URI */
void setup(ESP8266WebServer *server, const char * path){
  setup(server, path, NULL, NULL);
}
/ * 配置WebOTA
 * @param ESP8266WebServer 需要绑定的WebServer
 * @param username 用户名称
 * @param password 用户密码 */
void setup(ESP8266WebServer *server, const char * username, const char * password){
  setup(server, "/update", username, password);
}
/ * 配置WebOTA
 * @param ESP8266WebServer 需要绑定的WebServer
 * @param username 用户名称
 * @param password 用户密码
 * @param path 注册URI (默认是"/update") */
void setup(ESP8266WebServer *server, const char * path, const char * username, const char * password);
```

setup( )源码说明如下。

```
void ESP8266HTTPUpdateServer::setup(ESP8266WebServer *server, const char * path, const char * username, const char * password)
{
 _server = server;
 _username = (char *)username;
 _password = (char *)password;
 // 注册WebServer的响应回调函数
 _server->on(path, HTTP_GET, [&](){
   //校验用户信息 通过就发送更新页面
   if(_username != NULL && _password != NULL && !_server->authenticate(_username, _password))
   return _server->requestAuthentication();
   _server->send_P(200, PSTR("text/html"), serverIndex);
 });
 // 注册WebServer的响应回调函数 处理文件上传 文件结束
 _server->on(path, HTTP_POST, [&](){
   // 文件上传完毕回调
   if(!_authenticated)
   return _server->requestAuthentication();
   if (Update.hasError()) {
     _server->send(200, F("text/html"), String(F("Update error: ")) + _updaterError);
   } else {
     _server->client().setNoDelay(true);
     _server->send_P(200, PSTR("text/html"), successResponse);
     delay(100);
     //断开HTTP连接
     _server->client().stop();
     //重启ESP8266
     ESP.restart();
   }
 },[&](){
   // 通过Update对象处理文件上传，关于Update对象请看上面的讲解
   HTTPUpload& upload = _server->upload();
   //固件上传开始
   if(upload.status == UPLOAD_FILE_START){
     _updaterError = String();
     if (_serial_output)
     Serial.setDebugOutput(true);
     _authenticated = (_username == NULL || _password == NULL || _server->authenticate(_username, _password));
     if(!_authenticated){
      if (_serial_output)
      Serial.printf("Unauthenticated Update\n");
      return;
     }
     WiFiUDP::stopAll();
     if (_serial_output)
     Serial.printf("Update: %s\n", upload.filename.c_str());
     uint32_t maxSketchSpace = (ESP.getFreeSketchSpace() - 0x1000) & 0xFFFFF000;
     if(!Update.begin(maxSketchSpace)){
      _setUpdaterError();
     }
   } else if(_authenticated && upload.status == UPLOAD_FILE_WRITE && !_updaterError.length()){
     //固件写入
     if (_serial_output) Serial.printf(".");
     if(Update.write(upload.buf, upload.currentSize) != upload.currentSize){
      _setUpdaterError();
```

```
        }
    } else if(_authenticated &&
upload.status == UPLOAD_FILE_END &&
!_updaterError.length()){
        //固件写入结束
        if(Update.end(true)){
          if (_serial_output) Serial.
printf("Update Success: %u\
nRebooting...\n", upload.totalSize);
        } else {
          _setUpdaterError();
        }
        if (_serial_output) Serial.
setDebugOutput(false);
    } else if(_authenticated &&
upload.status == UPLOAD_FILE_ABORTED)
{
        Update.end();
        if (_serial_output) Serial.
println("Update was aborted");
    }
    delay(0);
  });
}
```

3. 实例

实验说明：演示ESP8266 OTA之Web更新，通过建立的WebServer来上传新固件以达到更新目的。

实验准备：NodeMCU开发板。

实验过程：先往ESP8266烧写V1.0版本代码，其代码如下。

```
#include <ESP8266WiFi.h>
#include <WiFiClient.h>
#include <ESP8266WebServer.h>
#include <ESP8266mDNS.h>
#include <ESP8266HTTPUpdateServer.h>
//调试定义
#define DebugBegin(baud_rate)
Serial.begin(baud_rate)
#define DebugPrintln(message)
Serial.println(message)
#define DebugPrint(message)    Serial.
print(message)
#define DebugPrintF(...) Serial.
printf( __VA_ARGS__ )
#define CodeVersion "CodeVersion V1.0"
const char* host = "esp8266-
webupdate";
const char* ssid = "xxx";//填上Wi-Fi
账号
const char* password = "xxx";//填上
Wi-Fi密码
ESP8266WebServer httpServer(80);
ESP8266HTTPUpdateServer httpUpdater;
void setup(void) {
  DebugBegin(115200);
  DebugPrintln("Booting Sketch...");
  DebugPrintln(CodeVersion);
  WiFi.mode(WIFI_AP_STA);
  WiFi.begin(ssid, password);
  while (WiFi.waitForConnectResult()
!= WL_CONNECTED) {
    WiFi.begin(ssid, password);
    DebugPrintln("WiFi failed,
retrying.");
  }
  //启动mDNS服务
  MDNS.begin(host);
  //配置WebServer为更新Server
  httpUpdater.setup(&httpServer);
  httpServer.begin();
  MDNS.addService("http","tcp",
80);
  DebugPrintF("HTTPUpdateServer
ready! Open http://%s.local/update
in your browser\n", host);
}
void loop(void) {
  httpServer.handleClient();
  MDNS.update();
}
```

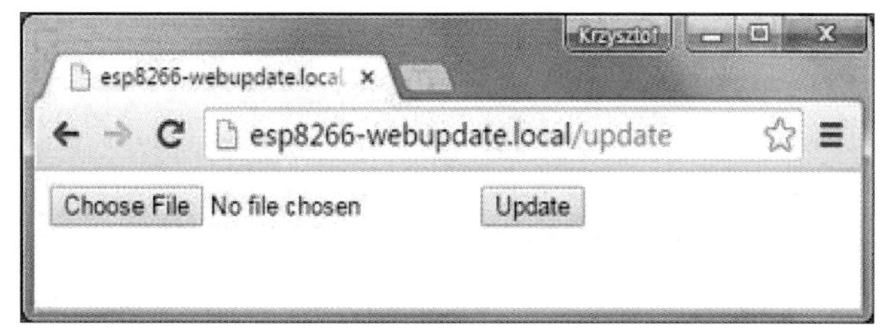

图1 界面更新

在串口调试器就可以看到OTA的更新页面地址，然后在浏览器里面打开该地址，会看到图1所示界面。

接下来，开始更新代码。在首选项设置里面的“显示详细输出”选项中单击“编译”，然后修改代码为V1.1版本，改变部分的代码如下所示。

```
#define CodeVersion "CodeVersion V1.1"
```

编译该代码，然后找到新固件的本地地址，如图2所示。

回到浏览器，单击“Choose file”按钮，然后选择该新固件就可以上传到ESP8266中去，如图3所示。

这个更新界面效果普通，可以通过自定义网站进行页面更换，感兴趣的读者可以去看笔者的相关教学。

```
SP8266mDNS\ESP8266mDNS_Legacy.cpp.o
SP8266mDNS\ESP8266mDNS.a

SP8266CustomHTTPUpdateServer\ESP8266CustomHTTPUpdateServer.cpp.o
SP8266CustomHTTPUpdateServer\ESP8266CustomHTTPUpdateServer.a


e\core_94ca095ddf3d19cf463dcf709498caaf.a

06-elf-gcc\\2.5.0-3-20ed2b9/bin/xtensa-lx106-elf-gcc" -CC -E -P -DVTABLES_IN_FLASH "C:\\Users\\tingyou.wu\\AppData\\Local\\Arduino15\\packages
06-elf-gcc\\2.5.0-3-20ed2b9/bin/xtensa-lx106-elf-gcc" -fno-exceptions -Wl,-Map "-Wl,C:\\Users\\tingyou.wu\\AppData\\Local\\Temp\\arduino_build
.5.0-3-20ed2b9/esptool.exe" -eo "C:\\Users\\tingyou.wu\\AppData\\Local\\Arduino15\\packages\\esp8266\\hardware\\esp8266\\2.5.0/bootloaders/ebo
ages\esp8266\hardware\esp8266\2.5.0\libraries\ESP8266WiFi
\packages\esp8266\hardware\esp8266\2.5.0\libraries\ESP8266WebServer
ages\esp8266\hardware\esp8266\2.5.0\libraries\ESP8266mDNS
cal\Arduino15\packages\esp8266\hardware\esp8266\2.5.0\libraries\ESP8266CustomHTTPUpdateServer
06-elf-gcc\\2.5.0-3-20ed2b9/bin/xtensa-lx106-elf-size" -A "C:\\Users\\tingyou.wu\\AppData\\Local\\Temp\\arduino_build_19079/testdemo.ino.elf"
```

▌图 2 新固件的本地地址

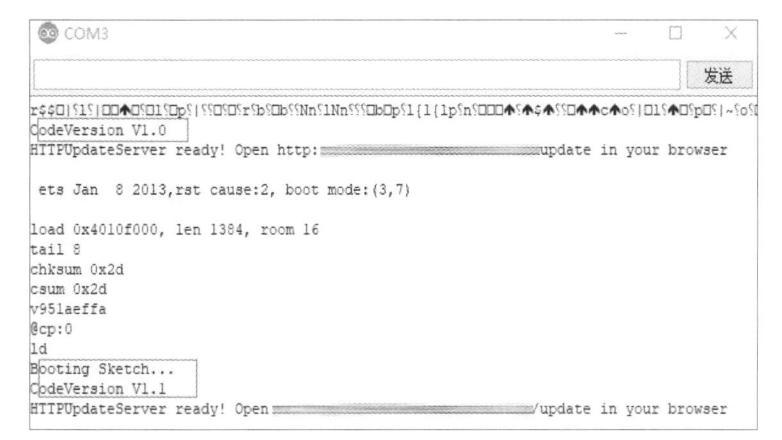

▌图 3 更新结束

ServerUpdateOTA ——OTA之服务器更新

ServerUpdateOTA 需要用到 ESP8266httpUpdate 库，请在代码中引入以下头文件。

```
#include <ESP8266HTTPClient.h>
#include <ESP8266httpUpdate.h>
```

1. update( )

```
/ * 更新固件(http)
 * @param url 固件下载地址
 * @param currentVersion 固件当前版本
 * @return t_httpUpdate_return 更新状态 */
t_httpUpdate_return update (const String& url, const String& currentVersion = "");
/ * 更新固件(https)
 * @param url 固件下载地址
 * @param currentVersion 固件当前版本
 * @param httpsFingerprint https 相关信息
 * @return t_httpUpdate_return 更新状态 */
t_httpUpdate_return update(const String& url, const String& currentVersion,const String& httpsFingerprint);
/ * 更新固件(https)
 * @param url 固件下载地址
 * @param currentVersion 固件当前版本
 * @param httpsFingerprint https 相关信息
 * @return t_httpUpdate_return 更新状态 */
t_httpUpdate_return update(const String& url, const String& currentVersion,const uint8_t httpsFingerprint[20]); // BearSSL
/ * 更新固件(http)
 * @param host 主机
 * @param port 端口
 * @param uri URI 地址
 * @param currentVersion 固件当前版本
 * @return t_httpUpdate_return 更新状态 */
t_httpUpdate_return update(const String& host, uint16_t port, const String& uri = " / ",const String& currentVersion = "");
/ * 更新固件(https)
 * @param host 主机
 * @param port 端口
 * @param uri URI 地址
 * @param currentVersion 固件当前版本
 * @param httpsFingerprint https 相关信息
 * @return t_httpUpdate_return 更新
```

```
状态 */
t_httpUpdate_return update(const String& host, uint16_t port, const String& url,const String& currentVersion, const String& httpsFingerprint);
/ * 更新固件(https)
 * @param host 主机
 * @param port 端口
 * @param uri  URI地址
 * @param currentVersion 固件当前版本
 * @param httpsFingerprint https相关信息
 * @return t_httpUpdate_return 更新状态 */
t_httpUpdate_return update(const String& host, uint16_t port, const String& url,const String& currentVersion, const uint8_t httpsFingerprint[20]); // BearSSL
```

t_httpUpdate_return定义代码如下。

```
enum HTTPUpdateResult {
  HTTP_UPDATE_FAILED,// 更新失败
  HTTP_UPDATE_NO_UPDATES,// 未开始更新
  HTTP_UPDATE_OK// 更新完毕
};
```

2. rebootOnUpdate( )

```
/ * 设置是否自动重启
 * @param reboot true表示自动重启，默认False */
void rebootOnUpdate(bool reboot);
```

3. updateSpiffs( )

```
/ * 更新固件(http)
 * @param url 固件下载地址
 * @param currentVersion 固件当前版本
 * @return t_httpUpdate_return 更新状态 */
t_httpUpdate_return updateSpiffs(const String& url, const String& currentVersion = "");
/ * 更新固件(http)
 * @param url 固件下载地址
 * @param currentVersion 固件当前版本
 * @return t_httpUpdate_return 更新状态 */
t_httpUpdate_return updateSpiffs(const String& url, const String& currentVersion, const String& httpsFingerprint);
/ * 更新固件(http)
 * @param url 固件下载地址
 * @param currentVersion 固件当前版本
 * @return t_httpUpdate_return 更新状态 */
t_httpUpdate_return updateSpiffs(const String& url, const String& currentVersion, const uint8_t httpsFingerprint[20]); // BearSSL
```

4. 实例

笔者没有具体的服务器，所以这里只是介绍一个通用的代码。

```
/ * 功能描述：OTA之服务器更新 */
#include <Arduino.h>
#include <ESP8266WiFi.h>
#include <ESP8266WiFiMulti.h>
#include <ESP8266HTTPClient.h>
#include <ESP8266httpUpdate.h>
//调试定义
#define DebugBegin(baud_rate) Serial.begin(baud_rate)
#define DebugPrintln(message) Serial.println(message)
#define DebugPrint(message) Serial.print(message)
#define DebugPrintF(...) Serial.printf( __VA_ARGS__ )
ESP8266WiFiMulti WiFiMulti;
void setup() {
  DebugBegin(115200);
  WiFi.mode(WIFI_STA);
  //这里填上Wi-Fi账号SSID和密码PASSWORD
  WiFiMulti.addAP("SSID", "PASSWORD");
}
void loop() {
  if ((WiFiMulti.run() == WL_CONNECTED)) {
    //填上服务器地址
    t_httpUpdate_return ret = ESPhttpUpdate.update("http://server/file.bin");
    switch (ret) {
      case HTTP_UPDATE_FAILED:
      DebugPrintF("HTTP_UPDATE_FAILD Error (%d): %s", ESPhttpUpdate.getLastError(), ESPhttpUpdate.getLastErrorString().c_str());
      break;
      case HTTP_UPDATE_NO_UPDATES:
      DebugPrintln("HTTP_UPDATE_NO_UPDATES");
      break;
      case HTTP_UPDATE_OK:
      DebugPrintln("HTTP_UPDATE_OK");
      break;
    }
  }
}
```

总结

在Arduino Core For ESP8266中，使用OTA功能有3种方式，至于使用哪一种，需要看具体需求。其实不管哪一种方式，其最终都是为了把新固件烧写到Flash中，替代掉旧固件，以达到更新固件的效果。注意，OTA更新也可以更新SPIFFS。

STM32入门100步（第49步）

低功耗模式

杜洋　洋桃电子

原理介绍

这一节我们介绍单片机内部的低功耗模式。低功耗模式通过关闭单片机内部功能来达到降低功率的效果。STM32F103单片机共有3种低功耗模式，分别是睡眠模式、停机模式和待机模式。我们首先研究一下什么是低功耗模式、它的本质是什么。单片机功率是内部各功能模块功率相加之和，低功耗就是在总功能中关掉一部分功能以降低功率。STM32F103单片机的3种低功耗模式需要关闭单片机的部分功能，所以会对系统工作有一定影响，使用哪种低功耗模式要按实际情况选择，并慎重使用。低功耗模式只针对单片机内部功能，不包括外围电路。外围电路的功耗不属于低功耗控制范围，比如扬声器、LED的功耗取决于电路的设计方案。“STM32F103X8-B数据手册（中文）”中第8页2.3.12节是低功耗模式的说明，这里详细写出了3种低功耗模式：睡眠模式是指仅ARM内核停止工作，其他内部功能处在工作状态，可通过所有内部、外部功能的中断/事件唤醒ARM内核；停机模式是在保持SRAM数据不丢失的情况下，关闭ARM内核、内部所有功能、PLL分频器、HSE，可通过外部中断输入接口EXTI、电源电压监控中断PVD、RTC闹钟到时、USB唤醒信号唤醒（退出低功耗模式）；待机模式下开发板内部所有1.8V电源功能全部关闭，包括ARM内核、内部所有功能、PLL分频器、HSE、SRAM（包括Flash存储器）等，以便达到最低的功耗，此时，只能通过NRST接口的外部复位信号、独立看门狗IWDG复位、专用唤醒WKUP引脚、RTC闹钟到时进行唤醒。以上说明如图1所示。从睡眠模式到停机模式，再到待机模式，开发板关闭的功能逐步递增。睡眠模式关闭的功能最少，只有ARM内核；停机模式关闭的内容除ARM内核外还有内部的所有功能，以及分频器和高速外部时钟(HSE)；待机模式关闭的内容最多，包括ARM内核、内部的所有功能、分频器、高速外部时钟和SRAM存储器。SRAM一旦关闭，运行数据会全部消失，即使复位退出待机模式，程序也必须从头开始执行。3种模式的唤醒方式由上到下递减。睡眠模式关闭的功能最少，唤醒方式最多，可通过内部或外部的所有功能产生中断或事件唤醒。停机模式的唤醒方式少了很多，只能通过外部中断、电源电压监测中断、RTC闹钟到时、USB唤醒信号这4种方式唤醒。待机模式关掉的功能最多，只能通过外部复位信号、独立的看门狗复位、WKUP唤醒引脚复位、RTC闹钟到时这4种方式唤醒。具体选择哪种低功耗模式、哪种唤醒方式，要根据实际项目来选择。

如图2所示，单片机内部的耗电部分有ARM内核、SRAM（包括Flash存储器）、高速外部时钟、分频器和内部功能。其中高速外部时钟需要供给SRAM、ARM内核和内部功能。上电后用户程序要从Flash载入SRAM运行，SRAM是程序运行的载体，程序控制ARM内核做

工作模式	关掉功能	唤醒方式
睡眠模式	ARM内核	所有内部、外部功能的中断/事件
停机模式	ARM内核 内部所有功能 PLL分频器、HSE	外部中断输入接口EXTI（16个I/O之一） 电源电压监控中断PVD RTC闹钟到时 USB唤醒信号
待机模式	ARM内核 内部所有功能 PLL分频器、HSE SRAM内容消失	NRST接口的外部复位信号 独立看门狗IWDG复位 专用唤醒WKUP引脚 RTC闹钟到时

图1 3种低功耗模式对照表

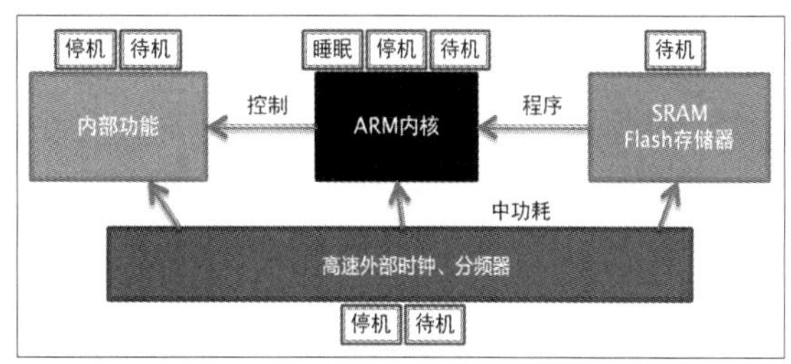

图2 低功耗模式与系统功能示意图

运算和处理，从而控制内部功能（I/O端口、ADC、I^2C总线等）达到我们需要的控制效果。这4个部分通力配合才能让单片机正常工作，如果进入低功耗模式，就需要在这4个部分中关闭一些功能。哪个部分可以独立关闭？哪个部分需要配合关闭呢？先看高速外部时钟，高速外部时钟为其他3部分提供时钟信号，它一旦关闭，其他3个部分将停止工作，所以它不能独立关闭。再看SRAM和Flash内存，它们用于存储用户程序，关掉它们将不能运行程序，无法控制ARM内核，不能控制内部功能达到应用效果。所以SRAM和Flash不能独立关闭。再看内部功能，内部功能面向输出应用，这些功能通过引脚输出到外部电路。内部功能全部关闭等于切断了开发板与外部的联系。即使高速外部时钟工作、程序运行、内核正常计算，但是所有工作都不能向外输出，那单片机的工作也就毫无意义，所以内部功能也不能单独关闭。最后看ARM内核，如果高速外部时钟工作、程序运行、内部功能正常输出，只关闭ARM内核不会对其他部分产生影响。当I/O端口输出高、低电平，ADC可通过DMA独立转换和处理。当它们不需要内核参与时，内核可以停止工作，节省一部分功耗。当内部功能需要内核参与运算时，只要重新启动内核来处理相关任务即可。所以只关闭ARM内核可以减少功耗，这种方式就是睡眠模式。睡眠模式只关闭ARM内核，其他部分正常工作。

如果想进一步降低功耗，还可以关掉内部功能。ARM内核最终控制的是内部功能，内部功能作为ARM内核的配合者可以被关掉。也就是说在某种条件下不需要内部功能来参与工作，这时我们就可以把ARM内核和内部功能全部关掉。高速外部时钟和分频器是提供给ARM内核和内部功能的，如果把ARM内核和内部功能关掉，那高速外部时钟和分频器也可以关掉。但是为了让程序在唤醒后继续运行，我们不能关闭SRAM和Flash。这就产生了第二种关闭方案，关闭ARM内核、内部功能、高速外部时钟和分频器，只保持SRAM和Flash，这就是停机模式。终极低功耗模式是将SRAM和Flash也关闭，用户程序消失（关闭Flash是停止从Flash中载入程序，Flash断电后下载的用户程序不会消失）。单片机再次唤醒时从程序第1行开始执行，之前运行过程中的数据全部消失，这就是待机模式。待机模式是将4个部分全部关闭，得到最低功耗。以上介绍的3种低功耗模式的本质是参考4个部分的协同工作状态，按照对系统的影响大小，由轻到重逐渐关闭。使用低功耗模式时需要考虑实际应用中对各部分功能的依赖性，选择适合的低功耗模式。

接下来看低功耗模式到底能降低多少功耗。这里我给出单片机最小系统中的不精确的测量值。因为不同单片机型号、不同工艺、运行不同程序，开发板功耗会有很大不同。我用大概范围让大家对功耗差异有个初步印象：当所有功能全部开启时，开发板工作电流在10mA左右。睡眠模式下ARM内核关闭，开发板工作电流在2mA左右。在停机模式下，开发板的ARM内核、内部功能、高速外部时钟和分频器全部关闭，工作电流在20μA左右。停机模式相对睡眠模式的省电效果有极大提高。待机模式的工作电流在2μA左右，几乎可以忽略不计。使用不同模式会有不同的工作电流，可根据项目要求的省电级别来选择适合的低功耗模式。

接下来看一下3种低功耗模式的特点。当ARM内核没有工作任务时，开发板可进入睡眠模式，睡眠模式像计算机CPU的空闲状态。它只是让CPU停止工作，显示器、鼠标、键盘都正常工作。睡眠模式的应用不多，因为只关闭内核，节能效果有限，所以这一模式很少在非操作系统的环境下使用。在嵌入式操作系统（RTOS）中，大家会采用睡眠模式让内核在没任务时睡眠。睡眠模式的优点是对系统影响很小，进入和退出不占用时间，缺点是节能效果差，它和正常模式的功耗都是毫安级别的，起不到很明显的节能效果。停机模式能保持SRAM中的数据，唤醒后可继续运行，它的节能效果与待机模式相近，是微安级别的，在节能方面有更多优势。停机模式适用于电池供电的设备，能提高电池寿命。停机模式的优点是节能效果好、程序不复位，缺点是恢复时间较长，因为高速外部时钟、分频器、内部功能全部关闭，重新唤醒需要一段时间。待机模式会使SRAM数据消失，唤醒后程序从头运行。待机模式和停机模式的功耗都是微安级别，所以项目中多会使用停机模式，极少使用待机模式。待机模式的优点是节能效果最好，缺点是程序消失，只有复位才能唤醒开发板。大家了解3种低功耗模式的特性后，在项目开发中可根据不同需要选择不同的低功耗模式。

程序分析

接下来介绍开发板在程序中如何进入3种低功耗模式，如何从低功耗模式中被唤醒。低功耗模式在原理层面上较难学习，但在程序开发中比较简单。只要认真理解每行程序，学会调用相关函数，就可以轻松进入和唤醒低功耗模式。首先看睡眠模式，在附带资料中找到"睡眠模式测试程序"工程。将工程中的HEX文件下载到开发板中，看一下效果。效果是在OLED屏上显示"SLEEP TEST"字样，表示睡眠模式测试程序。下一行显示"CPU SLEEP!"，表示ARM内核(CPU)已经进入睡眠状态。这时按核心板上的KEY1按键，它在程序中被设置为中断触发按键。按下按键产生中断，可以唤醒开发板，OLED屏上会显示"CPU

WAKE UP!”，表示ARM内核已经被唤醒。0.5s后再次进入睡眠模式。核心板上的LED1会随着ARM内核状态熄灭或点亮。此示例程序能测试ARM内核进入睡眠模式并可用按键唤醒。下面来分析程序，我们打开“睡眠模式测试程序”工程。这个工程复制了上一节的“MPU6050原始数据显示程序”工程，其中保留着之前添加过的文件，包括Basic文件夹中的nvic文件夹，其中有NVIC.c和NVIC.h文件。在Hardware文件夹中有KEY文件夹，其中有key.c和key.h文件。接下来用Keil软件打开工程，我们先分析main.c文件。如图3所示，第18 ~ 24行加载了很多库文件，第26行加载了中断向量控制器库文件NVIC.h。

```
18 #include "stm32f10x.h" //STM32头文件
19 #include "sys.h"
20 #include "delay.h"
21 #include "relay.h"
22 #include "oled0561.h"
23 #include "led.h"
24 #include "key.h"
25
26 #include "NVIC.h"
27
28
29 int main (void){//主程序
30     delay_ms(500); //上电时等待其他器件就绪
31     RCC_Configuration(); //系统时钟初始化
32     RELAY_Init();//继电器初始化
33     LED_Init();//LED
34     KEY_Init();//KEY
35
36     I2C_Configuration();//I²C初始化
37
38     OLED0561_Init(); //OLED屏初始化
39     OLED_DISPLAY_8x16_BUFFER(0,"   SLEEP TEST   "); //显示字符串
40
41     INT_MARK=0;//标志位清0
42     NVIC_Configuration();//设置中断优先级
43     KEY_INT_INIT();//按键中断初始化（PA0是按键中断输入）
44
45     NVIC_SystemLPConfig(NVIC_LP_SEVONPEND,DISABLE); //SEVONPEND: 0:
46     NVIC_SystemLPConfig(NVIC_LP_SLEEPDEEP,DISABLE); //SLEEPDEEP: 0:
47     NVIC_SystemLPConfig(NVIC_LP_SLEEPONEXIT,DISABLE); //SLEEPONEXIT:
48
49     while(1){
50
51         GPIO_WriteBit(LEDPORT,LED1,(BitAction)(1)); //LED控制
52         OLED_DISPLAY_8x16_BUFFER(4,"  CPU SLEEP!    "); //显示字符串
53         delay_ms(500);
54
55         __WFI(); //进入睡眠模式，等待中断唤醒
56 //      __WFE(); //进入睡眠模式，等待事件唤醒
57
58         GPIO_WriteBit(LEDPORT,LED1,(BitAction)(0)); //LED控制
59         OLED_DISPLAY_8x16_BUFFER(4,"  CPU WAKE UP!  "); //显示字符串
60         delay_ms(500);
61     }
62
63 }
```

图3 “睡眠模式测试程序”的main.c文件的全部内容

第29行是main主程序，第33 ~ 34行是LED和按键初始化函数。第39行在OLED屏上显示“SLEEP TEST”。第41行是中断标志位清零操作，第42行调用中断设置函数NVIC_Configuration，设置中断优先级。第43行加入的是按键中断初始化函数，设置PA0端口为按键中断输入端口，核心板上的KEY1按键被按下时产生一次中断。接下来第45 ~ 47行是关于睡眠模式的设置，这3行可以设置睡眠模式的功能。NVIC_LP_SEVONPEND如果为DISABLE，表示使能中断和事件才能唤醒内核；如果为ENABLE，则表示启动，作用是任何中断和事件都可以唤醒内核。也就是说这一行设置睡眠模式怎样被唤醒。NVIC_LP_SLEEPDEEP如果为DISABLE，表示低功耗模式为睡眠模式，如果为ENABLE，则表示进入低功耗时为“深度睡眠模式”。NVIC_LP_SLEEPONEXIT如果为DISABLE，表示被唤醒后进入线程模式（正常模式）后不再进入睡眠模式；如果为ENABLE，则表示唤醒并执行完中断处理函数后再进入睡眠模式，即不回到主函数，处理完中断处理程序后直接睡眠。这些设置会在进入睡眠模式后生效。接下来第49行进入while主循环，第51行将LED1点亮，第52行在OLED屏上显示“CPU SLEEP!”，第53行延时500ms。这些操作是在进入睡眠模式前先给出系统的状态显示。第55行通过函数“__WFI”进入睡眠模式。程序执行完这一行后不再向下运行，ARM内核停止工作。需要注意：进入睡眠模式有2种方式，第一种是用函数“__WFI”进入以中断方式唤醒的睡眠。此时程序只有在出现外部中断时才能被唤醒。第56行还有一个函数“__WFE”，它是第二种进入睡眠模式的方式，通过“__WFE”进入的睡眠模式只有事件才能唤醒。如果你想使用事件唤醒，可以屏蔽第55行，将第56行的屏蔽去掉，即改成事件唤醒。如果屏蔽第56行、开启第55行，就是使用中断唤醒。

程序进入睡眠模式后不再执行，只等待中断或事件。KEY1按键被按下就是中断，因为第43行已经设置了中断向量，给出了按键的中断初始化，KEY1被按下就会产生中断，进入中断处理函数。中断处理函数结束后回到主函数，从第58行开始执行程序，LED1熄灭。第59行在OLED屏上显示“CPU WAKE UP!”，第60行延时500ms。然后程序回到while主循环，再次点亮LED1、显示“CPU SLEEP!”，延时500ms。最后执行函数“__WFI”进入睡眠模式，实现示例程序的效果。每次按下KEY1按键会唤醒一次单片机，

500ms 后单片机再次进入睡眠模式。这里启动中断是为了给出唤醒源，在睡眠模式下，单片机可以通过内部和外部的中断或事件进行唤醒，这里使用按键中断是为了唤醒 CPU，你也可以使用其他的中断唤醒，如串口中断、ADC 中断、I²C 中断等，只要产生中断信号都可唤醒 CPU。在程序中和睡眠模式相关的内容集中在两处，第一处是第 45 ~ 47 行设置睡眠模式。第二处是第 55 ~ 56 行通过“__WFE”或“__WFI”函数分别进入中断或事件唤醒睡眠模式。我们可以将鼠标指针放在这两个函数上，用“鼠标右键跳转法”跳到 core_cm3.h 文件，这是内核的基础文件，也就是说进入睡眠模式的函数是内核相关的库函数，只要调用就能进入。

接下来看停机模式，在附带资料中找到“停机模式测试程序”工程，将工程中的 HEX 文件下载到开发板中，看一下效果。效果是在 OLED 屏上显示“STOP TEST”，表示停机模式测试程序。OLED 屏下方显示“CPU STOP!”，表示单片机处在停机模式。按核心板上的 KEY1 按键，OLED 屏显示“CPU WAKE UP!”，表示单片机已经被唤醒。0.5s 后再次进入停机模式。同时核心板上的 LED1 会随之点亮或熄灭。接下来分析停机模式的程序。打开“停机模式测试程序”的工程，这个工程是从“睡眠模式测试程序”中复制过来的，没有添加新文件和文件夹，我们只在主程序中修改。用 Keil 软件打开工程，打开 main.c 文件，如图 4 所示。第 18 ~ 26 行调用库文件，第 29 行进入主程序，第 33 ~ 34 行调用 LED 和按键初始化函数。第 39 行在 OLED 屏上显示“STOP TEST”，第 41 ~ 43 行是中断设置，与睡眠模式的设置相同。接下来第 45 行有所不同，是开启电源 PWR 时钟，因为停机模式是电源 PWR 时钟的一个功能，所以使用停机模式要先开启 PWR 时钟。第 47 行进入主循环，第 48 行点亮 LED1，第 49 行在 OLED 屏上显示“CPU STOP!”，第 50 行延时 500ms。第 52 行使用 PWR 固件库 PWR_EnterSTOPMode 进入停机模式。函数有两个参数，第一个参数设置电源部分是否进入低功耗模式。用“鼠标右键跳转法”跳到 stm32f10x_pwr.h 文件，可以看到这里有两种设置选项。PWR_Regulator_ON 是电源不进入低功耗模式，保持正常工作。这样做可以让单片机在唤醒时没有延迟，唤醒后立即进入工作状态。PWR_Regulator_LowPower 是让电源进入低功耗模式，优点是省电，缺点是唤醒后电源开启有延迟。函数的第二个参数用“鼠标右键跳转法”查看选项，也有两个设置选项，PWR_STOPEntry_WFI 是以中断方式唤醒，PWR_STOPEntry_WFE 是以事件方式唤醒。由于这里使用外部按键中断，所以选择以中断方式唤醒。参数设置完成后就可以进入停机模式。第 52 行的程序执行完就进入停机模式，单片机停机，ARM 内核、内部功能、分频器、高速外部时钟全部停止工作，只能通过外部中断、电源监控中断、RTC 闹钟到时、USB 唤醒这 4 种方式唤醒单片机。我们这里采用外部中断唤醒，按下按键向 PA0 端口输入低电平，产生外部中断，退出停机模式。按下 KEY1 时，单片机被唤醒，唤醒后程序从下一条（第 54 行）继续执行，即 RCC 系统时钟初始化。重新初始化是因为在停机唤醒后，单片机主频的时钟源会改为内部高速时钟，但是核心板使用的是外部高速时钟，为了让时钟源切换到之前的设置，需要重新初始化。第 56 行让 LED 熄灭，第 57 行在 OLED 屏上显示“CPU WAKE UP!”，第 58 行延时 500ms，表示单片机已经被从低功耗

```
18 #include "stm32f10x.h" //STM32头文件
19 #include "sys.h"
20 #include "delay.h"
21 #include "relay.h"
22 #include "oled0561.h"
23 #include "led.h"
24 #include "key.h"
25
26 #include "NVIC.h"
27
28
29 int main (void){//主程序
30     delay_ms(500); //上电时等待其他器件就绪
31     RCC_Configuration(); //系统时钟初始化
32     RELAY_Init();//继电器初始化
33     LED_Init();//LED
34     KEY_Init();//KEY
35
36     I2C_Configuration();//I²C初始化
37
38     OLED0561_Init(); //OLED屏初始化
39     OLED_DISPLAY_8x16_BUFFER(0,"   STOP  TEST   "); //显示字符串
40
41     INT_MARK=0;//标志位清0
42     NVIC_Configuration();//设置中断优先级
43     KEY_INT_INIT();//按键中断初始化（PA0是按键中断输入）
44
45     RCC_APB1PeriphClockCmd(RCC_APB1Periph_PWR,ENABLE);  //使能电源PWR时钟
46
47     while(1){
48       GPIO_WriteBit(LEDPORT,LED1,(BitAction)(1)); //LED控制
49       OLED_DISPLAY_8x16_BUFFER(4,"  CPU STOP!     "); //显示字符串
50       delay_ms(500);
51
52       PWR_EnterSTOPMode(PWR_Regulator_LowPower,PWR_STOPEntry_WFI);//进入停机模式
53
54       RCC_Configuration(); //系统时钟初始化（停机唤醒后会改用HSI时钟，需要重新对时钟初始化）
55
56       GPIO_WriteBit(LEDPORT,LED1,(BitAction)(0)); //LED控制
57       OLED_DISPLAY_8x16_BUFFER(4,"  CPU WAKE UP!  "); //显示字符串
58       delay_ms(500);
59     }
60
61 }
```

图4 “停机模式测试程序”的main.c文件的全部内容

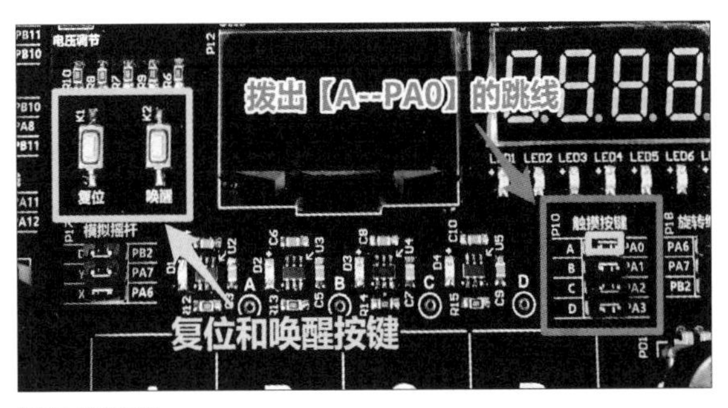

图5 跳线设置

模式唤醒。然后程序回到第 47 行 while 循环再次进入停机模式。如此看来进入停机模式也很简单，只要加入两个函数，第一个函数是第 45 行的使能电源 PWR 时钟函数，第二个函数是第 52 行的进入停机模式函数，我们通过参数设置模式功能，通过 4 种方式进行唤醒，唤醒后重新初始化 RCC 时钟。这就是停机模式的工作原理。

接下来看待机模式，在附带资料中找到“待机模式测试程序”工程，将工程中的 HEX 文件下载到开发板中，看一下效果。实验开始之前，我们先对开发板上的跳线进行设置，如图 5 所示，将开发板上标注为“触摸按键”（编号为 P10）最上方的 PA0 跳线断开，然后开始实验。效果是在 OLED 屏上显示“STANDBY TEST”，表示待机模式测试程序。下一行显示“STANDBY!”，表示单片机处在待机模式。这时我们按 KEY1 按键是不起作用的，因为待机模式不能用外部中断唤醒，只能通过复位按键或者唤醒 (WAKE UP) 按键唤醒。如图 5 所示，这两个按键在开发板上 OLED 屏左边。先按复位按键，OLED 屏上显示“CPU RESET!”，表示复位成功，过一会儿单片机又进入待机模式。再按下唤醒按键，单片机复位，显示“CPU RESET!”，过一会儿又进入待机模式。接下来分析程序，用 Keil 软件打开“待机模式测试程序”工程，这个工程复制了“睡眠模式测试程序”工程，没有新加入内容，只在 main.c 文件中有所修改。在工程中删除外部中断的相关文件，因为待机模式只能通过复位按键或唤醒按键唤醒。接下来打开 main.c 文件，如图 6 所示。第 18 ~ 23 行加载库文件，删除了中断库文件。第 26 行进入主程序，第 30 行是 LED 初始化函数，删除了按键初始化函数。第 35 行在 OLED 屏上显示“STANDBY TEST”。第 37 行开启电源 PWR 时钟，因为停机模式和待机模式都使用 PWR 时钟。第 38 行调用固件库函数 PWR_WakeUpPinCmd，开启 WKUP（WAKE UP）唤醒功能引脚。WKUP 引脚是与 PA0 引脚复用的引脚，待机状态下此引脚变成输入状态，引脚出现上升沿信号就能唤醒单片机。唤醒按键一端接 3.3V 电源，另一端连接 PA0 接口（WKUP 接口）。按下唤醒按键，电源会向 WKUP 接口输入高电平，产生上升沿信号，唤醒单片机。第 38 行开启 WKUP 功能，如果参数改成 DISABLE，表示关闭 WKUP 功能，唤醒按键将失效；ENABLE 表示开启 WKUP 接口。接下来第 40 行让 LED 熄灭，第 41 行显示“CPU RESET!”，第 42 行延时 500ms。第 44 行让 LED 点亮，第 45 行显示“STANDBY!”，第 48 行调用函数进入待机状态。只要调用 PWR_EnterSTANDBYMode 函数就会进入待机模式，不需要其他设置，进入待机模式后，程序不会继续执行。唤醒后由于 SRAM 内容消失，程序复位，从头开始执行。你会发现本程序没有 while 主循环，因为程序无法循环，进入待机模式就是终结，唤醒后从第 1 行开始执行。需要注意：使用待机模式前要先开启 PWR 时钟，根据需要设置是否使用 WKUP 引脚，在需要进入的地方进入待机模式。待机模式只能通过外部复位、独立看门狗复位、RTC 闹钟到时、WKUP 引脚复位唤醒。了解以上 3 款程序就能学会 3 种低功耗模式的使用方法，关于其他唤醒方式，请大家参考数据手册和参考手册。

```
18 #include "stm32f10x.h" //STM32头文件
19 #include "sys.h"
20 #include "delay.h"
21 #include "relay.h"
22 #include "oled0561.h"
23 #include "led.h"
24
25
26 int main (void){//主程序
27     delay_ms(500); //上电时等待其他器件就绪
28     RCC_Configuration(); //系统时钟初始化
29     RELAY_Init();//继电器初始化
30     LED_Init();//LED
31
32     I2C_Configuration();//I2C初始化
33
34     OLED0561_Init(); //OLED屏初始化
35     OLED_DISPLAY_8x16_BUFFER(0," STANDBY TEST   "); //显示字符串
36
37     RCC_APB1PeriphClockCmd(RCC_APB1Periph_PWR,ENABLE);  //使能电源PWR时钟
38     PWR_WakeUpPinCmd(ENABLE);//WKUP唤醒功能开启（待机时WKUP脚PA0为模拟输入）
39
40     GPIO_WriteBit(LEDPORT,LED1,(BitAction)(0)); //LED控制
41     OLED_DISPLAY_8x16_BUFFER(4,"  CPU RESET!    "); //显示字符串
42     delay_ms(500);
43
44     GPIO_WriteBit(LEDPORT,LED1,(BitAction)(1)); //LED控制
45     OLED_DISPLAY_8x16_BUFFER(4,"   STANDBY!     "); //显示字符串
46     delay_ms(500);
47
48     PWR_EnterSTANDBYMode();//进入待机模式
49
50     //因为待机唤醒后程序从头运行，所以不需要加while(1)的主循环体
51 }
```

图6 “待机模式测试程序”的main.c文件的全部内容

软硬件创意玩法（6）

Arduino IDE 编程实现射频无线遥控器的按键解码

▌徐玮

之前的文章中，我们已经学会了让Uair 开发板（基于 ESP32）进行红外线接收和发射，尝试控制红外线家电设备。今天我们将带大家一起学习射频无线相关的知识以及如何编程实现射频遥控器按键的解码，从而实现一些遥控设备的应用场景。

射频无线通信和红外线通信都能发射和接收我们肉眼看不到的信号，但最大的区别在于红外线信号的发射和接收具有指向性，比如，你用红外遥控器控制电视机或空调，就必须手持遥控器对准电视机或空调，而且不能穿墙控制。射频遥控器的信号具有可穿透墙壁的特点，同时没有指向性，你可以手持遥控器在任意方向按下按键实现遥控。

我们先来看一下射频无线遥控的原理。射频遥控系统主要由射频无线发射和射频无线接收两部分组成。例如，遥控器就是发射部分，灯光面板、风扇内含接收部分。

关于电路的底层原理，传输的信号为一连串的二进制码，如“0”“1”之类的数字信号。发射和接收电路，原理就是将高低电平按照一定的时间规律变换来传递相应的信息。

现在我们来看一下 Uair 开发板上的射频发射和接收电路。

如图 1 所示，P2 为射频无线接收模块，接收头有 4 个引脚，但实际使用了 3 个功能定义，从左到右依次为 GND、DATA、VCC。其中 DATA 引脚经过了 IC1 集成电路 74LVC1G125 实现了电平转换，因为无线接收头的信号电平为 5V，ESP32 使用的电平为 3.3V，所以我们用了转换芯片实现互转，让 ESP32 的 GPIO13 引脚与射频接收头可以做到 I/O 口的电平兼容。当按下无线遥控器按键时，遥控器发出 433MHz 的无线信号，接收头接收到的信号，经电平转换后，送入 ESP32，ESP32 程序对无线信号进行解码，通过解码后得到的数据来判断按下的是遥控器上的哪个按键。

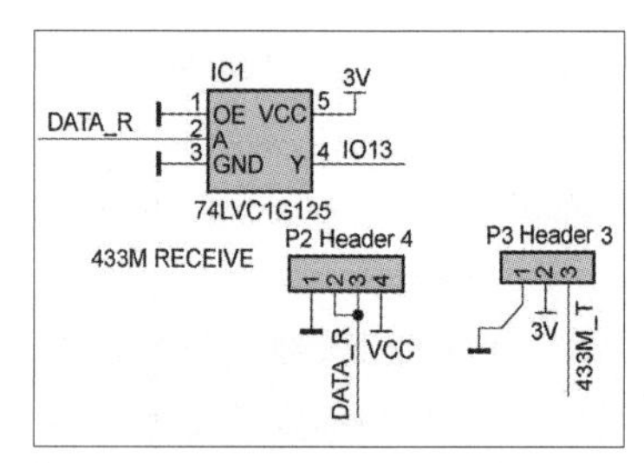

▌图 1 射频发射和接收电路

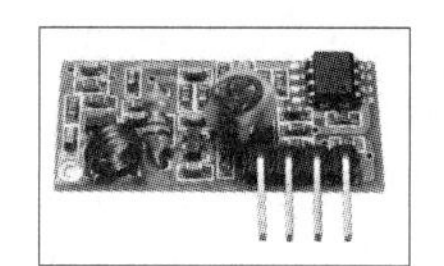

▌图 2 无线射频信号接收头

▌图 3 无线射频信号发射头

图 2 所示为无线射频信号接收头，图 3 所示为无线射频信号发射头，它们安装在 Uair 开发板上的样子如图 4 所示。发射与接收模块典型的工作频率有 315MHz 和 433MHz，在此 Uair 开发板上使用 433MHz 效果更好。对于收发模块频率的选择，必须遵循频率一致的原则。如图 3 所示的发射头模块，上面的振荡器上就印制有“433”的字样，它表示频率为 433MHz。

我们再来看一下无线发射电路，因为通过发射头，我们可以将射频遥控器上的按键进行解码，但我们最终的目的是控制设备。因此，我们还需要具有射频信号的发射功能。图 1 中，P3 为射频信号的发射模块，其实物如图 3 所示，它的引脚定义非常简单，只需要 VCC、GND、DATA 这 3 个引脚即可工作，通过 ESP32 模块的 IO2 引脚发射出信号。

▌图 4 Uair 开发板所使用的无线发射与接收头

接下来，我们准备使用 Arduino IDE 来编写对红外线信号进行解码的程序，Arduino IDE 提供了丰富的库文件，这样我们就可以省去编写底层驱动程序的复杂步骤，也让编程过程变得简单。对于射频无线的应用，我们可以在线安装“rcswitch”库。单击菜单中的“管理库”选项，如图 5 所示。

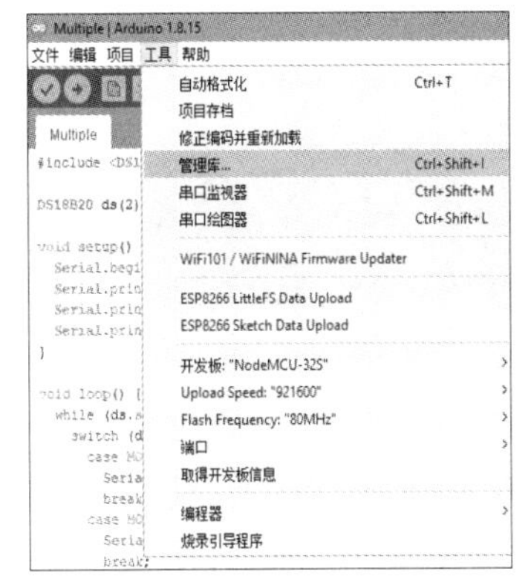

图 5 管理库功能

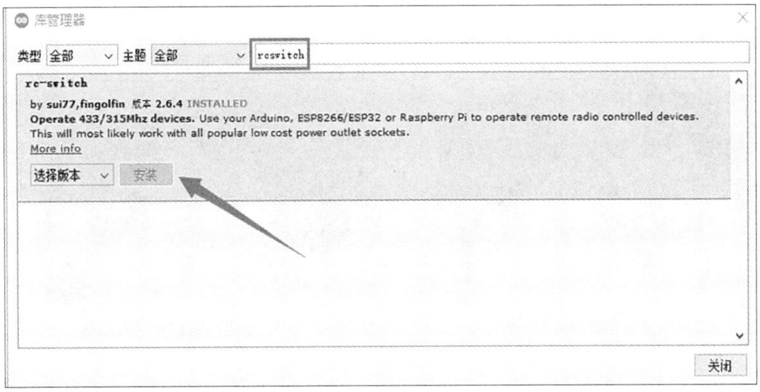

图 6 “rcswitch”库

在搜索框中输入“rcswitch”，然后会搜索到相应的项，单击“安装”按钮，即可在线安装库文件，如图 6 所示。

我们来写个简单的程序，如程序 1 所示。通过串口打印无线遥控器的键码值（解码后的值）。

程序1

```
#include <RCSwitch.h>
RCSwitch mySwitch = RCSwitch();
void setup() {
  Serial.begin(9600);
  mySwitch.enableReceive(digitalPinToInterrupt (13));
}
void loop() {
  if (mySwitch.available()) {
    Serial.print("Received ");
    Serial.print( mySwitch.getReceivedValue() );
    Serial.print(" / ");
    Serial.print( mySwitch.getReceivedBitlength() );
    Serial.print("bit ");
    Serial.print("Protocol:");
    Serial.println( mySwitch.getReceivedProtocol() );
    mySwitch.resetAvailable();
  }
}
```

然后，将开发板选择为“NodeMCU-32S”，选择实际使用的 COM 端口号，直接下载程序，如图 7 所示。

程序下载完成后，我们打开 Arduino IDE 自带的串口监视器，如图 8 所示。

在打开的“串口监视器新窗口”中，我们把右下角波特率调整为 9600 波特。这时候我们只要在无线遥控器上按下任意一个遥控器按键，就会有相应的解码信息输出了。

比如，我拿一个 16 键的无线遥控器按一下“1”按键，如图 9 所示。

我们将在“串口监视器”上看到图 10 所示的解码信息。

其中的信息含义我们来了解一下。

Received 后面的数值即解码后的按键值，这对我们来说是最重要的。这个数据长度为 24 位，同时协议标准为类型 1，RC-switch 库有一个系列的协议标准，具体每个标准数字是什么含义，可以看 RC-switch 的库信息介绍。之所以你看到有这

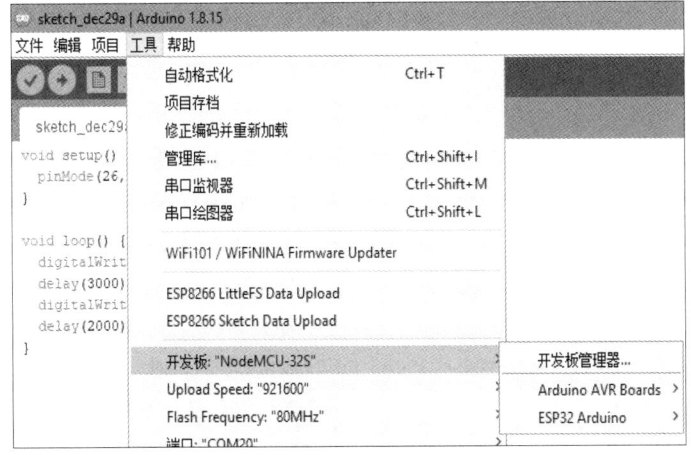

图 7 开发板类型与 COM 端口号的选择

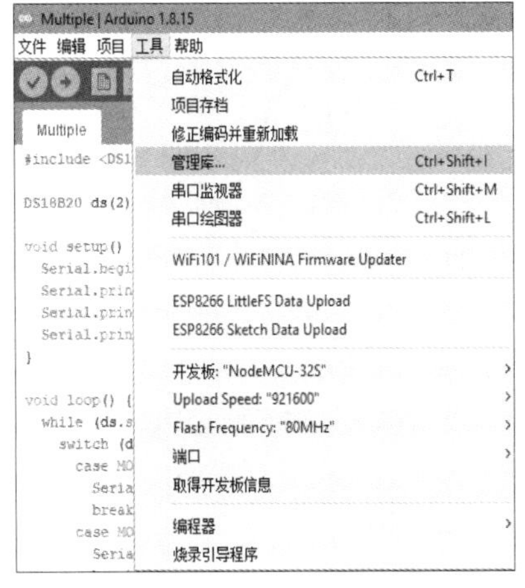

图 8 串口监视器

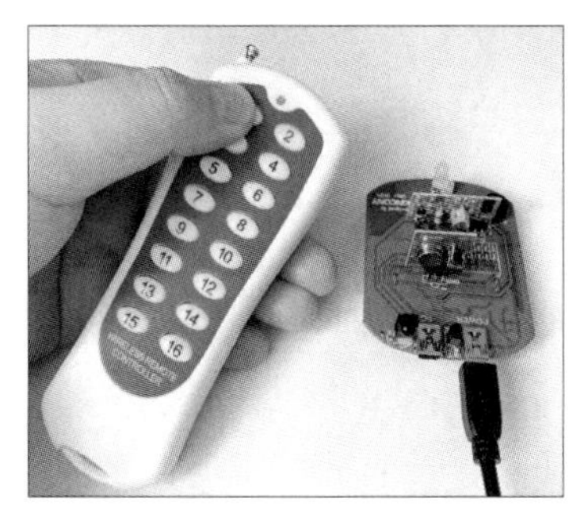

图9 按下无线遥控器上的“1”按键

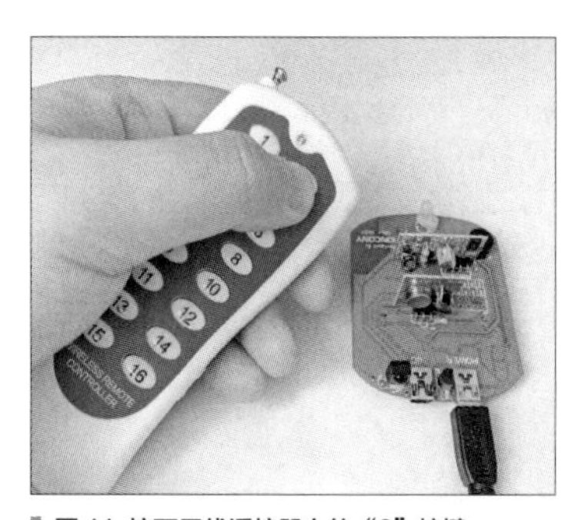

图11 按下无线遥控器上的“2”按键

图13 按下无线遥控器上的“3”按键

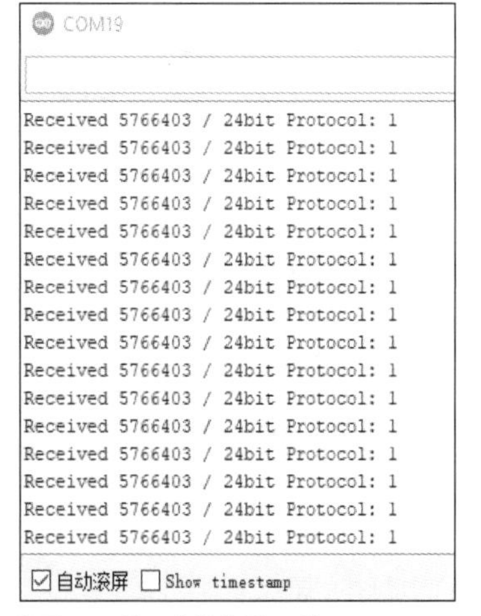
COM19
Received 5766403 / 24bit Protocol: 1
Received 5766403 / 24bit Protocol: 1
Received 5766403 / 24bit Protocol: 1
Received 5766403 / 24bit Protocol: 1
Received 5766403 / 24bit Protocol: 1
Received 5766403 / 24bit Protocol: 1
Received 5766403 / 24bit Protocol: 1
Received 5766403 / 24bit Protocol: 1
Received 5766403 / 24bit Protocol: 1
Received 5766403 / 24bit Protocol: 1
Received 5766403 / 24bit Protocol: 1
Received 5766403 / 24bit Protocol: 1
Received 5766403 / 24bit Protocol: 1
Received 5766403 / 24bit Protocol: 1
Received 5766403 / 24bit Protocol: 1
Received 5766403 / 24bit Protocol: 1
自动滚屏 Show timestamp

图10 遥控器“1”按键解码值

```
COM19
Received 5766412 / 24bit Protocol: 1
Received 5766412 / 24bit Protocol: 1
Received 5766412 / 24bit Protocol: 1
Received 5766412 / 24bit Protocol: 1
Received 5766412 / 24bit Protocol: 1
Received 5766412 / 24bit Protocol: 1
Received 5766412 / 24bit Protocol: 1
Received 5766412 / 24bit Protocol: 1
Received 5766412 / 24bit Protocol: 1
Received 5766412 / 24bit Protocol: 1
Received 5766412 / 24bit Protocol: 1
Received 5766412 / 24bit Protocol: 1
Received 5766412 / 24bit Protocol: 1
Received 5766412 / 24bit Protocol: 1
Received 5766412 / 24bit Protocol: 1
☑自动滚屏 ☐Show timestamp
```

图12 遥控器“2”按键解码值

```
COM19
Received 5766448 / 24bit Protocol: 1
Received 5766448 / 24bit Protocol: 1
Received 5766448 / 24bit Protocol: 1
Received 5766448 / 24bit Protocol: 1
Received 5766448 / 24bit Protocol: 1
Received 5766448 / 24bit Protocol: 1
Received 5766448 / 24bit Protocol: 1
Received 5766448 / 24bit Protocol: 1
Received 5766448 / 24bit Protocol: 1
Received 5766448 / 24bit Protocol: 1
Received 5766448 / 24bit Protocol: 1
Received 5766448 / 24bit Protocol: 1
Received 5766448 / 24bit Protocol: 1
Received 5766448 / 24bit Protocol: 1
Received 5766448 / 24bit Protocol: 1
☑自动滚屏 ☐Show timestamp
```

图14 遥控器“3”按键解码值

么多重复的信息行，是因为我们按住了遥控器的按键一直没有放手，无线信号就会一直发射，Uair开发板上的无线接收头就会不断地收到信号，并不断地进行解码，输出数值。

现在我们按下“2”按键试一下，如图11所示。这时候串口会打印不同的解码值，如图12所示。接下去我们再试按一下“3”按键，如图13所示，结果如图14所示，“3”按键同样又返回了不一样的键码值，通过以上3个按键的实际操作，我们可以得出规律，只要不同的按键发射出不同的信号，那么解码后的3个数值也是不同的。因此可以根据这个特性来实现不同的控制功能。

现在，我们来看一下程序，并解释一下它的工作原理。

#include <RCSwitch.h> 是加载射频无线解码所需要用到的库文件，这样我们可以不用编写底层驱动程序，因为库文件都帮我们事先处理好了。

RCSwitch mySwitch = RCSwitch( ); 创建了一个RCSwitch的对象实例。

Serial.begin(9600); 这句话初始化了串口通信的波特率，你也可以自己根据情况修改，只要与后面 “串口监视器”中设置的波特率值一致就可以。我们常用的波特率为9600波特或115 200波特。

mySwitch.enableReceive(digitalPinToInterrupt(13)); 用来初始化开启接收功能。其中数字“13”是指我们使用ESP32模块的GPIO13引脚来作为无线解码的信号脚。

在loop( )循环体中，我们使用了if (mySwitch.available( )) 进行是否接收到有效的无线信号的判断。如果信息能被有效地解码，则通过Serial.print(mySwitch.getReceivedValue( )) 语句将键码值通过串口打印出来，也就是我们在串口监视器中看到的结果。mySwitch.getReceivedBitlength( ) 语句用来打印数据的长度，单位为bit。mySwitch.getReceivedProtocol( )用来打印标准类型。

当完成一次无线信号的解码工作后，需要执行一次mySwitch.resetAvailable( ) 函数，表示进行下一轮的解码工作。

现在你已经可以用Uair开发板对射频无线信号进行解码了，当你拿到键码值后，就可以使用程序进行判断，从而实现对电器的智能化控制。在后续的教程中，我们将为大家讲解更精彩有趣的实例。

漫话 3D 技术（中级）

深入学习 3D 技术

闫石

上文我们初步认识了3D技术，本文我们来深入了解一下3D技术，包括动力学、角色动画、布料系统、粒子系统等内容。

动力学

动力学是动画里非常有趣的内容，分刚体和柔体两类（柔体可以产生形变，刚体不会。例如，气球是柔体，锤子就是刚体），做好的话效果会非常逼真，而且动力学可以完成关键帧动画没办法完成的效果（见图 1）。

动力学还可以计算不规则物体的运动碰撞，但耗费的时间相对较长，通常我们采用动力学，尽量使用质心计算，或者想办法模拟成质心，速度会快很多，效果也基本符合要求，起码视觉上很真实。我个人非常喜欢这部分内容，趣味多多，学习阶段需要大量尝试，参数不同，效果会相差很多。

角色动画

角色动画是 3D 领域难度最大的内容（见图 2），涉及的知识非常多，大家看动画不会有特殊感觉，但如果你学习了这部分内容，站在专业角度，你就会发现制作者有多么厉害。

角色动画分为骨骼系统、蒙皮刷权重、毛发系统、肌肉系统和行走周期。我做过其中 4 个环节，肌肉系统目前还没有实践过。

1. 骨骼系统

大家知道，模型只是一些点、线、面构成的多边形集合，计算机并不能赋予它任何灵感，动画的动作由设计者提供。

我们暂时可以把模型的表面考虑成皮肤，动作由内部的骨骼运动形成。皮肤也就是模型的表面要根据骨骼的运动形态而变化，因此就必须为模型构造骨骼，以方便设置动作。

骨骼建立好，还要为骨骼绑定动作控制，这样方便设置运动形态。如图 3 所示的这头牛，橙红色部分是骨骼，蓝色的线条是骨骼系统的控制器，负责控制动作。这部分非常麻烦，学习时也比较困难，要求学习者条理清晰、思维缜密。

2. 蒙皮刷权重

简单来说，蒙皮就是将模型的点、线、面赋予骨骼。最简单的算法就是模型上的点距离哪块骨头最近，就属于哪块骨头，这种算法多数情况是正确的，但对于骨骼距离近的、相对密集的区域，就会产生错误，例如，脖子上的某些点可能距离下颌骨更近，蒙皮计算就把这些点归属于下颌骨，但我们知道，脖子上的点属于颈骨，咀嚼时脖子上的点、线、面不可能也跟着乱动。当然有更先进的算法，可以减少这种错误，代价是计算时间加长，即便如此也无法避免错误，因此蒙皮操作只能大致上设定点、线、面的归属，准确信息还需要进一步完善。

之后就是刷权重，这点我当时就非常困惑，后来才慢慢弄懂，懂与不懂之间，就是一层窗户纸，自学就这点不好，比较辛苦。

下面说的这段文字，请大家认真体会。

刷权重分配每个骨骼关节影响的控制点及对控制点的影响程度，使模型在运动

图 1 动力学完成的效果

图 2 动画效果

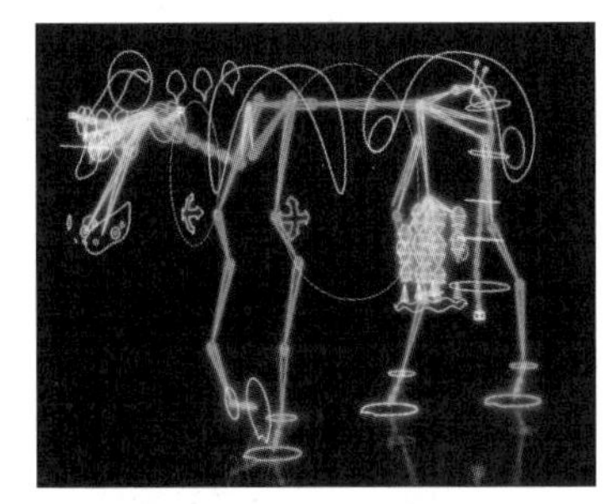

图 3 制作的牛

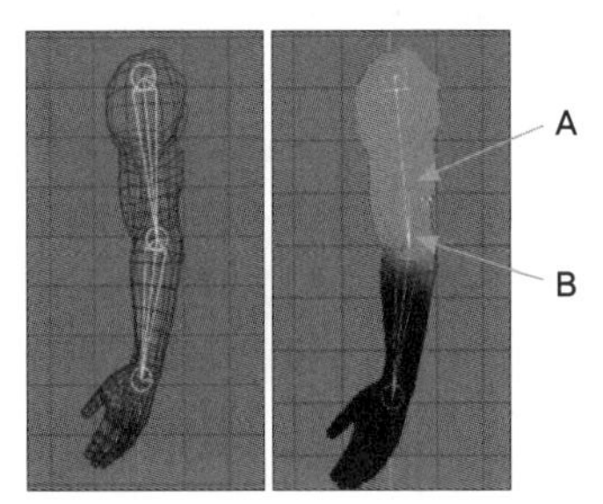

图 4 原始模型（左）和刷权重（右）

弯曲的时候能够进行正常、合理的变形。具体刷成什么样，要看想要达到什么样的效果，最好刷到变形时不会出现穿插，能够平滑、正常地实现动作。一般来说都是随着远离某个关节，它对控制点的影响程度逐渐平滑地降低，而另一个关节的影响程度逐渐平滑提高，以达到视觉上的正确。

这段话估计大家看不懂，我们举例阐述。

我们弯曲胳膊时，肘弯处的肌肉皮肤正常伸缩，虽然骨骼长度不会变化，但肌肉、皮肤可以动态调整，可是计算机模型不会，它只是很多点、线、面的组合，不知道应该怎样灵活调节。如图 4 所示的 A 点会跟随上臂的运动而运动，B 点的形变受上臂和小臂两个骨骼控制。在胳膊弯曲时，B 点服从上臂和小臂的具体分配比例，以肘弯处的多边形滑动自然、不出现穿插变形为最终目标。

这个调节过程就是刷权重。因为这个调节最终落实到模型上是一大堆数字，在操作时很不容易观察，因此绝大多数软件都用色彩表示，颜色越深，表明归属于某个关节的权重越大，图 4 中渐变的红色就是这个意思。刷权重是个细致活，需要设置动作时不断修改，经验也很重要。

3. 毛发系统

图 5 和图 6 所示的是毛发系统应用的两个例子。

图 7 所示为设计中的松鼠，如果设计得好，可以制作出极其逼真的模型和场景。

毛发系统也比较费时，渲染较慢。这部分需要设置各种参数，而且各个参数都可以设置关键帧，因此可以制作动态效果，例如草木的生长等。

4. 肌肉系统

高级的角色动画需要制作肌肉系统，因为这样可以真实地表现角色的各种身体形态。图 8 所示是恐龙的肌肉系统。

5. 行走周期

只要学习角色动画，就要学习一个重要且基础的任务——行走周期，这是任何一个学习角色动画的人都避不开的内容。没做过动画的人可能不会意识到，让一个卡通人物顺畅地走起来，是一件不简单的事。

图 9 所示是一匹马奔跑时的躯体动作和腿部动作，制作动画时，需要将马的身体的各个部位摆放到图片中的相应位置，形成关键帧，连续播放后，马就可以奔跑了。图 10 所示是狗的行走姿态，大家注意狗的脊柱的摇摆曲线，多数 4 足动物行走时都是这个特点。

布料系统

布料系统不仅可以表现静物，还可以模拟真实的动作，例如沙发罩要随着位置的变化而改变形态（见图 11），这都极大地体现了真实感。

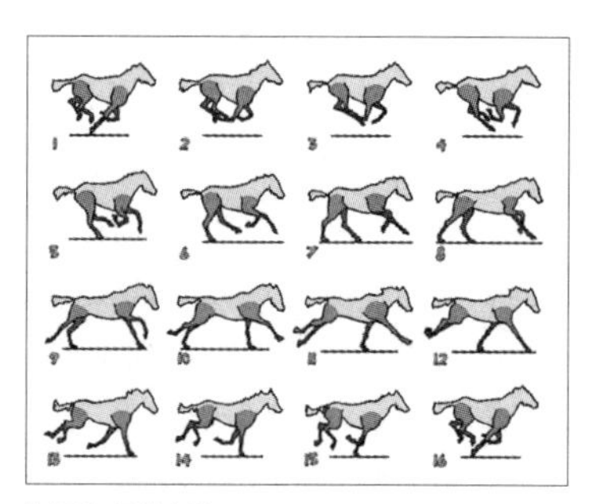

图 9 马的奔跑

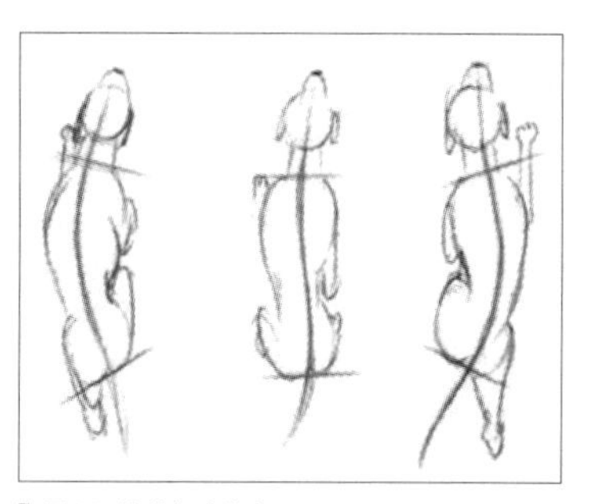

图 10 狗的行走姿态

图 5 草地

图 6 合成后的松鼠

图 7 设计中的松鼠

图 8 恐龙的肌肉系统

图 11 沙发罩

图 12 沙子聚集而成的奔马

粒子系统

这个系统非常实用，微小物体的运动都需要粒子系统来表现。图 12 所示的效果就是粒子系统的一个典型应用。

如果大家用过 AE 或者其他特效软件，就会知道这些软件里也有粒子系统，但这些粒子系统是 2D 或者 2.5D 的，不是真正 3D 的。

粒子系统需要大量运算，而且粒子流的控制，很多时候需要编程，这部分难度也很大，如果没有程序控制，粒子流的路径和变化就受到了限制。

其他软件

辅助软件有很多，下面只介绍比较知名的几个软件。

1. SpeedTree

SpeedTree 主要用于制作树木、丛林等场景。该软件参数式构建树木、植被的外形，并能制作树木、植被生长的动画，同时提供刮风、下雪、季节变化等特效，SpeedTree 编辑界面如图 13 所示。

除了电影，游戏里也经常使用 SpeedTree 制作场景，因为游戏需要实时计算渲染，对速度要求很高。例如赛车游戏，路旁的树木飞速掠过，玩家的注意力集中在驾驶赛车上，不会观察树木的细节，这种情况下，树木只有两个面（见图 14）。

因为多边形数量最大程度降低，导致运算速度几何级提升。顺便介绍一下，三维系统的渲染，就是基于多边形进行计算的，与多边形大小无关，只与数量有关，而贴图占用的计算量很小，因此降低模型的面数，可以最大程度优化场景计算。实际工作中，特别大的场景，尤其是远景镜头中，树木乃至其他造型，都是采用这种看似简单的技术制作的，渲染时间极大程度缩短，可视觉效果并没有大幅下降。

2. VUE

VUE 是制作自然景观的软件，通常来说，场景的制作由多个软件配合完成，以达到需要的效果。这个软件也非常耗费计算资源，需要计算机有较高的配置。图 15 所示的视频短片截图，是计算机连续渲染 30 多天的结果。

3. ZBrush

ZBrush 是雕塑软件，可以制作出逼真的造型，适合表现极其细致的纹理和细节。这些是传统建模不易做到的，例如大象皮肤的褶皱、鳄鱼的鳞甲等，用雕刻的方式更能表现出细节。

这类软件通常由艺术家使用，门槛较高。过去国外制作大片，很多时候是雕塑人员制作实体模型，然后通过 3D 扫描将其传输到计算机，现在有了 ZBrush，艺术家可以直接在计算机中制作 3D 模型。

本文介绍的内容，是 3D 领域较高层次的知识，接下来，我们将介绍 3D 与 2D 的融合，这是影视制作领域非常重要的内容，我们后续内容见！

图 13 SpeedTree 的编辑界面

图 14 游戏中的树

图 15 视频短片截图

鸿蒙 eTS 开发入门（3）
定时器

在学会通过滑动条控制图片旋转之后，这次我们来介绍怎样实现图片自动旋转。

程晨

上文内容的最后介绍了实现图片自动旋转就是通过定时器不断自动地改变图片的角度，因此只要了解定时器的用法就可以了。不过在介绍定时器之前，我们需要了解一下基于eTS语言自定义组件生命周期的回调函数。

在自定义组件的生命周期中，有如下5个回调函数。

◆ aboutToAppear( )：该回调函数在创建自定义组件的新实例之后，在执行其build( )函数之前执行。代码中允许在aboutToAppear( )函数中改变状态变量，其更改将在后续执行build( )函数时生效。

◆ aboutToDisappear( )：该回调函数在自定义组件析构之前执行。注意代码中不允许在aboutToDisappear( )函数中改变状态变量，如果改变的话可能会导致应用程序不稳定。

◆ onPageShow( )：该回调函数在页面显示时被触发一次，包括路由过程、应用进入前/后台等场景，不过要注意仅对于@Entry修饰的自定义组件生效。

◆ onPageHide( )：该回调函数在页面消失时被触发一次，包括路由过程、应用进入前/后台等场景，同样其仅对@Entry修饰的自定义组件生效。

◆ onBackPress( )：该回调函数在用户单击返回按钮时被触发，也仅对@Entry修饰的自定义组件生效。

这里要在回调函数onPageShow( )中启动定时器。因此可以先在代码中增加一个onPageShow( )函数，如下代码所示。

```
@Entry
@Component
struct Index {
  @State angle: number = 0
  build() {
    Flex({ direction: FlexDirection.Column, alignItems: ItemAlign.Center,
    justifyContent: FlexAlign.Center
}) {
      Text('Hello World')
      .fontSize(50)
      .fontWeight(FontWeight.Bold)
      Image($rawfile('loading.jpeg'))
      .objectFit(ImageFit.Contain)
      .height(400)
      .rotate({x:0 ,y:0 ,z:1, angle:this.angle})
      Slider({ value: 0, min: 0, max: 360, step: 1, style: SliderStyle.InSet })
      .blockColor(Color.Blue)
      .trackColor(Color.Black)
      .selectedColor(Color.Blue)
      .onChange( (value: number, mode: SliderChangeMode) => {
        this.angle = value
      })
    }
    .width('100%')
    .height('100%')
  }
  onPageShow() {
  }
}
```

onPageShow( )函数中要添加定时器的代码。通常定时器有两种用法，一种是设定一段时间后触发，比如10s后跳转到某个页面，可以将其称为单次定时器；另一种是设定间隔时间段的重复触发，比如每10s刷新一下页面，可以将其称为重复定时器。

针对这两种用法有如下4个函数。

◆ setTimeout( )：该函数用于设置一个单次定时器，该定时器会在一段时间后执行一个指定的回调函数。setTimeout( )函数的返回值为定时器的ID，而函数的参数如附表所示。

◆ clearTimeout( )：该函数用于取消之前通过setTimeout( )建立的单次定时器。函数无返回值，参数为要取消定时器的ID。

◆ setInterval( )：该函数用于设置一个重复定时器，该定时器会每隔一段时间执行一个指定的函数。setInterval( )函数的返回值为重复定时器的ID，而函数的参

附表 setTimeout( )函数参数

参数名	类型	是否必填	说明
handler	函数	是	定时器到时后执行的回调函数
delay	数字	否	定时的毫秒数。如果省略该参数，delay取默认值0，意味着立刻执行
args	Array<any>	否	附加参数，一旦定时器到期，它们会作为参数传递给handler

数与 setTimeout 函数的参数一样。

◆ clearInterval( )：该函数用于取消之前通过 setInterval( ) 建立的重复定时器。函数无返回值，参数为要取消定时器的 ID。

这里我们需要设置一个重复定时器，对应代码如下。

```
onPageShow() {
  var that = this;
  setInterval(function () {
    that.angle += 5;
  }, 15)
}
```

在 JavaScript 程序中，this 代表当前对象，这个对象可能会随着程序的执行而改变（TypeScript 以及 eTS 中一样）。这里在之后定时器要调用的函数中，对象就发生了变化，因此为了改变变量 angle 的值，一种方式是在程序中添加如下代码，复制一份当前的对象，就能够处理数据了。

```
var  that = this;
```

接着在调用 setInterval( ) 函数设置一个重复定时器，定时器到时后执行函数实现的功能就是改变变量 angle 的值，这里为增加 5°，而定时器的间隔时间为 15ms，即每隔 15ms 将图片的角度增加 5°。

处理对象发生变换这种情况的另一种方式是将定义的函数换成一种声明，代码如下所示。

```
onPageShow() {
  setInterval(()=> {
    this.angle += 5;
  }, 15)
}
```

上文内容中使用滑动条对象的事件方法 onChange( ) 时，自定义的回调函数就是采用这种声明的方式。

修改程序之后运行程序，此时在预览界面中就能看到图片开始自动旋转，不过当拖动滑动条的时候依然能够控制图片的角度。

本次内容依然保留这个滑动条，不过要将滑动条的功能改成控制图片转速。为此需要新建一个变量 speed，这个变量的初始值设置为 5，代码如下所示。

```
@State speed: number = 5
```

然后调整一下滑动条的各个参数，当前值为变量 speed 的值，最小值为 1°，即最慢 15ms 图片角度增加 1°；最大值为 10°，即最快 15ms 图片角度增加 10°；滑动时的间隔值不变，还为 1°。接着在滑动条的事件方法 onChange( ) 中将滑块的值赋值给变量 speed。最后在 setInterval( ) 函数中，将每次转动的角度由固定值 5° 改为变量 speed 的值。

修改完成之后代码如下所示。

```
@Entry
@Component
struct Index {
  @State angle: number = 0
  @State speed: number = 5
  build() {
    Flex({ direction: FlexDirection.
Column, alignItems: ItemAlign.Center,
    justifyContent: FlexAlign.Center
}) {
      Text('Hello World')
      .fontSize(50)
      .fontWeight(FontWeight.Bold)
      Image($rawfile('loading.jpeg'))
      .objectFit(ImageFit.Contain)
      .height(400)
      .rotate({x:0 ,y:0 ,z:1,
angle:this.angle})
      Slider({ value: this.speed,
min: 1, max: 10, step: 1, style:
SliderStyle.InSet })
      .blockColor(Color.Blue)
      .trackColor(Color.Black)
      .selectedColor(Color.Blue)
      .onChange( (value: number, mode:
SliderChangeMode) => {
        this.speed= value
      })
    }
    .width('100%')
    .height('100%')
  }
  onPageShow() {
    setInterval(()=> {
      this.angle += this.speed;
    }, 15)
  }
}
```

此时运行程序，就可以通过滑动条来调整图片转动的速度。至此，这次内容的主要功能就实现了，不过最后在页面上还要稍稍调整一下。

我们要在"加载"图片的中间增加一个显示转速的文本对象。这里通过 Flex 容器对象无法实现，因此需要一个新的容器——Stack（堆叠），该容器中的对象或组件会按照顺序依次放入容器，后一个组件会盖在前一个组件上。Stack 容器相当于是将盒子模型变成了一个立体的形态。

Stack 容器的参数为 alignContent，用于设置对象或组件在容器内的对齐方式。这个参数的值有 9 个可选项：Alignment.Center（居中）、Alignment.Start（左侧对齐）、Alignment.End（右侧对齐）、Alignment.Top（上方对齐）、Alignment.Bottom（下方对齐）、Alignment.TopStart（左上对齐）、Alignment.TopEnd（右上对齐）、Alignment.BottomStart（左下对齐）、Alignment.BottomEnd（右下对齐）。默认值为居中。

增加了 Stack 容器和文本对象的代码如下所示。

```
Stack() {
  Image($rawfile('loading.jpeg'))
  .objectFit(ImageFit.Contain)
  .height(400)
```

```
    .rotate({ x: 0, y: 0, z: 1, angle: this.angle })
  Text("" + this.speed)
    .fontSize(30)
}
```

用这段代码代替之前代码中 Image 对象部分的代码。这里新增文本对象的内容就是变量 speed 的值，它会随着变量值的变动而变动。

运行程序，此时界面如附图所示。

这里能看到在“加载”图片的中间有一个表示转速的数字“3”，当调整下方的滑动条时，这个数字会发生变化，同时图片的转动速度也会变化，至此添加图片并让图片自动旋转的内容就介绍完了，这个示例还介绍了自定义组件的生命周期以及 Stack 容器。

附图 通过滑动条调整图片转动速度

ESP8266 开发之旅 网络篇（20）
NTP——时间服务

单片机菜鸟博哥

NTP（网络时间协议）是基于UDP、用于网络时间同步的协议，使网络中的计算机时钟同步到UTC（世界协调时），再配合各个时区的偏移调整就能实现精准同步对时功能。提供NTP对时的服务器有很多，比如微软的NTP对时服务器。NTP服务器提供的对时功能，可以使我们的设备时钟系统正确运行。ESP8266模块也可以通过与NTP服务建立连接来获取实时时间。

NTP报文协议

NTP 报文格式如图 1 所示，它的字段含义参考如下。

◆ LI：闰秒标识器，占2bit，值为“11”时表示告警状态，时钟未被同步；值为其他值时 NTP 本身不做处理。

◆ VN：版本号，占 3bit，表示 NTP 的版本号，现在版本号为 3。

◆ Mode：模式，占 3bit，表示 NTP 的工作模式。不同的值所表示的含义不同，0 表示未定义，1 表示主动对等体模式，2 表示被动对等体模式，3 表示客户模式，4 表示服务器模式，5 表示广播模式或组播模式，6 表示此报文为 NTP 控制报文，7 表示预留给内部使用。

◆ Stratum：层，占 8bit，表示系统时钟的层数，取值为 1 ~ 16，它定义了时钟的准确度。层数为 1 的时钟准确度最高，准确度从 1~16 依次递减，层数为 16 的时钟处于未同步状态，不能作为参考时钟。

图 1 NTP 报文格式

◆ Poll：测试间隔，占用 8bit，轮询时间，即两个连续 NTP 报文之间的时间间隔。

◆ Precision：精度，占 8bit，表示本地时钟精度。

◆ 根时延：占 8bit，表示在主参考源之间往返的总时延。

◆ 根差量：占 8bit，表示系统时钟相对于主参考时钟的最大误差。

◆ 参考标识符：占 8bit，表示系统时钟最后一次被设定或更新的时间。

◆ 参考时间戳：表示本地时钟被修改的最新时间。

◆ 原始时间戳：表示 NTP 请求报文离开发送端时发送端的本地时间。

◆ 接收时间戳：表示 NTP 请求报文到达接收端时接收端的本地时间。

◆ 传送时间戳：表示应答报文离开应答者时应答者的本地时间。

◆ 认证符（可选项）。

具体可以参考 NTP 详解。

获取NTP时间

获取 NTP 时间有两种方法，一种方法是自己拼接 NTP，另一种方法是使用现成的 NTP 第三方库。

1. 拼接NTP

上面理论讲完了，接下来我们用代码的方式来实现如何拼接 NTP。具体代码如程序 1 所示。

程序1

```
#include <ESP8266WiFi.h>
#include <WiFiUdp.h>
char ssid[] = "××××";
char pass[] = "××××";
unsigned int localPort = 2390;
IPAddress timeServerIP;
const char* ntpServerName = " ntp1.阿里云网址 ";
const int NTP_PACKET_SIZE = 48;
byte packetBuffer[ NTP_PACKET_SIZE];
WiFiUDP udp;
void setup() {
  Serial.begin(115200);
  Serial.println();
  Serial.println();
  Serial.print("Connecting to ");
  Serial.println(ssid);
  WiFi.mode(WIFI_STA);
  WiFi.begin(ssid, pass);
  while (WiFi.status() != WL_CONNECTED) {
    delay(500);
    Serial.print(".");
  }
  Serial.println(" ");
  Serial.println("WiFi connected");
  Serial.println("IP address: ");
  Serial.println(WiFi.localIP());
  Serial.println("Starting UDP");
  udp.begin(localPort);
  Serial.print("Local port: ");
  Serial.println(udp.localPort());
}
void loop() {
  WiFi.hostByName(ntpServerName, timeServerIP);
  sendNTPpacket(timeServerIP);
  delay(1000);
  int cb = udp.parsePacket();
  if (!cb) {
    Serial.println("no packet yet");
  } else {
    Serial.print( " packet received, length=");
    Serial.println(cb);
    udp.read(packetBuffer, NTP_PACKET_SIZE);
    unsigned long highWord = word(packetBuffer[40], packetBuffer[41]);
    unsigned long lowWord = word(packetBuffer[42], packetBuffer[43]);
    unsigned long secsSince1900 = highWord << 16 | lowWord;
    Serial.print("Seconds since Jan 1 1900 = ");
    Serial.println(secsSince1900);
    Serial.print("Unix time = ");
    const unsigned long seventyYears = 2208988800UL;
    unsigned long epoch = secsSince1900 - seventyYears;
    Serial.println(epoch);
    Serial.print("The UTC time is ");
    Serial.print((epoch  % 86400L) / 3600);
    Serial.print(':');
    if (((epoch % 3600) / 60) < 10) {
      Serial.print('0');
    }
    Serial.print((epoch % 3600)/ 60);
    Serial.print(':');
    if ((epoch % 60) < 10) {
      Serial.print('0');
    }
    Serial.println(epoch % 60);
  }
  delay(10000);
}
void sendNTPpacket(IPAddress& address) {
Serial.println("sending NTP packet");
memset(packetBuffer, 0, NTP_PACKET_SIZE);
  packetBuffer[0] = 0b11100011;
  packetBuffer[1] = 0;
  packetBuffer[2] = 6;
  packetBuffer[3] = 0xEC;
  packetBuffer[12]  = 49;
  packetBuffer[13]  = 0x4E;
  packetBuffer[14]  = 49;
  packetBuffer[15]  = 52;
  udp.beginPacket(address, 123);
  udp.write(packetBuffer, NTP_PACKET_SIZE);
  udp.endPacket();
}
```

2. NTPClient库

（1）NTPClient 库的安装

使用 NTP 服务需要先安装 NTPClient 库，如图 2 所示。

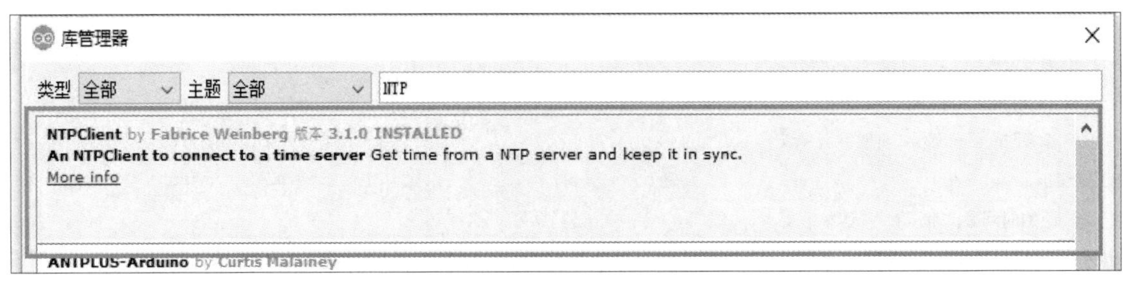

图 2 安装 NTPClient 库

（2）使用NTPClient库

虽然我们可以人工拼接 NTP，但是大多数情况下我们直接使用 NTPClient 来请求时间，把一些重复的代码封装成一个常用库，具体代码如程序 2 所示。

程序2

```
#include <NTPClient.h>
#include <ESP8266WiFi.h>
#include <WiFiUdp.h>
const char *ssid  = "<SSID>";
const char *password = "<PASSWORD>";
WiFiUDP ntpUDP;
NTPClient timeClient(ntpUDP, "ntp1.阿里云网址", 3600, 60000);
void setup(){
  Serial.begin(115200);
  WiFi.begin(ssid, password);
  while ( WiFi.status() != WL_CONNECTED ) {
    delay ( 500 );
    Serial.print ( "." );
  }
  timeClient.begin();
}
void loop() {
  timeClient.update();
  Serial.println(timeClient.getFormattedTime());
  delay(1000);
}
```

感兴趣的读者想进一步学习 NTP 库，可以直接翻阅源码进行学习，我这里介绍一些源码以及可用方法，如程序 3 所示，具体细节可以通过调用方法感受一下。

程序3

```
#pragma once
#include "Arduino.h"
#include <Udp.h>
#define SEVENZYYEARS 2208988800UL
#define NTP_PACKET_SIZE 48
#define NTP_DEFAULT_LOCAL_PORT 1337
class NTPClient {
 private:
  UDP*  _udp;
  bool  _udpSetup  = false;
  const char* _poolServerName = "pool.ntp 官网网址";
  IPAddress  _poolServerIP;
  int  _port  = NTP_DEFAULT_LOCAL_PORT;
  long  _timeOffset  = 0;
  unsigned long _updateInterval = 60000;
  unsigned long _currentEpoc  = 0;
  unsigned long _lastUpdate  = 0;
  byte  _packetBuffer[NTP_PACKET_SIZE];
  void  sendNTPPacket();
 public:
  NTPClient(UDP& udp);
  NTPClient(UDP& udp, long timeOffset);
  NTPClient(UDP& udp, const char* poolServerName);
  NTPClient(UDP& udp, const char* poolServerName, long timeOffset);
  NTPClient(UDP& udp, const char* poolServerName, long timeOffset, unsigned long updateInterval);
  NTPClient(UDP& udp, IPAddress poolServerIP);
  NTPClient(UDP& udp, IPAddress poolServerIP, long timeOffset);
  NTPClient(UDP& udp, IPAddress poolServerIP, long timeOffset, unsigned long updateInterval);
  void setPoolServerName(const char* poolServerName);
  void begin();
  void begin(int port);
  bool update();
  bool forceUpdate();
  int getDay() const;
  int getHours() const;
  int getMinutes() const;
  int getSeconds() const;
  void setTimeOffset(int timeOffset);
  void setUpdateInterval(unsigned long updateInterval);
  String getFormattedTime() const;
  unsigned long getEpochTime() const;
  void end();
};
```

结语

通过 NTP 时间服务，我们不仅可以制作在线时钟，还可以同步本地时钟时间。

软硬件创意玩法（7）

Arduino IDE 编程发射射频无线信号

▌徐玮

在此前的文章中，我们已经让基于 ESP32 的 Uair 开发板成功对射频遥控器进行了解码操作，其可以让射频遥控器上的按键分别实现不同的功能。今天我们要通过 Arduino IDE 编程将射频信号发射出去，实现遥控器的功能，这样就可以真正控制终端设备了。在上文中，我们已经学习了射频发射电路的详细原理和硬件知识。在此，我们再回顾一下 Uair 开发板上的射频发射部分的电路。

P3 是我们使用的无线射频发射模块，其电路如图 1 所示，其实物如图 2 所示。我们可以看到 ESP32 模块的 GPIO2 引脚控制无线射频发射模块发射信号。图 3 所示为 Uair 开发板所使用的无线发射模块与接收模块，Uair 开发板装上外壳后，如图 4 所示。

我们要实现通过 Uair 开发板控制终端设备，其实要做的就是让 Uair 开发板代替手持遥控器发射信号功能，如图 5 所示。

这次我们的目标是发射指定无线编码的信号，如果你不知道你的遥控器键码值，可以用我们上文介绍的无线解码程序对遥控器按键进行解码，得出相应的按键键码值。

现在我们可以进入 Arduino IDE 编写代码了，因为射频相关编程要用到 RCSwitch 库，所以需要在线安装，如果你已经完成了上文教程的话，那就不用再安装了。接下来我们开始编写程序，分别以 3 种不同的工作模式来发射无线射频信号。代码如程序 1 所示。

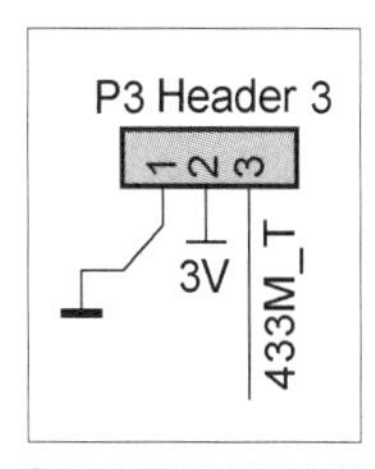

▌图 1 无线射频发射模块 P3 电路

▌图 2 射频发射模块 P3 的实物

▌图 3 Uair 开发板所使用的无线发射模块和接收模块

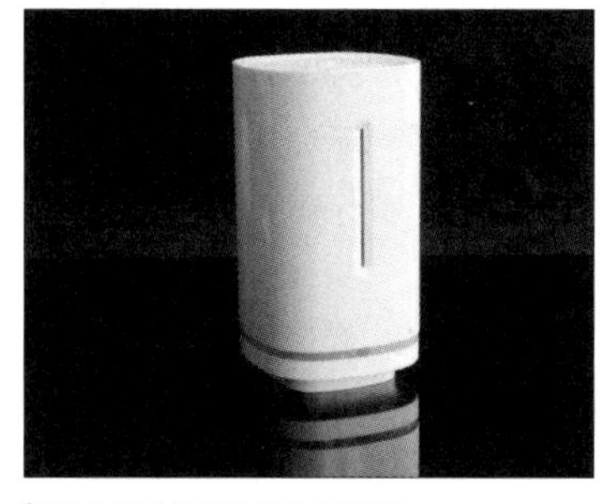
▌图 4 装上外壳的 Uair 开发板

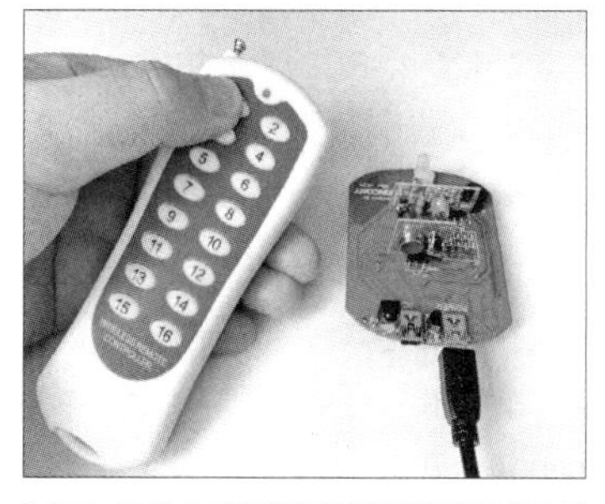
▌图 5 用 Uair 开发板代替无线遥控器发射信号

程序1

```
#include <RCSwitch.h>
RCSwitch mySwitch = RCSwitch();
void setup() {
 Serial.begin(9600);
 mySwitch.enableTransmit
(digitalPinToInterrupt(2));
}
void loop() {
 /* 使用 DIP 开关的模式 */
 mySwitch.switchOn("11111",
"00010");
 delay(1000);
 mySwitch.switchOff("11111",
"00010");
 delay(1000);
 /* 使用十六进制码的模式 */
 mySwitch.send(5393, 24);
 delay(1000);
 mySwitch.send(5396, 24);
 delay(1000);
 /* 使用二进制的模式 */
 mySwitch.send("000000000001010100010001");
 delay(1000);
 mySwitch.send("000000000001010100010100");
 delay(1000);
 /* 使用三态的模式 */
 mySwitch.sendTriState ("00000
```

```
FFF0F0F");
  delay(1000);
  mySwitch.sendTriState ("00000
FFF0FFF0");
  delay(1000);
}
```

然后，将开发板选择为“NodeMCU-32S”，选择实际使用的COM端口序号，直接下载程序，如图6所示。

现在，我们来看一下程序，并解释一下它的工作原理。

#include <RCSwitch.h> 是我们需要加载射频无线解码所需要用到的库文件，这样我们才可以“偷懒”，不用编写底层驱动程序，因为库文件都帮我们事先处理好了。

RCSwitch mySwitch = RCSwitch(); 这句创建了一个RCSwitch的对象实例。

Serial.begin(9600); 这句初始化了串口通信的波特率，也就是输出的速度，你也可以定义为更快或更慢的波特率，只要后面在“串口监视器”中设置为一致的波特率值就可以。一般我们常用的波特率为9600波特或115200波特。

mySwitch.enableTransmit(digitalPinToInterrupt(2)); 用来初始化开启发射功能。其中，数字“2”是因为我们使用ESP32模块的GPIO2引脚作为无线解码的信号脚。

在loop( )循环体中，我们分别使用了4种函数来发射指定的无线信号。

mySwitch.switchOn(“11111”，“00010”); 可以把函数中的两个参数理解成一个DIP拨动开关，如图7所示。向上拨是1，向下拨是0，根据上下的组合，发出相应的无线数据信号。

mySwitch.send(5393, 24); 该语句与上句的功能一样，只不过函数参数中的5393为十六进制数，24表示数据位数。

mySwitch.send(“000000000001010100010001”); 该语句是将上句中的十六进制数转换为二进制数进行发射。

mySwitch.sendTriState(“00000FFF0F0F”); 该语句采用了数据三态的表示方法，即如果只用0和1不足以表示不同的信号，则可以用F表示除了0和1的第3种状态，我们通常称之为“悬空”状态。

这个例子里，我们学习了无线发射射频信号的程序，在实际应用中，比如你想控制无线遥控插座、无线遥控开关，要根据终端设备所支持的编码类型来选择发射哪种无线信号。比如，无线插座支持一个无线信号来进行状态的翻转，它接收一次信号，插座就打开；再接收一次信号，插座就关闭，这是同一个信号。这时候，你只需要用ESP32模块来发射一种信号就可以了。当然，也可以发射两种不同的信号，如图8所示，通过发射无线射频信号控制墙壁灯光开关，其中第一个信号用来控制灯的“打开”，第二种信号用来控制灯的“关闭”。

现在你已经可以用Uair开发板来发射任何无线信号了，同样，你也可以去控制遥控开关面板、遥控插座等各种设备，如果Uair开发板与传感器的数值进行关联，还可以实现对电气设备的各种智能化控制，在后续的课程中，我们将为大家讲解更多精彩有趣的实例。

sketch_dec29a | Arduino 1.8.15
文件 编辑 项目 工具 帮助
自动格式化 Ctrl+T
项目存档
修正编码并重新加载
管理库... Ctrl+Shift+I
串口监视器 Ctrl+Shift+M
串口绘图器 Ctrl+Shift+L
WiFi101 / WiFiNINA Firmware Updater
ESP8266 LittleFS Data Upload
ESP8266 Sketch Data Upload
开发板: "NodeMCU-32S"
Upload Speed: "921600"
Flash Frequency: "80MHz"
端口: "COM20"
开发板管理器...
Arduino AVR Boards
ESP32 Arduino

图6 开发板类型与COM端口序号的选择

图7 拨动开关

图8 无线遥控灯光开关面板

电磁频谱的“间隙”：太赫兹波

▌祃宸升

电磁波充斥在我们整个宇宙之中，自人类诞生伊始，我们就生活在电磁波的汪洋大海中。在现代社会，电磁波对大家来说并不陌生，虽然看不见摸不着，却像空气一样时刻存在于我们身边，甚至人类本身也会散发出不同的电磁波。描述电磁波的一个重要参数就是频率，频率表示电磁波变化的快慢，例如：频率1THz等于10^{12}Hz，意思就是电磁波1s变化10^{12}次。常见的电磁波按频率从低到高依次可分为无线电波、微波、太赫兹波、红外线、可见光、紫外线、X射线等。

你肯定听说过类似“咱俩磁场不合”“仙人掌可以吸收计算机的辐射”等并不科学的话。这里面提到的磁场、辐射就是电磁波产生的。但大多数人不了解，电磁波其实有很多种，比如我们日常接/打电话、听收音机依靠的是无线电，微波炉加热食物采用的是微波，夜视仪和导弹制导利用的是红外线，去医院做胸透检查使用的是X射线等。除了上述比较常见的电磁波，还有一种电磁波近几年在国际上越来越被重视，它就是太赫兹波，是电磁频谱中唯一待开发的频谱资源，也被誉为改变未来的十大技术之一！

太赫兹波是指频率在0.1~10THz内的电磁波。如图1所示在电磁频谱上，与太赫兹波段相邻的“两兄弟”，一个是遥控器用的红外线，另一个是微波炉里的微波。太赫兹波直到最近才被命名和开发的原因并不是自身不优秀，不配拥有姓名，而是因为它在电磁频谱中位置十分特殊，夹在电子学技术和光学技术的中间，中和了无线电波、微波和红外线的特性。它比微波“看”东西更清楚；与可见光相比，又是“透视眼”；相较于X射线，它更安全，不会对人类造成伤害。它具有传输速率高、容量大、方向性强、安全性高及穿透性好等诸多特性。由于加工工艺精度不够，以前没有半导体器件能工作在太赫兹波频段。近年来，手机芯片的加工工艺已经达到4nm级，随着半导体加工工艺的进步，相继突破了制约太赫兹技术发展的瓶颈。在信息技术高速发展的今天，太赫兹波凭借着其优越的特性在我们生活中展现出光明的应用前景。

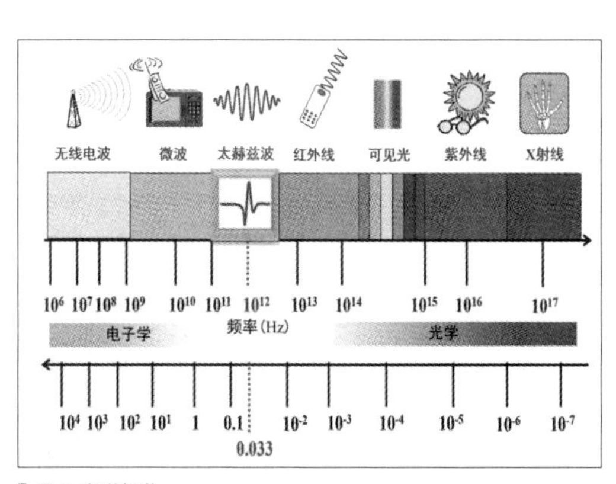

▌图1 电磁频谱

▌图2 安检流程

▌图3 太赫兹波安检系统

安检领域

太赫兹波可以应用在我们日常坐火车、地铁进站时的安检领域。目前绝大多数的安检程序是乘客先通过金属安检门，然后工作人员用手持式探测器从上到下对乘客全身进行检查，我们随身的包裹则是通过一侧的X射线安检仪进行检查，如图2所示。其实，早在2010年，美国曾在机场运行X射线人体扫描仪，但由于X射线会对人体产生辐射损伤，有可能让人的基因、组织产生病变，这种仪器在当时引发了激烈的争议，最后被停止使用，此后的十几年也没有出现安全精准的人体安检设备。随着科技的发展，太赫兹技术填补了人体安检的空白。人们发现太赫兹波不会有类似X射线的安全困扰，它穿透性强，可以穿透衣物、木材、塑料等常见的非极性介质，可以透过衣物和包裹对里面的物品进行检测和识别，但它本身的光子能量很低，大约相当于X射线的百分之一，不会产生生物电离，对人体绝对安全，不会产生辐射损伤。如图3所示，在这一技术支持下，乘客只需步行通过安检通道，无须停留、触摸即可完成安检。相对于传统安检方式，太赫兹波人

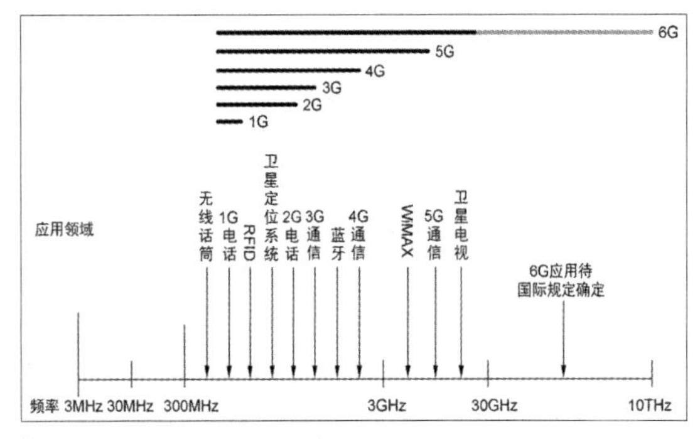

图 4 无线频谱的演进和通信技术的发展

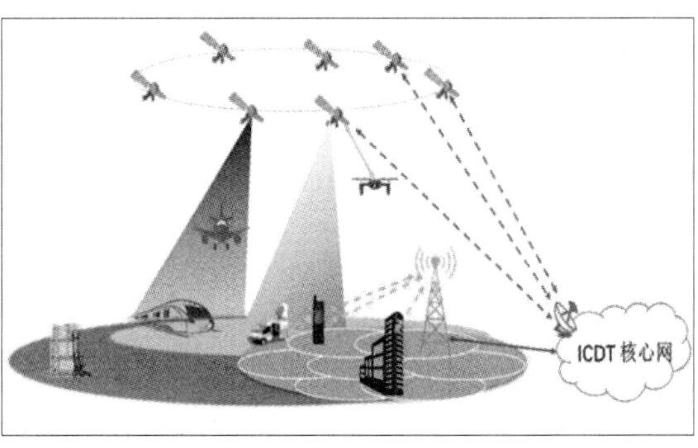

图 5 未来 6G 的应用场景——"全球全域""万物互联"

体安检系统不仅可以检测金属，还可以检测液体、陶瓷、胶体、粉末等非金属物品。

通信领域

太赫兹波还可以应用在与我们生活息息相关的通信领域。当前 4G 的大规模应用已经全面铺开，5G 的商用已经落地了一段时间，前几年非常畅销的 4G 手机现在已经很难买到，市面上几乎是清一色的 5G 手机。在 5G 的潜力还未完全发挥出来的今天，6G 的研发工作已经如火如荼地开展了，而 6G 所要使用的就是太赫兹波。如图 4 所示，通信技术的发展是人类一步步克服困难，征服更高频率的历史，相较于我们目前 4G 使用的微波、5G 使用的毫米波，6G 所要使用的太赫兹波具有更高的频率和更宽的频谱资源。在通信领域，频率越高，带宽越大，传输速率越高，传输的信息量也越大。这与我们日常生活中的马路类似，马路越宽，车道越多，汽车也就可以开得越快，可容纳的车流量也越大。4G 可以比喻为四车道的省道，5G 可以比喻为五车道的国道，而 6G 则可以比喻为六车道的高速公路。当前手机通信的频率只能达到太赫兹波的千分之一，未来使用太赫兹波的 6G 通信技术，通信速率可达到 100Gbit/s，是当前家用 Wi-Fi 的 100 倍，简单来说，3 部高清电影 1s 即可下载完毕。除了地面通信，太赫兹还可以用于卫星之间、卫星和飞机之间的空间通信。5G 网络无法实现"全球全域""万物互联"，6G 将有效弥补 5G 不足，未来的 6G 要实现太空中的卫星、高空中的飞机、地面上的移动设备和海洋上的轮船之间的一体化互联互通的，对于太空中的卫星之间以及飞机和卫星之间都可以使用太赫兹波进行高速大容量通信。以卫星为基础的空间通信可以对全球实现无缝覆盖，这是因为卫星距离地面数千甚至数万千米，它发射的波束覆盖面积很大，在距离地面 36000km 的静止轨道，3 颗卫星即可覆盖全球。目前为止，卫星导航定位已经广泛应用于我们的生活中，但很少有民用的空间通信。这是因为星地之间通信距离过长，当前的微波、毫米波不能满足高速率、大容量的民用需求，只能专网专用，用于一些应急通信。假如 6G 时代来临，空间通信全面使用太赫兹波，其大带宽、高速度、广覆盖的特性则可以满足民用需求，实现如图 5 所示的真正的"全球全域""万物互联"。

医疗领域

太赫兹波还可以用于与我们健康相关的医疗领域。大家都知道我们人体的 70% 以上是水，并且人体中的不同细胞或组织含水量都不同，而水对太赫兹波具有很强的吸收性，因此可以利用含水量不同的细胞或组织对太赫兹波吸收性的差别来进行生物体样本甚至是活体组织的成像检测，用于分辨正常和病变的细胞或组织。如图 6 所示，可以通过观察肿瘤组织中含水量与正常细胞的差别，从而判断肿瘤的发展情况，也可利用含水量鉴别正常组织和炎症皮肤组织。目前太赫兹波已经用于诊断乳腺癌、烧伤等疾病。

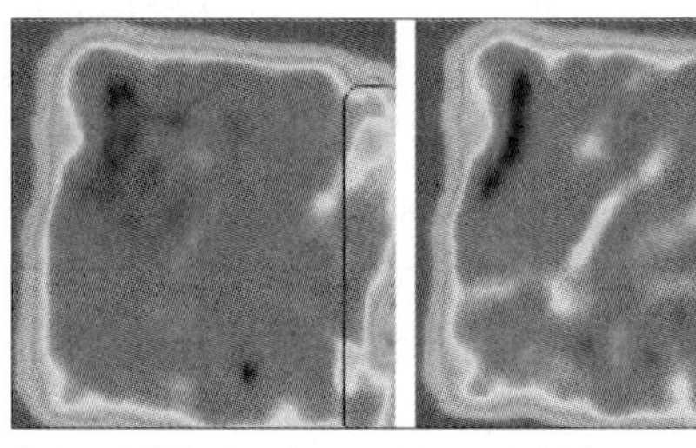
图 6 太赫兹医疗系统下的正常组织与肿瘤组织

以上关于太赫兹技术的介绍能够为读者普及太赫兹波的基本概念以及一些与我们生活相关的基本应用，但是太赫兹波的潜力远远不止于此。我们当前所研究的仅仅是太赫兹波的低频部分，即 0.1~1THz，还有 90% 的频谱资源没有进行研究和利用，因此太赫兹技术在我们未来的生活中一定会大有作为，在无线电领域开辟一片新的天空。纵观整个频谱利用的历史，我们不难发现，每次人类学会利用一个新波段，都会改变当时的生活和社会结构。在我们有生之年，人类能否完全掌握利用太赫兹波，能否征服这一片电磁频谱的"间隙"，让我们拭目以待！

STM32入门100步（第50步）

看门狗

杜洋　洋桃电子

原理介绍

看门狗是单片机系统的辅助功能，它能帮助单片机自我检查，监控程序是否正常工作，提高系统稳定性。看门狗定时器（以下简称看门狗）简写为WDT，是单片机的组成部分之一，实际上就是一个定时器。我们给出定时值，看门狗开始倒计数，当倒计数为0时，看门狗发出复位信号使单片机复位。一旦启动看门狗，每隔一段时间（倒计时的时间），单片机就会复位，从头运行。为了让单片机不频繁复位，程序能正常运行，我们要在程序中加入一行重新设置看门狗定时值的程序。这样在定时值没有计到0之前就将值重新设置，使看门狗重新倒计时，不计到0就不会触发单片机复位。如果程序出错或卡死，没能在倒计时到0之前重置定时值，看门狗则会让单片机复位，让出错或卡死的程序重新运行。比如写入定时值为100，启动后开始倒计数，变成99、98…，程序中有一行语句是过一段时间重新写入数值100，看门狗又开始计数到99、98…，重新写入的过程被称为“喂狗”。如果程序能重新写入计数值，表示程序运行正常。如果程序出错或卡死，无法重新写入计数值，看门狗倒计数到0后单片机复位。看门狗的工作就是监控程序是否正常运行。程序不断喂狗证明工作正常，程序没有喂狗说明出现问题。但是看门狗不能检测出单片机到底出了什么问题，它只能让单片机复位重新运行。类似于计算机死机，只要重启就能解决问题。STM32单片机有“独立看门狗”和“窗口看门狗”两种看门狗，它们虽然都起到监控作用，但性能不同。独立看门狗基于一个12位的递减计数器和一个8位的预分频器。它有一个独立的40kHz内部RC振荡器为其提供时钟，独立看门狗就是有独立时钟的看门狗。系统出现问题时，独立看门狗可独立工作。窗口看门狗内置一个7位的递减计数器，使用系统主时钟源。窗口看门狗没有独立时钟源，而是与ARM内核共用主时钟。窗口看门狗有早期预警中断功能。

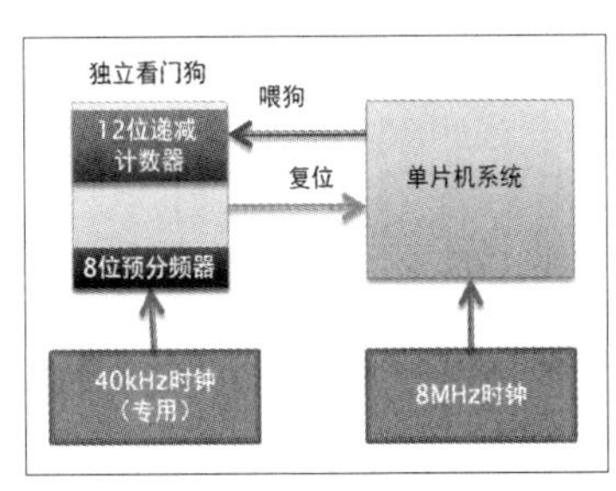

图1 独立看门狗的结构

接下来看独立看门狗的特性。如图1所示，左边是独立看门狗的部分，右边是整体单片机系统。单片机系统包括内核、时钟源和内部功能。单片机系统通过外部8MHz晶体振荡器（或内部高速晶体振荡器）提供频率，而独立看门狗有专用的40kHz时钟。时钟源进入看门狗后会有一个8位的预分频器进行分频，分频后的时钟驱动一个12位的递减计数器。用户可以预先设置计数值，计数值按分频器的频率逐步递减，当数值减到0时就使单片机复位。若在复位前程序重新发送计数值（喂狗），计数值会回到初始值，重新计数。只要单片机正常工作，在计数器清零前喂狗，看门狗就不会复位单片机。如果出现问题，比如外部时钟源断开或程序卡顿不能喂狗，单片机就会复位，问题也会随之解除，系统恢复正常。使用者不会因程序出错而遇到危险或遭受损失，这就是独立看门狗的作用。独立看门狗的特点是需要在计数器到0之前随时喂狗，用于监控程序出错。独立看门狗原理示意图如图2所示，图2中纵轴表示计数值，横轴表示时间，斜线表示计数值随着时间不断递减，独立看门狗是12位计数器，最大值是0xFFF。计数初始值可以设置为0xFFF~0x001。假设将计数值设为最大值0xFFF，启动看门狗。计数值随时间不断递减，最后递减到0，此时看门狗发出复位信号，复位单片机。从计数开始到复位这段时间内，单片机都可以喂狗。

接下来看窗口看门狗。“窗口”是什么含义呢？窗口看门狗结构如图3所示，左边是窗口看门狗，内部有一个7位递减计数器、一个分频器，时钟源和系统共用。窗口看门狗可以产生复位信号，还能产生中断信号，这是独立看门狗所不具备的。窗口看门狗的作用是监控单片机运行时效，

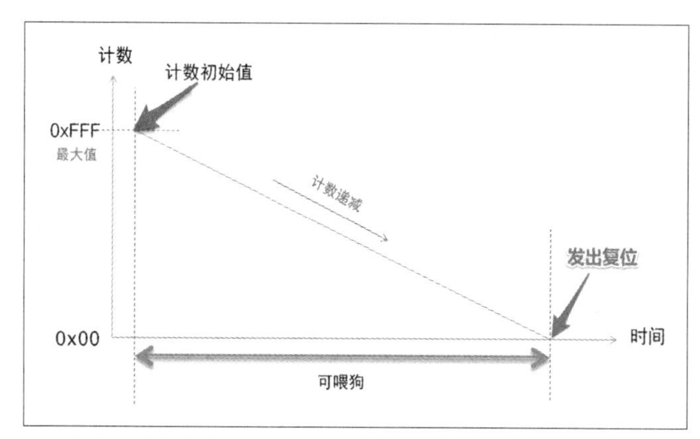

图2 独立看门狗原理示意图

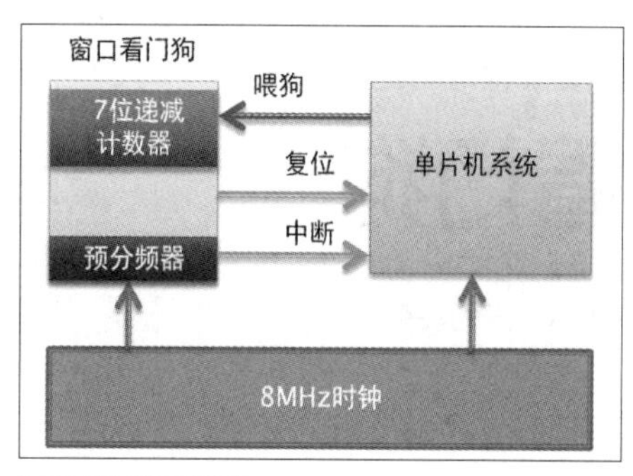

图3 窗口看门狗结构

即必须在规定时间范围内喂狗，以判断单片机运行是否精确。独立看门狗和窗口看门狗在作用上有所不同，独立看门狗仅防止程序出错；窗口看门狗不仅要保证程序运行正常，还保证程序的运行时间精准。如果程序没有在指定的时间窗口内执行指定的任务，则会被认为程序失去了时效性，早执行或晚执行都被认为失去时效性。在一些对时间要求苛刻的项目中可以用窗口看门狗保证单片机的时效性。窗口看门狗的喂狗动作必须在规定时间内完成，不早不晚。窗口看门狗原理示意图如图 4 所示。图 4 所示纵轴表示计数值，横轴表示时间，斜轴表示计数值随时间递减，窗口看门狗有 7 位计数器，最大值为 0x7F，最小值为 0x41，计数值低于 0x40 时就会产生中断信号，当计数值再减 1，变到 0x3F 时会产生复位信号，所以设置的计数器初始值不能小于 0x40。另外还要设置“上窗口边界值”，上窗口边界值不能超过计数初始值，只能设在初始值到 0x40 之间。假设把上窗口边界设置为 0x50，即确定了窗口时间范围。假设将计数初始值设置为 0x7F，计数器启动随时间递减，计数值递减到上窗口边界前不允许喂狗。如果喂狗会检测到“喂狗时间提前”，看门狗会复位单片机。喂狗时间必须在上窗口边界（0x50）到下窗口边界（0x3F）之间，这是我们设置的“窗口期”。在窗口期内喂狗，计数值重回初始值。如果没有喂狗，计数值到达 0x3F 时产生复位信号。

窗口看门狗还有一个功能，是在下窗口边界 0x3F 之前产生中断信号。计数值到 0x40 时系统不会复位，而是产生专用的中断信号，进入中断处理函数，函数中可以完成一些复位前的收尾工作，比如保存数据、标记状态等。处理好后等待计数器到达 0x3F，复位单片机。看门狗中断是为了给用户做复位前的准备工作。有朋友会问：为什么独立看门狗不设置提前中断呢？这是因为如果独立看门狗产生复位，表示程序已经错误或卡死，不能正常完成收尾工作，设置中断没有意义。窗口看门狗用于保证系统时效性，复位表示程序能正常运行，只是时效性不足，设置中断处理函数是有意义的。

独立看门狗程序分析

接着我们通过示例程序学习如何使用看门狗。在附带资料中找到“独立看门狗测试程序”工程，将工程中的 HEX 文件下载到开发板中，看一下效果。 效果是在 OLED 屏上显示“IWDG TEST”，表示独立看门狗的测试程序。独立看门狗保证单片机正常工作，一旦不喂狗则单片机复位。目前程序正常运行，单片机正常喂狗，看不到任何复位效果。按一下核心板上的 KEY1 按键，屏幕上显示“RESET!”，表示单片机复位。程序通过 KEY1 按键产生长时间的延迟，导致不能及时喂狗而复位。单片机复位说明独立看门狗起了作用。接下来我们看程序中如何达到这样的效果。打开“独立看门狗测试程序”工程，

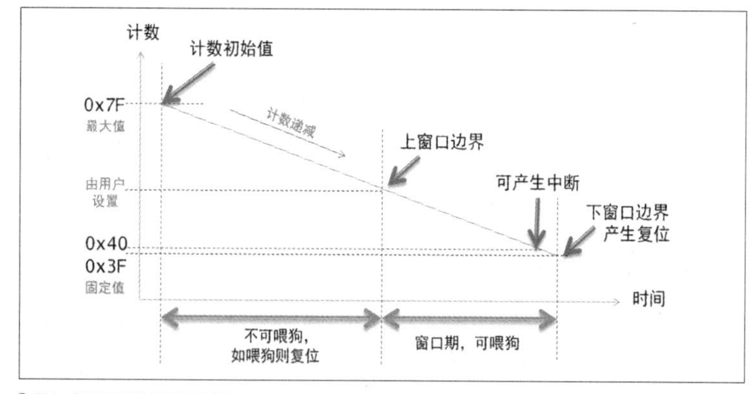

图4 窗口看门狗原理示意图

这个工程复制了上一节的“待机模式测试程序”工程，并在Basic文件夹中加入了iwdg文件夹，包含iwdg.c和iwdg.h文件，这是独立看门口的驱动程序文件。接下来用Keil软件打开工程，在工程设置里的Basic文件夹中添加iwdg.c文件，在Lib文件夹中添加stm32f10x_iwdg.c文件，这是看门狗的固件库文件。在Hardware文件夹中添加LED和独立按键的驱动程序文件，程序中会用到。先来分析main.c文件，如图5所示，第18 ~ 24行加载了相应的库文件，第26行加载了iwdg.h文件。第32 ~ 33行加入LED和按键的初始化函数，第38行在OLED屏上显示“IWDG TEST”，第39行在OLED屏上显示“RESET!”，表示已经复位。第40行时延800ms，第41行显示一行空格，将“RESET!”的显示清空。这就是上电时看到OLED屏上显示“RESET!”，过一会儿消失的效果。显示和消失能判断单片机是否复位，只有重新复位才会显示“RESET!”。看门狗产生复位并显示就代表复位成功了。接下来第43行是看门狗初始化函数IWDG_Init( )，初始化函数设置了功能并开始倒计数。第45行是while主循环，第47行加入喂狗程序。喂狗程序非常简单，只调用函数IWDG_Feed( )，函数没有参数和返回值。第49行是按键处理函数，通过if语句读取KEY1按键，KEY1为0则进入if语句，即第50行时延2s。由于看门狗初始化里设置了1s的看门狗触发时间，单片机在1s内喂狗才不会复位，所以主循环中的喂狗间隔是1s。KEY1未被按下时，主循环不断喂狗，间隔很短。KEY1按键被按下时延时2s，2s内不能喂狗，看门狗触发复位。程序复位，OLED屏上显示“RESET!”。独立看门狗只涉及看门狗初始化函数和喂狗函数，初始化函数主要是设置倒计时时间和功能的选择方式，喂狗是重新写入计时时间。

```
18 #include "stm32f10x.h" //STM32头文件
19 #include "sys.h"
20 #include "delay.h"
21 #include "relay.h"
22 #include "oled0561.h"
23 #include "led.h"
24 #include "key.h"
25
26 #include "iwdg.h"
27
28 int main (void){//主程序
29   delay_ms(500); //上电时等待其他器件就绪
30   RCC_Configuration(); //系统时钟初始化
31   RELAY_Init();//继电器初始化
32   LED_Init();//LED
33   KEY_Init();//KEY
34
35   I2C_Configuration();//I²C初始化
36
37   OLED0561_Init(); //OLED屏初始化
38   OLED_DISPLAY_8x16_BUFFER(0,"   IWDG TEST    "); //显示字符串
39   OLED_DISPLAY_8x16_BUFFER(4,"    RESET!      "); //显示字符串
40   delay_ms(800); //
41   OLED_DISPLAY_8x16_BUFFER(4,"                "); //显示字符串
42
43   IWDG_Init(); //初始化并启动独立看门狗
44
45   while(1){
46
47     IWDG_Feed(); //喂狗
48
49     if(!GPIO_ReadInputDataBit(KEYPORT,KEY1)){
50       delay_s(2); //时延2s，使程序不能喂狗而导致复位
51     }
52   }
53 }
```

图5 “独立看门狗测试程序”main.c文件的全部内容

接下来打开iwdg.h文件，如图6所示。第8 ~ 9行定义了两个数据，一是预分频值pre，二是重装载值rlr。预分频值设置看门狗内部的预分频器，将独立看门狗的40kHz时钟进行分频，得到不同的计数时间。预分频值可设置为4、8、16、32、64、128、256，不同数值会得到不同的分频系数，当前设置为64。重装载值也就是计数初始值，设置好后计数器会由此值递减。由于独立看门狗使用12位计数器，重装载值的范围是0x00 ~ 0xFFF，换算成十进制数为0 ~ 4095。但是预分频值和重装载值并不重要，我们需要知道看门狗倒计数的时间，时间要通过公式计算。第5行的说明是看门狗定时时间计算公式，Tout表示最终得到的定时时间，定时时间等于预分频值乘以重装载值再除以40，单位是ms。当前设置的预分频值为64，重装载值为625，计算得出倒计时时间为1s。1s是大概值，并不精准，独立看门狗使用的独立RC振荡器本身存在误差，只能是大

```
1  #ifndef __IWDG_H
2  #define __IWDG_H
3  #include "sys.h"
4
5  //看门狗定时时间计算公式:Tout=(预分频值×重装载值)/40 (单位: ms)
6  //当前pre为64, rlr为625, 计算得到Tout时间为1s(大概值)
7
8  #define pre   IWDG_Prescaler_64 //分频值范围: 4,8,16,32,64,128,256
9  #define rlr   625 //重装载值范围: 0~0xFFF (4095)
10
11
12 void IWDG_Init(void);
13 void IWDG_Feed(void);
```

图6 “独立看门狗测试程序”iwdg.h文件的全部内容

```
21 #include "iwdg.h"
22
23
24 void IWDG_Init(void){ //初始化独立看门狗
25     IWDG_WriteAccessCmd(IWDG_WriteAccess_Enable); //使能对寄存器IWDG_PR和IWDG_RLR的写操作
26     IWDG_SetPrescaler(pre); //设置IWDG预分频值
27     IWDG_SetReload(rlr); //设置IWDG重装载值
28     IWDG_ReloadCounter(); //按照IWDG重装载寄存器的值重装载IWDG计数器
29     IWDG_Enable(); //使能IWDG
30 }
31
32 void IWDG_Feed(void){ //喂狗程序
33     IWDG_ReloadCounter();//固件库的喂狗函数
34 }
```

图7 “独立看门狗测试程序”iwdg.c文件的全部内容

概值。如果想修改倒计时时间，只要重新设置预分频值和重装载值，通过公式计算就能得到新的定时值。第12 ~ 13行是看门狗初始化函数和喂狗函数的声明。

接下来打开iwdg.c文件，如图7所示，第21行加载了iwdg.h文件。下方有两个函数，第24行是独立看门狗初始化函数IWDG_Init( )，第32行是喂狗函数IWDG_Feed( )。看门狗初始化函数中调用了看门狗固件库函数，第25行使能对应的寄存器写操作，允许看门狗写入数据。第26行向看门狗定时器写入预分频值，第27行写入重装载值。第28行将重装载值写入计数器，这时计数器的初始值是我们设置的重装载值625。第29行使能IWDG功能，看门狗开始倒计数。此时看门狗将计时1s，若1s内没有喂狗，程序将复位。接下来分析喂狗函数，第33行只有一行程序，将重装载值写入计数器，它和初始化中的第28行相同。此时无论计数减到多少值都会变成625，重新递减，实现喂狗操作。看门狗的程序设计非常简单，用户只需要修改预分频值pre和重装载值rlr，通过公式计算定时器时间。另外，用户需要在程序中的适当位置不断喂狗，保证喂狗间隔小于1s。

窗口看门狗程序分析

接下来分析窗口看门狗，在附带资料中找到“窗口看门狗测试程序”工程，将工程中的HEX文件下载到开发板中，看一下效果。效果是在OLED屏上显示“WWDG TEST”，表示窗口看门狗测试程序。程序效果和独立看门狗相同，按KEY1按键产生长时间延时，阻止喂狗，OLED屏上显示“RESET!”，系统复位。接下来分析程序，打开“窗口看门狗测试程序”工程，Basic文件夹中新加入了wwdg文件夹，里面有wwdg.c和wwdg.h文件，这是窗口看门狗的驱动程序。接下来用Keil软件打开工程，在设置里的Basic文件夹添加wwdg.c文件，在Lib文件夹里添加stm32f10x_wwdg.c文件，这是窗口看门狗的固件库函数。先打开main.c文件，如图8所示，程序内容与“独立看门狗测试程序”基本相同，我们只分析有区别的地方。第26行加载了wwdg.h文件，第38行在OLED屏上显示“WWDG TEST”。接下来第43行是窗口看门狗初始化函数WWDG_Init( )，第45行是主循环部分，第46行时延54ms，用延时函数找到喂狗的窗口时间，避开从计数初始值到上窗口边界的时间。第47行喂狗。按键没被按下时每隔45ms喂狗一次，有按键被按下时产生2s时延，若延时之内没有喂狗，单片机将复位。这个程序和独立看门狗程序的区别

```
18 #include "stm32f10x.h" //STM32头文件
19 #include "sys.h"
20 #include "delay.h"
21 #include "relay.h"
22 #include "oled0561.h"
23 #include "led.h"
24 #include "key.h"
25
26 #include "wwdg.h"
27
28 int main (void){//主程序
29     delay_ms(500); //上电时等待其他器件就绪
30     RCC_Configuration(); //系统时钟初始化
31     RELAY_Init();//继电器初始化
32     LED_Init();//LED
33     KEY_Init();//KEY
34
35     I2C_Configuration();//I²C初始化
36
37     OLED0561_Init(); //OLED屏初始化--------------"
38     OLED_DISPLAY_8x16_BUFFER(0,"    WWDG TEST     "); //显示字符串
39     OLED_DISPLAY_8x16_BUFFER(4,"     RESET!       "); //显示字符串
40     delay_ms(800); //
41     OLED_DISPLAY_8x16_BUFFER(4,"                  "); //显示字符串
42
43     WWDG_Init(); //初始化并启动独立看门狗
44
45     while(1){
46         delay_ms(54); //用延时找到喂狗的窗口时间
47         WWDG_Feed(); //喂狗
48
49         if(!GPIO_ReadInputDataBit(KEYPORT,KEY1)){
50             delay_s(2); //延时2s，使程序不能喂狗而导致复位
51         }
52     }
53 }
```

图8 “窗口看门狗测试程序”main.c文件的全部内容

```
1 #ifndef __WWDG_H
2 #define __WWDG_H
3 #include "sys.h"
4
5 //窗口看门狗定时时间计算公式:
6 //上窗口超时时间(单位为μs)=4096×预分频值×(计数器初始值-窗口值)/APB1时钟频率(单位为MHz)
7 //下窗口超时时间(单位为μs)=4096×预分频值×(计数器初始值-0x40)/APB1时钟频率(单位为MHz)
8
9 #define WWDG_CNT  0x7F //计数器初始值,范围:0x40~0x7F
10 #define wr    0x50 //窗口值,范围:0x40~0x7F
11 #define fprer WWDG_Prescaler_8 //预分频值,取值:1,2,4,8
12
13 //如上3个值是:0x7F、0x50、8时,上窗口边界为48ms,下窗口边界为64ms
14
15 void WWDG_Init(void);
16 void WWDG_NVIC_Init(void);
17 void WWDG_Feed(void);
18
```

图9 “窗口看门狗测试程序”wwdg.h文件的全部内容

是加入了45ms时延，用于找到窗口时间。

接下来打开wwdg.h文件，如图9所示。第9～11行有3个宏定义，第一个参数是计数器初值（重装载值）WWDG_CNT，取值范围是0x40～0x7F，当前设置为0x7F。第二个参数是窗口值wr（上窗口边界），取值范围是0x40～0x7F，当前设置为0x50。下窗口边界是固定的0x3F，只能设置上窗口边界。接下来设置预分频值fprer，可设置为1、2、4、8，通过“WWDG_Prescaler_8”最后的数字修改。3个数据可以通过第5～7行给出的公式计算，得到上窗口边界和下窗口边界。如果3个数据分别设置为0x7F、0x50、8，计算得到上窗口边界是48ms，下窗口边界是64ms。在mian.c主程序中间隔的时延54ms，正好在48～64ms，可以成功在窗口期喂狗。大家可以试着把数值改为小于48或大于64,看一下喂狗是否能成功。接下来第15～17行是窗口看门狗初始化函数、窗口看门狗中断初始化函数、喂狗函数的声明。

接下来打开wwdg.c文件，如图10所示。第21行调用了wwdg.h文件，第24行是窗口看门狗初始化函数WWDG_Init( )。第34行是窗口看门狗中断程序初始化函数WWDG_NVIC_Init( )，这是在看门狗初始化里面被调用的函数。第43行是喂狗函数WWDG_Feed( )。第47行是窗口看门狗中断服务函数WWDG_IRQHandler( )。中断函数是系统自带的库函数，所以在wwdg.h文件中不需要声明。首先分析初始化函数，第25行打开APB1总线的WWDG时钟，窗口看门狗与CPU共用主时钟，使用看门狗之前先打开窗口看门狗的时钟。第26～27行设置预分频值和窗口值，第28行启动看门狗。第29行清空看门狗中断标志位，中断是指计数值到达0x40时产生的提前中断。第30行初始化看门狗中断服务，第31行开启看门狗中断，计数值达到0x40便产生中断。如果不使用中断，可以把第29～31行的内容屏蔽。接下来分析看门狗中断服务程序，主要是设置NVIC。第35行设置中断内容为窗口看门狗，第37～38行设置抢占优先级和子优先级，第39行使能中断，第40行将以上内容写入设置。接下来第43行喂狗函数只调用一个固件库函数WWDG_SetCounter( )，参数是计数初始值（0x7F），在窗口期写入初始值就完成了喂狗。第47行是中断处理函数，其中第48行清空中断标志位，以备下次中断使用。第50行可以按照实际需要写入用户程序，当前的示例程序没有写入处理内容。中断处理函数在窗口期没有喂狗的情况下计数减到0x40时产生中断，只有一个计数值的时间完成用户处理程序，当计数到达0x3F时产生复位。主程序中调用喂狗程序必须考虑喂狗的时间，这需要在启动窗口看门狗之后精确计算窗口时间。窗口看门狗使用的是系统时钟，定时精度高，即使窗口时间很窄也能精准喂狗，具体时间需要在项目开发中根据应用程序的内容实际测算。

```
20
21 #include "wwdg.h"
22
23
24 void WWDG_Init(void){ //初始化窗口看门狗
25   RCC_APB1PeriphClockCmd(RCC_APB1Periph_WWDG, ENABLE); // WWDG 时钟使能
26   WWDG_SetPrescaler(fprer); //设置 IWDG 预分频值
27   WWDG_SetWindowValue(wr); //设置窗口值
28   WWDG_Enable(WWDG_CNT); //使能看门狗,设置 counter
29   WWDG_ClearFlag(); //清除提前唤醒中断标志位
30   WWDG_NVIC_Init(); //初始化窗口看门狗 NVIC
31   WWDG_EnableIT(); //开启窗口看门狗中断
32 }
33
34 void WWDG_NVIC_Init(void){ //窗口看门狗中断服务程序(被WWDG_Init调用)
35   NVIC_InitTypeDef NVIC_InitStructure;
36   NVIC_InitStructure.NVIC_IRQChannel = WWDG_IRQn; //WWDG 中断
37   NVIC_InitStructure.NVIC_IRQChannelPreemptionPriority = 2; //抢占 2 子优先级 3 组 2
38   NVIC_InitStructure.NVIC_IRQChannelSubPriority = 3; //抢占 2,子优先级 3,组 2
39   NVIC_InitStructure.NVIC_IRQChannelCmd=ENABLE;
40   NVIC_Init(&NVIC_InitStructure); //NVIC 初始化
41 }
42
43 void WWDG_Feed(void){ //窗口喂狗程序
44     WWDG_SetCounter(WWDG_CNT); //固件库的喂狗函数
45 }
46
47 void WWDG_IRQHandler(void){ //窗口看门狗中断处理程序
48   WWDG_ClearFlag(); //清除提前唤醒中断标志位
49
50   //此处加入在复位前需要处理的工作或保存数据
51 }
52
```

图10 wwdg.c文件的全部内容

鸿蒙 eTS 开发入门（4）

按钮对象与弹窗

▌程晨

在使用了文本对象、图片对象和滑动条对象后，我们来了解一下按钮对象和弹窗。首先新建一个空项目（Empty Ability），并将项目命名为ButtonApplication，如图1所示。

然后单击“Finish”完成项目的创建，并在原本的文本对象下增加一个按钮对象，代码如下所示。

```
Button('Ok', { type: ButtonType.
Normal, stateEffect: true })
```

按钮对象有两个参数，第一个参数为按钮上显示的文本内容，第二个参数是一个字典，其中，type表示按钮的样式，有3个可选项：ButtonType.Normal（普通矩形按钮）、ButtonType.Capsule（胶囊形按钮，圆角默认为高度的一半）、ButtonType.Circle（圆形按钮）；stateEffect表示是否开启单击效果，true为开启单击效果。这里按钮上的文字为“OK”，样式为普通。

按钮对象也可以使用文本对象的一些方法，比如fontSize()、margin()等。这里可以设置一下按钮上文本的大小、按钮背景颜色、按钮宽度等，具体代码如下所示。

```
Button('Ok', { type: ButtonType.
Normal, stateEffect: true })
  .fontSize(30)
  .backgroundColor(Color.Blue)
  .width(160)
  .margin(10)
```

代码对应的界面显示效果如图2所示。

接着添加两个按钮对象，样式分别为ButtonType.Capsule和ButtonType.Circle，具体代码如下所示。

```
Button('Ok', { type: ButtonType.
Capsule, stateEffect: true })
  .fontSize(30)
  .backgroundColor(Color.Blue)
  .width(160)
  .margin(10)
Button('Ok', { type: ButtonType.
Circle, stateEffect: true })
  .backgroundColor(Color.Blue)
  .width(60)
  .height(60)
  .margin(10)
```

注意在设置圆形按钮时要设置按钮的高度和宽度。另外如果想添加一个带圆角但又不是ButtonType.Capsule样式的按钮，那么可以使用设置盒体的方法borderRadius()，比如设置第一个按钮的4个角为圆角，其代码如下所示。

```
Button('Ok', { type: ButtonType.
Normal, stateEffect: true })
  .fontSize(30)
  .borderRadius(8)
  .backgroundColor(Color.Blue)
  .width(160)
  .margin(10)
```

此时对应的界面显示效果如图3所示。

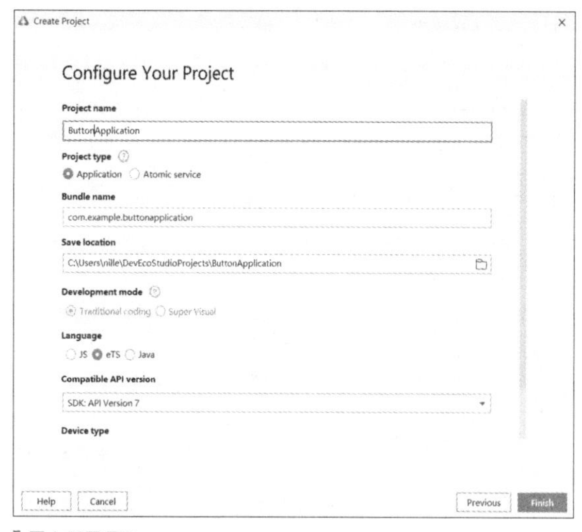

▌图1 配置项目

▌图2 添加一个普通按钮的界面显示效果

▌图3 添加了3个按钮的界面显示效果

这里，我们能看到第一个按钮的 4 个角均为圆角，其实质就是通过盒体的样式改变按钮的样式。除了能调整按钮的样式，我们还可以在按钮中显示图片。比如要在圆形按钮中显示一张图片，则具体操作如下。

首先，在添加按钮对象后增加一对大括号，代码如下所示。

```
Button('Ok', { type: ButtonType.
Circle, stateEffect: true }){
}
  .backgroundColor(Color.Blue)
  .width(60)
  .height(60)
  .margin(10)
```

然后在大括号中增加一个图片对象，这里还是使用 media 文件夹下的 icon.png 图片，对应的代码如下所示。

```
Button('Ok', { type: ButtonType.
Circle, stateEffect: true }){
  Image($r('app.media.icon'))
    .width(30)
    .height(30)
}
  .backgroundColor(Color.Blue)
  .width(60)
  .height(60)
  .margin(10)
```

接着要根据按钮的大小设置图片的大小。添加了图片后对应的界面显示效果如图 4 所示。

图 4 添加了图片后的按钮

此时整个 .ets 文件的内容如下所示。

```
@Entry
@Component
struct Index {
  build() {
    Flex({ direction: FlexDirection.
Column, alignItems: ItemAlign.Center,
    justifyContent: FlexAlign.Center
}) {
      Text('Hello World')
        .fontSize(50)
        .fontWeight(FontWeight.Bold)
      Button('Ok', { type: ButtonType.
Normal, stateEffect: true })
        .fontSize(30)
        .borderRadius(8)
        .backgroundColor(Color.Blue)
        .width(160)
        .margin(10)
      Button('Ok', { type: ButtonType.
Capsule, stateEffect: true })
        .fontSize(30)
        .backgroundColor(Color.Blue)
        .width(160)
        .margin(10)
      Button('Ok', { type: ButtonType.
Circle, stateEffect: true }){
        Image($r('app.media.icon'))
          .width(30)
          .height(30)
      }
        .backgroundColor(Color.Blue)
        .width(60)
        .height(60)
        .margin(10)
    }
    .width('100%')
    .height('100%')
  }
}
```

添加了按钮后，我们再来为按钮增加一些响应功能。最简单的响应功能就是弹出一个弹窗。这里介绍两种基本的弹窗：警告弹窗和列表选择弹窗。

单击按钮时响应的方法为 onClick()，这个方法应该对应一个函数，但我们也可以使用声明的方式实现这个方法，其形式如下所示。

表 1 AlertDialog 对象的 show() 方法的参数说明

参数名	说明	是否必填	默认值
title	弹窗上显示的标题	是	-
message	弹窗上显示的内容	是	-
autoCancel	当单击弹窗之外的区域时是否关闭弹窗	否	true

confirm	其参数也是一个字典，包括确认按钮的文本内容、文本颜色、按钮背景色以及单击回调函数，具体内容为
	{
	value: string,
	fontColor: Color,
	backgroundColor: Color,
	action: () => void
	}
		否	-

cancel	当单击弹窗之外的区域关闭弹窗时的回调函数	否	-
alignment	弹窗在竖直方向上的对齐方式	否	DialogAlignment.Default
offset	弹窗相对 alignment 所在位置的偏移量	否	-
gridCount	弹窗宽度所占用栅格数	否	-

表 2　ActionSheet 对象的 show() 方法的参数说明

参数名	说明	是否必填	默认值
title	弹窗上显示的标题	是	-
message	弹窗上显示的内容	是	-
autoCancel	当单击弹窗之外的区域时是否关闭弹窗	否	true

confirm	其参数也是一个字典，包括确认按钮的文本内容以及单击回调函数，具体内容为
	{
	value: string,
	action: () => void
	}
		否	-

cancel	当单击弹窗之外的区域关闭弹窗时的回调函数	否	-
alignment	弹窗在竖直方向上的对齐方式	否	DialogAlignment.Default
offset	弹窗相对 alignment 所在位置的偏移量	否	-
sheets	包含选项内容的列表，列表中每个选择项是一个字典，包括设置的图片、文本和选中的回调函数	是	-

```
.onClick(() => {
 })
```

如果要弹出警告窗口，那么在上面代码的大括号中要使用 AlertDialog 对象的 show() 方法。该方法的参数是一个字典，其具体说明如表 1 所示。

依照表 1 中的说明，我们为第一个按钮添加警告弹窗的代码如下所示。

```
Button('Ok', { type: ButtonType.
Normal, stateEffect: true })
  .fontSize(30)
  .borderRadius(8)
  .backgroundColor(Color.Blue)
  .width(160)
  .margin(10)
  .onClick(() => {
    AlertDialog.show(
      {
        title: '警告弹窗',
        message: '你点击了第一个按钮',
        confirm: {
          value: '确定',
          action: () => {
            console.info('Button-
clicking callback')
          }
        },
        cancel: () => {
          console.info('Closed
callbacks')
        }
      }
    )
  })
```

这里设定弹窗的标题为“警告弹窗”，弹窗上显示的信息为“你点击了第一个按钮”，弹窗上的确定按钮上显示的文本是“确定”。而当单击“确定”按钮以及关闭弹窗时，都是在控制台显示一行相应的信息。

当单击按钮时，对应的界面显示效果如图 5 所示。

类似地，如果要弹出列表选择弹窗，那么在 onClick() 方法调用的函数中要使用 ActionSheet 对象的 show() 方法。该方法的参数也是一个字典，其具体参数说明如表 2 所示。

依照表 2 中的说明，我们为第二个按钮添加的列表选择弹窗的代码如下所示。

```
Button('Ok', { type: ButtonType.
Capsule, stateEffect: true })
  .fontSize(30)
  .backgroundColor(Color.Blue)
  .width(160)
  .margin(10)
  .onClick(() => {
    ActionSheet.show({
      title: '列表选择弹窗',
      message: '请选择以下列表中的一项',
      confirm: {
        value: '确定',
        action: () => {
          console.log('Get Alert Dialog
handled')
        }
      },
      sheets: [
        {
        title: 'Java',
        action: () => {
          console.error('Java')
        }
      },
      {
        title: 'JavaScript',
        action: () => {
          console.error('JavaScript')
        }
      },
```

图 5　显示警告弹窗

```
  {
    title: 'eTS',
    action: () => {
      console.error('eTS')
    }
  }
 ]
})
})
```

这里设定弹窗的标题为“列表选择弹窗”，弹窗上显示的信息为“请选择以下列表中的一项”，弹窗上的确定按钮上显示的文本是“确定”，选项内容的列表中我们设置了3项，分别是“Java”“JavaScript”和“eTS”，单击每一项程序都会执行对应的回调函数，而这里回调函数中执行的操作是在控制台显示一行信息。

当单击按钮时，对应的界面显示效果如图6所示。

通过列表选择弹窗，我们可以将所选项作为一个参数用在其他地方，比如替换界面中文本的显示内容，这个操作类似于之前改变图片转速时的操作，大家可以自己尝试一下，这里就不深入展开了。

最后，我们为第三个按钮添加一个页面跳转的功能。其实现方法与使用JavaScript实现页面跳转功能的过程一样。第一步，要新建一个页面，然后用鼠标右键单击“pages”，在弹出的菜单中选择“New”，接着在弹出的子菜单中单击“eTS Page”即可，如图7所示。

第二步，查看配置文件config.json并确认新页面的URI。

第三步，在当前的index.ets文件中导入router模块，其代码如下所示。

```
import router from '@system.router'
```

第四步，调用router.push()实现跳转功能。对应地为第三个按钮添加的代码如下所示。

```
Button('Ok', { type: ButtonType.
Circle, stateEffect: true }){
  Image($r('app.media.icon'))
   .width(30)
   .height(30)
}
.backgroundColor(Color.Blue)
.width(60)
.height(60)
.margin(10)
.onClick(() => {
  router.push({
    uri: 'pages/newPage',
  });
})
```

这样，具有页面跳转功能的按钮就完成了，由于之前在介绍使用JavaScript开发鸿蒙应用时已经介绍过相应的内容了，所以这里只是简单地梳理了一下。大家如果在此处遇到问题，可以翻看一下之前的内容。至此，添加按钮对象和弹窗的内容就介绍完了。

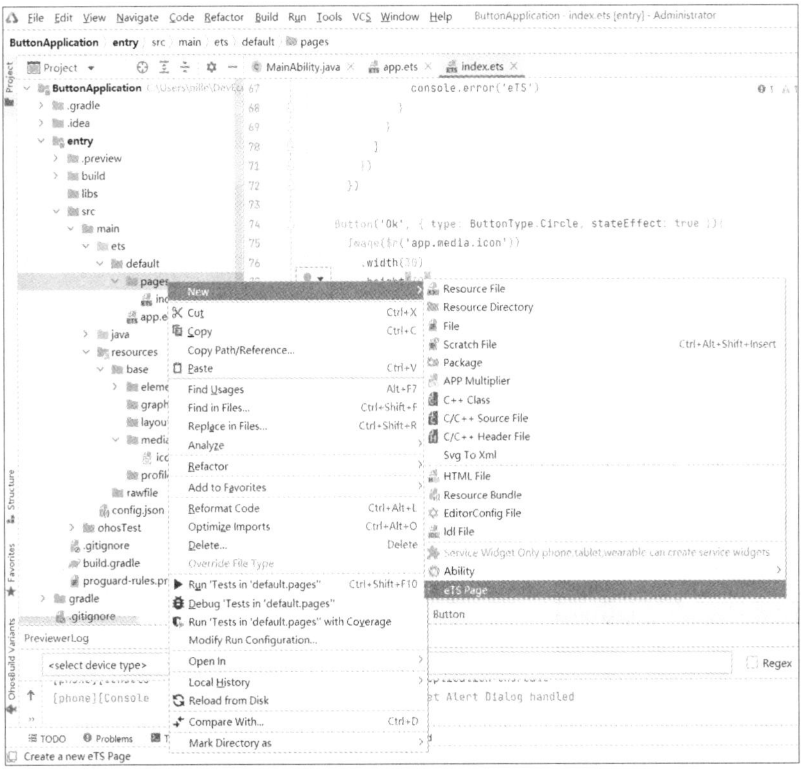

图6 显示列表选择弹窗

图7 新建eTS页面

漫话 3D 技术（高级）

影视后期

演示视频

▌闫石

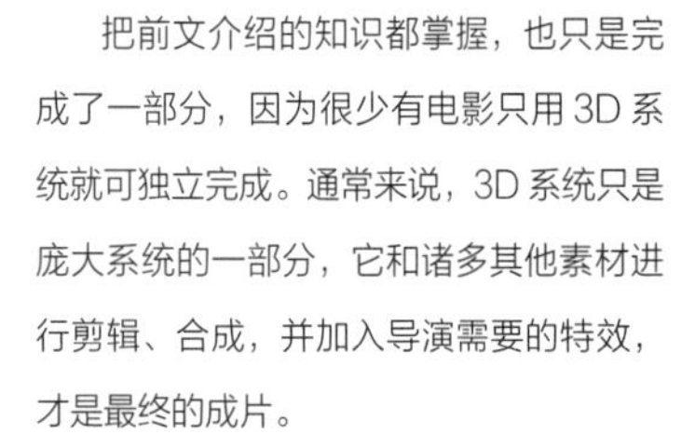

把前文介绍的知识都掌握，也只是完成了一部分，因为很少有电影只用 3D 系统就可独立完成。通常来说，3D 系统只是庞大系统的一部分，它和诸多其他素材进行剪辑、合成，并加入导演需要的特效，才是最终的成片。

最早的影视后期，基本就是剪辑。剪辑在技术角度非常简单，尤其是胶片时代，只需要一把剪刀、一卷胶带即可，但剪辑的艺术性却天差地别。同样的素材，一万个人有一万种剪法，我们的主题不是电影，对于剪辑就不过多叙述了。

在胶片时代，虽然也有很多人做了大量尝试，利用光学手段对胶片进行处理，但可以实现的效果非常有限，现在全球知名的数字特效公司——工业光魔，如图 1 所示，其之所以起名工业光魔，就是因为当时的技术手段有限，只能运用光来做特效。

1975 年，为了制作电影《星球大战》的特效场景，导演乔治 · 卢卡斯（见图 2）创立了工业光魔，当时的卢卡斯并不知道他就此拉开了一个时代大幕，他更没有想到，这家公司谱写了整整一个电影特效的断代史。有一部纪录片，讲述了数字电影的发展历程，当时大多数人的观念也很陈旧，说卢卡斯是骗子，电影表现的都是不存在的、虚构的话面，即便很多年以后，电影《泰坦尼克号》（导演詹姆斯 · 卡梅隆）依然被质疑场景、镜头不真实，可见，接受新生事物的出现和探索新生事物，都需要极大的勇气。

随着计算机技术日新月异，3D 技术丰富了人们的想象，技术的发展和电影工业的市场需求互相促进，导致影视后期的内容极大丰富，实现了以前人们不可想象的效果。

影视后期的范围很广，这是一个挑战非常大的领域，我现在也只是简单介绍一下，大家有个初步认识，了解特效、合成的真实含义。这方面的理论知识很多，发展也快，学起来需要花些力气！

AO技术

图 3~ 图 7 所示是一辆计算机生成的车辆模型和一幅真实背景照片的合成过程。图 3 所示看上去非常假，车身和背景明显是两层图片。图 4 所示的是经过 AO 技术渲染的结果。图 5 所示的是独立的车身部分材质通道。

几个通道结合后，如图 6 所示，合成

▌图 3 简单合成

▌图 4 AO 通道

▌图 5 材质通道

▌图 1 工业光魔

▌图 2 乔治 · 卢卡斯

▌图 6 黑色车辆模型

图 7 红色车辆模型

效果比较真实，而且提供了强大的灵活性，可以随意调整车身颜色（见图 7）而不需要回到三维软件里重新渲染，背景也可以随时更换。因为三维渲染需要大量时间，二维合成虽然也有运算量，但相对而言快很多，成本也低很多，因此影视合成的总体原则是能使用二维技术尽量不使用三维技术，除非场景必须使用三维技术，而且特效部分尽量在二维技术部分实现。

这里提到了 AO，中文一般称作“环境光遮蔽”。我简单介绍一下 AO 技术，即便是在游戏里，很多时候也有这个选项，不掌握理论知识，你都不知道需不需要打开这个开关。

AO 技术本质是以较小的代价实现尽可能优质的效果。我们知道，场景真实与否，阴影所占比重很大，光影效果突出，就能以假乱真，例如很多铅笔素描，大家都知道是平面画，而且连色彩都没有，但就是因为光影处理得好，给人非常立体、真实的感觉。

三维场景通常采用光线跟踪技术渲染，这样的好处是真实度高，但缺点也很明显，就是计算量超大，很多时候我们必须考虑时间成本，而且游戏画面都是实时渲染的，不可能像电影那样渲染了几千个小时之后再看。既想效果好，又想降低运算量，有没有办法呢？AO 技术出现了。

AO 技术采用了取巧的办法，对于空间中任意一点，它计算周围一定的区域，区域大小可以通过参数设定，如果有物品遮挡，这个区域就暗一点；没有遮挡，就亮一些。这种方式避开了完整的光线跟踪，不需要考虑有 / 无灯光、反射、折射之类的设置，运算速度大大提升，虽然还做不到秒算，但相比于光线跟踪还是快了很多。尽管它的计算结果和使用光线跟踪技术的结果不完全一致（因为它并没有真正计算灯光），但总体而言还是差不多的，最主要是视觉效果“很真实”，这就足够了！

因此 AO 技术在 3D 领域得到广泛应用，以后大家在游戏里看到 AO 这个开关，试着打开和关闭，对比屏幕效果，会发现打开之后 CPU 负载增加了，但画面细节的斑驳阴影也出现了。

合成技术

图 8~ 图 14 所示的是电影《金刚》的

图 8《金刚》镜头

图 9 片场拍摄

图 10 恐龙模型

图 11 金刚模型

图 12 环境场景

图 13 特写场景

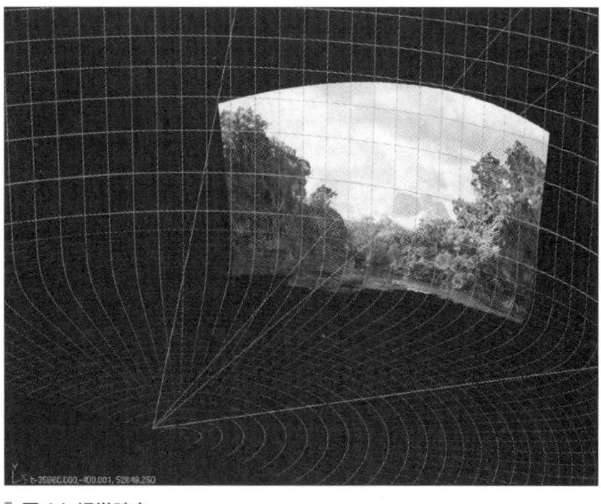

图 14 视觉畸变

幕后制作，大家感受一下合成的强大效果。

现在的电影，很多依靠特效来完成，一是效果很炫，二是相当多的工作都由后期制作完成，灵活性非常强，缺点就是对演员的挑战更大了，演员很多时候就在那里自言自语，他需要想象合作演员就在身边和他一起演对手戏。两个人的镜头很可能在不同时间分别录制，两个人根本没见面，只是后期人员把镜头无缝拼接在了一起。大家能感觉到，电影真的是工业产品了。

动态案例

前面介绍的都是静态图片，现在展示一个动态视频（扫描文章开头的二维码）和对应的素材，如图 15 所示，大家再感受一下。

下面介绍一下几段素材的作用。

0 号视频是官方给出的最终成片。为了便于对比，我把 6 段素材制作在了一个视频里。

1 号视频是真实摄像机拍摄的实景素材，大家注意，这个实景素材里面有一些白点，用于跟踪。

2 号视频是恐龙的 3D 渲染动画。

3 号视频是之前提到的 AO 通道。

4 号视频是恐龙奔跑产生的烟尘。

5 号视频用于覆盖 1 号视频中的白色标记。

6 号视频我感觉应该是用于弥补三维场景里的摄像机视角与实拍素材摄像机视角的视差，这个不敢完全确定，欢迎读者朋友参与讨论。

现在说一下实景素材的白色标记，合成的场景通常需要进行追踪，以使计算机生成的特效和实景拍摄完美结合。大家再看金刚这个拍摄画面，背景墙上有很多标记点，就是这个用途。

这里分享一下制作失败的案例，虽然都是使用相同的素材，但制作出来的结果大相径庭：恐龙把孩子和树木都覆盖掉了。大家实际练习，会发现制作出正确的、没有任何穿帮镜头的视频并不容易，影视合成很需要下一番功夫。

图 15 动态视频截图

Z通道

场景表现，很多时候还需要 Z 通道表现深度。在图 16~ 图 20 中，树林和小球

图 16 树林场景渲染图

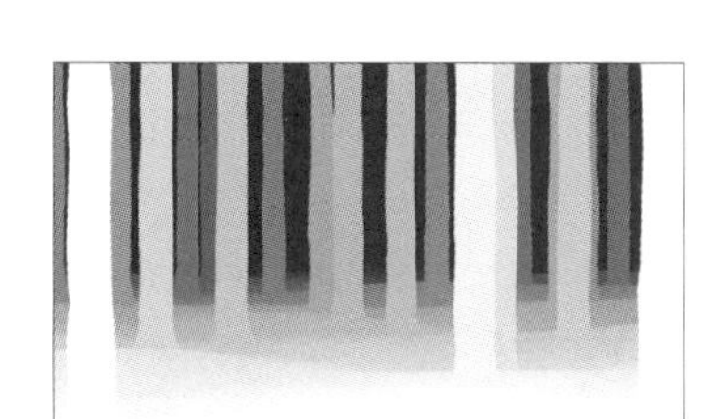

图 17 树林场景 Z 通道

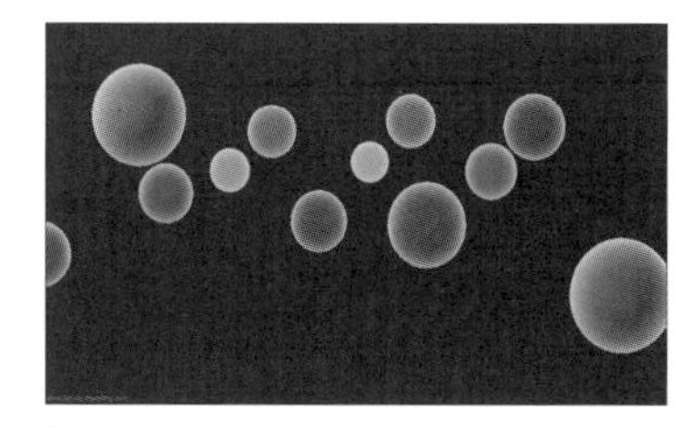

图 18 小球场景渲染图

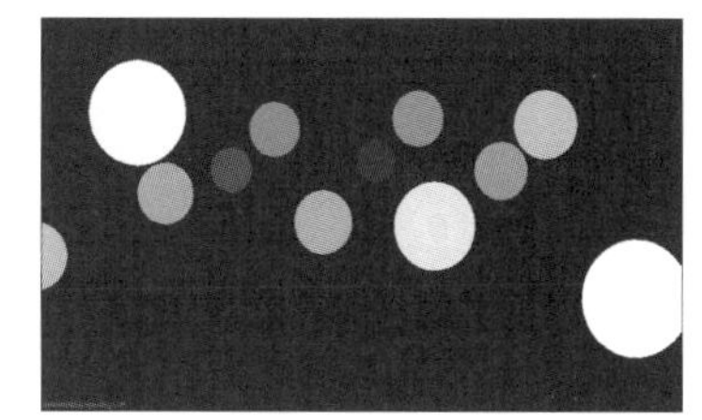

图 19 小球场景 Z 通道

图 20 合成的树林

渲染后，同时生成Z通道，以灰度形式表现物体在场景中的纵深，这样，两个独立设计的二维图，可以合成有立体层次的场景画面。如图 20 所示，大家能看得到，效果非常好。

可能有人会说，何必费这个劲，制作一个场景就可以了，三维模型里面既有树林，又有小球，就不需要这么麻烦了，但实际工作中，大任务必然要进行分割，而且不同的小组分处世界各地，不可能把任务全部集中在一起。以制作恐龙为例，设计森林的人员不需要考虑恐龙怎么奔跑，恐龙怎么跑，也不应该撞到树上，他只需要安心制作森林即可；同样，制作恐龙的人员，也不需要关心是什么样的森林，他只关心恐龙的动作细节和奔跑姿态。两个任务都独立完成，各自提供Z通道信息，理论上就可以完美地合成在一起，实现恐龙在林间奔跑穿梭的效果。

但这有一个问题，两个场景都是三维渲染的，都有场景信息，可以表现出Z通道，但如果有一个无法表达Z通道，这时怎么处理呢？

这时就只能使用抠图的办法，人为挑选出需要的内容，形成单独的层，然后各种素材根据纵深叠加，这种抠图技术称作ROTO，是最原始的办法，对于摄像机实景拍摄的素材，很多时候只能这样处理。

如果是静物，只需要勾勒出一次遮罩，就可以得到需要的层；如果是动态的画面，那么需要逐帧修改，这个需要耐心，非常磨人。

Z通道的技术，其实在生产环节也有体现，大家如果操作过雕刻机，会知道浮雕加工技术，这项技术也是利用灰度图体现工件的深度，然后雕刻机根据这个信息进行Z向铣削。当然这种产品，你非要制作一个 3D 模型，然后雕刻机生成刀路加工也不是不可以，只不过浮雕这种形式，制作灰度图就可以进行生产，没必要花费更多时间进行 3D 设计，灰度图的灰度值已经体现出了Z轴的深度，完全满足了生产需要。八骏图灰度图如图 21 所示，八骏图雕刻实物如图 22 所示。

影视后期的内容实在太多，专业性很强，是 3D 动画与 2D 素材的最终结合，即便大家不从事专业的影视制作，掌握一点后期知识，也可以最大程度提升视频制作的品质，让人感觉你和你的作品非常专业。

后续内容我们进入研发环节，这个挑战更大，加油！

图 21 八骏图灰度图

图 22 八骏图雕刻实物

STM32入门100步（第51步）

定时器

杜洋　洋桃电子

原理介绍

这一节我们介绍STM32定时器的原理和使用方法。之前曾经简单介绍过定时器，说过STM32F103内部有4个定时器（3个通用定时器，1个高级定时器），可实现输入捕获、输出比较、PWM和单脉冲模式。舵机教学中介绍过PWM功能，PWM是常用的定时器功能。这里仅介绍每个功能的基本原理，以及程序如何设计。高级控制定时器TIM1具有更高级的定时功能，关于它的原理和使用方法，我们以后有机会再细讲。

定时器的第1个衍生功能是输入捕获，用来测量脉冲波形的频率和宽度。脉冲由外部设备产生，通过I/O端口输入单片机，再通过定时器的捕获器测量波形的频率和宽度。定时器的第2个衍生功能是输出比较，定时器的比较器分为模拟比较器和数字比较器2种。模拟比较器比较两组输入电压的大小，外部两组电压通过两个I/O端口输入内部的模拟比较器，模拟比较器判断两个电压的大小，输出比较结果，STM32F103单片机没有模拟比较器。另一种是数字比较器，数字比较器可以向外输出脉冲，脉冲的频率和占空比可以调节。定时器的第3个衍生功能是PWM，它可以产生固定频率、占空比可调的脉冲波形。PWM功能已经讲过，不再赘述。定时器的第4个衍生功能是单脉冲模式，它可以产生单一脉冲，属于脉宽调制的一种。由于功能比较简单，在此不做介绍。输入捕获、输出比较、PWM、单脉冲模式都属于定时器的衍生功能，定时器的最基本功能是定时。学会这些复杂功能之前，先要知道定时器的基础用法。STM32定时器的原理和嘀嗒定时器、看门狗定时器相同。先设定一个定时时间，让定时器走时，时间到达时等待ARM内核检测“到时”标志位。如果ARM内核发现“到时”标志位为1，表示定时时间到，会运行相应程序，这种定时方式叫“查询方式”。另一种是中断方式，在到时后产生定时器中断，进入中断处理程序，在中断处理程序中处理相应的程序。在项目开发中常用中断方式。

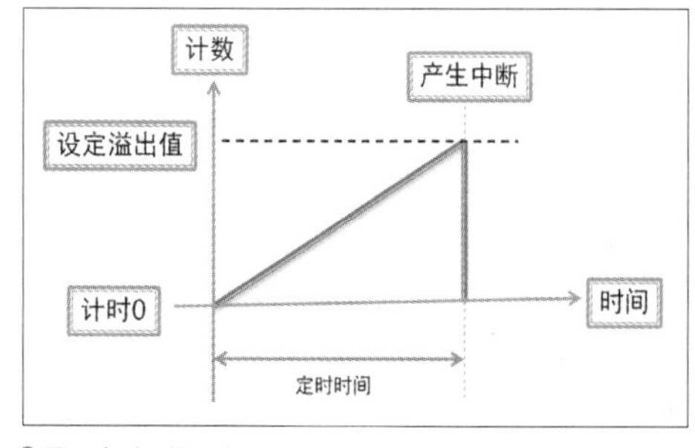

图1 定时器的工作原理

接下来看一下普通定时器需要如何使用。如图1所示，假设我们在一个固定的时间内处理一项任务（任务1），但是ARM内核还有其他任务（任务2），不能通过延时函数一直等待，这时可用普通定时器来设定时间，“到时”产生中断，在中断处理程序中做任务1的处理。图1中纵向线表示计数数量，横向线表示计时时间。斜线表示计数值随着时间不断增加，定时器有加数和减数2种模式。以加数模式为例，初始值为0，计数不断增加，当计数值到达设置的溢出值时就会产生中断信号，定时器停止，进入中断处理程序。从开始计时到中断产生的时间是定时总时长。这是普通定时器的工作原理。

接下来看捕获器，捕获器捕获外来的电平变化，具体捕获的是输入接口上升沿或下降沿的电平变化，它可以测量脉冲的宽度或频率。当接口产生上升沿或下降沿时，将当前定时值保存，捕获结束后再根据保存的定时时间算出脉冲的宽度或频率。捕获的波形是数字信号（方波）。如图2所示，如果有这样一个方波输入，捕获器能捕获到每个脉冲的上升沿或下降沿。上升沿是输入电平从低电平变为高电平的瞬间，下降沿是从高电平变为低电平的瞬间。从图2中可以直观地看出上升沿和下降沿。捕获器如何捕获脉冲宽度呢？捕获脉冲宽度需要记录两个值，比如记录高电平的时间长度，只要记录高电平开始处的时间值，再记录结束处的时间值，把两项相减就能得出脉冲宽度。让捕获器在上升沿记录一次捕获值*T*1，在下降沿再记录一次捕获值*T*2，*T*2减*T*1得到高电平的时间长度。如果要捕获脉冲频率则需要找到脉冲的周期变化。如图 3 所示，比如有这样一个脉冲，得出脉冲频率就要记录 2 个波形开始处的时间间隔（周期），频率即周期的倒数。当前的波形从 $T1$ 的位置开始，到 $T2$ 的位置结束，这就是一个脉冲周期。只要捕获器每次都捕获上升沿，就可以得到脉冲周期。第 1 次捕获上升沿 $T1$，第 2 次捕获上升沿 $T2$，$T2$ 减 $T1$ 得到周期，可计算出频率。这是捕获器的基本原理，通过捕获电平得出脉冲的时间属性。如果设置第 1 次捕获上升沿，第 2 次捕获下降沿，是计算高电平的宽度；2 次都捕获上升沿，是计算周期（可计算出频率）。

接下来看数字比较器。数字比较器可以输出脉冲，脉冲可以调节占空比和频率。其实 PWM 也能调节频率，只是不方便随时调节。数字比较器可随时调节占空比和频率。数字比较器多用于对步进电机、伺服电机的控制，产生不同的占空比和频率控制电机速度或旋转角度。使用数字比较器可以产生任意的脉冲波形，也就是说每个周期的时间长度可以不同，每个周期的占空比也可以不同。它具有更宽泛的特性，不受周期束缚，可以当作“高级版”PWM 使用。

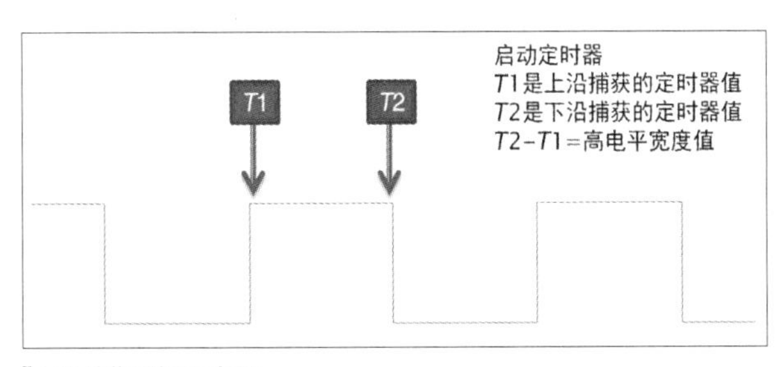

图2 捕获的波形示意图1

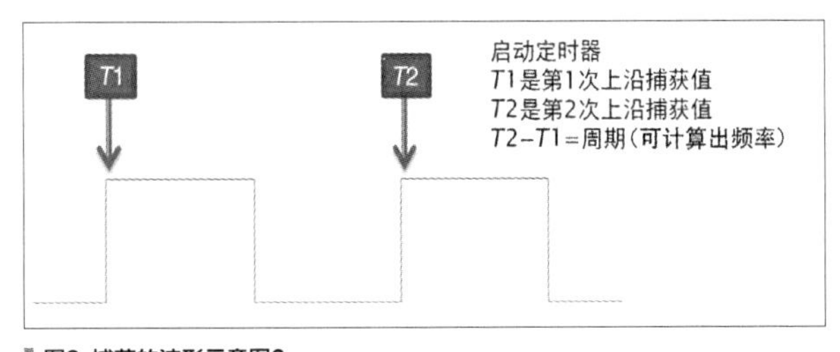

图3 捕获的波形示意图2

```
18  #include "stm32f10x.h" //STM32头文件
19  #include "sys.h"
20  #include "delay.h"
21  #include "relay.h"
22  #include "oled0561.h"
23  #include "led.h"
24  #include "key.h"
25
26  #include "tim.h"
27
28
29  int main (void){//主程序
30      delay_ms(500); //上电时等待其他器件就绪
31      RCC_Configuration(); //系统时钟初始化
32      RELAY_Init();//继电器初始化
33      LED_Init();//LED
34      KEY_Init();//KEY
35
36      I2C_Configuration();//I²C初始化
37
38      OLED0561_Init(); //OLED屏初始化
39      OLED_DISPLAY_8x16_BUFFER(0,"    TIM TEST      "); //显示字符串
40
41      TIM3_Init(9999,7199);//定时器初始化，定时1s（9999，7199）
42
43      while(1){
44
45      //写入用户的程序
46      //LED1闪烁程序在TIM3的中断处理函数中执行
47
48
49      }
50  }
```

图4 main.c文件的全部内容

程序分析

接下来通过程序分析学习使用定时中断功能。在附带资料中找到“定时器中断测试程序”工程，将工程中的 HEX 文件下载到开发板中，效果是在 OLED 屏上显示“TIM TEST”，表示定时器的测试程序。核心板上 LED1 不断闪烁，闪烁周期大约为 1s，闪烁是使用定时器产生的。接下来打开工程文件夹，这个工程复制了“窗口看门狗测试程序”工程，只是在 Basic 文件夹中加入了 tim 文件夹，在里面加入了 tim.c 和 tim.h 文件，这是定时器中断的处理程序。接下来用 Keil 软件打开工程，在工程设置里的 Basic 文件夹中添加 tim.c 文件，在 Lib 文件夹中添加 stm32f10x_tim.c 文件，这是定时器的固件库函数文件。接下来分析 main.c 文件，如图 4 所示，第 18 ~ 24 行加载库文件，第 26 行加载了 tim.h 文件。第 39 行在 OLED 上显示“TIM TEST”。第 41 行是定时器 3 初始化函数 TIM3_Init( )，函数有两个参数，第 1 个参数是 9999，第 2 个参数是 7199。设置这两个参数产生 1s 的定时时间，之后会介绍计算方法。接下来第 43 行是 while 主循环，主循环中没有程序。定时器独立于 CPU 工作，因此不需要在主循环中加入定时器的处理程序，只要写入用户的其他程序，做其他工作。当定时“到时”，定时器中断处理函数会

执行相关程序。试验中，LED1 不断闪烁的程序是在中断处理函数中完成的。使用定时器进行时间处理可大大减少 ARM 内核工作量。

接下来剩下两个问题，定时器初始化函数如何设定定时时间？如何在中断处理函数中编写程序？先打开 tim.h 文件，如图 5 所示，第 5 ~ 6 行声明两个函数，除此之外没有其他内容。接下来打开 tim.c 文件，如图 6 所示。第 19 行加载 led.h 文件，因为中断处理函数中使用了 LED 指示灯。第 21 行加载了 tim.h 文件，第 26 行是定时器 3 初始化函数 TIM3_Init，第 41 行是开启 TIM3 定时器的中断向量函数。第 50 行是中断处理函数，中断处理函数是特殊函数，不需要在 tim.h 文件中声明。首先看定时器初始化函数，STM32F103 共有 4 个定时器，当前使用 TIM3。初始化函数没有返回值，有 2 个参数。第一个参数是 16 位变量 atrr，是定时器的重装载值（溢出值）。第二个参数是 16 位变量 psc，是时钟预分频系数。这两个参数可以设定定时时间。第 27 行定义结构体，第 29 行开启 TIM3 时钟，第 30 行调用 TIM3 中断向量初始化，即调用第 41 行的函数。函数 TIM3_NVIC_Init 中，第 42 行是结构体声明，第 43 行定义 TIM3 中断，第 44 ~ 45 行设置抢占优先级和子优先级，第 46 行允许中断，第 47 行将以上设置写入中断向量控制器，完成 TIM3 中断设置后回到初始化函数。第 32 行设置重装载值，重装载值是参数 arr。第 33 行设置预分频系数，即参数 psc。计算两个值得出定时值，第 23 行有计算公式。定时时间 *Tout*=（重装载值 +1 ×（预分频值 +1））/ 时钟频率。假设定时 1s，重装载值设置为 9999，预分频系数设置为 7199，时钟频率是 72MHz（系统主频），结果是 1000000 μs（1s）。大家可以根据公式计算不同的定时时间。

```
1 #ifndef  __PWM_H
2 #define  __PWM_H
3 #include "sys.h"
4
5 void TIM3_Init(u16 arr,u16 psc);
6 void TIM3_NVIC_Init (void);
7
```

图5 tim.h文件的全部内容

第 35 行设定定时器方向，当前选择定时器向上溢出 TIM_CounterMode_Up。第 35 行设置定时器分频因子，按默认设置即可。第 36 行将以上设置写入 TIM3 相关寄存器，第 37 行开启 TIM3 中断，第 38 行开启 TIM3 定时器，这时 TIM3 开始工作，1s 产生一次中断。中断让程序自动跳入中断处理函数。函数 TIM3_IRQHandler( ) 中第 51 行判断是否为 TIM3 中断，第 52 行是在 TIM3 中断的情况下，清空中断标志位，第 54 行的位置可写入用户的处理程序。我使用 LED1 表现定时时间，所以在第 55 行加入了 LED1 的控制程序，让 LED1 的电平取反，使 LED1 每秒变换一次状态，最终达到演示效果。总结一下，我们只要在程序开始部分（或想启动定时器的地方）加入定时器初始化函数，给出重装载值和分频系数就可以开启定时器，再到定时器中断处理函数中加入需要的处理程序，产生中断就执行相关程序。定时器中断的使用方法就这么简单。

```
18
19 #include "led.h" //因在中断处理函数中用到LED驱动
20
21 #include "tim.h"
22
23 //定时器时间计算公式Tout = ((重装载值+1)×(预分频系数+1))/时钟频率
24 //例如：1秒定时，重装载值=9999，预分频系数=7199
25
26 void TIM3_Init(u16 arr,u16 psc){  //TIM3 初始化 arr重装载值 psc预分频系数
27     TIM_TimeBaseInitTypeDef     TIM_TimeBaseInitStrue;
28
29     RCC_APB1PeriphClockCmd(RCC_APB1Periph_TIM3,ENABLE);//使能TIM3
30     TIM3_NVIC_Init (); //开启TIM3中断向量
31
32     TIM_TimeBaseInitStrue.TIM_Period=arr; //设置自动重装载值
33     TIM_TimeBaseInitStrue.TIM_Prescaler=psc; //预分频系数
34     TIM_TimeBaseInitStrue.TIM_CounterMode=TIM_CounterMode_Up; //计数器向上溢出
35     TIM_TimeBaseInitStrue.TIM_ClockDivision=TIM_CKD_DIV1; //时钟的分频因子，起到了一点点的延时作用
36     TIM_TimeBaseInit(TIM3,&TIM_TimeBaseInitStrue); //TIM3初始化设置
37     TIM_ITConfig(TIM3, TIM_IT_Update, ENABLE);//使能TIM3中断
38     TIM_Cmd(TIM3,ENABLE); //使能TIM3
39 }
40
41 void TIM3_NVIC_Init (void){ //开启TIM3中断向量
42   NVIC_InitTypeDef NVIC_InitStructure;
43   NVIC_InitStructure.NVIC_IRQChannel = TIM3_IRQn;
44   NVIC_InitStructure.NVIC_IRQChannelPreemptionPriority = 0x3; //设置抢占和子优先级
45   NVIC_InitStructure.NVIC_IRQChannelSubPriority = 0x3;
46   NVIC_InitStructure.NVIC_IRQChannelCmd = ENABLE;
47   NVIC_Init(&NVIC_InitStructure);
48 }
49
50 void TIM3_IRQHandler(void){ //TIM3中断处理函数
51     if (TIM_GetITStatus(TIM3, TIM_IT_Update) != RESET){ //判断是否是TIM3中断
52         TIM_ClearITPendingBit(TIM3, TIM_IT_Update);
53
54         //此处写入用户自己的处理程序
55     GPIO_WriteBit(LEDPORT,LED1,(BitAction)(1-GPIO_ReadOutputDataBit(LEDPORT,LED1))); //取反LED1电平
56     }
57 }
58
```

图6 tim.c文件的全部内容

ESP8266 开发之旅 网络篇（21）

WebSocket Client——全双工通信

▌单片机菜鸟博哥

HTTP是一个请求、响应、应用层协议，请求必须先由客户端发送给服务器，服务器才能响应这个请求，再把响应数据发送回客户端。如果客户端没有主动发送请求，服务器不能主动给客户端发送数据。

想要实时获得服务器的数据，可以通过轮询的方式完成。轮询是以特定的时间间隔（例如 1s），由客户端对服务器发出 HTTP 请求，然后服务器返回最新的数据给客户端。这种传统的模式具有很明显的缺点，即客户端需要不断地向服务器发出请求，然而 HTTP 请求可能包含较长的头部信息，其中真正有效的数据可能只是很小的一部分，显然这样会浪费很多的资源。

为了让服务器可以主动往客户端发送数据（全双工通信），可以采用以下方式。

WebSocket 协议，让客户端和服务器之间建立无限制的全双工通信，任何一方都可以主动发消息给对方。HTML5 定义的 WebSocket 协议，能更好地节省服务器和带宽资源，并且能够更实时地进行通信。

从图 1 可以看出，和传统的 HTTP 请求不一样，WebSocket 分为两个阶段：通过 HTTP 请求确认 WebSocket 握手协议阶段和通过 WebSocket 交互数据阶段。接下来，我们就讲解一下这两个阶段。

WebSocket协议

WebSocket 利用 HTTP 建立连接。

1. 客户端发起WebSocket请求

首先，WebSocket 连接必须由客户端发起，请求协议是一个标准的 HTTP 请求，格式如下所示。

```
GET url HTTP/1.1
Host: localhost
Upgrade: websocket
Connection: Upgrade
Origin: localhost:3000
Sec-WebSocket-Key: client-random-string
Sec-WebSocket-Version: 13
```

这里需要和普通的 HTTP 请求进行区分。

- ◆ Connection: Upgrade 表示要升级协议。
- ◆ Upgrade: WebSocket 表示要升级到 WebSocket 协议。
- ◆ Sec-WebSocket-Key 用于标识这个连接，与后面服务端响应首部的 Sec-WebSocket-Accept 是配套的，提供基本的防护。
- ◆ Sec-WebSocket-Version 表示 WebSocket 的版本。如果服务端不支持该版本，需要返回一个 Sec-WebSocket-Version header，里面包含服务端支持的版本号。

2. 服务器响应WebSocket请求

服务器收到 HTTP 请求，会判断自己是否支持 WebSocket，如果支持则接受该请求，就会返回如下内容。

```
HTTP/1.1 101 Switching Protocols
Upgrade: websocket
Connection: Upgrade
Sec-WebSocket-Accept: server-random-string
```

该响应代码中 101 表示本次连接的 HTTP 即将被更改，

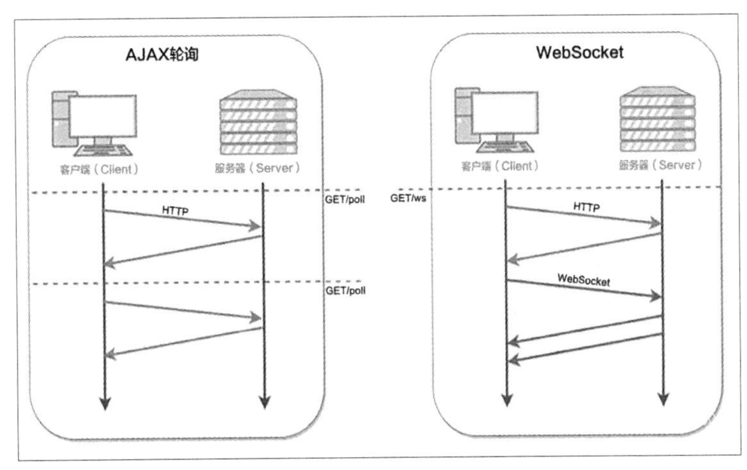

▌图1 HTTP 与 WebSocket 对比

图 2 比较重要的文件

更改后的协议就是 Upgrade: WebSocket 指定的 WebSocket 协议。版本号和子协议规定了双方能理解的数据格式以及是否支持压缩等。

至此，通过 HTTP 请求确认 WebSocket 握手协议阶段完成，接下来就是通过 WebSocket 协议进行全双工通信。实际上 HTTP 是建立在 TCP 之上的，TCP 本身就实现了全双工通信，但是 HTTP 的请求应答机制限制了全双工通信。

arduinoWebSockets —— ESP8266 WebSocket库

1. arduinoWebSockets

一句话概括，arduinoWebSockets 基于 RFC6455 标准同时兼容 Arduino 平台来实现 WebSocket 服务器和客户端通信。WebSocket 控制帧有 3 种：Close(关闭帧)、Ping 以及 Pong。

2. 支持的硬件平台

- ◆ ESP8266 Arduino for ESP8266。
- ◆ ESP32 Arduino for ESP32。
- ◆ ESP31B。
- ◆ Particle with STM32 ARM Cortex M3。
- ◆ ATmega328 with Ethernet Shield (ATmega branch)。
- ◆ ATmega328 with enc28j60 (ATmega branch)。
- ◆ ATmega2560 with Ethernet Shield (ATmega branch)。
- ◆ ATmega2560 with enc28j60 (ATmega branch)。

3. 安装 arduinoWebSockets 库

通过 Arduino IDE 库管理器安装 arduinoWebSockets 库，搜索“arduinoWebSockets ”，然后下载、安装。

4. 引入 arduinoWebSockets 库

如果是作为客户端，请引入以下头文件。

```
#include <WebSocketsClient.h>
```

如果是作为服务器，请引入以下头文件。

```
#include <WebSocketsServer.h>
```

我们这里主讲客户端。至于怎么样去彻底了解这个库的使用方法，请看笔者的源码分析。

arduinoWebSockets Client 源码分析

对于只想知道怎么使用的读者，可以直接看实例，对于希望深入学习源码的读者，请务必了解基本的 WebSocket 协议。比较重要的文件如图 2 所示。

- ◆ WebSockets.xxx 定义了 WebSocket 协议基本的内容。
- ◆ WebSocketsClient.xxx 定义了客户端发起以及处理 WebSocket 请求的内容。
- ◆ WebSocketsServer.xxx 定义了服务器 WebSocket 需要处理的内容。

笔者建议先了解有什么方法，然后在后面实例讲解中去感受方法的使用。作为客户端使用 WebSocket，主要关注如何发起请求以及处理请求：通过 HTTP 请求确认 WebSocket 握手协议阶段、通过 WebSocket 交互数据阶段。

1. 初始化函数

（1）begin( )—— 初始化WebSocket Client

函数说明：初始化 WebSocket Client，通过这个方法先初始化一些参数，包括服务地址、端口号、Url 等。

```
void begin(const char * host, uint16_t port, const char * url = "/", const char * protocol = "arduino");
void begin(String host, uint16_t port, String url = "/", String protocol = "arduino");
void begin(IPAddress host, uint16_t port, const char * url = "/", const char * protocol = "arduino");
```

（2）beginSSL( ) —— 初始化WebSocket Client（TCP +SSL）

函数说明：初始化 Websocket Client，通过这个方法先初始化一些参数，包括服务地址、端口号、Url 等，和 begin() 方法区别在于是否接入 SSL 加密层。

```
void beginSSL(const char * host, uint16_t port, const char * url = "/", const char * = "", const char * protocol = "arduino");
void beginSSL(String host, uint16_t port, String url = "/", String fingerprint = "", String protocol = "arduino");
void beginSslWithCA(const char * host, uint16_t port, const char * url = "/", const char * CA_cert = NULL, const char * protocol = "arduino");
```

3. 配置类函数

（1）setAuthorization( ) —— 设置用户校验

函数说明：设置用户校验信息，用于校验账号密码是否符合要求。

```
void setAuthorization(const char * user, const char * password);
void setAuthorization(const char * auth);
```

（2）setExtraHeaders( )—— 设置额外的请求头

函数说明：在 HTTP 请求时额外带上一些请求头信息。

```
void WebSocketsClient::setExtraHeaders(const char * extraHeaders) {
  _client.extraHeaders = extraHeaders;
}
```

（3）setReconnectInterval( )—— 设置重连间隔

函数说明：当 WebSocket 意外断开时，重连的时间间隔默认值是 500ms。

```
void WebSocketsClient::setReconnectInterval(unsigned long time) {
  _reconnectInterval = time;
}
```

（4）enableHeartbeat( )—— 开启心跳

函数说明：开启心跳机制，心跳包括 Ping 请求和 Pong 响应。

```
void WebSocketsClient::enableHeartbeat(uint32_t pingInterval, uint32_t pongTimeout, uint8_t disconnectTimeoutCount) {
  WebSockets::enableHeartbeat(&_client, pingInterval, pongTimeout, disconnectTimeoutCount);
}
```

（5）disableHeartbeat( )—— 关闭心跳

函数说明：关闭心跳机制。其中，参数 pingInterval 为心跳 Ping 发出去的时间间隔，参数 pongTimeout 为心跳 Pong 响应的超时设置，超时 disconnectTimeoutCount 个 Pong 则断开网络。

```
void WebSocketsClient::disableHeartbeat() {
  _client.pingInterval = 0;
}
```

（6）onEvent( )—— 配置回调函数

函数说明：配置事件响应处理函数。

```
void WebSocketsClient::onEvent(WebSocketClientEvent cbEvent) {
  _cbEvent = cbEvent;
}
```

这个方法非常重要，后面我们需要的数据都是通过它来回调给用户。

3. 建立连接函数

（1）loop( )—— 保持连接或监听数据

函数说明：保证 WebSocket 一直处于在线状态，监听数据变化，响应处理函数。

```
void WebSocketsClient::loop(void) {
// 判断是否处于断开状态
 if(!clientIsConnected(&_client)) {
 // 处于断开状态，判断 _reconnectInterval 是否可以重连
   if((millis() - _lastConnectionFail) < _reconnectInterval) {
      return;
   }
   #if defined(HAS_SSL)
   if(_client.isSSL) {
    DEBUG_WEBSOCKETS("[WS-Client] connect wss\n");
    if(_client.ssl) {
     delete _client.ssl;
     _client.ssl = NULL;
     _client.tcp = NULL;
    }
    // 创建一个 SSL + TCP 对象
    _client.ssl = new WEBSOCKETS_NETWORK_SSL_CLASS();
    _client.tcp = _client.ssl;
    if(_CA_cert) {
     DEBUG_WEBSOCKETS("[WS-Client] setting CA certificate");
     #if defined(ESP32)
     _client.ssl->setCACert(_CA_cert);
     #elif defined(ESP8266)
     _client.ssl->setCACert((const uint8_t *)_CA_cert, strlen(_CA_cert) + 1);
     #else
     #error setCACert not implemented
     #endif
    }
   } else {
    // 非加密 WebSocket
    DEBUG_WEBSOCKETS("[WS-Client] connect ws\n");
    if(_client.tcp) {
     delete _client.tcp;
     _client.tcp = NULL;
    }
    // 创建一个 TCP 对象
    _client.tcp = new WEBSOCKETS_NETWORK_CLASS();
   }
   #else
   _client.tcp = new WEBSOCKETS_NETWORK_CLASS();
   #endif
   //TCP 对象创建失败，则返回函数。
```

```
    if(!_client.tcp) {
      DEBUG_WEBSOCKETS("[WS-Client] creating Network class failed!");
      return;
    }
    #if defined(ESP32)
    // 连接到服务器
    if(_client.tcp->connect(_host.c_str(), _port, WEBSOCKETS_TCP_TIMEOUT)) {
      #else
      if(_client.tcp->connect(_host.c_str(), _port)) {
      #endif
      // 连接成功，则开始做连接成功的处理，包括 WebSocket 握手
      connectedCb();
      _lastConnectionFail = 0;
    } else {
      // 连接状态下处理服务端发送的数据
      connectFailedCb();
      _lastConnectionFail = millis();
    }
  } else {
    handleClientData();
    if(_client.status == WSC_CONNECTED) {
      // 如果开启心跳 ，则配置 Ping
      handleHBPing();
      // 处理 Ping 请求超时
      handleHBTimeout(&_client);
    }
  }
}
```

在上面的函数中，我们需要注意以下几个方法（当然，我们开发项目不会直接接触）。

◆ connectedCb( )：WebSocket 握手协议阶段。

◆ handleClientData( )：WebSocket 处理数据阶段。

◆ handleHBPing( )：WebSocket 心跳保持连接请求。

◆ handleHBTimeout( )：WebSocket 心跳保持连接响应超时。

（2）connectedCb( )—— WebSocket握手协议阶段

ConnectedCb( ) 源码如下所示。

```
void WebSocketsClient::connectedCb() {
  …
  // 记录当前状态处于握手阶段
  _client.status = WSC_HEADER;
  #if(WEBSOCKETS_NETWORK_TYPE != NETWORK_ESP8266_ASYNC)
  // 设置 tcpclient 读取响应内容的超时时间
  _client.tcp->setTimeout(WEBSOCKETS_TCP_TIMEOUT);
  #endif
  #if(WEBSOCKETS_NETWORK_TYPE == NETWORK_ESP8266) || (WEBSOCKETS_NETWORK_TYPE == NETWORK_ESP32)
  // 设置立刻发送数据
  _client.tcp->setNoDelay(true);
  #endif
  //SSL 层的设置
  #if defined(HAS_SSL)
  if(_client.isSSL && _fingerprint.length()) {
    if(!_client.ssl->verify(_fingerprint.c_str(), _host.c_str())) {
      DEBUG_WEBSOCKETS("[WS-Client] certificate mismatch\n");
      WebSockets::clientDisconnect(&_client, 1000);
      return;
    }
  } else if(_client.isSSL && !_CA_cert) {
    #if defined(wificlientbearssl_h) && !defined(USING_AXTLS) && !defined(wificlientsecure_h)
    _client.ssl->setInsecure();
  #endif
  }
  #endif
  // 发送 WebSocket 协议数据给服务器，这里相当于握手阶段
  sendHeader(&_client);
}
```

sendHeader( ) 源码如下所示，主要功能是发送 WebSocket 协议数据给服务器。

```
void WebSocketsClient::sendHeader(WSclient_t * client) {
  static const char * NEW_LINE = "\r\n";
  DEBUG_WEBSOCKETS("[WS-Client][sendHeader] sending header\n");
  uint8_t randomKey[16] = { 0 };
  for(uint8_t i = 0; i < sizeof(randomKey); i++) {
    randomKey[i] = random(0xFF);
  }
  // 设置 Sec-WebSocket-Key 内容
  client->cKey = base64_encode(&randomKey[0], 16);
  #ifndef NODEBUG_WEBSOCKETS
  unsigned long start = micros();
  #endif
  String handshake;
  bool ws_header = true;
  String url      = client->cUrl;
  if(client->isSocketIO) {
```

```
  if(client->cSessionId.length() == 0) {
    url += WEBSOCKETS_STRING("&transport=polling");
    ws_header = false;
  } else {
    url += WEBSOCKETS_STRING("&transport=websocket&sid=");
    url += client->cSessionId;
  }
}
/***
* 协议通用格式
* GET url HTTP/1.1
* Host: localhost
* Upgrade: websocket
* Connection: Upgrade
* Origin: http:// 本地主机 :3000
* Sec-WebSocket-Key: client-random-string
* Sec-WebSocket-Version: 13
*/
// 下面开始拼接 WebSocket 请求协议
handshake = WEBSOCKETS_STRING("GET ");
handshake += url + WEBSOCKETS_STRING(
"HTTP/1.1\r\n"
"Host: ");
handshake += _host + ":" + _port + NEW_LINE;
if(ws_header) {
  handshake += WEBSOCKETS_STRING(
  "Connection: Upgrade\r\n"
  "Upgrade: websocket\r\n"
  "Sec-WebSocket-Version: 13\r\n"
  "Sec-WebSocket-Key: ");
  handshake += client->cKey + NEW_LINE;
  // 添加一些额外的请求头，默认是 "Origin: file://"
  if(client->cProtocol.length() > 0) {
    handshake += WEBSOCKETS_STRING( " Sec-WebSocket-
Protocol: ");
    // 添加请求头 User-Agent
    handshake += client->cProtocol + NEW_LINE;
  }
  // 添加请求头 Authorization: Basic
  if(client->cExtensions.length() > 0) {
    handshake += WEBSOCKETS_STRING( " Sec-WebSocket-
Extensions: ");
    handshake += client->cExtensions + NEW_LINE;
  }
} else {
    handshake += WEBSOCKETS_STRING("Connection: keep-alive\
r\n");
  }
  if(client->extraHeaders) {
    handshake += client->extraHeaders + NEW_LINE;
  }
  handshake += WEBSOCKETS_STRING( " User-Agent: arduino-
WebSocket-Client\r\n");
  // 添加请求头 Authorization:
  if(client->base64Authorization.length() > 0) {
    handshake += WEBSOCKETS_STRING("Authorization: Basic");
    handshake += client->base64Authorization + NEW_LINE;
  }
  if(client->plainAuthorization.length() > 0) {
    handshake += WEBSOCKETS_STRING("Authorization: ");
    handshake += client->plainAuthorization + NEW_LINE;
  }
  handshake += NEW_LINE;
  DEBUG_WEBSOCKETS("[WS-Client][sendHeader] handshake %s",
(uint8_t *)handshake.c_str());
  // 真正发送 WebSocket 协议数据
  write(client, (uint8_t *)handshake.c_str(), handshake.
length());
  #if(WEBSOCKETS_NETWORK_TYPE == NETWORK_ESP8266_ASYNC)
  client->tcp->readStringUntil('\n', &(client->cHttpLine),
std::bind(&WebSocketsClient::handleHeader, this, client,
&(client->cHttpLine)));
  #endif
  DEBUG_WEBSOCKETS("[WS-Client][sendHeader] sending header
Done (%luus).\n", (micros() - start));
}
```

发送完请求之后，需要等待服务端响应，然后解析响应。

（3）handleClientData ( )—— WebSocket处理数据阶段

handleClientData ( ) 源码如下。主要功能是让客户端处理从服务器返回的响应内容。

```
void WebSocketsClient::handleClientData(void) {
  int len = _client.tcp->available();
  if(len > 0) {
    switch(_client.status) {
      // 处理服务器响应 WebSocket 请求
      case WSC_HEADER: {
        // 每次读一行
        String headerLine = _client.tcp->readStringUntil('\
n');
```

```
        // 读完一行就处理一次响应头信息
        handleHeader(&_client, &headerLine);
      } break;
      // 处理后面的数据传输 (server→client)
      case WSC_CONNECTED:
      WebSockets::handleWebsocket(&_client);
      break;
      default:
      WebSockets::clientDisconnect(&_client, 1002);
      break;
    }
  }
  #if(WEBSOCKETS_NETWORK_TYPE == NETWORK_ESP8266) ||
(WEBSOCKETS_NETWORK_TYPE == NETWORK_ESP32)
  delay(0);
  #endif
}
```

下面需要关注 handleHeader ( )，它处理 WebSocket 握手请求的响应内容。handleWebsocket( )，它处理服务端向客户端发送的数据。

handleHeader( ) 源码如下所示。

```
void WebSocketsClient::handleHeader(WSclient_t * client,
String * headerLine) {
  headerLine->trim();
  /**
  * 拿着协议一起来看看
  * HTTP/1.1 101 Switching Protocols
  * Upgrade: websocket
  * Connection: Upgrade
  * Sec-WebSocket-Accept: server-random-string
  * Sec-WebSocket-Protocol: xxxxxxx
  * Sec-WebSocket-Version: xxxxxxx
  * Sec-WebSocket-Extensions:xxxxxxxx
  * Set-Cookie:xxxxxxxxx
  */
  if(headerLine->length() > 0) {
    DEBUG_WEBSOCKETS("[WS-Client][handleHeader] RX: %s\n",
headerLine->c_str());
    // 判断响应头 HTTP/1.1 101 Switching Protocols
    if(headerLine->startsWith(WEBSOCKETS_STRING("HTTP/1.")))
  {
      …
    }
    if(headerName.equalsIgnoreCase(WEBSOCKETS_STRING
("Connection"))) {
      // 处理响应头 Connection: Upgrade
      if(headerValue.equalsIgnoreCase(WEBSOCKETS_STRING
("upgrade"))) {
        client->cIsUpgrade = true;
      }
      // 处理响应头 Upgrade: WebSocket
    } else if(headerName.equalsIgnoreCase(WEBSOCKETS_
STRING("Upgrade"))) {
      if(headerValue.equalsIgnoreCase(WEBSOCKETS_STRING
("websocket"))) {
        client->cIsWebsocket = true;
      }
      // 处理响应头 Sec-WebSocket-Accept
    } else if(headerName.equalsIgnoreCase(WEBSOCKETS_
STRING("Sec-WebSocket-Accept"))) {
        client->cAccept = headerValue;
        client->cAccept.trim();
        // 处理响应头 Sec-WebSocket-Protocol
      } else if(headerName.equalsIgnoreCase(WEBSOCKETS_
STRING("Sec-WebSocket-Protocol"))) {
        client->cProtocol = headerValue;
        // 处理响应头 Sec-WebSocket-Extensions
      } else if(headerName.equalsIgnoreCase(WEBSOCKETS_
STRING("Sec-WebSocket-Extensions"))) {
        client->cExtensions = headerValue;
        // 处理响应头 Sec-WebSocket-Version
      } else if(headerName.equalsIgnoreCase(WEBSOCKETS_
STRING("Sec-WebSocket-Version"))) {
        client->cVersion = headerValue.toInt();
        // 处理响应头 Set-Cookie
      } else if(headerName.equalsIgnoreCase(WEBSOCKETS_
STRING("Set-Cookie"))) {
    …
    bool ok = (client->cIsUpgrade && client->cIsWebsocket);
    if(ok) {
      switch(client->cCode) {
        /// 101 证明握手成功，可以切换协议，其他情况认为失败
        case 101:
        break;
        case 200:
        if(client->isSocketIO) {
          break;
        }
        case 403:
```

```
    default:
    ok = false;
  …
  if(ok) {
    DEBUG_WEBSOCKETS("[WS-Client][handleHeader] Websocket connection init done.\n");
    // 握手成功，结束该阶段
    headerDone(client);
    // 运行交互数据监控阶段
    runCbEvent(WStype_CONNECTED, (uint8_t *)client->cUrl.c_str(), client->cUrl.length());
  } else if(clientIsConnected(client) && client->isSocketIO && client->cSessionId.length() > 0) {
…
```

handleWebsocket ( ) 源码如下所示。只有握手成功，建立 WebSocket 网络通道之后这个方法才有意义，主要是处理 WebSocket 协议的数据传输。

```
void WebSockets::handleWebsocket(WSclient_t * client) {
  …
  // 处理 WebSocket 结构帧
  void WebSockets::handleWebsocketCb(WSclient_t * client) {
  …
    } else {
      // 接收成功数据后，此方法很重要
      handleWebsocketPayloadCb(client, true, NULL);
    }
  }
  // 处理帧上的 Payload 负载内容
  void WebSockets::handleWebsocketPayloadCb(WSclient_t * client, bool ok, uint8_t * payload) {
      …
      // 重点关注这个方法，这个方法最后会把数据回调给到用户，是我们的业务代码
      messageReceived(client, header->opCode, payload, header->payloadLen, header->fin);
  …
  /**
  * 这个方法最后会把数据回调给到用户，也就是我们的业务代码
  * @param client WSclient_t *  WSclient_t 指针对象
  * @param opcode WSopcode_t  WebSocket 协议的操作码会映射成 WStype_t 值
  * @param payload  uint8_t * 负载信息大小
  * @param length size_t 负载信息大小
  */
```

```
void WebSocketsClient::messageReceived(WSclient_t * client, WSopcode_t opcode, uint8_t * payload, size_t length, bool fin) {
  WStype_t type = WStype_ERROR;
  UNUSED(client);
  switch(opcode) {
    // 此处是传输的数据，我们应该注意
    case WSop_text:
    type = fin ? WStype_TEXT : WStype_FRAGMENT_TEXT_START;
    break;
    case WSop_binary:
    type = fin ? WStype_BIN : WStype_FRAGMENT_BIN_START;
    break;
    case WSop_continuation:
    type = fin ? WStype_FRAGMENT_FIN : WStype_FRAGMENT;
    break;
    case WSop_ping:
    type = WStype_PING;
    break;
    case WSop_pong:
    type = WStype_PONG;
    break;
    case WSop_close:
    default:
    break;
  }
  //运行注册的回调函数，把数据抛给用户层
  runCbEvent(type, payload, length);
}
```

（4）handleHBPing ( )—— WebSocket心跳保持连接

请求这个方法的作用主要是和 WebSocket 服务器保持在线长连接的状态，也就是每隔一段时间发起一个 Ping 请求，服务器收到 Ping 之后认为客户端还存活，延长在线状态。

```
void WebSocketsServer::handleHBPing(WSclient_t * client) {
  // 这是核心方法，所有帧的发送都会到来这里
  if(clientIsConnected(client)) {
    return sendFrame(client, WSop_ping, payload, length);
  }
  return false;
}
```

（5）handleHBTimeout( ) —— WebSocket心跳保持连接响应超时

函数说明：一个时间间隔内看看 Pong 是否返回没有返回证明 Ping 请求没有发送成功，需要重新建立 WebSocket 连接。

```
void WebSockets::handleHBTimeout(WSclient_t * client) {
```

```
...
}
```

4. 发送数据函数

发送数据到对端 WebSocket 服务器。使用的主要函数如下。

- sendTXT ( )—— 发送字符串。
- sendBIN( ) —— 发送二进制内容。
- sendPing ( )—— 发送 Ping。
- sendFrame( ) —— 发送帧。

官方案例

1. WebSocket client请求

主要测试整个 WebSocket 的通信流程。

```
#include <Arduino.h>
#include <ESP8266WiFi.h>
#include <ESP8266WiFiMulti.h>
#include <WebSocketsClient.h>
#include <Hash.h>
ESP8266WiFiMulti WiFiMulti;
WebSocketsClient webSocket;
#define USE_SERIAL Serial1
// 处理回调方法
void webSocketEvent(WStype_t type, uint8_t * payload, size_t length) {
  switch(type) {
    // WebSocket 断开连接
    case WStype_DISCONNECTED:
    USE_SERIAL.printf("[WSc] Disconnected!\n");
    break;
    // WebSocket 建立连接
    case WStype_CONNECTED: {
      USE_SERIAL.printf( " [WSc] Connected to url: %s\n ", payload);
      // 当建立连接时向服务器发送一个提示信息
      webSocket.sendTXT("Connected");
    }
    break;
    // 收到 WebSocket 服务器发送过来的字符串数据
    case WStype_TEXT:
    USE_SERIAL.printf("[WSc] get text: %s\n", payload);
    // send message to server
    // webSocket.sendTXT("message here");
    break;
    // 收到 WebSocket 服务器发送过来的二进制数据
    case WStype_BIN:
    USE_SERIAL.printf( " [WSc] get binary length: %u\n ", length);
    hexdump(payload, length);
    // webSocket.sendBIN(payload, length);
    break;
    // 收到 WebSocket 服务器的 Ping 请求
    case WStype_PING:
    // pong will be send automatically
    USE_SERIAL.printf("[WSc] get ping\n");
    break;
    // 收到 WebSocket 服务器的 Pong 响应
    case WStype_PONG:
    // answer to a ping we send
    USE_SERIAL.printf("[WSc] get pong\n");
    break;
  }
}
void setup() {
  USE_SERIAL.begin(115200);
  USE_SERIAL.setDebugOutput(true);
  USE_SERIAL.println();
  USE_SERIAL.println();
  USE_SERIAL.println();
  for(uint8_t t = 4; t > 0; t--) {
    USE_SERIAL.printf("[SETUP] BOOT WAIT %d...\n", t);
    USE_SERIAL.flush();
    delay(1000);
  }
  // 添加 Wi-Fi 账号和密码，这里是 2.4G 网络
  WiFiMulti.addAP("SSID", "passpasspass");
  //WiFi.disconnect();
  while(WiFiMulti.run() != WL_CONNECTED) {
    delay(100);
  }
  // 设置 WebSocket 服务器地址，端口号 Url
  webSocket.begin("192.168.0.123", 81, "/");
  // 注册回调响应函数
  webSocket.onEvent(webSocketEvent);
  // 设置用户校验信息
  webSocket.setAuthorization("user", "Password");
  // 设置重连间隔
  webSocket.setReconnectInterval(5000);
  // 配置心跳设置
  // 心跳 Ping 发出去的时间间隔为 15000ms
  // 心跳 Pong 响应的超时设置为 3000ms
```

```
  // 当2个Pong没有收到就认为网络断开
  webSocket.enableHeartbeat(15000, 3000, 2);
}
void loop() {
  // 不断检测WebSocket的状态
  webSocket.loop();
}}
```

2. SSL WebSocket请求

```
#include <Arduino.h>
#include <ESP8266WiFi.h>
#include <ESP8266WiFiMulti.h>
#include <WebSocketsClient.h>
#include <Hash.h>
ESP8266WiFiMulti WiFiMulti;
WebSocketsClient webSocket;
#define USE_SERIAL Serial1
// 处理回调方法
void webSocketEvent(WStype_t type, uint8_t * payload, size_
t length) {
  switch(type) {
    // WebSocket断开连接
    case WStype_DISCONNECTED:
    USE_SERIAL.printf("[WSc] Disconnected!\n");
    break;
    // WebSocket建立连接
    case WStype_CONNECTED: {
      USE_SERIAL.printf("[WSc] Connected to url: %s\n",
payload);
      // 当建立连接时往服务器发送一个提示信息
      webSocket.sendTXT("Connected");
    }
    break;
    // 收到WebSocket服务器发送过来的字符串数据
    case WStype_TEXT:
    USE_SERIAL.printf("[WSc] get text: %s\n", payload);
    // send message to server
    // webSocket.sendTXT("message here");
    break;
    // 收到wWebSocket服务器发送过来的二进制数据
    case WStype_BIN:
    USE_SERIAL.printf("[WSc] get binary length: %u\n",
length);
    hexdump(payload, length);
    // webSocket.sendBIN(payload, length);
    break;
    // 收到WebSocket服务器的Ping请求
    case WStype_PING:
    // pong will be send automatically
    USE_SERIAL.printf("[WSc] get ping\n");
    break;
    // 收到WebSocket服务器的Pong响应
    case WStype_PONG:
    // answer to a ping we send
    USE_SERIAL.printf("[WSc] get pong\n");
    break;
  }
}
void setup() {
  USE_SERIAL.begin(115200);
  USE_SERIAL.setDebugOutput(true);
  USE_SERIAL.println();
  USE_SERIAL.println();
  USE_SERIAL.println();
  for(uint8_t t = 4; t > 0; t--) {
    USE_SERIAL.printf("[SETUP] BOOT WAIT %d...\n", t);
    USE_SERIAL.flush();
    delay(1000);
  }
  // 添加你的Wi-Fi账号和密码，这里是2.4G网络
  WiFiMulti.addAP("SSID", "passpasspass");
  while(WiFiMulti.run() != WL_CONNECTED) {
    delay(100);
  }
  // 设置WebSocket服务器地址，端口号Url，这里会加上SSL加密的东西
  webSocket.beginSSL("192.168.0.123", 81);
  // 注册回调响应函数
  webSocket.onEvent(webSocketEvent);
}
void loop() {
  // 不断检测WebSocket的状态
  webSocket.loop();
}
```

以上两个例子主要演示如何使用该库，后面笔者会在应用篇使用该协议。

结语

笔者慢慢感觉已经不是在学习ESP8266，而是学习各种网络协议。基于WebSocket的协议，我们可以做许多东西，后面请等待笔者慢慢分享。

太赫兹安检仪

▌祃宸升 庞斌 张自力

▌图1 X射线安检仪

实践表明，加强机场、车站等人员密集场所的安全检查是预防公共安全事件发生的有效手段。在各大交通枢纽站，乘客必须先通过安检才能进入车站，安检设备的出现大大降低了公共安全事件发生的概率，为乘客的安全出行保驾护航。

常见的安检设备

那么安检设备是如何检查物品的呢？最常见的安检设备是手持式金属探测器和安检仪。

手持式金属探测器利用电磁感应原理，将线圈通电形成一个保持平衡的磁场。当有金属物经过磁场时，金属物内部会感生出涡电流，涡电流又会产生磁场，产生的磁场会反过来影响原来的磁场，原来的磁场就会发生改变，平衡就被打破，于是金属探测器就开始报警，反应相当灵敏，稳定性好。但是安检员通过人工方式进行检查，有可能侵犯乘客隐私，并且检查效率比较低，甚至可能因此引发乘客拒绝安检，导致乘客与工作人员之间发生冲突。

安检仪，全称X射线安检仪，顾名思义就是利用X射线进行安检的仪器。它的工作原理是借助传送带将被检查物品送入X射线检查通道，当有物体进入通道时，物品会遮挡包裹检测传感器，传感器给控制系统发出信号，机器内部就会发出小剂量的X射线穿透被检物品。X射线被被检查物品吸收、反射、散射，剩下的X射线会照射到半导体探测器上。探测器把X射线转变为信号，这些很弱的信号被放大，并送到信号处理机箱做进一步处理，处理后的结果就通过显示屏显示出来。由于不同种类、厚度、密度的物品，对X射线的吸收程度不一样，所以穿过物品后的X射线强度也不一样。物品密度、厚度越大，吸收X射线越多；密度、厚度越小，吸收X射线越少。不同强度的X射线照射到半导体探测器上被转变成的信号不同，信号处理后所形成的图像也就不同。因此，安检人员可以根据显示屏上每个物品显示的颜色、形状，判断物品大概属于哪一类，是否属于违禁物品。但由于X射线产生的辐射属于电离辐射，蕴含较大的能量，如果从安检仪里泄漏出来对人体是有害的，所以你会看到在安检仪出/入口会安装两排黑色的门帘，如图1所示，它们的专业名词叫作铅门帘，用来阻挡X射线，防止其泄漏。X射线的电离辐射会对人体产生危害，所以X射线安检仪只适用于检查物品，不适合对人体进行检查，X射线安检仪也已正式被相关部门明令禁止用于人体安检。

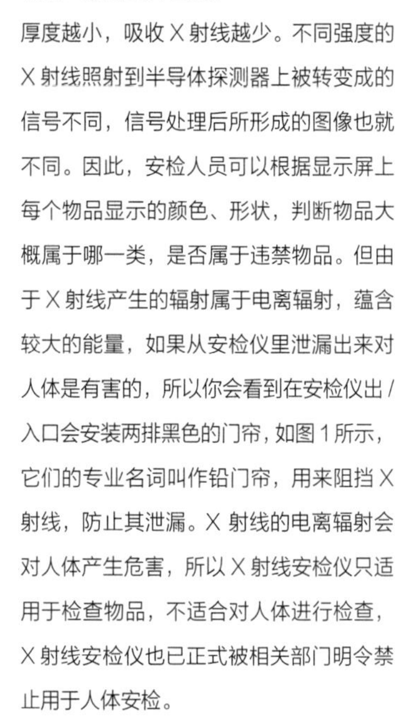

同时，可见光不能透过X射线类设备，X射线成像的对比度较低，主要探测金属物品，导致安检效率低下，于是就可能造成人员高度密集、难以快速疏通的场景。

很多人会觉得安检设备从原理上看起来很简单，只要把物体放进安检仪，用X射线照射一下就可以了，其实并不是这样。安检设备行业是一个高科技、高度垄断的行业。我国的安检设备很长一段时间都依赖进口，机场和医院都是采用进口的X射线安检设备。安检设备市场主要被国外知名品牌垄断，包括阿森纳、启亚、盖瑞特、迈特等，此外还盘踞着GE、霍尼韦尔、西门子等世界500强企业。近年来，各国研究人员纷纷寻找一种能对人体携带隐蔽危险物品进行成像，且对人体不构成伤害的安检方案。目前公认最有竞争力的技术手段就是太赫兹成像。太赫兹成像是以太赫兹波作为载体的一种成像技术，不但具有分辨率高、透视性好的优点，而且安全性高，是一种非常理想的安检手段，因此，在公共安全领域有着独特的应用价值和广

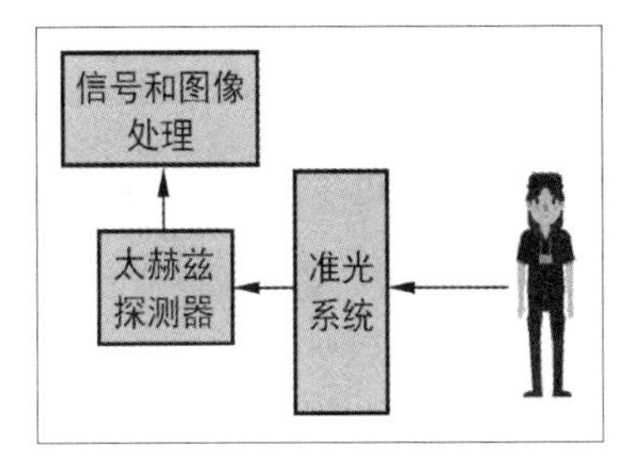

图2 主动式太赫兹安检系统

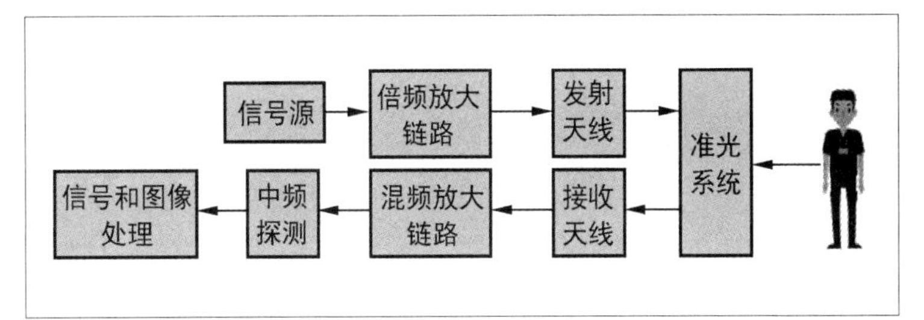

图3 被动式太赫兹安检系统

阔的市场前景。在此背景下，大力发展太赫兹成像技术，在太赫兹安检领域实现弯道超车，是我国打破国外安检技术垄断的重要途径。

太赫兹安检仪

太赫兹波是介于微波和红外线频段之间的电磁波，成像的空间分辨率高。同时它穿透能力强，安全性方面也好于 X 射线，对人体无伤害。最重要的是人体也会产生太赫兹波并向外辐射！太赫兹安检仪就是基于太赫兹成像技术研发设计的，根据测量方式的不同分为主动式和被动式两类。

主动式太赫兹安检仪与 X 射线安检仪的工作原理大致相同，如图 2 所示，都是通过安检系统对被测物或人体发出特定频率电磁波，通过被测物或人体对发射的电磁波的吸收、反射和散射程度的不同进行判别。只不过主动式太赫兹安检仪发射的是太赫兹波，安全性更高。

相反，被动式太赫兹安检仪则充分利用人体会向外辐射太赫兹波这一特性，如图 3 所示，通过被动接收人体自身向外辐射的太赫兹波，经过处理和转换，形成人体的二维太赫兹波强度图，并显示在显示屏上。当人体携带违禁物品通过安检通道时，随身携带的物品会对人体发出的太赫兹波做不同程度的吸收、遮挡，并在对应部位留下物品形状阴影，从而使物品的位置和人体背景之间产生对比图像，并在显示屏上显示出物品的形状和其所在的位置。检测人员通过观察图像就可以判断人体是否携带危险物品，以及危险物品的种类。通俗来讲，太赫兹安检设备工作时就像照相机一样快速给人体拍了一张照片，从后台的系统软件上就可以清淅地看出人体携带的物品的形状、大小和位置。

刚刚介绍了两类太赫兹安检设备，那么这两类设备都有什么优缺点呢？下面简要介绍一下。

主动式设备需要主动发射太赫兹波，这就要求它要比被动式设备多出一部分太赫兹波发射模块，因此主动式设备的系统硬件复杂度和成像算法的复杂度往往比被动式设备要高出很多。同时，由于主动式设备需要主动发射一定量的太赫兹波，尽管目前没有证据表明这一频段的电磁辐射会对人体构成伤害，但相关的标准仍是空白，市场和群众对主动式系统的接受程度也还是一个问号。

被动式设备被动接收人体发射的太赫兹波，相较于主动式设备其复杂性更低、安全性更好。缺点是人体发射的太赫兹波功率很低，设备需要探测的信号十分微弱，并且周围环境和设备自身也会对探测产生一定影响，实现对差别如此小的功率的探测和进一步的成像对被动式太赫兹设备提出了较高的要求。因此被动式设备的成像分辨率要低于主动式设备。

综上所述，两者的差异主要在于，主动式设备成像分辨率高一些，但太赫兹波发射的量不好把握。被动式设备是对人体自身发出来的太赫兹波来进行测量，简单实用，清晰度也可满足安检基本需求。

结语

相信读者们对太赫兹安检技术已经有了一定的了解，下面笔者对太赫兹安检技术的一些优势并就目前的发展现状做一下介绍。

太赫兹安检技术和传统安检手段相比，具有以下四大特点。

（1）更安全

传统的安检仪一般采用 X 射线主动发射探测，而太赫兹安检设备则是被动接收来自人体自身发出的电磁波，设备本身不存在任何的电离或电磁辐射，对被检测人员绝对安全。

（2）更可靠

传统的安检仪主要用于金属物品探测，而太赫兹安检设备不仅可以探测金属物品，还可以探测人体携带的非金属物品，如陶瓷、粉末、液体、胶体等，让刀具、毒品、爆炸物等无所遁形。

（3）更文明

太赫兹安检设备检测方式为非接触式检查，被检人员无须与安检员接触，不需要脱衣，检测结果不显示任何身体特征，尤其不会显示人体生理特征细节，充分保护被检人员个人隐私。

（4）更高效

太赫兹安检设备可动态实时成像，距离 3~15m 即可进行检测，每小时可检测

鸿蒙 eTS 开发入门（5）
选项卡

▎程晨

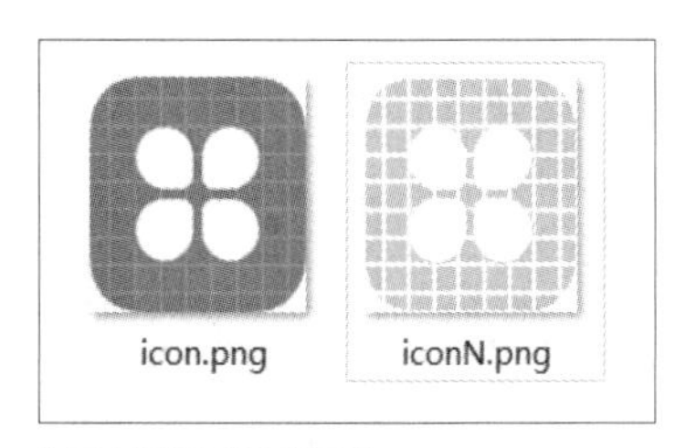

▎图 1 准备两张图标图片

了解了前几期的内容，我们来创建选项卡。在很多 App 中，我们都可以见到选项卡，每个选项卡对应一个图标和一个名称，如微信中的“发现”“我”等，当选中某个选项卡的时候，对应的图标和文字的颜色会发生变化。因此本期创建选项卡，我们需要准备几张不同的图标图片。

这里我们操作得简单一些，只准备两张图标图片，一张表示选项卡被选中，一张表示没被选中。前几期我们提到过，在空项目中有一个名为 icon.png 的图片，这张图片位于目录 resources/base/media 下，我们打开这个目录（和前文提到的打开 rawfile 文件夹的方式一样），然后对 icon.png 稍作修改，将其变为灰色，另存为 iconN.png，如图 1 所示。icon.png 对应的是选项卡被选中时的图标，iconN.png 对应的是选项卡未被选中时的图标。

图片准备好后，我们来大致规划一下页面的布局。我们先将选项卡放在页面的上端，这样这个页面就包含了“选项卡”和“页面内容”两个容器，而且这两个容器是纵向排列的，将这个两个容器放在页面这个大的容器内的程序如程序 1 所示，显示效果如图 2 所示，图中红框表示“选项卡”容器，蓝框表示“页面内容”容器。

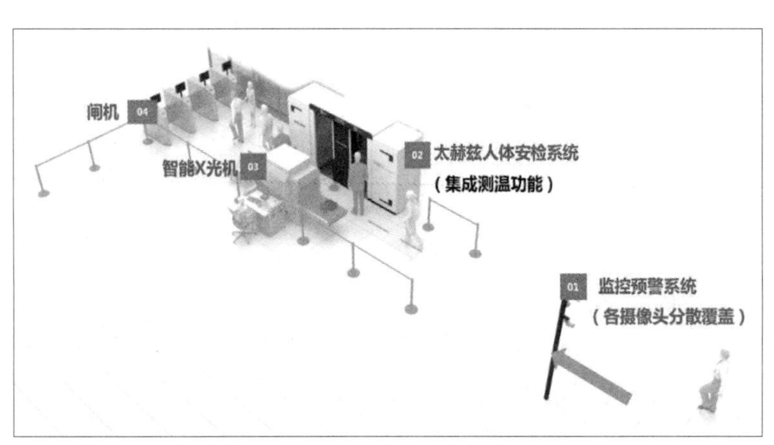

▎图4 太赫兹安检仪场地规划

▎图5 地铁中的太赫兹人体安检仪

约 1000 人，可以不间断连续工作，效率是目前人工安检效率 10 倍以上，大大提高了高峰期客流安检的速度。

目前在高频太赫兹设备尚不完全成熟的情况下，被动式设备在实际应用方面具有更高的可靠性和稳定性。被动式太赫兹安检探测技术在安防检测、物质识别等领域发展迅猛。特别是被动式设备只接收人体发射的太赫兹波成像，是科研人员的研究热点，也是未来的主流应用方向。国外已有机场在利用太赫兹技术扫描机场通过海关的旅客与行李，检查其中是否藏有毒品、炭疽菌粉或炸弹等违禁物品。国内也有多家研究机构和群体从事太赫兹安检安防设备的研制。太赫兹安检仪场地规划如图 4 所示。上海、广州、合肥等多地的地铁里也已经出现图 5 所示的太赫兹人体安检仪。

从技术上来说，太赫兹安检仪已经具备了取代传统设备的技术优势，并且已经通过试用检验和公安部权威机构检测。随着太赫兹技术的运用，我国公共安全产业的技术研发也将实现突破，可以有效提升我国安检设备的技术水平，打破国外产品的优势地位，促进这一领域仪器的国产化进程。

图2 “选项卡”和“页面内容”两个容器的显示效果

程序1

```
build() {
  Flex({ direction: FlexDirection.Column, alignItems: ItemAlign.Center,
    justifyContent: FlexAlign.Center
}) {
Flex({ direction: FlexDirection.Row, alignItems: ItemAlign.Center,
 justifyContent: FlexAlign.Center })
{
    }
    .width('100%')
    .height(150)
    .borderStyle(BorderStyle.Solid)
    .borderWidth(3)
    .borderColor(Color.Red)
Flex({ direction: FlexDirection.Column, alignItems: ItemAlign.Center,
 justifyContent: FlexAlign.Center })
{
    Text('Hello World')
    .fontSize(50)
    .fontWeight(FontWeight.Bold)
    }
    .width('100%')
    .height('100%')
    .borderStyle(BorderStyle.Solid)
    .borderWidth(3)
    .borderColor(Color.Blue)
  }
  .width('100%')
  .height('100%')
}
```

程序1是在《按钮对象与弹窗》一文中的程序的基础上修改的，只保留了一个文本对象，程序中红色部分为“选项卡”容器对应的程序，蓝色部分为“页面内容”容器对应的程序。为了显示“选项卡”和“页面内容”两个容器，我们通过程序设置了显示容器外侧的边框。另外要特别注意的是未来每个选项卡在“选项卡”容器中都是横向排列的，因此容器中的参数direction为FlexDirection.Row。

接着，我们来放置4个选项卡，因为每个选项卡的图片和文字是放在一个容器中的，所以要在“选项卡”容器中再增加4个选项卡容器，具体如程序2所示。

程序2

```
build() {
  Flex({ direction: FlexDirection.Column, alignItems: ItemAlign.Center,
    justifyContent: FlexAlign.Center
}) {
 Flex({ direction: FlexDirection.Row, alignItems: ItemAlign.Center,
    justifyContent: FlexAlign.Center
}) {
  Flex({ direction: FlexDirection.Column, alignItems: ItemAlign.Center,
    justifyContent: FlexAlign.Center
}) {
      }
      .width('25%')
Flex({ direction: FlexDirection.Column, alignItems: ItemAlign.Center,
justifyContent: FlexAlign.Center })
{
      }
      .width('25%')
Flex({ direction: FlexDirection.Column, alignItems: ItemAlign.Center,
justifyContent: FlexAlign.Center })
{
      }
    .width('25%')
Flex({ direction: FlexDirection.Column, alignItems: ItemAlign.Center,
justifyContent: FlexAlign.Center })
{
      }
      .width('25%')
    }
    .width('100%')
    .height(150)
   Flex({ direction: FlexDirection.Column, alignItems: ItemAlign.Center,justifyContent: FlexAlign.Center }) {
    Text('Hello World')
    .fontSize(50)
    .fontWeight(FontWeight.Bold)
    }
    .width('100%')
    .height('100%')
   }
   .width('100%')
   .height('100%')
 }
```

注意，程序2中去掉了显示“选项卡”容器和“页面内容”容器边框的部分。接下来，我们为每个选项卡增加图标和文本，假设这4个选项卡分别为“文档”“视频”“图片”和“游戏”，则对应的程序如程序3所示，此时的显示效果如图3所示。

程序3

```
build() {
  Flex({ direction: FlexDirection.Column, alignItems: ItemAlign.Center,
    justifyContent: FlexAlign.Center
}) {
   Flex({ direction: FlexDirection.Row, alignItems: ItemAlign.Center,
```

```
 justifyContent: FlexAlign.Center })
{
    Flex({ direction: FlexDirection.
Column, alignItems: ItemAlign.Center,
justifyContent: FlexAlign.Center })
{
    Image($r('app.media.icon'))
    .objectFit(ImageFit.Contain)
    .height(60)
    Text('文档')
V.fontSize(20)
      }
      .width('25%')
Flex({ direction: FlexDirection.
Column, alignItems: ItemAlign.Center,
justifyContent: FlexAlign.Center })
{
Image($r('app.media.iconN'))
  .objectFit(ImageFit.Contain)
  .height(60)
  Text('视频')
  .fontSize(20)
      }
    .width('25%')
   Flex({ direction: FlexDirection.
Column, alignItems: ItemAlign.Center,
 justifyContent: FlexAlign.Center })
{
Image($r('app.media.iconN'))
.objectFit(ImageFit.Contain)
.height(60)
Text('图片')
.fontSize(20)
      }
.width('25%')
Flex({ direction: FlexDirection.
Column, alignItems: ItemAlign.Center,
justifyContent: FlexAlign.Center })
{
 Image($r('app.media.iconN'))
 .objectFit(ImageFit.Contain)
 .height(60)
 Text('游戏')
```

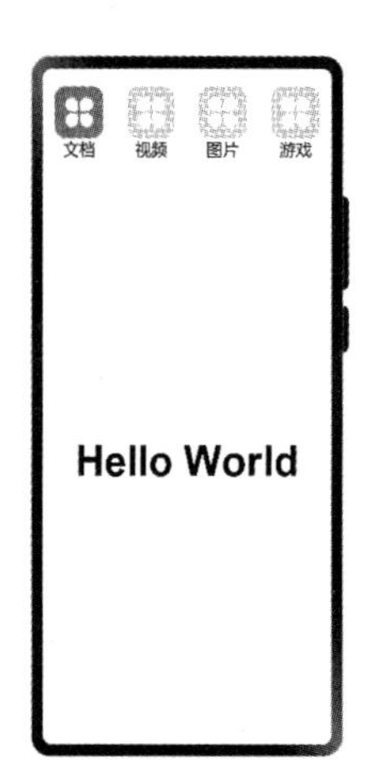

图 3 为选项卡增加图标和名称的显示效果

```
 .fontSize(20)
      }
       .width('25%')
      }
     .width('100%')
     .height(150)
     Flex({ direction: FlexDirection.
Column, alignItems: ItemAlign.Center,
justifyContent: FlexAlign.Center })
{
      Text('Hello World')
      .fontSize(50)
      .fontWeight(FontWeight.Bold)
     }
     .width('100%')
     .height('100%')
     }
   .width('100%')
   .height('100%')
}
```

这个显示效果基本达到了本文最初的预想，不过目前单击这些选项卡，界面没有任何反应。如果我们希望选项卡响应单击事件，那么就需要完成对象的 onClick() 方法。

先创建一个名为 menuIndex 的变量，如程序 4 所示。

程序4

```
  @State menuIndex: number = 0
```

然后通过 onClick() 方法改变变量的值，以第 1 个选项卡容器的 onClick() 方法为例，如程序 5 所示。

程序5

```
Flex({ direction: FlexDirection.
Column, alignItems: ItemAlign.Center,
justifyContent: FlexAlign.Center })
{
  Image($r('app.media.icon'))
    .objectFit(ImageFit.Contain)
    .height(60)
  Text('文档')
    .fontSize(20)
}
.width('25%')
.onClick(() => {
  this.menuIndex = 0;
})
```

能够修改变量值之后，就可以通过变量来改变整个显示的内容了，比如改变选项卡图标和更改“页面内容”容器中的内容，如程序 6 所示。

程序6

```
@Entry
@Component
struct Index {
  @State menuIndex: number = 0
  build() {
    Flex({ direction: FlexDirection.
Column, alignItems: ItemAlign.Center,
justifyContent: FlexAlign.Center })
{
     //选项卡容器
          Flex({ direction:
FlexDirection.Row, alignItems:
ItemAlign.Center,


   justifyContent: FlexAlign.Center
}) {
   Flex({ direction: FlexDirection.
Column, alignItems: ItemAlign.Center,
justifyContent: FlexAlign.Center })
{
```

```
Image(
this.menuIndex == 0?$r('app.media.
icon'):$r('app.media.iconN')
        )
  .objectFit(ImageFit.Contain)
  .height(60)
  Text('文档')
  .fontSize(20)
      }
  .width('25%')
  .onClick(() => {
this.menuIndex = 0;
      })
Flex({ direction: FlexDirection.
Column, alignItems: ItemAlign.Center,
justifyContent: FlexAlign.Center })
{
Image(
this.menuIndex == 1?$r('app.media.
icon'):$r('app.media.iconN')
        )
.objectFit(ImageFit.Contain)
.height(60)
Text('视频')
.fontSize(20)
      }
  .width('25%')
  .onClick(() => {
  this.menuIndex = 1;
  })
Flex({ direction: FlexDirection.
Column, alignItems: ItemAlign.Center,
justifyContent: FlexAlign.Center })
{
  Image(
this.menuIndex == 2?$r('app.media.
icon'):$r('app.media.iconN')
        )
  .objectFit(ImageFit.Contain)
  .height(60)
  Text('图片')
  .fontSize(20)
      }
  .width('25%')
  .onClick(() => {
this.menuIndex = 2;
      })
Flex({ direction: FlexDirection.
Column, alignItems: ItemAlign.Center,
justifyContent: FlexAlign.Center })
{
  Image(
this.menuIndex == 3?$r('app.media.
icon'):$r('app.media.iconN')
        )
  .objectFit(ImageFit.Contain)
  .height(60)
  Text('游戏')
  .fontSize(20)
      }
  .width('25%')
  .onClick(() => {
 this.menuIndex = 3;
      })
    }
  .width('100%')
  .height(150)
      //"页面内容"容器
Flex({ direction: FlexDirection.
Column, alignItems: ItemAlign.Center,
justifyContent: FlexAlign.Center })
{
 if(this.menuIndex == 0)
      {
 Text("这是文档页面")
  .fontSize(50)
  .fontWeight(FontWeight.Bold)
      }
      else if(this.menuIndex == 1)
      {
 Text("这是视频页面")
  .fontSize(50)
  .fontWeight(FontWeight.Bold)
      }
else if(this.menuIndex == 2)
      {
```

图 4 单击“图片”选项卡后的显示效果

```
Text("这是图片页面")
  .fontSize(50)
  .fontWeight(FontWeight.Bold)
      }
else if(this.menuIndex == 3)
      {
Text("这是游戏页面")
  .fontSize(50)
  .fontWeight(FontWeight.Bold)
      }
    }
   .width('100%')
   .height('100%')
   }
   .width('100%')
   .height('100%')
  }
}
```

此时当单击不同选项卡时，选项卡的图标会对应变化，同时“页面内容”容器中显示的文字也会变化，单击“图片”选项卡后的显示效果如图 4 所示。注意这里“页面内容”容器中组件对象的布局和数量是可以不同的，这需要根据具体的显示内容来设计。

至此，选项卡的内容就介绍到这里了，大家可以添加更多的图标图片使界面更美观。

STM32入门100步（第52步）

CRC与芯片ID

杜洋 洋桃电子

CRC校验功能

这一步介绍单片机最后两个功能：CRC校验功能和芯片ID功能。它们是单片机的辅助功能，并不常用，这里作为选学内容为大家介绍。首先介绍CRC校验功能，CRC校验是一个内部具有32位寄存器的CRC计算单元，功能是验证数据的准确性，可用于Flash检测、外部数据检测、软件签名等方面。CRC校验使用简单，它有一个计算寄存器用于写入和读出数据。如图1所示，计算寄存器连接在AHB总线，当AHB总线向CRC寄存器写入数据，数据被写入“数据寄存器（输入）”（32位写操作）。写入数据后会进行“CRC计算”，通过多项式计算完成CRC算法，将计算结果送入“数据寄存器（输出）”，再以32位的方式输送回AHB总线（32位读操作）。从中可知写入和读出的数据不同，写入的是准备计算的数据，存放在“数据寄存器（输入）”中；读出的数据是经过CRC计算后放入“数据寄存器（输出）”的计算结果。如图2所示，CRC功能中还有一个8位的用户独立寄存器，是给用户存放标志位或临时数据的。CRC对此寄存器并没有计算功能，写入和读出的数据相同。8位独立寄存器独立存在，即使CRC功能复位，8位独立寄存器中的数据也不会丢失。CRC复位之后，32位CRC计算寄存器中的数据会消失。CRC功能可以很方便地做数据校验。如图3所示，假设我们需要在两个设备之间收发数据，上方是发送端，下方是接收端，“要发送的数据”方框中是要发送的数据。我们只要将数据分组，将每组32位（4字节）的数据逐一写入CRC寄存器。写入完成后直接从CRC寄存器读出计算结果，将结果与要发送的数据一同发送给接收设备。接收设备收到全部数据和CRC结果，然后把收到的数据统一分组，每组32位，写入接收设备的CRC寄存器，并读出CRC计算结果。将计算结果与发送来的计算结果相比较，二者相同表示收到的数据正确。在无线通信、远程通信等项目中使用CRC校验可增加通信的准确率和稳定性。

接下来看一下CRC校验在程序中要如何使用。在附带资料中找到“CRC功能测试程序”工程，这个工程复制了上一个示例程序“定时器中断测试程序”的工程，工程中没有新内容。由于CRC校验属于内部数据处理，示例程序不能在开发板上看到实验效果，所以不进行演示。用Keil软件打开工程，在设置里面的Lib文件夹中添加stm32f10x_crc.c文件，这是CRC校验的固件库文件。在程序里我直接使用库文件，没有编写驱动程序。接下来分析main.c文件，如图4所示，第18～24行加入相关的库文件。第28～29行定义*a*、*b*、*c*这3个变量，第30行定义一个数组*y*，用于CRC校验。第40行

图1 CRC寄存器结构示意图

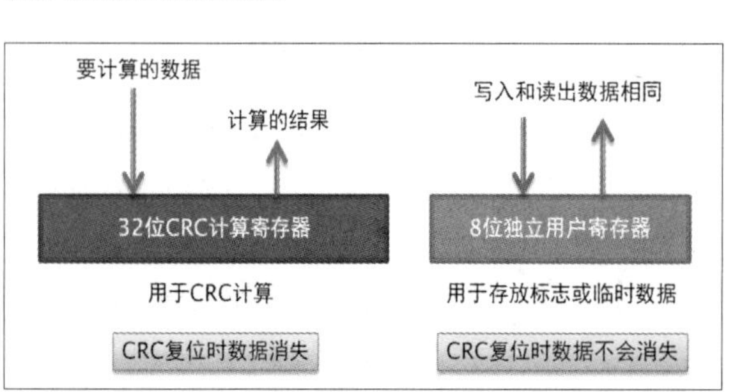

图2 两个CRC寄存器原理

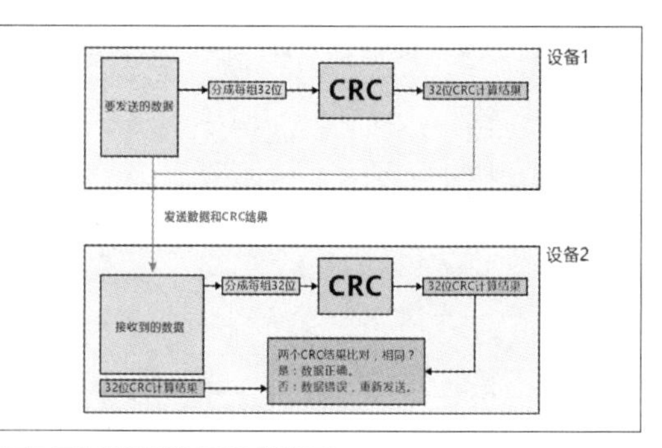

图3 两台设备的数据CRC校验原理

在 OLED 屏上显示“CRC TEST”，第 42 行开启 CRC 功能时钟。第 44 行进入 while 主循环，第 45 行复位 CRC 功能，每次使用 CRC 计算之前都要复位。第 46 行调用固件库函数 CRC_CalcCRC 向 CRC 寄存器写入数据。函数的参数是需要计算的数据，返回值是 CRC 计算结果。由于我们只写入一个 32 位数据，不需要读出计算结果，没有使用返回值。第 47 行再次调用函数 CRC_CalcCRC 写入一个数据，第 48 行再写入一个数据，这次使用了返回值，将计算结果存放在变量 *a* 中。以上 4 步操作是单独数据的 CRC 计算，将 3 个 32 位数据写入 CRC 寄存器，并读出计算结果，将其放入变量 *a*。

除此之外，还有用数组方式写入数据的方法，在第 50 ~ 51 行。第 50 行复位 CRC，清除之前的计算结果。第 51 行通过固件库函数 CRC_CalcBlockCRC 写入数组 *y*，将计算结果存入变量 *b*，这是专用于数组写入的 CRC 固件库函数。它有两个参数，第一个参数是数组名，第二个参数是数组长度（一个长度单位是 32 位）。第 30 行定义的 32 位数组 *y*，包括 3 个 32 位数据，参数中使用的正是数组 *y*，读出数组 *y* 前 3 个数据，将它们依次写入 CRC 寄存器，从返回值读出 CRC 计算结果，将其存入变量 *b*。单一数据写入和数组写入这 2 种方法都可以完成 CRC 计算，可根据实际情况来决定用哪一种。第 53 ~ 54 行是操作 8 位独立数据寄存器的程序，调用固件库函数 CRC_SetIDRegister 向独立寄存器写入数据，函数的参数是要写入的 1 字节数据。此处向 8 位独立寄存器写入 0x5A。第 54 行使用固件库函数 CRC_GetIDRegister 从 8 位独立寄存器读出数据，将读出的数据存入变量 *c*。可以单独调用数据写入函数和数据读出函数完成对 8 位独立寄存器的操作。运行以上 3 段程序，最终变量 *a* 存放了 3 个独立数

```
18 #include "stm32f10x.h" //STM32头文件
19 #include "sys.h"
20 #include "delay.h"
21 #include "relay.h"
22 #include "oled0561.h"
23 #include "led.h"
24 #include "key.h"
25
26
27 int main (void){//主程序
28     u32 a,b;
29     u8 c;
30     u32 y[3]={0x87654321,0x98765432,0x09876543};
31     delay_ms(500); //上电时等待其他器件就绪
32     RCC_Configuration(); //系统时钟初始化
33     RELAY_Init();//继电器初始化
34     LED_Init();//LED
35     KEY_Init();//KEY
36
37     I2C_Configuration();//I²C初始化
38
39     OLED0561_Init(); //OLED屏初始化-----------------"
40     OLED_DISPLAY_8x16_BUFFER(0,"   CRC TEST     "); //显示字符串
41
42     RCC_AHBPeriphClockCmd(RCC_AHBPeriph_CRC, ENABLE);//开启CRC时钟
43
44     while(1){
45       CRC_ResetDR();//复位CRC，需要清0重新计算时先复位
46       CRC_CalcCRC(0x12345678);//CRC计算一个32位数据。参数：32位数据。返回值：32位计算结果
47       CRC_CalcCRC(0x23456789);//CRC计算一个32位数据。参数：32位数据。返回值：32位计算结果
48       a = CRC_CalcCRC(0x34567890);//CRC计算一个32位数据。参数：32位数据。返回值：32位计算结果
49
50       CRC_ResetDR();//复位CRC，需要清0，重新计算时先复位
51       b = CRC_CalcBlockCRC(y,3);//CRC计算一个32位数组。参数：32位数组名，数组长度。返回值：32位计算结果
52
53       CRC_SetIDRegister(0x5a);//向独立寄存器CRC_IDR写数据。参数：8位数据。
54       c = CRC_GetIDRegister();//从独立寄存器CRC_IDR读数据。返回值：8位数据。
55
56       //此时，a存放的是3个独立数的CRC结果。（32位）
57       //b存放的是数组y中3个数据CRC计算结果。（32位）
58       //c存放的是我们写入的独立寄存器数据0x5a。（8位）
59     }
60 }
```

图4 “CRC功能测试程序”main.c文件的全部内容

据得出的 CRC 计算结果，变量 *b* 存放了数组 *y* 中 3 个数据的 CRC 计算结果，变量 *c* 存放了 8 位独立寄存器写入的数据。CRC 固件库的内容在 stm32f10x_crc.c 文件中，包含刚才介绍的 CRC 固件库函数，请大家仔细看一下。

芯片ID功能

接下来介绍芯片 ID 功能，每个单片机芯片都有一个 96 位的独立序列号（ID），相当于身份证号码。开发者可以读取芯片 ID 用于特殊应用。96 位 ID 可以读出 3 个 32 位数据，或 8 个 8 位数据，可以以字节（8 位）、半字（16 位）或全字（32 位）为单位。每个芯片的 ID 是唯一的，出厂时被写入且不能修改。ID 可以作为产品的序列号使用，也可以作为密码提高安全性，或者用于保护程序不被复制，在需要加密的项目中使用 ID 非常方便。96 位 ID 存放在 12 个地址，每个地址存放 8 位，ID 的存放地址是 0x1FFFF7E8 ~ 0x1FFFF7F3，共 12 个字节。ID 可读不可写，数据支持大端和小端表示。STM32 单片机默认以小端方式存放数据。接下来通过程序示例来看一下芯片 ID 如何读取。

在附带资料中找到“芯片 ID 读取程序”工程，将工程中的 HEX 文件下载到开发板中，看一下效果。写入程序后，打开超级终端能看到芯片 ID。在此之前先观察 FlyMcu 软件窗口，如图 5 所示，下载完成后信息窗口出现 96 位的芯片 ID。ID 共 2 组数据，上面一组是以十六进制显示的 ID，下面一组把 96 位数据分成 3 个 32 位数据显示，当前使用下边一组数据。接下来打开超级终端，打开对应的串口号，按一下开发板上的复位按键。这时终端会收到一串字符，第一行是“ChipID:”，分为 3 组显示（见图 6）。这 3 组数据和 FlyMcu 窗口中的 3 组数据相同。下面一行显示“chipID error!”，表示程序中的 ID 和芯片 ID 不一致。因为我在程序中填写的 ID 和我目前使用的单片机 ID 不一样，而如果你手上的单片机和我的不同，芯片 ID 也不同，判断结果都是“不一致”。只有把程序里的 ID 修改为你的芯片 ID，才会显示“chipID OK!”。

接下来分析程序。我们打开“芯片 ID

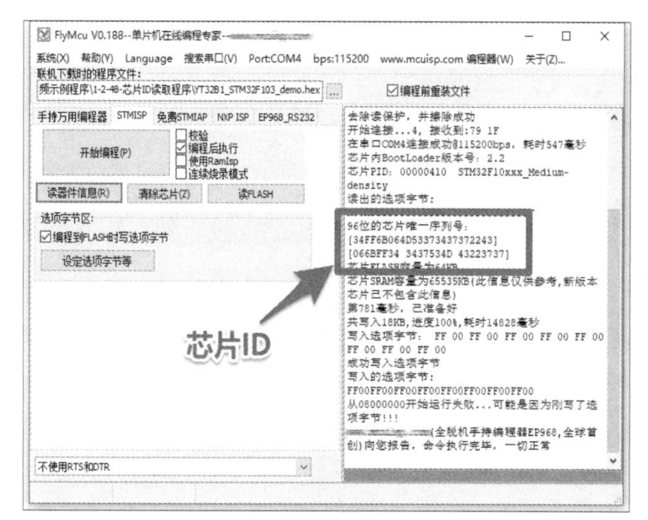

图5 FlyMcu软件窗口中的芯片ID

COM4 - HyperTerminal

ChipID: 066BFF34 3437534D 43223737
chipID error!

芯片ID

图6 超级终端显示的芯片ID

读取程序”工程，这个工程复制了“CRC功能测试程序”工程，工程没有新内容，所有修改都在主函数中。接下来用Keil软件打开工程，在工程的设置里的Lib文件夹中添加usart.c文件，这是串口通信驱动程序文件，程序使用串口输出数据。接下来打开main.c文件，如图7所示。第18～24行加载相关的库文件，第25行加入usart.h文件。第29行定义一个32位数组“ID”，存放3个数据。第36行是USART1初始化函数，波特率是115 200波特。第42～44行从芯片中读取ID，其中第42行用指针变量将芯片地址0x1FFFF7E8中的数据以32位形式存入数组ID[0]，地址0x1FFFF7E8是存放96位ID的起始地址。第43～44行将地址0x1FFFF7EC和0x1FFFF7F0中的数据存放到ID[1]、ID[2]中。数据的读取都是32位方式，每次4个字节，分3次读取。第一次从0x1FFFF7E8向下读取4个字节，第二次从0x1FFFF7EC读取4个字节，第三次从0x1FFFF7F0读取4个字节。把96位ID读到数组ID中。然后第46行printf语句将ID发送到USART1，开头显示“ChipID:”，然后在超级终端以十六进制数显示3组数据。需要注意：正常的十六进制表示是用“%x”，程序中使用的却是“%08x”。其中“08”表示如果数据不足8位就以8位的方式补0显示。比如ID不加入“08”会显示为66EFF34，数据不足8位。使用“%08x”就是给不足8位的数据补0。“%09x”表示不足9位的数据以9位的方式补0显示，使用时可以根据实际需要来设置。接下来第48行是对芯片ID的匹配检查，用if语句判断3个数组中的数据是否等于程序中给出的数据。如果3个数据同时匹配，表示读到的芯片ID和设置的ID相同，第49行在串口显示“chipID OK!”；数据不一致则显示“chipID error!”。大家可以在FlyMcu软件中复制芯片ID，将3组数据修改到第48行中，重新编译、下载。再次试验，你会发现，屏幕上会显示“chipID OK!”，这就是芯片ID的读取和判断方法。

```
18  #include "stm32f10x.h" //STM32头文件
19  #include "sys.h"
20  #include "delay.h"
21  #include "relay.h"
22  #include "oled0561.h"
23  #include "led.h"
24  #include "key.h"
25
26  #include "usart.h"
27
28  int main (void){//主程序
29      u32 ID[3];
30      delay_ms(500); //上电时等待其他器件就绪
31      RCC_Configuration(); //系统时钟初始化
32      RELAY_Init();//继电器初始化
33      LED_Init();//LED
34      KEY_Init();//KEY
35
36      USART1_Init(115200); //串口初始化（参数是波特率）
37      I2C_Configuration();//I²C初始化
38
39      OLED0561_Init(); //OLED屏初始化----------------"
40      OLED_DISPLAY_8x16_BUFFER(0,"  CHIP ID TEST  "); //显示字符串
41
42      ID[0] = *(__IO u32 *)(0X1FFFF7E8); //读出3个32位ID 高字节
43      ID[1] = *(__IO u32 *)(0X1FFFF7EC); //
44      ID[2] = *(__IO u32 *)(0X1FFFF7F0); // 低字节
45
46      printf("ChipID: %08X %08X %8X \r\n",ID[0],ID[1],ID[2]); //从串口输出16进制ID
47
48      if(ID[0]==0x066EFF34 && ID[1]==0x3437534D && ID[2]==0x43232328){ //检查ID是否匹配
49          printf("chipID OK! \r\n"); //匹配
50      }else{
51          printf("chipID error! \r\n"); //不匹配
52      }
53
54      while(1){
55
56      }
57  }
```

图7 “芯片ID读取程序”main.c文件的全部内容

漫话 3D 技术（终章）

3D 开发案例

演示视频

闫石

图 1 蓝图（Blueprints）界面

通常情况下，大型软件都具有自己的程序编写模块，允许用户二次开发，例如 Office 提供的 VBA、Photoshop 提供的 JavaScript 和 VBScript、Maya 提供的 MEL 脚本等。编程对于专业人员来说并不是很难，就是把逻辑关系用程序实现，非专业人士可能会感觉无从下手。本文我来讲述 3D 技术的开发部分，让我们从 Cinema 4D 出发，以点带面，讲述三维系统的开发脉络。Cinema 4D 提供节点流开发和 Python 开发 2 种开发方式。

节点流开发

节点流开发最初由美国国家仪器公司提出，它的工程师在开发设备应用软件以及对设备进行检测时，认为传统的程序编写方式效果不好，经过长时间实践，推出了革命性的节点流编程软件 LabVIEW。LabVIEW 通过节点和连线贯穿整个运行过程，非常直观，而且最大限度地体现了整个过程的来龙去脉，非常适合把握生产流程，也便于排除错误。

因为其诸多优秀特性，节点流开发方式逐渐被很多厂商接受，例如大名鼎鼎的游戏引擎 Unreal，其中的蓝图（Blueprints）界面如图 1 所示，它提供了一个直观的、基于节点的界面，用于创建新的游戏事件，而不需要写任何程序。

Cinema 4D 的 Xpresso 也采用节点流开发的方式，下面我们用一个具体案例来讲述，虽然看起来比较复杂，其实逻辑很简单。

图2所示是一道微软公司面试的考题，

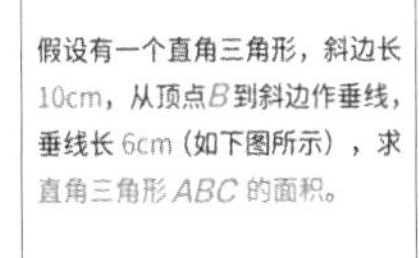

假设有一个直角三角形，斜边长10cm，从顶点B到斜边作垂线，垂线长 6cm（如下图所示），求直角三角形 ABC 的面积。

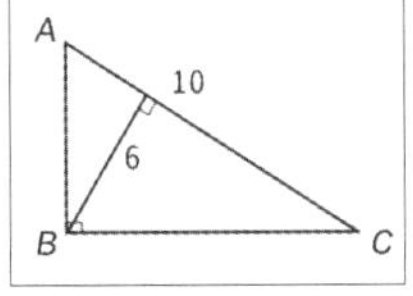

图 2 微软面试题

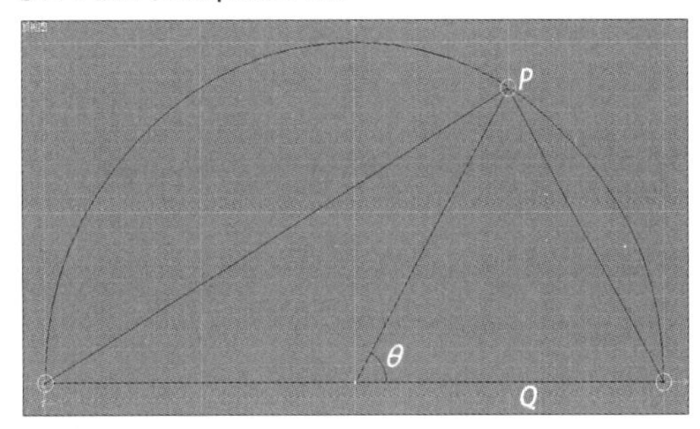

图 3 面试题图解

如果直接回答面积等于底乘以高除以 2，结果为 $30cm^2$，那就错了，错在哪里呢？

直角三角形斜边上的高，不会超过斜边长度的一半，如图 3 所示，这是一个数学常识，但是怎样表达清楚呢？我使用 Xpresso 制作了解题流程，如图 4 所示。

◆ 设图 3 中动点 *P* 绕圆心旋转，旋转角为 θ。

◆ 将 θ 由角度制变换为弧度制。

◆ 分别计算 θ 的正弦值和余弦值。

◆ 圆的半径分别乘以上步骤计算得到的正弦值和余弦值，计算得到 *P* 点的横 / 纵坐标。

◆ 将计算得到的横 / 纵坐标赋予 *P* 点。

◆ 设定一个常数，此处为实数 0，表示垂足的纵坐标。

◆ 将 *P* 点的横坐标值赋予垂足 *Q* 点的横坐标，将实数 0 赋予 *Q* 的纵坐标。

经过一系列设置，建立了整个数据流，现在不管怎样调整 θ，*P* 点始终在圆弧上，从而证明 *PQ* 的长度不会超过半径，这种方式以动画形式向大家展示变化过程，比代数方式要直观得多，整个流程就是数据流经各个节点，通过连线可以很清晰地了解最终结果来自于哪里。

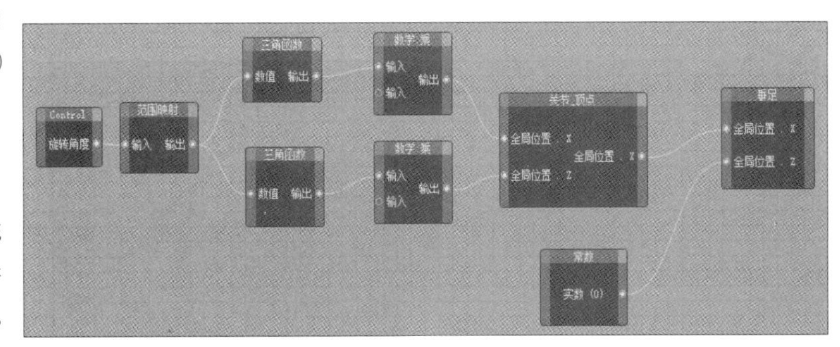

图 4 使用 Xpresso 制作解题流程

这个例子非常简单，但足以说明节点流开发方式的便捷之处，理解了这种开发方式后，会感觉其比传统开发方式更容易上手。

Python开发

Cinema 4D 早期版本内置了对 CoffeeScript 和 Python 的支持，但 CoffeeScript 的使用群体越来越小，Python 越来越火，现在 Cinema 4D 只支持 Python 这一种脚本语言。Cinema 4D 内置的解释器支持 Python2.7，结合 Cinema 4D 自身大量的函数库，提供了非常便捷的定制服务，下面举两个案例。

1. 3D场景

我们利用 Cinema 4D 的函数库，编写如程序 1 所示内容，就得到了如图 5 所示的 3D 的场景，执行程序后，导出的结果为 Vector(-367, 0, 0)、Vector(270, 0, 0)、Vector(0, 0, 0)，导出的数据还可以被其他系统利用。

程序1

```
import c4d
from c4d import documents
def recurse_hierarchy(op):
  while op:
  #print op.GetName()
  print op.GetAbsPos()
  #recurse_hierarchy(op.GetDown)
  op = op.GetNext()
def main():
  doc = documents.GetActiveDocument()
  if doc:
  # Iterate all objects in the document
  recurse_hierarchy(doc.GetFirstObject())
# Execute main()
if __name__ == '__main__':
  main()
```

2. 乐高滚球动画

乐高虚拟搭建平台 LDCad 可以通过脚本制作动画，但它只提供脚本功能，对

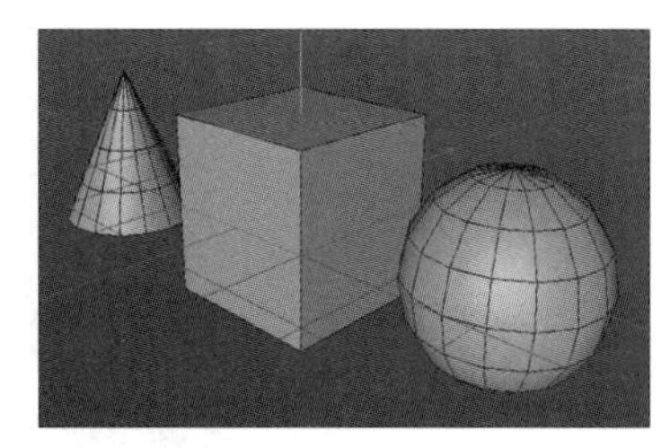

图5 3D 场景

特别复杂的动力学模拟就无能为力了。Cinema 4D 这类动画软件虽然功能强，但不是专门为乐高设计，零件排布比较混乱。现在的设计思路是借助 Cinema 4D 的动力学模拟功能，模拟出小球滚动的物理过程，然后将数据导入 LDCad，利用 LDCad 脚本读取数据，然后输出乐高滚球动画，这样就完成了预期动画的制作。

要做到这一切，需要了解两个系统的数据运行机制，实际操作步骤如下。

◆ 在 LDCad 中建模，制作出完整的动画模型，如图 6 所示。

◆ 将动画模型转换为 Cinema 4D 支持的格式，并导入到 Cinema 4D 中，如图 7 所示。

◆ 利用 Cinema 4D 的动力学模拟功能，制作出滚球动画。

◆ 用编写的 Python 脚本，将整个滚

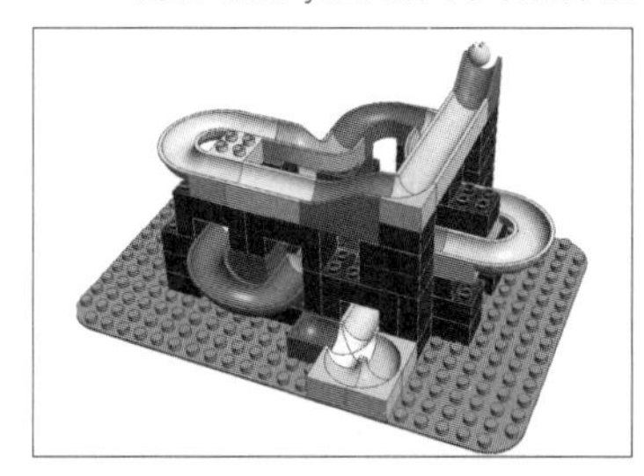

图6 在 LDCad 中建模

图7 模型导入 Cinema 4D

图8 Cinema 4D 数据格式

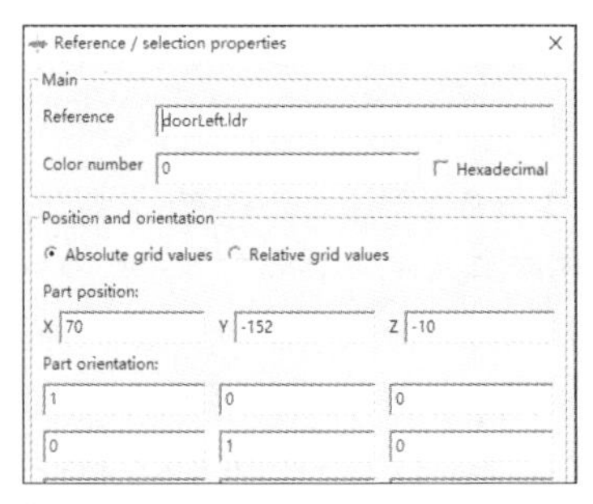

图9 LDCad 数据格式

球动画中小球的参数以 Cinema 4D 数据格式（见图 8）导出。

◆ 整理数据文件，将 Cinema 4D 数据转换为 LDCad 需要的数据格式（见图 9）。

◆ 回到 LDCad 中，进入原来制作好的界面，编写程序，读取转换好的数据文件，完成动画的制作。

其中的难点，主要是两个三维系统的坐标系不同、数据表现形式不同，在转换过程中要充分理解空间变换的内涵，本质就是线性代数，这一关过了，写脚本根本不是难事。

大家可以扫描文章开头的二维码观看演示视频，仔细体会。虽然大家使用的建模软件可能不同，但本质是一样的，这种方法具有普适性。

结语

总体来说，基于平台的二次开发，可以极大地提升应用的灵活性，大型平台提供的API丰富、文档全面，大家使用得越多，越会发现其中的妙处。

经过 4 期的介绍，“漫话 3D 技术”已经告一段落，这个题目涵盖的范围很大，我也只是挑重点介绍一下，希望大家选择感兴趣的、实际工作需要的方向深入挖掘，一定受益匪浅。

Q&A

问与答

读者若有问题需要解答，请将问题发至本刊邮箱：radio@radio.com.cn或者在微博@无线电杂志，也可以在《无线电》官方微信公众号评论中留言。如果读者不能通过网络途径投送自己的提问，请将来信寄到本刊《问与答》栏目，信中最好注明您的联系电话。

Q 一台遥控汽车模型中有几个会发出彩色闪光的LED灯珠，型号是5050RGB，它有6个引脚，不知这种发光管的基本结构、工作电压和功率等特性如何？（江西　吴晖）

A 5050RGB是贴片式LED灯珠，5050代表产品尺寸为5.0mm×5.0mm，RGB是指红、绿、蓝三基色。5050RGB是由RGB三色LED组成的复合型全彩LED灯珠，一个灯珠内含有3个不同光色的发光管，利用三原色光学原理，通过程序电路或单片机控制，就能发出绚丽多彩的光。5050RGB的6个引脚与内部的关系如附图所示，其中1、6引脚接蓝色LED，2、5引脚接红色LED，3、4引脚接绿色LED。红色LED的工作电压为2V，绿色和蓝色LED的工作电压为3V。5050RGB的功率有0.2W、0.5W、1W等多种规格。（王德沅）

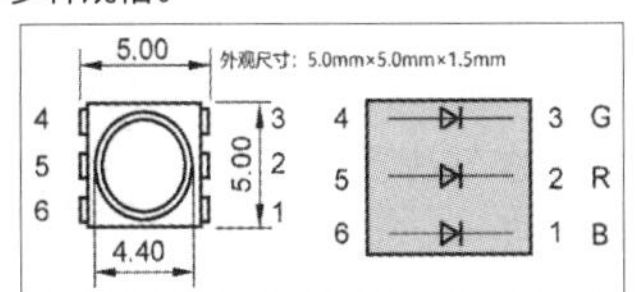

Q 我家的一台台式计算机，开机后常常会出现“Windows检测到IP地址冲突”的提示，如附图所示，影响上网效果，曾经多次调整修改过终端设备的IP，但效果不佳，不知怎么解决？（辽宁　黄永隆）

Windows 检测到 IP 地址冲突

此网络中的另一台计算机与该计算机的 IP 地址相同。联系您的网络管理员帮助解决此问题。有关详细信息，请参阅 Windows 系统事件日志。

A 通常可运行网关重置指令“netsh winsock reset”来解决IP地址冲突的问题。具体操作方法如下：在Windows“运行程序”中键入“cmd”，打开系统命令行，再键入“netsh winsock reset”，按回车键，几秒后即可看到“成功重置Winsock目录”的提示，最后重启计算机就可完成操作。（王德沅）

Q 最近家里的一个LED照明灯不亮了，估计又是灯泡内的某个或几个贴片灯珠坏了，于是我想用万用表测量，找出损坏的灯珠。但是没成功，测量几十个灯珠竟然全部不亮，而过去我用数字万用表蜂鸣挡多次测量过LED灯珠，好的都会发出微光，坏的才不会发光，不知是怎么回事？（福建　徐文举）

A LED灯珠按功率大小区分，通常可分为小、中、大功率3种。一般小功率灯珠的功率为0.06W、0.1W；中功率灯珠的功率为0.15~0.5W；大功率灯珠的功率为0.5W、1W，也有1W以上的产品。以前的家用LED照明灯大多采用小功率灯珠，其正常工作电流为20mA左右，尽管用万用表蜂鸣挡测量时通过的电流远小于20mA，但也能让灯珠发出微光。现在有不少LED照明灯采用了中、大功率灯珠，其工作电流较大，测量时因蜂鸣挡的输出电流太小而不足以点亮灯珠，可用测量正反向电阻等方法来判断灯珠的好坏。（王德沅）

Q 我的一部安卓智能手机，Wi-Fi上网效果一直不太理想，有时打开一些App和网页速度很慢。网上有人说，将手机的DNS地址改为180.76.76.76可使网速变快，从而改善上网效果。我实际设置过，但觉得上网速度和效果好像没什么改善，DNS究竟是什么，怎么设置才好？（河北　王濂）

A DNS（Domain Name Server）即域名服务器，其作用是把域名转换成可识别的IP地址。因为IP不便记忆，网站大部分用域名，DNS把域名解析成IP地址，以便于用户访问。修改DNS不会提高原来的网速，但DNS解析速度慢会影响网页打开，间接影响网速，所以为保证网速原有水平，就需要配置良好的DNS，通常手机上都默认分配较优的DNS（自动），一般不需要修改。只有在默认的DNS效果不良时才考虑修改（手动）。180.76.76.76是百度的公共DNS服务器，实际效果不错。（王德沅）

Q 有一台笔记本电脑不能无线上网，检查发现，拨动无线网络开关没有反应，Wi-Fi指示灯始终不亮，拆卸后确认开关已损坏，但是手头没有这种开关，一时也没法购到，有人告诉我可以不用这个开关，短接就行，不知道该开关是控制什么电路的，短接后会有弊端吗？（广东　崔子维）

A 这个开关通常是控制无线网卡电源的，此开关断路损坏，无线网卡因没有电源供电而不能工作，笔记本电脑就不能无线上网。设置这个开关的主要目的是在笔记本电脑不需要上网时，关闭网卡电源，减少锂电池电能消耗，从而延长续航时间。无线网卡的耗电量大多是安培级，所以这对在不能充电、不需要联网的场合下，需要较长时间使用笔记本电脑显得尤为重要。将开关短接，无线网卡就一直通电工作，如果是在家充电使用笔记本电脑或对续航时间没有较高要求，这种做法影响不大，可以采用。（王德沅）

Q&A

问与答

读者若有问题需要解答，请将问题发至本刊邮箱：radio@radio.com.cn或者在微博@无线电杂志，也可以在《无线电》官方微信公众号评论中留言。如果读者不能通过网络途径投送自己的提问，请将来信寄到本刊《问与答》栏目，信中最好注明您的联系电话。

Q 我家的一台一体式计算机，用耳机听音时，原声中会伴有令人讨厌的“嗡嗡”“滋滋”的杂音，如果拔出鼠标的USB插头，这种杂音会有所减弱，不过仍能清楚听到，换了耳机也一样，这说明耳机没什么问题，但不知杂音从何而来，怎么排除？（河南　姜彦）

A 这种故障表明计算机内的音频放大器输入电路有干扰信号。干扰信号的主要来源有两个：一是鼠标及其引线，二是计算机的电源线及排插。如果鼠标及引线的屏蔽性能较差，鼠标周围空间的电磁干扰信号就容易窜入计算机，干扰经音频放大器放大后，就从耳机中发出“滋滋”等噪声。对此，可调换屏蔽性能良好的鼠标，特别要注意引线的屏蔽性能。此外可使用金属鼠标垫板，其也有一定效果。通过电源线及排插进入计算机的干扰，主要由电源适配器等会产生高频干扰信号的设备所致，通常可将适配器等设备的电源插座与计算机分开，两者各使用一个排插即可解决。（王德沅）

Q 通过贴片电阻外形大小可大致分辨出电阻的额定功率，那么贴片磁珠的功率能否用同样的方法来识别？一台仪器的开关电源中有两个功率磁珠CBM160808U121需要调换，但是找不到其主要特性参数，贵刊能否帮忙提供一下？（广东　刘旭强）

A 磁珠是电感元件，没有功率参数，通常以额定电流和最大电流参数来选型。但是不能根据外形大小区分贴片磁珠的额定电流，因为相同大小的磁珠可能因为线圈线径等不同，它们的额定电流也有差别，有时差别还很大。就以问题中的CBM160808U121为例，CBM表示大电流磁珠，160808代表磁珠尺寸是1.6mm×0.8mm×0.8mm，U是材料代号，121表示阻抗为120Ω/100MHz，其对应的最大电流I_{rm}为2.0A。同样尺寸的CBM160808U190，I_{rm}却为6.0A，而同尺寸CBM160808U202的I_{rm}仅有0.5。（王德沅）

Q 一台电动车充电器突然不能工作，检查发现充电器中有一个型号为U1060G TO-220整流器二极管被烧坏，手头没有相同型号器件，网上也没法查到其主要特性参数。不知可用别的管子代换吗？（江苏　王子维）

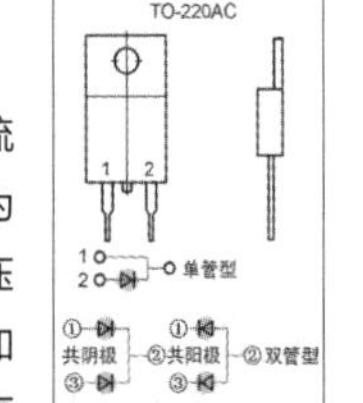

A U1060G是肖特基整流二极管，具有正向压降小、电流大、速度快、功耗低等优点。该管的反向重复峰值电压为600V，正向平均电流为10A，正向峰值电流为100A，正向电压为1.50V（正向电流10.0A时的最大值），封装为TO-220，如附图所示。U1060G可以用MUR1060CT或MUR1060CTG直接代换。需要注意，该管有单管和双管区别，电动车中多采用前者，后者一个封装里有两个相同管子，价格明显较高，选购时别搞错了。（王德沅）

Q 检修一个220V/50Hz/36W的电子镇流器，在印制电路板上发现有个标注为“BX”的位置缺失了一根保险丝，两端不通，不知道这个保险丝的规格参数是什么？（辽宁　崔学超）

A 这个电子镇流器使用了印制电路“保险丝”，就是在印制电路板的铜箔面，用一小段细长铜箔代替了保险丝，如附图所示，所以在标记“BX”的位置上没有装保险丝。测量其两端不通，说明此铜箔熔丝已经断了，可以在“BX”两端焊装上普通小型玻管保险丝，通常可用0.5~1A/250~500V规格的，也可以焊接一段直径为0.05mm左右的细铜丝或漆包线代替。（王德沅）

Q 我有一台收藏了多年的电子管5灯收音机，好久没开过机，最近通电试机发现，收音机能够工作，声音也可以，就是灵敏度很差，可收到的中波台只有3~5个，而且有的台声音微弱或伴有噪声，短波就更差了，曾经试过清洁拨动开关等元器件，但没改善，这是何故，怎么检修？（山西　葛海文）

A 灵敏度低是电子管收音机的常见故障，除波段开关的原因外，更多见的原因有以下几种：一是中周（中频变压器）谐振频率偏移；二是中放管或变频管衰老；三是三点统调失调。检修时，通常可先试调中周磁芯，调谐接收一个较弱的电台，然后由后向前分别反复调整两个中周的磁心，直至声音最响且不失真为止。如果改善不大，则可能是中放管或变频管衰老，前者较为多见，可换管试之，若不行就要考虑中周内谐振电容等是否不良。倘若中波段高、中、低端灵敏度不一样，则是三点统调失调，可在中波段高、中、低端，分别调整变频级的线圈磁心和电容，使3端的电台接收效果最佳。（王德沅）

Q&A

问与答

读者若有问题需要解答，请将问题发至本刊邮箱：radio@radio.com.cn或者在微博@无线电杂志，也可以在《无线电》官方微信公众号评论中留言。如果读者不能通过网络途径投送自己的提问，请将来信寄到本刊《问与答》栏目，信中最好注明您的联系电话。

Q 我们经常在开关电源集成电路的特性手册或说明书中看到“离线式开关电源”这个名词，不知道什么是离线式开关电源，能否比较简明通俗地介绍一下？（湖南　郭龙飞）

A 离线电源在英文资料中常用“Offline Power”表示，初看可能不太习惯，实际上就是我们常说的隔离电源。离线式开关电源即隔离式开关电源，是一种以离线开关电源方式构成的AC（交流）-DC（直流）变换电路。AC与DC电路之间由变压器（包括光耦器等）隔离，使输入回路和输出回路的接地分开，从而可隔离市电、地线噪声、高共模电压等，同时增强了电源的安全绝缘性能。（王德沅）

Q 一台山灵PCS-2组合音响的原装遥控器（RC-01A）损坏，按任何按键都没反应，通过手机查看发现遥控器没有发射信号。拆开遥控器，检查电路板上的元器件，除集成电路（PT2222-001）外，其他的红外二极管、三极管（CC33840）、滤波器（CRB455E）、阻容元件和印制电路板等都未发现明显问题，对几个元器件进行替换也无效，这令我头疼了很久，不知怎么排除故障？（上海　读者朱某）

A 遥控（发射）器不工作的原因很多，在排除了电源不良及元器件脱焊等因素后，重点就是检查晶体振荡器和集成电路。CRB455E是晶体振荡器，不是滤波器。遥控器内的晶体振荡器容易因受潮或受振等而损坏，进而导致电路不能工作，可用确定完好的晶体振荡器替换试之。若晶体振荡器没问题，那就要考虑集成芯片PT2222-001是否有引脚脱焊、漏电或芯片被损坏等问题。可先测量8脚（V_{DD}）和12脚（V_{SS}）的电源电压是否正常，若正常，而且主要引脚都无脱焊、漏电等故障，那可能就是芯片损坏了。（王德沅）

Q 一台半自动洗衣机的脱水甩干桶不转，接通电源后会发出嗡嗡声响，检查脱水桶没有被卡阻，220V市电插头插座都正常，这是什么原因，怎么检修？（江苏　王侠力）

A 洗衣机脱水甩干桶不转的主要原因有：（1）电源保险丝熔断；（2）定时器损坏；（3）电机或启动电容损坏。开机后电机会发出“嗡嗡”声响，说明市电已经进入电机，可排除保险丝和定时器的问题，接着可检查启动电容，其容量大多为4~6μF，如果容量过低就不能启动电机。倘若电容正常，就是电机损坏，通常是电机漏水、进水造成的，修理或换新件后要注意将防水垫等安装好，以确保电机不会进水受潮。（王德沅）

Q 我们在使用和维修音响、电视机和DVD播放器等家电时，常常会遇到红外遥控集成电路PT2222-001，但因为没有电路图和不清楚电路的主要特性，给维修带来困难，网上也查不到相关资料，贵刊能否帮助提供？（山东　陈春生、上海　顾亮）

A PT2222-001是采用CMOS工艺制成的低功耗红外遥控发射器专用集成电路，它能够配接64个功能键和3个双键，V_{DD}电压范围为2.0~5.5V，采用24脚SO（小外形）封装，各引脚功能和典型应用电路如右图所示。它与NEC的μPD6122引脚兼容，两者通常可直接互换使用。（王德沅）

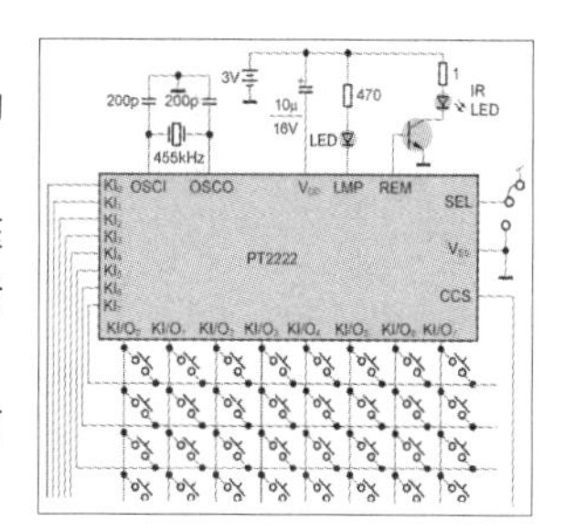

Q 有一台微计算机控制全自动洗衣机，按动电源键后显示屏会亮，有时间数字显示，但是不久后就自动熄灭，亮屏期间有些按键功能也是失常的，洗衣机不能正常使用，这是何故，怎么解决？（天津　汪涵）

A 这种故障大部分是洗衣机内的微计算机控制板损坏所致。洗衣机工作于高潮湿、大振动环境中，控制电路板容易因受潮或受振等而损坏，进而导致电路接触不良或不能工作，出现所述故障，这在有些全自动洗衣机中甚为常见，是一种“通病”。这种情况，比较多见的故障原因是接插件接触不良、AC-DC变换器中的开关电源芯片等元器件损坏，可在检修时重点关注。如果急于使用洗衣机，在条件允许的情况下，也可直接将整个微计算机控制板换掉，换下的板子日后再慢慢研究维修。（王德沅）

Q&A
问与答

读者若有问题需要解答，请将问题发至本刊邮箱：radio@radio.com.cn或者在微博@无线电杂志，也可以在《无线电》官方微信公众号评论中留言。如果读者不能通过网络途径投送自己的提问，请将来信寄到本刊《问与答》栏目，信中最好注明您的联系电话。

Q 一台全自动洗衣机无法启动，检查发现控制板的开关电源没有输出，该开关电源市电输入端的10Ω/2W限流电阻被烧坏，换上一个同规格电阻，没过多久就又被烧坏，先后已换了4次，结果都差不多，检查电源负载没发现什么问题，这是何故，怎么解决？（陕西　张科等）

A 市电输入端的10Ω/2W不是普通电阻，而是保险电阻，在电路中有电阻和熔丝的双重作用。正常工作情况下，该保险电阻的功耗不会超过1W，被烧坏主要是过流所致，首先要确认替换的电阻阻值和功率正确，因为用错的情况并非罕见。接着可细查整流电路的负载是否存在短路或漏电。通常滤波电容漏电较多见。如果负载正常，这种故障大多是市电电压较高所致。市电电压高，开关芯片功耗大，流过保险电阻的电流也大，容易过流而烧坏。解决之法是稳定市电或换用额定功率或阻值较大的保险电阻。

（王德沅）

Q 常用的光电耦合器TLP631和TLP632外形和封装引脚排列等都极为相似，不知两者的主要差别在哪里，能不能互换使用？

（江西　胡竞达等）

A TLP631、TLP632是东芝公司生产的光电耦合器，两者的封装外形、内部电路结构和电特性等基本相同。TLP631只比TLP632多一个光电接收管基极的引出端（6脚），这主要是为了便于调试和特殊应用而设置的，实际上使用很少，后来就省去了该引出端，有了TLP632。对于6脚没有连接的电路，两者完全可以互换使用。

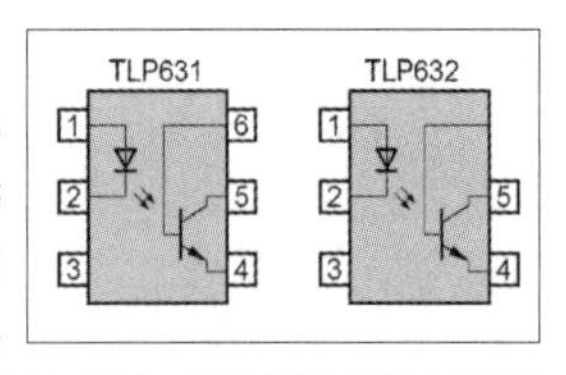

（王德沅）

Q 一台iPhone XS手机，最近不小心进了点水，好在不严重，但是过了不久手机就进入恢复模式，连接计算机进行刷机，刷机进度条走到18%左右就停住不动了，刷机失败，退出恢复模式，屏幕出现苹果图标进入重启状态，但是无法重启成功，反复试之都是这样，不知怎么排除故障？（江苏　崔书惠等）

A 这一般是手机内部进水后造成元器件短路或漏电所致。检修时，通常拆卸手机后盖，仔细查看机内的水分，发现后用吸水纸或麂皮布吸干净，然后用热风枪或吹风机对手机吹热风，注意吹风温度，不要过热以免损坏元器件。也可将手机放在阳光下晒几小时，可去除潮气。这样做后仍不断重启，则可依次拔出尾插排线、听筒排线等试机，拔出哪个排线不重启了，表明这个排线存在短路或漏电，去除后就能排除故障。倘若仍不行，说明机内还有漏电点，需要拆机检查。（王德沅）

Q 一台电视机的AV输入端发生故障，检查发现AV输入电路中的一个型号为TLP651的光耦器被拆卸过，怀疑其损坏，想检测一下，但是不知道引脚功能，不知能否用普通万用表检测判断该管的好坏？如果损坏，是否可用普通光耦（如PC817）等替换吗？（山东　何俊、上海　李顺历等）

A TLP651是高速光电耦合器，主要用作AV电路的视频输入隔离器，其开关速率是一般光耦器的10倍以上，通常不能用普通光耦来替换它。TLP651内部有发光二极管、高速光电接收管（7、8脚）和接收放大管。2、3脚分别为发光管的阳极和阴极，此管故障率相对较高，可用万用表R×1kΩ挡实测其2、3引脚反向电阻应为∞，正向电阻应是十几到几十千欧内的一个稳定值，如果电阻很大或漂浮不定，说明该器件已经损坏。（王德沅）

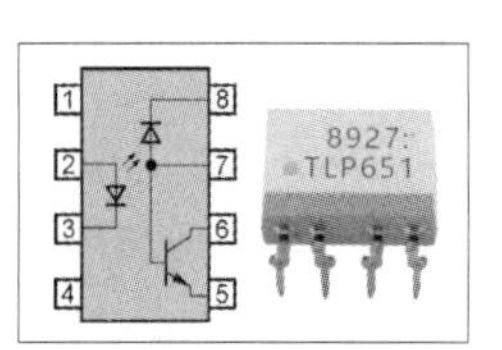

Q 我家洗衣机中的控制板多次损坏，每次都是开关电源集成电路LNK304GN和电源输入端的电阻被烧坏，据网上介绍可用较大功率的TNY266等替换就不容易烧坏，是否这样，替换时要注意什么问题？（湖北　周辉勇等）

A LNK304GN的峰值输出电流为400mA，TNY266的峰值输出电流为560mA（都是在50℃环境温度下，封闭系统中的连续电流典型值）。两者的主要功能和特性相似，可以互相替换，但是两者的引脚排列有所不同，替换时必须改接引脚。建议采用LNK系列中的LNK305GN或306GN替换，这样无须改动引脚电路，比较方便。LNK305GN和306GN的峰值输出电流分别为800mA和1400mA。此外，也可给LNK304GN加上散热器，在普通标准条件下，峰值输出电流可增加到700~800mA。（王德沅）

Q&A

问与答

读者若有问题需要解答，请将问题发至本刊邮箱：radio@radio.com.cn或者在微博@无线电杂志，也可以在《无线电》官方微信公众号评论中留言。如果读者不能通过网络途径投送自己的提问，请将来信寄到本刊《问与答》栏目，信中最好注明您的联系电话。

Q 我在一些网上店家的网页上看到“BMS蓝牙共地干扰集成电路”，不明白什么是BMS蓝牙共地干扰集成电路？贵刊能否用通俗易懂的语句讲解一下？（河北 郝建武）

A BMS是英文Battery Management System的缩写，意为电池管理系统，主要作用是对电池进行智能化监控管理，防止电池过充电和过放电，延长电池使用寿命。上述“BMS蓝牙共地干扰集成电路”，只是一种1:1电源隔离集成电路（模块），其输入、输出电压相同（比如5V），但输入、输出电路间隔离，无共地线，因而可防止由公共地线引起的共地干扰。它不是BMS，但是可用在BMS电路中。（王德沅）

Q 用一片TO-263贴片封装的LM2596制作开关电源，输入电压是20V，输出电压为9V。调试时发现，这个3A的电源芯片好像带不动相应的负载，无负载时输出9V正常，但接上2A负载后，输出就明显降低，且LM2596严重发热。检查电容、续流二极管、电感等元器件都正常，不知如何解决？（安徽 裴龙等）

A LM2596是150kHz 3A降压型电源稳压器，带载能力差的常见原因有以下几点。（1）电感器用错。在输出电流2~3A时，电感的额定电流也应为2~3A。通常可用3A的铁氧体磁屏蔽型功率电感，其直径多在12~18mm，直流电阻小于0.2Ω,如附图所示。实践中发现用错电感器的人还真不少，所以强调一下。（2）续流二极管用错，通常要用5A的肖特基二极管。（3）LM2596散热不佳。一定要安装良好的合规散热片，否则散热不良就会导致芯片发烫、带载能力差。安装散热片时，芯片背面的金属基板要紧密装在散热片上，正面塑封最好也安装散热片。（王德沅）

Q 我们在家用平板计算机或手机通过Wi-Fi上网时经常会遇到突然掉网或网速变慢等情况，有时网络会自动恢复，有时则需重新连接后才行，体验感较差。我曾用Wi-Fi分析仪查看周边无线信道，结果发现与我家同为6信道的Wi-Fi信号竟然有7个，但是将我家的信道调到用户较少的信道上也同样有干扰、掉网现象，这是何故，怎么解决？（北京 刘弘铭等）

A 通常无线路由器出厂默认为6信道，所以在6信道上会有较多用户。Wi-Fi信道的干扰主要有同信道（Co-Channel）干扰和重叠信道（Overlapping）干扰。哪种干扰对Wi-Fi信号传输影响大，还需要结合信号强度、传输环境、用户数量等情况评估。在有些环境中，重叠信道干扰要比同信道干扰严重得多，所以不要认为同信道用户多，调整到其他信道即可改善上网效果，而是可先找出重叠信道强度较大的几个信号，然后尽量避开它们，如无法避开，就选择无重叠干扰的1、6、11信道中用户最少的那个信道。（王德沅）

Q 一台洗衣机通电后不启动，检查发现是控制板的开关电源没输出所致。拆卸电路板检查，其中的开关电源集成电路TNY264P和12V输出整流管4003等被烧坏，换上好的TNY264P和1N4005等元器件，试机发现控制板上的指示灯不亮，也无12V输出端电压，这是何故，怎么解决？（辽宁 季小叶等）

A TNY264P是小功率隔离式开关电源集成电路，在洗衣机控制电路中，TNY264P大多是因过压或过载而被烧坏的，检查要领如下：首先检查5V、12V输出电路，排除短路或开路的元器件，重点是二极管、稳压管和电容。随后接通220V电源，检查TNY264P的D极（5脚）电压，正常应为300V左右。如果电压很低或为零，通常是整流电路故障造成的；若300V正常，那么大多是TNY264P或光耦PC817等损坏。此外需注意，12V整流管是快恢复管UF4003，不能用普通整流管1N4003-4007替换。（王德沅）

Q 有一台电子管功放机（胆机），在最近一段时间里，工作时功放管FU-29内部时常会出现跳火现象，而且其屏极串联的39Ω电阻表面被烧焦成黑灰色，这是何故，怎么解决？这个FU-29还能继续使用吗？（山东 张明辉等）

A 功放管内部跳火是胆机的常见故障，主要是管子真空度不良，致使内部存在高压差的电极间被击穿。FU-29是大功率电子管，相对而言跳火比较多见。跳火会引起FU-29屏极电流过大，导致屏极串联电阻被烧焦。已经出现跳火的FU-29一般不能继续使用，否则不但会使胆机电性能变差，还可能使故障扩大，所以应及时换用好的FU-29。倘若跳火只是偶尔发生或者比较轻微，也可适当降低屏极电压试用，但是也会使胆机性能下降，所以尽早换新为好。（王德沅）

Q&A

问与答

读者若有问题需要解答，请将问题发至本刊邮箱：radio@radio.com.cn或者在微博@无线电杂志，也可以在《无线电》官方微信公众号评论中留言。如果读者不能通过网络途径投送自己的提问，请将来信寄到本刊《问与答》栏目，信中最好注明您的联系电话。

Q 一个小米水龙头霍尔版(H)损坏，扳动水龙头手柄没有反应，检查后初步判断是磁控开关组件不良所致，买一个磁控开关组件一般需要45～60元，比较贵。据说这种故障最常见的原因是开关中的霍尔元件损坏，只要调换霍尔元件即可解决，是这样吗？常见的SS41F能够使用吗？（江苏　季生隆等）

A 霍尔元件是一种基于霍尔效应的磁电传感器。霍尔元件主要用于磁场检测和磁控开关等，具有体积小、重量轻、寿命长、功耗小，耐振动等优点，近年来获得了广泛应用。在水龙头磁控开关组件中，霍尔元件主要用作磁控开关，对霍尔灵敏度、激励电流、电阻及输出电压等特性要求不高，故而常见的SS41F完全可使用，实践表明效果不错。SS41F的主要特性为：电源电压范围4.5~24V，电源工作电流10mA，最大输出电流20mA，最高工作温度150 ℃，最低工作温度－40 ℃。（王德沅）

Q 有一台1000W微波炉不能加热，检查发现保险管被烧坏，双向高压二极管也被击穿短路，但一时没法购买到双向二极管，看到有些微波炉中并没使用这个二极管，于是就想不用试试，通电后微波炉居然能正常工作了，而且使用多次都无异常，不知这个双向二极管起何作用，能够长期不用吗？（湖北 王 昀等）

A 这个双向二极管VD1直接并联在高压电容两端，在特殊情况下，若高压电容两端电压异常升高，双向二极管会被击穿，从而保护电容、磁控管等主要元器件不被烧坏。由于正常情况下双向二极管并不工作，不用也没事。但是它像熔丝一样，主要是起到“以防万一”的作用，电路工作时情况复杂多变，必要的防护措施不可缺少，所以该二极管不可省却，应该尽快装上。（王德沅）

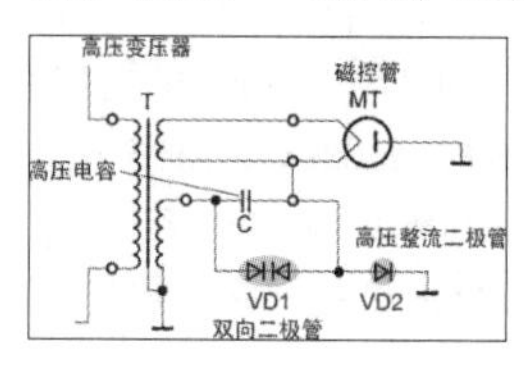

Q 一台微波炉中有个直接并联在高压电容上的双向二极管2X062H损坏，我上网查了一下，有些介绍说2X062H是对称二极管，连接时不分正反，可随意连接；有的则讲2X062H内含两个不对称二极管，不可接反，不然会烧坏。不知何种说法正确，怎么正确连接？（陕西 纪 昊等）

A 2X062H是由两个特性不同的二极管VD1和VD2串联组成的，允许峰值反向电压分别为6.0kV和1.7kV，如附图所示。由于两个二极管的耐压不同，若接反就会击穿1.7kV的VD2，而且也常会使VD1损坏，所以务必正确连接。通常2X062H上标注的小二极管正极接高压电容一端，大二极管正极接高压电容与高压二极管、磁控管连接的那端。有的双向二极管用环状标注，其中宽环端表示大二极管VD1，细环端则表示小二极管VD2。（王德沅）

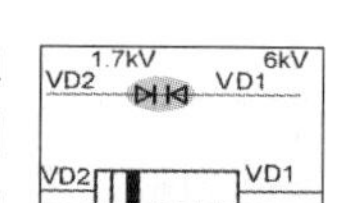

Q 一把进口电动剃须刀发生故障，经检查发现充电电路的一个二极管被烧坏，印制板上标注为“SS22L”，外形如贴片二极管，不知其主要特性如何，能用S2A或1N4001等普通二极管替换吗？（黑龙江 李海轩）

A SS22L是肖特基二极管，具有低正向压降、大电流、超高速等特点。普通二极管的速度明显不如肖特基二极管，不能用在开关电源电路中，而且普通二极管的正向压降（V_F）比肖特基二极管正向压降高许多，例如SS22L的V_F为0.5V（@IF 2. 0A），S2A的V_F则为1.1V。这在低电压电路中明显不利，所以不能用S2A或1N4001等普通二极管替换肖特基二极管。SS22L的反向重复峰值电压是20V，正向平均电流最大为2.0A，可用相似特性的肖特基二极管代替，例如SS24L、SS26L、1N5817W、1N5819W等都可直接替换。（王德沅）

Q 我家的台式计算机在使用中经常出现“Windows检测到IP地址冲突”的弹窗提示，曾经想查看到底是哪个IP地址冲突，但我家的Wi-Fi网络连接了十几个手机、计算机等终端，逐一查找颇为麻烦且费时，不知有没有比较快捷明了的查看方法？（浙江 郭银洪等）

A 通常可在路由器设置页面中查看，具体如下：在浏览器地址栏键入路由器IP地址，回车后在对话框中输入用户名和密码，确定后就会出现路由器设置页面。然后在路由器首页单击“系统工具”，再找到“流量统计”，此时便会出现所有连接于路由器的终端IP地址、MAC地址、已下载及上传流量、下载及上传速度等数据，如果存在IP冲突，也能很快看到，一目了然。（王德沅）

基于 Gravity:串口数据记录器观测风

狄勇

教育科学出版社出版的《科学》三年级上册第5课《观测风》中，给学生介绍观测风的办法是制作风旗，观察风旗飘动情况来判断风速等级。《义务教育信息科技课程标准（2022年版）》是第一次正式发布的义务教育阶段信息科技课标。课标要求五、六年级的学生能够“体验物理世界与数字世界深度融合的环境，感受用信息科技获取与处理信息的优势”。如果将《观测风》这个项目以数字化科学探究的方式实施，不仅可以让学生体验计算机通过传感器感知外部物理世界的过程，还可以让学生对实践获取的数据进行可视化处理。

实验器材

考虑到与风速传感器的兼容性，本次实验选择了 Arduino Uno 主控板，如果使用 micro:bit、掌控板，则需要用 RS-485 转 UART 转换模块进行信号转换。传感器方面，除使用了风速传感器外，还加入了由 DFRobot 提供测评的 DHT20 温/湿度传感器，这样可以更全面地反映一段时间内操场环境的气象条件。数据记录默认由 Gravity: 串口数据记录器完成，器材清单见表 1，实物如图 1 所示。

表 1　器材清单

序号	器材名称	数量
1	Arduino Uno	1 个
2	Gravity：I/O 传感器扩展板 V7.1	1 块
3	Gravity：串口数据记录器	1 个
4	Gravity：DHT20 I²C 温/湿度传感器模块	1 个
5	Gravity：I²C SD2405 RTC（实时时钟）模块	1 个
6	Gravity：I²C OLED-2864 显示屏模块	1 个
7	Gravity：带 LED 的数字按钮模块	1 个
8	Gravity：UART OBLOQ - IoT 物联网模块	1 个
9	JL-FS2 风速传感器	1 个

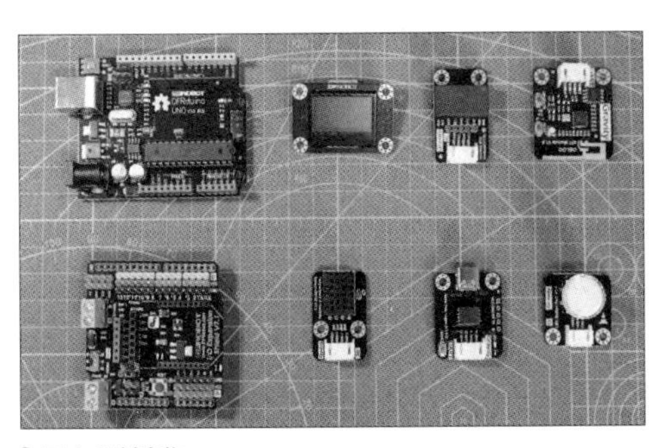

图 1　器材实物

表 2　DHT 系列 3 款温/湿度传感器参数对比

参数＼款式	DHT11	DHT22	DHT20
通信方式	单总线	单总线	I²C
工作电压	3.3~5V	5V	3.3~5V
温度量程 误差	0~+50 ± 2℃	-40~+80 ± 0.5℃	-40~+80 ± 0.5℃
湿度量程 误差	20%~90% ± 5%RH	0~100% ± 2%RH	0~100% ± 3%RH
特点	经典款温/湿度传感器，价格低，适用于精度要求不高的设计	高精度温/湿度传感器，价格高，检测范围较大	高精度温/湿度传感器，DHT11 温/湿度传感器升级款，与 DHT11 温/湿度传感器价格相同，但性能提升，采用 I²C 通信，数据更加稳定

图 2 所示是 DHT 系列的 3 款温/湿度传感器模块，从左自右分别是 DHT11、DHT22、DHT20。DFRobot 给出了产品参数对比，如表 2 所示，显然作为 DHT11 温/湿度传感器的升级款，采用 I²C 接口的 DHT20 拥有更好的性能和更高的稳定性。

再来了解一下新品 Gravity: 串口数据记录器。

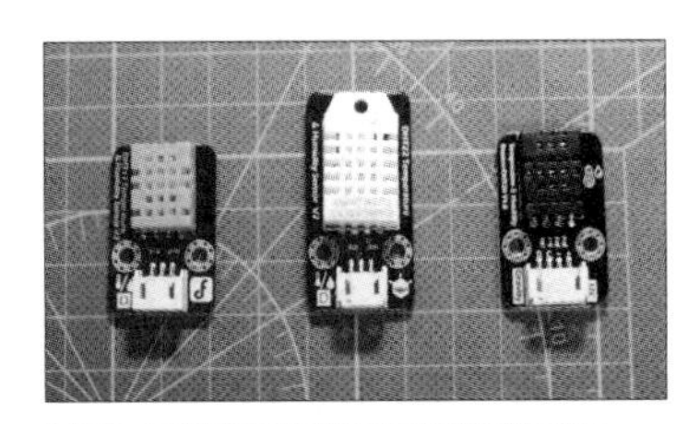

图 2　DHT 系列 3 款温/湿度传感器模块

DFRobot之前曾推出过需要插Micro SD卡的串口记录器，虽然新品也使用同一款主控芯片，但是它板载了 128MB Flash 存储芯片，不再需要插 Micro SD 卡。Gravity: 串口数据记录器采用的是USB Type-C接口，如图 3 所示，连接计算机就可以被识别为 U 盘读取文件。

JL-FS2 是 DFRobot 推出的一款工业级风速传感器，如图 4 所示。其外壳为铝合金材质，具有防水航空插头，这样的配置显然针对的是户外恶劣的工作环境。

图3 USB Type-C 接口串口数据记录器

图4 JL-FS2 风速传感器

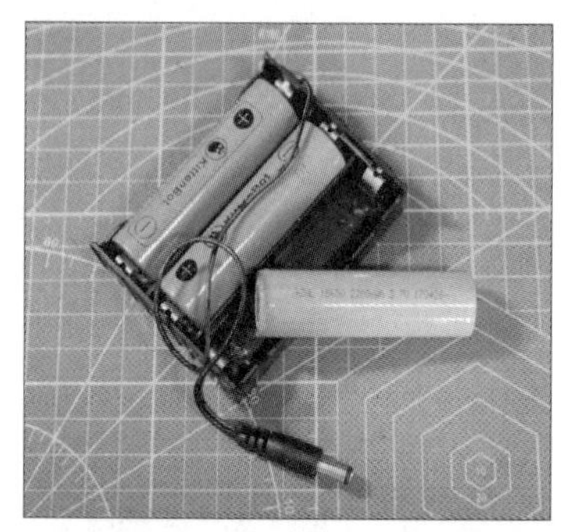

图5 串联3节18650电池的电池盒

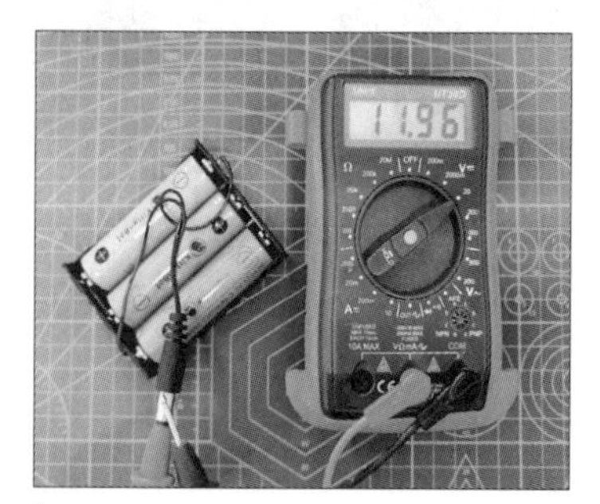

图6 实测电压

JL-FS2风速传感器规格参数如表3所示。

从表3中可以了解该传感器的供电电压为12~24V，配置串联3节18650电池的电池盒即可工作（见图5）。试验时实测电压为11.96V，如图6所示，可以用它作为电源。

表3 JL-FS2 风速传感器规格参数

型号	JL-FS2
传感器样式	三杯式
信号输出方式	0~5V
供电电压	DC12~24V 可通用
功耗压型	MAX ≤ 0.3W
启动风速	0.4~0.8m/s
分辨率	0.1m/s
有效风速测量范围	0~30m/s
系统误差	±3%
传输距离	大于1000m
传输介质	电缆传输
接线方式	三线制
工作温度	-40~80℃
接口线序	VCC(Red)、GND(Black)、电压信号(Yellow)、电流信号(Blue)
重量	<1kg

线路连接

1 Arduino Uno与其他模块引脚对应关系如表4所示。将它们一一对应连接在一起。

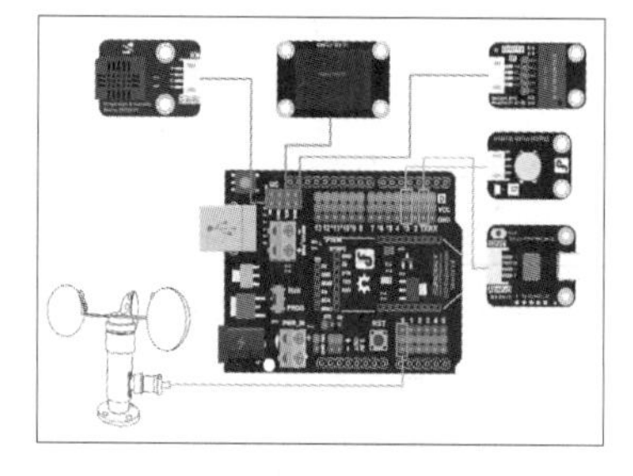

表4 引脚对应关系

Arduino Uno	模块
D1（TX）	串口数据记录器
D2	带LED的数字按钮模块
A0	L-FS2 风速传感器
I²C	DHT20 温 / 湿度传感器模块
I²C	SD2405 RTC 模块
I²C	OLED-2864 显示屏模块

2 在连接实物时，配套线缆对应JL-FS2风速传感器一端的防水航空插头，插入拧紧即可。

3 连接主控板的另一端则要使用合适的连接插件，根据表3中的接口线序进行改装。

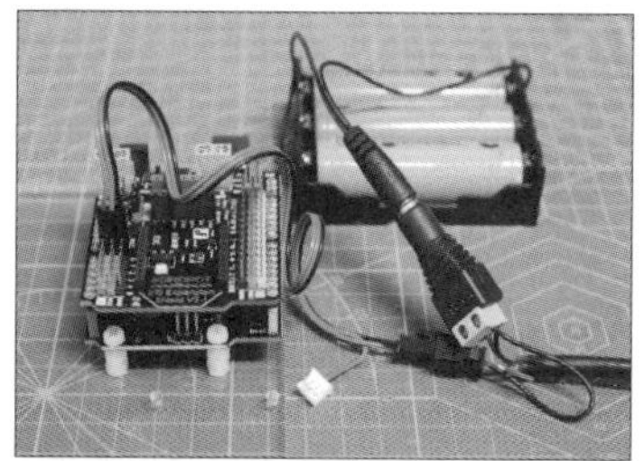

4 由于本项目用到了DHT20温/湿度传感器、SD2405 RTC模块、OLED-2864显示屏3个I²C设备，I/O扩展板上的两组I²C引脚已经不够用了，这里需要使用一块面包板配合排针，进行二次扩展。

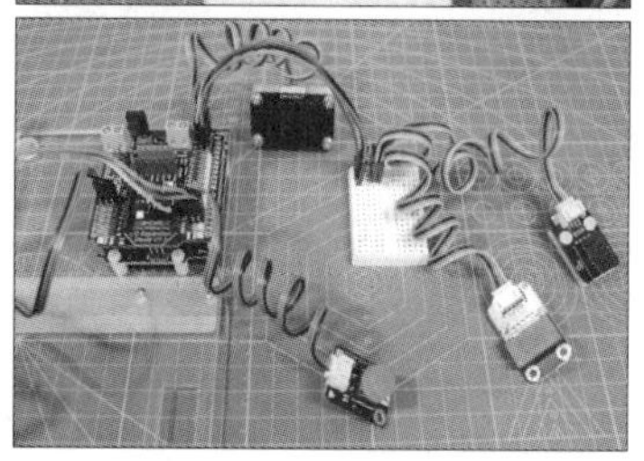

5 项目中的按钮用于控制记录的启停，配合串口记录器的“SAVE”按钮，可以根据需要将数据保存为独立文件，避免因“拔插头”停止记录。按钮模块由最

初的普通按钮换成了带 LED 的数字按钮模块。

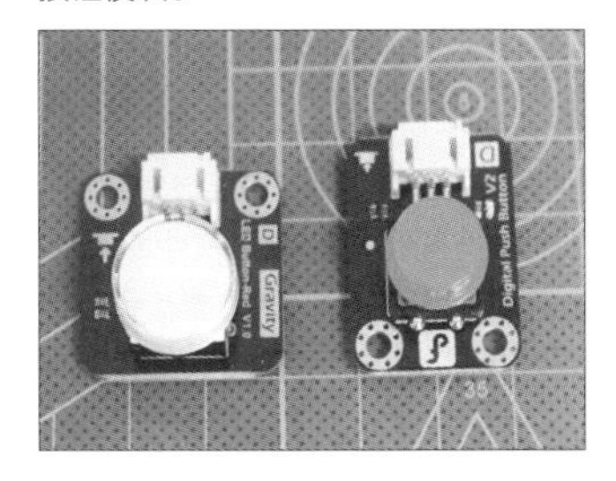

6 实际使用中发现这款带 LED 的数字按钮模块，除了外观更有质感、触发提示更直观，还有更好的硬件消抖效果。

7 最后将所有元器件固定在一块亚克力底板上，以便于向学生展示和讲解自制仪器的组成和原理。

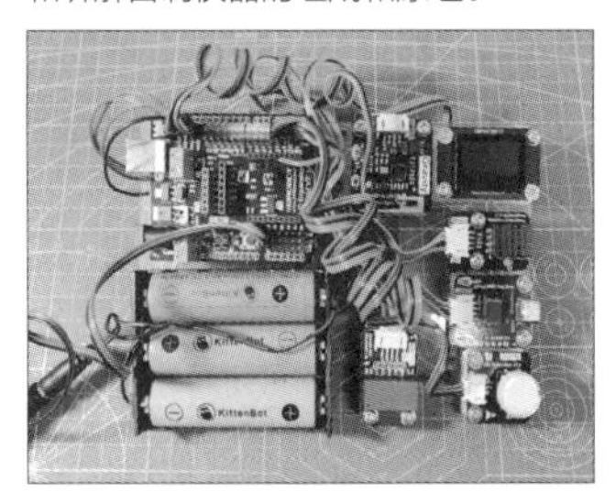

程序设计

本项目有两个程序。第一个程序用于校准 SD2405 RTC 模块，如图 7 所示。因为模块自带长效电池，所以只需要校准一次就可长期给 Gravity: 数据记录盖“时间戳”。

完成 RTC 模块的校准后，便可以开展功能测试，功能测试程序如图 8 所示。

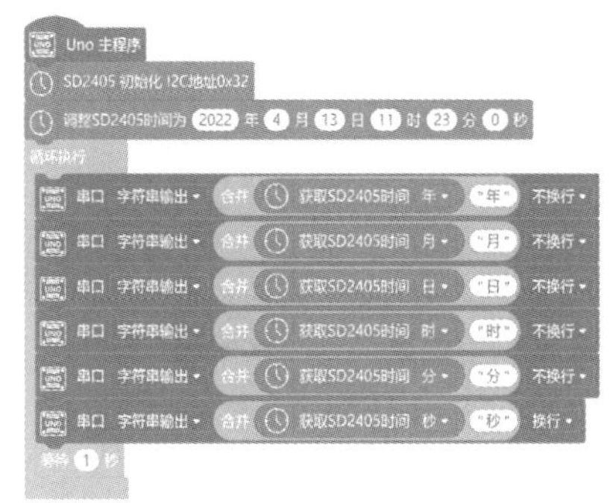

图 7 SD2405 RTC 模块校准程序

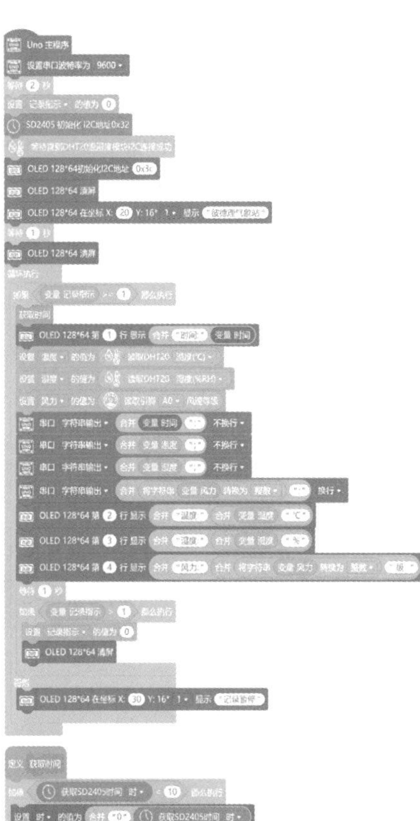

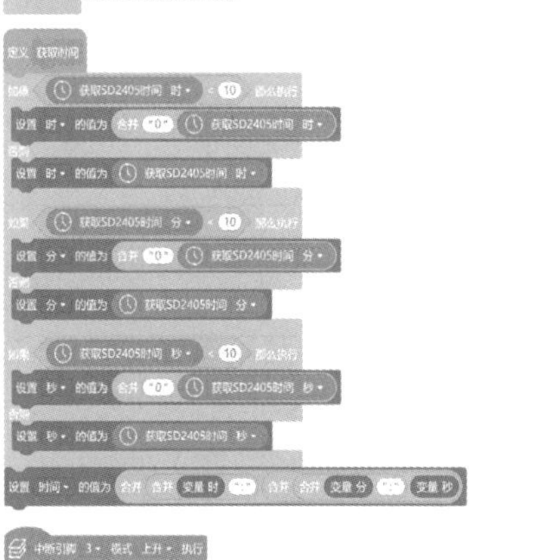

图 8 功能测试程序

制作转接底座

1 完成程序调试后，想要将装置带去操场实验，还要解决风速计固定的问题。我们这个装置主要用于实现操场风力大小的检测，可将其通过转接件安装在三脚架上，实现可便携移动。

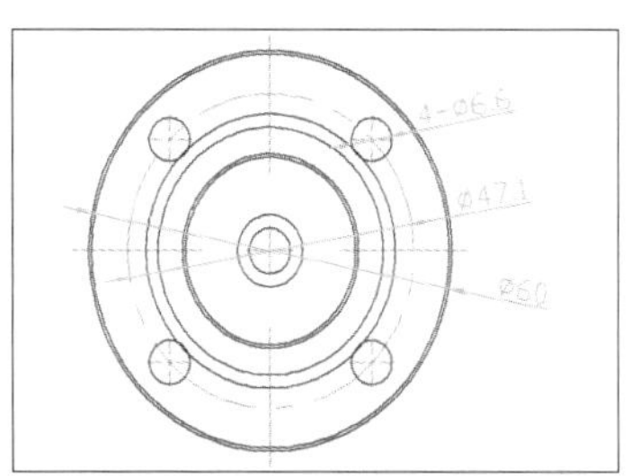

2 根据尺寸图，利用 3D 打印技术制作转接底座，采用螺栓将其与风速计连接，中间的孔位预留给三脚架快装板。

3 我们的实验目的不仅仅是测量和记录，也是借助检测装置让学生了解计算机通过传感器感知真实物理世界的流程。参考风速计底座的制作思路，让学生利用 3D 打印技术制作一个可以固定三脚架的支架，让整个装置能和风速计并列呈现。

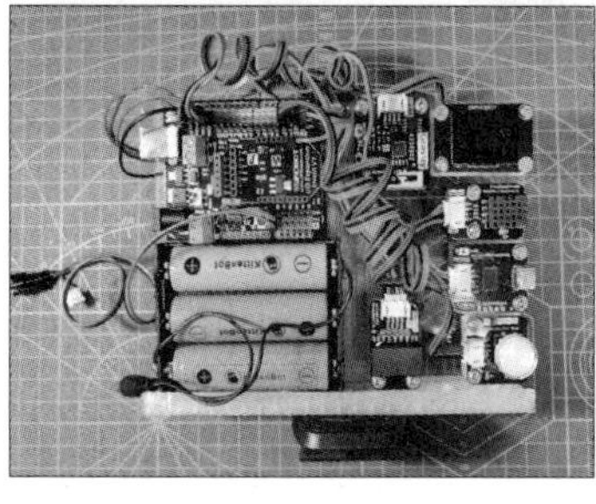

课堂体验

1 带着两个三脚架，去操场开展实验。

2 按下按钮，检测装置开始记录数据，OLED 显示屏上也实时刷新着环境数据。

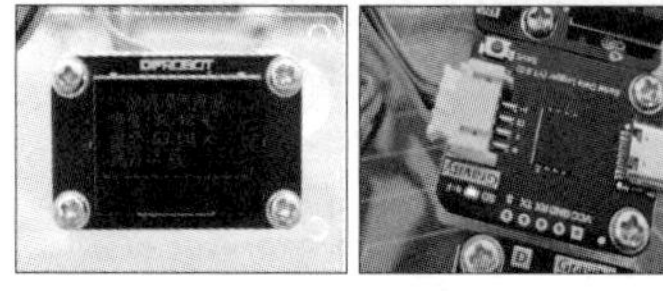

3 每一次串口数据写入，记录器上的写入指示灯都会闪烁，可以由此判断其工作状况。按下“SAVE”按钮，可以保存当前文件，并新建一个文件用来存储接下来的数据。

4 通过 USB 线缆将串口数据记录器与计算机连接，系统识别出一个新的磁盘驱动器，任务栏也提示有一个名为“Serial Data Logger”的 U 盘出现。

5 磁盘根目录下有一个名为 FILE 的文件夹，内部包含一些 TXT 格式的数据文件，其中有一个名为“CONFIG.TXT”的配置文件。可以通过修改“CONFIG.TXT”文件修改模块的通信波特率和文件名。Baud 代表串口通信波特率选择，00 对应 2400 波特，01 对应 4800 波特，以此类推，模块波特率与主控串口打印波特率匹配才能正常存储数据；FileNum 代表下一次新建文件的文件序号，例如当 FileNum=0019 时，下一个生成的文件名为 FILE0019.txt，如果该文件已经存在，则跳过该文件，继续往后搜寻。

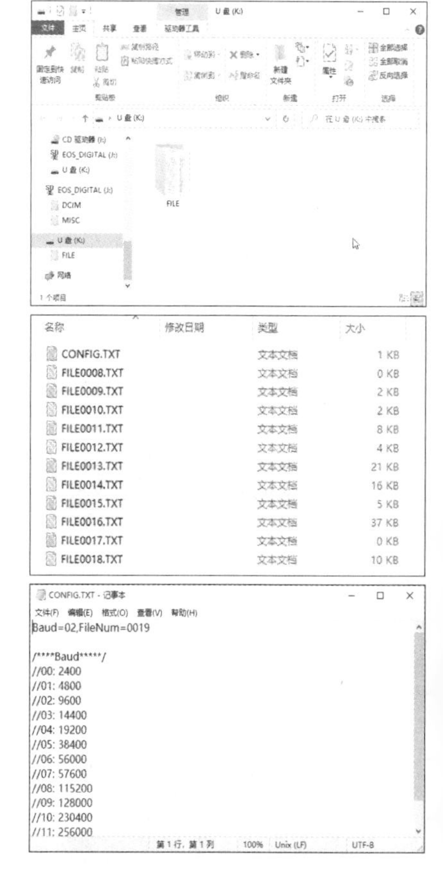

6 打开数据记录文件，可以看到操场上的实验数据记录。我们采用分号作为分隔符，以提高可读性，每一行的数据依次为时间、温度、湿度、风力。

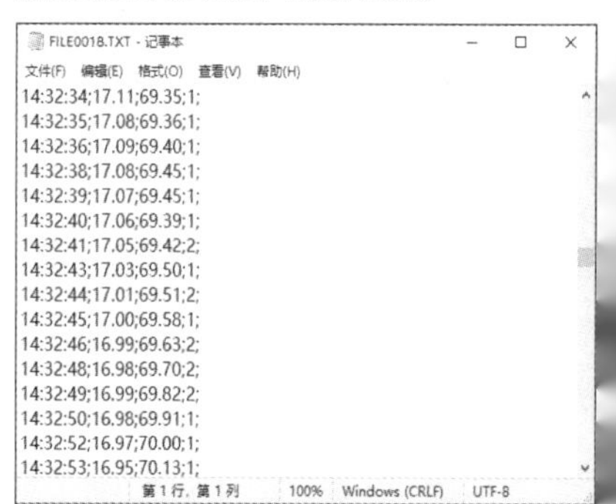

7 将记录文件导入 Excel 生成图表，得到最终结果，并作为数据可视化的教学素材。

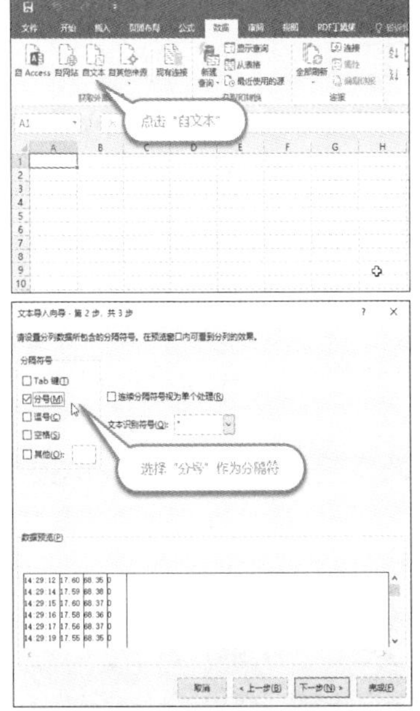

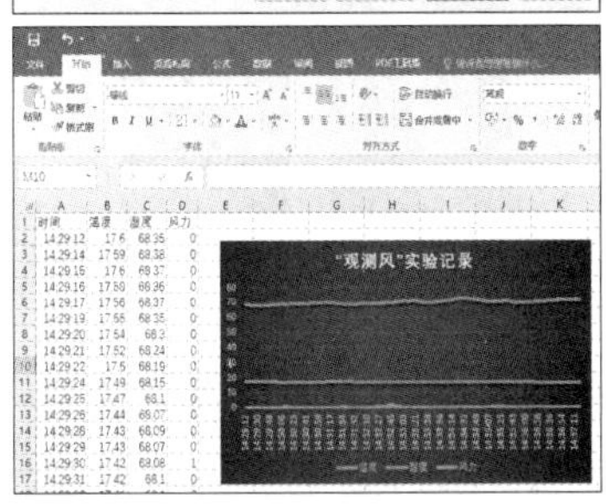

小结

1. 实现了基于跨学科主题的“双向奔赴”

从科学课的角度而言，这个项目适合替代科学课的简易实验装置，满足科学新课标中用仪器进行观察记录的要求。即便三年级的学生缺乏自己制作该仪器的能力，也可以创新教学组织形式，由高年级学生完成综合任务后通过跨学段支持的方式，为低年级的学生提供实验仪器和使用指导，并由此埋下“创中学”的种子。

从信息科技学科而言，该项目带给学生的是一场数字化科学探究的真实体验。如果材料数量充裕，我会安排学生探究“如何制作一个可以观测风的数字化仪器？”这是一个基于科学课真实需求的驱动性问题。在第二个环节，分析和处理自己亲历的科学实验中由自制的数字化仪器记录的数据，又是一个体验性和代入感极强的学习内容。

信息科技需要融合其他学科创设真实、新颖、有趣的情境；其他学科也需要信息科技提供新的模式、方法、手段完成课程改革，我们需要基于跨学科主题的双向奔赴。

2. 优化了信息科技课堂的第四要素

教学有三要素，即“教师、学生、课程”，但还有一种说法认为，除了这三要素，还要加上“环境”要素。我非常赞同这个观点，因为课堂环境是学习的物理空间，也是学习的心理空间，虽然教学可以在任何环境中进行，但更应该在最合适的环境中进行。在本项目实施过程中，我们的教学流程是先在操场上采集数据，之后再回到机房处理数据和验证结果。如果缺少“操场”这一走出机房的“环境”要素，这场教学活动就缺少了让学生体验通过自制仪器获取真实数据的物理空间，更缺失了研究身边熟悉的事物所带来的亲切感、投入感和成就感。或许是由于数据来自孩子们日常游戏运动的操场而多了几分温度，参与项目的每个学生都特别在意用图表呈现数据这一任务的完成度，在数据处理阶段表现出了强大的内驱力。

3. 可轻松切换为物联网实践与探索

新课标第四学段（7~9 年级）的第二个模块是物联网实践与探索，要求学生“能在信息科技与其他学科的学习中，有效利用基本物联网设备与平台；能设计并实现具有简单物联功能的数字系统。”内容上与之相对应的跨学科主题就是“在线数字气象站”。

本项目稍加调整即可成为“在线数字气象站”的模型。我们的材料清单中包含有可选的 Gravity: UART OBLOQ-IoT 物联网模块，想要改用在线记录的方式，只需写入图 9 所示程序，将连接到 Gravity: 串口数据记录器的插头插入 Gravity: UART OBLOQ-IoT 物联网模块，即可实现通过物联网记录数据。如果使用 I^2C 接口的 Gravity: Wi-Fi IoT 模块，还可腾出串口通信引脚保留串口记录器的连接，同时实现在线和本地数据记录的功能。

在线数字气象站的记录平台，推荐使用虚谷号搭建 SIoT 服务器实现。如果学校教学楼已实现 Wi-Fi 覆盖，那么将为这类物联网项目的校园实践提供更加便捷的网络环境。

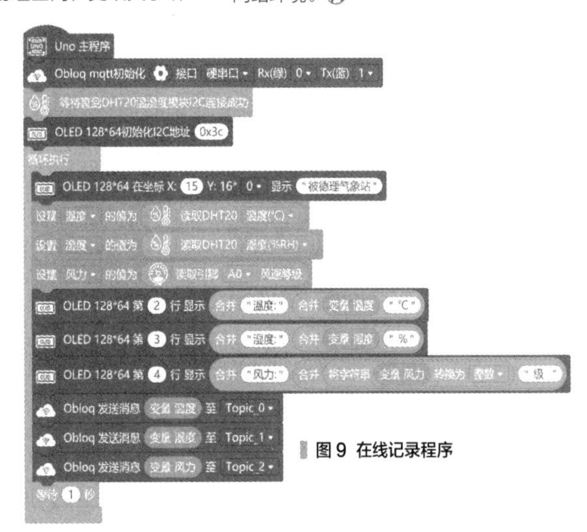

图 9 在线记录程序

盆栽浇水提示器

刘育红

项目概述

“盆栽浇水提示器”是一个经典的创客项目，我为其增添了一个实用的新功能——可以标定植物的耐旱性，以便更灵活地照料不同的植物，其实物如图1所示。学习该项目，可以掌握土壤湿度传感器和滑动电位器的使用方法。

作品功能如下。

◆ 检测植物的耐旱性并进行标定（见图2）。

◆ 检测土壤湿度，并根据植物耐旱性进行判断，给出相应的提示，包含“我好渴啊！”“不用管我！”“喝太饱了！”（见图3）。

图1 盆栽浇水提示器

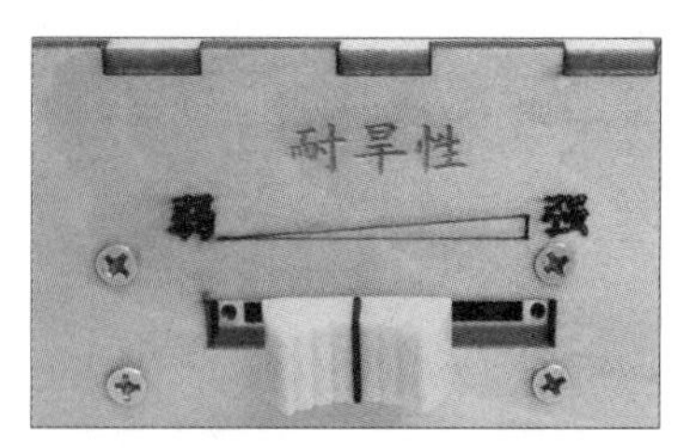

图2 耐旱性功能

附表 硬件材料清单

序号	名称	数量
1	Arduino Uno	1个
2	I/O 扩展板	1块
3	SG90 舵机	1个
4	滑动电位器模块	1个
5	土壤湿度传感器模块	1个

图3 耐旱性提示标语

制作盆栽浇水提示器的硬件材料如图4所示，清单如附表所示。主要使用的软件为 Mind+ 和 LaserMaker。

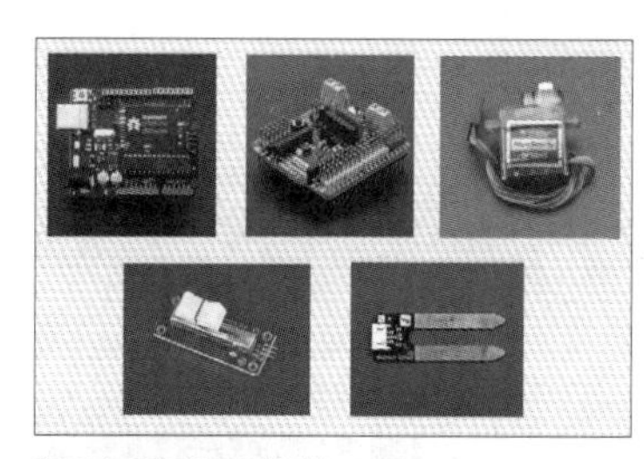

图4 所需的硬件材料

电子模块介绍

1. 滑动电位器模块

电位器可以通过手动调节转轴（见图5）或滑柄（见图6），改变动触点在电阻上的位置，从而改变动触点与任意一固定端之间的电阻值，改变电压与电流的大小。我们使用的滑动电位器属于模拟输入模块，Arduino 平台会通过 ADC（模数转换器）将电压值转换为 0~1023。

滑动电位器模块在与 Arduino Uno 主控板连接时，需连接到模拟引脚（A0~A5）上，如图7所示，GND、VCC、数据这3个引脚要分别对应连接。

软件模块的使用方法与其他模拟输入设备相同，我们可以通过“读取模拟引脚（A0）”来获取电位器的输入值，也可以使用“串口字符串输出”功能进行显示。

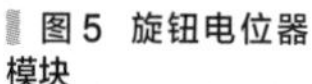

图5 旋钮电位器模块

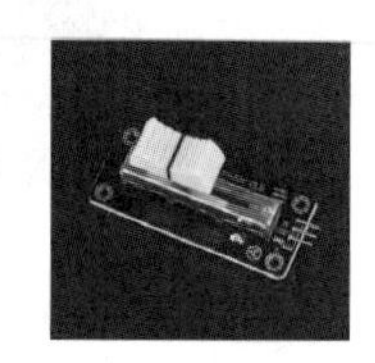

图6 滑动电位器模块

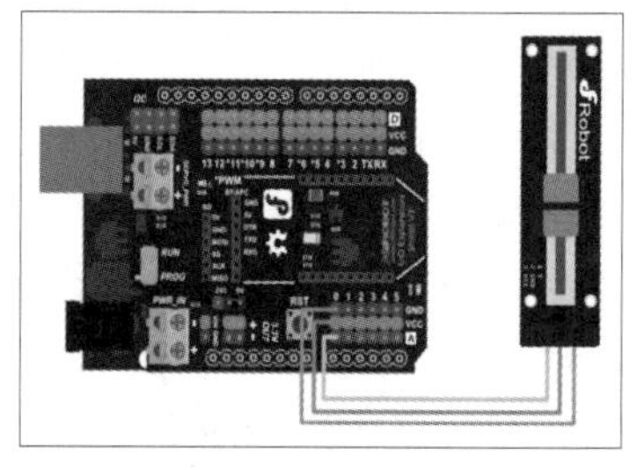

图7 Arduino Uno 主控板与滑动电位器模块连接示意图

编写如图8所示的程序，将其上传到设备，然后移动滑柄，记录移动方向与数值的关系，为后面的实验提供数据。

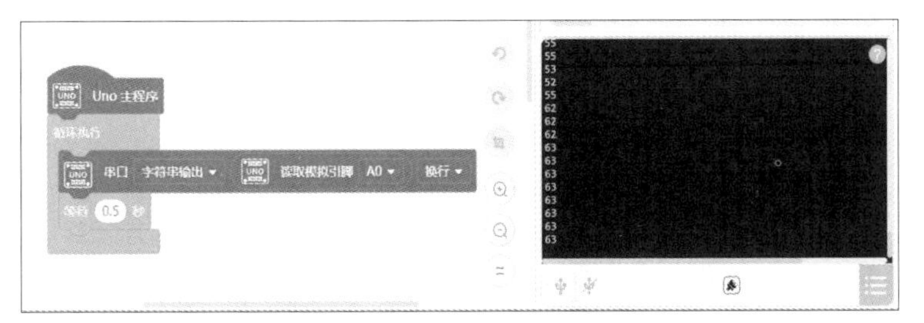

图 8 程序与数据

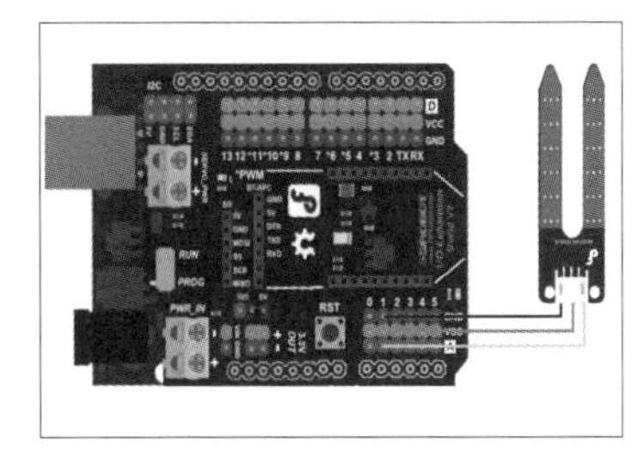

图 9 土壤湿度传感器模块与 Arduino Uno 主控板连接示意图

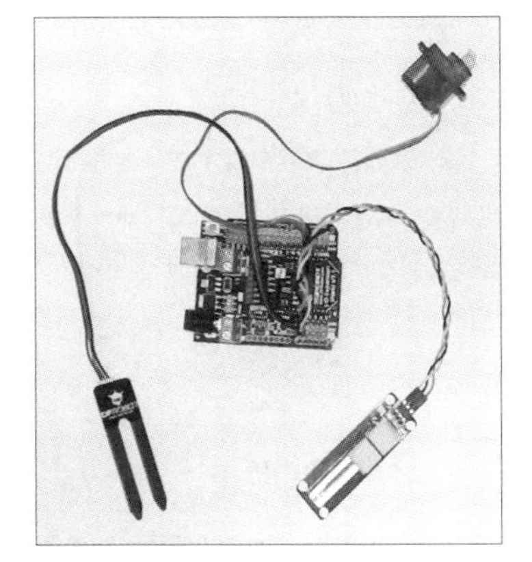

图 10 电路连接

2. 土壤湿度传感器

土壤湿度传感器可用于检测土壤中的水分，常见的设计是当土壤湿度较低时，传感器输出值较小，反之则较大。土壤湿度传感器属于模拟输入设备，在 Arduino 平台上，其输入值范围一般为 0~1023。

土壤湿度传感器模块在与 Arduino Uno 主控板连接时，需连接到模拟引脚（A0~A5）上，如图 9 所示，GND、VCC、数据 3 个引脚要分别对应。软件模块的使用方法和其他模拟输入设备相同。

图 11 盆栽浇水提示程序

项目制作

1. 硬件搭建

将滑动电位器模块连接到扩展板的 A0 引脚，土壤湿度传感器模块连接到 A1 引脚，舵机连接到 D3 引脚，如图 10 所示。

2. 编写程序

（1）编程思路

读取电位器的输入值，赋给变量“标准值”（反映植物耐旱性强弱）；读取土壤湿度传感器的输入值，赋给变量“土壤湿度”。比较“土壤湿度”与“标准值”的值大小，并根据结果控制舵机运行。如果“土壤湿度”的值小于“标准值 -50”，舵机转至 180°，对应提示语为“我好渴啊！”；如果“土壤湿度”的值大于“标准值 +50”，舵机转至 0°，对应提示语为“喝太饱了！”；如果“土壤湿度”的值处于“标准值 -50”至“标准值 +50”的范围内，舵机转至 90°，对应提示语为“不用管我！”。

（2）编写程序

根据编程思路，编写出相应的程序，如图 11 所示。编好程序后，将其上传到设备，并进行初步测试。

3. 外形设计加工

使用激光建模软件 LaserMaker 对盆栽浇水提示器的外形进行设计，设计如图 12 所示。

图纸设计好后，使用激光切割机对木板进行切割。切割好的结构件如图 13 所示。

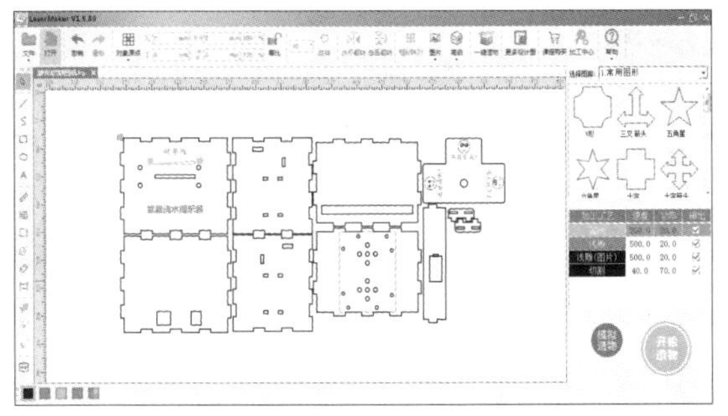

图 12 盆栽浇水提示器外形设计图

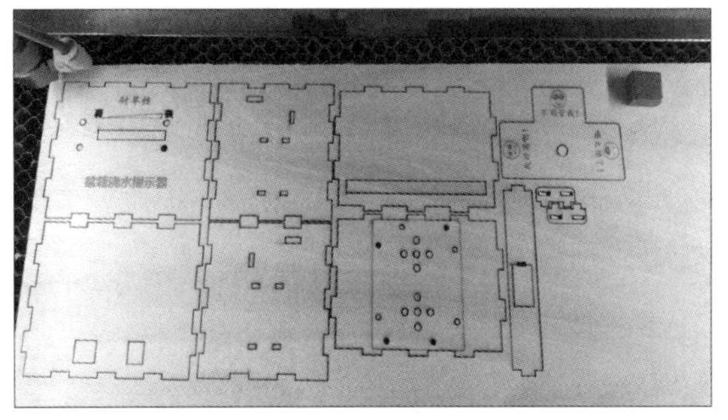

图 13 激光切割实物

4. 装配调试

（1）组装过程

1 将切割好的部分结构件组装在一起。

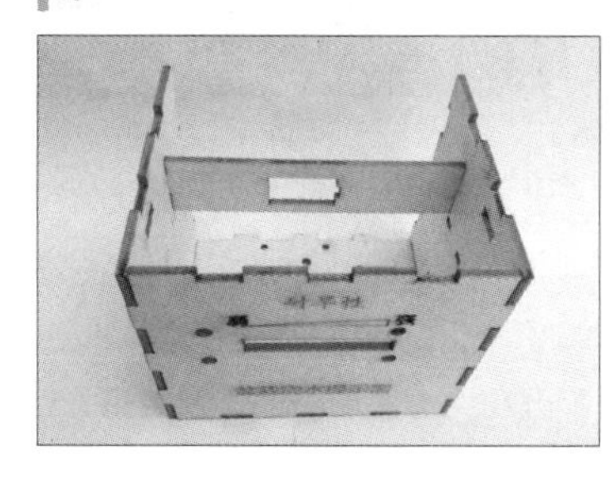

2 将滑动电位器模块安装在步骤 1 的成品上。

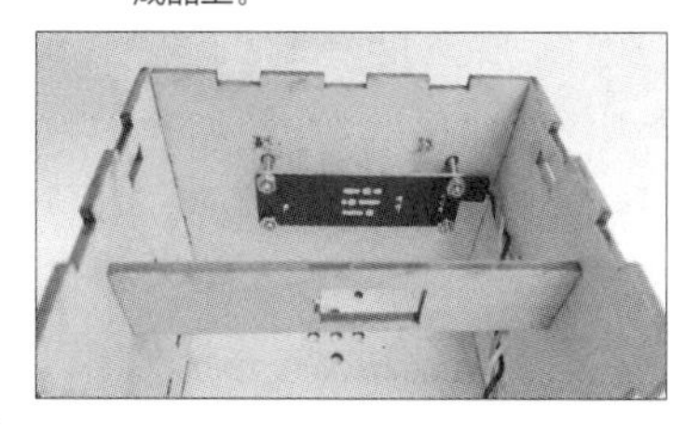

3 将与 Arduino Uno 主控板连接好的土壤湿度传感器模块穿过侧板预留的小孔。

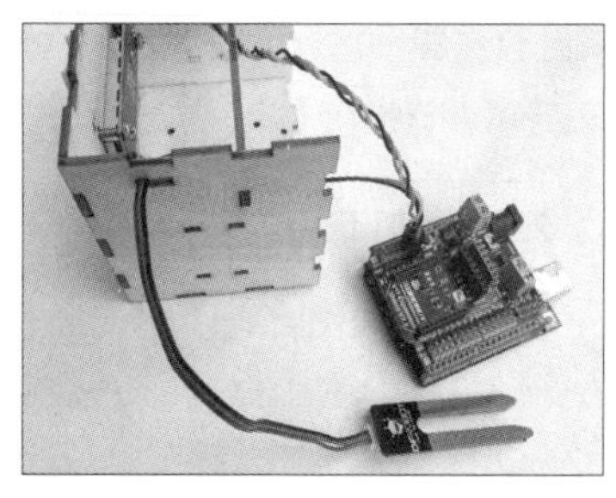

4 将刻有提示语的结构件固定在舵盘上。

5 将舵机安装在步骤 3 的成品上。

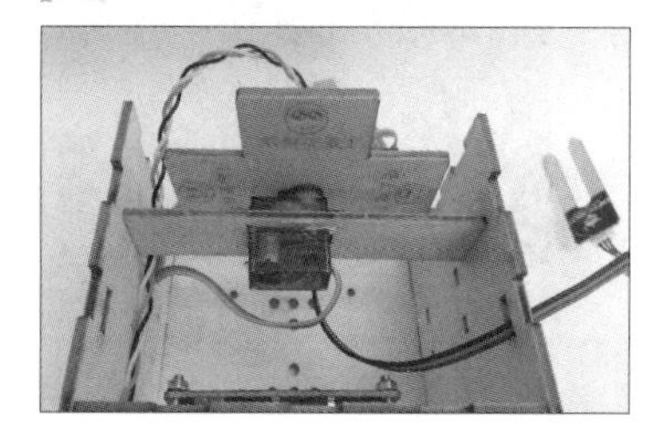

6 将 Arduino Uno 主控板安装在步骤 5 的成品上。

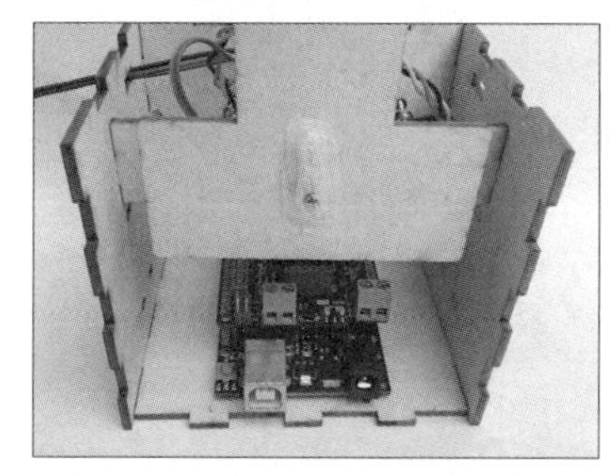

7 装上背板。

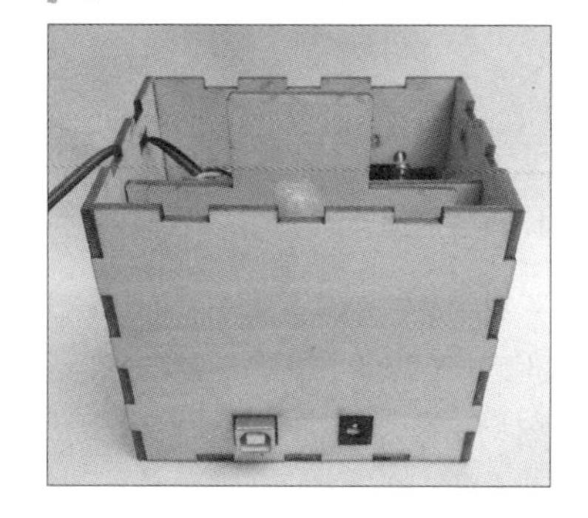

8 装上顶板。

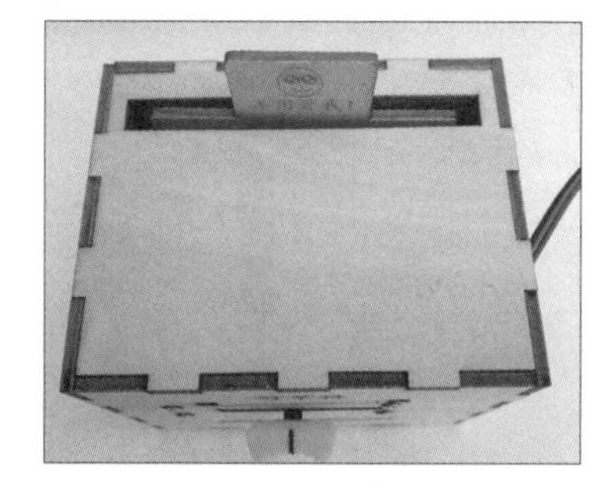

9 在侧板上装上用来固定土壤湿度传感器模块的结构件，完成盆栽浇水提示器的组装。

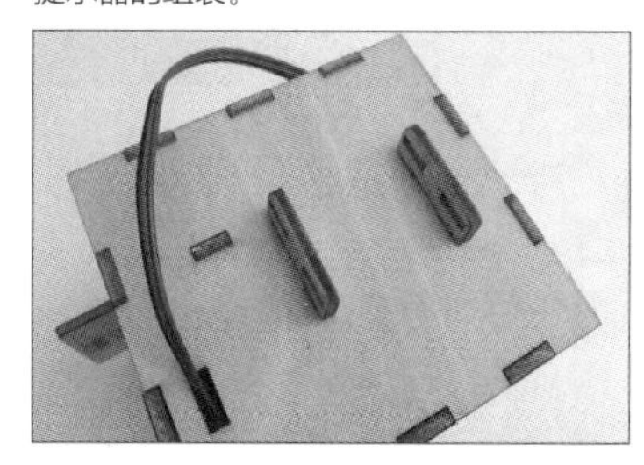

（2）调试过程

安装好后，对盆栽浇水提示器进行通电测试。测试过程中。我们需要对一些参数进行调整，以达到理想的效果。比如，通过修改“标准值”来改变 3 种状态的分布范围。

使用提示

不同的植物对水的需求不同，在使用本盆栽浇水提示器时，需要先对植物的耐旱性进行检测和标定。具体方法为：盆栽浇水提示器通电运行后，将土壤湿度传感器插入某盆栽土壤中，该土壤湿度应为正常状态（水分合适），此时缓慢推动滑柄，直到出现提示语“不用管我！”时，用笔在此位置做记号、写标识（见图 14）。当需要检测某盆栽是否需要浇水时，先将滑柄移至已标定的位置，再看提示语即可。

图 14 标记多肉植物耐旱性

演示视频

探究丝藻对溶解氧的影响——基于行空板的 Matplotlib 与 SIoT 数据可视化实例

狄勇

上学期期末，我办公室里的乌龟缸因为疏于管理导致水藻爆发（见图 1）。这绿油油的缸成功点燃了我的好奇心。因为听说水藻大量繁殖，会导致水体溶解氧的减少，危及水中小动物的生存，但也有人认为地球上的氧气大部分来自藻类的光合作用。那么水藻对于水体溶解氧的影响到底如何呢？能不能量化考证？

如果要对此进行数字化探究，首先要找到对应的传感器。而溶解氧传感器的价格较高，我只能辗转借到了一个。在等待溶解氧传感器送到的那两天，我已经根据传感器的说明页面标注的尺寸（见图 2）开始制作固定用的结构件了（见图3、图4）。

然而还没等收到溶解氧传感器，办公室的同事就勤快地把水换了，再后来就放假了，于是我只能另外物色实验对象——我拎着捉鱼的网兜和水桶在小区池塘里捞来几团头发状的水藻（见图 5）。上网查了下，这种水藻应该是丝藻（绿藻纲，丝藻科）。丝藻是一种对水质和日照都有点要求的水藻。为了清理掉藏在水藻里的污垢，原本成团的水藻被我打散了（见图 6）。

表 1　器材清单

序号	名称	数量
1	行空板套件（见图 7）	1 组
2	DS18B20 防水温度传感器（见图 8）	1 个
3	溶解氧传感器套件（见图 9）	1 组

准备器材

做这个实验所需的器材如表 1 所示，

图 1　绿油油的乌龟缸

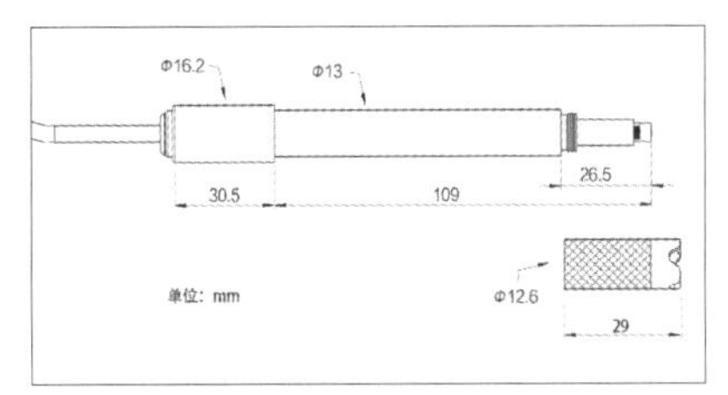

图 2　溶解氧传感器的尺寸

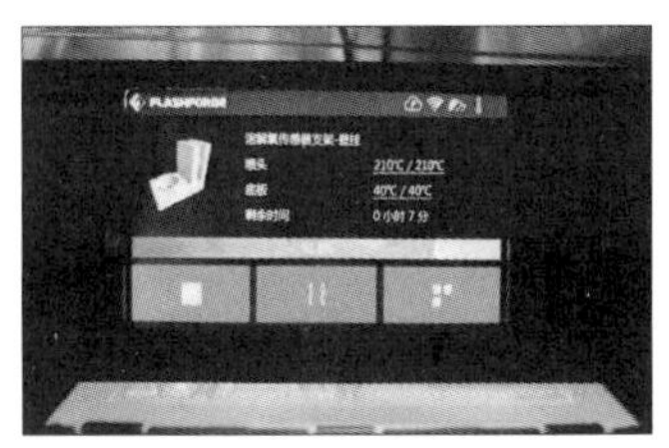
图 3　使用软件设计固定用的结构件

图 4　结构件成品

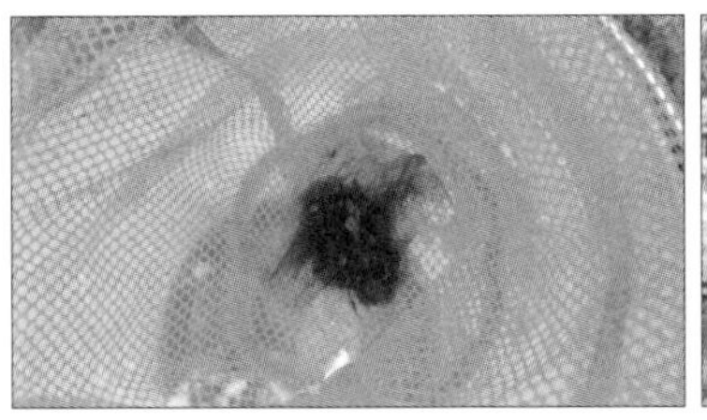

图 5　小区池塘中的水藻和水

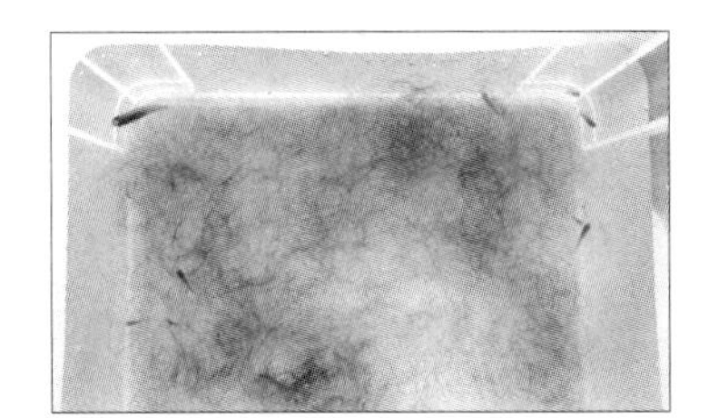
图 6　被打散了的水藻

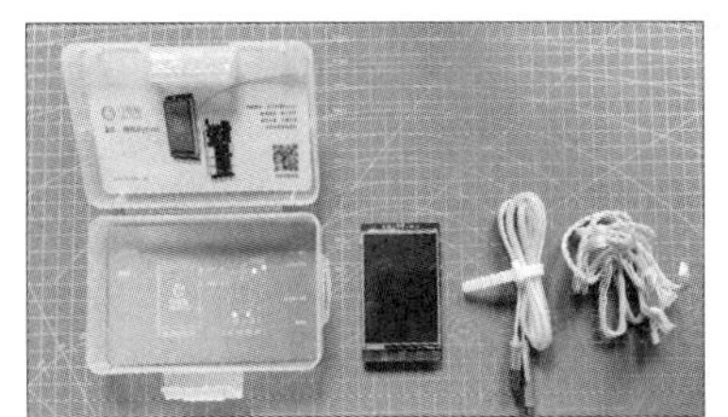
图 7　行空板

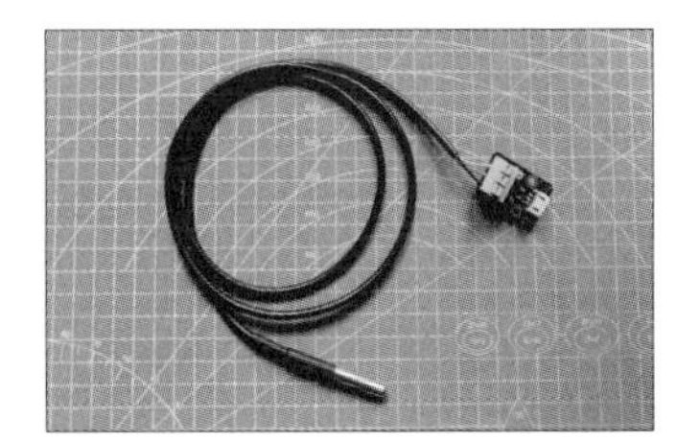
图 8　DS18B20 防水温度传感器

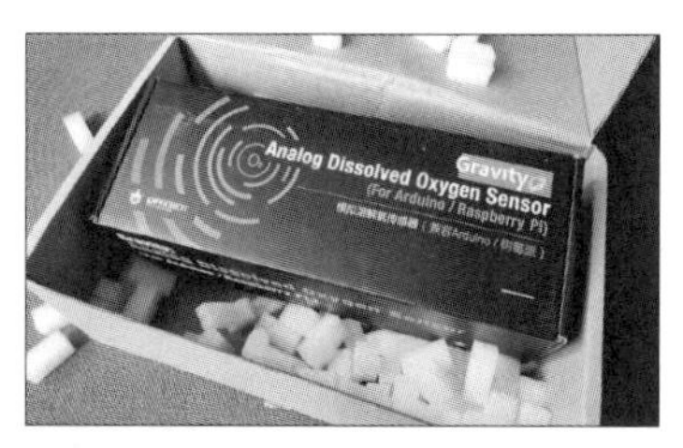

图 9 溶解氧传感器套件

图 12 拧开电极的膜帽盖

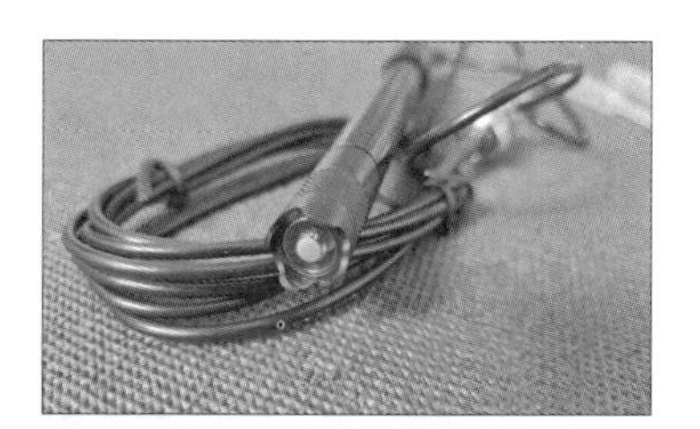

图 13 电极的银色金属部位顶住膜帽

这可能是我做过的所需器材最少的项目了，其主要原因是行空板（见图 7）凭一己之力提供了触控彩屏、按键、Wi-Fi、蓝牙、SIoT 服务器等，为项目实施提供了极大的便利。

DS18B20 防水温度传感器（见图 8）可以投入水中或插入土壤进行温度检测，能够在 3.0~5.5V 的电源下工作，温度显示范围为 -10 ~ +85℃（误差 ±0.5℃），是替换传统玻璃温度计进行数字化实验的必备神器。

溶解氧传感器套件（见图 9）是本项目的关键器材，套件阵容豪华，包含所有达成实验所需的附件与耗材，如图 10 所示（清单见表 2）。

表 2 溶解氧传感器套件中的附件与耗材清单

序号	名称	数量
1	原电池型溶解氧电极（含膜帽）	1 个
2	备用膜帽	1 个
3	信号转接板（变送板）	1 块
4	模拟传感器连接线	1 根
5	防水垫片	2 个
6	BNC 六角金属螺帽	1 个
7	浓度 0.5mol/L 的氢氧化钠溶液	30mL
8	塑料滴管	2 根

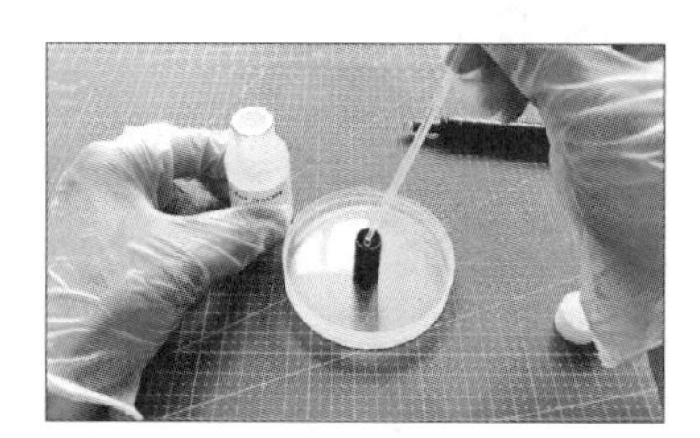

图 14 滴入氢氧化钠溶液

图 11 所示为溶解氧传感器头部的特写。膜帽上那层类似亚克力的透明薄片，实际上是氧渗透膜。这层膜比较敏感、娇贵，使用时小心别弄破它。

拧开电极的膜帽盖，将两者分离（见图 12），电极顶部的银色部分应该是某种金属，安装到位时，电极的银色金属部位是顶住膜帽的（见图 13）。

准备电极

使用全新的溶解氧电极之前，需要在膜帽中加入浓度为 0.5mol/L 的氢氧化钠溶液，作为电极的填充液。由于氢氧化钠具有很强的腐蚀性，操作时需要戴手套防护。具体的操作步骤是用滴管将浓度为 0.5mol/L 的氢氧化钠溶液滴入膜帽盖中，滴入量大概为膜帽内部容积的 2/3（见图 14），然后使电极方向与水平面方向垂直，把膜帽套到电极上再拧紧，以溢出一点氢氧化钠溶液为佳（见图 15）。

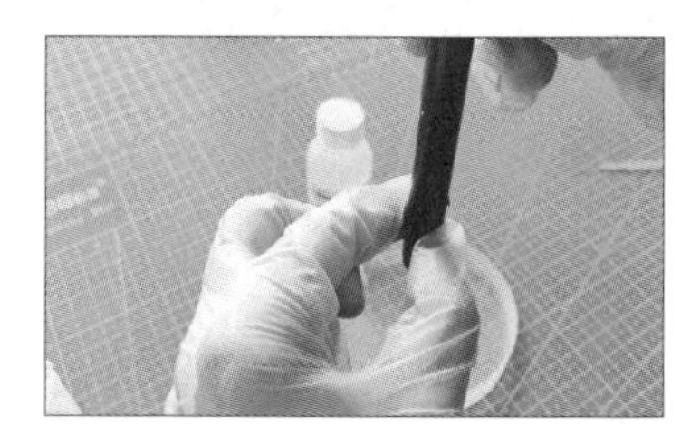

图 15 拧紧膜帽

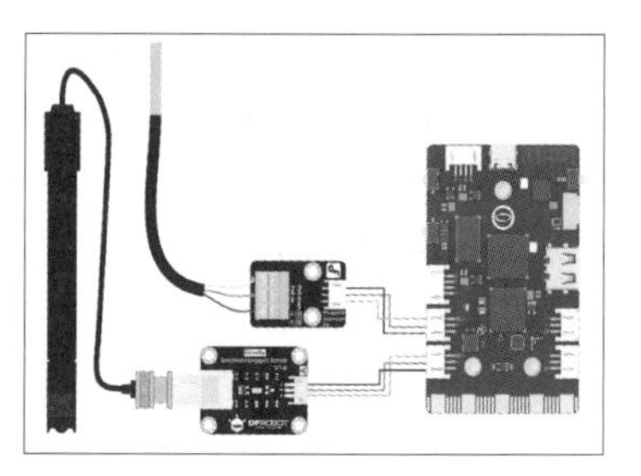

图 16 电路连接示意图

表 3 行空板与传感器的接口对应关系

行空板	传感器
P21	DS18B20 防水温度传感器
P22	溶解氧传感器

连接硬件

DFRobot 产品的接插件一般有体系化的防呆设计，这给实验装置的搭建提供了方便。行空板与传感器的接口对应关系如表 3 所示，我们使用附带的双头防呆 3Pin 连接线将传感器连接至行空板对应的接口，电路连接示意如图 16 所示。

图 10 溶解氧传感器套件中包含的附件和耗材

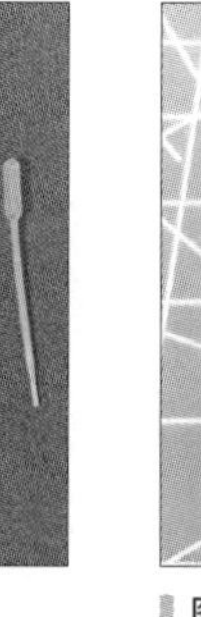

图 11 溶解氧传感器头部的特写

校准传感器

为保证精度，初次使用电极，或者使

用电极一段时间后，需要经过校准才能投入使用。参照溶解氧传感器的说明，有以下两种校准方法。

◆ 单点校准：只校准单一温度下的饱和溶解氧，适用于温度变化不大时的测量。

◆ 两点校准：校准不同温度下的饱和溶解氧，可以进行温度补偿计算，适用于宽温度范围的测量。

身为“强迫症患者”，我自然选择两点校准。以下为校准过程。

（1）设计校准程序

校准公式迁移自传感器说明中的 Arduino 程序。程序中的变量 VREF 为 ADC 参考电压，变量 ADC_RES 为 ADC 分辨率。行空板 ADC 参考电压为 3.3V，采用 12 位 ADC，分辨率设为 4096，我们需要据此修改对应参数。校准程序如图 17 所示。

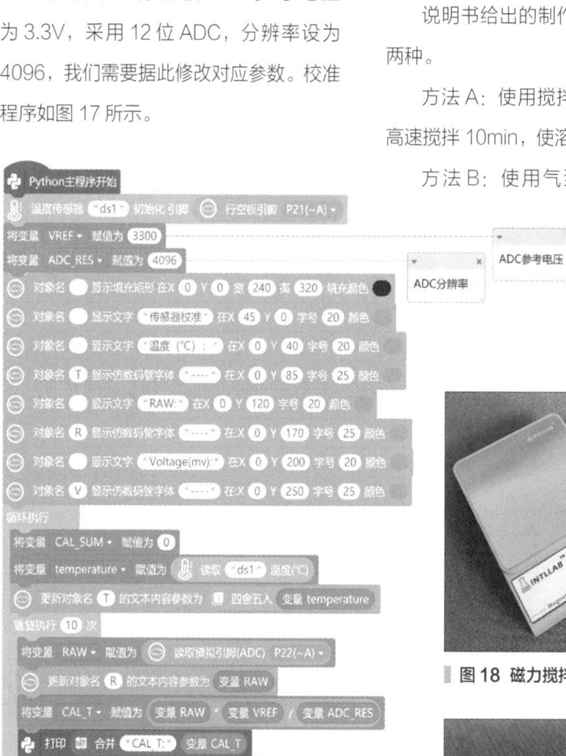

图 17 校准程序

图 20 制备常温饱和氧水

图 21 获取高温校准点数据

（2）制备常温饱和氧水

校准说明中要求两点校准时，适当加热其中一个样本（不得高于 40℃），但因为夏季我们这里室内即便开着空调，气温也能达到 26 ~ 28℃，所以常温下的样本也能满足校准需求。

说明书给出的制作饱和氧水的方法有两种。

方法 A：使用搅拌器、打蛋器，连续高速搅拌 10min，使溶解氧浓度达到饱和。

方法 B：使用气泵向水中连续充气 10min，使溶解氧浓度达到饱和。

图 18 磁力搅拌机

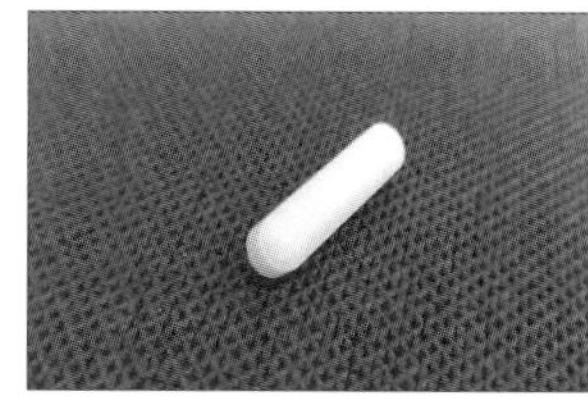

图 19 包裹有磁铁的搅拌子

两种方法我都没有采用，因为我有神器——磁力搅拌机（见图 18）。它的基本原理是利用磁场的同性相斥、异性相吸，让磁场推动放置在容器中带磁性的搅拌子（见图 19）进行圆周运转，这样便能实现可控的快速搅拌。

将搅拌子投入瓶中，调整开关旋钮，让搅拌子渐进提速，速度上去后，瓶子里的水会产生一个小漩涡。搅拌效率极高，且不容易产生水泡（见图 20）。

（3）获取高温校准点数据

调低搅拌机转速，全程保持低速搅拌（以不产生气泡为准），插入传感器，启动行空板的校准程序，测得温度为 28℃时，饱和电压为 1551mV（见图 21）。

（4）制备低温饱和氧水

取出事先放入冰箱的纯净水样本，使用磁力搅拌机搅拌 10min，获得低温饱和氧水（见图 22）。由于温差原因，瓶子表面有凝露。

（5）获取低温校准点数据

让磁力搅拌机保持低速搅拌，测得温度为 10℃时，饱和电压为 906mV（见图 23）。

使用上述步骤进行校准的原理是，当温度固定时，电压与溶解氧浓度呈线性关系（见图 24）。由于电极生产时有细微差异，需要先校准饱和溶解氧对应的电压，才能获得准确的数据。但是饱和溶解氧受温度

图 22 制备低温饱和氧水

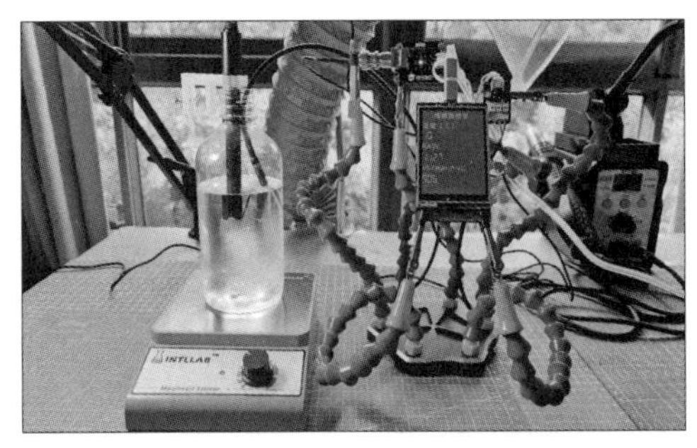

图 23 获取低温校准点数据

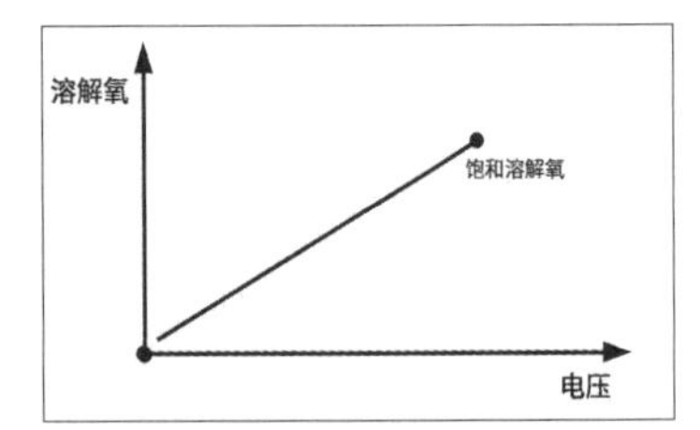

图 24 电压与溶解氧的关系

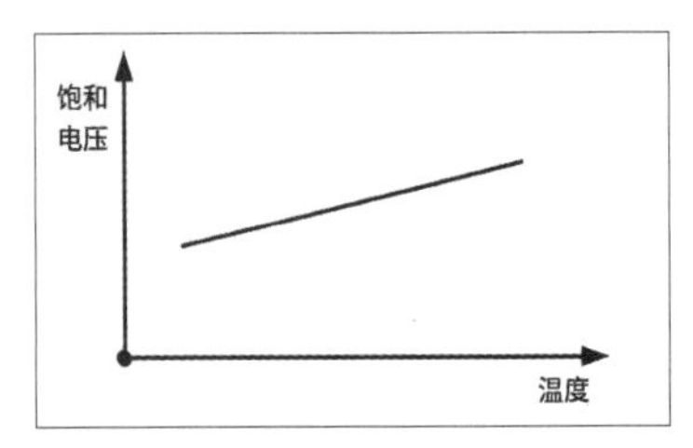

图 25 饱和电压与温度的关系

变化影响大，实际测量中也不可能长时间保持温度不变，因此需要考虑温度变化导致的溶解氧和饱和电压的变化，并进行相应计算，提高精度。饱和电压与温度大致关系如图 25 所示，需要测量两个不同温度下的饱和溶解氧电压，得到温度补偿曲线。标准大气压下温度与饱和溶解氧对应关系是已知的（见表 4），即可通过测量温度确定当前温度饱和溶解氧和对应的电压，进而计算溶解氧。这一点将在后面的检测程序中体现。

配置行空板

由于本项目使用物联网记录数据，所以需要对行空板进行网络配置，相关网络信息将用于检测程序的参数设置。我们将行空板用附带的 USB 连接线与计算机连接，待行空板启动，显示行空板 Logo 时，打开浏览器，在地址栏输入 10.1.2.3，即可打开配置页面。

在配置界面，单击左侧导航栏中的“网络设置”，在对应的地方输入 Wi-Fi 账号和密码，连接网络。连接成功后，刷新 Wi-Fi 状态，记录下行空板的 IP 地址（见图 26）。

全新的行空板默认是开机运行 SIoT 服务器的，我们可以通过单击配置界面中左侧导航栏中的“应用开关”检查服务器状态（见图 27）。此时，单击“打开页面”，就可以登录后台查看信息了。一旦行空板连接到 Wi-Fi，那么在同网段内的其他设备均可访问行空板的 SIoT 服务器读取数据，甚至可以通过手机进行相关操作。

设计检测程序

设计检测程序前，我们要先在 Mind+ 软件添加 matplotlib 扩展库。matplotlib 扩展库是 Python 的绘图库，能让使用者很轻松地将数据图形化，以更直观的方式呈现出来。添加这个库可以让自带彩色屏

表 4 标准大气压下温度与饱和溶解氧的关系

温度（℃）	饱和溶解氧（mg/L）	温度（℃）	饱和溶解氧（mg/L）	温度（℃）	饱和溶解氧（mg/L）
0	14.60	16	9.86	32	7.30
1	14.22	17	9.64	33	7.17
2	13.80	18	9.47	34	7.06
3	13.44	19	9.27	35	6.94
4	13.08	20	9.09	36	6.84
5	12.76	21	8.91	37	6.72
6	12.44	22	8.74	38	6.60
7	12.11	23	8.57	39	6.52
8	11.83	24	8.41	40	6.40
9	11.56	25	8.25	41	6.33
10	11.29	26	8.11	42	6.23
11	11.04	27	7.96	43	6.13
12	10.76	28	7.83	44	6.06
13	10.54	29	7.68	45	5.97
14	10.31	30	7.56	46	5.88
15	10.06	31	7.43	47	5.79

图 26 记录行空板的 IP 地址

图 27 查看 SIoT 服务器状态

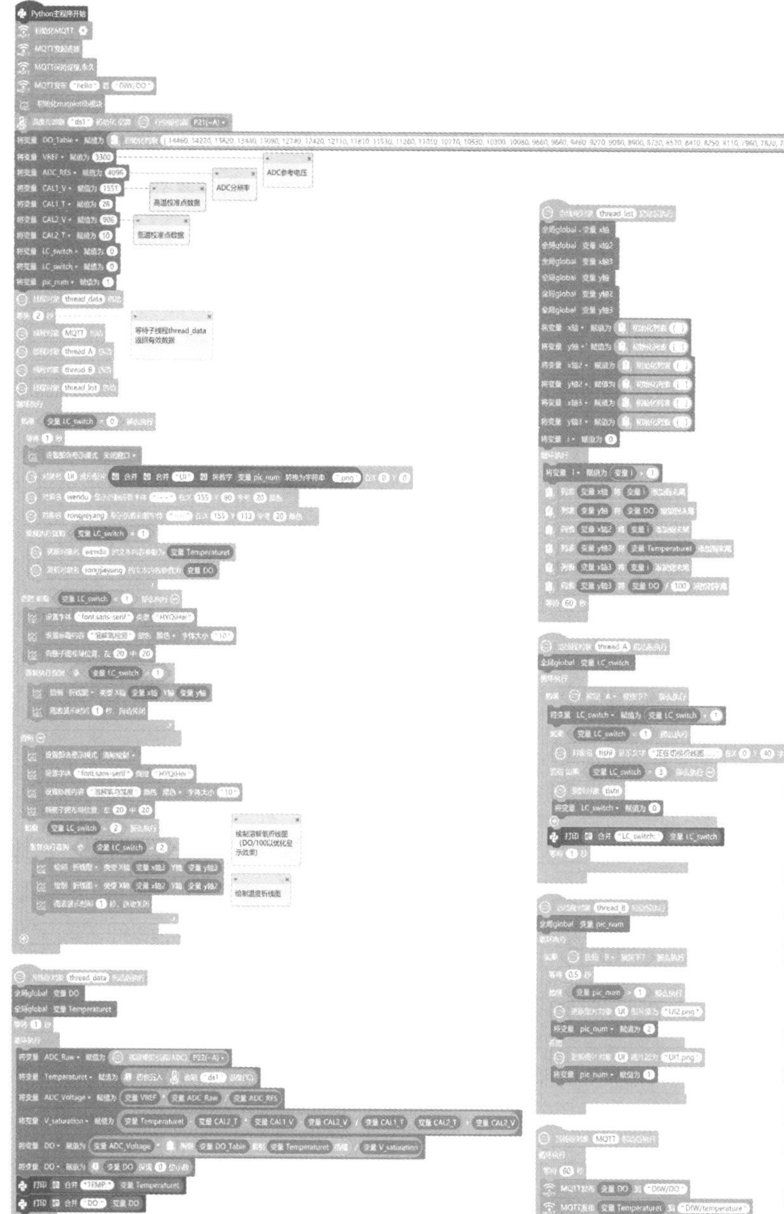

图 28 检测程序

幕的行空板在数据呈现方面有更丰富的效果。matplotlib 扩展库可以通过在 Gitee 网站中搜索关键字“ext-matplotlib”找到。找到后，单击 Mind+ 中的“扩展”，然后选择“用户库”选项卡，在对应的地方输入 matplotlib 扩展库在 Gitee 中的网址即可添加。添加完成后，Mind+ 积木区会出现 Nick：matplotlib 相关积木。需要注意的是，matplotlib 扩展库需要放在主线程使用，在子线程使用会报错。图 28 所示为检测程序。

测试功能

在正式实验前，我们先进行功能测试。检测对象为之前制备的常温饱和氧水，不过此时已静置了一段时间，氧气已经逸散了一部分，测得 18℃时，其溶解氧为 6531μg/L。由于打开了磁力搅拌机，溶解氧很快上升到了 9380μg/L（见图 29）。

我们按下行空板板载的 A 键，切换到折线图模式，然后关闭磁力搅拌机，我们能在行空板上看到溶解氧数值迅速下降（见图 30）。这个现象一方面说明磁力搅拌对于提高水体溶解氧是非常有效的，另一方面也说明我们这套检测装置的灵敏度较高。

在折线图模式下，还可以单击窗口上方工具栏中的按钮，对指定区域进行缩

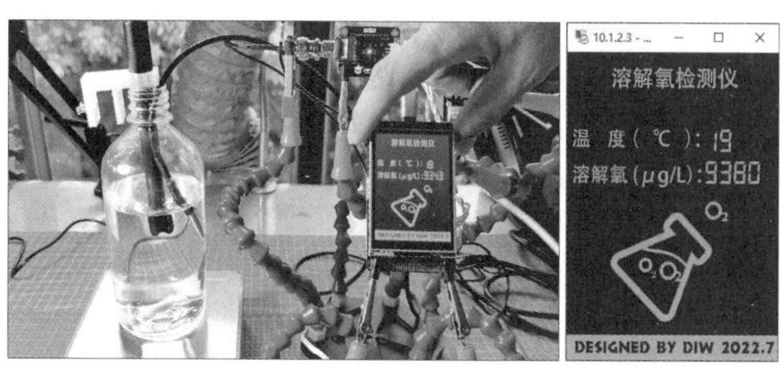

图 29 溶解氧为 9380μg/L（左图为实验图，右图为通过远程桌面读取的实验数据的界面）

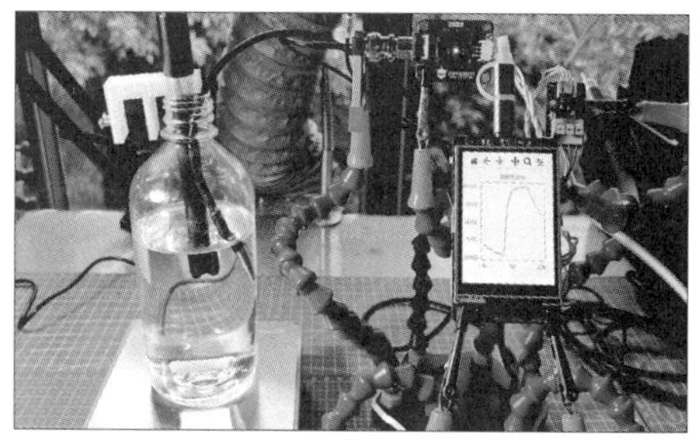

图 30 通过折线图观察水体溶解氧的变化

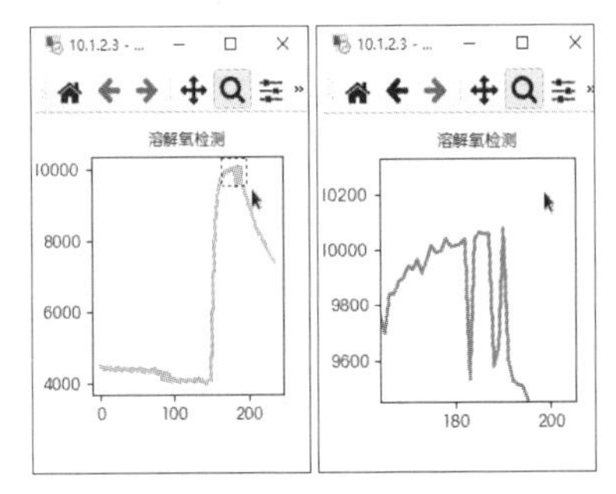

图 31 对指定区域进行操作

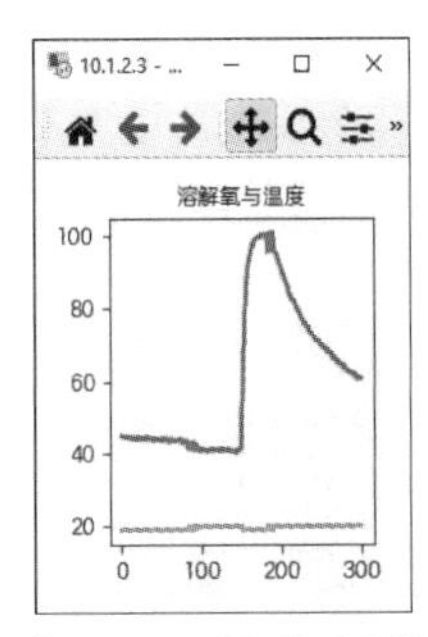

图 32 同时显示温度和溶解氧两个数据的变化趋势

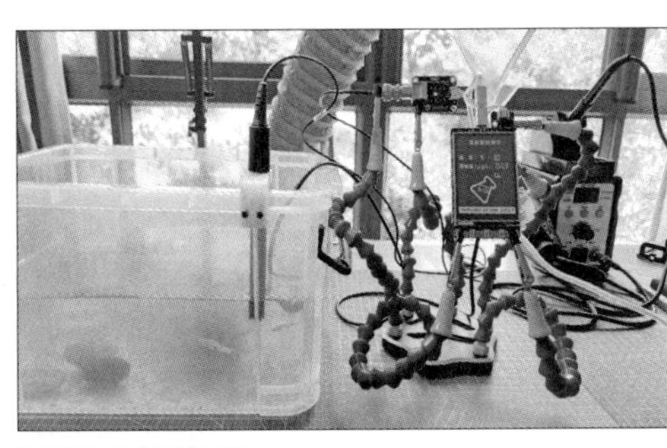

图 33 探究测试对象

放、拖曳显示等（见图 31）。除此之外，再次按下 A 键，还可以让行空板同时显示温度和溶解氧两个数据的变化趋势（见图 32，为便于显示，此时的溶解氧单位为 100μg/L）。

实验探究

测试完成后，将原本放在阳台的测试对象搬到工作台，开启实验探究（见图 33）。图 34 为 2022 年 7 月 29 日下午 2 点 38 分至次日 9 点 38 分 SIoT 服务器中的数据。数据显示，在夜间，样本的溶解氧降低了一半，而天亮后又开始逐步恢复，这说明丝藻的光合作用对补充溶解氧作用巨大。

为了进一步验证阳光对于丝藻制氧能力是否显著正相关，我又把整套装置搬到了阳台。在工作台进行实验时，我们可以通过数据线连接行空板和计算机，再单击 Mind+ 的“运行”按钮运行程序。而在阳台进行实验，无法连接计算机时，该如何运行程序呢？我们可以长按行空板的 HOME 键，然后依次选择：切换运行程序→ mindplus → cache，即可看到通过 Mind+ 中运行过的历史程序（见图 35），单击程序名即可脱机运行。

验证数据如图 36 所示。被阳光照射的丝藻，开启了疯狂制氧模式，溶解氧浓度明显提升。中午 11 点，阳光直射水面的时候，溶解氧峰值达到了 7398μg/L，这和前一日刚将其从阳台搬到工作台时测得的数据接近。经过观察，图中的一些大幅波动，与短时的光照变化有关，这说明丝藻的感光“开关”非常敏感。

思辨与小结

1. 绿藻与溶解氧的关系如何？

从实验结果来看，作为绿藻门下的一个种类，丝藻的制氧能力相当彪悍。日照充分的情况下，2 小时左右即可以让实验样本接近氧饱和状态，一旦水体达到氧饱和状态，丝藻光合作用制造的氧气将逸散到空气中，所以地球上大部分氧气来自于水藻的说法不无道理，因为海洋占地球总面积的 71%，大海里的水藻会产生巨量氧气。

那么在夜间，丝藻自身呼吸作用的耗氧量大吗？从实验数据看，天黑以后，即便水里还有几条小鱼跟着一起耗氧，样本的溶解氧下降趋势依然较为平缓，而白天上升幅度则比较陡峭，这些丝藻应该是贡献大于消耗，具备“老黄牛”的工作态度。

可为什么绿藻爆发会成为当今世界面对的主要水污染问题之一呢？

我猜想应该是量变引起了质变，打破

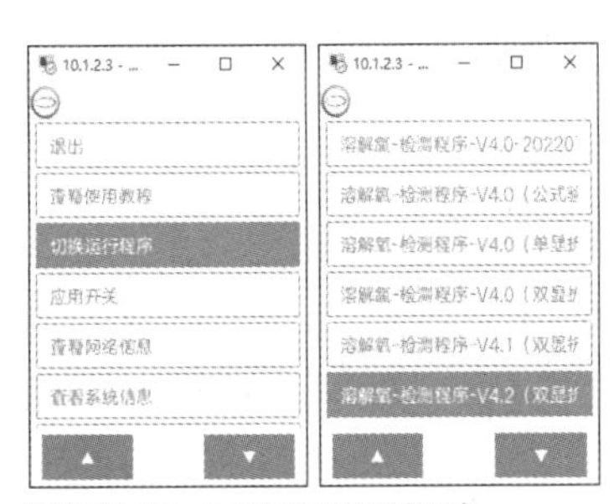

图 35 Mind+ 中运行过的历史程序

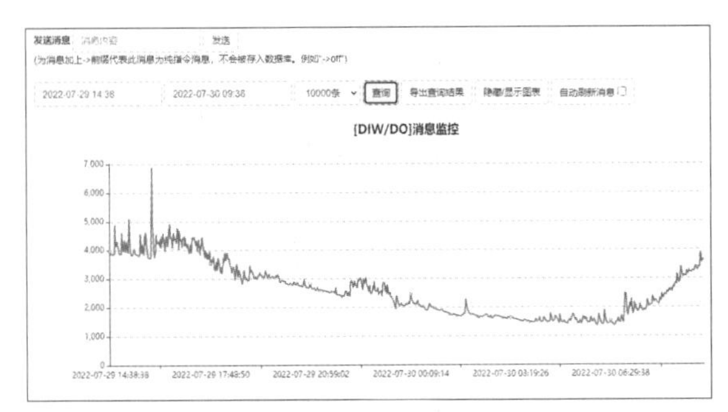

图 34 验证丝藻的光合作用对溶解氧影响的实验数据

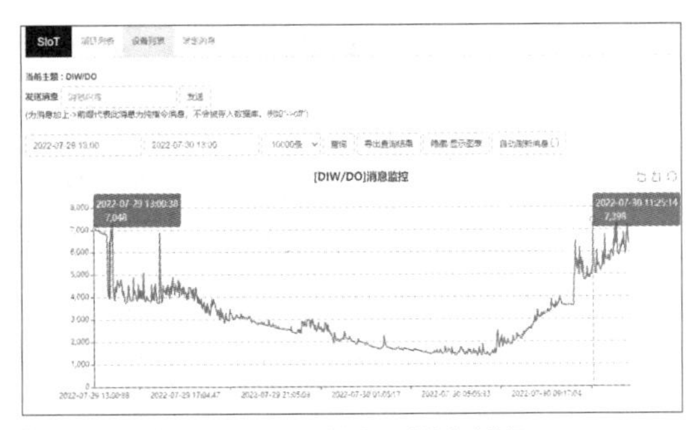

图 36 验证不同光照下丝藻对溶解氧影响的实验数据

基于 Mind+ 智能语音的项目设计——《小蝌蚪找妈妈》实物教具

康留元

《小蝌蚪找妈妈》是人教版二年级上册语文（部编版）第一单元的第一课。这是一篇有趣的故事，向学生叙述了小蝌蚪变成青蛙的过程。本项目结合语文、信息技术、美术、科学等相关学科的知识设计了基于Mind+ 的智能语音《小蝌蚪找妈妈》实物教具（见题图），希望学生能在制作和学习的过程中，了解文本 - 语音转换的原理，掌握舵机和语音合成模块的使用方法，熟悉程序中函数、变量的创建与调用的方法，养成遇到事情主动探索的好习惯；并通过观察教具，在了解小蝌蚪变成青蛙的过程中，锻炼观察力和想象力。本项目的实现重点在于语音模块播放的内容与舵机转动的画面一致，实现难点是舵机的安装与教具的加工。

项目准备

- 掌控板、掌控宝、中英文语音合成模块
- DMS-MG90 金属 9g 舵机
- WS2812 RGB 全彩灯带 1 个
- 数字大按钮模块 2 个
- 椴木板、杜邦线、螺栓、螺母等若干

项目概述

上电后，初始化程序，即初始化转盘的画面，舵臂带动转盘显示第 1 组画面，语音播放故事场景 5，等待命令。

按下按钮 A，打开灯带，渲染画面，若此时再按下按钮 A，灯带关闭。

第 1 次按下按钮 B 时，舵机顺时针转动 5°，舵臂转盘显示第 1 组画面，语音播放故事场景 1；第 2 次按下按钮 B 时，舵机顺时针转动 50°，舵臂转盘显示第 2 组画面，语音播放故事场景 2；第 3

了平衡。当水体富营养化导致藻类过量繁殖时，白天水藻制造的大量氧气因为水的溶解度有限，大部分都逸散到了空气中；而夜间这些水藻呼吸作用的耗氧量又大大超过了其白天产出且留存在水中的氧气，剥夺了水里其他生物的氧气份额；同时藻类过度繁殖会导致互相争夺阳光和夜间水中的溶解氧，繁殖越多、死亡越多，它们的残骸被微生物分解时，也会消耗大量氧气，最终导致水质劣化。

当然，本次实验只是为猜想提供了一个方向，要验证猜想正确性，还需要海量严谨的实验和数据来支撑。

2. 是否有助于深化跨学科核心概念?

作为一名教书匠，我在完成这个实验后很自然地想到是否能将其应用于教学。将个人爱好与教学工作结合，实属我等的“燕雀之乐”。

翻看2022版义务教育科学课程标准，我发现本项目涉及 13 个学科核心概念中的 3 个——生命系统的构成层次、生物体的稳态与调节、生物与环境的相互关系。同时，本项目和科学教材也有知识关联，在教育科学出版社出版的《科学》六年级下册中，对于植物通过光合作用增加大气氧含量，是一笔带过；在八年级上册中，对于富营养化导致水体溶解氧的降低，也仅有一段粗略概述。

对于一贯强调通过实验、实践、观察来获取直接经验的科学学科，为何不引导学生深入探究相关知识呢？可能是因为局限于学科本位，缺乏适合学生参与实验的方法、手段，导致对于相关知识的讲解只能蜻蜓点水，无法深入。但如果以本项目的方式，与信息科技学科进行跨学科主题的“双向奔赴”，那么学生就能够在不同领域内容之间建立联系和思考，通过实践应用增进对核心知识的理解。尤其是整合了信息科技的优势后，系统与模型、结构与功能这两项跨学科概念也将获得攀缘生长的支架。

对于信息科技学科而言，这个项目同样是一个优质的跨学科主题。相关观点可以查看《基于 Gravity：串口数据记录器观测风》（刊登于《无线电》2022 年 7 月），本文不再赘述。

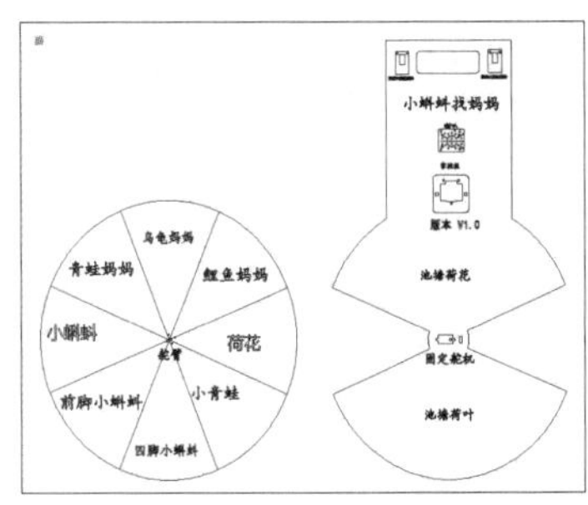

图 1 语音教具场景布局参考

图 2 将掌控板、掌控宝固定在结构件上

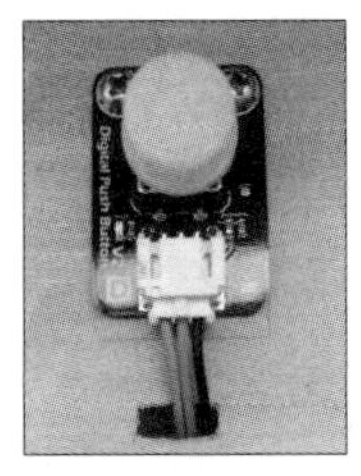

图 3 固定数字大按钮模块

图 4 固定中英文语音合成模块

次按下按钮 B 时，舵机顺时针转动 95°，舵臂转盘显示第 3 组画面，语音播放故事场景 3；第 4 次按下按钮 B 时，舵机顺时针转动 140°，舵臂转盘显示第 4 组画面，语音播放故事场景 4；第 5 次按下按钮 B 时，舵机逆时针转动 140°，舵臂转盘显示第 1 组画面，语音播放故事场景 5，等待命令。

项目过程

1. 情境导入

在课堂上，向学生展示《小蝌蚪找妈妈》实物教具并引导学生进行观察，让学生重温小蝌蚪找妈妈的故事。然后进行情境导入——小蝌蚪独立坚强，勇于探索，最终找到了自己的妈妈，但是很多低年级的学生对它们变化到青蛙的过程不是很理解，所以我们来一起看看能不能制作智能语音教具，让低年级的学生更易了解小蝌蚪的变化过程。

2. 知识讲授

情境导入后，为学生讲解制作智能语音教具主要用到的是文本-语音转换（Text To Speech）技术。文本-语音转换技术简称 TTS 技术，它涉及声学、语言学、数字信号处理技术、多媒体技术等多种学科技术，是中文信息处理领域的一项前沿技术。其通过电子的方法产生人造语音。本项目使用的是中英文语音合成模块，在此部分，需要引导学生学会使用简单的图形化程序让其发出声音。此外，要为学生讲解如何使用图形化程序使 DMS-MG90 微型金属 9g 舵机正常转动，以及为什么使用此舵机——此舵机采用高强度 ABS 透明外壳配以的内部高精度金属齿轮组与高档轻量化空心杯电机，输出力矩十分惊人且耐用。

3. 动手实践

提前将制作《小蝌蚪找妈妈》实物教具所需的结构件设计并切割好，并在课堂上分发给学生，引导学生按照以下步骤进行动手实践。

◆ 参考图 1 所示的布局，绘制场景。图 1 左侧为转动部分，连接舵臂；右侧为固定部分，连接舵机。

◆ 按照引脚对应关系将掌控板和掌控宝组装到一起，并将组装好的两块板子固定在结构件的相应位置，如图 2 所示。

◆ 用 2 颗长螺栓固定舵盘，再用短螺栓将舵机和舵盘固定在一起。

◆ 用短螺栓将 2 个数字大按钮模块固定在结构件上，如图 3 所示（图中仅展示了一个按钮模块的安装）。

◆ 用 4 颗短螺栓将中英文语音合成模块固定在结构件上，如图 4 所示。

◆ 使用热熔胶将 WS2812 RGB 全彩灯带固定在结构件上，如图 5 所示。WS2812 RGB 全彩灯带由 7 个全彩 LED 组成，两头留有 PH2.0-3Pin 接口，可任意级联，可长可短。该灯带仅需一根信号线即可控制所有 LED，每一颗 LED 都是一个独立的像素，每个像素都是由 RGB 三基色组成，可实现 256 级亮度显示。

◆ 按照图 6 所示的连接方法，即按照 P1 接口连接舵机、P0 接口连接 WS2812 RGB 全彩灯带、P2 和 P5 接口

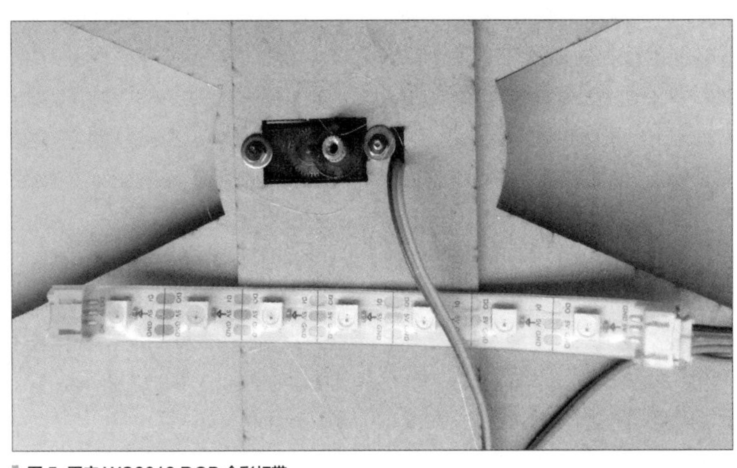

图 5 固定 WS2812 RGB 全彩灯带

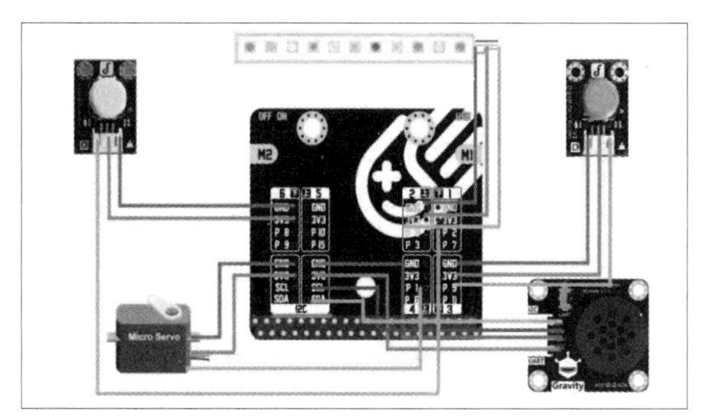

图6 电路连接示意图

分别连接按键1和按键2、I^2C接口连接中英文语音合成模块的方法，将中英文语音合成模块、舵机、按键、掌控宝连接在一起。

说明：中英文语音合成模块上的开关一定要拨到I^2C位置，否则无法播放语音；掌控宝与WS2812 RGB全彩灯带连接时，务必按照灯带箭头的方向连接；舵机旋转的方向要和转动板需要旋转的方向一致。

4. 程序编写

打开Mind+，连接设备COM46（请根据实际端口情况连接）。单击软件左下角的“扩展”，在“主控板”选项卡中选择“掌控板”，在“执行器”选项卡中选择“0~180度舵机模块”，在“显示器”选项卡中选择“WS2812 RGB灯带”，在“用户库”选项卡中选择“语音合成模块”。

编写初始化程序，使得打开掌控板电源时，屏幕自动显示“【Mind+】”“智能语音——”“小蝌蚪找妈妈”等文字；设置初始相关变量p与light，并将舵机的初始转动角度设为5°，熄灭掌控板的LED；设置语音合成模块的音量、语速、语调等属性，然后导入《小蝌蚪找妈妈》第一部分的文字，将其转化为语音，参考程序如图7所示。

编写控制转盘转动的程序，使得按动转盘按键时，变量p的值自动加1，转盘显示不同的画面，播放不同的声音，播放结束后，熄灭全部LED，参考程序如图8所示。直到变量p的值等于5，将相关参数初始化，重新播放初始语音，显示初始画面。

编写控制WS2812 RGB灯带的程序，如图9所示。然后保存项目，将项目名设为“小蝌蚪找妈妈”，并将程序上传到掌控板。

```
定义 初始参数
  屏幕显示为 全黑 (清屏)
  屏幕显示文字 "【Mind+】" 在第 1 行
  屏幕显示文字 "智能语音-----" 在坐标X: 30 Y: 22 预览
  屏幕显示文字 "小蝌蚪找妈妈" 在坐标X: 40 Y: 40 预览
  设置 p 的值为 0
  设置 light 的值为 0
  设置 P1 引脚伺服舵机为 5 度
  语音合成模块 I2C模式 初始化
  设置 音量 8 语速 5 语调 5 发音人 女声1
  合成语音 "暖和的春天来了，池塘里的冰融化了。青蛙妈妈睡了一个冬天，也醒来了。"
  合成语音 "她从泥洞里爬出来，扑通一声跳进池塘里，在水草上生下了很多黑黑的圆圆的卵。"
  关闭 全部 LED
```

图7 初始化程序

```
如果 读取数字引脚 P2 = 1 那么执行
  将 p 增加 1
  灯号 全部(-1) 显示颜色
  如果 变量 p = 1 那么执行
    设置 P1 引脚伺服舵机为 5 度
    合成语音 "春风吹着太阳照着，池塘里的水越来越暖和了"
    合成语音 "青蛙妈妈下的卵慢慢地活动起来，变成一群小蝌蚪，"
    合成语音 "大大的脑袋，黑灰色的身子，甩着长长的尾巴，"
    合成语音 "他们在水里游来游去，非常快乐。"
  关闭 全部 LED
```

图8 控制转盘转动的程序

```
定义 灯带
如果 读取数字引脚 P5 = 0 那么执行
  将 light 增加 1
  初始化 RGB灯 引脚 P0 灯总数 7
  串口0 字符串输出 变量 light 换行
  如果 变量 light = 1 那么执行
    RGB灯 引脚 P0 灯号 0 到 6 显示渐变颜色 色调从 1 到 360
  等待 1 秒
  如果 变量 light = 2 那么执行
    RGB灯 引脚 P0 全部熄灭
    关闭 全部 LED
    设置 light 的值为 0
  等待 1 秒
```

图9 控制WS2812 RGB灯带的程序

5. 小组展示

引导学生以小组为单位进行自评、互评，并由小组代表展示语音教具的使用方法、设计思路和功能等，锻炼其语言组织能力。

设计反思

通过制作《小蝌蚪找妈妈》智能语音教具，学生了解了TTS技术，认识了文本-语言转换的工作原理。本项目不仅综合运用了开源硬件编程知识，还融合了数学、语文、美术等学科知识，既锻炼了学生的逻辑思维，又培养了学生动手操作能力。

智能小闹钟

刘育红

演示视频

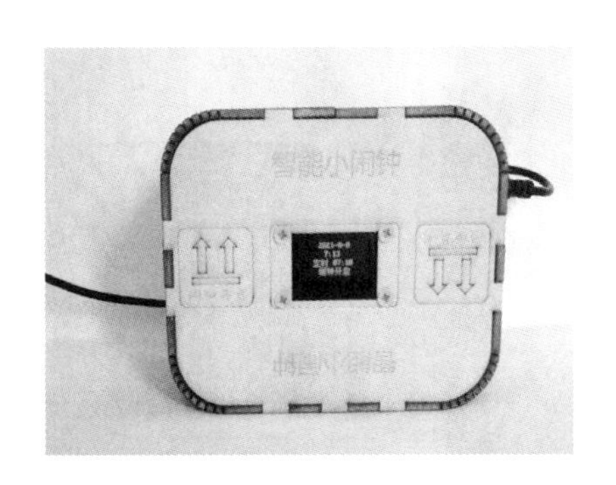

“智能小闹钟”是一个具有闹铃功能的数字时钟，其智能体现在通过上下翻转即可实现闹铃的开启与关闭，屏幕上显示的数字也会随之翻转。通过该项目，制作者可以掌握OLED显示屏、DS1307时钟模块和数字倾角传感器的使用方法。

功能介绍：当显示屏“闹钟开启”标志正向放置时，显示屏会显示当前时间和闹铃时间；当前时间与闹铃时间一致时，闹铃响起。如果需要关闭闹铃或者不需要开启闹钟时（如周末），只需要将闹钟翻转，让显示屏“闹钟关闭”标志正向放置即可。

器材及软件准备

1. 硬件材料

本项目所需要的硬件材料如附表所示，实物如图1所示。

附表 硬件材料

序号	名称	个数
1	Arduino Uno R3	1块
2	I/O扩展板	1块
3	数字倾角传感器模块	1个
4	DS1307时钟模块	1个
5	有源蜂鸣器	1个
6	OLED显示屏	1个

图1 硬件材料

2. 使用软件

（1）编程软件：使用Mind+，其界面如图2所示，软件可在其官网下载。

（2）激光建模软件：使用LaserMaker，其界面如图3所示，软件可在其官网下载。

电子模块介绍

1. 数字倾角传感器

数字倾角传感器是基于钢球开关的数字模块，其通过重力作用使钢球向低处滚动，从而使开关闭合或断开。其属于数字输入设备，根据开关闭合或者断开的状态发出数字信号0或1。

与Arduino Uno主控板连接时，参照数字按钮模块，可连接除D0、D1引脚外的任意引脚，连接示意图如图4所示，GND、VCC、数据3个引脚要分别对应。

在编程软件Mind+中，可以使用“引脚操作”分类中“读取数字引脚”积木读取传感器的输入信号，如图5所示。在使用前，需要通过串口打印等方式进行调试，以掌握其特性。

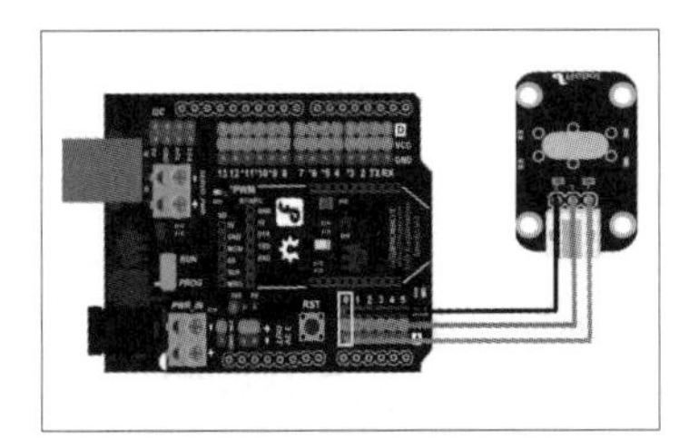
图4 连接示意图

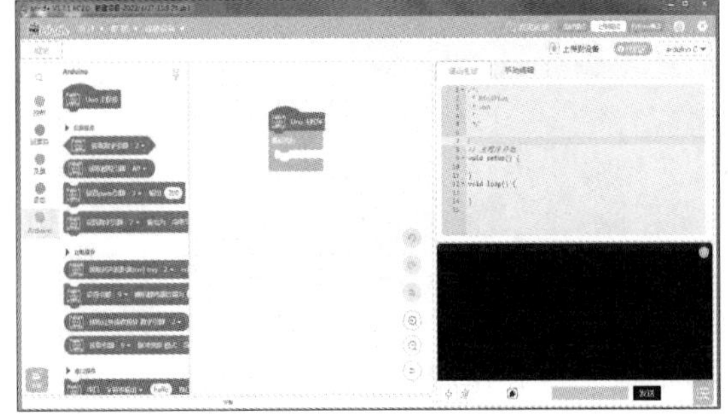
图2 Mind+界面

图3 LaserMaker界面

图 5 “读取数字引脚”积木

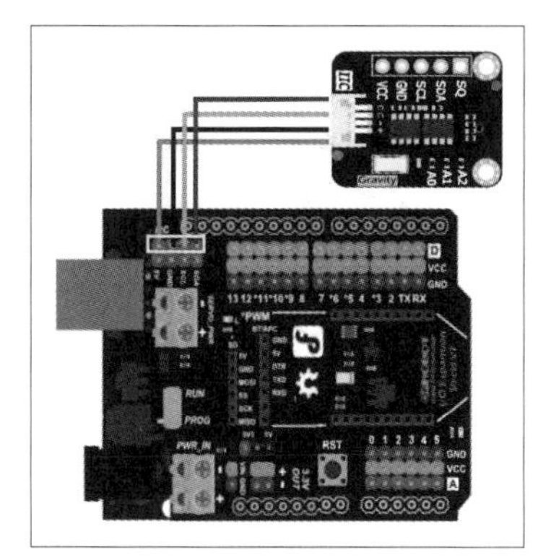

图 6 连接扩展板 I^2C 连接示意图

2. DS1307时钟模块

DS1307 时钟模块采用高精度时钟晶体振荡器，可以实现时间设定和时间显示等功能。本项目使用的模块采用了 I^2C 接口，是较常用的时钟模块之一。

DS1307 时钟模块与 Arduino Uno 主控板连接时，可直接连接扩展板 I^2C 引脚，也可将两根信号线连接 A4、A5 引脚。连接示意如图 6 所示，GND、VCC、SCL、SDA 4 个引脚要分别对应。

在编程软件 Mind+ 中，DS1307 时钟模块的相关积木有 3 个，如图 7 所示，需到“扩展”中的“功能模块”选项卡中找到“实时时钟 DS1307”，然后选择“添加”这些积木才会在积木区出现。第一次使用模块时要先将时间调整为最新的时间，示例程序如图 8 所示，该程序执行的结果是先设置时间，然后将时间通过串口打印出来。

3. OLED12864显示屏

OLED12864 显示屏是一款不需要背光的自发光式显示模块，比传统的 LCD 显示屏功耗更低、响应速度更快，常应用于移动设备。在制作创客作品时，可选择 I^2C 接口，方便连接。该款显示屏分辨率为 128 像素 ×64 像素，可显示 4 行，每行 8 个汉字。

OLED12864 显示屏与 Arduino Uno 主控板连接时，需连接到 I^2C 接口。连接示例如图 9 所示，VCC、GND、SCL、SDA 4 个引脚要分别对应。

在编程软件 Mind+ 中，其对应的积木有 5 个，如图 10 所示，需在“扩展”中的“显示器”选项卡中找到“OLED-12864 模块”，然后选择“添加”，这些积木才会在积木区出现。在使用时，需要先进行初始化设置，相应的 I^2C 地址需要查看产品说明获知。

按如图 11 所示编写程序，上传至设备。运行结果为：在显示屏的第 1 行显示“创客好玩！”。

项目制作

1. 硬件搭建

将时钟模块和 OLED 显示屏连接扩展板的 I^2C 引脚，有源蜂鸣器连接扩展板的 A0 引脚，数字倾角传感器连接扩展板的 D2 引脚，连接图如图 12 所示。

2. 程序设计

◆ 建立变量“闹钟开关”，记录当前闹铃是否处于开启状态。

◆ 当倾角传感器输入信号为 1 时将变量“闹钟开关”的值设为 1，并将屏幕旋

图 7 DS1307 时钟模块的相关积木

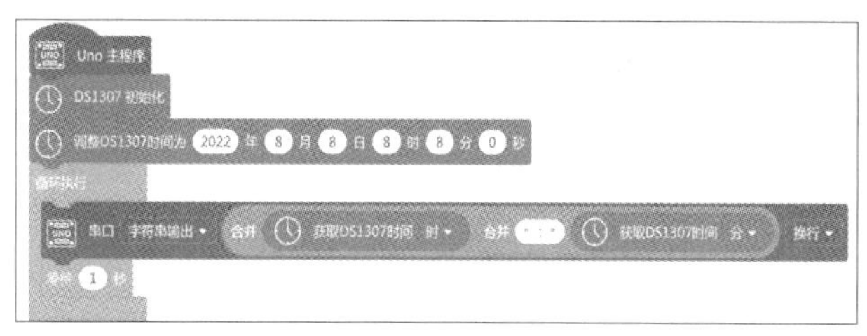

图 8 时间调整积木

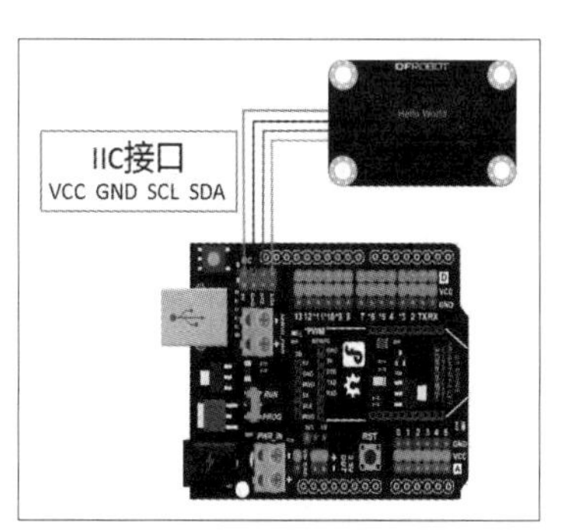

图 9 连接 I^2C 接口示例

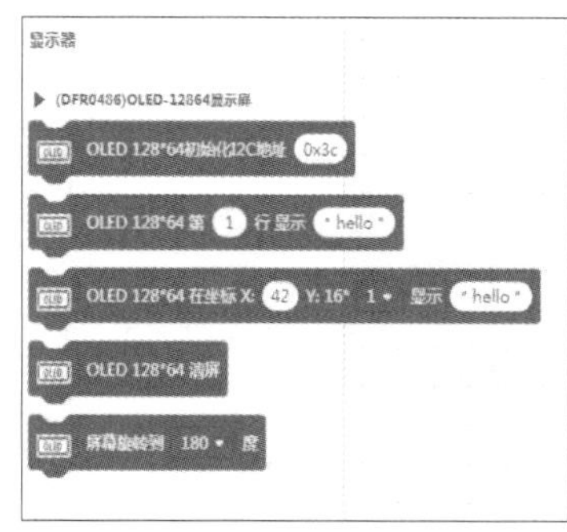

图 10 OLED12864 模块的相关积木

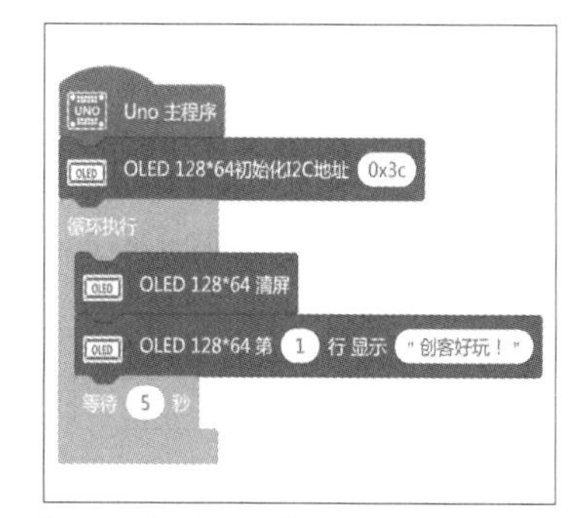

图 11 “创客好玩！”的参考程序

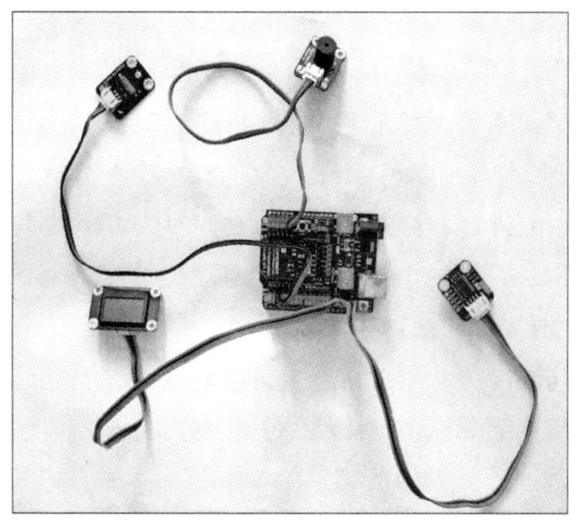
图 12 硬件连接

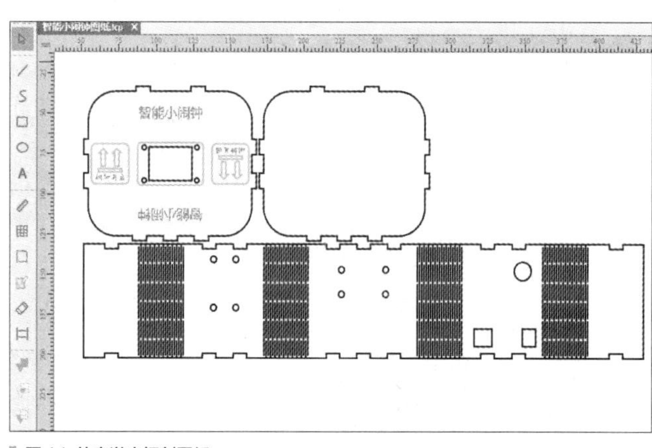

图 14 外壳激光切割图纸

图 13 完整项目的示例程序

转 180°；否则将变量“闹钟开关”的值设为 0，屏幕不旋转。

◆ 在屏幕的第 1 行显示当前日期信息，第 2 行显示当前时间信息，第 3 行显示定时时间信息，第 4 行显示闹钟开关状态信息。

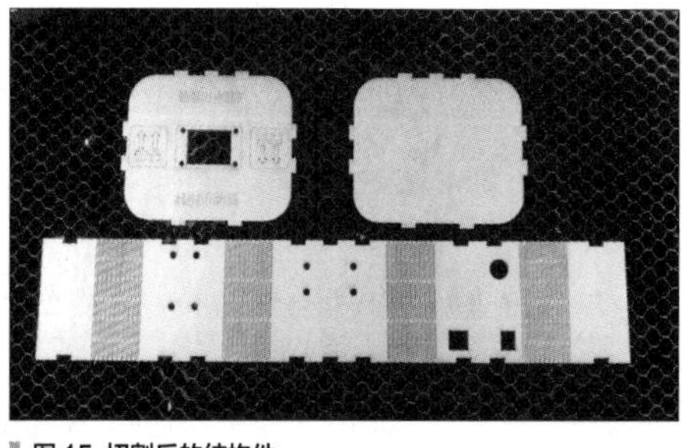
图 15 切割后的结构件

◆ 当变量“闹钟开关”的值为 1 且当前时间和定时时间一致时，蜂鸣器工作发出闹铃声；如果变量“闹钟开关”的值为 0，则蜂鸣器不发声，实现关闭闹铃。

根据编程思路，在 Mind+ 中进行编程，如图 13 所示。编写程序后，将其上传到主控板，进行初步调试。

3. 外形设计与加工

使用制图软件设计外壳，外壳激光切割图纸如图 14 所示。

图纸设计好后，使用激光切割机进行切割。切割后的结构件如图 15 所示。

4. 成品组装

将切割好的结构件和硬件进行组装，步骤如下。

1 将显示屏安装到面板上。

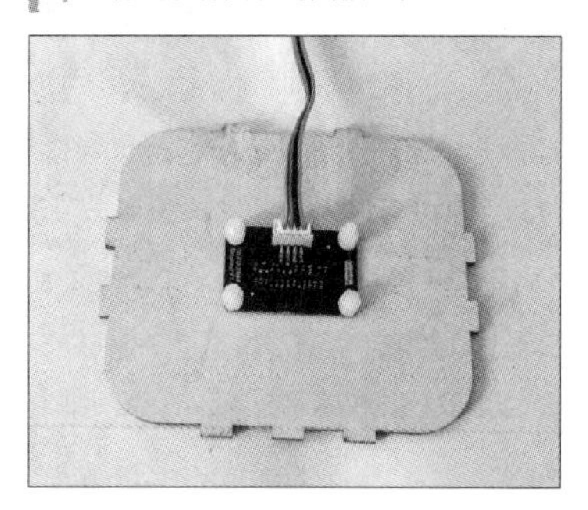

2 将时钟模块和数字倾角传感器模块安装到侧板上。

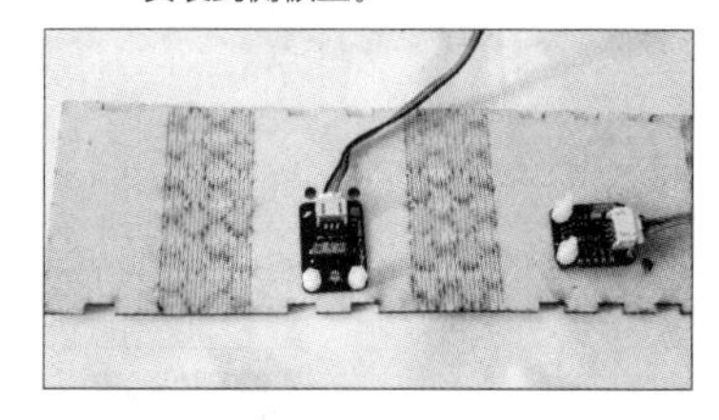

3 固定主控板。

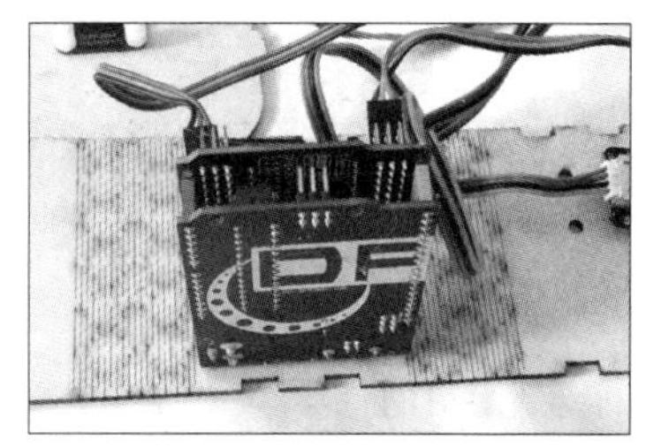

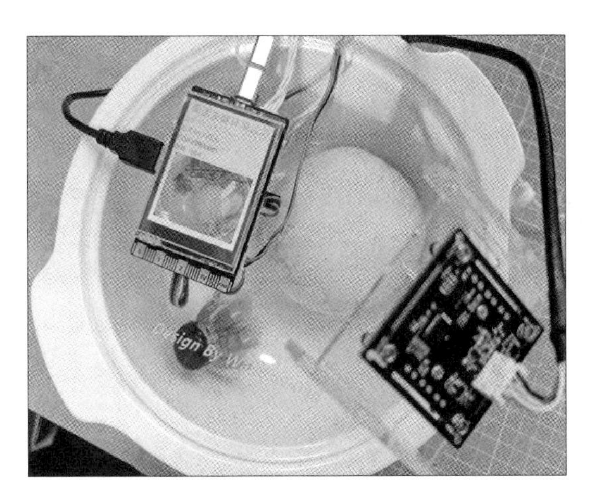

要想面团发得好，此款神器少不了
——基于行空板的面团发酵环境探究

演示视频

郭力

作为一名典型的北方人，我对包子、馒头等面食的喜爱是刻在骨子里的。不过，会吃不会做是现在大部分90后、00后的典型特征，当然我也不例外。自从有了家庭后我会尝试自己发酵面团做面食，面团发酵过程对温度、湿度环境的要求是比较高的，究竟什么样的环境最有利于面团发酵呢？面团发酵过程中会产生什么样的物质？我们就来一探究竟。先通过视频来看一下行空板是如何完成实验的，请扫描二维码观看。

知识背景介绍

首先我们了解一下面团发酵的过程。

小麦作为人类最早种植的农作物，已有上万年的历史，小麦磨成粉做面食的传统也有千年。作为面食文化的传承者，几乎家家户户会吃面食。面食的品类多样，包子、馒头等食物松软可口，里面有很多气孔；水饺、面条比较劲道，气孔较少。为什么会有这样的区别呢？其实与面团有关，包子、馒头需要“发面”，水饺、面条不需要“发面”。

是否需要“发面”关键在于和面时是否放入“引酵”，也叫老面（上一次蒸馒头剩下的面团），现在大多用干酵母替代。关于引酵的使用要追溯到人类对面食探索历史上的某一天，自然界中的酵母菌和其他菌种兄弟们像往常一样飘落在某户人家的面团中，它们将面团中的水解单糖转化为二氧化碳和水（有氧呼吸），从中获得生存繁衍的能量。

---

4 组装面板和侧板。

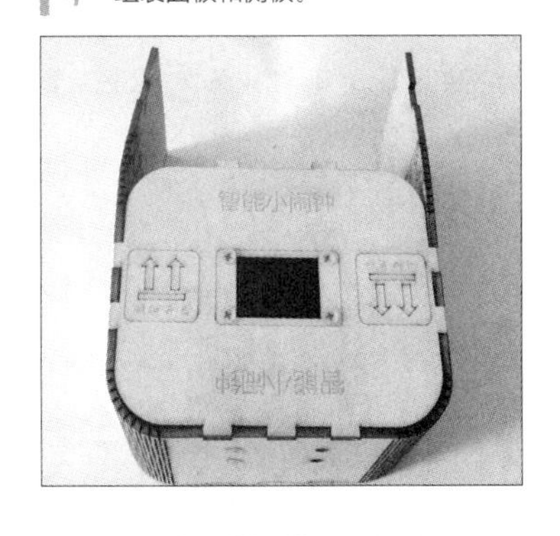

5 装上背板。

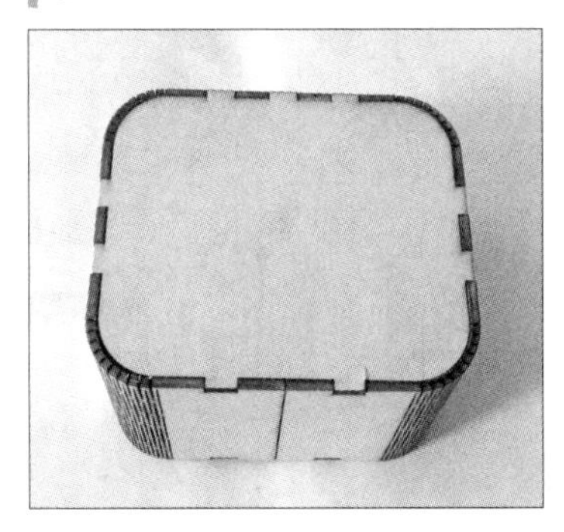

6 智能小闹钟制作完成。

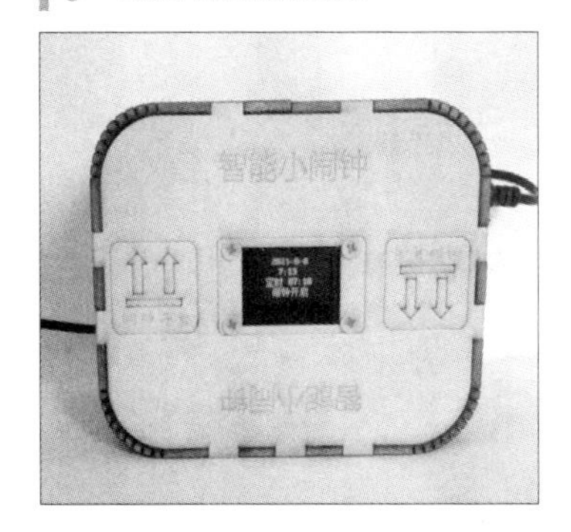

结语

装配好后，接上电源，进行反复测试，确保各个功能都可以正常运行。出于使用模块数量的考虑，本项目的闹钟时间设置是通过修改程序中对应的参数完成的，为了更加方便，我们可以增加两个数字按钮用来设置闹钟时间，请试一试吧！

然而事情还没结束，粗心的制作者将面团遗忘在某处，因为酵母菌本身是兼性厌氧生物，即使面团中氧气有限，也可以直接将葡萄糖转化为二氧化碳和酒精获取能量（无氧呼吸），如图 1 所示。无论是有氧呼吸还是无氧呼吸，酵母菌的生长繁殖都产生了大量的二氧化碳，这使面团变得疏松多孔。偶然间，粗心的制作者又发现了被遗忘的面团，为了节省原料，增加了一些面粉后进行蒸制，蒸制过程中，二氧化碳溢出、膨胀，产生更多更大的气孔，使食物变得蓬松柔软。虽然食物会有些许酸味，但胜在口感新奇，这种做法被广泛认可，流传至今。

既然面团发酵会产生酒精和二氧化碳，那么我们不妨就来测试一下面团发酵过程中的温度、湿度对面团发酵的程度有什么影响。

这就需要用到本次我们所使用到的器材，如图 2 所示。

其中比较至关重要的是行空板（见图 3），它拥有堪比树莓派的性能，内置了各种 Python 第三方库，关键是自带 SIoT 服务器，可以非常轻松地胜任本次实验数据的采集、发送工作。

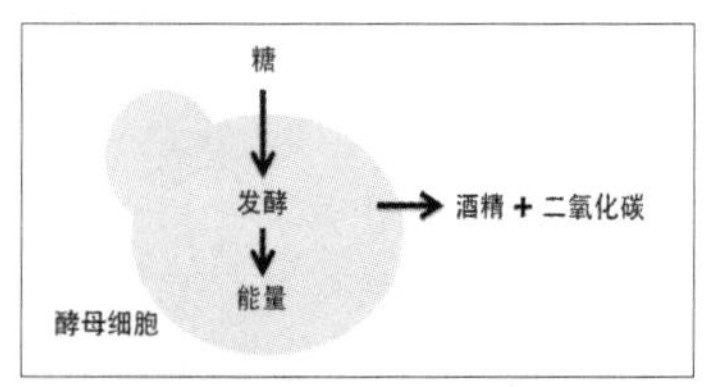

图 1 发酵过程

如果为行空板外接一个 USB 摄像头，每隔一段时间完成一次图像采集，就可以以延时摄影的方式完整地记录整个面团发酵的过程。行空板作为本次实验的主要控制器简直是不二之选。

设计制作

首先为本次的实验装置设计一个外观结构。

1. 图纸设计

要想面团发得好，不仅要和好面，还要密封起来，尽可能构造一个无氧环境（酵母菌前期作有氧呼吸，后期作无氧呼吸），为此我们选择一个较大的碗，使用亚克力板设计一个盖子，将检测环境的传感器、主控板以及摄像头安装在盖子上。这样既能保证气密性，又能完成数据采集和延时拍照。为了尽可能增大摄像头的拍摄幅面，摄像头采用倾斜安装的方式。将检测传感器安装在行空板的背部，立体叠加安装，不遮挡画面。

附表 器材清单

序号	名称	个数
1	行空板	1 块
2	酒精浓度传感器	1 个
3	CCS811 空气质量传感器（测量 CO_2、TVOC）	1 个
4	BME280 环境传感器（测量温度、湿度、气压）	1 个
5	I^2C 分线模块	1 个
6	USB 摄像头	1 个
7	五金件、连接线	若干

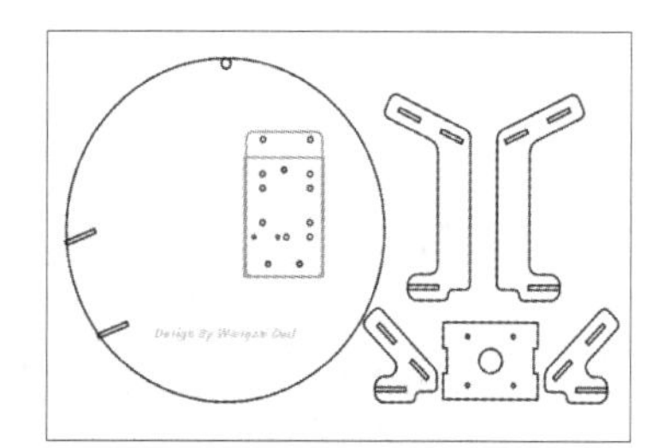

图 4 激光切割图纸

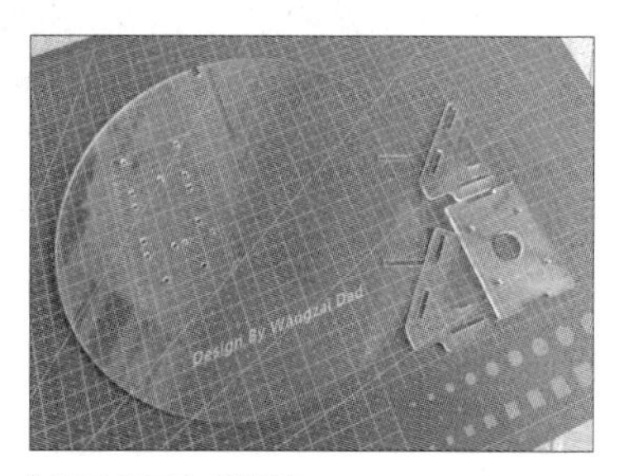

图 5 加工完成的零件

使用 LaserMaker 激光建模软件设计的盖子图纸，如图 4 所示，我设计了两种不同高度的摄像头支架。

2. 加工零件

图纸设计完成后，使用激光切割机把零件加工出来，加工完成的零件如图 5 所示。

3. 器材清单

除了以上外观结构，本次实验还需要用到的器材如附表所示。

图 2 器材

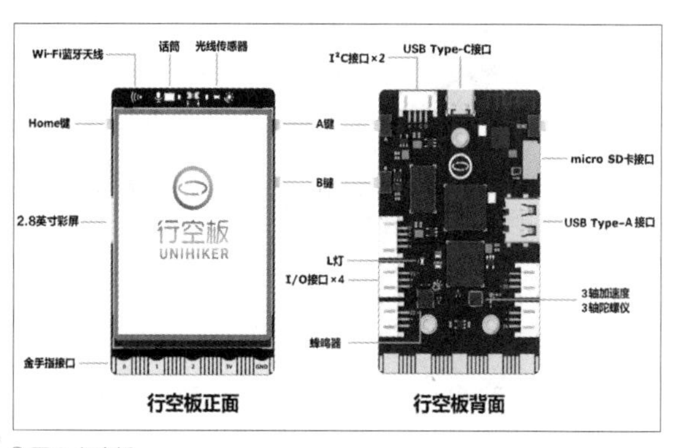

图 3 行空板

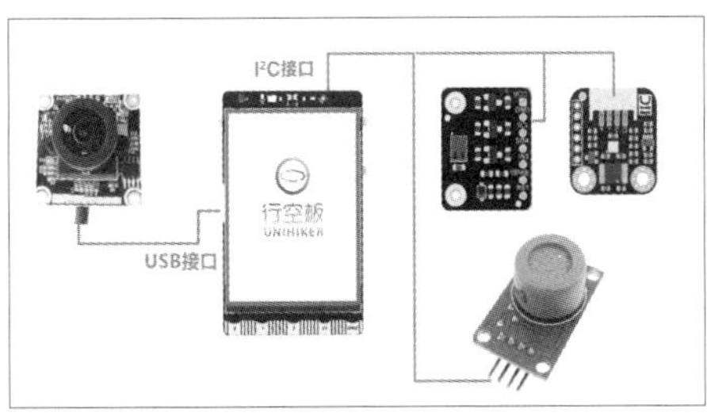

图6 电路接线示意图

器材准备完毕，接下来看一下各个电子部件之间如何连接。

4. 电路连接

本次实验的传感器连接非常简单，传感器接口都为防呆接口，环境检测传感器和空气质量传感器使用 I²C 通信协议，连接行空板的 I²C 引脚即可。酒精浓度传感器为模拟传感器，连接行空板的 P22 引脚。摄像头连接 USB 接口。电路接线如图 6 所示。

一切准备就绪，下面进入组装环节。

组装

1. 安装摄像头

安装摄像头如图 7 所示，使用 M2 螺丝和铜柱将摄像头固定在亚克力盖子上。

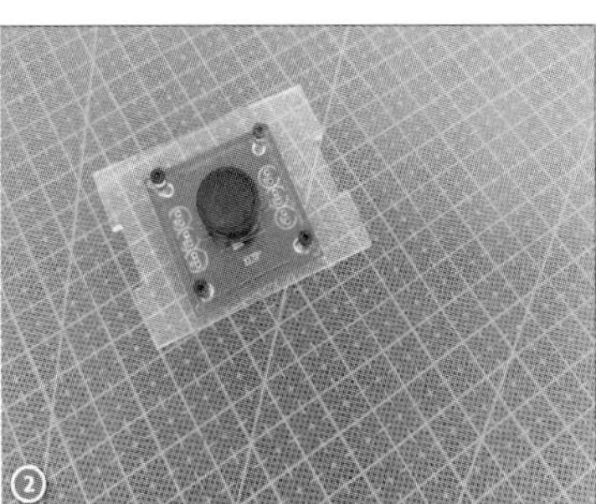
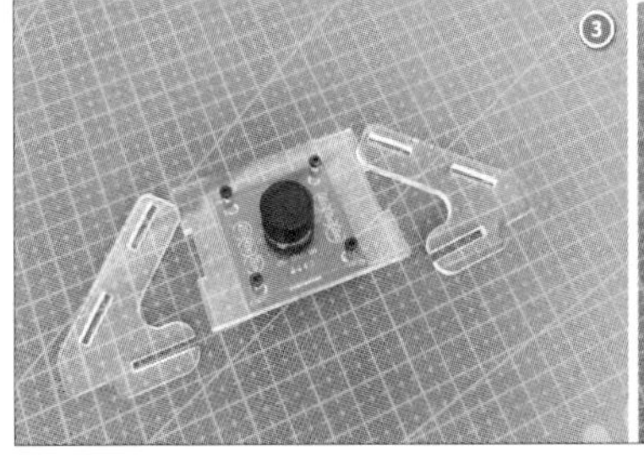

图7 安装摄像头

2. 安装行空板

为了方便用户观察，行空板需要安装在亚克力盖子的正面，所需零件如图 8 所示。

使用 M3 螺丝将行空板固定，安装完成如图 9 所示。

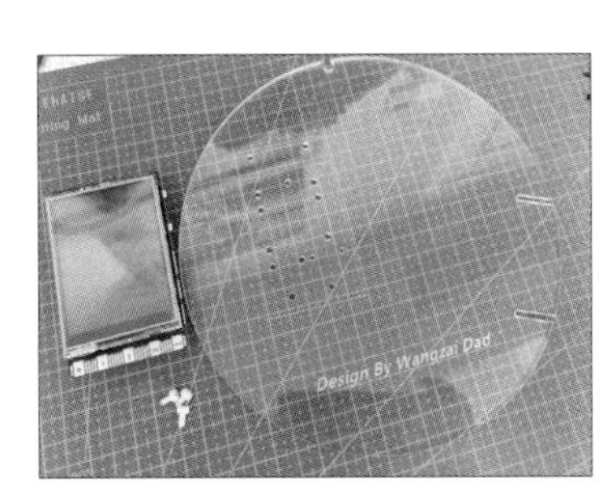

图8 安装行空板

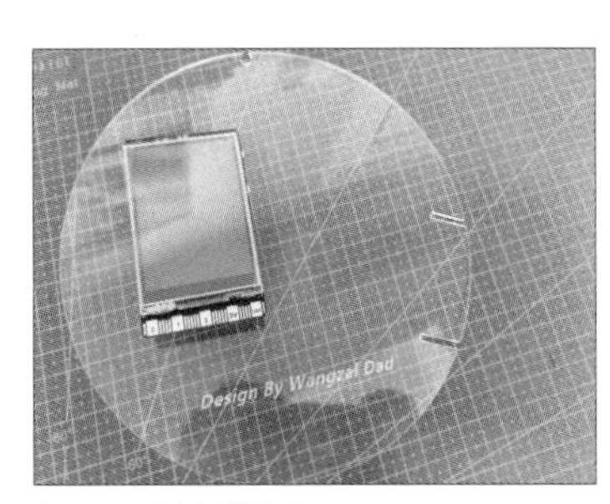

图9 行空板安装完成

3. 安装传感器

随后，需要将传感器安装在亚克力盖子的背面，零件如图 10 所示。

使用 M3 螺丝和尼龙柱将传感器固定在亚克力盖子的背面，由于酒精浓度传感器量程问题，这里将早期测试使用的传感器做了替换，安装完成如图 11 所示。

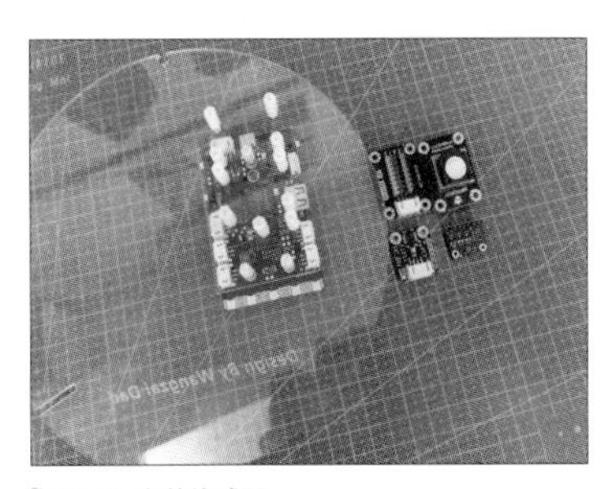
图10 安装传感器

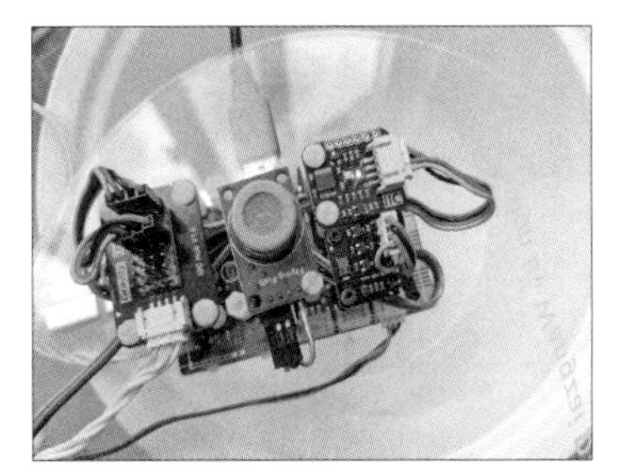
图11 传感器安装完成

最后，将前面组装好的摄像头模块安装在圆形盖子上，本次实验装置就组装完成了。

组装完成，按照前面的电路连接示意图将电子部件连接即可使用。组装完成的实物如图 12 所示。

程序设计

装置组装完成，下面为实验装置设计程序。

1. 编程思路

本次实验装置，需要测量的数据有温

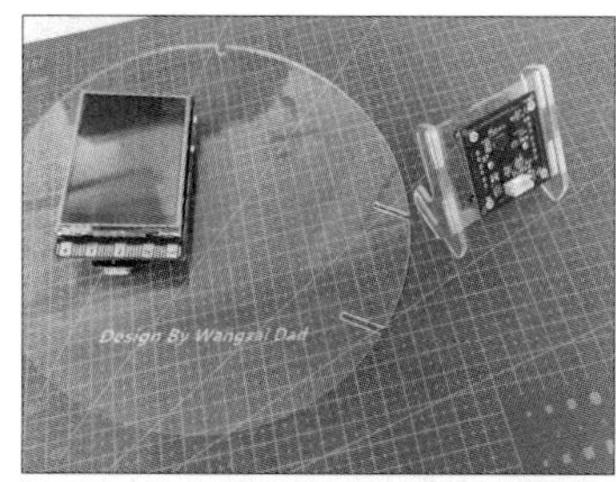

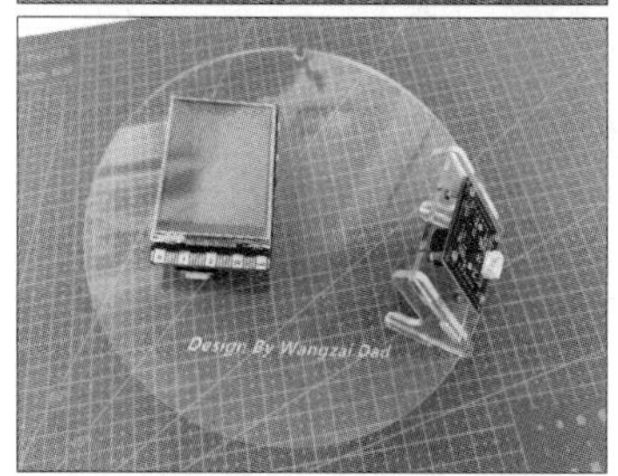

图 12 组装完成

图 14 加载库

图 15 “pinpong”库

图 16 “pinpong”库加载完成

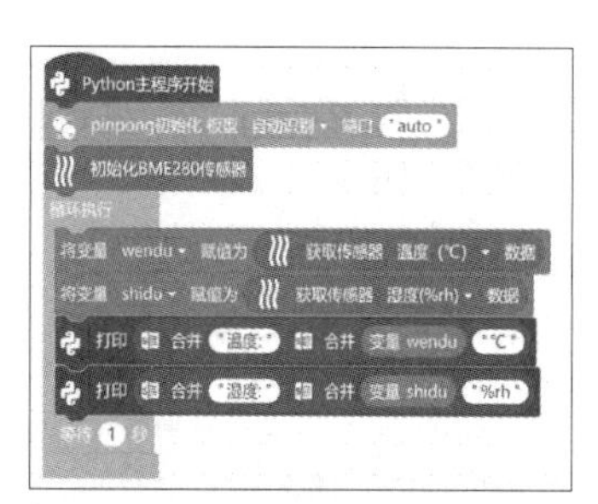

图 17 测量温 / 湿度程序

度、湿度、二氧化碳以及酒精浓度。为了让数据更加直观、可视化，还可以借助行空板自带的服务器将数据实时发送至 SIoT 物联网平台，甚至可以结合延时摄影的程序，通过挂载的摄像头记录面团发酵的全过程，编程思路如图 13 所示。

本次编程软件为 Mind+。可以在官网下载支持行空板的版本。

2. 加载库

软件下载、安装完成后，需要加载本次程序设计用到的库。打开软件后单击“扩展”按钮，加载官方库中的“行空板”“代码生成器”和“MQTT”3 种库。“行空板”库用来控制板载硬件；“代码生成器”以图形化积木的形式调用 Python 第三方库的指令；“MQTT”库用来向服务器发送数据。

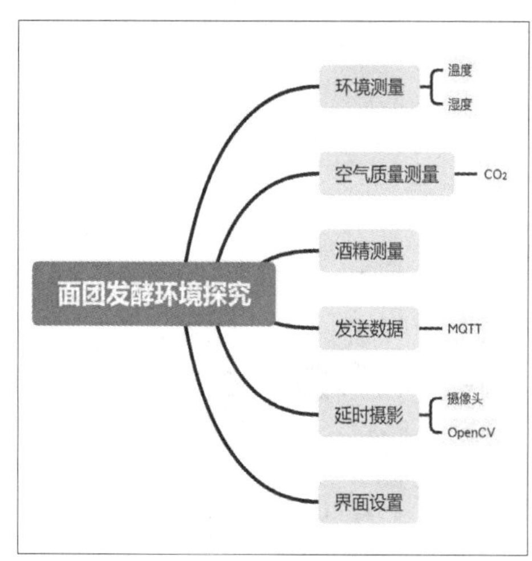

图 13 编程思路

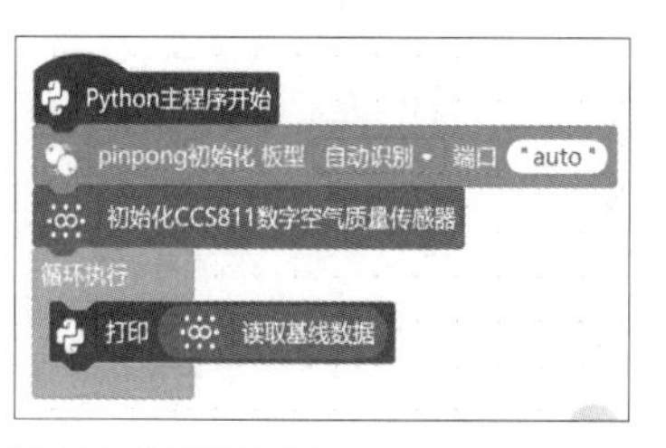

图 18 获取基线的程序

接下来，继续加载“pinpong”库，该库用来为控制板调用各种传感器。加载库如图 14~ 图 16 所示。

最后在用户库输入关键字“BME280 环境传感器”和“CCS811 空气质量传感器”加载这两个库。

所有库加载完毕后，下面开始逐一测试每个模块，最后再将其整合成完整的程序。

3. 温度、湿度环境监测

可以编写程序进行测试，如图 17 所示，注意在使用前需要先对传感器进行初始化。

4. CO_2浓度测量

本次测量 CO_2 浓度的传感器为 CCS811 空气质量传感器，该传感器可以用来测量 CO_2 浓度和 TVOC 浓度。在使用之前需要获取传感器所处环境的基线，这样做的目的是使传感器在预热后能够立即显示空气质量，也可以理解为通过获取基线的方式让传感器很快熟悉当前所处的环境。获取基线的程序如图 18 所示。

基线获取完成后可以开始测量 CO_2 的浓度，这里 CO_2 浓度的单位是 ppm，也可以换算成 mg/m^3。测量 CO_2 浓度的程序如图 19 所示。

如果要测量面团发酵过程中 CO_2 浓度变化情况，应该以碗中的 CO_2 浓度为基线，并且要保证在测量过程中不能打开盖子。

5. 酒精浓度测量

本次实验所使用的酒精浓度传感器为典型的模拟传感器，其原理是不同电压对应不同的模拟量，通过模拟量反应酒精浓度的变化。酒精浓度测量程序如图20所示。

这里的模拟量数值不能称为真正意义上的酒精浓度，需要使用公式进行计算才能得出。关于计算的过程这里不再赘述。本次实验能检测到酒精浓度的线性变化即可满足需求，如图21所示。

6. 发送数据

通过上述测试，完成了温度、湿度、CO_2以及酒精浓度的测量，下面将这些数据发送至SIoT物联网平台。

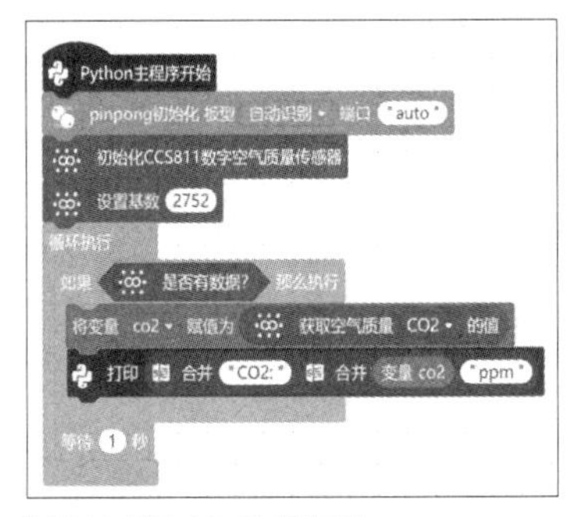

图19 测量CO_2浓度的程序

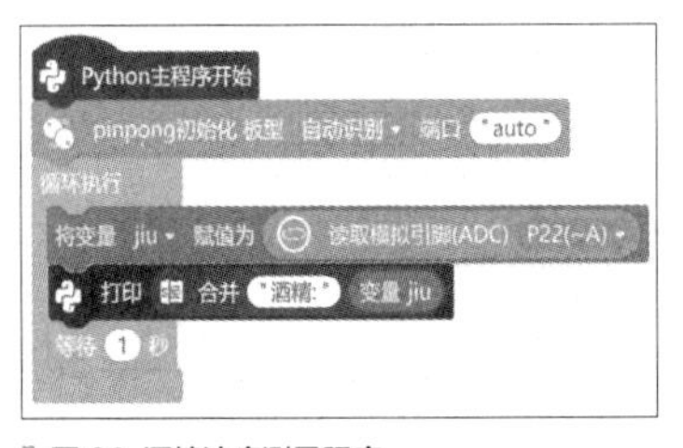

图20 酒精浓度测量程序

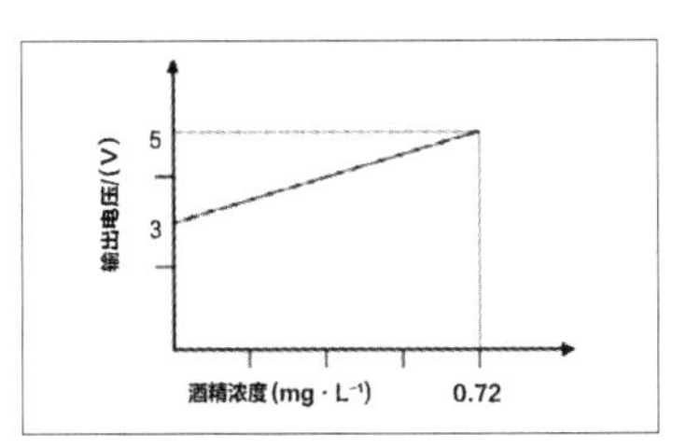

图21 酒精浓度线性变化

1 首先在浏览器中打开行空板的服务器10.1.2.3，在应用开关选项中是默认开启SIoT服务的。

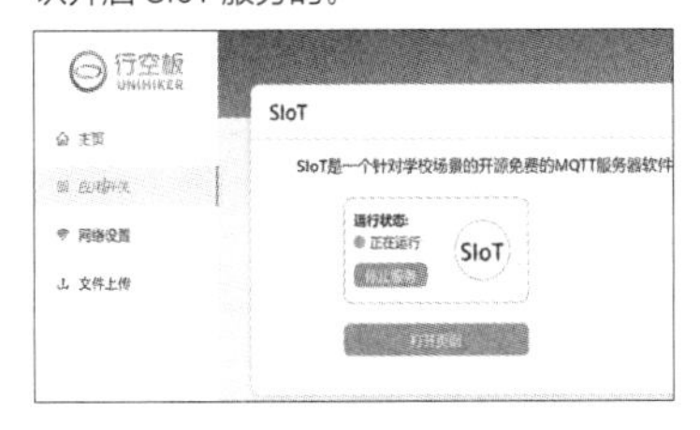

2 为行空板配置连接网络，单击“网络设置”连接Wi-Fi。

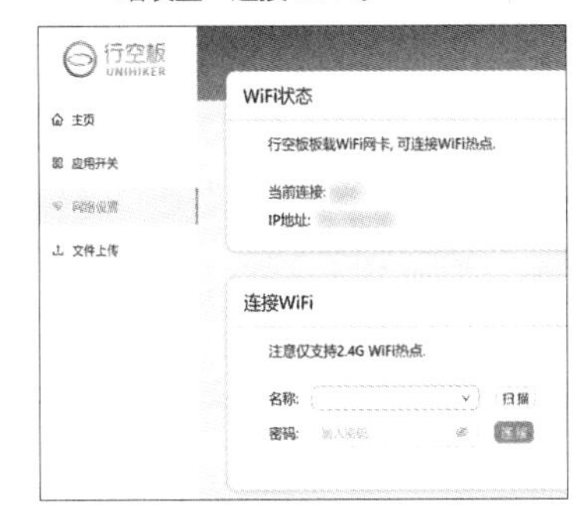

3 单击SIoT应用中的“打开页面”，输入账号、密码就可以登录SIoT平台。

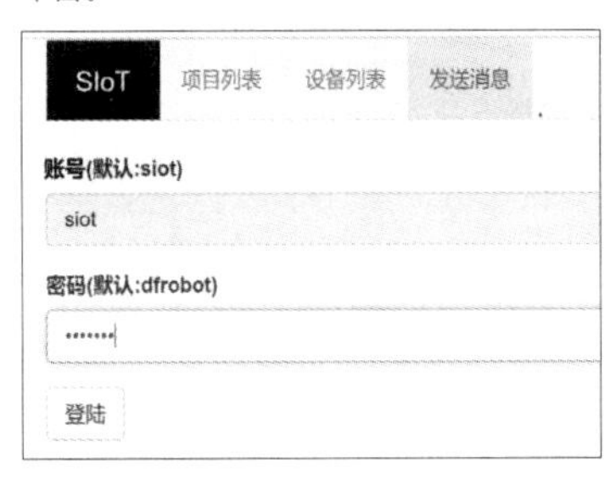

4 SIoT页面中“Fm”项目的数据，分别是湿度、温度、CO_2浓度和酒精浓度。

以上内容配置完成后，就可以使用MQTT模块向SIoT服务器发送数据，MQTT初始化的参数程序如图22所示。（这里SIoT服务器的地址填写行空板的热点，注意需要提前打开热点。）

7. 界面设计

关于面团发酵环境的各项数据测试基本实现后，还需要将这些数据显示在行空板的屏幕中，细节设置程序如图23所示。

将上述程序进行整合，设置将测量的数据显示在屏幕中，同时发送至SIoT服务器。设置程序如图24所示，界面显示效果如图25所示。

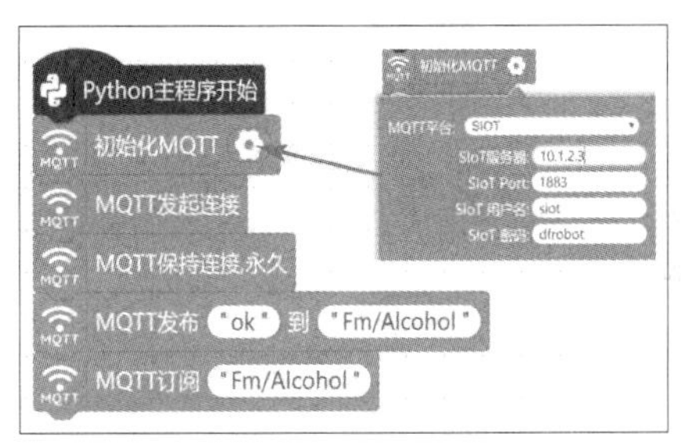

图22 MQTT初始化的参数程序

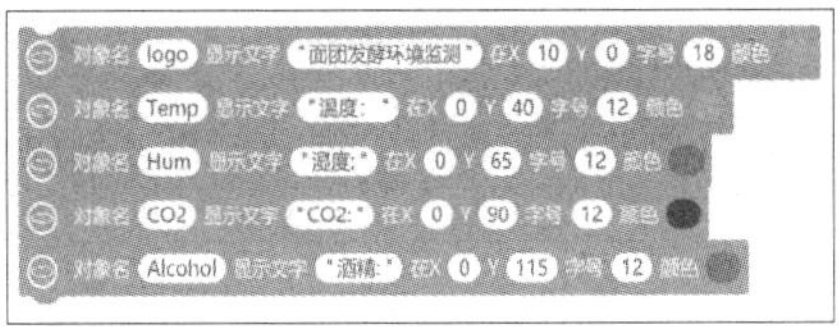

图23 细节设置程序

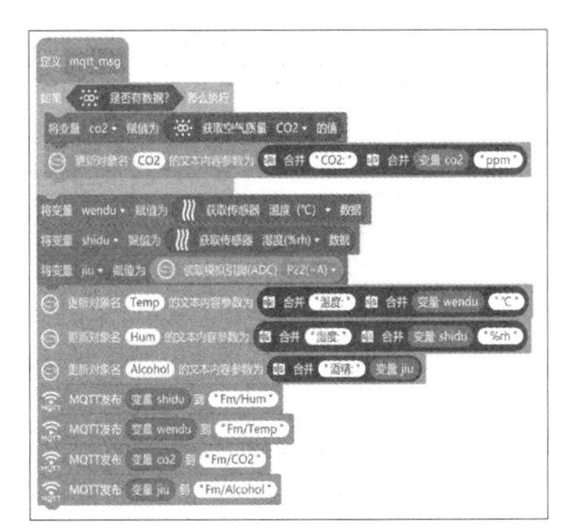

图24 设置程序

由于本次实验的测试时间较长，可能会横跨 7~8h，所以实验装置可以不用时时刻刻发送数据，间隔几分钟测量一次数据并发送就可以满足需求。这里我们需要用到 time 库，使用代码生成器的方式调用该库，并由用户设置测量间隔时间，如当前时间与上一次测量记录的时间差值大于用户设置的时间间隔，则进行一次测量和发送数据，这样可以在不增加延时等待的前提下保证程序运行的效率。使用图形化模块编写的完整测量程序如图 26 所示。

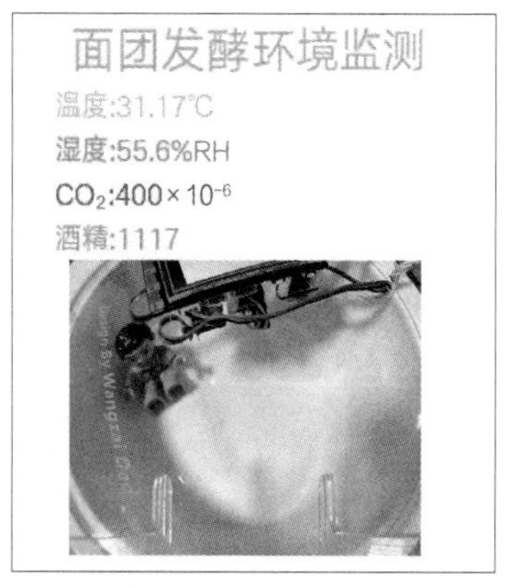

图 25 界面显示效果

图 26 完整测量程序

8. 延时摄影

如果能够在测量数据的同时记录此刻面团的状态，就需要加入摄像头采集图像，正好行空板有树莓派的性能，能够挂载摄像头，调用 OpenCV 库在图形化程序的基础上稍微修改即可增加此功能，代码展示如下。

```
import cv2,time,os,siot
from pinpong.libs.dfrobot_ccs811
import CCS811, CCS811_Ecycle, CCS811_
Emode
from pinpong.libs.dfrobot_bme280
import BME280
from pinpong.board import *
from pinpong.extension.unihiker
import *
from pinpong.board import Board
from pinpong.board import Board,Pin
from unihiker import GUI
siot.init(client_id="  ",
server="10.1.2.3",
port=1883,user="siot", password="
dfrobot")
Board().begin()
u_gui=GUI()
siot.connect()
siot.loop()
p_p22_analog=Pin(Pin.P22, Pin.ANALOG)
siot.getsubscribe(topic="topic")
ccs811 = CCS811()
bme280 = BME280()
ccs811.write_base_line(6337)
logo=u_gui.draw_text(text="面团发酵
        环境监测 ",x=10,y=0,font_
        size=20, color="#33CCFF")
        Temp=u_gui.draw_text(text=
        "温度: ",x=0,y=40,font_
        size=12, color="#FF9900")
        Hum=u_gui.draw_text(text=
        "湿度:",x=0,y=65,font_
size=12, color="#FF0000")
CO2=u_gui.draw_text(text=
"CO2:",x=0,y=90,font_size=12, color=
"#0000FF")
Alcohol=u_gui.draw_text(text=
"酒精:",x=0,y=115,font_size=12,
 color="#CC33CC")
cap = cv2.VideoCapture(0)
def mqtt(path):
if (ccs811.check_data_ready()):
   co2 = (ccs811.CO2_PPM())
   CO2.config(text=(str("CO2:") +
str((str(co2) + str("ppm")))))
  wendu = (bme280.temp_c())
```

```
 shidu = (bme280.humidity())
 jiu = p_p22_analog.read_analog()
 Temp.config(text=(str(" 湿 度 :") + str((str(wendu) + str("℃")))))
 Hum.config(text=(str(" 湿 度 :") + str((str(shidu) + str("%RH")))))
 Alcohol.config(text=(str(" 酒精 :") + str(jiu)))
 img_image = u_gui.draw_image(x=10, y=140, w=220, h=165, image=path)
 siot.publish(topic=" Fm/Temp ", data=wendu)
 siot.publish(topic=" Fm/Hum ", data=shidu)
 siot.publish(topic=" Fm/CO2 ", data=co2)
 siot.publish(topic=" Fm/Alcohol ", data=jiu)
def delete(src_path):
all_files = os.listdir(src_path)
index = len(all_files)
for i in range(index):
 os.remove(src_path+ " {}.jpg ".format(i))
def take_photo(img_time,video_time):
src_path = '/root/faM/img/'
delete(src_path)
last_start_time = time.time()
i=0
num = video_time*60//img_time
#cap.isOpened() and ((cv2.waitKey(1) & 0xFF )!= ord('q'))
while(i<num):
 ret,frame = cap.read()
 if time.time() - last_start_time >= img_time:
 path = src_path+"{}.jpg".format(i)
cv2.imwrite(path, frame)
mqtt(path)
i+=1
last_start_time = time.time()
if i>num:
break
cap.release()
cv2.destroyAllWindows()
74. makevideo(src_path)
def makevideo(src_path):
# 1. 每张图像大小
size = (320,240)
print("每张图片的大小为 ({},{})".format(size[0],size[1]))
# 2. 设置源路径与保存路径
sav_path = '/root/faM/video.mp4'
# 3. 获取图片总的个数
all_files = os.listdir(src_path)
index = len(all_files)
print(" 图片总数为 :" + str(index) + " 张 ")
# 4. 设置视频写入器
fourcc = cv2.VideoWriter_fourcc(*'mp4v')#MP4 格式
videowrite = cv2.VideoWriter(sav_path,fourcc,2,size)#2 是每秒的帧数,size 是图片尺寸
# 5. 临时存放图片的数组
img_array=[]
# 6. 读取所有 JPG 格式的图片 (这里图片命名是 0-index.jpg example: 0.jpg 1.jpg ......)
for filename in [src_path + '/' + r'{}.jpg'.format(i) for i in range(0,index)]:
img = cv2.imread(filename)
if img is None:
print(filename + "is error!")
continue
img_array.append(img)
print("sz"+str(len(img_array)))
# 7. 合成视频
for i in range(0,index):
img_array[i] = cv2.resize(img_array[i],(320,240))
videowrite.write(img_array[i])
print('第 {} 张 图 片 合 成 成 功'.format(i))
if __name__ == '__main__':
while True:
while not ((button_a.is_pressed()==True)):
pass
siot.publish(topic=" Fm/Alcohol ", data="ok")
siot.getsubscribe(topic=" Fm/Alcohol")
img_time = int(input(" 请输入拍摄间隔(单位为秒)"))
video_time = int(input(" 请输入拍摄时长(单位为分钟)"))
take_photo(img_time,video_time)
siot.publish(topic=" Fm/Alcohol ", data="end")
```

实验探究

实验装置的软 / 硬件通通具备后，在开始实验前，我们还需要准备面团。这里提供一个常用的（包子、馒头、花卷）和面比例：100g 面粉加 60g 水、1g 干酵母和 4g 糖（加糖有助于酵母发酵），此比例可根据实际情况等比例缩放。

面团准备好，封上盖子就可以开始测量了，用户可以通过设置测量间隔时间和测量时长来调节样本采集的数量。

图 27 所示的是 8 月 9 日 18 点 05 分至 19 点 35 分的数据变化情况，随着面团的不断发酵，CO_2 浓度和酒精浓度变得越来越高。而温度、湿度环境变化的数值则相对比较平缓，如图 28 所示。

随后，在 8 月 9 日 23 点 32 分至 8 月 10 日 5 点 13 分进行第二次测量。此次测量时长将近 6h，温度、湿度变化继续较为平缓，CO_2 浓度和酒精浓度由起初的急剧拉升趋为平缓，如图 29 所示。

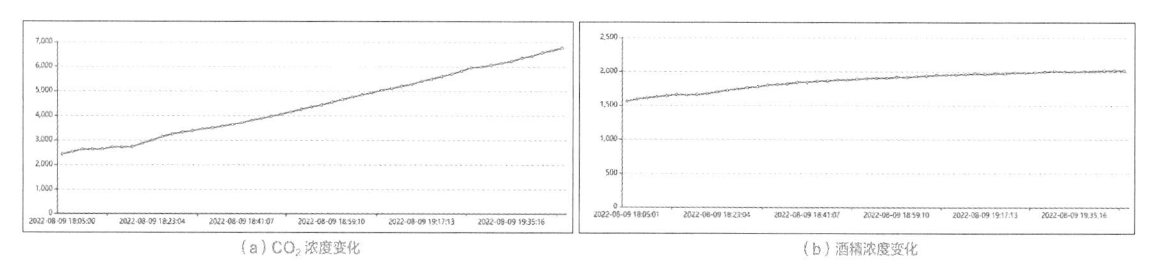

（a）CO_2 浓度变化　　（b）酒精浓度变化

图 27 CO_2 浓度和酒精浓度

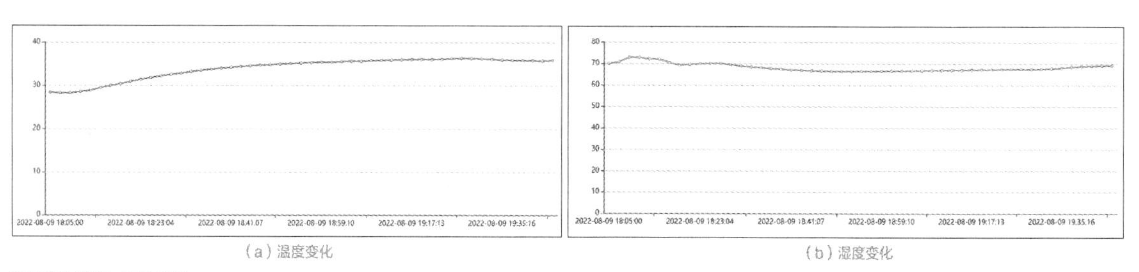

（a）温度变化　　（b）湿度变化

图 28 温度、湿度变化

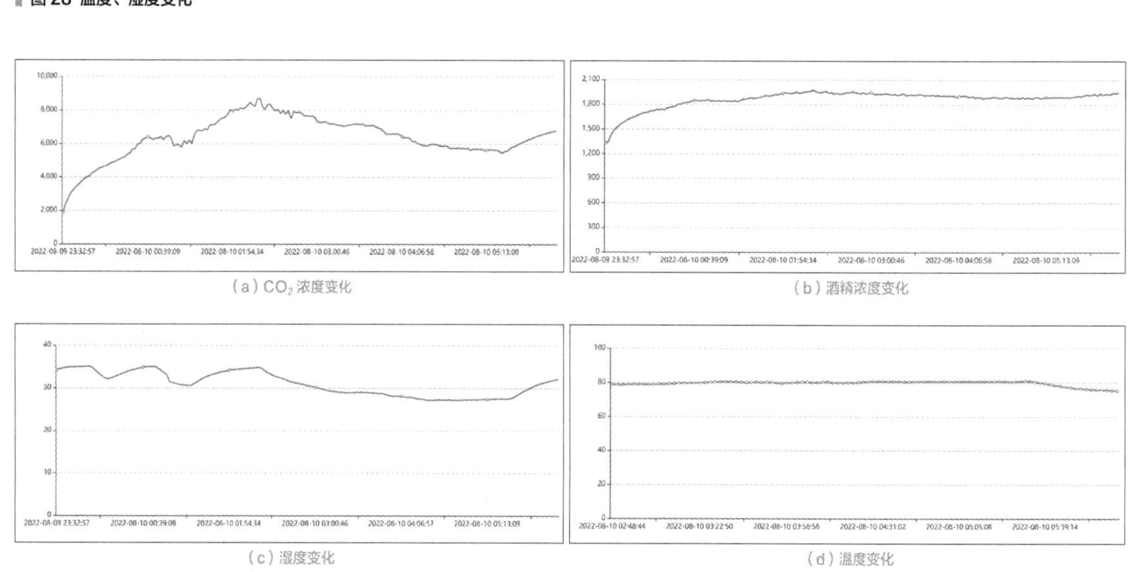

（a）CO_2 浓度变化　　（b）酒精浓度变化

（c）湿度变化　　（d）湿度变化

图 29 第二次测量温度、湿度变化

结语

1. 温度对面团发酵的影响

通过观察近 6h 的数据，可以初步看出 CO_2 浓度和酒精浓度的变化与温度呈线性关系，温度的升高或降低都会带来 CO_2 浓度和酒精的变化，温度升，CO_2 和酒精释放得既快又多，温度降低释放的少且慢。

2. 冬季和夏季发酵面团做哪些措施

由此可以给出面团发酵的建议：夏季面团发酵可以在室温（25~35℃）进行，由于满足面团发酵的温度条件，用时相对较短。冬季面团发酵需要采取保温措施，如放在取暖设备处或者有热水的蒸锅中。

3. 本次实验装置的推广作用

本次科学探究实验装置不仅可以监测面团发酵的过程，也可以对植物生长过程（比如绿豆芽的生长过程、小鸡孵化的过程等）或者动物生长过程进行探究，只需对传感器稍加修改即可。

创客技术助力科学实验
——水结冰了

刘育红

教科版小学科学三年级上册有一节课为《水结冰了》。该节课通过实验让孩子们感受水结成冰的变化，知道水结成冰的条件，但是仍然会有很多小问题，比如一杯水放进冰箱多久能结成冰呢？水在结成冰的过程中，温度的变化是怎样的？结成冰后温度会一直都是0℃吗？要解答这些问题，其实也不难，小朋友们可以自行去做实验得出结论。不过，如果你会使用数字化工具和技术，就能让实验过程变得更加智能、高效，实验数据也更清晰明了。

实验方案

本项目采用 SIoT 技术方案，可以脱离互联网运行。

使用一块行空板作为运行 SIoT 平台的服务器，开启行空板的热点。数据采集端主控板使用掌控板，通过连接行空板的热点与 SIoT 平台进行通信。掌控板上连接一个 DS18B20 防水温度传感器。将数据采集端设备和一杯常温水放进冰箱的冷冻室，将 DS18B20 防水温度传感器的探头放进水中，每隔一段时间，设备将采集到的温度数据上传到 SIoT 平台。行空板除作为服务器接收数据外，屏幕上还可显示当时的温度数据，技术方案如图 1 所示。

在实验过程中或者结束时，可以通过计算机登录 SIoT 平台查看数据、绘制统计图、下载数据等，从而帮助实验者更好地分析并得出结论。

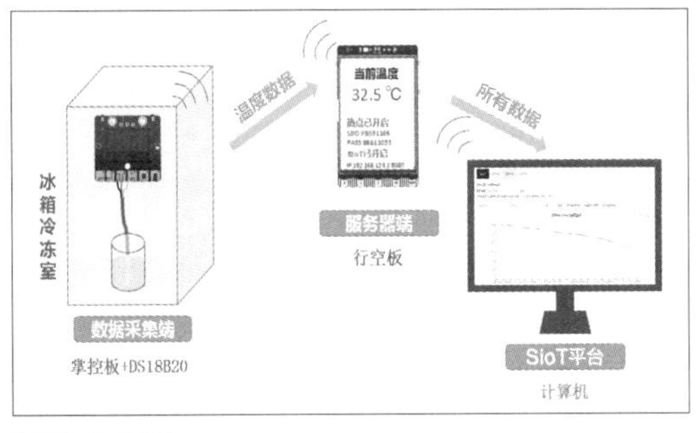

图 1 技术方案

材料及工具

本项目所需要的硬件材料如图 2 所示，1 块行空板、1 块掌控板、1 块掌控板扩展板和 2 条 USB 数据线。使用 Mind+ 进行程序编写，还使用到计算机、量杯、水、电源适配器等。

行空板 1块

掌控板 1块

掌控板扩展板 1块（含电池）

USB数据线 2条

图 2 硬件材料

设备搭建

1 将掌控板和扩展板组装在一起。

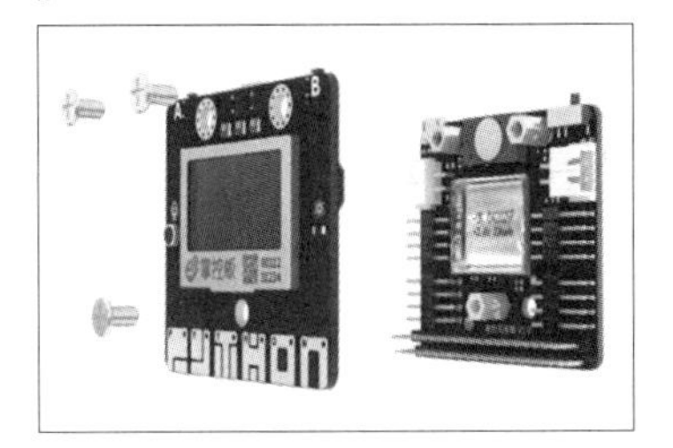

2 将 DS18B20 防水温度传感器连接到扩展板的 P0 引脚。

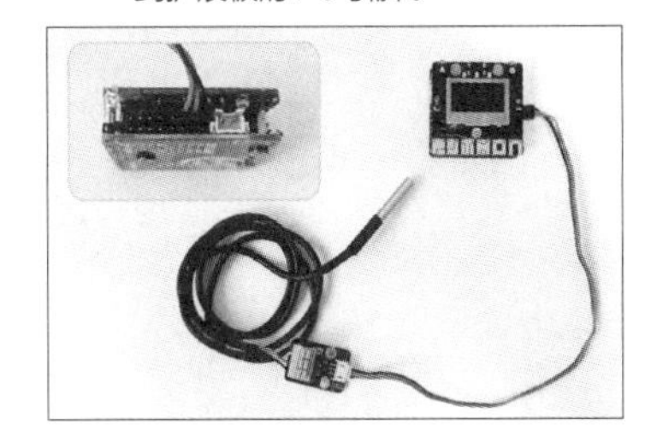

3 将行空板通过 USB 数据线连接到计算机上。

4 进入菜单，启用无线热点，记下无线热点名称及密码。

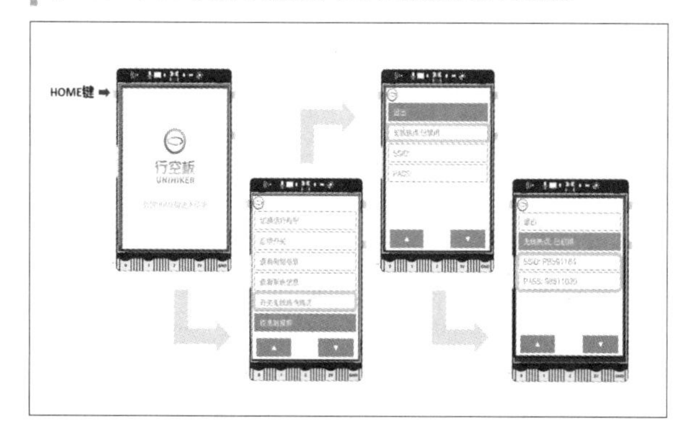

5 返回主菜单，查看网络信息，记下无线热点的IP地址。

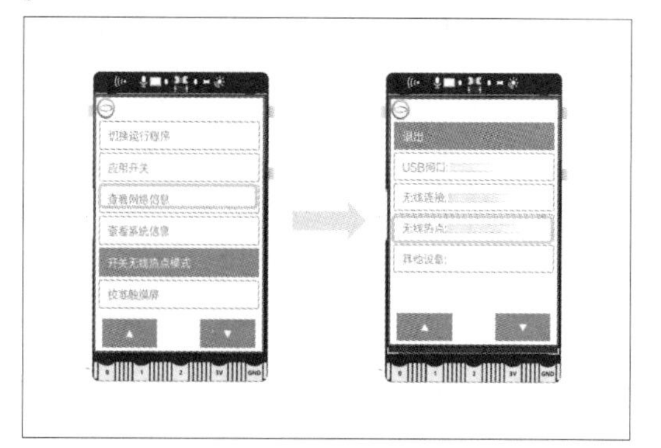

6 返回主菜单，找到应用开关，将SIoT设置为启用状态。

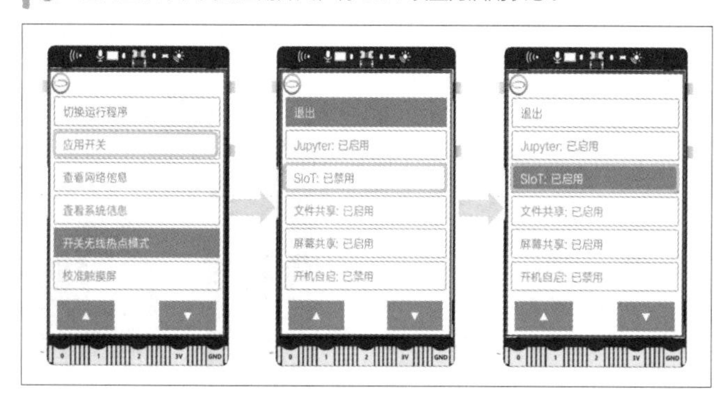

7 在连接了行空板的计算机上打开浏览器，输入10.1.2.3:8080进入SIoT平台首页；使用默认的账号和密码登录。

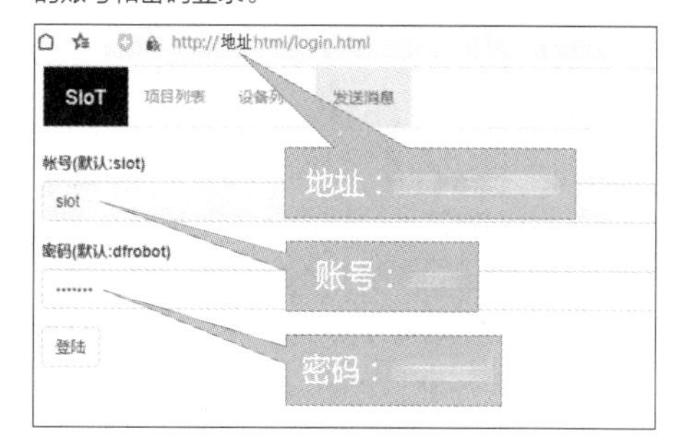

8 单击“发送消息”选项卡，在主题栏中填入项目ID和设备名（名称自取），然后单击“发送”按钮。

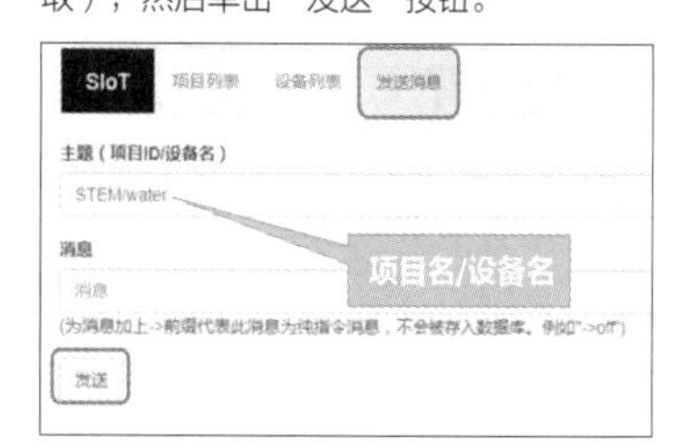

9 单击“设备列表”选项卡，可以看到新建好的项目和设备。

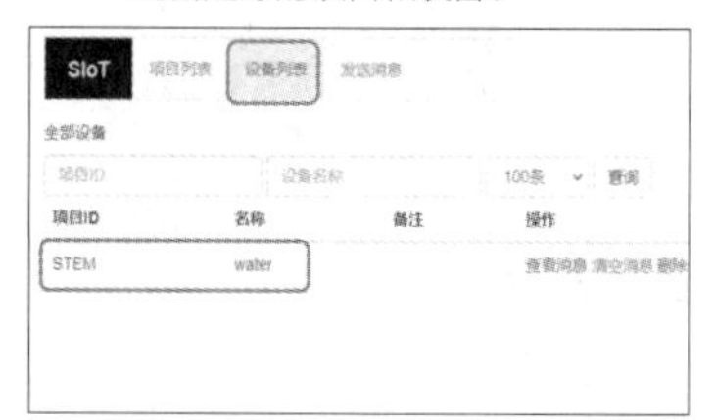

程序编写

1. 温度数据采集端（掌控板）

1 打开编程软件Mind+，切换到“上传模式”。

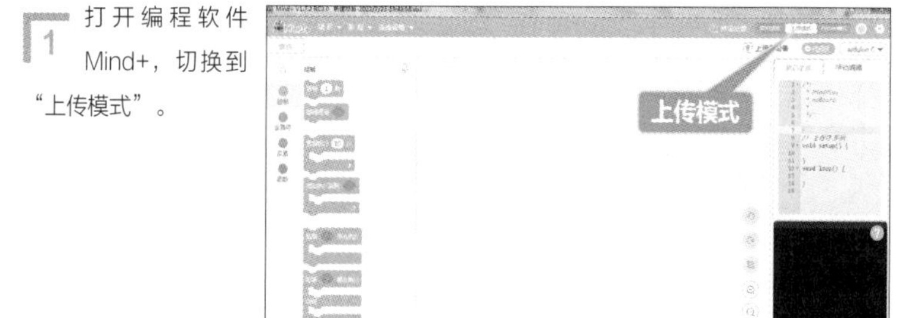

2 加载扩展模块：掌控板、DS18B20防水温度传感器、Wi-Fi、MQTT。

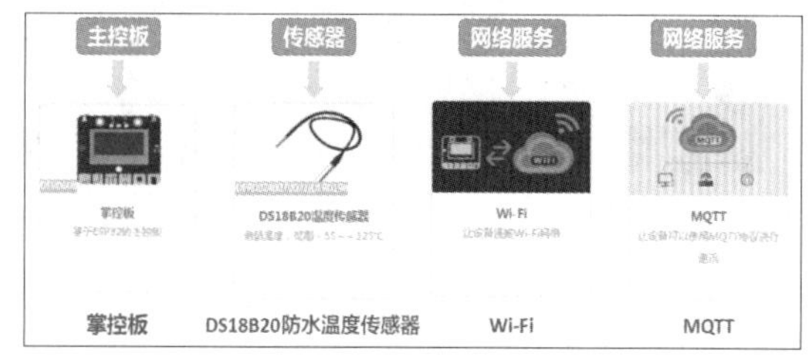

3 编写程序，以实现通过行空板的热点，每隔 10s 将温度数据发送到 SIoT 平台（时间间隔仅供参考，可根据实际情况调整）。

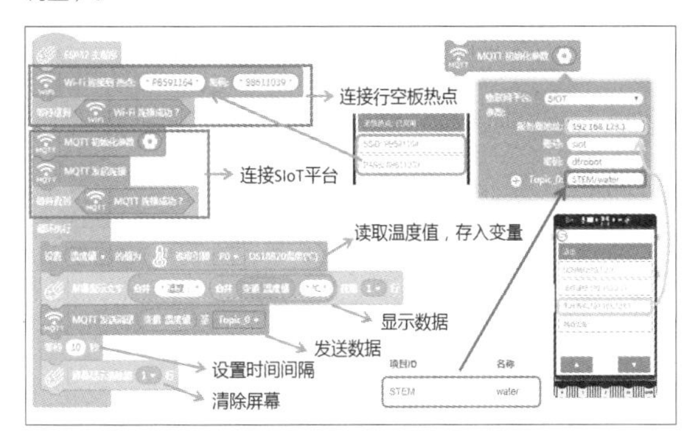

4 将掌控板连接到计算机，将程序上传到掌控板。

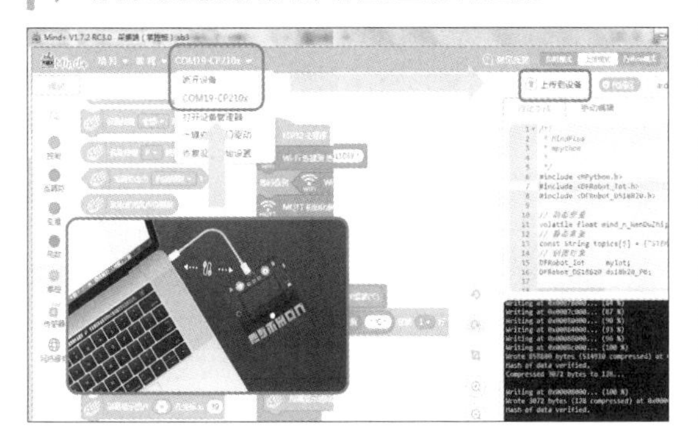

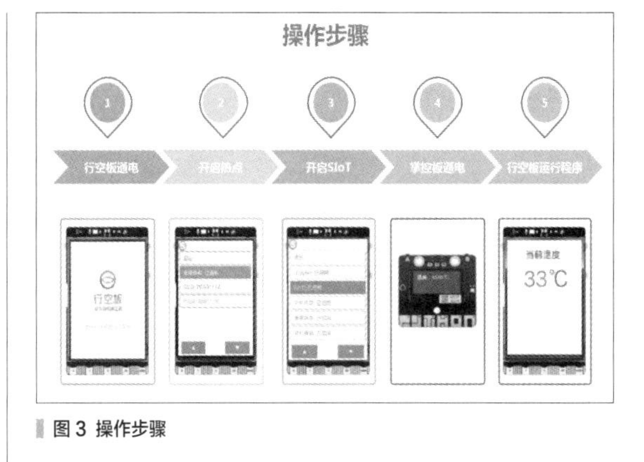

图 3 操作步骤

程序测试

因为 2 个设备的开启和操作要遵循一定的顺序，所以在测试前需要先关闭 2 个设备的电源，然后按照图 3 所示的步骤操作。

需要注意以下几点。

◆ 行空板供电不一定要通过计算机，可以接电源适配器或者充电宝。

◆ 行空板每次开机后，热点会自动恢复禁用状态，所以开机后需要再次手动启用热点。

◆ SIoT 服务不会自动恢复禁用状态，但是最好检查一下。

◆ 掌控板的扩展板自带电池供电，不需要外接电源，打开电源后，会自动运行程序，待屏幕显示温度数据后再进行下一步操作。

2. SIoT服务器端（行空板）

1 打开编程软件 Mind+，切换到“Python 模式”。

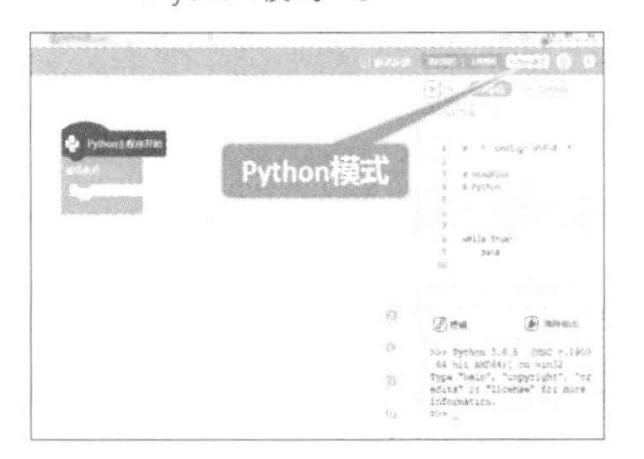

2 加载扩展模块：行空板、MQTT。

3 编写程序，以实现将收到的温度数据显示在屏幕上。

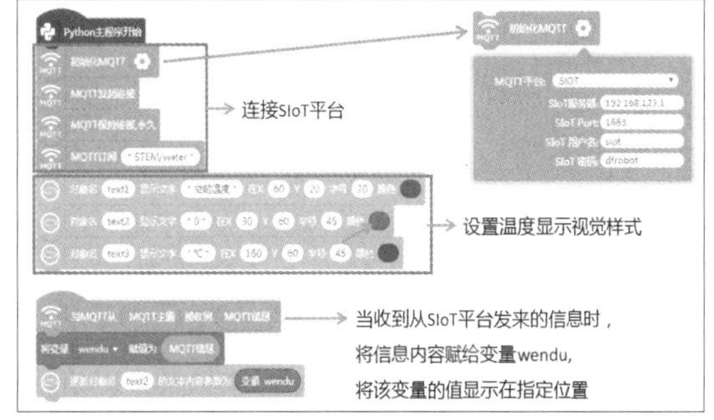

4 将行空板连接到计算机，将程序上传到行空板。

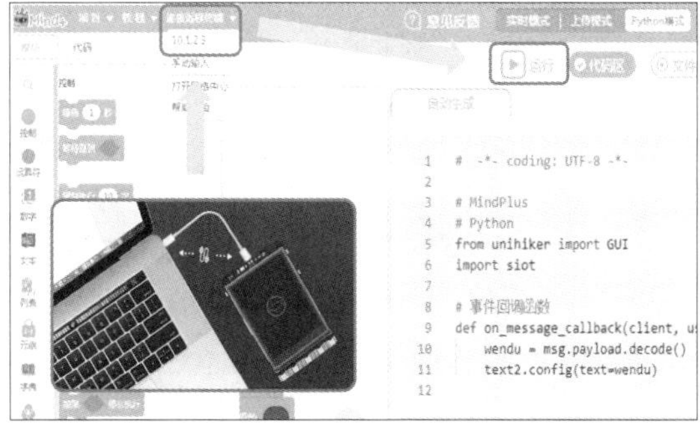

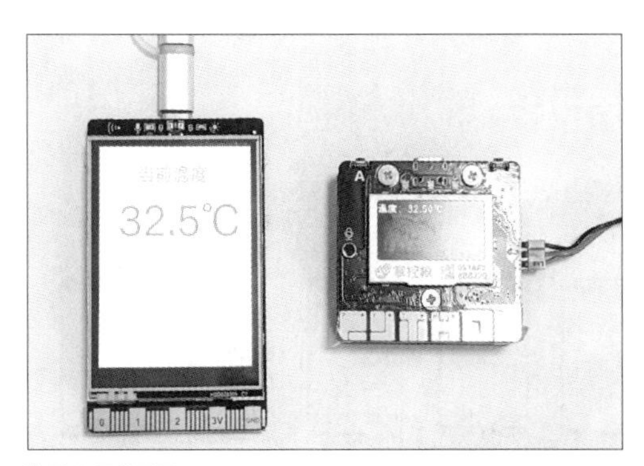

图 4 同步显示

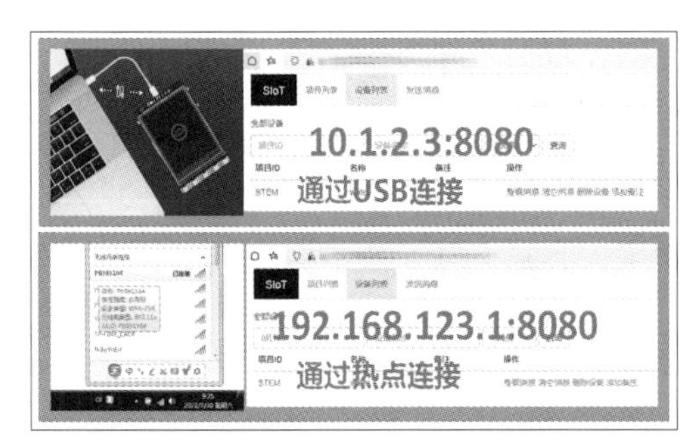

图 5 查看数据的两种方式

- ◆ 行空板上的程序需要手动加载，方法如图 3 所示。
- ◆ 如果行空板运行程序后，屏幕上总是显示 0℃，把掌控板重启一下就能解决这个问题。

图 6 设备列表

当行空板屏幕和掌控板屏幕上的数据能同步显示时（见图 4），说明程序运行正常。接着打开 SIoT 平台看一下数据。有两种方式查看数据，如图 5 所示，一种是行空板通过 USB 数据线连接到计算机，在计算机浏览器地址栏输入 10.1.2.3:8080；另一种是打开行空板热点，计算机连接行空板的热点，在计算机浏览器地址栏输入 192.168.123.1:8080。

单击“设备列表”标签，如图 6 所示，找到对应的项目和设备，单击“查看消息”按钮，显示消息页面，如果有数据，说明运行正常。在进行实验前，记得将测试用的消息清除。单击“设备列表”选项卡，找到对应的项目和设备，单击“清除消息”按钮即可。

实验过程

1. 采集数据

1 在量杯中装入常温自来水，放进冰箱的冷冻室。

2 将防水温度传感器的金属探头插入水中，温度传感器的探头尽量不要接触到杯底和杯壁，可以借助夹子或铁丝固定。

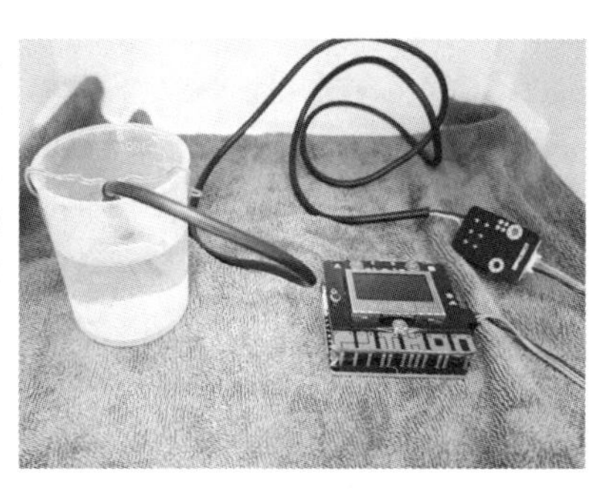

3 启动全部实验设备。

4 使用毛巾等保温物包裹好掌控板，关上冰箱门。

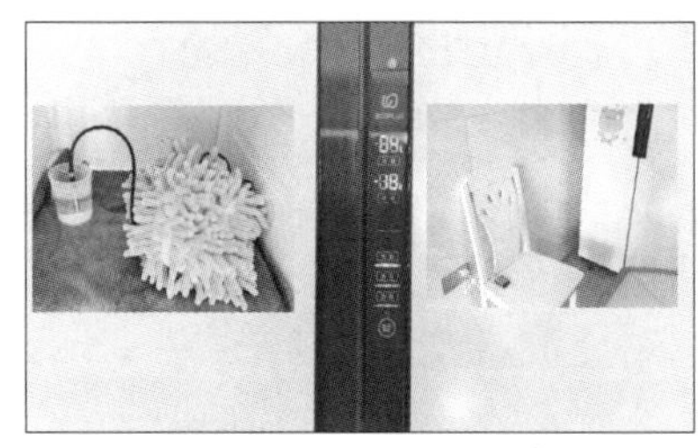

5 当温度达到0℃时，打开冰箱观察水的形态变化。

6 当温度低于0℃时，打开冰箱观察水的形态变化，可适时结束采集数据工作。

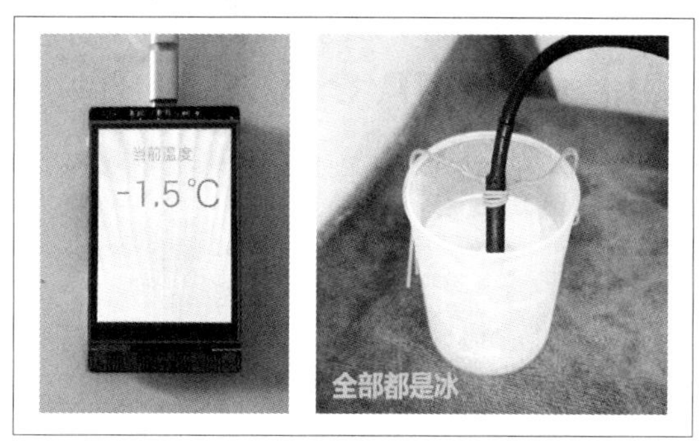

2. 查看数据及图表

1 登录SIoT平台，进入“查看消息”页面。

项目ID	名称	备注	操作
STEM	water		查看消息 清空消息 删除设备 添加备注

2 单击“隐藏/显示图表”按钮，查看温度变化趋势。

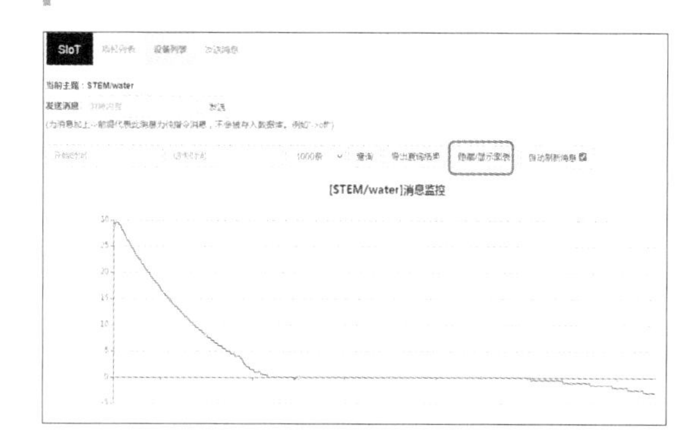

3 单击“导出查询结果”按钮，可以将所有数据下载到本地计算机中，以便分析使用。

分析总结

◆ 水结冰的过程中，温度是先持续下降，到0℃后保持一段较长的时间，然后继续下降。

◆ 水温达到0℃时，水不会马上变成冰，而是以冰水混合物的形式存在，直到水全部变成冰。在水全部变成冰之前，温度会一致保持在0℃。

◆ 本次实验中，70mL的水经过4个多小时才全部变成了冰。实验结果与冰箱性能、容器形状等因素有关，不具有普遍性，仅供参考。

拓展建议

采用创客技术的科学实验“水结冰了”取得了成功。借助这个实验平台，我们还能进行很多探究实验，大家可以好好想一想研究课题。在这里，我提出一些问题，有兴趣的同学可以去研究一下——盐水结冰时的温度是多少呢？不同浓度的盐水结冰的温度相同吗？其他物质（比如白糖）的溶解液结冰时的温度又是多少呢？欢迎大家思考、讨论。

从计算思维到计算行动

MIT App Inventor 应用马拉松赛简介

金从军

对计算机教育的实践和研究催生了计算思维和计算行动这两个概念。计算思维最早见于2016年3月，一篇名为《计算思维》的文章发表在《美国计算机协会通信》的“观点”栏目中。文章定义了什么是计算思维：利用计算机科学的基本概念来解决问题、设计系统，以及理解人类的行为；计算思维不是计算机科学家的专利，它应该成为每一个人的基本技能。在《计算思维》发表3年后，在同一本杂志的同一个栏目中，刊登了文章《从计算思维到计算行动》，文中提出了计算行动的概念。计算行动的核心观点是，年轻人在学习计算机技术的同时，要学有所用，具体来说，就是有机会利用所学的技能，对他们的生活，乃至他们生活的社区产生直接的影响。关于这两篇文章的详细内容，感兴趣的读者可以在公众号“老巫婆的程序世界”中阅读中文译稿。

历史背景

这两个概念的产生有其特殊的历史背景。在21世纪初，北美大学的计算机专业新生入学人数逐年下降。附图所示为自1999年至2011年间美国高校计算机科学系的平均在校学生人数，图中显示，自2001至2007年，在校生人数几乎是等比例下降。这对于北美的IT产业及教育行业都是一个严峻的挑战，《计算思维》就是在这样的背景下诞生的。此后，美国政府和企业给予高校政策及资金上的支持，终于在2007年后，高校计算机专业的在校生人数和新生入学人数双双止跌回升。随着学生数量的上升，高校将面临如何保证教学质量的问题。以往的计算机教育过度强调编程的基础知识，将重点放在对基本概念（如变量、条件、循环、运算符、数据处理等）的理解上。这种以概念和流程为起点，将开发实用产品延后的教学方法，很容易让学生们感到学无所用，从而丧失学习的动力和兴趣。为了解除这一困境，教育行业的专家们给出了关注计算行动的解决方案。计算行动强调，学习者应该从开始学习编程的那一刻起，就有能力开发自己的产品，并且这些产品与他们的现实生活密切相关。

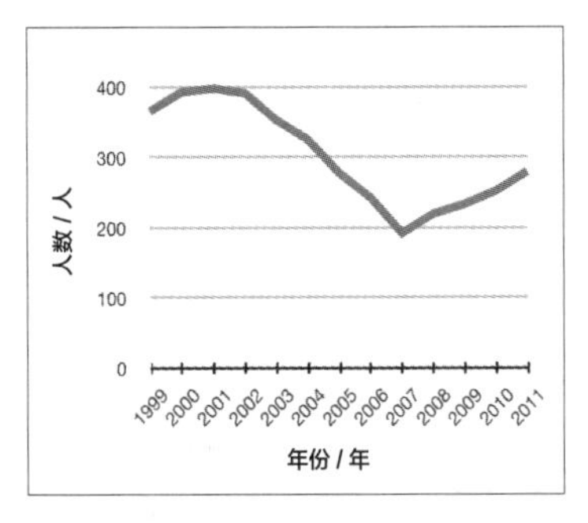

附图　美国高校计算机科学系平均在校生人数的变化趋势

应用马拉松

对于初学者来说，用计算机技术解决问题，说起来容易，做起来难。而MIT App Inventor的出现，为解决这个难题提供了可能性。App Inventor是一个基于块语言的可视化移动应用开发工具，初学者可以通过简单拖曳积木块，设计应用的用户界面，并为应用编写程序。这大大地降低了初学者的进入门槛，使他们能够将注意力集中在发现问题和解决问题上。

1. 竞赛规则

为了践行计算行动的理念，MIT App Inventor团队发起了一年一度的应用马拉松赛。该竞赛面向所有年龄段人群，鼓励参赛者关注现实生活中的真实问题，然后利用所学的技术，给出问题的解决方案，并以应用作品的方式实现解决方案。该竞赛始于2020年，至今（2022年）已举办3届。竞赛流程包括报名（通常为6月初）、发布主题（通常为7月中旬）、提交作品（通常为7月底截止）、公布结果（通常为8月中旬）等。竞赛要求参赛者在主题发布后开始创建应用，并制作简短的文章和视频，介绍作品的背景、功能及使用方法。

竞赛分为5个赛道，按年龄分为青年组和成人组，可以个人参赛，也可以组队参赛。

◆青年个人组：< 18岁的个人。

◆青年团体组：< 18岁的选手组成的团队。

◆成人个人组：≥ 18岁的个人。

◆成人团体组：≥ 18岁的选手组成的团队。

◆混合组：由两个年龄段的选手组成的团队。

奖项的设置分为两项：专业评审奖及大众选择奖，每个赛道决出前3名，因此获奖人数最多不超过30人。

竞赛主题可以说是竞赛的风向标，此处为大家列举了3届竞赛中涉及的主题。2020年的竞赛主题为优化资源分配（如应对水资源短缺或自然灾害等）、气候变化、消除贫困、健康、远程学习与工作、和谐共处、社会公平与种族平等、人工智能的社会影响（如偏见、机会及公平性）。2021年的竞赛主题为未来城市、学科应用、计算行动。2022年的竞赛主题为优质教育，可持续的城市和社区、水下生命、陆地生命、和平、正义和强大的社会治理。围绕着这些主题，参赛者可以观察世界，体会日常工作、学习和生活中的种种不如意与不方便，并思考如何改善或改进它们，并将自己的解决方案用安卓应用的方式加以实现。

对参赛作品的评价分为两个阶段：预赛阶段及决赛阶段。对于专业评审奖而言，在预赛阶段，每个作品平均会接受2~3个裁判的评审，依据预赛评审结果，确定入围决赛的选手名单。在决赛阶段，由专家委员会对入围作品进行二次评审，并最终确定获奖者名单。对于大众选择奖而言，预赛阶段筛选出合格的参赛作品（数量不限），然后进入大众投票的决赛阶段，并根据投票结果，选出最终的获奖者。专业评审奖对作品的评价标准，包含了以下要素。

◆创意：创意新颖，创造性地使用了各项技术。

◆设计：用户界面交互流畅，直观易用。

◆功能 给用户带来了好的影响或帮助。

◆技术：数据结构清晰、代码组织合理、使用代码注释，以及使用开发工具的高级功能，如组件类代码块等。

◆演示（视频及说明文档）：充分展示作品的重要性、有效性及潜在的用途。

2. 竞赛意义

很显然，竞赛的作用不是教育而是引导。无论是竞赛的主题，还是专家的评审标准，无不渗透着竞赛主办方对计算机教育方向的引领，乃至对整体教育理念的引领。为什么这么说呢？

首先，参赛选手要具备对现实世界的观察能力和感知能力，只有这样，才能发现身边的问题，而发现问题是解决问题的前提和基础。我们经常说，发现问题比解决问题困难，那是因为在传统的教育体系中，我们的问题大多来自书本，我们缺少机会去独立发现问题。没有问题，也就无从谈及解决问题，更无从谈及改革和创新。而竞赛启发参赛者思考，让人们有机会停下手里的任务，去关注周围的事物。

其次，发现问题仅仅是第一步，接下来要分析问题。现实世界的问题通常是模糊的，既缺乏条理，又缺少结构。参赛者需要动用智慧去思考这些问题，把模糊变为清晰：分出条理，建立结构。具体来说，要把大问题分解成小问题，再把小问题落实到具体的用户界面和数据结构，这一步叫作设计。只有这样，才能为下一步的解决问题奠定基础。

最后，在发现问题、分析问题的基础上，运用所学的技术来解决问题——创建应用。使用App Inventor这个开发工具，创建项目，搭建用户界面，编写程序，测试、调试程序，最后发布作品，这个过程叫作实现。这部分是容易的。即便学校里没有开设这个课程，你也可以从网上找到丰富的教学资源，通过自学来增长能力，提升技术水平。

3. 计算思维、计算行动在中国

综上所述，一个小小的竞赛，蕴含着竞赛主办方对现行教育的反思与展望，以及变革的决心和行动。不过，竞赛主办方的教学改革思路和行动面向的是美国的教育体系，针对的是美国的问题。那么，这些探索和实践，对于中国的教育现状，是否具有参考和借鉴的价值呢？答案是肯定的，因为有些美国的问题，在中国也同样可以见到。

首先，我们的社会对于计算思维的培养还带有一定的偏见。记得6年前的秋天，我和先生张路去上海参加一年一度的创客嘉年华活动，宣传我们的人人编程理念，在活动现场遇到两位家长。他们本身的职业是医生，提起编程，他们坚定地表示不会让孩子学习编程，因为他们不想让孩子未来成为程序员。当时张路与之争论说，即便未来做一名医生，也要有编程的能力，试想，未来医疗机器人大量应用，医生是否也需要懂得一些编程的知识呢？事情已经过去6年，不知那两位家长是否还记得这次争论，更不知他们是否在认知上有所改变。把学习编程等同于从事编程的职业，这正是《计算思维》这篇文章希望破除的观念。技术的发展是不可阻挡的，人们耳熟能详的那些流行词汇，如人工智能、机器学习、物联网、智能家居、元宇宙等，都是与编程技术密切相关的领域。现在的青少年、未来社会的主人翁，怎么能够缺少必要的计算思维呢？

其次，我们的计算机教育难道不是强调概念、语法、算法吗？学生们有机会运用所学的知识，去解决真实世界中的问题吗？我们的教育鼓励大家独立思考，去发现身边的不如意与不方便吗？我想，答案就在每个人的心中。

4. 竞赛体验

当然，一个小小的竞赛，无法承担如此重大的责任，也无法改变现行教育体系的惯性。但是，总要有人做点什么，去蹚蹚这条路，成或不成都会留下痕迹的。我是从2014年开始将MIT App Inventor介绍到国内的，先后经历翻译教程、写教程、线上授课、线下授课、一对一授课等教学活动，并于2021年亲自参加了第二届App Inventor应用马拉松赛，获得了成人组大众选择奖冠军。为了在国内推广这项竞赛，我们于2021年秋季举办了4次网络直播，向大家介绍竞赛的各项事宜，并借此机会召集了3组2022年的参赛选手。经过将近10个月的一对一指导，共有4个团队参加了2022年的应用马拉松赛，其中有3组学生获得不同组别的冠军、季军，本人也因此获得了App Inventor基金会颁发的首届优秀教师奖。

多年的教学实践让我对计算行动的理念有深刻的认识，也总结出一套行之有效的教学法，那就是案例教学，从一开始就带领学生做有功能的例子，哪怕是非常简单的功能。有功能的例子之所以重要，是因为“功能”是我与学生之间的共同语言，是我们之间连接的通道，是学生们的目标与兴趣所在，它让学生们在整个教学过程中保持了思路的连续性和方向感。学生在完成了几个教学的案例后，会萌生出自己的想法，甚至有些想法是出人意料的。我会鼓励他们完成自己的想法，哪怕会因此无法完成我留的作业。同样的过程也发生在指导参赛学生的过程中。每一组参赛学生都必须提供一份参赛作品策划，这个作品必须是他们自己想做的。在整个备赛过程中，他们对作品的创意和功能负责，而我只做技术上的支持和指导。

在中国，App Inventor应用马拉松赛方兴未艾，有一组数据是令人欣慰的，那就是3届竞赛中国参赛人数的变化，如附表所示。

附表 3届竞赛中国参赛人数变化

年度与国别	2020年			2021年			2022年		
	印度	美国	中国	印度	美国	中国	印度	美国	中国
参赛人数（单位：人）	437	238	19	382	77	34	378	223	102
人数排名	1	2	8	1	2	4	1	2	3

回到文章的标题，我们可以简单地将计算思维理解为人人编程，而将计算行动理解为学以致用，无论是计算思维，还是计算行动，这些认知和实践，最终会在不远的未来体现为社会生产力。众所周知，科学技术是第一生产力。希望有更多的人参与学习，参与竞赛，开阔视野，增长能力，成为真正的应用发明家。

作者介绍 / 金从军

致力于编程技术面向大众的普及，是Adobe公司的认证工程师及培训师、17coding网站创始人，于2021年被全国青少年STEAM创客教育论坛组委会推选为创客教育年度人物。2021年MIT App Inventor应用马拉松赛成人组大众评选第一名、2022年App Inventor基金会首届优秀教师奖。先后翻译并撰写了多本与App Inventor相关的书籍。

在机器人骨架上生成人类肌腱细胞

牛津大学和Devanthro公司的研究团队宣布，首次在机器人骨架上生成弹性的人类肌腱细胞。研究团队开发的机器人骨架，其上生成的人造人类肌腱组织可以被拉伸、按压和扭曲，这为未来的医学移植奠定了基础。

如果想培育出像肌腱或肌肉一样能够运动和弯曲的组织，最好尽可能地重现它们的自然生长环境。他们选择在机器人肩关节上进行组织培养，然后在机器人肩膀上安装生物反应器，该反应器由生物可降解的细丝组成，整个结构封闭在一个像气球一样的外膜中。

之后研究团队将人类细胞移植到毛发状细丝上，并在腔室中注入一种可促进细胞生长的富含营养的液体。这些成果可以帮助类人机器人成为适用于组织工程和生物材料测试的平台。

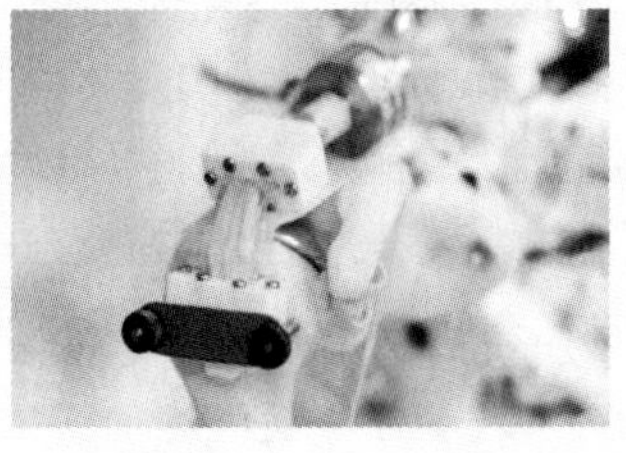

用微型机器人刷牙

宾夕法尼亚大学的研究团队开发出了一套微型机器人系统，它可以改变形状，形成刷毛或牙线，不仅能刷掉牙菌斑，还能释放出抗菌剂杀死细菌。

这种微型机器人系统由氧化铁纳米颗粒组成，使用磁场进行控制。这些颗粒可以被排列成刷毛的形状，以刷掉牙齿表面的牙菌斑；还能排列成更细的牙线状，以擦洗牙齿与牙齿之间的缝隙。研究团队首先在一块类似人工牙齿的平坦材料上进行测试。然后，他们又在3D打印的牙齿模型上进行更真实的测试；最后，在人类的牙齿上对其进行了测试。

测试表明，这种微型机器人可以有效清除牙菌斑和黏性生物膜，将致病细菌减少到可检测的水平以下。研究团队表明，他们可以通过调整磁场来精确控制刷毛的硬度和长度，从而有效地清洁牙齿。

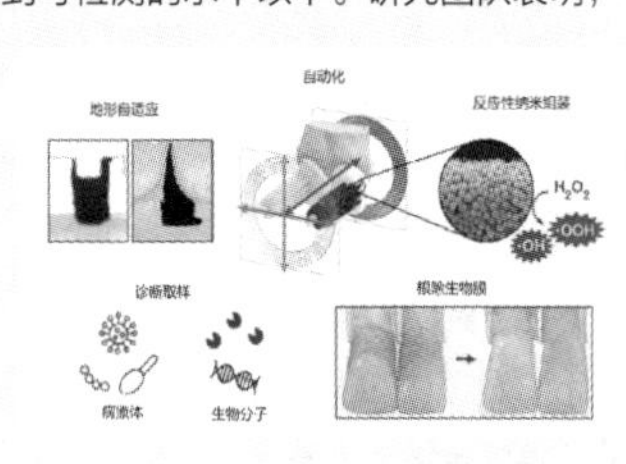

喜迎二十大：回顾光辉征程，展望宏伟未来（1）

20 世纪 50 年代的产业征程

田浩

中国共产党第二十次全国代表大会将于2022年下半年在北京召开。回顾新中国成立以来，国家辉煌的发展历程，展望科技高度发达、经济高度繁荣的当代生活与未来世界，令人思绪万千，心潮澎湃。新中国成立以来，在中国共产党全国代表大会上曾经提出过哪些高瞻远瞩的指导方针？对中国的电子产业发展产生了哪些影响？为民众的日常生活带来了哪些变化？本系列文章将带领各位读者一起回顾光辉征程，展望宏伟未来。

1949 年 10 月 1 日，“中国人民站起来了”这句气壮山河的话语，在中华大地上回响。在中国共产党的领导下，中国人民建立了一个独立自主的新国家。此时的中国还是一个经济穷困、工业薄弱的农业国，那时在发达国家已经相当普及的电子管收音机，还是当时中国极少数城市家庭中的奢侈品，此外，作为欧美电子产业发展成就的电子管电视机，在中国也十分罕见。

但是，已经站起来的中国人民，在中国共产党的领导下，对依靠自己的勤奋劳动创造出美好生活充满信心。1952 年，南京电子管厂试制成功供典型 5 灯收音机使用的全套 8 脚封装电子管，结束了国产收音机依靠进口电子管组装的局面。《无线电》杂志在 1955 年创刊后不久，就详细介绍了 20 世纪 50 年代中期彩色电视技术的摄像、传输和播放原理（见图 1），展现了先进技术带给人们的美好未来。

怀着对美好未来的期盼，新中国的青年们在学校里积极学习和探索与电子技术相关的前沿知识（见图 2）。工厂里的工人们锐意进取，以饱满的热情组装、生产收音机；在农村地区，广播站开始建立（见图 3）。西北地区少数民族的学生也用收音机听到了本民族语言的广播（见图 4）。在新中国的城市和农村、工厂和学校，以无线电技术为代表的电子技术学习、生产和应用都在开展着。新中国的科研工作者也密切关注着技术的前沿动向。1956 年，中国科学院应用物理研究所组织全国有关科研院所及大专院校的科研工作者 40 余人，进行半导体材料和器件研制生产的攻关，并于当年 11 月成功研制出了中国第一枚锗晶体三极管。

中国共产党的成功领导，是中国人民取得这一切成就的基础。1956 年 9 月，在中国共产党第八次全国代表大会的开幕词中，毛主席指出：“要把一个落后的农业的中国改变成为一个先进的工业化的中国，我们面前的工作是很艰苦的，我们的经验是很不够的。因此，必须善于学习。”

这句铿锵有力的语句，为人们展现了光明的前景，指明了前进的方向。在新中国成立后的 10 年里，新中国在所有主要的工业战线上都进行着热火朝天的建设。

图 1　20 世纪 50 年代中期的彩色电视技术的摄像、传输和播放原理。在刚刚成立 6 年多的新中国，人们对科技带来的多姿多彩的生活充满期盼（原载于《无线电》1955 年第 11 期）

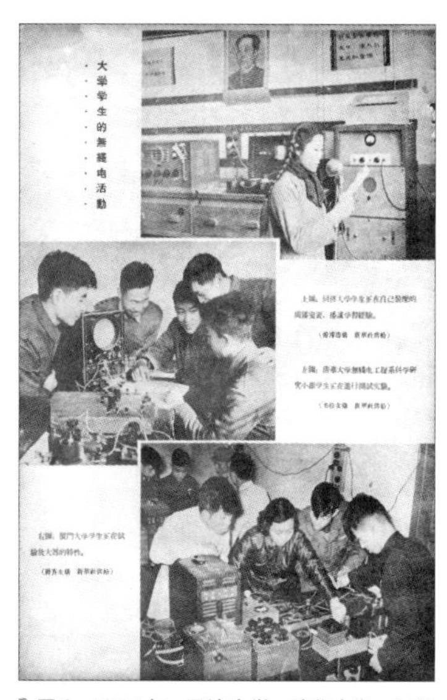

图 2　1955 年，同济大学、清华大学、厦门大学的学生在广播室和实验室里进行电子技术试验等活动（原载于《无线电》1955 年第 12 期）

▌图 3 1956 年初，在上海的亚美电器工厂和无线电器材厂，工人正在组装、生产收音机。在四川，人民广播电台服务部正在向农村地区的广播站交付广播设备（原载于《无线电》1956 年第 4 期）

▌图 4 1956 年春季，兰州市西北民族学院的藏族学生第一次收听本民族语言的广播（原载于《无线电》1956 年第 4 期）

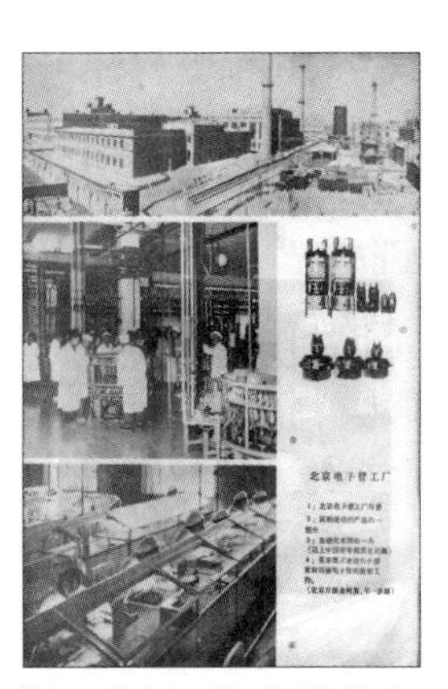

▌图 5 北京电子管厂的厂区外景、试制成功的大功率电子管、自动化车间、小型束射四极电子管装架工序的照片（原载于《无线电》1956 年第 11 期）

▌图 6 1956 年 10 月在北京建成并投入生产的北京电子管厂生产线（原载于 1956 年《无线电》第 12 期）

劳动人民怀着满腔热情，投入意气风发、斗志昂扬的生产建设工作中。此时，中国采取的计划经济模式，能够从全国层面统一协调各行业生产建设，也有利于快速积累对国防有重要意义的重工业和先进科技产业基础。

北京电子管厂的建成投产，就是中国共产党领导下的人民克服重重困难，在电子工业领域取得成功的一个范例。在新中国的第一个五年计划（1953 ~ 1957 年）期间，北京电子管厂（774 厂）是由当时工业较发达的社会主义国家援建的 156 项重点工程之一。电子管是 20 世纪中期电子产业的核心元器件，实现电子管的自主设计和工业化生产，对于建立起新中国自己的电子工业，具有非常重要的意义。党和国家领导人深知现代化科技产业对新中国的重要性，在新中国成立之初，就积极推动相关技术的引进和生产线的建设。

1954 年夏季，北京电子管厂在当时还是北京郊区的酒仙桥破土动工，约用 2 年时间建成，1956 年秋季即顺利投产（见图 5）。在第一个五年计划期间，全国的电子工业总投资额为 5.5 亿元，其中北京电子管厂就获得 1 亿多元的投资，约占电子工业总投资的五分之一。对于成立之初基本处于农业社会状态的新中国，这是一笔相当可观的巨额投资。以这笔巨额投资建成的北京电子管厂的生产线，其现代化技术水平，在当时的世界上位居前列（见图 6），凝聚着中国人民对电子工业建设发展的殷切期望。当年的相关报道中提到："（北京无线电厂）全厂工人的平均年龄是 24 岁，他们随着工厂的建设而成长起来……无线电工业在现代工业中占有极其重要的地位，一切现代化的工业都不能离开无线电工业，它的高度发展是现代科学技术发展新阶段的一个重要结果……北京电子管厂建成以后，不仅要生产出大量的多种多样的电子管，而且可以为今后建设其他电子管厂培养技术人才和创造各种技术条件。它为我国无线电工业的发展，创造了一个良好的开端（原载于《无线电》1956 年第 11 期）。"

同期建设的华北无线电器材厂（718 厂）和北京有线电厂（738 厂）也在酒仙桥，这些企业在北京的东北部形成了中国首都的电子企业集群。除了北京，新兴的电子工业在上海、南京、武汉等其他各大城市也有着令人振奋的发展，根据当时的报道，新中国生产的收音机不仅供应国内市场，还销售到其他国家（见图 7）。正如当时报道中提及的那样，"在第一个五年计划里……我国已建成第一批现代化的无线电工业企业，并在大功率发射机及收音机的制造与生产方面取得很大成就（原载于《无线电》1957 年第 10 期）。"

在热火朝天的社会主义生产建设氛围中，20 世纪 50 年代后期，中国自行生产的新式小型电子管已经达到了相当可观的产量和稳定的质量（见图 8）。北京电子管厂的设计年产量为 1220 万枚电子管，1959 年，年产量已远远超出预期。

新型电子管顺利实现批量生产后，计算机技术、电视技术等 20 世纪 50 年代的前沿电子技术，纷纷开始起步。1959 年 10 周年国庆前夕，新中国的科研工作者完成了 104 型数字计算机的研制工作。这款计算机的占地面积约 200m^2，安装在 22 台机柜中，整套计算机共用 4200 枚电子管和 4000 枚晶体二极管。其存储设备为 2048 字节的磁芯存储器（作为内存）和 2 台 4096 字节的磁鼓存储器，运算速度可达每秒 1 万次。104 型计算机的输入 / 输出设备也很齐全，穿孔纸带光电式阅读器、

第一个五年计划的成就之一——我国无线电工业迅速发展

▌图 7 中国无线电工业在第一个五年计划时期的主要成就：北京电子管厂、华北无线电器材厂、北京广播器材厂、汉口无线电厂的生产景象（原载于《无线电》1957 年第 10 期）

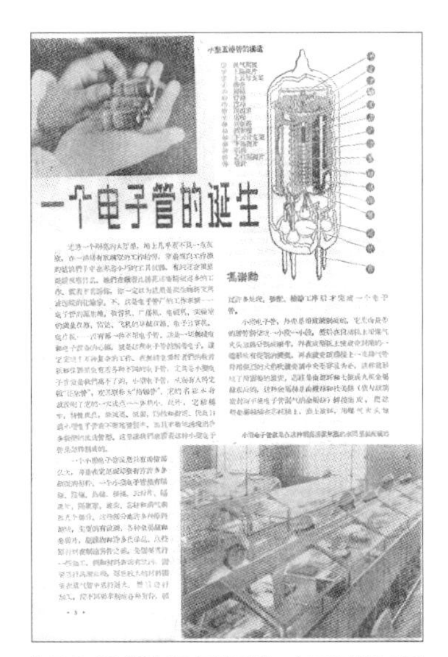
一个电子管的诞生

▌图 8 20 世纪 50 年代后期，中国自制的小型电子管生产工序介绍。这种电子管与当时欧美发达国家的民用电子管处于基本并驾齐驱的技术水平（原载于《无线电》1958 年第 7 期）

▌图 9 1959 年五一劳动节游行。北京电视台使用摄像机进行实况电视转播，中国科学院展示了电子计算机的模型，国防体育无线电大队批量配备便携式对讲机（原载于《无线电》1959 年第 5 期）

磁带存储器、打印机等均可与其匹配使用。104 型数字电子计算机的研制成功，意味着新中国在成立 10 周年之际就拥有了与欧美发达国家技术水平相近的先进科技装备，这是一项令人振奋的成就。1959 年，电子计算机的模型与批量配备的便携式对讲机一起，出现在北京五一劳动节的游行中，得到北京电视台的实况电视转播（见图 9）。

在新中国成立 10 周年之际，作为当时主流产品的电子管收音机已经实现了全面国产化，而且品种丰富，从性能优秀、功能齐全的高端机型到物美价廉的普及机型一应俱全（见图 10）。北京、上海、天津、武汉、南京等主要大城市都有能自主设计生产电子管收音机的无线电企业。国营汉口无线电厂在 20 世纪 50 年代后期研制生产了 8 灯高端“东方红”系列机型，其外观雍容华贵，功能完善，性能卓越；同时，该厂还开发了价廉物美的普及型“卫星”牌收音机，外观的简约小巧与“东方红”机型形成鲜明对比（见图 11）。

在新中国成立后的 10 年里，中国的电子工业取得了令人瞩目的成就。在接下来的 10 多年里，党的政策方针会有哪些调整和优化？中国电子工业会有怎样的新发展机遇呢？详情在后续文章中将会介绍。

百花齐放 万紫千红
——1959 年全国广播接收机

▌图 10 1959 年 12 月下旬在北京举行的全国广播接收机观摩评比会。会上展出了从普及型收音机到熊猫 1401 型特级收音机的各类产品（原载于《无线电》1960 年第 1 期）

▌图 11 国营汉口无线电厂在 20 世纪 50 年代后期研制生产的东方红 802Y 型高级收音机（左）和卫星 31 型普及款收音机（右）。前者的配置已与同期欧美国家的中高档机型不相上下，后者在中国的无线电广播事业推广进程中发挥了重要作用

喜迎二十大：回顾光辉征程，展望宏伟未来（2）

20 世纪 60 年代到改革开放前的电子产业征程

▌田浩

进入 20 世纪 60 年代，中国调整了经济建设的计划指标，国内各行业发展更加稳健。在 20 世纪 60 年代的前几年里，位于中国大城市的电子企业已拥有相当成熟的电子管收音机流水生产线（见图 1，因当年使用繁体字，故不对历史资料中的繁体字进行修改），对变压器、波段开关等部件的制作工序有相当细致的描述。电子管的流水生产线也具备了产量高、质量稳的现代化生产特征（见图 2）。不过，这些成就并不能让当时的中国电子科技工作者心满意足，因为一项全新的技术——晶体管，正在其他国家迅速发展，并在电子计算机、便携电子产品等领域展现出无穷的潜力。人们期待着晶体管技术可以更快、更多地改变中国的产业和民众生活。

20 世纪 50 年代中后期，中国电子工业的领头企业和科研院所开始了晶体管的研发和量产尝试，但产量比较有限。例如，1959 年北京电子管厂设立的晶体管生产车间仅生产二极管 100 万枚、三极管 3 万枚。20 世纪 60 年代前期，中国的电子科技工作者在党的领导下努力改进晶体管的生产工艺、提升产量，取得了可观的进步。1964 年，北京电子管厂已具备专业生产半导体材料和二极管等分工明确的车间，此外，该企业开始建设年产能 300 万枚低频小功率锗三极管的生产线，并于 1965 年投产，当年锗三极管的产量约 20 万枚，成品率约 70%。1966 年，全国的半导体生产企业数量增加到 45 个，半导体器件年产量上升到 2700 万枚。

20 世纪 60 年代中期，北京无线电厂等企业也建立了晶体管收音机的流水生产线（见图 3）。由北京无线电厂量产的牡丹 8402 型便携式收音机，是 1964 年北京市电子工业组织半导体收音机联合攻关项目的成果。在牡丹 8402 型便携式收音机开发成功后，北京无线电厂向市场首批投放了 1000 台，受到了广泛欢迎。

1965 年年底，国产晶体管收音机的产量达到 50 万台，已超过电子管收音机的产量。同年，半导体器件的产量已达到 1100 万枚。1967 年，北京、上海、南京等城市的主要电子企业的设计研发人员集思广益，

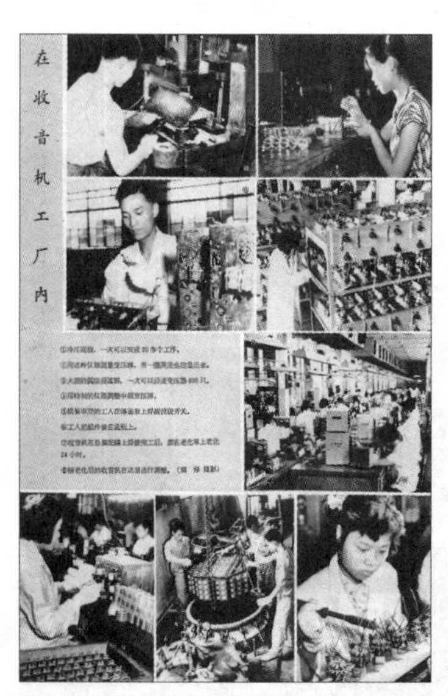

▌图 1 20 世纪 60 年代初期国产电子管收音机的生产线（原载于《无线电》1963 年第 11 期）

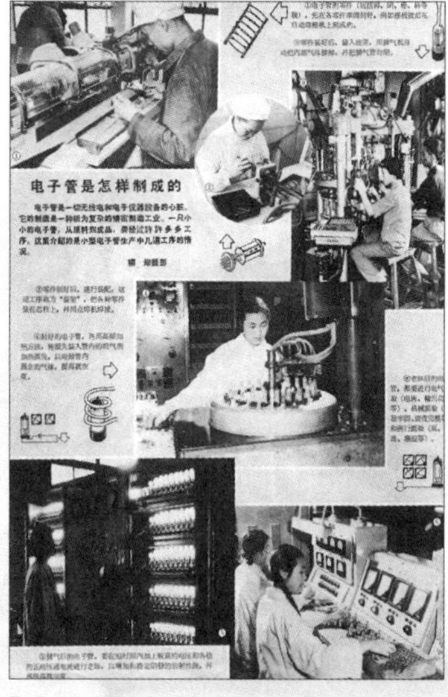

▌图 2 20 世纪 60 年代中期国产电子管的生产线（原载于《无线电》1964 年第 9 期）

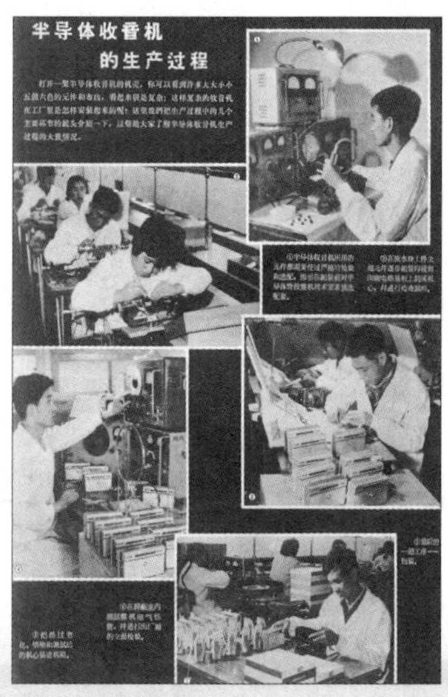

▌图 3 20 世纪 60 年代中期国产晶体管收音机的生产线（原载于《无线电》1964 年第 11 期）

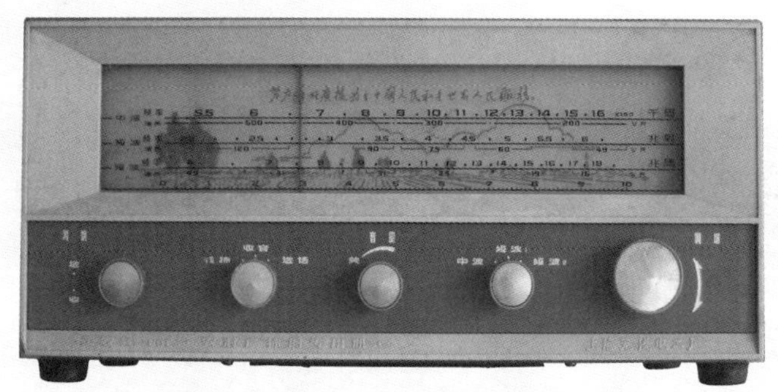

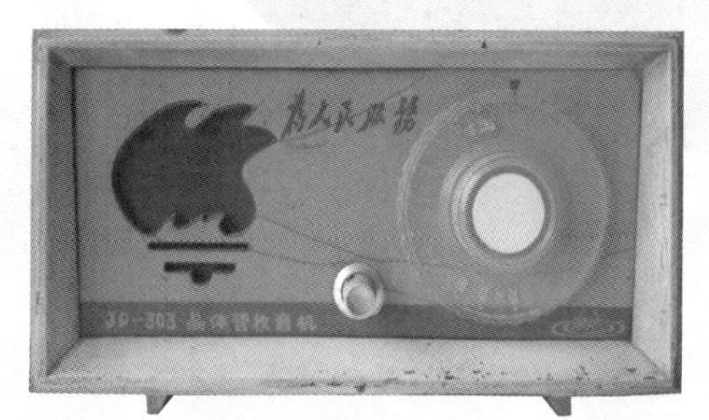

图 4 20 世纪 70 年代初在中国广泛普及的两款晶体管收音机：工农兵 601 农村广播网专用机和泉城 JP-303 普及型收音机

群策群力，采用联合设计的方式，开发了性能优良、结构简单、便于批量生产的3管、4 管、5 管、6 管晶体管收音机的设计方案，并在全国推广。工农兵 601 农村广播网专用机和泉城 JP-303 普及型收音机（见图 4），就是采用联合设计电路方案的两款典型产品。

泉城 JP-303 是一款 3 管小型台式机。得益于精心设计的超外差式电路，虽然泉城 JP-303 只使用了 3 枚晶体管，但仍然具有较好的中波接收灵敏度和较大的输出功率，外观风格简朴且有创意地在前部面板上融入了火炬图形，受到民众普遍欢迎。值得一提的是，这款机型出自济南无线电厂，体现了晶体管产品的产能由原来寥寥可数的主要城市的实力雄厚企业向全国各地企业普及的趋势。

如果说有什么电子产品能展示出晶体管技术在 20 世纪 60—70 年代向中国农村普及时的情形，或许非工农兵 601 莫属。这款收音机的前部边框上清晰地印着“农村广播网专用机”字样。其刻度盘背光板上通常印有农村广阔田野的风景。机身的前面板由灰色塑料框配上印有各旋钮用途的功能标识板（后者亦由塑料制成）组成，机壳也采用覆以塑印木纹的胶合板制成。这款收音机在外部用材上就为应对农村广播站的环境做好了准备。

工农兵 601 的总体技术方案是 1967 年在上海召开的“面向工农兵收音机联合设计方案讨论会”上确定的。这款机型的研发遵循了“成本低廉、结构简单、使用方便、维修方便、灵敏度高、输出功率大并可做有线广播使用”的要求。这款机型成功地实现了最初的设计目标，其中不乏对农村应用场景而言很实用的有线通信功能。

1970 年，中国电子工业的半导体器件产量达到了 1.5 亿枚，1971 年又进一步上升至 2.28 亿枚。在迈进 20 世纪 70 年代的大门时，中国电子工业时代也全面转向晶体管时代。很多电子产品转向以晶体管为核心器件的设计，计算机就是其中受益匪浅的一类产品。20 世纪 60 年代中期，中国生产了许多采用模拟电子电路的模拟式电子计算机，采用参数补偿式电子管直流放大器，计算性能比较有限。产量近百台的 DMJ-16B 型模拟式电子计算机就是其中的一种（见图 5）。晶体管的量产为计算机带来了全新的曙光，1965 年，中国电子工业通过研究所、高等院校和生产企业三方合作开发的方式，完成了 441-B 型计算机、121 型计算机、112 型计算机、X-2 型计算机等中小型晶体管数字电子计算机的研制。1967 年，108 乙型计算机的研制也成功完成，这是一款中型晶体管数字电子计算机。在这些产品中，121 型计算机、108 乙型计算机的总产量都达到了 100 台，为中国的社会主义经济建设和科研事业做出了积极贡献。

在电子技术全面晶体管化的同时，电视技术也得到了进一步的发展。1971 年 9 月，天津无线电厂试制成功中国第一台彩色电视机。20 世纪 70 年代初，中央电视台（当时仍称为北京电视台）也尝试采用彩色摄像机进行舞台节目的摄制（见图 6）。1975 年，中国的彩色电视机产量约为 3000 台。20 世纪 70 年代，中国企业研制生产的电视机主要还是电路结构简单、成本较低的黑白电视机，如上海玩具十四厂就在 20 世纪 70 年代前期启动了“星火”牌 9 英寸黑白电视机的批量生产（见图 7）。1970 年，中国的电视机总产量约为 1 万台，1975 年增加到 17.8 万台。虽

图 5 国产 DMJ-16B 型模拟式电子计算机的应用场景（原载于《无线电》1965 年第 2 期）

图6 中央电视台（当时叫北京电视台）彩色摄像机摄制《我爱北京天安门》节目的场景（原载于《无线电》1973年第1期）

图7 20世纪70年代初期国产集成电路数字计算机、上海无线电二厂晶体管收音机车间、上海玩具十四厂“星火”牌黑白电视机生产车间景象（原载于《无线电》1973年第1期）

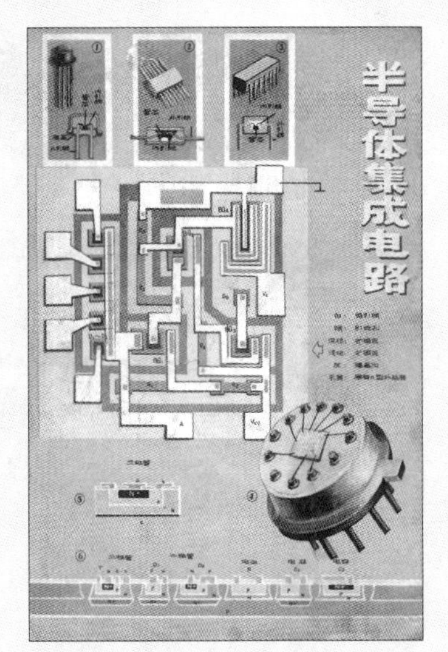

图8 20世纪70年代中期，中国开发生产的集成电路结构示意图（原载于《无线电》1974年第5期）

然当时全国的电视机产量并不高，普及程度也很低，但电视机推广应用的前景一片光明。

集成电路技术是中国电子工业在20世纪60年代末70年代初另一个有所尝试并取得一定成就的技术。北京电子管厂于1964年底开始筹建集成电路的研制部门，并于1965年7月以自制的简陋设备研发成功第一块集成电路。1969年，该厂改建完成集成电路生产车间，并成立了数字电路、大规模集成电路等项目的专业攻关团队，同年开始批量试制。这时的国产集成电路，主要还是元器件集成度在100个以下的简单产品。1970年，北京电子管厂的集成电路产量已达到50万块。在第三个五年计划期间（1966—1970年），中国的集成电路总产量达到500多万块；第四个五年计划期间（1971—1975年），集成电路总产量达到1800多万块。20世纪70年代中期，中国企业已开发出圆形金属封装、长方形陶瓷封装等不同封装规格的集成电路（见图8）。早期的国产集成电路主要用于电子计算机，如20世纪70年代初期研制成功的每秒运算100万次数字的电子计算机中就充分应用了国产的集成电路。

需要指出的是，虽然电视技术、集成电路技术等在电子工业领域令人心动的前沿技术在20世纪60—70年代已经得到了中国科研工作者的充分重视，但由于国内工业基础较薄弱，晶体管分立器件在20世纪70年代依然是中国电子工业的主旋律。20世纪70年代中期，上海玩具元件厂开发的葵花牌HL-1型盒式磁带录音机就是一款全晶体管的产品（见图9），这款共用11枚晶体管的录音机表明此时中国已有足够高的晶体管产能，电子企业在设计产品时可以不再像10年前全国联合设计晶体管收音机时那样小心翼翼地节省晶体管用量。与此同时，人们也积极地追求电子产品更多样化、便携化的用途，例如一台便携式录音机既能在农村广播站用于录制节目，然后重复播放录制的节目，也可以在田间地头用于宣传农业知识，还可以在家中进行语言教学。再过几年，收音机与盒式磁带录音机结合而成的收录机成为人们生活中最常见的电子产品之一，为无数中国家庭带来了飘荡着流行歌曲的闲暇时光。

采用分立式晶体管器件研制计算机的工作，在20世纪70年代中期仍在进行。1975年北京无线电一厂历经5年的自主开发，耗资数百万元，开发出HMJ-200型混合模拟电子计算机（见图10）。这款计算机采用晶体管制成，放大器频宽3kHz且零点漂移小于100μV/8h，配置80个积分运算器、80个比例运算器、240个常系数电位器和274个逻辑运算单元。在20世纪70年代中后期到20世纪80年代初的国内科研计算领域，混合模拟计算机依然发挥着重要而积极的作用。

20世纪70年代中期，国家统筹组织了北京、上海、天津、江苏等省市的电子产业相关企事业单位，进行黑白电视机的联合设计（见图11），以标准化、系列化、通用化的指导思想，立足于国内成熟技术，

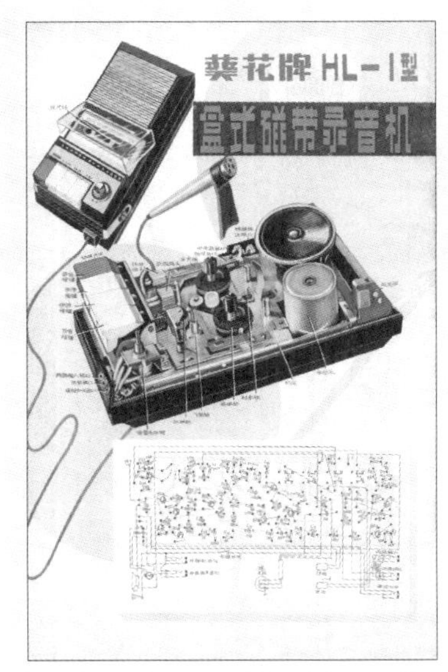

图9 20世纪70年代中期，上海玩具元件厂研制生产的葵花牌 HL-1 型盒式磁带录音机。这款录音机共采用11枚晶体管，功率放大级采用OTL电路(原载于1974年第11期《无线电》)

图10 20世纪70年代中期，北京无线电一厂自行设计研制的 HMJ-200 型混合模拟电子计算机（原载于《无线电》1975年第4期）

从当时中国电子产业已有的元器件中优选或改进联合设计所需的标准元器件。1976年下半年，屏幕规格为23cm、40cm、47cm的晶体管电视机联合设计方案完成。其中23cm屏幕规格电视机和40cm屏幕规格电视机各有一套标准化的整机电路方案。47cm屏幕规格电视机的电路方案和40cm屏幕规格电视机基本相同，只需要更改1枚行逆程电容，生产企业就能够将整机电路与相应规格的CRT相匹配。在当时中国的产业环境中，多单位联合设计电视机得到的标准化系列电视机设计方案，为20世纪70年代后期国产黑白电视机的快速普及创造了有利条件。

20世纪70年代末，中国电子工业即将发生深远而重大的变化。在1977年中国共产党第十一次全国代表大会上，党和国家的领导人提出“把国民经济搞上去”的观点。

1978年春，全国科技大会在北京胜利召开。北京无线电厂在这年完成研制并开始生产的牡丹2241型晶体管收音机（见图12），被普遍认为是中国企业自主研发晶体管收音机的终极之作。这款收音机共用了22枚三极管和10枚二极管，能够接收长波150~400kHz、中波535~1605kHz、短波1.6~30MHz、调频88~108MHz的全频率范围广播，输出功率大、音质好。

20世纪70年代中后期，HMJ-200型模拟计算机、联合设计晶体管电视机、牡丹2241型晶体管收音机等项目的成功实现，展现出中国电子工业的科技工作者克服重重困难、勇往直前的毅力和决心，但中国电子科技产业与世界前沿技术水平的差距客观存在。对于日常生活中使用的消费型电子产品，市场竞争机制是推动产品质量提升、成本降低的高效渠道，也是产品功能创新、性能改善的有效促进方式。采用怎样的制度模式，可以为中国电子工业引入更多的创新活力和生产动力？

这个问题的答案很快就能揭晓。1978年年底，党和国家领导人做出了改革开放的重大历史决策。在改革开放后的不同时期，中国电子工业分别处于怎样的境况，又为中国和世界各地的民众带来了怎样的产品？本系列的下一篇文章将为读者介绍改革开放初期的往事。

图11 上海人民无线电厂的电视机联合设计现场（原载于《无线电》1976年第7期）

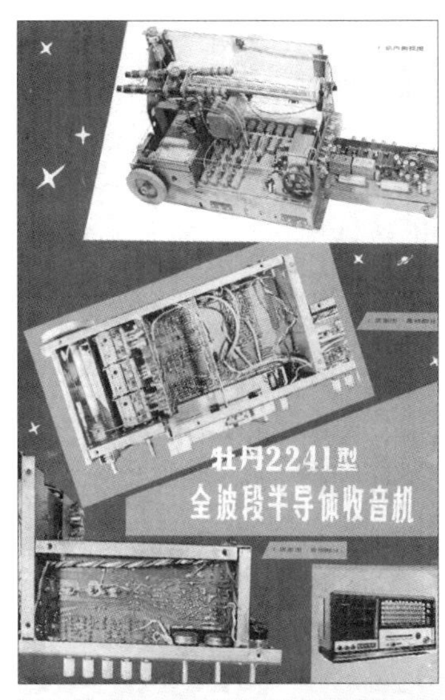

图12 北京无线电厂研制生产的牡丹2241型全波段半导体收音机外观及机芯。这款机型被普遍认为是晶体管分立器件时代的集大成之作（原载于《无线电》1978年第2期）

喜迎二十大：回顾光辉征程，展望宏伟未来（3）

改革开放初期的电子产业征程

▍田浩

依靠计划经济体制下的统筹规划，在新中国成立后的 30 年里，中国电子工业取得了从无到有、从少到多的巨大成长。但是，在 20 世纪 70 年代中期，中国的电子工业在技术水平、元器件和产品的种类、产量等方面，依然与发达国家的电子工业有一定差距（见图 1）。

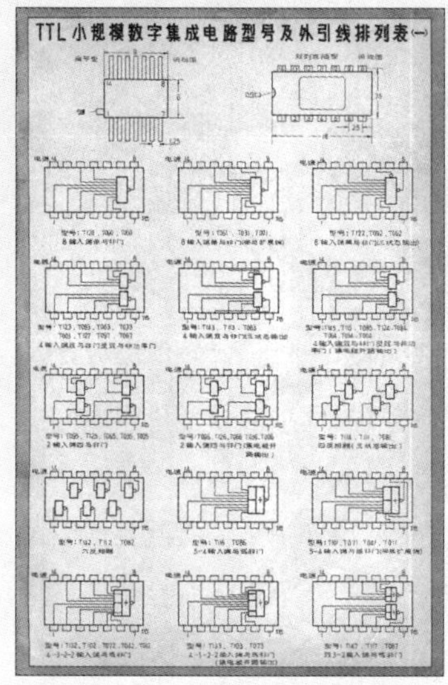

▍图 1 国产 TTL 小规模数字集成电路型号及外引线排列图。在 20 世纪 70 年代末，这样的数字电路元器件已在中国实现量产，同期，发达国家的电子工业正在大规模集成电路的方向上飞速发展（原载于《无线电》1979 年第 1 期）

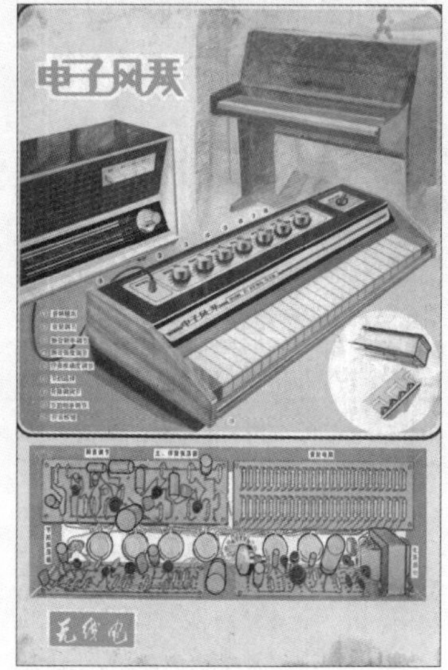

▍图 2 电子风琴的外观图及内部元器件布置图。在改革开放的浪潮和更加繁荣的电子工业基础上，多种多样的电子产品开始出现（原载于《无线电》1979 年第 4 期）

中国通过计划经济成功地建立起重要的基础工业体系和国防体系，但在 20 世纪 70 年代的国际局势中，也感受到了市场经济体制的创新活力。在党和国家领导人高瞻远瞩地开启改革开放进程后，民众的日常生活气氛变得更加活跃、有朝气，企业在探索新机遇、研发新产品时也更加锐意进取，在中国产业体系建设基本完成的基础上，开启了新的经济发展进程。

在改革开放的浪潮中，中国的电子爱好者们有了更多的选择，如电子琴就是一种充分利用不同的三极管振荡电路制成的日常娱乐电子产品（见图 2）。同时，中国也采用引进国外电子工业组装生产线，加入经济全球化合作的方式，实现企业产能的快速升级，如广州电讯器材厂引进生产线后制造的天鹅牌袖珍计算器就得到了消费者的普遍欢迎（见图 3）。同时，中国内地的电子企业也开始尝试加入到市场竞争中，但其产品的类型和功能，与那些沿海地区引入了发达国家生产线的企业的产品相比，往往还存在一定差距（见图 4）。但中国的电子工业工作者并没有因差距而气馁，当大规模集成电路技术在欧美和日本快速发展时，中国企业一直在努力追赶（见图 5）。1980 年，中国的集成电路年

▍图 3 广州电讯器材厂装配的天鹅牌袖珍计算器。在沿海地区引进欧美电子产品组装线，是改革开放中经济发展的重要渠道之一（原载于《无线电》1979 年第 9 期）

▍图 4 武汉工业控制计算机外部设备研究所实验工厂的多种产品：显示器、光电输入机、纸带穿孔机、针型控制台打印机（原载于《无线电》1979 年第 12 期，图中出现的异体字为历史原因，予以保留）

产量约为 1684 万块，很多数字集成电路都用于电子计算机或工业上的自动控制设备。那时，中国企业自行开发、生产的电子计算机虽然比较简单，但在科研院校中依然可以为推广计算机教学或一般的数据

▌图 5 上海元件五厂生产的“晶峰”牌单片 CPU 5G8080。在 20 世纪 80 年代初，该厂已能生产用于微型计算机、工业自动控制、仪表、通信设备的数字集成电路（原载于《无线电》1980 年第 5 期）

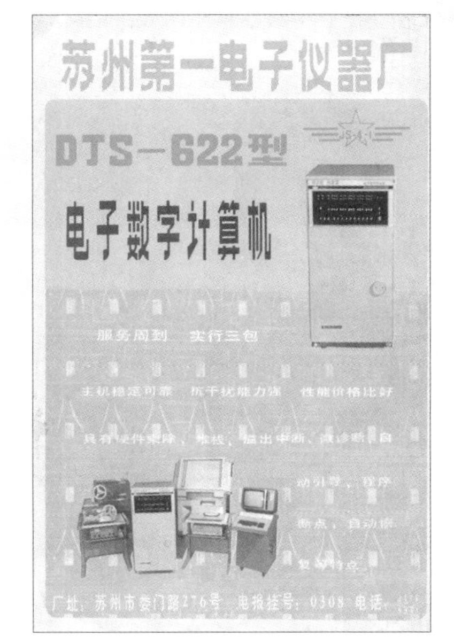

▌图 6 苏州第一电子仪器厂生产的 DJS-622 型电子数字计算机。虽然和 20 世纪 80 年代发达国家的计算机存在一定差距，但这款产品在中国的许多科研院校依然能发挥重要作用（原载于《无线电》1980 年第 7 期）

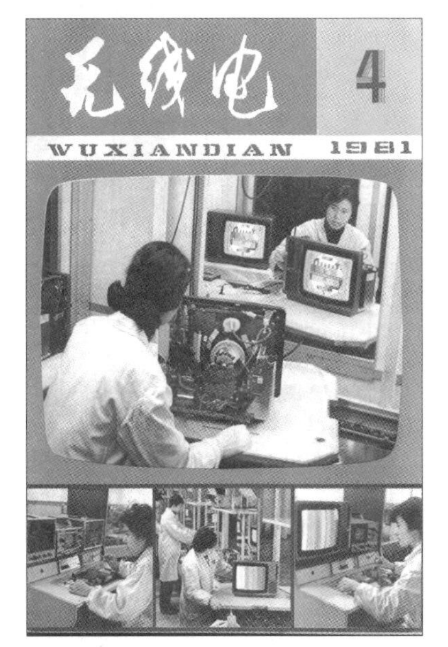

▌图 7 国营天津无线电厂建成的中国第一条彩色电视机生产线，可生产 14 英寸和 22 英寸规格的彩色电视机，年产量 15 万台（原载于《无线电》1981 年第 4 期）

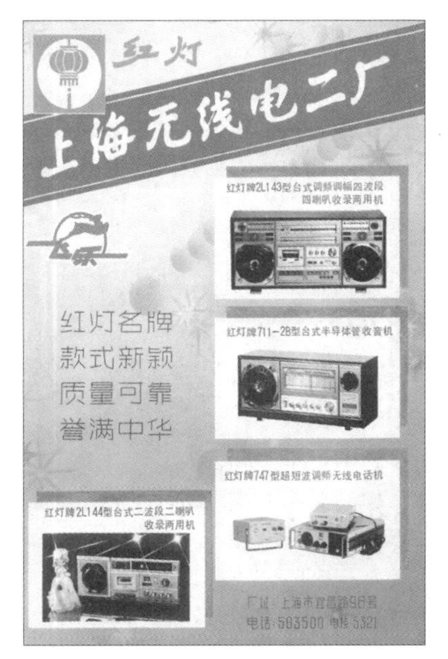

▌图 8 上海无线电二厂生产的“红灯”牌 2L143 型台式收录机、2L144 型台式收录机、711-2B 型台式收音机、747 型调频无线电话机（对讲机）（原载于《无线电》1982 年第 9 期）

计算发挥重要作用（见图 6）。

20 世纪 80 年代初，从日本胜利公司引进的彩色电视机生产线在国营天津无线电厂建成后，该企业迅速具备了现代化电视机的生产能力，“北京”牌 828 型 14 英寸彩色电视机就出自这条产线（见图 7）。在中间的大幅照片中，检验员正采用镜子和标准显示测试卡，对准备出厂的电视机进行电气性能检查。其余的 3 幅小图从左至右分别展现出对主电路板进行波形调整、对经过老化处理的电视机进行微调、对主电路板进行图像调整的工序。在消费类电子产品领域引入国外技术较先进的生产线，对于提高产品的市场销量有着立竿见影的效果，也为中国电子产业培养出了熟悉新工艺、新设备、新流程的新一代专业技术人才。

科学技术是第一生产力，在科学技术领域有专业造诣的技术人才是十分重要的。在 1982 年举行的中国共产党第十二次全国代表大会中，党和国家领导人在报告中提到：“从一九八一年到本世纪末的二十年，我国经济建设总的奋斗目标是，在不断提高经济效益的前提下，力争使全国工农业的年总产值翻两番，即由一九八〇年的七千一百亿元增加到二〇〇〇年的二万八千亿元左右。实现了这个目标，我国国民收入总额和主要工农业产品的产量将居于世界前列，整个国民经济的现代化过程将取得重大进展，城乡人民的收入将成倍增长，人民的物质文化生活可以达到小康水平。……四个现代化的关键是科学技术的现代化。……今后必须有计划地推进大规模的技术改造，推广各种已有的经济效益好的技术成果，积极采用新技术、新设备、新工艺、新材料；必须加强应用科学的研究，重视基础科学的研究，并组织各方面的力量对关键性的科研项目进行‘攻关’；必须加强经济科学和管理科学的研究和应用，不断提高国民经济的计划、管理水平和企业事业的经营管理水平；必须大力普及初等教育，加强中等职业教育和高等教育，发展包括干部教育、职工教育、农民教育、扫除文盲在内的城乡各级各类教育事业，培养各种专业人才，提高全民族的科学文化水平。”

在20世纪80年代，以计算机技术为先导，全新的电子科技世界等待着中国企业的技术研发人员和科研院校的科技工作者去探索和开拓。20世纪80年代前期，中国电子企业的主流消费电子产品，仍然是采用模拟电子电路的收录机（见图8）和黑白电视机（见图9）；从20世纪80年代中期开始，一系列在以前模拟电子电路时代难以想象的新技术、新产品开始陆续出现在中国电子爱好者的视野中。例如，采用光电识别手写汉字进行文字输入的计算机汉字处理系统（见图10）；使用计算机规划不同站点之间最佳路线的“交通查询台”（见图11）；在国内的著名景点，采用数字电子摄像机和个人计算机、打印机结合的方式实现即拍即印的“电脑摄影及打印服务”，也开展了起来（见图12）。

当我们回顾40年前的一切时，会发现这些在当时绝大多数人心中遥不可及的技术方案，在科技高度发达、经济高度繁荣的今天，都已经变成日常生活中触手可及的事物。拿起任何一款现代的智能手机，都可以用手写输入汉字；从手机上打开任意一款地图App，就可以任选地点规划路线；拍照和录像更是每一款智能手机必不可少的基本功能，当今的人们已经忘却了几十年前的胶卷拍照需要多么复杂的步骤才能得到最终的照片。在这40多年里，中国是怎样在共产党领导下，不断深化改革开放，与世界经济接轨发展，取得令世人瞩目的成就呢？本系列文章的下一篇将会介绍从改革开放到21世纪前的产业征程。

图9 上海无线电四厂生产的“凯歌”牌4D20U型全频道12英寸黑白电视机和4D16U-1型全频道14英寸黑白电视机（原载于《无线电》1983年第3期）

图10 北京大学汉字信息处理技术研究所设计，潍坊计算机厂、杭州通信设备厂等单位协作生产的光电输入汉字计算机排版系统（原载于《无线电》1984年第1期）

图11 西北电讯工程学院信息科学研究所研制的“计算机交通查询台”，能够根据用户输入的目的地编号，给出乘车路线的规划推荐方案（原载于《无线电》1984年第3期）

图12 20世纪80年代中期在公园开设的“电脑摄影及打印服务”。这样的摄影服务曾在20世纪80—90年代遍布国内各大景点（原载于《无线电》1985年第10期）

喜迎二十大：回顾光辉征程，展望宏伟未来（4）

从深化改革开放到世纪之交的电子产业征程

田浩

20 世纪 80 年代后期，很多从改革开放中受益的企业已经取得了令人振奋的成果。当欧美、日本的消费者开始使用基于激光数据存储技术的 LD、CD 等及其播放设备时，中国沿海经济特区的企业也开始生产这样的产品（见图 1）。电视机这样的大件电子产品开始在中国家庭中快速普及，1982 年年底，中国的电视机拥有量约为 0.276 亿台，1988 年，中国的电视机拥有量已经达到 1.4 亿台。从沿海到内地，很多地方的民众已经明显感受到消费水平的提高。此时，中国的改革开放即将进入更加振奋人心的新阶段。

在 20 世纪的最后 10 年里，中国改革开放的主题是深化改革。在 20 世纪 80 年代后期，中国共产党第十三次全国代表大会上提到：

“这次大会的中心任务是加快和深化改革。改革是振兴中国的唯一出路，是人心所向，大势所趋，不可逆转。我们要总结经验，坚持和发展十一届三中全会以来的路线，进一步确定今后经济建设、经济体制改革和政治体制改革的基本方针，确定在改革开放中加强党的建设的基本方针。正确解决这个任务，将有力地促进全党团结和党与各族人民的团结，保证我们沿着有中国特色的社会主义道路继续前进。”

在深化改革开放后的转型发展之路上，成千上万的中国企业奋勇前行。随着国家经济体系从计划经济向市场经济转变，企业需要更主动地发掘市场，探索消费者的兴趣，才能在新的经济模式中有一席之地。

图 1 深圳市先科激光电视有限总公司生产的 VP720 型和 VP830 型激光电视放送机，可用于播放直径为 30cm 的 LD（原载于《无线电》1987 年第 9 期）

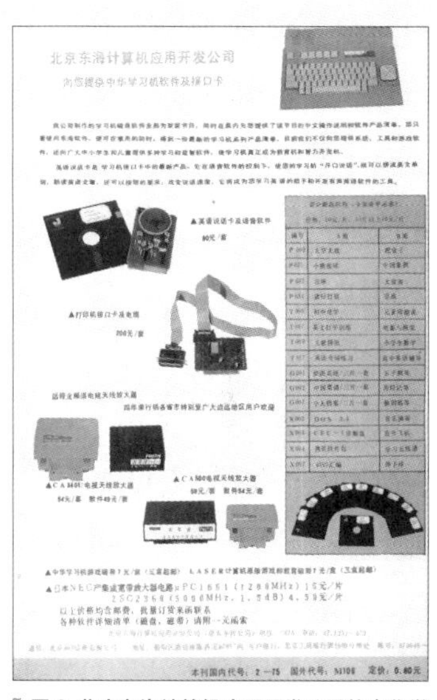

图 2 北京东海计算机应用开发公司的中华学习机软件及接口卡，包括英语学习卡及语音软件、打印机接口卡及电缆等（原载于《无线电》1989 年第 4 期）

在这个过程中，曾经为国人所熟知的红灯、牡丹、凯歌等在计划经济时期的著名品牌，最终成为往昔岁月的回忆。同时，新的品牌不断诞生和成长，推出具备新功能、新用途的产品，吸引消费者的兴趣。

“电脑学习机”就是这样一种新产品。20 世纪 80 年代后期，随着电视机的日渐普及和民众消费力的逐渐提升，这种与电视机搭配使用的简化版个人计算机在青少年群体中掀起了一波热潮。存储各种学习程序或益智游戏程序的磁盘，以及“打印机接口卡”“英语说话卡”等功能拓展部件，和“电脑学习机”一起在青少年中迅速流传开来（见图 2）。在 20 世纪 80 年代中后期到 20 世纪 90 年代的 10 多年里，一台像“电脑学习机”这样的产品，往往能够给一群孩子带来一整天的欢乐。

当时，儿童沉浸在“电脑学习机”等新型电子产品带来的喜悦中，在那些改革开放后经济快速发展的地区，全新的电子产业链已经初见雏形。例如，1981 年成立的深圳华匀电子有限公司，在 20 世纪 80 年代后期启动了 STK465、KWY5412 等厚膜集成电路的量产（见图 3）。在同一座城市，深圳华强电子工业总公司等企业作为产业链的下游，用新型音频集成电路生产出像 HQ-850 型落地式组合音响这样的产品（见图 4）。同时，在中国各地，现代化企事业单位的技术管理需求也日渐明显，文字处理机（一种以文字段落和数

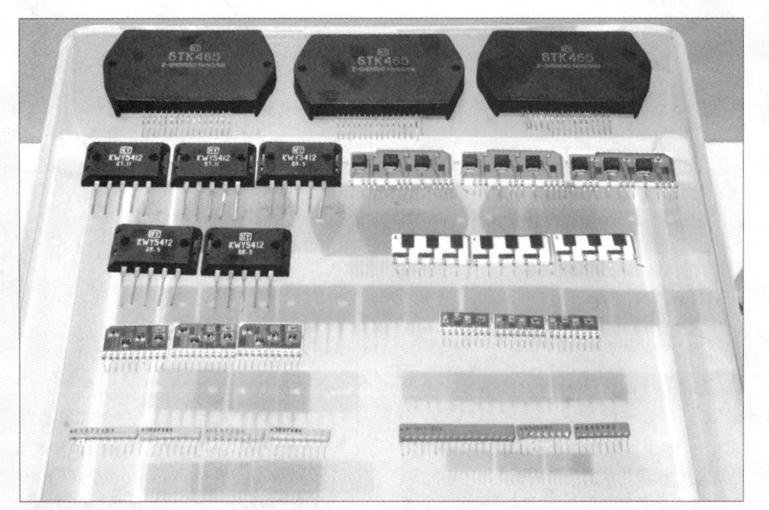

图 3 20 世纪 80 年代末，华匀电子有限公司生产的 STK465 型、KWY5412 型厚膜集成电路（拍摄于深圳博物馆）

图 5 20 世纪 90 年代初期产于中国广东的四通 MS-1301 型文字处理机，这是一种以文字段落和数据表格编辑为主要功能的简化版个人计算机（拍摄于深圳博物馆）

图 4 深圳华强电子工业总公司出品的 HQ-850 型落地式组合音响。“华强”品牌的崛起是经济特区产业快速发展的一个实例（原载于《无线电》1989 年第 11 期）

据表格编辑为主要功能的简化版个人计算机）、打印机、传真机等现代化的办公用电子产品得到了相关用户的普遍欢迎。例如，四通 MS-1301 型文字处理机就是其中的一位“劳动模范”（见图 5）。

1992 年举行的中国共产党第十四次全国代表大会充分肯定了改革开放以来取得的经济建设成就。在改革开放的春风吹遍神州大地以后，电子产品及其零配件的流转销售也变得更多，像“华强北”“中关村”这样的地名开始闻名天下。在华东、华南的工业发达地带，成片的新厂房如雨后春笋般建立起来，与批发零售电子产品及其零配件的中间经销商一起，促进了中国电子工业产业链的全面繁荣。在各地的电子市场上，人们可以买到从电阻、电容等元件到个人计算机硬盘、软驱、显卡、主板、显示器等部件的所有现代电子产品（见图 6）。在此后的大约 20 年里，购买 CPU、硬盘、主板等部件自行组装个人计算机的操作，成为青年人生活中一股新的潮流，很多爱好者们乐在其中。

中国企业在日趋激烈的市场经济改革中经历着大浪淘沙的竞争。在越来越浓厚的商业氛围中，“下海”这个词流行一时，很多人都选择离开平稳的岗位，前往经济发达的地区迎接创业的风浪，一试身手。许多国有企业的子公司或部门也尝试启动转型，由武汉铁路电器服务部改成的武汉铁路电器公司就是其中一例（见图 7）。

在市场经济商业理念越来越深入人心之时，电子技术也在 20 世纪 90 年代经历着重要的转变：以可编程微处理器及其外围接口电路为依托，中高端家用电子产品快速实现了从模拟电路技术到数字电路技术的升级。比如，新款的彩色电视机具有自动搜索选台、自动识别 / 转换不同信号制式、卡拉 OK 及混响效果、定时关机睡眠和无信号自动关机等功能（见图 8），这些功能在以前的全模拟电路电视机上都是难以想象的。与功能完善的彩色电视机相对应，20 世纪 90 年代中后期，采用数字激光存储技术的 VCD 播放机也在中国掀起了一波浪潮。VCD 播放机是一种颇具中国特色的电子产品，是在市场经济环境下初露锋芒的中国企业敏锐把握商机的成果。相关企业在激烈的市场竞争中为争取

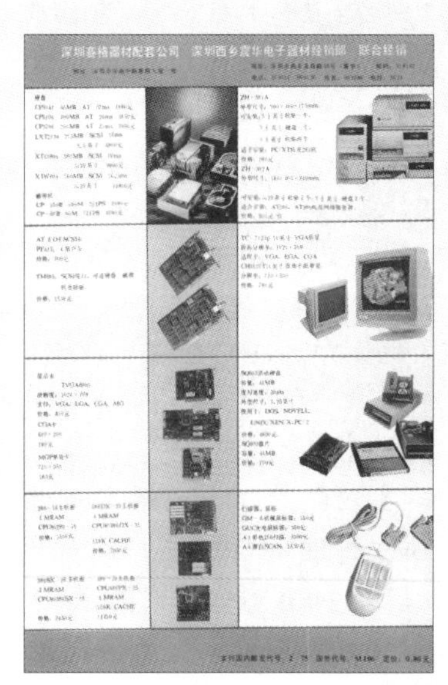
深圳赛格器材配套公司 深圳西乡震华电子器材经销部 联合经销

图 6 由深圳赛格器材配套公司和深圳西乡震华电子器材经销部联合经销的硬盘、软驱、显卡、主板、显示器、鼠标等个人计算机配件（原载于《无线电》1991 年第 9 期）

市场份额不断推陈出新，多碟连放、多功能组合等产品设计方案陆续出现（见图9）。在VCD技术的推广普及过程中，一些中国电子企业意识到核心技术自主研发的重要性，开始努力提升自身的自主研发实力，这些企业的科技实力积累将在21世纪带来丰厚的市场回报。

到20世纪90年代末，许多中国城镇家庭都已拥有大屏幕彩色电视机、VCD播放机这样的时尚家电。此时，直角平面宽屏显像管的应用，代表着阴极射线管这种传统的影像显示器件已经发展到真空电子器件工艺技术所容许的极致水平（见图10）。以液晶显示屏为代表的更加轻便、分辨率更清晰、显示面积更大的平面显示技术，即将为人们带来全新的体验。同时，在经济发达的地区，有线电话、无线寻呼机（BP机）、移动电话等通信电子产品也开始出现在人们的日常生活中。具有屏幕和摄像头的可视电话，也由中国企业在世纪之交时推向市场（见图11）。在越来越多的数字化电子产品内部，开始装有中国企业自己设计、生产的集成电路芯片（见图12）。

20世纪末到21世纪初，个人计算机和互联网结合促成的信息技术革命即将为人们的日常生活和工作带来深刻而巨大的变化。在新的世纪，中国电子工业将和怎样的机遇相逢，取得怎样的成就呢？这些问题的答案，将在本系列文章的下一篇中揭晓。

图7 由武汉铁路电器服务部发展而成的武汉铁路电器公司，销售电子元器件、电工器材、仪器仪表、工业控制设备、通信器材等，是20世纪90年代前期体制改革的一个实例（原载于《无线电》1993年第3期）

图8 由东莞创维电子有限公司总经销的多款彩色电视机，屏幕规格14~25英寸不等。由微处理器控制的数字电路在此时的彩色电视机中已普及应用（原载于《无线电》1994年第4期）

图9 20世纪90年代后期产于中国广东的爱华NSX-SV8型组合音响，综合了磁带录放、VCD播放、收音机等多项功能（拍摄于深圳博物馆）

图11 中国企业在20世纪末至21世纪初研制的有线可视电话。在这之前的数10年里，可视电话一直存在于人们对未来生活的想象中，在世纪之交时终于成为实际应用的产品（拍摄于深圳改革开放展览馆）

图10 20世纪90年代后期产于中国广东的康佳直角平面宽屏CRT彩色电视机，结合了数字电子电路和宽幅直角显示屏等先进的电子部件（拍摄于深圳博物馆）

图12 20世纪90年代后期华为技术有限公司大规模生产的集成电路芯片（拍摄于深圳博物馆）

喜迎二十大：回顾光辉征程，展望宏伟未来（5）

21 世纪以来的电子产业征程

▌田浩

2001 年，中国成功加入世界贸易组织，更加紧密地参与了全球经济一体化的产业合作。同时，成本越来越低廉、功能越来越强大的个人计算机和互联网相辅相成，在世界各地快速地普及，掀起了一场席卷全球的信息技术革命。这场建立在数字电子技术基础上的技术革命，为世界各地人们的日常生活和工作带来了深远的影响。

在中国，党和国家领导人十分重视信息技术革命对于产业升级和经济繁荣的积极意义。2002 年，21 世纪的首次中国共产党全国代表大会——党的十六大在北京举行。江泽民总书记在这次大会的报告中提到：“信息化是我国加快实现工业化和现代化的必然选择。坚持以信息化带动工业化，以工业化促进信息化，走出一条科技含量高、经济效益好、资源消耗低、环境污染少、人力资源优势得到充分发挥的新型工业化路子。……推进产业结构优化升级，形成以高新技术产业为先导、基础产业和制造业为支撑、服务业全面发展的产业格局。优先发展信息产业，在经济和社会领域广泛应用信息技术。积极发展对经济增长有突破性重大带动作用的高新技术产业。”

在 21 世纪初，飞速进步的电子信息技术让很多以前只存在于实验室的事物成为随处可见的产品。20 世纪 80 年代，曾经引起人们无限遐想的“光电输入汉字计算机系统”，在 21 世纪初已经能应用到中国民众的日常生活中，例如采用电阻触控屏实现手写文字输入识别的电子词典（见图 1）。和 20 世纪 80 年代推广学习机的尝试相似，中国电子企业抓住了电子产品与教育学习需求的结合点，让便携易用的电子词典、MP3 播放器、MP4 播放器等电子产品迅速推广普及。

2008 年和 2010 年，北京、上海先后举办奥运会、世博会，向世人宣告中国的经济发展和对外开放已经达到了新的高度。苹果公司刷新了人们对于手机的认知，Google 公司利用安卓系统为智能手机的普及、应用开辟出全新天地后，中国企业也跃跃欲试，接下来的 10 年里将在这片引领电子产品潮流的前沿阵地上一展风采。毕竟，当苹果公司这样的美国企业在推出第一款获得公认好评的智能手机时，需要依靠那些中国电子产业链上的零部件供应商和组装厂的支持，才能够将创意变成现实（见图 2）。在这样的背景下，有充足实力进行深度研发的中国电子企业，不再单纯满足于做国外品牌的零部件供应或整机组装。华为、小米、中兴、OPPO、vivo 等中国智能手机品牌逐渐成长起来，很快就开发、生产出性能卓越、价廉物美，在国际市场上具有竞争力的智能手机（见图 3）。

中国企业进军智能手机领域以后取得的成功，是中国电子产业实力进一步提升的体现，表明中国电子企业已经积累了足够强大的自主创新研发能力，在产业链中掌握了更加有分量的话语权。在这个成长的过程中，不仅企业自身的利润收益得以提高，而且让国内外民众普遍从中受益。在琳琅满目的手机市场上，消费者拥有了价格更具亲和力，功能、性能更令人满意的多样化选择。

2010 年以来，与智能手机的崛起类似，中国科技企业在多旋翼飞行器市场上取得了令人瞩目的成就。多旋翼飞行器是一种电子技术进步到一定水平后才诞生的典型产品。其上升、下降或水平转向等飞行动作的实现取决于多个（通常是 4 个）旋翼电机的输出，在原理上并不复杂，但只有

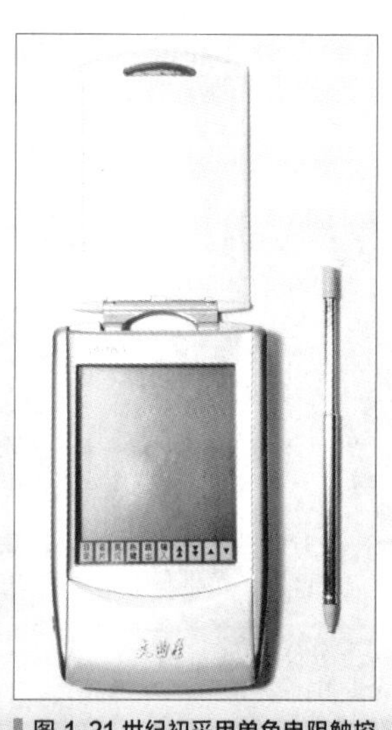

▌图 1 21 世纪初采用单色电阻触控屏的便携式电子词典，这种屏幕需要借助触控笔实现文字书写和按键位置的精确点击

▌图 2 苹果公司 2007 年推出的智能手机。这款手机的大部分元器件供应都依靠中国电子产业链

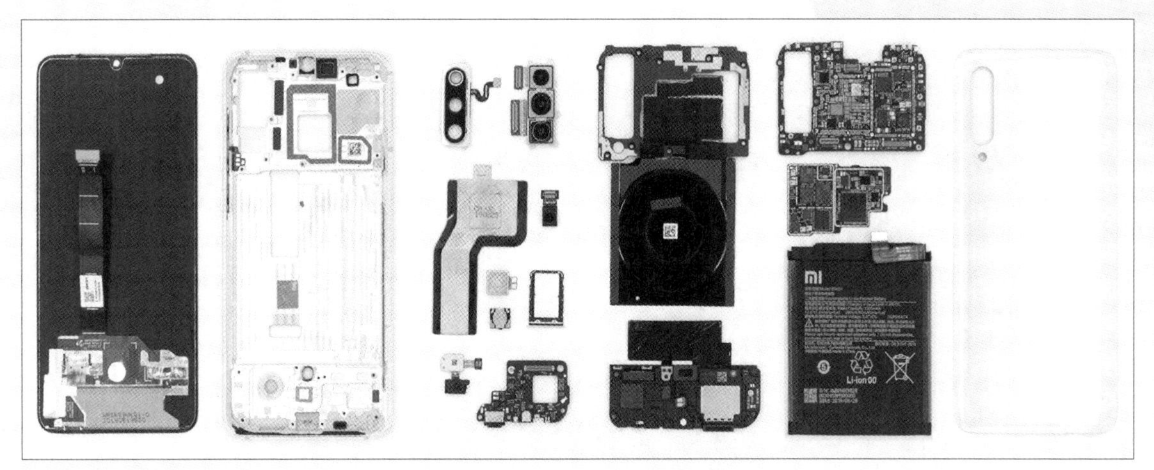

图 3 在 21 世纪，中国一跃成为智能手机设计、生产大国。这是 2019 年小米智能手机的拆解图，内部结构的精密、复杂一览无余

21 世纪初高度发达的低功耗、高性能微电子技术，才能让价廉物美的多旋翼飞行器得以普及。到 21 世纪的第二个 10 年后期，中国企业已能自主研发生产相当小巧实用的航拍用遥控四旋翼飞行器套装（见图 4），通过与智能手机上的遥控飞行 App 配合，就能够轻而易举地实现遥控航拍。

图 4 大疆遥控四旋翼航拍飞行器及其配件。在 21 世纪 20 年代，中国企业在遥控多旋翼飞行器领域也取得了卓越成就

当智能手机、智能飞行器这类可随身携带的电子产品普及时，用于汽车等交通工具的电子设备也得到了大量应用，成功地推动着汽车行业向新能源转型变革。党和政府对新能源汽车产业链的战略重视和政策扶持，使中国的新能源汽车产销量连续多年位居世界第一，这个纪录从 21 世纪的第二个 10 年中期开始一直保持到现在。与之相应，中国的车载电子设备产业链也持续多年欣欣向荣，不断发展壮大。在当今的任何一辆新能源汽车上，锂离子电池管理、驱动电机控制、转向辅助和车身稳定调节等系统中，电子器件都不可或缺（见图 5）。现代电子技术的快速发展进步，让大功率、高效率、高可靠性、成本相对低廉的电力电子控制方案成为现实，使中国实现了领先世界的新能源汽车普及应用。

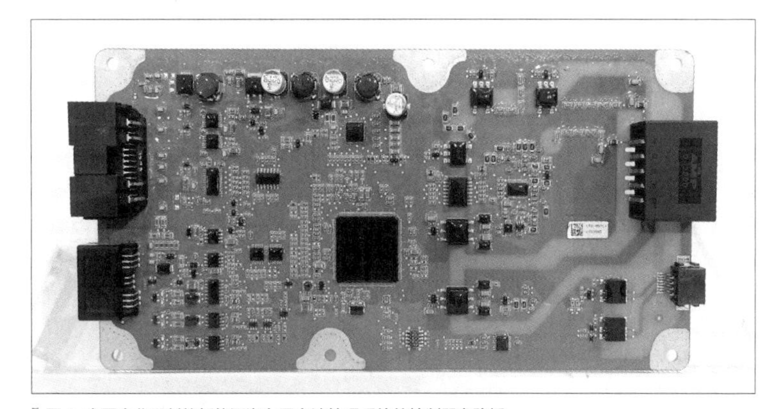

图 5 中国企业研制的新能源汽车用电池管理系统的控制器电路板

现代电子技术对于交通出行的深度影响，不仅仅局限于为车辆提供环保、高效的强劲动力。阅读过本系列文章第 3 篇的读者可能还记得，在 20 世纪 80 年代中期，科技工作者们设计过用计算机规划路线的交通查询台。如今，利用任何一台智能手机上的地图 App，我们都能够轻而易举地实现路线规划。将智能路径规划与激光雷达（见图 6）、高清摄像机、超声波雷达等建立在现代电子技术基础上的路况探测设备结合起来，再加上一个足够“聪明”的自动驾驶控制计算机，就能实现人们向往已久的自动驾驶。在厂区、仓库、酒店等场合应用的服务机器人，就是自动驾驶技术在特定场合应用的体现（见图 7）。

不需要驾驶员干预的自动驾驶技术一旦实现，将是电子信息产业与传统产业高度融合，令传统产业实现历史性变革的重大升级发展机遇。至少，每位在忙碌一整天后还要为晚高峰堵车而烦恼的当代都市人，都会对具备自动驾驶功能的汽车充满期待。令人欣慰的是，这样的自动驾驶汽车在中国的多个城市都已投入试验运营（见图8），距离实现大范围推广，也已经并不遥远。

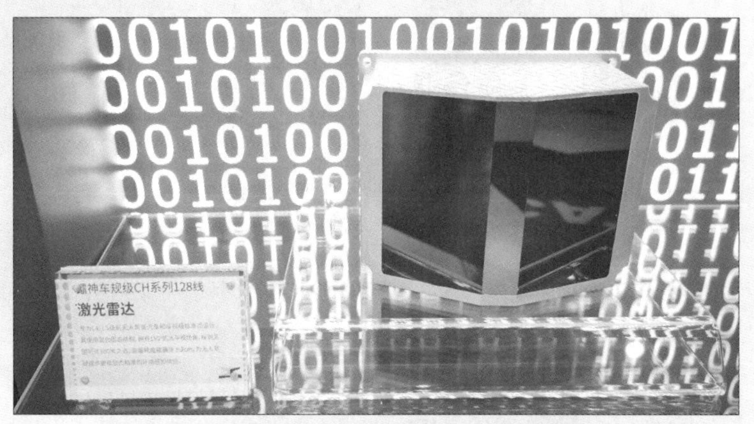

图6 中国企业研制的镭神CH系列128线激光雷达。这种激光雷达是自动驾驶汽车上必不可少的传感设备（拍摄于深圳市工业展览馆）

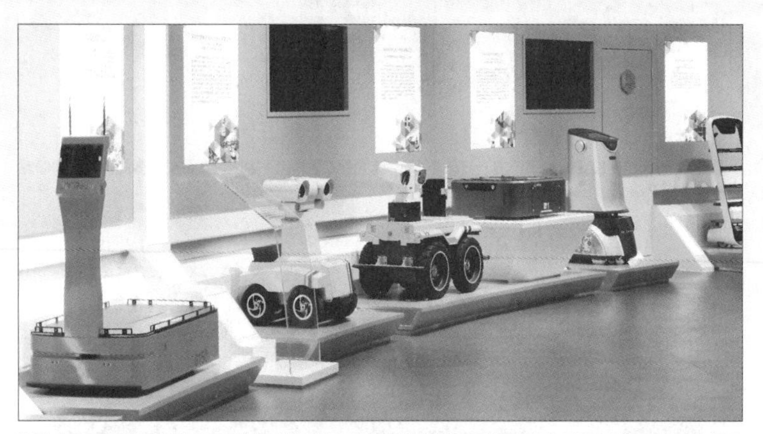

图7 采用无线网络技术和图像传感技术等现代电子技术实现无人驾驶的各种服务型机器人（拍摄于深圳市工业展览馆）

如果将21世纪20年代的当代生活与二三十年前相比，我们可以鲜明地感受到日常生活中的衣食住行等，都因为建立在现代电子技术基础上的网络通信技术和智能技术而发生了巨大的变化。前文中已经详细介绍过出行领域的近况。在衣着和饮食方面，生活在2022年的我们都已熟悉用手机下单购买服装和美食，本文中就不再赘述，在此，只对采用现代电子技术实现的无人餐饮商店进行简单介绍。

这样的无人餐厅已在珠三角地区多个城市营业，采用全程机器人服务模式，向我们揭示了一种未来的餐饮服务业全新形态（见图9）。走进这样一家餐厅的顾客会发现，从点菜下单到清理餐桌的全过程都不需要服务员协助，只需要在店内的点餐屏幕上选择菜品，扫码付款后即可到正对餐厅大门的取餐口等待机械臂将菜品送出（见图10），然后拿到旁边的桌子上用餐。最后，按下桌子侧面的清理按钮即可。这样的自动化服务为顾客带来了全新的用餐体验。

电子技术的飞跃进步为民众带来的更丰富、更便捷的生活体验，还可以继续列举下去。但是，纵观世界上所有国家和地区，电子工业发展进步幅度最大，民众生活水平也相应出现了最大程度进步的国家，唯有中国。在新中国成立后，中国共产党根据国内经济状态和国外局势，在不同时

图8 中国企业研制的无人驾驶客车正在道路上行驶。激光雷达、高清摄像机、超声波传感器等设备为这款无人驾驶客车提供了感知路况环境的必要技术条件

图9 中国企业设计和运营的无人餐饮店。在这家餐厅内，从点菜下单到清理餐桌的全过程都不需要服务员协助

图 10 无人餐饮店内部布置。在图中正前方（即顾客进门后右侧）的屏幕上选菜下单后，即可前往图中左侧的取餐口，等待机器臂送出餐饮

期因地制宜应用计划经济模式和市场经济模式，领导中国人民从贫困落后的农业社会成功转型升级为繁荣昌盛的工业社会，是电子工业等现代科技工业体系在中国得以充分发展的基础。

建立起完整而强大的现代科技工业体系后，中国人民迎来了经济发展的新阶段。2017 年 10 月 18 日，习近平总书记在党的十九大报告中指出：“我国经济已由高速增长阶段转向高质量发展阶段，正处在转变发展方式、优化经济结构、转换增长动力的攻关期。……加快建设创新型国家。创新是引领发展的第一动力，是建设现代化经济体系的战略支撑。要瞄准世界科技前沿，强化基础研究，实现前瞻性基础研究、引领性原创成果重大突破。加强应用基础研究，拓展实施国家重大科技项目，突出关键共性技术、前沿引领技术、现代工程技术、颠覆性技术创新，为建设科技强国、质量强国、航天强国、网络强国、交通强国、数字中国、智慧社会提供有力支撑。加强国家创新体系建设，强化战略科技力量。深化科技体制改革，建立以企业为主体、市场为导向、产学研深度融合的技术创新体系，加强对中小企业创新的支持，促进科技成果转化。倡导创新文化，强化知识产权创造、保护、运用。培养造就一大批具有国际水平的战略科技人才、科技领军人才、青年科技人才和高水平创新团队。”

中国共产党领导下井然有序的国内经济环境和科技创新氛围，为企业的创新研发提供了良好的条件。希望行业内有所作为的企业，普遍对具有科技创新研发实力的人才满怀期待。在人才培养方面，新时期的中国教育事业也在为令人期待的未来建立基础，将人工智能、物联网相关的科技教育推广到青少年的学习活动中。21 世纪 20 年代初，一所位于武汉的中学在举行百年校庆时，就对学校近年来的科技社团及其活动成果进行了重点展示（见图 11）。人工智能社团、创客社团等不同科技团体的学生在校庆现场展示了自动规划路线行驶和避障的物流模型车、智能机器人等成果（见图 12）。可以预期，成长在信息时代科技创新氛围中的新一代青少年，在不久的未来，将为中国产业的发展做出更多的贡献。

回首往昔，展望未来。在过去的几十年里，中国共产党制定的正确路线方针政策，使中国民众能够通过勤劳奋斗，在和平发展的国内环境中取得振奋人心的成就。当人民依靠自己的积极奋斗就能换来更幸福美好的生活时，民族就有繁荣兴旺的希望，国家就有强大团结的力量。中国共产党第二十次全国代表大会的召开，将为中华民族伟大复兴的历史篇章翻开新的一页。生活和成长在中华大地上，勤劳工作、积极进取的每一个人，都充满信心地憧憬着更加幸福美好的未来。

图 11 中学校庆活动中的自动循迹小车展区。21 世纪以来，科技创新在中国教育体系中的重要性更加明显

图 12 中学校庆活动中的人工智能社团展区。鼓励更多的青少年对人工智能等前沿科学技术有所体验和了解，为中国未来的产业发展带来了更多的希望

电子影像显示产品百年进化史（10）

LED 和 OLED 显示技术的发展历程

田浩

发光二极管（LED）技术成熟达到商业化应用的时间与液晶显示屏（LCD）技术差不多，都在 20 世纪 70 年代。世界上公认首款可以发出可见光的 LED 由美国通用电气公司的工程师 Nick Holonyak 在 1962 年研发所得，这款使用半导体磷砷化镓（GaAsP）材料制成的 LED 能够发出红光。20 世纪 60 年代后期，通过对 LED 材料制造工艺加以改进，LED 不仅发光亮度有所增加，而且还增加了另一种发光颜色——黄色。20 世纪 70 年代初，能够发出绿光的磷化镓（GaP）材料也被研发出来。至此，能够用于电子设备状态指示的一套 LED（颜色为红、黄、绿）就已全部集齐，并因其功耗小、发热少的优点，在 20 世纪 70 年代新款电子设备指示灯的位置上大有作为（见图 1）。20 世纪 80 年代，用于状态指示的 LED 内部结构与封装形式均已定型（见图 2），此后，这样的经典造型保持了许多年（见图 3）。当然，将 LED 做成字符形状，用于显示数字或字母的做法也一直深受欢迎（见图 4），即使到今天，怎样采用单片机控制 LED 数码管显示数字，一直是大学相关专业数字电路课程的经典内容。

尽管 LED 在状态显示领域屡战屡胜，但在图像显示领域，多年以来 LED 始终不得其门而入。这种尴尬状态的原因是人眼看到的彩色由红、绿、蓝 3 种基色光组成，但能够发出蓝光的 LED 一直未能问世，如果能够发明出蓝光 LED，LED 就可以突破发展的瓶颈。

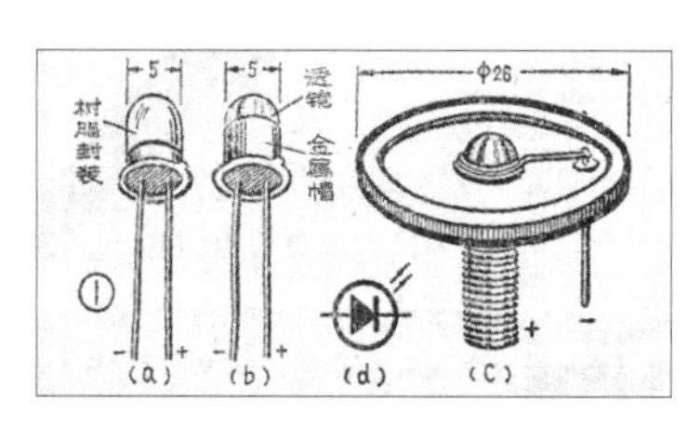

图 1 20 世纪 70 年代后期的 LED。这一时期的 LED 很适合作为电子设备上的指示灯（原载于《无线电》1977 年第 4 期）

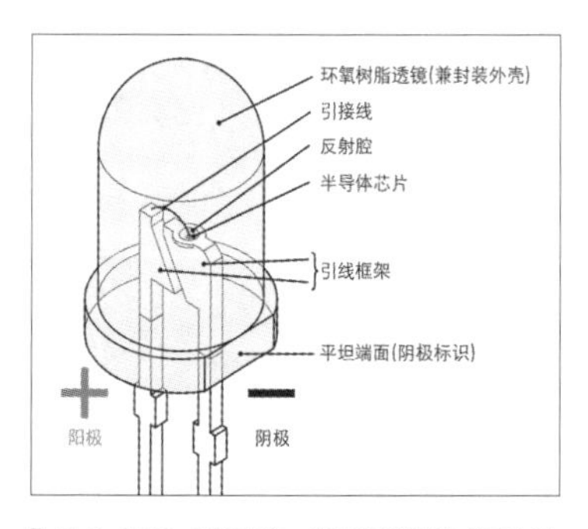

图 2 LED 内部结构。半导体发光技术具有功耗低、亮度高、发热少、体积小、响应快、寿命长等诸多优点。作为自发光器件，LED 与需要采用其他光源照射才能看清显示内容的 LCD 有本质区别

图 3 20 世纪 80 年代至今，红、黄、绿 3 种颜色的 LED 一直是各种电子设备用于指示运行状态的最佳选择

图 4 将 LED 分段排列用于显示数字的 LED 数码管，在电子设备上一直深受欢迎

20 世纪 90 年代初期，采用氮化镓（GaN）材料制作蓝光 LED 的开拓者出现了。这一发明带来了卓越的社会效益，其发明者赤崎勇、天野浩和中村修二荣获 2014 年诺贝尔物理学奖。自从蓝光 LED 诞生，白光 LED 和彩色 LED 显示屏技术也开始逐步发展。时至今日，我们日常所用的很多照明灯都已采用白光 LED。有趣的是，白光 LED 的商业化普及，也助推了 LCD 显示屏的发展，到 2010 年左右，有许多品牌的电视机和计算机显示屏都宣称采用 LED 显示屏，但实际这些显示屏中显示图像色彩的依然是 LCD 显示屏。LED 技术在这些显示屏内发挥的作用，是为 LCD 显示屏提供明亮、低功耗的白色背光。

目前，采用彩色 LED 自身发光来显示图像的应用，大部分是建筑外墙上的大型广告牌和灯光装饰。其实现方法很简单，就是将许多能发出彩色光的 LED 排成阵列（见图 5），或者采用 LED 灯带的形式安

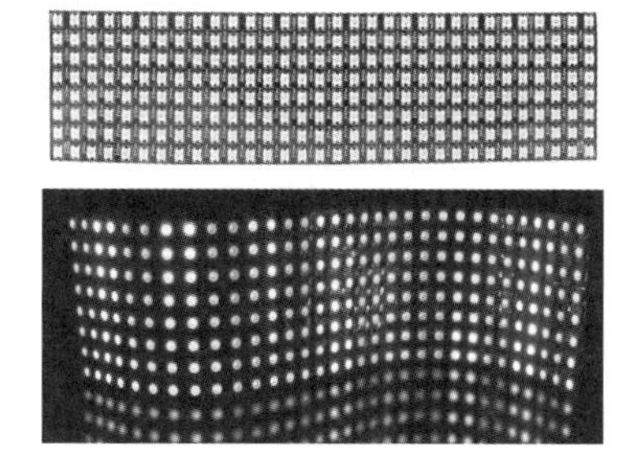

▌图 5 将彩色 LED 安装在柔软、可弯曲的扁平基材上制成柔性曲面 LED 阵列

▌图 6 敷设在建筑物外部的彩色 LED 阵列，显示出宏伟壮观的城市夜景

装在建筑上，使其在远处被观看时呈现阵列的显示效果。在当今的城市中，采用这样的 LED 技术方案，往往能塑造出数百米到几千米宽度的宏伟场景（见图 6）。

在较小的可视范围内，彩色 LED 也能为人们带来惊喜。最令人感叹的一种显示设备就是 LED 旋翼式显示器（见图 7），它通过旋转一排安装了 LED 的翼片来显示图像。这种高速旋转的图像显示设备很容易令人回忆起百年前的尼普科夫圆盘以及相应的机电式电视机。虽然现在的旋转式图像显示效果和当年的尼普科夫圆盘完全不同，但都是依靠快速扫过圆盘或翼片所在平面的一个个小像素来构成整幅图像。如今的 LED 旋翼式显示器中，翼片的转速和每一个 LED 像素的显示都由微处理器控制。轻便易携带的 LED 旋翼式显示器和笨重庞大的机电式电视机完全不可同日而语（见图 8）。LED 旋翼式显示器最特别的效果，就是在翼片高速旋转起来后，能够展现出具有悬空感的图像，如果将多个这样的显示器按阵列形式排列，显示出的悬空图像效果将更加引人注目（见图 9）。

LED 旋翼式显示器与机电式电视机之间的百年轮回令人震撼，在当今的日常生活中，最常见的一种 LED 显示器是采用有机发光二极管制成的 OLED 显示屏。OLED 显示屏作为一种自发光显示器，具

▌图 7 采用旋转的 LED 翼片显示图像的 LED 旋翼式显示器。在 LED 翼片高速旋转时，其显示的图案具有悬空的视觉效果

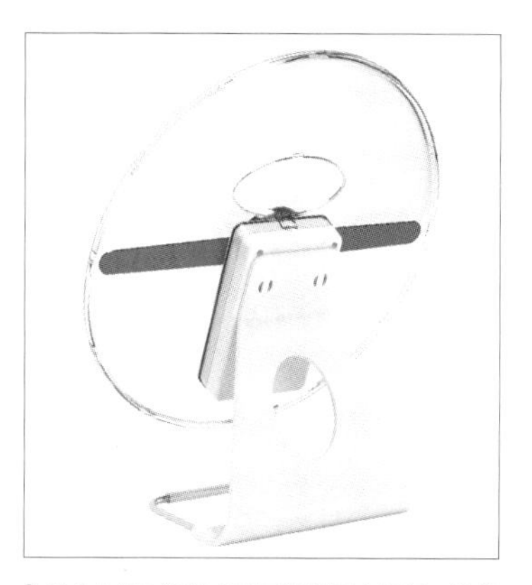

▌图 8 LED 旋翼式显示器侧后方视图。这款 LED 显示器虽然也采用了高速旋转的部件，但其显示效果、质量、体积等各方面与当年的机电式电视机相比，都有天壤之别

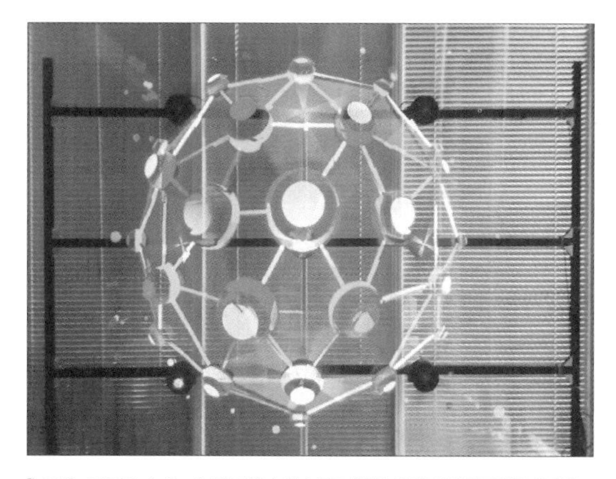

▌图 9 采用 9 台 3×3 阵列排布的 LED 旋翼式显示器显示的悬空彩色图案。LED 具有足够高的发光亮度，即使在快速旋转的翼片上也能产生明亮的图案效果

▌图 10 采用 OLED 显示屏的华为 Mate 20X 手机。2015 年以后，越来越多的手机产品选择了 OLED 显示屏以实现更好的显示效果

有视角广、响应快、效率高、色域宽、厚度薄等优点，相对于LCD显示屏具有更强的竞争优势。

不同于采用无机发光材料的传统LED，OLED在显示技术领域是典型的后起之秀。直到20世纪快要结束的前两三年，在OLED研发领域处于领先地位的日本企业才研制出尺寸为5英寸、分辨率为320像素 ×240像素的OLED彩色显示屏。2001年，索尼向世人展示了尺寸为13英寸的OLED彩色显示屏。2005年，三星推出的尺寸达40英寸的OLED彩色显示屏。2010年后，OLED显示技术在电视机、手机等应用领域一路高歌猛进。在进入21世纪20年代之际，许多手机品牌都在注重性能的高端手机上应用了OLED显示屏（见图10）。如果将承载OLED像素的玻璃基板换成柔性透明材料基板，OLED显示屏还能被制作成可弯曲卷绕的形式，有希望进一步扩展这种显示技术的应用范围。

结语

在读完本系列文章以后，当你再次拿起身边早已习以为常的智能手机，或者启动电视机、计算机的时候，是否会感慨这百年来电子影像显示产品的沧桑巨变呢？

一百多年来，采用不同原理的显示器件、在不同场合发挥作用的电子影像显示产品从无到有，从有到多。最开始出现，且与人们相伴最久的一种电子影像显示产品是电视机。电视机从20世纪20年代开始投入使用，经历了20多年的改进与优化，直到20世纪50年代才在美国等发达国家普及（见图11），20世纪60年代前期，美国家庭电视机拥有率已超过90%，1969年7月20日，全世界有上亿人通过电视机观看了人类登月的现场直播。约10年后，中国也启动了电视机的大量生产与快速普及的历程，刚进入21世纪，中国的电视机年产量已接近5000万台（见图12）。在21世纪的第1个10年结束时，计算机、MP4播放器、智能手机等各种各样的新型电子影像显示产品都与电视机一起吸引着人们的注意力。21世纪的第2个10年结束之际，带有彩色显示屏的智能手机已经丰富了无数人的日常生活。

百年来，电子影像显示产品的性能与功能都不断优化提升。到21世纪第1个10年结束时，已有多种主流显示技术应用在电视机和智能手机等不同设备（见附表），其中有CRT这样叱咤风云数十年的老将，也有OLED这样崭露头角的新星。接下来的10年里，庞大而沉重的CRT显示器在各种显示场合全面让位给LCD、OLED等更加轻便高效的新型显

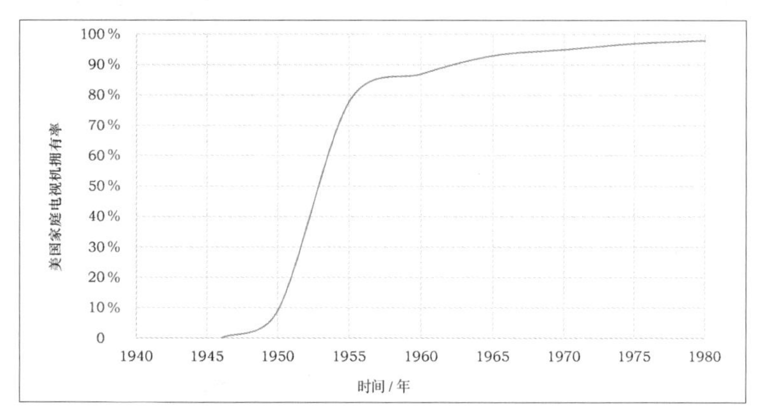

图11 1946年至1980年美国家庭电视机拥有率。20世纪50年代是电视机在美国快速普及的时期，但这10年内在美国普及的电视机以黑白电视机为主

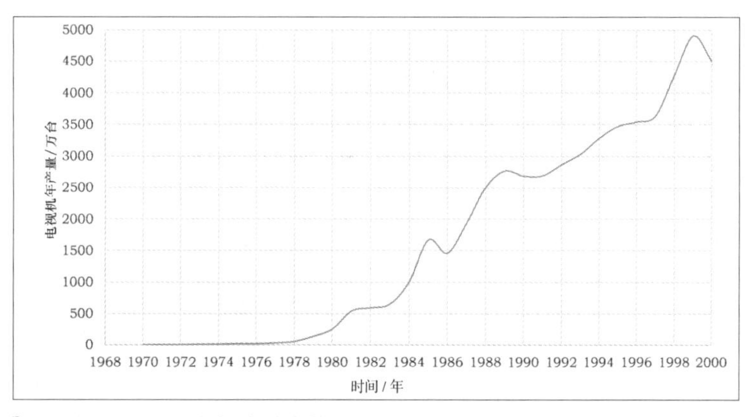

图12 1970年至2000年中国电视机年产量。改革开放后，中国的电视机年产量快速攀升，电视机也在20世纪80年代至20世纪90年代快速在中国家庭中普及，并完成从黑白电视机到彩色电视机的转变

附表 2010年各种显示器件的主要特性对比

特性参数	CRT	LCD	PDP	LED	OLED
发光亮度	良好	良好	普通	普通	优秀
发光效率	良好	良好	普通	普通	优秀
器件寿命	优秀	良好	普通	优秀	良好
器件质量	差	优秀	良好	普通	优秀
器件体积	差	优秀	良好	普通	优秀
响应速度	优秀	普通	良好	优秀	优秀
器件成本	优秀	良好	差	良好	良好

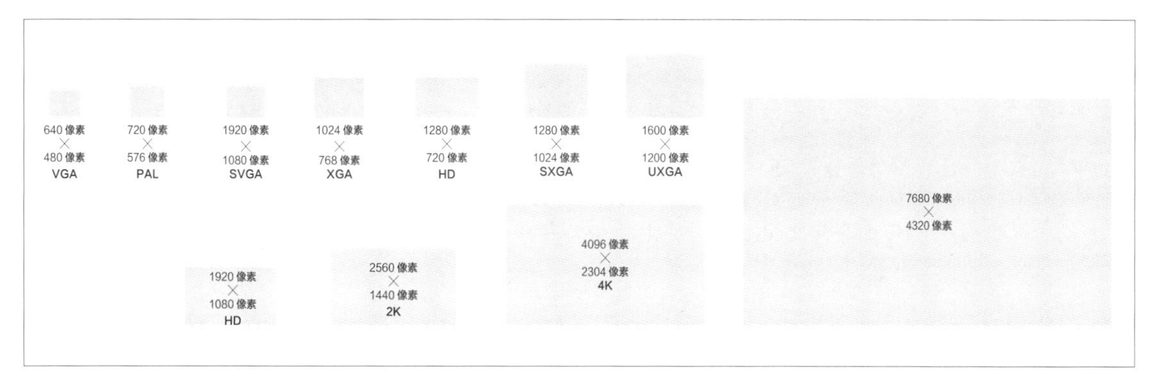

图 13 不同分辨率的图像尺寸。其中，蓝色背景表示以 4:3 为主的图像比例，绿色背景表示以 16:9 为主的宽屏图像比例。其中 2K、4K、8K 这 3 个级别的分辨率，分别是 21 世纪 20 年代智能手机、计算机显示屏、电视机这 3 种电子影像显示产品的显示屏分辨率

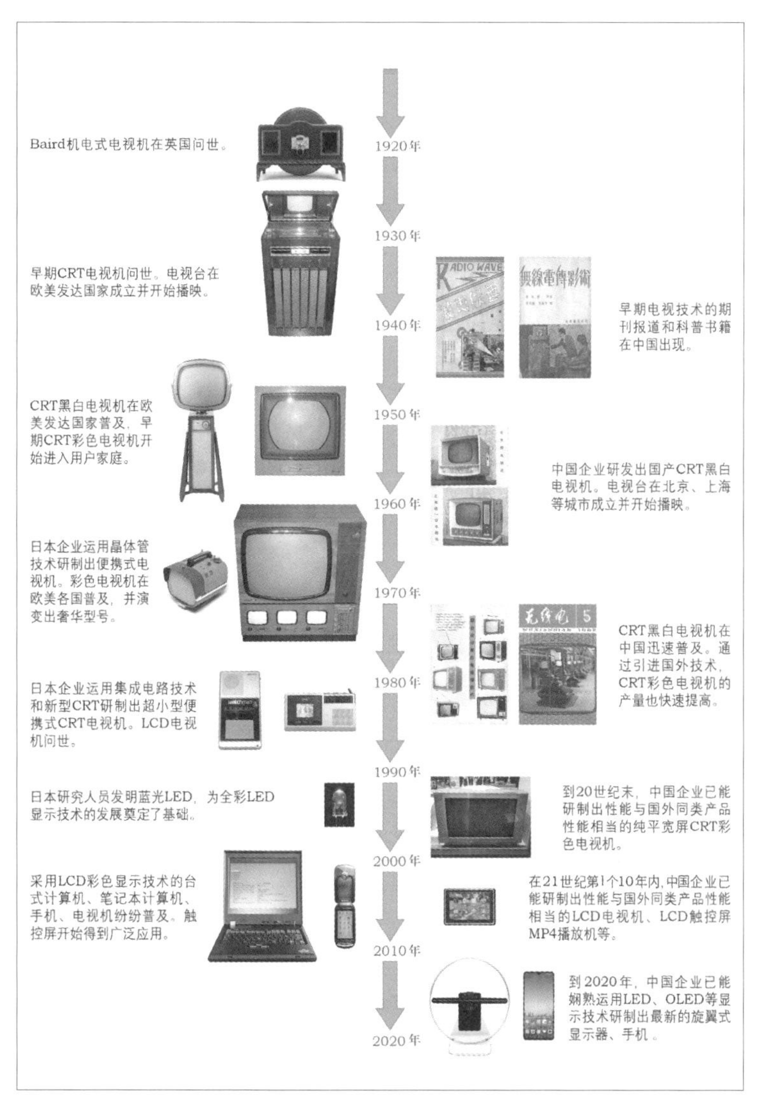

图 14 电子影像显示产品发展历程，时间轴（大致时间划分）左侧为世界上其他国家及其企业的技术和产品概况，右侧为中国及国内企业的技术和产品概况

示器。总体来说，电子影像显示器变得越来越轻，显示图像的清晰度变得越来越高（见图 13）。以图像分辨率的扫描行数为例，从 PAL 等传统制式电视信号的五百多行，发展到 HDTV 的一千多行，再到 4K 高清晰度的两千多行。具体到不同产品来看，截止到 2020 年，各品牌电视企业引以为傲的旗舰机型均已拥有 8K 超高清晰度的显示屏分辨率（7680 像素 × 4320 像素），新款计算机显示屏普遍具有 4K 级别的分辨率，中高档智能手机显示屏基本都有 2K 级别的分辨率。其中，电视机的显示屏尺寸比几十年前要大很多，当前的主流电视机显示屏尺寸是 55~65 英寸，如果用户追求更大尺寸的影院体验，还有高清投影仪可供选择。

最后，我们不妨再从头开始，快速回顾一次电子影像显示产品的百年进化发展历程（见图 14）。在这百年之中，即使是 CRT 技术一直占据统治地位的 20 世纪 30 年代至 20 世纪 90 年代，也不断有技术推陈出新，让电子影像显示产品不断为人们带来惊喜和快乐。斗转星移，随着时间的流逝，这些产品本身也成为人们美好、温馨的回忆。

这一百年来，技术始终在不断前进，科技产品也在不断进化。在瞬息万变的现代科技社会，有一样恒久不变的珍贵财富，那就是人们会运用智慧研发出更先进的科学技术，实现对更加美好生活的不懈追求。

从 20 世纪初以来，影像显示技术发展已有百年，未来也将继续蓬勃发展。